自由自在 中学数学

From Basic to Advanced

受験研究社

はじめに

人生で身につけるべき大切なものはたくさんあります。その中でも自分で考え，自分で判断し，その理由を相手に筋道を立てて説明する力は特に大切です。このような力を育てるのに適した教科が数学です。

中学校で学ぶ数学は小学校で習った算数と大きく異なります。文字式が導入され，方程式・関数・証明などという抽象的な概念を取り扱うようになります。数学は階層的に概念が積み重ねられているので，前の段階を飛ばして途中から学ぼうとしてもつまずきます。まず，基本を身につけるためには，面倒でも自分の分かっていない項目から，一段ずつ昇って下さい。簡単と思えるときはドンドン昇り，難しいと思ったら考えながらゆっくり昇りましょう。焦りは禁物です。

このようにして基本を身につけた次の段階は，遭遇したことのない未知の問題にも対応できる応用力を身につけることです。解けない問題に出会ったとき，解答をすぐ開いて何だかわからないまま，それを覚えてしまおうという方法は禁物です。正解よりも，なぜそのような解法を思いついたのか，その点をじっくり考察しなければ真の力はつきません。難問に出会ったら，次の思考戦略をとってみて下さい。

「問題文を正しく理解できているか否かを確認するため，どういう条件で，何が問われているかを自問してみる」，「条件などを図にかき，データを表やグラフにしてみる」，「場合分けして考えてみる」，「やみくもに解こうとするのではなく，解答をかく前に証明や解答の流れを考えてみる」

本書で数学を学び，単に入試問題を解けるようになるだけでなく，真の数学力を身につけ，夢に向かって力強く人生を歩んでいくことを期待しています。

監修者
秋山　仁

この本を使うみなさんへ

「半世紀ほど前に，高校受験で使わせていただきました。今，孫と一緒に『自由自在数学』で勉強しています。」そんな嬉(うれ)しいお便りをいただきました。『自由自在数学』の歴史は古く，1954 年に初版が刊行されました。そして，時代に合わせて繰(く)り返し改訂(かいてい)をし，多くの読者に愛用され続けてきました。

今回,「より見やすく分かりやすく」はもちろんのこと，学習するみなさんの疑問にしっかりと応えられるよう次のように改訂を行いました。

①「数学の勉強がいったい何の役に立つの？」と疑問に思っている人は, まず「ここからスタート！」を読んでみてください。身近なところで数学がどのように使われ，役立っているのかを知ることができます。きっと興味が湧(わ)き，その先へ進みたくなることでしょう。

②「数学をきっちりと勉強してマスターしたい！」人は,「要点整理」でポイントを押さえ，関連する例題でくわしく学びましょう。例題は重要な良問ばかりを集めていますが，ただ読み進めていくだけでは力はつきません。「問題文の情報を整理」し,「実際に計算をしてみる」,「図や表にまとめてみる」など,「手を動かす」ことが大切です。また，例題の理解を助けてくれる「サイドコーナー」にも注目してください。そして，例題が理解できたかどうかを類題で確認したら，章末問題で知識を定着させましょう。

③「この用語ってどういう意味だっけ？」と思ったら，さくいんを活用してください。重要用語だけでなく,「関連する例題も引ける」ようになっています。
他にも要点整理⇔例題，章末問題⇒例題にリンク機能がついています。

以上のように，みなさんが十分にこの本を活用できるよう，さまざまな工夫がされています。日々の学習のお供に使うのもよし！テスト前に読み返すのもよし！まさに『自由自在』に使うことができるのです。

みなさんのパートナーとして『自由自在』で数学を学び，そのおもしろさを知り，実力をつけてくれるよう心から願っています。

編著者 しるす

特長と使い方

▶下の流れで学習し，着実に力をつけていこう！

1 ここからスタート！

編のはじめで，キャラたちが楽しくおしゃべりしながら，学習内容を紹介しています。

2 要点整理

章を細かく節に分け，節のはじめに覚えておくべき重要事項を簡単にまとめています。覚えたら，見出しの右に示した例題へと進みましょう。

3 例題 43 と 類題 43

テーマに沿った典型的な問題とその解き方です。右ページでくわしく説明しています。

4 章末問題

例題と類題がきちんと理解できているかを確認する問題です。A，B，Cの順に難しくなっていきます。つまずいたときに確認できる例題番号も示しています。少し難しい チャレンジ にも挑戦してみましょう。

5 思考力強化編

知識だけではなかなか解けない，思考力を必要とする問題ばかりをのせています。着眼点や解き方の糸口なども紹介しています。

6 高校入試 対策編

各編の上級問題です。今までに身につけた力を試してみましょう。

ちょっとブレイク

各編の内容でさらに興味を深めるおもしろい話を紹介しています。

重要事項・公式集

各編の重要事項を簡単にまとめています。テスト前の確認に使いましょう。

さくいん

要点整理 の重要な用語と例題にもどれるようになっています。

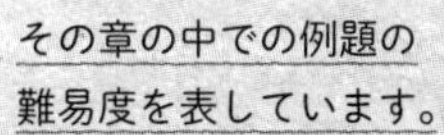

その章の中での例題の難易度を表しています。

つまづいたときにもどる **要点整理** のページと番号を示しています。

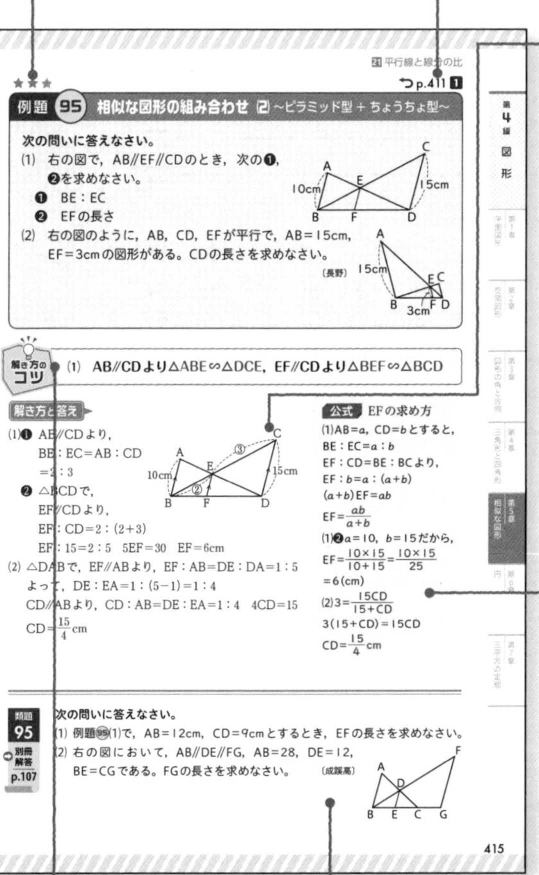

21 平行線と線分の比

★★★ ⤴p.411 1

例題 95 相似な図形の組み合わせ (2) ～ピラミッド型＋ちょうちょ型～

次の問いに答えなさい。

(1) 右の図で，AB//EF//CDのとき，次の❶，❷を求めなさい。

❶ BE：EC

❷ EFの長さ

(2) 右の図のように，AB，CD，EFが平行で，AB＝15cm，EF＝3cmの図形がある。CDの長さを求めなさい。 〔長野〕

解き方のコツ (1) AB//CDより△ABE∽△DCE，EF//CDより△BEF∽△BCD

解き方と答え

(1)❶ AB//CDより，
BE：EC＝AB：CD
＝2：3

❷ △BCDで，
EF//CDより，
EF：CD＝2：(2＋3)
EF：15＝2：5　5EF＝30　EF＝6cm

(2) △DABで，EF//ABより，EF：AB＝DE：DA＝1：5
よって，DE：EA＝1：(5－1)＝1：4
CD//ABより，CD：AB＝DE：EA＝1：4　4CD＝15
CD＝$\frac{15}{4}$cm

公式 EFの求め方

(1)AB＝a，CD＝bとすると，
BE：EC＝a：b
EF：CD＝BE：BCより，
EF：b＝a：$(a+b)$
$(a+b)$EF＝ab
EF＝$\frac{ab}{a+b}$
(1)❷a＝10，b＝15だから，
EF＝$\frac{10\times15}{10+15}$＝$\frac{10\times15}{25}$
＝6(cm)
(2)3＝$\frac{15CD}{15+CD}$
3(15＋CD)＝15CD
CD＝$\frac{15}{4}$cm

類題 95 ⇨別冊解答 p.107

次の問いに答えなさい。

(1) 例題95(1)で，AB＝12cm，CD＝9cmとするとき，EFの長さを求めなさい。

(2) 右の図において，AB//DE//FG，AB＝28，DE＝12，BE＝CGである。FGの長さを求めなさい。 〔成蹊高〕

415

図や表をたくさん用いて，わかりやすく解説しています。赤文字が答えです。

充実したサイドコーナー(一部)

別解
いろいろな解き方を覚えておきましょう。

Return
すでに学習したところにもどります。

Advance
その単元がどこへつながっていくのかを示しています。

裏技
入試で役立つ高度な公式やテクニックを紹介しています。

なぜ？
なぜ，そのことがらが成り立つのかを解説しています。

アドバイス
簡単に解ける方法など役立つ知識を紹介しています。

例題の着眼点やポイントを示しています。必ず覚えておきましょう。

類題は例題よりも少し難しくなっています。例題の内容が理解できたか確認しましょう。

もくじ

第1編　数と式

第4編　図　形

第5編　データの活用

本書に関する最新情報は，小社ホームページにある**本書の「サポート情報」**をご覧ください。(開設していない場合もございます。)
なお，この本の内容についての責任は小社にあり，内容に関するご質問は直接小社におよせください。

1

第1編　数と式

01

ここからスタート！

第1編　数と式

START!

さぁ，いよいよ中学数学の始まりだ！これまで0以上の数について学んできたけど，これからは0より小さい数も扱っていくよ。また，数と同じように計算できる文字式や2回かけて3になる数なども出てくるよ。数と文字の世界がどんどん広がっていくね！

正負の数，文字式の計算 ～気温～

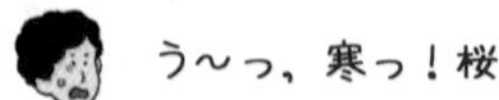

う～っ，寒っ！桜は咲きかけてきたけど，まだまだ寒いね。

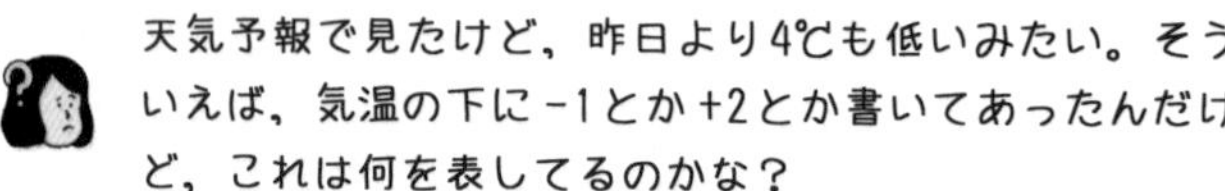

天気予報で見たけど，昨日より4℃も低いみたい。そういえば，気温の下に −1とか +2とか書いてあったんだけど，これは何を表してるのかな？

それは前日との差を表してるのよ。＋と−は，0より大きい数，小さい数を表すときに使うけど，基準から大きいか小さいかを表すこともできるのよ。だから，前日よりも4℃低いってことを−4って表しているのよ。ちなみに明日は今日より3℃高いみたいで，明後日も明日より3℃高いみたいよ。さて，ここで問題！明後日は今日より何度高いでしょうか？

えっと，今日の気温に +3して，さらに +3するから，3+3で6℃でしょ，先生？

3℃高くなるのが2回続くんだから，3×2で6℃じゃない？

2人とも正解よ！じゃあ，3℃をx℃としたら，明後日は今日より何度高いって表せるかしら？

私の考え方なら，$x+x$で，えっ！これって計算できるんですか？

えっと，僕の考え方なら，$x\times 2$？

実は，$x+x$は$2\times x$と計算できて$x\times 2$も同じなのよ。xに3をあてはめたら，どちらも6になるでしょ？これからは，こうやって数を文字で表して，計算することもできるわ。

へぇ～，数学っておもしろいですね！

平方根，累乗 ～新しい数や式～

先生，この間スマホで計算しようと思って電卓（でんたく）を横向きにしたら，√￣っていうのを見たんですけど，これってどういう意味なんですか？

ルートのことね。

ルート？道筋のことですか？

それは“route（ルート）”ね。“root（ルート）”，つまり根という意味よ。この記号は根号といって，2回かければその数になるということを表す記号なの。例えば，ある正方形の面積が5だとしましょう。この正方形の1辺の長さって求められるかしら？

うーん，2回かけて5になる数？…あっ！こんなときにルートを使えばいいんですね。

そのとおり！根号の中に5を書いて$\sqrt{5}$。これでルート5って読むの。少し難しいかもしれないけど，1辺の長さをxとして，$x \times x = 5$という式をつくって求めるの。これは方程式というもので，また第2編で説明するわね。今回は$x \times x$に注目してみましょう。

×かxか見分けがつきにくい！

その点は心配ご無用！数学では×の記号は省略してしまうの。もちろん，数字どうしをかけるときに$3 \times 2 = 32$なんてことはしないけど，文字と文字で$a \times b$ならab，文字と数字で$5 \times x$なら$5x$というふうに省略するの！

じゃあ，$xxxx$とかもあるんですか？

同じ文字をいくつかかけるときは指数というものを使って表すわ。$xxxx$ならx^4と表すの。だから，2^4は2を4個かけるから$2 \times 2 \times 2 \times 2$で16になるわ。くれぐれも2が4個と考えて$2 \times 4$としないように気をつけてね。

zzz

あらあら，z^3ね…。

1 正の数・負の数

p.14～16

❶ 反対の性質をもつ量を，正負(せいふ)の数(すう)を使って表せるようにしよう。
❷ 絶対値(ぜったいち)の意味を覚え，数直線との関係を理解しておこう。
❸ いくつかの数の大小関係を，不等号(ふとうごう)を使って表せるようにしよう。

要点整理

1 正の数・負の数の表し方

➡例題 1

▶0より大きい数を**正(せい)の数(すう)**といい，**正の符号(ふごう)**＋(プラス)をつけて表す。0より小さい数を**負(ふ)の数**といい，**負の符号**－(マイナス)をつけて表す。

▶右のような数を**整数(せいすう)**といい，特に，正の整数を**自然数(しぜんすう)**ともいう。

整　数
……, －4, －3, －2, －1, 0, 1, 2, 3, 4, ……
負の整数　　正の整数(自然数)

▶右の図のように，一直線上にめもりをつけて，数を直線上の点で表したものを**数直線**という。**右にある数ほど大きい。**

▶ある量を考えるとき，**基準とのちがい**を，正負の数を使って表すことができる。

例 ある地点Aを基準にして，Aから1km東の地点Bを＋1kmと表すとき，1.7km西の地点Cは，－1.7kmと表される。

2 絶対値

➡例題 2

▶数直線で，0からある数までの距離(きょり)を，その数の**絶対値(ぜったいち)**という。

例 ＋5の絶対値は5，－3の絶対値は3

▶絶対値は**数から符号＋，－を取り去った数**と考えてもよい。

3 正負の数の大小

➡例題 2

▶数の大小関係を表す記号＜(小なりと読む)，＞(大なりと読む)を**不等号(ふとうごう)**といい，**不等号の開いているほうが大きい。** $a>b$は「aはbより大きい」，$a \leqq b$(小なりイコールと読む)は「aはb以下である」という。

▶負の数＜0＜正の数，**負の数は絶対値が大きいほど小さい。**

▶3つの数の大小を表すときは2つの不等号を使って，**不等号の向きを同じ向きにそろえて書く。** 例 －3，－7，2は，－7＜－3＜2(小さい順)または2＞－3＞－7(大きい順)と書く。

★★★

p.14 1

例題 1 正の数・負の数の表し方

次の問いに答えなさい。

(1) 次の数を，正の符号，負の符号をつけて表しなさい。

❶ 0より0.5大きい数　❷ 0より7小さい数

(2) 右の数直線上で，A，B，Cにあたる数をいいなさい。また，−2，+3.5を数直線上に表しなさい。

A　B　C
−5　0　5

(3) 100円の収入を+100円と表すとき，80円の支出はどう表されますか。

(4) 今日の午前6時の琵琶湖の水位は−4cmであった。これは，昨日の午前6時の水位より2cm低い水位であった。昨日の午前6時の水位を求めなさい。〔滋賀〕

解き方のコツ (4) 数直線をかいて昨日と今日の水位の関係を考えよう。

解き方と答え

(1) 0より大きい数には+，小さい数には−をつける。
よって，❶は+0.5，❷は−7

(2) A，B，Cにあたる数は，数直線で0よりどれだけ大きいか小さいかをみる。Aは0より3小さい数なので−3，Bは−0.5，Cは0より4.5大きい数なので，+4.5
−2と+3.5は右の図

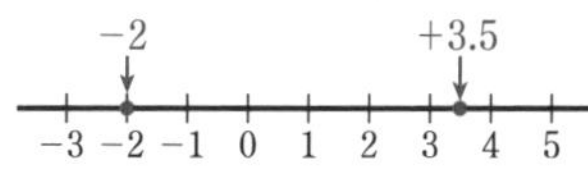

(3) 収入の反対は支出である。収入を+で表すので，反対の支出は−で表す。よって，−80円

(4) 数直線で考えると，昨日の午前6時の水位は，−2cm

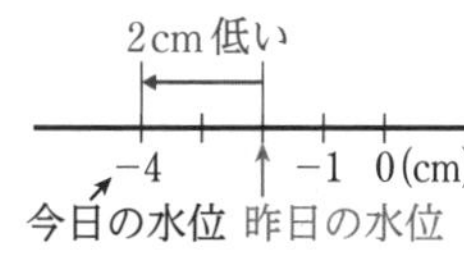

くわしく

反対の性質をもつ量

正の数と負の数を用いると，

- 高い⟷低い
- 重い⟷軽い
- 増える⟷減る
- 利益⟷損失
- 東⟷西
- 前⟷後

などのように，反対の意味をもつ量を一方のことばだけで表すことができる。

例 ・−3cm高い=3cm低い
・−5年後=5年前

類題 1

別冊解答 p.1

右の図は，ある日の大津市の天気予報である。図の中の最高気温，最低気温の後にある[　]内の数は，この日の予想気温が前日よりも最高気温は1℃，最低気温は2℃高いことを示している。前日の大津市の最低気温を求めなさい。〔滋賀〕

大津市			
	曇り時々雪	最高気温 7℃[+1]	最低気温 −1℃[+2]

★★★ ⤴ p.14 2, 3

例題 2 絶対値，正負の数の大小

次の問いに答えなさい。

(1) 次の数の絶対値をいいなさい。

❶ -8　　❷ $+4.6$　　❸ $-\dfrac{3}{5}$

(2) 絶対値が2以下である整数をすべて書きなさい。〔群馬〕

(3) 次の2数の大小を，不等号を使って表しなさい。

❶ $3,\ -5$　　❷ $-9,\ -8$　　❸ $0,\ -0.1$

(4) $-4,\ +5,\ -3$ の大小を，不等号を使って，$-4<+5>-3$ と表した。それぞれの数の大小がわかるように，表し方をなおしなさい。〔岩手〕

(2) 数直線をかいて条件を満たす整数を求めよう。「以下」や負の整数もあることに注意しよう。

解き方と答え

(1) 絶対値は，数直線で0からその数までの距離であるから，数から符号 +，− を取り去ればよい。

よって，❶8　❷4.6　❸$\dfrac{3}{5}$

(2) 右の図のように，絶対値が2以下の整数は，（2もふくめる）

絶対値は2　絶対値は2

$-2\quad -1\quad 0\quad +1\quad +2$

$-2,\ -1,\ 0,\ +1,\ +2$（0は符号はつけない）

(3)❶ 正の数>負の数より，$3>-5$

❷ 負の数は，絶対値が大きいほど小さい。

$9>8$ なので，$-9<-8$（向きが変わる）

❸ 0>負の数より，$0>-0.1$

(4) $-4<+5>-3$ では，-4 と -3 の大小がわからない。

$-4<-3$ だから，$-4<-3<+5$

くわしく

負の分数の表し方

(1)❸ $-\dfrac{3}{5}$ を $\dfrac{-3}{5}$，$\dfrac{3}{-5}$ と表すこともできるが，ふつうは分数の前に − をつける。

注意！

不等号<，>の使い方

2数の大小は，$1<2$，$2>-1$ のように表す。3数の大小は，$1<2>-1$ のように表さず，大きさの順に，$-1<1<2$ または $2>1>-1$ のように，必ず不等号の向きを同じ向きにして表す。

次の数を，不等号を使って小さいほうから順に並べなさい。また，絶対値の小さいほうから順に並べなさい。

$-\dfrac{1}{3},\ +0.1,\ -\dfrac{1}{2},\ 0,\ +0.01,\ -\dfrac{3}{4}$

2 加法と減法

p.17 ～ 21

❶ 正負の数の加法ができないと大変なことになる。必ずマスターしよう。
❷ 減法は加法になおしてから計算することを覚えよう。
❸ 加減の混じった計算は，加法だけの式になおせることを理解しよう。

要点整理

1 2数の加法と加法の計算法則

➡例題 3，4

▶たし算のことを加法といい，その結果を和という。
▶同符号の2数の和は，**絶対値の和に，共通の符号をつける。**

例 $(+10)+(+7)=+(10+7)=+17$　$(-6)+(-8)=-(6+8)=-14$
（＝：イコールと読む）

▶異符号の2数の和は，**絶対値の差に，絶対値の大きいほうの符号をつける。**

例 $(-12)+(+5)=-(12-5)=-7$　$(-4)+(+9)=+(9-4)=+5$

▶**加法の交換法則…$a+b=b+a$**　例 $(-6)+(+4)=(+4)+(-6)=-2$
▶**加法の結合法則…$(a+b)+c=a+(b+c)$**

例 $\{(-7)+(+9)\}+(-5)=(+2)+(-5)=-3$（①，②の順）
$(-7)+\{(+9)+(-5)\}=(-7)+(+4)=-3$（①，②の順）
⇨ $\{(-7)+(+9)\}+(-5)=(-7)+\{(+9)+(-5)\}$
前から計算しても，後ろから計算しても，同じ結果になる

2 2数の減法

➡例題 5

▶ひき算のことを減法といい，その結果を差という。
▶減法は，**ひく数の符号を変えて加法になおして**計算する。

例 $(+12)-(-7)=(+12)+(+7)=+19$　$(+3)-(+6)=(+3)+(-6)=-3$
（符号を変える／減法を加法にする）

3 加減の混じった計算

➡例題 6

▶加減の混じった式の計算は次の順にする。
① 減法を加法になおし，**加法だけの式**にする。
② ①の式からかっこと加法の記号＋をはぶいて，**項だけの式**にする。
p.21の「用語」参照
③ 順序を変えて，正の項と負の項に分ける。
④ 正の項の和，負の項の和をそれぞれ求める。
⑤ 答えを求める。

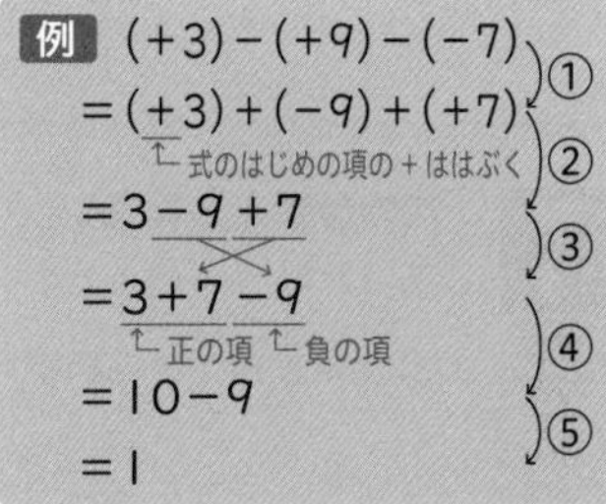

例 $(+3)-(+9)-(-7)$
$=(+3)+(-9)+(+7)$　①
（式のはじめの項の＋ははぶく）②
$=3-9+7$
③
$=3+7-9$
（正の項／負の項）④
$=10-9$
⑤
$=1$

★★★ p.17 1

例題 3 2数の加法

次の計算をしなさい。

(1) $(+13)+(+15)$　　(2) $(-7)+(-3)$

(3) $(-7)+(+3)$　〔山梨〕　(4) $(+8)+(-15)$

(5) $(-1.6)+(-2.4)$　　(6) $\left(+\frac{3}{4}\right)+\left(-\frac{2}{3}\right)$

同符号の2数の和⇨絶対値の和に，共通の符号をつける。
異符号の2数の和⇨絶対値の差に，絶対値の大きいほうの符号をつける。

解き方と答え

(1)，(2)は，同符号の2数の和⟹絶対値の和に，共通の符号をつける。$(+)+(+)\to(+)$，$(-)+(-)\to(-)$

(1) $(+13)+(+15)=+(13+15)=+28$

(2) $(-7)+(-3)=-(7+3)=-10$
共通の符号

(3)，(4)は，異符号の2数の和⟹絶対値の差に，絶対値の大きいほうの符号をつける。

(3) $(-7)+(+3)=-(7-3)=-4$
$7>3$より－をつける

(4) $(+8)+(-15)=-(15-8)=-7$

(5)，(6)は，小数・分数の加法である。どちらも，整数と同じように計算する。

(5) $(-1.6)+(-2.4)=-(1.6+2.4)=-4$

(6) $\left(+\frac{3}{4}\right)+\left(-\frac{2}{3}\right)=\left(+\frac{9}{12}\right)+\left(-\frac{8}{12}\right)=+\left(\frac{9}{12}-\frac{8}{12}\right)$
$=+\frac{1}{12}$
通分すると絶対値の大小がわかる

くわしく
数直線での2数の加法
＋は右に，－は左に進む。

(2) $(-7)+(-3)$
同符号の和

3進む　7進む
-10　-7　0

(3) $(-7)+(+3)$
異符号の和

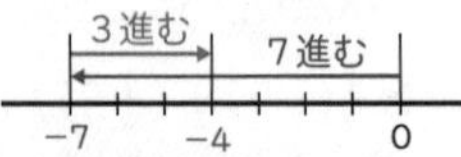

くわしく 分数の加法
異符号の加法では，絶対値の大小がわかる必要がある。分数の加法はまず通分をしよう。

類題 3

別冊解答 p.1

次の計算をしなさい。

(1) $(-4)+(-3)$　〔岩手〕　(2) $(-9.6)+(+1.8)$

(3) $\left(-\frac{3}{2}\right)+\left(-\frac{7}{8}\right)$　　(4) $\left(+\frac{4}{3}\right)+(-1.3)$

★★★

p.17 1

例題 4 加法の計算法則

次の問いに答えなさい。

(1) 次の❶，❷の式を計算して，結果を比べなさい。

❶ $\{(+4)+(-9)\}+(+8)$　❷ $(+4)+\{(-9)+(+8)\}$

(2) 次の式をくふうして計算しなさい。

❶ $(+123)+(-109)+(-123)$

❷ $(+6)+(-7)+(+18)+(-13)$

正負の数の加法では，数の順序や組み合わせを変えて計算することができる。

解き方と答え

(1)❶ $\{(+4)+(-9)\}+(+8)=(-5)+(+8)=+3$

❷ $(+4)+\{(-9)+(+8)\}=(+4)+(-1)=+3$

したがって，

$\{(+4)+(-9)\}+(+8)=(+4)+\{(-9)+(+8)\}$

が成り立つので，結果は等しい。

(2)❶ $(+123)+(-109)+(-123)$

交換法則

$=(+123)+(-123)+(-109)$

結合法則

$=\{(+123)+(-123)\}+(-109)$

絶対値の等しい異符号の２数の和は０

$=0+(-109)=-109$

❷ $(+6)+(-7)+(+18)+(-13)$

交換法則（正の項と負の項に分ける）

$=(+6)+(+18)+(-7)+(-13)$

結合法則（それぞれ計算する）

$=\{(+6)+(+18)\}+\{(-7)+(-13)\}$

正の項の和　負の項の和

$=(+24)+(-20)=+4$

くわしく

加法の計算法則

正の数・負の数の加法では，交換法則と結合法則が成り立つ。

・加法の交換法則

…$a+b=b+a$

このことは，「加えられる数」と「加える数」を入れかえても，和は同じであることを示す。

・加法の結合法則

…$(a+b)+c=a+(b+c)$

（$a+b$ が①，$(a+b)+c$ が②，$b+c$ が③，$a+(b+c)$ が④）

①→②の順に計算しても，③→④の順に計算しても結果は同じであることを示す。

また，絶対値の等しい異符号の２数の和があれば０になるので消してしまおう。

例 $(-8)+(+3)+(+8)=+3$

類題 4

別冊解答 p.1

次の式をくふうして計算しなさい。

(1) $(+5)+(-18)+(+7)+(-4)$　(2) $(-9)+(+6)+(-4)+(+9)+(-7)$

(3) $(-56)+(+13)+(-43)+(+26)$　(4) $\left(+\frac{3}{4}\right)+\left(-\frac{1}{2}\right)+\left(-\frac{1}{4}\right)+\left(+\frac{1}{8}\right)$

★★★ p.17 2

例題 5 2数の減法

次の計算をしなさい。

(1) $(-7)-(+6)$ 〔山梨〕 (2) $(-7)-(-4)$ 〔千葉〕

(3) $(+2.7)-(-3.5)$ (4) $\left(+\frac{3}{8}\right)-\left(+\frac{5}{6}\right)$

2数の減法は，加法になおして計算しよう。

$a-(+b)$ ⇨ $a+(-b)$，$a-(-b)$ ⇨ $a+(+b)$

解き方と答え

(1) 正の数 $+6$ をひく ⟹ 負の数 -6 をたす
⟹ 2数の加法の計算をする。

符号を変える／減法を加法にする

$(-7)-(+6)=(-7)+(-6)=-(7+6)=-13$

(2) 負の数 -4 をひく ⟹ 正の数 $+4$ をたす
⟹ 2数の加法の計算をする。

$(-7)-(-4)=(-7)+(+4)=-(7-4)=-3$

(3) 小数の減法も整数の場合と同様に加法になおす。
負の数 -3.5 をひく ⟹ 正の数 $+3.5$ をたす。

$(+2.7)-(-3.5)=(+2.7)+(+3.5)=+(2.7+3.5)$
$=+6.2$

(4) 分数の減法も整数の場合と同様に加法になおす。

正の数 $+\frac{5}{6}$ をひく ⟹ 負の数 $-\frac{5}{6}$ をたす。

$\left(+\frac{3}{8}\right)-\left(+\frac{5}{6}\right)=\left(+\frac{3}{8}\right)+\left(-\frac{5}{6}\right)=\left(+\frac{9}{24}\right)+\left(-\frac{20}{24}\right)$
$=-\left(\frac{20}{24}-\frac{9}{24}\right)=-\frac{11}{24}$

くわしく 減法の意味

(1) $(-7)-(+6)$ は「-7 より $+6$ 小さい」という意味で，「-7 より -6 大きい」と同じなので，$(-7)+(-6)$ となる。

豆知識 たし算とひき算は同じもの⁉

算数では，たし算とひき算は別々の計算であるが，負の数を学習すると，たし算とひき算を一体化して考えることができる。例えば，7−3はひき算であるが，**7−3=7+(−3)でたし算**になる。また算数では，7−3は，「7」「−」「3」の3つを考えるが，数学では，「7」「−3」という2つの項として考える。

類題 5

次の計算をしなさい。

(1) $(-19)-(+15)$ (2) $(-3.9)-(-2.7)$

(3) $\left(+\frac{5}{6}\right)-\left(-\frac{2}{3}\right)$ (4) $\left(+\frac{4}{9}\right)-\left(+\frac{7}{6}\right)$

別冊解答 p.1

★★★ p.17 3

例題 6 加減の混じった計算

次の計算をしなさい。

(1) $(-8)+(-6)-(-15)$　(2) $(+5)+(-17)-(+6)-(-13)$

(3) $2-(-3)+(-7)$　〔高知〕　(4) $\left(-\frac{1}{2}\right)-\left(-\frac{1}{3}\right)-\frac{3}{4}$

解き方のコツ 加減の混じった式は，減法を加法になおし加法だけの式にして計算しよう。

解き方と答え

(1) $(-8)+(-6)-(-15)$

$=(-8)+(-6)+(+15)$　（減法を加法になおし加法だけの式にする）

$=-8\quad -6\quad +15$　（加法の記号＋とかっこをはぶく（項だけの式にする））

（負の項　正の項）　負の項の和を求める

$=-14\quad+\quad 15$　（2数の和を求める）

$=1$

答えの＋ははぶくことができる

(2) $(+5)+(-17)-(+6)-(-13)$

$=(+5)+(-17)+(-6)+(+13)$

式のはじめの項の符号＋ははぶく

$=5-17-6+13$

$=5+13-17-6$

（正の項　負の項）

$=18-23=-5$

(3) $2-(-3)+(-7)=2+(+3)+(-7)$

（$(+2)$と同じ）

$=2+3-7=5-7=-2$

(4) $\left(-\frac{1}{2}\right)-\left(-\frac{1}{3}\right)-\frac{3}{4}=\left(-\frac{1}{2}\right)+\left(+\frac{1}{3}\right)-\frac{3}{4}$

$=-\frac{1}{2}+\frac{1}{3}-\frac{3}{4}=-\frac{1}{2}-\frac{3}{4}+\frac{1}{3}=-\frac{2}{4}-\frac{3}{4}+\frac{1}{3}$

$=-\frac{5}{4}+\frac{1}{3}=-\frac{15}{12}+\frac{4}{12}=-\frac{11}{12}$

用語 項

$(-5)+(+7)+(-9)$ のような加法だけの式で，かっこの中の数 -5，$+7$，-9 を項（こう）という。つまり，かっこのない式は，加法の記号＋をはぶいた項だけの式と考えることができ，

$(-5)+(+7)+(-9)$

$=-5+7-9$ となる。

-5，-9 を負の項，$+7$ を正の項という。

くわしく 項のつくり方（かっこのはずし方）

・$+(+a)=+a$　・$+(-a)=-a$

・$-(-a)=+a$　・$-(+a)=-a$

これを使うと，(2)は，

$(+5)+(-17)-(+6)-(-13)$

$=5-17-6+13$

となり，途中式の1行目を省略できる。

類題 6

次の計算をしなさい。

(1) $-5-(-9)-1$　〔山形〕

(2) $-4-(+15)+(-17)-(-10)$　〔神戸龍谷高〕

(3) $2.4-(+4.2)-(-3.1)+(-1.5)$

(4) $\left(-\frac{1}{2}\right)+\frac{3}{5}-\left(-\frac{3}{10}\right)-\left(+\frac{1}{5}\right)$

別冊解答 p.1

第1編 数と式　第1章 正の数・負の数　第2章 文字と式　第3章 式の計算　第4章 多項式　第5章 整数の性質　第6章 平方根

3 乗法と除法

p.22 ～ 26

❶ 2つの数の積や商の符号を正確に覚えよう。
❷ かっこのついた累乗(るいじょう)の計算をまちがえずにできるようにしよう。
❸ 乗除の混じった計算は，答えの符号に注意して計算しよう。

要点整理

1 乗法，累乗と指数

➡例題 7，8

▶ かけ算のことを**乗法**(じょうほう)といい，その結果を積という。

▶ 同符号の2数の積は，2数の絶対値の積に**正の符号**をつける。
$(+)\times(+)\to(+)$　$(-)\times(-)\to(+)$　例 $(-7)\times(-9)=+(7\times9)=+63=63$ ←同符号の積

▶ 異符号の2数の積は，2数の絶対値の積に**負の符号**をつける。
$(+)\times(-)\to(-)$　$(-)\times(+)\to(-)$　例 $(-5)\times(+3)=-(5\times3)=-15$ ←異符号の積

▶ いくつかの数の積の符号は，負の符号が { **偶数**(ぐうすう)**個のとき，＋** / **奇数**(きすう)**個のとき，－** }

▶ 同じ数をいくつかかけ合わせたものを，その数の**累乗**(るいじょう)といい，右かたに小さく書いた数を**指数**(しすう)という。
例 $6\times6\times6=6^3$（3個かける）←指数　6の3乗と読む

2 2数の除法

➡例題 9

▶ わり算のことを**除法**(じょほう)といい，その結果を商という。

▶ 同符号 / 異符号 の2数の商は，2数の絶対値の商に **正の符号** / **負の符号** をつける。←乗法と同じ

例 $(-24)\div(-6)=+(24\div6)=4$　$(+56)\div(-7)=-(56\div7)=-8$

▶ わる数が分数の除法は，わる数の**逆数**(ぎゃくすう)**をかければよい。**
例 $5\div\left(-\frac{2}{3}\right)=5\times\left(-\frac{3}{2}\right)$ ←逆数をかける

3 乗除の混じった計算

➡例題 10

▶ 乗除の混じった式の計算は次の順にする。
① 除法を乗法になおし，**乗法だけの式**にする。
② 負の符号の個数から，答えの**符号を決める。**
負の符号が { **偶数個のとき，＋** / **奇数個のとき，－** }
③ 絶対値の積を計算する。

例 $(-12)\div(-4)^2\times(-8)$ ←累乗を先に計算
$=(-12)\div16\times(-8)$
$=(-12)\times\frac{1}{16}\times(-8)$ ①
$=+\left(12\times\frac{1}{16}\times8\right)=6$ （＋は②，かっこ内は③）

★★★ p.22 1

例題 7 乗法

次の計算をしなさい。

(1) $(-8)\times(-9)$ 〔三重〕 (2) $7\times(-6)$ 〔岡山〕

(3) $(-0.25)\times\left(-\frac{2}{3}\right)\times\left(-\frac{3}{5}\right)$ (4) $(-4)\times(-17)\times25$

負の符号(−)が { 偶数個⇨絶対値の積に，正の符号(＋) / 奇数個⇨絶対値の積に，負の符号(−) } をつける。

解き方と答え

(1) 同符号の2数の積の符号は＋

（絶対値の積）

$(-8)\times(-9)=+(8\times9)=72$

（同符号の積は＋）

(2) 異符号の2数の積の符号は－

$7\times(-6)=(+7)\times(-6)=-(7\times6)=-42$

（(+7)のこと）（異符号の積は－）

(3) 小数と分数が混じっているとき，ふつうは小数を分数になおして計算する。

（小数を分数にする）

$(-0.25)\times\left(-\frac{2}{3}\right)\times\left(-\frac{3}{5}\right)=\left(-\frac{1}{4}\right)\times\left(-\frac{2}{3}\right)\times\left(-\frac{3}{5}\right)$

（負の符号－が3個）

$=-\left(\frac{1}{4}\times\frac{2}{3}\times\frac{3}{5}\right)=-\frac{1}{10}$

(4) 乗法の交換(こうかん)・結合法則(けつごうほうそく)を使って計算をくふうする。

$(-4)\times(-17)\times25=(-4)\times25\times(-17)$

$=\{(-4)\times25\}\times(-17)$

$=(-100)\times(-17)=1700$

くわしく

乗法の計算法則

乗法でも，交換法則と結合法則が成り立つ。

・乗法の交換法則

…$a\times b=b\times a$

・乗法の結合法則

…$(a\times b)\times c=a\times(b\times c)$

上の計算法則から，乗法の計算ではどこから計算してもよいことがわかる。

注意！

0と正負の数の積は0

・$0\times(+a)=0$

・$0\times(-a)=0$

類題 7

次の計算をしなさい。

(1) $(-5)\times(-0.9)$ 〔山梨〕 (2) $\frac{9}{14}\times\left(-\frac{7}{6}\right)$ 〔宮崎〕

(3) $(-15)\times123\times(-2)$ (4) $\left(-\frac{2}{3}\right)\times\left(-\frac{6}{5}\right)\times\left(+\frac{5}{2}\right)\times\left(-\frac{1}{4}\right)$

別冊解答 p.1

★★★ p.22 1

例題 8 累乗と指数

次の問いに答えなさい。

(1) 次の累乗(るいじょう)の計算をしなさい。

❶ $(-7)^2$　❷ -7^2　❸ 2^5　❹ $\left(-\dfrac{5}{4}\right)^3$

(2) 次の計算をしなさい。

❶ $(-0.1)^2\times(-1)^3$　❷ $2\times(-5)^2$ 〔石川〕

❸ $-4^2\times\dfrac{3}{8}$ 〔高知〕　❹ $2^3\times\left(-\dfrac{3}{4}\right)$ 〔長野〕

累乗a^n(aのn乗)は，数aをn個かけたもの ⟹ $a^n=\underbrace{a\times a\times\cdots\times a}_{n個}$

解き方と答え

(1)❶ $(-7)^2$は，負の数-7を2個かけたものだから，

$(-7)^2=\underbrace{(-7)\times(-7)}_{2個}=49$

❷ -7^2は正の数7を2個かけたものに負の符号$-$をつけたものだから，$-7^2=-(7\times7)=-49$

❸ $2^5=\underbrace{2\times2\times2\times2\times2}_{5個}=32$

❹ $\left(-\dfrac{5}{4}\right)^3=\left(-\dfrac{5}{4}\right)\times\left(-\dfrac{5}{4}\right)\times\left(-\dfrac{5}{4}\right)$ 　← $\left(-\dfrac{5}{4}\right)$を3個かける

$=-\left(\dfrac{5}{4}\times\dfrac{5}{4}\times\dfrac{5}{4}\right)=-\dfrac{125}{64}$

(2)❶ $(-0.1)^2\times(-1)^3=\{(-0.1)\times(-0.1)\}\times\{(-1)\times(-1)\times(-1)\}$

$=0.01\times(-1)=-0.01$

❷ $2\times(-5)^2=2\times\{(-5)\times(-5)\}=2\times25=50$

❸ $-4^2\times\dfrac{3}{8}=-(4\times4)\times\dfrac{3}{8}=-\overset{2}{\cancel{16}}\times\dfrac{3}{\underset{1}{\cancel{8}}}=-6$

↑ 4^2に負の符号をつけたもの

❹ $2^3\times\left(-\dfrac{3}{4}\right)=(2\times2\times2)\times\left(-\dfrac{3}{4}\right)=\overset{2}{\cancel{8}}\times\left(-\dfrac{3}{\underset{1}{\cancel{4}}}\right)=-6$

用語

累乗と平方・立方

4×4を4^2と表し4の2乗，$5\times5\times5$を5^3と表し5の3乗という。2乗を平方(へいほう)，3乗を立方(りっぽう)ともいう。

豆知識

ユニークな平方・立方

- $(8+1)^2=81$
- $(5+1+2)^3=512$
- $(1+9+6+8+3)^3=19683$
- $(20+25)^2=2025$
- $1^3+5^3+3^3=153$
- $3^3+4^3+5^3=6^3$

注意！

似た累乗に注意！

- $(-4)^2=(-4)\times(-4)=16$
- $(-4^2)=-4^2=-(4\times4)=-16$

類題 8

別冊解答 p.2

次の計算をしなさい。

(1) $(-5)\times(-3)^2$ 〔山梨〕　(2) $-(-6^2)\times(-1)^3$

(3) $\left(-\dfrac{2}{3}\right)^4\times(-27)$　(4) $(-2)^5\times(-3^2)$

★★★ p.22 2

例題 9 2数の除法

次の計算をしなさい。

(1) $(-8)\div(-2)$ 〔兵庫〕 (2) $(-48)\div 6$ 〔岡山〕

(3) $\left(-\frac{5}{6}\right)\div\left(-\frac{2}{3}\right)$ 〔愛媛〕 (4) $\frac{1}{3}\div(-0.24)$

解き方のコツ 除法は，わる数の逆数をかけることで，乗法になおすことができる。

解き方と答え

(1) 同符号の2数の商の符号は ＋

$(-8)\div(-2)=+(8\div 2)=4$

（絶対値の商／同符号の商は＋）

(2) 異符号の2数の商の符号は －

$(-48)\div 6=(-48)\div(+6)=-(48\div 6)=-8$

（異符号の商は－）

(3) 負の分数 $-\frac{2}{3}$ の逆数は，分母と分子を入れかえた $-\frac{3}{2}$ だから，

$\left(-\frac{5}{6}\right)\div\left(-\frac{2}{3}\right)=\left(-\frac{5}{6}\right)\times\left(-\frac{3}{2}\right)=+\left(\frac{5}{\underset{2}{\cancel{6}}}\times\frac{\overset{1}{\cancel{3}}}{2}\right)=\frac{5}{4}$

（逆数をかける）

(4) 負の小数 -0.24 の逆数は $-\frac{25}{6}$ だから，

$\frac{1}{3}\div(-0.24)=\frac{1}{3}\times\left(-\frac{25}{6}\right)=-\left(\frac{1}{3}\times\frac{25}{6}\right)=-\frac{25}{18}$

くわしく 2数の積や商

乗法と除法は，計算方法や答えの符号の決め方が同じである。これは除法が乗法になおせるからである。

用語 逆数

2つの数の積が1のとき，一方の数を他方の数の逆数という。

例 ・$\frac{3}{5}$ の逆数は $\frac{5}{3}$

・6の逆数は $\frac{1}{6}$

注意！ 負の小数の逆数

(4) -0.24 の逆数は，まず -0.24 を分数になおして，$-\frac{24}{100}=-\frac{6}{25}$ より，$-\frac{25}{6}$ である。符号まで逆にして，$\frac{25}{6}$ としないこと。

類題 9

次の計算をしなさい。

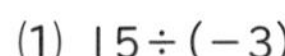

(1) $15\div(-3)$ 〔奈良〕 (2) $-\frac{1}{5}\div(-1.5)$

(3) $24\div\left(-\frac{3}{4}\right)$ 〔山梨〕 (4) $\left(-\frac{5}{4}\right)\div\frac{15}{8}$ 〔宮崎〕

別冊解答 p.2

★★★ ⮌ p.22 3

例題 10 乗除の混じった計算

次の計算をしなさい。

(1) $9\div(-6)\times 2$ 〔島根〕 (2) $-5\times\left(-\frac{1}{15}\right)\div\frac{7}{9}$

(3) $0.75\div(-0.9)\times(-6)\div\frac{3}{8}$ (4) $(-4)^3\times(-2^3)\div(-8)^2$

乗除の混じった式の答えの符号は，－の個数が｛偶数個のとき，＋ 奇数個のとき，－

解き方と答え

(1) $9\div(-6)\times 2$

$=9\times\left(-\frac{1}{6}\right)\times 2$ （除法を乗法になおす）

$=-\left(9\times\frac{1}{6}\times 2\right)$ （符号を決める）（絶対値を計算する）

$=-3$

(2) $-5\times\left(-\frac{1}{15}\right)\div\frac{7}{9}$

$=-5\times\left(-\frac{1}{15}\right)\times\frac{9}{7}$

$=+\left(5\times\frac{1}{15}\times\frac{9}{7}\right)$

$=\frac{3}{7}$

(3) 小数を分数になおして計算する。

$0.75\div(-0.9)\times(-6)\div\frac{3}{8}=\frac{3}{4}\div\left(-\frac{9}{10}\right)\times(-6)\div\frac{3}{8}$

$=\frac{3}{4}\times\left(-\frac{10}{9}\right)\times(-6)\times\frac{8}{3}=+\left(\frac{3}{4}\times\frac{10}{9}\times 6\times\frac{8}{3}\right)=\frac{40}{3}$

(4) 累乗（るいじょう）の計算を先にする。

$(-4)^3=(-4)\times(-4)\times(-4)=-64$

$(-2^3)=-(2\times 2\times 2)=-8$,

$(-8)^2=(-8)\times(-8)=64$ だから，

$(-4)^3\times(-2^3)\div(-8)^2=-64\times(-8)\div 64$

$=+\left(64\times 8\times\frac{1}{64}\right)=8$

注意！ 計算法則は除法には使えない

(1)を $9\div\underline{(-6)\times 2}$

$=9\div\underline{(-12)}$

$=-\frac{3}{4}$

としてはいけない。

注意！ 指数と負の符号－

(4) $(-4)^3\times(-2^3)\div(-8)^2$ では，－が3個あるから，答えの符号は－と思ったら大まちがい！

実際は，－が全部で3＋1＋2＝6(個)あるので，答えの符号は＋になる。

類題 10  別冊解答 p.2

次の計算をしなさい。

(1) $3\div\left(-\frac{3}{4}\right)\times(-2)$ 〔宮城〕 (2) $-0.5\div\left(-\frac{1}{5}\right)\times\left(-\frac{2}{3}\right)\div\frac{5}{24}$

(3) $\left(-\frac{4}{3}\right)^2\div(-2)^2$ 〔愛知〕 (4) $-3^2\times(-6)\div(-2)^3\div\left(-\frac{1}{2}\right)^2$

4 四則計算，正負の数の利用

p.27 ～ 31

❶ 四則の混じった計算をミスなくできるようにしよう。
❷ 分配法則の意味を理解し，分配法則を利用した計算ができるようにしよう。
❸ 正負の数を利用して，平均などの計算が簡単にできるようにしよう。

要点整理

1 四則の混じった計算，数の範囲と四則

➡例題 11

▶加法，減法，乗法，除法をまとめて四則という。

▶四則計算は次の順にする。
① **累乗やかっこの中**の計算をする。
② **乗法・除法**の計算をする。
③ **加法・減法**の計算をする。

例 $-7+5\times\{(-2)^2-8\}$ ①
$=-7+5\times(-4)$ ②
$=-7-20$ ③
$=-27$

▶右の表は，自然数の集合（{1, 2, 3, 4, …}），整数の集合（{…－1, 0, 1, 2, …}），数全体の集合の中で，四則を考えたもので，計算がいつでもできる場合に○をつけている。（ただし，除法では，0でわる場合を除く。）

数の集合＼計算	加法	減法	乗法	除法
自然数	○	× (例)3－5	○	× (例)3÷5
整数	○	○	○	× (例)(－2)÷6
数全体	○	○	○	○

2 分配法則

➡例題 12

▶ $a\times(b+c)=a\times b+a\times c$　▶ $(b+c)\times a=b\times a+c\times a$

▶ $a\times b+a\times c=a\times(b+c)$ と逆向きに使うことが多い。

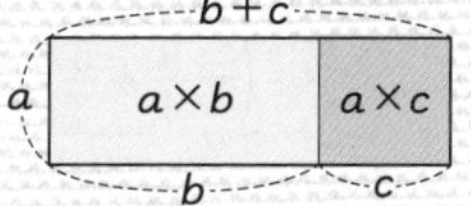

例 $-17\times3.14+7\times3.14=(-17+7)\times3.14=-10\times3.14=-31.4$ のように分配法則を利用すると，計算が簡単になることが多い。

3 仮の平均の利用，正負の数の利用

➡例題 13，14

▶いろいろな数量では，基準を決めて，その基準との差を正負の数で表すことができる。**基準より大きければ＋，小さければ－の符号をつける。**

▶平均を求めるとき，ある数を基準（仮の平均という）として，基準との差の平均を使って求めることができる。n個の数量の平均は，

基準＋基準との差の平均＝基準＋$\dfrac{\text{基準との差の合計}}{n}$ で求められる。

例 A，Bの身長

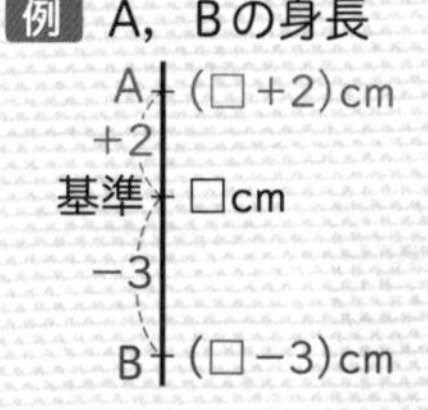

★★★ p.27 1

例題 11 四則の混じった計算

次の計算をしなさい。

(1) $(-9)\div(-3)+5\times(-7)$ 〔大阪〕 (2) $2-6\times(3-5)$ 〔秋田〕

(3) $(-2)^3-(-3^2)\times(-4)$ 〔京都〕 (4) $\frac{5}{6}+\left\{-\left(-\frac{3}{2}\right)^2+\left(2-\frac{1}{3}\right)\right\}$

①累乗(るいじょう)・かっこの中の計算→②乗除の計算→③加減の計算 の順にしよう。

解き方と答え

(1) $(-9)\div(-3)+5\times(-7)$ (除法, 乗法) ②

$=3+(-35)$ ③

$=-32$

(2) $2-6\times(3-5)$ (かっこの中) ①

$=2-6\times(-2)$ (乗法) ②

$=2+12$ ③

$=14$

(3) $(-2)^3-(-3^2)\times(-4)$

$=(-8)-(-9)\times(-4)$

$=-8-36$

$=-44$

> $(-2)^3=(-2)\times(-2)\times(-2)$
> $=-8$
> $(-3^2)=\{-(3\times3)\}=(-9)$

(4) { }の中の( )から先に計算する。
({ } ← 中かっこと読む　( ) ← 小かっこと読む)

$\frac{5}{6}+\left\{-\left(-\frac{3}{2}\right)^2+\left(2-\frac{1}{3}\right)\right\}$

$=\frac{5}{6}+\left(-\frac{9}{4}+\frac{5}{3}\right)$

← ( )をはずしたあとの{ }は( )にする

$=\frac{5}{6}+\left(-\frac{27}{12}+\frac{20}{12}\right)$

$=\frac{5}{6}+\left(-\frac{7}{12}\right)$

$=\frac{10}{12}-\frac{7}{12}=\frac{3}{12}=\frac{1}{4}$

> $\left(-\frac{3}{2}\right)^2=\left(-\frac{3}{2}\right)\times\left(-\frac{3}{2}\right)$
> $=\frac{9}{4}$

くわしく －は「負の符号」？それとも「減法の記号」？

(2)6の前の－を「負の符号」として計算している。
この－を「減法の記号」として計算すると，
$2-6\times(3-5)$
$=2-6\times(-2)$
$=2-(-12)$
$=2+12$
$=14$ となり，どちらで考えても計算結果は変わらない。
(3) $-(-3^2)$の，(-3^2)の前の－は，「減法の記号」としたほうが計算ミスを防ぐことができる。
このように，問題によって，使い分けよう。

類題 11

次の計算をしなさい。

(1) $-12+2\times(-5)$ 〔岐阜〕 (2) $(-2)^3\div4-3^2$ 〔大分〕

(3) $-6^2\div\left(-\frac{3}{2}\right)^3-(-5)^2\times\frac{4}{15}$ (4) $\{4-(-2)\}\div(-3)-\left\{1-\left(-\frac{1}{2}\right)\right\}\times(-4)$ 〔東京電機大高〕

別冊解答 p.2

★★★ p.27 2

例題 12 分配法則

分配法則を利用して，次の計算をしなさい。

(1) $\left(\frac{1}{4}-\frac{1}{3}\right)\times 12$ 〔香川〕 (2) $(-6)\times\left(\frac{3}{2}-\frac{4}{3}\right)$

(3) $1.76\times 53-1.76\times 153$ (4) $102\times(-72)$

分配法則 $a\times(b+c)=a\times b+a\times c$，$a\times b+a\times c=a\times(b+c)$ を利用しよう。

解き方と答え

(1) $\left(\frac{1}{4}-\frac{1}{3}\right)\times 12=\frac{1}{4}\times 12-\frac{1}{3}\times 12$

$=3-4=-1$

(2) $(-6)\times\left(\frac{3}{2}-\frac{4}{3}\right)=(-6)\times\frac{3}{2}+(-6)\times\left(-\frac{4}{3}\right)$ ①，②で符号を決める

$=-\left(6\times\frac{3}{2}\right)+\left(6\times\frac{4}{3}\right)$

$=-9+8=-1$

(3) $1.76\times 53-1.76\times 153=1.76\times(53-153)$ かっこの中を先に計算する

$=1.76\times(-100)$

$=-176$

(4) $102\times(-72)=(100+2)\times(-72)$

$=100\times(-72)+2\times(-72)$ 分配法則 $(b+c)\times a=b\times a+c\times a$ を利用する

$=-7200-144$

$=-7344$

注意！ うしろの項にもかけ忘れないように！

$a\times(b+c)=a\times b+c$ とまちがえやすいので注意しよう。

例 $5\times\left(\frac{3}{5}+1\right)$ は，

× $5\times\frac{3}{5}+1=3+1=4$

○ $5\times\frac{3}{5}+5\times 1=3+5=8$

参考 分配法則は除法でも使える

$(a+b)\div c=a\div c+b\div c$

例 $-143\div 13-247\div 13$

$=(-143-247)\div 13$

$=-390\div 13$

$=-30$

類題 12 別冊解答 p.2

分配法則を利用して，次の計算をしなさい。

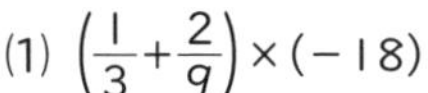

(1) $\left(\frac{1}{3}+\frac{2}{9}\right)\times(-18)$ 〔山梨〕 (2) $(-24)\times\left(\frac{2}{3}-\frac{3}{4}\right)$

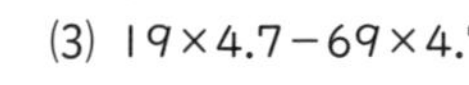

(3) $19\times 4.7-69\times 4.7$ (4) $98\times(-43)$

★★★ ⮌ p.27 3

例題 13 仮の平均の利用

右の表は，のぞみさんの５教科のテストの得点を，数学の得点を基準にして，基準との差を正負の数で表したものである。数学の得点は78点であった。

教科	国語	社会	数学	理科	英語
数学との差(点)	−8	+12	0	−6	+14

(1) 社会と理科の得点をそれぞれ求めなさい。

(2) 得点が最も高い教科と得点が最も低い教科の得点の差を求めなさい。

(3) ５教科の平均点を求めなさい。

(3) **５教科の平均点＝数学の得点＋数学との差の平均 を利用しよう。**
（数学の得点 ← 基準，数学との差の平均 ← 基準との差の平均）

解き方と答え

(1) 社会の得点＝数学の得点＋12 より，
社会の得点は，78＋12＝90(点)
理科の得点＝数学の得点−6 より，
理科の得点は，78−6＝72(点)

(2) 表から，得点が最も高い教科は＋14点の英語で，得点が最も低い教科は−8点の国語である。
よって，その差は，(＋14)−(−8)＝14＋8＝22(点)

(3) 5教科の平均点は，

$$78+\frac{-8+12+0-6+14}{5}$$
$$=78+\frac{12}{5}$$
$$=78+2.4=80.4(点)$$

くわしく 仮の平均を利用した平均の求め方

いくつかの数量(データ)があるとき，ある数を基準(これを仮の平均という)にして，基準との差の平均を求めると，

平均＝基準＋基準との差の平均

で求められる。

仮の平均を使うと，実際の値(例題では数学以外の得点)を求める必要がなく，計算が簡単になる。

類題 13 別冊解答 p.3

右の表は，A～Eの５人の数学のテストの得点を，70点を基準にして，基準との差を正負の数で表したものである。

生徒	A	B	C	D	E
基準との差(点)	−12	+8	−7	−10	+16

(1) Cの得点を求めなさい。

(2) 得点が最も高い人と最も低い人の差を求めなさい。

(3) ５人の平均点を求めなさい。

★★★ ⤴ p.27 3

例題 14 正負の数の利用

次の問いに答えなさい。

(1) 硬貨を投げて，表が出たら＋2点，裏が出たら－3点が得点になるゲームをした。硬貨を5回投げたとする。

❶ 硬貨を投げた結果が，表，裏，裏，表，裏のとき，得点の合計は何点ですか。

❷ 得点の合計が＋5点になるのは，表と裏がそれぞれ何回出たときですか。

(2) 右の表のマス目には，縦，横，ななめに並ぶ3つの数の和がすべて等しくなるように，それぞれ数字が入る。表中のa，bにあてはまる数字を求めなさい。〔群馬〕

a	−3	4
3	1	
b		

(1) **得点＝(＋2)×表の回数＋(－3)×裏の回数 で求められる。**

解き方と答え

(1)❶ 表が2回，裏が3回出たので，
$(+2)\times2+(-3)\times3=4-9=-5$(点)

❷ 5回とも表が出たとすると，$(+2)\times5=+10$(点)
1回裏が出ると，$(+2)-(-3)=5$(点)ずつ減るので，合計が＋5点になるのは，
裏が1回，表は，$5-1=4$(回)

(2) 縦，横，ななめの和は等しいから，
$\underline{a+3+b}=\underline{a+(-3)+4}$ より，$a+b+3=a+1$…㋐
（↑縦左列　↑横上段）
$\underline{a+3+b}=\underline{b+1+4}$ より，$a+b+3=b+5$…㋑
（↑縦左列　↑ななめ）
㋐より，$b+3=1$　$b=-2$
㋑より，$a+3=5$　$a=2$

豆知識 3次の魔方陣

4	9	2
3	5	7
8	1	6

右の表のように，1から9までのすべての整数を3行3列のます目に入れ，縦，横，ななめの和がすべて等しくなるものを，3次の魔方陣(まほうじん)という。中国では，古くから3次の魔方陣が知られていた。3次の魔方陣は，回す・裏返すなどを除けば1種類しかできない事がわかっている。(2)の魔方陣は，上の魔方陣の各数から4をひいて回したものである。

類題 14 別冊解答 p.3

右の表は，A，B，C，Dの4人が，10問のクイズに答えたときの正解数，不正解数を示したものである。クイズ1問につき，正解のときは1点，不正解のときは－1点を得点とするとき，この4人の得点の平均を求めなさい。〔鹿児島〕

	A	B	C	D
正解数	3	9	4	8
不正解数	7	1	6	2

章末問題 A

→別冊解答 p.3

1 次の問いに答えなさい。

例題 1 2

(1) -5 より大きい負の整数を1つ書きなさい。〔長野〕

(2) $-1.98 < x < \frac{9}{4}$ を満たす整数 x を，小さい順にすべて書きなさい。〔群馬〕

(3) 絶対値が $\frac{7}{3}$ より小さい整数をすべて書きなさい。〔鹿児島〕

(4) 次の数の大小を，不等号を使って表しなさい。

$-\frac{1}{3}$，$-\frac{2}{9}$，-0.3，$-\frac{1}{4}$

2 次の計算をしなさい。

例題 3 5 8 10

(1) $5+(-7)$ 〔宮城〕

(2) $1.2-(-2.3)$ 〔大阪〕

(3) $\left(-\frac{5}{6}\right)+\frac{2}{9}$ 〔愛媛〕

(4) $-\frac{1}{7}+\frac{2}{5}$ 〔神奈川〕

(5) $(-6)\times(-2)^3$

(6) $-54\div(-3)^2$

(7) $(-2^3)\div2\times(-5)$

(8) $\left(-\frac{3}{2}\right)^2\div\frac{27}{8}$ 〔愛知〕

3 次の計算をしなさい。

例題 6 11 12

(1) $1+(-5)-(-2)$ 〔香川〕

(2) $-3^2-(-3)^2$ 〔大分〕

(3) $-2^2\times3-3\times(-6)$ 〔茨城〕

(4) $(-2)^3+5\times(-7)$ 〔青森〕

(5) $\left(\frac{2}{3}-\frac{3}{4}\right)\div\frac{1}{3}$ 〔山形〕

(6) $\frac{16}{7}\times\left(\frac{5}{4}-3\right)$ 〔愛知〕

(7) $\left(\frac{2}{5}-3\right)\times10+19$ 〔京都〕

(8) $\frac{2}{3}-\frac{7}{10}\div\left(-\frac{7}{15}\right)$ 〔茨城〕

(9) $(-3)^2\times(-2)-6\times(-2^2)$ 〔大阪〕

(10) $\left(2-\frac{2}{3}\right)\times\left(-\frac{3}{2}\right)^2$ 〔都立産業技術高専〕

4 右の表は，ある自動車工場の1月から5月までの生産台数を，3月を基準にして表したものである。3月より生産台数の多かった月は正の数，3月より生産台数の少なかった月は負の数で表してある。3月の生産台数は1200台であった。

例題 13

月	1月	2月	3月	4月	5月
生産台数(台)	+20	−80	0	−70	+30

(1) 2月の生産台数を求めなさい。

(2) 1月から5月までの，生産台数の平均を求めなさい。

章末問題 B

→別冊解答 p.3～5

5 次の計算をしなさい。

例題 11

(1) $-3^2\div\left(-\frac{3}{5}\right)+2^3\times\frac{9}{6}$ 〔国立高専〕

(2) $\left\{-1-\frac{3}{2^2}\times\left(1-\frac{1}{3}\right)\right\}^2\div0.25$

(3) $15\times\left(-\frac{1}{2}\right)^2+(-2^2)\times\frac{7}{10}$ 〔洛南高〕

(4) $-3^2+\left(\frac{1}{2}-\frac{1}{3}\right)\div\left(-\frac{1}{3}\right)^2$ 〔明治学院高〕

(5) $\{(-2)^3-3\times(-4)\}\div\left(\frac{1}{2}-1\right)^2$ 〔青雲高〕

(6) $-2^2\times(1-0.5^2)+\frac{3}{8}-\frac{5}{6}\div\left(-\frac{4}{3}\right)$ 〔日本大習志野高〕

(7) $\left(-\frac{2}{3}\right)^3-2\times\left(-\frac{2^2}{3}\right)+(-3)^3\times5\div3^4$ 〔東邦大付属東邦高〕

(8) $\left(-\frac{3}{2}\right)^2\div\left(-\frac{3}{4}\right)^3-\frac{4}{3}\times\left\{1-\left(-\frac{3}{2}\right)^2\right\}$ 〔法政大高〕

(9) $\left\{-2^3\times2\frac{1}{6}-\left(-\frac{7}{3}\right)\right\}\div\left(-\frac{3}{2}\right)^3$ 〔立命館高〕

(10) $\left(\frac{1}{3}-\frac{1}{4}\right)\div\left\{\left(\frac{1}{5}-\frac{1}{6}\right)\times\left(\frac{1}{7}-\frac{1}{8}\right)\right\}$ 〔函館ラ・サール高〕

6 $(-2)^3\times\frac{1}{3}-3^2\div(-6)\times\square=\frac{1}{3}$ であるとき，$\square$にあてはまる数を答えなさい。 〔明治学院高〕

例題 11

7 1から9までの9個の整数の中から3個選ぶとき，どの2つの差も絶対値が3以上となるような選び方は何通りありますか。 〔大阪星光学院高〕

例題 2

8 右の表は，ある地点での4月1日から4月5日における，それぞれの日の最高気温についてまとめたものである。「前日との差(℃)」には，当日と前日の最高気温を比べ，その差を当日の方が高い場合は正の数，低い場合は負の数で表している。［ア］にあてはまる数を求めなさい。 〔山口〕

例題 13

月 日	4月1日	4月2日	4月3日	4月4日	4月5日
最高気温(℃)	ア	□	□	20	21
前日との差(℃)		+2	−3	+2	+1

チャレンジ

9 A，Bの2人が，勝つと+5点，負けると−3点を得点とするゲームをした。ただし，引き分けはないものとする。

例題 14

(1) Aは6回勝ち，得点の合計は−3点であった。Aは何回負けたか，求めなさい。

(2) 何回かゲームをして，A，Bの得点の合計はそれぞれ1点，41点であった。ゲームは何回したか，求めなさい。

5 文字を使った式

p.34 ~ 36

❶ 文字式の表し方のきまりを覚えよう。
❷ 商は積でも表せることを理解しよう。
❸ 四則の混じった文字式では順序に気をつけよう。

要点整理

1 文字式で表すときのきまり

➡例題 15, 16

▶数量を文字を使って表した式を文字式（もじしき）という。

▶文字を使った式で，積や商を表すとき，次のようなきまりがある。

㋐ かけ算の記号×は，**はぶいて書く。** 例 $x\times y=xy$

㋑ 文字と数の積では，**数を文字の前に書く。** 例 $x\times 5=5x$

㋒ 文字と文字の積では，**ふつうアルファベット順に書く。** 例 $a\times c\times b=abc$

㋓ 同じ文字の積は，**累乗（るいじょう）の指数を使って書く。** 例 $a\times a\times a=a^3$

㋔ 1や−1と文字との積は，**1をはぶいて書く。** 例 $1\times a=a$, $(-1)\times a=-a$
ただし，$0.1\times a$は$0.a$とは書かずに，**$0.1a$と書く。**

㋕ わり算は，記号÷を使わずに，**分数の形で書く。** 例 $a\div b=\frac{a}{b}$

▶商を表すときには，次のことに注意する。

㋐ $a\div 3$は$a\times\frac{1}{3}$であるから，$\frac{a}{3}$は$\frac{1}{3}a$と書いてもよい。

㋑ $(a+b)\div 6$は$\frac{a+b}{6}$と表し，かっこをはぶく。または，$\frac{1}{6}(a+b)$と書いてもよい。

㋒ $\frac{4x}{5}$は$\frac{4}{5}x$と書いてもよい。$x\div(-7)$は$-\frac{x}{7}$のように符号は分数の前に書く。

2 四則の混じった文字式の表し方

➡例題 16

▶文字a，b，cによる乗除は**除法を乗法になおして**文字式に表す。

㋐ $a\times b\div c=a\times b\times\frac{1}{c}=\frac{ab}{c}$

㋑ $a\div b\times c=a\times\frac{1}{b}\times c=\frac{ac}{b}$

㋒ $a\div b\div c=a\times\frac{1}{b}\times\frac{1}{c}=\frac{a}{bc}$

㋓ $a\div(b\div c)=a\div\frac{b}{c}=a\times\frac{c}{b}=\frac{ac}{b}$

▶四則のある文字式では，×や÷ははぶいて書くが，**+や−ははぶいてはいけない。**

例 $2\times a+(b+c)\div 5=2a+\frac{b+c}{5}$は，$2a$や$\frac{b+c}{5}$をひとまとまりとして考える。

★★★

⮌ p.34 1

例題 15 積の表し方

次の問いに答えなさい。

(1) 次の式を，文字式の表し方にしたがって書きなさい。

❶ $x\times 9$　❷ $b\times(-1)\times a$　❸ $x\times x\times(-3)$

❹ $a\times a\times a\times b\times b$　❺ $(a+b)\times\left(-\frac{1}{5}\right)\times(a+b)$

(2) 次の式を，記号 × を使って表しなさい。

❶ $8ab$　❷ $-6x^2y^3$　❸ $-a(x+y)$

積の表し方 ⟹ ①×をはぶく。　②数を文字の前に書く。
③同じ文字の積は累乗(るいじょう)の形に書く。

解き方と答え

(1)❶ 数は文字の前に書く。$x\times 9=9x$

❷ −1の1ははぶく。
また，文字はアルファベット順に書く。
$b\times(-1)\times a=-ab$

❸〜❺ 同じ文字の積は，累乗の指数を使って書く。

❸ $x\times x\times(-3)=-3x^2$
数を前に書く。(　)は不要

❹ $a\times a\times a\times b\times b=a^3b^2$

❺ $(a+b)\times\left(-\frac{1}{5}\right)\times(a+b)=-\frac{1}{5}(a+b)^2$
かっこの中の式は１つの文字と考える

(2)❶ $8ab=8\times a\times b$

❷ $-6x^2y^3=-6\times x\times x\times y\times y\times y$

❸ $-a(x+y)=-1\times a\times(x+y)$

注意！ 分数の表し方

(1)❺ $-\frac{(a+b)^2}{5}$ でもよいが，$-\frac{1(a+b)^2}{5}$ は正しくない。

別解 表す順番は？

(2)❶ $a\times 8\times b$，$b\times a\times 8$ などでもよい。

❷ $x\times y\times(-6)\times y\times x\times y$ などでもよい。

❸ $(-1)\times(x+y)\times a$ などでもよい。ただし，$-a\times(x+y)$ は正しくない。

以上のように表し方はいろいろあるが，あえて表す順番をかえる必要はない。

別冊解答 p.5

次の問いに答えなさい。

(1) 次の式を，文字式の表し方にしたがって書きなさい。

❶ $a\times(-3)\times b$　❷ $y\times 1\times x$　❸ $a\times a\times a\times a\times a$

❹ $(a+b)\times(-0.1)\times(a+b)$　❺ $x\times x\times x\times(-12)\times y\times y\times z$

(2) 次の式を，記号 × を使って表しなさい。

❶ $-\frac{1}{4}x^2y$　❷ $7(x+y)^3$

★★★ p.34 1, 2

例題 16 商，四則の混じった文字式の表し方

次の問いに答えなさい。

(1) 次の式を，文字式の表し方にしたがって書きなさい。

❶ $x \div 4$　❷ $5 \div a \div b$　❸ $(x+y) \div (-3)$

(2) 次の式を，文字式の表し方にしたがって書きなさい。

❶ $a+b \times (-3)$　❷ $6 \div a - b \div 7$　❸ $x \times (-2) \times x \div y + x \times 1$

(3) 次の式を，記号×，÷を使って表しなさい。

❶ $300+9xy$　❷ $\dfrac{2(a+b)}{3}-\dfrac{c^2}{5}$

(2) 記号×ははぶき，÷は分数の形で表して，それらをひとまとまりの文字として考えよう。＋や－ははぶけない。

解き方と答え

(1) 商を表すとき，わる数を分母にした分数にする。

❶ $x \div 4 = \dfrac{x}{4}$

❷ $5 \div a \div b = \dfrac{5}{a} \div b = \dfrac{5}{ab}$

❸ $(x+y) \div (-3) = \dfrac{x+y}{-3} = -\dfrac{x+y}{3}$

（分子のかっこははぶく／－は分数の前に書く）

(2) 記号×ははぶき，わり算は分数の形にして書く。

❶ $a+b \times (-3) = a-3b$

❷ $6 \div a - b \div 7 = \dfrac{6}{a} - \dfrac{b}{7}$ （$\dfrac{6}{a} - \dfrac{1}{7}b$でもよい。）

❸ $x \times (-2) \times x \div y + x \times 1 = \dfrac{(-2) \times x \times x}{y} + x = -\dfrac{2x^2}{y} + x$

(3)❶ $300+9xy = 300+9 \times x \times y$

❷ $\dfrac{2(a+b)}{3} - \dfrac{c^2}{5} = 2 \times (a+b) \div 3 - c \times c \div 5$

別解 除法を乗法にする

(1)❷ $5 \div a \div b = 5 \times \dfrac{1}{a} \times \dfrac{1}{b}$

$= \dfrac{5}{ab}$

❸ $(x+y) \div (-3)$

$= (x+y) \times \left(-\dfrac{1}{3}\right)$

$= -\dfrac{1}{3}(x+y)$

注意！ 帯分数にしない！

$3x \div 2 = \dfrac{3}{2}x$と書くことができる。このとき，$\dfrac{3}{2}$を$1\dfrac{1}{2}$にして，$1\dfrac{1}{2}x$とはしない。$1\dfrac{1}{2}x = 1 \times \dfrac{1}{2} \times x = \dfrac{1}{2}x$とまちがわれるからである。仮分数のままにしておこう。

類題 16 別冊解答 p.5

次の問いに答えなさい。

(1) 次の式を，文字式の表し方にしたがって書きなさい。

❶ $(x \times 2 + y) \div (-5)$　❷ $a \times 8 \times a - b \div (-9)$　❸ $x \div y \times x + 3 \div m \div n$

(2) 次の式を，記号×，÷を使って表しなさい。

❶ $\dfrac{m(a+b)^2}{4}$　❷ $-6x^3 + \dfrac{y}{m-n}$

6 数量の表し方

p.37 ～ 42

GOAL
❶ いろいろな数量を，文字を使って表すことができるようにしよう。
❷ 1つの式の中では，単位をそろえることに注意しよう。
❸ 速さ・割合・損益・濃度の公式を理解して覚えよう。

要点整理

1 いろいろな数量の表し方

➡例題 17～21

▶代金とおつりの表し方

㋐ **代金＝単価×個数**　㋑ **おつり＝出したお金－代金**

▶整数の表し方

㋐ 2けたの整数…十の位の数をx，一の位の数をyとするとき，2けたの整数は，$\boldsymbol{10x+y}$と表せる。

㋑ 偶数(ぐうすう)・奇数…m，nが整数のとき，偶数は$\boldsymbol{2m}$，奇数は$\boldsymbol{2n+1}$と表せる。

㋒ 倍数…nが整数のとき，3の倍数は$\boldsymbol{3n}$，5の倍数は$\boldsymbol{5n}$と表せる。

▶単位の表し方(1つの式の中では，**単位をそろえる。**)

㋐ 長さの単位　1km＝1000m，1m＝100cm　例 am＝100$a$cm

㋑ 重さの単位　1t＝1000kg，1kg＝1000g　例 xg＝$\frac{x}{1000}$kg

㋒ 時間の単位　1時間＝60分，1分＝60秒　例 t分＝60t秒

▶速さ・時間・道のりの関係

㋐ **道のり＝速さ×時間**　㋑ **速さ＝$\frac{\text{道のり}}{\text{時間}}$**　㋒ **時間＝$\frac{\text{道のり}}{\text{速さ}}$**

例 時速$x$kmで40分進んだときの道のりは，時間(分)を「時間」の単位にそろえて，40分＝$\frac{40}{60}$時間 だから，$x\times\frac{40}{60}=\frac{2}{3}x$(km)

▶割合の表し方

㋐ **比べる量＝もとにする量×割合**　㋑ **割合＝$\frac{\text{比べる量}}{\text{もとにする量}}$**

▶損益の表し方

㋐ **定価＝原価×(1＋利益の割合)**　㋑ **売値＝定価×(1－割引の割合)**

▶濃度(のうど)の表し方

㋐ **濃度(%)＝$\frac{\text{食塩の重さ}}{\text{食塩水の重さ}}$×100**　㋑ **食塩の重さ＝食塩水の重さ×$\frac{\text{濃度(\%)}}{100}$**

例 3%の食塩水xgに溶(と)けている食塩の重さは，$x\times\frac{3}{100}=\frac{3}{100}x$(g)

★★★ p.37 1

例題 17 代金，整数の表し方

次の数量を式で表しなさい。

(1) 2000円を出して，1個450円のケーキをx個買ったときのおつり

↑以後すべてお金に関する問題は消費税は考えないものとする

(2) 1個a円のりんご3個と1個b円のみかん5個の合計の代金

(3) 十の位がa，一の位がbである2けたの自然数 〔沖縄〕

(4) 連続する3つの整数の中央の整数をnとするとき，残りの2つの整数

(1)～(3) 文章をことばの式に表して，文字や数をあてはめていこう。

解き方と答え

(1) **代金＝単価×個数** だから，1個450円のケーキx個の代金は，$450x$円

おつり＝出したお金－代金 より，$(2000-450x)$円

(2) **りんごの代金＋みかんの代金＝合計の代金** だから，

$a\times3+b\times5=3a+5b$

よって，代金は，$(3a+5b)$円

(3) 2けたの自然数は，

10×十の位の数＋1×一の位の数 と表されるから，

$10\times a+1\times b=10a+b$

(4) 1ずつ増加(減少)する整数を**連続する整数**という。

例えば，12，13，14は，連続する3つの整数である。
（+1　+1）

中央の整数をnとするとき，

一番小さい整数は中央の整数より1小さいから，$n-1$，

一番大きい整数は中央の整数より1大きいから，$n+1$

注意！

文字式への単位のつけ方

加減のある文字式での単位のつけ方は2通りある。

(1)$(2000-450x)$円または，$2000-450x$(円)のどちらでもよい。

ただし，ケーキの代金のように積や商だけの場合は，式や単位にかっこをつけないで，そのまま$450x$円とする。

注意！ 2けたの自然数

(3) 十の位がa，一の位がbのとき，2けたの自然数をabとはしない。abは$a\times b$のことである。

類題 17

別冊解答 p.5

次の数量を式で表しなさい。

(1) 1000円を出して，1冊x円のノート2冊と1本y円の鉛筆(えんぴつ)z本買ったときのおつり

(2) 百の位の数がx，十の位の数が3，一の位の数がyである3けたの整数

(3) nを整数とする。連続する2つの奇数のうち，小さい数を$2n+1$とするとき，大きい数 〔長野〕

★★★

⤴ p.37 1

例題 18 単位の表し方

次の問いに答えなさい。

(1) 次の数量を，それぞれ〔 〕の中の単位で表しなさい。

❶ xm 〔cm〕 ❷ ag 〔kg〕 ❸ m分 〔時間〕

(2) 次の数量の和を，〔 〕の中の単位で表しなさい。

❶ am と $b$cm 〔m〕 ❷ $x$kg と yg 〔g〕 ❸ $a$cm³ と bm³ 〔L〕

解き方のコツ　**単位が異なる数量どうしの和や差を表すときは単位をそろえよう。**

解き方と答え

(1)❶ 1m＝100cm より，

$x\text{m}=x\times100\text{cm}=100x\text{cm}$

❷ 1kg＝1000g より，$1\text{g}=\dfrac{1}{1000}\text{kg}$

よって，$a\text{g}=a\times\dfrac{1}{1000}\text{kg}=\dfrac{a}{1000}\text{kg}$

❸ 1時間＝60分 より，$1\text{分}=\dfrac{1}{60}\text{時間}$

よって，$m\text{分}=m\times\dfrac{1}{60}\text{時間}=\dfrac{m}{60}\text{時間}$

(2)❶ $1\text{cm}=\dfrac{1}{100}\text{m}$ より，$b\text{cm}=\dfrac{b}{100}\text{m}$

よって，$\left(a+\dfrac{b}{100}\right)\text{m}$

❷ $x\text{kg}=1000x\text{g}$ より，$(1000x+y)\text{g}$

❸ $1000\text{cm}^3=1\text{L}$　$1\text{cm}^3=\dfrac{1}{1000}\text{L}$ より，$a\text{cm}^3=\dfrac{a}{1000}\text{L}$

$1\text{m}^3=1000\text{L}$ より，$b\text{m}^3=1000b\text{L}$

よって，$\left(\dfrac{a}{1000}+1000b\right)\text{L}$

復習 長さの単位

1mm ⇄ 1cm ⇄ 1m ⇄ 1km（右向き：10倍，100倍，1000倍／左向き：$\frac{1}{10}$倍，$\frac{1}{100}$倍，$\frac{1}{1000}$倍）

豆知識 1mと1秒の単位

19世紀末のフランスで，北極点から赤道までの長さにもとづき，メートル原器がつくられた。これが1mの長さの基準だったが，1983年に，1mの定義を「光が真空中を2億9979万2458分の1秒間に進む距離（きょり）」と改められた。

1秒は，地球の自転周期の長さにもとづき定めていたが，1967年に，1秒を「セシウム原子が91億9263万1770回振動（しんどう）する時間」と改められた。

類題 18 別冊解答 p.5

次の問いに答えなさい。

(1) 次の数量を，それぞれ〔 〕の中の単位で表しなさい。

❶ am 〔km〕 ❷ xt 〔kg〕 ❸ s秒 〔分〕

(2) 次の数量の和を，〔 〕の中の単位で表しなさい。

❶ $x$km と ym 〔m〕 ❷ at と $b$kg 〔t〕 ❸ m時間と n秒 〔分〕

(3) xm のひもから $y$cm のひもを5本切り取った。このとき，残ったひもの長さをmの単位，cmの単位でそれぞれ求めなさい。

★★★ ⮌ p.37 1

例題 19 速さの表し方

次の数量を式で表しなさい。

(1) $x$kmの道のりを時速4kmの速さで歩いたとき，かかった時間 〔富山〕

(2) 分速xmでy時間進んだときの道のり

(3) $a$kmの道のりをt時間で進んだときの時速

(4) 家からの道のりがxmの公園に向かって時速5kmで歩いている。家を出発してからy時間後の残りの道のり

道のり・速さ・時間の関係を表す公式に文字や数をあてはめていこう。道のり，速さ，時間の関係を使うときは必ず単位をそろえよう。

解き方と答え

(1) $時間=\dfrac{道のり}{速さ}=\dfrac{x}{4}$(時間)

(2) 単位を分にそろえる。

y時間$=60y$分だから，

$道のり=速さ\times時間=x\times60y=60xy$(m)

または，単位を時間にそろえて，分速xm＝時速$60x$mだから，$60x\times y=60xy$(m)としてもよい。

(3) $速さ=\dfrac{道のり}{時間}=\dfrac{a}{t}$(km/h)

(4) 長さの単位をkmにそろえる。

$x\text{m}=\dfrac{x}{1000}\text{km}$

y時間で$5y$km歩くから，残りの道のりは，

$\left(\dfrac{x}{1000}-5y\right)$km

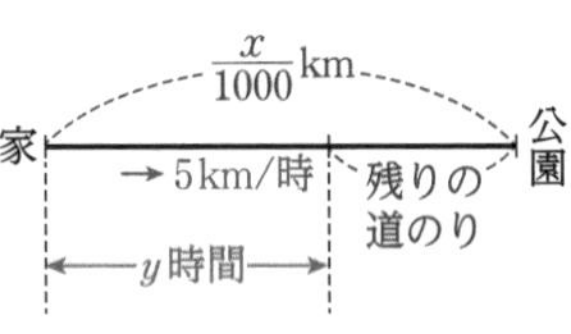

復習 速さの公式

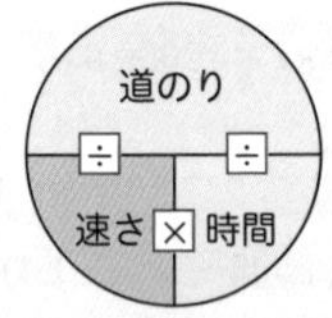

・道のり＝速さ×時間

・$速さ=\dfrac{道のり}{時間}$

・$時間=\dfrac{道のり}{速さ}$

くわしく

速さの単位の表し方

・秒速$a$cm⇨$a$cm/s

・分速bm⇨bm/min

・時速$c$km⇨$c$km/h

sはsecond(秒)，minはminute(分)，hはhour(時)を省略したもの。

類題 19 別冊解答 p.5

次の数量を式で表しなさい。

(1) 時速$a$kmで45分間進んだときの道のり

(2) 6kmの道のりをx時間歩くと，残りの道のりがymになった。このときの歩いた分速

(3) 5kmの道のりを行きは時速$a$km，帰りは時速$b$kmで歩いたとき，往復にかかった時間

★★★ ⮌ p.37 1

例題 20 割合の表し方

次の問いに答えなさい。

(1) 次の数量を式で表しなさい。

❶ a円の4割　　　❷ xgの7%

(2) ある中学校の生徒の人数はa人で，そのうち3%の生徒がバス通学をしている。このとき，バス通学をしている生徒の人数を，文字を使った式で表しなさい。〔岩手〕

(3) ある商店で，定価が1個a円の品物が定価の3割引きで売られている。この品物を10個買ったときの代金を，aを使った式で表しなさい。〔福島〕

比べる量＝もとにする量×割合 の公式に文字や数をあてはめていこう。

解き方と答え

(1)❶ 4割$=\frac{2}{5}$より，a円の4割は，$a\times\frac{2}{5}=\frac{2}{5}a$(円)

（a…もとにする量，4割…割合）

❷ $7\%=\frac{7}{100}$より，$x\times\frac{7}{100}=\frac{7}{100}x$(g)

(2) $3\%=\frac{3}{100}$より，$a\times\frac{3}{100}=\frac{3}{100}a$(人)

(3) 3割引きの売値は，$a\times\left(1-\frac{3}{10}\right)=\frac{7}{10}a$(円)

（$\frac{7}{10}a$…1個の値段）

代金＝単価×個数 より，$\frac{7}{10}a\times10=7a$(円)

復習 割合の公式

・比べる量＝もとにする量×割合

・割合＝$\dfrac{\text{比べる量}}{\text{もとにする量}}$

公式 原価・定価・売値・利益の関係

・原価x円の商品にa割増しの利益を見込んでつけた定価…$x\left(1+\frac{a}{10}\right)$円

・定価x円の商品からa割引きして売った売値…$x\left(1-\frac{a}{10}\right)$円

・利益＝売値－原価

次の問いに答えなさい。

(1) 原価x円の品物に，2割の利益を見込んでつけた定価を式で表しなさい。

(2) ある中学校では，毎年，多くの生徒が，夏に行われるボランティア活動に参加している。昨年度の参加者は男子がa人，女子がb人であった。今年度の参加者は，昨年度の男女の参加者と比べて，男子は9%増え，女子は7%減った。今年度の，男子と女子の参加者の合計をa，bを用いて表しなさい。〔静岡〕

★★★ p.37 1

例題 21 濃度の表し方

次の数量を式で表しなさい。

(1) 200gの食塩水にagの食塩がふくまれているときの濃度(のうど)

(2) xgの水に9gの食塩を混ぜてできる食塩水の濃度

(3) 7%の食塩水xgと3%の食塩水ygとを混ぜ合わせた食塩水にふくまれる食塩の重さと濃度

食塩水の濃度(%)$=\dfrac{\text{食塩の重さ}}{\text{食塩水の重さ}}\times100$ の公式に文字や数をあてはめていこう。

解き方と答え

(1) 食塩水の濃度を求める公式より，

$\dfrac{a}{200}\times100=\dfrac{a}{2}$(%)

(2) 食塩水の重さ＝水の重さ＋食塩の重さ$=x+9$(g)

だから，$\dfrac{9}{x+9}\times100=\dfrac{900}{x+9}$(%)

(3)

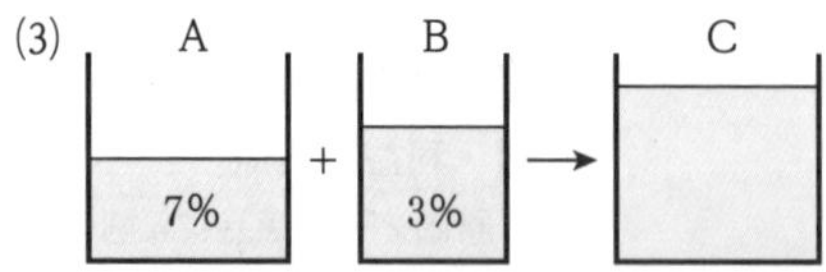

xgの食塩水　ygの食塩水　$(x+y)$gの食塩水

上の図で，それぞれの食塩水にふくまれる食塩の重さは，

A…$x\times\dfrac{7}{100}=\dfrac{7x}{100}$(g)，B…$y\times\dfrac{3}{100}=\dfrac{3y}{100}$(g)より，

C…$\dfrac{7x}{100}+\dfrac{3y}{100}=\dfrac{7x+3y}{100}$(g)

よって，Cの濃度は，$\dfrac{\frac{7x+3y}{100}}{x+y}\times100=\dfrac{7x+3y}{x+y}$(%)

注意！ 食塩水の濃度

食塩水の濃度は，食塩水全体(水＋食塩)の重さに対する食塩の重さの割合である。水の重さに対する食塩の重さの割合ではないので気をつけよう。

くわしく

食塩水A，Bを混ぜる

	A	B	A+B
食塩水の重さ(g)	x	y	$x+y$
溶けている食塩の重さ(g)	a	b	$a+b$
食塩水の濃度(%)	p	q	

$a=x\times\dfrac{p}{100}=\dfrac{px}{100}$,

$b=y\times\dfrac{q}{100}=\dfrac{qy}{100}$

類題 21

別冊解答 p.6

次の食塩水の濃度を，aとbを用いた式で表しなさい。

(1) agの水にbgの食塩を混ぜてできる食塩水の濃度

(2) 濃度a%の食塩水100gと，濃度b%の食塩水200gを混ぜ合わせてできる食塩水の濃度

〔都立墨田川高〕

7　1次式の計算

p.43 ～ 48

❶ 「項（こう）」と「係数」，「1次式」の用語の意味を理解し，覚えよう。
❷ 1次式の計算では，かっこのはずし方をまちがえないようにしよう。
❸ 1次式の四則計算を完璧（かんぺき）にできるようにしよう。

要点整理

1　項と係数，1次式の加法・減法

➡例題 22，23

▶ $4a-2b+3=4a+(-2b)+3$ という式で，加法の記号 ＋ で結ばれた $4a$，$-2b$，3をそれぞれ**項**（こう）といい，3のような数だけの項を**定数項**（ていすうこう）という。項 $4a$，$-2b$ で，4を a の**係数**（けいすう），-2 を b の係数という。

▶ $7x$ のように，文字が1つだけの項を**1次の項**（じ）という。また，1次の項だけの式，1次の項と定数項の和で表される式を**1次式**という。

例　1次の項…$-3a$，$2b$ など　1次式…$-6y$，$5a-1$，$x-8y+6$ など

▶ 1次式の加法・減法

㋐ 1次式の加法は，**文字の部分が同じ項どうし，定数項どうしを加える。**
　↑同類項という。（p.56の**1**参照）

$(3x-8)+(2x+6)=3x-8+2x+6=3x+2x-8+6=5x-2$

㋑ 1次式の減法は，**ひく式のそれぞれの符号を変えて加える。**

$(4a+7)-(6a-9)=4a+7-6a+9=4a-6a+7+9=-2a+16$

2　1次式と数の乗法・除法

➡例題 24

▶ 1次の項と数の乗除は，**係数と数の積・商を計算し，**それに文字をかける。

例　$5x\times3=(5\times3)\times x=15x$　$-6a\div2=-\frac{6a}{2}=-3a$　$8x\div\left(-\frac{2}{5}\right)=8x\times\left(-\frac{5}{2}\right)=-20x$

㋐ 1次式×数　$m(a+b)=ma+mb$　例　$-3(2x-6)=(-3)\times2x+(-3)\times(-6)=-6x+18$

㋑ 1次式÷数　$\frac{a+b}{m}=\frac{a}{m}+\frac{b}{m}$　例　$(18x-24)\div6=\frac{18x}{6}-\frac{24}{6}=3x-4$

3　1次式と四則計算，分数をふくむ式の計算

➡例題 25，26

▶ 数×1次式 の加減では，分配法則を使ってかっこをはずし，**文字の部分が同じ項どうし，定数項どうしをまとめる。**

例　$5(2a-3)-4(3a-7)=10a-15-12a+28=10a-12a-15+28=-2a+13$

▶ 分数をふくむ式の計算は，**通分**して計算する。

例　$\frac{5x-4}{3}-\frac{x+8}{2}=\frac{2(5x-4)-3(x+8)}{6}=\frac{10x-8-3x-24}{6}=\frac{7x-32}{6}$

★★★

p.43 1

例題 22 項と係数，1次式

次の問いに答えなさい。

(1) 次の式の項をいいなさい。また，文字をふくむ項の係数をいいなさい。

❶ $6-3x$　　❷ $-\frac{a}{2}-b+5$

(2) 次の計算をしなさい。

❶ $10x-7x$ 〔埼玉〕　　❷ $-5a+4a$

❸ $7x-5-3x+8$　　❹ $-9a-4+9a-8$

(2) ❶❷係数どうしを計算して，文字の前に書こう。
❸❹文字の項と定数項を別々に計算しよう。

解き方と答え

(1)❶ $6-3x=6+(-3x)$と書けるので，この式の項は，
$6,\ -3x$
xの係数は-3

❷ $-\frac{a}{2}-b+5=(-\frac{a}{2})+(-b)+5$と書けるので，この式の項は，$-\frac{a}{2},\ -b,\ 5$

$-\frac{a}{2}=-\frac{1}{2}a$だから，

aの係数は$-\frac{1}{2}$，bの係数は-1

(2) 計算法則　$mx+nx=(m+n)x$を使う。

❶ $10x-7x=(10-7)x=3x$

❷ $-5a+4a=(-5+4)a=-a$
←係数の1は書かない

❸ 文字の部分が同じ項どうし，定数項どうしを，それぞれまとめる。

$7x-5-3x+8=7x-3x-5+8=4x+3$
（$7x$と$-3x$をまとめる，-5と$+8$をまとめる）

❹ $-9a-4+9a-8=-9a+9a-4-8=-12$
←$(-9+9)a=0\times a=0$

くわしく 項は符号の前で区切ったもの

(1)❷ $-\frac{a}{2}\ |\ -b\ |\ +5$
↑項↑

くわしく 式を簡単にする

例

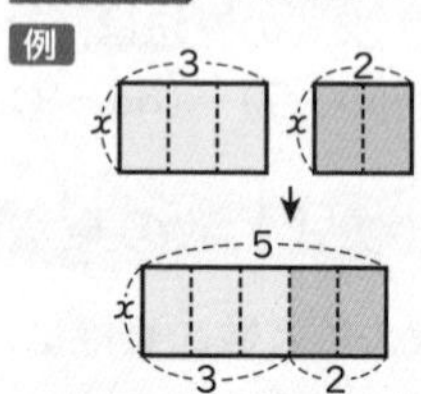

注意！

まちがえやすい計算例

・$3x-x=3$（×）
正しくは，$3x-x=2x$

・$5a-3=2a$（×）
$5a-3$はこれ以上計算できない。

類題 22

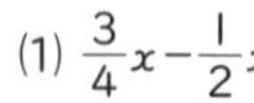
別冊解答 p.6

次の計算をしなさい。

(1) $\frac{3}{4}x-\frac{1}{2}x$ 〔栃木〕　　(2) $7a-12-9a+5$

(3) $\frac{1}{3}a-a+\frac{5}{2}a$ 〔滋賀〕　　(4) $-26x-23+14x+7+8x$ 〔ノートルダム女学院高〕

★★★ ⮌ p.43 1

例題 23 1次式の加減

次の問いに答えなさい。

(1) 次の計算をしなさい。

❶ $(5a-8)+(2a+7)$　❷ $(2.1a-4.6)+(-5.7a-3.4)$

❸ $(3x+2)-(x-4)$ 〔沖縄〕　❹ $\left(\frac{2}{3}x-\frac{1}{2}\right)-\left(\frac{5}{6}-\frac{1}{3}x\right)$

(2) 次の2つの式をたしなさい。また，左の式から右の式をひきなさい。

$4x-7$，$-5x+3$

1次式の加法は，そのままかっこをはずして計算しよう。
1次式の減法は，ひくほうの式の各項の符号を変えて加えよう。

解き方と答え

(1)❶ $(5a-8)+(2a+7)=5a-8+2a+7=7a-1$

❷ $(2.1a-4.6)+(-5.7a-3.4)=2.1a-4.6-5.7a-3.4$
$=-3.6a-8$

❸ $(3x+2)-(x-4)=(3x+2)+(-x+4)$ （各項の符号を変える／減法を加法になおす）
$=3x+2-x+4=2x+6$

❹ $\left(\frac{2}{3}x-\frac{1}{2}\right)-\left(\frac{5}{6}-\frac{1}{3}x\right)=\left(\frac{2}{3}x-\frac{1}{2}\right)+\left(-\frac{5}{6}+\frac{1}{3}x\right)$ （各項の符号を変える／減法を加法になおす）

$=\frac{2}{3}x-\frac{1}{2}-\frac{5}{6}+\frac{1}{3}x=x-\frac{3}{6}-\frac{5}{6}=x-\frac{8}{6}=x-\frac{4}{3}$

(2) 式と式をたす　⇒(　)+(　)
式から式をひく⇒(　)−(　)
和…$(4x-7)+(-5x+3)=4x-7-5x+3=-x-4$
差…$(4x-7)-(-5x+3)=4x-7+5x-3=9x-10$

くわしく 減法の注意点

(1)❸
・$-(x-4)$を$(-1)\times(x-4)$$=-x+4$と考えてもよい。
・$-(x-4)$を$-x-4$としないように。うしろの項の符号の変え忘れに注意する。

参考 縦書きの計算

(1)❶
$$\begin{array}{r} 5a-8 \\ +)\ 2a+7 \\ \hline 7a-1 \end{array}$$
文字の項と定数項をそろえる

❸
$$\begin{array}{r} 3x+2 \\ -)\ \ x-4 \\ \hline 2x+6 \end{array}$$
加法に⇩
$$\begin{array}{r} 3x+2 \\ +)\ -x+4 \\ \hline 2x+6 \end{array}$$

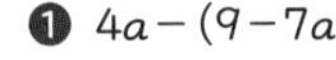

類題 23 別冊解答 p.6

次の問いに答えなさい。

(1) 次の計算をしなさい。

❶ $4a-(9-7a)$ 〔滋賀〕　❷ $2a+3-(1-5a)$ 〔山口〕

❸ $(1.6x-2.4)+(3.4x+0.9)$　❹ $\left(\frac{3}{5}x-\frac{4}{3}\right)-\left(\frac{3}{2}-\frac{7}{5}x\right)$

(2) 次の2つの式をたしなさい。また，左の式から右の式をひきなさい。

❶ $-5x+12$，$7x-9$　❷ $10a-8$，$2-6a$

★★★ p.43 2

例題 24 1次式と数の乗除

次の計算をしなさい。

(1) $-7a\times(-8)$

(2) $9x\div\left(-\dfrac{3}{5}\right)$

(3) $4\times\dfrac{3a-1}{2}$ 〔岩手〕

(4) $(8x+12)\div\dfrac{4}{3}$ 〔高知〕

(2)(4) **1次式と数の除法は乗法になおして計算しよう。**

解き方と答え

(1) 1次の項と数の積は，係数と数をかければよい。

$-7a\times(-8)=(-7)\times a\times(-8)=(-7)\times(-8)\times a=56a$

（-7：aの係数）

(2) 除法はわる数を逆数にして乗法になおす。

$9x\div\left(-\dfrac{3}{5}\right)=9x\times\left(-\dfrac{5}{3}\right)=\overset{3}{\cancel{9}}\times\left(-\dfrac{5}{\underset{1}{\cancel{3}}}\right)\times x=-15x$

（9：xの係数，逆数にしてかける）

(3) $4\times\dfrac{3a-1}{2}=\dfrac{\overset{2}{\cancel{4}}(3a-1)}{\underset{1}{\cancel{2}}}=2(3a-1)$

（分子に(　)をつけてから計算，分配法則を使う）

$=2\times3a+2\times(-1)=6a-2$

(4) 除法は乗法になおす。

$(8x+12)\div\dfrac{4}{3}=(8x+12)\times\dfrac{3}{4}$

$=8x\times\dfrac{3}{4}+12\times\dfrac{3}{4}=\overset{2}{\cancel{8}}\times\dfrac{3}{\underset{1}{\cancel{4}}}\times x+\overset{3}{\cancel{12}}\times\dfrac{3}{\underset{1}{\cancel{4}}}=6x+9$

くわしく

1次式と数の乗除

㋐文字式×数

$ax\times b=abx$

㋑文字式÷数⇨（分数の形にして逆数をかける）

$ax\div b=\dfrac{ax}{b}$,

$ax\div\dfrac{n}{m}=ax\times\dfrac{m}{n}$（乗法になおす）

㋒1次式×数

項が2つ以上の1次式

$c(ax+b)=acx+bc$（分配法則を使う）

㋓1次式÷数

項が2つ以上の1次式

・$(ax+b)\div c=\dfrac{ax+b}{c}$

$=\dfrac{ax}{c}+\dfrac{b}{c}$

・$(ax+b)\div\dfrac{n}{m}=(ax+b)\times\dfrac{m}{n}$（乗法になおす）

類題 24

別冊解答 p.6

次の計算をしなさい。

(1) $6a\times(-3)$ 〔埼玉〕

(2) $-48x\div(-6)$

(3) $\dfrac{1}{2}(6a+4)$ 〔三重〕

(4) $(27x-9)\div\left(-\dfrac{3}{5}\right)$

(5) $\dfrac{2a+5}{3}\times6$ 〔岩手〕

(6) $\left(-\dfrac{3}{4}x+\dfrac{7}{8}\right)\times(-24)$

★★★ ⮌ p.43 3

例題 25 1次式と四則計算

次の計算をしなさい。

(1) $3(x-7)+2(2x-5)$ 〔和歌山〕 (2) $2(a+3)-(4-3a)$ 〔香川〕

(3) $7x-12+4(7-x)$ 〔青森〕 (4) $5(-2a+1)-2(6a-8)+3(-4+7a)$

解き方のコツ 分配法則を使ってかっこをはずし，文字の部分が同じ項どうし，定数項どうしをまとめよう。

解き方と答え

分配法則 $a(b+c)=ab+ac$ を使って計算する。

(1) $3(x-7)+2(2x-5)$

$=3x-21+4x-10$

$=3x+4x-21-10$

$=7x-31$

(2) $2(a+3)-(4-3a)$

$=2(a+3)+(-4+3a)$

$=2a+6-4+3a$

$=2a+3a+6-4$

$=5a+2$

(3) $7x-12+4(7-x)$

$=7x-12+28-4x$

$=7x-4x-12+28$

$=3x+16$

(4) 分配法則を3回使ってかっこをはずす。

$5(-2a+1)-2(6a-8)+3(-4+7a)$

$=-10a+5-12a+16-12+21a$

$=-10a-12a+21a+5+16-12$

$=-a+9$

用語 かっこをはずす
分配法則を使ってかっこのない式をつくることを，かっこをはずすという。

別解 ( )の前には1がかくれている

(2) $2(a+3)-(4-3a)$

$=2(a+3)-1(4-3a)$

$=2a+6-4+3a$ ←符号に注意する

$=5a+2$

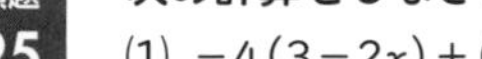

類題 25 別冊解答 p.6

次の計算をしなさい。

(1) $-4(3-2x)+(-6x+9)$ 〔佐賀〕 (2) $7(a+2)-2(3a-1)$ 〔富山〕

(3) $9x-13+7(4-x)$ 〔熊本〕 (4) $5(3a+2)-3(4a+6)$ 〔福岡〕

(5) $\frac{2}{3}(9x-6)-\frac{1}{2}(4x-8)$ (6) $(25x-30)\div(-5)+(-42x+63)\div 7$

★★★ p.43 3

例題 26 分数をふくむ式の計算

次の計算をしなさい。

(1) $\dfrac{3a+1}{2}+\dfrac{-a+5}{3}$　(2) $\dfrac{1}{5}(7x-4)-\dfrac{1}{2}(x-3)$　〔静岡〕

(3) $\dfrac{6x-2}{3}-(2x-5)$　〔愛知〕　(4) $\dfrac{3x-2}{4}-\dfrac{x-10}{12}-\dfrac{x-1}{3}$　〔帝塚山学院泉ヶ丘高〕

分数をふくむ式の加減は，通分して計算する。分子にはかっこをつけよう。

解き方と答え

(1) 分母を2と3の最小公倍数6で通分する。

$$\frac{3a+1}{2}+\frac{-a+5}{3}=\frac{3(3a+1)+2(-a+5)}{6}$$
$$=\frac{9a+3-2a+10}{6}=\frac{7a+13}{6}$$

(2) $$\frac{1}{5}(7x-4)-\frac{1}{2}(x-3)=\frac{7}{5}x-\frac{4}{5}-\frac{1}{2}x+\frac{3}{2}$$
$$=\frac{14}{10}x-\frac{5}{10}x-\frac{8}{10}+\frac{15}{10}=\frac{9}{10}x+\frac{7}{10}$$

(3) $$\frac{6x-2}{3}-(2x-5)=\frac{(6x-2)-3(2x-5)}{3}$$

$(2x-5)$ ← 分母が1であるものとして考える

$$=\frac{6x-2-6x+15}{3}=\frac{13}{3}$$

(4) 分母を4と12と3の最小公倍数12で通分する。

$$\frac{3x-2}{4}-\frac{x-10}{12}-\frac{x-1}{3}=\frac{3(3x-2)-(x-10)-4(x-1)}{12}$$

符号に注意する

$$=\frac{9x-6-x+10-4x+4}{12}=\frac{\overset{1}{\cancel{4}}x+\overset{2}{\cancel{8}}}{\underset{3}{\cancel{12}}}=\frac{x+2}{3}$$

← 約分する

別解 分数を分ける

(1) $\dfrac{3a+1}{2}+\dfrac{-a+5}{3}$

$=\dfrac{1}{2}(3a+1)+\dfrac{1}{3}(-a+5)$

$=\dfrac{3}{2}a+\dfrac{1}{2}-\dfrac{1}{3}a+\dfrac{5}{3}$

$=\dfrac{9}{6}a-\dfrac{2}{6}a+\dfrac{3}{6}+\dfrac{10}{6}$

$=\dfrac{7}{6}a+\dfrac{13}{6}$

注意！ (4)約分のしかた

片方の項とだけ約分しないこと。

$\dfrac{\overset{1}{\cancel{4}}x+8}{\underset{3}{\cancel{12}}}=\cancel{\dfrac{x+8}{3}}$

$\dfrac{\overset{1}{\cancel{4}}x+\overset{2}{\cancel{8}}}{\underset{3}{\cancel{12}}}=\dfrac{x+2}{3}$が正しい。

次の計算をしなさい。

(1) $\dfrac{2x-3}{4}+\dfrac{3x+1}{6}$　(2) $\dfrac{9a-5}{2}-(a-4)$　〔熊本〕

(3) $\dfrac{3a-1}{5}-\dfrac{a-2}{3}$　〔大阪〕　(4) $x+1-\dfrac{x-1}{3}-\dfrac{2x+3}{4}$　〔龍谷大付属平安高〕

8 文字式の利用

p.49 ～ 53

❶ 数量の関係を，等号や不等号を使って表すことができるようにしよう。
❷ 式の値(あたい)を正確に求めることができるようにしよう。
❸ 規則性に関する問題を，文字を使って解くことができるようにしよう。

要点整理

1 関係を表す式

➡例題 27，28

- 等号＝を使って，2つの数量が等しい関係を表した式を**等式**(とうしき)という。
- 不等号を使って，2つの数量の大小関係を表した式を**不等式**(ふとうしき)という。右の不等式は「aとbの和は100以下」という意味である。
- 等号や不等号の左側の式を**左辺**(さへん)，右側の式を**右辺**(うへん)，その両方をあわせて**両辺**(りょうへん)という。
- 等式や不等式では，**単位はつけない**ことに注意する。

等式

$5x=2y+600$
（$5x$：左辺，$2y+600$：右辺，あわせて両辺）

不等式

$a+b\leqq 100$
（$a+b$：左辺，100：右辺，あわせて両辺）

2 式の値

➡例題 29

- 式の中の文字に数をあてはめることを**代入する**(だいにゅうする)という。
- 文字に数を代入したとき，その数を**文字の値**(あたい)といい，代入して求めた結果を**式の値**という。

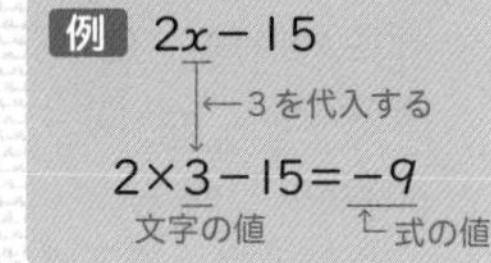

3 規則性に関する問題

➡例題 30

- 数量の間の規則性を見つけ，問題を考える。

例 右の図のように，12cmのテープを2cmずつ重ねてつないでいく。n本のテープをつないだときの全体の長さをnを使って表しなさい。

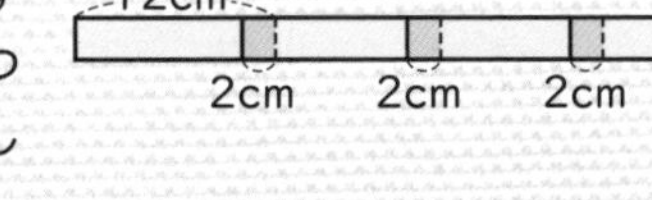

解1 図1のように，2本目のテープからは12－2＝10(cm)ずつ長くなっていく。
よって，$12+10\times(n-1)=10n+2$(cm)

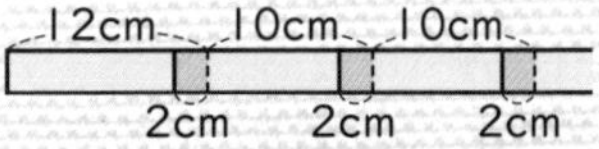

(図1)

解2 図2のように，3本のテープをつなぐと，つなぎ目は2つできる。n本のテープをつなぐと，$(n-1)$個のつなぎ目ができる。
よって，$12n-2(n-1)=10n+2$(cm)

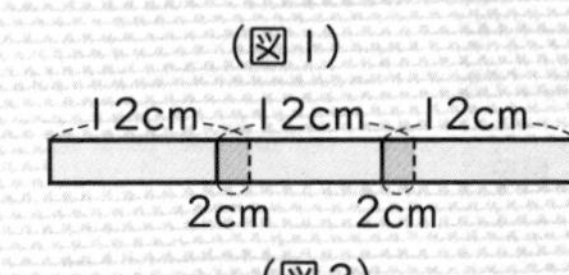

(図2)

★★★ p.49 1

例題 27 関係を表す式

次の数量の間の関係を，等式または不等式で表しなさい。

(1) 1冊a円のノート3冊と，1本b円の鉛筆4本を買ったときの代金の合計は720円だった。

(2) 25mのテープからxmのテープを7本切り取るとym残る。〔愛知〕

(3) 時速4kmでa時間歩いたときの道のりは，9km未満であった。〔富山〕

(4) 30個のお菓子を，x人に2個ずつ配ると6個以上余った。

文章を式に表して，文字や数をあてはめていこう。数量関係が，等しい関係なら等式で，大小関係なら不等式で表すことができる。

解き方と答え

(1) ノート3冊の代金＋鉛筆4本の代金＝代金の合計

だから，$3a+4b=720$

(2) 右の図から，切り取る長さは$7x$mだから，

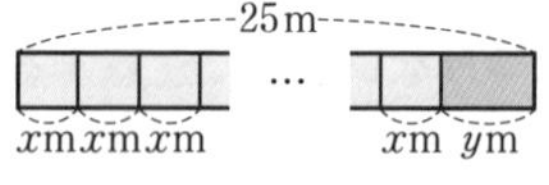

$25=7x+y$

($25-7x=y$，$25-y=7x$でもよい。)

(3) 速さ×時間＝道のり だから，

歩いた道のり
→ 4km/時
a時間

時速4kmでa時間歩いた道のりは$4a$kmである。

これが9km未満であるから，

$4a<9$

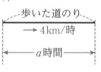

(4) 配ったお菓子は$2x$個

$30-2x$が6以上だから，

$30-2x \geqq 6$

注意！

等式や不等式での注意点

㋐単位をつけない。

㋑両辺の単位をそろえる。

くわしく 不等号の使い方

㋐$a>b$…aはbより大きい

㋑$a<b$…aはb未満 (aはbより小さい)

㋒$a \geqq b$…aはb以上

↑大なりイコールと読む $a>b$または$a=b$のこと

㋓$a \leqq b$…aはb以下

類題 27

別冊解答 p.7

次の数量の間の関係を，等式または不等式で表しなさい。

(1) y個のみかんを，x人に6個ずつ配ると3個余った。〔秋田〕

(2) ある数xを5倍した数は，ある数yを2倍して7をひいた数より小さい。〔愛知〕

(3) 1個50円のみかんをa個買い，1000円出したときのおつりがb円以下になった。〔佐賀〕

★★★ ⤴ p.49 1

例題 28 面積，体積の公式

次の図形の面積，体積を求める公式をつくりなさい。

(1) 底辺が$a$cm，高さが$h$cmの三角形の面積Scm^2

(2) 上底が$a$cm，下底が$b$cm，高さが$h$cmの台形の面積Scm^2

(3) 半径$r$cmの円の面積Scm^2(円周率はπとする。)

(4) 縦am，横bm，高さcmの直方体の体積Vm^3

解き方のコツ それぞれの公式をことばで表し，それに文字をあてはめていこう。

解き方と答え

(1) 三角形の面積$=\frac{1}{2}\times$底辺$\times$高さ より，

$S=\frac{1}{2}\times a\times h$　　$S=\frac{1}{2}ah$

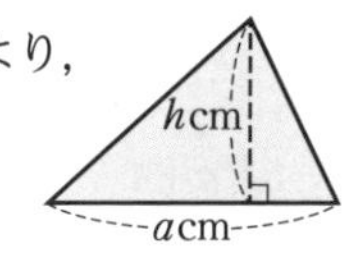

(2) 台形の面積

$=\frac{1}{2}\times$(上底＋下底)$\times$高さ より，

$S=\frac{1}{2}\times(a+b)\times h$

$S=\frac{1}{2}(a+b)h$

(3) 円の面積＝半径×半径×円周率 より，

$S=r\times r\times\pi$　　$S=\pi r^2$

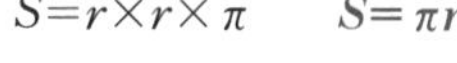

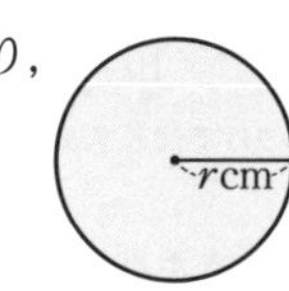

(4) 直方体の体積

＝縦×横×高さ より，

$V=a\times b\times c$　　$V=abc$

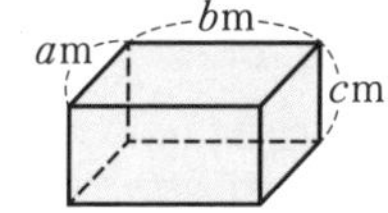

くわしく 円周率π(パイ)

直径に対する円周の長さの割合を円周率といい，算数では3.14としていたがこれからはπで表す。

π＝3.14159265358979323846…

πは数の後，文字の前に書く。

豆知識

公式でよく使う文字

公式で使う面積S，体積V，長さℓ，高さh，半径rの文字は，英単語の頭文字をとったものである。

面積…Surface area(諸説あり)

体積…Volume

長さ…length

高さ…height

半径…radius

類題 28 次の(1)，(2)の色のついた部分の面積や(3)の体積を求めなさい。(円周率はπとする。)

別冊解答 p.7

(1)

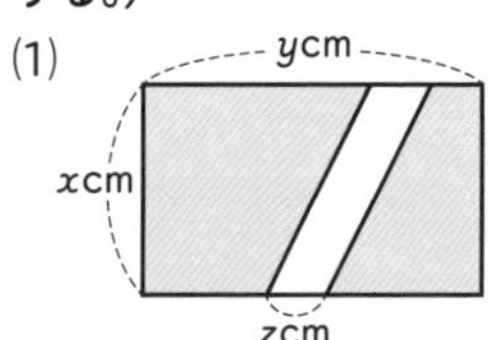

(2)

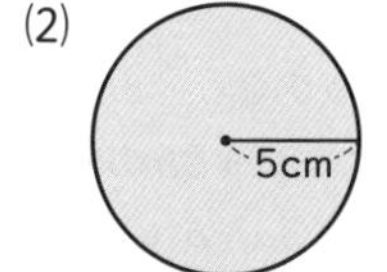

(3)

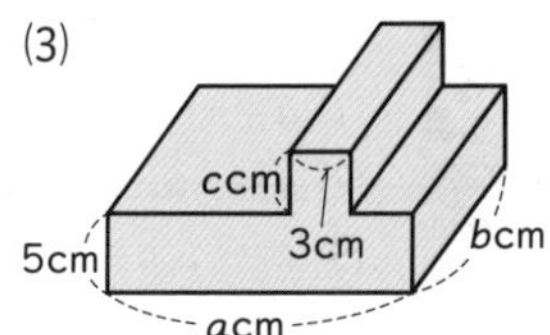

★★★

p.49 2

例題 29 式の値

次の式の値を求めなさい。

(1) $a=2$のとき，$-5a+4$の値 〔大阪〕

(2) $a=-4$，$b=3$のとき，a^2-2bの値 〔沖縄〕

(3) $x=-\dfrac{3}{4}$のとき，$8x^2+2x-5$の値

(4) $x=\dfrac{3}{5}$のとき，$\dfrac{9}{x}$の値

(2)(3) 代入する文字の値が負の数のとき，かっこをつけて代入し，符号のミスを防ごう。

解き方と答え

(1) $a=2$を代入して，$-5a+4=-5\times a+4$

$=-5\times2+4=-10+4=-6$

(2) $a=-4$，$b=3$を代入して，

$a^2-2b=a^2-2\times b=(-4)^2-2\times3=16-6=10$

└負の数を代入するときは(　)をつける

(3) $x=-\dfrac{3}{4}$を代入して，$8x^2+2x-5=8\times x^2+2\times x-5$

$=8\times\left(-\dfrac{3}{4}\right)^2+2\times\left(-\dfrac{3}{4}\right)-5=\overset{1}{\cancel{8}}\times\dfrac{9}{\underset{2}{\cancel{16}}}-\dfrac{3}{2}-5=3-5$

└(　)をつけて代入する

$=-2$

(4) 分母に文字がある式に分数の値を代入するときは，÷を使った式になおしてから代入する。

$\dfrac{9}{x}=9\div x=9\div\dfrac{3}{5}=\overset{3}{\cancel{9}}\times\dfrac{5}{\underset{1}{\cancel{3}}}=15$

注意！ 数を代入するときの注意点

(2)，(3)のように，負の数を代入するときや，(3)のように累乗の式に分数を代入するときは，必ずかっこをつける。

参考 繁分数

(4)でそのまま代入すると，$\dfrac{9}{\frac{3}{5}}$となる。このような分母や分子が分数である分数を繁分数（はんぶんすう）という。ふつうは$9\div\dfrac{3}{5}$と計算するが，

$\dfrac{9}{\frac{3}{5}}=\dfrac{9\times5}{\frac{3}{5}\times5}=\dfrac{45}{3}=15$

└分母分子に同じ数をかける

と計算することもできる。

類題 29

別冊解答 p.7

次の式の値を求めなさい。

(1) $a=-4$のとき，$1-2a$の値 〔香川〕

(2) $a=-6$，$b=3$のとき，$2a+8b$の値 〔栃木〕

(3) $a=4$，$b=-2$のとき，$3a-b^2$の値 〔福岡〕

★★★ ⮌ p.49 3

例題 30 規則性についての問題

右の図のように，マッチ棒を並べて正三角形をn個つくる。このとき，必要になるマッチ棒の本数をnを用いて表しなさい。また，50個の正三角形をつくるとき，必要なマッチ棒の本数を求めなさい。

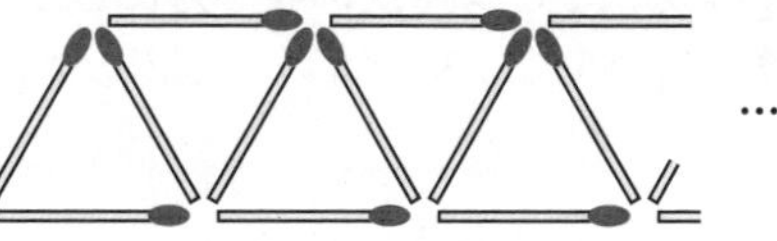

解き方のコツ 正三角形を1個増やすのにマッチ棒が何本必要かを考えよう。

解き方と答え

（解き方1） 1個目の正三角形をつくるのに3本必要で，2個目からは2本のマッチ棒で正三角形がつくれる。

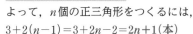

よって，n個の正三角形をつくるには，

$3+2(n-1)=3+2n-2=2n+1$（本）

（解き方2） 1本のマッチ棒を右の図のように置くと，あと2本のマッチ棒で1個の正三角形ができる。

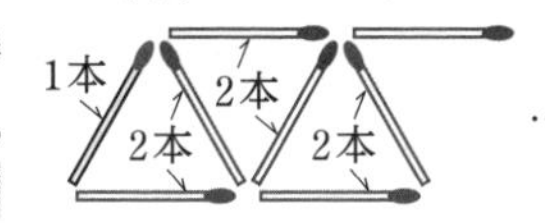

よって，n個の正三角形をつくるには，$1+2n$（本）

（解き方3） 1個の正三角形をつくるのに3本必要だから，n個の正三角形をつくるには，$3n$本必要。このとき，赤いマッチ棒$(n-1)$本は2度数えているから，

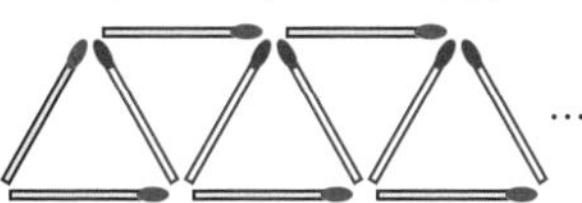

$3n-(n-1)=2n+1$（本）

50個の正三角形をつくるのに必要なマッチ棒は，

$n=50$を代入して，$2n+1=2\times50+1=101$（本）

Advance 等差数列…p.108 例題⑩の **公式**

参考 正方形を並べる

例 1辺6cmの正方形の紙を，重なる部分が1辺2cmの正方形となるように並べていく。正方形をn枚並べてできる図形のまわりの長さと面積を求める。

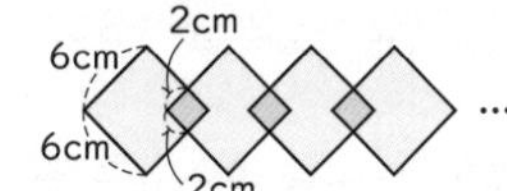

⇨ 1枚の紙のまわりの長さは24cm，面積は36cm²で，重なる部分のまわりの長さは8cm，面積は4cm²

n枚並べたとき，$(n-1)$か所で重なるから，

まわり…$24n-8(n-1)$
$=16n+8$(cm)

面積…$36n-4(n-1)$
$=32n+4$(cm²)

類題 30 ➡ 別冊解答 p.7

右の図のように，自然数を記入したカードを1行目に1枚，2行目に3枚，3行目に5枚，……と左から順に並べていく。このとき，9行目の中央のカードに記入してある数を求めなさい。 〔土浦日本大高〕

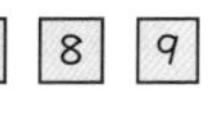

章末問題 A

→別冊解答 p.8

10 次の式を，文字式の表し方にしたがって書きなさい。

例題 15 16

(1) $y\times(-1)\times x\times y$　(2) $p\div q\div(p+q)$　(3) $(3-a\times2)\div(b+1)$

11 次の計算をしなさい。

例題 22 24 25 26

(1) $8x-3-2x+7$　〔大阪〕
(2) $\dfrac{3x-(x+4)}{2}$　〔徳島〕
(3) $-3(a-2)+2(3a-1)$　〔岩手〕
(4) $8(7a+5)-4(9-a)$　〔鹿児島〕
(5) $\dfrac{1}{4}(5x-3)-\dfrac{1}{8}(7x-6)$　〔神奈川〕
(6) $\dfrac{2x-1}{3}-\dfrac{3x+1}{5}$　〔愛知〕

12 次の問いに答えなさい。

例題 19 27 29

(1) 家から図書館に向かって自転車で一定の速さでx分間走ったが，図書館に到着しなかった。家から図書館までの道のりがym，自転車で進む速さが毎分210mであるとき，残りの道のりは何mか。x，yを使った式で表しなさい。〔愛知〕

(2) ある水族館の入館料は，大人1人につきa円，子ども1人につきb円である。大人3人と子ども8人でこの水族館に行ったところ，入館料の合計は4000円より高かった。この数量の関係を不等式で表しなさい。〔栃木〕

(3) $a=-2$，$b=3$のとき，$-2a^2+7b$ の値を求めなさい。〔福岡〕

13 同じ大きさの正方形の白と緑のタイルを規則的に並べて，右の図のような階段状の図形をつくることにした。〔石川〕

例題 30

1段のとき　2段のとき　3段のとき　4段のとき　5段のとき　⋮

(1) 白のタイルは十分にあるが，緑のタイルが30枚しかない場合，最大で何段の図形をつくることができますか。また，そのとき使用せずに残った緑のタイルは何枚ですか。

記述 (2) nは2以上の自然数とする。はじめに，n段の図形をつくるために必要なタイルを準備していたが，$(n+1)$段の図形をつくることにしたため，白と緑のタイルを必要な枚数だけそれぞれ追加した。追加した白のタイルの枚数をnを用いた式で表しなさい。また，その考え方を説明しなさい。

章末問題 B

→別冊解答 p.8～9

14 次の計算をしなさい。

例題 26

(1) $\frac{2}{3}(2x-1)-\frac{1}{9}(2-6x)$ 〔東海大付属浦安高〕

(2) $1+\frac{2x-1}{3}-\frac{x-3}{4}$ 〔大阪教育大附高（池田）〕

(3) $\frac{-5x+4}{4}-\frac{x-1}{6}+x$ 〔法政大高〕

(4) $\frac{4x-1}{3}-\frac{6x-1}{5}-\frac{x+3}{4}$ 〔大阪教育大附高（平野）〕

(5) $\frac{1}{3}\{7x-1-2(7x-1)+3(7x-1)-4(7x-1)+5(7x-1)\}+1$ 〔大阪体育大浪商高〕

15 ある生徒の3教科のテストのそれぞれの点数が70点，80点，a点で，その平均点はb点であった。このとき，aをbを用いた式で表しなさい。 〔秋田〕

例題 27

16 500円で，1本a円の鉛筆（えんぴつ）3本と1冊b円のノート2冊を買うと，おつりがもらえた。このときの数量の関係を表した不等式として適当でないものを，次の**ア**～**エ**から1つ選びなさい。 〔京都〕

例題 27

ア $3a+2b<500$ **イ** $500-3a>2b$

ウ $500-(3a+2b)>0$ **エ** $500-2b<3a$

17 $x=-2$のとき，$8(x+5)-6(2x-7)$の値を求めなさい。 〔鹿児島〕

例題 29

チャレンジ

18 2つのビーカーA，Bがあり，Aには5％の食塩水が400g，BにはAの3倍の濃度（のうど）の15％の食塩水が300g入っている。それぞれのビーカーからxgの食塩水を同時に取り出して，Aから取り出した分をBに，Bから取り出した分をAに入れてよくかき混ぜた。この操作後のA，Bの食塩水の濃度（％）をそれぞれxの式で表しなさい。 〔成蹊高－改〕

例題 21

チャレンジ

19 右の図1のようなタイルAとタイルBを，図2のようにすき間なく規則的に並べて，1番目の図形，2番目の図形，3番目の図形，…とする。右下の表は，それぞれの図形におけるタイルAの枚数とタイルBの枚数についてまとめたものの一部である。

例題 30

□ タイルA ■ タイルB

（図1）

1番目の図形 2番目の図形 3番目の図形

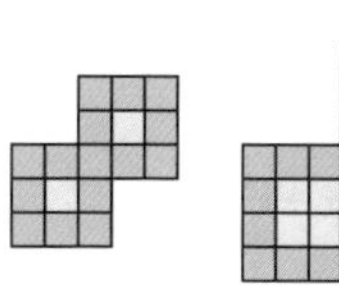
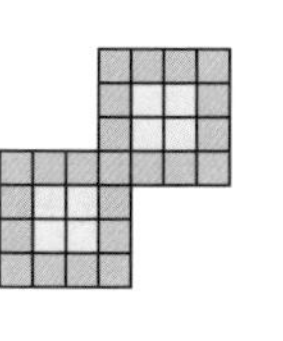
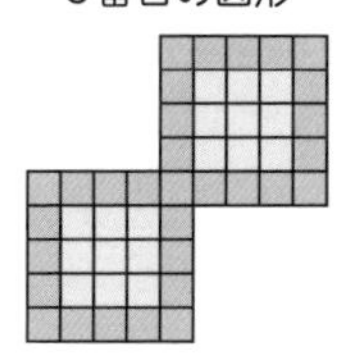
…

（図2）

	1番目の図形	2番目の図形	3番目の図形	…
タイルAの枚数（枚）	2	8	18	…
タイルBの枚数（枚）	15	23	31	…

n番目の図形について，タイルAの枚数とタイルBの枚数を，それぞれnを用いて表しなさい。 〔京都－改〕

9 式の加法と減法

p.56 ～ 60

❶ 単項式(たんこうしき)と多項式(たこうしき)の次数(じすう)のちがいを覚えよう。
❷ 多項式と数の乗法ではかっこのはずしまちがいに気をつけよう。
❸ 分数をふくむ式の加減は符号ミスに気をつけて計算しよう。

要点整理

1 単項式と多項式，同類項，多項式の加減

➡例題 31，32

▶ $3x$，$-2ab$ のように，数や文字についての乗法だけでつくられた式を**単項式**(たんこうしき)という。$5x-6$，$2a^2+4ab-7$ のように単項式の和の形で表された式を**多項式**(たこうしき)といい，そのひとつひとつの単項式を，多項式の**項**という。

▶ 単項式でかけあわされている文字の個数を，その式の**次数**(じすう)という。多項式では，**それぞれの項の次数のうちでもっとも大きいもの**を，その多項式の次数という。

例 単項式 $2x^2y$…$2\times\underline{x\times x\times y}$ より3次，多項式 $\underline{4x^2}\ \underline{-5x}\ \underline{+3}$…2次
（$x\times x\times y$ ←文字が3個，$4x^2$ ←2次，$-5x$ ←1次，$+3$ ←次数は0）

▶ $6a$ と $-3a$，$-2xy$ と $7xy$ のように，文字の部分が同じ項を**同類項**(どうるいこう)という。

▶ 多項式の加法⇨すべての項を加えて同類項をまとめる。
多項式の減法⇨**ひくほうの多項式の各項の符号を変えて**，すべての項を加える。

2 多項式と数の乗除

➡例題 33

▶ 数×多項式は，**分配法則 $m(a+b)=ma+mb$ を使って**かっこをはずす。

例 $6(3a+4b)=6\times3a+6\times4b=18a+24b$

▶ 多項式÷数は，$(a+b)\div m=\dfrac{a}{m}+\dfrac{b}{m}$ 例 $(4x-8y)\div4=\dfrac{4x}{4}-\dfrac{8y}{4}=x-2y$

▶ かっこがある式の計算は次の順番で計算する。
①かっこをはずす　②項を並べかえる　③同類項をまとめる

3 分数をふくむ式の計算

➡例題 34

▶ **かっこをはずして**から計算する。

例 $\dfrac{1}{2}(5x-y)-\dfrac{1}{3}(x-2y)=\dfrac{5}{2}x-\dfrac{1}{2}y-\dfrac{1}{3}x+\dfrac{2}{3}y=\dfrac{13}{6}x+\dfrac{1}{6}y$

▶ **通分して**から計算する。

例 $\dfrac{5x-y}{2}-\dfrac{x-2y}{3}=\dfrac{3(5x-y)-2(x-2y)}{6}=\dfrac{15x-3y-2x+4y}{6}=\dfrac{13x+y}{6}$

表し方がちがうだけで答えは同じになる

★★★ p.56 1

例題 31 単項式と多項式，同類項

次の問いに答えなさい。

(1) 多項式 $-3a+7b-1$ の項をいいなさい。また，a，bの係数をいいなさい。

(2)❶ 単項式$6x$，$2a^2b$の次数を求めなさい。

❷ 次の式は何次式ですか。

㋐ $2a-3b$　　㋑ $4x^2+2x-9$

(3) 次の式の同類項をまとめて簡単にしなさい。

❶ $6x-3y-4x+7y$ 〔大阪〕　❷ $a^2+8a-4a^2+3a$

(2)❷多項式の次数は，各項の次数のうち，もっとも大きいものである。
(3)同類項は，分配法則 $ma+na=(m+n)a$ を使って1つの項にまとめる。

解き方と答え

(1) $-3a+7b-1$は$(-3a)+7b+(-1)$と書けるから，
多項式 $-3a+7b-1$の項は $-3a$，$7b$，-1
aの係数は-3，bの係数は7

(2)❶ $6x=6\times \underbrace{x}_{1個}$だから次数は1，
$2a^2b=2\times \underbrace{a\times a\times b}_{3個}$だから次数は3

❷ ㋐ $2a-3b$…1次式（$2a$：1次，$-3b$：1次）
㋑ $4x^2+2x-9$…2次式（$4x^2$：2次，$+2x$：1次，-9：次数は0）

(3) 同類項は，1つの項にまとめる。

❶ $6x-3y-4x+7y$
$=6x-4x-3y+7y$ ←項を並べかえる
$=(6-4)x+(-3+7)y$ ←同類項をまとめる
$=2x+4y$

❷ $a^2+8a-4a^2+3a$
$=a^2-4a^2+8a+3a$
$=(1-4)a^2+(8+3)a$
$=-3a^2+11a$

Return
計算のしかたは同じ
例題31～34は22～26から文字が増えただけである。

注意！ 多項式の次数
多項式の次数は，各項の次数の合計ではなく，もっとも大きいものである。(2)❷㋐は2次式ではなく，1次式である。

注意！ 同類項
(3)❷ $-3a^2$と$11a$は，文字は同じaだが，次数が異なるので同類項ではなく，1つにまとめられない。

類題 31

別冊解答 p.9

次の問いに答えなさい。

(1) 多項式$4x^2-9x-2$の項をいいなさい。また，x^2，xの係数をいいなさい。

(2) 次の式は何次式ですか。

❶ $-10ab^2$　❷ $-3x^2+5y^2$　❸ $x^2y^3-6xy^2+3x$

(3) 次の式の同類項をまとめて簡単にしなさい。

❶ $8ab-3a-4ab+3a$　❷ $-2x^2+\frac{2}{3}x-5x^2-\frac{5}{6}x$

★★★ p.56 1

例題 32 多項式の加減

次の問いに答えなさい。

(1) 次の計算をしなさい。

❶ $(2x-4y)+(5x+9y)$　　❷ $(a+2b)-(3a-b)$ 〔愛媛〕

❸ $\begin{array}{r} 4x-3y \\ +)\ -2x-6y \\ \hline \end{array}$　　❹ $\begin{array}{r} 3a+7b \\ -)\ a-5b+4 \\ \hline \end{array}$

(2) 次の2つの式をたしなさい。また，左の式から右の式をひきなさい。〔徳島〕

$x-2y$，$-3x+5y$

+( )はそのままかっこをはずそう。−( )はかっこの中の各項の符号を変えてはずそう。

解き方と答え

(1)❶ $(2x-4y)+(5x+9y)$
$=2x-4y+5x+9y$
$=2x+5x-4y+9y$
$=7x+5y$

❷ $(a+2b)-(3a-b)$
$=a+2b-3a+b$
$=a-3a+2b+b$
$=-2a+3b$

❸ $\begin{array}{r} 4x-3y \\ +)\ -2x-6y \\ \hline 2x-9y \end{array}$

❹ $\begin{array}{r} 3a+7b \\ -)\ a-5b+4 \\ \hline \end{array}$ 加法になおす ⇒ $\begin{array}{r} 3a+\ 7b \\ +)\ -a+\ 5b-4 \\ \hline 2a+12b-4 \end{array}$

(2) 2つの式にかっこをつけて，記号＋，−でつないで計算する。

$(x-2y)+(-3x+5y)=x-2y-3x+5y=-2x+3y$

└そのままはずす┘

$(x-2y)-(-3x+5y)=x-2y+3x-5y=4x-7y$

└符号を変えてはずす┘

くわしく

縦書きによる計算

同類項が上下にそろうように縦に並べて計算する。(1)❹のように，同類項がないときはその部分をあけておく。

注意！ 符号に注意！

2つの式の加減ではかっこをつけて計算する。かっこをはずすときは，符号に注意する。

−(A−B)＝−A＋Bとなる。
↑特に注意

類題 32 別冊解答 p.9

次の問いに答えなさい。

(1) 次の計算をしなさい。

❶ $(-5a+b)+(6a-4b)$　　❷ $(7x-5y)-(-2x+3y)$ 〔沖縄〕

❸ $-3x+5y+(6x-4y)$ 〔山口〕　　❹ $(2x^2-5x)-(3x^2-2x)$ 〔青森〕

(2) $2a+b$ から $3a-b$ をひいた差を求めなさい。〔秋田〕

★★★ ⮌ p.56 2

例題 33 多項式と数の乗除

次の問いに答えなさい。

(1) 次の計算をしなさい。

❶ $(6a-15b)\div 3$ 〔群馬〕 ❷ $2(a-3b)+3(a+b)$ 〔栃木〕

❸ $3(3x+2y)-4(x-2y)$ 〔山梨〕 ❹ $2(2a-b+4)-(a-2b+3)$ 〔愛媛〕

(2) $A=x+4y$, $B=3x-5y$として，次の計算をしなさい。

❶ $5A-2B$ ❷ $A+(3B-2A)$

かっこのある式の計算は，分配法則でかっこをはずし，同類項をまとめよう。

解き方と答え

(1)❶ $(6a-15b)\div 3$ （各項を3でわる）

$=\dfrac{\overset{2}{\cancel{6}}a}{\underset{1}{\cancel{3}}}-\dfrac{\overset{5}{\cancel{15}}b}{\underset{1}{\cancel{3}}}$ （約分する）

$=2a-5b$

❷ $2(a-3b)+3(a+b)$ （←分配法則でかっこをはずす）

$=2a-6b+3a+3b$

$=2a+3a-6b+3b$

$=5a-3b$

❸ $3(3x+2y)-4(x-2y)$

$=9x+6y-4x+8y$

$=5x+14y$

❹ $2(2a-b+4)-(a-2b+3)$

$=4a-2b+8-a+2b-3$

$=3a+5$

(2)❶ $5A-2B=5(x+4y)-2(3x-5y)$ （←かっこをつける→）

$=5x+20y-6x+10y=-x+30y$

❷ すぐにA，Bにx，yの式を代入しないで，A，Bの式を簡単にしてから代入する。

$A+(3B-2A)=A+3B-2A=-A+3B$

$=-(x+4y)+3(3x-5y)=-x-4y+9x-15y$

$=8x-19y$

別解

除法を乗法になおす

(1)❶ $(6a-15b)\div 3$

$=(6a-15b)\times\dfrac{1}{3}$

$=6a\times\dfrac{1}{3}-15b\times\dfrac{1}{3}$

$=\mathbf{2a-5b}$

注意！

かっこを忘れずに！

(2)A，Bがx，yの多項式で表されているとき，かっこをつけた式にして代入しよう。

類題 33 別冊解答 p.10

次の計算をしなさい。

(1) $(24a-20b)\div 4$ 〔福島〕 (2) $3(-3x+y)+2(5x-2y)$ 〔茨城〕

(3) $4(2a-3b)-7(a-2b)$ 〔和歌山〕 (4) $a^2-5a-1+3(a^2+2a-4)$ 〔北海道〕

(5) $\dfrac{1}{2}(4x-2y)+\dfrac{1}{3}(6x+3y)$ 〔徳島〕 (6) $6\left(\dfrac{2x}{3}-\dfrac{y}{4}\right)-2(2x-y)$ 〔愛知〕

例題 34 分数をふくむ式の計算

次の計算をしなさい。

(1) $\dfrac{x-3y}{4}+\dfrac{-x+y}{6}$ 〔大分〕 (2) $\dfrac{2a+b}{3}-\dfrac{a-b}{2}$ 〔石川〕

(3) $2x+y+\dfrac{x-2y}{3}$ 〔長野〕 (4) $\dfrac{1}{2}(46a-3b)-\dfrac{2}{5}(35a-2b)$ 〔京都〕

分数をふくむ式の加減は，通分して同類項をまとめよう。

解き方と答え

(1) $\dfrac{x-3y}{4}+\dfrac{-x+y}{6}$

↓分子にかっこをつける

$=\dfrac{3(x-3y)}{12}+\dfrac{2(-x+y)}{12}$

↑4と6の最小公倍数

$=\dfrac{3(x-3y)+2(-x+y)}{12}$

$=\dfrac{3x-9y-2x+2y}{12}$

$=\dfrac{x-7y}{12}$

(2) $\dfrac{2a+b}{3}-\dfrac{a-b}{2}$

$=\dfrac{2(2a+b)-3(a-b)}{6}$

$=\dfrac{4a+2b-3a+3b}{6}$

$=\dfrac{a+5b}{6}$

(3) $2x+y+\dfrac{x-2y}{3}$

↑分母が1であるものとして考える

$=\dfrac{3(2x+y)}{3}+\dfrac{(x-2y)}{3}$

$=\dfrac{3(2x+y)+(x-2y)}{3}$

$=\dfrac{6x+3y+x-2y}{3}$

$=\dfrac{7x+y}{3}$

(4) $\dfrac{1}{2}(46a-3b)-\dfrac{2}{5}(35a-2b)$

$=23a-\dfrac{3}{2}b-14a+\dfrac{4}{5}b$

$=9a-\dfrac{15}{10}b+\dfrac{8}{10}b$

$=9a-\dfrac{7}{10}b$

注意！

分母をはらわないで！

1年生の「分数をふくむ1次方程式(p.145)」で学習したように，分母をはらってしまって，(1)を$x-7y$としてしまわないように。方程式ではないので，分母ははらわないこと。

注意！

分数をふくむ式での約分

(4)通分してから計算すると，$\dfrac{90a-7b}{10}$となる。これを

$\dfrac{\overset{9}{\cancel{90}}a-7b}{\underset{1}{\cancel{10}}}=9a-7b$

としないこと。

類題 34 別冊解答 p.10

次の計算をしなさい。

(1) $\dfrac{2a+3b}{5}+\dfrac{6a-5b}{10}$ (2) $\dfrac{4x-3y}{5}-\dfrac{2x-y}{3}$ 〔ノートルダム女学院高〕

(3) $\dfrac{5a+4b}{3}+a-2b$ 〔都立産業技術高専〕 (4) $-\dfrac{x-2y}{4}+\dfrac{4x-y}{6}+\dfrac{3x+2y}{9}$ 〔東京工業大附属科学技術高〕

10 単項式の乗除

p.61 ～ 64

❶ 単項式の乗法と除法ができるようにしよう。
❷ 指数法則を理解して，使いこなそう。
❸ 乗除の混じった計算が符号や指数を間違えずにできるようにしよう。

要点整理

1 単項式の乗法

➡例題 35

▶単項式×単項式 は，**係数の積に文字の積**をかける。

例 $2x\times3y=2\times3\times x\times y=6xy$

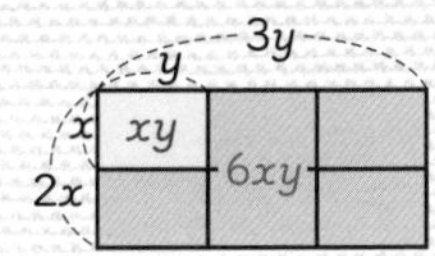

▶累乗の乗法では，次の**指数法則**（しすうほうそく）が成り立つ。

$a^m\times a^n=a^{m+n}$，$(a^m)^n=a^{mn}$，$(ab)^n=a^nb^n$（m，nは自然数）

例 $x^3\times x^2=x^{3+2}=x^5$，$(x^3)^2=x^{3\times2}=x^6$，$(x^2y)^4=(x^2)^4y^4=x^8y^4$

2 単項式の除法

➡例題 36

▶単項式÷単項式 は，次の㋐，㋑の計算方法がある。

㋐ 分数の形にして約分する。 例 $(-28x^2y)\div7x=-\dfrac{28x^2y}{7x}=-4xy$

（xが1つ残る／xはなくなったので，xごと消す）

㋑ 除法を乗法になおす。 例 $8ab^2\div\dfrac{2}{3}ab=8ab^2\times\dfrac{3}{2ab}=12b$

▶累乗の除法では，次の**指数法則**が成り立つ。

$$a^m\div a^n=\begin{cases}a^{m-n}\ (m>n)\\ 1\ (m=n)\\ \dfrac{1}{a^{n-m}}\ (m<n)\end{cases}\quad(a\neq0,\ m,\ n\text{は自然数})$$

（≠ ノットイコールと読む）

例 $x^8\div x^3=x^{8-3}=x^5$，
$x^6\div x^6=1$，
$x^2\div x^5=\dfrac{1}{x^{5-2}}=\dfrac{1}{x^3}$

3 単項式の乗除の混じった計算

➡例題 37

▶単項式の乗除の混じった計算の順序
①累乗やかっこの中の計算を先にする。
②除法を乗法になおして，乗法だけの式にして，計算する。

$A\times B\div C=A\times B\times\dfrac{1}{C}=\dfrac{A\times B}{C}$

$A\div B\div C=A\times\dfrac{1}{B}\times\dfrac{1}{C}=\dfrac{A}{B\times C}$

例 $-3xy^3\times6x^2\div(-9y)=-3xy^3\times6x^2\times\left(-\dfrac{1}{9y}\right)=+\dfrac{3xy^3\times6x^2}{9y}=2x^3y^2$

（答えの符号は先に決めておく）

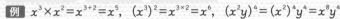

★★★ ⮌p.61 1

例題 35 単項式の乗法

次の計算をしなさい。

(1) $5x\times(-3y)$　(2) $(-8xy)\times 6z$　(3) $3a^2\times 2a^3$ 〔大阪〕

(4) $(-3a^2)^3$　(5) $15ab\times\left(-\dfrac{a}{5}\right)$ 〔岡山〕

単項式どうしの乗法は，係数の積に文字の積をかければよい。
指数法則 $a^m\times a^n=a^{m+n}$，$(a^m)^n=a^{mn}$，$(ab)^n=a^nb^n$（m，n は自然数）を使おう。

解き方と答え

(1) $5x\times(-3y)$
（x の係数，y の係数）
$=5\times x\times(-3)\times y$
$=5\times(-3)\times x\times y$
（係数の積，文字の積）
$=-15xy$

(2) $(-8xy)\times 6z$
$=(-8)\times x\times y\times 6\times z$
$=-48xyz$

(3)，(4) 指数法則を使う。

(3) $3a^2\times 2a^3$
$=3\times a^2\times 2\times a^3$
$=3\times 2\times a^2\times a^3$
$=6\times a^{2+3}$
$=6a^5$

(4) $(-3a^2)^3$
$=(-3)^3\times(a^2)^3$
$=-27\times a^{2\times 3}$
$=-27a^6$

(5) $15ab\times\left(-\dfrac{a}{5}\right)=15ab\times\left(-\dfrac{1}{5}a\right)$
$=15\times a\times b\times\left(-\dfrac{1}{5}\right)\times a$
$=\overset{3}{\cancel{15}}\times\left(-\dfrac{1}{\underset{1}{\cancel{5}}}\right)\times(a\times a)\times b$
$=-3a^2b$

くわしく

$a^2\times a^3$ と $(a^2)^3$ のちがい

(3) $a^2\times a^3$
$=(a\times a)\times(a\times a\times a)$
$=a^5$

(4) $(a^2)^3$
$=a^2\times a^2\times a^2$
$=(a\times a)\times(a\times a)\times(a\times a)$
$=a^6$

注意！

似たものに注意！

$a^3=a\times a\times a$
$3a=a+a+a$

$(-a^2)^2=(-a^2)\times(-a^2)$
$=a^4$
$-(a^2)^2=-a^2\times a^2$
$=-a^4$

類題 35 別冊解答 p.10

次の計算をしなさい。

(1) $x^2y\times(-3xy)$ 〔沖縄〕　(2) $ab\times a\times(-b)^2$ 〔新潟〕

(3) 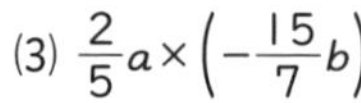 $\dfrac{2}{5}a\times\left(-\dfrac{15}{7}b\right)$ 〔山口〕　(4) $\dfrac{1}{3}ab^3\times 9a^2b$ 〔栃木〕

(5) $(-2)^3\times(ab)^2\times 6b$ 〔熊本〕　(6) $7x^5\times(-4x^3)\times(-x^2)^2$

★★★ p.61 2

例題 36 単項式の除法

次の計算をしなさい。

(1) $-10a^6 \div 5a^3$　　(2) $12ab^2 \div (-2b)$ 〔神奈川〕

(3) $(-8xy)^2 \div \dfrac{4}{3}x^2y$ 〔愛知〕　　(4) $-36a^3 \div (-9a^6)$

指数法則 $a^m \div a^n = \begin{cases} a^{m-n} & (m>n) \\ 1 & (m=n) \\ \dfrac{1}{a^{n-m}} & (m<n) \end{cases}$ $(a \neq 0,\ m,\ n$は自然数)を使おう。

解き方と答え

(1) 指数法則を使う。

$$-10a^6 \div 5a^3 = \frac{-10a^6}{5a^3} = -2a^{6-3} = -2a^3$$

(2) $12ab^2 \div (-2b) = \dfrac{\overset{6}{\cancel{12}}ab^{\cancel{2}}}{-\underset{1}{\cancel{2}}\underset{1}{\cancel{b}}} = -6ab$

(3) $(-8xy)^2 \div \dfrac{4}{3}x^2y = 64x^2y^2 \div \dfrac{4x^2y}{3}$

$$= 64x^2y^2 \times \frac{3}{4x^2y} = \frac{\overset{16}{\cancel{64}}\overset{1}{\cancel{x^2}}y^{\cancel{2}} \times 3}{\underset{1}{\cancel{4}}\underset{1}{\cancel{x^2}}\underset{1}{\cancel{y}}} = 48y$$

(4) 指数法則を使う。

$$-36a^3 \div (-9a^6) = \frac{36a^3}{9a^6} = \frac{4}{a^{6-3}} = \frac{4}{a^3}$$

くわしく

$a^6 \div a^3$ と $a^3 \div a^6$ のちがい

(1) $a^6 \div a^3$

$$= \frac{\cancel{a} \times \cancel{a} \times \cancel{a} \times a \times a \times a}{\cancel{a} \times \cancel{a} \times \cancel{a}} = a^3$$

(4) $a^3 \div a^6$

$$= \frac{\cancel{a} \times \cancel{a} \times \cancel{a}}{\cancel{a} \times \cancel{a} \times \cancel{a} \times a \times a \times a} = \frac{1}{a^3}$$

注意！ 文字も忘れずに！

(3) $\dfrac{4}{3}x^2y$ の逆数は $\dfrac{3}{4x^2y}$ である。数字だけ入れかえて $\dfrac{3}{4}x^2y$ にしないこと。

参考 $a^0\ (a \neq 0)$ の値は？

$a^m \div a^n$ で，$m=n$ のとき，

$a^m \div a^n = a^m \div a^m = a^{m-m} = a^0$

また，$a^m \div a^m = \dfrac{a^m}{a^m} = 1$

よって，$a^0 = 1$ となり，0以外のどんな数でも0乗は1になる。

類題 36

別冊解答 p.10

次の計算をしなさい。

(1) $8ab \div (-4b)$ 〔岡山〕　　(2) $8a^2b \div \dfrac{1}{2}ab$ 〔滋賀〕

(3) $\dfrac{10}{3}a^3b^2 \div \dfrac{5}{9}a^2b^2$ 〔石川〕　　(4) $45x^3y^2 \div (-5x^2y^5)$

★★★ p.61 3

例題 37 単項式の乗除の混じった計算

次の計算をしなさい。

(1) $3a^2 \times 6ab^2 \div (-9ab)$ 〔山梨〕
(2) $12x^7 \div (2x)^2 \times x^3$ 〔国立高専〕

(3) $5a^2b^2 \div 10a^2b \times (-4b)$ 〔愛知〕
(4) $\left(-\frac{1}{3}ab^2\right)^2 \times (-2a^4b) \div \frac{1}{6}(a^2b)^3$ 〔大阪〕

乗除の混じった計算は，乗法だけの式にして約分するか指数法則を使って計算する。

解き方と答え

(1) $3a^2 \times 6ab^2 \div (-9ab) = 3a^2 \times 6ab^2 \times \left(-\frac{1}{9ab}\right)$

$= -\frac{3a^2 \times 6ab^2}{9ab} = -2a^2b$

(2) $12x^7 \div (2x)^2 \times x^3 = 12x^7 \div 4x^2 \times x^3$

$= 12x^7 \times \frac{1}{4x^2} \times x^3 = \frac{12x^7 \times x^3}{4x^2} = 3x^8$

(3) $5a^2b^2 \div 10a^2b \times (-4b) = 5a^2b^2 \times \frac{1}{10a^2b} \times (-4b)$

$= -\frac{5a^2b^2 \times 4b}{10a^2b} = -2b^2$

(4) $\left(-\frac{1}{3}ab^2\right)^2 \times (-2a^4b) \div \frac{1}{6}(a^2b)^3$

$= \frac{1}{9}a^2b^4 \times (-2a^4b) \div \frac{a^6b^3}{6}$

$= \frac{a^2b^4}{9} \times (-2a^4b) \times \frac{6}{a^6b^3}$

$= -\frac{a^2b^4 \times 2a^4b \times 6}{9 \times a^6b^3} = -\frac{4b^2}{3}$

アドバイス 文字がなくなったら指数も消そう！

(3) $-\frac{5a^2b^2 \times 4b}{10a^2b}$ で，分母と分子にそれぞれa^2があるので，a^2はなくなる。このとき，aだけを消して指数の2を消さないでおくと，係数とまちがえるおそれがあり，計算ミスのもとである。

注意！

答えの符号は先に決める

(4) −が2個あるように見えるので，答えの符号は＋とまちがえやすい。累乗をふくむ計算式のときは，先に符号の数を調べて，答えの符号を決めるとよい。

類題 37 別冊解答 p.10

次の計算をしなさい。

(1) $4ab^2 \times (-3a)^2 \div 2b^2$ 〔青森〕
(2) $12xy^2 \div 3y \div (-2x)$ 〔愛媛〕

(3) $8a \times (-6ab^3) \div (-ab)^2$ 〔鹿児島〕
(4) $a^4b^2 \div (-a^2b) \times (-2ab^2)^2$ 〔長崎〕

(5) $(-2ab)^3 \times \frac{ab}{5} \div \left(-\frac{2}{5}a^2b\right)^2$ 〔滝川高〕
(6) $\left(\frac{bc^2}{2a^2}\right)^4 \times \left(-\frac{2a^2b}{3}\right)^3 \div \left(\frac{c}{6ab}\right)^2$ 〔関西学院高〕

11 文字式の利用

p.65 〜 71

GOAL

❶ 複雑な式で，式の値が求められるようにしよう。

❷ 数の性質や図形について，文字を使って説明できるようにしよう。

❸ 等式の性質を使って，等式を自由に変形できるようにしよう。

要点整理

1 式の値

➡例題 38，43

▶式が簡単になるときは，**簡単にしてから**数を代入する。

例　$x=-2$，$y=5$ のとき，$2(x-3y)-5(3x-y)$ の値を求めなさい。

解　$2(x-3y)-5(3x-y)=-13\underset{\underset{(-2)}{\uparrow}}{x}-\underset{\underset{5}{\uparrow}}{y}=-13\times(-2)-5=\underset{\underset{\text{式の値}}{\uparrow}}{\underline{21}}$

2 式による説明，図形への利用

➡例題 39，40，42

▶連続する３つの整数の表し方…３つの整数を１つの文字で表す。

㋐ 一番小さい整数を n とすると，連続する３つの整数…$\boldsymbol{n}$，$\boldsymbol{n+1}$，$\boldsymbol{n+2}$

㋑ 中央の整数を n とすると，連続する３つの整数…$\boldsymbol{n-1}$，$\boldsymbol{n}$，$\boldsymbol{n+1}$

▶２けたの整数は十の位の数を x，一の位の数を y とすると，$\boldsymbol{10x+y}$ で表される。このとき，十の位の数と一の位の数を入れかえた数は，$\boldsymbol{10y+x}$ で表される。

▶図形の辺の長さを文字で表すことによって，平面図形のまわりの長さや面積，立体図形の体積や表面積をその文字を使った文字式で表すことができる。

3 等式の変形

➡例題 41，43

▶いくつかの文字をふくむ等式において，その中の１つの文字を**等式(とうしき)の性質(せいしつ)**を使って，他の文字の式で表すことを，**その文字(もじ)について解(と)く**という。

〔等式の性質〕
$A=B$ ならば，
$A+C=B+C$
$A-C=B-C$
$A\times C=B\times C$
$\dfrac{A}{C}=\dfrac{B}{C}\ (C\neq 0)$

例　等式 $2x+3y=6$ を y について解きなさい。

解　$2x$ を移項して，$3y=6-2x$　両辺を３でわって，

$y=2-\dfrac{2}{3}x$　$\left(y=\dfrac{6-2x}{3}\text{でもよい。}\right)$

例　等式 $c=\dfrac{3a-7b}{5}$ を a について解きなさい。

解　左辺と右辺を入れかえて，両辺に５をかけると，$3a-7b=5c$

$-7b$ を移項して，$3a=5c+7b$　両辺を３でわって，$a=\dfrac{5c+7b}{3}$

★★★ ⤴ p.65 1

例題 38 式の値

次の式の値を求めなさい。

(1) $a=-2$，$b=\dfrac{1}{3}$のとき，$5(2a+b)-(5a-b)$の値

(2) $x=\dfrac{1}{3}$，$y=0.6$のとき，$3x^2\div12xy\times(-2y)^2$の値 〔秋田〕

(3) $x=-\dfrac{3}{2}$，$y=\dfrac{9}{4}$のとき，$\dfrac{x+4y}{6}-\dfrac{3x-2y}{4}$の値 〔豊島岡女子学園高〕

すぐに代入しないで，式を簡単にしてから数を代入しよう。

解き方と答え

(1) $5(2a+b)-(5a-b)=10a+5b-5a+b$

$=5a+6b=5\times\underline{(-2)}+6\times\dfrac{1}{3}=-10+2=-8$

↑負の数にはかっこをつける

(2) $3x^2\div12xy\times(-2y)^2=3x^2\times\dfrac{1}{12xy}\times4y^2$

$=\dfrac{\overset{1}{\cancel{3}}x^{\cancel{2}}\times\overset{1}{\cancel{4}}y^{\cancel{2}}}{\underset{1\,1\,1}{\cancel{12}\cancel{x}\cancel{y}}}=xy=\dfrac{1}{3}\times0.6=\dfrac{1}{3}\times\dfrac{3}{5}=\dfrac{1}{5}$

(3) $\dfrac{x+4y}{6}-\dfrac{3x-2y}{4}=\dfrac{2(x+4y)-3(3x-2y)}{12}$

$=\dfrac{2x+8y-9x+6y}{12}=\dfrac{-7x+14y}{12}$

$=\underline{(-7x+14y)\div12}$

↑分数をわり算の形にする

$=\left\{-7\times\left(-\dfrac{3}{2}\right)+14\times\dfrac{9}{4}\right\}\div12$

$=\left(\dfrac{21}{2}+\dfrac{63}{2}\right)\div12=\dfrac{42}{12}=\dfrac{7}{2}$

Return

式の値…p.52の例題㉙

くわしく

簡単にしてから代入する

(1)そのままa,bを代入すると,

$5\times\left\{2\times(-2)+\dfrac{1}{3}\right\}-\left\{5\times(-2)-\dfrac{1}{3}\right\}$

となり，計算が複雑になってミスをしやすくなる。必ず簡単にしてから代入しよう。

注意！

数を代入するときの注意点

㋐負の数を代入⇨(　)をつける。

㋑累乗に分数を代入⇨(　)をつける。

㋒分数の式に分数を代入⇨わり算にして代入する。

類題 38

別冊解答 p.11

次の式の値を求めなさい。

(1) $x=8$，$y=-6$のとき，$5x-7y-4(x-2y)$の値 〔京都〕

(2) $a=3$，$b=-2$のとき，$16a^2b\div(-4a)$の値 〔北海道〕

(3) $a=\dfrac{1}{3}$，$b=6$のとき，$(4a^2b)^2\div16a^3b$の値 〔近畿大泉州高〕

(4) $a=\dfrac{2}{3}$，$b=-\dfrac{1}{2}$のとき，$\dfrac{4a-b}{2}-\dfrac{3a-5b}{6}$の値

★★★

p.65 2

例題 39 式による説明 (1) ～連続する3つの数～

次の問いに答えなさい。

(1) 「連続する3つの整数の和は，3の倍数になる」ことを，次のように説明した。このとき，[ア]，[イ]，[ウ]にあてはまる式を答えなさい。〔鳥取〕

> 連続する3つの整数のうち，最も小さい数をnとすると，残りの2数は小さい方から[ア]，[イ]と表すことができる。この3つの連続する整数の和は，
>
> $n+$[ア]$+$[イ]$=3n+3=$[ウ]
>
> [ア]は整数だから，[ウ]は3の倍数である。
>
> よって，連続する3つの整数の和は，3の倍数になる。

(2) 7，8，9のような奇数からはじまる連続する3つの整数の和は，6の倍数になる。そのわけを文字を使った式を用いて説明しなさい。

(1) 3の倍数を示すには，式を3×(整数)の形に導けばよい。

解き方と答え

(1) 連続する3つの整数は，n，$n+1$，$n+2$と表せる。

よって，$n+(n+1)+(n+2)=3n+3=3(n+1)$

つまり，[ア]$=n+1$　[イ]$=n+2$　[ウ]$=3(n+1)$

(2) nを整数とすると，最も小さい奇数は$2n+1$と表せる。

（$2n$が偶数だから，それに1を加えると奇数になる）

よって，残りの2数は，$2n+2$，$2n+3$と表せる。

（$2n+2$ ← $(2n+1)+1$，$2n+3$ ← $(2n+1)+1+1$）

この3つの連続する整数の和は，

$(2n+1)+(2n+2)+(2n+3)=6n+6=6(n+1)$

$n+1$は整数だから，$6(n+1)$は6の倍数である。

よって，奇数からはじまる連続する3つの整数の和は6の倍数になる。

注意！ 使う文字の種類

連続する整数や偶数など関連している数を表すときは，1つの文字を使う。しかし，単に2つの偶数を表すときは，2つの文字を使う。

例 2つの偶数の和は偶数であることを説明するには，m，nを整数とすると，2つの偶数は$2m$，$2n$で表される。

その和は，$2m+2n=2(m+n)$

$m+n$は整数だから，

$2(m+n)$は偶数である。

類題 39

次のことを，文字を使った式を用いて説明しなさい。

(1) 3つの連続する偶数の和は，6の倍数になる。

(2) 偶数から奇数をひいた差は，奇数になる。

別冊解答 p.11

★★★ ⮌ p.65 2

例題 40 式による説明 (2) ～位を入れかえた数～

一の位が0でない2けたの自然数Aがある。Aの十の位の数と一の位の数を入れかえてできる自然数をBとする。 〔秋田〕

(1) $A+B$が11の倍数になることを，Aの十の位の数をx，Aの一の位の数をyとして，説明しなさい。

(2) $A-B$が7の倍数になるときの自然数Aをすべて求めなさい。ただし，Aの十の位の数は，一の位の数より大きいものとする。

2けたの自然数Aは，$10\times x+y=10x+y$と表される。

解き方と答え

(1) 2けたの自然数Aは$10x+y$，自然数Bは$10y+x$と表すことができる。

$A+B=(10x+y)+(10y+x)=11x+11y=11(x+y)$

$x+y$は整数だから，$11(x+y)$は11の倍数である。

よって，$A+B$は11の倍数になる。

(2) $A-B=(10x+y)-(10y+x)=9x-9y=9(x-y)$

これが7の倍数となるのは，9は7の倍数ではないので，$x-y$が7の倍数になるときである。

$x>y$，$y\neq0$だから，

$(x,\ y)=(8,\ 1)$，$(9,\ 2)$

よって，$A=81$，92

Return 自然数の表し方…p.38の例題⑰(3)

くわしく

3けたの自然数の表し方

例えば，

$576=100\times\underset{\uparrow}{5}+10\times\underset{\uparrow}{7}+\underset{\uparrow}{6}$

百の位　十の位　一の位

百の位，十の位，一の位の数をそれぞれx，y，zとすると，3けたの自然数は$100x+10y+z$で表せる。

数字と同じように，xyzと書いてしまうと，$x\times y\times z$を表すことになる。

類題 40 別冊解答 p.11

次の問いに答えなさい。

(1) 3けたの自然数Aがあり，Aの百の位の数をa，十の位の数をb，一の位の数をcとする。ただし，aはcより大きいものとする。

❶ 自然数Aを，a，b，cを使って表しなさい。

❷ Aの百の位の数と一の位の数を入れかえてできる自然数をBとする。このとき，$A-B$が99の倍数になることを説明しなさい。

(2) 3けたの正の整数から，その数の各位の数の和をひくと，9の倍数になる。そのわけを文字を使った式を用いて説明しなさい。

★★★ p.65 3

例題 41 等式の変形

次の問いに答えなさい。

(1) 次の等式を〔　〕の中の文字について解きなさい。

❶ $3x+2y=11$ 〔y〕 〔三重〕 ❷ $a=\dfrac{b-2c}{3}$ 〔c〕 〔大分〕

(2) 7%の食塩水xgからygの水を蒸発させると，a%の食塩水になった。yをa，xを用いて表しなさい。 〔國學院大久我山高〕

解き方のコツ 解きたい文字を左辺において，等式の性質を使って変形しよう。

解き方と答え

(1)❶
$$3x+2y=11$$
（$3x$を移項する）
$$2y=11-3x$$
（両辺を2でわる）
$$y=\frac{11-3x}{2}$$

❷
$$a=\frac{b-2c}{3}$$
（左辺と右辺を入れかえる）
$$\frac{b-2c}{3}=a$$
（両辺に3をかける）
$$b-2c=3a$$
（bを移項する）
$$-2c=3a-b$$
（両辺を-2でわる）
$$c=\frac{-3a+b}{2}$$

(2) 食塩の重さ＝食塩水×濃度（のうど） より，

$$x\times\frac{7}{100}=(x-y)\times\frac{a}{100} \qquad 7x=a(x-y)$$

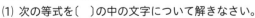

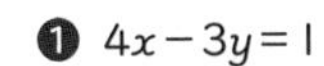

↑はじめの食塩の重さ　↑ygの水が蒸発したあとの食塩の重さ

$a(x-y)=7x$ 　 $ax-ay=7x$ 　 $-ay=7x-ax$

$ay=ax-7x$ 　 よって，$y=\dfrac{ax-7x}{a}$

Return

等式の性質…p.65の3

くわしく $A=B\Rightarrow B=A$

解きたい文字が右辺にあるときは，左辺と右辺をそのまま入れかえるとよい。これは移項ではないので，符号は変えなくてよい。

別解

先に両辺をaでわる

(2)$a(x-y)=7x$の(　)をはずさず，両辺をaでわって，

$x-y=\dfrac{7x}{a}$ 　 $-y=\dfrac{7x}{a}-x$

$y=x-\dfrac{7x}{a}$としてもよい。

類題 41 別冊解答 p.11

次の問いに答えなさい。

(1) 次の等式を〔　〕の中の文字について解きなさい。

❶ $4x-3y=15$ 〔y〕 〔千葉〕 ❷ $\ell=2(a+b)$ 〔b〕 〔埼玉〕

❸ $a=\dfrac{3b-4c}{2}$ 〔c〕 〔日本大第三高〕 ❹ $c=\dfrac{3a-2b-c}{5}$ 〔a〕 〔大阪体育大浪商高〕

(2) 4%の食塩水agに，食塩をxg加えたところ，b%の食塩水ができた。xをaとbを用いた式で表しなさい。 〔青雲高〕

第1編 数と式 ｜ 第1章 正の数・負の数 ｜ 第2章 文字と式 ｜ 第3章 式の計算 ｜ 第4章 多項式 ｜ 第5章 整数の性質 ｜ 第6章 平方根

★★★ ↩ p.65 2

例題 42 図形への利用

次の問いに答えなさい。

(1) 右の図は，AB，AP，PBをそれぞれ直径とする半円をかいたものである。AからBまで行くのに，アのように行くのと，イのように行くのとでは，どちらが近いですか。

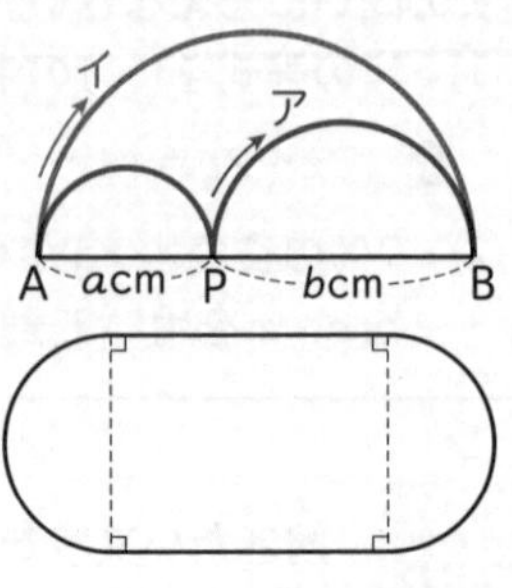

(2) 右の図のような半径の等しい2つの半円と1つの長方形を組み合わせたトラックがグラウンドにかかれている。このトラックの線から2m外側を1周するときの移動距離（きょり）はトラック1周の線の長さより何m長くなりますか。

〔岡山県立岡山朝日高〕

(2) **長方形の縦をxm，横をymとすると，半円の直径はxmになる。**

解き方と答え

(1) AP＝$a$cm，PB＝$b$cmより，

アの長さは，$\frac{1}{2}\pi a+\frac{1}{2}\pi b$(cm)

AB＝AP＋PB＝$a+b$(cm)より，

イの長さは，$\frac{1}{2}\pi(a+b)=\frac{1}{2}\pi a+\frac{1}{2}\pi b$(cm)

よって，どちらも同じである。

(2) 長方形の縦をxm，横をymとすると，トラック1周の長さは，$\pi x+2y$(m)…①

2m外側を1周するときの円の直径は，$(x+4)$mになるので，移動距離は，$\pi(x+4)+2y$(m)…②

②－①より，$\{\pi(x+4)+2y\}-\{\pi x+2y\}=4\pi$(m)

くわしく

am外側を1周するとき

(2)移動距離の差は，直線部分が同じ長さなので，円周の長さだけを考えればよい。長方形の縦の長さをxmとすると，$\pi(x+4)-\pi x=4\pi$(m)となる。

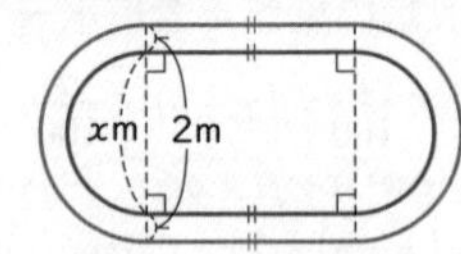

円の半径をam大きくすると，円周はもとの半径に関係なく，$2\pi a$m大きくなる。

別冊解答 p.12

縦$a$cm，横$b$cm，高さ$h$cmの直方体がある。

(1) この直方体の表面積をScm^{2}とするとき，Sをa，b，hを使った式で表しなさい。

(2) (1)の式をhについて解きなさい。

(3) 縦$2a$cm，横$3b$cm，高さ$4h$cmの直方体の体積は，この直方体の体積の何倍ですか。

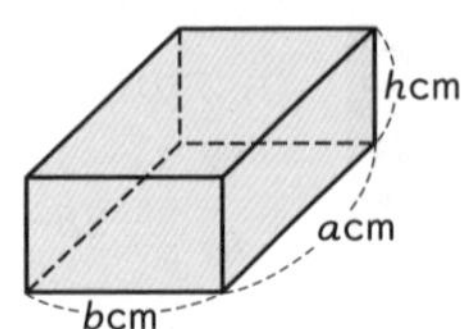

★★★ ⤺ p.65 1, 3

例題 43 等式の変形を利用した式の値

次の式の値を求めなさい。

(1) $3a+2b=2a-b$ のとき，$\dfrac{a-2b}{a+b}$ の値(ただし，$a+b \fallingdotseq 0$ とする。)

〔西大和学園高〕

(2) $\dfrac{1}{x}+\dfrac{1}{y}=2$ のとき，$\dfrac{4x-3xy+4y}{x+y}$ の値

〔立命館高〕

(1) a，b の1次式を a について解き，代入しよう。

解き方と答え

(1) $3a+2b=2a-b$ の $2b$ と $2a$ をそれぞれ移項して，$3a-2a=-b-2b$　$a=-3b$ …①

①を式に代入すると，$\dfrac{a-2b}{a+b}=\dfrac{-3b-2b}{-3b+b}=\dfrac{-5b}{-2b}=\dfrac{5}{2}$

(2) $\dfrac{1}{x}+\dfrac{1}{y}=2$ の両辺に xy をかけて，$\dfrac{1}{x}\times xy+\dfrac{1}{y}\times xy=2xy$　$x+y=2xy$ …②

$\dfrac{4x-3xy+4y}{x+y}=\dfrac{4x+4y-3xy}{x+y}=\dfrac{4(x+y)-3xy}{x+y}$

②を式に代入すると，$\dfrac{4\times 2xy-3xy}{2xy}=\dfrac{5xy}{2xy}=\dfrac{5}{2}$

くわしく 代入できるように式を変形させよう

(1) a，b の値はそれぞれ求められないが，a に $-3b$ を代入することで，分母，分子とも b だけの式となり，約分できる。

(2) (1)と同様に，x，y の値はそれぞれ求められないが，$x+y$ に $2xy$ を代入することで，分母，分子とも xy だけの式となり，約分できる。

別解 (2) $\dfrac{1}{x}+\dfrac{1}{y}=2$ の逆数をとる

$\dfrac{1}{x}+\dfrac{1}{y}=2$ より，$\dfrac{y+x}{xy}=2$　逆数をとって，$\dfrac{xy}{x+y}=\dfrac{1}{2}$

$\dfrac{4x-3xy+4y}{x+y}=\dfrac{4(x+y)-3xy}{x+y}=4-\dfrac{3xy}{x+y}=4-3\times\dfrac{1}{2}=\dfrac{5}{2}$

別冊解答 p.12

次の式の値を求めなさい。

(1) $x:y=1:3$ のとき，$\dfrac{xy}{x^2-y^2}$ の値

〔日本大豊山高〕

(2) $7x+2y=-x-5y$ のとき，$\dfrac{5x-8y}{4x+9y}$ の値

〔江戸川学園取手高〕

章末問題 A

→別冊解答 p.13

20 次の計算をしなさい。

つ例題 32～34

(1) $8a+b-(a-7b)$ 〔東京〕　(2) $2(3x-y+1)+(x-3y)$ 〔愛媛〕

(3) $8(x-y)+6(x-2y)$ 〔和歌山〕　(4) $3(3a+4b)-2(4a-b)$ 〔新潟〕

(5) $\frac{3}{2}x-6y-\frac{1}{4}(3x-8y)$ 〔千葉〕　(6) $\frac{3a-5b}{4}-\frac{a-2b}{3}$ 〔大阪〕

21 次の計算をしなさい。

つ例題 31 36 37

(1) $28a^2b^2\div 4ab^2$ 〔神奈川〕　(2) $(-2x)^2\div 3xy\times(-6x^2y)$ 〔秋田〕

(3) $\frac{15}{2}x^3y^3\div\frac{3}{4}xy^2$ 〔石川〕　(4) $2xy\times 3x^2\div\frac{12}{5}xy^2$ 〔富山〕

(5) $4ab^2\times\left(-\frac{3a}{2}\right)^2\div 3a^2b$ 〔大阪〕　(6) $\frac{7}{5}a+\left(-\frac{3}{4}ab^2\right)\div\left(-\frac{5}{4}b^2\right)$ 〔愛知〕

22 次の式の値を求めなさい。

つ例題 38

(1) $x=3$，$y=-1$ のとき，$20x^2y\div 15x\times 6y$ の値 〔青森〕

(2) $x=\frac{4}{5}$，$y=-2$ のとき，$3(4x-y)-(2x-5y)$ の値 〔秋田〕

23 次の等式を〔　〕の中の文字について解きなさい。

つ例題 41

(1) $3x-y+6=0$　〔y〕 〔沖縄〕　(2) $V=\frac{1}{3}\pi r^2h$　〔h〕 〔鳥取〕

24 優花さんは，千の位の数と一の位の数，百の位の数と十の位の数がそれぞれ等しい4けたの自然数が11の倍数であることを，下のように説明した。

つ例題 40

【優花さんの説明】

> 千の位の数と一の位の数，百の位の数と十の位の数がそれぞれ等しい4けたの自然数は，千の位の数と一の位の数をx，百の位の数と十の位の数をyとすると，
> $1000x+100y+10y+x$ と表すことができる。
>
> [　　　　　　　　　　]
>
> したがって，千の位の数と一の位の数，百の位の数と十の位の数がそれぞれ等しい4けたの自然数は，11の倍数である。

【優花さんの説明】 の[　　　]に説明の続きを書き，説明を完成させなさい。

〔広島〕

章末問題 B

→別冊解答 p.13～15

25 次の計算をしなさい。

例題 34 37

(1) $\dfrac{3a+5b}{6}-\dfrac{a-2b}{4}+\dfrac{6a+2b}{3}$ 〔明治学院高〕

(2) $\dfrac{2x+y-3}{3}-x-3+\dfrac{2x-y+3}{2}$ 〔成城高〕

(3) $\dfrac{a^3b^2}{b^3c^5}\times\dfrac{b^5c^3}{c^2a^4}\div\dfrac{a^5b^3}{c^2a^7}$ 〔函館ラ・サール高〕

(4) $\left(-\dfrac{2}{3}xy^2\right)^3\div(4x^2y)^2\times\left(-\dfrac{6}{5}xy\right)^2$ 〔ラ・サール高〕

26 次の□にあてはまる数または式を，求めなさい。

例題 37

(1) $(3x^2y^3)^2\div(-2x^2y)^3\times\square=\dfrac{3}{2}xy^4$ 〔愛光高〕

(2) $\dfrac{2}{3}(a^2b)^2\times\boxed{ア}\,a^{\boxed{イ}}b^{\boxed{ウ}}\div\dfrac{14}{3}a^3b^3=a^3b^2$ 〔日本大習志野高－改〕

27 次の等式を〔　〕の中の文字について解きなさい。

例題 41

(1) $S=\dfrac{a-b}{a+b}$　〔b〕 〔日本大第二高〕

(2) $V=\dfrac{1}{a}+\dfrac{1}{b}$　〔b〕 〔花園高(京都)〕

28 次の式の値を求めなさい。

例題 38 43

(1) $a=-2$，$b=-3$のとき，$-3a^2b^5\times12a^3b^2\div(-9a^3b^2)^2$の値 〔西大和学園高〕

(2) $\dfrac{x+y}{3}=\dfrac{x-y}{5}(\neq0)$のとき，$\dfrac{x^2+4y^2}{xy}$の値 〔中央大杉並高〕

29 ある4けたの自然数Pについて，この自然数の一番左の数字を一番右に移動してつくられた4けたの自然数をQとする。例えば，$P=1234$ のときは$Q=2341$となる。Pの千の位の数字をx，下3けたの数をyとする。ただし，Qの千の位が0になるようなPは考えないものとする。 〔城北高(東京)〕

例題 40

(1) 自然数P，Qをx，yを用いて表しなさい。

(2) $P+Q=5379$となるとき，yをxの式で表しなさい。

(3) (2)の条件を満たす自然数Pのうち，偶数であるものをすべて求めなさい。

チャレンジ

30 2つの容器A，Bがあり，Aにはa%の食塩水800g，Bにはb%の食塩水1000gが入っている。最初に，Aから食塩水200gを取り出し，Bに入れてよくかき混ぜた。次に，Bから食塩水400gを取り出し，Aに入れてよくかき混ぜた。このとき，Aの食塩水の濃度をa，bを用いて表しなさい。 〔中央大附高〕

例題 41

12 多項式の計算

p.74 ～ 81

❶ 単項式と多項式の乗除，多項式の展開ができるようにしよう。
❷ 4つの乗法公式を正確に覚えて使いこなせるようになろう。
❸ おきかえを上手に使って，簡単に計算できる方法を見つけ出そう。

要点整理

1 単項式と多項式の乗除，多項式の乗法

➡例題 44，45

▶ 単項式×多項式の計算は，分配法則を用いて，単項式を多項式の各項にかける。

例　$3x(x+2y)=3x\times x+3x\times 2y=3x^2+6xy$

▶ 多項式÷単項式の計算は，多項式÷数 と同じように計算することができる。

㋐ $(b+c)\div a=\dfrac{b}{a}+\dfrac{c}{a}$　　㋑ $(b+c)\div a=(b+c)\times\dfrac{1}{a}=b\times\dfrac{1}{a}+c\times\dfrac{1}{a}$

例　$(2a^2-6ab)\div\dfrac{2}{3}a=(2a^2-6ab)\times\dfrac{3}{2a}=2a^2\times\dfrac{3}{2a}-6ab\times\dfrac{3}{2a}=3a-9b$

▶ 単項式や多項式の積の形の式を，かっこをはずして**単項式の和の形に表す**ことを，はじめの式を**展開**（てんかい）するという。同類項があれば，まとめておく。

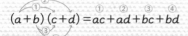

$(a+b)(c+d)=ac+ad+bc+bd$

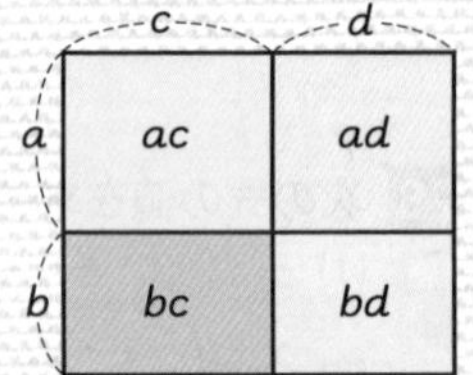

2 乗法公式

➡例題 46～48

▶ 式を展開するときによく使われる公式を**乗法公式**（じょうほうこうしき）という。

㋐ $(x+a)(x+b)=x^2+(a+b)x+ab$　　例　$(x+2)(x-6)=x^2+(2-6)x+2\times(-6)=x^2-4x-12$

㋑ $(x+a)^2=x^2+2ax+a^2$　　例　$(x+7)^2=x^2+2\times 7\times x+7^2=x^2+14x+49$

㋒ $(x-a)^2=x^2-2ax+a^2$　　例　$(x-8)^2=x^2-2\times 8\times x+8^2=x^2-16x+64$

㋓ $(x+a)(x-a)=x^2-a^2$　　例　$(x+5)(x-5)=x^2-5^2=x^2-25$

3 四則の混じった式の展開，おきかえを使った式の展開

➡例題 49，50

▶ 四則の混じった式の展開は，**乗法公式を使って式を展開し，同類項はまとめる。**

例　$\underbrace{(x+2)^2}_{\text{公式㋑}}-\underbrace{(x-4)(x+3)}_{\text{公式㋐}}=x^2+4x+4-(x^2-x-12)=x^2+4x+4-x^2+x+12$
$=5x+16$
（かっこを必ずつける）

▶ 共通な部分のある式の展開は，**共通な部分を1つのまとまりとみておきかえる。**

例　$(a+b-7)(a+b+7)=(A-7)(A+7)=A^2-7^2=(a+b)^2-7^2=a^2+2ab+b^2-49$
（$a+b$ を A とおきかえ）（もとにもどす）

★★★

p.74 1

例題 44 単項式と多項式の乗除

次の計算をしなさい。

(1) $2x(7x-9y)$

(2) $(3a-5b-7)\times(-6a)$

(3) $(8x^2-12xy)\div 4x$ 〔山口〕

(4) $(2x^2y-4xy^2)\div\left(-\dfrac{2}{3}x\right)$ 〔青雲高〕

(5) $4a(a-7)-5a(2a-6)$

単項式×多項式は，分配法則を用いてかっこをはずそう。
多項式÷単項式は，(多項式)÷数 と同じように計算しよう。

解き方と答え

(1) $2x(7x-9y)=2x\times7x-2x\times9y=14x^2-18xy$

(2) $(3a-5b-7)\times(-6a)$
$=3a\times(-6a)-5b\times(-6a)-7\times(-6a)$
$=-18a^2+30ab+42a$

(3) $(8x^2-12xy)\div4x=\dfrac{8x^2}{4x}-\dfrac{12xy}{4x}=2x-3y$
↑約分する↑

(4) $(2x^2y-4xy^2)\div\left(-\dfrac{2}{3}x\right)=(2x^2y-4xy^2)\times\left(-\dfrac{3}{2x}\right)$
逆数をかける

$=-\dfrac{2x^2y\times3}{2x}+\dfrac{4xy^2\times3}{2x}=-3xy+6y^2$
↑符号のミスに注意

(5) $4a(a-7)-5a(2a-6)$
$=4a\times a+4a\times(-7)-5a\times2a-5a\times(-6)$
$=4a^2-28a-10a^2+30a$
$=-6a^2+2a$

くわしく
多項式と単項式の除法
(3)のように，多項式÷単項式は，多項式のすべての項を単項式でわればよい。
(4)のように，わる単項式が分数であるときは，(3)のように計算するのではなく，**わる単項式の逆数を多項式の各項にかける。**

注意！ 符号に注意
(4)かっこをはずすとき，うしろの項の符号を変えることを忘れないようにしよう。

類題 44

次の計算をしなさい。

(1) $(x-2y)\times(-4x)$ 〔山口〕

(2) $(10x^2y-5xy^2)\div5xy$ 〔愛媛〕

(3) $(6a^2b-9ab^2)\div\left(-\dfrac{3}{5}b\right)$

(4) $\dfrac{3x(2x-y)}{2}-\dfrac{2y(x-3y)}{3}+\dfrac{xy}{6}$ 〔青山学院高〕

別冊解答 p.15

★★★ p.74 1

例題 45 多項式の乗法

次の式を展開しなさい。

(1) $(x+6)(y-7)$ (2) $(a-9)(b-4)$

(3) $(2x-1)(x+3)$ 〔群馬〕 (4) $(x-3y)(3x+2y)$ 〔大阪〕

(5) $(a+3)(a-2b+5)$ (6) $(-3x+2y-7)(5x-3y)$

展開の公式 $(a+b)(c+d)=ac+ad+bc+bd$ を利用しよう。

展開した結果に同類項があるときは，それらをまとめておこう。

解き方と答え

(1) $(x+6)(y-7)=xy-7x+6y-42$

(2) $(a-9)(b-4)=ab-4a-9b+36$

(3) $(2x-1)(x+3)=2x^2\underline{+6x-x}-3=2x^2+5x-3$ ←同類項

(4) $(x-3y)(3x+2y)=3x^2\underline{+2xy-9xy}-6y^2=3x^2-7xy-6y^2$ ←同類項

(5) $(a+3)(a-2b+5)=a^2-2ab\underline{+5a+3a}-6b+15$ ←同類項

$=a^2-2ab+8a-6b+15$

(6) $(-3x+2y-7)(5x-3y)$

$=(-3x+2y-7)\times 5x+(-3x+2y-7)\times(-3y)$

$=-15x^2\underline{+10xy}-35x\underline{+9xy}-6y^2+21y$ ←同類項→

$=-15x^2+19xy-6y^2-35x+21y$

くわしく 2項式×3項式

$(a+b)(x+y+z)$

$=a(x+y+z)+b(x+y+z)$

$=ax+ay+az+bx+by+bz$

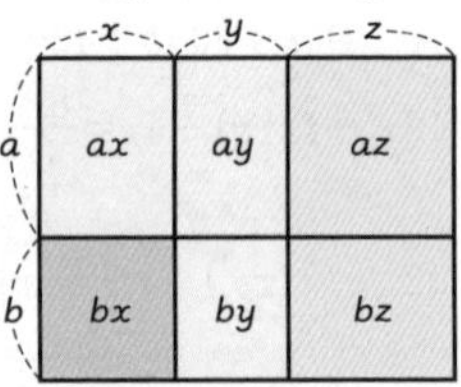

くわしく 縦書きの計算

(3)
$$
\begin{array}{rr}
 & 2x\ \ -1 \\
\times) & x\ \ +3 \\
\hline
 & 2x^2\ \ -x \quad \leftarrow (2x-1)\times x \\
 & 6x-3 \quad \leftarrow (2x-1)\times 3 \\
\hline
 & 2x^2+5x-3
\end{array}
$$

類題 45

次の式を展開しなさい。

(1) $(a+7)(b-5)$ (2) $(x-8)(y+3)$

(3) $(3x-4)(2x-9)$ (4) $(-2a+6b)(a-4b)$

(5) $(x-6)(2x-8y-1)$ (6) $(4a-5b-3)(-6a+7b)$

別冊解答 p.15

★★★ p.74 2

例題 46 $(x+a)(x+b)$の展開

次の式を展開しなさい。

(1) $(x-5)(x-7)$ 〔栃木〕　(2) $(x-3)(x+8)$ 〔大阪〕

(3) $(-x+4)(-x-2)$　(4) $\left(a+\frac{1}{2}\right)\left(a-\frac{1}{3}\right)$

(5) $(a-3b)(a-6b)$　(6) $(2x-5y)(2x+3y)$

乗法公式 $(x+a)(x+b)=x^2+(a+b)x+ab$ **を利用しよう。**（a, b → 和 $a+b$、→ 積 ab）

解き方と答え

(1) $(x-5)(x-7)=x^2+(-5-7)x+(-5)\times(-7)$

$=x^2-12x+35$

(2) $(x-3)(x+8)=x^2+(-3+8)x+(-3)\times 8$

$=x^2+5x-24$

(3) $(-x+4)(-x-2)=(-x)^2+(4-2)\times(-x)+4\times(-2)$

$=x^2-2x-8$

(4) $\left(a+\frac{1}{2}\right)\left(a-\frac{1}{3}\right)=a^2+\left(\frac{1}{2}-\frac{1}{3}\right)a+\frac{1}{2}\times\left(-\frac{1}{3}\right)$

$=a^2+\left(\frac{3}{6}-\frac{2}{6}\right)a-\frac{1}{6}$

$=a^2+\frac{1}{6}a-\frac{1}{6}$

(5) $(a-3b)(a-6b)=a^2+(-3b-6b)\times a+(-3b)\times(-6b)$

$=a^2-9ab+18b^2$

(6) $(x+a)(x+b)=x^2+(a+b)x+ab$

$(2x-5y)(2x+3y)=(2x)^2+(-5y+3y)\times 2x+(-5y)\times 3y$

$=4x^2-4xy-15y^2$

くわしく $(x+a)(x+b)$ を図にすると？

$(x+a)(x+b)$
←大きな長方形の面積

$=x^2+bx+ax+ab$
←4つの四角形の面積の和

$=x^2+(a+b)x+ab$

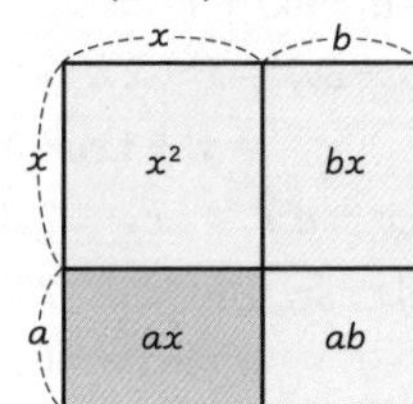

別解

符号をすべて入れかえる

(3) $-x+4=-(x-4)$

$-x-2=-(x+2)$だから,

$(-x+4)(-x-2)$

$=(x-4)(x+2)$

$=x^2-2x-8$

としてもよい。

類題 46

次の式を展開しなさい。

(1) $(x+6)(x-4)$　(2) $(a-8)(a+6)$

(3) $(-x+7)(-x-1)$　(4) $\left(x-\frac{1}{4}\right)\left(x-\frac{3}{4}\right)$

(5) $(2a-9b)(2a-5b)$　(6) $(3x+2y)(3x-11y)$

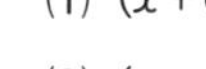
別冊解答 p.15

★★★ ↩ p.74 2

例題 47 $(x+a)^2$，$(x-a)^2$ の展開

次の式を展開しなさい。

(1) $(x+8)^2$　　(2) $(a-3)^2$ 〔群馬〕

(3) $(x+2y)^2$ 〔沖縄〕　　(4) $(4x-5y)^2$

(5) $\left(x-\dfrac{3}{5}\right)^2$　　(6) $(-a+4)^2$

乗法公式 $(x\pm a)^2=x^2\pm 2ax+a^2$（$\pm$ を複号（ふくごう）という。）を利用しよう。
↑プラスマイナスと読む

解き方と答え

(1) $(x+8)^2=x^2+2\times 8\times x+8^2$
$=x^2+16x+64$

(2) $(a-3)^2=a^2-2\times 3\times a+3^2$
$=a^2-6a+9$

(3) $(x+2y)^2=x^2+2\times 2y\times x+(2y)^2$
$=x^2+4xy+4y^2$

(4) $(x-a)^2=x^2-2\times a\times x+a^2$
$(4x-5y)^2=(4x)^2-2\times 5y\times 4x+(5y)^2$
$=16x^2-40xy+25y^2$

(5) $\left(x-\dfrac{3}{5}\right)^2=x^2-2\times\dfrac{3}{5}\times x+\left(\dfrac{3}{5}\right)^2$
$=x^2-\dfrac{6}{5}x+\dfrac{9}{25}$

(6) $(-a+4)^2=(-a)^2+2\times 4\times(-a)+4^2$
$=a^2-8a+16$

くわしく

$(x+a)^2$ を図にすると？

$(x+a)^2=(x+a)(x+a)$
↑大きな正方形の面積
$=x^2+ax+ax+a^2$
↑4つの四角形の面積の和
$=x^2+2ax+a^2$

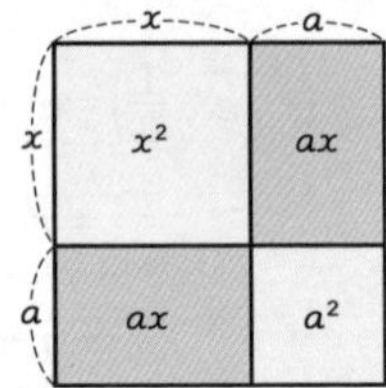

別解

符号をすべて入れかえる

(6) $(-a+4)^2$
$=\{-(a-4)\}^2=(a-4)^2$
$=a^2-2\times 4\times a+4^2$
$=a^2-8a+16$

別冊解答 p.15

次の式を展開しなさい。

(1) $(a+10)^2$　　(2) $(x-9)^2$

(3) $(8-3x)^2$　　(4) $(5a+4b)^2$

(5) $\left(x+\dfrac{1}{3}y\right)^2$　　(6) $\left(3a-\dfrac{b}{2}\right)^2$

★★★

p.74 2

例題 48 $(x+a)(x-a)$の展開

次の式を展開しなさい。

(1) $(x-2)(x+2)$ 〔沖縄〕
(2) $(3+x)(3-x)$ 〔栃木〕
(3) $(6x+1)(6x-1)$
(4) $(x+3y)(x-3y)$ 〔大阪〕
(5) $\left(y+\dfrac{2}{7}\right)\left(y-\dfrac{2}{7}\right)$
(6) $(5a-9b)(5a+9b)$
(7) $(4-x)(x+4)$
(8) $(-2a-b)(b-2a)$

解き方のコツ 乗法公式 $(x+a)(x-a)=x^2-a^2$ を利用しよう。

解き方と答え

(1) $(x-2)(x+2)=x^2-2^2=x^2-4$

(2) $(3+x)(3-x)=3^2-x^2=9-x^2$

(3) $(x+a)(x-a)=x^2-a^2$
$(6x+1)(6x-1)=(6x)^2-1^2=36x^2-1$

(4) $(x+3y)(x-3y)=x^2-(3y)^2=x^2-9y^2$

(5) $\left(y+\dfrac{2}{7}\right)\left(y-\dfrac{2}{7}\right)=y^2-\left(\dfrac{2}{7}\right)^2=y^2-\dfrac{4}{49}$

(6) $(5a-9b)(5a+9b)=(5a)^2-(9b)^2$
$=25a^2-81b^2$

(7) $(4-x)(x+4)=(4-x)(4+x)=4^2-x^2$
$=16-x^2$

(8) $(-2a-b)(b-2a)=(-2a-b)(-2a+b)$
$=(-2a)^2-b^2$
$=4a^2-b^2$

くわしく $(x+a)(x-a)$ を図にすると？

$(x+a)(x-a)$
↑□と■の面積の和
$=x^2-ax+ax-a^2$
$=x^2-a^2$
↑太線で囲まれた図形の面積

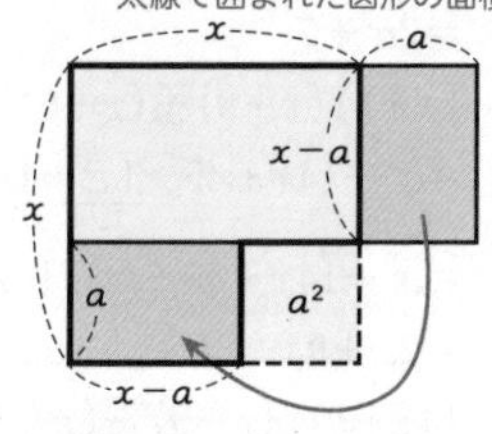

別解

符号をすべて入れかえる

(7) $4-x=-(x-4)$だから，
$(4-x)(x+4)=-(x-4)(x+4)$
$=-(x^2-4^2)=-(x^2-16)$
$=-x^2+16$

類題 48

別冊解答 p.15

次の式を展開しなさい。

(1) $(x-4)(x+4)$
(2) $(a+10)(10-a)$
(3) $(-x+7)(-x-7)$
(4) $(5x-2y)(2y+5x)$
(5) $\left(-3x-\dfrac{2}{5}\right)\left(-3x+\dfrac{2}{5}\right)$
(6) $\left(-4a-\dfrac{b}{3}\right)\left(\dfrac{b}{3}-4a\right)$

★★★ p.74 3

例題 49 四則の混じった式の展開

次の計算をしなさい。

(1) $(x+5)(x-2)+(x+4)(x-4)$ 〔愛媛〕

(2) $(a+2)^2+(a-1)(a-3)$ 〔和歌山〕

(3) $(x+5)(x+9)-(x+6)^2$ 〔神奈川〕

(4) $(4x+y)(4x-y)-(x-5y)^2$ 〔大阪〕

(5) $(2x+3)^2-4(x+1)(x-1)$ 〔愛知〕

解き方のコツ 数の四則計算と同じ計算順序で式を展開し，計算しよう。

解き方と答え

(1) $\underline{(x+5)(x-2)}+\underline{(x+4)(x-4)}=x^2+3x-10+x^2-16$
　↑公式 $(x+a)(x+b)$　↑公式 $(x+a)(x-a)$
$=2x^2+3x-26$

(2) $\underline{(a+2)^2}+(a-1)(a-3)=a^2+4a+4+a^2-4a+3$
　↑公式 $(x+a)^2$
$=2a^2+7$

(3) $(x+5)(x+9)-(x+6)^2$
$=x^2+14x+45-\underline{(x^2+12x+36)}$
　↑かっこをつける
$=x^2+14x+45-x^2-12x-36$
$=2x+9$

(4) $(4x+y)(4x-y)-\underline{(x-5y)^2}$
　↑公式 $(x-a)^2$
$=16x^2-y^2-\underline{(x^2-10xy+25y^2)}$
　↑かっこをつける
$=16x^2-y^2-x^2+10xy-25y^2$
$=15x^2+10xy-26y^2$

(5) $(2x+3)^2-4(x+1)(x-1)$
$=4x^2+12x+9-4\underline{(x^2-1)}$
　↑かっこをつける
$=4x^2+12x+9-4x^2+4$
$=12x+13$

注意！

かっこをつけよう

(3), (4), (5)のように，$-(\ \ )^2$や$-(\ \ )(\ \ )$の式を展開するときは，符号のミスを防ぐため，必ず展開した式にかっこをつけて計算しよう。

(4) $-(x-5y)^2$
$=-(x^2-10xy+25y^2)$
$=-x^2+10xy-25y^2$

(5) $-4(x+1)(x-1)$
$=-4(x^2-1)$
$=-4x^2+4$

かっこがないと，$-4x^2-1$ としてしまい，まちがえやすい。

類題 49 別冊解答 p.16

次の計算をしなさい。

(1) $(x+5)^2-(x+3)(x-3)$ 〔青森〕

(2) $(x+y)(x-3y)+2xy$ 〔奈良〕

(3) $9x^2-(3x-1)^2$ 〔熊本〕

(4) $(2a+1)^2-(a+3)(a-3)$ 〔和歌山〕

(5) $2(3x-1)(3x+4)-9\left(x-\frac{1}{3}\right)^2$

(6) $\left(\frac{3}{2}x-7y\right)\left(\frac{3}{2}x+7y\right)+\left(\frac{1}{2}x-4y\right)^2$

★★★

p.74 3

例題 50 おきかえを使った式の展開

次の式を展開しなさい。

(1) $(a+b-3)(a+b+7)$　(2) $(x-2y+5)^2$

(3) $(x^2+x+3)(x^2-x+3)$　(4) $(a-b+6)(a+b-6)$

(5) $(x+1)(x+2)(x+3)(x+4)$

解き方のコツ 共通な部分を見つけて，それを1つの文字でおきかえて計算しよう。

解き方と答え

(1) $a+b=A$ とおくと，

$(a+b-3)(a+b+7)=(A-3)(A+7)=A^2+4A-21$

$=(a+b)^2+4(a+b)-21=a^2+2ab+b^2+4a+4b-21$

(2) $x-2y=A$ とおくと，

$(x-2y+5)^2=(A+5)^2=A^2+10A+25$

$=(x-2y)^2+10(x-2y)+25$

$=x^2-4xy+4y^2+10x-20y+25$

(3) $(x^2+x+3)(x^2-x+3)=(x^2+3+x)(x^2+3-x)$

$x^2+3=A$ とおくと，

$(A+x)(A-x)=A^2-x^2=(x^2+3)^2-x^2$

$=x^4+6x^2+9-x^2=x^4+5x^2+9$

(4) $(a-b+6)(a+b-6)=\{a-(b-6)\}\{a+(b-6)\}$

$b-6=A$ とおくと，

$(a-A)(a+A)=a^2-A^2=a^2-(b-6)^2$

$=a^2-(b^2-12b+36)=a^2-b^2+12b-36$

(5) $(x+1)(x+2)(x+3)(x+4)=\{(x+1)(x+4)\}\{(x+2)(x+3)\}$

$=(x^2+5x+4)(x^2+5x+6)$

$x^2+5x=A$ とおくと，

$(A+4)(A+6)=A^2+10A+24=(x^2+5x)^2+10(x^2+5x)+24$

$=x^4+10x^3+25x^2+10x^2+50x+24$

$=x^4+10x^3+35x^2+50x+24$

くわしく おきかえ

共通な部分(式)を1つの文字におきかえる(文字は大文字ならなんでもよい)と，乗法公式を使える形になることが多い。公式を使って展開したあとは必ずもとの式にもどすことを忘れずに。

くわしく

共通な部分の見つけ方

(4) 前に－があるときに( )をつけると( )の中の符号が逆になることを利用する。

$-b+6=-(b-6)$

(5) $1+4=2+3$ から，組み合わせを

$\{(x+1)(x+4)\}\{(x+2)(x+3)\}$

とすれば，共通な部分 x^2+5x が見つかる。

類題 50

次の式を展開しなさい。

(1) $(2a+b-3c)^2$　(2) $(3x-2y-5)(3x+6y-5)$

(3) $(x-4y+7)(x+4y-7)$　(4) $(x+1)(x-2)(x-3)(x-6)$

別冊解答 p.16

13 因数分解

p.82 ～ 90

❶ 共通因数をくくり出して，式の因数分解ができるようにしよう。
❷ 乗法公式の逆を使って，式の因数分解ができるようにしよう。
❸ 複雑な因数分解では，おきかえられる部分を探し出せるようにしよう。

要点整理

1 共通因数をくくり出す因数分解

➡例題 51，55

▶１つの多項式を，いくつかの単項式や多項式の積の形に表したとき，それぞれの式をもとの式の**因数**（いんすう）という。１つの多項式を，いくつかの因数の積の形に表すことを**因数分解**（いんすうぶんかい）するという。**因数分解と式の展開は逆の関係**になる。

例 $x^2+5x+6=(x+2)(x+3)$　（$x+2$，$x+3$：因数）

▶多項式の各項に共通な因数（**共通因数**（きょうつういんすう））があるとき，それをかっこの外にくくり出して，式を因数分解することができる。$\boldsymbol{Ma+Mb-Mc=M(a+b-c)}$

例 $8a^2b-4ab^2-12ab=4ab\times2a-4ab\times b-4ab\times3=4ab(2a-b-3)$　（$4ab$：共通因数）

2 因数分解の公式

➡例題 52～55

▶乗法公式を逆に使って，因数分解することができる。

㋐ $\boldsymbol{x^2+(a+b)x+ab=(x+a)(x+b)}$　例 $x^2-3x-18=(x-6)(x+3)$

㋑ $\boldsymbol{x^2+2ax+a^2=(x+a)^2}$，$\boldsymbol{x^2-2ax+a^2=(x-a)^2}$　例 $x^2+6x+9=(x+3)^2$

㋒ $\boldsymbol{x^2-a^2=(x+a)(x-a)}$　例 $x^2-49=(x+7)(x-7)$

3 おきかえを使った式の因数分解

➡例題 56～58

▶おきかえを使った式の因数分解…式の中の**共通な部分を，１つの文字におきかえる**ことによって因数分解する。

例 $(x+1)^2-5(x+1)+6=A^2-5A+6=(A-2)(A-3)=(x+1-2)(x+1-3)=(x-1)(x-2)$
（$x+1=A$とおく　／　もとにもどす）

▶文字が２つ以上ある式の因数分解

㋐ **次数の低い文字について整理する**……共通因数や因数分解の公式を使う。

例 $a^2+b+a+ab=b(a+1)+a^2+a=b(a+1)+a(a+1)=(a+1)(a+b)$
（aは２次，bは１次）

㋑ 文字の次数が同じときは，**文字を１つ決めてその文字について整理する。**

例 $xy-y-2x+2=x(y-2)-y+2=x(y-2)-(y-2)=(y-2)(x-1)$

▶項がたくさんある場合は，**項の組み合せを考える。**

例 $a^2-b^2+4b-4=a^2-(b^2-4b+4)=a^2-(b-2)^2=(a+b-2)(a-b+2)$

★★★

p.82 1

例題 51 共通因数をくくり出す因数分解 (1) ～分配法則の利用～

次の式を因数分解しなさい。

(1) a^2-8a 〔沖縄〕 (2) $6x^2y+3xy^2$ 〔宮城〕

(3) $6a^2b-4ab^2+8ab$ 〔和歌山〕 (4) $-12xy^3+18x^2y-6xy$

多項式の各項に共通な因数Mがあるとき，それをかっこの外にくくり出して，かっこの中の式はできるだけ簡単にしよう。

解き方と答え

(1) $a^2-8a=a\times a-8\times a=a(a-8)$

共通因数a

(2) $6x^2y+3xy^2=2\times 3\times x\times x\times y+3\times x\times y\times y$

共通因数 $3xy$

$=3xy(2x+y)$

(3) $6a^2b-4ab^2+8ab$

$=2\times 3\times a\times a\times b-2\times 2\times a\times b\times b+2\times 4\times a\times b$

共通因数 $2ab$

$=2ab(3a-2b+4)$

(4) $-12xy^3+18x^2y-6xy$

$=-6\times 2\times x\times y\times y\times y-(-6)\times 3\times x\times x\times y+(-6)\times x\times y$

共通因数 $-6xy$

$=-6xy(2y^2-3x+1)$

くわしく

共通因数の見つけ方

係数…各項の係数の最大公約数

文字…同じ文字で指数が異なるときは，最も小さい指数

注意！ 共通因数はすべてかっこの外に

(2)$xy(6x+3y)$のままでは完全に因数分解したとはいえない。答えのように共通因数はすべてかっこの外に出すこと。

注意！ 1を忘れずに

(4)共通因数を$6xy$として，$6xy(-2y^2+3x-1)$としてもよい。また，$-6xy(2y^2-3x)$としないこと。$-6xy=-6xy\times 1$なので，かっこの中に$+1$が残る。

類題 51

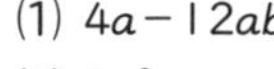

別冊解答 p.16

次の式を因数分解しなさい。

(1) $4a-12ab$ 〔群馬〕 (2) $-5x^3+10x^2y$

(3) $8a^2b-16ab^2-24ab$ (4) $3x^3y-27x^2y+15xy^2$

(5) $10at^4-20bt^3+15ct^2$ (6) $mx^3y-3mx^2y^2+mx^2y$

★★★ p.82 2

例題 52 $x^2+(a+b)x+ab$の因数分解

次の式を因数分解しなさい。

(1) x^2+6x+5 〔徳島〕 (2) $x^2-13x+36$ 〔埼玉〕

(3) $x^2-3x-28$ (4) $x^2+2x-24$ 〔岡山〕

(5) $x^2-5xy+4y^2$

解き方のコツ　公式 $x^2+(a+b)x+ab=(x+a)(x+b)$ を利用しよう。

解き方と答え

(1) 積が $+5$ となる2数は，$(+1)\times(+5)$，$(-1)\times(-5)$
　↑a，bは同符号

和が $+6$ となる2数は，$+1$ と $+5$

$x^2+6x+5=(x+1)(x+5)$
　↑$(x+5)(x+1)$でもよい

(2) 積が $+36$，和が -13 となる2数は，-4 と -9
　↑a，bは同符号

$x^2-13x+36=(x-4)(x-9)$

(3) 積が -28，和が -3 となる2数は，$+4$ と -7
　↑a，bは異符号

$x^2-3x-28=(x+4)(x-7)$

(4) 積が -24，和が $+2$ となる2数は，$+6$ と -4
　↑a，bは異符号

$x^2+2x-24=(x+6)(x-4)$

(5) 積が $+4$，和が -5 となる2数は，-1 と -4
　↑a，bは同符号

$x^2-5x+4=(x-1)(x-4)$より，

$x^2-5xy+4y^2=(x-y)(x-4y)$

くわしく 2数の探し方

①まず積abの値に着目する。

・$ab>0$のとき，aとbは同符号

・$ab<0$のとき，aとbは異符号

②次に①に合う和$a+b$となるものを探す。

例 (3)

$-28<0$より，a，bは異符号

積$ab=-28$	和$a+b=-3$	
$+1$と-28	-27	×
-1と$+28$	$+27$	×
$+2$と-14	-12	×
-2と$+14$	$+12$	×
$+4$と-7	-3	○
-4と$+7$	$+3$	×

アドバイス

答えの確かめ方

展開と因数分解は逆の関係なので，答えを求め，展開すればよい。

類題 52 別冊解答 p.16

次の式を因数分解しなさい。

(1) $x^2-8x+15$ (2) $a^2+7a+12$

(3) x^2+x-12 〔佐賀〕 (4) $x^2-6x-27$ 〔茨城〕

(5) x^2-16y^2+6xy 〔初芝富田林高〕 (6) $a^2-37ab+340b^2$ 〔近畿大附高〕

★★★

p.82 2

例題 53 $x^2 \pm 2ax + a^2$ の因数分解

次の式を因数分解しなさい。

(1) $x^2+8x+16$ 〔茨城〕 (2) $x^2-10x+25$

(3) $a^2-12a+36$ (4) $a^2+16ab+64b^2$

(5) $4x^2-12xy+9y^2$ (6) $16a^2-40ab+25b^2$

解き方のコツ 公式 $x^2+2ax+a^2=(x+a)^2$, $x^2-2ax+a^2=(x-a)^2$ を利用しよう。

解き方と答え

(1) $16=4^2$, $8=2\times4$ だから,

$x^2+8x+16=x^2+2\times4\times x+4^2=(x+4)^2$

(2) $25=5^2$, $10=2\times5$ だから,

$x^2-10x+25=x^2-2\times5\times x+5^2=(x-5)^2$

(3) $36=6^2$, $12=2\times6$ だから,

$a^2-12a+36=(a-6)^2$

(4) $64b^2=(8b)^2$, $16ab=2\times8b\times a$ だから,

$a^2+16ab+64b^2$

$=a^2+2\times8b\times a+(8b)^2$

$=(a+8b)^2$

(5) $4x^2=(2x)^2$, $9y^2=(3y)^2$, $12xy=2\times3y\times2x$ だから,

$4x^2-12xy+9y^2$

$=(2x)^2-2\times3y\times2x+(3y)^2$

$=(2x-3y)^2$

(6) $16a^2=(4a)^2$, $25b^2=(5b)^2$, $40ab=2\times5b\times4a$ だから,

$16a^2-40ab+25b^2$

$=(4a)^2-2\times5b\times4a+(5b)^2$

$=(4a-5b)^2$

注意!

aの係数にも注目

(3) $a^2-12a+36$ と $a^2-13a+36$ を比べると, どちらもa^2, $36=6^2$ のように平方になる項が2つあるが, $a^2-13a+36$ は $(a-4)(a-9)$ のように因数分解する。定数項が平方数(ある数を2乗した数)になっているからといって, 公式 $x^2\pm2ax+a^2=(x\pm a)^2$ が使えると早とちりしないようにしよう。

類題 53

次の式を因数分解しなさい。

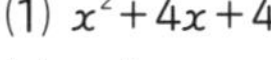

(1) x^2+4x+4 (2) $a^2-18a+81$

(3) $9t^2-30t+25$ (4) $25a^2+10ab+b^2$

(5) $9x^2+12xy+4y^2$ (6) $36a^2-84ab+49b^2$

別冊解答 p.16

★★★ p.82 2

例題 54 x^2-a^2 の因数分解

次の式を因数分解しなさい。

(1) a^2-1　　(2) x^2-25 〔愛媛〕

(3) $100-y^2$　　(4) $16x^2-81$ 〔鹿児島〕

(5) $9a^2-49b^2$　　(6) $\dfrac{x^2}{4}-\dfrac{y^2}{9}$

解き方のコツ 公式 $x^2-a^2=(x+a)(x-a)$ を利用しよう。

解き方と答え

(1) $1=1^2$ だから，
$a^2-1=a^2-1^2=(a+1)(a-1)$

(2) $25=5^2$ だから，
$x^2-25=x^2-5^2=(x+5)(x-5)$

(3) $100=10^2$ だから，
$100-y^2=10^2-y^2=(10+y)(10-y)$

(4) $16x^2=(4x)^2$，$81=9^2$ だから，
$16x^2-81=(4x)^2-9^2=(4x+9)(4x-9)$

(5) $9a^2=(3a)^2$，$49b^2=(7b)^2$ だから，
$9a^2-49b^2=(3a)^2-(7b)^2=(3a+7b)(3a-7b)$

(6) $\dfrac{x^2}{4}=\left(\dfrac{x}{2}\right)^2$，$\dfrac{y^2}{9}=\left(\dfrac{y}{3}\right)^2$ だから，
$\dfrac{x^2}{4}-\dfrac{y^2}{9}=\left(\dfrac{x}{2}\right)^2-\left(\dfrac{y}{3}\right)^2=\left(\dfrac{x}{2}+\dfrac{y}{3}\right)\left(\dfrac{x}{2}-\dfrac{y}{3}\right)$

注意！

因数分解できない形

例えば，x^2+25のように平方の和となっているものは，$x^2+5^2=\sout{(x+5)(x-5)}$であり，$x^2+25$はこれ以上因数分解はできない。

また，$4x^2-15$，$3x^2-16$のように，係数または定数項のどちらかが平方数となっていても，この公式は使えず，これ以上因数分解はできない。

(2)x^2-25のように平方の差でないと，公式$x^2-a^2=(x+a)(x-a)$による因数分解できないので注意しよう。

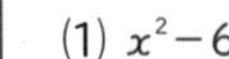

類題 54 次の式を因数分解しなさい。

(1) x^2-64 〔鳥取〕　(2) $4x^2-25$ 〔茨城〕

(3) x^2-4y^2 〔宮城〕　(4) $81a^2-16b^2$

(5) $a^2-\dfrac{1}{4}b^2$　(6) $\dfrac{4}{25}x^2-\dfrac{9}{49}y^2$

別冊解答 p.16

★★★

p.82 1，2

例題 55 共通因数をくくり出す因数分解 (2) ～公式の利用～

次の式を因数分解しなさい。

(1) $2x^2+2x-24$ 〔愛媛〕 (2) ax^3+4ax^2+4ax

(3) $16a^2-36b^2$ (4) $x^2y(x-2y)-3xy^3$ 〔福岡大附属大濠高〕

共通因数をくくり出してから，因数分解の公式を使おう。

解き方と答え

(1) $2x^2+2x-24$

$=2(x^2+x-12)=2(x+4)(x-3)$

└公式㋐ $x^2+(a+b)x+ab$ ↑

(2) ax^3+4ax^2+4ax

$=ax(x^2+4x+4)=ax(x+2)^2$

└公式㋑ $x^2+2ax+a^2=(x+a)^2$ ↑

(3) $16a^2-36b^2$

$=4(4a^2-9b^2)$

$=4\{(2a)^2-(3b)^2\}=4(2a+3b)(2a-3b)$

└公式㋒ $x^2-a^2=(x+a)(x-a)$ ↑

(4) $x^2y(x-2y)-3xy^3$

$=xy\{x(x-2y)-3y^2\}$

$=xy(x^2-2xy-3y^2)=xy(x-3y)(x+y)$

└ x^2-2x-3 の因数分解と同じ考え方 ↑

くわしく

因数分解の手順 (1)

①共通因数があれば，それをかっこの外にくくり出す。

②さらに因数分解の公式が使えるかを考える。因数分解は，それ以上できないところまでする。

注意！

平方－平方のとき

(3) $16a^2-36b^2$ は平方の差になっているからといって，$(4a)^2-(6b)^2$ $=(4a+6b)(4a-6b)$ と因数分解してはいけない。このときかっこの中にまだ共通因数2がある。最初に共通因数4をくくり出しておこう。

類題 55 別冊解答 p.17

次の式を因数分解しなさい。

(1) $2x^2+4x-48$ 〔京都〕 (2) xy^2-25x^3

(3) $3x^2-12xy+12y^2$ (4) $3ax^2-9axy+6ay^2$ 〔青雲高〕

(5) $a^3b+6a^2b-16ab$ 〔和洋国府台女子高〕 (6) $3x^3y+3x^2y^2-6xy^3$ 〔國學院大久我山高〕

★★★ p.82 3

例題 56 おきかえを使った式の因数分解 (1) 〜公式の利用〜

次の式を因数分解しなさい。

(1) $(x+1)^2-2(x+1)-15$ 〔神奈川〕

(2) $(x+2y)(x+2y+14)+24$ 〔福岡大附属大濠高〕

(3) $(x^2-3x)^2-7x^2(3-x)+10x^2$ 〔明治大付属明治高〕

(4) x^4-5x^2+4 〔法政大高〕

解き方のコツ 式の中の共通な部分を，1つの文字におきかえてみよう。

解き方と答え

(1) $x+1=A$ とおくと，

$(x+1)^2-2(x+1)-15=A^2-2A-15$

$=(A-5)(A+3)=(x+1-5)(x+1+3)$

Aをもとにもどす

$=(x-4)(x+4)$

(2) $x+2y=A$ とおくと，

$(x+2y)(x+2y+14)+24=A(A+14)+24$

$=A^2+14A+24=(A+2)(A+12)$

$=(x+2y+2)(x+2y+12)$

(3) $(x^2-3x)^2-7x^2(3-x)+10x^2=\{x(x-3)\}^2+7x^2(x-3)+10x^2$

$=x^2\{(x-3)^2+7(x-3)+10\}$

$x-3=A$ とおくと，

$x^2(A^2+7A+10)=x^2(A+2)(A+5)$

$=x^2(x-3+2)(x-3+5)=x^2(x-1)(x+2)$

(4) $x^2=A$ とおくと，$x^4=(x^2)^2=A^2$ だから，

$x^4-5x^2+4=(x^2)^2-5x^2+4$

$=A^2-5A+4=(A-1)(A-4)$

$=(x^2-1)(x^2-4)=(x+1)(x-1)(x+2)(x-2)$

さらに因数分解できる

くわしく

因数分解の手順 (2)

①共通因数があれば，それをかっこの外にくくり出す。

②式の中に共通な部分があればそれを１つの文字でおきかえる。

③おきかえた式に因数分解の公式を使う。

④おきかえた文字をもとにもどす。その際，さらに計算や因数分解できることがある。

参考 特殊(とくしゅ)な因数分解

x^4+5x^2+9

$=x^4+6x^2+9-x^2$

$=(x^2)^2+6x^2+9-x^2$

$=(x^2+3)^2-x^2$

（平方－平方の形にする）

$x^2+3=A$ とおくと，A^2-x^2

$=(A+x)(A-x)$

$=(x^2+3+x)(x^2+3-x)$

$=(x^2+x+3)(x^2-x+3)$

類題 56

次の式を因数分解しなさい。

(1) $(x+6)^2-13(x+6)+40$ 〔京都〕

(2) $(2a-5)^2-(3a-7)^2$

(3) $(x^2-2x)^2-5x^2+10x-6$ 〔明治大付属中野高〕

(4) $(x^2+4xy)^2-8(x^2+4xy)y^2-48y^4$ 〔立命館高〕

別冊解答 p.17

★★★ p.82 3

例題 57 おきかえを使った式の因数分解 (2) ～共通部分をつくる～

次の式を因数分解しなさい。

(1) $xy-1+x-y$

(2) $x^2-4ax+4a^2-2x+4a$ 〔豊島岡女子学園高〕

(3) $x^3+3x^2y-4xy^2-12y^3$ 〔愛光高〕

(4) $a^2b-a^2c+ab^2-ac^2+b^2c-bc^2$ 〔明治大付属明治高〕

解き方のコツ 項をいろいろ組み合わせてみて，共通な部分をつくり出してみよう。

解き方と答え

(1) $xy-1+x-y$ を x について整理すると，

$xy+x-y-1=x(y+1)-(y+1)$

$y+1=A$ とおくと，

$xA-A=A(x-1)=(y+1)(x-1)$

(2) $x^2-4ax+4a^2-2x+4a=(x^2-4ax+4a^2)-2x+4a$

$=(x-2a)^2-2(x-2a)$

$x-2a=A$ とおくと，

$A^2-2A=A(A-2)=(x-2a)(x-2a-2)$

(3) $x^3+3x^2y-4xy^2-12y^3=x^2(x+3y)-4y^2(x+3y)$

$x+3y=A$ とおくと，

$x^2A-4y^2A=A(x^2-4y^2)$

$=(x+3y)(x^2-4y^2)=(x+3y)(x+2y)(x-2y)$

(4) この式を a について整理すると，

$a^2b-a^2c+ab^2-ac^2+b^2c-bc^2$

$=(b-c)a^2+(b^2-c^2)a+b^2c-bc^2$

$=(b-c)a^2+(b+c)(b-c)a+bc(b-c)$

$b-c=A$ とおくと，

$Aa^2+(b+c)Aa+bcA=A\{a^2+(b+c)a+bc\}$

$=(b-c)(a+b)(a+c)=(a+b)(b-c)(c+a)$

↑左の式でも正解だが，整理した右の式のほうが見やすくなる

くわしく 文字の次数と因数分解 (1)

文字が2つ以上あり，どの文字の次数も同じ場合

㋐ 1つの文字を決めて，その文字について整理する。→(1)，(4)

㋑ 式の項がたくさんあるとき，項の組み合わせを考える。→(2)，(3)

用語 1つの文字について整理する

「1つの文字について整理する」とは，その文字を(ふくむ項)+(ふくまない項)に変形することである。

別解

(1) y について整理する

$xy-y+x-1$

$=y(x-1)+(x-1)$

$=(x-1)(y+1)$

類題 57

別冊解答 p.17

次の式を因数分解しなさい。

(1) $ab-3a+b-3$ 〔専修大附高〕

(2) $4x^2-4xy+y^2-64z^2$ 〔法政大国際高〕

(3) $36x^2y^2-9x^2-4y^2+1$ 〔関西学院高〕

(4) $(x+1)^2+x+y-(y-1)^2$ 〔明治大付属明治高〕

★★★ p.82 3

例題 58 おきかえを使った式の因数分解 (3) ～最低の次数で整理する～

次の式を因数分解しなさい。

(1) $x^2-xy+2x-3(y+1)$ 〔ラ・サール高〕 (2) $ca-cb-a^2+2ab-b^2$ 〔成蹊高〕

(3) $a^3+b^3-a^2b-ab^2-bc^2-c^2a$ 〔灘高－改〕

解き方のコツ 文字が2つ以上ある場合，次数の最も低い文字で整理してみよう。

解き方と答え

(1) yの次数が1次でxより低いから，yについて整理すると，

$x^2-xy+2x-3(y+1)=-y(x+3)+x^2+2x-3$

$=-y(x+3)+(x+3)(x-1)$

$x+3=A$とおくと，

$-yA+A(x-1)=A\{-y+(x-1)\}=(x+3)(x-y-1)$

(2) cの次数が1次で最も低いから，cについて整理すると，

$ca-cb-a^2+2ab-b^2=c(a-b)-(a^2-2ab+b^2)$

$=c(a-b)-(a-b)^2$

$a-b=A$とおくと，

$cA-A^2=A(c-A)=(a-b)\{c-(a-b)\}$

$=(a-b)(c-a+b)=(a-b)(-a+b+c)$

(3) cの次数が2次で最も低いから，cについて整理すると，

$a^3+b^3-a^2b-ab^2-bc^2-c^2a$

$=a^3-ab^2+b^3-a^2b-c^2(a+b)$

$=a(a^2-b^2)-b(a^2-b^2)-c^2(a+b)$

$=a(a+b)(a-b)-b(a+b)(a-b)-c^2(a+b)$

$a+b=A$とおくと，

$a(a-b)A-b(a-b)A-c^2A=A\{a(a-b)-b(a-b)-c^2\}$

$=(a+b)(a^2-2ab+b^2-c^2)=(a+b)\{(a-b)^2-c^2\}$

$a-b=B$とおくと，

$(a+b)(B^2-c^2)=(a+b)(B+c)(B-c)$

$=(a+b)(a-b+c)(a-b-c)$

Return 多項式の次数
…p.57 の例題31

くわしく 文字の次数と因数分解 (2)

文字が2つ以上あり，その中で次数の低い文字がある場合，次の手順で考える。

①次数の最も低い文字について整理する。

②因数分解の公式を使って，共通因数を見つける。

③共通因数をかっこの外にくくり出す。

くわしく 同時におきかえ

(3)$a+b=A$，$a-b=B$と順におきかえているが，同時におきかえてもよい。

類題 58 別冊解答 p.17

次の式を因数分解しなさい。

(1) $x^2+xy+2x-2y-8$ 〔愛光高〕

(2) $x^3+x^2z-y^2z-xy^2$ 〔東邦大付属東邦高〕

(3) $a^4-a^2c-b^4+b^2c$ 〔早稲田実業学校高〕

(4) $x^3+(5y+1)x^2+(6y+5)xy+6y^2$ 〔開成高〕

14 式の計算の利用

p.91 ～ 96

❶ 式の展開や因数分解を利用して，式の値が求められるようにしよう。
❷ 式の展開や因数分解を利用して，計算をくふうしてできるようにしよう。
❸ 式の計算を利用して，数や図形の性質を調べてみよう。

要点整理

1 式の値

➡例題 59，60

▶式の展開や因数分解を利用して，式の値を求める。

例 $x=-2$ のとき，$(x-1)^2-(x+5)(x+1)$ の値
⇒ $(x-1)^2-(x+5)(x+1)=-8x-4=16-4=12$
↖式を展開して簡単にする

例 $a=23$ のとき，a^2-6a+9 の値 ⇒ $a^2-6a+9=(a-3)^2=(23-3)^2=400$
↖式を因数分解

▶2数 a，b の和 $a+b$ と積 ab から，式の値を求める。

例 $a+b=4$，$ab=-2$ のとき，a^2+b^2 の値 ⇒ $\boldsymbol{a^2+b^2=(a^2+2ab+b^2)-2ab}$
$=\boldsymbol{(a+b)^2-2ab}=4^2-2\times(-2)=20$
↖4を代入　↖(−2)を代入

2 くふうした計算

➡例題 61

▶式の展開や因数分解を利用して，数の計算をくふうする。

例 $198^2=(200-2)^2=40000-800+4=39204$

例 $87\times93=(90-3)\times(90+3)=90^2-3^2=8100-9=8091$

例 $78^2-22^2=(78+22)\times(78-22)=100\times56=5600$

3 式による説明，図形への利用

➡例題 62，63

▶式の計算を利用して，数や図形の性質を調べる。

例 奇数の平方から1をひいた数は，4の倍数になる。
(証明) n を整数とすると，奇数は $2n+1$ と表される。
$(2n+1)^2-1=4n^2+4n+1-1=4n^2+4n=4(n^2+n)$
n^2+n は整数だから，$4(n^2+n)$ は4の倍数である。

例 右の図のような，1辺の長さが x，y $(x>y)$ の2つの正方形があり，$x+y=a$，$x-y=b$ とする。この2つの正方形の面積の差は ab に等しい。

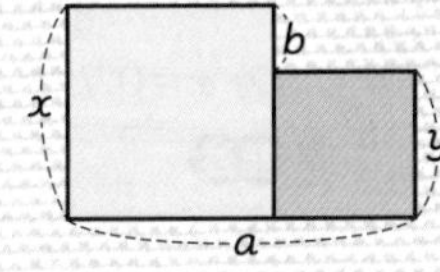

(証明) 面積の差は，$x^2-y^2=(x+y)(x-y)=ab$

★★★ ⮌p.91 1

例題 59 式の値 (1) ～式の展開，因数分解の利用～

次の式の値を求めなさい。

(1) $a=\frac{6}{7}$のとき，$(a-3)(a-8)-a(a+10)$の値 〔静岡〕

(2) $x=13$のとき，$x^2-8x+15$の値 〔埼玉〕

(3) $x=1.8$，$y=0.2$のとき，$x^2+2xy+y^2$の値 〔愛知〕

いきなり代入せずに，式を展開して簡単にしたり，因数分解したりしてから代入しよう。

解き方と答え

(1) 式を展開し，簡単にしてから代入する。

$(a-3)(a-8)-a(a+10)$

$=a^2-11a+24-a^2-10a=-21a+24$ （$\frac{6}{7}$を代入）

$=-21\times\frac{6}{7}+24=-18+24=6$

(2) $x^2-8x+15$を因数分解して，$x=13$を代入する。

$x^2-8x+15=(x-3)(x-5)=(13-3)(13-5)$

$=10\times8=80$

(3) $x^2+2xy+y^2$を因数分解して，

$x=1.8$，$y=0.2$を代入する。

$x^2+2xy+y^2=(x+y)^2=(1.8+0.2)^2=2^2=4$

くわしく 式の値の求め方

式の値を求めるとき，すぐに数値を代入すると，計算が複雑になることが多い。この場合，次の2通りの方法がある。

㋐式を展開して，同類項をまとめることによって，式を簡単にしてから代入する。

㋑式を因数分解してから代入する。

Return

数を代入するときの注意点

…p.52の 参考

…p.66の 注意！

類題 59 別冊解答 p.18

次の式の値を求めなさい。

(1) $a=-\frac{1}{8}$のとき，$(2a+3)^2-4a(a+5)$の値 〔静岡〕

(2) $x=0.79$，$y=0.21$のとき，$(x+3y)^2-(x^2+3y^2)$の値 〔日本大第三高〕

記述

(3) $x=\frac{5}{2}$，$y=\frac{3}{2}$のとき，$x^2-10xy+25y^2$の値。求め方も書くこと。 〔山形〕

★★★ p.91 1

例題 60 式の値 (2) ～$a+b$，abの利用～

次の式の値を求めなさい。

(1) $x+y=3$，$xy=-2$のとき，x^2+y^2の値

(2) $ab=1$，$a+b=5$のとき，$ab^2+3ab-b-3$の値 〔巣鴨高〕

(3) $x+\frac{1}{x}=4$のとき，$x^2+\frac{1}{x^2}$の値

解き方のコツ (1) 与えられた式を，和$x+y$，積xyで表そう。

解き方と答え

(1) $x^2+y^2=(x^2+2xy+y^2)-2xy$

$=\underset{\uparrow 3を代入}{(x+y)}^2-2\underset{\uparrow -2を代入}{xy}=3^2-2\times(-2)=9+4=13$

(2) $ab^2+3ab-b-3$を因数分解してから代入する。

$ab^2+3ab-b-3=ab(b+3)-(b+3)$

$b+3=A$とおくと，

$abA-A=A(ab-1)$

$=(b+3)(\underset{\uparrow 1を代入}{ab}-1)=(b+3)\times(1-1)=0$

(3) $x+\frac{1}{x}=4$の両辺を2乗すると，

$\left(x+\frac{1}{x}\right)^2=4^2$

$x^2+2\times x\times\frac{1}{x}+\left(\frac{1}{x}\right)^2=16$　（$x\times\frac{1}{x}=1$）

$x^2+2+\frac{1}{x^2}=16$

$x^2+\frac{1}{x^2}=14$

用語 対称式

x，yの多項式で，xとyを入れかえても，同じ式になるとき，もとの式をx，yの対称式（たいしょうしき）という。対称式は2つの基本対称式$x+y$，xyで表すことができる。

次のような，対称式の基本対称式を使った式への変形は覚えておくとよい。

・$x^2+y^2=(x+y)^2-2xy$

・$(x-y)^2=(x+y)^2-4xy$

・$\frac{1}{x}+\frac{1}{y}=\frac{x+y}{xy}$

・$\frac{y}{x}+\frac{x}{y}=\frac{x^2+y^2}{xy}=\frac{(x+y)^2-2xy}{xy}$

類題 60 別冊解答 p.18

次の式の値を求めなさい。

(1) $x+y=5$，$xy=-7$のとき，

❶ $(x-y)^2$　❷ $\frac{1}{x}+\frac{1}{y}$　❸ $\frac{1}{x^2}+\frac{1}{y^2}$の値

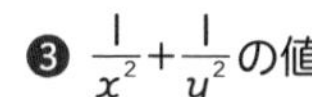

(2) $a-\frac{1}{a}=2$のとき，$a^2+\frac{1}{a^2}$の値

★★★

p.91 2

例題 61 くふうした計算

次の式を，くふうして計算しなさい。

(1) 66^2-34^2 〔鹿児島〕

(2) 202^2

(3) 103×97

(4) $6.5^2\times3.14-3.5^2\times3.14$

(5) $\dfrac{26\times52+52\times48+24\times48}{26\times52-52\times48+24\times48}$ 〔慶應義塾女子高〕

(1) $66+34=\underline{100}$ (3) $\underline{100}\pm3$ (4) $6.5+3.5=\underline{10}$ など計算しやすい数を見つけて式を変形させよう。

解き方と答え

(1) $66^2-34^2=(66+34)(66-34)=100\times32=3200$

(2) $202^2=(200+2)^2=200^2+2\times2\times200+2^2$
$=40000+800+4=40804$

(3) $103\times97=(100+3)(100-3)=100^2-3^2$
$=10000-9=9991$

(4) $6.5^2\times3.14-3.5^2\times3.14=(6.5^2-3.5^2)\times3.14$
$=(6.5+3.5)(6.5-3.5)\times3.14=10\times3\times3.14=94.2$

(5) $a=26$，$b=24$とすると，

$\dfrac{26\times52+52\times48+24\times48}{26\times52-52\times48+24\times48}$

$=\dfrac{a\times2a+2a\times2b+b\times2b}{a\times2a-2a\times2b+b\times2b}=\dfrac{2a^2+4ab+2b^2}{2a^2-4ab+2b^2}$

$=\dfrac{2(a+b)^2}{2(a-b)^2}=\dfrac{(a+b)^2}{(a-b)^2}=\dfrac{(26+24)^2}{(26-24)^2}=\dfrac{50^2}{2^2}=25^2=625$

注意！

数値はきりのよい数に

(2) 202を210−8と考えて$(210-8)^2$とすると計算が大変になるだけである。きりのよい数を使おう。

くわしく

文字の使用のくふう

(5)$52=26\times2$，$48=24\times2$なので，$a=26$，$b=24$のように文字におきかえると，式が扱いやすくなり，因数分解をして簡単に計算できる。

類題 61

別冊解答 p.18

次の式を，くふうして計算しなさい。

(1) $89\times89-11\times11$ 〔日本大第三高〕

(2) $123^2+14\times123-23\times37$ 〔明治大付属中野高〕

(3) $365\times365-364\times366+363\times367-362\times368$ 〔大阪教育大附高(平野)〕

(4) $2015\times202-2018\times205-2012\times199+2016\times203$ 〔立教新座高〕

★★★ p.91 3

例題 62 式による説明

次の問いに答えなさい。

(1) 連続する2つの奇数の積に1を加えると，それらの奇数の間にある偶数の2乗に等しい。このことを文字を使って説明しなさい。

(2) 連続する5つの整数がある。最も大きい数と2番目に大きい数の積から，最も小さい数と2番目に小さい数の積をひくと，中央の数の6倍になる。このことを，中央の数をnとして証明しなさい。〔栃木〕

解き方のコツ

連続する奇数や整数は，1つの文字で表すことができる。

解き方と答え

(1) nを整数とすると，連続する2つの奇数は，$2n-1$，$2n+1$と表すことができる。このとき，

$(2n-1)(2n+1)+1=4n^2-1+1=4n^2=(2n)^2$

$2n$は2つの奇数の間にある偶数である。

よって，連続する2つの奇数の積に1を加えると，それらの奇数の間にある偶数の2乗に等しい。

(2) 中央の数はnだから，連続する5つの整数は，小さい順に，$n-2$，$n-1$，n，$n+1$，$n+2$と表すことができる。このとき，$(n+2)(n+1)-(n-2)(n-1)$

$=(n^2+3n+2)-(n^2-3n+2)=6n$

nは中央の数である。

よって，最も大きい数と2番目に大きい数の積から，最も小さい数と2番目に小さい数の積をひくと，中央の数の6倍になる。

別解 小さい方の奇数を$2n+1$とする

(1) nを整数とすると，連続する2つの奇数は，$2n+1$，$2n+3$と表すことができる。このとき，

$(2n+3)(2n+1)+1$

$=4n^2+8n+4$

$=4(n^2+2n+1)$

$=2^2(n+1)^2$

$=\{2(n+1)\}^2=(2n+2)^2$

$2n+2$は2つの奇数の間にある偶数である。

Return 偶数・奇数の表し方…p.67の例題39

類題 62 別冊解答 p.19

ある月のカレンダーにおいて，図1のような形に並ぶ4つの数を小さい順にa，b，c，dとし，この4つの数の間に成り立つ関係について考える。図2は$a=5$のときの例である。〔群馬〕

(1) $c=27$であるとき，aの値を求めなさい。

(2) dをaの式で表しなさい。

(3) $bc-ad$の値はいつでも8であることを，文字を使って説明しなさい。

(図1)

a	b	
	c	d

(図2)

5	6	
	13	14

★★★ p.91 3

例題 63 図形への利用

右の図のような縦が xm，横が ym の長方形の土地の周囲に，幅 am の道がある。

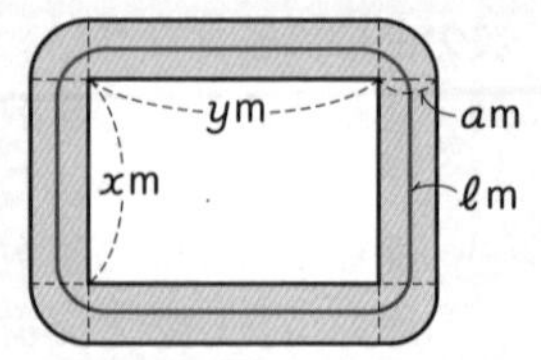

(1) この道の真ん中を通る線の長さを ℓm とするとき，ℓ の長さを x，y と a を使った式で表しなさい。

(2) この道の面積を Sm² とするとき，$S=a\ell$ となることを証明しなさい。

(2) 道の面積 S を，x，y と a を使った式で表し，(1)の ℓ の式と比べよう。

解き方と答え

(1) 道の真ん中を通る線の長さ ℓm は，円周部分と直線部分の和である。

円周部分は，半径 $\frac{a}{2}$m の円の周の長さだから，

$2\times\pi\times\frac{a}{2}=\pi a$(m)

直線部分は，$2x+2y$(m)

よって，$\ell=\pi a+2x+2y$

(2) 道の面積は，半径 am の円の面積と4つの長方形の面積の和だから，

$S=\pi a^2+2\times ax+2\times ay$

$=a(\pi a+2x+2y)$

(1)より，$\ell=\pi a+2x+2y$ だから，$S=a\ell$

豆知識 $S=a\ell$

例題や類題と同じように，ある図形（土地）のまわりについた道の幅を a，道の真ん中を通る線の長さを ℓ とするとき，道の面積 S は，$S=a\ell$ となることがわかっている。下の円と正方形でも証明してみよう。

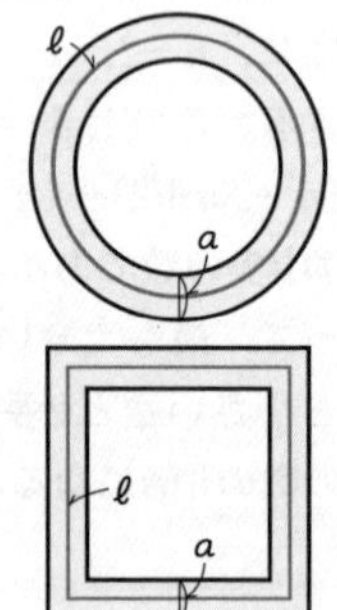

右の図のような，半径 rm の半円の土地の周囲に，幅 am の道がある。

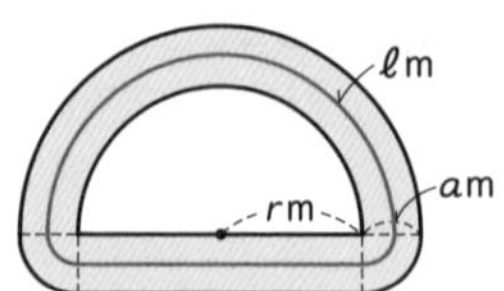

(1) この道の真ん中を通る線の長さを ℓm とするとき，ℓ の長さを r と a を使った式で表しなさい。

(2) この道の面積を Sm² とするとき，$S=a\ell$ となることを証明しなさい。

章末問題 A

→別冊解答 p.19～20

31 次の式を計算しなさい。

例題 44 46～49

(1) $(6xy-15x^2)\div 3x$ 〔山形〕
(2) $(x-3)(x+5)$ 〔沖縄〕
(3) $(x+3)^2-(x+2)(x-4)$ 〔神奈川〕
(4) $(x+3)(x-3)-(x-4)^2$ 〔高知〕
(5) $(x+y)(x-3y)-9xy$ 〔奈良〕
(6) $(2x+y)^2-(x+2y)^2$ 〔和歌山〕

32 次の式を因数分解しなさい。

例題 51～57

(1) $3x^2y-12xy^3$
(2) $9a^2-16b^2$ 〔鳥取〕
(3) $x^2-2x-15$ 〔三重〕
(4) $x^2-14x+49$ 〔岩手〕
(5) $2x^2+12x+10$
(6) $(x+1)(x-7)-20$ 〔千葉〕
(7) $a(b+8)-(b+8)$ 〔群馬〕
(8) $x^2-(y+3)^2$ 〔群馬〕
(9) $ab^2-2ab-2b+4$ 〔大阪〕
(10) $(x-5)^2+2(x-5)-63$ 〔京都〕

33 次の式の値を求めなさい。

例題 59

(1) $x=12$のとき，$x^2-7x+10$の値 〔埼玉〕

(2) $a=5$，$b=\dfrac{7}{3}$のとき，$a^2-6ab+9b^2$の値 〔静岡〕

(3) $x=250$のとき，$(x-8)(x+2)+(4+x)(4-x)$の値 〔愛知〕

34 次の式をくふうして計算しなさい。

例題 61

(1) 67×73
(2) 83^2-17^2
(3) $12.5^2\times 3.14-7.5^2\times 3.14$
(4) $180\times 180-179\times 182$

35 右の図は，あるクラスの座席を出席番号で表したものである。この図中の

13	8
14	9

のような4つの整数の組

c	a
d	b

について考える。このとき，$bc-ad$の値はつねに5になることを，aを用いて証明しなさい。 〔栃木〕

例題 62

教卓

26	21	16	11	6	1
27	22	17	12	7	2
28	23	18	13	8	3
29	24	19	14	9	4
30	25	20	15	10	5

36 右の図は，AB，AP，PBをそれぞれ直径として半円をかいたものである。AP＝$x$cm，PB＝$y$cmとする。

例題 63

(1) 色のついた部分の周の長さを求めなさい。
(2) 色のついた部分の面積を求めなさい。

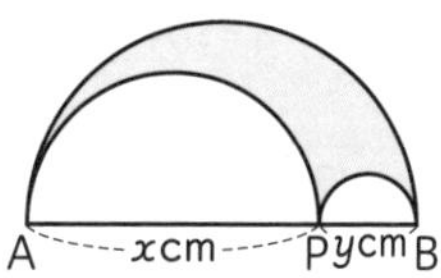

章末問題 B

→別冊解答 p.20～22

37 次の式を計算しなさい。

例題 44～50

(1) $(a^2b-3ab^2)\div ab$ 〔富山〕

(2) $(x-3)(x+3)-(x-3)^2-6x$ 〔愛知〕

(3) $(2x+1)^2-(x-5)(2x+1)$ 〔東海大付属浦安高〕

(4) $(2a-b)^2-(a+3b)(a-2b)$ 〔青雲高〕

(5) $(x-1)^2(x+1)^2$ 〔市川高(千葉)〕

(6) $(a+3)(a-3)(a^2+9)$

38 次の式を因数分解しなさい。

例題 55～58

(1) $2xy^2-18x$ 〔香川〕

(2) $(3x+1)^2-2(3x+25)$ 〔愛知〕

(3) $(a+b)^2-16$ 〔兵庫〕

(4) $(x-2)^2-6x(2-x)$ 〔青山学院高〕

(5) $(a+b)^2-2a-2b-3$ 〔豊島岡女子学園高〕

(6) x^2y-2x^2-y+2 〔大阪星光学院高〕

39 次の式の値を求めなさい。

例題 59 60

(1) $x=\frac{5}{16}$, $y=-\frac{2}{3}$のとき，$(4x+3y)^2-(3y-4x)^2$の値 〔國學院大久我山高〕

(2) $x=-1.6$, $y=2.8$のとき，$4x^2-4xy-24y^2$の値 〔日本大第三高〕

(3) $x+y=2$, $xy=-8$のとき，$(x+y)(x-2y)+y(2x+3y)$の値 〔明治学院高〕

40 次の式を，くふうして計算しなさい。

例題 61

(1) $19\times21+20^2-40\times19+19^2$ 〔清風高〕

(2) $25^2-24^2+23^2-22^2+\cdots+3^2-2^2+1^2-0^2$ 〔江戸川学園取手高〕

41 右の図1のようなタイルAとタイルBを，右下の図2のようにすき間なく規則的に並べて，1番目の図形，2番目の図形，3番目の図形，…とする。6番目の図形について，タイルBの枚数を求めなさい。また，n番目の図形について，タイルAとタイルBの枚数の合計を，nを用いて表しなさい。 〔京都－改〕

例題 62

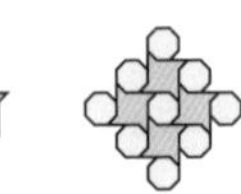

(図1)

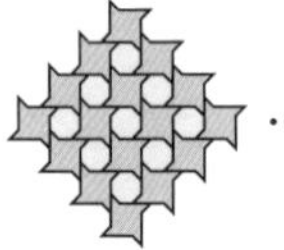

(図2)

42 次の問いに答えなさい。

例題 62

(1) 4つの連続する整数を，大きい順にa, b, c, dとすると，$ab-cd=a+b+c+d$が成り立つ。このことを文字を使って説明しなさい。

(2) 4つの連続する奇数を，大きい順にa, b, c, dとすると，$ac-bd=a+b+c+d$が成り立つ。このことを文字を使って説明しなさい。

章末問題 C

→別冊解答 p.22～24

43 次の式を計算しなさい。

例題 44～50

(1) $(3x+4)(3x-4)-(2x+5)^2-(x-4)^2$ 〔法政大国際高〕

(2) $\left(4x+\dfrac{3}{2}y\right)^2-\left(4x-\dfrac{3}{2}y\right)^2$ 〔東海大付属浦安高〕

(3) $\left(\dfrac{1}{a}+\dfrac{1}{b}\right)^2\times ab-(a-b)^2\div ab$ 〔中央大附高〕

(4) $(a-2b)(a+2b)(a^2+4b^2)(a^4+16b^4)$ 〔函館ラ・サール高〕

44 次の式を因数分解しなさい。

例題 55～58

(1) $(x^2-x)^2-8(x^2-x)+12$ 〔市川高(千葉)〕

(2) x^4-13x^2+36 〔法政大高〕

(3) $x^2+(2a-3b-6)x-6ab+18b$ 〔開成高〕

(4) $(ab+4)^2+(a^2-4)(b^2-4)-4(a+b)^2$ 〔東大寺学園高〕

(5) $x(x+4y-z)+2y(2y-z)$ 〔早稲田実業学校高〕

(6) $-a^2+4b^2-4c^2-4ca+8b+4$ 〔東大寺学園高〕

チャレンジ

45 次の式の値を求めなさい。

(1) $x:y=\dfrac{1}{4}:\dfrac{1}{5}$ のとき，$\dfrac{x^2-4xy+4y^2}{x^2-y^2}$ の値 〔法政大高〕

(2) $x=\dfrac{5}{2}$ のとき，

$(x-3)(x-4)(x-5)+(x+3)(x+4)(x-5)+(x+3)(x-4)(x+5)$
$+(x-3)(x+4)(x+5)$ の値 〔慶應義塾高〕

46 次の問いに答えなさい。

例題 61

(1) $97^2+98^2+99^2+100^2+101^2+102^2+103^2$ を計算しなさい。 〔立命館高〕

(2) $(a+b)^2-(a-b)^2$ を求め，2017×2019 を計算しなさい。必要ならば $4036^2=16289296$ を用いてよい。 〔巣鴨高〕

47 右の図のように，図1，図2，… と順に同じ大きさの白と緑の正方形のタイルをある規則で並べて図形をつくっていく。 〔大阪星光学院高〕

例題 62

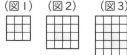

(図1) (図2) (図3) (図4)

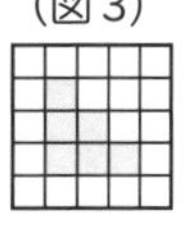

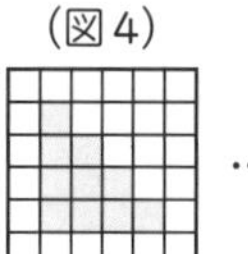

…

(1) 図5では，緑のタイルは何枚ありますか。

(2) 緑のタイルが91枚である図では，白のタイルは何枚ありますか。

(3) 白のタイルと緑のタイルの枚数差が52枚である図では，白のタイルは何枚ありますか。

15 素因数分解とその利用

p.100 ～ 104

❶ 素因数の意味を理解し，素因数分解できるようにしよう。
❷ 整数の約数とその個数を求めることができるようにしよう。
❸ 最大公約数と最小公倍数を計算により求められるようにしよう。

要点整理

1 素数と素因数分解，平方数

➡例題 64，65

▶ 自然数がいくつかの自然数の積の形で表されるとき，その1つ1つの数をもとの数の**因数**という。 例 $54=6\times9$だから，6と9は54の因数

▶ 2，3，5，7，…のように，それより小さい自然数の積で表せない自然数を**素数**という。素数は，**1とその数のほかに約数がない数である。1は素数に入れない。**

▶ 素数である因数を素因数といい，自然数を素因数の積の形に表すことを**素因数分解する**という。

例 $24=2^3\times3$，$100=2^2\times5^2$，$105=3\times5\times7$，$198=2\times3^2\times11$

▶ $1(=1^2)$，$4(=2^2)$，$9(=3^2)$，…のように，自然数を平方(2乗)した数を**平方数**という。

2 整数の約数とその個数

➡例題 66

▶ 整数a，b，cにおいて，$a=b\times c$であるとき，b，cをaの**約数**，aをb，cの**倍数**という。 例 $6=2\times3$より，2，3は6の約数，6は2，3の倍数

▶ 整数Nの約数の個数は，Nの素因数分解が$N=p^aq^br^c$であれば
$(a+1)(b+1)(c+1)$個である。

例 $24=2^3\times3$より，24の約数の個数は，$(3+1)\times(1+1)=8$(個)

3 最大公約数と最小公倍数

➡例題 67

▶ 2数を素因数分解したとき
- 最大公約数…**共通な素因数の積**
- 最小公倍数…**どちらかにふくまれる素因数の積**

▶ 最大公約数と最小公倍数は，下のような**連除法**を利用して求めることができる。

例
```
2 ) 48   60
2 ) 24   30
3 ) 12   15
     4    5
```

最大公約数…$2\times2\times3=12$
最小公倍数…$2\times2\times3\times4\times5=240$
2数の積は，**最大公約数と最小公倍数の積と等しくなる。**
例では，$48\times60=12\times240$である。

▶ 2つの整数があり，それらの整数が1以外の公約数をもたないとき，2つの整数は**互いに素**であるという。 例 4と5，7と10，18と61など

★★★ ⮌ p.100 1

例題 64 素数と素因数分解

次の問いに答えなさい。

(1) 小さい方から数えて15番目の素数を求めなさい。〔大阪教育大附高(池田)〕

(2) 次の数を素因数分解しなさい。

❶ 60 〔島根〕 ❷ 132 〔青森〕 ❸ 2016 〔専修大附高〕

(3) m，nは1けたの自然数である。$(m-2)(n+3)$の値が素数になるm，nの組は何組あるか，求めなさい。〔秋田〕

(3) 積abが素数になるのは，$a=1$，bが素数または$b=1$，aが素数のときである。

解き方と答え

(1) 素数は，40までに12個あり，15番目は47である。
　　40台の素数は41，43，47の3個

(2) 整数を素数で順にわっていく。
　　↑小さい素数2, 3, 5, …
その素因数の積をつくる。

❶
$$\begin{array}{r|r} 2 & 60 \\ 2 & 30 \\ 3 & 15 \\ & 5 \end{array}$$

❷
$$\begin{array}{r|r} 2 & 132 \\ 2 & 66 \\ 3 & 33 \\ & 11 \end{array}$$

❸
$$\begin{array}{r|r} 2 & 2016 \\ 2 & 1008 \\ 2 & 504 \\ 2 & 252 \\ 2 & 126 \\ 3 & 63 \\ 3 & 21 \\ & 7 \end{array}$$

$60=2^2\times3\times5$　　$132=2^2\times3\times11$　　$2016=2^5\times3^2\times7$

(3) 積$(m-2)(n+3)$が素数になるためには，㋐$m-2=1$または，㋑$n+3=1$とならなければならない。

㋐$m-2=1$のとき，$m=3$
　　↑適する

このとき，$n+3$が素数になるのは，$n=2$，4，8のときである。
　　↑1けたの自然数

㋑$n+3=1$のとき，$n=-2$で適さない。
　　↑自然数でない

よって，$(m,\ n)=(3,\ 2)$，$(3,\ 4)$，$(3,\ 8)$の3組

参考

エラトステネスのふるい

100以下の素数を，エラトステネスのふるいと呼ばれる方法で見つけることができる。

(1) 1を消す。
(2) 2を残して2の倍数を消す。
(3) 3を残して3の倍数を消す。
(4) 5を残して5の倍数を消す。
(5) 7を残して7の倍数を消す。

このようにして，残った数(○のついた数)が素数となる。

1	**2**	**3**	4	**5**	6	**7**	8	9	10
11	12	**13**	14	15	16	**17**	18	**19**	20
21	22	**23**	24	25	26	27	28	**29**	30
31	32	33	34	35	36	**37**	38	39	40
41	42	**43**	44	45	46	**47**	48	49	50
51	52	**53**	54	55	56	57	58	**59**	60
61	62	63	64	65	66	**67**	68	69	70
71	72	**73**	74	75	76	77	78	**79**	80
81	82	**83**	84	85	86	87	88	**89**	90
91	92	93	94	95	96	**97**	98	99	100

類題 64 別冊解答 p.24

次の問いに答えなさい。

(1) 40から60までの整数のうち，素数は何個ありますか。〔駿台甲府高〕

(2) 72，2020をそれぞれ素因数分解しなさい。

(3) $n^2-22n+96$が素数になるような自然数nをすべて求めなさい。〔西大和学園高〕

★★★ ⮌ p.100 1

例題 65 平方数

次の問いに答えなさい。

(1) 24にできるだけ小さい自然数をかけて，ある自然数の平方になるようにしたい。どんな自然数をかければよいですか。

(2) 108をできるだけ小さい自然数でわって，ある自然数の平方になるようにしたい。どんな自然数でわればよいですか。

(3) 540にできるだけ小さい自然数をかけて，その結果をある自然数の2乗にしたい。どんな数をかければよいですか。また，その結果はどんな数の2乗になりますか。

自然数が平方数となるには，すべての素因数の累乗の指数が偶数になればよい。

解き方と答え

(1) 24を**素因数分解**すると，$24=2^3\times3$

これをある自然数の平方数にするためには，$2^3\times3$に2×3をかけて，$2^3\times3\times(2\times3)=2^4\times3^2=(2^2\times3)^2$（← $2^4\times3^2$：指数が偶数）

$=12^2$とすればよい。

よって，かける数は$2\times3=6$

(2) 108を**素因数分解**すると，$108=2^2\times3^3$

これを3でわると，$(2^2\times3^3)\div3=2^2\times3^2=(2\times3)^2=6^2$

となり，6の平方になる。

よって，わる数は3

(3) 540を**素因数分解**すると，$540=2^2\times3^3\times5$

これをある自然数の平方数にするためには，

$2^2\times3^3\times5$に3×5をかけて，$2^2\times3^3\times5\times(3\times5)$

$=2^2\times3^4\times5^2=(2\times3^2\times5)^2=90^2$とすればよい。

よって，$3\times5=15$をかけると90の2乗になる。

くわしく

平方数にする方法

自然数Mにできるだけ小さい自然数Nをかけて，$M\times N=(\text{自然数})^2$とするには，

①Mを素因数分解する。
$M=p^cq^d$（p，qは素数）

②すべての素因数の累乗の指数c，dが偶数になるようにpやqをかける。

③どんな自然数の平方になるかを考えるときは，次の指数法則を用いる。

- $a^ma^n=a^{m+n}$
- $a^{mn}=(a^m)^n$
- $a^nb^n=(ab)^n$

類題 65

別冊解答 p.25

次の問いに答えなさい。

(1) $135n$の値が，ある自然数の2乗となるような自然数nのうち，最も小さいnの値を求めなさい。〔山口〕

(2) aは100以下の自然数で，12にaをかけた数はある自然数の平方になる。このようなaの値をすべて求めなさい。

★★★ p.100 2

例題 66 約数とその個数

次の問いに答えなさい。

(1) 次の数の約数の個数を求めなさい。また，その約数の総和を求めなさい。

❶ 48　　❷ 120

(2) $\dfrac{60}{2n+1}$ が整数となるような自然数 n をすべて求めなさい。〔埼玉〕

(3) 2015の正の約数を小さい方から並べる。1番目から6番目までの和を10でわった値を求めなさい。〔洛南高〕

正の約数の個数とその総和を求めるには，素因数分解を利用しよう。

解き方と答え

(1)❶ $48=2^4\times3$ より，48の約数の個数は，

$(4+1)\times(1+1)=5\times2=10$(個)

約数の総和は，$(1+2+2^2+2^3+2^4)\times(1+3)=124$

❷ $120=2^3\times3\times5$ より，120の約数の個数は，

$(3+1)\times(1+1)\times(1+1)=4\times2\times2=16$(個)

総和は，$(1+2+2^2+2^3)\times(1+3)\times(1+5)=360$

(2) 分母の $2n+1$ は奇数である。

60の約数で3以上の奇数であるのは，3，5，15

$2n+1=3$，5，15より，$n=1$，2，7

(3) $2015=5\times13\times31$ の約数は，$2\times2\times2=8$(個)で，

1，5，13，31，5×13，5×31，13×31，2015より，

$(1+5+13+31+65+155)\div10=27$

くわしく 正の整数 N の約数の個数と総和の求め方

N を素因数分解する。

$N=p^a\times q^b$ (p，q は素数)

のとき，

・約数の個数は，

$(a+1)(b+1)$ 個

・約数の総和は，

$(1+p+p^2+\cdots+p^a)(1+q+q^2+\cdots+q^b)$

例 $N=12=2^2\times3$

・12の約数は，1，2，3，

$4=2^2$，$6=2\times3$，$12=2^2\times3$

の6個

← $(2+1)\times(1+1)=6$

・約数の総和は，

$1+2+3+2^2+2\times3+2^2\times3$ で，（2^2←4，2×3←6，$2^2\times3$←12）

$1+2+2^2+3+2\times3+2^2\times3$

$=1+2+2^2+3(1+2+2^2)$ より，

$(1+2+2^2)\times(1+3)$ を展開したものになっている。

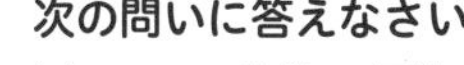

次の問いに答えなさい。

(1) 240の約数の個数とその約数の総和を求めなさい。

(2) a は正の整数とする。a が $a+4$ の約数となるような a は何個ありますか。

(3) 2つの素数 a，b について，積 ab の正の約数の和が112となるとき，ab の値を求めなさい。〔筑波大附高〕

別冊解答 p.25

★★★ p.100 3

例題 67 最大公約数と最小公倍数

次の問いに答えなさい。

(1) 36, 60, 252の最大公約数と最小公倍数をそれぞれ求めなさい。

(2) 2つの自然数a, bの最大公約数が8, 最小公倍数が96であるとき, a, bの値を求めなさい。ただし, $a \leqq b$とする。

(3) 縦126m, 横162mの長方形の土地がある。その四すみと周囲に等しい間隔(かんかく)で木を植えるのに, 植木の数をできるだけ少なくするには何mおきに植えたらよいですか。また, 木は何本いりますか。

(3) 植木の数をできるだけ少なくするので, 最大公約数を考えよう。

解き方と答え

(1) 下のように, 3数に共通な素数でわり進んでいく。

```
[2]) 36  60  252
[2]) 18  30  126
[3])  9  15   63
 3)   3  (5)  21   →最小公倍数では, 2つの数がわれればわる
      1   5    7
```

最大公約数は, $2\times2\times3=12$
最小公倍数は,
$2\times2\times3\times3\times1\times5\times7=1260$

(2) 最大公約数は8だから, m, nは1以外の公約数をもたない自然数で(←互いに素)$m \leqq n$とすると, $a=8m$, $b=8n$になる。
最小公倍数は96だから, $8mn=96$より, $mn=12$
$mn=12$を満たすm, nは, $(m,\ n)=(1,\ 12)$, $(3,\ 4)$
なので, $a=8$, $b=96$　または, $a=24$, $b=32$

(3) 126と162の最大公約数は18だから,
18mおきに植える。
木は, $(126+162)\times2\div18=32$(本)

別解 3つの整数を素因数分解して求める

(1) 36＝[2]×[2]×[3]×[3]
　60＝[2]×[2]×[3]　　×5
　252＝[2]×[2]×[3]×[3]　×7

最大公約数2×2×3
最小公倍数2×2×3×3×5×7

くわしく 数と最大公約数・最小公倍数との関係

2数a, bの最大公約数がG, 最小公倍数がLのとき,
- $a=Ga'$, $b=Gb'$
  (a', b'は互いに素)
- $L=Ga'b'$, $ab=GL$

類題 67

次の問いに答えなさい。

(1) $\dfrac{112}{15}$と$\dfrac{280}{33}$のどちらにかけても積が正の整数となるような分数のうち, 最小のものを求めなさい。〔秋田〕

(2) A町からB町, C町, D町に向けて始発のバスが6時15分にそれぞれ発車する。その後B町へは6分おき, C町へは9分おき, D町へは15分おきにそれぞれ発車する。始発の次に3つの町へ向けてバスがA町を同じ時刻に発車するのは何時何分ですか。〔鹿児島〕

16 倍数とその利用

p.105 〜 108

GOAL
❶ 2, 3, 4, 5, 8, 9, 11の倍数の見分け方を覚えよう。
❷ ある数の範囲の中で，倍数の個数を求められるようにしよう。
❸ いろいろなパターンの商と余りについての問題をマスターしよう。

要点整理

1 倍数の見分け方

➡例題68

▶2の倍数(偶数(ぐうすう))…**一の位の数が0，2，4，6，8のいずれか**である数
▶4の倍数…**下2けたの数が00か4の倍数**である数
▶8の倍数…**下3けたの数が000か8の倍数**である数
▶5の倍数…**一の位の数が0か5**である数
▶3の倍数…**各位の数の和が3の倍数**である数
例 5304…5+3+0+4=12で3の倍数だから，5304は3の倍数
▶9の倍数…**各位の数の和が9の倍数**である数
▶11の倍数…**一の位から1けたおきにとった数字の和と残りの数字の和との差が0か11の倍数**である数
例 1738…(7+8)−(1+3)=11で11の倍数だから，1738は11の倍数

2 倍数の個数

➡例題69

▶1から100までの整数の範囲において，
㋐ 2の倍数…100÷2=50より，50(個)
㋑ 3の倍数…100÷3=33余り1より，33(個)
㋒ 2の倍数であり3の倍数でない数
…6の倍数が16個だから，50−16=34(個)
(100÷6=16余り4)
㋓ 2の倍数でも3の倍数でもない数
…100−(50+33−16)=33(個)

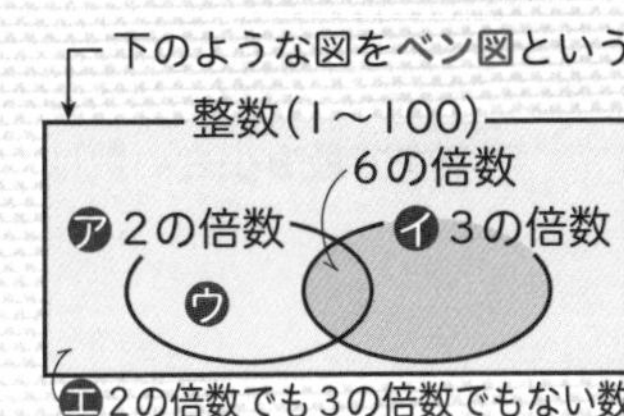

3 商と余り

➡例題70

▶2つの整数A，Bがあって，AをBでわったときの商をQ，余りをRとすると，
$\boldsymbol{A=BQ+R}$ ($\boldsymbol{0 \leqq R < B}$)
例 6でわると4余る整数は，商をnとするとき，$6n+4$と表すことができる。
また，この整数を3でわったときの余りは，$6n+4=3(2n+1)+1$より，1となる。

★★★ p.105 1

例題 68 倍数の見分け方

次の問いに答えなさい。

(1) 次の数の中から，3の倍数，4の倍数，15の倍数を選びなさい。
66，76，134，345，900，2015，2361，3024，10012

(2) 0，4，5，7の4枚のカードがある。この中から3枚とり出して，次のような3けたの数をつくりなさい。
❶ 最も大きい11の倍数　❷ 最も小さい9の倍数

(1) 15＝3×5より，15の倍数は3の倍数と5の倍数の両方の特徴(とくちょう)をもっている。

解き方と答え

(1) 3の倍数は，各位の数の和も3の倍数になるから，
66，345，900，2361，3024
4の倍数は，下2けたの数が00か4の倍数になるから，
76，900，3024，10012
15の倍数は，3の倍数でもあり5の倍数でもあるから，3の倍数の中で，一の位の数が0か5であるものを見つけると，345，900

(2)❶ (4＋7)−0＝11であるから，最も大きい11の倍数は，
704(＝11×64)

❷ 9の倍数は，各位の数の和が9の倍数になる数だから，その中で最も小さい数は，405 (4＋0＋5＝9)

なぜ？

11の倍数の見分け方

4けたの数を
$1000a+100b+10c+d$
とする。
$1000a+100b+10c+d$
$=a\times1000+b\times100+c\times10+d$
$=a\times(11\times91-1)+b\times(11\times9+1)+c\times(11-1)+d$
$=\underline{11\times(a\times91+b\times9+c)}$ (11の倍数)
$-\underline{(a+c)}+\underline{(b+d)}$ (千と十の位)(百と一の位)
よって，$(b+d)-(a+c)$が0か11の倍数になれば，もとの4けたの数も11の倍数になる。

類題 68 別冊解答 p.25

次の問いに答えなさい。

(1) 次の数の中から，6の倍数，11の倍数を選びなさい。
286，324，605，752，792，846，2948，4061

(2) 2697を素因数分解すると$a\times b\times c$となる。ただし，a，b，cは素数で，$a<b<c$を満たす。このとき，a，bを求めなさい。〔久留米大附高〕

(3) 6けたの整数23a57bが4でわり切れるとき，bの値をすべて求めなさい。また，この整数が36でわり切れるとき，a，bの値の組をすべて求めなさい。〔愛光高〕

★★★ ⮌ p.105 2

例題 69 倍数の利用

次の問いに答えなさい。

(1) 100以上200未満の整数について，次の数の個数を求めなさい。

❶ 5の倍数　❷ 8の倍数

❸ 5の倍数であり8の倍数でもある数

❹ 5の倍数であり8の倍数でない数

❺ 5の倍数でも8の倍数でもない数

(2) nは正の整数とする。$1\times2\times3\times\cdots\times30$が$3^n$でわり切れるとき，$n$の最大の値を求めなさい。〔明治学院高〕

(2) 1から30までの整数の中に，3の倍数，3^2の倍数，3^3の倍数がいくつあるかを調べよう。

解き方と答え

(1)❶ $100\div5=20$，$199\div5=39$余り4より，
$39-20+1=20$(個)…右の図の㋐＋㋒

❷ $100\div8=12$余り4，$199\div8=24$余り7より，
$24-12=12$(個)…右の図の㋑＋㋒

❸ 5と8の公倍数，すなわち40の倍数である。
$100\div40=2$余り20，$199\div40=4$余り39より，
$4-2=2$(個)…右の図の㋒

❹ 右の図の㋐の部分だから，$20-2=18$(個)

❺ $(199-100+1)-(18+12)=70$(個)…右の図の㋓

(2) 1から30までの整数の中に，3の倍数は$30\div3=10$(個)，$3^2=9$の倍数は$30\div9=3$余り3より3個，$3^3=27$の倍数は27の1個ある。
よって，$1\times2\times3\times\cdots\times30$の中に因数3は，
$10+3+1=14$(個)ふくまれているから，$n=14$

くわしく ベン図で考える

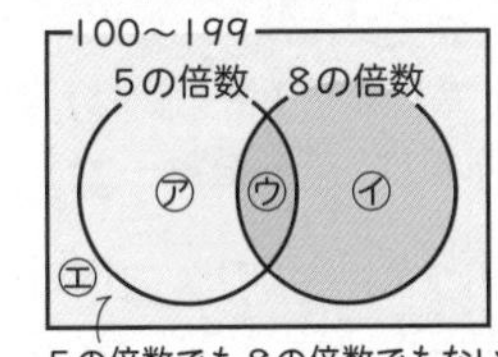

くわしく 整数の個数

n，mを整数とするとき，
次のような整数xの個数は，

・$n<x<m$のとき，
$m-n-1$(個)

・$n\leqq x<m$，$n<x\leqq m$のとき，$m-n$(個)

・$n\leqq x\leqq m$のとき，
$m-n+1$(個)

次の問いに答えなさい。

(1) 1から300までの整数で，4の倍数でも6の倍数でもない数の個数を求めなさい。

(2) $1\times2\times3\times\cdots\times30$は，2で最大何回わり切ることができますか。また，10で最大何回わり切ることができますか。〔愛光高〕

★★★ ⤴ p.105 3

例題 70 商と余り

次の問いに答えなさい。

(1) 自然数aを7でわると，商がbで余りがcとなった。bをaとcを使った式で表しなさい。〔香川〕

(2) 3でわると1余り，5でわると3余る自然数の中で，小さいほうから数えて3番目の数を求めなさい。〔江戸川学園取手高〕

(3) 2つの自然数m，nがある。mを7でわると商がaで余りが3，nを7でわると商がbで余りが5である。この2数の積mnを7でわったときの余りを求めなさい。〔徳島〕

(3) 積mnを$7\times$整数$+r$ $(0 \leqq r < 7)$と変形すれば，rが余りである。

解き方と答え

(1) わられる数＝わる数×商＋余り より，$a=7b+c$

bについて解くと，$b=\dfrac{a-c}{7}$

(2) 3でわると1余る数は，3の倍数-2（←3−1），5でわると3余る数は，5の倍数-2（←5−3）

よって，3でわると1余り5でわると3余る数は，

15の倍数-2（←3と5の最小公倍数） で，最小の数は，$15-2=13$

小さいほうから3番目の数は，

$13+15\times(3-1)=43$（←等差数列の公式）

(3) $m=7a+3$，$n=7b+5$であるから，

$mn=(7a+3)(7b+5)=49ab+35a+21b+15$

$=7(7ab+5a+3b+2)+1$（←7の倍数）（←15−7×2）

よって，mnを7でわったときの余りは1

別解 順に書いていく

(2)3でわると1余る数は，

1, 4, 7, 10, ⑬, 16, 19, 22, 25, ㉘, 31, 34, …

5でわると3余る数は，

3, 8, ⑬, 18, 23, ㉘, 33, …

よって，条件を満たす数は，

13，28，[43]←3番目の数

（+15 +15）

公式 等差数列

数を規則的に並べたものを数列（すうれつ）という。数列の中で，となりどうしの差が一定の数列を等差数列（とうさすうれつ）といい，はじめの数を初項（しょこう），差を公差（こうさ）という。n番目の数は，

初項＋公差×$(n-1)$

類題 70 別冊解答 p.26

次の問いに答えなさい。

(1) ある自然数nは，3，4，5のどの数でわっても2余り，7でわるとわり切れる。このようなnのうち，最も小さいものを求めなさい。〔中央大附高〕

(2) a，bは自然数とする。aを7でわると2余り，a^2+bを7でわると6余る。このとき，bを7でわったときの余りを求めなさい。〔法政大高〕

章末問題

→別冊解答 p.26～28

48 次の問いに答えなさい。

例題 64 66 67

(1) 1から200までの整数のうち，正の約数を3個だけもつ数は，全部で何個ありますか。〔筑波大附高〕

(2) a，bは，2けたの素数とする。$a<b$，$a+b=68$のとき，a，bの値をそれぞれ求めなさい。〔都立国分寺高〕

(3) ある自然数を素因数分解すると，$2^5\times3^4\times5^3\times7^2$となった。この自然数の正の約数のうち，一の位が1となるものをすべて求めなさい。〔同志社高〕

(4) $\dfrac{n}{28}$が整数となり，$\dfrac{2016}{n}$が素数となるような，最も小さい自然数nを求めなさい。〔中央大杉並高〕

49 360の正の約数について，次の問いに答えなさい。〔海城高〕

例題 66

(1) 個数を求めなさい。

(2) 総和を求めなさい。

(3) 逆数の総和を求めなさい。

50 m，nを自然数とする。$\dfrac{n}{m}$がこれ以上約分できない，すなわち，m，nが1以外に公約数をもたないとき，$\dfrac{n}{m}$を既約分数とよぶ。また，pを素数とする。〔中央大附高〕

例題 67 69

(1) $\dfrac{56}{126}$を既約分数で表しなさい。

(2) pを分母とする既約分数で，0と1の間にあるものの個数をpを用いて表しなさい。

(3) p^2を分母とする既約分数で，0と1の間にあるものの個数をpを用いて表しなさい。

51 $\dfrac{1}{91}$，$\dfrac{2}{91}$，…，$\dfrac{100}{91}$の100個の分数(分子が1以上100以下の整数で，分母が91である分数)がある。これらの和Sを求めなさい。また，これらのうち，既約分数であるものすべての和Tを求めなさい。〔開成高〕

例題 69

チャレンジ

52 $2013^3+2014^3+2015^3$を5でわったときの余りを求めなさい。〔法政大高〕

例題 70

17 平方根

p.110 ～ 115

❶ 平方根の意味を理解し，$\sqrt{\ }$ を使って平方根を表せるようにしよう。
❷ 平方根の大小と，平方根のおよその値を求められるようにしよう。
❸ 有理数・無理数の意味と，それらのちがいを理解しよう。

要点整理

1 平方根

➡例題 71

▶ある数xを平方(2乗)するとaになる($x^2=a$)とき，xをaの平方根（へいほうこん）という。

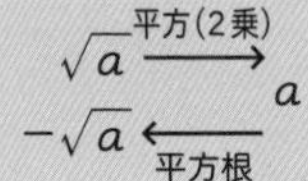

例 $5^2=25$，$(-5)^2=25$より，5も-5も25の平方根

▶**正の数aの平方根は2つあって，絶対値が等しく，符号が異なる。**aの平方根を記号$\sqrt{\ }$を使って，**正の方は$\sqrt{a}$，負の方は$-\sqrt{a}$**のように表す。記号$\sqrt{\ }$を根号（こんごう）といい，**$\sqrt{a}$を「ルートa」と読む。**

例 3の平方根は$\sqrt{3}$と$-\sqrt{3}$で，これをあわせて$\pm\sqrt{3}$と書く。
（$\pm$：プラスマイナスと読む）

▶$a>0$のとき，$(\sqrt{a})^2=a$，$(-\sqrt{a})^2=a$

▶根号を使って表された数の中には，根号を使わなくても表すことができる数がある。
$a>0$のとき，$\sqrt{a^2}=a$，$-\sqrt{a^2}=-a$ 例 $\sqrt{16}=\sqrt{4^2}=4$，$-\sqrt{9}=-\sqrt{3^2}=-3$

2 平方根の大小，平方根と数の範囲

➡例題 72，73

▶$a>0$，$b>0$のとき，**$a<b$ならば$\sqrt{a}<\sqrt{b}$，$\sqrt{a}<\sqrt{b}$ならば$a<b$**

例 $11<13$より$\sqrt{11}<\sqrt{13}$，$\sqrt{5}<\sqrt{6}$より$-\sqrt{5}>-\sqrt{6}$

▶$1.4^2=1.96$，$1.5^2=2.25$より，$1.96<2<2.25$ ⇨ $1.4<\sqrt{2}<1.5$
このようにして，$\sqrt{2}$のおよその値を求めることができる。

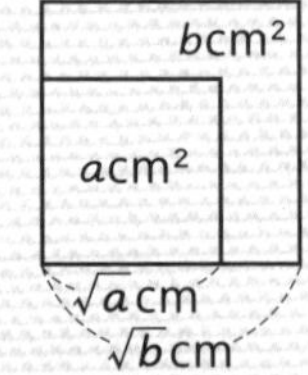

3 有理数と無理数，有限小数と無限小数

➡例題 74，75

▶整数mと，0でない整数nを使って，**分数$\frac{m}{n}$の形に表される数を有理数（ゆうりすう），分数で表せない数を無理数（むりすう）**という。

例 有理数：-7，$\frac{3}{11}$，-0.15など　無理数：$\sqrt{2}$，$-\sqrt{5}$，円周率πなど

▶有理数は，**有限小数（ゆうげんしょうすう）か循環小数（じゅんかんしょうすう）**で表せる。無理数は，**循環しない無限小数（むげんしょうすう）**である。

例 有理数：$\frac{3}{8}=0.375$，$\frac{5}{11}=0.454545\cdots$など

無理数：$\sqrt{2}=1.4142\cdots$，$\pi=3.1415926\cdots$など

★★★ p.110 1

例題 71 平方根

次の問いに答えなさい。

(1) 次の数の平方根を求めなさい。

❶ 9　❷ 0.04　❸ 6 〔鹿児島〕

(2) 次の数を根号を使わずに表しなさい。

❶ $\sqrt{25}$ 〔沖縄〕　❷ $-\sqrt{1.44}$　❸ $-\sqrt{\dfrac{36}{49}}$

(3) 次の数を根号を使わずに表しなさい。

❶ $\sqrt{0.01}$　❷ $-\sqrt{(0.7)^2}$　❸ $-\sqrt{(-8)^2}$

正の数 a について，$(\sqrt{a})^2=(-\sqrt{a})^2=a$，$\sqrt{a^2}=\sqrt{(-a)^2}=a$

解き方と答え

(1)❶ 2乗して9になるのは，$3^2=9$，$(-3)^2=9$ より，3と -3
よって，9の平方根は，± 3

❷ $(\pm 0.2)^2=0.04$ より，0.04の平方根は，± 0.2

❸ 6の平方根は，$\pm\sqrt{6}$

(2)❶ $\sqrt{25}$ は25の平方根のうち正の方だから，5

❷ $-\sqrt{1.44}$ は1.44の平方根のうち負の方だから，-1.2
（$1.44=1.2^2$）

❸ $-\sqrt{\dfrac{36}{49}}=-\sqrt{\left(\dfrac{6}{7}\right)^2}=-\dfrac{6}{7}$

(3)❶ $\sqrt{0.01}=\sqrt{(0.1)^2}=0.1$

❷ $-\sqrt{(0.7)^2}=-0.7$

❸ $-\sqrt{(-8)^2}=-\sqrt{8^2}=-8$
（$(-a)^2=a^2$）

くわしく　平方根の個数

㋐正の数の平方根は2つ。
㋑0の平方根は0の1つだけ。
㋒負の数の平方根はない。

覚えよう

11 ～ 15の平方数

n	11	12	13	14	15
n^2	121	144	169	196	225

くわしく

1より小さい数の平方根

(3)❶ $\sqrt{0.01}=0.1$ より，
（大きくなる）

$0<a<1$ のとき，$\sqrt{a}>a$
($1<a$ のときは，$\sqrt{a}<a$)

類題 71  別冊解答 p.28

次のアからエまでの文の中から誤っているものを1つ選んでその記号を書き，正しい文にするために下線部を正しい数字に書き直しなさい。 〔愛知〕

ア $-\sqrt{81}$ は $\underline{-9}$ である。　イ $\sqrt{(-9)^2}$ は $\underline{-9}$ である。

ウ 81の平方根は $\underline{\pm 9}$ である。　エ $(\sqrt{9})^2$ は $\underline{9}$ である。

★★★ p.110 2

例題 72 平方根の大小

次の問いに答えなさい。

(1) 次の各組の数の大小を，不等号を使って表しなさい。

❶ $\sqrt{7}$，$\sqrt{10}$　　❷ $-\sqrt{15}$，-4

❸ $-\sqrt{0.5}$，-0.5　　❹ $\sqrt{7}$，3，$\dfrac{6}{\sqrt{6}}$　〔宮城〕

(2) 次の数の中から最も大きい数を選び**ア**～**エ**の記号で答えなさい。　〔鳥取〕

ア $\dfrac{2}{\sqrt{3}}$　**イ** $\dfrac{\sqrt{2}}{3}$　**ウ** $\sqrt{\dfrac{2}{3}}$　**エ** $\dfrac{2}{3}$

$a<b$ ならば $\sqrt{a}<\sqrt{b}$，$-\sqrt{a}>-\sqrt{b}$

解き方と答え

(1)❶ $7<10$ より，$\sqrt{7}<\sqrt{10}$

❷ $(\sqrt{15})^2=15$，$4^2=16$　$\sqrt{15}<4$ より，$-\sqrt{15}>-4$

↑負の数は，絶対値の大きい方が小さい

❸ $(\sqrt{0.5})^2=0.5$，$0.5^2=0.25$　$\sqrt{0.5}>0.5$ より，

$-\sqrt{0.5}<-0.5$

❹ $(\sqrt{7})^2=7$，$3^2=9$，$\left(\dfrac{6}{\sqrt{6}}\right)^2=\dfrac{36}{6}=6$　$6<7<9$ より，

$\left(\dfrac{6}{\sqrt{6}}\right)^2<(\sqrt{7})^2<3^2$

よって，$\dfrac{6}{\sqrt{6}}<\sqrt{7}<3$

(2) ア…$\left(\dfrac{2}{\sqrt{3}}\right)^2=\dfrac{4}{3}=\dfrac{12}{9}$，イ…$\left(\dfrac{\sqrt{2}}{3}\right)^2=\dfrac{2}{9}$，

ウ…$\left(\sqrt{\dfrac{2}{3}}\right)^2=\dfrac{2}{3}=\dfrac{6}{9}$，エ…$\left(\dfrac{2}{3}\right)^2=\dfrac{4}{9}$ より，

$\dfrac{\sqrt{2}}{3}<\dfrac{2}{3}<\sqrt{\dfrac{2}{3}}<\dfrac{2}{\sqrt{3}}$

よって，最も大きい数は**ア**

覚えよう

平方根のおよその値

- $\sqrt{2}$＝1.41421356…
  一夜一夜に人見ごろ（ひとよひとよにひとみごろ）
- $\sqrt{3}$＝1.7320508…
  人並みにおごれや（ひとなみにおごれや）
- $\sqrt{5}$＝2.2360679…
  富士山ろくおうむ鳴く（ふじさんろくおうむなく）
- $\sqrt{6}$＝2.449489…
  似よよくよやく
- $\sqrt{7}$＝2.64575…
  菜に虫いない（なにむしいない）

類題 72　別冊解答 p.28

次の問いに答えなさい。

(1) $-\sqrt{8}$ と -3 の大小を，不等号を使って表しなさい。

(2) $\sqrt{29}$，$\dfrac{14}{\sqrt{7}}$，$\dfrac{26}{5}$ を小さい順に並べなさい。　〔近畿大附高〕

(3) 次の数を，小さい方から順に並べなさい。

0，$-\sqrt{6}$，$\sqrt{2}$，$-\sqrt{3}$，$\dfrac{7}{5}$，-2.45

★★★ p.110 2

例題 73 平方根と数の範囲

次の問いに答えなさい。

(1) $2<\sqrt{n}<3$ となる自然数 n をすべて求めなさい。〔鳥取〕

(2) $3<\sqrt{\frac{n}{2}}<4$ を満たす自然数 n の個数を求めなさい。〔鹿児島〕

(3) 次の大小関係にあてはまる自然数 n は何個あるか，求めなさい。〔和歌山〕
$\sqrt{10}<n<\sqrt{38}$

それぞれを2乗して考えよう。

解き方と答え

(1) それぞれを2乗して，$2^2<(\sqrt{n})^2<3^2$　$4<n<9$
n は自然数だから，
$n=5,\ 6,\ 7,\ 8$

(2) それぞれを2乗して，$3^2<\left(\sqrt{\frac{n}{2}}\right)^2<4^2$　$9<\frac{n}{2}<16$
$18<n<32$　n は自然数だから，
$n=19,\ 20,\ \cdots,\ 31$
つまり，$31-19+1=13$(個)

(3) それぞれを2乗して，$(\sqrt{10})^2<n^2<(\sqrt{38})^2$
$10<n^2<38$　n は自然数だから，
$n^2=16,\ 25,\ 36$
$16=4^2,\ 25=5^2,\ 36=6^2$ より，
$n=4,\ 5,\ 6$ の3個

別解 整数を $\sqrt{\ }$ をふくむ形にしてもよい

(1) $2=\sqrt{4}$，$3=\sqrt{9}$ より，
$\sqrt{4}<\sqrt{n}<\sqrt{9}$
よって，$4<n<9$ より，
$n=5,\ 6,\ 7,\ 8$

(2) $\sqrt{9}<\sqrt{\frac{n}{2}}<\sqrt{16}$ より，
$9<\frac{n}{2}<16$
$18<n<32$
よって，$32-18-1=13$(個)

別解 近似値で考える
p.116 3 参照

$3^2=9$ より，$\sqrt{10}=3.\cdots$
$6^2=36$ より，$\sqrt{38}=6.\cdots$
よって，$3.\cdots<n<6.\cdots$ より，
$n=4,\ 5,\ 6$ の3個

類題 73 別冊解答 p.28

次の問いに答えなさい。

(1) $2<\sqrt{a}<\frac{10}{3}$ を満たす正の整数 a は何個ありますか。〔奈良〕

(2) $5<\sqrt{6n}<10$ を満たす自然数 n は全部で何個ありますか。〔都立産業技術高専〕

(3) $\sqrt{2}<x<\sqrt{19}$ を満たす整数 x を，小さい順にすべて書きなさい。〔群馬〕

(4) $-(n+1)<-\sqrt{59}<-n$ を満たす自然数 n の値を求めなさい。

★★★ p.110 3

例題 74 有理数と無理数

次の問いに答えなさい。

(1) 下の数の中で，無理数はどれですか。その記号を書きなさい。〔広島〕

ア $-\dfrac{3}{7}$　イ 2.7　ウ $\sqrt{\dfrac{9}{25}}$　エ $-\sqrt{15}$

(2) $\sqrt{2}$，-6，$(\sqrt{3})^2$，$-\dfrac{4}{9}$，$\sqrt{81}$，$\sqrt{(-7)^2}$，-0.234，π の中から，次のものを選びなさい。

❶ 自然数　❷ 整数　❸ 有理数　❹ 無理数

解き方のコツ 無理数は，有理数でない数，すなわち循環しない無限小数である。

解き方と答え

(1) 無理数は，分数$\left(=\dfrac{整数}{整数}\right)$で表せない数である。

イは，$2.7=2\dfrac{7}{10}=\dfrac{27}{10}$，

ウは，$\sqrt{\dfrac{9}{25}}=\dfrac{3}{5}$ なので有理数である。

よって，無理数はエ

(2) $(\sqrt{3})^2=3$，$\sqrt{81}=9$，$\sqrt{(-7)^2}=7$，$-0.234=-\dfrac{117}{500}$

❶ 自然数…$(\sqrt{3})^2$，$\sqrt{81}$，$\sqrt{(-7)^2}$

❷ 整数…-6，$(\sqrt{3})^2$，$\sqrt{81}$，$\sqrt{(-7)^2}$

❸ 有理数…-6，$(\sqrt{3})^2$，$-\dfrac{4}{9}$，$\sqrt{81}$，$\sqrt{(-7)^2}$，-0.234

❹ 無理数…$\sqrt{2}$，π

くわしく 有理数・無理数と小数

有限小数……………有理数

無限小数｛循環小数……有理数／循環しない無限小数…無理数｝

くわしく 数の分類

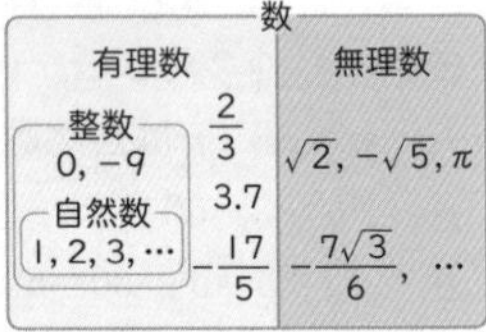

類題 74 別冊解答 p.28

次の問いに答えなさい。

(1) 次のア～オの中から無理数をすべて選び記号で答えなさい。〔群馬－改〕

ア $\dfrac{1}{3}$　イ $\sqrt{5}$　ウ 0.25　エ $-\sqrt{12}$　オ $\sqrt{16}$

(2) $-\sqrt{9}$，0，$\dfrac{5}{12}$，$(-\sqrt{8})^2$，$-\sqrt{\dfrac{64}{121}}$，π，$\sqrt{\left(-\dfrac{1}{2}\right)^2}$，$\sqrt{1.6}$ の中から，次のものを選びなさい。

❶ 自然数　❷ 整数　❸ 有理数　❹ 無理数

★★★

p.110 3

例題 75 有限小数と無限小数

次の問いに答えなさい。

(1) 次の分数を有限小数と循環小数にわけなさい。

$\frac{5}{8}$, $\frac{1}{12}$, $\frac{3}{7}$, $\frac{4}{25}$, $\frac{8}{33}$, $\frac{7}{20}$

(2) 次の分数を循環小数で表しなさい。

❶ $\frac{5}{6}$　　❷ $\frac{17}{33}$

(3) 次の循環小数を分数で表しなさい。

❶ $0.\dot{7}$　　❷ $1.\dot{3}\dot{6}$

(1) 分数が有限小数か循環小数かを見分けるには，分母を素因数分解するとよい。

解き方と答え

(1) 分母を素因数分解する。$10=2\times5$ より，2または5以外の素因数がないとき，有限小数になる。

有限小数…$\frac{5}{8}$$(=0.625)$，$\frac{4}{25}$$(=0.16)$，$\frac{7}{20}$$(=0.35)$

（分母 8 ← 2^3，25 ← 5^2，20 ← $2^2\times5$）

循環小数…$\frac{1}{12}$，$\frac{3}{7}$，$\frac{8}{33}$

（分母 12 ← $2^2\times3$，33 ← 3×11）

(2)❶ $\frac{5}{6}=0.8333\cdots=0.8\dot{3}$　　❷ $\frac{17}{33}=0.5151\cdots=0.\dot{5}\dot{1}$

(3)❶ $x=0.\dot{7}$ とおく。

$$\begin{array}{rl} 10x= & 7.777\cdots \\ -)\quad x= & 0.777\cdots \\ \hline 9x= & 7 \\ x= & \frac{7}{9} \end{array}$$

❷ $x=1.\dot{3}\dot{6}$ とおく。

$$\begin{array}{rl} 100x= & 136.363636\cdots \\ -)\quad x= & 1.363636\cdots \\ \hline 99x= & 135 \\ x= & \frac{135}{99}=\frac{15}{11} \end{array}$$

用語　循環小数

無限小数のうち，ある位より先は同じ数の並びがくり返される小数を循環小数という。循環小数はくり返される最初と最後の数の上に・をつけて表す。

裏技

$0.\dot{1}$，$0.\dot{0}\dot{1}$ を利用する

(3) $\frac{1}{9}=0.111\cdots=0.\dot{1}$，

$\frac{1}{99}=0.0101\cdots=0.\dot{0}\dot{1}$ より，

❶ $0.\dot{7}=0.\dot{1}\times7=\frac{1}{9}\times7=\frac{7}{9}$

❷ $1.\dot{3}\dot{6}=1+0.\dot{0}\dot{1}\times36$

$=1+\frac{36}{99}=\frac{15}{11}$

類題 75

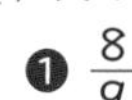

別冊解答 p.28

次の問いに答えなさい。

(1) 次の分数を循環小数で表しなさい。

❶ $\frac{8}{9}$　　❷ $\frac{5}{12}$　　❸ $\frac{1}{7}$

(2) 次の循環小数を分数で表しなさい。

❶ $0.\dot{5}$　　❷ $2.5\dot{7}$　　❸ $0.\dot{6}4\dot{2}$

18 根号をふくむ式の乗除

p.116 ~ 122

❶ 根号をふくむ式の積や商の計算と，分母の有理化，乗除の混じった計算をできるようにしよう。

❷ 平方根の近似値を求められるようにしよう。

要点整理

1 根号をふくむ式の乗除，根号をふくむ式の変形

➡例題 76，77

▶ $a>0$，$b>0$のとき，$\sqrt{a}\times\sqrt{b}=\sqrt{a\times b}$，$\sqrt{a}\div\sqrt{b}=\dfrac{\sqrt{a}}{\sqrt{b}}=\sqrt{\dfrac{a}{b}}$

▶ $a>0$，$b>0$のとき，$a\sqrt{b}\rightleftarrows\sqrt{a^2b}$

㋐ $a\sqrt{b}=\sqrt{a^2b}$ （$\sqrt{\ }$の外の数aを２乗してから$\sqrt{\ }$の中へ入れる。）

例 $5\sqrt{2}=\sqrt{5^2\times2}=\sqrt{50}$，$-3\sqrt{5}=-\sqrt{3^2\times5}=-\sqrt{45}$

（2乗して中へ）　（3だけ中へ）

㋑ $\sqrt{a^2b}=a\sqrt{b}$ （$\sqrt{\ }$の中の数を素因数分解して，２乗の因数を$\sqrt{\ }$の外へ出す。）

例 $\sqrt{180}=\sqrt{2^2\times3^2\times5}=2\times3\times\sqrt{5}=6\sqrt{5}$

▶ 根号をふくむ式の計算では，答えは根号の中の数を**できるだけ小さく**しておく。

2 分母の有理化，乗除の混じった計算

➡例題 78，79

▶ 分母に根号をふくむ数を，分母と分子に同じ数をかけて分母に根号をふくまない形に変形することを，**分母の有理化**（ぶんぼのゆうりか）という。

$a>0$のとき，$\dfrac{b}{\sqrt{a}}=\dfrac{b\times\sqrt{a}}{\sqrt{a}\times\sqrt{a}}=\dfrac{b\sqrt{a}}{a}$　例 $\dfrac{\sqrt{3}}{\sqrt{5}}=\dfrac{\sqrt{3}\times\sqrt{5}}{\sqrt{5}\times\sqrt{5}}=\dfrac{\sqrt{15}}{5}$

▶ 乗除の混じった計算は，**$\sqrt{\ }$の外の数は外どうし，中の数は中どうしで計算する。**

例 $12\sqrt{3}\div3\sqrt{2}\times4\sqrt{6}=\dfrac{12\times4}{3}\times\sqrt{\dfrac{3\times6}{2}}=16\sqrt{9}=16\times3=48$

3 平方根の近似値，近似値と有効数字

➡例題 80，81

▶ $\sqrt{\ }$の中の数の小数点の位置が２けたずれるごとに，その数の平方根の小数点の位置は，**同じ向きに１けたずつ**ずれる。

例 $\sqrt{3}=1.732$のとき，$\sqrt{300}=10\sqrt{3}=17.32$，$\sqrt{0.03}=\dfrac{\sqrt{3}}{10}=0.1732$

（$\sqrt{3}$から右へ２つ）（1.732から右へ１つ）（$\sqrt{3}$から左へ２つ）（1.732から左へ１つ）

▶ 真の値に近い値のことを**近似値**（きんじち）という。近似値と真の値の差を**誤差**（ごさ）という。

▶ 近似値や測定値を表す数字のうちで，信頼できる数字を**有効数字**（ゆうこうすうじ）という。

★★★

p.116 1

例題 76 根号をふくむ式の乗除

次の計算をしなさい。

(1) $\sqrt{7}\times\sqrt{6}$　(2) $\sqrt{6}\div\sqrt{2}$　〔群馬〕

(3) $(-\sqrt{14})\times(-\sqrt{0.5})$　(4) $\sqrt{56}\div(-\sqrt{14})$

(5) $\sqrt{15}\times(-\sqrt{3})\times\sqrt{\dfrac{1}{5}}$　(6) $\sqrt{\dfrac{5}{7}}\div\sqrt{\dfrac{5}{42}}$

解き方のコツ　$a>0$，$b>0$のとき，$\sqrt{a}\times\sqrt{b}=\sqrt{a\times b}$　$\sqrt{a}\div\sqrt{b}=\sqrt{\dfrac{a}{b}}$

解き方と答え

(1) $\sqrt{7}\times\sqrt{6}=\sqrt{7\times6}=\sqrt{42}$

(2) $\sqrt{6}\div\sqrt{2}=\dfrac{\sqrt{6}}{\sqrt{2}}=\sqrt{\dfrac{6}{2}}=\sqrt{3}$

(3) $(-\sqrt{14})\times(-\sqrt{0.5})=\sqrt{14}\times\sqrt{0.5}=\sqrt{14\times0.5}=\sqrt{7}$

(4) $\sqrt{56}\div(-\sqrt{14})=-\dfrac{\sqrt{56}}{\sqrt{14}}=-\sqrt{\dfrac{56}{14}}=-\sqrt{4}=-2$

(5) $\sqrt{15}\times(-\sqrt{3})\times\sqrt{\dfrac{1}{5}}=-\left(\sqrt{15}\times\sqrt{3}\times\sqrt{\dfrac{1}{5}}\right)$

$=-\sqrt{15\times3\times\dfrac{1}{5}}=-\sqrt{3^2}=-3$

(6) $\sqrt{\dfrac{5}{7}}\div\sqrt{\dfrac{5}{42}}=\sqrt{\dfrac{5}{7}}\times\sqrt{\dfrac{42}{5}}=\sqrt{\dfrac{5}{7}\times\dfrac{42}{5}}=\sqrt{6}$

くわしく 3数以上の根号をふくむ式の乗除

$a>0$，$b>0$，$c>0$のとき，

㋐ $\sqrt{a}\times\sqrt{b}\times\sqrt{c}$
$=\sqrt{a\times b\times c}$

㋑ $\sqrt{a}\div\sqrt{b}\times\sqrt{c}$
$=\dfrac{\sqrt{a\times c}}{\sqrt{b}}$
$=\sqrt{\dfrac{a\times c}{b}}$

㋒ $\sqrt{a}\div\sqrt{b}\div\sqrt{c}$
$=\dfrac{\sqrt{a}}{\sqrt{b}\times\sqrt{c}}$
$=\sqrt{\dfrac{a}{b\times c}}$

注意！ 整数になおしておくように！

(4)$\sqrt{4}$のように答えが$\sqrt{a^2}$となったときには，整数aにしておくこと。

類題 76

別冊解答 p.29

次の計算をしなさい。

(1) $(-\sqrt{2})\times(-\sqrt{3})$　〔徳島〕　(2) $\sqrt{28}\div\sqrt{7}$　〔広島〕

(3) $\sqrt{10}\times(-\sqrt{40})$　(4) $-\sqrt{\dfrac{6}{11}}\div\sqrt{\dfrac{6}{55}}$

(5) $\sqrt{8}\times\sqrt{12}\times\sqrt{\dfrac{1}{6}}$　(6) $\sqrt{56}\div(-\sqrt{2})\div\sqrt{14}$

★★★ ⮌ p.116 1

例題 77 根号をふくむ式の変形

次の問いに答えなさい。

(1) 次の数を変形して，$\sqrt{a}$ の形にしなさい。

❶ $2\sqrt{5}$　　❷ $\dfrac{\sqrt{3}}{4}$

(2) 次の数を変形して，$\sqrt{}$ の中をできるだけ簡単な数にしなさい。

❶ $\sqrt{24}$　　❷ $\sqrt{\dfrac{7}{64}}$　　❸ $\sqrt{252}$

(3) 次の数を計算しなさい。

❶ $\sqrt{54}\times\sqrt{18}$　　❷ $3\sqrt{2}\times\sqrt{8}$ 〔北海道〕　　❸ $4\sqrt{6}\div\sqrt{2}$ 〔栃木〕

(1)(2) $a>0$，$b>0$ のとき，$a\sqrt{b}=\sqrt{a^2b}$，$\sqrt{a^2b}=a\sqrt{b}$

(3) $a\sqrt{b}\times c\sqrt{d}=(a\times c)\sqrt{b\times d}$

解き方と答え

(1)❶ $2\sqrt{5}=\sqrt{2^2\times5}=\sqrt{4\times5}=\sqrt{20}$

❷ $\dfrac{\sqrt{3}}{4}=\sqrt{\dfrac{3}{4^2}}=\sqrt{\dfrac{3}{16}}$

(2)❶ $\sqrt{24}=\sqrt{4\times6}=\sqrt{2^2\times6}=2\sqrt{6}$

❷ $\sqrt{\dfrac{7}{64}}=\dfrac{\sqrt{7}}{\sqrt{64}}=\dfrac{\sqrt{7}}{8}$

❸ 252を素因数分解すると，$252=2^2\times3^2\times7$

よって，$\sqrt{252}=\sqrt{2^2\times3^2\times7}=2\times3\times\sqrt{7}=6\sqrt{7}$

(3)❶ $\sqrt{54}\times\sqrt{18}=3\sqrt{6}\times3\sqrt{2}$

$=3\times3\times\sqrt{6}\times\sqrt{2}=9\times\sqrt{3}\times\sqrt{2}\times\sqrt{2}$

$=9\times(\sqrt{2})^2\times\sqrt{3}=9\times2\times\sqrt{3}=18\sqrt{3}$

❷ $3\sqrt{2}\times\sqrt{8}=3\sqrt{16}=3\times4=12$

❸ $4\sqrt{6}\div\sqrt{2}=\dfrac{4\sqrt{6}}{\sqrt{2}}=4\sqrt{\dfrac{6}{2}}=4\sqrt{3}$

注意！ $a\sqrt{b}\to\sqrt{a^2b}$

(1)❷ $\dfrac{\sqrt{3}}{4}=\sqrt{\dfrac{3}{4}}$ としないように。分母の4は$\sqrt{}$の外の数なので，中へ入れるときは2乗してから入れる。

くわしく

くふうして計算しよう

$\sqrt{}$の中の数を小さい数にしてから計算するとよい。

(3)❶ $\sqrt{54}\times\sqrt{18}=\sqrt{54\times18}=\sqrt{972}$ とすると，$a\sqrt{b}$ の形にするのが大変である。

類題 77 別冊解答 p.29

次の問いに答えなさい。

(1) 次の数を変形して，$\sqrt{}$ の中をできるだけ簡単な数にしなさい。

❶ $\sqrt{135}$　　❷ $\sqrt{\dfrac{75}{121}}$　　❸ $\sqrt{864}$

(2) 次の計算をしなさい。

❶ $\sqrt{45}\times\sqrt{35}$　　❷ $\dfrac{\sqrt{12}}{3}\times\dfrac{\sqrt{45}}{2}$　　❸ $\sqrt{150}\div3\sqrt{2}$

❹ $\sqrt{2}\times\sqrt{3}\times\sqrt{4}\times\sqrt{5}\times\sqrt{6}\times\sqrt{7}\times\sqrt{8}\times\sqrt{9}\times\sqrt{10}$ 〔洛南高〕

★★★

p.116 2

例題 78 分母の有理化

次の数の分母を有理化しなさい。

(1) $\dfrac{3}{\sqrt{5}}$ 〔大阪〕 (2) $\dfrac{4}{\sqrt{2}}$ 〔佐賀〕 (3) $\dfrac{\sqrt{3}}{\sqrt{8}}$ 〔沖縄〕

(4) $\dfrac{10}{\sqrt{10}}$ (5) $-\dfrac{7\sqrt{5}}{\sqrt{63}}$

分母の$\sqrt{}$と同じ数を分母と分子にかけて，分母に$\sqrt{}$をふくまない式にしよう。

解き方と答え

(1) $\dfrac{3}{\sqrt{5}}=\dfrac{3\times\sqrt{5}}{\sqrt{5}\times\sqrt{5}}=\dfrac{3\sqrt{5}}{5}$

↑必ず分母・分子に同じ数をかける

(2) $\dfrac{4}{\sqrt{2}}=\dfrac{4\times\sqrt{2}}{\sqrt{2}\times\sqrt{2}}=\dfrac{\overset{2}{\cancel{4}}\sqrt{2}}{\underset{1}{\cancel{2}}}=2\sqrt{2}$

(3) $\dfrac{\sqrt{3}}{\sqrt{8}}=\dfrac{\sqrt{3}}{2\sqrt{2}}=\dfrac{\sqrt{3}\times\sqrt{2}}{2\sqrt{2}\times\sqrt{2}}=\dfrac{\sqrt{6}}{2\times2}=\dfrac{\sqrt{6}}{4}$

↑先に$\sqrt{}$の中をできるだけ小さくする

(4) $\dfrac{10}{\sqrt{10}}=\dfrac{10\times\sqrt{10}}{\sqrt{10}\times\sqrt{10}}=\dfrac{\overset{1}{\cancel{10}}\sqrt{10}}{\underset{1}{\cancel{10}}}=\sqrt{10}$

(5) $-\dfrac{7\sqrt{5}}{\sqrt{63}}=-\dfrac{7\sqrt{5}}{3\sqrt{7}}=-\dfrac{7\sqrt{5}\times\sqrt{7}}{3\sqrt{7}\times\sqrt{7}}=-\dfrac{\overset{1}{\cancel{7}}\times\sqrt{35}}{3\times\underset{1}{\cancel{7}}}$

↑先に$\sqrt{}$の中をできるだけ小さくする

$=-\dfrac{\sqrt{35}}{3}$

くわしく

分母を有理化する理由

$\sqrt{2}=1.414$とするとき，

$\dfrac{1}{\sqrt{2}}=\dfrac{1}{1.414}=0.7072\cdots$

と計算が大変だが，有理化すると，$\dfrac{\sqrt{2}}{2}=\dfrac{1.414}{2}$

$=0.707$

と簡単にできる。

注意！ 必ず分母・分子にかける

分母の有理化をするとき，分母だけに数をかけないこと。分母の有理化は，分母と分子に同じ数をかけても，もとの大きさと同じであることを利用している。

例 (1) $\dfrac{3}{\sqrt{5}}=\dfrac{3}{\sqrt{5}\times\sqrt{5}}=\dfrac{3}{5}$

はまちがい。

類題 78

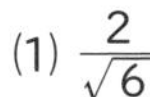

別冊解答 p.29

次の数の分母を有理化しなさい。

(1) $\dfrac{2}{\sqrt{6}}$ 〔鳥取〕 (2) $\dfrac{\sqrt{7}}{\sqrt{18}}$

(3) $-\dfrac{\sqrt{75}}{\sqrt{72}}$ (4) $\dfrac{6\sqrt{5}}{\sqrt{48}}$

★★★ p.116 2

例題 79 乗除の混じった計算

次の計算をしなさい。答えは，分母を有理化しておくこと。

(1) $\sqrt{18}\times\sqrt{8}\div\sqrt{2}$ 〔宮崎〕 (2) $\sqrt{40}\div\sqrt{21}\times\sqrt{28}$

(3) $\sqrt{15}\div(-5\sqrt{3})\times\dfrac{1}{\sqrt{8}}$ (4) $-\dfrac{\sqrt{5}}{2}\div\dfrac{\sqrt{2}}{16}\div\left(-\dfrac{4}{\sqrt{10}}\right)$

$\sqrt{\ }$ の中の数は数や文字式と同じように約分できる。

解き方と答え

(1) $\sqrt{18}\times\sqrt{8}\div\sqrt{2}=3\sqrt{2}\times2\sqrt{2}\times\dfrac{1}{\sqrt{2}}$ （乗法になおす）

$=\dfrac{6\times\sqrt{2}\times\overset{1}{\cancel{\sqrt{2}}}}{\underset{1}{\cancel{\sqrt{2}}}}=6\sqrt{2}$

(2) $\sqrt{40}\div\sqrt{21}\times\sqrt{28}=2\sqrt{10}\times\dfrac{1}{\sqrt{21}}\times2\sqrt{7}$

$=\dfrac{2\sqrt{10}\times2\overset{1}{\cancel{\sqrt{7}}}}{\sqrt{3}\times\underset{1}{\cancel{\sqrt{7}}}}=\dfrac{4\sqrt{10}}{\sqrt{3}}=\dfrac{4\sqrt{10}\times\sqrt{3}}{\sqrt{3}\times\sqrt{3}}=\dfrac{4\sqrt{30}}{3}$

(3) $\sqrt{15}\div(-5\sqrt{3})\times\dfrac{1}{\sqrt{8}}=\sqrt{15}\times\left(-\dfrac{1}{5\sqrt{3}}\right)\times\dfrac{1}{2\sqrt{2}}$

$=-\dfrac{\overset{1}{\cancel{\sqrt{3}}}\times\sqrt{5}}{5\underset{1}{\cancel{\sqrt{3}}}\times2\sqrt{2}}=-\dfrac{\sqrt{5}}{10\sqrt{2}}$

$=-\dfrac{\sqrt{5}\times\sqrt{2}}{10\sqrt{2}\times\sqrt{2}}=-\dfrac{\sqrt{10}}{20}$

(4) $-\dfrac{\sqrt{5}}{2}\div\dfrac{\sqrt{2}}{16}\div\left(-\dfrac{4}{\sqrt{10}}\right)=-\dfrac{\sqrt{5}}{2}\times\dfrac{16}{\sqrt{2}}\times\left(-\dfrac{\sqrt{10}}{4}\right)$

$=\dfrac{\sqrt{5}\times16\times\sqrt{10}}{2\times\sqrt{2}\times4}=\dfrac{16}{2\times4}\times\sqrt{\dfrac{5\times10}{2}}$

$=2\sqrt{25}=2\times5=10$

別解 1つの $\sqrt{\ }$ にして計算する

(1) $\sqrt{18}\times\sqrt{8}\div\sqrt{2}$

$=\dfrac{\sqrt{18}\times\sqrt{8}}{\sqrt{2}}$

$=\sqrt{\dfrac{\overset{9}{\cancel{18}}\times8}{\underset{1}{\cancel{2}}}}=\sqrt{72}=6\sqrt{2}$

(2) $\sqrt{40}\div\sqrt{21}\times\sqrt{28}$

$=\sqrt{\dfrac{40\times\overset{4}{\cancel{28}}}{\underset{3}{\cancel{21}}}}$

$=\sqrt{\dfrac{160}{3}}=\sqrt{\dfrac{16\times10}{3}}$

$=4\sqrt{\dfrac{10}{3}}=4\sqrt{\dfrac{30}{9}}$

$=\dfrac{4\sqrt{30}}{3}$

注意！ 答えの符号は先に決めておく

平方根の積や商の符号は，数や文字式の乗除のときと同じである。符号は先に決めておくこと。

別冊解答 p.29

次の計算をしなさい。答えは，分母を有理化しておくこと。

(1) $\dfrac{\sqrt{2}}{3}\div\dfrac{\sqrt{3}}{6}$ 〔富山〕 (2) $\sqrt{27}\times\sqrt{32}\div\sqrt{24}$ 〔愛知〕

(3) $\sqrt{54}\times\left(-\dfrac{4}{3\sqrt{3}}\right)\div\dfrac{8}{\sqrt{2}}$ (4) $-\dfrac{\sqrt{7}}{8}\div\dfrac{3}{\sqrt{24}}\div\left(-\dfrac{\sqrt{21}}{6}\right)$

★★★

p.116 3

例題 80 平方根の近似値

次の問いに答えなさい。

(1) $\sqrt{2}=1.414$，$\sqrt{3}=1.732$ として，次の値を求めなさい。

❶ $\sqrt{12}$　❷ $\sqrt{98}$　❸ $\dfrac{\sqrt{108}}{\sqrt{6}}$

(2) $\sqrt{5}=2.236$，$\sqrt{50}=7.071$ として，次の値を求めなさい。

❶ $\sqrt{500}$　❷ $\sqrt{5000}$　❸ $\sqrt{0.5}$

❹ $\sqrt{0.05}$　❺ $\sqrt{0.005}$

解き方のコツ　(1) **与えられた数を$\sqrt{2}$や$\sqrt{3}$を使った数に変形しよう。**

解き方と答え

(1)❶ $\sqrt{12}=2\sqrt{3}=2\times1.732=3.464$

❷ $\sqrt{98}=7\sqrt{2}=7\times1.414=9.898$

❸ $\dfrac{\sqrt{108}}{\sqrt{6}}=\sqrt{\dfrac{108}{6}}=\sqrt{18}=3\sqrt{2}=3\times1.414=4.242$

(2)❶ $\sqrt{500}=\sqrt{5\times100}=\sqrt{5}\times10=22.36$

❷ $\sqrt{5000}=\sqrt{50\times100}=\sqrt{50}\times10=70.71$

❸ $\sqrt{0.5}=\sqrt{\dfrac{50}{100}}=\dfrac{\sqrt{50}}{10}=0.7071$

❹ $\sqrt{0.05}=\sqrt{\dfrac{5}{100}}=\dfrac{\sqrt{5}}{10}=0.2236$

❺ $\sqrt{0.005}=\sqrt{\dfrac{50}{10000}}=\dfrac{\sqrt{50}}{100}=0.07071$

別解

小数点の移動で考える

(2)$\sqrt{}$の中の数の小数点の位置が2けたずれるごとに，その数の平方根の小数点の位置は，同じ向きに1けたずつずれる。

・$\sqrt{5}=2.236$ と比べると，

❶ $\sqrt{500}=22.36$（2けた，1けた）

❹ $\sqrt{0.05}=0.2236$（2けた，1けた）

・$\sqrt{50}=7.071$ と比べると，

❷ $\sqrt{5000}=70.71$（2けた，1けた）

❸ $\sqrt{0.5}=\sqrt{0.50}=0.7071$（2けた，1けた）

❺ $\sqrt{0.005}=\sqrt{0.0050}=0.07071$（4けた，2けた）

類題 80

別冊解答 p.29

次の問いに答えなさい。

(1) $\sqrt{6}=2.449$ として，次の値を求めなさい。

❶ $\sqrt{24}$　❷ $\sqrt{96}$　❸ $\dfrac{6}{5\sqrt{6}}$

(2) $\sqrt{7}=2.646$，$\sqrt{70}=8.367$ として，次の値を求めなさい。

❶ $\sqrt{7000}$　❷ $\sqrt{7000000}$

❸ $\sqrt{0.007}$　❹ $\sqrt{0.000007}$

★★★ ⮌ p.116 3

例題 81 近似値と有効数字

次の問いに答えなさい。

(1) ある数aの小数第2位を四捨五入すると，3.7になった。このとき，aの値の範囲(はんい)を不等号を使って表しなさい。〔鹿児島〕

(2) ある距離(きょり)の測定値1700mの有効数字が1，7，0のとき，この測定値を，整数部分が1けたの数×10の累乗(るいじょう) の形に表しなさい。

(3) ある物体の重さを測定した値を四捨五入して，4.27×10^3gを得た。この値は何gの位まで測定したものですか。また，誤差の絶対値は何g以下になりますか。

(1)(3) ある位までの近似値は，その位の1つ下の位の数字を四捨五入した値である。

解き方と答え

(1) 小数第2位を四捨五入して3.7になったから，aの値の範囲は，$3.65 \leqq a < 3.75$

ふくむ　aの範囲　ふくまない
3.65　3.7　3.75

(2) 1700mの有効数字が1，7，0なので，
$1.70\times1000=1.70\times10^3$(m)
↑整数部分が1けたの数

(3) 4.27×10^3の有効数字は4, 2, 7
$4.27\times10^3=4270$(g)なので，
10gの位まで測定した値である。
真の値の範囲は上の図のようになるので，誤差の最大は5g以下。

真の値の範囲
4265　4270　4275

用語 近似値と誤差

- 近似値…測定値や四捨五入で得られた値のように，真の値に近い値のこと。
- 誤差＝近似値－真の値

注意！

有効数字の0に注意

(2)1.7×10^3(m)としてはいけない。これでは有効数字が1と7だけになってしまう。

類題 81

p.29

次の問いに答えなさい。

(1) ある数aの小数第3位を四捨五入すると，1.60になった。このとき，aの値の範囲を不等号を使って表しなさい。また，誤差は最大でいくらと考えられますか。

(2) ある重さの測定値0.2346gの有効数字が3けたのとき，この測定値を整数部分が1けたの数×10の累乗分の1 の形に表しなさい。

19 根号をふくむ式の計算

p.123 ～ 126

❶ 根号をふくむ式の加法・減法の計算と四則計算ができるようにしよう。
❷ 乗法公式を利用して，根号をふくむ式の計算ができるようにしよう。
❸ 計算は，簡単にできる方法を考えて，くふうしてできるようにしよう。

要点整理

1 根号をふくむ式の加減

➡例題 82

▶ $3\sqrt{2}+4\sqrt{2}$ のように$\sqrt{\ }$の部分が同じときは，$3a+4a=7a$ と同じように考えて，**$3\sqrt{2}+4\sqrt{2}=7\sqrt{2}$ とまとめることができる。**

例　$3\sqrt{3}+2\sqrt{2}-\sqrt{3}+5\sqrt{2}=3\sqrt{3}-\sqrt{3}+2\sqrt{2}+5\sqrt{2}=2\sqrt{3}+7\sqrt{2}$

▶ $\sqrt{27}-\sqrt{48}$ のように$\sqrt{\ }$の部分がちがうときは，それぞれの項の$\sqrt{\ }$の中の数を**できるだけ簡単になるように変形する**と，加減の計算ができるものがある。

例　$\sqrt{27}-\sqrt{48}=\sqrt{3^2\times3}-\sqrt{4^2\times3}=3\sqrt{3}-4\sqrt{3}=-\sqrt{3}$

▶ 分母に根号をふくむ式の計算は，**分母を有理化**してから計算する。

例　$2\sqrt{5}+\dfrac{3}{\sqrt{5}}=2\sqrt{5}+\dfrac{3\times\sqrt{5}}{\sqrt{5}\times\sqrt{5}}=2\sqrt{5}+\dfrac{3\sqrt{5}}{5}=\dfrac{13\sqrt{5}}{5}$

2 根号をふくむ式の四則計算

➡例題 83

▶ 根号をふくむ数の四則計算も数や文字の計算と同じように，**かっこの中→乗除→加減**の順に計算できる。

例　$4\sqrt{7}-\sqrt{21}\times\sqrt{3}=4\sqrt{7}-(\sqrt{7}\times\sqrt{3})\times\sqrt{3}=4\sqrt{7}-3\sqrt{7}=\sqrt{7}$

▶ 根号をふくむ式も**分配法則**を使って文字式と同じように計算できる。

例　$\sqrt{3}(\sqrt{6}-2)=\sqrt{3}\overset{①}{\times}\sqrt{6}-\sqrt{3}\overset{②}{\times}2=\sqrt{3}\times(\sqrt{3}\times\sqrt{2})-2\sqrt{3}=3\sqrt{2}-2\sqrt{3}$

3 乗法公式の利用

➡例題 84

▶ 根号をふくむ式も**乗法公式**を使って，文字式と同じように計算できる。

例　$(\sqrt{3}+4)(\sqrt{3}-2)$
$=(\sqrt{3})^2+(4-2)\sqrt{3}+4\times(-2)$
$=3+2\sqrt{3}-8=-5+2\sqrt{3}$

〔乗法公式〕
ア $(x+a)(x+b)=x^2+(a+b)x+ab$
イ $(x\pm a)^2=x^2\pm2ax+a^2$
ウ $(x+a)(x-a)=x^2-a^2$

例　$(\sqrt{2}+\sqrt{5})^2=(\sqrt{2})^2+2\times\sqrt{5}\times\sqrt{2}+(\sqrt{5})^2=2+2\sqrt{10}+5=7+2\sqrt{10}$

例　$(\sqrt{6}+\sqrt{7})(\sqrt{6}-\sqrt{7})=(\sqrt{6})^2-(\sqrt{7})^2=6-7=-1$

★★★ ⮌ p.123 1

例題 82 根号をふくむ式の加減

次の計算をしなさい。

(1) $2\sqrt{3}-4\sqrt{3}+7\sqrt{3}$ 〔山口〕 (2) $3\sqrt{8}-\sqrt{50}+\sqrt{18}$ 〔大分〕

(3) $3\sqrt{5}-\sqrt{80}+\sqrt{20}$ 〔千葉〕 (4) $\sqrt{27}+\sqrt{72}-3\sqrt{12}$

(5) $\dfrac{\sqrt{75}}{3}+\sqrt{\dfrac{16}{3}}$ 〔熊本〕 (6) $\sqrt{54}-4\sqrt{6}+\dfrac{12}{\sqrt{6}}$ 〔大阪〕

根号をふくむ式の和と差は，文字式の同類項と同じようにまとめよう。

解き方と答え

(1) $2\sqrt{3}-4\sqrt{3}+7\sqrt{3}=(2-4+7)\sqrt{3}=5\sqrt{3}$

(2) $3\sqrt{8}-\sqrt{50}+\sqrt{18}=3\times2\sqrt{2}-5\sqrt{2}+3\sqrt{2}$
$=6\sqrt{2}-5\sqrt{2}+3\sqrt{2}=(6-5+3)\sqrt{2}=4\sqrt{2}$

(3) $3\sqrt{5}-\sqrt{80}+\sqrt{20}=3\sqrt{5}-4\sqrt{5}+2\sqrt{5}$
$=(3-4+2)\sqrt{5}=\sqrt{5}$

(4) $\sqrt{27}+\sqrt{72}-3\sqrt{12}=3\sqrt{3}+6\sqrt{2}-3\times2\sqrt{3}$
$=3\sqrt{3}+6\sqrt{2}-6\sqrt{3}=(3-6)\sqrt{3}+6\sqrt{2}$
$=-3\sqrt{3}+6\sqrt{2}$

(5) $\dfrac{\sqrt{75}}{3}+\sqrt{\dfrac{16}{3}}=\dfrac{5\sqrt{3}}{3}+\dfrac{4}{\sqrt{3}}$
$=\dfrac{5\sqrt{3}}{3}+\dfrac{4\times\sqrt{3}}{\sqrt{3}\times\sqrt{3}}$
$=\dfrac{5\sqrt{3}}{3}+\dfrac{4\sqrt{3}}{3}=\dfrac{9\sqrt{3}}{3}=3\sqrt{3}$

(6) $\sqrt{54}-4\sqrt{6}+\dfrac{12}{\sqrt{6}}=3\sqrt{6}-4\sqrt{6}+\dfrac{12\times\sqrt{6}}{\sqrt{6}\times\sqrt{6}}$
$=3\sqrt{6}-4\sqrt{6}+2\sqrt{6}=(3-4+2)\sqrt{6}=\sqrt{6}$

注意！

まちがえやすい計算

㋐ $3\sqrt{8}\neq5\sqrt{2}$（$\sqrt{8}$ は $2\sqrt{2}$）
→正しくは $6\sqrt{2}$

㋑ $\sqrt{2}+\sqrt{3}\neq\sqrt{5}$
→これ以上計算できない

㋒ $5+\sqrt{7}\neq\sqrt{12}$
→これ以上計算できない

㋓ $6\sqrt{5}-\sqrt{5}\neq6$
→正しくは $5\sqrt{5}$

覚えよう

$\sqrt{x}$ を $a\sqrt{b}$ になおす

次の $\sqrt{x}$ から $a\sqrt{b}$ への変形は暗記しておくとよい。

- $\sqrt{8}=2\sqrt{2}$ ・$\sqrt{12}=2\sqrt{3}$
- $\sqrt{18}=3\sqrt{2}$ ・$\sqrt{27}=3\sqrt{3}$
- $\sqrt{32}=4\sqrt{2}$ ・$\sqrt{48}=4\sqrt{3}$
- $\sqrt{50}=5\sqrt{2}$ ・$\sqrt{75}=5\sqrt{3}$
- $\sqrt{20}=2\sqrt{5}$ ・$\sqrt{24}=2\sqrt{6}$
- $\sqrt{45}=3\sqrt{5}$ ・$\sqrt{54}=3\sqrt{6}$
- $\sqrt{80}=4\sqrt{5}$ ・$\sqrt{96}=4\sqrt{6}$

類題 82 ➡ 別冊解答 p.30

次の計算をしなさい。

(1) $\sqrt{8}+\sqrt{18}-6\sqrt{2}$ 〔新潟〕 (2) $\sqrt{27}-\sqrt{75}+2\sqrt{12}$ 〔大分〕

(3) $\sqrt{5}+\sqrt{32}-\dfrac{10}{\sqrt{5}}$ (4) $\sqrt{63}+\dfrac{2}{\sqrt{7}}-\sqrt{28}$ 〔京都〕

(5) $2\sqrt{3}-\dfrac{3}{\sqrt{5}}-\sqrt{48}+\dfrac{8\sqrt{5}}{5}$ 〔大阪教育大附高（池田）〕

(6) $\dfrac{\sqrt{2}}{3\sqrt{8}}-\dfrac{\sqrt{24}}{\sqrt{9}}+\dfrac{\sqrt{4}}{2\sqrt{6}}+\dfrac{2\sqrt{12}}{\sqrt{27}}$ 〔東京工業大附属科学技術高〕

★★★ p.123 2

例題 83 根号をふくむ式の四則計算

次の計算をしなさい。

(1) $\sqrt{30}\div\sqrt{5}-\sqrt{42}\times\sqrt{7}$ 〔京都〕 (2) $\sqrt{6}\left(\sqrt{8}+\dfrac{1}{\sqrt{2}}\right)$ 〔青森〕

(3) $\sqrt{27}-\dfrac{4\sqrt{2}}{\sqrt{6}}+\sqrt{5}\times\sqrt{15}-\sqrt{48}$ 〔花園高(京都)〕

(4) $\dfrac{3+\sqrt{27}}{\sqrt{3}}-\sqrt{8}(\sqrt{32}-\sqrt{6})$ 〔江戸川学園取手高〕

数や文字式の計算と同じように，かっこの中→乗除→加減の順に計算しよう。

解き方と答え

(1) $\sqrt{30}\div\sqrt{5}-\sqrt{42}\times\sqrt{7}=\sqrt{6}-(\sqrt{6}\times\sqrt{7})\times\sqrt{7}$

$\sqrt{\ }$ の中の数を小さく分ける

$=\sqrt{6}-7\sqrt{6}=-6\sqrt{6}$

(2) $\sqrt{6}\left(\sqrt{8}+\dfrac{1}{\sqrt{2}}\right)=\sqrt{48}+\sqrt{\dfrac{6}{2}}=4\sqrt{3}+\sqrt{3}=5\sqrt{3}$

$\sqrt{48}$ ← $\sqrt{16}\times\sqrt{3}$

(3) $\sqrt{27}-\dfrac{4\sqrt{2}}{\sqrt{6}}+\sqrt{5}\times\sqrt{15}-\sqrt{48}$

$\sqrt{15}$ ← $\sqrt{5}\times\sqrt{3}$

$=3\sqrt{3}-\dfrac{4\sqrt{2}\times\sqrt{6}}{\sqrt{6}\times\sqrt{6}}+5\sqrt{3}-4\sqrt{3}=4\sqrt{3}-\dfrac{4\times2\times\sqrt{3}}{6}$

$=4\sqrt{3}-\dfrac{4\sqrt{3}}{3}=\dfrac{8\sqrt{3}}{3}$

(4) $\dfrac{3+\sqrt{27}}{\sqrt{3}}-\sqrt{8}(\sqrt{32}-\sqrt{6})$

$=\dfrac{3+3\sqrt{3}}{\sqrt{3}}-\sqrt{8}(\sqrt{8}\times\sqrt{4}-\sqrt{6})$

$=\dfrac{3(1+\sqrt{3})\times\sqrt{3}}{\sqrt{3}\times\sqrt{3}}-8\times2+\sqrt{48}$

$=\sqrt{3}+3-16+4\sqrt{3}=-13+5\sqrt{3}$

別解

くふうして計算する

(4) $\dfrac{3+\sqrt{27}}{\sqrt{3}}$ を，分母を有理化してもよいが，分子の $3+\sqrt{27}$ の共通因数 $\sqrt{3}$ をくくり出して，$3+\sqrt{27}=\sqrt{3}\times\sqrt{3}+\sqrt{3}\times\sqrt{9}=\sqrt{3}(\sqrt{3}+\sqrt{9})$ としてから，分母の $\sqrt{3}$ と約分すると，簡単に計算できる。

$\dfrac{\sqrt{3}(\sqrt{3}+\sqrt{9})}{\sqrt{3}}$

$-2\sqrt{2}(4\sqrt{2}-\sqrt{6})$

$=\sqrt{3}+3-8\times2+2\sqrt{2}\times\sqrt{2}\times\sqrt{3}$

$=\sqrt{3}+3-16+4\sqrt{3}$

$=-13+5\sqrt{3}$

類題 83 別冊解答 p.30

次の計算をしなさい。

(1) $\sqrt{32}+\sqrt{45}-\sqrt{2}(1+\sqrt{10})$ 〔秋田〕 (2) $\sqrt{8}\times\sqrt{3}-\dfrac{2}{\sqrt{6}}$ 〔高知〕

(3) $\dfrac{18-\sqrt{72}}{\sqrt{6}}+\sqrt{48}-\sqrt{3}(3+\sqrt{18})$ 〔中央大附高〕

(4) $(-\sqrt{3})^5+\sqrt{(-2)^4}\div\dfrac{\sqrt{18}}{6}+\sqrt{75}$ 〔近畿大附高〕

★★★ p.123 3

例題 84 乗法公式の利用

次の計算をしなさい。

(1) $(\sqrt{6}+5)(\sqrt{6}-2)$ 〔東京〕
(2) $(\sqrt{3}+1)^2-2(\sqrt{3}+1)$ 〔愛知〕

(3) $\dfrac{\sqrt{2}-1}{\sqrt{2}+1}$
(4) $\dfrac{\sqrt{5}}{5\sqrt{2}-2\sqrt{5}}-\dfrac{\sqrt{2}}{5\sqrt{2}+2\sqrt{5}}$ 〔お茶の水女子大附高〕

(1)(2) 乗法公式を使って計算しよう。
(3)(4) 分母が$\sqrt{a}+\sqrt{b}$の式を有理化するには，乗法公式$(x+a)(x-a)=x^2-a^2$を利用しよう。

解き方と答え

(1) $(\sqrt{6}+5)(\sqrt{6}-2)$ ← $(x+a)(x+b)$

$=(\sqrt{6})^2+(5-2)\sqrt{6}+5\times(-2)$ ← $x^2+(a+b)x+ab$

$=6+3\sqrt{6}-10=3\sqrt{6}-4$

(2) $(\sqrt{3}+1)^2-2(\sqrt{3}+1)$

$=(3+2\sqrt{3}+1)-2\sqrt{3}-2$

$=4+2\sqrt{3}-2\sqrt{3}-2=2$

(3) $\dfrac{\sqrt{2}-1}{\sqrt{2}+1}=\dfrac{(\sqrt{2}-1)^2}{(\sqrt{2}+1)(\sqrt{2}-1)}$

$=\dfrac{2-2\sqrt{2}+1}{(\sqrt{2})^2-1^2}=\dfrac{3-2\sqrt{2}}{2-1}=3-2\sqrt{2}$

(4) $\dfrac{\sqrt{5}}{5\sqrt{2}-2\sqrt{5}}-\dfrac{\sqrt{2}}{5\sqrt{2}+2\sqrt{5}}$

$=\dfrac{\sqrt{5}(5\sqrt{2}+2\sqrt{5})}{(5\sqrt{2}-2\sqrt{5})(5\sqrt{2}+2\sqrt{5})}-\dfrac{\sqrt{2}(5\sqrt{2}-2\sqrt{5})}{(5\sqrt{2}+2\sqrt{5})(5\sqrt{2}-2\sqrt{5})}$

$=\dfrac{5\sqrt{10}+10-(10-2\sqrt{10})}{(5\sqrt{2})^2-(2\sqrt{5})^2}=\dfrac{7\sqrt{10}}{50-20}=\dfrac{7\sqrt{10}}{30}$

別解

おきかえを使って計算

(2) $\sqrt{3}+1=A$とおくと，

$A^2-2A=A(A-2)$

$=(\sqrt{3}+1)(\sqrt{3}+1-2)$

$=(\sqrt{3}+1)(\sqrt{3}-1)$

$=(\sqrt{3})^2-1^2=3-1=2$

くわしく $\dfrac{1}{\sqrt{a}+\sqrt{b}}$の分母の有理化

乗法公式$(x+a)(x-a)=x^2-a^2$を利用して，

$\dfrac{1}{\sqrt{a}+\sqrt{b}}$

$=\dfrac{\sqrt{a}-\sqrt{b}}{(\sqrt{a}+\sqrt{b})(\sqrt{a}-\sqrt{b})}$

$=\dfrac{\sqrt{a}-\sqrt{b}}{(\sqrt{a})^2-(\sqrt{b})^2}=\dfrac{\sqrt{a}-\sqrt{b}}{a-b}$

分母が$\sqrt{a}-\sqrt{b}$のときには，分母と分子に$\sqrt{a}+\sqrt{b}$をかける。

類題 84  別冊解答  p.30

次の計算をしなさい。

(1) $(\sqrt{6}+\sqrt{3})(\sqrt{8}-2)$ 〔熊本〕
(2) $(\sqrt{5}+2)^2(\sqrt{5}-2)-\dfrac{5+3\sqrt{5}}{\sqrt{5}}$ 〔東京学芸大附高〕

(3) $\sqrt{\dfrac{7}{3}}\times\dfrac{(\sqrt{3}+\sqrt{2})^2}{\sqrt{14}}+\dfrac{\sqrt{6}}{3\sqrt{(-2)^2}}$ 〔都立西高〕
(4) $\dfrac{\sqrt{5}}{\sqrt{5}+\sqrt{3}}-\dfrac{\sqrt{3}}{\sqrt{5}-\sqrt{3}}$

20 平方根の利用

p.127 ～ 130

❶ 式の値をくふうして求められるようにしよう。
❷ 平方根を整数にする数を求められるようにしよう。
❸ 平方根の整数・小数部分を理解し，式の値を求められるようにしよう。

要点整理

1 式の値

➡例題 85

▶ $x=-1+\sqrt{2}$ のように，文字が1つの場合の式の値の求め方

㋐ **式を整理して簡単にしたり，因数分解したりしてから代入**して計算する。

㋑ **文字の値の方を変形**する。

例 $x=-1+\sqrt{2}$ のとき，x^2+3x+2 の値を求めなさい。

㋐の方法… $x^2+3x+2=(x+1)(x+2)=\sqrt{2}(\sqrt{2}+1)=2+\sqrt{2}$

㋑の方法… $x+1=\sqrt{2}$ $(x+1)^2=(\sqrt{2})^2$ $x^2+2x+1=2$ $x^2=-2x+1$

これを式に代入して，$x^2+3x+2=(-2x+1)+3x+2=x+3$

$=(-1+\sqrt{2})+3=2+\sqrt{2}$

▶ $a=2-\sqrt{3}$，$b=2+\sqrt{3}$ のように，文字が2つの場合の式の値は，**$a+b$，ab の値を求めておく**とよい。

2 平方根を整数にする数

➡例題 86

▶ $\sqrt{n}$ が整数になるのは，**n が平方数になる**ときである。

例 $\sqrt{18n}$ が整数になる最小の n の値は，$\sqrt{18n}=3\sqrt{2n}$ より，$n=2$

例 $\sqrt{\dfrac{54}{n}}$ が整数になる自然数 n の値は，

$\sqrt{\dfrac{54}{n}}=\sqrt{\dfrac{3^2\times(2\times3)}{n}}$ より，$n=6$，54

3 整数部分と小数部分

➡例題 87

▶ 例えば，$\sqrt{5}=2.236\cdots$ は，$\sqrt{5}=2+0.236\cdots$ と分けることができる。このとき，2を $\sqrt{5}$ の**整数部分**(せいすうぶぶん)，$0.236\cdots$ を $\sqrt{5}$ の**小数部分**(しょうすうぶぶん)という。

▶ $\sqrt{n}$ の整数部分を a，小数部分を b とすると，次のことが成り立つ。

$\sqrt{n}=a+b\ (a\leqq\sqrt{n}<a+1,\ 0\leqq b<1)$ より，$b=\sqrt{n}-a$

例 $\sqrt{14}$ の整数部分 a と小数部分 b を求めなさい。

解 $9<14<16$ より，$3<\sqrt{14}<4$

よって，$a=3$，$b=\sqrt{14}-3$

★★★ p.127 1

例題 85 式の値

次の式の値を求めなさい。

(1) $x=2+\sqrt{3}$ のとき，x^2-2x-3 の値 〔岡山県立岡山朝日高〕

(2) $x=\sqrt{3}+\sqrt{2}$，$y=\sqrt{3}-\sqrt{2}$ のとき，$\dfrac{y}{x}-\dfrac{x}{y}$ の値 〔埼玉〕

(3) $a=\sqrt{6}+2$，$b=\sqrt{6}-2$ のとき，$a^2+b^2-3a+3b$ の値 〔豊島岡女子学園高〕

(3) $a^2+b^2=(a-b)^2+2ab$ の変形を利用しよう。

解き方と答え

(1) $\underline{x^2-2x-3}=\underline{(x-3)(x+1)}=(2+\sqrt{3}-3)(2+\sqrt{3}+1)$

因数分解

$=(\sqrt{3}-1)(\sqrt{3}+3)=(\sqrt{3})^2+2\sqrt{3}-3$

$=3+2\sqrt{3}-3=2\sqrt{3}$

(2) $\dfrac{y}{x}-\dfrac{x}{y}=\dfrac{y^2}{xy}-\dfrac{x^2}{xy}=\dfrac{y^2-x^2}{xy}=\dfrac{(y+x)(y-x)}{xy}$

ここで，$y+x=(\sqrt{3}-\sqrt{2})+(\sqrt{3}+\sqrt{2})=2\sqrt{3}$，

$y-x=(\sqrt{3}-\sqrt{2})-(\sqrt{3}+\sqrt{2})=-2\sqrt{2}$，

$xy=(\sqrt{3}+\sqrt{2})(\sqrt{3}-\sqrt{2})=3-2=1$ より，

$\dfrac{2\sqrt{3}\times(-2\sqrt{2})}{1}=-4\sqrt{6}$

(3) $a^2+b^2-3a+3b=(a-b)^2+2ab-3(a-b)$

$=(a-b)(a-b-3)+2ab$

ここで，$a-b=4$，

$ab=(\sqrt{6}+2)(\sqrt{6}-2)=(\sqrt{6})^2-2^2=6-4=2$ より，

$4\times(4-3)+2\times2=8$

別解

文字の値を変形する

(1) $x=2+\sqrt{3}$ より，

$x-2=\sqrt{3}$

両辺を２乗して，

$(x-2)^2=(\sqrt{3})^2$

$x^2-4x+4=3$

$x^2=4x-1$

これを式に代入して，

x^2-2x-3

$=(4x-1)-2x-3$

$=2x-4=2(2+\sqrt{3})-4$

$=4+2\sqrt{3}-4=2\sqrt{3}$

覚えよう 平方の和

・$a^2+b^2=(a+b)^2-2ab$

・$a^2+b^2=(a-b)^2+2ab$

Return 対称式…

p.93の 用語

次の式の値を求めなさい。

(1) $x=\sqrt{3}-1$ のとき，x^2-4x+4 の値 〔法政大第二高〕

(2) $x=3-2\sqrt{5}$ のとき，x^2-6x-3 の値 〔大阪〕

(3) $x=1+2\sqrt{3}$，$y=-1+\sqrt{3}$ のとき，$x^2-xy-2y^2$ の値 〔都立立川高〕

(4) $a=\dfrac{1+\sqrt{2}}{2}$，$b=\dfrac{1-\sqrt{2}}{2}$ のとき，$3(ab-1)+(a+2)(b+2)$ の値 〔久留米大附高〕

別冊解答 p.30

★★★

⮌ p.127 2

例題 86 平方根を整数にする数

次の問いに答えなさい。

(1) $\sqrt{135n}$ が整数となる自然数 n のうち，最小のものを求めなさい。〔同志社高〕

(2) $\sqrt{\dfrac{180}{n}}$ が整数となるような自然数 n の値をすべて求めなさい。〔奈良〕

(3) $\sqrt{51-7a}$ が自然数となるような自然数 a のうち，最も小さい数を求めなさい。〔香川〕

$\sqrt{a}$ が整数になるのは，a が平方数のときである。

解き方と答え

(1) 135を素因数分解すると，$135=3^3\times5$

$\sqrt{135n}=\sqrt{3^2\times3\times5\times n}=3\sqrt{15n}$

よって，$n=15$

(2) 180を素因数分解すると，$180=2^2\times3^2\times5$

$\sqrt{\dfrac{180}{n}}=\sqrt{\dfrac{2^2\times3^2\times5}{n}}$ より，

$n=5,\ 5\times2^2,\ 5\times3^2,\ 5\times2^2\times3^2$

よって，$n=5,\ 20,\ 45,\ 180$

(3) $51-7a>0$ より，$a=1,\ 2,\ 3,\ 4,\ 5,\ 6,\ 7$

このときの $51-7a$ の値を表にすると下のようになる。

a	1	2	3	4	5	6	7
$51-7a$	44	37	30	23	16	9	2

上の表から，$51-7a$ が平方数になるのは，$a=5,\ 6$

よって，最も小さい a の値は $a=5$

Return

平方数…p.102の例題65

くわしく

平方根を整数にする数

$\sqrt{a}$ が整数になるのは，a を素因数分解したとき，すべての素因数の累乗の指数が偶数になるときである。

例 $\sqrt{144}=\sqrt{2^4\times3^2}$
$=\sqrt{(2^2\times3)^2}$
$=\sqrt{12^2}$
$=12$

別冊解答 p.31

次の問いに答えなさい。

(1) $\sqrt{\dfrac{504}{n}}$ が整数となるような正の整数 n は何個あるか求めなさい。〔明治大付属中野高〕

(2) $\dfrac{\sqrt{72n}}{7}$ が自然数となるような整数 n のうち，最も小さい値を求めなさい。〔秋田〕

(3) $4<\sqrt{x}<5$ を満たし，$\sqrt{5x}$ を整数にする整数 x の値を求めなさい。〔巣鴨高〕

★★★

p.127 3

例題 87 整数部分と小数部分

次の式の値を求めなさい。

(1) $2\sqrt{3}$ の小数部分を x とするとき，x^2+3x の値　〔桐朋高〕

(2) $\sqrt{3}+2$ の整数部分を a，小数部分を b とするとき，$b^2+\dfrac{2}{3}ab$ の値　〔法政大高〕

(3) $7-\sqrt{6}$ の整数部分を a，小数部分を b とするとき，$a^2+2ab+b^2+3a-4b$ の値

数 A から数 A の整数部分をひいたものが，数 A の小数部分

解き方と答え

(1) $2\sqrt{3}=\sqrt{2^2\times3}=\sqrt{12}$　$9<12<16$ より，$3<\sqrt{12}<4$

よって，$2\sqrt{3}$ の整数部分は3だから，

小数部分は，$x=2\sqrt{3}-3$

$x^2+3x=x(x+3)=(2\sqrt{3}-3)\times2\sqrt{3}=12-6\sqrt{3}$

(2) $1<\sqrt{3}<2$ より，$3<\sqrt{3}+2<4$

よって，$\sqrt{3}+2$ の整数部分は，$a=3$，

小数部分は，$b=\sqrt{3}+2-3=\sqrt{3}-1$

$b^2+\dfrac{2}{3}ab=b\left(b+\dfrac{2}{3}a\right)=(\sqrt{3}-1)(\sqrt{3}-1+2)$

$=(\sqrt{3}-1)(\sqrt{3}+1)=3-1=2$

(3) $2<\sqrt{6}<3$ より，$4<7-\sqrt{6}<5$（4 は $7-3$，5 は $7-2$）

よって，$7-\sqrt{6}$ の整数部分は，$a=4$，

小数部分は，$b=7-\sqrt{6}-4=3-\sqrt{6}$

$a^2+2ab+b^2+3a-4b=(a+b)^2+3a-4b$（$a+b$ はもとの数 $7-\sqrt{6}$ と同じ）

$=(7-\sqrt{6})^2+3\times4-4(3-\sqrt{6})$

$=49-14\sqrt{6}+6+12-12+4\sqrt{6}=55-10\sqrt{6}$

用語

整数部分・小数部分

数 A が，$n\leqq A<n+1$（n は整数）となるとき，n を A の整数部分，$A-n$ を A の小数部分という。

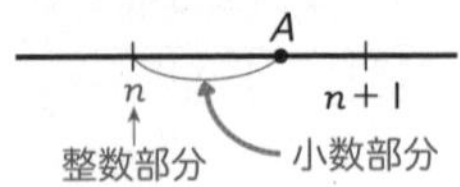

くわしく 不等式の性質

(2) $a<x<b$ のとき，

$a+c<x+c<b+c$

アドバイス

$a-\sqrt{b}$ の整数部分

(3) $7-\sqrt{6}$ の整数部分を5としないこと。

$2<\sqrt{6}<3$ より，$\sqrt{6}=2.5$ として実際に計算してみよう。

別冊解答 p.31

次の式の値を求めなさい。

(1) $2\sqrt{13}$ の小数部分を a とするとき，$a^2+14a+48$ の値　〔市川高（千葉）〕

(2) $3+\sqrt{5}$ の整数部分を a，小数部分を b とするとき，a^2+ab-b^2-9b の値　〔法政大第二高〕

(3) $5-\sqrt{7}$ の小数部分を a とするとき，$a(a-6)$ の値　〔法政大高〕

章末問題 A

→別冊解答 p.31～32

53 次の**ア**～**エ**で正しいものは□である。**ア**～**エ**の記号で答えなさい。〔沖縄〕

例題 71 72

ア 7の平方根は$\sqrt{7}$である。　**イ** $\sqrt{(-3)^2}=3$である。

ウ $\sqrt{25}$は±5に等しい。　**エ** $\sqrt{5}$は4より大きい。

54 右の図で，数直線上の4つの点A，B，C，Dのうち，1つは$3\sqrt{5}$を表している。その点の記号を書きなさい。〔奈良〕

例題 73

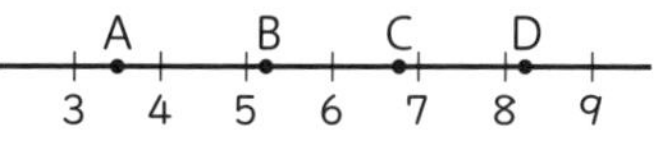

55 次の計算をしなさい。

例題 76～79 82～84

(1) $(-\sqrt{6})\times\sqrt{2}\times\sqrt{48}$　(2) $\sqrt{14}\div(-\sqrt{21})\times\sqrt{18}$

(3) $\sqrt{50}-\sqrt{8}+3\sqrt{18}$ 〔島根〕　(4) $\sqrt{27}-\sqrt{45}+2\sqrt{12}$

(5) $\sqrt{63}+\dfrac{2}{\sqrt{7}}-\sqrt{28}$ 〔京都〕　(6) $(\sqrt{2}+\sqrt{3})^2-\sqrt{8}\times\dfrac{\sqrt{15}}{\sqrt{5}}$ 〔愛媛〕

(7) $(2\sqrt{3}+\sqrt{5})\left(\dfrac{6}{\sqrt{3}}-\sqrt{5}\right)$ 〔愛知〕　(8) $(3\sqrt{3}+\sqrt{2})(3\sqrt{3}-\sqrt{2})-(\sqrt{6}-4)^2$ 〔大阪〕

56 次の問いに答えなさい。

例題 73 75 80

(1) 循環小数$1.\dot{8}\dot{4}$を分数で表しなさい。

(2) $7<\sqrt{m}<6\sqrt{2}$にあてはまる自然数mの個数を求めなさい。〔山口〕

(3) $\sqrt{5}<n<\sqrt{26}$となるような自然数nをすべて求めなさい。

(4) $\sqrt{3}=1.732$，$\sqrt{30}=5.477$として，$\sqrt{300}$，$\sqrt{0.3}$の値を求めなさい。

57 次の式の値を求めなさい。

例題 85

(1) $x=3-\sqrt{7}$のとき，x^2-6x+9の値 〔神奈川〕

(2) $x=\sqrt{5}+\sqrt{2}$，$y=\sqrt{5}-\sqrt{2}$のとき，x^2y-xy^2の値 〔岐阜〕

58 次の問いに答えなさい。

例題 86

(1) $\dfrac{n}{15}$と$\sqrt{3n}$がともに整数となるような最も小さい自然数nの値を求めなさい。〔鹿児島〕

(2) $\sqrt{216n}$が整数となるような最も小さい自然数nの値を求めなさい。

59 $\sqrt{10}$の小数部分をaとするとき，$a(a+6)$の値を求めなさい。〔奈良〕

例題 87

章末問題 B

→別冊解答 p.32～33

60 次の計算をしなさい。

例題 78 82～84

(1) $(\sqrt{3}-1)^2+\sqrt{48}-\dfrac{9}{\sqrt{3}}$ 〔長崎〕

(2) $\dfrac{(\sqrt{2}-1)(\sqrt{3}+\sqrt{6})}{\sqrt{3}}-\dfrac{(\sqrt{3}+1)^2}{4}$ 〔大阪〕

(3) $\dfrac{1+\sqrt{3}}{\sqrt{2}}-\dfrac{1-\sqrt{2}}{\sqrt{3}}+\dfrac{\sqrt{2}-\sqrt{3}}{\sqrt{6}}$ 〔大阪教育大附高(池田)〕

(4) $\dfrac{2(\sqrt{2}-\sqrt{7})(\sqrt{2}+\sqrt{7})}{\sqrt{5}}-\dfrac{(\sqrt{5}-\sqrt{3})^2}{\sqrt{3}}$ 〔法政大国際高〕

(5) $\dfrac{5\sqrt{6}}{2\sqrt{(-3)^2}}-\sqrt{\dfrac{5}{3}}\times\dfrac{(\sqrt{2}-\sqrt{3})^2}{\sqrt{10}}$ 〔福岡大附属大濠高〕

(6) $\left(\dfrac{\sqrt{15}}{9}-\dfrac{1}{\sqrt{27}}\right)\left(\dfrac{1+\sqrt{5}}{2}\right)^2-\dfrac{1}{18}(\sqrt{3}+\sqrt{5})^2$ 〔成城高〕

61 次の式の値を求めなさい。

例題 85

(1) $a=2\sqrt{3}+1$，$b=\sqrt{3}-3$ のとき，$(a-b)^2-8(a-b)$ の値 〔大阪〕

(2) $x=\sqrt{3}+\sqrt{2}$，$y=\dfrac{\sqrt{3}-\sqrt{2}}{2}$ のとき，$(x+y)^2-y(2x+5y)$ の値 〔筑波大附高〕

(3) $x=\dfrac{\sqrt{3}-1}{2}$ のとき，$(4x+3)(3x+4)-(3x+2)(2x+3)-(2x-1)(x-2)$ の値 〔大阪教育大附高(平野)〕

62 次の問いに答えなさい。

例題 86

(1) n を 1 以上の整数とする。$\sqrt{\dfrac{240}{n+3}}$ の値が整数となるとき，最も小さい n の値を求めなさい。 〔都立新宿高〕

(2) $\sqrt{\dfrac{84-3n}{2}}$ が自然数となるような自然数 n をすべて求めなさい。 〔青雲高〕

(3) $\sqrt{2018-2n}$ が整数となるような自然数 n の個数を求めなさい。〔都立立川高〕

63 次の式の値を求めなさい。

例題 87

(1) $\sqrt{5}+2$ の小数部分を x とするとき，$2x^2+8x+3$ の値 〔城北高(東京)〕

(2) $2\sqrt{6}$ の整数部分を a，小数部分を b とする。b の値と，$\dfrac{-2a-3b+2}{2b+a}$ の値 〔慶應義塾高〕

64 $\sqrt{3}x\left(\dfrac{5}{6}x+\sqrt{2}y\right)-\dfrac{1}{\sqrt{3}}\left(\sqrt{2}xy-\dfrac{1}{2}x^2\right)$ を計算しなさい。 〔東邦大付属東邦高〕

例題 78 83

章末問題 C

→別冊解答 p.34～36

65 次の計算をしなさい。

例題 78 82～84

(1) $(\sqrt{12}+\sqrt{8})\times(\sqrt{3}-\sqrt{2})\times\dfrac{1}{\sqrt{20}+\sqrt{8}}\times\dfrac{1}{\sqrt{5}-\sqrt{2}}$ 〔関西学院高〕

(2) $\{(\sqrt{3}+2)^2+(\sqrt{3}-2)^2\}^2-\{(\sqrt{3}+2)^2-(\sqrt{3}-2)^2\}^2$ 〔洛南高〕

(3) $\dfrac{(5\sqrt{2}+4\sqrt{3})^8}{(3\sqrt{2}-2\sqrt{3})^4}\times\dfrac{(5\sqrt{2}-4\sqrt{3})^8}{(3\sqrt{2}+2\sqrt{3})^4}$ 〔ラ・サール高〕

(4) $\left(\dfrac{\sqrt{7}+\sqrt{6}}{\sqrt{2}}\right)^2-(\sqrt{7}+\sqrt{6})(\sqrt{7}-\sqrt{6})+\left(\dfrac{\sqrt{7}-\sqrt{6}}{\sqrt{2}}\right)^2$ 〔立命館高〕

66 次の式の値を求めなさい。

例題 85

(1) $x=\dfrac{-1+\sqrt{5}}{2}$ のとき，$4x^3+4x^2-2x-1$ の値 〔西大和学園高〕

(2) $x=1+\dfrac{1}{\sqrt{2}}$，$y=1-\dfrac{1}{\sqrt{2}}$ のとき，$4x^2y^2-x^2-y^2+4xy-2x+2y$ の値 〔東大寺学園高〕

(3) $x+y=\sqrt{11}$，$x-y=\sqrt{3}$ のとき，x^5y^5 の値 〔筑波大附高〕

67 次の問いに答えなさい。

例題 84

(1) $(x+\sqrt{2}+\sqrt{3})(x-\sqrt{2}+\sqrt{3})(x+\sqrt{2}-\sqrt{3})(x-\sqrt{2}-\sqrt{3})$ を展開しなさい。 〔開成高〕

(2) $\dfrac{1}{\sqrt{2}-\sqrt{3}+1}-\dfrac{\sqrt{2}}{\sqrt{3}+\sqrt{6}-3}+\dfrac{1}{\sqrt{2}+\sqrt{3}+1}+\dfrac{\sqrt{2}}{\sqrt{3}+\sqrt{6}+3}$ を計算しなさい。 〔渋谷教育学園幕張高〕

(3) $(x+y+z)(x^2+y^2+z^2-xy-yz-zx)$ を展開して整理すると□であるから，$(1+\sqrt{2}+\sqrt{3})^3+(1-\sqrt{2}+\sqrt{3})^3+(-2-2\sqrt{3})^3=$□である。□にあてはまる数や式を求めなさい。 〔灘高〕

68 次の問いに答えなさい。

例題 87

(1) $5-\sqrt{5}$ の整数部分を a，小数部分を b とするとき，$\dfrac{1}{a-b}+\dfrac{1}{b-2}$ の値を求めなさい。 〔渋谷教育学園幕張高一改〕

チャレンジ
(2) $-\sqrt{(1-0.02)\div(-0.1)\times\left(-\dfrac{5}{7}\right)^3}$ の値の小数部分を答えなさい。 〔お茶の水女子大附高〕

チャレンジ
69 a，b を整数とする。$\sqrt{2}(a+b+1)=a-b-5$ を満たすとき，a，b の値を求めなさい。 〔巣鴨高〕

例題 74

Break Time

数100の魅力 ～小町算で遊ぼう！～

➡別冊解答 p.36

100点，100%，…みんなは100と聞いて何を思い浮(う)かべるかな？今回，この100という数を，連続する整数(例えば15，16，17など)で表してみよう。

例えば，$100=9+10+11+12+13+14+15+16$ や $100=18+19+20+21+22$ などがある。

今度は1，2，3，4を，この順番のまま使うと，

$100=(1+2+3+4)^2=1^3+2^3+3^3+4^3=1^2\times2^2\times(3^2+4^2)$ などができ，同じように1から9までの連続する整数を使うと，

$100=1\times2\times(3+4)\times5+6+7+8+9$…㋐　$100=123-45-67+89$…㋑などいろいろ表せる。

㋐，㋑の式のように，**1から9の順に並べたものを，+，−，×，÷，(　)などの記号を使って100をつくる**ことを**小町算**という。小町とは，和歌で有名な小野小町のことで，小野小町のように美しい数式という意味からきている。(諸説あり。)

では，さっそく次の2問を考えてみよう！

(1) $1+2+3+4+5+6\square7\square8\square9=100$

(2) $123\square45\square67\square8-9=100$

もっと複雑なものにも挑戦(ちょうせん)してみよう！

㋐ 小数($0.3+0.7=1$，$0.4+0.6=1$)を使う

・$12.3+4+5+6.7+8\times9=100$　(3) $12\square(3.4+5.6)-7\square8\square9=100$

㋑ $\sqrt{\ }$，累乗(るいじょう)を使う

・$12+3+\sqrt{4}+5+67+8+\sqrt{9}=100$　(4) $1^2+3^4\square(5+6+7)\square(-8\square9)=100$

㋒ 因数分解($100=2\times50=4\times25=5\times20=10\times10=2\times5\times10$)を使う

・2×50型…$(1-2+3)\times(4\times5+6+7+8+9)=100$

(5) $(1-2+3)\times(4+5\boxed{\qquad\qquad})=100$

・4×25型…$(-1+2+3)\times(4+5+6-7+8+9)=100$

(6) $(1+2-3+4)\times(\boxed{\qquad\qquad})=100$

・5×20型…$(1\times2+3)\times(4\times5-6+7+8-9)=100$

(7) $(12-3-4)\times(\boxed{\qquad\qquad})=100$

・10×10型…$(1+2+3+4)\times(56\div7\div8+9)=100$

・2×5×10型…$(1\times2)\times(-3\times\sqrt{4}+5+6)\times(-7+8+9)=100$

まだまだあるよ！

・$12\div\sqrt{3.4+5.6}+7+89=100$　・$(\sqrt{12}\times\sqrt{3}\times4-5+6)\times(-7+8+\sqrt{9})=100$

・$(1+23-4)\times\{(5+6)\times7-8\times9\}=100$　・$-12\times3\div4-5+6\times7+8\times9=100$

(8) $-1+2\square\sqrt{3.4+5.6}\square7\square89=100$　(9) $\sqrt{12\times3\div4}\square56\square7\square89=100$

(10) $(\sqrt{12}\square\sqrt{3}\square4)\times\{\sqrt{56}\div(\sqrt{7}\times\sqrt{8})\square9\}=100$　(11) $1+234\square56\square7-8\square9=100$

どうだったかな？たくさんあることがわかったね。まだまだあるので，みんなもつくってみよう！

第2編　方程式

02

ここからスタート！

第2編　方程式

START!

次は方程式だ！ $x-3=4$ や $x^2-3x+2=0$ のように，＝で結ばれた等式の中に文字が使われているものを方程式といって，等式の性質を使って x にあてはまる数を求めていくんだ。さらに，求めたいものを文字でおいて方程式をつくることで，身近にあるいろいろな問題も解けるようになるよ！

方程式 ～宿題は計画的に～

やっと夏休み！って思ったのに宿題がいっぱいで嫌(いや)になっちゃう…。

ほんとだよ！休みたいのにー。

でも，毎日同じページ数をすると決めて進めるようにすればそうでもないわよ。

えーっと，全教科合わせて120ページ分くらいあって，休みは40日くらいだから1日3ページずつすればいいってことですか？

それじゃ，休みがまったくないじゃないか！

じゃあ，無理のないページ数で休みもしっかりとれるように，1日の目標ページ数を求めてみましょう。5ページずつ進めるとすれば，何日休めるかしら？

えーっと，40－120÷5で16日は休めるよ！

1日のページ数を決めてからじゃないと休みの日数って決められないんですか？

そんなことないわ。方程式を利用すれば，休みの日数を決めてから1日にする量を決めることもできるわよ。1日に x ページするとして文字式をつくると，$40-120\div x=$ 休みの日数 ね！ 10日休みたいとすると，$40-120\div x=10$ っていう式ができるから，この x に入る数を求めればいいのよ。

なるほど！じゃあ30日を休みにして…。

ぼくは35日にしよっと！

……最後の日にあわてているのが目に浮(う)かぶわ。

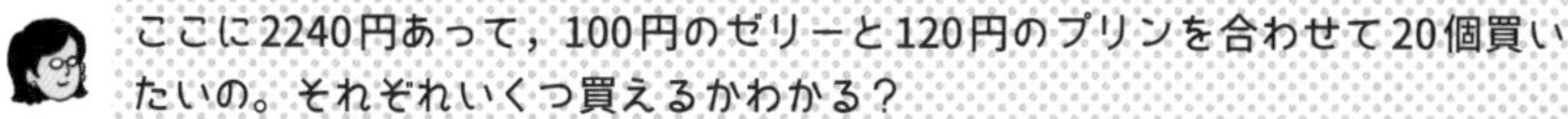

連立方程式 ～求めたいものが2つあるときは？～

ここに2240円あって，100円のゼリーと120円のプリンを合わせて20個買いたいの。それぞれいくつ買えるかわかる？

えーと，全部ゼリーだったら2000円だから，240円分をプリンにすればいいのよね？

ゼリー(個)	20	19	18	…	□
プリン(個)	0	1	2	…	□
代金(円)	2000	2020	2040	…	2240

ってことはゼリーとプリン1個の差額が20円だから，240÷20＝12。これがプリンの個数だ！

ということは，ゼリーは8個だね！

正解！2人ともすごいじゃない！この問題，実は方程式を使って解くこともできるのよ。

わかりました，やってみます！えっと，買った個数をxとすると，ゼリーは$100x$円で，プリンは$120x$円だから，全部で$220x$円になって……。

ちょっと待って！それじゃ，ゼリーもプリンも同じ個数買うことになっちゃうよ！

そっか，しかもこの式を計算してもxが整数にならないからおかしいわ。

2人ともいいところに気づいたわね！今回は買った個数が違う(ちが)から，2種類の文字を使わないといけないの。しかも，お店で買うものだから絶対に個数は自然数でなくてはいけないわ。

なるほど，じゃあ今回はゼリーx個，プリンy個として式をつくるんですね！…あれ？これじゃ代金と個数の2つの式ができるけど，どっちを使えばいいんだろう？

鋭い(するど)わね！この方程式では，両方使うの。2種類の文字を使うときは必ず2つの式が必要になるのよ。代金と個数の式を2つともつくって求めてみて！

ところで，先生？そんなにたくさんデザートを買ってどうするんですか？

先生，最近ちょっと太っ……いえ，何でもないです…。

よく聞こえなかったわ…。もう一度言ってごらんなさい！

1 1次方程式の解き方

p.138 ～ 141

❶ 方程式と方程式の解の意味を理解しよう。
❷ 等式の性質を理解し，覚えよう。
❸ 移項(いこう)を用いて，1次方程式を解けるようにしよう。

要点整理

1 方程式とその解

➡例題 1

▶式の中の文字に特定の値を代入すると成り立つ式を**方程式**(ほうていしき)といい，成り立たせる特定の値を，その方程式の**解**(かい)という。

例 $3x+5=11$ に $x=2$ を代入すると，$3\times2+5=11$，つまり 左辺＝右辺 となるから，$x=2$ はこの方程式の解である。

▶方程式の解を求めることを，**方程式を解**(と)**く**という。

2 等式の性質

➡例題 2

▶等式には次のような性質がある。

㋐ 等式の両辺に**同じ数や式を加えても**，等式は成り立つ。
㋑ 等式の両辺から**同じ数や式をひいても**，等式は成り立つ。
㋒ 等式の両辺に**同じ数をかけても**，等式は成り立つ。
㋓ 等式の両辺を**同じ数でわっても**，等式は成り立つ。

$A=B$ ならば，
㋐ $A+C=B+C$
㋑ $A-C=B-C$
㋒ $AC=BC$
㋓ $\dfrac{A}{C}=\dfrac{B}{C}\,(C\neq0)$

▶等式の性質を使って，方程式を解くことができる。

例 $x-6=-3$　両辺に6を加えると，$x-6+6=-3+6$
$x=3$

3 1次方程式の解き方

➡例題 3

▶等式では，一方の辺の項(こう)を，**符号**(ふごう)**を変えて他方の辺に移す**ことができる。このことを，**移項**(いこう)するという。

例 等式 $a+2b=c$ の項 $2b$ を移項すると，$a=c-2b$

▶1次方程式を解く手順

① **x をふくむ項を左辺**に，**定数項を右辺**に移項する。
② 左辺，右辺をそれぞれ計算して，**$ax=b$** の形にする。
③ 両辺を x の係数 a でわる。

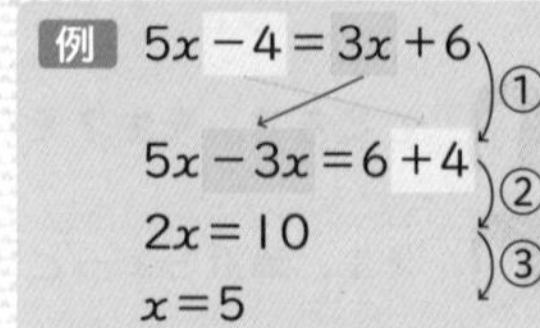

例
$5x-4=3x+6$ ①
$5x-3x=6+4$ ②
$2x=10$ ③
$x=5$

★★★

p.138 1

例題 1 方程式とその解

次の問いに答えなさい。

(1) −1，0，1，2のうち，方程式 $2x-1=x$ の解となるものを求めなさい。

(2) 次の方程式で，解が −2 であるものをすべて選び，記号で答えなさい。

ア $3x+1=-5$　　**イ** $5x+6=3x$

ウ $4x-3=2x-8$　　**エ** $\dfrac{x-1}{3}=\dfrac{5x+4}{6}$

それぞれの数を x に代入して，左辺＝右辺 となるものを探そう。

解き方と答え

(1) x に −1，0，1，2 を代入して調べる。

xの値	左辺	右辺
−1	$2\times(-1)-1=-3$	−1
0	$2\times0-1=-1$	0
1	$2\times1-1=1$	1
2	$2\times2-1=3$	2

よって，$x=1$ を代入したときに左辺＝右辺となるから，解は1

(2) $x=-2$ を**ア**～**エ**の方程式に代入する。

ア 左辺 $=3\times(-2)+1=-5$，右辺 $=-5$

イ 左辺 $=5\times(-2)+6=-4$，右辺 $=3\times(-2)=-6$

ウ 左辺 $=4\times(-2)-3=-11$，右辺 $=2\times(-2)-8=-12$

エ 左辺 $=\dfrac{-2-1}{3}=-1$，右辺 $=\dfrac{5\times(-2)+4}{6}=-1$

よって，解が −2 になるのは，**ア**，**エ**

用語

方程式が成り立つ

x にある値を代入すると，方程式の左辺と右辺の値が等しくなるとき，方程式(ほうていしき)は成り立つ(なりたつ)という。

豆知識 方程式の由来

「方程」という用語は，中国で紀元前100年頃に書かれたといわれている『九章算術』の第8章のタイトルとして出てくる。「方」は“左右”，「程」は“大小の比較(ひかく)”という意味で，「方程」の意味は“左右を比べてまとめる”ということになる。(諸説あり)

類題 1

別冊解答 p.37

次の問いに答えなさい。

(1) −3，−2，−1，0，1のうち，方程式 $x+6=3x+10$ の解となるものを求めなさい。

(2) 次の方程式で，解が −4 であるものをすべて選び，記号で答えなさい。

ア $2x-7=12$　　**イ** $3x+9=x+1$

ウ $\dfrac{1}{2}x+5=x+7$　　**エ** $2(1-x)=x+6$

★★★ p.138 2

例題 2 等式の性質を使った解き方

次の問いに答えなさい。

(1) 等式の性質を使って，次の方程式を解きなさい。

❶ $x-2=5$　　❷ $x+8=4$

❸ $\dfrac{x}{3}=-9$　　❹ $-6x=-18$

(2) 等式の性質を使って，方程式 $5x-3=-11$ を解きなさい。

等式の性質を使って，$x=$ 数 の形にしよう。

解き方と答え

(1)❶ 両辺に2をたすと，

$x\underline{-2+2}=5+2$
（↑0になる）

$x=7$

❷ 両辺から8をひくと，

$x+8-8=4-8$

$x=-4$

❸ 両辺に3をかけると，

$\dfrac{x}{3}\times3=-9\times3$

$x=-27$

❹ 両辺を -6 でわると，

$-6x\div(-6)=-18\div(-6)$

$x=3$

(2) 方程式 $5x-3=-11$ の左辺を x だけにする。

両辺に3をたすと，$5x\underline{-3+3}=-11+3$
（↑0になる）

$5x=-8$

両辺を5でわると，$5x\div5=-8\div5$

$x=-\dfrac{8}{5}$

くわしく 等式の性質を図で表すと？

(1)❶

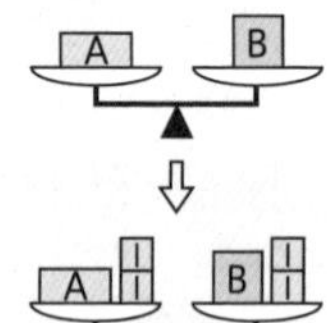

❸

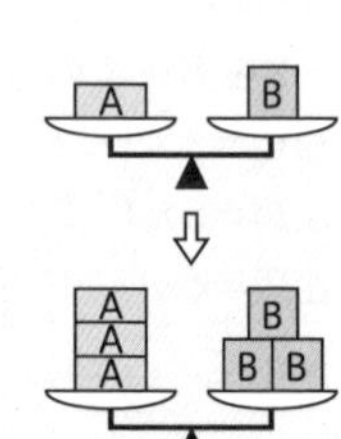

アドバイス 解の確かめ方

解が正しいかどうかを確かめるには，解をもとの方程式に代入すればよい。(2) $x=-\dfrac{8}{5}$ を代入すると，左辺 $=-11$ となり，この解は正しいことが確認できる。

次の問いに答えなさい。

(1) 等式の性質を使って，次の方程式を解きなさい。

❶ $x+6=4$　　❷ $x-12=-3$

❸ $-5x=-20$　　❹ $-\dfrac{x}{7}=8$

(2) 等式の性質を使って，方程式 $4x-8=7$ を解きなさい。

★★★ p.138 3

例題 3 1次方程式の解き方

次の方程式を解きなさい。

(1) $x=3x-10$ 〔岩手〕 (2) $4x-5=x-6$ 〔東京〕

(3) $3x-8=7x+16$ 〔福岡〕 (4) $13-9x=-7+6x$

xをふくむ項（こう）を左辺に，定数項を右辺に移項して，$ax=b$の形にしよう。

解き方と答え

(1) 右辺の$3x$を左辺に移項すると，

$x-3x=-10$

$-2x=-10$

$x=5$

(2) 左辺の-5を右辺に，右辺のxを左辺に移項すると，

$4x-x=-6+5$

$3x=-1$

$x=-\frac{1}{3}$

(3) 左辺の-8を右辺に，右辺の$7x$を左辺に移項すると，

$3x-7x=16+8$

$-4x=24$

$x=-6$

(4) 左辺の13を右辺に，右辺の$6x$を左辺に移項すると，

$-9x-6x=-7-13$

$-15x=-20$

$x=\frac{4}{3}$

用語 1次方程式

方程式$ax+b=0\ (a \fallingdotseq 0)$を$x$についての1次方程式という。

くわしく

等式の性質と移項

方程式$2x-3=5$…①を解く。等式の性質を使うと，両辺に3をたして，

$2x-3+3=5+3$

$2x=5+3$…②

$2x=8$

$x=4$

このとき，①と②の式を比べると，

$2x-3=5$ …①

$2x=5+3$ …②

となり，左辺の-3が符号が変わって右辺に移ったことがわかる。これが移項である。

類題 3

別冊解答 p.37

次の方程式を解きなさい。

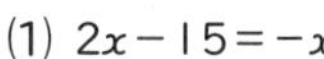

(1) $2x-15=-x$ 〔佐賀〕 (2) $-5x=3x-24$

(3) $3x-2=-4x+5$ 〔沖縄〕 (4) $x+18=-3x+2$ 〔福岡〕

(5) $x-1=3x+3$ 〔熊本〕 (6) $-8+6x=9x-14$

2 いろいろな1次方程式

p.142 ～ 146

❶ かっこをふくむ1次方程式や小数や分数をふくむ1次方程式を解けるようにしよう。
❷ 比例式の性質を利用して，比例式を解けるようにしよう。

要点整理

1 かっこをふくむ1次方程式　➡例題 4

▶かっこをふくむ方程式は，分配法則を使って**かっこをはずしてから**解く。

例　$2(x-4)=3x+1$　$2x-8=3x+1$　$2x-3x=1+8$　$-x=9$　$x=-9$

2 小数や分数をふくむ1次方程式　➡例題 5，6

▶小数をふくむ方程式では，**10，100，…などを両辺にかけて，整数になおしてから**解く。

例　$0.12x-0.8=0.28$
両辺に100をかけて，
$12x-80=28$
$x=9$

▶分数をふくむ方程式では，**分母の公倍数を両辺にかけて，整数になおして**から解く。このように変形することを，**分母**(ぶんぼ)**をはらう**という。

例　$\frac{x}{3}-4=\frac{5}{6}x$
両辺に6をかけて，
$\left(\frac{x}{3}-4\right)\times6=\frac{5}{6}x\times6$
$2x-24=5x$
$x=-8$

3 比例式　➡例題 7

▶比が等しいことを表す式を**比例式**(ひれいしき)という。
比例式は，**外項**(がいこう)**の積と内項**(ないこう)**の積は等しい**ことを利用する。

例　$x:3=8:6$　$x\times6=3\times8$　$6x=24$　$x=4$

比例式の性質

外項
$a:b=c:d$
内項
⇕
$ad=bc$

★★★

p.142 1

例題 4 かっこをふくむ1次方程式

次の方程式を解きなさい。

(1) $9x-8=5(x+4)$ 〔東京〕 (2) $7(x-1)=5x+9$ 〔奈良〕

(3) $4(3x+5)=-6(2-x)$ (4) $5(x-5)+10=3(x+1)$ 〔近畿大泉州高〕

かっこのある方程式は，分配法則を使ってかっこをはずそう。

解き方と答え

(1) $9x-8=5(x+4)$

かっこをはずすと，

$$9x-8=5x+20$$
$$9x-5x=20+8$$
$$4x=28$$
$$x=7$$

(2) $7(x-1)=5x+9$

かっこをはずすと，

$$7x-7=5x+9$$
$$7x-5x=9+7$$
$$2x=16$$
$$x=8$$

(3) $4(3x+5)=-6(2-x)$

かっこをはずすと，

$$12x+20=-12+6x$$
$$12x-6x=-12-20$$
$$6x=-32$$
$$x=-\frac{16}{3}$$

(4) $5(x-5)+10=3(x+1)$

かっこをはずすと，

$$5x-25+10=3x+3$$
$$5x-15=3x+3$$
$$5x-3x=3+15$$
$$2x=18$$
$$x=9$$

Return 分配法則

…p.46の例題24

くわしく

かっこのはずし方

・かっこの前の符号が＋のとき，かっこの中の符号はそのままにして，かっこをとる。

$+(a-b)=a-b$

・かっこの前の符号が－のとき，かっこの中の符号をそれぞれ反対にして，かっこをとる。

$-(a-b)=-a+b$

(3) $4(3x+5)=-6(2-x)$

$4\times3x+4\times5=-6\times2-6\times(-x)$

$12x+20=-12+6x$

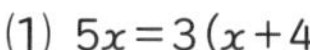

類題 4

次の方程式を解きなさい。

(1) $5x=3(x+4)$ 〔熊本〕 (2) $x-7=9(x+1)$ 〔東京〕

(3) $2x-5=3(2x+1)$ 〔福岡〕 (4) $3x+2(5x+3)=6x-15$

別冊解答 p.37

★★★ p.142 2

例題 5 小数をふくむ1次方程式

次の方程式を解きなさい。

(1) $0.3x-0.7=-1.6$

(2) $1.3x-2=0.7x+1$ 〔熊本〕

(3) $0.2(x-2)=x+1.2$ 〔千葉〕

(4) $0.04x+0.3(0.2x-1)=0.18x$

整数にするために，両辺に10，100，…をかけよう。小数点以下の位がちがうときは，すべての小数が整数となるようにかけよう。

解き方と答え

(1) $0.3x-0.7=-1.6$

両辺に10をかけると，

$$3x-7=-16$$
$$3x=-16+7$$
$$3x=-9$$
$$x=-3$$

(2) $1.3x-2=0.7x+1$

両辺に10をかけると，

$$13x-20=7x+10$$
$$13x-7x=10+20$$
$$6x=30$$
$$x=5$$

(3) $0.2(x-2)=x+1.2$

両辺に10をかけると，

$$2(x-2)=10x+12$$
$$2x-4=10x+12$$
$$2x-10x=12+4$$
$$-8x=16$$
$$x=-2$$

(4) $0.04x+0.3(0.2x-1)=0.18x$

両辺に100をかけると，

$$4x+3(2x-10)=18x$$

（3 ← 0.3×10，$(2x-10)$ ← $(0.2x-1)\times10$）

$$4x+6x-30=18x$$
$$-8x=30$$
$$x=-\frac{15}{4}$$

注意！ 整数にかけ忘れないように！

(2) $13x-2=7x+1$ としないこと。（2と1に×印）

注意！

かっこをふくむ式のとき

(3) $2(10x-20)=10x+12$ としないこと。（10と20に×印）これでは，左辺は100倍，右辺は10倍していることになる。

別解

先にかっこをはずす

(4) $0.04x+0.06x-0.3=0.18x$

$$4x+6x-30=18x$$
$$x=-\frac{15}{4}$$

類題 5 別冊解答 p.37

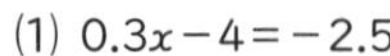
次の方程式を解きなさい。

(1) $0.3x-4=-2.5$

(2) $1.4x-1=0.8x+2$

(3) $0.05x-0.2=0.2x-1.1$

(4) $0.3x-1.2=0.5(x+3)-2$

(5) $0.3(3x+6)=0.2(-1+2x)$

(6) $1.2(0.2x-1)-2.7(0.1x-0.3)=0.09$

p.142 2

★★★

例題 6 分数をふくむ１次方程式

次の方程式を解きなさい。

(1) $\frac{1}{2}x+3=2x$ 〔群馬〕 (2) $\frac{3}{4}x+3=2-x$ 〔大分〕

(3) $\frac{3x-4}{4}=\frac{x+2}{3}$ 〔秋田〕 (4) $\frac{x-4}{3}+\frac{7-x}{2}=5$ 〔和歌山〕

解き方のコツ　分数をふくむ方程式は，分母をはらってから解いていこう。

解き方と答え

(1) $\frac{1}{2}x+3=2x$

両辺に２をかけると，

$$\left(\frac{1}{2}x+3\right)\times2=2x\times2$$

$$\frac{1}{2}x\times2+3\times2=2x\times2$$

$$x+6=4x$$

$$-3x=-6$$

$$x=2$$

(2) $\frac{3}{4}x+3=2-x$

両辺に４をかけると，

$$\left(\frac{3}{4}x+3\right)\times4=(2-x)\times4$$

$$3x+12=8-4x$$

$$7x=-4$$

$$x=-\frac{4}{7}$$

(3) $\frac{3x-4}{4}=\frac{x+2}{3}$

両辺に12をかけると，

$$\frac{3x-4}{\cancel{4}_1}\times\cancel{12}^3=\frac{x+2}{\cancel{3}_1}\times\cancel{12}^4$$

$$(3x-4)\times3=(x+2)\times4$$

$$9x-12=4x+8$$

$$5x=20$$

$$x=4$$

(4) $\frac{x-4}{3}+\frac{7-x}{2}=5$

両辺に６をかけると，

$$\left(\frac{x-4}{3}+\frac{7-x}{2}\right)\times6=5\times6$$

$$(x-4)\times2+(7-x)\times3=30$$

$$2x-8+21-3x=30$$

$$-x=17$$

$$x=-17$$

用語 分母をはらう

分数をふくむ方程式では，分母の公倍数を両辺にかけて，整数になおしてから解く。このとき，最小公倍数をかけると係数や定数項（ていすうこう）が最も小さくなる。このような変形を分母をはらうという。

注意！ 整数にかけ忘れないように！

(1) $x+\cancel{3}=\cancel{2}x$,

(4) $2x-8+21-3x=\cancel{5}$

としないこと。

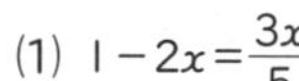

類題 6 〔別冊解答 p.37〕

次の方程式を解きなさい。

(1) $1-2x=\frac{3x}{5}$ 〔梅花高〕 (2) $\frac{3x+9}{4}=-x-10$ 〔大阪〕

(3) $\frac{2x+1}{3}-\frac{x-1}{2}=0$ 〔報徳学園高〕 (4) $\frac{2x-1}{3}-\frac{x-2}{2}=\frac{3}{4}$ 〔法政大国際高〕

★★★ p.142 3

例題 7 比例式

次の比例式を解きなさい。

(1) $x:16=5:4$ 〔長崎〕 (2) $3:4=(x-6):8$ 〔鹿児島〕

(3) $(x-4):3=x:5$ 〔青森〕 (4) $x:(x-3)=\frac{3}{4}:\frac{1}{2}$

比例式の性質 $a:b=c:d$ ならば $ad=bc$ を使おう。

（外項（がいこう）：a と d、内項：b と c。ad は外項の積、bc は内項の積）

解き方と答え

(1) $x:16=5:4$（$x\times4$, 16×5）

$x\times4=16\times5$

$x=\frac{\overset{4}{\cancel{16}}\times5}{\underset{1}{\cancel{4}}}$

$x=20$

(2) $3:4=(x-6):8$（3×8, $4\times(x-6)$）

$4\times(x-6)=3\times8$

$x-6=\frac{3\times\overset{2}{\cancel{8}}}{\underset{1}{\cancel{4}}}$

$x-6=6$

$x=12$

(3) $(x-4):3=x:5$

$(x-4)\times5=3\times x$

$5x-20=3x$

$2x=20$

$x=10$

(4) $\frac{3}{4}:\frac{1}{2}=\frac{3}{4}\times4:\frac{1}{2}\times4$

$=3:2$ より，

$x:(x-3)=3:2$

$x\times2=(x-3)\times3$

$2x=3x-9$

$-x=-9$

$x=9$

なぜ？ 比例式の性質

$a:b=c:d$ のとき，比の値が等しいから，$\frac{a}{b}=\frac{c}{d}$

この両辺に分母の積 bd をかけると，

$\frac{a}{b}\times bd=\frac{c}{d}\times bd$

$ad=bc$ となる。

アドバイス

かっこははずさない

(2) $4\times(x-6)=3\times8$ とした後，かっこをはずしてもよいが，先に両辺を4でわったほうが簡単に計算できる。

類題 7 別冊解答 p.37

次の比例式を解きなさい。

(1) $x:12=7:4$

(2) $3.6:1.2=60:x$

(3) $4:3=(x-8):18$ 〔秋田〕

(4) $5:(9-x)=2:3$ 〔栃木〕

(5) $\frac{2}{3}:x=\frac{1}{2}:(x-4)$

(6) $(x+5):(10-x)=\frac{1}{4}:\frac{1}{6}$

3 1次方程式の利用 (1)

p.147 ～ 153

❶ 文字の値や整数についての問題を方程式を利用して解けるようにしよう。
❷ いろいろな題材の文章題から，等しい数量関係を読み取り，式をつくれるようにしよう。

要点整理

1 文字の値についての問題

➡例題 8

▶ x についての方程式の解がわかっていて，その方程式の中の文字の値(定数)を求める問題では，方程式に解を代入することで，文字の値を求めることができる。

2 方程式を使って文章題を解く手順

➡例題 9～13

▶ 方程式を使って文章題を解く手順は，次のようになる。

① 問題の意味をよく考え，**何を x で表すか**決める。
② 問題の中にある数量を，x を使って表す。そのとき，図や表などに整理するとよい。
③ **等しい数量の関係**を見つけて，方程式をつくる。
④ つくった方程式を解く。
⑤ 方程式の解が問題に適していることを確かめて，答えとする。

3 いろいろな1次方程式の利用

➡例題 9～13

▶ 式のつくり方

例 ㋐ A は B の3倍に等しい。→ $A=B\times3$
㋑ A は B より5大きい。→ $A=B+5$ または $A-B=5$
㋒ A は B より5小さい。→ $A=B-5$ または $B-A=5$

▶ 整数についての問題…p.37の「整数の表し方」を使う。

▶ 代金と個数についての問題…異なる2つの物の全体の個数と合計代金がわかっているとき，一方の個数を x 個とすると，もう一方の個数は **全体の個数 $-x$ 個**となる。そこから代金の和などで式をつくる。

▶ 過不足についての問題…下の2通りの考え方から，方程式をつくる。
全体の個数＝配る個数＋余る個数，全体の個数＝配る個数－不足する個数

▶ 年齢(ねんれい)についての問題…**x 年後の年齢＝現在の年齢＋x** を使う。

▶ 平均についての問題…**平均＝合計÷個数，合計＝平均×個数** を使う。

★★★ ⤺ p.147 1

例題 8 文字の値についての問題

次の問いに答えなさい。

(1) xについての1次方程式$\frac{-x+a}{3}=3x+5$の解が$x=\frac{3}{5}$であるとき，aの値を求めなさい。〔奈良育英高〕

(2) xについての2つの1次方程式$2x+7=4x-1$，$ax+9=x-a$の解が等しいとき，aの値を求めなさい。

解き方のコツ 方程式のxに解を代入して，aについての方程式とみて解けばよい。

解き方と答え

(1) 解が$x=\frac{3}{5}$であるから，$\frac{-x+a}{3}=3x+5$は，

$x=\frac{3}{5}$のとき成り立つ。

方程式の両辺に3をかけると，

$-x+a=9x+15$　$a=10x+15$

この方程式のxに$\frac{3}{5}$を代入して，

$a=10\times\frac{3}{5}+15$　$a=21$

(2) 1次方程式$2x+7=4x-1$を解くと，$x=4$

この解が方程式$ax+9=x-a$の解と等しいから，

$x=4$のとき成り立つ。

よって，xに4を代入して，

$4a+9=4-a$　$a=-1$

くわしく 方程式の解

解は方程式を成り立たせるxの値だから，xに解を代入するとその方程式は成り立つ。

アドバイス 式を簡単にしてから代入する

(1)すぐに解$x=\frac{3}{5}$を方程式に代入すると，

$\frac{-\frac{3}{5}+a}{3}=3\times\frac{3}{5}+5$のように複雑になるので，分母をはらって式を整理してから代入しよう。

類題 8 別冊解答 p.37

次の問いに答えなさい。

(1) xの方程式$2ax-3=-ax-9$の解が$x=-1$のとき，aの値を求めなさい。〔桐蔭学園高〕

(2) xについての2つの1次方程式$2x-3=5x+6$，$3x+a=ax-1$の解が等しいとき，aの値を求めなさい。〔東海大付属浦安高〕

★★★ p.147 2, 3

例題 9 整数についての問題

次の問いに答えなさい。

(1) ある数を3倍して4をたすと，もとの数から2をひいて5倍したものと等しくなる。このとき，ある数を求めなさい。

(2) 一の位の数が3である2けたの整数がある。この数は，十の位の数と一の位の数を入れかえてできる数の2倍から1をひいた数に等しい。このとき，2けたの整数を求めなさい。〔茨城〕

(2) 求める2けたの整数の一の位の数が3だから，十の位の数をxとおいて考えよう。

解き方と答え

(1) ある数をxとすると，
3倍して4をたした数は，$3x+4$
2をひいて5倍した数は，$5(x-2)$
これらが等しいので，$3x+4=5(x-2)$
$x=7$
よって，ある数は7

(2) もとの数の十の位の数をxとすると，2けたの整数は，$10x+3$と表される。この数の十の位の数と一の位の数を入れかえてできる数は，$10\times3+x=30+x$
もとの数は，入れかえてできる数$30+x$の2倍から1をひいた数だから，
$10x+3=2(30+x)-1$　$x=7$
よって，もとの数は，$10\times7+3=73$

くわしく
整数の位の入れかえ
2けたの整数$10x+y$の十の位と一の位を入れかえた数は$10y+x$

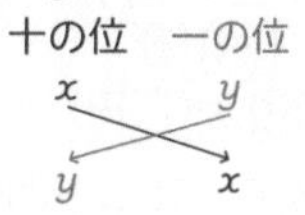

注意！ 問われた形で答える
(2)$x=7$と求め，答えを7と書かないこと。7は十の位だから，答えは73である。

類題 9

別冊解答 p.38

次の問いに答えなさい。

(1) ある数に8をたし，2でわってから5をひくと，もとの数になった。ある数を求めなさい。

(2) 十の位の数が5である2けたの整数がある。十の位の数と一の位の数を入れかえた数は，もとの数より9小さくなる。もとの整数を求めなさい。

★★★ p.147 2, 3

例題 10 代金と個数についての問題

次の問いに答えなさい。

(1) あるラーメン店のメニューには，Aラーメン700円とBラーメン800円の2種類がある。ある日，2種類のラーメンが合わせて100杯(ぱい)売れ，売り上げ金額は合計76100円であった。Aラーメンは何杯(ぱい)売れたか求めなさい。〔大分〕

(2) ケーキ5個と70円のジュース1本の代金は，ケーキ1個と120円のプリン2個の代金の3倍になった。このケーキ1個の値段はいくらですか。

(1) Aラーメンの売り上げ＋Bラーメンの売り上げ＝76100

解き方と答え

(1) Aラーメンがx杯(はい)売れたとして，表をつくる。

	Aラーメン	Bラーメン	合計
1杯の値段(円)	700	800	
杯数(杯)	x	$100-x$	100
売り上げ(円)	$700x$	$800(100-x)$	76100

表から，$700x+800(100-x)=76100$

両辺を100でわって，$7x+8(100-x)=761$　$x=39$

よって，39杯

(2) ケーキ1個の値段をx円とすると，

$5x+70=3(x+120\times2)$　$x=325$

よって，325円

くわしく

Bラーメンの杯数

(1)Aラーメンがx杯売れたとすると，合わせて100杯売れたのだから，Bラーメンは$(100-x)$杯売れたことになる。

アドバイス 係数をなるべく小さくしよう

(1)$700x+800(100-x)=76100$を等式の性質エを使って，p.138参照

$7x+8(100-x)=761$とするとよい。

次の問いに答えなさい。

(1) 1個120円のおにぎりと1本150円のペットボトルのお茶を合わせて8つ買うと代金は1050円になった。おにぎりとペットボトルのお茶をそれぞれいくつ買いましたか。

(2) ある公園の大人1人の入園料は400円，子ども1人の入園料は100円である。ある日の開園から開園1時間後までの入園者数は，大人と子どもを合わせて65人で，この時間帯の入園料の合計が14600円であった。この時間帯に入園した大人と子どもの人数は，それぞれ何人ですか。〔新潟〕

★★★ p.147 2, 3

例題 11 過不足についての問題

次の問いに答えなさい。

(1) 折り紙を，生徒1人に5枚ずつ配ると40枚たりなかった。そこで，3枚ずつ配ることにすると24枚余った。このとき，生徒の人数を求めなさい。〔茨城〕

(2) ある中学校の文化祭で，何台かの長机に立体作品を並べて展示することになった。長机1台に立体作品を4個ずつ並べると，立体作品を15個並べることができなかった。そこで，長机1台に立体作品を5個ずつ並べ直したところ，最後の長机1台には立体作品が2個だけになった。長机の台数と立体作品の個数をそれぞれ求めなさい。〔富山－改〕

(2) **立体作品の個数をxにするよりも，長机の台数をxとしたほうが簡単になる。**

解き方と答え

(1) 生徒の人数をx人として，折り紙の枚数をxで表す。
5枚ずつ配ると40枚たりないから，折り紙は，$(5x-40)$枚，3枚ずつ配ると24枚余るから，$(3x+24)$枚，よって，$5x-40=3x+24$ $x=32$より，32人

(2) 長机の台数をx台として，立体作品の個数をxで表す。長机1台に4個ずつ並べると，15個並べることができないから，立体作品は，$(4x+15)$個
次に，5個ずつ並べると，最後は2個だけになるから，
$5(x-1)+2=5x-3$(個)
よって，$4x+15=5x-3$ $x=18$
立体作品は，$4\times18+15=87$(個)
よって，長机…18台，立体作品…87個

くわしく (1)図に表す

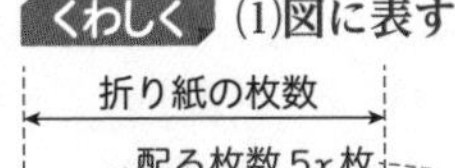

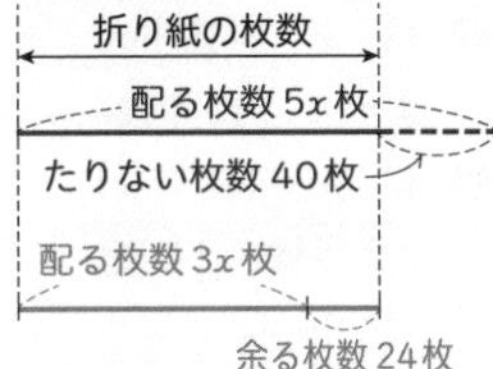

別解 立体作品の個数をx個とすると？

(2) $\frac{x-15}{4}=\frac{x+3}{5}$ $x=87$

長机は，$\frac{87-15}{4}=18$(台)

別冊解答 p.38

次の問いに答えなさい。

(1) 何本かの鉛筆(えんぴつ)がある。この鉛筆をあるクラスの生徒に3本ずつ配ると28本余り，4本ずつ配ると6本不足する。鉛筆は全部で何本ありますか。〔愛知〕

(2) 新入生の登校日用として，大講堂に長いすが準備してある。新入生を長いす1脚(きゃく)に対して4人ずつ座らせると，3人が座ることができなかった。一方，長いす1脚に対して5人ずつ座らせると，座った長いすはすべて5人ずつであり，長いすが6脚余った。新入生は何人いますか。〔江戸川学園取手高〕

★★★ ⮌ p.147 2, 3

例題 12 年齢についての問題

次の問いに答えなさい。

(1) 現在父は43歳(さい)，息子は15歳である。

❶ 父の年齢(ねんれい)が息子の年齢の2倍になるのは今から何年後ですか。

❷ 父の年齢が息子の年齢の3倍だったのはいつですか。

(2) 現在，娘(むすめ)の年齢を5倍して4を加えると母の年齢になる。8年後，娘の年齢を3倍すると母の年齢になるとき，現在の娘の年齢を求めなさい。

解き方のコツ 年齢は，x年でx歳増えることを利用しよう。

解き方と答え

(1) x年後の父と息子の年齢を表にすると下のようになる。

	現在	1年後	…	x年後
父(歳)	43	44	…	$43+x$
息子(歳)	15	16	…	$15+x$

❶ $43+x=2(15+x)$　$x=13$

よって，13年後

❷ $43+x=3(15+x)$　$x=-1$

-1年後$=1$年前 より，父は42歳，息子は14歳で，$42=14\times3$となっている。

よって，1年前

(2) 現在の娘の年齢をx歳とすると，右の表のようになる。

	現在	8年後
娘(歳)	x	$x+8$
母(歳)	$5x+4$	$(5x+4)+8$

8年後には，母の年齢は娘の年齢の3倍になるから，

$(5x+4)+8=3(x+8)$　$x=6$

よって，6歳

くわしく (1)❶図に表す

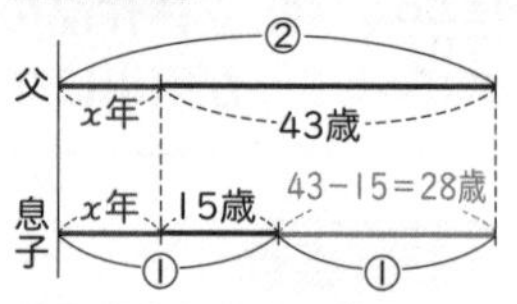

図から，$x+15=28$

$x=13$ともできる。

注意！

解が負の数のとき

(1)❷ふつう，個数や代金の問題では，解が負の数になることはない。しかし，年齢や増減の問題などでは，解が負の数になることもある。そのときは，正の数にいいかえて答えとする。

Return 反対の性質をもつ量…p.15の くわしく

類題 12 別冊解答 p.38

次の問いに答えなさい。

(1) 現在，母の年齢は42歳，3人の子どもの年齢は15歳，11歳，8歳である。3人の子どもの年齢の和が母の年齢と等しくなるのは，今から何年後ですか。

(2) 現在，兄の年齢は弟の年齢の4倍である。4年後，兄の年齢が弟の年齢の2倍になるとき，現在の兄と弟の年齢を求めなさい。

★★★

p.147 2，3

例題 13 平均についての問題

次の問いに答えなさい。

(1) ある40人のクラスでテストを行ったところ，男子の平均点は36点，女子の平均点は46点，クラス全体の平均点は40.75点であった。男子，女子の人数をそれぞれ求めなさい。〔中央大杉並高〕

(2) A，B，C3人の所持金は，BはCより500円少なく，CはAより400円多いという。また，3人の所持金を平均すると1500円になる。A，B，Cそれぞれの所持金を求めなさい。

平均を使って合計を求めて方程式をつくる。合計＝平均×個数

解き方と答え

(1) 男子の人数をx人とすると，女子は$(40-x)$人，
男子の合計点は$36x$点，女子の合計点は$46(40-x)$点
だから，$36x+46(40-x)=40.75\times40$　$x=21$
よって，男子…21人，女子…19人

(2) Aの所持金をx円とすると，$C=x+400$(円)
$B=C-500=(x+400)-500=x-100$(円)
3人の所持金の平均が1500円だから，
$x+(x-100)+(x+400)=1500\times3$　$x=1400$
よって，A…1400円，B…1300円，C…1800円

くわしく (1)表に表す

	男子	女子	クラス全体
人数（人）	x	$40-x$	40
平均（点）	36	46	40.75
合計（点）	$36x$	$46(40-x)$	40.75×40

くわしく (2)図に表す

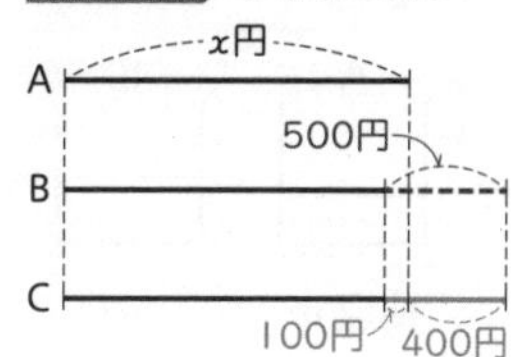

類題 13 別冊解答 p.38

次の問いに答えなさい。

(1) 右の表は，あるクラスで行われた数学のテスト結果を集計したものである。このとき，クラスの人数を求めなさい。

	男子	女子	合計
人数(人)	22		
平均点(点)	60	62	60.9

(2) 右の表は10人の生徒の身長のデータである。Eさんは$a$cm，Hさんは$(a+1)$cmで，10人の生徒の身長の平均は159.5cmであった。aの値を求めなさい。〔豊島岡女子学園高〕

生徒名	A	B	C	D	E	F	G	H	I	J
身長(cm)	157	158	162	163	a	161	157	$a+1$	164	162

4 1次方程式の利用 (2)

p.154～161

❶ いろいろな速さ，割合，濃度（のうど）についての問題を図や表に整理し，方程式をつくって解けるようにしよう。

❷ 時計の針が1分間に進む角度を覚えて，式をつくれるようにしよう。

要点整理

1 速さについての問題

▶速さの方程式は，㋐**道のりをxとして時間を表す**，㋑**時間をxとして道のりを表す。**

例 弟が分速80mで家を出発し，10分たってから兄が分速240mの自転車で追いかけた。家から何mの所で追いつきますか。

㋐ 家からxmの所で追いつく。

$$\frac{x}{240}=\frac{x}{80}-10 \quad x=1200$$

㋑ 兄が出発してからx分後に追いつく。

$240x=80(10+x)$　$x=5$

家から$240\times5=1200$(m)

2 割合，濃度についての問題

➡例題 16，17

▶割合についての問題…**p.37**の「割合の表し方」を使う。

▶濃度（のうど）についての問題…食塩水と食塩水（水や食塩）を混ぜる（または蒸発させる）**前と後で食塩の合計の量は変わらない**ことを利用する。

㋐ 食塩水＋食塩水

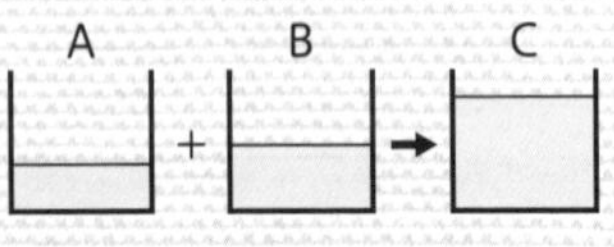

食塩mg＋　ng　＝**$(m+n)$**g

㋑ 食塩水＋水

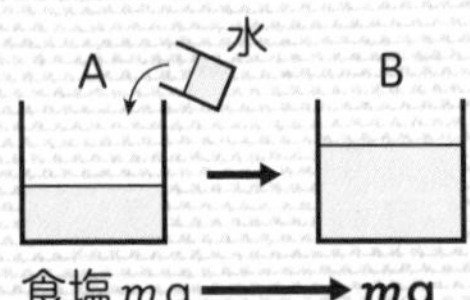

食塩mg ⟶ **mg**

㋒ 食塩水＋食塩

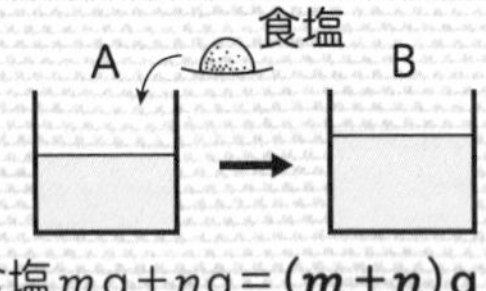

食塩mg＋ng＝**$(m+n)$g**

㋓ 食塩水から水を蒸発

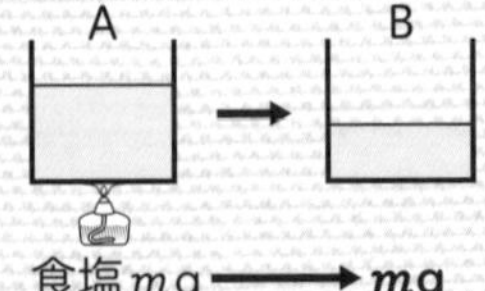

食塩mg ⟶ **mg**

3 時計，仕事，規則性についての問題

▶時計についての問題…1分間で長針は360°÷60＝**6°**，短針は30°÷60＝**0.5°回る。**

▶仕事についての問題…**全体の仕事量を1**として考える。

▶規則性についての問題…規則を見つけて，基準の数量をxとしたり，x番目の数量をxを使って表す。

★★★

p.154 1

例題 14 速さについての問題 (1) ～途中で速さを変える～

次の問いに答えなさい。

(1) 太郎さんは，家から2000m離れた学校に徒歩で通っている。太郎さんは，8時5分に家を出て，分速70mで歩いていたが，学校の始業時刻に遅れそうになったので，途中から分速120mで走ったところ，8時30分に学校に着いた。太郎さんが走った時間は何分間か，求めなさい。〔愛知〕

(2) 5.1kmの道のりを時速3kmで歩きはじめ，途中から時速12.6kmで走ったところ，この道のりをすべて歩いたときにかかる時間よりも64分早く到着することができた。走った時間は何分間ですか。〔関西学院高〕

歩いた道のり＋走った道のり＝すべての道のり

解き方と答え

(1) 8時5分に家を出て，8時30分に学校に着いたので，家から学校まで25分かかっている。
太郎さんが走った時間をx分間とすると，歩いた時間は$(25-x)$分間だから，$70(25-x)+120x=2000$
$x=5$
よって，5分間

(2) この道のりをすべて歩くと，$5.1\div3=1.7$(時間)$=102$分かかる。途中から走って64分早く到着したので，かかった時間は，$102-64=38$(分)
走った時間をx分間とする。時速3km＝分速50m，時速12.6km＝分速210mより，
$50(38-x)+210x=5100$　$x=20$
よって，20分間

くわしく (1)図に表す

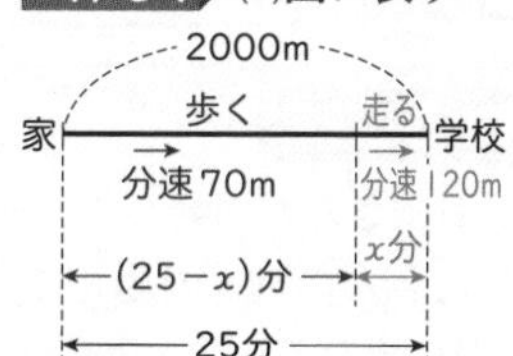

別解 連立方程式で解く

歩いた時間をx分間，走った時間をy分間とすると，

$$\begin{cases} x+y=25 \\ 70x+120y=2000 \end{cases}$$

注意！ 単位はそろえる

(2)長さの単位はmに，時間の単位は分にそろえて，速さの単位を分速○mにすること。

別冊解答 p.39

A君は自宅から13kmの距離にある学校へ，徒歩とバスで通っている。徒歩の速さは時速4kmであり，バスの速さは時速24kmであるとき，自宅から学校までは50分かかった。バスの待ち時間は無視できると考えるとき，徒歩の区間は何kmですか。〔土浦日本大高〕

★★★ p.154 1

例題 15 速さについての問題 (2) ～1人がもう1人に追いつく～

次の問いに答えなさい。

(1) あきこさんは，1.8km離(はな)れた駅に向けて家を出発した。それから14分後に，お父さんは自転車で家を出発し，同じ道を通って駅に向かった。あきこさんは分速60m，お父さんは分速200mでそれぞれ一定の速さで進むとすると，お父さんが家を出発してから何分後に追いつくか，求めなさい。〔千葉〕

(2) 兄は図書館に向かって家を出発した。妹が兄の忘れ物に気がつき，兄に忘れ物を届けようと，兄が家を出発してから30分後に，自転車で兄と同じ道を追いかけた。兄が時速4km，妹が時速9kmで進んだとき，兄と妹は同時に図書館に着いた。兄が自宅から図書館まで歩いた道のりは何kmですか。〔都立産業技術高専〕

(1)父があきこさんに追いつくことから，2人の進んだ道のりが等しい。

解き方と答え

家　分速 60m　駅
あきこ　14分　x分
分速 200m
父　x分
追いつく地点

(1) お父さんが出発してx分後に追いつくとすると，**お父さんの進んだ道のり＝あきこさんの進んだ道のり** となるので，$200x=60(14+x)$　$x=6$

このとき，$200\times6=1200$(m)<1800mなので，あきこさんが駅に着く前に，お父さんは追いつくことができる。

よって，6分後

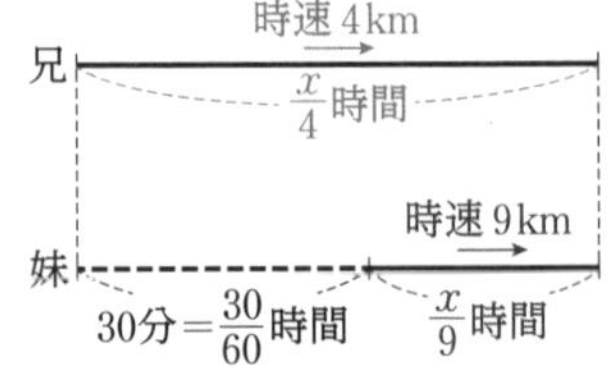

(2) 自宅から図書館までの道のりを$x$kmとすると，**兄の歩いた時間＝30分＋妹の進んだ時間** となるので，

$\frac{x}{4}=\frac{30}{60}+\frac{x}{9}$　$x=3.6$

よって，3.6km

姉は8時に家を出発して1500m離れた駅に向かった。姉の忘れ物に気づいた弟が，8時15分に家を出発して，自転車で姉を追いかけた。姉の歩く速さを毎分60m，弟の自転車の速さを毎分210mとすると，弟が姉に追いつくのは，8時何分ですか。

★★★

p.154 2

例題 16 割合についての問題

次の問いに答えなさい。

(1) ある本を，はじめの日に全体のページ数の$\frac{1}{4}$を読み，次の日に残ったページ数の半分を読んだところ，まだ102ページ残っていた。この本の全体のページ数は何ページか，求めなさい。〔愛知〕

(2) 定価の8%引きで商品を買うと，定価より300円安く買えた。定価は何円ですか。〔都立新宿高〕

(3) ある学校の昨年の生徒数は男女合わせて140人であった。今年の生徒数は昨年と比べて，男子が5%増え，女子が10%減ったので，今年の生徒数は男女合わせて135人であった。今年の男子の生徒数は何人か，求めなさい。〔大分〕

比べる量＝もとにする量×割合 を使って，方程式をつくろう。

解き方と答え

(1) 本の全体のページ数をxページとすると，

$\frac{1}{4}x+\left(1-\frac{1}{4}\right)x\times\frac{1}{2}=x-102 \quad x=272$

よって，272ページ

(2) 定価をx円とすると，

定価×割引の割合＝安くなった金額より，

$0.08x=300 \quad x=3750$

よって，3750円

(3) 昨年の男子の人数をx人とすると，昨年の女子の人数は$(140-x)$人

$\underset{\uparrow 5\%増}{(1+0.05)}x+\underset{\uparrow 10\%減}{(1-0.1)}\times(140-x)=135 \quad x=60$

よって，今年の男子は$60\times1.05=63$(人)

くわしく (1)図に表す

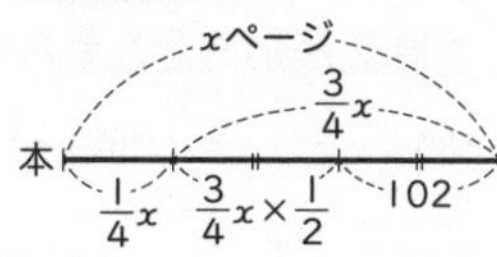

図より，$\frac{3}{8}x=102$である。

別解 増減分で式にする

(3)今年の生徒数は昨年よりも5人減っているから，

$0.05x-0.1(140-x)=-5$

$x=60$

よって，今年の男子は63人

類題 16

別冊解答 p.39

ある店で，昨日，ショートケーキが200個売れた。今日は，ショートケーキ1個の値段を昨日よりも30円値下げして販売したところ，ショートケーキが売れた個数は昨日よりも20%増え，ショートケーキの売り上げは昨日よりも5400円多くなった。このとき，昨日のショートケーキ1個の値段を求めなさい。〔茨城〕

★★★ p.154 2

例題 17 濃度についての問題

次の問いに答えなさい。

(1) 6%の食塩水300gに12%の食塩水を加えると，10%の食塩水ができた。12%の食塩水は何g加えましたか。〔江戸川学園取手高〕

(2) 7%の食塩水が180gある。この食塩水に食塩を加えて10%の食塩水をつくりたい。食塩を何g加えればよいですか。

(3) 濃度(のうど)7%の食塩水200gに水をxg加えたら，濃度4%の食塩水になった。xの値を求めなさい。〔都立墨田川高〕

(1) 2つの食塩水を加える前と後で，食塩の合計の重さは変わらない。

解き方と答え

(1) 12%の食塩水をxg加えたとすると，

$300\times\frac{6}{100}+x\times\frac{12}{100}=(300+x)\times\frac{10}{100}\quad x=600$

よって，600g

(2) 食塩をxg加えたとすると，

$180\times\frac{7}{100}+x=(180+x)\times\frac{10}{100}\quad x=6$

よって，6g

(3) 水をxg加えたとすると，右の図で，中に溶(と)けている食塩の重さは変わらないから，

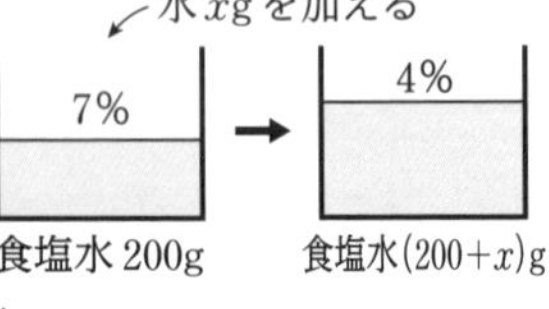

$200\times\frac{7}{100}=(200+x)\times\frac{4}{100}\quad x=150$

よって，150g

くわしく (1)表に表す

濃度(%)	6	12	10
食塩水の重さ(g)	300	x	$300+x$
食塩の重さ(g)	$300\times\frac{6}{100}$	$x\times\frac{12}{100}$	$(300+x)\times\frac{10}{100}$

アドバイス

(1)~(3)は同じ考え方

(2)100%の食塩水xgを加えると考える。

(3)0%の食塩水xgを加えると考える。

類題 17 別冊解答 p.39

次の問いに答えなさい。

(1) a%の食塩水100gに11%の食塩水200gを混ぜたら，10%の食塩水になった。aの値を求めなさい。〔駿台甲府高〕

(2) 3%の食塩水と6%の食塩水を混ぜて5%の食塩水を600gつくる。このとき，3%の食塩水を何g混ぜればよいですか。〔専修大附高〕

(3) 8%の食塩水100gが容器に入っている。ここからxgをくみ出し，残りの食塩水を加熱したところ，xg減少し，濃度が14%になった。xの値を求めなさい。〔青雲高〕

★★★

⮌ p.154 3

例題 18 時計についての問題

次の問いに答えなさい。

(1) 午前10時から午前11時の間で，短針と長針が重なる時刻を午前10時x分とするとき，xの値を求めなさい。 〔函館ラ・サール高〕

(2) 2時と3時の間で，時計の長針と短針が120°の角をなすのは，2時何分ですか。 〔慶應義塾志木高－改〕

解き方のコツ n時から長針と短針の進む角度とはじめの両針のなす角度から方程式をつくろう。

解き方と答え

長針，短針が1分間に進む角度は，それぞれ6°と0.5°

(1) 長針が午前10時から進んだ角度を考える。

x分間に長針は$6x°$，短針は$0.5x°$進むから，

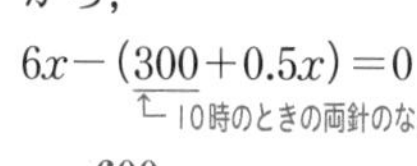

$6x-(300+0.5x)=0$

（300：10時のときの両針のなす角度）

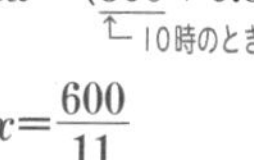

$x=\dfrac{600}{11}$

(2) 長針が2時から進んだ角度を考える。2時x分に長針と短針が120°の角をなすとすると，

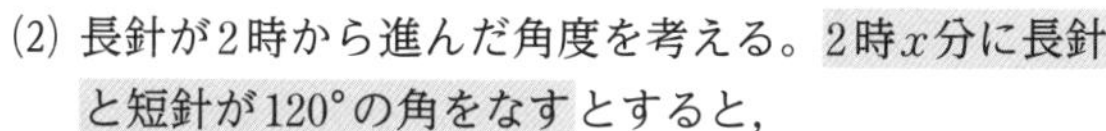

㋐はじめて120°になるときは，$6x-(60+0.5x)=120$

$x=\dfrac{360}{11}$

（60：2時のときの両針のなす角度）

㋑2回目に120°になるときは，$6x-(60+0.5x)=240$

（$360°-120°=240°$）

$x=\dfrac{600}{11}$

以上から，2時$\dfrac{360}{11}$分と2時$\dfrac{600}{11}$分

注意！

長針と短針のなす角

・長針と短針が重なるとき，なす角は0°

・長針と短針が一直線になるとき，なす角は180°

くわしく (2)図に表す

両針のなす角が120°になるのは2回ある。

㋐はじめて120°になるとき。

㋑2回目に120°になるとき。

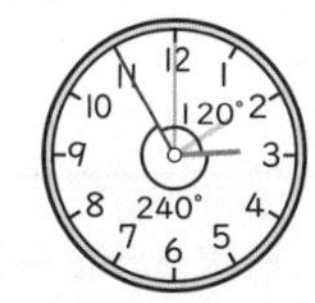

類題 18 別冊解答 p.39

次の問いに答えなさい。

(1) 3時から4時までの時計の針の動きを考える。3時ちょうどからx分後の短針と長針について，次のときのxの値を求めなさい。

❶ 短針と長針が重なるとき。　❷ 短針と長針が一直線になるとき。

(2) 4時と5時の間で，長針と短針のなす角度が45°になる時刻を求めなさい。

★★★ p.154 3

例題 19 仕事についての問題

給水管A，Bが付いている水そうに水をためる。給水管Aだけで25分間水を入れるとき，満水になる。また，給水管Aだけで10分間水を入れ，続けて給水管Bだけで12分間水を入れるとき，満水になる。 〔立教新座高〕

(1) 給水管Bだけで水を入れるとき，満水になるまでの時間を求めなさい。

(2) 給水管Aだけで水を入れ，続けて給水管Bだけで水を入れたとき，満水になるまで23分間かかった。給水管Aだけで水を入れた時間を求めなさい。

満水の量を1と考えて，1分間の給水量を考えよう。

解き方と答え

(1) 満水の水の量を1とする。

給水管Aは25分間で満水になるから，1分間の給水量は$\frac{1}{25}$

給水管Bの1分間の給水量をxとすると，

$\frac{1}{25}\times10+x\times12=1\quad x=\frac{1}{20}$

よって，給水管Bだけでは，$1\div\frac{1}{20}=20$(分間)

(2) 給水管Aだけでt分間水を入れたとすると，給水管Bだけで$(23-t)$分間水を入れることになる。

$\frac{1}{25}t+\frac{1}{20}(23-t)=1\quad t=15$

よって，15分間

くわしく

全体を1として考える

全体の仕事量を1とし，1日または1時間，1分間の仕事量や，仕上げるのにかかる日数または時間を求める。

・1分間の給水量

$=\frac{1}{\text{満水にするのにかかる時間(分)}}$

・Aだけで給水するとき，

満水にするのにかかる時間(分)

=1÷Aの1分間の給水量

類題 19 別冊解答 p.40

貯水そうに一定の割合で給水する3本の給水管A，B，Cがあり，Aは毎時20m^{3}の割合で給水する。貯水そうを満水にするのにかかる時間は，Cだけを使うと2時間，Bだけを使うと4時間で，また，BとCを同時に使うと，AとBを同時に使った場合の2倍かかるという。

(1) 給水管Bは，毎時何m^{3}の割合で給水しますか。

(2) 最初に2本の給水管B，Cを同時に使って貯水そうに給水をはじめた。給水をはじめてからt分後にCだけを止め，AとBによる給水に切りかえたところ，給水をはじめてから45分後に満水になった。tの値を求めなさい。

★★★ ⮌p.154 3

例題 20 規則性についての問題

次の問いに答えなさい。

(1) 右の図はある月のカレンダーである。図の線で囲まれた4つの数の和は50である。このような形で囲まれた4つの数の和が102になるとき，最も小さい数を求めなさい。

日	月	火	水	木	金	土
		1	2	3	4	5
6	7	8	9	10	11	12
13	14	15	16	17	18	19
20	21	22	23	24	25	26
27	28	29	30	31		

(2) 右の図の1番目，2番目，3番目，…のように，1辺の長さが1cmである同じ大きさの正方形を規則的に並べて図形をつくる。周の長さが196cmになるのは，何番目の図形ですか。

1番目　2番目　3番目 …

(2) 1番目，2番目，3番目，…と周の長さを求めて，規則性を見つけよう。

解き方と答え

(1) 右の図で，最も小さい数をxとすると，$a=x+1$，$b=a+7=x+8$，$c=b+1=x+9$

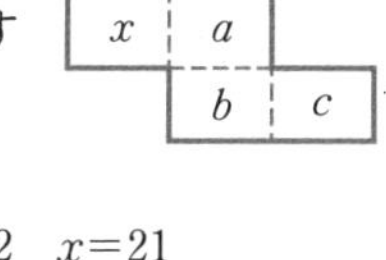

$x+\underset{a}{(x+1)}+\underset{b}{(x+8)}+\underset{c}{(x+9)}=102$　$x=21$

よって，21

(2) 1番目…4cm

2番目…1番目 $+3\times2=4+6=10$(cm)

3番目…2番目 $+3\times2=4+6\times2=16$(cm)

よって，n番目の周の長さは，$4+6\times(n-1)$(cm)

n番目の周の長さが196cmになるとすると，

$4+6(n-1)=196$　$n=33$

よって，33番目

くわしく カレンダーの規則性

1週間は7日なので，縦に見ていくと，**7ずつ増えていく。**

くわしく 図形の規則性

(2)n番目の図が$(n+1)$番目の図の中に現れる。

2番目　3番目　4番目

類題 20

別冊解答 p.40

右の図は，1辺が30cmの正三角形を4枚重ねて並べ，周を太線にしたものである。重なる部分は，1辺が10cmの正三角形になっている。〔賢明学院高〕

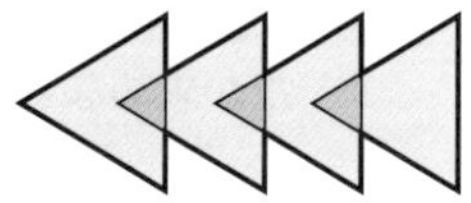

(1) 太線にした周の長さを求めなさい。

(2) 正三角形をn枚重ねて並べたときの周の長さを，nを用いて表しなさい。

(3) 周の長さが450cmになるとき，正三角形は何枚並んでいますか。

章末問題 A

→別冊解答 p.40～41

1 次の方程式を解きなさい。

例題 3～6

(1) $5x-10=3x$ 〔熊本〕　(2) $2x+8=5x-13$ 〔福岡〕

(3) $x+4=5(2x-1)$ 〔奈良〕　(4) $3(x+5)=4x+9$ 〔東京〕

(5) $x+3.5=0.5(3x-1)$ 〔千葉〕　(6) $0.2x-0.3(x+2)=1$ 〔大阪成蹊女子高〕

(7) $\frac{4}{5}x+3=\frac{1}{2}x$ 〔秋田〕　(8) $\frac{x-2}{4}+\frac{2-5x}{6}=1$ 〔群馬〕

2 次の比例式を解きなさい。

例題 7

(1) $15:(x-2)=3:2$ 〔茨城〕　(2) $2:5=(x-2):(x+7)$ 〔千葉〕

3 xについての1次方程式　$3x-a=2(x-a)+1$ の解が3のとき，aの値を求めなさい。〔香川〕

例題 8

4 重さが異なる3個のおもりA，B，Cと重さが120gのおもりDがある。A，B，Cの3個のおもりの重さは，A，B，Cの順に50gずつ重くなっている。また，A，B，C，Dの重さの合計は540gである。このとき，Cの重さを求めなさい。〔茨城〕

例題 10

5 シュークリームを20個買おうと思っていたが，持っていたお金では140円足りなかったので，18個買ったところ120円余った。持っていたお金はいくらか，求めなさい。〔愛知〕

例題 11

6 次の問いに答えなさい。

例題 14 15

(1) 家から駅まで自転車で行くと，歩いて行くより12分早く着くという。自転車の速さを毎分200m，歩く速さを毎分80mとするとき，家から駅までの道のりを求めなさい。〔駿台甲府高〕

(2) Iさんは自転車に乗り，時速12kmで家から3km離(はな)れたデパートに行った。10分間買い物をし，帰りは自転車を押して時速6kmで歩いて戻った。Iさんが家を出てから35分後に，Fさんも自転車に乗り，時速18kmでIさんの家から同じデパートに向かったところ，途中(とちゅう)で戻(もど)ってくるIさんに出会った。2人が出会ったのはFさんが家を出発してから何分後であったか求めなさい。〔法政大第二高〕

7 ある本を，1日目に全ページの$\frac{1}{2}$を読み，2日目に残ったページの$\frac{2}{5}$を読んだが，まだ33ページ残っている。この本の全ページ数を求めなさい。〔青森〕

例題 16

章末問題 B

→別冊解答 p.42～43

8 次の方程式を解きなさい。

例題 4～6

(1) $\dfrac{2x-14}{3}=\dfrac{x+2}{2}+3x$ 〔日本大第三高〕 (2) $\dfrac{2x-5}{4}=1.5+\dfrac{x-1}{3}$ 〔龍谷大付属平安高〕

(3) $3x-\dfrac{8-5x}{4}=5(x-6)-8$ 〔中央大杉並高〕 (4) $\dfrac{59}{12}x+0.25\left(x-\dfrac{4}{3}\right)=\dfrac{11(2-x)}{6}$ 〔大阪教育大附高(池田)〕

9 クラスで記念作品をつくるために１人700円ずつ集めた。予定では全体で500円余る見込み(みこ)みであったが，見込みよりも7500円多く費用がかかった。そのため，１人200円ずつ追加して集めたところ，かかった費用を集めたお金でちょうどまかなうことができた。記念作品をつくるためにかかった費用は何円か，求めなさい。 〔愛知〕

例題 11

10 A地点とC地点を結ぶ経路があり，その途中(とちゅう)にB地点がある。A地点とC地点の間の道のりは7.7kmである。梅子さんは，9時にA地点を出発し，この経路を時速4kmで歩いてB地点に向かった。B地点に着くとすぐ自転車に乗り，時速7.5kmでC地点へ向かいC地点には10時10分に到着(とうちゃく)した。梅子さんのB地点での滞在(たいざい)時間は考えないものとする。 〔お茶の水女子大附高〕

例題 14 15

(1) A地点からB地点までの道のりと，梅子さんがB地点に到着した時刻を求めなさい。

(2) 菊代(きくよ)さんは，C地点を9時26分に出発し，この経路を時速9kmで自転車に乗ってB地点へ向かったところ，途中で梅子さんとすれ違(ちが)った。すれ違った時刻を求めなさい。

11 ある商品を１個500円でx個仕入れて，利益を見込んで定価をつけて３日間にわたって売り出した。 〔明治学院高－改〕

例題 10 16

・１日目は，仕入れ個数の６割の商品が売れた。
・２日目は，定価を１日目の２割引きにしたところ，商品が10個売れ残った。
・１日目と２日目の売上げ個数の比は２：１であった。
・３日目は，定価を２日目より240円引きにして売ったところ完売した。

(1) １日目の定価をA円とするとき，３日目の定価をAを用いて表しなさい。

(2) xの値を求めなさい。

(3) ３日間の総売上げ金額が85,000円であるとき，１日目における商品１個あたりの利益を求めなさい。

チャレンジ

12 ３つの容器A，B，Cがあり，Aには濃度(のうど)5％の食塩水が100g，Bには濃度10％の食塩水が200g入っていて，Cは空である。まず，AとBから合わせて100gの食塩水を取り出してCに入れ，よくかき混ぜた後，Cから80gの食塩水をAに入れると，Aの濃度が7％になった。このとき，Aの容器には濃度7％の食塩水が何g入っているかを求めなさい。 〔西大和学園高〕

例題 17

5 連立方程式の解き方

p.164 ～ 167

❶ 連立方程式とその解の意味を理解しよう。
❷ 加減法と代入法を用いて連立方程式を解けるようにしよう。
❸ 加減法か代入法のどちらの方法が解きやすいか考えて解けるようにしよう。

要点整理

1 連立方程式とその解

▶ $x+y=12$…①のように，2つの文字をふくむ1次方程式を，**2元1次方程式**という。2元1次方程式を**成り立たせる文字の値の組**を，2元1次方程式の**解**という。

①の解は，$(x,\ y)=(-2,\ 14),\ (0,\ 12),\ (1,\ 11),\ (4.5,\ 7.5),\ \cdots$ のように**無数にある。**

▶ (A) $\begin{cases} x+y=12 \\ 2x-y=0 \end{cases}$ のように，2つ以上の方程式を組み合わせたものを**連立方程式**という。

また，組み合わせた**どの方程式も成り立たせるような文字の値の組**を，連立方程式の解といい，(A)の解は $x=4,\ y=8$ である。連立方程式の解を求めることを連立方程式を**解く**という。

└解の表し方は，他に $(x,\ y)=(4,\ 8)$，$\begin{cases} x=4 \\ y=8 \end{cases}$ がある

2 加減法による解き方

▶ x，y についての連立方程式から，y をふくまない方程式を導くことを，y を**消去する**という。

▶ **どちらかの文字の係数の絶対値をそろえ**，左辺どうし，右辺どうしを**たしたりひいたりして，その文字を消去して解く**方法を**加減法**という。

例 $\begin{cases} 2x+3y=5 \cdots① \\ x-3y=7 \ \cdots② \end{cases}$ ①＋②より，y を消去して，

$$\begin{array}{rr} & 2x+3y=5 \\ +) & x-3y=7 \\ \hline & 3x \quad =12 \end{array} \quad x=4$$

$x=4$ を①に代入して，$2\times4+3y=5$　$y=-1$　よって，$x=4,\ y=-1$

3 代入法による解き方

▶ **一方の式を他方の式に代入することによって文字を消去して解く**方法を**代入法**という。

例 $\begin{cases} x=4y+1 \quad \cdots① \\ 2x-3y=-8 \cdots② \end{cases}$ ①を②に代入して，x を消去すると，

$2(4y+1)-3y=-8$　$5y=-10$　$y=-2$

$y=-2$ を①に代入して，$x=4\times(-2)+1=-7$　よって，$x=-7,\ y=-2$

★★★ ⮌ p.164 1

例題 21 連立方程式とその解

次の問いに答えなさい。

(1) 2元1次方程式 $3x-2y=7$ の解を次の**ア**～**エ**の中から選びなさい。〔沖縄〕

ア $x=1$, $y=2$　　**イ** $x=-1$, $y=2$

ウ $x=1$, $y=-2$　　**エ** $x=-1$, $y=-2$

(2) $x=2$, $y=1$ が解になっている連立方程式を，次の**ア**～**ウ**の中から選びなさい。〔佐賀〕

ア $\begin{cases} x+y=3 \\ x+4y=9 \end{cases}$　**イ** $\begin{cases} 4x-y=7 \\ 5x-3y=0 \end{cases}$　**ウ** $\begin{cases} 3x-y=5 \\ -x+4y=2 \end{cases}$

x, y の値が解になるのは，方程式に代入して 左辺＝右辺 になるときである。

解き方と答え

(1) **ア**～**エ**の x, y の値の組を，方程式 $3x-2y=7$ にそれぞれ代入し，方程式が成り立つかどうか調べる。（←左辺＝右辺）

ア $3\times1-2\times2=3-4=-1\neq7$　解でない。（左辺 -1，右辺 7）

イ $3\times(-1)-2\times2=-3-4=-7\neq7$　解でない。

ウ $3\times1-2\times(-2)=3+4=7$　解である。

エ $3\times(-1)-2\times(-2)=-3+4=1\neq7$　解でない。

よって，**ウ**

(2) $x=2$, $y=1$ を**ア**～**ウ**の方程式に代入し，2つの方程式とも成り立たせるとき，解である。

ア $2+1=3$　○　　**イ** $4\times2-1=7$　○

$2+4\times1=6\neq9$　×　　$5\times2-3\times1=7\neq0$　×

ウ $3\times2-1=5$　○

$-2+4\times1=2$　○

よって，**ウ**

くわしく　解が不定・不能の連立方程式

連立方程式の解は，ふつう1つであるが，解が1つに決まらない連立方程式もある。

㋐ $\begin{cases} x+y=2 & \cdots① \\ 2x+2y=4 & \cdots② \end{cases}$

①の式の両辺を2倍すると，②の式になるから，①の解はすべて②の解である。つまり，解は無数にある。このような方程式を不定であるという。

㋑ $\begin{cases} x+y=2 & \cdots① \\ x+y=3 & \cdots② \end{cases}$

解はない。このような方程式を不能であるという。

類題 21

別冊解答 p.43

2つの2元1次方程式を組み合わせて $x=3$, $y=-2$ が解となる連立方程式をつくる。このとき，組み合わせる2元1次方程式はどれとどれか。次のア～エから2つ選びなさい。〔高知〕

ア $x+y=-1$　　**イ** $2x-y=8$

ウ $3x-2y=5$　　**エ** $x+3y=-3$

★★★

p.164 2

例題 22 加減法による解き方

次の連立方程式を解きなさい。

(1) $\begin{cases} x+y=7 \\ 3x-y=-3 \end{cases}$ 〔北海道〕 (2) $\begin{cases} 2x-5y=8 \\ 2x+3y=-8 \end{cases}$ (3) $\begin{cases} 4x+3y=1 \\ 3x-2y=-12 \end{cases}$ 〔京都〕

x, yのどちらかの係数の絶対値をそろえて，その文字を消去しよう。

解き方と答え

上の式を①，下の式を②とする。

(1) ①＋②より，

$$\begin{array}{rr} & x+y=7 \\ +) & 3x-y=-3 \\ \hline & 4x \quad =4 \\ & x \quad =1 \end{array}$$

$x=1$を①に代入して，$1+y=7$　$y=6$

└②に代入してもよいが，ふつうは計算が簡単なほうに代入する

よって，$x=1$，$y=6$

(2) ①－②より，

$$\begin{array}{rr} & 2x-5y=8 \\ -) & 2x+3y=-8 \\ \hline & -8y=16 \\ & y=-2 \end{array}$$

$y=-2$を②に代入して，$2x+3\times(-2)=-8$　$x=-1$

よって，$x=-1$，$y=-2$

(3) ①×2＋②×3より，

$$\begin{array}{rr} & 8x+6y=2 \\ +) & 9x-6y=-36 \\ \hline & 17x \quad =-34 \\ & x \quad =-2 \end{array}$$

$x=-2$を①に代入して，$4\times(-2)+3y=1$　$y=3$

よって，$x=-2$，$y=3$

くわしく 消去のしかた

(1)係数の絶対値が同じで符号がちがうとき，

①＋②でyを消去

(2)係数が同じとき，

①－②でxを消去

(3)どちらの文字も係数がちがうとき，

係数の絶対値を最小公倍数にそろえる。

⇒①×2＋②×3でyを消去

⇒①×3－②×4でxを消去

アドバイス

解の確かめ方

解が正しいかどうかを確かめるには，一方の文字の値を求めた後，もう一方を求めるために代入した式ではないほうの式（(1)では②）に代入すればよい。

類題 22

別冊解答 p.43

次の連立方程式を，加減法で解きなさい。

└実際の入試問題は「加減法で」という指定はありません

(1) $\begin{cases} 3x+2y=7 \\ x+2y=1 \end{cases}$ 〔大阪〕 (2) $\begin{cases} 9x-5y=-7 \\ -3x+2y=4 \end{cases}$ 〔東京〕

(3) $\begin{cases} 3x-2y=-1 \\ 2x+3y=8 \end{cases}$ 〔江戸川学園取手高〕 (4) $\begin{cases} 5x+9y=2 \\ 9x+5y=2 \end{cases}$

★★★

p.164 3

例題 23 代入法による解き方

次の連立方程式を解きなさい。

(1) $\begin{cases} 3x+4y=5 \\ x=1-y \end{cases}$ 〔福島〕 (2) $\begin{cases} 3x-2y=9 \\ 2y=5x-7 \end{cases}$ (3) $\begin{cases} y=x+1 \\ y=3x-5 \end{cases}$

一方の式を他方の式に代入して，1つの文字を消去しよう。

解き方と答え

上の式を①，下の式を②とする。

(1) ②を①に代入すると，$3(1-y)+4y=5$　$y=2$
　↑xを消去

$y=2$を②に代入して，$x=1-2=-1$

よって，$x=-1$，$y=2$

(2) ②を①に代入すると，$3x-(5x-7)=9$
　↑$2y$ごと代入し，yを消去

$3x-5x+7=9$　$x=-1$

$x=-1$を②に代入して，$2y=5\times(-1)-7$　$y=-6$

よって，$x=-1$，$y=-6$

(3) ①を②に代入すると，$x+1=3x-5$
　↑yを消去

$x-3x=-5-1$　$-2x=-6$　$x=3$

$x=3$を①に代入して，$y=3+1$　$y=4$

よって，$x=3$，$y=4$

くわしく

代入法を使うときは？

$x=$～や$y=$～の式がある場合は，代入法で解こう。

注意！ 代入するときはかっこをつける

一方の式を他方の式に代入するときは，かっこをつけて代入しよう。かっこをつけないと，

(1) $3-y+4y=5$

(2) $3x-5x-7=9$

のようなミスをしやすくなる。

用語 等置法

(3) $\begin{cases} y=\boxed{(ア)}\cdots① \\ y=\boxed{(イ)}\cdots② \end{cases}$ の形のときは，$\boxed{(ア)}=\boxed{(イ)}$を解く。この解き方を等置法（とうちほう）という。

類題 23

別冊解答 p.43

次の連立方程式を，代入法で解きなさい。
↑実際の入試問題は「代入法で」という指定はありません

(1) $\begin{cases} x-2y=8 \\ y=2x-7 \end{cases}$ 〔茨城〕 (2) $\begin{cases} x=y-2 \\ 2x+y=6 \end{cases}$

(3) $\begin{cases} y=x+4 \\ y=-2x-5 \end{cases}$ (4) $\begin{cases} 7x-y=8 \\ -9x+4y=6 \end{cases}$ 〔東京〕

6 いろいろな連立方程式

p.168 ~ 174

❶ かっこ，小数や分数をふくむ連立方程式を解けるようにしよう。
❷ $A=B=C$の形の連立方程式を解けるようにしよう。
❸ 複雑な形の連立方程式を解けるようにしよう。

要点整理

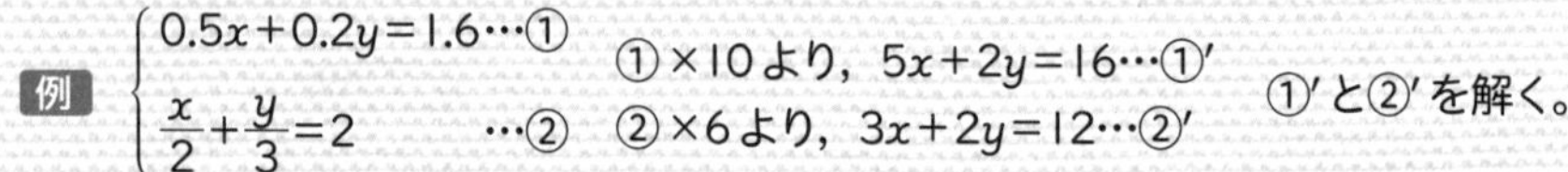

1 かっこ，小数や分数をふくむ連立方程式

➡例題 24～26

▶かっこをふくむ連立方程式は，**かっこをはずし，整理して**から解く。

▶係数に小数や分数をふくむ連立方程式は，**係数がすべて整数になるように変形して**から解く。

例 $\begin{cases} 0.5x+0.2y=1.6 \cdots ① \\ \dfrac{x}{2}+\dfrac{y}{3}=2 \quad \cdots ② \end{cases}$ ①×10より，$5x+2y=16 \cdots ①'$　②×6より，$3x+2y=12 \cdots ②'$　①′と②′を解く。

2 $A=B=C$の形の連立方程式

➡例題 27

▶$A=B=C$の形の連立方程式は，$\begin{cases} A=B \\ A=C \end{cases}$　$\begin{cases} A=B \\ B=C \end{cases}$　$\begin{cases} A=C \\ B=C \end{cases}$ のいずれかにして解く。

例 $x+y=3x+2y=3$　$\begin{cases} x+y=3 \\ 3x+2y=3 \end{cases}$ を解く。

3 おきかえを使った連立方程式，連立3元1次方程式

➡例題 28，29

▶分母に同じ文字や式があるときは，**おきかえ**を利用する。

例 $\begin{cases} \dfrac{1}{x}+\dfrac{3}{y}=3 \\ \dfrac{1}{x}-\dfrac{6}{y}=4 \end{cases}$　$\dfrac{1}{x}=X$，$\dfrac{1}{y}=Y$とおき，$\begin{cases} X+3Y=3 \\ X-6Y=4 \end{cases}$ を解く。そして，X，Yの値→x，yの値の順に求める。

▶$\begin{cases} x+y+z=6 \quad \cdots ① \\ 2x-y+z=3 \quad \cdots ② \\ 3x-2y-z=-4 \cdots ③ \end{cases}$ のように，文字3つの方程式を3つ組み合わせたものを，**連立3元1次方程式**（れんりつ げん じほうていしき）という。

この場合，①－②，②＋③より，**まず文字zを消去し，次にx，yについての連立方程式を解く**。

★★★

p.168 1

例題 24 かっこや比例式をふくむ連立方程式

次の連立方程式を解きなさい。

(1) $\begin{cases} 3x-2y=5 \\ 2(x+y)-3(x-y)=33 \end{cases}$ 〔桐蔭学園高〕

(2) $\begin{cases} x+2y=10 \\ x:(y+2)=3:2 \end{cases}$ 〔和洋国府台女子高〕

分配法則を使ってかっこをはずし，式を簡単にしてから解こう。

解き方と答え

上の式を①，下の式を②とする。

(1) ②のかっこをはずすと，

$2x+2y-3x+3y=33 \quad -x+5y=33 \cdots$ ②′

①＋②′×3より，

$$\begin{array}{rr} & 3x-\ \ 2y=5 \\ +) & -3x+15y=99 \\ \hline & 13y=104 \\ & y=8 \end{array}$$

$y=8$ を①に代入して，$3x-2\times8=5 \quad x=7$

よって，$x=7$，$y=8$

(2) ②に比例式の性質を使うと，$2x=3(y+2)$

かっこをはずすと，

$2x=3y+6$

$2x-3y=6 \cdots$ ②′

①×2－②′より，

$$\begin{array}{rr} & 2x+4y=20 \\ -) & 2x-3y=6 \\ \hline & 7y=14 \\ & y=2 \end{array}$$

$y=2$ を①に代入して，$x+2\times2=10 \quad x=6$

よって，$x=6$，$y=2$

注意！

かっこのはずし方

分配法則

$a(b+c)=ab+ac$

$(a+b)c=ac+bc$

を使って，かっこをはずす。特にかっこのうしろ側の項(こう)にかけ忘れないようにする。また，符号(ふごう)の間違(まちが)いにも注意しよう。

Return かっこをふくむ方程式
…p.143の例題④

Return 比例式
…p.146の例題⑦

類題 24 別冊解答 p.43

次の連立方程式を解きなさい。

(1) $\begin{cases} x=2y+9 \\ 4(x+y)-x=7 \end{cases}$

(2) $\begin{cases} 2(x-3)+3y=7 \\ 3x-4(y+3)=16 \end{cases}$ 〔関西学院高〕

(3) $\begin{cases} (x-1):(y+1)=3:2 \\ 4x-3y=11 \end{cases}$ 〔京都産業大附高〕

(4) $\begin{cases} (x+4):(y+1)=5:2 \\ 3(x-y)+8=2x+5 \end{cases}$ 〔青雲高〕

★★★ p.168 1

例題 25 小数をふくむ連立方程式

次の連立方程式を解きなさい。

(1) $\begin{cases} x+2y=-5 \\ 0.2x-0.15y=0.1 \end{cases}$ 〔滋賀〕　(2) $\begin{cases} 1.25x+0.75y=1 \\ 2.1x-1.4y=7 \end{cases}$ 〔中央大附高〕

解き方のコツ 係数に小数をふくむとき，両辺に10, 100などをかけて整数になおそう。

解き方と答え

上の式を①，下の式を②とする。

(1) ②×100より，$20x-15y=10$

両辺を5でわって，$4x-3y=2$…②′

①×4－②′より，

$$\begin{array}{rr} & 4x+8y=-20 \\ -) & 4x-3y=2 \\ \hline & 11y=-22 \\ & y=-2 \end{array}$$

$y=-2$を①に代入して，$x+2\times(-2)=-5$　$x=-1$

よって，$x=-1$，$y=-2$

(2) ①×4より，$5x+3y=4$…①′

②×10より，$21x-14y=70$

両辺を7でわって，$3x-2y=10$…②′

①′×2＋②′×3より，

$$\begin{array}{rr} & 10x+6y=8 \\ +) & 9x-6y=30 \\ \hline & 19x \quad =38 \\ & x \quad =2 \end{array}$$

$x=2$を①′に代入して，$5\times2+3y=4$　$y=-2$

よって，$x=2$，$y=-2$

注意！ 係数を整数になおすとき

(1)の②では，位が小数第二位までの数があるので，100倍して，すべての係数が整数になるようにする。また，0.15×20＝3より，20倍してもよい。

(2)の②は，右辺の整数7にも10をかけ忘れないようにしよう。

Return

小数をふくむ方程式
…p.144の例題5

類題 25 別冊解答 p.44

次の連立方程式を解きなさい。

(1) $\begin{cases} 0.1x+0.3y=-0.7 \\ 2x-3y=13 \end{cases}$

(2) $\begin{cases} 2(0.1x-4)=y \\ 5x+7y=3(x+2y+1) \end{cases}$ 〔平安女学院高〕

(3) $\begin{cases} 0.2x-0.7y=-0.3 \\ 0.03x-0.02y=-0.13 \end{cases}$

(4) $\begin{cases} a+2.5\times1.1b=9 \\ 1.2a+0.7\times2.5\times1.1b=5.3 \end{cases}$ 〔西大和学園高〕

★★★

p.168 1

例題 26 分数をふくむ連立方程式

次の連立方程式を解きなさい。

(1) $\begin{cases} \dfrac{x}{6}-\dfrac{y}{4}=-2 \\ 3x+2y=3 \end{cases}$ 〔長崎〕 (2) $\begin{cases} \dfrac{x}{4}+\dfrac{y}{8}=1 \\ \dfrac{2x-1}{3}-\dfrac{y+4}{2}=2 \end{cases}$ 〔中央大附高〕

解き方のコツ 両辺に分母の最小公倍数をかけて，分母をはらって整数になおそう。

解き方と答え

上の式を①，下の式を②とする。

(1) ①×12より，$2x-3y=-24$…①′

①′×2＋②×3より，

$$\begin{array}{rl} 4x-6y &= -48 \\ +)\ 9x+6y &= 9 \\ \hline 13x \quad &= -39 \\ x \quad &= -3 \end{array}$$

$x=-3$を②に代入して，$3\times(-3)+2y=3$ $y=6$

よって，$x=-3$，$y=6$

(2) ①×8より，$2x+y=8$…①′

②×6より，$\dfrac{2x-1}{3}\times6-\dfrac{y+4}{2}\times6=2\times6$

$2(2x-1)-3(y+4)=12$ $4x-3y=26$…②′

①′×2－②′より，

$$\begin{array}{rl} 4x+2y &= 16 \\ -)\ 4x-3y &= 26 \\ \hline 5y &= -10 \\ y &= -2 \end{array}$$

$y=-2$を①′に代入して，$2x-2=8$ $x=5$

よって，$x=5$，$y=-2$

注意！

分母をはらうとき

両辺に分母の最小公倍数をかけて分母をはらうとき，すべての項（こう）にかけること。特に，(1)①の式のように，右辺が分数でなく整数のときは，左辺だけに12をかけて，

$2x-3y=\underline{-2}$ としてしまわないように注意しよう。

Return

分数をふくむ方程式

…p.145の例題6

類題 26 別冊解答 p.44

次の連立方程式を解きなさい。

(1) $\begin{cases} \dfrac{x+y}{3}=\dfrac{1+y}{2} \\ 3x-2y=1 \end{cases}$ 〔都立立川高〕 (2) $\begin{cases} \dfrac{2x+y}{3}-\dfrac{x-y}{5}=1 \\ 5x+6y=3 \end{cases}$ 〔同志社高〕

(3) $\begin{cases} 0.1x+0.3y=1.3 \\ x-\dfrac{1}{4}y=\dfrac{5+2x}{4} \end{cases}$ 〔法政大高〕 (4) $\begin{cases} \dfrac{4x+1}{3}-\dfrac{y-5}{6}=2 \\ 2(x-4y)+7y+2=1-3x \end{cases}$ 〔都立戸山高〕

★★★

⮌ p.168 2

例題 27 $A=B=C$の形の連立方程式

次の連立方程式を解きなさい。

(1) $3x-4y=5x-y=17$ 〔佐賀〕 (2) $2x+y=x-5y-4=3x-y$ 〔奈良〕

$A=B=C$の形の連立方程式は，

$\begin{cases}A=B\\A=C\end{cases}$ $\begin{cases}A=B\\B=C\end{cases}$ $\begin{cases}A=C\\B=C\end{cases}$ **のいずれかにして解こう。**

解き方と答え

(1) 17を2回使って組み合わせて，（17 ← C）

$\begin{cases}\underset{A}{3x-4y}=\underset{C}{17}\cdots①\\\underset{B}{5x-y}=\underset{C}{17}\cdots②\end{cases}$

①－②×4より，

$$\begin{array}{rrl} & 3x-4y&=17\\ -) & 20x-4y&=68\\ \hline & -17x&=-51 \end{array}\quad x=3$$

$x=3$を②に代入して，$5\times3-y=17$ $y=-2$

よって，$x=3$，$y=-2$

(2) $2x+y$を2回使って組み合わせて，（$2x+y$ ← A）

$\begin{cases}\underset{A}{2x+y}=\underset{B}{x-5y-4}\cdots①\\\underset{A}{2x+y}=\underset{C}{3x-y}\quad\cdots②\end{cases}$ $\begin{cases}x+6y=-4\cdots①'\\-x+2y=0\cdots②'\end{cases}$

①′＋②′より，

$$\begin{array}{rrl} & x+6y&=-4\\ +) & -x+2y&=0\\ \hline & 8y&=-4 \end{array}\quad y=-\frac{1}{2}$$

$y=-\frac{1}{2}$を①′に代入して，$x+6\times\left(-\frac{1}{2}\right)=-4$ $x=-1$

よって，$x=-1$，$y=-\frac{1}{2}$

アドバイス 組み合わせをくふうしよう

A，B，Cのうちの数だけのものや，いちばん簡単な式を2回使って組み合わせると，解くのが簡単になる。

別解 (2)$3x-y$を2回使ってもよい

$\begin{cases}2x+y=3x-y\quad\cdots①\\x-5y-4=3x-y\cdots②\end{cases}$

①より，$-x+2y=0\cdots①'$

②より，$-x-2y=2\cdots②'$

①′＋②′より，$-2x=2$

$x=-1$

①′－②′より，$4y=-2$

$y=-\frac{1}{2}$

類題 27

別冊解答 p.44

次の連立方程式を解きなさい。

(1) $3x+y=x-y=4$ 〔沖縄〕

(2) $6x-3y+7=4x+6y=2x+3$ 〔埼玉〕

(3) $5x-7y-4=8x+y+10=5x+3$ 〔久留米大附高〕

(4) $5x+7y=\frac{2}{3}x+\frac{1}{2}y=3$ 〔青雲高〕

★★★

p.168 3

例題 28 おきかえを使った連立方程式

次の連立方程式を解きなさい。

(1) $\begin{cases} \dfrac{1}{x}+\dfrac{1}{y}=3 \cdots ① \\ \dfrac{2}{x}-\dfrac{1}{y}=1 \cdots ② \end{cases}$ 〔法政大第二高〕

(2) $\begin{cases} \dfrac{10}{x+y}+\dfrac{1}{x-y}=18 \cdots ① \\ \dfrac{5}{x+y}+\dfrac{3}{x-y}=24 \cdots ② \end{cases}$ 〔函館ラ・サール高〕

(2) $\dfrac{1}{x+y}=X, \dfrac{1}{x-y}=Y$とおき，$X$と$Y$の値→$x$と$y$の値の順に求めよう。

解き方と答え

(1) $\dfrac{1}{x}=X,\ \dfrac{1}{y}=Y$とおくと，$\begin{cases} X+Y=3 \ \cdots ①' \\ 2X-Y=1 \cdots ②' \end{cases}$

①′＋②′より，$3X=4 \quad X=\dfrac{4}{3}$

$X=\dfrac{4}{3}$を①′に代入して，$Y=\dfrac{5}{3}$

（分子と分母を入れかえる）

$\dfrac{1}{x}=\dfrac{4}{3},\ \dfrac{1}{y}=\dfrac{5}{3}$より，$x=\dfrac{3}{4},\ y=\dfrac{3}{5}$

（逆数の関係）

よって，$x=\dfrac{3}{4},\ y=\dfrac{3}{5}$

(2) $\dfrac{1}{x+y}=X,\ \dfrac{1}{x-y}=Y$とおくと，

$\begin{cases} 10X+Y=18 \cdots ①' \\ 5X+3Y=24 \cdots ②' \end{cases}$ ①′×3－②′より，$25X=30 \quad X=\dfrac{6}{5}$

$X=\dfrac{6}{5}$を①′に代入して，$Y=6$より，$\begin{cases} x+y=\dfrac{5}{6} \cdots ①'' \\ x-y=\dfrac{1}{6} \cdots ②'' \end{cases}$

①″＋②″より，$2x=1 \quad x=\dfrac{1}{2} \quad x=\dfrac{1}{2}$を①″に代入して，$y=\dfrac{1}{3}$

よって，$x=\dfrac{1}{2},\ y=\dfrac{1}{3}$

別解 (1)両辺にxyをかけてもよい

$\begin{cases} y+x=3xy \\ 2y-x=xy \end{cases}$ より，

$\begin{cases} x+y=3xy \quad \cdots ③ \\ -x+2y=xy \cdots ④ \end{cases}$

③＋④より，$3y=4xy$

$y \neq 0$だから，$x=\dfrac{3}{4}$

③に代入して，$y=\dfrac{3}{5}$

類題 28

別冊解答 p.44

次の連立方程式を解きなさい。

(1) $\begin{cases} \dfrac{2}{x}-\dfrac{3}{y}=12 \\ \dfrac{5}{x}+\dfrac{2}{y}=11 \end{cases}$ 〔法政大国際高〕

(2) $\begin{cases} \dfrac{2}{x+y}+\dfrac{3}{x-y}=-2 \\ \dfrac{2}{x+y}-\dfrac{1}{x-y}=2 \end{cases}$ 〔中央大杉並高〕

★★★ p.168 3

例題 29 連立3元1次方程式

次の連立方程式を解きなさい。

(1) $\begin{cases} x+y=-7 \cdots ① \\ y+z=-3 \cdots ② \\ z+x=6 \quad \cdots ③ \end{cases}$　(2) $\begin{cases} (3-x):(y+1)=5:2 \cdots ① \\ 3y+2z=1 \quad \cdots ② \\ 5x+2y+z=1 \quad \cdots ③ \end{cases}$ 〔開成高〕

解き方のコツ　(2) ②と③の式からzを消去しよう。その式と①を連立させて解こう。

解き方と答え

(1) ①＋②＋③より，

$$\begin{array}{r} x+y=-7 \\ y+z=-3 \\ +)\ z+x=6 \\ \hline 2x+2y+2z=-4 \end{array} \quad x+y+z=-2 \cdots ④$$

①，④より，$-7+z=-2$　$z=5$

②，④より，$x-3=-2$　$x=1$

③，④より，$y+6=-2$　$y=-8$

よって，$x=1$，$y=-8$，$z=5$

(2) ①より，$2(3-x)=5(y+1)$　$2x+5y=1 \cdots ①'$

②－③×2より，

$$\begin{array}{r} 3y+2z=1 \\ -)\ 10x+4y+2z=2 \\ \hline -10x-\ y \quad =-1 \end{array} \quad 10x+y=1 \cdots ④$$

①′×5－④より，

$$\begin{array}{r} 10x+25y=5 \\ -)\ 10x+\ y=1 \\ \hline 24y=4 \end{array} \quad y=\frac{1}{6}$$

$y=\frac{1}{6}$を④に代入して，$10x+\frac{1}{6}=1$　$x=\frac{1}{12}$

$y=\frac{1}{6}$を②に代入して，$3\times\frac{1}{6}+2z=1$　$z=\frac{1}{4}$

よって，$x=\frac{1}{12}$，$y=\frac{1}{6}$，$z=\frac{1}{4}$

別解 (1)②と③の式からzを消去する

②－③より，

$$\begin{array}{r} y+z=-3 \\ -)\ x \quad +z=6 \\ \hline -x+y \quad =-9 \end{array} \cdots ④$$

①＋④より，

$$\begin{array}{r} x+y=-7 \\ +)\ -x+y=-9 \\ \hline 2y=-16 \\ y=-8 \end{array}$$

これを①，②に代入して，

$x=1$，$z=5$

参考 文字の数と式の数

連立3元1次方程式の解を求めるには，3つの式が必要である。つまり，解を求めるには，文字の数だけ式の数が必要になる。

類題 29 別冊解答 p.44

次の連立方程式を解きなさい。

(1) $\begin{cases} x+2y=9 \\ 4y+2z=10 \\ 5x+4z=11 \end{cases}$ 〔法政大第二高〕　(2) $\begin{cases} x+y+z=\frac{1}{6} \\ 2x+y-z=-\frac{1}{2} \\ x+3y+2z=\frac{1}{6} \end{cases}$ 〔開成高〕

7 連立方程式の利用

p.175 ～ 183

❶ 文字の値や整数，代金についての問題を解けるようにしよう。
❷ いろいろな速さ，割合，濃度についての問題を図や表に整理し，方程式をつくって解けるようにしよう。

要点整理

1 文字の値，整数，代金と個数についての問題

▶文字の値についての問題

㋐ 解$x=p$，$y=q$がわかっているときは，**解を連立方程式に代入**して，係数を求める。

㋑ 2つの連立方程式の解が一致するときは，**係数が文字でない方程式から解を求める。**

▶代金と個数についての問題…数量(値段，個数など)を表に整理して考えるとよい。

2 速さについての問題

▶2人が池のまわりを進む問題

㋐ 反対方向に進み，はじめて出会うとき，**2人の移動距離の和＝1周**

㋑ 同じ方向に進み，はじめて追いこすとき，**2人の移動距離の差＝1周**

▶列車が鉄橋を渡るとき，列車が鉄橋を渡りはじめてから渡り終わるまでの距離は，

鉄橋の長さ＋列車の長さ

▶川を船で移動する問題

㋐ 川を上るときは，
船の速さ＝静水時の船の速さ－流れの速さ

㋑ 川を下るときは，
船の速さ＝静水時の船の速さ＋流れの速さ

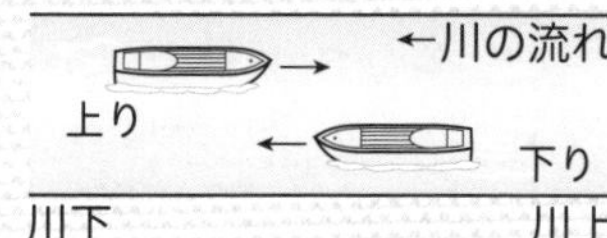

3 割合，濃度についての問題

➡例題 36，37

▶増減の問題では，**もとにする量をx，yとする**ことに注意する。

例 昨年男子はx人，女子はy人の部員がいた。今年の男子は5%増加し，女子は7%減少した。このとき，今年の部員数は，$1.05x+0.93y$(人)

（x人，y人 ← もとにする量；1.05 ← $1+0.05$；0.93 ← $1-0.07$）

▶濃度についての問題…p.154参照

★★★ p.175 1

例題 30 文字の値についての問題

次の問いに答えなさい。

(1) 連立方程式 $\begin{cases} ax-by=-3 \cdots ① \\ bx+ay=-4 \cdots ② \end{cases}$ の解が$x=1$，$y=-2$のとき，a，bの値を求めなさい。〔和洋国府台女子高〕

(2) x，yについての2つの連立方程式 $\begin{cases} 3x-4y=14 \cdots ① \\ ax+by=29 \cdots ② \end{cases}$ と $\begin{cases} x-2y=8 \cdots ③ \\ 2ax-by=-17 \cdots ④ \end{cases}$ の解が一致する。このとき，a，bの値を求めなさい。〔福岡大附属大濠高〕

(2) 一致（いっち）する解をまず求め，それを代入してa，bについての連立方程式をつくろう。

解き方と答え

(1) 解$x=1$，$y=-2$を①，②に代入すると，

$\begin{cases} a\times1-b\times(-2)=-3 \\ b\times1+a\times(-2)=-4 \end{cases}$　$\begin{cases} a+2b=-3 \cdots ①' \\ -2a+b=-4 \cdots ②' \end{cases}$

①′，②′を解いて，$a=1$，$b=-2$

(2) 解が一致するということは，解が①～④の方程式すべてを成り立たせるということである。そこで，①と③を組み合わせると，
↑文字a，bがない

$\begin{cases} 3x-4y=14 \cdots ① \\ x-2y=8 \cdots ③ \end{cases}$　$x=-2$，$y=-5$

$x=-2$，$y=-5$は②，④の解でもあるから，それぞれに$x=-2$，$y=-5$を代入して，

$\begin{cases} -2a-5b=29 \cdots ②' \\ -4a+5b=-17 \cdots ④' \end{cases}$

②′，④′を解いて，$a=-2$，$b=-5$

類題 30 別冊解答 p.45

次の問いに答えなさい。

(1) a，bを定数とする。$\begin{cases} ax+by=-11 \\ bx+ay=17 \end{cases}$ の解が$x=1$，$y=-3$であるとき，a，bの値をそれぞれ求めなさい。〔大阪〕

(2) 2組のx，yについての連立方程式 $\begin{cases} 4ax-5by=12 \\ 5x+4y=6 \end{cases}$ $\begin{cases} 3x+4y=10 \\ 3ax+2by=-14 \end{cases}$ が同じ解をもつとき，a，bの値を求めなさい。〔近畿大附高〕

★★★

p.175 1

例題 31 整数についての問題

次の問いに答えなさい。

(1) 2けたの自然数があり，十の位の数と一の位の数の和は16である。この数の十の位の数と一の位の数を入れかえた数をつくると，もとの数より18大きくなる。このとき，もとの数を求めなさい。〔新潟〕

(2) 2けたの正の整数がある。その整数は，各位の数の和の4倍に等しく，また，十の位と一の位の数を入れかえてできる2けたの整数は，もとの整数の2倍より9だけ小さい。このとき，もとの整数を求めなさい。〔愛知〕

十の位の数をx，一の位の数をyとする2けたの整数は$10x+y$

解き方と答え

(1) 十の位の数をx，一の位の数をyとすると，各位の数の和は16だから，$x+y=16$…①

2けたの自然数は$10x+y$，各位を入れかえた数は$10y+x$で，これがもとの数より18大きいから，

$10y+x=10x+y+18$　$-x+y=2$…②

①，②より，$y=9$，$x=7$

よって，もとの数は，79

(2) 十の位の数をx，一の位の数をyとすると，この整数は，各位の数の和の4倍に等しいから，

$10x+y=4(x+y)$　$2x-y=0$…①

各位を入れかえてできる数は，もとの数の2倍より9小さいから，

$10y+x=2(10x+y)-9$　$-19x+8y=-9$…②

①，②より，$x=3$，$y=6$

よって，もとの整数は，36

Return 整数の表し方
…p.38の例題⑰

別解 (1)表に表す

十の位の数がx，一の位の数がyで，$x+y=16$となるのは，次の3通りである。

x	7	8	9
y	9	8	7
もとの数	79	88	97
入れかえた数	97 (+18)	88 (0)	79 (−18)

よって，$x=7$，$y=9$より，79

類題 31
別冊解答 p.45

ある3けたの自然数の各位の数の和は18で，十の位の数は百の位の数の2倍である。また，百の位の数と一の位の数を入れかえると，もとの自然数より594大きくなる。このとき，もとの自然数を求めなさい。〔明治大付属中野高〕

★★★

⮌p.175 1

例題 32 代金と個数についての問題

次の問いに答えなさい。

(1) 1個200円のケーキと1個130円のシュークリームを合わせて14個買ったところ，代金の合計が2380円になった。買ったケーキとシュークリームの個数をそれぞれ求めなさい。 〔富山－改〕

(2) ある水族館の入館料は，大人2人と中学生1人で3800円，大人1人と中学生2人で3100円である。大人1人と中学生1人の入館料はそれぞれいくらですか。 〔鹿児島－改〕

(1) 個数の関係と代金の関係から方程式を2つつくろう。

解き方と答え

(1) ケーキをx個，シュークリームをy個買ったとすると，

	ケーキ	シュークリーム	合計
1個の値段(円)	200	130	
個数(個)	x	y	14
代金(円)	$200x$	$130y$	2380

個数の関係から，$x+y=14$

代金の関係から，$200x+130y=2380$　　$x=8$，$y=6$

よって，ケーキ…8個，シュークリーム…6個

(2) 大人1人の入館料をx円，中学生1人の入館料をy円

とすると，$\begin{cases} 2x+y=3800 \\ x+2y=3100 \end{cases}$　　$x=1500$，$y=800$

よって，大人1人…1500円，中学生1人…800円

別解

(1)1次方程式で解く

ケーキをx個買うとすると，シュークリームは$(14-x)$個買ったことになるから，

$200x+130(14-x)=2380$

$x=8$より，ケーキ…8個

シュークリーム…

$14-8=6$(個)

Return 代金と個数についての問題

…p.150の例題⑩

類題 32

別冊解答 p.45

次の問いに答えなさい。

(1) 子ども会で動物園に行った。参加した子どもの人数は大人の人数の2倍より5人少なかった。動物園の入園料は大人1人が600円，子ども1人が300円であり，入園料の総額は28500円であった。このとき，参加した大人の人数と子どもの人数はそれぞれ何人か求めなさい。 〔愛知〕

(2) ある店では，チョコレートが1個54円，あめが1個81円で売られている。また，1個の重さは，チョコレートが20g，あめが12gである。このチョコレートとあめをそれぞれ何個か買ったところ，代金は全部で432円，全体の重さは124gであった。チョコレートとあめをそれぞれ何個買ったか求めなさい。 〔愛媛－改〕

★★★

p.175 2

例題 33 速さについての問題 (1) ～池のまわりをまわる～

1周1800mの池のまわりを，A，Bの2人が同じ地点から一定の速さで同時に歩きはじめる。2人が反対の向きに歩くと10分後に出会う。また，2人が同じ向きに歩くと50分後にBがAを追いぬく。A，Bの歩く速さをそれぞれ毎分xm，ymとして方程式をつくり，x，yの値を求めなさい。

〔東京電機大高〕

反対方向に進んで出会うときは，2人の歩く道のりの和が池1周，
同じ方向に進んで追いつくときは，2人の歩く道のりの差が池1周。

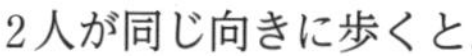

2人が反対の向きに歩くと，

Aの歩いた道のり＋Bの歩いた道のり＝池1周 だから，

$10x+10y=1800$…①

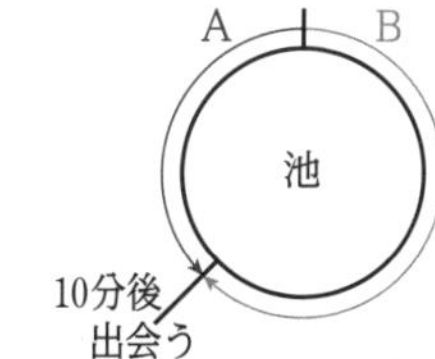

2人が同じ向きに歩くと，

Bの歩いた道のり－Aの歩いた道のり＝池の1周 だから，

$50y-50x=1800$…②

①，②より，$\begin{cases} x+y=180 \\ y-x=36 \end{cases}$

よって，$x=72$，$y=108$

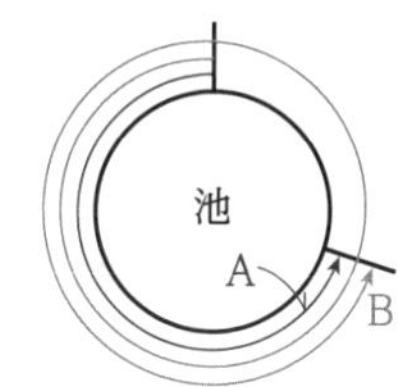

別冊解答 p.45

1周の距離(きょり)が4.2kmである円形の遊歩道をA，Bの2人が一定の速度で歩く。歩道上の点Pから逆向きで2人同時に出発すると，30分後に点Qで出会った。その後，Bが速さを1.2倍にあげて点Qから2人とも同じ向きで同時に出発すると，140分後にAがBに追いつき，再び出会った。最初に点Pを出発したときのA，Bそれぞれの歩く速さは時速何kmでしたか。〔関西学院高〕

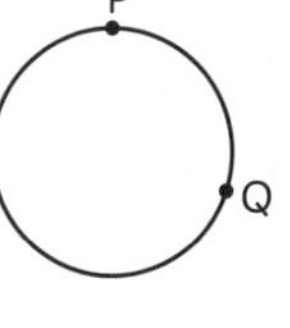

★★★ ⮌ p.175 2

例題 34 速さについての問題 (2) ～列車の長さと速さ～

ある列車が，長さ4300mのトンネルに入りはじめてから完全に出るまで3分かかる。また，この列車が，同じ長さ，同じ速さの列車と出会ってからすれ違う(ちが)まで8秒かかる。この列車の長さは何mですか。また，速さは時速何kmですか。〔同志社国際高〕

列車がトンネルに入りはじめてから完全に出るまでに進む距離(きょり)は，
トンネルの長さ＋列車の長さ

解き方と答え

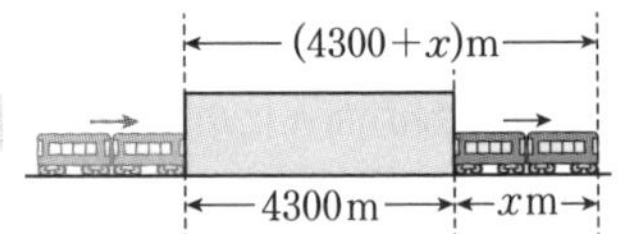

列車の長さをxm，速さを秒速ymとすると，
トンネルに入りはじめてから完全に出るまでに進む距離
＝トンネルの長さ＋列車の長さ　で，
この距離を進むのに3分＝180秒かかるから，

$180y=4300+x$…①

また，2つの列車が出会ってからすれ違うまでに進む距離
＝2つの列車の長さの和だから，

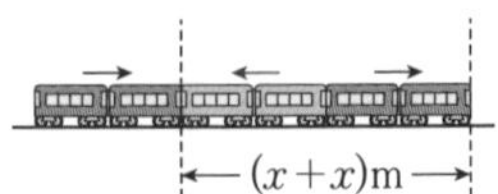

$8y+8y=2x$　$x=8y$…②

①，②より，$x=200$，$y=25$ ←秒速

秒速25mを時速になおすと，25×3600＝90000(m)より，時速90km

よって，列車の長さ…200m，時速…90km

別冊解答 p.45

時速90kmで走っている8両編成の上り列車と，時速72kmで走っている12両編成の下り列車が，あるトンネルの両側から同時に進入した。上りの列車がトンネルに入りはじめて，完全に通(とお)り抜(ぬ)けるまでに40秒かかり，その16秒後に下りの列車がトンネルを完全に通り抜けた。車両1両の長さと，トンネルの長さを求めなさい。ただし，車両1両の長さはすべて同じ長さとする。

★★★ p.175 2

例題 35 速さについての問題 (3) ～流速や静水時の速さ～

ある川に沿って30km離(はな)れている2地点A，Bを往復する船がある。上りにかかる時間は，下りにかかる時間の1.5倍で，この船がAB間を1往復するのにかかる時間は2時間である。このとき，川の流れの速さは毎時何kmか求めなさい。ただし，静水時の船の速さと川の流れの速さは一定であるものとする。

〔西大和学園高〕

上りの船の速さ＝静水時の船の速さ－流れの速さ
下りの船の速さ＝静水時の船の速さ＋流れの速さ

解き方と答え

静水時の船の速さを毎時$x$km，川の流れの速さを毎時$y$kmとすると，上りの船の速さは，毎時$(x-y)$km，下りの船の速さは，毎時$(x+y)$kmである。

上りにかかる時間は，下りにかかる時間の1.5倍だから，

上りにかかる時間：下りにかかる時間＝3：2

1往復するのに2時間かかるから，

上りにかかる時間は，$2\times\frac{3}{3+2}=\frac{6}{5}$(時間)，

下りにかかる時間は，$2-\frac{6}{5}=\frac{4}{5}$(時間)

よって，上りのとき，$(x-y)\times\frac{6}{5}=30$　$x-y=25$…①

下りのとき，$(x+y)\times\frac{4}{5}=30$　$x+y=\frac{75}{2}$…②

①，②より，$x=\frac{125}{4}$，$y=\frac{25}{4}$

よって，毎時$\frac{25}{4}$km

くわしく 船の速さを図にすると？

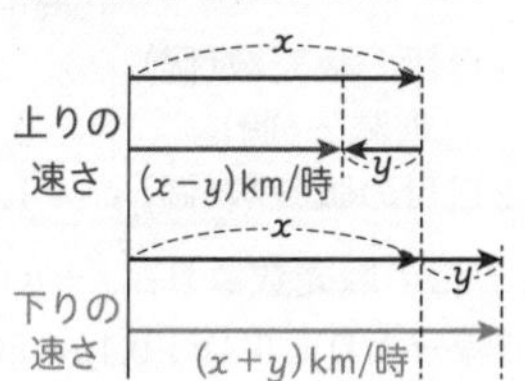

くわしく 図に表す

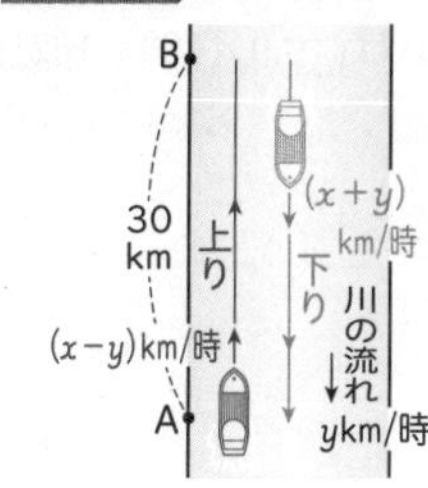

別冊解答 p.46

下流のA町から上流のB町まで静水時の速さが秒速6mの船で往復した。行きは前日の天候の影響(えいきょう)で川の流速が平常時の1.5倍になっており，ある地点を船が通り過ぎるのに4秒かかった。帰りは平常時の流速に戻っており，幅(はば)28mの橋の下に船首がさしかかってから，船尾(せんび)がくぐり抜(ぬ)けるまで5秒かかった。船の長さをxm，平常時の川の流速を秒速ymとして，x，yの値を求めなさい。

〔慶應義塾女子高〕

★★★ p.175 3

例題 36 割合についての問題

2つの商品AとBを2日間販売した。1日目は，商品Aと商品Bを合わせた販売数は500個であった。2日目は，商品Aの販売数が1日目より40%増加し，商品Bの販売数が1日目より10%減少したので，商品Aと商品Bを合わせた販売数は1日目より22%増加した。2日目の商品AとBの販売数をそれぞれ求めなさい。〔都立国分寺高〕

解き方のコツ 割合の公式もとにする量×割合＝比べる量を用いて式をつくろう。

解き方と答え

1日目の商品A，Bの販売数をそれぞれx個，y個とする。

	商品A	商品B	合計
1日目の販売数(個)	x	y	500
増減分(個)	$0.4x$	$-0.1y$	500×0.22
2日目の販売数(個)	$1.4x$	$0.9y$	500×1.22

1日目の販売数より，$x+y=500$…①

増減分より，$0.4x-0.1y=500\times0.22$…②

①，②より，$x=320$，$y=180$

よって，2日目の商品Aは，$1.4\times320=448$(個)，

商品Bは，$0.9\times180=162$(個)

くわしく 割合の表し方

割合は分数または小数で表す。

$a\%=\frac{a}{100}=0.01a$

p%増加⇒

$1+\frac{p}{100}=1+0.01p$

q%減少⇒

$1-\frac{q}{100}=1-0.01q$

アドバイス

増減分で式をつくる

2日目の販売数で式をつくると，

$1.4x+0.9y=500\times1.22$

となる。

この式と①とで連立方程式をつくってもよいが，計算が複雑になるため，増減分で式をつくるとよい。

類題 36   別冊解答 p.46

あるコンサートで，昼の部と夜の部の来場者数を大人と子どもに分けて調べたところ，昼の部は大人と子どもの人数の合計が2450人であった。夜の部は昼の部に比べて，大人の人数が20%増加し，子どもの人数が15%減少したので，夜の部は大人の人数が子どもの人数より1300人多かった。このとき，夜の部の大人の人数を求めなさい。〔関西大学高〕

★★★ → p.175 3

例題 37 濃度についての問題

次の問いに答えなさい。

(1) 10%の食塩水xgと食塩5gを混ぜると，20%の食塩水ygができる。xとyの値をそれぞれ求めなさい。〔都立産業技術高専〕

(2) 濃度(のうど)がx%の食塩水50gと濃度がy%の食塩水100gと水100gを混ぜ合わせて食塩水Aをつくる。また，濃度がx%の食塩水50gと濃度がy%の食塩水50gと水50gを混ぜ合わせて食塩水Bをつくる。食塩水Aの濃度が3%，食塩水Bの濃度が3.5%のとき，x，yの値を求めなさい。〔洛南高－改〕

混ぜる前後の，食塩水の重さと食塩の重さで連立方程式をつくろう。

解き方と答え

(1) 食塩水の重さから，$x+5=y$…①

食塩の重さから，$\frac{10}{100}x+5=\frac{20}{100}y$…②

①，②より，$x=40$，$y=45$

(2) Aの食塩の重さは，$50\times\frac{x}{100}+100\times\frac{y}{100}=\frac{1}{2}x+y$(g)

食塩水Aの重さは，$50+100+100=250$(g)で，濃度は3%だから，食塩の重さは，$250\times\frac{3}{100}=\frac{15}{2}$(g)

よって，$\frac{1}{2}x+y=\frac{15}{2}$…①

同様にして，Bの食塩の重さから，

$\frac{1}{2}x+\frac{1}{2}y=150\times\frac{3.5}{100}=\frac{21}{4}$…②

①，②より，$x=6$，$y=4.5$

くわしく 図と表に表す

(1)

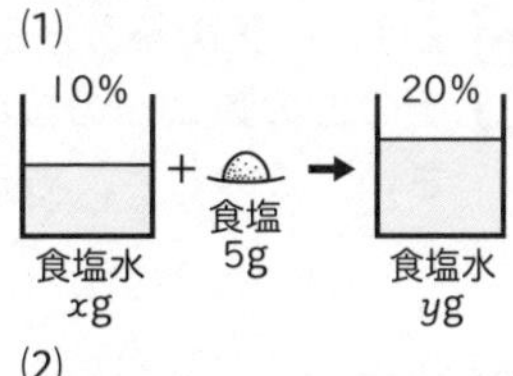

(2)

食塩水	A	B
濃度(%)	3	3.5
食塩水の重さ(g)	250	150
食塩の重さ(g)	$\frac{15}{2}$	$\frac{21}{4}$
食塩の重さ(g)	$\frac{1}{2}x+y$	$\frac{1}{2}x+\frac{1}{2}y$

類題 37  別冊解答 p.46

容器Aには濃度10%の食塩水が800g，容器Bには濃度2%の食塩水が200g入っている。同時に容器Aから食塩水をxg，容器Bから食塩水をyg取り出し，容器Aからの食塩水は容器Bに，容器Bからの食塩水は容器Aに入れてよくかき混ぜ，容器Aを濃度6%，容器Bを濃度9%の食塩水にしたい。このとき，x，yの値を求めなさい。 〔函館ラ・サール高〕

章末問題 A

→別冊解答 p.46～47

13 次の連立方程式を解きなさい。

例題 24～27

(1) $\begin{cases} 4x+5=3y-2 \\ 3x-2(y+8)=0 \end{cases}$　　(2) $\begin{cases} x+y=1 \\ \dfrac{x}{5}-\dfrac{y}{3}=1 \end{cases}$

(3) $\begin{cases} \dfrac{x}{3}-\dfrac{y-1}{2}=3 \\ 0.3x-0.2y=\dfrac{3}{2} \end{cases}$ 〔立命館宇治高〕　(4) $5x+y=2x-y=7$ 〔茨城〕

14 x, yについての連立方程式$\begin{cases} 2ax+by=-4 \\ ax-by=-5 \end{cases}$の解が$(x, y)=(-1, 2)$であった。$a$，$b$の値を求めなさい。 〔徳島〕

例題 30

15 2けたの正の整数があり，十の位の数と一の位の数の和は12である。また，十の位の数と一の位の数を入れかえてできる整数は，もとの整数より18小さい。このとき，もとの整数を求めなさい。 〔千葉〕

例題 31

16 周囲が2400mの池がある。A，Bの2人が自転車で同じ場所から同時に出発して池のまわりをまわる。それぞれが逆方向にまわると，2人は4分後にはじめて出会い，同じ方向にまわると，1時間後にAが1周遅(おく)れのBに追いつく。このとき，A，Bの速さはそれぞれ毎分何mですか。

例題 33

17 ある中学校の生徒数は180人である。このうち，男子の16％と女子の20％の生徒が自転車で通学しており，自転車で通学している男子と女子の人数は等しい。このとき，自転車で通学している生徒は全部で何人か，求めなさい。 〔愛知〕

例題 36

記述

18 ある文房具(ぶんぼうぐ)店(てん)では，鉛筆(えんぴつ)6本とノート3冊を定価で買うと，代金は840円である。その日は，同じ鉛筆が定価の2割引き，同じノートが定価の3割引きになっていたので，鉛筆を10本とノートを5冊買ったところ，代金は，定価で買うときよりも340円安くなった。鉛筆1本とノート1冊の定価をそれぞれ求めなさい。ただし，用いる文字が何を表すかを最初に書いてから連立方程式をつくり，答えを求める過程も書くこと。 〔愛媛〕

例題 36

章末問題 B

→別冊解答 p.47～49

19 次の連立方程式を解きなさい。

例題 25 26 28

(1) $\begin{cases} \dfrac{3x-5y}{3}-\dfrac{5x-8y}{4}=1 \\ 0.5(2x-y)-2(0.3x-0.4y)=2.4 \end{cases}$

〔ラ・サール高〕

(2) $\begin{cases} \dfrac{1}{x-1}+\dfrac{3}{x+2y}=5 \\ \dfrac{4}{x-1}-\dfrac{2}{x+2y}=-1 \end{cases}$

〔早稲田実業学校高〕

20 x，y の連立方程式 $\begin{cases} x+ay=13 \\ 2x-y=5 \end{cases}$ の解からそれぞれ1をひいた数が，連立方程式 $\begin{cases} 2x+3y=12 \\ bx+4y=17 \end{cases}$ の解となるとき，a，b の値を求めなさい。

例題 30

〔東邦大付属東邦高〕

21 A君は自動車で自宅から x km離(はな)れたP地点まで行った。途中(とちゅう)のQ地点までは毎時70kmの速さで走行し，Q地点で30分休憩(きゅうけい)をとった後，毎時40kmの速さで走行したところ，自宅を出発してからP地点に到着(とうちゃく)するまでに5時間18分かかった。また，自宅からQ地点まではガソリン1Lで12km，Q地点からP地点まではガソリン1Lで9km走ったので，ガソリンの使用量は23Lであった。このとき，x の値を求めなさい。ただし，休憩中はガソリンを使用しなかったものとする。

例題 33

〔愛光高〕

記述

22 長さが160mの特急列車と，長さが540mの貨物列車があり，1つの鉄橋を渡り切るのに特急列車は43.2秒かかり，貨物列車は101.6秒かかる。また，この特急列車と貨物列車がすれ違(ちが)うのに $\dfrac{28}{3}$ 秒かかる。それぞれの速さは秒速何mですか。ただし，途中経過も書きなさい。

例題 34

〔ラ・サール高〕

23 2つの容器A，Bがあり，容器Aには濃度(のうど) x%の食塩水500gが，容器Bには濃度 y%の食塩水400gが入っている。いま，Aから200gを取り出してBに入れてよくかき混ぜ，次にBから200gを取り出してAに入れてよくかき混ぜたら，容器Aの濃度は4.6%，容器Bの濃度は4%になりました。x，y の値を求めなさい。

例題 37

〔帝塚山高〕

チャレンジ

24 a を定数とする。x，y，z の連立方程式 $\begin{cases} x+y-z=1 \\ (a+2)x-y+z=0 \\ x+(a-1)y-z=1 \end{cases}$ を考える。この連立方程式が解をもたないとき，a の値を求めなさい。また，この連立方程式が $xyz \neq 0$ を満たす解をもつとき，a の値を求めなさい。

例題 21 29

〔灘高〕

8 2次方程式の解き方 (1)

p.186 ～ 190

❶ $ax^2=b$の形に変形して，2次方程式を解けるようにしよう。
❷ $(x+m)^2=n$の形に変形して，2次方程式を解けるようにしよう。
❸ 解の公式を正確に覚え，使いこなせるようにしよう。

要点整理

1 2次方程式とその解

▶ 方程式$ax^2+bx+c=0(a \neq 0)$をxについての**2次方程式**(じほうていしき)という。

▶ 2次方程式を成り立たせるような文字の値を，その方程式の**解**(かい)という。2次方程式の解は，**ふつう2個**ある。例えば，$x^2-5x+6=0$を成り立たせるxの値は，2と3で，このことを，解は$x=2$，3または，$x=2$，$x=3$と表す。

2 平方根の考えを使った解き方

➡例題 38～40

㋐ $x^2=k$の形…平方根の考えを使って，
$\boldsymbol{x=\pm\sqrt{k}}$

㋑ $ax^2=b$の形…$x^2=\dfrac{b}{a}$　$\boldsymbol{x=\pm\sqrt{\dfrac{b}{a}}}$

㋒ $(x+m)^2=n$の形…$x+m=X$とおくと，
$X^2=n$ ← ㋐の形
$X=\pm\sqrt{n}$　$x+m=\pm\sqrt{n}$
$\boldsymbol{x=-m\pm\sqrt{n}}$

㋓ $x^2+px+q=0$の形…$x^2+px=-q$として，**両辺にxの係数の半分の2乗$\left(\dfrac{p}{2}\right)^2$を加えて㋒の形にする。(平方完成)**(へいほうかんせい)

例

㋐ $x^2=5$　$x=\pm\sqrt{5}$

㋑ $2x^2=6$　$x^2=3$　$x=\pm\sqrt{3}$

㋒ $(x-3)^2=10$　$x-3=\pm\sqrt{10}$
$x=3\pm\sqrt{10}$

㋓ $x^2+6x-2=0$
$x^2+6x=2$
$x^2+6x+3^2=2+3^2$
$(x+3)^2=11$　$x+3=\pm\sqrt{11}$
$x=-3\pm\sqrt{11}$

3 2次方程式の解の公式

➡例題 41

▶ 2次方程式$ax^2+bx+c=0$で，a，b，cの値がわかれば，**解の公式**(かいのこうしき)
$\boldsymbol{x=\dfrac{-b\pm\sqrt{b^2-4ac}}{2a}}$にそれぞれの値を代入して，解を求めることができる。

▶ xの係数が偶数(ぐうすう)のとき，2次方程式$ax^2+2b'x+c=0$の解の公式は，
$\boldsymbol{x=\dfrac{-b'\pm\sqrt{b'^2-ac}}{a}}$

★★★ p.186 2

例題 38 平方根の考えを使った解き方（1）〜$ax^2=b$の形〜

次の2次方程式を解きなさい。

(1) $x^2-7=0$ 〔北海道〕 (2) $5x^2-60=0$

(3) $4x^2-3=0$ (4) $49x^2=8$

$ax^2=b$の形の2次方程式は，両辺をaでわって$x^2=\dfrac{b}{a}$の形に変形して解こう。

解き方と答え

(1) -7を移項（いこう）して，$x^2=7$

$x^2=7$は，xが7の平方根であることを示しているから，$x=\pm\sqrt{7}$

↑忘れないこと

(2)
$$5x^2-60=0$$
（-60を移項する）
$$5x^2=60$$
（両辺を5でわる）
$$x^2=12$$
（12の平方根を求める）
$$x=\pm\sqrt{12}$$
（$\sqrt{12}=\sqrt{4\times3}=2\sqrt{3}$）
$$x=\pm2\sqrt{3}$$

(3)
$$4x^2-3=0$$
$$4x^2=3$$
$$x^2=\frac{3}{4}$$
$$x=\pm\sqrt{\frac{3}{4}}$$
$$x=\pm\frac{\sqrt{3}}{2}$$

(4)
$$49x^2=8$$
$$x^2=\frac{8}{49}$$
$$x=\pm\sqrt{\frac{8}{49}}$$
$$x=\pm\frac{\sqrt{8}}{7}$$
$$x=\pm\frac{2\sqrt{2}}{7}$$

注意！ 解の表し方

- 整数や分数になおせるときは，根号をはずす。
- 根号の中の数は，できるだけ小さい自然数にする。
- 分母に根号があるときは，分母を有理化する。

別解

x^2の係数が平方数のとき

(3)
$$4x^2-3=0$$
$$4x^2=3$$
$$(2x)^2=3$$
$$2x=\pm\sqrt{3}$$
$$x=\pm\frac{\sqrt{3}}{2}$$

(4)
$$49x^2=8$$
$$(7x)^2=8$$
$$7x=\pm2\sqrt{2}$$
$$x=\pm\frac{2\sqrt{2}}{7}$$

類題 38

次の2次方程式を解きなさい。

(1) $x^2-18=0$ (2) $3x^2-27=0$

(3) $25x^2=4$ (4) $6x^2-90=0$

(5) $2x^2-48=0$ (6) $5x^2=16$

別冊解答 p.49

★★★ p.186 2

例題 39 平方根の考えを使った解き方 (2) ～$(x+m)^2=n$の形～

次の２次方程式を解きなさい。

(1) $(x+3)^2=2$ 〔和歌山〕　(2) $(x-1)^2=9$ 〔金蘭会高〕

(3) $2(x+1)^2-25=0$　(4) $4(2x-3)^2-7=0$

$(x+m)^2=n$の形⇒$x+m=\pm\sqrt{n}$⇒$x=-m\pm\sqrt{n}$

解き方と答え

(1) $x+3=X$とおくと，$X^2=2$　$X=\pm\sqrt{2}$

Xをもとにもどすと，$x+3=\pm\sqrt{2}$　$x=-3\pm\sqrt{2}$

(2) $x-1=X$とおくと，$X^2=9$　$X=\pm3$

Xをもとにもどすと，$x-1=\pm3$　$x=1\pm3$

$x=1+3$より$x=4$，$x=1-3$より$x=-2$

(3) $2(x+1)^2-25=0$

$2(x+1)^2=25$

$(x+1)^2=\frac{25}{2}$

$x+1=\pm\sqrt{\frac{25}{2}}$

$x+1=\pm\frac{5}{\sqrt{2}}$

$x+1=\pm\frac{5\sqrt{2}}{2}$

$x=-1\pm\frac{5\sqrt{2}}{2}$

(4) $4(2x-3)^2-7=0$

$4(2x-3)^2=7$

$(2x-3)^2=\frac{7}{4}$

$2x-3=\pm\frac{\sqrt{7}}{2}$

$2x=3\pm\frac{\sqrt{7}}{2}$

$2x=\frac{6\pm\sqrt{7}}{2}$

$x=\frac{6\pm\sqrt{7}}{4}$

くわしく

$(x+m)^2=n$の解き方

$x+m=X$とおくと，

$X^2=n$

$X=\pm\sqrt{n}$

Xをもとにもどすと，

$x+m=\pm\sqrt{n}$

$x=-m\pm\sqrt{n}$

注意！ 解の表し方

(1)$x=-3\pm\sqrt{2}$は，$x=-3+\sqrt{2}$と$x=-3-\sqrt{2}$をまとめて表している。

(2)$x-1=\pm3$より，解は$x=1\pm3$となるが，1も3も整数なので，このまま解としてはいけない。必ず計算しておくこと。

(3)$x=-1\pm\frac{5}{\sqrt{2}}$を答えにしないで，必ず分母を有理化しておく。

別冊解答 p.49

次の２次方程式を解きなさい。

(1) $(x-2)^2=7$ 〔富山〕　(2) $(x+1)^2=64$ 〔静岡〕

(3) $(x-1)^2-2=0$ 〔石川〕　(4) $(x+3)^2-16=0$ 〔山口〕

(5) $2(x+5)^2-24=0$　(6) $3(4x-3)^2=25$

★★★ p.186 2

例題 40 平方根の考えを使った解き方 (3) ～平方完成～

次の2次方程式を$(x+m)^2=n$の形に変形して解きなさい。

(1) $x^2+6x+2=0$ 〔高知〕　(2) $x^2-2x-1=0$ 〔岩手〕　(3) $x^2+3x-5=0$

解き方のコツ $x^2+px=q$の形⇒xの係数pの半分の2乗$\left(\frac{p}{2}\right)^2$を両辺に加える。

解き方と答え

(1) 定数項2を移項(いこう)して，

$x^2+6x=-2$

xの係数6の半分の2乗3^2を両辺にたすと，

$x^2+6x+3^2=-2+3^2$

$(x+3)^2=7$

$x+3=\pm\sqrt{7}$

$x=-3\pm\sqrt{7}$

(2) 定数項-1を移項して，

$x^2-2x=1$

xの係数-2の半分の2乗$(-1)^2$を両辺にたすと，

$x^2-2x+(-1)^2=1+(-1)^2$

$(x-1)^2=2$

$x-1=\pm\sqrt{2}$

$x=1\pm\sqrt{2}$

(3) 定数項-5を移項して，$x^2+3x=5$

xの係数3の半分の2乗$\left(\frac{3}{2}\right)^2$を両辺にたすと，

$x^2+3x+\left(\frac{3}{2}\right)^2=5+\left(\frac{3}{2}\right)^2$

$\left(x+\frac{3}{2}\right)^2=\frac{29}{4}$

$x+\frac{3}{2}=\pm\frac{\sqrt{29}}{2}$

$x=-\frac{3}{2}\pm\frac{\sqrt{29}}{2}$

$x=\frac{-3\pm\sqrt{29}}{2}$

用語 平方完成

2次式を(1次式)^{2}の形にすることを平方完成という。

$x^2+px+\left(\frac{p}{2}\right)^2=\left(x+\frac{p}{2}\right)^2$

例 $x^2+10x+5^2=(x+5)^2$ ← 10の半分の2乗

くわしく

因数分解の公式の利用

平方完成は，因数分解の公式$x^2+2ax+a^2=(x+a)^2$
$x^2-2ax+a^2=(x-a)^2$
を利用している。

アドバイス

解の公式の利用

(3)のようにxの係数が奇数(きすう)のときは，計算が複雑になるため，p.190の解の公式を使ったほうがよい。

類題 40 別冊解答 p.49

次の問いに答えなさい。

(1) 次の2次方程式を$(x+m)^2=n$の形に変形して解きなさい。

❶ $x^2+2x-4=0$　❷ $x^2-6x+7=0$

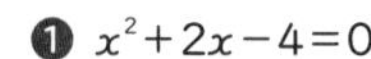

❸ $x^2-5x+2=0$　❹ $x^2+7x-8=0$

(2) xの2次方程式$x^2+bx+c=0$がある。この方程式を変形し，解を求めなさい。ただし，$b^2-4c>0$とする。 〔開成高〕

★★★

⮌ p.186 3

例題 41 2次方程式の解の公式

次の2次方程式を解きなさい。

(1) $x^2+5x+2=0$ 〔東京〕 (2) $3x^2-7x+3=0$ 〔神奈川〕

(3) $x^2+8x-8=0$ 〔東海大付属浦安高〕

解き方のコツ 2次方程式$ax^2+bx+c=0$の解の公式$x=\dfrac{-b\pm\sqrt{b^2-4ac}}{2a}$を使おう。

解き方と答え

(1) $a=1$, $b=5$, $c=2$

を解の公式に代入して,

$$x=\frac{-5\pm\sqrt{5^2-4\times1\times2}}{2\times1}$$

$$=\frac{-5\pm\sqrt{25-8}}{2}$$

$$x=\frac{-5\pm\sqrt{17}}{2}$$

(2) $a=3$, $b=-7$, $c=3$

↑係数には符号もふくめる

を解の公式に代入して,

$$x=\frac{-(-7)\pm\sqrt{(-7)^2-4\times3\times3}}{2\times3}$$

$$=\frac{7\pm\sqrt{49-36}}{6}$$

$$x=\frac{7\pm\sqrt{13}}{6}$$

(3) xの係数が偶数(ぐうすう)であるときの解の公式を使う。

↑P.186 3 参照

2次方程式$ax^2+bx+c=0$で, $b=2b'$のとき, 解の公式より,

↑偶数

$$x=\frac{-(2b')\pm\sqrt{(2b')^2-4ac}}{2a}=\frac{-2b'\pm\sqrt{4b'^2-4ac}}{2a}$$

$$=\frac{-2b'\pm\sqrt{4(b'^2-ac)}}{2a}=\frac{-2b'\pm2\sqrt{b'^2-ac}}{2a}$$

(2で約分できる)

$$x=\frac{-b'\pm\sqrt{b'^2-ac}}{a}$$

この公式に, $a=1$, $b'=4$, $c=-8$を代入して,

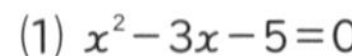

↑$b=8$

$$x=\frac{-4\pm\sqrt{4^2-1\times(-8)}}{1}=-4\pm\sqrt{24}$$

$$x=-4\pm2\sqrt{6}$$

くわしく 解の公式の導き方

2次方程式$ax^2+bx+c=0$

両辺をaでわると,

$$x^2+\frac{b}{a}x+\frac{c}{a}=0$$

$$x^2+\frac{b}{a}x=-\frac{c}{a}$$

両辺に, xの係数の半分の2乗を加えると,

$$x^2+\frac{b}{a}x+\left(\frac{b}{2a}\right)^2=-\frac{c}{a}+\left(\frac{b}{2a}\right)^2$$

$$\left(x+\frac{b}{2a}\right)^2=\frac{b^2-4ac}{4a^2}$$

平方根の考えを使って,

$$x+\frac{b}{2a}=\pm\sqrt{\frac{b^2-4ac}{4a^2}}$$

$$x+\frac{b}{2a}=\pm\frac{\sqrt{b^2-4ac}}{2a}$$

$$x=-\frac{b}{2a}\pm\frac{\sqrt{b^2-4ac}}{2a}$$

$$x=\frac{-b\pm\sqrt{b^2-4ac}}{2a}$$

類題 41

別冊解答 p.50

次の2次方程式を解きなさい。

(1) $x^2-3x-5=0$ 〔広島〕 (2) $x^2+8x+6=0$ 〔茨城〕

(3) $5x^2+3x-2=0$ 〔愛媛〕 (4) $2x^2+6x+3=0$ 〔秋田〕

(5) $4x^2-5x-1=0$ 〔京都〕 (6) $5x^2-10x+4=0$ 〔和洋国府台女子高〕

9 2次方程式の解き方 (2)

p.191 〜 194

❶ 因数分解を使って，2次方程式を解けるようにしよう。
❷ 2次方程式をどの方法で解くのが簡単か見極められるようにしよう。
❸ おきかえを使って，2次方程式を解けるようにしよう。

要点整理

1 因数分解を使った解き方

➡例題 42

▶2つの式をA，Bとするとき，**$AB=0$ならば$A=0$または$B=0$**であるので，

㋐ $(x+a)(x+b)=0$の解は，$\boldsymbol{x=-a,\ -b}$

㋑ $x^2+(a+b)x+ab=0$は，左辺を**因数分解して$(x+a)(x+b)=0$** ⇒ $\boldsymbol{x=-a,\ -b}$（↑㋐の形）

㋒ $ax^2+bx=0$ ⇒ $x(ax+b)=0$の解は，$\boldsymbol{x=0,\ -\frac{b}{a}}$

㋓ $x^2+2ax+a^2=0$ ⇒ $(x+a)^2=0$の解は，$x=-a$
㋔ $x^2-2ax+a^2=0$ ⇒ $(x-a)^2=0$の解は，$x=a$
（このとき，解は1つ）←重解という

2 いろいろな2次方程式

➡例題 43

▶2次方程式の解き方の順序

① 小数や分数をふくむ方程式は，両辺を何倍かして**整数になおす**。また，かっこがあるときは，かっこをはずす。
② $ax^2+bx+c=0$の形にする。
③ 左辺が**因数分解できるか調べる**。
④ 左辺が因数分解できれば，因数分解を利用して2次方程式を解く。因数分解できなければ，解の公式を利用して解く。

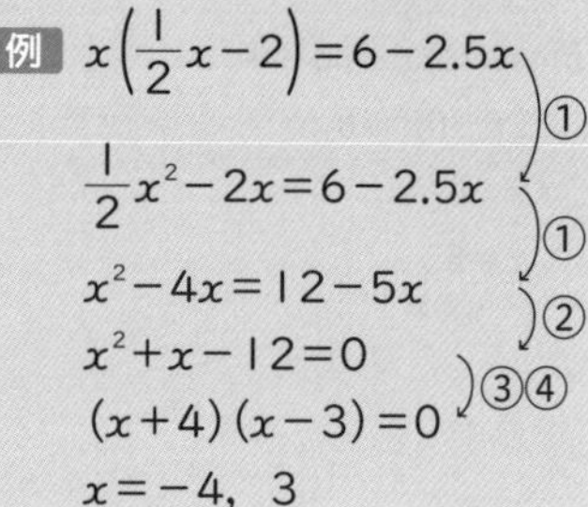

例 $x\left(\frac{1}{2}x-2\right)=6-2.5x$
①
$\frac{1}{2}x^2-2x=6-2.5x$
①
$x^2-4x=12-5x$
②
$x^2+x-12=0$
③④
$(x+4)(x-3)=0$
$x=-4,\ 3$

3 おきかえを使った2次方程式

➡例題 44

▶2次方程式で，共通な部分（かっこの中の式など）があるとき，その式を**1つの文字でおきかえて**解くことができる。

例 $(x-1)^2+5(x-1)+6=0$
⇒かっこの中の式が$x-1$で同じなので，$x-1=X$とおきかえる。
⇒$X^2+5X+6=0$　$(X+2)(X+3)=0$　$X=-2,\ -3$
⇒$X=x-1$にもどすと，$x-1=-2$，$x-1=-3$　よって，$x=-1,\ -2$

★★★

p.191 1

例題 42 因数分解を使った解き方

次の2次方程式を解きなさい。

(1) $(x-3)(x+8)=0$ 〔北海道〕 (2) $x^2-12x-28=0$ 〔富山〕

(3) $x^2+4x=0$ 〔青森〕 (4) $x^2+8x+16=0$ 〔徳島〕

(5) $x^2-12x+36=0$ 〔奈良〕 (6) $2x^2+16x-40=0$

xの2次式$=0$ ⇒ 左辺を因数分解 ⇒ $AB=0$ならば$A=0$または$B=0$

解き方と答え

(1) $(x-3)(x+8)=0$
$x-3=0$または$x+8=0$
$x-3=0$のとき，$x=3$
$x+8=0$のとき，$x=-8$
よって，$x=3$，-8

(2) $x^2-12x-28=0$
$(x-14)(x+2)=0$
$x=14$，-2

(3) $x^2+4x=0$
$x(x+4)=0$
$x=0$，-4

(4) $x^2+8x+16=0$
$(x+4)^2=0$
$x+4=0$
$x=-4$ ← 重解

(5) $x^2-12x+36=0$
$(x-6)^2=0$
$x-6=0$
$x=6$ ← 重解

(6) $2x^2+16x-40=0$ 両辺を2でわる
$x^2+8x-20=0$
$(x+10)(x-2)=0$
$x=-10$，2

注意！
符号を逆にしないように
(1)$(x-3)(x+8)=0$の解を，$x=-3$，8としないこと。

注意！ 右辺は0に
(2)もし問題の式が，$x^2-12x-28=5$となっている場合，$(x-14)(x+2)=5$より，$x=14$，-2としないこと。右辺が0でないときは，右辺の数を左辺に移項（いこう）し，右辺を0にしてから因数分解すること。

注意！ 方程式は文字xではわれない
(3)$x^2+4x=0$を$x^2=-4x$と変形し，両辺をxでわって，$x=-4$としてはいけない。$x=0$の場合，0でわることはできないので，間（ま）違（ちが）い。

類題 42 別冊解答 p.50

次の2次方程式を解きなさい。

(1) $x^2-5x+6=0$ 〔秋田〕 (2) $x^2+12x+35=0$ 〔東京〕

(3) $x^2-6x-16=0$ 〔山梨〕 (4) $x^2+10x+25=0$ 〔日本大豊山高〕

(5) $x^2-6x+9=0$ 〔宮城〕 (6) $2x^2-16x+24=0$

★★★ p.191 2

例題 43 いろいろな2次方程式

次の2次方程式を解きなさい。

(1) $(x-2)^2+2x(x+1)=12$ 〔都立青山高〕

(2) $0.3x^2-0.4x-\frac{1}{15}=0$ 〔大阪教育大附高(平野)〕

(3) $\frac{x(x-3)}{2}=\frac{(x-2)(x-1)}{3}+1$ 〔ラ・サール高〕

式を $ax^2+bx+c=0$ の形に整理し，因数分解や解の公式を利用しよう。

解き方と答え

(1) $(x-2)^2+2x(x+1)=12$

$x^2-4x+4+2x^2+2x-12=0$ ← 左辺のかっこをはずし右辺の12を移項する

$3x^2-2x-8=0$

xの係数が偶数のときの解の公式に，$a=3$，$b'=-1$，$c=-8$を代入して，

$x=\frac{-(-1)\pm\sqrt{(-1)^2-3\times(-8)}}{3}=\frac{1\pm\sqrt{25}}{3}=\frac{1\pm5}{3}$

よって，$x=2$，$-\frac{4}{3}$

(2) $0.3x^2-0.4x-\frac{1}{15}=0$

両辺に30をかけて，

$9x^2-12x-2=0$

xの係数が偶数のときの解の公式を使って，

$x=\frac{-(-6)\pm\sqrt{(-6)^2-9\times(-2)}}{9}$

$=\frac{6\pm3\sqrt{6}}{9}$ ← 3で約分できる

$x=\frac{2\pm\sqrt{6}}{3}$

(3) $\frac{x(x-3)}{2}=\frac{(x-2)(x-1)}{3}+1$

両辺に6をかけて，

$3x(x-3)=2(x-2)(x-1)+6$

かっこをはずして，

$3x^2-9x=2x^2-6x+10$

$x^2-3x-10=0$

$(x-5)(x+2)=0$

$x=5$，-2

くわしく

2次方程式の解き方

①左辺，右辺とも整理し，右辺の項を左辺に移項し，$ax^2+bx+c=0$…㋐ の形にする。

②㋐の左辺が因数分解できるか調べる。

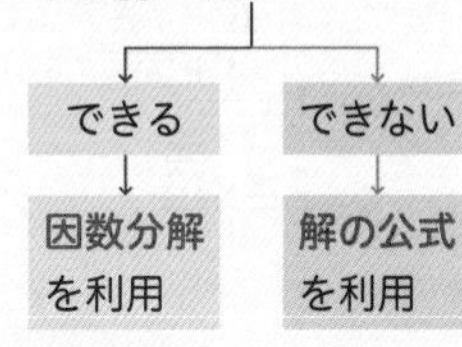

注意！

$(x+m)^2=n$のときは？

この形のときはかっこをはずさず，p.188のように平方根の考えを使って解くこと。

類題 43 別冊解答 p.50

次の2次方程式を解きなさい。

(1) $x(x-5)=2(x-3)(x+1)$ 〔お茶の水女子大附高〕

(2) $(x-1)(x+1)=-2(x-2)(3x-1)$ 〔都立新宿高〕

(3) $\left(x-\frac{1}{2}\right)^2-\frac{1}{4}x(x+1)=0$ 〔成蹊高〕

(4) $-x^2+\frac{7}{3}x-\frac{1}{3}=0$ 〔近畿大附高〕

(5) $\frac{1}{4}(x+1)^2=\frac{1}{3}(x+1)(x-1)+\frac{1}{2}$ 〔都立西高〕

(6) $\frac{2-x}{9}-\frac{2}{3}=-\frac{1}{2}\left(\frac{1}{3}x+1\right)\left(1-\frac{2}{3}x\right)$ 〔雲雀丘学園高〕

★★★ p.191 3

例題 44 おきかえを使った2次方程式

次の2次方程式を解きなさい。

(1) $3(x-1)^2-(x-1)-1=0$ 〔埼玉〕

(2) $(4x-3)^2-8(4x-3)=20$ 〔法政大高〕

かっこの中の共通な式を1つの文字におきかえて解こう。

解き方と答え

(1) $3(x-1)^2-(x-1)-1=0$

$x-1=X$ とおくと，

$3X^2-X-1=0$

解の公式より，

$X=\dfrac{-(-1)\pm\sqrt{(-1)^2-4\times3\times(-1)}}{2\times3}$

$=\dfrac{1\pm\sqrt{13}}{6}$

$x-1=\dfrac{1\pm\sqrt{13}}{6}$ （$X=x-1$ にもどす）

$x=1+\dfrac{1\pm\sqrt{13}}{6}$

$x=\dfrac{7\pm\sqrt{13}}{6}$

(2) $(4x-3)^2-8(4x-3)=20$

$4x-3=X$ とおくと，

$X^2-8X-20=0$

左辺を因数分解して，

$(X+2)(X-10)=0$

$X=-2,\ 10$

$X=4x-3$ にもどすと，

$4x-3=-2$ のとき，

$4x=1 \quad x=\dfrac{1}{4}$

$4x-3=10$ のとき，

$4x=13 \quad x=\dfrac{13}{4}$

よって，$x=\dfrac{1}{4},\ \dfrac{13}{4}$

くわしく $a(x+m)^2+b(x+m)+c=0$ の解き方

①かっこをはずさずに，かっこの中の共通な式 $x+m$ を1つの文字 X でおきかえる。

②X についての2次方程式を解く。

③$X=x+m$ にもどすと，$x=X-m$ で解が求められる。

参考

$4x^2-8x-5=0$ を解く

解の公式を使ってもよいが，おきかえて解くこともできる。

$2x=X$ とおくと，$4x^2=(2x)^2=X^2$，$8x=4X$ より，

$X^2-4X-5=0$

$(X-5)(X+1)=0 \quad X=5,\ -1$

よって，$2x=5,\ -1$ より，

$x=\dfrac{5}{2},\ -\dfrac{1}{2}$

別冊解答 p.50

次の2次方程式を解きなさい。

(1) $(x+3)^2-10(x+3)+9=0$ 〔都立産業技術高専〕

(2) $3(x-1)^2+5(x-1)+1=0$ 〔同志社高〕

(3) $16x^2+8x-3=0$

(4) $2(3x-1)^2=1-3x$ 〔関西学院高〕

(5) $(x-29)^2-3(x-30)-31=0$ 〔大阪〕

(6) $2(3x-5)^2-19(3x-5)+24=0$ 〔ラ・サール高〕

10 2次方程式の利用

p.195 ～ 201

❶ 文字の値や整数についての問題を解けるようにしよう。
❷ 図形や動点，割合についての問題は，文章から等しい数量関係を読み取り，式をつくれるようにしよう。

要点整理

1 文字の値，整数についての問題

▶文字の値についての問題…2次方程式$ax^2+bx+c=0$で，

㋐ 解が1つわかっているとき，**解を代入して**，係数を求める。

㋑ 解が2つ($x=p$, q)わかっているとき，**解$x=p$, qを代入して**，

$$\begin{cases} ap^2+bp+c=0 \\ aq^2+bq+c=0 \end{cases}$$ を解く。

▶整数についての問題…「自然数x」と条件にあるとき，**解が1以上の整数でなければ適さない**ことに注意する。

2 図形，動点についての問題

㋐ 道幅の問題…**道の部分を土地の端(はし)に移動**して考える。

例

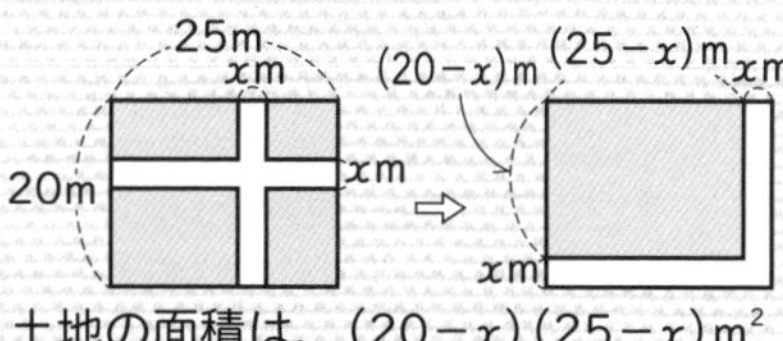

土地の面積は，$(20-x)(25-x)\text{m}^2$

㋑ 動点の問題…**点の位置**に注意して長さを表す。

例 動点P, Qがあるとき，x秒後の△PBQの面積は，

$\frac{1}{2}\times(8-2x)\times(4-x)\text{cm}^2$

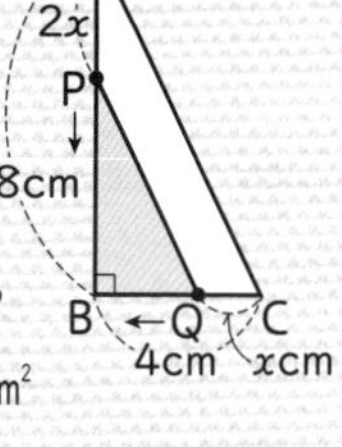

3 割合についての問題

➡例題 50

㋐ 利益の問題…p.157参照

㋑ 食塩水の問題…食塩水100gのうちxg取り出すと，残った食塩水にふくまれる食塩の量は，もとの$\frac{100-x}{100}$**倍**であることを利用する。

例 7%の食塩水100gからxg取り出し，残りの食塩水にxgの水を入れるとき，7%の食塩水100gにふくまれる食塩の重さは，$100\times\frac{7}{100}=7$(g)だから，残った食塩の重さは，$7\times\frac{100-x}{100}=7-0.07x$(g)

xgの水を入れると，食塩水の濃度(のうど)は，$\frac{7-0.07x}{100}\times100=7-0.07x$(%)

★★★ ⮌ p.195 1

例題 45 文字の値についての問題 (1) ～解が1つ，2つのとき～

次の問いに答えなさい。

(1) 方程式$x^2+ax+8=0$の解の1つが4のとき，aの値を求めなさい。また，もう1つの解も求めなさい。〔秋田〕

(2) a，bは自然数とする。2次方程式$x^2+ax-b=0$…㋐ について，次の問いに答えなさい。〔岐阜－改〕

❶ $x=-6$，$x=3$がともに2次方程式の解であるとき，a，bの値の組$(a,\ b)$を求めなさい。

❷ $x=-3$が2次方程式の1つの解であるとき，a，bの値の組は2つある。2つのa，bの値の組$(a,\ b)$を求めなさい。

解は方程式を成り立たせる値だから，解を方程式に代入して文字の値を求めよう。

解き方と答え

(1) $x^2+ax+8=0$…①の解の1つが4だから，
①に$x=4$を代入して，$4^2+4a+8=0$　$a=-6$
①に$a=-6$を代入して，$x^2-6x+8=0$
$(x-4)(x-2)=0$より，$x=4,\ 2$
よって，$a=-6$，もう1つの解は2

(2)❶ ㋐に$x=-6$を代入して，$(-6)^2-6a-b=0$
$6a+b=36$…①
㋐に$x=3$を代入して，$3a-b=-9$…②
①，②より，$(a,\ b)=(3,\ 18)$

❷ ㋐に$x=-3$を代入して，$(-3)^2-3a-b=0$
$3a+b=9$…③　a，bは自然数だから，③を成り立たせるa，bは，$(a,\ b)=(1,\ 6)$，$(2,\ 3)$

別解 $(x-p)(x-q)=0$の形を利用する

(1)解の1つが4なので，方程式は$(x-4)(x-2)=0$と表せる。（2 ← $8\div(-4)$）
展開して，$x^2-6x+8=0$より，$a=-6$，
もう1つの解は$x=2$

(2)❶ -6と3を2つの解とする2次方程式は，
$(x+6)(x-3)=0$と表せる。
$x^2+3x-18=0$より，㋐の係数と比べて，$a=3$，$b=18$

類題 45

別冊解答 p.51

次の問いに答えなさい。

(1) 2次方程式$(x+1)(x-2)=a$（aは定数）の解の1つが4である。〔熊本〕

❶ aの値を求めなさい。

❷ この方程式のもう1つの解を求めなさい。

(2) 2次方程式$x^2+ax+b=0$の解が-2，1のとき，2次方程式$x^2+bx+a=0$の解を求めなさい。〔福岡大附属大濠高〕

(3) 2次方程式$x^2-2x+a=0$ の解の1つが$x=1+\sqrt{2}$であるとき，aの値と，2次方程式の他の解を求めなさい。〔土浦日本大高〕

★★★ ⮌ p.195 1

例題 46 文字の値についての問題 (2) ～2次方程式の2つの解～

次の問いに答えなさい。

(1) xについての2次方程式$x^2+ax+b=0$　の2つの解から，それぞれ1をひいて2倍にした数が，2次方程式$x^2-6x+4=0$の2つの解になっている。このとき，a，bの値を求めなさい。〔明治大付属明治高〕

(2) 2次方程式$x^2+ax+12=0$の2つの解がともに負の整数であるようなaの値をすべて求めなさい。〔青雲高〕

解き方のコツ **$x^2+ax+b=0$の2つの解がp,qであるとき,$x^2+ax+b=(x-p)(x-q)$**

解き方と答え

(1) $x^2-6x+4=0$の解は，解の公式より$x=3\pm\sqrt{5}$

よって，$x^2+ax+b=0$の2つの解をp，$q(p>q)$とすると，

$\begin{cases}2(p-1)=3+\sqrt{5}\\2(q-1)=3-\sqrt{5}\end{cases}$より，$p=\dfrac{5+\sqrt{5}}{2}$，$q=\dfrac{5-\sqrt{5}}{2}$

$x^2+ax+b=(x-p)(x-q)=x^2-(p+q)x+pq$より，

$a=-(p+q)=-\left(\dfrac{5+\sqrt{5}}{2}+\dfrac{5-\sqrt{5}}{2}\right)=-5$

$b=pq=\dfrac{5+\sqrt{5}}{2}\times\dfrac{5-\sqrt{5}}{2}=\dfrac{25-5}{4}=5$

(2) 2つの解がともに負の整数だから，$x^2+ax+12=0$の左辺は，$(x+1)(x+12)$（←解は-1，-12），$(x+2)(x+6)$（←解は-2，-6），$(x+3)(x+4)$（←解は-3，-4）のどれかの形に因数分解できる。

それぞれを展開すると，$x^2+13x+12$，$x^2+8x+12$，$x^2+7x+12$

xの係数を比べて，$a=13$，8，7

類題 46 別冊解答 p.51

次の問いに答えなさい。

(1) 2次方程式$x^2-5x+3=0$の2つの解からそれぞれ2をひくと，2次方程式$x^2+ax+b=0$の解になるとき，a，bの値を求めなさい。〔城北高(東京)〕

(2) xについての2つの2次方程式$x^2-2x-(k+6)=0$…㋐

$x^2+kx+2k=0$…㋑ がある。〔明治大付属明治高〕

❶ ㋐の解の1つが5のとき，㋑の解をすべて求めなさい。

❷ 整数nが，㋐と㋑の共通の解になるとき，kとnの値を求めなさい。

★★★ ⤴ p.195 1

例題 47 整数についての問題

次の問いに答えなさい。

(1) ある自然数xを2乗してから5をひくところを，2倍してから5を加えてしまったため，正しい答えよりも7だけ大きくなった。このような自然数xを求めなさい。〔函館ラ・サール高〕

(2) 連続する3つの自然数があり，中央の数の9倍は，最も小さい数と最も大きい数の積から9をひいた数に等しい。このとき，中央の数を求めなさい。〔福島〕

(2) 連続する3つの自然数は，中央の数をxとすると，$x-1$，x，$x+1$

解き方と答え

(1) xを2倍してから5を加えた数は，$2x+5$，
正しい答えはxを2乗してから5をひくので，x^2-5
よって，$2x+5=(x^2-5)+7$　$x^2-2x-3=0$
$(x-3)(x+1)=0$　$x=3$，-1
xは自然数だから，$x=3$

(2) 連続する3つの自然数は，中央の数をxとすると，小さい順に，$x-1$，x，$x+1$ ($x\geqq2$)と表せる。
中央の数の9倍は，最も小さい数と最も大きい数の積から9をひいた数に等しいので，
$9x=(x-1)(x+1)-9$　$x^2-9x-10=0$
$(x-10)(x+1)=0$　$x=10$，-1
xは2以上の自然数だから，$x=10$

くわしく 解の検討をする
(1)xが整数であれば$x=3$，$x=-1$の2つとも答えになるが，xは「自然数」とあるので，答えは$x=3$だけである。

注意！
x^2の係数は必ず正に
(1)方程式$2x+5=(x^2-5)+7$で，右辺の項を左辺に移項(いこう)すると，$2x+5-x^2-2=0$
$-x^2+2x+3=0$となる。このとき，必ず両辺に-1をかけて，$x^2-2x-3=0$としておくこと。

類題 47

別冊解答 p.52

次の問いに答えなさい。

(1) ある正の数から3をひいてできる数をもとの数にかけると10になる。もとの数を求めなさい。

(2) 連続する2つの自然数があり，それぞれ2乗した数の和が113になるとき，小さいほうの自然数を求めなさい。〔神奈川〕

(3) 連続する2つの正の奇数(きすう)がある。大きいほうの数の2乗と小さいほうの数の2乗の和が，大きいほうの数の20倍に30を加えた数に等しい。このとき，小さいほうの数を求めなさい。〔関西学院高〕

★★★ p.195 2

例題 48 図形についての問題

次の問いに答えなさい。

(1) 右の図の土地は，縦の長さが18m，横の長さが22mの長方形である。この土地に，幅（はば）の等しい道と4つの長方形の花壇（かだん）をつくる。4つの花壇の面積の合計が320m²になるとき，道の幅を求めなさい。〔山口－改〕

(2) 横の長さが縦の長さより2cm長い長方形の紙がある。右の図のように，4すみから1辺が4cmの正方形を切り取って，ふたのない直方体の容器をつくったところ，容積が96cm³となった。もとの紙の縦の長さを求めなさい。〔栃木－改〕

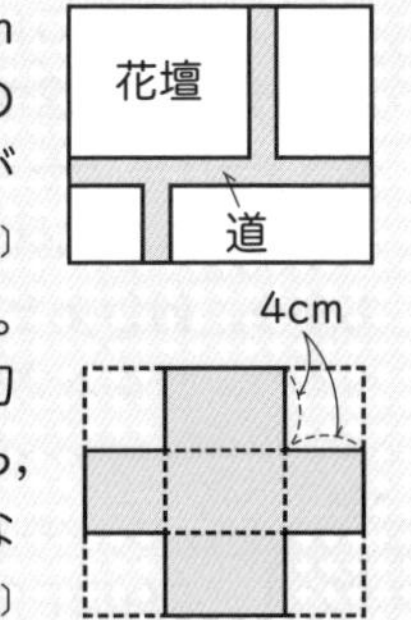

求めたい長さをxとして，必要な長さをxで表し，2次方程式をつくろう。また，xの変域にも注意しよう。

(1) 右の図のように道を移動して考える。道の幅をxmとすると，
$(18-x)(22-x)=320$　$x^2-40x+76=0$
$(x-2)(x-38)=0$　$x=2,\ 38$
道の幅は正の数で，花壇の縦の長さよりも短いから，
$0<x<18$より，$x=2$
よって，2m

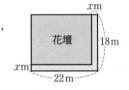

(2) 紙の縦の長さを$x$cmとすると，横は$(x+2)$cmである。
直方体の容器の縦，横，高さはそれぞれ，$(x-8)$cm，
$(x+2)-8=x-6$(cm)，4cmだから，
$4(x-8)(x-6)=96$　$(x-8)(x-6)=24$
$x^2-14x+24=0$　$(x-2)(x-12)=0$　$x=2,\ 12$
縦の長さは切り取る部分2つ分よりも長いから，$x>8$より，$x=12$
よって，12cm

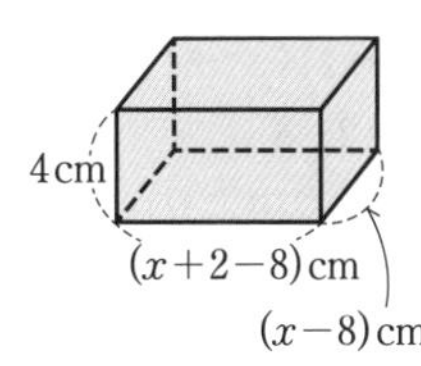

別冊解答 p.52

右の図のような，縦の長さが横の長さより短い長方形の紙があり，周の長さは52cmである。この紙の4すみから，1辺の長さが3cmの正方形を切り取り，ふたのない直方体の箱をつくると，その容積は120cm³になった。もとの長方形の紙の縦の長さを$x$cmとして，xの値を求めなさい。xを求める過程も，式と計算をふくめて書きなさい。〔香川〕

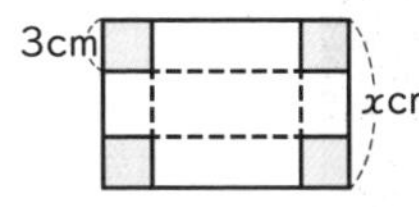

p.195 2

例題 49 動点についての問題

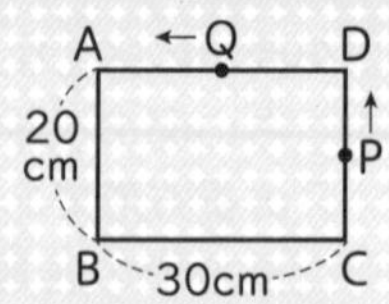

右の図のように，AB＝20cm，BC＝30cmの長方形ABCDがある。点P，Qはそれぞれ頂点C，Dを同時に出発し，Pは毎秒2cmの速さで辺CD上をDまで，Qは毎秒3cmの速さで辺DA上をAまで，矢印の方向に移動する。△PDQの面積が48cm²になるのは，点P，Qがそれぞれ頂点C，Dを同時に出発してから，何秒後と何秒後ですか。出発してからの時間をx秒として方程式をつくり，求めなさい。ただし，$0<x<10$とする。〔北海道〕

三角形PDQの辺の長さDQ，DPをxを使った式で表そう。

解き方と答え

点P，Qはそれぞれ毎秒2cm，3cmの速さで辺上を移動するので，

CP＝$2x$cm，DQ＝$3x$cm

DP＝CD－CP＝$20-2x$(cm)

$\triangle PDQ=\frac{1}{2}\times DQ\times DP=48$

$\frac{1}{2}\times 3x\times(20-2x)=48$

$3x(20-2x)=96$

$-6x^2+60x-96=0$

$x^2-10x+16=0$

$(x-2)(x-8)=0$

$x=2,\ 8$

$0<x<10$より，これらはともに問題に適する。

よって，2秒後と8秒後

くわしく 表に表す

時間x(秒)	DQ(cm)	DP(cm)	△PDQ(cm²)
1	3	18	27
2	6	16	48
3	9	14	63
4	12	12	72
5	15	10	75
6	18	8	72
7	21	6	63
8	24	4	48
9	27	2	27

類題 49 別冊解答 p.52

右の図のような直角二等辺三角形ABCで，点Pは，Aを出発して辺AB上をBまで動く。また，点Qは，点PがAを出発するのと同時にCを出発し，Pと同じ速さで辺BC上をBまで動く。点PがAから何cm動いたとき，台形APQCの面積が32cm²になりますか。

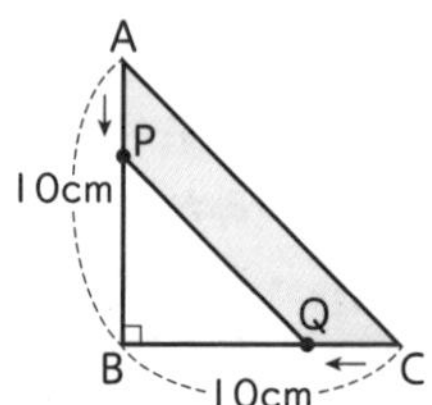

★★★ ⮌ p.195 3

例題 50 割合についての問題

次の問いに答えなさい。

(1) ある品物は定価をx%値下げすると，売り上げ個数が$2x$%増加するという。売り上げ金額を10.5%増加させるためには，定価は何%の値下げが必要ですか。〔明治大付属明治高〕

(2) 10%の食塩水200gを入れた容器がある。この容器からxgの食塩水をくみ出した後，xgの水を入れてよくかき混ぜた。さらに，xgの食塩水をくみ出した後，xgの水を入れてよくかき混ぜたところ，濃度（のうど）が3.6%になった。このとき，xの値を求めなさい。〔西大和学園高〕

(1) **定価をx%値下げしたときの，売価×売り上げ個数＝売り上げ金額 を考えよう。**

解き方と答え

(1) もとの定価，売り上げ個数，売り上げ金額の割合を1とすると，$\left(1-\frac{x}{100}\right)\left(1+\frac{2x}{100}\right)=1+\frac{10.5}{100}$

両辺に10000をかけて整理して，

$x^2-50x+525=0$　$(x-15)(x-35)=0$　$x=15,\ 35$

よって，$0<x<100$より，15%と35%

(2) はじめの食塩の重さは，$200\times\frac{10}{100}=20$(g)

xgの食塩水をくみ出すと，残った食塩の重さは，

$20\times\frac{200-x}{200}=\frac{200-x}{10}$(g)

さらにxgくみ出すと，最後に残った食塩の重さは，

$\frac{200-x}{10}\times\frac{200-x}{200}=\frac{(200-x)^2}{2000}$(g)

これが3.6%の食塩水（←200g）にふくまれる食塩の重さだから，$\frac{(200-x)^2}{2000}=200\times\frac{3.6}{100}$

$(200-x)^2=14400$　$200-x=\pm120$　$x=80,\ 320$　$0<x<200$より，$x=80$

くわしく

(2)残った食塩の重さ

(A)の食塩の重さは，xgの食塩水にふくまれる食塩の重さを計算しないで，割合を使って，

$20\times\frac{\text{残った食塩水}}{\text{もとの食塩水}}=20\times\frac{200-x}{200}$

で求めることができる。（←割合）

類題 50

別冊解答 p.52

10%の食塩水100gからxgの食塩水を取り出し，残った食塩水に水を加えてもとの100gにする。次によくかきまぜてから$2x$gの食塩水を取り出し，残った食塩水に水を加えてもとの100gにしたところ4.8%の食塩水になった。〔愛光高〕

(1) 1回目に食塩水を取り出した後，残った食塩水にふくまれている食塩の重さをxの式で表しなさい。

(2) xの値を求めなさい。

+α プラスアルファ

2次方程式の解と係数の関係

2次方程式$ax^2+bx+c=0$…①の2つの解をp，qとすると，
$ax^2+bx+c=a(x-p)(x-q)$が成り立つ。
右辺を展開すると，$a\{x^2-(p+q)x+pq\}=ax^2-a(p+q)x+apq$…②となる。
①の左辺と②の右辺の係数を比べると，$b=-a(p+q)$，$c=apq$より，
$p+q=-\dfrac{b}{a}$，$pq=\dfrac{c}{a}$である。この関係を，2次方程式の解(かい)と係数(けいすう)の関係(かんけい)といい，
2つの解の和と積の値が2次方程式の係数からわかる。

これがどのようなときに使えるのか，次の入試問題で見てみよう！

2次方程式$x^2-3x-2=0$の2つの解のうち，大きいほうをa，小さいほうをbとする。
〔法政大高〕
(1) $a+b$，abの値をそれぞれ求めなさい。
(2) 2次方程式$x^2+mx+n=0$の2つの解が$a+1$，$b+1$であるとき，定数m，nの値を求めなさい。

解き方 その1…実際に解を求める。

2つの解は，解の公式より，$x=\dfrac{3\pm\sqrt{17}}{2}$
よって，$a=\dfrac{3+\sqrt{17}}{2}$，$b=\dfrac{3-\sqrt{17}}{2}$である。
(1) $a+b=\dfrac{3+\sqrt{17}}{2}+\dfrac{3-\sqrt{17}}{2}=\dfrac{6}{2}=3$，$ab=\dfrac{3+\sqrt{17}}{2}\times\dfrac{3-\sqrt{17}}{2}=\dfrac{3^2-(\sqrt{17})^2}{4}=-2$
(2) $a+1=\dfrac{5+\sqrt{17}}{2}$，$b+1=\dfrac{5-\sqrt{17}}{2}$より，$x^2+mx+n=\left(x-\dfrac{5+\sqrt{17}}{2}\right)\left(x-\dfrac{5-\sqrt{17}}{2}\right)$
$=\left(x-\dfrac{5}{2}-\dfrac{\sqrt{17}}{2}\right)\left(x-\dfrac{5}{2}+\dfrac{\sqrt{17}}{2}\right)=\left(x-\dfrac{5}{2}\right)^2-\left(\dfrac{\sqrt{17}}{2}\right)^2=x^2-5x+\dfrac{25}{4}-\dfrac{17}{4}$
$=x^2-5x+2$　よって，$m=-5$，$n=2$

解き方 その2…解と係数の関係を使う。

(1) 解と係数の関係より，$a+b=-\dfrac{(-3)}{1}=3$，$ab=\dfrac{-2}{1}=-2$
(2) 2つの解が$a+1$，$b+1$であるから，解と係数の関係より，
$(a+1)+(b+1)=-m$，$(a+1)(b+1)=n$だから，
$m=-\{(a+1)+(b+1)\}=-(a+b+2)=-(3+2)=-5$
$n=(a+1)(b+1)=ab+(a+b)+1=-2+3+1=2$

解を実際に求める必要がない問題では，解と係数の関係を使うと，複雑な計算をしなくて済むことがよくわかりましたね！

＋α プラスアルファ

2次方程式の判別式

ここでは，2次方程式の解の個数について調べてみよう。2次方程式の解はふつう2個であるが，2個にならないときについて考えてみよう。

次の2次方程式の解の個数を調べなさい。
(1) $x^2+3x-1=0$　(2) $x^2+2x+1=0$　(3) $3x^2-x+1=0$

解き方 その1 … 解の公式で実際に解を求める。

(1) $x=\dfrac{-3\pm\sqrt{3^2-4\times1\times(-1)}}{2\times1}=\dfrac{-3\pm\sqrt{13}}{2}$ より，解は2個

(2) $x=\dfrac{-2\pm\sqrt{2^2-4\times1\times1}}{2\times1}=\dfrac{-2\pm\sqrt{0}}{2}=-1$ より，解は1個 ←因数分解でも解けるが，あえて解の公式を使っている。

(3) $x=\dfrac{-(-1)\pm\sqrt{(-1)^2-4\times3\times1}}{2\times3}=\dfrac{1\pm\sqrt{-11}}{6}$ より，根号の中が負の数になるから解はなし，つまり解は0個

解の個数と解の公式の間には関係があるけど，気づいたかな？

ふつう，2次方程式 $ax^2+bx+c=0$ の解は，**解の公式 $x=\dfrac{-b\pm\sqrt{b^2-4ac}}{2a}$ の b^2-4ac の符号**(ふごう)によって，次の㋐～㋒のように分類される。

㋐ **$b^2-4ac>0$ のとき，2個**の解 $x=\dfrac{-b+\sqrt{b^2-4ac}}{2a}$ と $x=\dfrac{-b-\sqrt{b^2-4ac}}{2a}$ をもつ。

㋑ **$b^2-4ac=0$ のとき，1個**の解 $x=\dfrac{-b\pm\sqrt{0}}{2a}=-\dfrac{b}{2a}$ をもつ。（この解を重解(じゅうかい)という）

㋒ **$b^2-4ac<0$ のとき，解をもたない。**

2次方程式 $ax^2+bx+c=0$ について，**b^2-4ac** を判別式(はんべつしき)（英語でDiscriminant）といい，その頭文字をとって，ふつう**Dで表す**。これまでのことを表にまとめると下のようになる。

$D=b^2-4ac$ の符号	$D>0$	$D=0$	$D<0$
2次方程式の解	$x=\dfrac{-b\pm\sqrt{b^2-4ac}}{2a}$	$x=-\dfrac{b}{2a}$	なし
解の個数	2個	1個	0個

上の問題を，判別式 $D=b^2-4ac$ を使って解いてみよう。

解き方 その2 … 判別式Dを使う。

(1) $a=1$，$b=3$，$c=-1$ より，$D=3^2-4\times1\times(-1)=13>0$ …解は2個
(2) $a=1$，$b=2$，$c=1$ より，$D=2^2-4\times1\times1=4-4=0$ …解は1個
(3) $a=3$，$b=-1$，$c=1$ より，$D=(-1)^2-4\times3\times1=1-12=-11<0$ …解は0個

このように，判別式 $D=b^2-4ac$ を使うと，実際に解を求めなくても，解の個数を求めることができるんだ。

章末問題 A

→別冊解答 p.53

25 次の**ア**～**エ**の方程式で，解の１つが１であるものをすべて選び，記号で答えなさい。〔島根〕

例題 38～43

ア $\frac{1}{2}x^2-3=-\frac{5}{2}x$　**イ** $x^2-2x=1$

ウ $(x-2)^2=1$　**エ** $(x+1)(x-1)=2$

26 次の２次方程式を解きなさい。

例題 38～43

(1) $(x-1)^2-3=0$　(2) $3x^2+4x-1=0$ 〔埼玉〕

(3) $x^2-2x-35=0$ 〔岩手〕　(4) $(2x-1)(x+8)=7x+4$ 〔山形〕

(5) $(2x-1)^2=x(3x+1)$ 〔長崎〕　(6) $2(x-4)(x+4)-9x=(x-2)^2$ 〔大阪〕

27 次の問いに答えなさい。

例題 45 46

(1) xについての２次方程式$x^2-x+a=0$の解の１つが-2のとき，aの値ともう１つの解を求めなさい。〔香川－改〕

(2) ２次方程式$x^2+ax+10=0$の２つの解がともに整数のとき，aの値をすべて求めなさい。〔高知〕

28 横の長さが縦の長さの２倍の長方形がある。この長方形の縦を2cm，横を4cmそれぞれ長くしたところ，その面積が72cm^{2}になった。このとき，もとの長方形の縦の長さを求めなさい。〔新潟〕

例題 48

記述

29 右の図のような，縦4cm，横7cm，高さ2cmの直方体Pがある。直方体Pの縦と横をそれぞれ$x$cm $(x>0)$長くした直方体Qと，直方体Pの高さを$x$cm長くした直方体Rをつくる。直方体Qと直方体Rの体積が等しくなるとき，xの方程式をつくり，xの値を求めなさい。ただし，途中（とちゅう）の計算も書くこと。〔栃木〕

例題 48

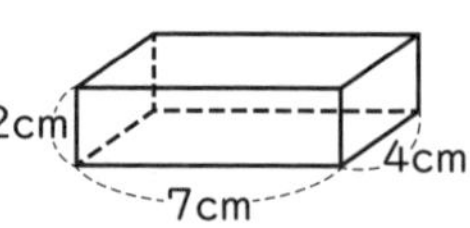

記述

30 右の表は，１段目に１から20までの自然数を，２段目に１から20までの自然数を２乗した数を，それぞれ小さい順に左から書いたものの一部である。

例題 47

1	2	3	4	5	6	…	20	←１段目
1	4	9	16	25	36	…	400	←２段目

この表において，

2	3
4	9

のように並んだ４つの数の組を

x	a
b	c

とする。

４つの数x, a, b, cの和が242となるとき，xについての２次方程式をつくり，xの値を求めなさい。ただし，答えを求めるまでの過程も書きなさい。〔山口〕

章末問題 B

→別冊解答 p.53～55

31 次の2次方程式を解きなさい。

つ例題 43 44

(1) $\dfrac{(x+2)(x-4)}{15}=\dfrac{x+2}{5}+\dfrac{2}{3}$ 〔ラ・サール高〕

(2) $\left(x+\dfrac{1}{4}\right)^2-\dfrac{1}{2}=\dfrac{3}{2}\left(x+\dfrac{1}{4}\right)$ 〔東京学芸大附高〕

32 次の問いに答えなさい。

43 44

(1) $x>0$ とするとき，次の式を満たす x の値を求めなさい。

$1:(x+2)=(x+2):(5x+16)$ 〔東京工業大附属科学技術高〕

(2) 2次方程式　$4x^2-2\{(2-\sqrt{3})+(2\sqrt{3}-1)\}x+(\sqrt{3}-2)(1-2\sqrt{3})=0$ の解を求めなさい。 〔慶應義塾高〕

33 次の問いに答えなさい。

つ例題 46

(1) 2次方程式 $x^2-7x+11=0$ の2つの解を a，b（ただし，$a>b$）とするとき，a^2-b^2-a+b の値を求めなさい。 〔筑波大附高〕

(2) 2次方程式 $x^2+ax+b=0$ の2つの解にそれぞれ3をたしたものは，2次方程式 $x^2+bx+a=0$ の解になるという。定数 a，b の値を求めなさい。 〔慶應義塾志木高〕

34 ある数 a がある。この数に7を加えて2倍するところを，間違えて7を加えて2乗してしまったので，正しい答えより1だけ小さくなってしまった。このとき，a の値を求めなさい。 〔豊島岡女子学園高〕

つ例題 47

35 縦30m，横60mの長方形の土地がある。右の図のように，長方形の各辺と平行になるように同じ幅（はば）の通路を，縦に3本，横に2本つくり，残りの土地に花を植えたい。花を植える土地の面積をもとの土地の面積の78％にするには，通路の幅を何mにすればよいですか。 〔関西学院高〕

つ例題 48

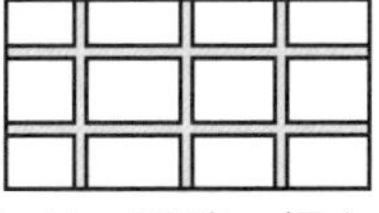

チャレンジ　記述

36 Kバス会社の路線バスは，M駅バス停からI高校前バス停までの1人あたりの運賃が200円である。この区間で運賃を x％値上げしたところ，1ヶ月ののべ乗客数が $\dfrac{2}{3}x$％減少し，1ヶ月の総売り上げが4％増えた。このとき，x を用いた方程式を立てて，x の値をすべて求めなさい。なお，途中過程（とちゅうかてい）も書きなさい。 〔市川高（千葉）〕

つ例題 50

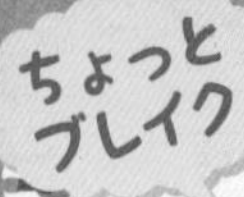

解の公式 ～いろいろな導き方～

2次方程式$ax^2+bx+c=0$…① の**解の公式**$\boldsymbol{x=\dfrac{-b\pm\sqrt{b^2-4ac}}{2a}}$は覚えたかな？この解の公式を，p.190では$(x+m)^2=n$の形にして導いたけど，ここでは他の導き方を紹介しよう。

㋐ 面積図による方法 ～正方形をつくる～

①より，$ax^2+bx=-c$　$x(ax+b)=-c$

両辺にaをかけると，$ax(ax+b)=-ac$

ここで，**右の図のように，縦ax，横$ax+b$，面積$-ac$の長方形を4つかいて正方形をつくる**と，正方形の面積から，

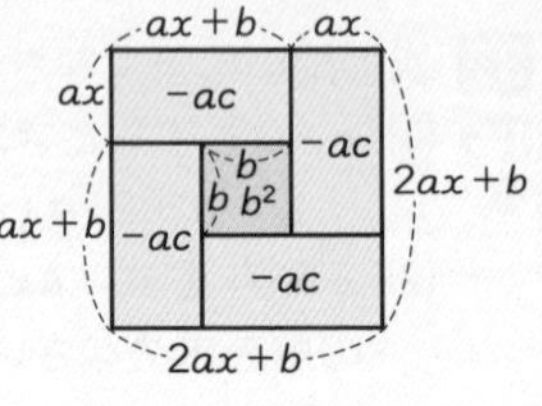

$(2ax+b)^2=b^2-4ac$　$2ax+b=\pm\sqrt{b^2-4ac}$

$2ax=-b\pm\sqrt{b^2-4ac}$　$\boldsymbol{x=\dfrac{-b\pm\sqrt{b^2-4ac}}{2a}}$

㋑ 2つの解の和と差をつくる方法 ～解と係数の関係～

①の2つの解をp，q $(p>q)$とすると，解と係数の関係から，$p+q=-\dfrac{b}{a}$，$pq=\dfrac{c}{a}$

└ P.202参照

pとqの**差の2乗をつくる**と，$(p-q)^2=(p+q)^2-4pq=\left(-\dfrac{b}{a}\right)^2-4\times\dfrac{c}{a}=\dfrac{b^2-4ac}{a^2}$

よって，$\begin{cases} p-q=\dfrac{\sqrt{b^2-4ac}}{a} \\ p+q=-\dfrac{b}{a} \end{cases}$ より，$p=\dfrac{-b+\sqrt{b^2-4ac}}{2a}$，$q=\dfrac{-b-\sqrt{b^2-4ac}}{2a}$

㋒ $x=y+p$とおきかえる方法 ～移動法～

16世紀のイタリアでは，タルタリアやカルダノという数学者たちが，2次や3次方程式の研究をしていた。彼らは，①を解くのに，1次の項をなくすようにくふうした。$x^2=k$の形の2次方程式は，平方根の考えで解くことができるからだ。

まず，$y=x-p$とおいて，①の方程式に，**$x=y+p$を代入する。**

$a(y+p)^2+b(y+p)+c=0$　$ay^2+(2ap+b)y+(ap^2+bp+c)=0$…②

1次の項yの係数は$2ap+b$なので，$2ap+b=0$となるpの値は，$\boldsymbol{p=-\dfrac{b}{2a}}$

これを②に代入して整理すると，$ay^2-\dfrac{b^2-4ac}{4a}=0$　$y^2=\dfrac{b^2-4ac}{4a^2}$　$y=\pm\dfrac{\sqrt{b^2-4ac}}{2a}$

└ $y=x-p$ ともとにもどす

$x+\dfrac{b}{2a}=\pm\dfrac{\sqrt{b^2-4ac}}{2a}$　$\boldsymbol{x=\dfrac{-b\pm\sqrt{b^2-4ac}}{2a}}$

㋐は平方完成の式　㋑は連立方程式　㋒はxの値をpだけ移動させて，1次の項が0になるyの2次方程式を考えたものなんだ。昔の人は，コンピュータのない時代に，こんな導き方を考えていたんだからえらいよね。

ところで，この解の公式の導き方を答えさせる問題が入試で問われることがある。ここで紹介したものは少し難しいものだけど，p.190の導き方は覚えておこう！

3

第3編　関　数

03

ここからスタート！

第3編　関　数

START!

小学校で学習した比例や反比例を関数といって，中学では新たに1次関数，関数$y=ax^2$と呼ばれるものが出てくるよ。どれも，xとyの関係の式を求めたり，グラフをかいたりするんだ。それぞれの関数のグラフにはどんな性質があるのかしっかり確認しよう！

1次関数 ～決まった割合で増減するものの利用～

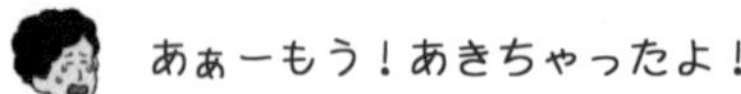

あぁーもう！あきちゃったよ！

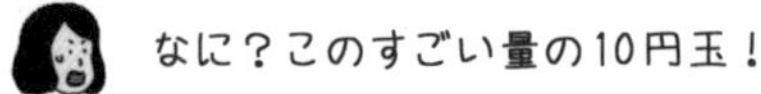

なに？このすごい量の10円玉！

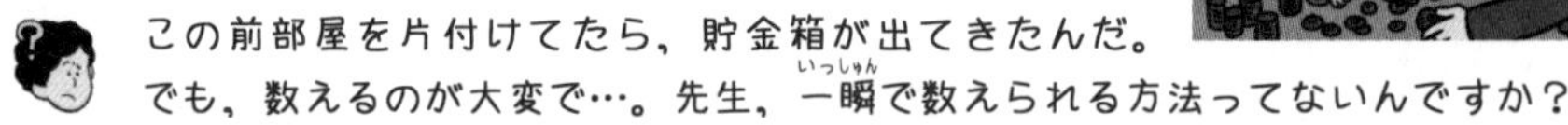

この前部屋を片付けてたら，貯金箱が出てきたんだ。
でも，数えるのが大変で…。先生，一瞬で数えられる方法ってないんですか？

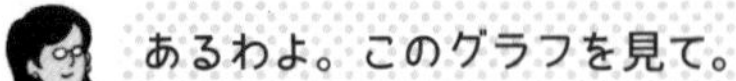

あるわよ。このグラフを見て。

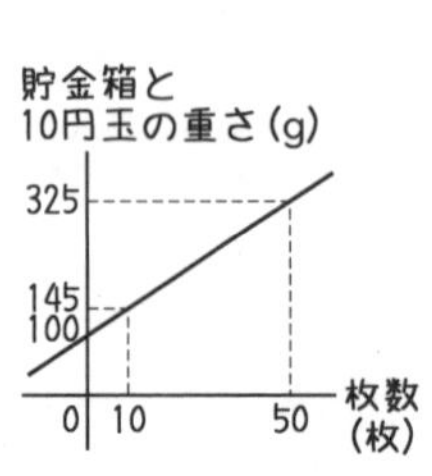

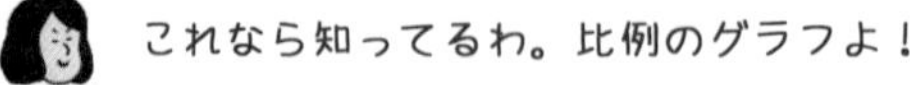

これなら知ってるわ。比例のグラフよ！

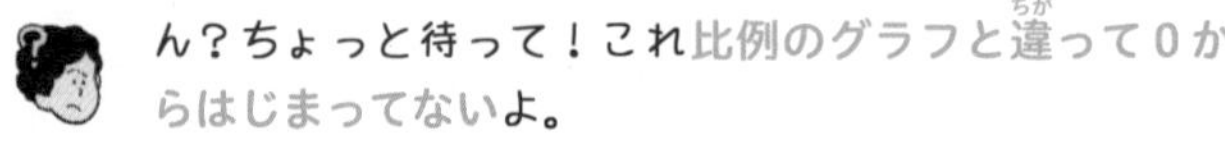

ん？ちょっと待って！これ比例のグラフと違って0からはじまってないよ。

よく気づいたわね。これは比例ではなくて1次関数というの。一定の割合で量が増えたり減ったりするときに使えるグラフなのよ。今回だったら，貯金箱は100gで，10円玉は1枚4.5gだから，はじめに貯金箱の重さ100gをグラフにとるの。そして，10枚で145g，50枚で325gというふうに枚数と重さのグラフをつくれば，重さをはかるだけで枚数がわかるのよ。

そういうことか！これで一気に枚数がわかるぞ！あれ……？5円玉も混ざってる…。と，いうことは…？

まぁ，気長に頑張って！いつか終わりは来るわ！少しなら手伝うから。

うわぁぁぁぁん！

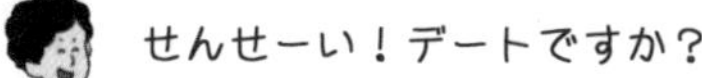

関数 $y=ax^2$ ～物体の落下距離と時間～

せんせーい！デートですか？

ちょっと，邪魔しちゃ悪いわよ！

えっ…，あ，あら，あなたたちも来てたの？

今日はいつもと雰囲気が違いますね！

……。あ！そっそういえばあなたたちこれからこのフリーフォールに乗るの？

あ，はい…そのつもりです。

だったらいいこと教えてあげるわ！これを見て。これはある運動についての時間と動いた距離を表している $y=ax^2$ の式のグラフよ。y が x^2 に比例しているともいうの。

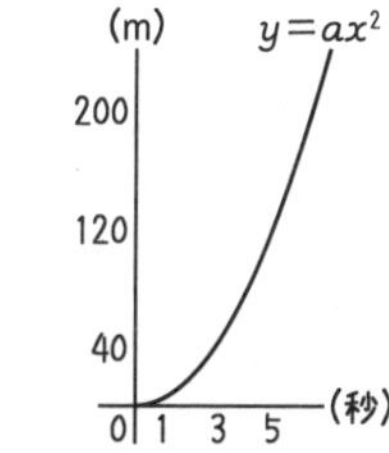

あ！この形放物線っていうんだよね。

放った物の線ってそのまま！

よく知ってたわね。物が落ちたり，坂道を転がるものの時間と距離の関係はこの式で表されるのよ。自転車で坂を下ると，少しずつ速くなっていくわよね。つまり，グラフの右に行けば行くほど傾きが急になっているのはスピードがどんどん上がっているってこと！

5秒後には120m以上は進んでるから，時速だったら86.4km以上!?

少しおしいわね，このグラフでは，はじめはもう少しゆっくりだったから実際の5秒後でのスピードはもっと速いのよ。ふふふふふ！じゃあ楽しんできてね！

先生は何がいいたかったんだろう。…にしてもこのグラフって何の運動？

…気づいてないの？

え，まさか！

私はここで待ってるわ，いってらっしゃーい!!

1 比例と反比例

p.210 ～ 216

❶ 変数と変域，関数の意味を理解しよう。
❷ 不等号を使って，変域を表せるようにしよう。
❸ 比例や反比例の関係を理解し，その関係を式に表せるようにしよう。

要点整理

1 関数，変域

▶ともなって変わる2つの数量x，yがあって，**xの値を決めると，これに対応してyの値がただ1つに決まる**とき，**yはxの関数である**という。このx，yのように，いろいろな値をとる文字を**変数**という。

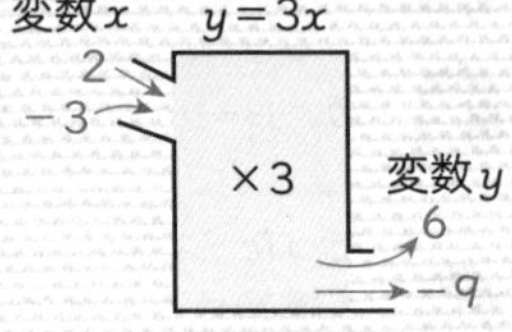

▶変数のとる値の範囲を，その変数の**変域**といい，不等号<，≦，>，≧を使って表す。

例 変数xが1以上5未満のとき，$1\leqq x<5$

2 比例，比例の式

▶yがxの関数で，$\boldsymbol{y=ax}$（**aは定数**）で表されるとき，yはxに**比例**するといい，aを**比例定数**という。

例 比例の式$y=-3x$で，対応するx，yの値は下のようになる。
（↑比例定数 −3）

x	…	−3	−2	−1	0	1	2	3	…
y	…	9	6	3	0	−3	−6	−9	…

×(−3)

▶yがxに比例 ⟺ $y=ax$（aは比例定数） ⟺ $\boldsymbol{\dfrac{y}{x}=a}$（**商が一定**）

3 反比例，反比例の式

▶yがxの関数で，$\boldsymbol{y=\dfrac{a}{x}}$（**$a$は定数**）で表されるとき，$y$は$x$に**反比例**するといい，$a$を**比例定数**という。

例 反比例の式$y=-\dfrac{4}{x}$で，対応するx，yの値は下のようになる。
（↑比例定数 −4）

x	…	−4	−2	−1	0	1	2	4	…
y	…	1	2	4	×	−4	−2	−1	…

積は −4

▶yがxに反比例 ⟺ $y=\dfrac{a}{x}$（aは比例定数） ⟺ $\boldsymbol{xy=a}$（**積が一定**）

★★★

p.210 1

例題 1 関 数

次のア～エのうち，y が x の関数であるものを1つ選び，その記号を書きなさい。〔奈良〕

ア 自然数 x の約数 y
イ 気温 x℃のときの降水量 $y$mm
ウ まわりの長さが $x$cm である長方形の面積 $y\text{cm}^2$
エ 1mのテープを x 等分したときの1本分の長さ $y$cm

x の値を決めると，対応する y の値がただ1つ決まるものを選ぼう。

解き方と答え

ア 例えば，3の約数は1，3で，6の約数は1，2，3，6で，約数 y は1つに決まらない。よって，関数ではない。

イ 気温が20℃のときでも晴れの日もあれば，くもりの日，雨の日もあるので，降水量 y は1つに決まらない。よって，関数ではない。

ウ 例えば，まわりの長さが12cmの長方形は，縦＋横＝6cmだから，下の図のように，面積 y は1つに決まらない。よって，関数ではない。

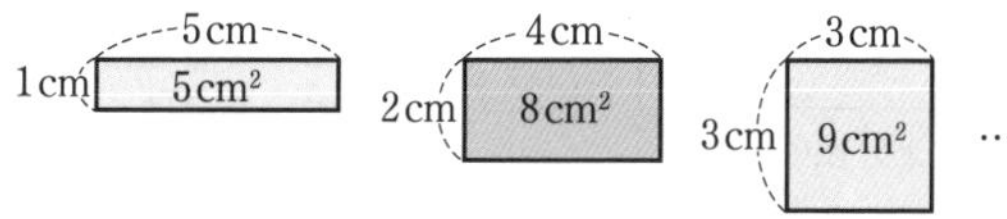

エ 1m＝100cmより，x と y の関係は下のようになる。

x	2	3	4	5	…
y	50	$\frac{100}{3}$	25	20	…

よって，1本分の長さ y は1つに決まるので，関数。

したがって，**エ**

豆知識 関数

「関数(かんすう)」という用語は，17世紀にドイツの数学者ライプニッツ(1646－1716)が論文の中ではじめて使ったものといわれている。
関数は英語でfunctionといい，「機能，作用」という意味もある。
高校になると，$y=f(x)$
大学になると，$f: x \to y$
などと表し，解析学という数学の一部門になる。関数は，式，表，グラフなどで表すことができる。

類題 1 別冊解答 p.56

次のア～エの中から，y が x の関数でないものを1つ選び，その記号を書きなさい。〔佐賀〕

ア 時速5kmで x 時間歩くときの進んだ道のり $y$km
イ 半径 $x$cm の円の面積 $y\text{cm}^2$
ウ 身長 $x$cm の人の体重 $y$kg
エ 水そうに毎分3Lの割合で水を入れるとき，x 分間に入った水の量 yL

★★★ p.210 1

例題 2 変域

次の問いに答えなさい。

(1) 変数xの変域を，不等号を使って表しなさい。

❶ xのとる値が-3以下のとき

❷ xのとる値が2以上10未満のとき

(2) 400Lの水が入っている水そうから，1分間に20Lの割合で水そうが空になるまで水を放水するとき，放水をはじめてx分後の水そうの貯水量はyLになるものとする。

❶ yをxの式で表しなさい。

❷ xの変域を求めなさい。

❸ yの変域を求めなさい。

解き方のコツ 変域は，不等号(＜，≦，＞，≧)を使って表そう。

解き方と答え

(1)❶ xの変域が-3以下なので，$x \leqq -3$
↑-3をふくむ

❷ xが2以上は$x \geqq 2$，xが10未満は$x<10$
不等号の向きをそろえて，$2 \leqq x<10$

(2)❶ x分間に放水した水の量は，
$20 \times x=20x$(L)
x分後の水そうの貯水量は，
はじめに入っている水の量
$-x$分間に放出した水の量
だから，$y=400-20x$
↑$y=-20x+400$でもよい

400L
x分後の貯水量
yL
20L/分

❷ 水そうが空になるのは，$400 \div 20=20$(分後)だから，
xの変域は，$0 \leqq x \leqq 20$

❸ 空になったときは$y=0$だから，$0 \leqq y \leqq 400$

くわしく 変域と数直線

(1)❶ $x \leqq -3$

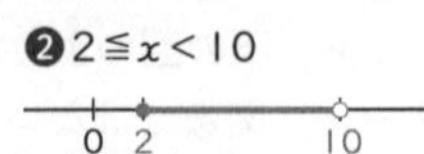

❷ $2 \leqq x<10$

0 2 10

端(はし)の数をふくむ場合は•
ふくまない場合は∘を使って表す。

くわしく
yをxの式で表す
$y=$(xを使った式) の形で表すことを，yをxの式で表すという。

類題 2

別冊解答 p.56

長さ15cmの線香を燃やすと，1分間に3mmの割合で燃えた。火をつけてからx分後の線香の長さを$y$mmとする。

(1) yをxの式で表しなさい。

(2) xの変域を求めなさい。

(3) yの変域を求めなさい。

★★★

p.210 2

例題 3 比 例

次の問いに答えなさい。

(1) $y=-2x$について，次の問いに答えなさい。

❶ 比例定数を求めなさい。

❷ 右の表を完成させなさい。

x	…	−1	0	1	2	3	…
y	…						…

(2) 次のア～エのうち，yがxに比例するものはどれですか。1つ選び，その記号を書きなさい。また，その比例の関係について，yをxの式で表しなさい。〔岩手〕

ア 1辺の長さが$x$cmの立方体の表面積は，$y$cm^{2}である。

イ 700mの道のりを毎分xmの速さで歩くと，y分間かかる。

ウ 空の容器に毎分3Lずつ水を入れると，x分間でyLたまる。

エ ソース50gにケチャップxgを混ぜると，全体の重さはygである。

(2) yをxの式で表したとき，$y=ax$の形になるものが比例である。

解き方と答え

(1)❶ 比例定数は$y=ax$のaの値なので，-2

❷ $y=-2x$の式にそれぞれのxの値を代入してyの値を求めると，左から順に，2，0，-2，-4，-6

(2)ア x^2cmの正方形が6つあるので，$y=6x^2$

イ 時間＝道のり÷速さ より，$y=\frac{700}{x}$

ウ 水の量＝1分間に入る量×時間 より，$y=3x$

エ 全体の量＝ソースの量＋ケチャップの量 より，$y=x+50$

よって，yがxに比例しているものはウ，$y=3x$

くわしく 比例の性質

yがxに比例するとき，

㋐xの値が2倍，3倍，…になると，yの値も2倍，3倍，…になる。

㋑$x \neq 0$のとき，$\frac{y}{x}$の値は一定で，比例定数aに等しい。

くわしく いろいろな関数

(2)ア，イ，エの関係はそれぞれ，2乗に比例する関数，反比例，1次関数という。

類題 3

別冊解答 p.56

次のア～エのうち，yがxに比例するものを1つ選びなさい。〔大阪〕

ア 縦の長さが$x$cm，横の長さが10cmである長方形のまわりの長さ$y$cm

イ 1辺の長さが$x$cmである正方形の面積$y$cm^2

ウ 面積が20cm^{2}である直角三角形の直角をはさむ2辺の長さ$x$cmと$y$cm

エ 1辺の長さが$x$cmである正三角形の周の長さ$y$cm

★★★ p.210 2

例題 4 比例の式

次の問いに答えなさい。

(1) y は x に比例し，$x=3$ のとき $y=-6$ である。このとき，y を x の式で表しなさい。〔長崎〕

(2) y は x に比例し，$x=4$ のとき $y=6$ である。$x=-2$ のときの y の値を求めなさい。〔香川〕

y は x に比例する ⇒ $y=ax$ に代入する ⇒ 比例定数 a を求める

解き方と答え

y が x に比例するので，比例定数を a とすると，$y=ax$ と表すことができる。

(1) $x=3$ のとき $y=-6$ だから，$y=ax$ の式に代入して，

$-6=a\times3$

$a=-2$

よって，$\boldsymbol{y=-2x}$

(2) $x=4$ のとき $y=6$ だから，$y=ax$ の式に代入して，

$6=a\times4$

$a=\dfrac{3}{2}$

よって，y を x の式で表すと，$y=\dfrac{3}{2}x$

$y=\dfrac{3}{2}x$ に $x=-2$ を代入して，

$\boldsymbol{y}=\dfrac{3}{2}\times(-2)=\boldsymbol{-3}$

くわしく

比例の式の求め方の手順

①y が x に比例するとき，求める式を $y=ax$ と表す。

②$y=ax$ に，わかっている x，y の値の１組を代入する。

③a の値を求める。

注意！

代入するときの注意

(1)$x=3$，$y=-6$ を $y=ax$ に代入するとき，x と y の値を逆に代入して，$3=a\times(-6)$ としないように。

次の問いに答えなさい。

(1) y は x に比例し，$x=2$ のとき $y=-8$ である。$x=-1$ のときの y の値を求めなさい。〔栃木〕

(2) 右の表で，y が x に比例するとき，□にあてはまる数を求めなさい。〔青森〕

x	□	-3	0
y	5	2	0

★★★

p.210 3

例題 5 反比例

次の問いに答えなさい。

(1) $y=\frac{12}{x}$ について，次の問いに答えなさい。

x	…	-6	-4	-2	1	3	…
y	…						

❶ 比例定数を求めなさい。

❷ 右の表を完成させなさい。

(2) y が x に反比例しているものを下のア～ウの中から1つ選び，その記号を書きなさい。また，そのときの y を x の式で表しなさい。〔鹿児島〕

ア 時速60kmで走る自動車が，x 時間走ったときに進む道のり y km

イ 1本120円の缶ジュースを x 本買い，1000円出したときのおつり y 円

ウ 面積が36cm^2 の平行四辺形で，底辺の長さを x cmとしたときの高さ y cm

(2) y を x の式で表したとき，$y=\frac{a}{x}$ の形になるものが反比例である。

解き方と答え

(1)❶ 比例定数は $y=\frac{a}{x}$ の a の値なので，12

❷ $y=\frac{12}{x}$ の式にそれぞれの x の値を代入して y の値を求めると，左から順に，-2，-3，-6，12，4

(2)ア 道のり＝速さ×時間 より，$y=60x$

イ おつり＝1000円－缶ジュースの代金 より，$y=1000-120x$

ウ 高さ＝平行四辺形の面積÷底辺 より，$y=\frac{36}{x}$

よって，y が x に反比例しているものはウ，$y=\frac{36}{x}$

くわしく 反比例の性質

y が x に反比例するとき，

㋐ x の値が2倍，3倍，…になると，y の値は $\frac{1}{2}$ 倍，$\frac{1}{3}$ 倍，…になる。

㋑対応する x と y の値の積 xy は一定で，比例定数 a に等しい。

注意！ $x=0$ のとき

反比例の関係では，x の値が0のときの y の値はない。

類題 5 別冊解答 p.56

次のア～エのうち，y が x に反比例するものをすべて選びなさい。〔明治学院高〕

ア 1冊100円のノートを x 冊買ったときの代金は y 円である。

イ 面積が25cm^2 の長方形の縦の長さを x cm，横の長さを y cmとする。

ウ 時速50kmで走る自動車が x 時間かけて進む距離(きょり)を y kmとする。

エ 10Lのジュースを x 人で等分したときの1人分を y Lとする。

★★★ p.210 3

例題 6 反比例の式

次の問いに答えなさい。

(1) yはxに反比例し，$x=4$のとき$y=6$である。このとき，yをxの式で表しなさい。〔長崎〕

(2) yはxに反比例し，$x=6$のとき$y=-12$である。$x=-9$のときのyの値を求めなさい。〔新潟〕

yはxに反比例する ⇒ $y=\frac{a}{x}$に代入する ⇒ 比例定数aを求める

解き方と答え

yがxに反比例するので，比例定数をaとすると，$y=\frac{a}{x}$と表すことができる。

(1) $x=4$のとき$y=6$だから，$y=\frac{a}{x}$の式に代入して，

$6=\frac{a}{4}$　$a=24$

よって，$y=\frac{24}{x}$

(2) $x=6$のとき$y=-12$だから，$y=\frac{a}{x}$の式に代入して，

$-12=\frac{a}{6}$　$a=-72$

よって，yをxの式で表すと，$y=-\frac{72}{x}$

$y=-\frac{72}{x}$に$x=-9$を代入して，

$y=-72\div(-9)=8$

くわしく 反比例の式の求め方の手順

①yがxに反比例するとき，求める式を$y=\frac{a}{x}$と表す。

②$y=\frac{a}{x}$に，わかっているx，yの値の１組を代入する。

③aの値を求める。

別解 $xy=a$を使う

反比例の式は比例定数をaとすると，$xy=a$と変形させることができる。

(1)$x=4$，$y=6$より，

$4\times6=a$　$a=24$

よって，$y=\frac{24}{x}$

類題 6

別冊解答 p.56

次の問いに答えなさい。

(1) yはxに反比例し，$x=6$のとき$y=\frac{1}{2}$である。$x=-3$のときのyの値を求めなさい。〔佐賀〕

(2) 2つの変数x，yが，右の表のような値をとっている。yがxに反比例するとき，yをxの式で表しなさい。〔山梨〕

x	1		6	9	15
y		−4	−2		

2 座標とグラフ

p.217～223

❶ 座標の表し方を理解し，対称(たいしょう)な点などを求められるようにしよう。
❷ 比例や反比例のグラフをかけるようにし，また，グラフから式を求められるようにしよう。

要点整理

1 座標，いろいろな点の座標

➡例題 7，8

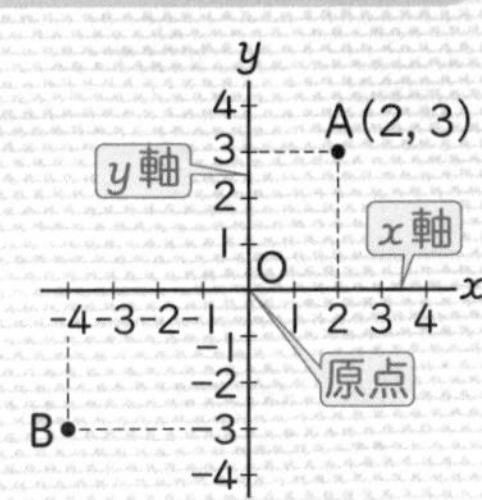

▶右の図のように，点Oで垂直に交わる2つの数直線を考える。横の数直線を**x軸**(じく)，縦の数直線を**y軸**，両方を合わせて，**座標軸**(ざひょうじく)，座標軸の交点Oを**原点**(げんてん)という。

▶右の図の点Aを表す数の組(2, 3)を点Aの**座標**といい，2を**x座標**，3を**y座標**という。

例　B(−4, −3)…点Bのx座標は−4，y座標は−3

2 比例のグラフのかき方，式の求め方

➡例題 9，10

▶比例$y=ax$のグラフは，**原点を通る直線**である。

▶比例$y=ax$のグラフは，**原点ともう1つの点をとり，これらを通る直線をひいてかく**ことができる。

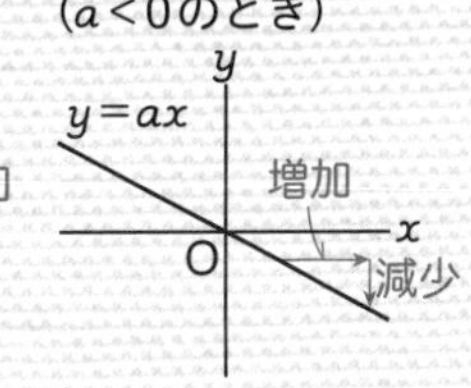

▶比例の式は，グラフ上の**x座標とy座標がともに整数である点を見つけ，$y=ax$に点の座標を代入**して，aを求める。

3 反比例のグラフのかき方，式の求め方

➡例題 11，12

▶反比例$y=\frac{a}{x}$のグラフは，**なめらかな2つの曲線**になる。この曲線を**双曲線**(そうきょくせん)といい，**原点について対称**である。

▶反比例の式は，グラフ上の**x座標とy座標がともに整数である点を見つけ，$y=\frac{a}{x}$に点の座標を代入**して，aを求める。

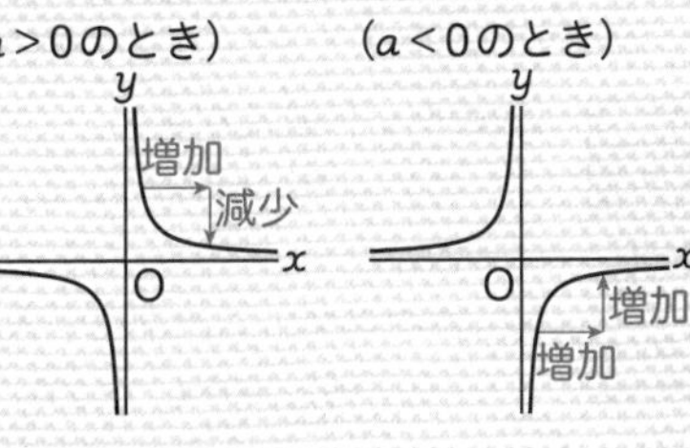

★★★ ➡ p.217 1

例題 7 座標

次の問いに答えなさい。

(1) 右の図で，点A，B，C，Dの座標を求めなさい。

(2) 次の点を，右の図にかき入れなさい。

P(5, 1)，Q(−4, −3)，

R(0, 3)，S(−2, 0)

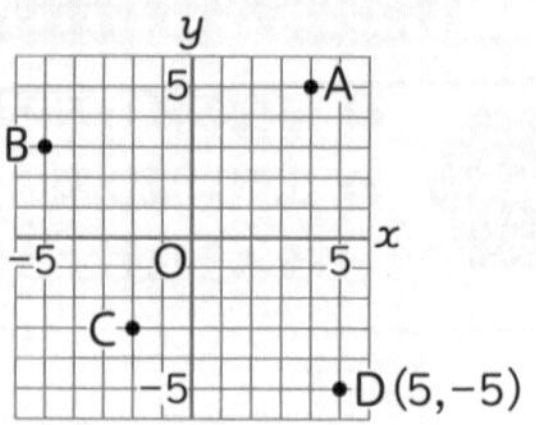

x座標がa，y座標がbの点Aの座標→A(a, b)
また，x座標が0の点はy軸(じく)上，y座標が0の点はx軸上にある。

解き方と答え

(1) 点Aの座標を求めるには，Aからx軸，y軸に垂直にひいた直線が，x軸，y軸と交わる点の目もりを読み取る。よって，A(4, 5)

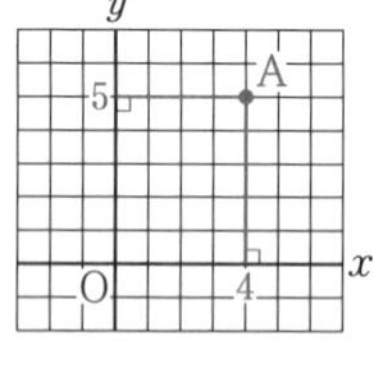

Bのx座標は−5，y座標は3より，B(−5, 3)

Cのx座標は−2，y座標は−3より，C(−2, −3)

Dのx座標は6，y座標は−5より，D(5, −5)

(2) 点P，Qは右の図のようになる。

R(0, 3)…x座標が0，y座標が3⇒**x座標が0なので，y軸上**にある。

S(−2, 0)…x座標が−2，y座標が0⇒**y座標が0なので，x軸上**にある。

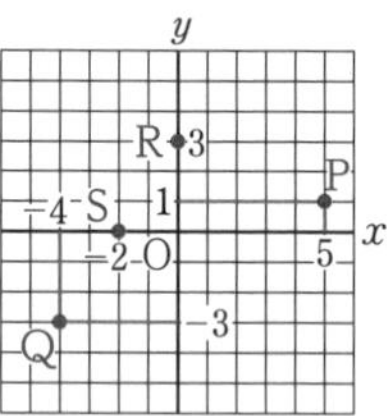

用語 座標，座標平面

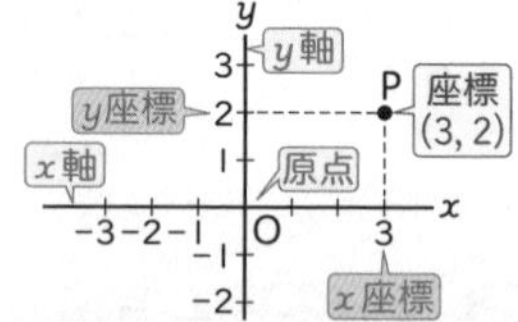

座標軸のある平面を座標平面(ざひょうへいめん)という。座標軸によって分かれた4つの部分を，第(だい)○象限(しょうげん)という。点のx座標，y座標の符号(ふごう)は図のようになる。

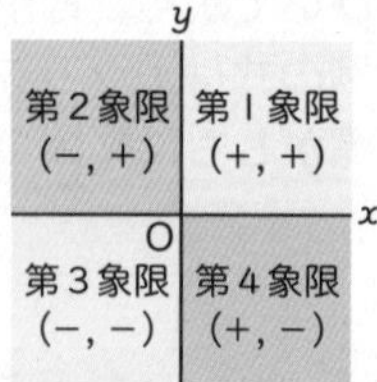

類題 7 ➡ 別冊解答 p.56

次の問いに答えなさい。

(1) 右の図で，点A，B，C，D，E，Fの座標を求めなさい。

(2) 次の点を，右の図にかき入れなさい。

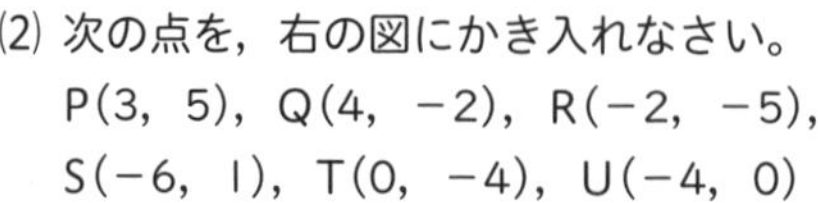
P(3, 5)，Q(4, −2)，R(−2, −5)，

S(−6, 1)，T(0, −4)，U(−4, 0)

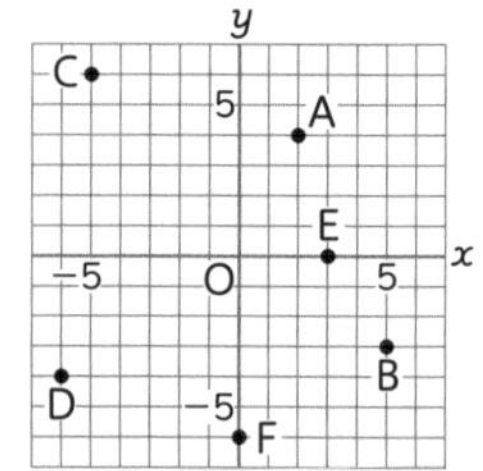

★★★ p.217 1

例題 8 いろいろな点の座標

右の図について，次の問いに答えなさい。

(1) 点Aとx軸（じく），y軸，原点について対称（たいしょう）な点P，Q，Rの座標をそれぞれ求めなさい。

(2) 2点A，Bの中点の座標を求めなさい。

(3) 三角形ABCを平行移動して，点Aが点Dにくるようにしたとき，点B，点Cが移った点E，Fの座標をそれぞれ求めなさい。

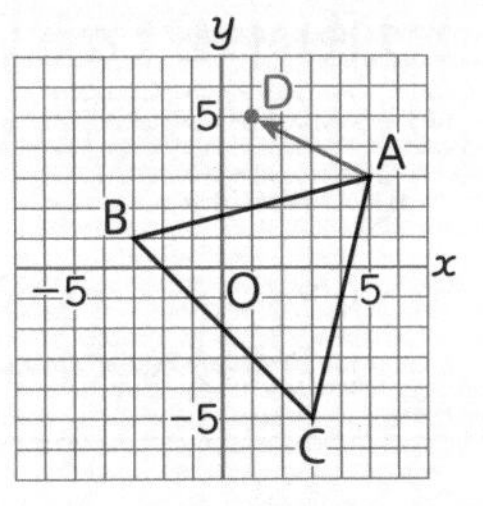

(3) 点P(a，b)から右へm，上へn移動した点Qは， Q($a+m$，$b+n$)

解き方と答え

(1) 点P，Q，Rは右の図より，
P(5，−3)，Q(−5，3)，
R(−5，−3)

(2) A(5，3)，B(−3，1)の**中点**
真ん中の点，AM＝BM
をM(a，b)とすると，

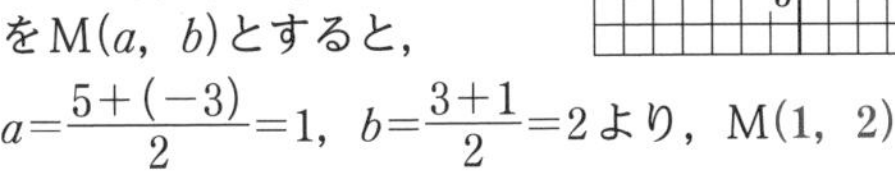

$a=\frac{5+(-3)}{2}=1$，$b=\frac{3+1}{2}=2$より，M(1，2)

(3) A(5，3)が点(1，5)にくるように移動させるには，

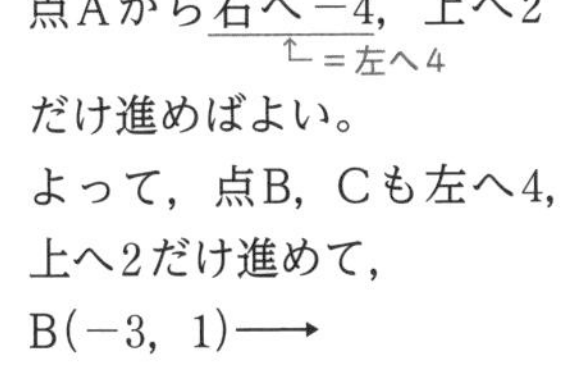

点Aから右へ−4，上へ2
（＝左へ4）
だけ進めばよい。
よって，点B，Cも左へ4，
上へ2だけ進めて，
B(−3，1)⟶

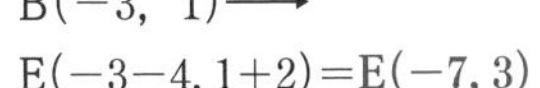

E(−3−4，1+2)＝E(−7，3)
C(3，−5)⟶F(3−4，−5+2)＝F(−1，−3)

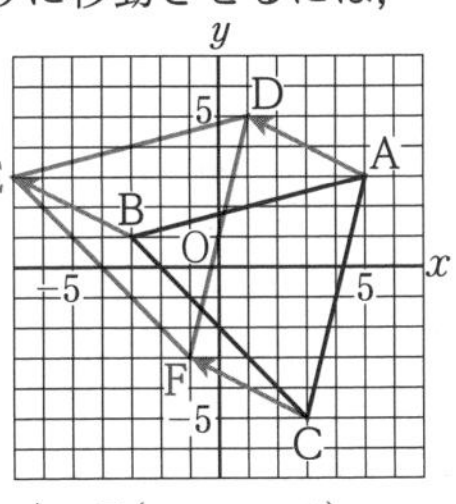

くわしく 対称な点の座標

点P(a，b)と
㋐x軸について対称な点の座標は，(a，$-b$)
㋑y軸について対称な点の座標は，($-a$，b)
㋒原点について対称な点の座標は，($-a$，$-b$)

くわしく 中点の座標

2点P(a，c)，Q(b，d)の中点（ちゅうてん）Mの座標は，
$\left(\frac{a+b}{2}，\frac{c+d}{2}\right)$

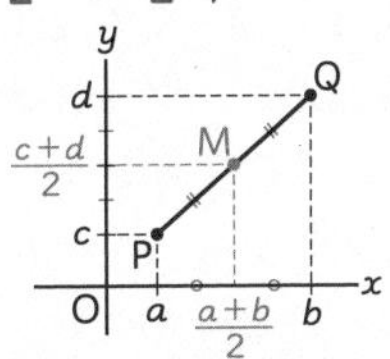

次の問いに答えなさい。

(1) 点(2，−1)と原点について対称な点の座標を求めなさい。〔栃木〕

(2) 3点P(1，2)，Q(−4，5)，R(−2，−3)があり，三角形PQRをつくる。

❶ 2点Q，Rの中点の座標を求めなさい。

❷ 三角形PQRを移動して，点QがT(−1，2)にくるようにしたとき，点P，点Rが移った点S，Uの座標をそれぞれ求めなさい。

★★★ p.217 2

例題 9 比例のグラフのかき方

次の問いに答えなさい。

(1) 次のグラフをかきなさい。

❶ $y=3x$　　❷ $y=-2x$　　❸ $y=-\frac{3}{5}x$　〔広島〕

(2) $y=-x$で，xの変域が$-3 \leqq x \leqq 3$のときのグラフをかきなさい。また，yの変域を求めなさい。

比例$y=ax$のグラフは，原点と点$(1,\ a)$を通る直線である。

解き方と答え

(1)❶ $y=3x$に$x=1$を代入すると，$y=3$
よって，原点と点$(1,\ 3)$を通る**直線**をかく。

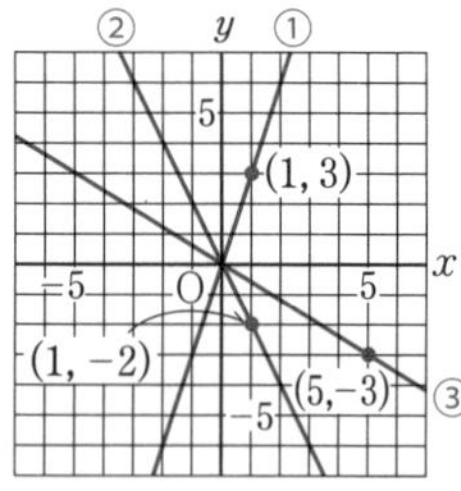

❷ $x=1$のとき$y=-2$より，原点と点$(1,\ -2)$を通る**直線**をかく。

❸ $x=5$のとき$y=-3$より，原点と点$(5,\ -3)$を通る**直線**をかく。

(2) $y=-x$に，$x=-3$を代入すると$y=3$，$x=3$を代入すると$y=-3$
よって，$(-3,\ 3)$と$(3,\ -3)$を結ぶと，グラフは右の図のようになるから，
yの変域は，$-3 \leqq y \leqq 3$

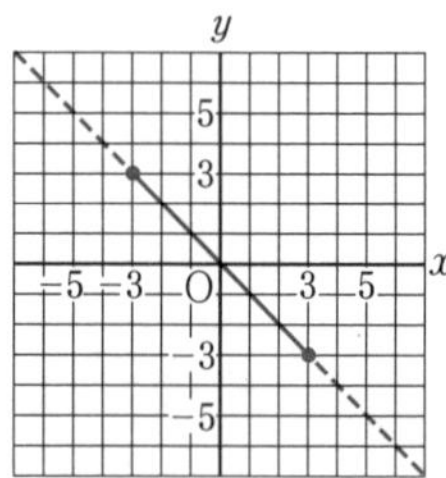

アドバイス

原点以外の点のとり方

原点以外で，グラフが通る点Pを見つけるとき，とる点Pは原点から遠いほど正確にグラフがかける。

くわしく

比例定数aが分数のとき

(1)❸のように，比例の式が$y=\frac{n}{m}x$のときは，原点と点$(m,\ n)$を通る直線になる。

くわしく

変域のあるグラフ

変域内は実線でかき，変域外は点線でかくか，何もかかない。

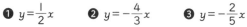

類題 9　別冊解答 p.57

次の問いに答えなさい。

(1) 次のグラフをかきなさい。

❶ $y=\frac{1}{2}x$　　❷ $y=-\frac{4}{3}x$　　❸ $y=-\frac{2}{5}x$

(2) 関数$y=-\frac{2}{3}x$において，$-6 \leqq x \leqq 6$のときのyの変域を求めなさい。

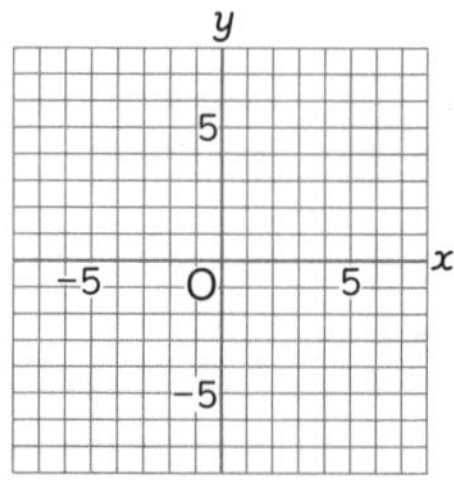

★★★ ⮌ p.217 2

例題 10 比例のグラフの式

次の問いに答えなさい。

(1) 右の図の❶，❷は，比例のグラフである。それぞれ，yをxの式で表しなさい。

(2) yはxに比例し，そのグラフが点(2，−6)を通る。このとき，yをxの式で表しなさい。

〔福島〕

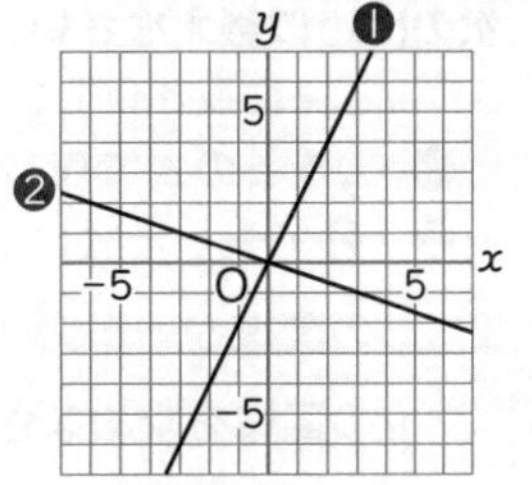

$y=ax$に，グラフが通る点の座標を代入して，aの値を求めよう。

解き方と答え

(1)❶ グラフは，点(1，2)を通るから，$y=ax$に$x=1$，$y=2$を代入して，$2=a\times1$　$a=2$

よって，$y=2x$

❷ グラフは，点(3，−1)を通るから，$y=ax$に$x=3$，$y=-1$を代入して，$-1=a\times3$　$a=-\frac{1}{3}$

よって，$y=-\frac{1}{3}x$

(2) yがxに比例するから，$y=ax$とおく。グラフが点(2，−6)を通るから，$x=2$，$y=-6$を代入して，

$-6=a\times2$　$a=-3$

よって，$y=-3x$

くわしく グラフから式を求める手順

①グラフが通る点のうち，x座標，y座標ともに整数である点Pの座標を求める。

②点Pのx座標，y座標の値を$y=ax$のx，yに代入してaの値を求める。

③yをxの式に表す。

別解 代入する座標

(1)❶代入する座標は，(2，4)，(−3，−6)のようにグラフ上の点であればどれでもよい。

右の図の❶～❹は，比例のグラフである。それぞれ，yをxの式で表しなさい。

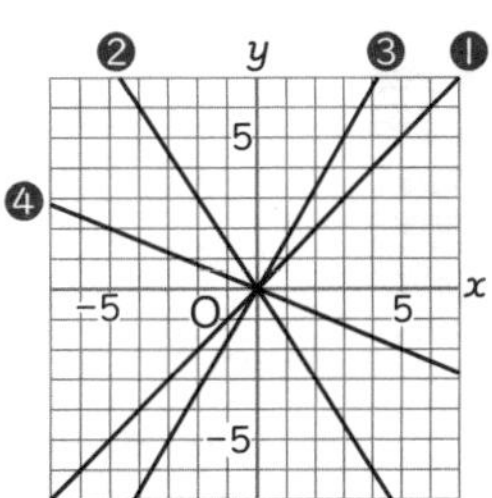

★★★ p.217 3

例題 11 反比例のグラフのかき方

次の問いに答えなさい。

(1) yはxに反比例し，$x=-2$のとき$y=2$である。〔群馬〕

❶ yをxの式で表しなさい。

❷ ❶で表した式について，この関数のグラフをかきなさい。

(2) xの変域が$-6 \leqq x \leqq -2$のとき，$y=\dfrac{12}{x}$のグラフをかきなさい。また，yの変域を求めなさい。

反比例$y=\dfrac{a}{x}$のグラフは，なめらかな曲線である。

解き方と答え

(1)❶ yがxに反比例するから$y=\dfrac{a}{x}$と表す。

$x=-2$，$y=2$を代入して，$2=\dfrac{a}{-2}$　$a=-4$

よって，$y=-\dfrac{4}{x}$

❷ 対応するx，yの値が整数となる点の座標をとり，なめらかな曲線で結ぶ。

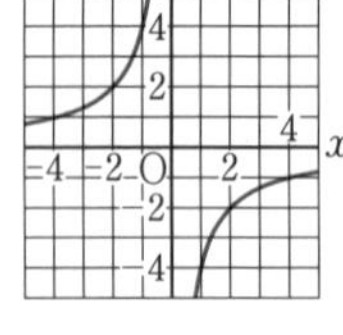

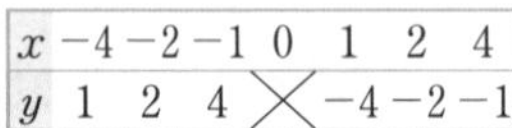

x	-4	-2	-1	0	1	2	4
y	1	2	4	×	-4	-2	-1

(2) 変域内で，x，yの値がともに整数となる点の座標を求めると，下の表のようになる。

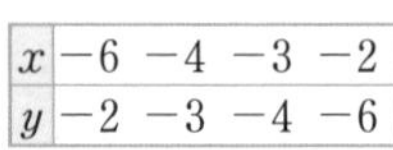

x	-6	-4	-3	-2
y	-2	-3	-4	-6

yの変域は，$-6 \leqq y \leqq -2$

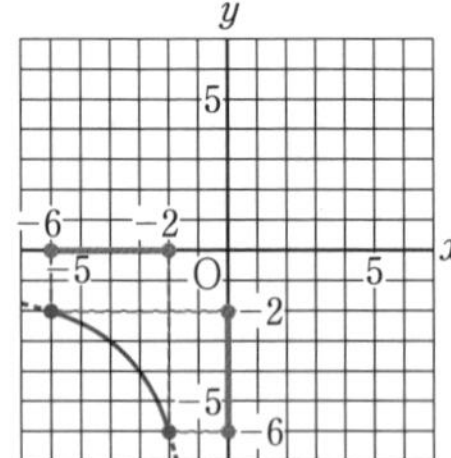

アドバイス 点のとり方

x，y座標がともに整数となる点の座標は，$y=\dfrac{a}{x}$の比例定数aの約数になっていることを利用するとよい。

くわしく 反比例のグラフ

㋐x軸（じく），y軸と交わらない。

㋑$a>0$のときは第1，第3象限（しょうげん），$a<0$のときは第2，第4象限にある。

㋒反比例のグラフは原点について対称（たいしょう）なことを利用してかくこともできる。

㋓点を直線で結ばないこと。

類題 11 別冊解答 p.57

次の問いに答えなさい。

(1) yはxに反比例し，$x=-2$のとき$y=4$である。xとyの関係を式に表し，そのグラフをかきなさい。〔愛媛〕

(2) 関数$y=-\dfrac{15}{x}$について，xの変域が$a \leqq x \leqq b$のとき，yの変域が$-5 \leqq y \leqq -3$であるという。このとき，a，bの値を求めなさい。〔近畿大附高〕

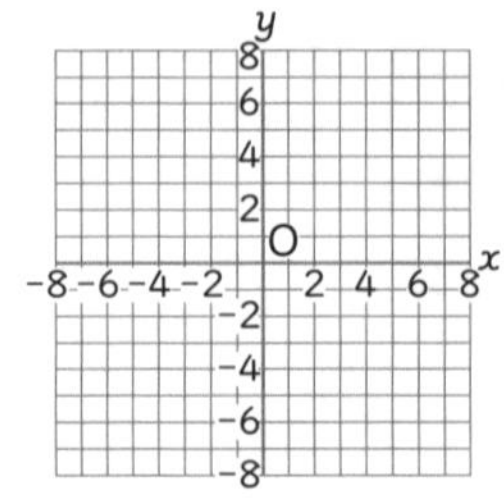

★★★

p.217 3

例題 12 反比例のグラフの式

次の問いに答えなさい。

(1) 右の図の❶，❷は，反比例のグラフである。それぞれ，y を x の式で表しなさい。

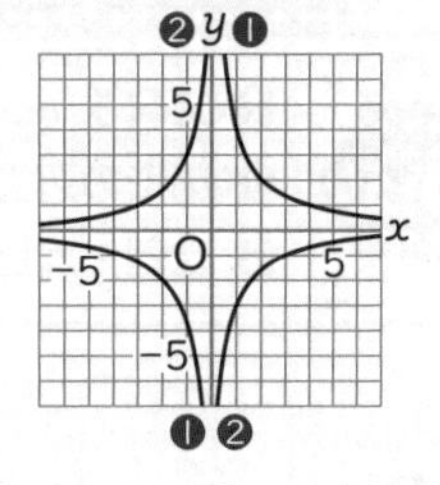

(2) 右の図のように，点A(2，3)を通る反比例のグラフがあり，このグラフ上に x 座標が -4 となる点Bをとる。点Bの y 座標を求めなさい。〔宮城〕

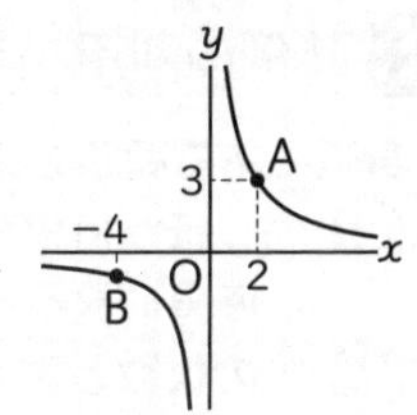

$y=\dfrac{a}{x}$ に，グラフが通る点の座標を代入して，a の値を求めよう。

解き方と答え

(1)❶ 点(2，2)を通るから，$y=\dfrac{a}{x}$ に $x=2$，$y=2$ を代入して，$2=\dfrac{a}{2}$　$a=4$　よって，$y=\dfrac{4}{x}$

❷ 点(1，-3)を通るから，$y=\dfrac{a}{x}$ に $x=1$，$y=-3$ を代入して，$-3=\dfrac{a}{1}$　$a=-3$　よって，$y=-\dfrac{3}{x}$

(2) グラフの式を $y=\dfrac{a}{x}$ とすると，点A(2，3)を通るから，$x=2$，$y=3$ を代入して，$3=\dfrac{a}{2}$　$a=6$

よって，$y=\dfrac{6}{x}$ に点Bの x 座標 -4 を代入して，$y=-\dfrac{3}{2}$

くわしく グラフから式を求める手順

p.221 くわしく の②で，$y=\dfrac{a}{x}$ に代入する以外は同じ方法で求められる。

別解 $xy=a$ の利用

(2)反比例では，xy の積は一定だから，

$y=2\times3\div(-4)=-\dfrac{3}{2}$

右の図の❶，❷は，反比例のグラフである。それぞれ，y を x の式で表しなさい。

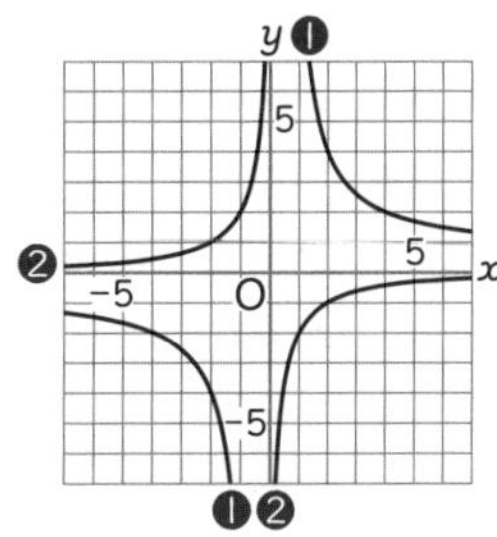

3 比例と反比例の利用

p.224～229

❶ 文章題から，比例または反比例のどちらの関係なのか判断できるようにしよう。
❷ 図形の辺上を動く点と面積との関係を式で表せるようにしよう。
❸ 比例・反比例のグラフと図形の問題を解けるようにしよう。

要点整理

1 比例の利用，反比例の利用

➡例題 13，14

▶ 身近にある問題を**比例や反比例の関係を利用して解く**ことができる。

例1 同じ紙が何枚かあり，その重さが840gとわかっているとする。できるだけ簡単に枚数を知るためにはどうすればよいですか。

解1 **紙の枚数と重さは比例しているので，一部の紙をとり出して重さを量り，式を求めて値を代入する。**紙の枚数をx枚，重さをygとすると，$y=ax$とおける。例えば，20枚の重さが60gであるとき，$y=3x$
$y=840$より，$840=3x$　$x=280$　よって，280枚あることがわかる。

例2 てんびんがつりあうとき，**支点からの距離(きょり)とおもりの重さの積は等しくなる。**
右の図では，$xy=15\times40$より，$xy=600$

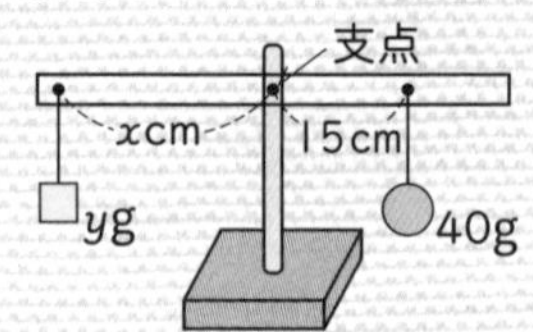

2 図形上の動点

➡例題 15

例 右の図のように，正方形の辺上を点PがBからCまで動くとき，BP$=x$cm，△ABPの面積を$y$cm^{2}とすると，

$y=\frac{1}{2}\times x\times8=4x$　$(0\leqq x\leqq8,\ 0\leqq y\leqq32)$

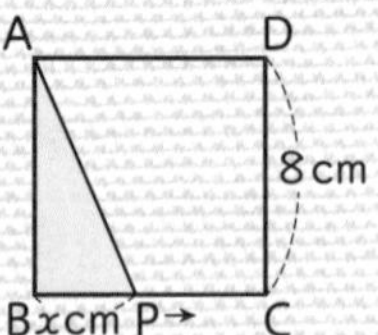

3 比例と反比例のグラフ，グラフと図形

➡例題 16，17

▶ 座標平面上のいろいろな図形の性質を使って，2点間の距離や面積，点の座標などを求めることができる。

例 右の図で，四角形ABCDが正方形であるとき，

㋐ **AとBのx座標，AとDのy座標は等しい。**
㋑ **AD＝Dのx座標－Aのx座標**

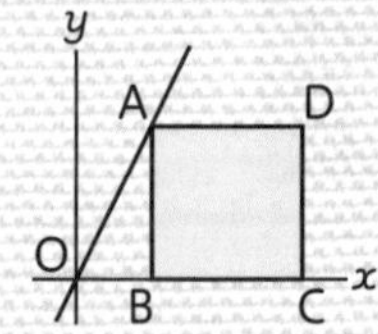

★★★ p.224 1

例題 13 比例の利用

プールに空の状態から水を入れる。水面の高さは，水を入れはじめてからの時間に比例し，入れはじめてからの時間が4時間30分のときの水面の高さは60cmである。入れはじめてからの時間が6時間のときの水面の高さを求めなさい。 〔秋田〕

プールの水面の高さ $y$cmは，水を入れはじめてからの時間 x分に比例することを利用して，$y=ax$の式で表そう。

解き方と答え

水を入れはじめてからx分後の水面の高さを$y$cmとすると，yはxに比例するので，$y=ax$とおける。

4時間30分＝270分より，$x=270$，$y=60$を代入して，

$60=a\times270$　$a=\frac{2}{9}$より，$y=\frac{2}{9}x$

6時間＝360分より，$x=360$を$y=\frac{2}{9}x$に代入して，

$y=\frac{2}{9}\times360=80$

よって，80cm

別解 比例の性質の利用

4時間30分＝4.5時間

$6\div4.5=\frac{4}{3}$(倍)

水面の高さは，入れはじめてからの時間に比例するから，水面の高さも$\frac{4}{3}$倍

よって，$60\times\frac{4}{3}=$**80(cm)**

$\times\frac{4}{3}$

時間(時間)	4.5	6
高さ(cm)	60	

$\times\frac{4}{3}$

類題 13 別冊解答 p.58

次の問いに答えなさい。

(1) 同じ種類のくぎがたくさんある。このくぎ56本の重さが44.8gであった。重さが200gであるとき，くぎは何本ありますか。

(2) ある動く歩道は，長さが60mで，毎秒0.6mの速さで動いている。いま，Aさんが動く歩道に乗るのと同時に，Bさんが横の通路を毎秒1.2mの速さで歩きはじめた。ただし，Aさんは動く歩道に乗ってから動かないものとする。

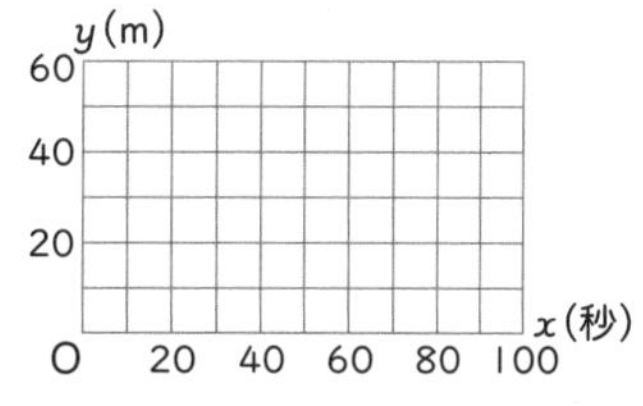

❶ x秒間にym進むとして，動く歩道の終わる地点までの2人の進むようすを表すグラフをかきなさい。

❷ Bさんが動く歩道の終わる地点に着いたとき，Aさんは終わる地点の何m手前にいますか。

❸ 2人が歩きはじめて40秒後，BさんとAさんは何mはなれていますか。

★★★

⮌ p.224 1

例題 14 反比例の利用

次の問いに答えなさい。

(1) 右の表は，ある弁当を電子レンジで加熱するときの時間の目安を表している。表の加熱時間が，電子レンジの出力に反比例するとき，アにあてはまる時間は何分何秒ですか。〔秋田〕

電子レンジの出力	加熱時間
500W	3分30秒
600W	ア
1500W	1分10秒

(2) 歯の数がxの歯車Aと，歯の数が28の歯車Bが，すべることなくかみ合って回転している。歯車Bが3回転するとき，歯車Aはy回転するという。歯車Aの歯の数が14のとき，歯車Bが3回転する間に歯車Aは何回転しますか。

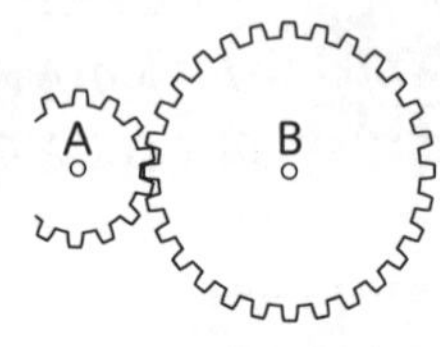

(2) 歯車AとBのかみ合う歯の数(＝歯数×回転数)は等しい。

解き方と答え

(1) 電子レンジの出力をxW，加熱時間をy秒とすると，

yはxに反比例するから，$y=\frac{a}{x}$とおける。

$x=500$のとき$y=210$を代入して，$210=\frac{a}{500}$

↑3分30秒＝210秒

$a=105000$　$y=\frac{105000}{x}$

$x=600$を代入して，$y=175$

よって，175秒＝2分55秒

(2) 歯車A，Bの歯数がそれぞれx，28で，Bが3回転するときAはy回転するから，$x\times y=28\times 3$　$y=\frac{84}{x}$

$x=14$を代入して，$y=6$

よって，6回転

別解

反比例の性質の利用

(1)出力は$600\div 500=\frac{6}{5}$(倍)

加熱時間は出力に反比例するから，加熱時間は$\frac{5}{6}$倍

よって，3分30秒＝210秒より，

$210\times\frac{5}{6}=175$(秒)

＝2分55秒

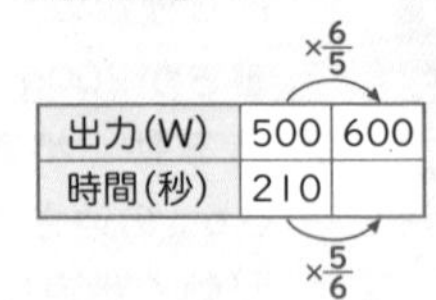

出力(W)	500	600
時間(秒)	210	

類題 14

別冊解答 p.58

6台の機械で50分かかる作業がある。この作業を6台の機械で同時にはじめた。作業をはじめてから35分後に1台の機械が故障したため，残りの作業を5台の機械で続けて行い，作業を終えた。1台の機械が故障してから何分後に作業を終えたか求めなさい。ただし，6台の機械はすべて同じ性能で，途中で故障したのは1台のみとする。〔岐阜〕

★★★ ⮌ p.224 2

例題 15 図形上の動点

右の図のような縦8cm，横12cmの長方形ABCDの辺BC上を，BからCまで毎秒3cmの速さで動く点Pがある。x秒後の三角形ABPの面積を$y$cm^{2}とする。

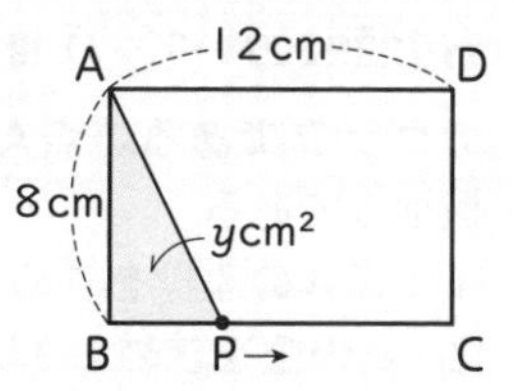

(1) yをxの式で表しなさい。

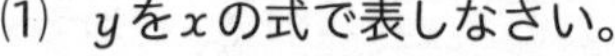

(2) xとyの変域をそれぞれ求めなさい。

(3) 2.5秒後の三角形ABPの面積を求めなさい。

(4) (1)のグラフをかきなさい。

(1) △ABPの面積$=\frac{1}{2}\times$BP$\times$AB，BP$=3\times x=3x$(cm)

解き方と答え

(1) 点Pは毎秒3cmの速さで動くから，x秒後のBPの長さは，$3\times x=3x$(cm)

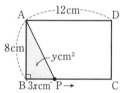

よって，$y=\frac{1}{2}\times 3x\times 8=12x$ （$3x$：底辺，8：高さ）

(2) 点PはCに$12\div 3=4$(秒後)に着くので，xの変域は，$0\leqq x\leqq 4$

yの変域は，$x=4$のとき$y=12\times 4=48$より，$0\leqq y\leqq 48$

(3) $x=2.5$を$y=12x$に代入して，$y=12\times 2.5=30$

よって，30cm^2

(4) $x=4$のとき$y=48$より，原点と点(4，48)を結ぶ直線をひく。

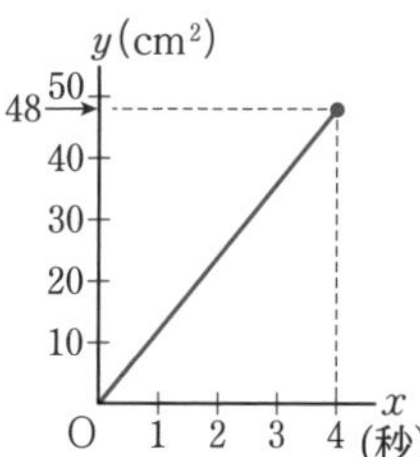

くわしく

(2)xの変域とyの変域

変域は，変数がとりうる値の**最小値**(さいしょうち)と**最大値**(さいだいち)を使って表される。

xの最小値は点PがBにあるときで，$x=0$。そのときのyは三角形ができないので0で，これが最小値。

xの最大値は点PがCにあるときで，$x=12\div 3=4$

そのときのyは三角形ABCの面積と同じなので，$y=12\times 8\div 2=48$で，これが最大値。

よって，$0\leqq x\leqq 4$，

$0\leqq y\leqq 48$

類題 15 別冊解答 p.58

右の図のような直角三角形ABCがある。点Pは毎秒2cmの速さでAを出発し，Bまで動く。点PがAを出発してからx秒後の三角形APCの面積を$y$cm^{2}とする。

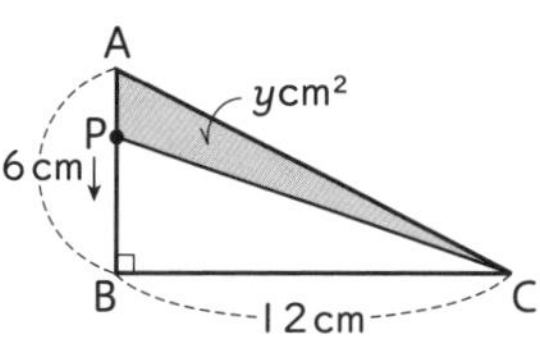

(1) yをxの式で表しなさい。

(2) xとyの変域をそれぞれ求めなさい。

(3) 点PがAを出発してから何秒後に三角形APCの面積が24cm^{2}になりますか。

★★★ ⮌ p.224 3

例題 16 比例と反比例のグラフ

右の図において，①は関数$y=ax$，②は関数$y=\dfrac{12}{x}$のグラフである。点Aは①と②の交点で，そのy座標は6である。

(1) 点Aの座標を求めなさい。

(2) aの値を求めなさい。

(3) ②のグラフ上の点で，x座標とy座標がともに整数となる点は全部で何個ありますか。

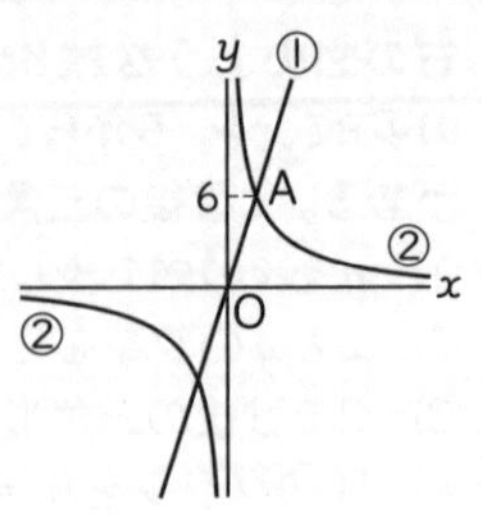

(1)(2) 点Aは①，②の両方のグラフ上にあることを使おう。

解き方と答え

(1) 点Aは②上の点で，y座標が6だから，$y=\dfrac{12}{x}$に$y=6$を代入して，$x=2$
よって，A(2, 6)

(2) 点Aは①上の点でもあるから，$y=ax$に$x=2$，$y=6$を代入して，$6=a\times2$
よって，$a=3$

(3) $y=\dfrac{12}{x}$のグラフ上で，x座標，y座標がともに整数であるのは，(1, 12)，(2, 6)，(3, 4)，(4, 3)，(6, 2)，(12, 1)，(−1, −12)，(−2, −6)，(−3, −4)，(−4, −3)，(−6, −2)，(−12, −1)の12個

用語 格子点

(3)のような，x座標とy座標がともに整数である点を格子点(こうしてん)という。

別解 計算で求める

(3)②のグラフ上で，x座標，y座標がともに正の整数である点は，比例定数12の正の約数で，6個ある。反比例のグラフは原点について対称なので，x座標，y座標ともに負の整数になる点も同じ6個。
よって，6×2=12(個)

類題 16 ➡ 別冊解答 p.58

次の問いに答えなさい。

(1) 右の図のように，$y=ax$と$y=\dfrac{b}{x}$のグラフが点P(−3, 2)で交わり，点Qのx座標は4である。

❶ 定数a，bの値を求めなさい。

❷ 点Qの座標を求めなさい。

(2) 関数$y=-\dfrac{60}{x}$のグラフ上の点で，x座標とy座標がともに整数である点の個数を求めなさい。

〔関西大北陽高〕

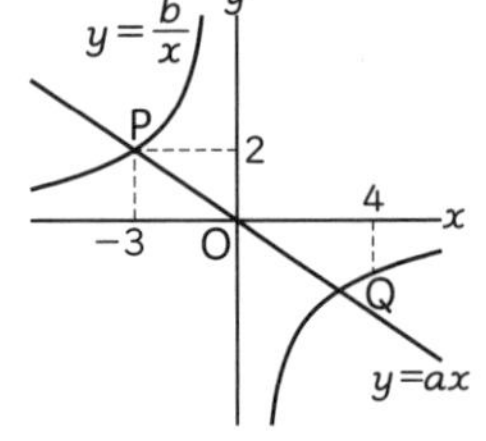

★★★ p.224 3

例題 17 グラフと図形

次の問いに答えなさい。

(1) 3点A(3, 4)，B(−1, −2)，C(4, −2)を頂点とする三角形の面積を求めなさい。

(2) 右の図で，①は関数$y=2x$，②は関数$y=\frac{a}{x}$のグラフである。点A，Bはそれぞれ①と②の交点で，点Aのx座標は3である。また，②のグラフ上にx座標が−9の点Cをとり，三角形ABCをつくる。三角形ABCの面積を求めなさい。

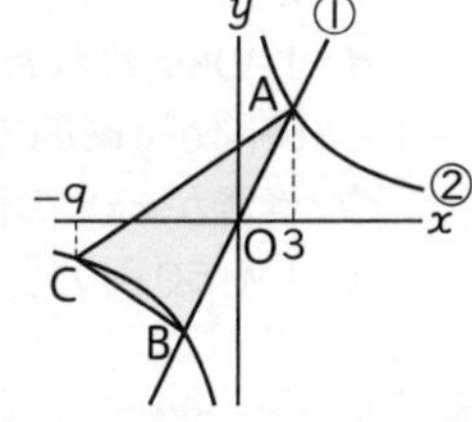

(2) 三角形ABCを囲む長方形をつくって面積を求めよう。

解き方と答え

(1) 右の図の三角形ABCで，底辺をBCとすると，BC=4−(−1)=5，
高さは4−(−2)=6だから，面積は$\frac{1}{2}\times5\times6=\underline{15}$
←単位はつけない

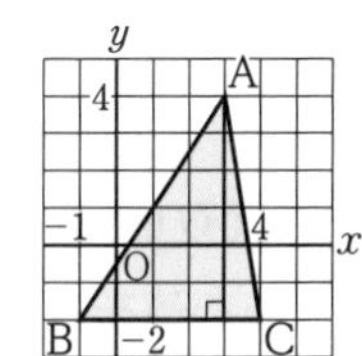

(2) 点Aのx座標が3より，$y=2x$に$x=3$を代入して，$y=6$　よって，A(3, 6)
Aは②上の点でもあるから，$a=xy=3\times6=18$
点BはAと原点について対称(たいしょう)な点だから，B(−3, −6)
Cのy座標は$y=18\div(-9)=-2$より，C(−9, −2)
右の図のように，三角形ABCを囲む正方形をつくると，三角形ABCの面積は，

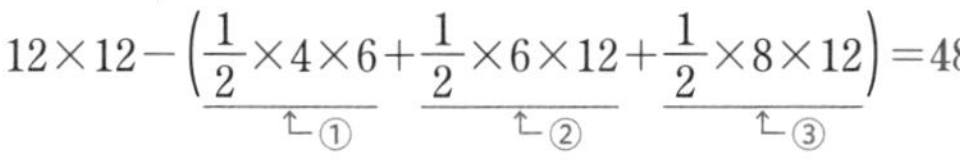

$$12\times12-\left(\underbrace{\frac{1}{2}\times4\times6}_{①}+\underbrace{\frac{1}{2}\times6\times12}_{②}+\underbrace{\frac{1}{2}\times8\times12}_{③}\right)=\underline{48}$$

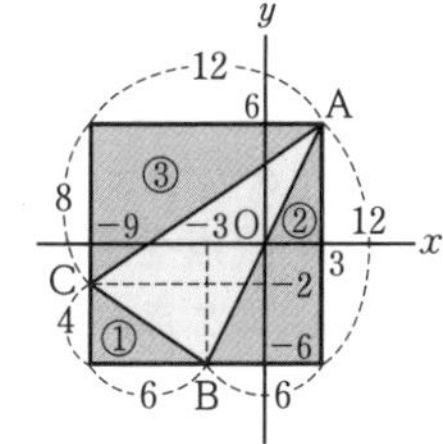

類題 17 別冊解答 p.59

右の図は，$x\geqq0$のときの関数$y=ax$と$y=\frac{24}{x}$のグラフである。点Aはこの2つのグラフの交点で，x座標は4である。また，点Bは$y=\frac{24}{x}$のグラフ上の点で，y座標は2である。

(1) aの値を求めなさい。

(2) 三角形AOBの面積を求めなさい。

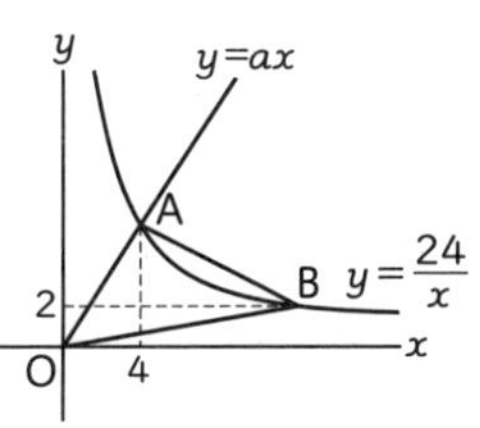

章末問題 A

→別冊解答 p.59～60

1 次の**ア**～**エ**について，yがxに比例するときは比例，yがxに反比例するときは反比例，yがxに比例も反比例もしないときは×を書きなさい。〔新潟〕

例題 3 5

ア 縦の長さを$x$cm，横の長さを$y$cmとする長方形のまわりの長さが20cmである。

イ 100km離れた2地点間を毎時$x$kmの速さで往復するときにかかった時間がy時間である。

ウ 半径が$x$cmの円の面積が$y\text{cm}^2$である。

エ 1個50円の品物をx個買うときの代金がy円である。

2 次の(1)～(3)のグラフをかきなさい。また，(4)～(6)のグラフの式を求めなさい。

例題 9～12

(1) $y=-3x$　(2) $y=\dfrac{4}{5}x$　(3) $y=\dfrac{4}{x}$

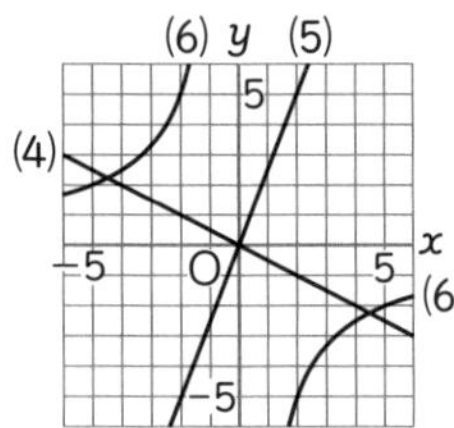

3 関数$y=\dfrac{a}{x}$で，xの変域が$1\leqq x\leqq 3$のとき，yの変域は$b\leqq y\leqq 6$である。a，bの値をそれぞれ求めなさい。〔徳島〕

例題 11 12

4 右の図のように，関数$y=\dfrac{a}{x}$（$x>0$，aは定数）のグラフがある。2点A，Bは関数$y=\dfrac{a}{x}$のグラフ上の点で，Aの座標は(2，6)，Bのx座標は4である。〔熊本〕

例題 10 12

(1) aの値を求めなさい。

(2) 原点を通り，傾き（かたむ）きmの直線が線分AB上の点を通るとき，mの値の範囲（はんい）を求めなさい。

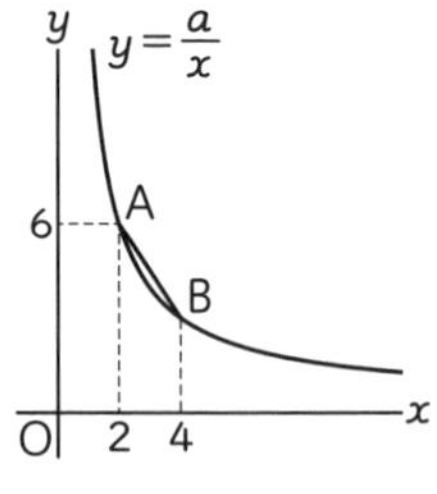

5 右の図において，①は関数$y=\dfrac{7}{x}$のグラフである。曲線①上にx座標が正である点Aをとり，AOの延長と曲線①との交点をBとする。点Aを通りx軸（じく）に平行な直線と，点Bを通りy軸に平行な直線との交点をCとする。また，点Aを通りy軸に平行な直線と点Bを通りx軸に平行な直線との交点をDとする。このとき，長方形ACBDの面積は，点Aが曲線①上のどこにあっても一定の値である。その値を求めなさい。〔静岡〕

例題 16 17

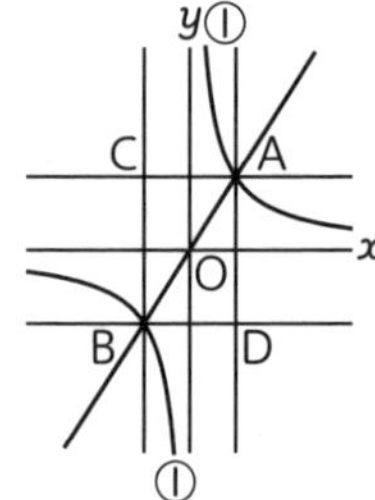

章末問題 B

→別冊解答 p.60～61

6 yはxに反比例し，$x=2$のとき$y=4$である。また，zはyに比例し，$y=4$のとき$z=-1$である。$x=-1$のとき，zの値を求めなさい。〔洛南高〕

例題 4 6

7 反比例$y=\frac{6}{x}$の，xの変域が$2\leqq x\leqq 3$のときのyの変域と，反比例$y=\frac{a}{x}$の，xの変域が$-6\leqq x\leqq -4$のときのyの変域が一致（いっち）するとき，aの値を求めなさい。ただし，$a<0$とする。〔宮城〕

例題 11 12

8 右の図のように，2つの関数$y=\frac{a}{x}(a>0)$，$y=-\frac{5}{4}x$のグラフ上で，x座標が2である点をそれぞれA，Bとする。AB=6となるときのaの値を求めなさい。〔栃木〕

例題 16 17

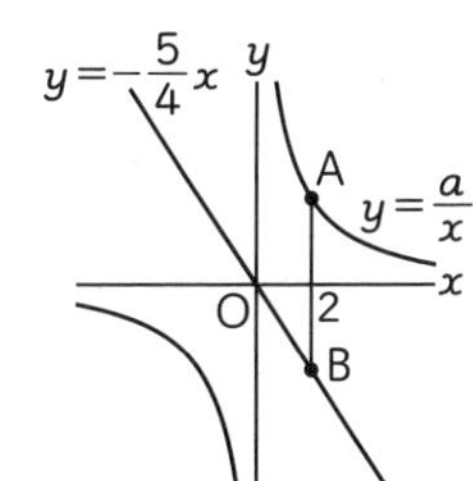

9 右の図のように，関数$y=ax$と反比例$y=\frac{8}{x}$のグラフの交点をA，Bとする。また，点Aからx軸，y軸に垂線をひき，その交点をそれぞれC，Dとする。点Aのx座標が2であるとき，aの値を求めなさい。また，四角形ADBCの面積を求めなさい。〔和洋国府台女子高〕

例題 16 17

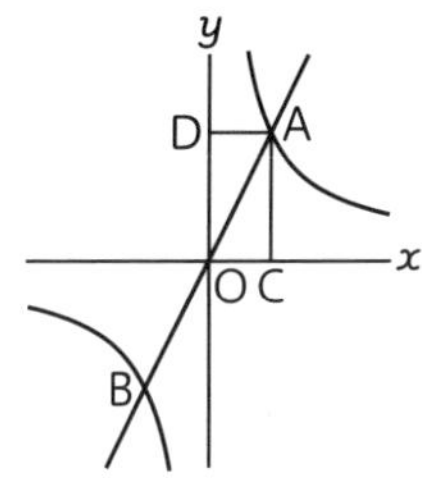

チャレンジ

10 右の図のように，関数$y=ax$…①，$y=\frac{b}{x}(x>0)$…②，$y=x$…③のグラフがある。点Aは①と②の交点，点Bはy軸（じく）上の点，点Cは③上の点で，点A，B，Cのy座標はすべて8である。三角形OABの面積が三角形OACの面積の3倍である。ただし，$a>1$，$b>0$とする。〔函館ラ・サール高－改〕

例題 16 17

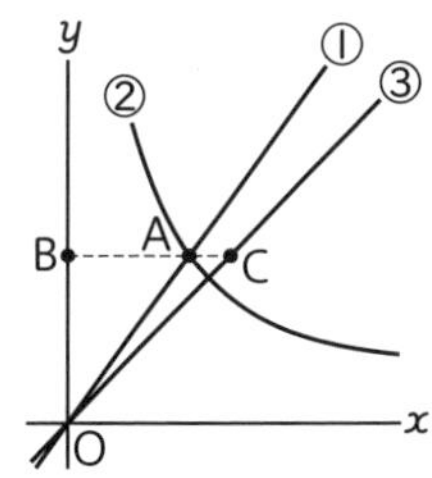

(1) a，bの値を求めなさい。

(2) ①，②，③によって囲まれた部分にある点（①，②，③上の点もふくむ）で，x座標とy座標がともに整数である点は何個ありますか。

4 1次関数

p.232〜237

❶ 1次関数の意味と，1次関数の値の変化の特徴(とくちょう)を理解しよう。
❷ 1次関数のグラフがかけ，グラフから式を求められるようにしよう。
❸ 変域のある1次関数のグラフをかくことができるようにしよう。

要点整理

1 1次関数，1次関数の値の変化

▶ yがxの関数で，yがxの1次式$\boldsymbol{y=ax+b}$（a，bは定数，$a\neq0$）の形で表されるとき，**yはxの1次関数(じかんすう)である**という。

$y=ax+b$（ax：xに比例する部分，b：定数部分）

▶ xの増加量に対するyの増加量の割合を**変化(へんか)の割合(わりあい)**という。

変化の割合 $=\dfrac{y\text{の増加量}}{x\text{の増加量}}=a$

1次関数$y=ax+b$の変化の割合は一定で，xの係数aに等しい。

2 1次関数のグラフ

▶ 1次関数$y=ax+b$のグラフは，$y=ax$のグラフを，**y軸(じく)の正の方向へbだけ平行移動させた直線**である。

▶ 1次関数$y=ax+b$のグラフで，a，bをそれぞれ直線$y=ax+b$の**傾(かたむ)き**，**切片(せっぺん)**という。
直線の傾きaは，**xが1だけ増加したときのyの増加量に等しい**。切片bは，**グラフがy軸と交わる点(0，b)のy座標**である。

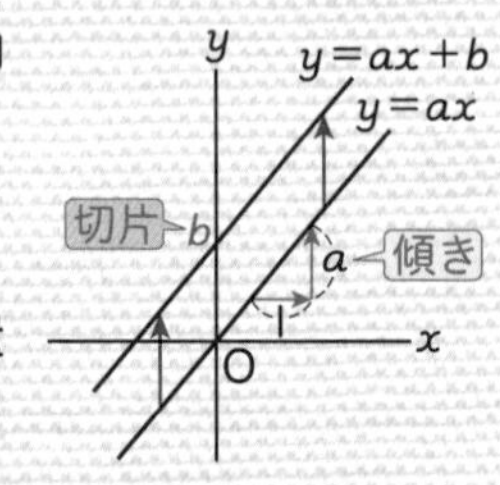

▶ **$a>0$のとき**，xの値が増加するとyの値も増加する，**右上がりの直線**になる。
$a<0$のとき，xの値が増加するとyの値は減少する，**右下がりの直線**になる。

3 変域のある1次関数のグラフ

▶ 変域のある1次関数のグラフは，**変域内は実線でかき，変域外は点線**でかくか，何もかかない。

例 1次関数$y=-2x+3$（$-1\leqq x\leqq3$）のグラフをかき，yの変域を求めなさい。

解 $x=-1$のとき，$y=5$，
$x=3$のとき，$y=-3$
よって，yの変域は，$-3\leqq y\leqq5$

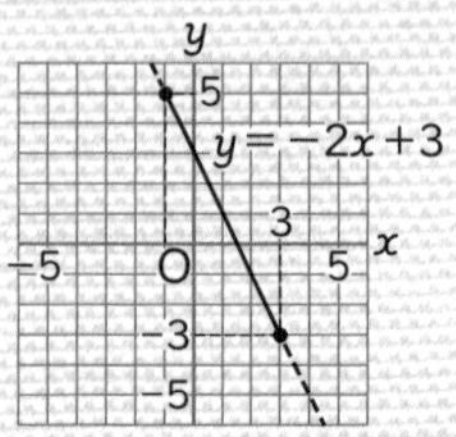

★★★ ⮌ p.232 1

例題 18 1次関数

次のア～エについて，yをxの式で表しなさい。また，yがxの1次関数であるものをすべて選び，その記号を書きなさい。 〔佐賀－改〕

ア 1辺が$x$cmの正三角形のまわりの長さ$y$cm

イ 面積30cm^{2}の長方形の縦の長さ$x$cmと横の長さ$y$cm

ウ 底面の半径が$x$cm，高さが5cmの円錐(えんすい)の体積$y$cm^3

エ 水が10L入っている水そうに，毎分2Lの割合でx分間水を入れるときの水そうの水の量yL

yをxの式で表したとき，$y=ax+b$の形になるものが1次関数である。

解き方と答え

ア 正三角形のまわりの長さ＝1辺の長さ×3

より，$y=3x$
（$b=0$の1次関数である）

イ 長方形の面積＝縦×横

より，$xy=30$　$y=\frac{30}{x}$ …反比例

ウ 円錐の体積＝$\frac{1}{3}$×底面積×高さ

より，$y=\frac{1}{3}\times\pi x^2\times5=\frac{5}{3}\pi x^2$

…1次関数でない。

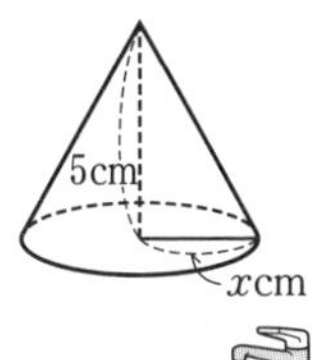

エ x分間に$2x$Lの水が入るから，

$y=2x+10$
（$a=2$，$b=10$）

よって，1次関数であるものは**ア**，**エ**

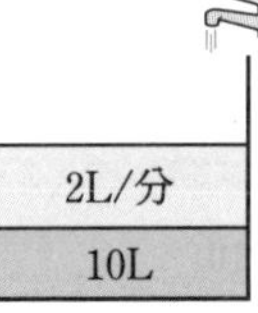

注意！ 比例と1次関数

アの$y=3x$は比例の式でもある。比例を表す式$y=ax$は，1次関数を表す$y=ax+b$の式で，$b=0$になっている特別な場合である。

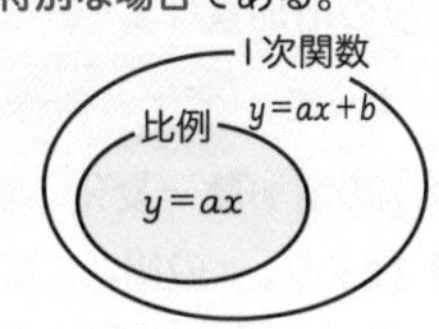

長さ15cmのろうそくに火をつけると，毎分0.5cmずつ短くなる。火をつけてからx分後のろうそくの長さを$y$cmとする。

(1) yをxの式で表しなさい。また，yはxの1次関数であるといえますか。

(2) x，yの変域をそれぞれ求めなさい。

(3) 火をつけてから12分後のろうそくの長さを求めなさい。

(4) ろうそくの長さが10cmになるのは何分後ですか。

★★★

p.232 1

例題 19 1次関数の値の変化

次の問いに答えなさい。

(1) yはxの1次関数で，xに対応するyの値は右の表のようになっている。

x	−2	0	2	4	6
y	−9	−5	ア	3	イ

❶ 変化の割合を求めなさい。

❷ xの値が4増加するとき，yの値はいくつ増加しますか。

❸ 右の表のア，イの値を求めなさい。

(2) 1次関数$y=\frac{5}{3}x+2$について，xの増加量が6のときのyの増加量を求めなさい。 〔鹿児島〕

(1) 変化の割合$=\dfrac{y\text{の増加量}}{x\text{の増加量}}$より，$y$の増加量＝変化の割合×$x$の増加量

解き方と答え

(1)❶ 表から，xの値が0から4まで増加するとき，
xの増加量は$4-0=4$,
yの増加量は$3-(-5)=8$
よって，変化の割合$=\dfrac{y\text{の増加量}}{x\text{の増加量}}=\dfrac{8}{4}=2$

❷ yの増加量＝変化の割合×xの増加量より，$2\times4=8$

❸ ❷より，xの値が4増加すると，yの値は8増加するので，ア$=(-9)+8=-1$,
（(-9)：$x=-2$に対応するyの値）
イ＝ア$+8=(-1)+8=7$

(2) 1次関数$y=\frac{5}{3}x+2$の変化の割合は，$\frac{5}{3}$
（1次関数の変化の割合はxの係数）
よって，yの増加量$=\frac{5}{3}\times6=10$

注意！ 値と増加量

xの値とxの増加量は違うことに注意しよう。

例

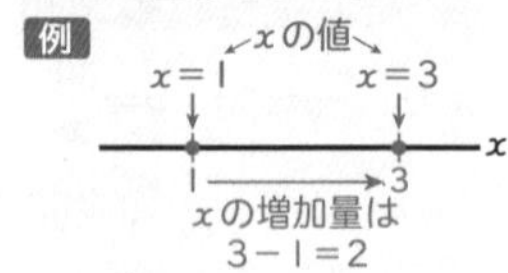

くわしく 変化の割合

1次関数$y=ax+b$では，変化の割合はaの値と等しく，一定である。反比例では，変化の割合は一定ではない。

類題 19

別冊解答 p.62

次の問いに答えなさい。

(1) 次の1次関数の変化の割合を求めなさい。

❶ $y=4x-2$ ❷ $y=-3x+6$

(2) 1次関数$y=6x-4$について，xの増加量が5のときのyの増加量を求めなさい。 〔鳥取〕

(3) 関数$y=-\frac{12}{x}$について，xの値が2から4まで増加するときの変化の割合を求めなさい。 〔国立高専〕

★★★

p.232 2

例題 20 1次関数のグラフのかき方

次の1次関数のグラフをかきなさい。

(1) $y=2x-4$　(2) $y=-\frac{3}{5}x+3$〔京都〕　(3) $y=\frac{4}{3}x-\frac{1}{3}$

グラフは傾き(かたむ)と切片からかくが，切片が整数でないときはx座標とy座標がともに整数になる1点の座標と傾きを利用しよう。

解き方と答え

(1) 切片が-4だから，点$(0,\ -4)$を通る。傾きが2だから，点$(0,\ -4)$から右へ1，上へ2進んだ点$(1,\ -2)$を通る。よって，2点$(0,\ -4)$，$(1,\ -2)$を通る直線をひく。

(2) 切片が3だから，点$(0,\ 3)$を通る。傾きが$-\frac{3}{5}$だから，点$(0,\ 3)$から右へ5，下へ3進んだ点$(5,\ 0)$を通る。よって，2点$(0,\ 3)$，$(5,\ 0)$を通る直線をひく。

(3) $x=1$のとき，$y=\frac{4}{3}\times1-\frac{1}{3}=1$より，グラフは点$(1,\ 1)$を通る。傾きが$\frac{4}{3}$だから，点$(1,\ 1)$から右へ3，上へ4進んだ点$(4,\ 5)$を通る。よって，2点$(1,\ 1)$，$(4,\ 5)$を通る直線をひく。

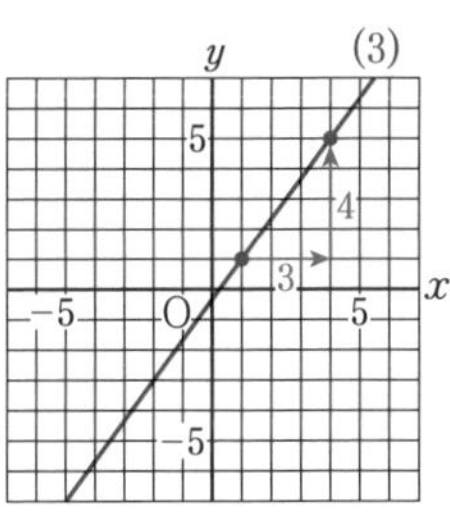

くわしく

1次関数のグラフ

1次関数$y=ax+b$のグラフは，傾きa，切片bの直線である。

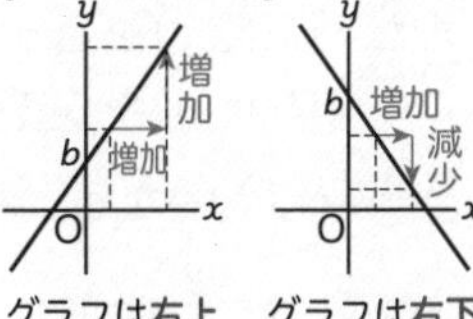

グラフは右上がりの直線　グラフは右下がりの直線

くわしく

切片が整数でないとき

(3)では，切片が$-\frac{1}{3}$で分数である。このときy軸(じく)上に正確に座標をとることができないので，座標がともに整数になる2点を見つけてかく。

類題 20

別冊解答 p.62

次の1次関数のグラフをかきなさい。

(1) $y=-x+1$　(2) $y=3x-2$

(3) $y=\frac{5}{6}x+1$〔京都〕　(4) $y=-\frac{1}{3}x+\frac{2}{3}$

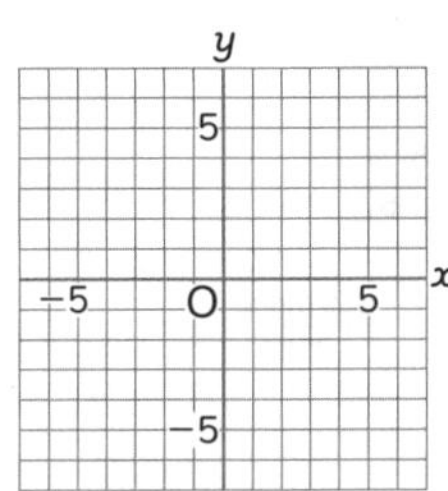

★★★ ⮌ p.232 2

例題 21 1次関数のグラフの式

右の図の(1)，(2)は，１次関数のグラフである。それぞれの１次関数の式を求めなさい。

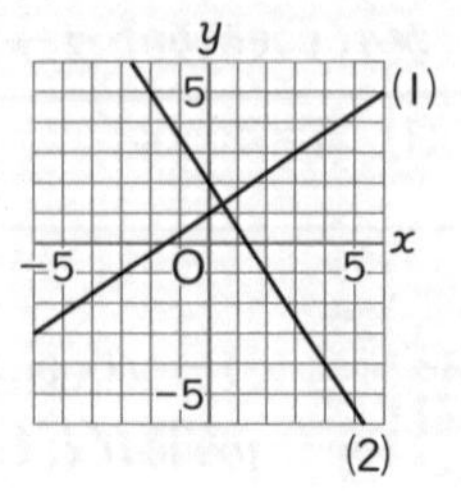

グラフから傾き(かたむ)aと切片bを読み取ろう。

解き方と答え

(1) 点(0, 1)を通るから，切片は1

また，点(3, 3)を通っていて，この点は(0, 1)から右へ3，上へ2進んでいるから，傾きは$\frac{2}{3}$

よって，$y=\frac{2}{3}x+1$

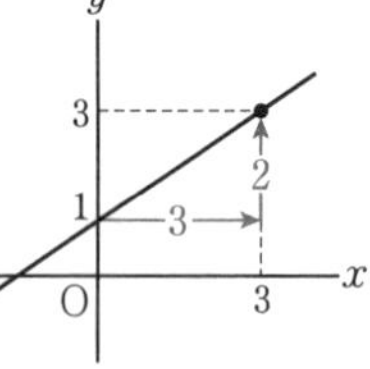

(2) 点(0, 2)を通るから，切片は2

また，点(2, −1)を通っていて，この点は(0, 2)から右へ2，下へ3進んでいるから，傾きは$-\frac{3}{2}$

よって，$y=-\frac{3}{2}x+2$

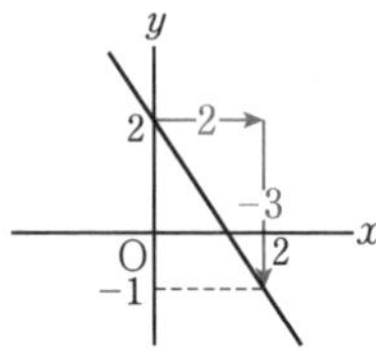

くわしく 1次関数の表と式とグラフの関係

例 関数$y=2x-1$

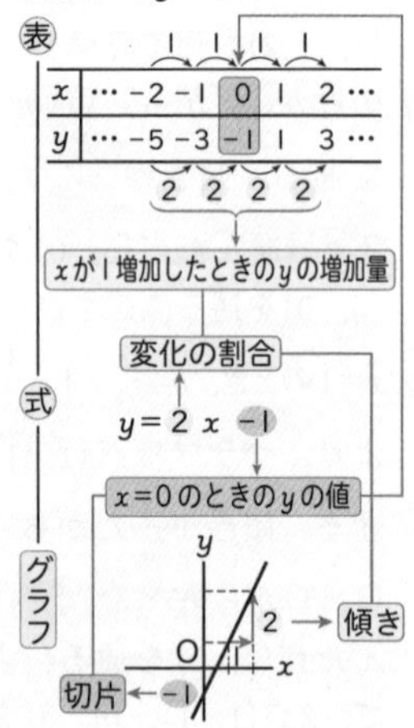

類題 21 別冊解答 p.62

次の問いに答えなさい。

(1) 右の図1の❶～❹は，１次関数のグラフである。それぞれの１次関数の式を求めなさい。

(2) 右の図2のような，関数$y=ax+b$のグラフがある。このとき，$a+b$の値は正の数，負の数のどちらになるか答え，そのわけを説明しなさい。〔和歌山〕

記述

(図1)

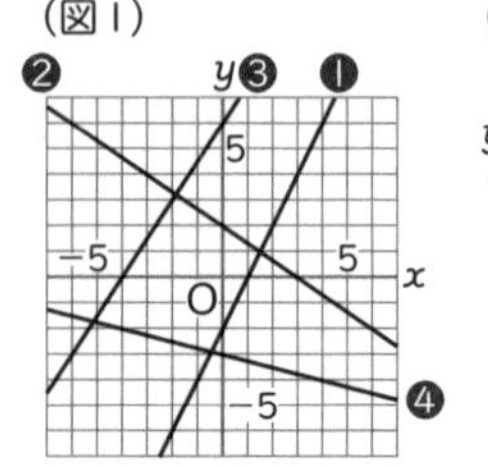

(図2)

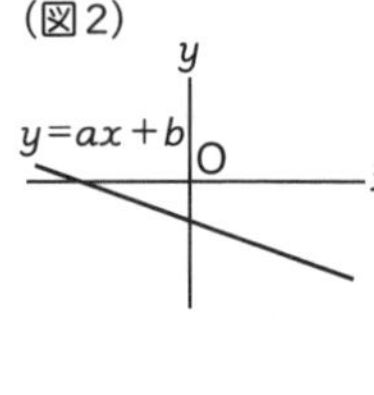

★★★ p.232 3

例題 22 変域のある1次関数のグラフ

次の１次関数で，xの変域が(　)内のときのグラフをかき，yの変域を求めなさい。

(1)　$y=2x-3$　$(-3 \leqq x \leqq 3)$　　(2)　$y=-\frac{1}{2}x+1$　$(-4<x \leqq 6)$

xの変域の両端(りょうたん)の値を代入して，それぞれy座標を求めよう。変域は不等号に注意しよう。

解き方と答え

(1) $x=-3$のとき，
$y=2\times(-3)-3=-9$
$x=3$のとき，$y=2\times3-3=3$
よって，2点$(-3,\ -9)$，$(3,\ 3)$を結ぶ線分をかく。
yの変域は，$-9 \leqq y \leqq 3$

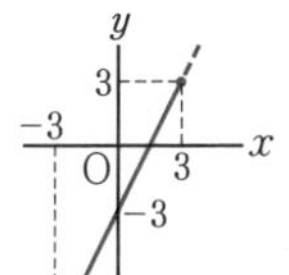

(2) $x=-4$のとき，
$y=-\frac{1}{2}\times(-4)+1=3$
$x=6$のとき，
$y=-\frac{1}{2}\times6+1=-2$
よって，2点$(-4,\ 3)$，$(6,\ -2)$を結ぶ線分をかく。
ただし，点$(-4,\ 3)$は変域にふくまれないので，○で表す。
yの変域は，$-2 \leqq y<3$

くわしく　1次関数の変域

１次関数$y=ax+b$で，xの変域が$p \leqq x<q$のときのyの変域は，

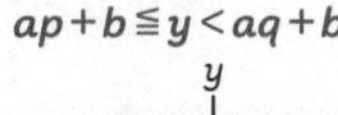

㋐$a>0$のとき，
$ap+b \leqq y<aq+b$

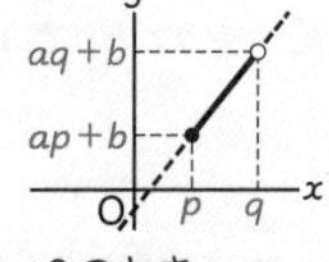

㋑$a<0$のとき，
$aq+b<y \leqq ap+b$

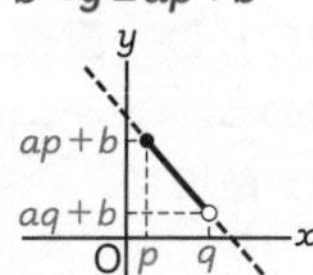

注意！　端の点の表し方

グラフの端の点をふくむときは●，ふくまないときは○で表す。

次の１次関数で，xの変域が(　)内のときのグラフをかき，yの変域を求めなさい。

(1) $y=-2x+3$　$(-2 \leqq x<2)$

(2) $y=\frac{2}{3}x-\frac{5}{3}$　$(1 \leqq x \leqq 4)$

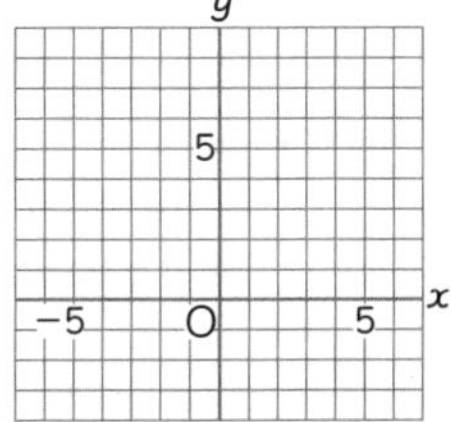

5 1次関数の式

p.238 ～ 244

❶ いろいろな条件をみたす1次関数の式を求められるようにしよう。
❷ 移動させた直線や最短距離となる直線の式を求められるようにしよう。
❸ xとyの変域から，定数の値を求められるようにしよう。

要点整理

1 1次関数の式の求め方，平行な直線・垂直な直線

➡例題 23～25

▶ 1次関数の式を$y=ax+b$として，a，bの値を求める。

㋐ グラフの傾きaと1点の座標がわかっているとき，**$y=ax+b$に1点の座標を代入して，bの値を求める。**

㋑ 2点の座標がわかっているとき，
・**傾きaを求め，㋐の方法**を使う。
・$y=ax+b$に2点の座標を代入して，**連立方程式を解く。**

▶ 2直線$y=ax+b$と$y=a'x+b'$が
㋐ 平行(＝傾きが等しい) ⟺ $a=a'$
㋑ 垂直 ⟺ $a\times a'=-1$

2 直線の移動，最短距離

➡例題 26，27

▶ 直線の移動…直線上の点を移動させて式を求める。
ℓ…x軸について対称移動
m…y軸について対称移動
⇒$\ell // m$

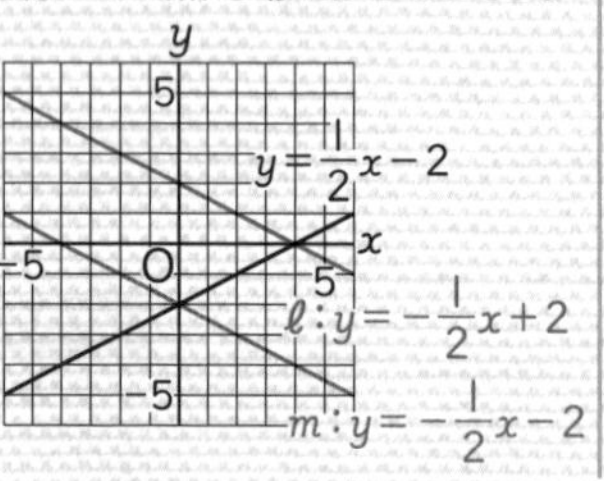

▶ AP＋PBの最短距離は，直線ℓについてAと対称な点A′からBにひいた線分の長さ
↑A′B

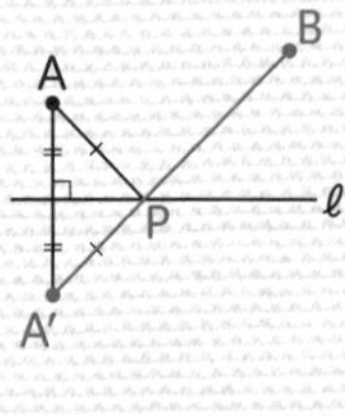

3 1次関数の式と変域

➡例題 28

▶ 変域から定数を求めるときは，傾きaが$a>0$と$a<0$のときで分けて考える。

例 ㋐ $y=x+1$
($1\leqq x\leqq 4$)
$1\leqq x\leqq 4$
↓ 対応 ↓
$2\leqq y\leqq 5$

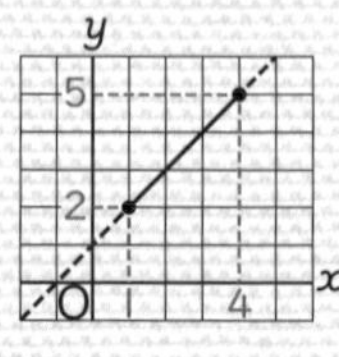

㋑ $y=-x+6$
($1\leqq x\leqq 4$)
$1\leqq x\leqq 4$
✕ 対応
$2\leqq y\leqq 5$

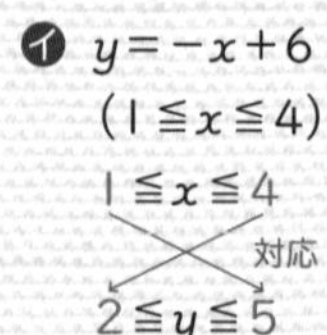

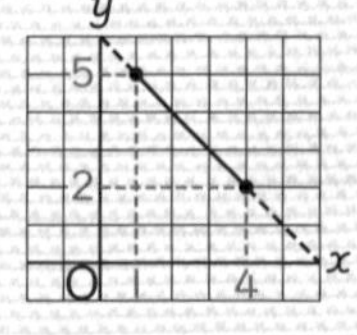

★★★

p.238 1

例題 23 1次関数の式の求め方 (1) ～傾きと1点がわかっているとき～

次の問い に答えなさい。

(1) yはxの1次関数で，そのグラフが点(2, 1)を通り，傾き3の直線であるとき，この1次関数の式を求めなさい。〔佐賀〕

(2) xの増加量が2のときのyの増加量が-1で，$x=-4$のとき$y=3$である。この1次関数の式を求めなさい。

(3) yはxの1次関数で，そのグラフが点(0, 3)を通り，傾き2の直線であるとき，この1次関数の式を求めなさい。〔北海道〕

傾きmの1次関数の式を$y=mx+b$として，切片bの値を求めよう。

解き方と答え

(1) 傾きは3だから，求める1次関数の式を$y=3x+b$とする。この直線は，点(2, 1)を通るから，
（1次関数の式：直線の式ともいう）
$x=2$, $y=1$を代入して，$1=3\times2+b$　$b=-5$
よって，$y=3x-5$

(2) 変化の割合$=\dfrac{y\text{の増加量}}{x\text{の増加量}}=-\dfrac{1}{2}$だから，求める1次関数の式を$y=-\dfrac{1}{2}x+b$とする。
$x=-4$, $y=3$を代入して，$3=-\dfrac{1}{2}\times(-4)+b$　$b=1$
よって，$y=-\dfrac{1}{2}x+1$

(3) 傾きは2で，点(0, 3)を通るから，切片は3である。
よって，$y=2x+3$

くわしく　変化の割合と傾き

1次関数$y=ax+b$の変化の割合aは，そのグラフの傾きに等しい。

注意！　直線の傾き, 切片

1次関数$y=ax+b$において，aは直線($y=ax+b$)の傾き，bは直線の切片という。
a, bを1次関数の傾き，切片とはいわない。

類題 23

別冊解答 p.63

次の問いに答えなさい。

(1) 点(2, 1)を通り，傾きが-5の直線の式を求めなさい。〔鹿児島〕

(2) yはxの1次関数であり，変化の割合が-2で，そのグラフが点(3, 4)を通るとき，yをxの式で表しなさい。〔高知〕

(3) 右の図のように，x軸，y軸とそれぞれ点A，Bで交わる直線がある。点Bのy座標が4，△OABの面積が10のとき，直線の式を求めなさい。〔北海道〕

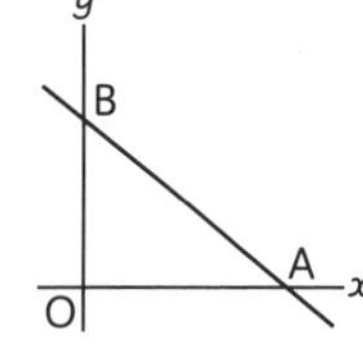

★★★ p.238 1

例題 24 1次関数の式の求め方 (2) ～2点を通るとき～

次の問いに答えなさい。

(1) yがxの1次関数で，$x=-1$のとき$y=5$，$x=3$のとき$y=-7$である。この1次関数の式を求めなさい。〔群馬〕

(2) yがxの1次関数で，そのグラフが2点$(-1, 13)$，$(2, -14)$を通るとき，この1次関数の式を求めなさい。〔東京工業大附属科学技術高〕

$y=ax+b$に2点の座標を代入して，a，bの連立方程式を解こう。または，先に傾き（かたむ）を求めて，例題23の解き方で解こう。

解き方と答え

求める1次関数の式を，$y=ax+b$とする。

(1) $x=-1$のとき$y=5$だから，$5=-a+b$…①

$x=3$のとき$y=-7$だから，$-7=3a+b$…②

この①と②を，a，bの連立方程式として解くと，

$a=-3$，$b=2$

よって，$\boldsymbol{y=-3x+2}$

(2) 2点$(-1, 13)$，$(2, -14)$を通るから，

傾き$a=\dfrac{-14-13}{2-(-1)}=\dfrac{-27}{3}=-9$より，

$y=-9x+b$とする。

グラフは，点$(-1, 13)$を通るから，

$x=-1$，$y=13$を代入して，

$13=-9\times(-1)+b$　$b=4$

よって，$\boldsymbol{y=-9x+4}$

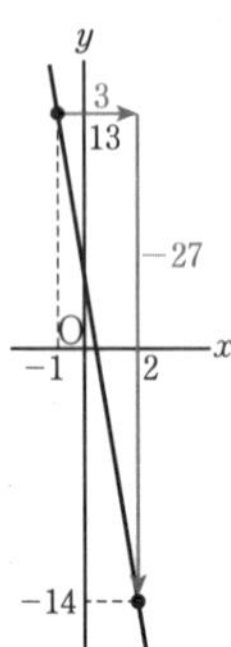

別解 先に傾きを求める

(1)傾き$a=\dfrac{-7-5}{3-(-1)}=\dfrac{-12}{4}$

$=-3$だから，$y=-3x+b$

とする。

$x=-1$のとき$y=5$だから，

$5=-3\times(-1)+b$　$b=2$

よって，$\boldsymbol{y=-3x+2}$

類題 24 別冊解答 p.63

次の問いに答えなさい。

(1) 2点$(4, -7)$，$(-3, 14)$を通る直線の式を求めなさい。〔国立高専〕

(2) 右の表は，xとyの関係を表したものである。yがxの1次関数であるとき，表の**ア**にあてはまる値を求めなさい。〔秋田〕

x	…	−3	…	0	…	2	…
y	…	11	…	ア	…	−4	…

(3) 3点A$(1, 1)$，B$(-4, 11)$，C$(5, a)$が一直線上にあるとき，定数aの値を求めなさい。〔法政大第二高〕

★★★ p.238 1

例題 25 平行な直線，垂直な直線

次の問いに答えなさい。

(1) y が x の1次関数で，そのグラフが直線 $y=3x+2$ に平行で，点 $(2,\ -1)$ を通る直線であるとき，この1次関数の式を求めなさい。〔長崎〕

(2) 2直線 $y=\frac{2}{3}x+1$ と $y=-\frac{3}{2}x+1$ は垂直に交わることを説明しなさい。また，2直線の傾き(かたむ)の積を求めなさい。

2直線 $y=ax+b$，$y=a'x+b'$ が
㋐平行になるとき，$a=a'$
㋑垂直になるとき，$aa'=-1$

解き方と答え

(1) 求める1次関数の式を，$y=ax+b$ とする。平行な2直線の傾きは等しいから，$a=3$
よって，$y=3x+b$ として，$x=2$，$y=-1$ を代入すると，$-1=6+b$　$b=-7$
よって，$y=3x-7$

(2) $y=\frac{2}{3}x+1$…①，$y=-\frac{3}{2}x+1$…②とし，それぞれの直線の傾きに注目して三角形をつくる。
右の図で，△ABCと△EDAは合同な直角三角形なので，
∠EAD＝∠ACB
また，∠BAC＋∠ACB＝90°
よって，∠BAC＋∠EAD
＝∠CAE＝90°
よって，①と②は垂直に交わっている。
①，②の傾きの積は，$\frac{2}{3}\times\left(-\frac{3}{2}\right)=-1$

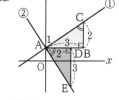

くわしく

垂直に交わる2直線

下の図の①$y=mx+b$ と②$y=-\frac{1}{m}x+b$ のグラフは垂直に交わる。
(証明)△ABCと△EDAは，AB＝ED，BC＝DA，∠ABC＝∠EDA＝90°より，2組の辺とその間の角がそれぞれ等しいので，合同になる。

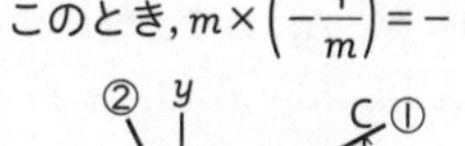

(2)と同じように，∠CAE＝90°
このとき，$m\times\left(-\frac{1}{m}\right)=-1$

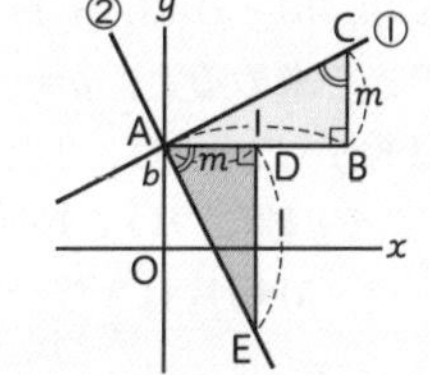

類題 25 別冊解答 p.63

次の問いに答えなさい。

(1) 2点 $(-2,\ 1)$，$(3,\ 5)$ を通る直線に平行で，点 $(5,\ 1)$ を通る直線の式を求めなさい。〔東京工業大附属科学技術高〕

(2) 直線 $y=-4x-1$ に平行であり，直線 $y=3x-6$ と x 軸との交点を通る直線の式を求めなさい。〔日本大第二高〕

(3) 直線 $y=2x+1$ と y 軸上で垂直に交わる直線の式を求めなさい。

★★★ p.238 2

例題 26 直線の移動

次の問いに答えなさい。

(1) 直線$y=2x-5$…①をx軸の正の方向に3，y軸の正の方向に2だけ平行移動させた直線の式を求めなさい。また，直線①をx軸について対称移動させた直線の式を求めなさい。〔帝塚山高〕

(2) y軸を対称の軸として，直線$y=2x+3$と線対称となる直線の式を求めなさい。〔徳島〕

直線を対称移動するには，直線上の2点を対称移動させて求めよう。

解き方と答え

(1) 直線①の切片は-5より点$(0,\ -5)$を通る。この点をAとし，x軸の正の方向に3，y軸の正の方向に2移動させると，点$(3,\ -3)$になる。平行移動させるので，傾きは2より，$y=2x+b$として，$x=3$，$y=-3$を代入すると，

$-3=2\times3+b\quad b=-9$

よって，$\boldsymbol{y=2x-9}$

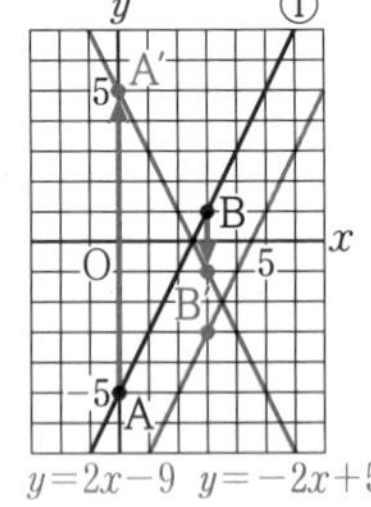

また，直線①は点$(3,\ 1)$を通るから，この点をBとする。A，Bをx軸について対称移動させると，A′$(0,\ 5)$，B′$(3,\ -1)$となり，この2点を通る直線の式を求めると，$\boldsymbol{y=-2x+5}$

(2) 直線$y=2x+3$は，2点$(0,\ 3)$，$(1,\ 5)$を通る。この2点をy軸について対称移動させると，$(0,\ 3)$，$(-1,\ 5)$切片は3だから，$y=ax+3$として，$x=-1$，$y=5$を代入すると，$5=a\times(-1)+3\quad a=-2$

（切片は変わらない）

よって，$\boldsymbol{y=-2x+3}$

くわしく

軸について対称な直線

直線$y=ax+b$に対して，

㋐x軸について対称な直線は，点$(x,\ y)\to(x,\ -y)$とy座標の符号だけが変わる。求める直線は，yを$-y$に変えて，

$-y=ax+b \Rightarrow \boldsymbol{y=-ax-b}$

㋑y軸について対称な直線は，点$(x,\ y)\to(-x,\ y)$とx座標の符号だけが変わる。求める直線は，xを$-x$に変えて，

$y=a\times(-x)+b \Rightarrow \boldsymbol{y=-ax+b}$

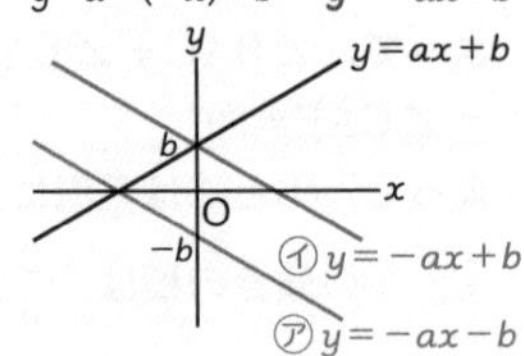

類題 26 別冊解答 p.63

直線$y=-3x+1$…①について，次の問いに答えなさい。

(1) 直線①を，x軸の正の方向に2，y軸の正の方向に-3だけ平行移動させた直線の式を求めなさい。

(2) 直線①を，y軸について対称移動させた直線の式を求めなさい。

★★★

p.238 2

例題 27 最短距離

2点A，Bの座標は，それぞれ(−1，7)，(4，3)である。点Aとx軸に関して対称な点をCとする。

〔函館ラ・サール高〕

(1) 点Cの座標を求めなさい。また，2点B，Cを通る直線の式を求めなさい。

(2) x軸上の点(p，0)をPとする。線分APと線分PBの長さの和が最も小さくなるときのpの値を求めなさい。

(2) AP＋PB＝CP＋PBで，CP＋PBが最小となるときは，C，P，Bが一直線上にあるときである。

解き方と答え

(1) 点Cは，A(−1, 7)とx軸に関して対称だから，C(−1, −7)
2点B，Cを通る直線の式は，$y=ax+b$に2点B，Cの座標を代入して，$a=2$，$b=-5$
よって，$y=2x-5$

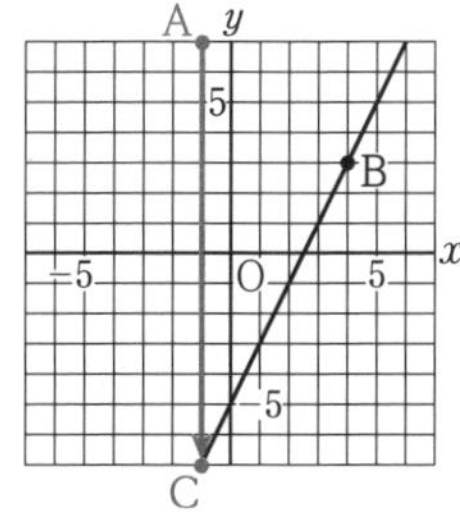

(2) 右の図で，AP＝CP
よって，AP＋PB＝CP＋PBで，AP＋PBが最小となるのは，3点C，P，Bが一直線上にあるときである。
よって，点Pは直線BCがx軸と交わる点であればよいので，$y=2x-5$に$x=p$，$y=0$を代入して，$0=2p-5$

$p=\frac{5}{2}$

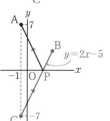

Return 対称な点の座標…p.219の例題8

くわしく 折れ線の最短距離を求める手順

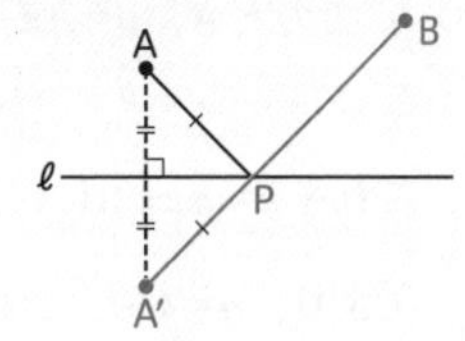

①点Aと直線ℓについて対称な点A′を求める。
②点A′とBを直線で結び，ℓとの交点をPとする。
③A′P＋PBが最短距離である。

類題 27

別冊解答 p.64

座標平面上に点A(3，7)とy軸上を動く点Pがある。

〔洛南高〕

(1) 点B(−9，4)をとったとき，線分APと線分BPの長さの和が最小となるPの座標を求めなさい。

(2) 点C(2，−5)をとったとき，線分APと線分CPの長さの和が最小となるPの座標を求めなさい。

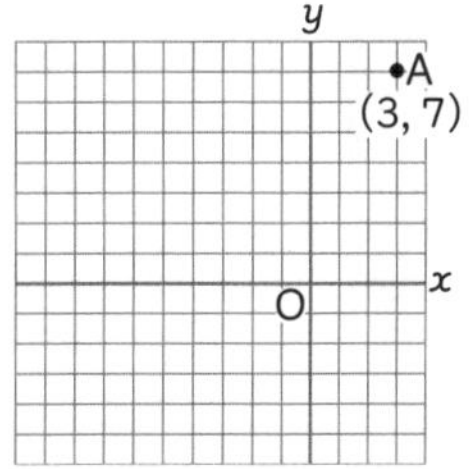

★★★ ⤺ p.238 3

例題 28 1次関数の式と変域

次の問いに答えなさい。

(1) 1次関数 $y=-3x+b$ について，x の変域が $-4 \leqq x \leqq 2$ のとき，y の変域は $-8 \leqq y \leqq 10$ である。このとき，b の値を求めなさい。〔国立高専〕

(2) 1次関数 $y=ax+3$ について，x の変域が $-1 \leqq x \leqq b$ であるとき，y の変域が $-1 \leqq y \leqq 4$ となった。このような a，b の値を求めなさい。〔ラ・サール高〕

(2) $a>0$ のときと $a<0$ のときに分けて考えよう。

解き方と答え

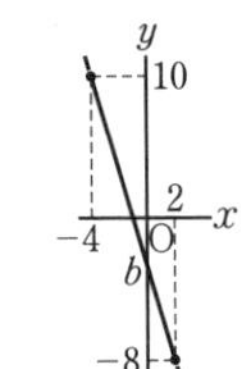

(1) $y=-3x+b$ のグラフは傾き $-3(<0)$ より，右下がりの直線である。

よって，$x=-4$ のとき $y=10$ であるから，

↑ $x=2$，$y=-8$ でもよい

$10=-3\times(-4)+b$　$b=-2$

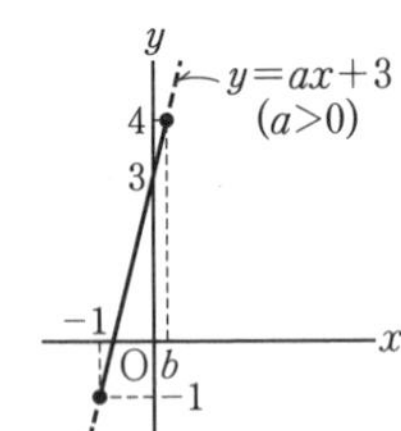

(2) ㋐ $a>0$ のとき，$y=ax+3$ は右上がりの直線になる。

$x=-1$ のとき $y=-1$，$x=b$ のとき $y=4$

これを $y=ax+3$ に代入して，$\begin{cases} -1=-a+3 \cdots ① \\ 4=ab+3 \quad \cdots ② \end{cases}$

①より，$a=4$ で，これは $a>0$ に適する。

また，$4=4b+3$ より，$b=\dfrac{1}{4}$

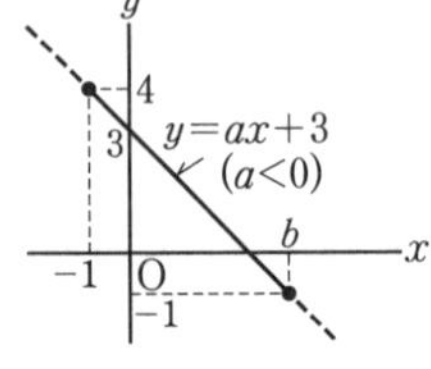

㋑ $a<0$ のとき，$y=ax+3$ は右下がりの直線になる。

$x=-1$ のとき $y=4$，$x=b$ のとき $y=-1$

これを $y=ax+3$ に代入して，$\begin{cases} 4=-a+3 \quad \cdots ① \\ -1=ab+3 \cdots ② \end{cases}$

①より，$a=-1$ で，これは $a<0$ に適する。

また，$-1=-b+3$ より，$b=4$

以上から，$a=4$，$b=\dfrac{1}{4}$ と $a=-1$，$b=4$

類題 28 別冊解答 p.64

次の問いに答えなさい。

(1) 1次関数 $y=ax+a+4\,(a<0)$ について，x の変域が $-4 \leqq x \leqq 1$ であるとき，y の変域が $2 \leqq y \leqq b$ となるような定数 a，b の値を求めなさい。〔青雲高〕

(2) x の変域が $0 \leqq x \leqq b$ であるとき，2つの1次関数 $y=ax-1$ と $y=-2x+5$ の y の変域が一致（いっち）する。このとき，a，b の値を求めなさい。ただし，$b>0$ とする。〔岡山県立岡山朝日高〕

6 1次関数と方程式

p.245～248

❶ 方程式のグラフがかけ，グラフから式を求められるようにしよう。
❷ 2直線の交点の座標を求めることができるようにしよう。
❸ 3直線が三角形をつくらないときの条件を理解しよう。

要点整理

1 2元1次方程式のグラフ

➡例題 29

▶ 2元1次方程式 $ax+by=c$ のグラフは**直線**である。

㋐ $a \neq 0$，$b \neq 0$ のとき，y について解き，**1次関数** $\boldsymbol{y=mx+n}$ としてグラフをかく。

例 $x-2y=-6$ を y について解くと，$y=\frac{1}{2}x+3$

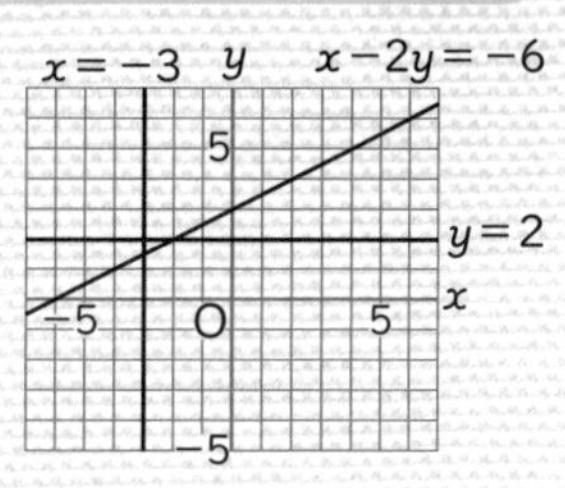

㋑ $a=0$ のとき，$\boldsymbol{y=k}$**…グラフは $\boldsymbol{x}$ 軸(じく)に平行な直線**

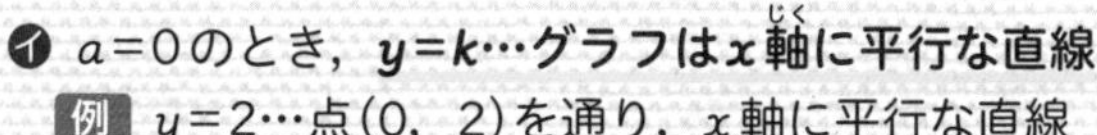

例 $y=2$…点$(0,\ 2)$を通り，x 軸に平行な直線

㋒ $b=0$ のとき，$\boldsymbol{x=h}$**…グラフは $\boldsymbol{y}$ 軸に平行な直線**

例 $x=-3$…点$(-3,\ 0)$を通り，y 軸に平行な直線

2 2直線の交点

➡例題 30

▶ 連立方程式 $\begin{cases} ax+by=c & \cdots① \\ a'x+b'y=c' & \cdots② \end{cases}$ **の解は**，直線①，②の**交点の座標と一致**(いっち)する。つまり，2直線の**交点の座標は，連立方程式を解く**ことで求めることができる。

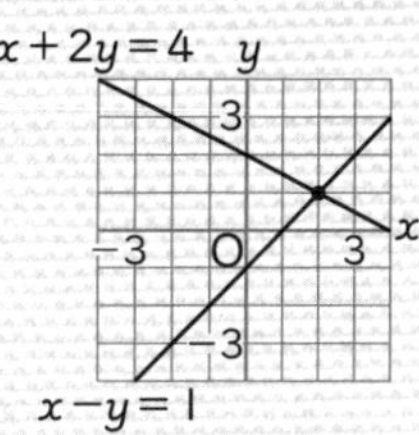

例 2直線 $x+2y=4$，$x-y=1$ の交点の座標は，

連立方程式 $\begin{cases} x+2y=4 \\ x-y=1 \end{cases}$ の解で，$x=2$，$y=1$

よって，$(2,\ 1)$

3 3直線と交点

➡例題 31

▶ 座標平面上に3直線があるとき，三角形ができない場合は次の3通りある。

㋐ 3直線がすべて平行　㋑ 2直線が平行　㋒ 3直線が1点で交わる

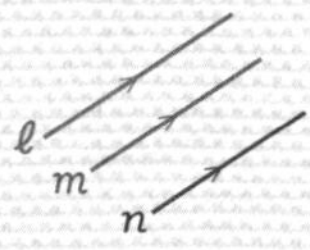

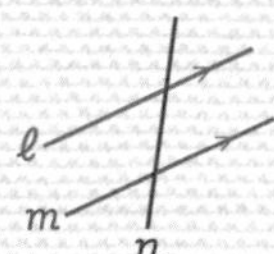

★★★ p.245 1

例題 29 2元1次方程式のグラフ

次の問いに答えなさい。

(1) 次の方程式のグラフをかきなさい。

❶ $2x+3y=6$ 〔青森〕 ❷ $2y+4=0$ ❸ $3x-12=0$

(2) 方程式$x+2y=a$のグラフは，点(2，1)を通る。このグラフとx軸(じく)との交点の座標を求めなさい。 〔徳島〕

解き方のコツ $ax+by=c$ ($a\neq 0$，$b\neq 0$) のグラフは，yについて解こう。

解き方と答え

(1)❶ yについて解くと，

$3y=-2x+6$

$y=-\dfrac{2}{3}x+2$

グラフは傾(かたむ)き $-\dfrac{2}{3}$，

切片2の直線になる。

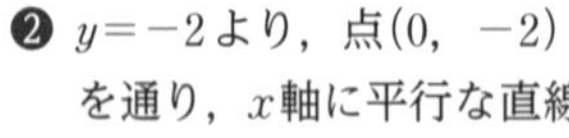

❷ $y=-2$より，点(0，−2)を通り，x軸に平行な直線

❸ $x=4$より，点(4，0)を通り，y軸に平行な直線

(2) 方程式$x+2y=a$のグラフが，点(2，1)を通るから，$x=2$，$y=1$を代入して，

$2+2\times1=a$ $a=4$

よって，$x+2y=4$

x軸との交点のy座標は0だから，$y=0$を代入して，$x+2\times0=4$ $x=4$

よって，(4，0)

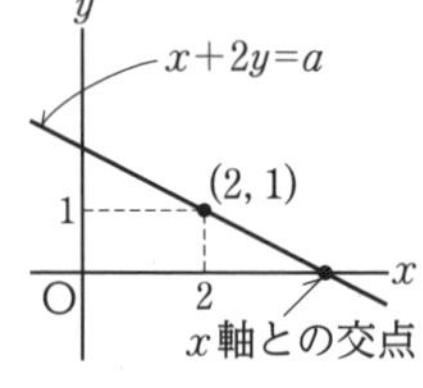

別解 2点を求めてグラフをかく。

(1)❶$2x+3y=6$のグラフは，

$x=0$のとき，$y=2$

$y=0$のとき，$x=3$

よって，グラフは2点(0，2)，(3，0)を通る直線になる。

くわしく $y=k$のグラフ

(1)❷$y=-2$は$0x+y=-2$なので，xがどんな値をとっても，yの値は−2になる。

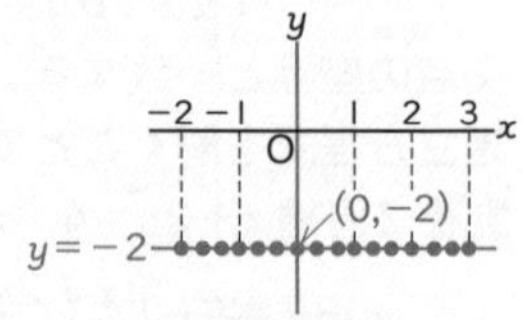

類題 29 別冊解答 p.65

次の問いに答えなさい。

(1) 次の方程式のグラフをかきなさい。

❶ $4x-3y-12=0$ ❷ $2x+8=0$ ❸ $-3y-6=0$

(2) x軸に平行で，点(3，2)を通る直線の式を求めなさい。 〔徳島〕

(3) 点(2，1)を通り，y軸に平行な直線の式を求めなさい。 〔平安女学院高〕

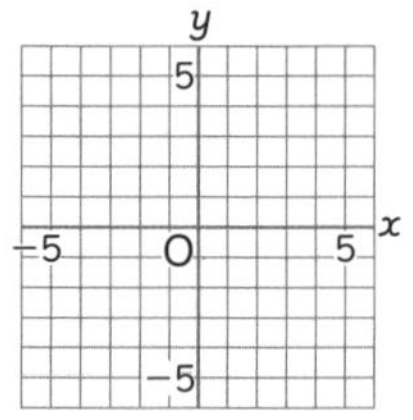

★★★ p.245 2

例題 30 2直線の交点

次の問いに答えなさい。

(1) 連立方程式 $\begin{cases} 2x+y=-3 \cdots ① \\ x+2y=6 \quad \cdots ② \end{cases}$ の解をグラフをかいて求めなさい。

(2) 右の図の2直線の交点の座標を求めなさい。

〔駿台甲府高〕

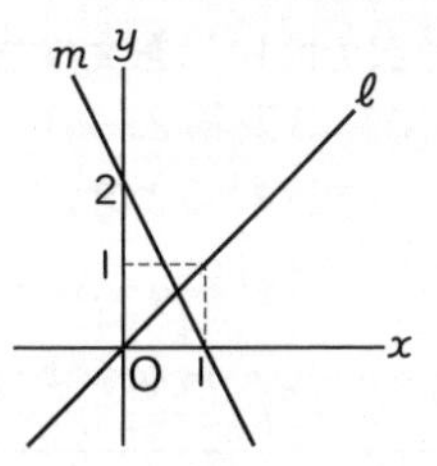

解き方のコツ (2) 2直線の式を求めて連立方程式を解こう。

解き方と答え

(1) ①より，$y=-2x-3$

②より，$y=-\frac{1}{2}x+3$

それぞれのグラフをかいて交点を読み取ると，$(-4, 5)$

よって，解は，$x=-4$, $y=5$

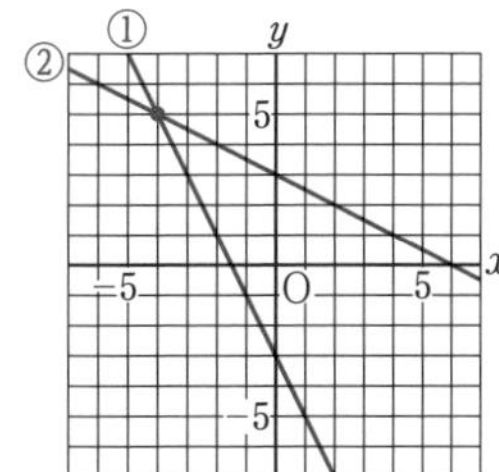

(2) 直線ℓの傾き(かたむ)きは1，原点を通るから，$y=x \cdots ①$

直線mの傾きは-2，切片は2だから，$y=-2x+2 \cdots ②$

①と②を連立方程式として解くと，$\begin{cases} y=x \\ y=-2x+2 \end{cases}$

$x=-2x+2$ より，$x=\frac{2}{3}$，$y=\frac{2}{3}$

よって，交点の座標は，$\left(\frac{2}{3}, \frac{2}{3}\right)$

くわしく グラフと連立方程式の解

㋐2直線が1点で交わるとき，解は1つ。

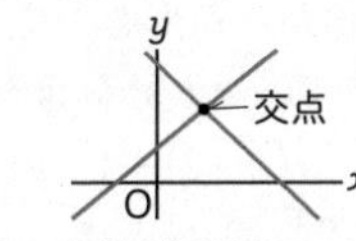

㋑2直線が平行になるとき，解はない。

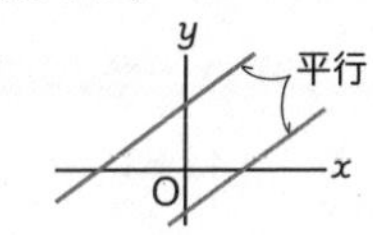

㋒2直線が重なるとき，解は無数にある。

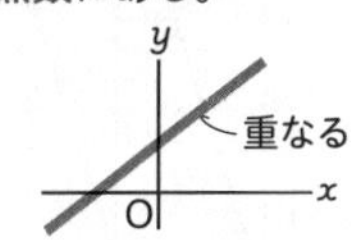

類題 30 別冊解答 p.65

次の問いに答えなさい。

(1) 右の図1で，2つの直線 $y=2x-1$，$y=-x+5$ の交点の座標を求めなさい。〔山口〕

(2) 右の図2の2直線①，②の交点の座標を求めなさい。

(図1)

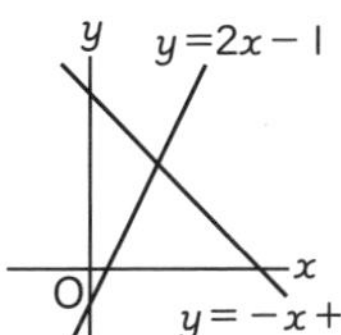

(図2)

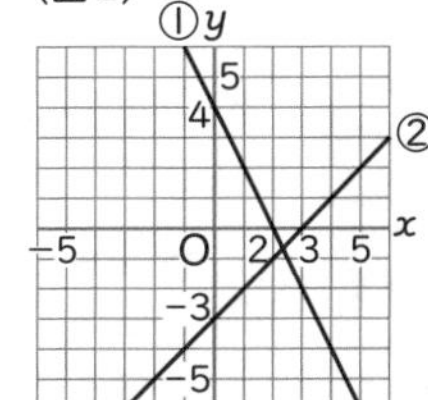

p.245 3

例題 31 3直線と交点

次の問いに答えなさい。

(1) 3直線 $2x+3y=13$…①，$3x-4y=-6$…②，$x+y=a+1$…③が1点で交わるとき，aの値を求めなさい。 〔龍谷大付属平安高〕

(2) 3直線 $y=3x+9$…①，$y=-\dfrac{3}{2}x$…②，$y=a(x-2)+1$…③が三角形をつくらないようなaの値をすべて求めなさい。 〔立命館高〕

(2) 3直線が三角形をつくらないのは，2直線が平行なときと1点で交わるときである。

解き方と答え

(1) 直線が1点で交わるのは，③も①と②の交点(2, 3)を通るときである。

よって，$x=2$，$y=3$を③に代入して，$a=4$

(2) 3直線が三角形をつくらないのは，③が他の2直線のどちらかに平行か，③も①と②の交点(−2, 3)を通るときである。

③$y=a(x-2)+1$　$y=ax-2a+1$より，傾き(かたむ)きはa

㋐ ③//①のとき，$a=3$

㋑ ③//②のとき，$a=-\dfrac{3}{2}$

㋒ ③が点(−2, 3)を通るとき，$y=a(x-2)+1$に$x=-2$，$y=3$を代入して，

$3=-4a+1$　$a=-\dfrac{1}{2}$

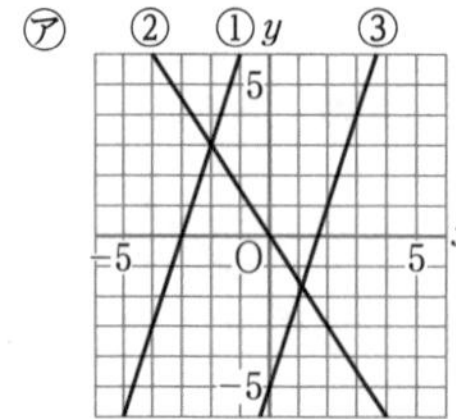

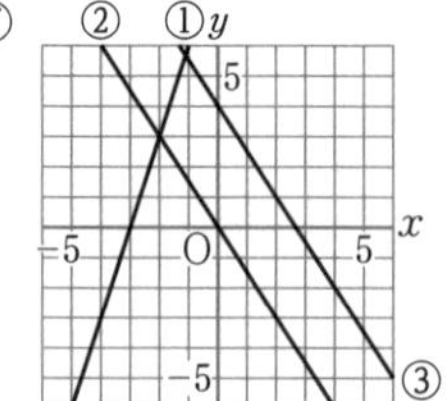

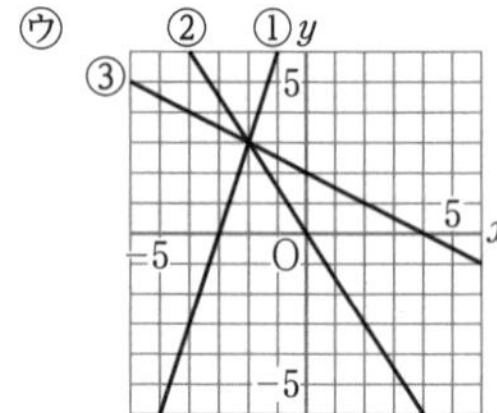

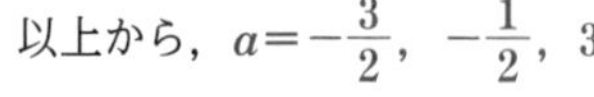

以上から，$a=-\dfrac{3}{2}$，$-\dfrac{1}{2}$，3

類題 31 (別冊解答 p.65)

次の問いに答えなさい。

(1) 3直線 $y=kx+1$，$y=-2x-1$，$y=x+5$が1点で交わるとき，kの値を求めなさい。 〔日本大第三高〕

(2) 3直線 $x+2y=5$，$2x-3y=3$，$ax+y=1$が三角形をつくらないようなaの値をすべて求めなさい。

7 1次関数と図形の2等分

p.249 ～ 253

❶ 三角形の面積を2等分する直線の式を求められるようにしよう。
❷ いろいろな四角形（平行四辺形・長方形・正方形・台形）の面積を2等分する直線の式を求められるようにしよう。

要点整理

1 1次関数と三角形の2等分

➡例題 32，33

▶ 三角形の頂点を通って面積を2等分する直線の式の求め方
右の図で，頂点Aを通る直線が△ABCの面積を2等分するとき，
❶辺BCの**中点をM**とすると，△ABM＝△ACMとなる。
❷**2点A，Mを通る**直線の式を求める。

▶ 三角形の辺上の点を通って面積を2等分する直線の式の求め方

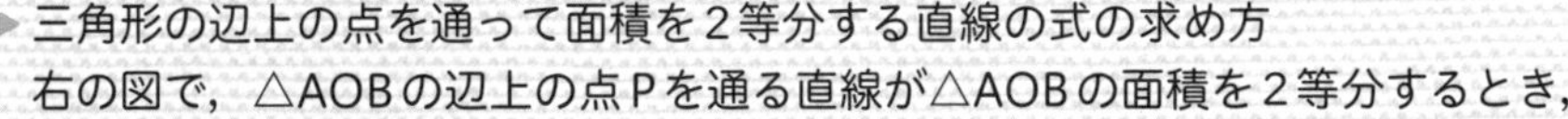

右の図で，△AOBの辺上の点Pを通る直線が△AOBの面積を2等分するとき，
❶△AOBの面積を求める。

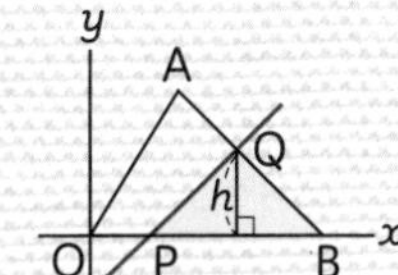

❷**△PBQ＝△AOB×$\frac{1}{2}$となる点Qを辺AB上にとり，点Qのy座標をhとする。**
△PBQ＝$\frac{1}{2}$×PB×hより，**hを求め**，点Qの座標を求める。
❸**2点P，Qを通る**直線の式を求める。

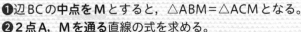

2 1次関数と四角形の2等分

➡例題 34，35

▶ 平行四辺形（長方形，正方形）の面積を2等分する直線
右の図のように，平行四辺形（長方形，正方形）の面積は，**対角線の交点（1つの対角線の中点）を通る直線ℓ**によって2等分される。

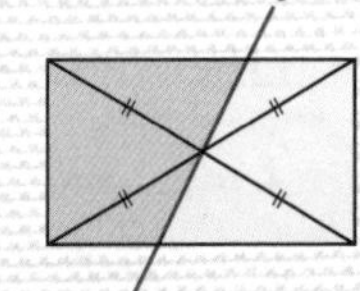

▶ 台形の面積を2等分する直線
右の図のように，台形の上底と下底を通り，上底の中点Pと下底の中点Qを結んだ**線分PQの中点Rを通る直線ℓ**は，台形の面積を2等分する。
（説明）台形ABQPと台形PQCDは，上底，下底，高さが等しいから，面積も等しい。点RはPQの中点だから，△PRSと△QRTは合同な三角形で，面積は等しい。
よって，台形ABTSと台形STCDの面積は等しい。

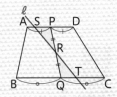

★★★ ⮌p.249 1

例題 32 1次関数と三角形の2等分 (1) ～頂点を通るとき～

右の図で，直線ℓの式は$y=\frac{4}{5}x+b$，直線mの式は$y=-x+6$である。点A(a，4)において，2直線ℓ，mが交わっている。また，2直線ℓ，mとx軸との交点をそれぞれB，Cとする。 〔江戸川学園取手高〕

(1) 定数a，bの値を求めなさい。

(2) 点Aを通り，△ABCの面積を2等分する直線の式を求めなさい。

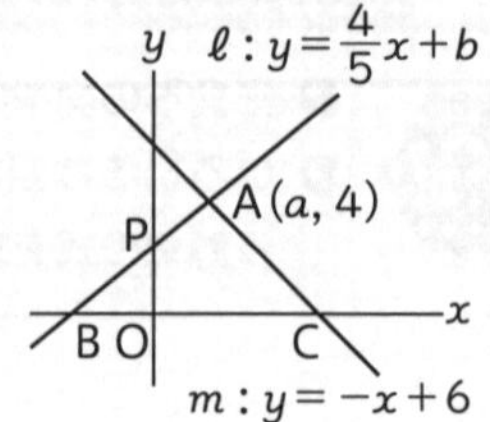

(2) 求める直線は，点Aと辺BCの中点を通る。

解き方と答え

(1) $y=-x+6$にA(a，4)を代入して，$4=-a+6$　$\boldsymbol{a=2}$

次に，A(2，4)を$y=\frac{4}{5}x+b$に代入して，

$4=\frac{4}{5}\times2+b$　$\boldsymbol{b=\frac{12}{5}}$

(2) 点Bのx座標は，$y=\frac{4}{5}x+\frac{12}{5}$に$y=0$を代入して，

$0=\frac{4}{5}x+\frac{12}{5}$　$x=-3$

よって，B(−3，0)

点Cのx座標は，$y=-x+6$に$y=0$を代入して，$0=-x+6$　$x=6$

よって，C(6，0)

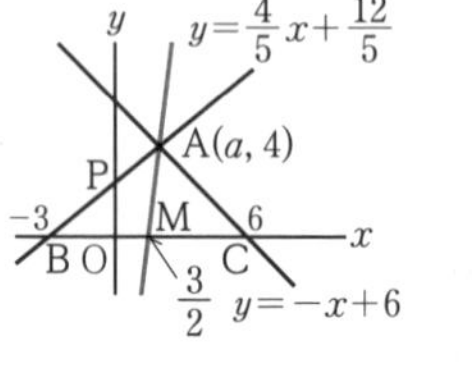

辺BCの中点Mの座標は，$M\left(\frac{-3+6}{2}, 0\right)=\left(\frac{3}{2}, 0\right)$

よって，求める直線は2点A(2，4)，$M\left(\frac{3}{2}, 0\right)$を通るから，$\boldsymbol{y=8x-12}$

くわしく 三角形の面積を2等分する直線

三角形の頂点を通って面積を2等分する直線は，対辺の中点を通る。

下の図の辺BCの中点をMとすると，BM＝CM

よって，△ABM＝△ACM
←高さが共通

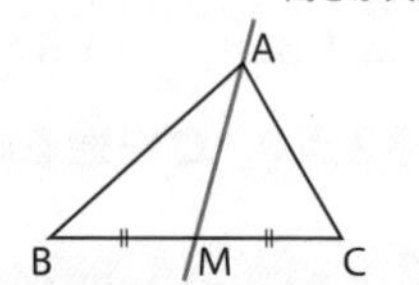

Return 中点の座標…p.219の例題⑧

類題 32 ➡別冊解答 p.65

右の図のように，原点O，A(−2，4)，B(4，2)の3点を頂点とする△OABがある。このとき，点Oを通り，△OABの面積を2等分する直線の式を求めなさい。 〔日本大第三高〕

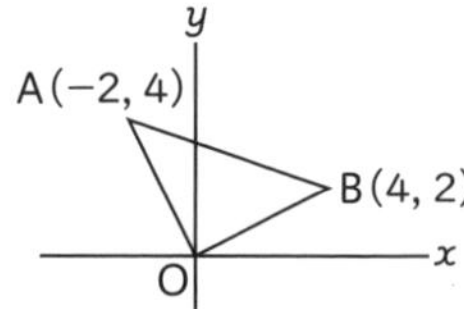

★★★ p.249 1

例題33 1次関数と三角形の2等分 (2) ～辺上の点を通るとき～

右の図のように，1次関数$y=-\frac{1}{3}x+4$のグラフ上に点A(3, 3)があり，このグラフとy軸(じく)との交点をBとする。

(1) △ABOの面積を求めなさい。

(2) y軸上に点C(0, 1)をとる。点Cを通り，△ABOの面積を2等分する直線の式を求めなさい。

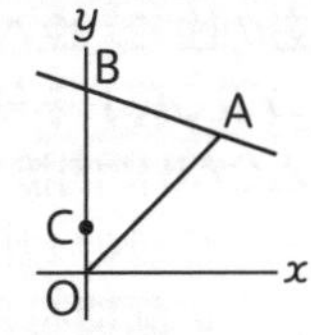

(2) 辺AB上に点Dをとり，△DBC＝△ABO×$\frac{1}{2}$となるDの座標を求める。

解き方と答え

(1) B(0, 4)より，OB＝4

辺OBを底辺としたときの△ABOの高さは，点Aのx座標と等しく3

よって，△ABO＝$\frac{1}{2}$×4×3＝6

(2) △ACO＝$\frac{1}{2}$×1×3＝$\frac{3}{2}$より，

点Cを通り，△ABOの面積を2等分する直線は，辺ABと交わる。この交点をDとし，Dのx座標をhとする。

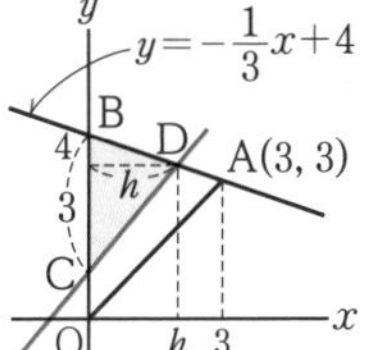

△DBC＝6×$\frac{1}{2}$＝3,

BC＝4－1＝3より，△DBC＝$\frac{1}{2}$×3×h＝3　h＝2

よって，点Dのy座標は，直線$y=-\frac{1}{3}x+4$に$x=2$を代入して，$y=-\frac{1}{3}\times2+4=\frac{10}{3}$

求める直線は，C(0, 1)，D$\left(2, \frac{10}{3}\right)$より，$y=\frac{7}{6}x+1$

参考 1点が座標軸上にないとき

例題33で，直線AB上にx座標が1の点Eをとり，Eを通って△ABOの面積を2等分する直線とOAとの交点Fの座標を求めるとする。

解き方と答え　Fのx座標をt，OA上でx座標が1の点をGとすると，G(1, 1)

△AEF＝△AEG＋△FEG

$=\frac{1}{2}\times\frac{8}{3}\times2+\frac{1}{2}\times\frac{8}{3}\times(1-t)=3$

$t=\frac{3}{4}$より，F$\left(\frac{3}{4}, \frac{3}{4}\right)$

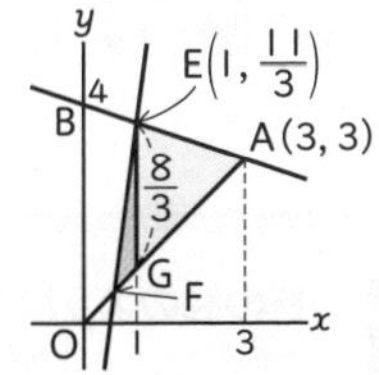

右の図の△ABCの面積を，原点を通る直線ℓで2等分した。直線ℓの傾(かたむ)きを求めなさい。〔國學院大久我山高〕

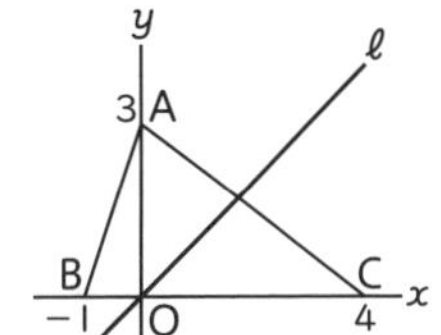

★★★ ➡ p.249 2

例題 34 1次関数と四角形の2等分 (1) ～長方形・正方形の2等分～

右の図で，点A(2, 4)，B(8, 0)である。点Pは△OABの辺OA上を動き，点Pからx軸(じく)に垂線PQをひいて，△OABに内接する長方形PQRSをつくる。

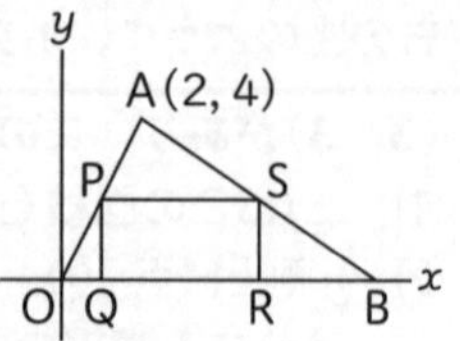

(1) 点Qのx座標が1のとき，点Aを通り，長方形PQRSの面積を2等分する直線の式を求めなさい。

(2) 長方形PQRSが正方形になるとき，点Pの座標を求めなさい。

(1) 長方形の面積を2等分する直線は，1つの対角線の中点を通る。

(2) 点Pのx座標をtとおき，PQ，SPをtを使って表す。

解き方と答え

(1) 直線OAの式は$y=2x$，直線ABの式は$y=-\frac{2}{3}x+\frac{16}{3}$…①

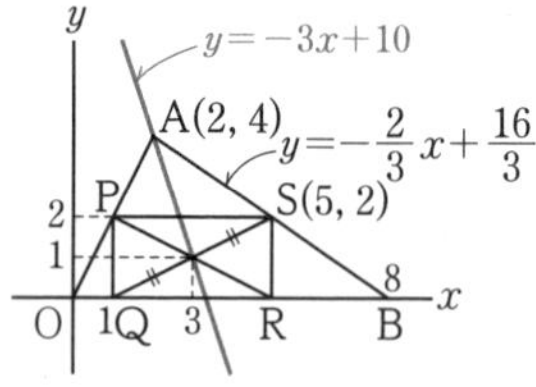

点Pのx座標は1だから，P(1, 2)より，Sのx座標は①に$y=2$を代入して，$x=5$　よって，S(5, 2)

求める直線は，点A(2, 4)と対角線QSの中点$\left(\frac{1+5}{2},\ \frac{0+2}{2}\right)$=(3, 1)を通るから，$y=-3x+10$

(2) 点Pのx座標をtとすると，P(t, $2t$)

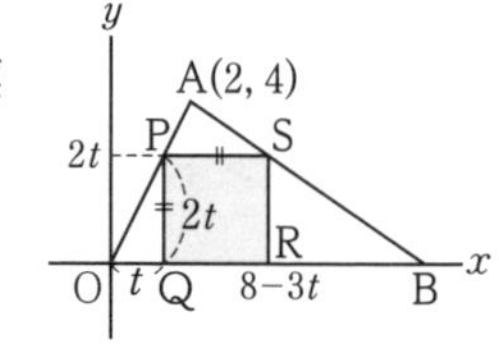

点Sのy座標は点Pのy座標と等しく$2t$だから，Sのx座標は①に$y=2t$を代入して，$2t=-\frac{2}{3}x+\frac{16}{3}$

xについて解くと，$x=8-3t$より，S($8-3t$, $2t$)

正方形になるのはPQ=SPのときだから，

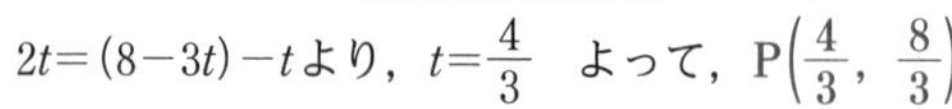

$2t=(8-3t)-t$より，$t=\frac{4}{3}$　よって，P$\left(\frac{4}{3},\ \frac{8}{3}\right)$

類題 34 ➡ 別冊解答 p.65

右の図のように，直線$y=\frac{1}{2}x+2$…①と直線$y=-x+8$…②があり，①と②の交点をA，②とx軸との交点をB，①とy軸との交点をCとする。線分AB，AC上にそれぞれ点P，Q，x軸上に点R，Sを，四角形PQRSが正方形となるようにとる。

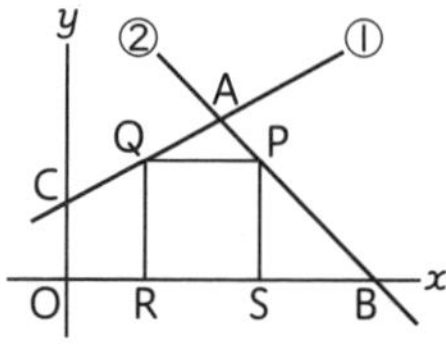

(1) 点Pの座標を求めなさい。

(2) 点Bを通り，正方形PQRSの面積を2等分する直線の式を求めなさい。

(3) 点Aを通り，正方形PQRSの面積を2等分する直線の式を求めなさい。

★★★ p.249 2

例題 35 1次関数と四角形の2等分 (2) ～台形の2等分～

右の図で，4点O(0, 0)，A(1, 4)，B(5, 4)，C(8, 0)を頂点とする四角形OABCがあり，直線ℓの傾き(かたむ)きは-1である。直線ℓが四角形OABCの面積を2等分するとき，直線ℓの式を求めなさい。

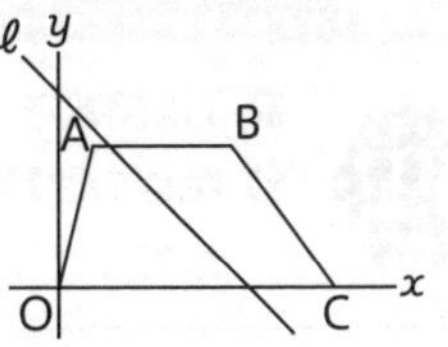

上底と下底を通って台形の面積を2等分する直線は，上底，下底の中点どうしを結ぶ線分の中点を通る。

解き方と答え

四角形OABCは台形で，面積は，$(4+8)\times4\div2=24$

直線ℓが点Aを通るとき，式は，$y=-x+5$となり，x軸(じく)との交点をDとすると，D(5, 0)

このとき，$\triangle AOD=\frac{1}{2}\times5\times4=10$となり，台形OABCの面積の半分12より小さい。よって，直線ℓは，**Aと異なる辺AB上の点で交わっている**。

台形OABCの面積を2等分する直線ℓは，**上底ABの中点Eと下底OCの中点Fを結んでできる線分EFの中点Mを通る**。

ABの中点E(3, 4)，OCの中点F(4, 0)より，

$M\left(\frac{3+4}{2}, \frac{4+0}{2}\right)=\left(\frac{7}{2}, 2\right)$

よって，点Mの座標をℓの式$y=-x+c$に代入して，

$2=-\frac{7}{2}+c$　$c=\frac{11}{2}$より，$y=-x+\frac{11}{2}$

くわしく 図で考える

・直線ℓが点Aを通るとき

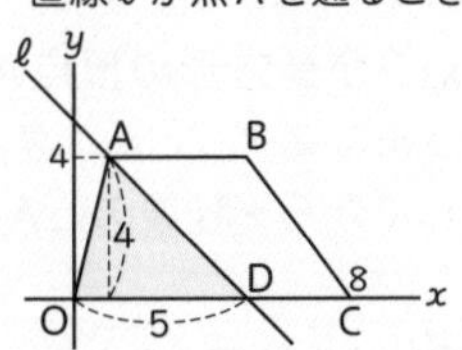

・直線が辺AB上で交わるとき，

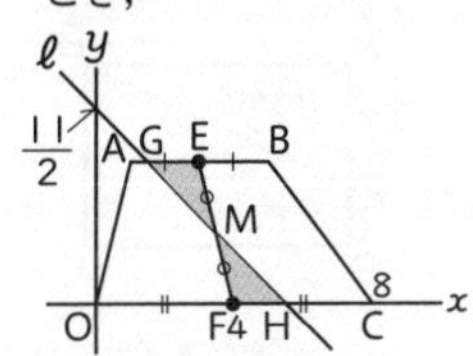

台形AOFE＝台形EFCB，
△GME＝△HMFより，
台形AOHG＝台形GHCB

別冊解答 p.66

次の問いに答えなさい。

(1) 4点A(2, 2)，B(−2, 0)，C(3, 0)，D(3, 2)を頂点とする四角形ABCDの面積を2等分し，点Aを通る直線の式を求めなさい。〔青雲高〕

(2) 右の図のように，4点A(−4, 2)，B(8, 8)，C(2, 9)，D(−2, 7)を頂点とする四角形ABCDがある。直線$y=mx$が四角形ABCDの面積を2等分するとき，mの値を求めなさい。〔明治大付属明治高〕

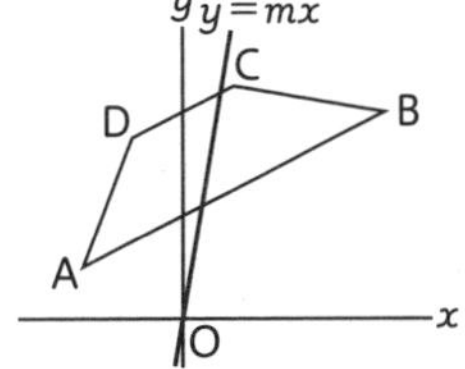

8 1次関数の利用

p.254 ～ 261

❶ 1次関数を利用して，身近にある問題を解けるようにしよう。
❷ 動点の問題や速さについての問題，容積についての問題では，変域に注意して，式に表したり，グラフをかけるようにしよう。

要点整理

1 1次関数の利用

▶ **ばねにおもりをつるしたときのおもりの重さとばねの長さ，電気や水道の使用量と料金**など，2つの変数の関係が **1次関数**になっている。

2 動点と図形の面積，速さとグラフ

▶ 点Pが長方形の頂点Aを出発して，辺AB，BC，CD上をDまで毎秒2cmの速さで動くとき，点Pが頂点Aを出発してからx秒後の△APDの面積を$y$cm^{2}とする。

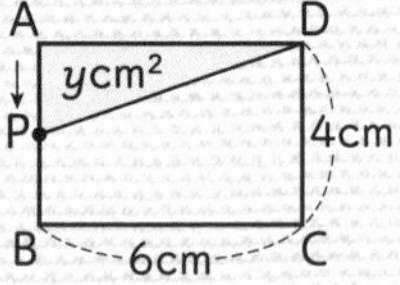

㋐ 点Pが辺AB上
$(0 \leqq x \leqq 2)$

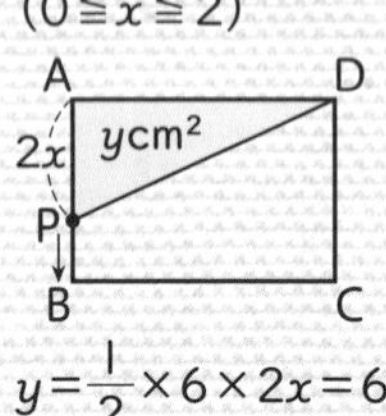

$y=\frac{1}{2}\times 6\times 2x=6x$

㋑ 点Pが辺BC上
$(2 \leqq x \leqq 5)$

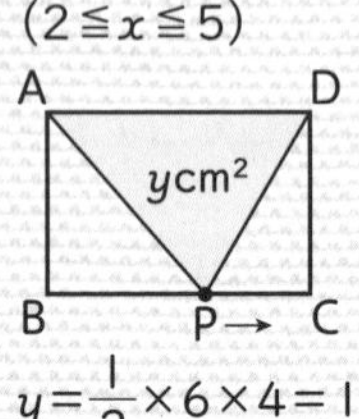

$y=\frac{1}{2}\times 6\times 4=12$

㋒ 点Pが辺CD上
$(5 \leqq x \leqq 7)$

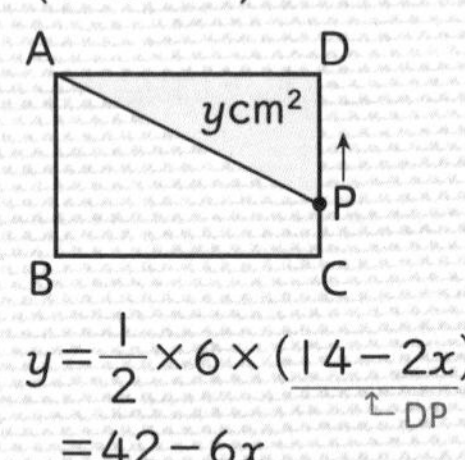

$y=\frac{1}{2}\times 6\times (14-2x)$ ←DP
$=42-6x$

▶ 列車の運行状況を，横軸（よこじく）に時刻，縦軸に距離（きょり）や駅をとり，グラフで表したものを**ダイヤグラム**という。**直線の傾（かたむ）きが列車の速さ**になっている。

3 容積とグラフ

▶ 一定の割合で給水しはじめてからx分後の水面までの高さ（←AB）を$y$cmとする。

㋐ 段差のある容器

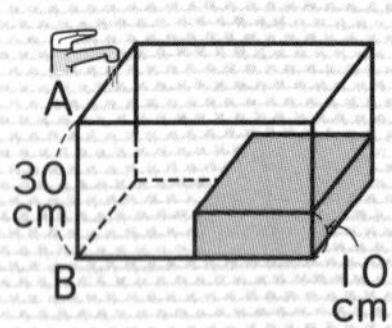

㋑ しきりのある容器

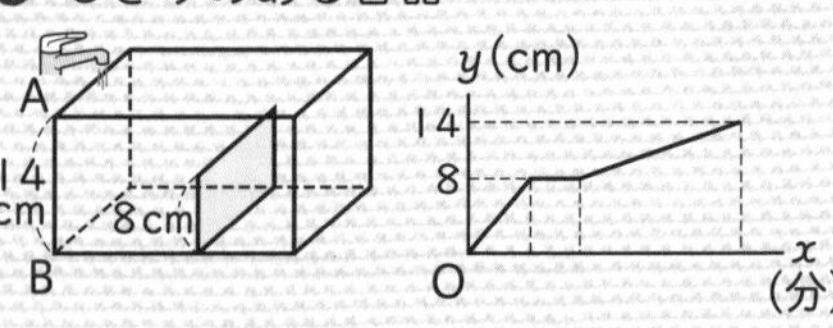

★★★ p.254 1

例題36 電気の使用量と料金

ある電力会社では，一般家庭用の1か月あたりの電気料金のプランを，右の2つのプランA，Bから選ぶことができる。1か月あたりの電気使用量をxkWh，電気料金をy円とする。ただし，電気料金は，基本料金と使用料金を合わせた料金とする。〔新潟〕

プランA	プランB
基本料金は1400円で，使用料金は1kWhあたり26円	基本料金は2000円で，使用料金は次のとおり。 ・120kWhまでは，1kWhあたり20円 ・120kWhを超えた分は，300kWhまで1kWhあたり24円 ・300kWhを超えた分は，1kWhあたり27円

(1) プランAについて，yをxの式で表しなさい。

(2) プランBについて，次の変域のとき，yをxの式で表しなさい。

❶ $0 \leqq x \leqq 120$のとき　❷ $120 < x \leqq 300$のとき　❸ $x > 300$のとき

(2)❷ $120 < x \leqq 300$のとき，電気料金＝基本料金＋120kWhまでの使用料金＋120kWhを超えた分の使用料金 で求められる。

解き方と答え

(1) プランAは，基本料金＋使用料金 だから，

$y=26x+1400$

(2)❶ $0 \leqq x \leqq 120$のとき，基本料金＋120kWhまでの使用料金 だから，

$y=20x+2000$

❷ $120 < x \leqq 300$のとき，基本料金＋120kWhまでの使用料金＋120kWhを超えた分の使用料金 だから，

$y=2000+20\times120+24\times(x-120)=24x+1520$

❸ $x > 300$のとき，基本料金＋120kWhまでの使用料金＋120kWhから300kWhまでの使用料金＋300kWhを超えた分の使用料金 だから，

$y=2000+20\times120+24\times(300-120)+27\times(x-300)$
$=27x+620$

くわしく プランBのグラフ

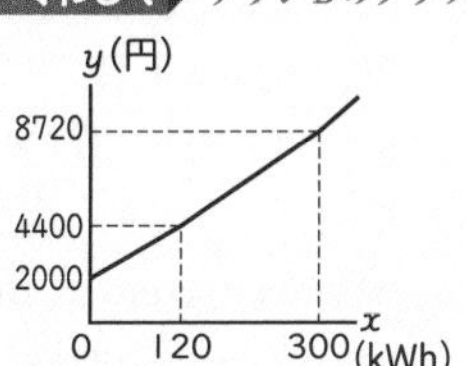

くわしく (2)❸の使用料金

使用料金は，下の図で色のついた部分の面積になる。

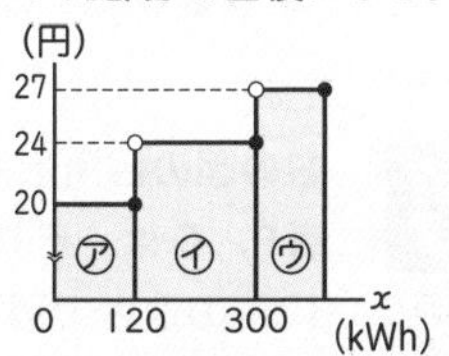

例題36で，プランAとプランBの，1か月あたりの電気料金が等しくなるのは，1か月あたりの電気使用量が何kWhのときですか。すべて求めなさい。〔新潟〕

別冊解答 p.66

★★★ p.254 2

例題 37 動点と図形の面積

右の図の台形ABCDで，2点P，Qは，それぞれD，Bを同時に出発し，点Pは辺DA上を毎秒2cmの速さで1往復し，点Qは辺BC上をCまで毎秒3cmの速さで動く。点P，Qが動き始めてからx秒後の4点A，B，Q，Pを結んでできる図形の面積を$y$cm^{2}とする。

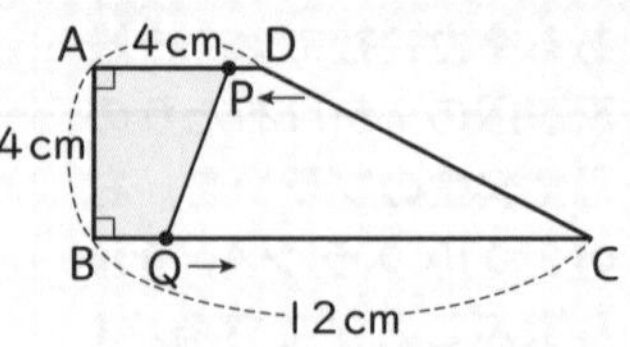

(1) xの変域が㋐$0 \leqq x \leqq 2$，㋑$2 \leqq x \leqq 4$のときについて，yをxの式で表しなさい。また，面積の変化のようすを表すグラフをかきなさい。

(2) 四角形ABQPの面積が，台形ABCDの面積の半分になるのは何秒後ですか。

点Pは$0 \leqq x \leqq 2$でDからAへ，$2 \leqq x \leqq 4$でAからDへ進む。

解き方と答え

(1)㋐ $0 \leqq x \leqq 2$のとき，点PはDからAに進んでいる。
DP$=2x$cmより，AP$=4-2x$(cm)，
BQ$=3x$cmより，
$y=\{(4-2x)+3x\}\times 4 \div 2=2x+8$

㋑ $2 \leqq x \leqq 4$のとき，点PはAからDに進んでいる。
AP$=2x-4$(cm)，BQ$=3x$cmより，
$y=\{(2x-4)+3x\}\times 4 \div 2=10x-8$

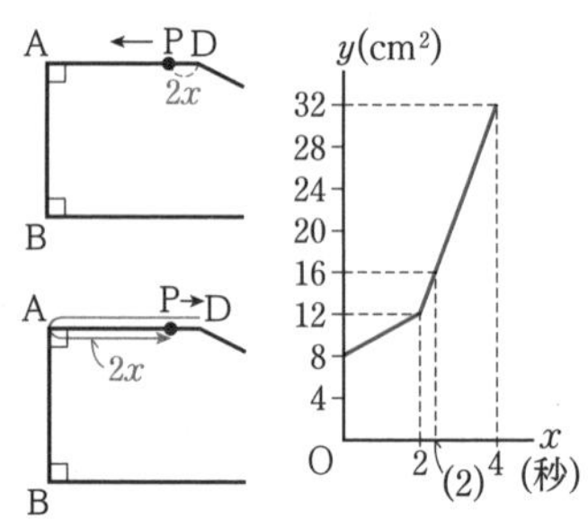

(2) 台形ABCDの面積$=(4+12)\times 4 \div 2=32$(cm^2)より，$y=16$となる$x$の値を求める。
グラフより㋑のときとわかるから，$16=10x-8$　$x=2.4$　よって，2.4秒後

類題 37 別冊解答 p.67

右の図の四角形ABCDは1辺の長さが4cmのひし形である。点P，Qは，それぞれ頂点D，Bを同時に出発し，点Pは毎秒1cmの速さで辺AD上を，点Qは毎秒3cmの速さで辺BC上をくり返し往復する。点Pが頂点Dを出発してからx秒後のAPの長さを$y$cmとする。〔愛知〕

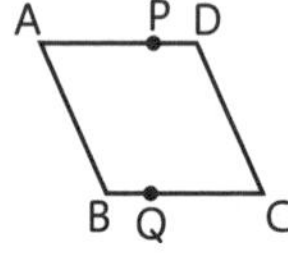

(1) 点Pが頂点Dを出発してから12秒後までのxとyの関係を，グラフに表しなさい。

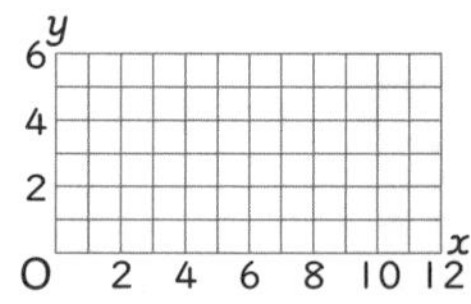

(2) 点P，Qがそれぞれ頂点D，Bを同時に出発してから12秒後までに，AB//PQとなるのは何回あるか，求めなさい。

★★★ p.254 2

例題 38 速さとグラフ

弟が午前9時に家を出発し，自転車でA町まで行き，A町からは走ってB町に行った。右の図は，弟が家を出発してからx分間に進んだ道のりをymとするとき，xとyの関係をグラフに表したものである。

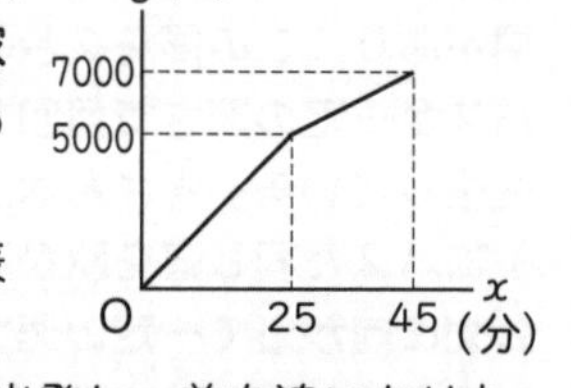

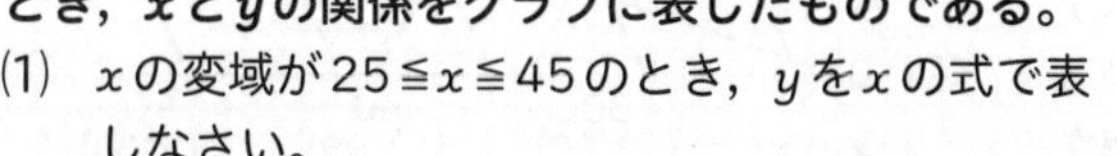

(1) xの変域が$25 \leqq x \leqq 45$のとき，yをxの式で表しなさい。

(2) 9時15分に，姉が分速300mの自転車で家を出発し，弟を追いかけた。姉が弟に追いつく時刻を求めなさい。また，家から何mの地点で追いつきましたか。

(2) 弟と姉のグラフの交点の座標が，追いつく時刻と家からの距離である。

解き方と答え

(1) $25 \leqq x \leqq 45$において，直線の式を$y=ax+b$とする。

グラフから，$x=25$のとき$y=5000$，$x=45$のとき$y=7000$

これを式に代入すると，$\begin{cases} 5000=25a+b \\ 7000=45a+b \end{cases}$

$a=100$，$b=2500$

よって，$\boldsymbol{y=100x+2500}$

(2) 姉は分速300mで追いかけるから，$y=300x+b$とおく。

$x=15$，$y=0$を代入すると，

$b=-4500$より，

$y=300x-4500$

$300x-4500=100x+2500$

$x=35$より，$y=6000$

よって，**9時35分に家から6000mの地点で追いつく。**

別解

グラフの傾き＝速さ

横軸に時間(分)，縦軸に道のり(m)をとってグラフをかくと，直線の傾き(かたむき)は速さ(分速)になる。

(1)グラフから，20分で2000m進むことがわかるので，分速100mとなる。よって，$y=100x+b$とおき，bを求めてもよい。

類題 38

例題38で，午前9時に，兄が分速150mで走ってB町を出発し，家に向かった。兄と弟が出会う時刻を求めなさい。また，家から何mの地点で出会いましたか。

別冊解答 p.67

★★★ p.254 2

例題 39 ダイヤグラム

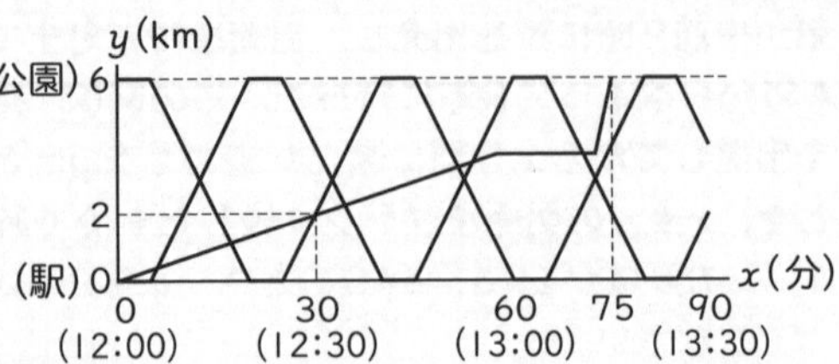

駅から6km離(はな)れた所に公園があり，この間を２台のバスが一定の速さで何回も往復している。Aさんは正午にバスと同じ道を駅から公園に向かって一定の速さで歩きはじめ，途中(とちゅう)15分の休憩(きゅうけい)をとった後，タクシーに乗って13時15分に公園に着いた。Aさんは公園に向かう途中，12時30分に駅から2kmの地点でバスに追(お)い越(こ)された。右のグラフは，Aさんが出発してからx分後の駅からの距離(きょり)を$y$kmとして，Aさんと２台のバスの進行のようすを表したものである。 〔国立高専〕

(1) Aさんは駅を出発してから公園に着くまでに，駅行きのバスと何回出会いましたか。

(2) Aさんが駅を12時45分に出発するバスに追い越されたのは，駅から何kmの地点ですか。

(2) Aさんが追い越される地点は，2つのグラフの交点である。

解き方と答え

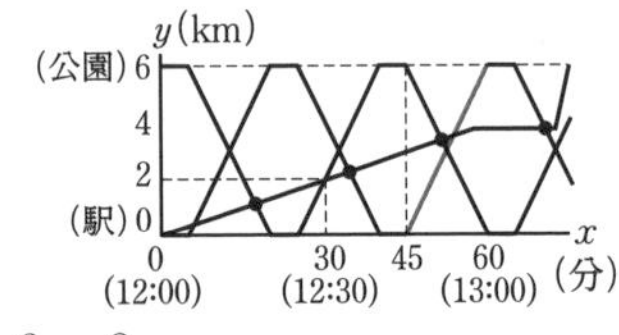

(1) 右下がりのグラフとの交点を数えて，4回

(2) Aさんは30分後に2kmの地点にいるので，速さは

毎分$\frac{2}{30}=\frac{1}{15}$kmより，$y=\frac{1}{15}x$ …①

バスは60−45＝15(分)で6km進むから，速さは毎分$\frac{6}{15}=\frac{2}{5}$km

12時45分発のバスの式を$y=\frac{2}{5}x+b$とすると，$x=45$，$y=0$より，$y=\frac{2}{5}x-18$…②

Aさんがバスに追い越されるのは，①，②より，$\frac{1}{15}x=\frac{2}{5}x-18$　$x=54$ ← Aさんが出発してから54分後

よって，①より，駅から$\frac{1}{15}\times54=3.6$(km)

類題 39 （別冊解答 p.67）

例題39で，タクシーの速さはバスの1.5倍であった。Aさんがタクシーに乗っていた時間は何分何秒ですか。 〔国立高専〕

★★★

p.254 3

例題 40 容積とグラフ (1) ～段差のある容器～

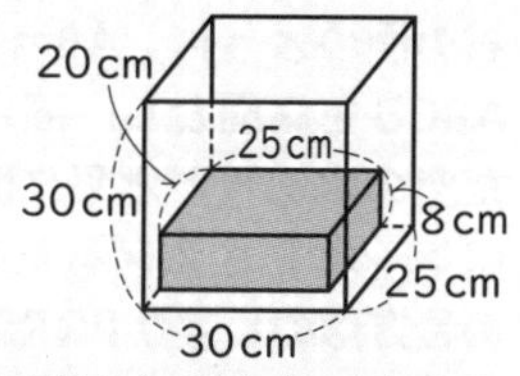

右の図のように，縦が25cm，横が30cm，高さが30cmの直方体の形をした水そうが水平な台の上に置かれており，水そうの底に，縦が20cm，横が25cm，高さが8cmの直方体の形をしたおもりを，水そうの底とおもりの底面にすき間がないように固定した。この水そうに，水面が毎分2cmの割合で高くなるように水を入れていく。水そうの底から水面までの高さが8cmより高くなってからも，水面が毎分2cmの割合で高くなるように水を入れていき，水そうの底から水面までの高さが20cmになったとき，水を入れるのをやめる。水を入れはじめてからx分後の水そうに入っている水の体積を$y$cm³とする。ただし，水そうの厚さは考えず，おもりに水はしみこまないものとする。〔京都〕

(1) 水を入れ始めて水そうの底から水面までの高さが8cmになるまで，毎分何cm³の割合で水を入れていくか求めなさい。

(2) 水を入れはじめて水そうの底から水面までの高さが20cmになるまでのxとyの関係を表すグラフをかきなさい。

(2) 水面の高さが8cmになる前と後とで場合に分けて考える。

解き方と答え

(1) $(25\times30-20\times25)\times2=500$(cm³)　よって，毎分500cm³

(2) 水面の高さが8cmになるまで$8\div2=4$(分)，20cmになるまで$20\div2=10$(分)かかる。
よって，$0\leqq x\leqq4$と$4\leqq x\leqq10$に分けて考える。

㋐ $0\leqq x\leqq4$のとき，(1)より，$y=500x$　$x=4$のとき，$y=500\times4=2000$

㋑ $4\leqq x\leqq10$のとき，1分間に入る水の量は，
$25\times30\times2=1500$(cm³)だから，$y=1500x+b$とおき，
$x=4$，$y=2000$を代入して，$b=-4000$
よって，$y=1500x-4000$
$x=10$のとき，$y=1500\times10-4000=11000$

以上から，グラフは右の図のようになる。

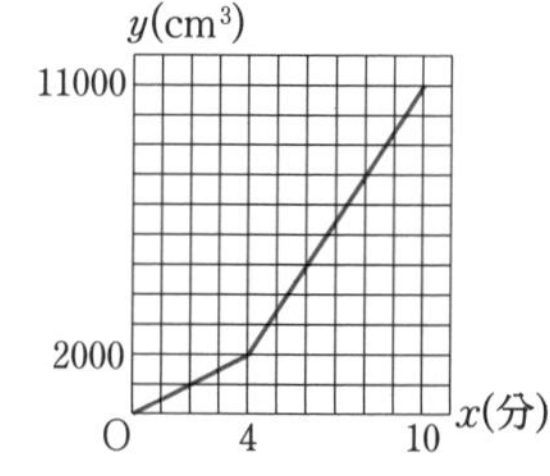

類題 40

例題40で，水そうに入っている水の体積が9500cm³となるのは，水を入れはじめてから何分後か求めなさい。〔京都〕

別冊解答 p.67

★★★ ⤴p.254 3

例題 41 容積とグラフ (2) ～しきりのある容器～

右の図のように，AB＝30cm，BC＝60cmの長方形ABCDを底面とし，高さが35cmの直方体の形をした空の水そうが水平に固定されている。水そうの中には，水をさえぎるため，PQ＝30cm，PS＝25cmの長方形のしきりPQRSが底面と垂直に，AP＝BQ＝20cmとなる部分に取り付けられている。また，2つの蛇口（じゃぐち）Ⅰ，Ⅱがあり，Ⅰの蛇口は底面ABQP側にあり，Ⅱの蛇口は底面PQCD側にあって，それぞれの蛇口から一定の割合で水を水そうに入れることができる。この水そうに，Ⅰ，Ⅱ両方の蛇口を使って水を入れると，210秒で満水となった。右のグラフは，Ⅰ，Ⅱ両方の蛇口を使って水を入れたときの，水を入れはじめてからの時間と底面ABQP上における水面の高さとの関係を表している。なお，水そうとしきりのそれぞれの厚さは考えないものとする。〔熊本〕

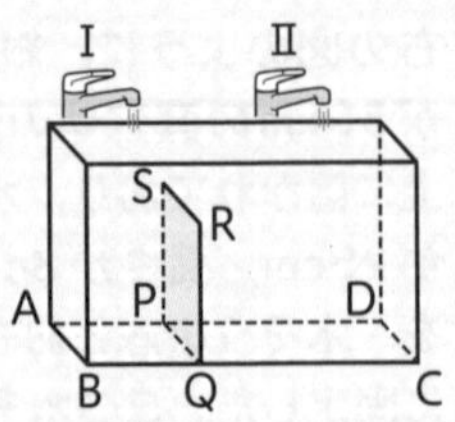

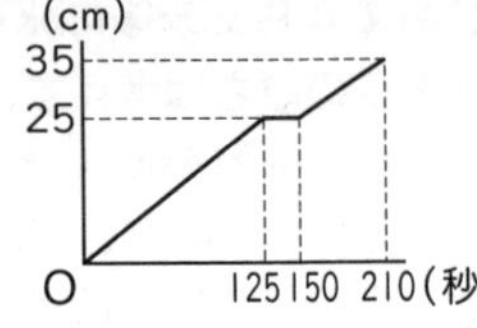

(1) Ⅰ，Ⅱ両方の蛇口から1秒間に出る水の量の合計は何cm³か，求めなさい。

(2) Ⅱの蛇口から1秒間に出る水の量は何cm³か，求めなさい。

Ⅰ，Ⅱ両方で210秒で35cm，Ⅰだけでは125秒で25cmになる。

解き方と答え

(1) Ⅰ，Ⅱ両方の蛇口から1秒間に出る水の量の合計を$a$cm³とする。210秒で満水の高さ35cmになるので，$a\times210=\underline{30\times60\times35}$　$a=300$
（↑水そうの容積）
よって，300cm³

(2) Ⅰの蛇口から1秒間に出る水の量を$b$cm³とする。125秒で高さ25cmになるので，
$b\times125=\underline{30\times20}\times25$　$b=120$
（↑底面ABQPの面積）
よって，(1)より，300－120＝180(cm³)

別冊解答 p.68

例題41で，この水そうに，空の状態から最初はⅡの蛇口だけを使って水を入れ，途中（とちゅう）からⅠ，Ⅱ両方の蛇口で水を入れ続けると，底面ABQP上における水面の高さと底面PQCD上における水面の高さは，それぞれ底面から18cmのところで等しくなった。このとき，Ⅰの蛇口から水を入れはじめたのは，空の状態からⅡの蛇口だけを使って水を入れはじめてから何秒後か，求めなさい。〔熊本〕

★★★

p.254 3

例題 42 容積とグラフ (3) ～給水と排水～

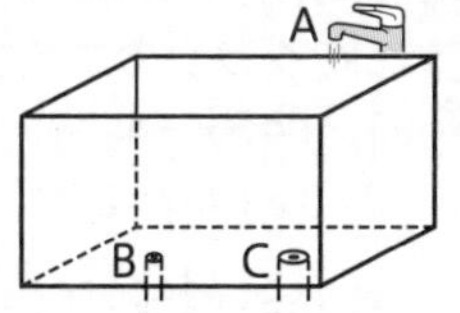

右の図のように，直方体の形をした高さ40cmの水そうがある。給水管Aを開けると，一定の割合で水を入れることができる。Aを閉じた状態で，排水管(はいすいかん)B，Cのみを開けると，水面の高さはそれぞれ毎分0.5cm，1.5cmずつ低くなる。はじめ，空の水そうにB，Cは閉じた状態で，Aを開けて水を入れると，20分後に水そうの底から水面までの高さが40cmとなり，水そうは満水となった。そして，Aを閉じてBを開け，その20分後にCも開けて水を出した。水を入れはじめてからx分後の水面までの高さを$y$cmとする。右のグラフは，Aを開けてから満水になるまでのxとyの関係を表したものである。

〔京都〕

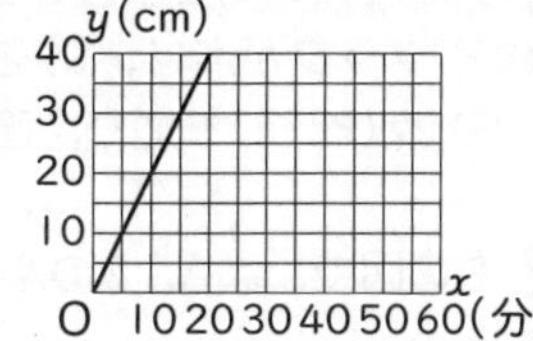

(1) Aを開けて，水そうが満水になるまで水を入れたとき，水面の高さは毎分何cm高くなったか求めなさい。また，水を入れはじめてから14分後の水そうの底から水面までの高さは何cmか求めなさい。

(2) 水そうが満水になった時点から水そうの水がなくなるまでのxとyの関係を表すグラフを，上の図にかきなさい。

(2) BだけとBとCの両方を開けたときに分けて考える。

解き方と答え

(1) Aは20分で40cm水面が高くなるから，毎分$40\div20=2$(cm)高くなる。$y=2x$より，14分後の水面までの高さは，28cm

(2)㋐ $20\leqq x\leqq40$のとき，毎分0.5cm低くなるから，$y=-0.5x+b$として，$x=20$，$y=40$を代入して，$b=50$より，$y=-0.5x+50$

㋑ $40\leqq x$のとき，毎分$0.5+1.5=2$(cm)低くなるから，$y=-2x+c$として，$x=40$，$y=30$を代入して，$c=110$より，$y=-2x+110$

$y=0$のとき，$x=55$より，xの変域は，$40\leqq x\leqq55$

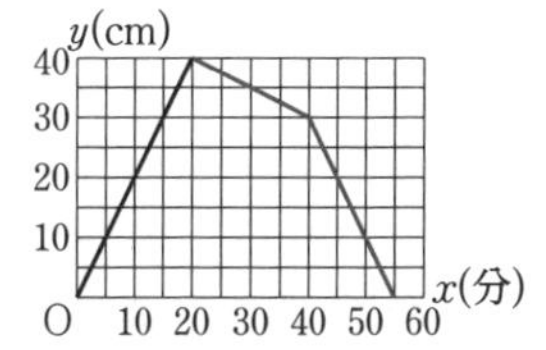

例題42で，水そうの底から水面までの高さが16cmになるときは，水を入れはじめてから何分後と何分後ですか。 〔京都〕

別冊解答 p.68

章末問題 A

→別冊解答 p.68～69

11 次の(1)～(3)の式のグラフをかきなさい。また，(4)～(6)のグラフの式を求めなさい。

例題 20～22 29

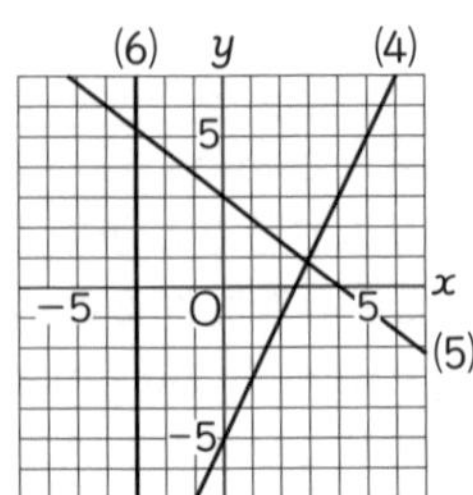

(1) $y=3x-4$

(2) $3x+4y=8$

(3) $y=-\frac{1}{2}x-1\ (-4 \leqq x \leqq 4)$

12 次の直線の式を求めなさい。

例題 23 25

(1) グラフが点(1，3)を通り，傾き2の直線 〔鳥取〕

(2) 点(3，4)を通り，直線$y=-2x+5$と平行な直線 〔賢明学院高〕

13 右の図で，点A，Bの座標はそれぞれ(3，4)，(6，2)である。 〔愛知〕

例題 24

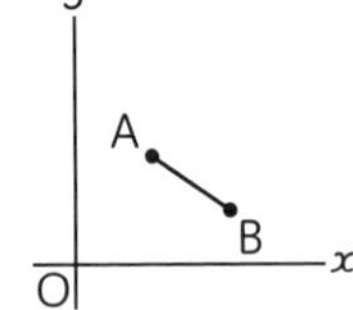

(1) 直線ABの式を求めなさい。

(2) 直線$y=x+b$が線分AB上の点を通るとき，bがとることのできる値の範囲を求めなさい。

14 Aさんは15時に図書館を出発して，2kmはなれた公園に向かって一定の速さで歩いたところ，15時30分に公園に着いた。一方，Bさんは15時3分に公園を出発して，Aさんと同じ道を図書館に向かって一定の速さで走ったところ，途中でAさんとすれ違い，15時18分に図書館に着いた。右のグラフは，Aさんが図書館を出発してから公園に着くまでの時間と道のりの関係を表したものである。2人がすれ違ったのは図書館から何mの地点ですか。 〔福島〕

例題 38

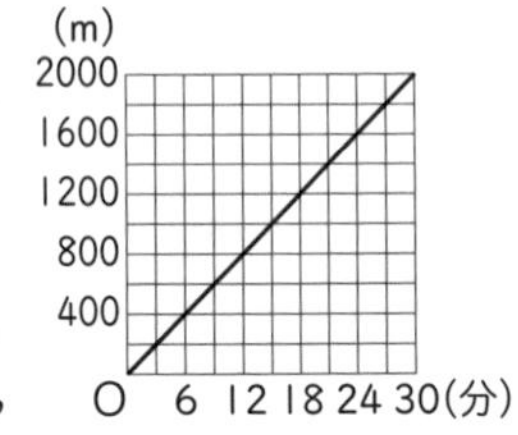

15 右の図のように，AB＝6cm，BC＝4cmの長方形ABCDの辺AD上に点Eがあり，AE＝2cmとなっている。点PはAを出発して，この長方形の辺上をB，Cを通ってDまで動く。色のついた部分は，点Pが辺上を動いたときの，線分EPが通った部分を表している。点PがAから$x$cm動いたときの線分EPが通った部分の面積を$y$cm^{2}とする。点Pが次の辺上を動くとき，yをxの式で表しなさい。ただし，xの変域も求めなさい。 〔岩手－改〕

例題 37

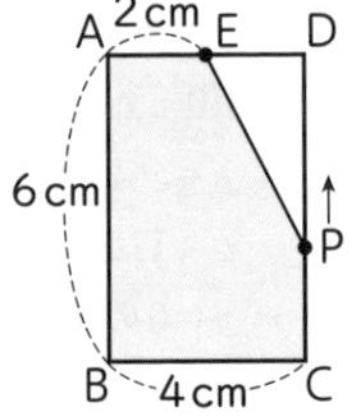

(1) 辺AB上

(2) 辺BC上

(3) 辺CD上

章末問題 B

→別冊解答 p.69～71

16 2 直線 $x+y=6$，$ax+y=2$ の交点をP，2直線 $x-2y=10$，$x+by=-10$ の交点をQとする。2点P，Qが x 軸(じく)について対称(たいしょう)であるとき，a，b の値を求めなさい。〔筑波大附高〕

例題 27 30

17 右の図において，四角形ABCDは，△OPQに内接する正方形である。点P(5, 0)，点Q(3, 6)とするとき，正方形の1辺の長さを求めなさい。〔中央大杉並高〕

例題 34

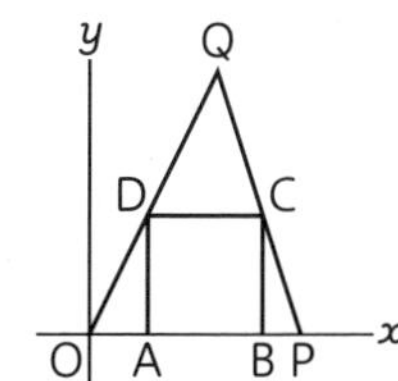

18 右の図のように，2点P(1, 5)，Q(3, 1)がある。y 軸上に点A，x 軸上に点Bをとり，PA＋AB＋BQの長さが最短になるようにしたときの直線ABの式を求めなさい。〔明治大付属明治高〕

例題 27

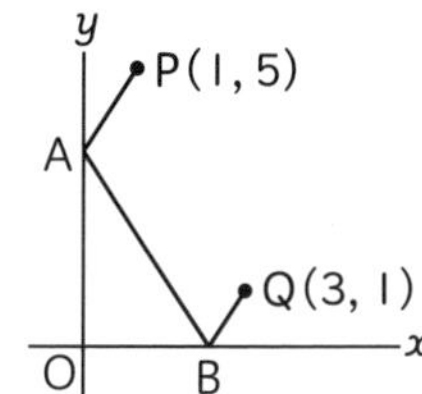

19 右の図のように，4点O(0, 0)，A(7, 5)，B(3, 9)，C(−1, 1)を頂点とする四角形OABCと直線 $y=ax+b$ がある。〔國學院大久我山高－改〕

例題 24 35

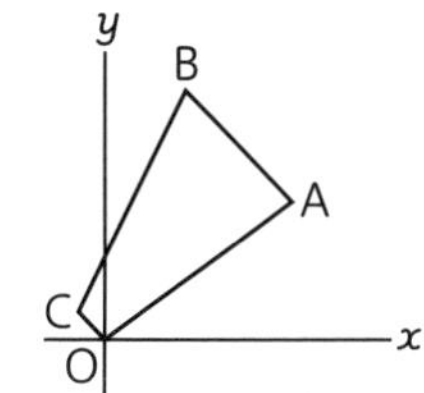

(1) $b=-3$ のとき，直線 $y=ax-3$ が四角形OABCと交わるような a の値の範囲(はんい)を求めなさい。

(2) 直線 $y=ax+b$ が2つの辺AB，OCと交わるとき，$a+b$ の値の範囲を求めなさい。

(3) 直線 $y=ax+b$ が原点を通り四角形OABCの面積を2等分するとき，a，b の値をそれぞれ求めなさい。

チャレンジ

20 右の図1のように1辺の長さが4mの立方体の水そうがあり，底面には長方形のしきり板が2枚置かれている。このしきり板の高さはそれぞれ1mと2mであり，高さ1mのしきり板の左側の部分から水を入れる。図2は，水を入れはじめてから x 分後の水面の高さの最大値を y mとして，はじめの t 分間は毎分 $\frac{4}{5}$ m³，それから水そうが満たんになるまでは毎分 a m³ で入れたときの x と y の関係をグラフにしたものである。〔土浦日本大高〕

例題 41

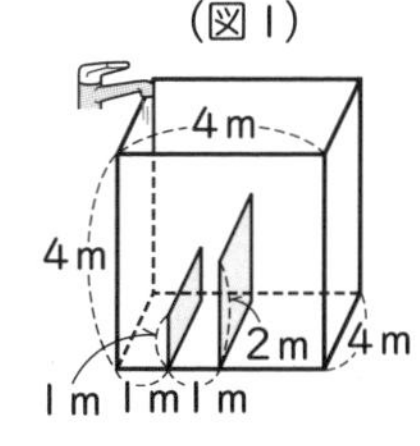

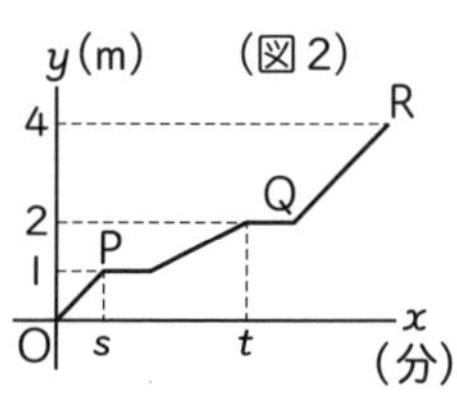

(1) 図2のグラフにおいて，s，t の値を求めなさい。

(2) 図2のグラフにおいて，直線OPと直線QRの傾(かたむ)きが等しいとき，a の値を求めなさい。

9 関数 $y=ax^2$

p.264～267

❶ 1組の x と y の値から，関数 $y=ax^2$ の式を求められるようにしよう。
❷ 関数 $y=ax^2$ のグラフをかけるようにしよう。
❸ 関数 $y=ax^2$ のグラフの特徴(とくちょう)を理解し，覚えよう。

要点整理

1 関数 $y=ax^2$ の式

➡例題 43

▶ **y は x の2乗(じょう)に比例(ひれい)する** ⟺ **$y=ax^2$** $(a\neq0)$ ⟺ 商 $\dfrac{y}{x^2}=a$（一定）
↑比例定数

▶関数 $y=ax^2$ では，x の値を n 倍すると，y の値は **n^2 倍**になる。
▶関数 $y=ax^2$ の式は，x と y の値の組が1組わかれば求めることができる。
例 関数 $y=ax^2$ で，$x=2,\ y=12$ のとき，$12=a\times2^2$　$a=3$　よって，$y=3x^2$
↑1組の x，y の値

2 関数 $y=ax^2$ のグラフのかき方

➡例題 44

▶ x と y の対応表をつくり，x と y の値の組を座標として点を結ぶとなめらかな曲線になる。この曲線は，**原点を通り，y 軸について対称(たいしょう)**である。

例 関数 $y=x^2$

x	…	−3	−2	−1	0	1	2	3	…
y	…	9	4	1	0	1	4	9	…

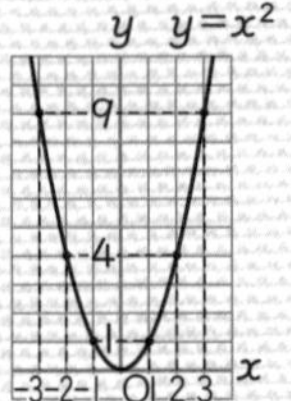

3 関数 $y=ax^2$ のグラフの特徴

➡例題 45

▶関数 $y=ax^2$ のグラフは，原点を**頂点(ちょうてん)**，y 軸を**対称の軸(じく)**とする**放物線(ほうぶつせん)**である。
㋐ **$a>0$** のとき，**x 軸の上側**にあり，**上に開いている。**
㋑ **$a<0$** のとき，**x 軸の下側**にあり，**下に開いている。**

y
$y=ax^2$ $(a>0)$
対称の軸
頂点
x
O
$y=ax^2$ $(a<0)$

▶関数 $y=ax^2$ のグラフは，a の絶対値が大きいほど，グラフの**開き方が小さい。**
↑y 軸に近くなる

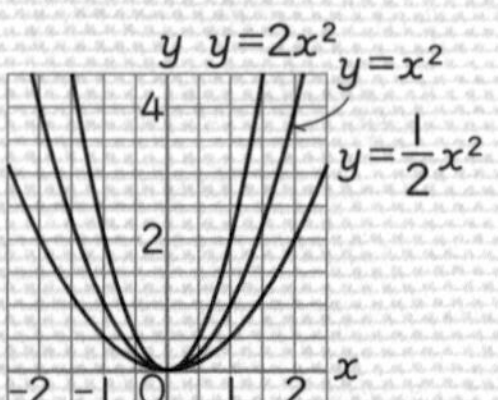

▶関数 $y=ax^2$ と $y=-ax^2$ のグラフは，**x 軸について対称**である。

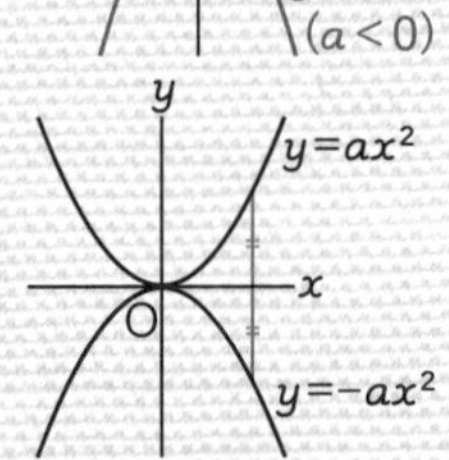

★★★ p.264 1

例題 43 関数 $y=ax^2$ の式

次の問いに答えなさい。

(1) 直径 $x$cm の円の面積を $y$cm² とするとき，y を x の式で表しなさい。また，比例定数を求めなさい。

(2) y は x の2乗に比例し，$x=3$ のとき $y=-36$ である。このとき，y を x の式で表しなさい。〔秋田〕

(3) y は x の2乗に比例し，$x=-6$ のとき $y=9$ である。$x=8$ のときの y の値を求めなさい。〔福岡〕

(2)(3) $y=ax^2$ と表して値を代入し，式を求めよう。

解き方と答え

(1) 半径は $\frac{x}{2}$cm だから，$y=\pi\times\left(\frac{x}{2}\right)^2$

$y=\frac{1}{4}\pi x^2$　比例定数は，$\frac{1}{4}\pi$

(2) 比例定数を a とすると，y は x の2乗に比例するから，

$y=ax^2$ と表せる。

$x=3$ のとき $y=-36$ だから，$-36=a\times3^2$

$9a=-36$　$a=-4$ より，$y=-4x^2$

(3) 比例定数を a とすると，y は x の2乗に比例するから，

$y=ax^2$ と表せる。

$x=-6$ のとき $y=9$ だから，$9=a\times(-6)^2$

$36a=9$　$a=\frac{1}{4}$ より，$y=\frac{1}{4}x^2$

この式に $x=8$ を代入して，$y=\frac{1}{4}\times8^2=16$

くわしく

$y=ax^2$ の x と y の関係

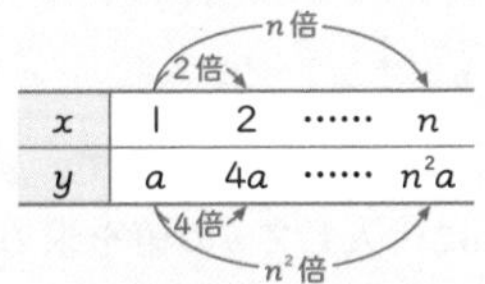

x	1	2	……	n
y	a	$4a$	……	n^2a

豆知識 ガリレオの功績

イタリアの科学者ガリレオ（1564～1642）は，落下の実験で，物体の落下する距離（きょり）は時間の2乗に比例することを発見した。落ちはじめてから x 秒間に落ちる距離を ym とすると，$y=4.9x^2$ の関係が成り立つ。

類題 43

別冊解答 p.71

次の問いに答えなさい。

(1) 直角をはさむ辺が $x$cm の直角二等辺三角形の面積が $y$cm² であるとき，y を x の式で表しなさい。

(2) 関数 $y=ax^2$ で，$x=-3$ のとき $y=-3$ である。このとき，a の値を求めなさい。また，$y=-8$ のときの x の値を求めなさい。

★★★ p.264 2

例題 44 関数 $y=ax^2$ のグラフのかき方

次の関数のグラフを，対応表を完成させてかきなさい。

(1) $y=\frac{1}{2}x^2$

x	…	−4	−2	−1	0	1	2	4	…
x^2	…	16	4	1	0				…
$\frac{1}{2}x^2$	…	8							…

(2) $y=-2x^2$

x	…	−2	−1	0	1	2	…
$-2x^2$	…	−8					…

表をもとにして，xとyの値の組を座標とする点をとり，それらをなめらかな曲線で結ぼう。

解き方と答え

(1) $x=-2$を代入して，

$y=\frac{1}{2}\times(-2)^2=2$

他も同じようにして，xの値を式に代入してyの値を求めていくと下のようになる。

x	…	−4	−2	−1	0	1	2	4	…
x^2	…	16	4	1	0	1	4	16	…
$\frac{1}{2}x^2$	…	8	2	$\frac{1}{2}$	0	$\frac{1}{2}$	2	8	…

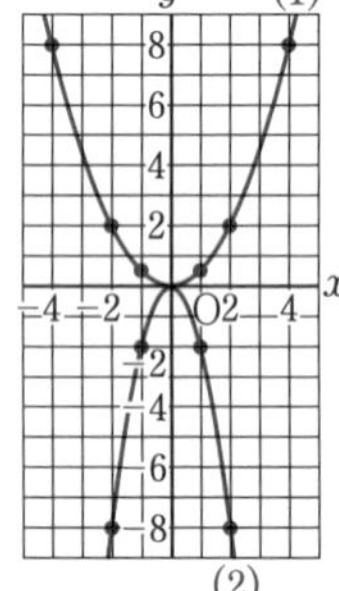

対応表より，xとyの値を座標とする点をとり，**なめらかな曲線で結ぶ**。

(2) (1)と同様に，対応表を完成させて，グラフをかく。

x	…	−2	−1	0	1	2	…
$-2x^2$	…	−8	−2	0	−2	−8	…

注意！

グラフは曲線になる

関数$y=ax^2$のグラフは，点をなめらかな曲線で結ぶ。折れ線で結んではいけない。

類題 44 別冊解答 p.71

次の問いに答えなさい。

(1) 関数$y=\frac{1}{4}x^2$のグラフを，対応表を完成させてかきなさい。

x	…	−4	−2	−1	0	1	2	4	…
y	…	4			0				…

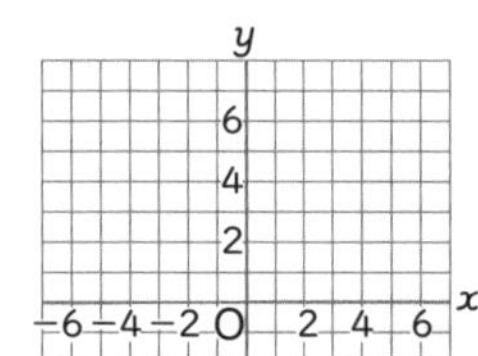

(2) 関数$y=ax^2$のグラフが点(2, 12)を通るとき，定数aの値を求めなさい。 〔専修大附高〕

★★★

p.264 3

例題 45 関数 $y=ax^2$ のグラフの特徴

右の図のように，放物線が6つある。放物線 $y=\frac{1}{2}x^2$ が②のグラフであるとき，$y=x^2$ と $y=-\frac{1}{4}x^2$ のグラフはそれぞれどれか答えなさい。

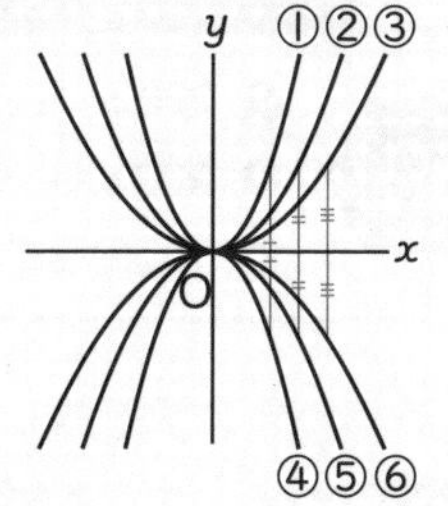

関数 $y=ax^2$ の比例定数 a の値に着目しよう。

解き方と答え

$y=ax^2$ のグラフには，次のような特徴（とくちょう）がある。

㋐ $a>0$ のとき上に開き，$a<0$ のとき下に開く。

㋑ a の値の絶対値が大きいほど，グラフの開き方が小さい。

㋒ $y=ax^2$ のグラフと $y=-ax^2$ のグラフは x 軸（じく）について対称（たいしょう）である。

$y=x^2$…㋐より，上に開いたグラフで，$y=\frac{1}{2}x^2$ のグラフが②であるので，㋑より，②よりも開き方が小さいグラフを選ぶと，①

$y=-\frac{1}{4}x^2$…㋒より，$y=-\frac{1}{2}x^2$ のグラフは⑤である。㋑より，⑤よりも開き方が大きいグラフを選ぶと，⑥

くわしく

比例定数とグラフ

$y=ax^2$…㋐
$y=bx^2$…㋑
$y=cx^2$…㋒のとき，
$0<c<b<a$
また，㋓のグラフは
$y=-ax^2$ と表される。

y ㋐㋑㋒ x O ㋓

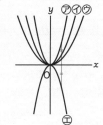

右の図において，①は関数 $y=ax^2$ のグラフ，②は関数 $y=bx^2$ のグラフ，③は関数 $y=cx^2$ のグラフである。3つの数 a，b，c を左から小さい順に並べなさい。 〔山形〕

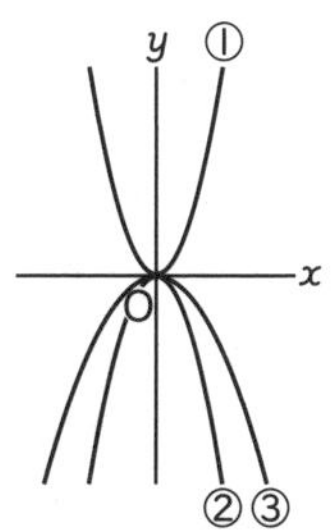

第3編 関数　第1章 比例と反比例　第2章 1次関数　第3章 関数 $y=ax^2$

10 関数 $y=ax^2$ の値の変化

p.268～272

❶ 関数 $y=ax^2$ の値の増減を調べ，yの変域を求められるようにしよう。
❷ 関数 $y=ax^2$ の変化の割合を求める公式を覚えておこう。
❸ 平均の速さが変化の割合で求められることを理解しよう。

要点整理

1 関数 $y=ax^2$ と変域

➡例題 46，47

▶関数$y=ax^2$と変域の問題では，グラフや対応表をかいて考える。

㋐ xの変域に0がふくまれないとき，**xの変域の両端(りょうたん)の値を式に代入したもの**がyの変域の両端の値になる。

㋑ xの変域に0がふくまれるとき，yの変域の両端の**どちらかが0**になる。

例 関数$y=x^2$についてのxの変域とyの変域

㋐ $1 \leqq x \leqq 2$のとき，
↑0がふくまれない
$1 \leqq y \leqq 4$

x	1	2
y	1	4

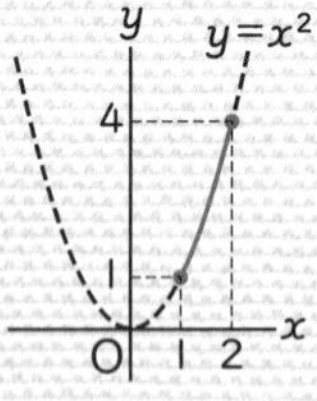

㋑ $-1 \leqq x \leqq 2$のとき，
↑0がふくまれる
$0 \leqq y \leqq 4$
↑1ではない

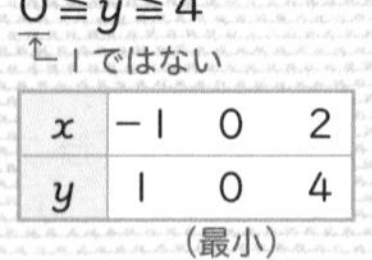

x	−1	0	2
y	1	0	4

（最小）

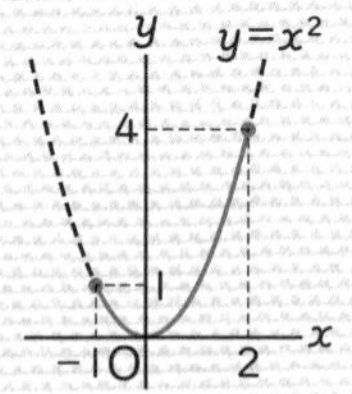

2 関数 $y=ax^2$ の変化の割合

➡例題 48

▶関数$y=ax^2$で，xの値がpからqまで増加するときの**変化の割合は，一定でなく，$a(p+q)$で求められる。**

〔説明〕 関数$y=ax^2$で，$x=p$のとき$y=ap^2$，$x=q$のとき$y=aq^2$だから，

$$\text{変化の割合}=\frac{y\text{の増加量}}{x\text{の増加量}}=\frac{aq^2-ap^2}{q-p}=\frac{a(q^2-p^2)}{q-p}=\frac{a(q+p)(q-p)}{q-p}=a(p+q)$$

3 平均の速さ

➡例題 49

▶**平均(へいきん)の速(はや)さ**は，物体がある時間，一定の速さで動き続けたと仮定したときの速さで，$\dfrac{\textbf{進んだ距離(きょり)}}{\textbf{かかった時間}}$で求められる。

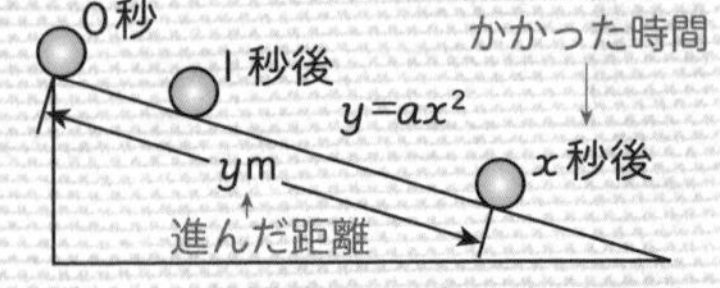

▶物体が動きはじめてからの時間をx，その間に進んだ距離をyとするとき，**かかった時間はxの増加量，進んだ距離はyの増加量なので，平均の速さは，その間の変化の割合に等しい。**

★★★ p.268 1

例題 46 関数 $y=ax^2$ の変域

次の問いに答えなさい。

(1) 関数 $y=2x^2$ について，x の変域が $1 \leqq x \leqq 2$ のときの y の変域を求めなさい。

(2) 関数 $y=-\frac{1}{4}x^2$ について，x の変域が $-4 \leqq x \leqq 3$ のときの y の変域を求めなさい。 〔長野〕

比例定数 a が正か負か，x の変域に0がふくまれないかふくまれるかをまず見よう。実際にグラフをかくとよくわかる。

解き方と答え

(1) 比例定数は $a>0$ で，x の変域に0がふくまれないから，$x=1$ のときの $y=2$ が最小値，$x=2$ のときの $y=8$ が最大値となる。

よって，y の変域は，$2 \leqq y \leqq 8$

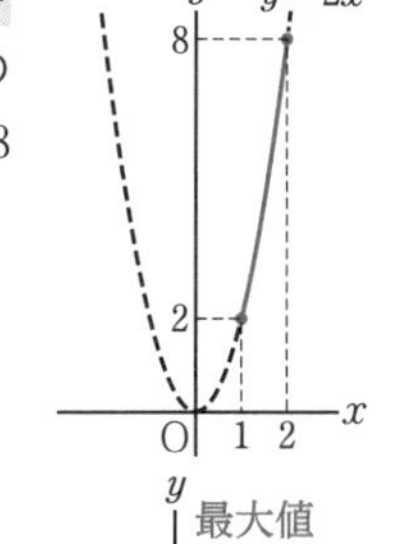

(2) 比例定数は $a<0$ で，x の変域に0がふくまれるから，$x=0$ のときの $y=0$ が最大値となる。また，-4 と3の絶対値は，-4 のほうが大きいから，$x=-4$ のときの $y=-\frac{1}{4}\times(-4)^2=-4$ が最小値となる。

よって，y の変域は，$-4 \leqq y \leqq 0$

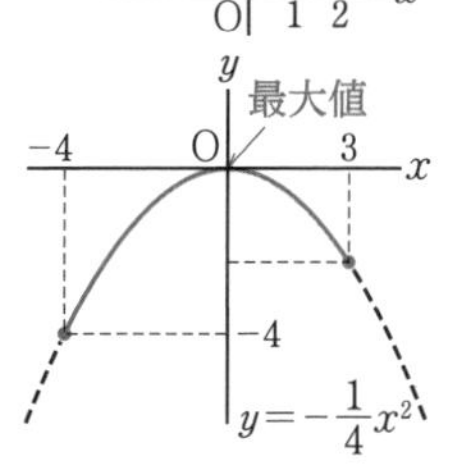

くわしく $y=ax^2$ の変域

①$a>0$ か $a<0$ を見る。

②x の変域に0がふくまれないか，ふくまれるかを見る。

㋐0がふくまれないとき，

$p \leqq x \leqq q \Rightarrow ap^2$，$aq^2$ が y の変域の両端(りょうたん)の値

㋑0がふくまれるとき，

$a>0 \Rightarrow 0 \leqq y \leqq \square$ （$x=0$ で最小値）

$a<0 \Rightarrow \square \leqq y \leqq 0$ （$x=0$ で最大値）

□には，ap^2 と aq^2 のうち，絶対値の大きいほうの値が入る。

類題 46 別冊解答 p.71

次の問いに答えなさい。

(1) 関数 $y=\frac{1}{3}x^2$ について，x の変域が次のときの y の変域を求めなさい。

❶ $-6 \leqq x \leqq -3$　❷ $-3 \leqq x \leqq 6$ 〔熊本〕　❸ $3 \leqq x \leqq 6$

(2) 関数 $y=-x^2$ について，x の変域が次のときの y の変域を求めなさい。

❶ $-4 \leqq x \leqq -2$　❷ $-3 \leqq x \leqq 1$　❸ $-1 \leqq x \leqq 5$

★★★ p.268 1

例題 47 関数 $y=ax^2$ と変域

次の問いに答えなさい。

(1) 関数$y=ax^2$で，xの変域が$-4 \leqq x \leqq 3$のとき，yの変域が$-8 \leqq y \leqq 0$である。定数aの値を求めなさい。〔近畿大附高〕

(2) 関数$y=2x^2$において，xの変域が$a \leqq x \leqq 2$のとき，yの変域が$b \leqq y \leqq 18$である。このとき，a，bの値をそれぞれ求めなさい。〔明治大付属中野高〕

(3) $-3 \leqq x \leqq 2$における関数$y=ax^2$と関数$y=-\frac{1}{2}x+1$のyの変域が等しいとき，aの値を求めなさい。〔和洋国府台女子高〕

グラフをかいて，対応するxとyの値の組を1組見つけよう。

解き方と答え

(1) xの変域に0をふくみ，−4のほうが3よりも絶対値が大きいから，$x=-4$のとき$y=-8$である。これを$y=ax^2$に代入して，

$-8=a\times(-4)^2$　$16a=-8$　$a=-\frac{1}{2}$

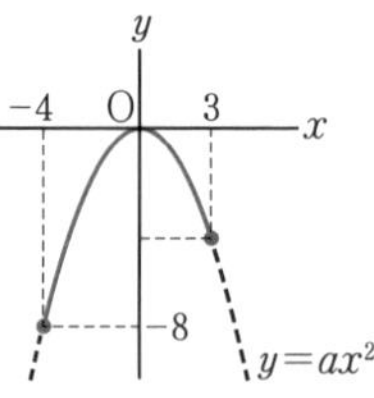

(2) $x=2$のとき$y=2\times2^2=8$だから，$x=a$のとき$y=18$となる。

これを$y=2x^2$に代入して，$18=2a^2$　$a^2=9$　$a \leqq x \leqq 2$より$a<2$だから，$a=-3$

よって，xの変域は$-3 \leqq x \leqq 2$となり，$x=0$をふくむから，$b=0$

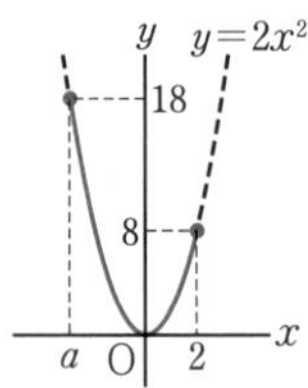

(3) $-3 \leqq x \leqq 2$のとき，$y=-\frac{1}{2}x+1$のyの変域は$0 \leqq y \leqq \frac{5}{2}$

↑グラフは右下がりの直線

よって，関数$y=ax^2$は，$x=-3$のとき$y=\frac{5}{2}$である。

$\frac{5}{2}=a\times(-3)^2$　$a=\frac{5}{18}$

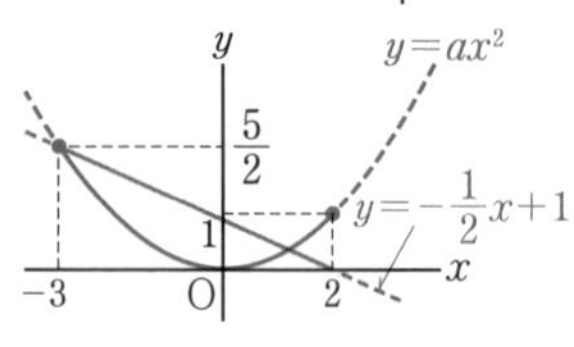

類題 47 別冊解答 p.72

次の問いに答えなさい。

(1) 関数$y=-3x^2$において，xの変域が$-1 \leqq x \leqq a$のとき，yの変域が$-27 \leqq y \leqq b$である。a，bの値を求めなさい。〔日本大豊山高〕

(2) xの変域が$-2 \leqq x \leqq 3$のとき，関数$y=ax^2$と関数$y=2x+b$のyの変域が同じになる。このとき，a，bの値を求めなさい。ただし，$a>0$とする。〔成蹊高〕

★★★

p.268 2

例題 48 関数 $y=ax^2$ の変化の割合

次の問いに答えなさい。

(1) 関数 $y=-x^2$ について，x の値が 1 から 4 まで増加するときの変化の割合を求めなさい。〔宮崎〕

(2) 関数 $y=x^2$ について，x が a から $a+5$ まで増加するとき，変化の割合は 7 である。このとき，a の値を求めなさい。〔新潟〕

(3) 関数 $y=ax^2$（a は定数）と関数 $y=-8x+7$ について，x の値が 1 から 3 まで増加するときの変化の割合が等しいとき，a の値を求めなさい。〔愛知〕

関数 $y=ax^2$ で，x が p から q まで増加するときの変化の割合を求めるときは，変化の割合 $=\dfrac{y\text{の増加量}}{x\text{の増加量}}$ を使うか，公式 $a(p+q)$ を使おう。

解き方と答え

(1) $x=1$ のとき $y=-1$，$x=4$ のとき $y=-16$ だから，変化の割合は，

$$\frac{-16-(-1)}{4-1}=\frac{-15}{3}=-5$$

別解 公式を使うと，$-1\times(1+4)=-5$

(2) $y=x^2$ で，x の値が a から $a+5$ まで増加するときの変化の割合は，$1\times(a+a+5)=2a+5$

よって，$2a+5=7$　$a=1$

(3) $y=-8x+7$ の変化の割合は一定で，-8

$y=ax^2$ で，x の値が 1 から 3 まで増加するときの変化の割合は，$a\times(1+3)=4a$

よって，$4a=-8$　$a=-2$

くわしく 変化の割合は一定ではない

例えば，関数 $y=x^2$ では，x の値が 0 から 1 ずつ増加していくとき，y の増加量は一定でなく，1，3，5，… と大きくなっていく。

また，$y=ax^2$ 上の 2 点 A，B の x 座標がそれぞれ p，q のとき，x が p から q まで増加するときの変化の割合 $a(p+q)$ は，2 点 A，B を通る直線 AB の傾きを表している。

2 つの関数 $y=2x^2$ と $y=\dfrac{a}{x}$ は，x の値が -3 から -1 まで増加するときの変化の割合が等しい。このとき，定数 a の値を求めなさい。〔東京工業大附属科学技術高〕

別冊解答 p.72

★★★ p.268 3

例題 49 平均の速さ

ある自動車が動きはじめてからx秒間に進んだ距離をymとすると，$0 \leqq x \leqq 8$の範囲では，$y=2x^2$の関係であった。

(1) この自動車が動きはじめて2秒後から4秒後までの平均の速さは毎秒何mか，求めなさい。

(2) この自動車が動きはじめてt秒後から$t+4$秒後までの平均の速さが毎秒20mのとき，tの値を求めなさい。

平均の速さは，$\dfrac{\text{進んだ距離}}{\text{かかった時間}}$で求めることができる。つまり，変化の割合を求めることと同じである。

解き方と答え

(1) $x=2$のとき$y=8$，
$x=4$のとき$y=32$

よって，平均の速さは，$\dfrac{32-8}{4-2}=\dfrac{24}{2}=12$より，

毎秒12m

別解 変化の割合を使う

平均の速さは変化の割合と等しいから，
$2\times(2+4)=12$(m/秒)

(2) $2\times(t+t+4)=20$　$4t+8=20$　$t=3$
$t=3$のとき，$t+4=7<8$より，適するから，**$t=3$**

豆知識

平均の速さと瞬間の速さ

平均の速さは，途中の速さの変化を無視して一定の速さで動いたと仮定したときの速さのことで，これまで求めてきた速さはこれにあたる。それに対し，乗り物にあるスピードメーターが示す速さを瞬間の速さという。瞬間の速さは，計る時間をどんどん短くしていったときの平均の速さとして求める。詳しくは高校で学習する微分で扱う。

ある物体が斜面を転がる運動をはじめてからx秒間に進む距離をymとすると，$y=3x^2$の関係が成り立った。この物体が運動をはじめて2秒後から4秒後までの平均の速さを求めなさい。

11 関数 $y=ax^2$ のグラフと図形

p.273 ～ 279

❶ 交点の座標⟺式の定数 を求められるようにしよう。
❷ 関数の問題でも，図形の性質を利用して，解けるようにしよう。
❸ 等積変形をうまく使って，面積や交点を求められるようにしよう。

要点整理

1 放物線と直線，交点

➡例題 50，51

▶放物線 $y=ax^2$ と直線 $y=mx+n$ の交点A，Bの座標は，連立方程式 $\begin{cases} y=ax^2 \\ y=mx+n \end{cases}$ の解である。

▶A，Bの x 座標を p，q とすると，p，q は2次方程式 $ax^2=mx+n$ の解である。$ax^2-mx-n=0$…㋐は因数分解できて，$a(x-p)(x-q)=0$ となる。左辺を展開すると，

$a\{x^2-(p+q)x+pq\}=0$　$ax^2-a(p+q)x+apq=0$…㋑

㋐と㋑を比較して，$m=a(p+q)$（直線の傾き），$n=-apq$（直線の切片）である。よって，直線ABの式は，

$y=a(p+q)x-apq$（放物線と交わる直線の公式）で求められる。

2 放物線と三角形・四角形

➡例題 50，52～54

▶三角形の面積を求めるときは，x 軸や y 軸に平行な部分を底辺にするとよい。

例 1の図で，△AOB＝△AOD＋△BOD

▶平行四辺形（長方形，ひし形，正方形もふくむ）の面積を2等分する直線は，**2つの対角線の交点**（1つの対角線の中点でもよい）Oを通る。また，▱ABCD＝2△ABC＝4△ABO

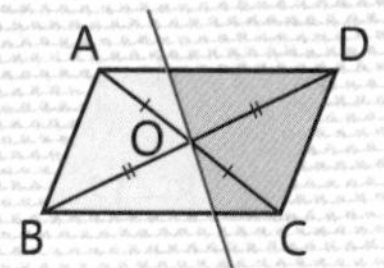

3 放物線と等積変形

➡例題 55

▶放物線上に2点A，Bと点Pがあり，Pを通り直線ABと平行な直線が，y 軸，放物線と交わる点をそれぞれC，P_1 とすると，**△CAB＝△PAB＝△P_1AB** である。
また，y 軸上にCD＝DEとなる点Eをとり，Eを通り直線ABに平行な直線 ℓ をひき，ℓ と放物線との交点を P_2，P_3 とすると，**△CAB＝△EAB＝△P_2AB＝△P_3AB** である。

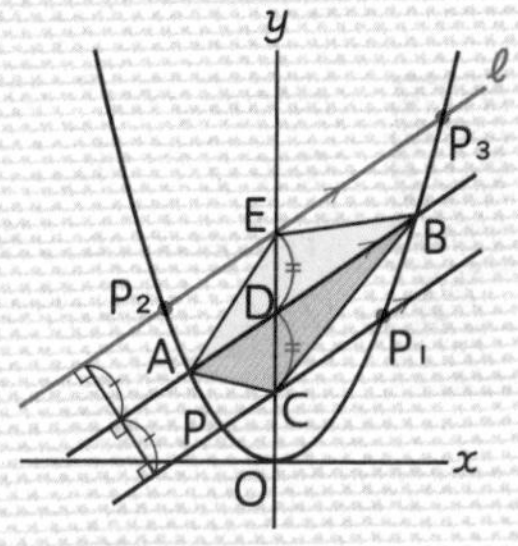

★★★ p.273 1, 2

例題 50 放物線と直線の交点，三角形の面積

右の図のように，放物線$y=\frac{1}{2}x^2$…①と直線$y=x+4$…②が2点A，Bで交わっている。また，直線②とy軸の交点をCとする。

(1) 2点A，Bの座標をそれぞれ求めなさい。

(2) △OABの面積を求めなさい。

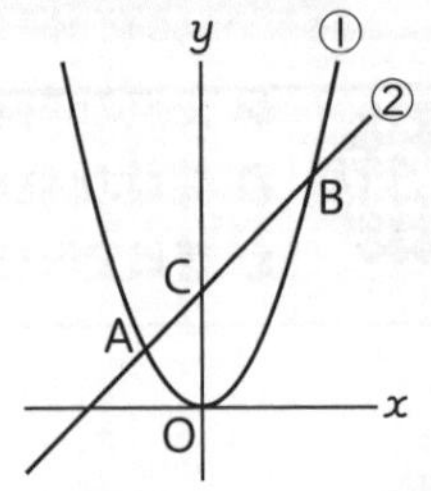

解き方のコツ

(2) △OABを2つの三角形△OCA，△OCBに分けて求めよう。

解き方と答え

(1) ①と②の式を**連立方程式** $\begin{cases} y=\frac{1}{2}x^2 \\ y=x+4 \end{cases}$ として解く。

$\frac{1}{2}x^2=x+4$　$x^2-2x-8=0$

$(x+2)(x-4)=0$　$x=-2$，$x=4$

このとき，yの値はそれぞれ，$y=2$，$y=8$

図より，点Aのx座標は負，点Bのx座標は正だから，

A$(-2, 2)$，B$(4, 8)$

(2) C$(0, 4)$より，OC$=4$だから，

△OAB=△OCA+△OCB

$=\frac{1}{2}\times4\times\underline{2}+\frac{1}{2}\times4\times4$

└高さは点Aのx座標の絶対値

$=4+8=12$

別解 等積変形を使う

(2)2点A，Bからx軸（じく）にそれぞれ垂線AD，BEをひく。

△OAB=△OCA+△OCB

=△OCD+△OCE=△CDE

よって，△OAB

$=\frac{1}{2}\times\{4-(-2)\}\times4=12$

つまり，△OABの面積は，

$\frac{1}{2}\times$AとBのx座標の差の絶対値×OCで求められる。

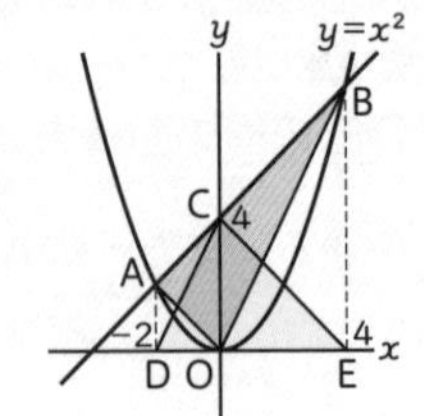

類題 50　別冊解答 p.72

放物線$y=x^2$…①と直線$y=-x+2$…②が2点A，Bで交わっている。

(1) 2点A，Bの座標を求めなさい。

(2) △OABの面積を求めなさい。

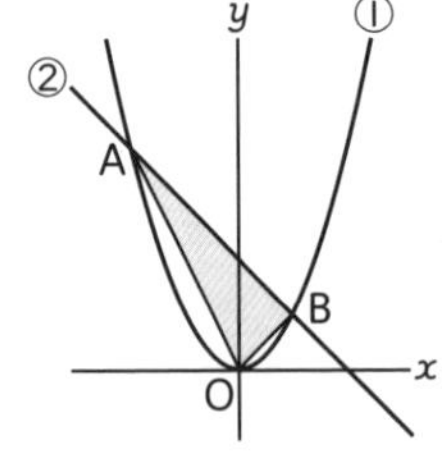

★★★

p.273 1

例題 51 放物線と直線の式

右の図のように，放物線$y=x^2$と直線ℓが2点A，Bで交わっている。点Aのx座標が-3，点Bのx座標が4であるとき，直線ℓの式を求めなさい。

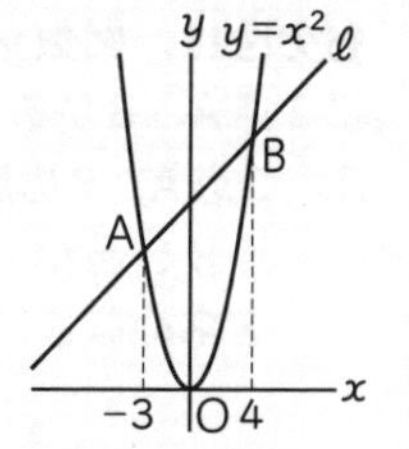

まず，放物線の式に2点A，Bのx座標を代入して，y座標を求めよう。

解き方と答え

$y=x^2$に$x=-3$，$x=4$をそれぞれ代入すると，$y=9$，$y=16$より，A$(-3,\ 9)$，B$(4,\ 16)$

直線ℓの傾き（かたむ）きは，$\dfrac{16-9}{4-(-3)}=\dfrac{7}{7}=1$だから，直線$\ell$の式を$y=x+b$とおいて，$x=4$，$y=16$を代入すると，$16=4+b$　$b=12$　よって，直線ℓの式は，$\boldsymbol{y=x+12}$

裏技 放物線と交わる直線の公式

放物線$y=ax^2$上の2点A，Bのx座標がそれぞれp，qであるとき，直線ABの式は，
$y=a(p+q)x-apq$で求められる。この公式を使うと，aの値と交点のx座標だけで直線の式を求めることができる。

なぜ？ p.273の1と別の求め方

放物線$y=ax^2$上の2点A，Bのx座標がそれぞれp，qのとき，直線ABの傾きは，xの値がpからqまで増加するときの変化の割合$a(p+q)$に等しい。よって，直線ABの式を$y=a(p+q)x+n$とすると，点Aのy座標はap^2だから，$x=p$，$y=ap^2$を代入して，

$ap^2=a(p+q)\times p+n$　$ap^2=ap^2+apq+n$　$n=-apq$

よって，上の公式が得られる。

別解 **裏技**の公式を使う

放物線$y=x^2$上の2点A，Bのx座標が-3，4だから，$a=1$，$p=-3$，$q=4$

よって，$y=1\times(-3+4)x-1\times(-3)\times4$　$\boldsymbol{y=x+12}$

類題 51 別冊解答 p.73

右の図のように，関数$y=ax^2$のグラフ上に，点A$(-2,\ -2)$と点Bがあり，点Bのx座標は4である。このとき，直線ABの式を求めなさい。

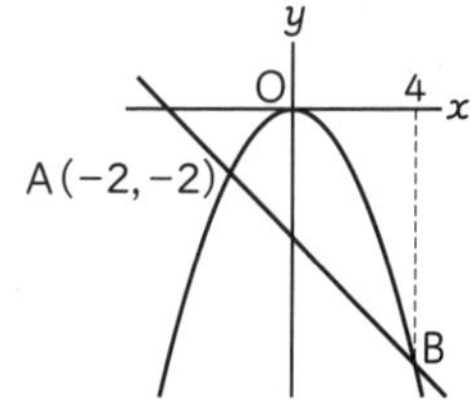

★★★ p.273 2

例題 52 放物線と三角形の2等分

右の図は，関数$y=2x^2$のグラフである。このグラフ上に2点A，Bがあり，x座標はそれぞれ-2，1である。

(1) 2点A，Bの座標を求めなさい。

(2) 点Bを通り，△OABの面積を2等分する直線の式を求めなさい。

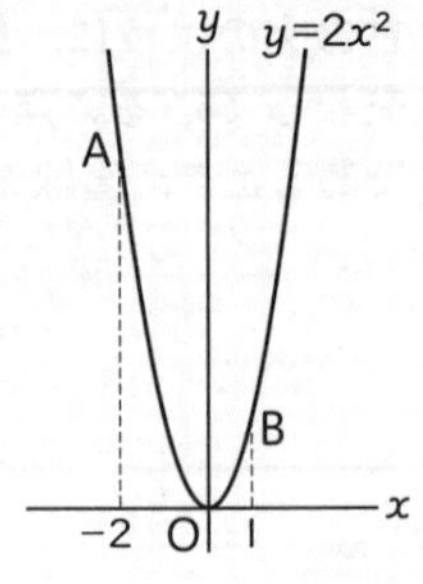

(2) 三角形の面積を2等分する直線は，頂点とその対辺の中点を通ればよい。

解き方と答え

(1) $y=2x^2$に$x=-2$，1をそれぞれ代入して，$y=8$，2

よって，A$(-2,\ 8)$，B$(1,\ 2)$

(2) 線分OAの中点をMとすると，2点B,Mを通る直線ℓが△OABの面積を2等分する。

M$\left(\dfrac{0+(-2)}{2},\ \dfrac{0+8}{2}\right)$より，

M$(-1,\ 4)$

ℓの傾きは$\dfrac{2-4}{1-(-1)}=\dfrac{-2}{2}=-1$だから，

$y=-x+b$とする。$x=1$，$y=2$を代入して，$b=3$

よって，直線ℓの式は，$y=-x+3$

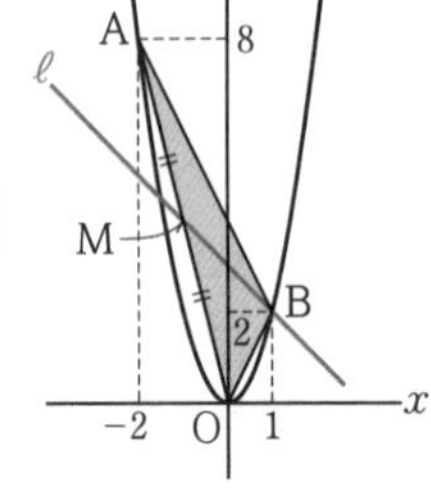

Return 中点の座標…p.219の例題8

Return 1次関数と三角形の2等分(1)…p.250の例題32

類題 52 別冊解答 p.73

関数$y=ax^2$のグラフと直線$y=\frac{1}{2}x+2$が，2点A，Bで交わっている。2点A，Bのx座標はそれぞれ-2，4であり，$a>0$とする。

(1) aの値を求めなさい。

(2) △OABの面積を求めなさい。

(3) 原点を通り，△OABの面積を2等分する直線の式を求めなさい。

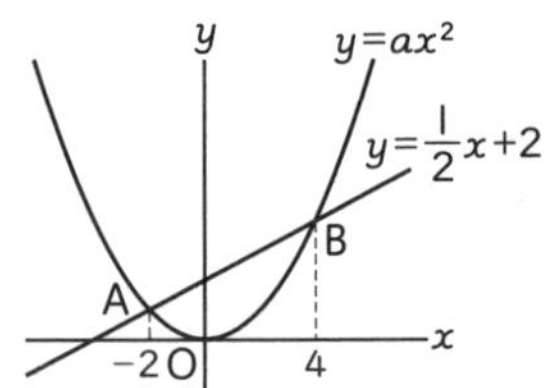

★★★ ⤺ p.273 2

例題 53 放物線と長方形

右の図において，㋐は関数$y=\frac{1}{4}x^2$，㋑は関数$y=x^2$のグラフであり，点Aは㋐上の点でx座標が正である。点Aを通りy軸(じく)に平行な直線と㋑の交点をBとする。点Bを通りx軸に平行な直線と㋑の交点のうち，x座標が負である点をCとし，点Cを通りy軸に平行な直線と㋐の交点をDとする。〔秋田〕

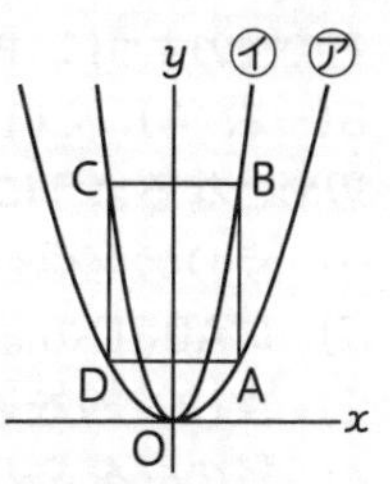

(1) 点Aのx座標が4のとき，点Cの座標を求めなさい。

(2) 四角形ABCDが正方形であるとき，点Aのx座標を求めなさい。

放物線上の点BとC，点AとDは，y軸について対称(たいしょう)な点である。

解き方と答え

(1) A(4, 4)より，B(4, 16)
　↑点A，Bのx座標は等しい

点BとCはy軸について対称だから，C(−4, 16)

(2) 点Aのx座標を$t(t>0)$とすると，$A\left(t,\ \frac{1}{4}t^2\right)$より，

$B(t,\ t^2)$，$C(-t,\ t^2)$と表される。

$AB=t^2-\frac{1}{4}t^2=\frac{3}{4}t^2$，$BC=t-(-t)=2t$
　↑y座標の差　↑x座標の差

四角形ABCDが正方形になるとき，AB=BCだから，

$\frac{3}{4}t^2=2t$　$3t^2=8t$　$t(3t-8)=0$　$t=0,\ \frac{8}{3}$，

$t>0$より，$t=\frac{8}{3}$

くわしく グラフの対称性

関数$y=ax^2$のグラフはy軸について対称である。点BとC，点AとDはそれぞれy座標が等しいので，点BとC，点AとDのx座標の絶対値は等しい。

類題 53 別冊解答 p.73

2つの放物線$y=x^2$，$y=-\frac{1}{3}x^2$上に，ADとBCはx軸に平行，ABとDCはy軸に平行になるように，4点A，B，C，Dをとる。〔大阪教育大附高(池田)－改〕

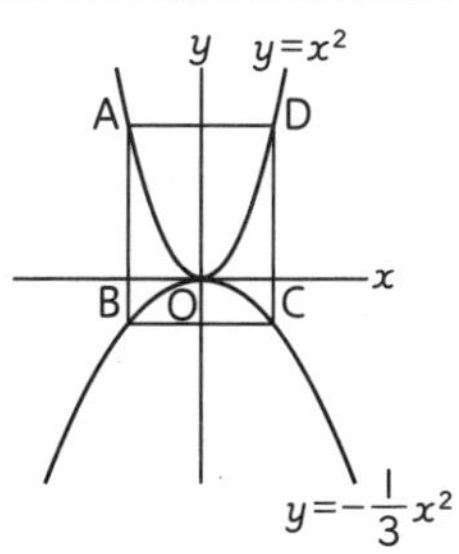

(1) 点Aのx座標が−3のときの点Cのy座標を求めなさい。

(2) 四角形ABCDが正方形になるときの点Aの座標とその正方形の1辺の長さを求めなさい。

(3) x軸上に2点E(t, 0)，F($-t$, 0)をとる。ただし，$t>0$とする。(2)で求めた正方形と同じ面積をもつ四角形AFEDをつくるとき，tの値を求めなさい。

★★★ p.273 2

例題 54 放物線と平行四辺形

右の図のように，関数$y=x^2$のグラフ上に3点A(−3, 9)，B(−2, 4)，C(1, 1)があり，四角形ABCDが平行四辺形となるように，y軸上に点Dがある。〔徳島－改〕

(1) 点Dの座標を求めなさい。

(2) ▱ABCDの面積を求めなさい。

(3) 点(3, 3)を通り，▱ABCDの面積を2等分する直線の式を求めなさい。

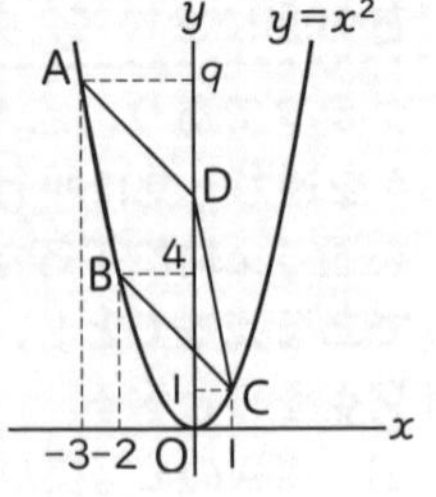

(3) 平行四辺形の面積を2等分する直線は対角線の中点を通る。

解き方と答え

(1) AB//DCで，点AはBから左へ1，上へ5進んだ点だから，点DもCから左へ1，上へ5進む。

よって，D(1−1, 1+5)より，D(0, 6)

(2) 直線BCの式は$y=-x+2$，直線BCとy軸との交点をEとすると，E(0, 2)だから，ED=6−2=4

$\triangle BCD=\triangle EDB+\triangle EDC=\frac{1}{2}\times4\times2+\frac{1}{2}\times4\times1=6$

▱ABCD=△BCD×2=6×2=12

(3) 対角線BDの中点の座標は，(−1, 5)
（BD←ACでもよい）

(3, 3)，(−1, 5)を通る直線の式を$y=ax+b$とすると，

$\begin{cases}3=3a+b\\5=-a+b\end{cases}$ より，$a=-\frac{1}{2}$，$b=\frac{9}{2}$

よって，$y=-\frac{1}{2}x+\frac{9}{2}$

くわしく

平行四辺形の性質

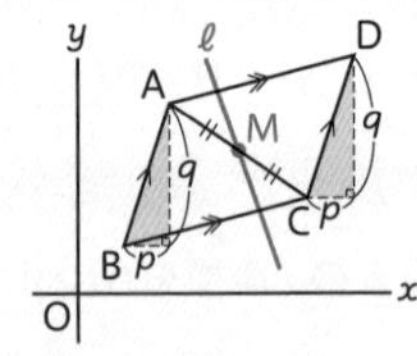

㋐点Aが点Bから右へp，上へq進んだ点のとき，点Dも点Cから右へp，上へq進んだ点である。

㋑▱ABCD=△ABC×2

㋒▱ABCDの面積を2等分する直線ℓは，対角線の中点を通る。
（対角線←ACでもBDでもよい）

類題 54 別冊解答 p.74

右の図で，Aはy軸上の点，B，Cは関数$y=-\frac{1}{2}x^2$，Dは関数$y=\frac{1}{4}x^2$のグラフ上の点である。また，線分ADはx軸に平行である。四角形ABCDは平行四辺形で，点Cのx座標は2である。〔愛知〕

(1) 点Dの座標を求めなさい。

(2) 平行四辺形ABCDの面積を2等分する傾き2の直線の式を求めなさい。

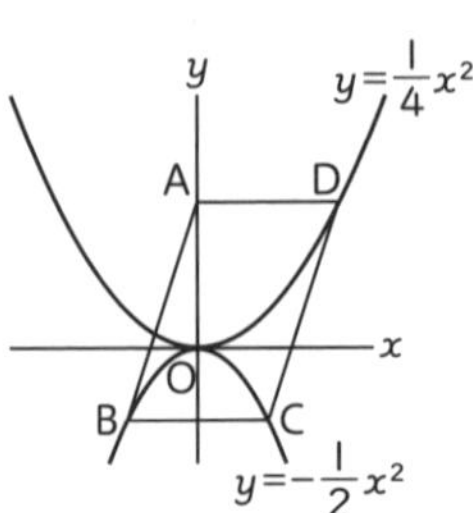

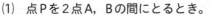

★★★

p.273 3

例題 55 放物線と三角形の等積変形

右の図のように，放物線 $y=x^2$ と直線 ℓ：$y=x+2$ が2点A，Bで交わっていて，x 座標はそれぞれ -1，2である。△OAB＝△PABとなる点Pを放物線上にとる。次の(1)，(2)のとき，点Pの x 座標を求めなさい。

(1) 点Pを2点A，Bの間にとるとき。

(2) 点Pを2点A，Bの間以外にとるとき。

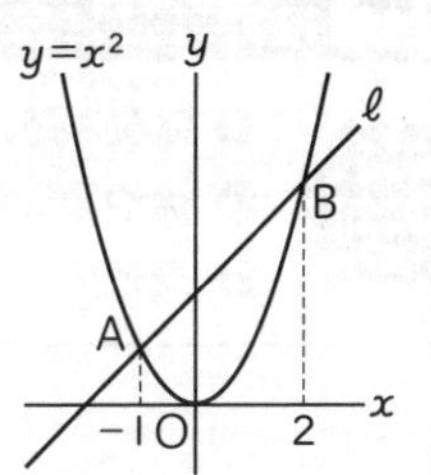

(1) 原点Oを通り，直線 ℓ に平行な直線をひいて，等積変形を利用しよう。

(2) 点Pは，(1)でひいた直線を直線 ℓ について対称移動させた直線と放物線 $y=x^2$ との交点である。

解き方と答え

(1) △OABと△PABはABが共通だから，OP∥ℓ となればよい。

直線OP（m とする）の式は，$y=x$ で，放物線 $y=x^2$ と直線 m の交

（$y=x+2$ に平行）

点Pは，連立方程式 $\begin{cases} y=x^2 \\ y=x \end{cases}$ の解である。$x^2=x$ より，$x=0$，1

$-1<x<2$，$x \neq 0$ より，点Pの x 座標は1

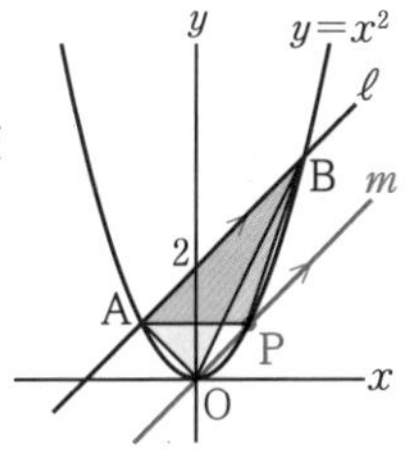

(2) 直線 ℓ と平行な直線 n を，ℓ と m，ℓ と n が等しい距離になるようにひくとき，放物線と直線 n の交点を点Pとすると，△OAB＝△PABとなる。

直線 n の式は，$y=x+4$

（ℓ と m，ℓ と n の切片の差が同じになる）

連立方程式 $\begin{cases} y=x^2 \\ y=x+4 \end{cases}$ より，$x^2=x+4$　$x=\dfrac{1\pm\sqrt{17}}{2}$

$x<-1$，$2<x$ より，これらは適する。

よって，点Pの x 座標は $\dfrac{1\pm\sqrt{17}}{2}$

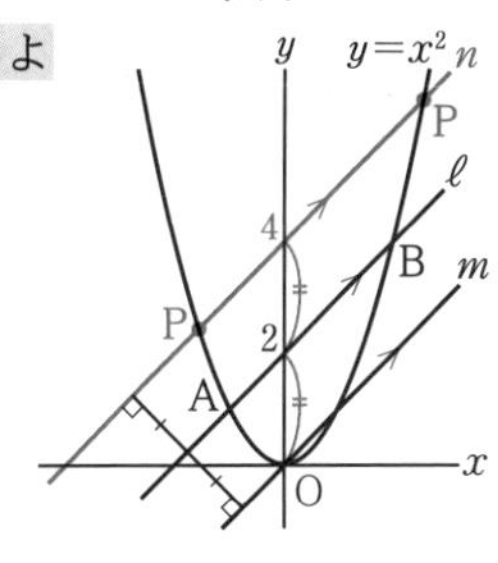

類題 55

別冊解答 p.74

例題55で，放物線 $y=x^2$ 上に点Qをとる。ただし，Qの x 座標は負とする。△QABの面積が△OABの2倍になるときの点Qの座標を求めなさい。

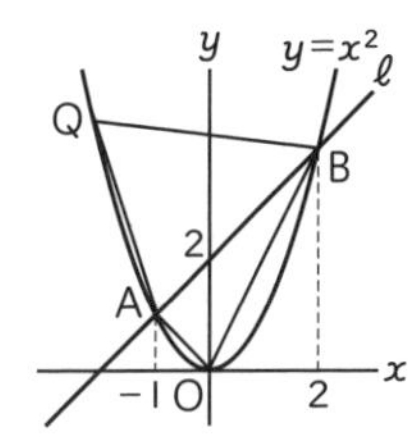

12　関数 $y=ax^2$ の利用

p.280 ～ 284

❶ 制動距離，振り子の周期などについての問題を解けるようにしよう。
❷ 点や図形が移動してできる図形の形の変化について場合分けして考えよう。
❸ 身近にあるいろいろな関数を，表やグラフに表してみよう。

要点整理

1　関数 $y=ax^2$ の利用

➡例題 56

▶速度 x で走る自動車の制動距離を y とすると，**y は x^2 に比例する**ことが知られている。比例定数 a は車の種類や道の状態などによって変わる。

▶振り子の周期（1往復するのにかかる時間）は，おもりの重さや振れ幅に関係なく，振り子の長さだけに関係する。周期が x 秒の振り子の長さを y m とすると，**y は x^2 に比例する**。

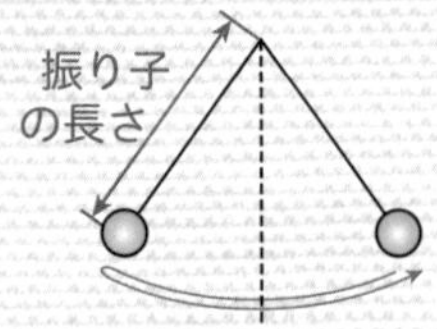

2　点や図形の移動と面積

➡例題 57，58

▶点の移動……p.254参照

▶図形の移動……移動によって図形が重なるとき，重なる部分の形は，移動時間や移動距離など x の変域によっていろいろな形に変化する。点の移動のときと同じように，**場合分け**をして考える。

例　下の図のように，2つの合同な台形があり，左側の台形が毎秒1cmの速さで動くとする。重なりはじめてから x 秒後を考えると，重なった部分は $0<x\leqq4$ では直角二等辺三角形，$4<x\leqq8$ では台形になる。

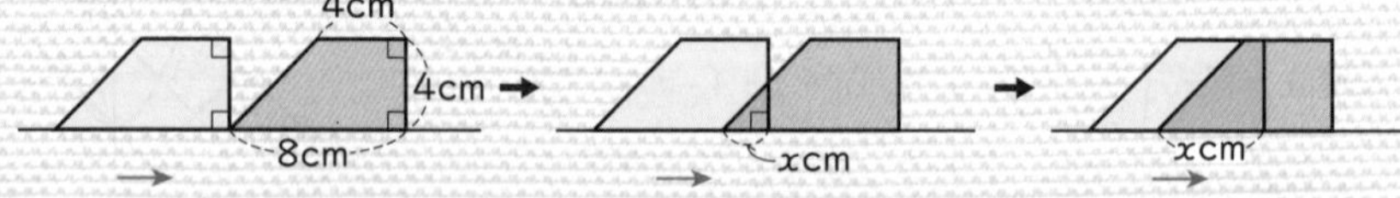

3　いろいろな関数

➡例題 59

▶関数の中には，1つの式で表せない関数がある。これらは，表やグラフなどに表すことができる。

例　右の図のように，荷物の重さ x と料金 y の関係のような，グラフが**階段状になる関数**もある。
$0<x\leqq1$ のとき，$y=150$
$1<x\leqq3$ のとき，$y=300$
$3<x\leqq5$ のとき，$y=450$

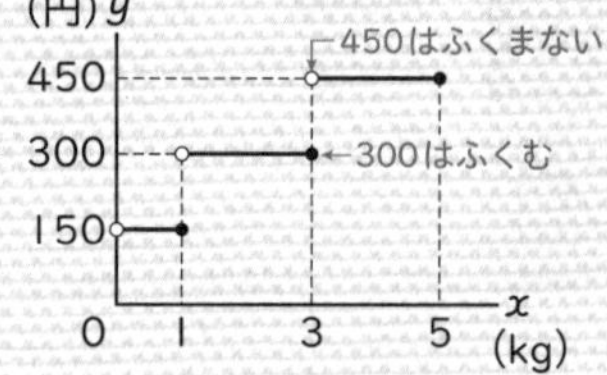

★★★

p.280 1

例題 56 関数 $y=ax^2$ の利用

自転車に乗っている人が危険を感じてからブレーキをかけ，ブレーキが実際にききはじめるまでに進む距離(きょり)を空走距離，ブレーキがききはじめてから停止するまでに進む距離を制動距離という。空走距離と制動距離の和が危険を感じてから停止するまでの距離で，これを停止距離という。

いま，自転車に乗っているAさんが危険を感じてからブレーキをかけ，ブレーキが実際にききはじめるまでの時間は常に0.8秒で，この間の自転車の速さは危険を感じた地点と変わらず一定であるものとする。また，制動距離は自転車の速さの2乗に比例するものとし，自転車の速さが毎秒6.0mのときの制動距離は3.6mである。〔鹿児島ー改〕

(1) 危険を感じた地点での自転車の速さが毎秒6.0mのとき，空走距離は何mですか。

(2) 危険を感じた地点での自転車の速さを毎秒xm，そのときの制動距離をymとして，yをxの式で表しなさい。

(3) 空走距離が7.2mのとき，制動距離は何mですか。

自転車の速さをxとすると，空走距離はxに，制動距離はx^2に比例する。

解き方と答え

(1) 空走距離は自転車の速さxに比例するから，$6.0\times0.8=4.8$(m)

(2) 制動距離yは自転車の速さxの2乗に比例するから，$y=ax^2$に$x=6.0$，$y=3.6$を代入して，$3.6=a\times6.0^2$

$a=0.1$　よって，$\boldsymbol{y=0.1x^2}$

(3) 空走距離が7.2mのときの自動車の速さは，毎秒$7.2\div0.8=9$(m)だから，制動距離は
$y=0.1\times9^2=$**8.1(m)**

類題 56 別冊解答 p.74

1往復するのにx秒かかる振(ふ)り子(こ)の長さをymとすると，$y=\frac{1}{4}x^2$という関係が成り立つものとする。1往復するのに2秒かかる振り子を振り子Aとする。〔群馬〕

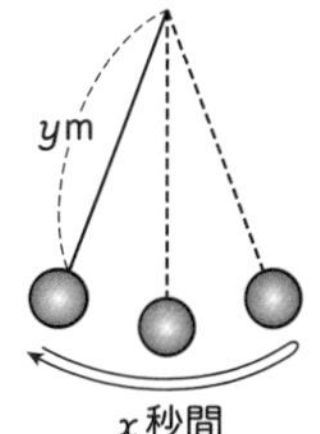

(1) 振り子Aの長さを求めなさい。

(2) 長さが$\frac{1}{4}$mの振り子Bは，振り子Aが1往復する間に何往復しますか。

★★★ p.280 2

例題 57 動点と図形の面積

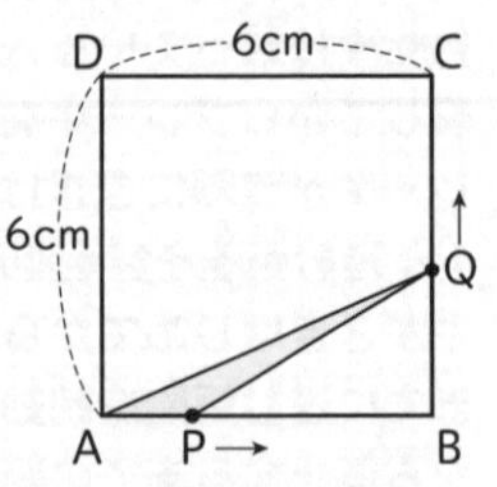

右の図の四角形ABCDは，1辺6cmの正方形である。点P，Qは，同時にそれぞれ点A，Bを出発し，点Pは正方形の辺上を点Bを通って点Cに向かって毎秒$\frac{1}{2}$cm，点Qは正方形の辺上を点C，Dの順に通って点Aまで毎秒1cmの速さで動くものとする。点P，Qが出発してから，x秒後の△APQの面積を$y$cm^{2}とする。このとき，次のそれぞれの場合について，yをxの式で表しなさい。

(1) $0 \leqq x \leqq 6$のとき　(2) $6 \leqq x \leqq 12$のとき　(3) $12 \leqq x \leqq 18$のとき

xの変域によって，点P，Qがどの辺上を動いているかを調べよう。

解き方と答え

(1) $0 \leqq x \leqq 6$のとき，点Pは辺AB上，点Qは辺BC上を動く。（図1）

AP$=\frac{1}{2}x$cm，BQ$=x$cmだから，$y=\frac{1}{2}\times\frac{1}{2}x\times x$　$\boldsymbol{y=\frac{1}{4}x^2}$

(2) $6 \leqq x \leqq 12$のとき，点Pは辺AB上，点Qは辺CD上を動く。（図2）

AP$=\frac{1}{2}x$cm，△APQの底辺をAPとしたときの高さは一定で6cmだから，

$y=\frac{1}{2}\times\frac{1}{2}x\times 6$　$\boldsymbol{y=\frac{3}{2}x}$

(3) $12 \leqq x \leqq 18$のとき，点Pは辺BC上，点Qは辺DA上を動く。（図3）

AQ$=6\times3-x=18-x$(cm)（6×3 ← BC+CD+DA），△APQの底辺をAQとしたときの高さは一定で6cmだから，$y=\frac{1}{2}\times(18-x)\times 6$　$\boldsymbol{y=-3x+54}$

（図1）
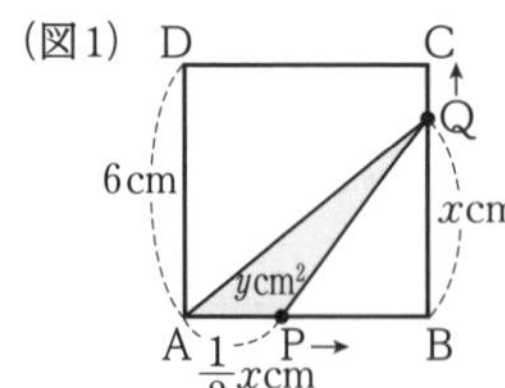

（図2）
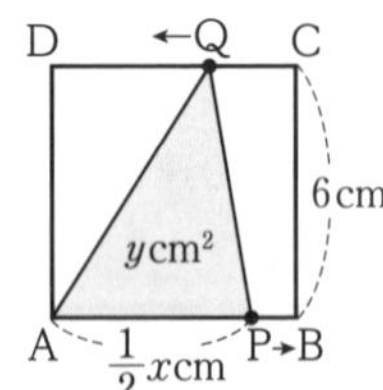

（図3）
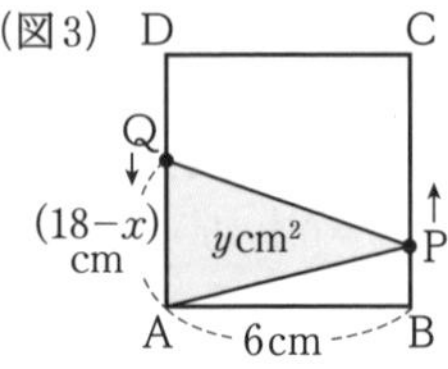

類題 57

例題57について，次の問いに答えなさい。

(1) (1)～(3)のときのグラフをかきなさい。

(2) $y=6$，$y=12$となるxの値をそれぞれ求めなさい。

別冊解答 p.75

★★★ p.280 2

例題 58 重なる図形の面積

右の図1のように，直角をはさむ2辺の長さが10cmである直角二等辺三角形ABCと，1辺の長さが10cmである正方形DEFGが直線ℓ上にある。図2のように，正方形を固定し，△ABCを直線ℓにそって矢印の方向に秒速1cmで移動させる。点Cが点Eの位置にきたときからx秒後の2つの図形が重なってできる部分の面積を$y$cm²とする。点Cは点Fまで動くものとする。〔青森－改〕

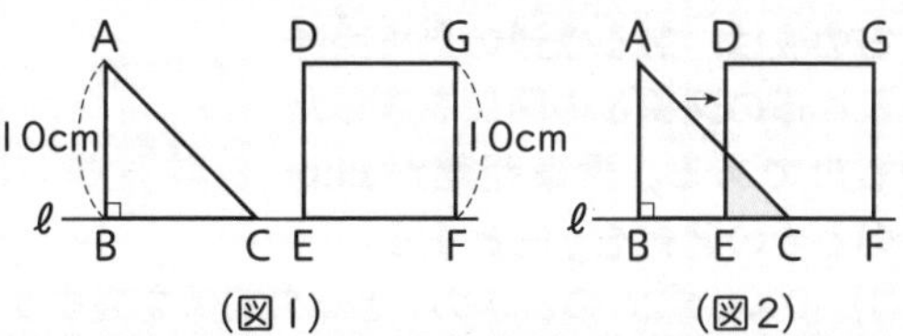

(1) xの変域を求めなさい。また，yをxの式で表しなさい。

(2) 重なる部分の面積が△ABCの面積の半分になるときのxの値を求めなさい。

まずは重なる部分がどんな図形になるか考えよう。

解き方と答え

(1) 点Cは点Eから点Fまで動くから，xの変域は，$0 \leqq x \leqq 10$

このとき，辺ACと辺DEの交点をHとすると，∠C=45° ∠E=90°なので，△CEHも直角二等辺三角形である。

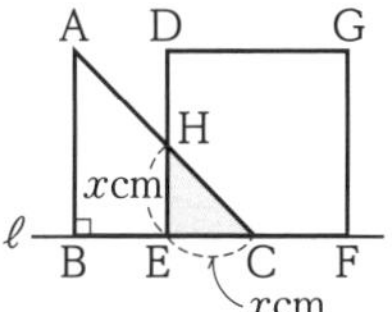

よって，$y=\frac{1}{2}\times EC\times HE=\frac{1}{2}\times x\times x$ $y=\frac{1}{2}x^2$

(2) $\triangle ABC=\frac{1}{2}\times 10\times 10=50$ だから，$\frac{1}{2}x^2=50\times\frac{1}{2}$

$x^2=50$ $x>0$ より，$x=5\sqrt{2}$

アドバイス

場合分けしよう

例題57や58のような点や図形が動く問題では常に変域を意識しながら解いていくこと。ここでは未習のため扱(あつか)わなかったが，入試では，相似(そうじ)や三平方の定理と組み合わせた問題も出題され，難問化することもある。そのときも変域ごとにきちんと場合分けをして考えることが大切である。

例題58で，図1の△ABCの直角をはさむ2辺の長さをそれぞれ5cmに変えるものとする。点Cが点Eの位置にきたときから点Fまで動くとき，xとyの関係を表したグラフを1つ選びなさい。〔青森－改〕

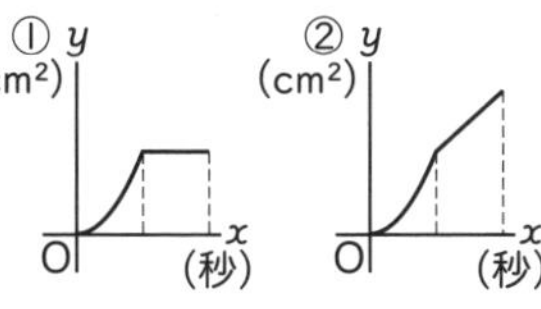

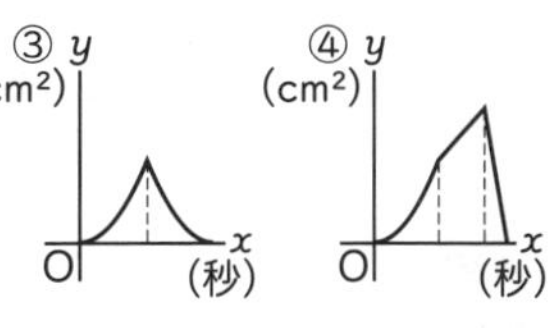

★★★ p.280 3

例題 59 いろいろな関数

右の表は，ある鉄道の乗車距離(じょうしゃきょり)と片道の運賃との関係を表したものである。乗車距離が$x$kmのときの運賃をy円とする。

乗車距離	4kmまで	4kmをこえて10kmまで	10kmをこえて18kmまで	18kmをこえて26kmまで
運賃	150円	180円	210円	240円

〔愛知－改〕

(1) $0<x\leqq 26$のときのxとyの関係を表すグラフをかきなさい。

(2) 10km走行するのに，ガソリン1Lを使う車がある。ガソリン代が1Lあたり150円であるとき，この車で走行したときに使うガソリン代が，この鉄道に同じ距離だけ乗車したときの運賃より安いのは，走行距離が何km未満のときか，求めなさい。

xの変域で場合分けをしてから考えていこう。

解き方と答え

(1) 表から，$0<x\leqq 4$のとき$y=150$,
$4<x\leqq 10$のとき$y=180$,
$10<x\leqq 18$のとき$y=210$,
$18<x\leqq 26$のとき$y=240$
よって，グラフは図1のようになる。

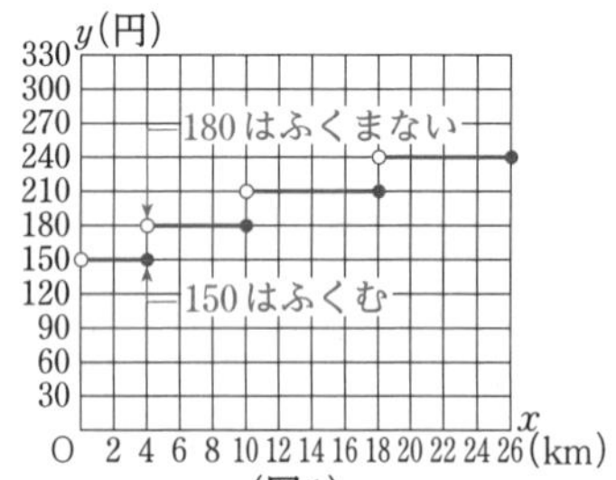

(図1)

(2) 車で$x$km走行したときのガソリン代をy円とすると，
$y=\frac{150}{10}\times x=15x$
図2のように，この直線をかきこむと，その交点のx座標は，$15x=210$　$x=14$
よって，ガソリン代の方が安くなるのは，14km未満のとき。
（↑$y=15x$のグラフが(1)のグラフより下にあるとき）

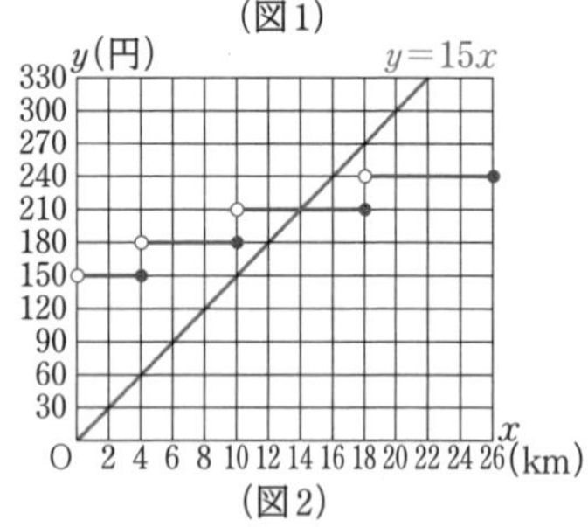

(図2)

別冊解答 p.75

厚さ0.1mmの紙を半分に切り，それらを重ねてさらに半分に切って重ねていくことをくり返す。x回切ったとき，できる紙の枚数をy枚とする。ただし，何回でも切れるものとする。

(1) yをxの式で表しなさい。

(2) 5回切ったときの重ねた紙の厚さは何mmですか。

(3) 重ねた紙の厚さが10cmをこえるのは紙を何回以上切ったときですか。

章末問題 A

→別冊解答 p.75～77

21 $x>0$ のとき，x の値が増加すると y の値が減少するものを，次の**ア**～**エ**のなかからすべて選びなさい。〔岐阜〕

例題 9 11 20 44

ア $y=\frac{1}{4}x$　　**イ** $y=\frac{4}{x}$　　**ウ** $y=4x-8$　　**エ** $y=-\frac{1}{4}x^2$

22 関数 $y=x^2$ について，x の変域を $a \leqq x \leqq a+2$ とするとき，y の変域が $0 \leqq y \leqq 4$ となるような a の値をすべて求めなさい。〔埼玉〕

例題 47

23 右の図のような AB＝4cm，AD＝2cm の長方形ABCDと，辺上を動く点P, Qがある。点P, Qは，Aを同時に出発して，それぞれ次のように動く。

例題 57

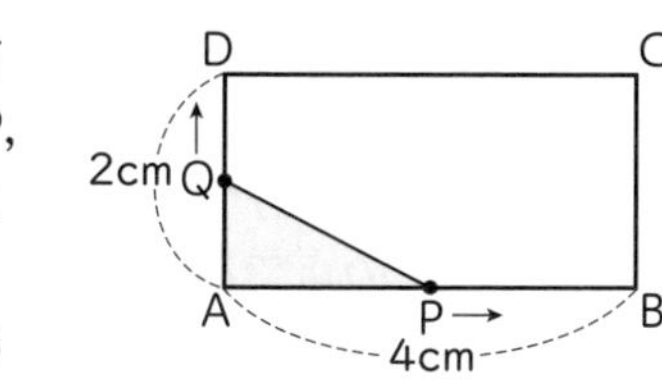

〔点P〕Aを出発して毎秒2cmの速さで辺AB上をBに向かって進み，Bに到着（とうちゃく）すると，毎秒2cmの速さで辺BA上をAに向かって進み，Aを出発してから4秒後にAに戻り停止する。

〔点Q〕Aを出発して毎秒1cmの速さで辺AD上をDに向かって進み，Dに到着すると，毎秒2cmの速さで辺DC上をCに向かって進み，Aを出発してから4秒後にCで停止する。

点P，QがAを出発してから x 秒後の△APQの面積を $y\text{cm}^2$ とする。ただし，$x=0$，4のとき，$y=0$ とする。〔愛媛〕

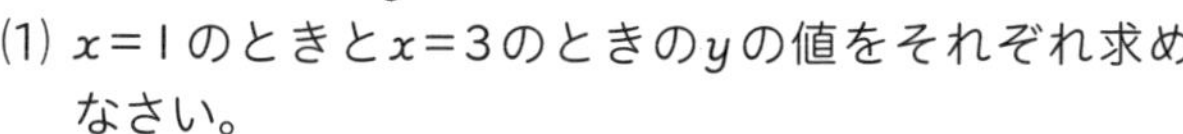

(1) $x=1$ のときと $x=3$ のときの y の値をそれぞれ求めなさい。

(2) 次のそれぞれの場合について，y を x の式で表し，そのグラフをかきなさい。
　① $0 \leqq x \leqq 2$ のとき　　② $2 \leqq x \leqq 4$ のとき

(3) $0<x<4$ で，△APQがQA＝QPの二等辺三角形になるとき，x の値を求めなさい。

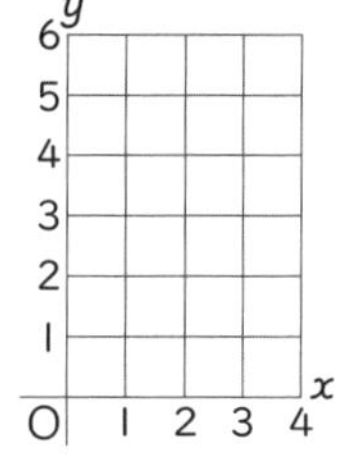

24 右の図のように，関数 $y=x^2$ のグラフ上に2点A，Bがあり，2点A，Bの x 座標はそれぞれ -2，3である。また，直線ABと y 軸との交点をCとする。〔長崎－改〕

例題 50

(1) 直線ABの式を求めなさい。

(2) △OABの面積を求めなさい。

(3) 線分OB上に点Pを，四角形OACPと△BCPの面積の比が2：1になるようにとる。このとき，点Pの x 座標を求めなさい。

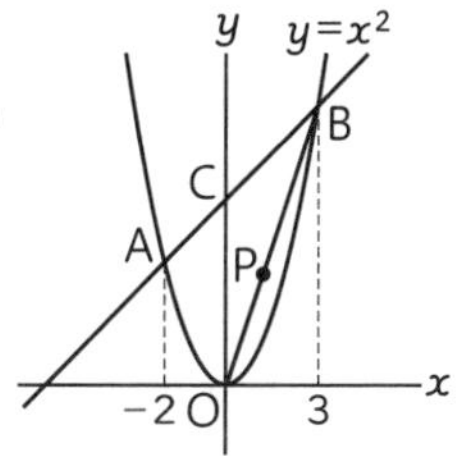

章末問題 B

→別冊解答 p.77～78

25 関数$y=-\frac{1}{3}x^2$…①と関数$y=ax+b$…②において，xの変域が$-1 \leqq x \leqq 3$であるとき，①，②のyの変域は同じである。このとき，yの変域を求めなさい。また，a，bの値の組をすべて求めなさい。〔東京学芸大附高〕

例題 47

記述

26 右の図において，mは$y=\frac{3}{4}x^2$のグラフを表し，nは$y=ax^2$ $(a<0)$のグラフを表す。A，Bはm上の点で，Aのx座標は2であり，Bのx座標は負である。Cはx軸上の点であり，Cのx座標はAのx座標と等しい。Dはn上の点であり，Dのx座標はBのx座標と等しい。4点A，B，D，Cを結んでできる四角形ABDCは平行四辺形である。平行四辺形ABDCの面積が10cm^2であるときのaの値を求めなさい。求め方も書くこと。ただし，座標軸の1目もりの長さは1cmであるとする。〔大阪〕

例題 54

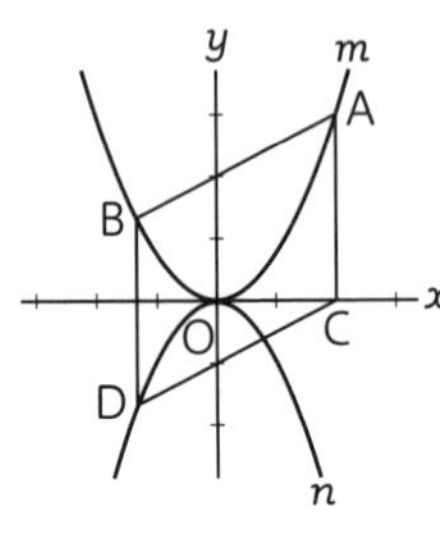

27 右の図のように，関数$y=ax^2$のグラフ上に2点A，Bがある。Aのx座標は-1，Bの座標は$(2,\ 1)$である。また，y軸に平行な直線ℓと線分AB，放物線，x軸との交点をそれぞれP，Q，Rとする。〔東京電機大高〕

例題 50 51

(1) aの値を求めなさい。

(2) 直線ABの式を求めなさい。

(3) PQ＝QRとなるようなPのx座標をすべて求めなさい。

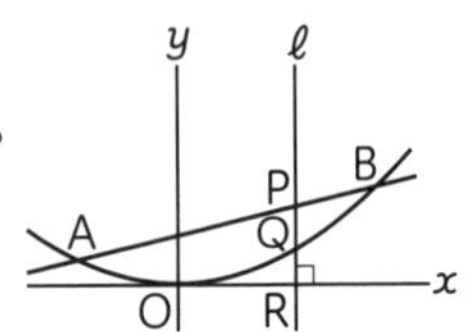

28 右の図で，曲線は関数$y=\frac{1}{2}x^2$のグラフである。曲線上にx座標が-1，3である2点A，Bをとる。〔埼玉〕

例題 50 51 55

(1) 直線ABの式を求めなさい。

(2) y軸を対称の軸として点Bと線対称である点Cをとり，四角形CAOBをつくる。この四角形CAOBの面積を求めなさい。ただし，座標軸の単位の長さを1cmとする。

記述 (3) 曲線上を，x座標が$x<-1$の範囲で動く点Pを考える。△PABと△POBの面積が等しくなるとき，点Pの座標を途中の説明を書いて求めなさい。

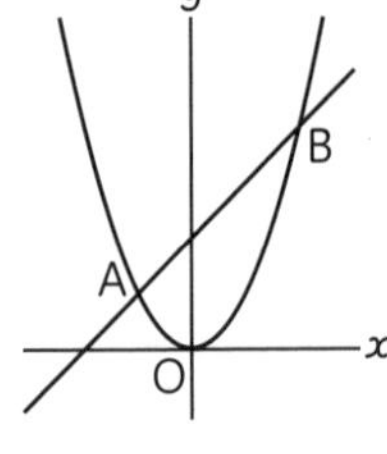

章末問題 C

→別冊解答 p.78～81

29 右の図1で，曲線fは関数$y=\frac{1}{4}x^2$のグラフ，曲線gは関数$y=ax^2\left(a>\frac{1}{4}\right)$のグラフを表している。点A，点Bはともに曲線$f$上にあり，点Aの$x$座標は$t$$(0<t<6)$，点Bの$x$座標は$t-6$である。点Cは曲線$g$上にあり，$x$座標は負の数である。点Oと点A，点Oと点B，点Aと点C，点Bと点Cをそれぞれ結ぶ。

例題 52 54

（図1）

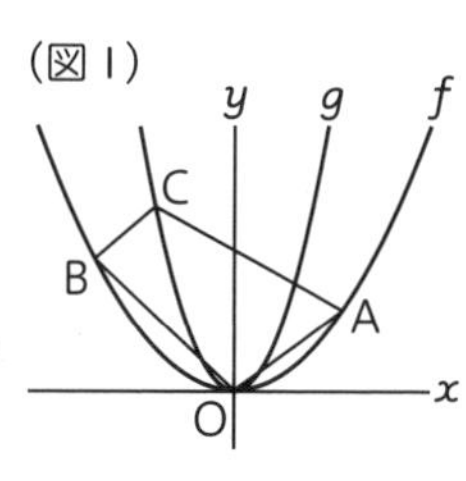

(1) $a=\frac{5}{4}$で，四角形OACBが平行四辺形となるとき，tの値を求めなさい。

(2) 右の図2は，図1において，$t=3$，点Cのx座標が$-\frac{3}{2}$のとき，点Oと点Cを結んだ場合を表している。△OACの面積と△OCBの面積の比が2：1のとき，aの値を求めなさい。

（図2）

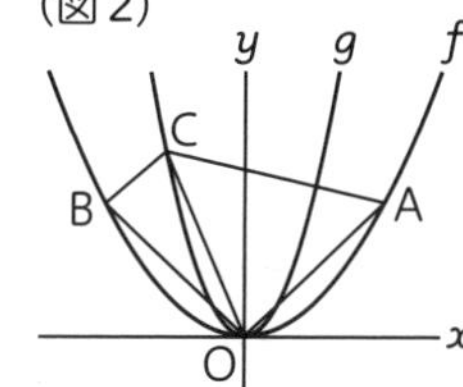

30 右の図のように，放物線$y=ax^2$…①，直線$y=ax+6$…②が2点A，Bで交わっている。また，2点A，Bからx軸に垂線をひき，それぞれの交点をC，Dとする。点Bのx座標は3である。〔成城高〕

例題 52 55

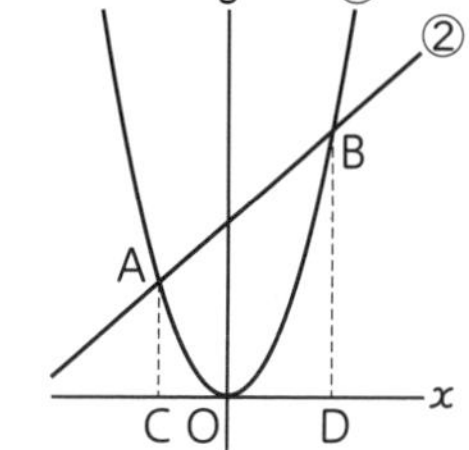

(1) aの値を求めなさい。

(2) 点Aを通り，△OABの面積を2等分する直線の式を求めなさい。

(3) 点Pは放物線①上の点で，△OABの面積と△PABの面積が等しくなるとき，点Pのx座標を3つ求めなさい。

(4) 点Qは放物線①上の点で，△ACQと△BDQの面積が等しくなるとき，点Qのx座標を2つ求めなさい。

チャレンジ

31 右の図のように，座標平面上に関数$y=\frac{1}{2}x^2$のグラフがある。このグラフ上に3点A，B，Cがあり，Cのx座標は-1である。また，直線ABとy軸との交点Dのy座標は2である。A，Bのx座標をそれぞれa，bとおく。ただし，$a<-1$，$0<b$とする。△ACBの面積は△AOBの面積の$\frac{1}{2}$倍である。〔灘高〕

例題 55

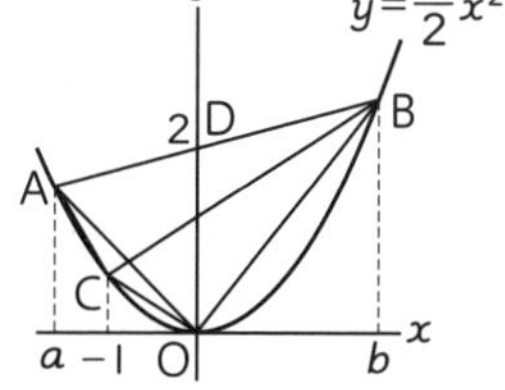

(1) a，bの値を求めなさい。

(2) △COBの面積を求めなさい。

関数と素数 ～メルセンヌ素数⇒最大の素数の発見～

素数は，**1とその数自身しか約数にもたない2以上の整数**である。小さい順に，2，3，5，7，11，……と不規則に現れ，2以外の素数はすべて奇数(きすう)である。素数は，約2300年以上も前に無数に存在することが証明され，また，**エラトステネスのふるい**(p.101参照)と呼ばれる方法で素数を求められることも発見された。

さて，素数は，100までに25個，1000までに168個あることが知られている。このとき，a未満の素数がb個あるとすると，bはaの関数(式には表せない)であり，$a=100$のとき$b=25$，$a=1000$のとき$b=168$である。aとbの対応表をつくると，下のようになる。

自然数a	100	1000	一万(10^4)	十万(10^5)	百万(10^6)	千万(10^7)	一億(10^8)	十億(10^9)
素数の個数b(個)	25	168	1229	9592	78498	664579	5761455	50847534

十億に近い素数は9けたの数であるが，2018年12月に発見された素数は$2^{82589933}-1$と表され，2486万2048けたという途方(とほう)もなく大きい素数である。どのようにして求められたのかというと，2，$2^2=4$，$2^3=8$，……，$2^x=\underbrace{2\times2\times\cdots\times2}_{x個}$という数は**2以外の約数をもたず，偶数(ぐうすう)から1をひくと奇数になることから，2^x-1の形をした数の中から素数であるかどうか**を考えていった。自然数xに対応した数yを$y=2^x-1$とすると，yはxの関数になり，$1\leqq x\leqq 11$では，右の表のようになる(色文字は素数)。表から，xが7以下の素数のとき，yも素数になるが，$x=11$のとき，$y=2^{11}-1=2047=23\times89$となり素数にならない。つまり，**$y$が素数のとき$x$は素数になるが，$x$が素数のとき$y$は素数になるとは限らない。**$y=2^x-1$が素数であるとき，この$y$の値を**メルセンヌ素数**と呼ぶ。

x	1	2	3	4	5	6	7	8	9	10	11
2^x	2	4	8	16	32	64	128	256	512	1024	2048
y	1	3	7	15	31	63	127	255	511 (7の倍数)	1023 (3の倍数)	2047

右の表のように，メルセンヌ素数はこれまで51個しか見つかっていない。メルセンヌ素数を見つけるには，xに大きな素数を代入して2^x-1が素数かどうかをコンピュータで判断するのである。

ところで，「大きな素数を見つけることに何の意味があるの？」と思うかもしれない。素数は，インターネットで個人情報を送るときの暗号として使われていて，**素数が大きいほど，暗号の解読が難しくなる。**つまり，セキュリティの向上に役立っているのである。

興味を持ってくれたかな？きみも52番目のメルセンヌ素数の発見に挑戦(ちょうせん)してみては？

〔メルセンヌ素数～発見の歴史～〕

n番目	x	$y=2^x-1$	発見された時期
1番目	$x=2$	$2^2-1=3$	4番目までは，紀元前3世紀
2番目	$x=3$	$2^3-1=7$	
⋮	⋮	⋮	⋮
8番目	$x=31$	$2^{31}-1$ =2147483647	1772年(オイラー)
⋮	⋮	⋮	⋮
13番目	$x=521$	$2^{521}-1$	コンピュータによる計算の時代
⋮	⋮	⋮	
51番目	$x=82589933$	$2^{82589933}-1$	2018年12月

※ただし，51番目の数は，これより小さいメルセンヌ素数が存在しないことが，まだ証明されていない。

4

第4編 図　形

04

ここからスタート！

第4編　図形

START!

小学校で学習した面積と体積の公式は覚えているかな？これからは，球の体積や表面積，2辺がわかっている直角三角形の残りの辺の長さを求められるようになるんだ。また，2つの三角形が合同であることなどを導く「証明」も出てくるよ。覚えることが多いけど，単元ごとに整理して覚えていこう！

図形の性質 ～伝えるために必要なこと～

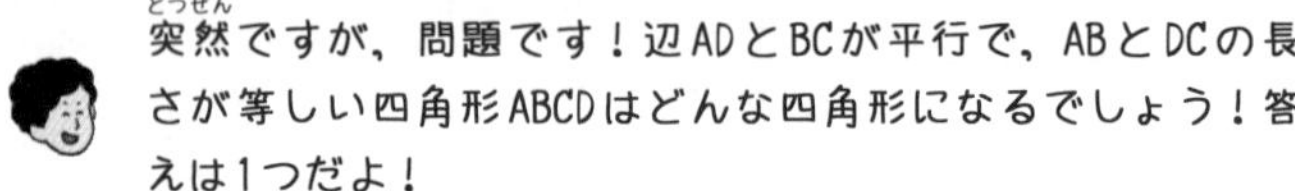

突然（とつぜん）ですが，問題です！辺ADとBCが平行で，ABとDCの長さが等しい四角形ABCDはどんな四角形になるでしょう！答えは1つだよ！

思いつく答えがたくさんありすぎて答えられないわ。本当に1つなの？

もちろん！答えを用意してから問題つくってるし。

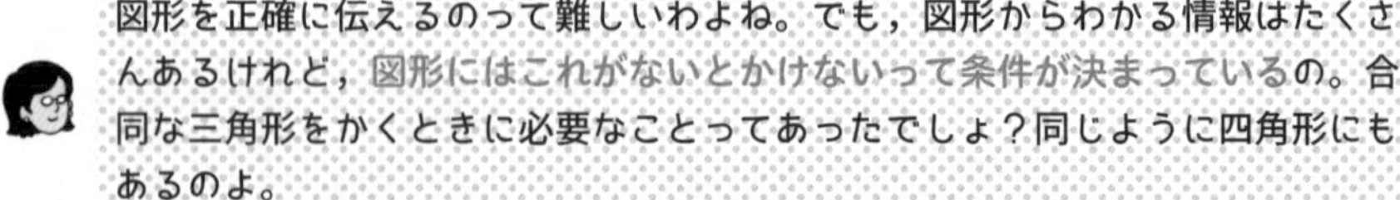

図形を正確に伝えるのって難しいわよね。でも，図形からわかる情報はたくさんあるけれど，図形にはこれがないとかけないって条件が決まっているの。合同な三角形をかくときに必要なことってあったでしょ？同じように四角形にもあるのよ。

確かに，今の条件だといろいろな図形がかけちゃうかも…。

図形について正しいとわかっている性質を使って，どういう図形なのか，すじ道を立てて説明することを証明っていうの。くわしくは第4章を見てね。

そうなんだ…。ちなみに答えは，平行四辺形のつもりなんだけど。

じゃあ，あとどんな条件があれば平行四辺形になるでしょう！先に正解した人にはジュースをプレゼント！

よし！競争だ！

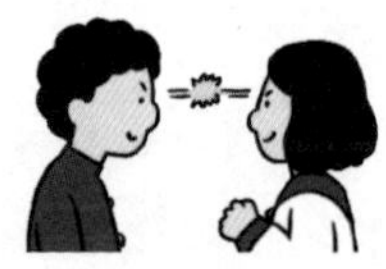

三平方の定理 ～ロープの長さ～

せんせーい！長いロープってありませんか？

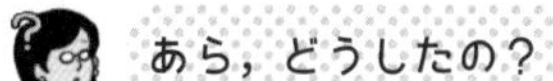
あら，どうしたの？

裏庭の角の所にハチの巣ができてたんです！それで立ち入り禁止のロープをつけようってなって…。

なるほど。よく見つけてくれたわね。裏庭ってこの職員室から遠いから気づかなかったわ。で，長さはどれくらいいるのかしら？

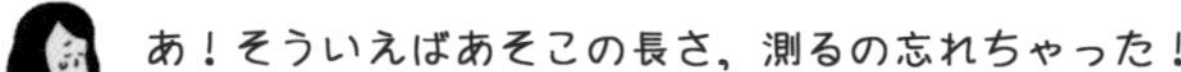
あ！そういえばあそこの長さ，測るの忘れちゃった！

ほんとだ！裏庭まで逆戻りか…戻らずに長さがわかる方法はないかなぁ…。

縮図を使って出せばいいんじゃない？

さすがね！でも今回は縮図だけじゃなくて，裏庭の角は直角になっているから，三平方の定理というものも使いましょう。

さんへいほう？

三平方の定理というのは，直角をつくっている２つの辺の長さを２乗してたした数が残りの辺の長さを２乗した数と同じになることよ。だから，角からロープをくくりつけるところまでの長さがわかればそれを使って求められるのよ。どうしてそういう式になるのかっていうのはp.449でくわしく説明しているわ。

へぇ！ということは…。窓の横にある壁の長さも考えて，だいたい窓4枚分と3枚分がロープをくくりつけるところまでの長さだから，斜めの長さは窓５枚分ってことですね！…窓5枚分に切ってと，…じゃあ行ってきます！

あ，待って！窓5枚分ちょうどの長さだと…。

ロープをくくりつけられないで帰ってきちゃいますね。

結局，逆戻りね。

1　図形の移動

p.292 ～ 296

❶ 直線，線分，半直線のちがいを理解しよう。
❷ 角を記号を使って表すことができるようにしよう。
❸ 平行移動，回転移動，対称移動のそれぞれの特徴を理解しよう。

要点整理

1　直線と角

➡例題 1

▶ まっすぐに限りなくのびている線を**直線**，直線の一部分で，両端のあるものを**線分**，1点を端として，一方だけにのびている線を**半直線**という。また，線分ABの長さを2点A，B間の**距離**という。

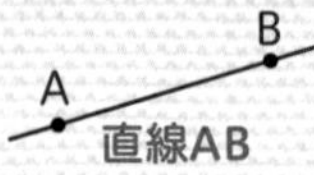

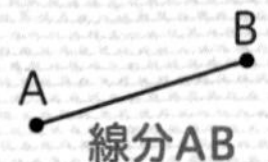

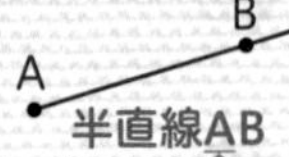

端となる点を先に書く

▶ 右の図のように，1つの点から出る2つの半直線OA，OBによってできる図形を**角**といい，**∠AOBまたは∠O，**$\angle a$と表す。Oを**頂点**，半直線OA，OBを**辺**という。

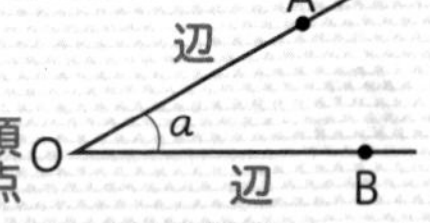

▶ 右の図のAとBを結ぶと，三角形ができる。この三角形を**△AOB**と表す。
また，△AOBの面積が10cm²のとき，**△AOB＝10cm²**と表す。

2　平行移動，回転移動，対称移動

➡例題 2～4

▶ 平面上で，図形を一定の方向に，一定の長さだけずらして，その図形を移すことを**平行移動**という。
右の図で，**AA′//BB′//CC′，AA′＝BB′＝CC′**
Aダッシュと読む　平行と読む

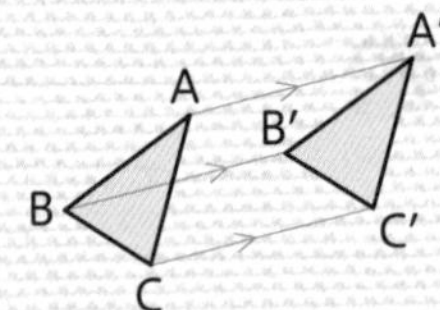

▶ 平面上で，1つの点Oを中心として，図形を一定の角度だけ回転させ，その図形を移すことを**回転移動**という。
このとき，中心とした点Oを**回転の中心**という。
右の図で，**∠AOA′＝∠BOB′，OA＝OA′，OB＝OB′**

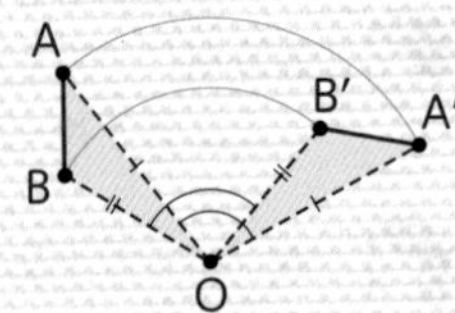

▶ 平面上で，図形を1つの直線ℓを折り目として折り返して，その図形を移すことを**対称移動**という。このとき，折り目とした直線ℓを，**対称の軸**という。
右の図で，**AA′⊥ℓ，…，DD′⊥ℓ，AB＝A′B′，…，DA＝D′A′**
垂直と読む

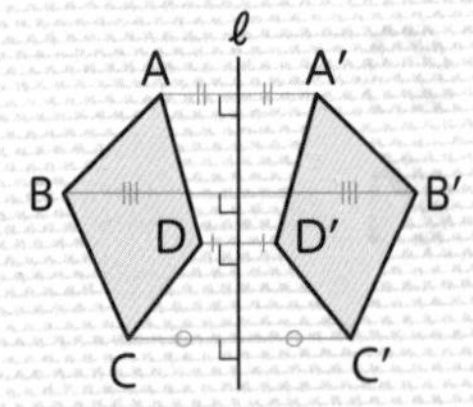

★★★

p.292 1

例題 1 直線と角

次の問いに答えなさい。

(1) 右の図のように，一直線上にない4点A，B，P，Qと直線PQ上に点Rがある。

❶ 3点P, Q, Rを用いて，線分をすべて表しなさい。

❷ 半直線BAを示しなさい。

❸ A, B, P, Q, Rの5点のうち，2つの点だけ通る直線は何本ひけますか。

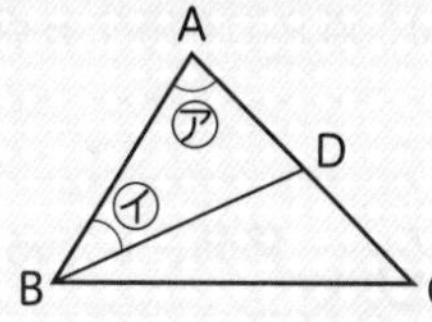

(2) 右の図で，角㋐，角㋑を，記号∠とA～Dを使って表しなさい。

解き方のコツ (1)❸ **まず点Aを通る直線を求め，次に点Bを通る直線を求める。**

解き方と答え

(1)❶ 3点P，Q，Rから2点選んで，**線分PR，線分RQ，線分PQ**

❷ 半直線BAは線分BAをAのほうへのばしたものである。

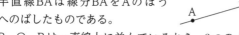

❸ P，Q，Rは一直線上に並んでいるから，2つの点だけ通る直線は，直線AP，AR，AQ，AB，BP，BR，BQの**7本**ひける。（直線PRは点Qを必ず通るから，3点を通る直線になってしまう。）

(2) 角㋐は，**∠BAC**，**∠BAD**または∠A
∠CABでもよい　∠DABでもよい

角㋑は，**∠ABD**
∠DBAでもよい

くわしく 角の表し方

下の図で，角㋐を∠Aとは表さずに**∠BAD**または**∠DAB**と表す。また，∠ABCの大きさが46°のとき，**∠ABC＝46°**と表す。

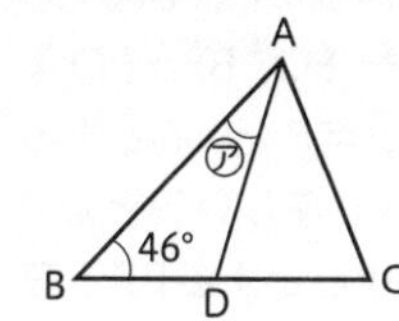

類題 1 別冊解答 p.82

次の問いに答えなさい。

(1) 右の図のように，平面上に4点A，B，C，Dがある。

❶ 4点のうち，2点を通る直線は何本ひけますか。

❷ 直線BC，線分AC，半直線DBをかきなさい。

(2) 右の図の中にあるすべての角を，記号∠を使って表しなさい。

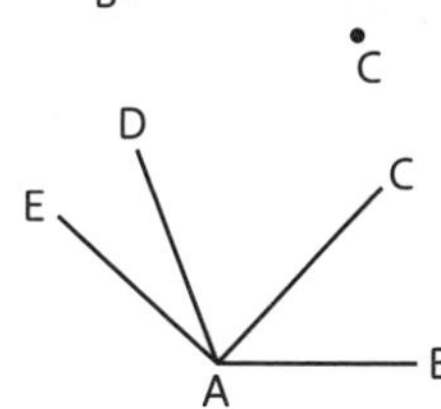

★★★ ⮌ p.292 2

例題 2 平行移動

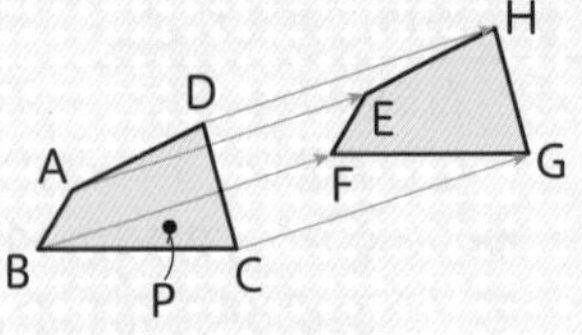

右の図の四角形EFGHは，四角形ABCDを平行移動させたものである。

(1) 点Bに対応する点はどれですか。

(2) 辺CDに対応する辺はどれですか。

(3) ∠BADと等しい角はどれですか。

(4) 線分BFと線分CGの関係を，記号を使って表しなさい。

(5) 点Pに対応する点Qを，右の図にかき入れなさい。

移動させたあとの図形はもとの図形と合同な図形である。

解き方と答え

(1) 点Bと重なる点なので，点F

(2) 点Cに対応するのは点G，点Dに対応するのは点Hなので，辺CDに対応する辺は，辺GH
対応する点の順に書く

(3) 対応する角の大きさは等しいから，∠FEH
対応する点の順に書く

(4) 平行移動では，対応する点を結ぶ線分は平行で，その長さは等しい。点BとF，点CとGは対応する点であるから，BF//CG，BF＝CG

(5) BP＝FQ，BF＝PQより，点Fを中心とするBPと等しい円と点Pを中心とするBFと等しい円の交点がQである。

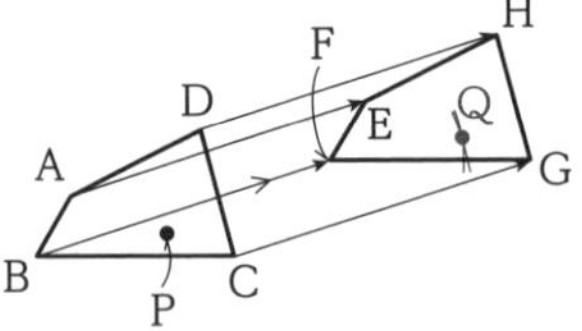

くわしく 平行の表し方

2直線AB，CDが交わらないとき，ABとCDは平行（へいこう）であるといい，記号//を使って，AB//CDと表す。

くわしく

平行な2直線の距離

2直線ℓ，mが平行であるとき，ℓとmに垂直な線分PQの長さを平行な2直線の距離（きょり）という。点Pをℓ上のどこにとっても，点Pと直線mとの距離は一定である。

PQ＝P′Q′＝P″Q″

類題 2 別冊解答 p.82

右の図で，点Oは正方形ABCDの対角線の交点である。4つの点P，Q，R，Sは，それぞれ辺AB，BC，CD，DAの中点で，図のように線をひいたとき，合同な三角形が8つできる。△OAPを除く7つの三角形のうち，平行移動だけで△OAPに重ね合わせることができる三角形を答えなさい。 〔岩手〕

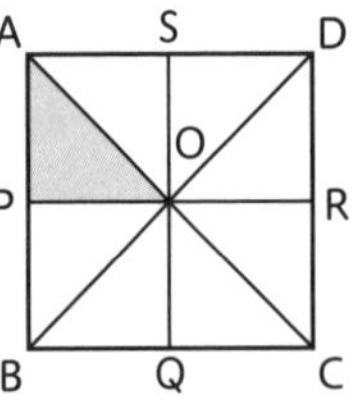

★★★

p.292 2

例題 3 回転移動

右の図で，点Oは正方形ABCDの対角線の交点である。4つの点P，Q，R，Sは，それぞれ辺AB，BC，CD，DAの中点で，図のように線をひいたとき，合同な三角形が8つできる。△OAPを除く7つの三角形のうち，点Oを回転の中心として回転移動させただけで△OAPに重ね合わせることができる三角形を答えなさい。

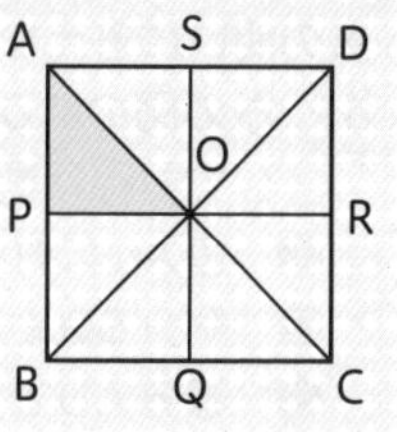

点Aと点Pに対応する点を見つけていこう。

解き方と答え

右の図は，△OAPを点Oを回転の中心として，90°だけ反時計まわりに回転移動させたものである。

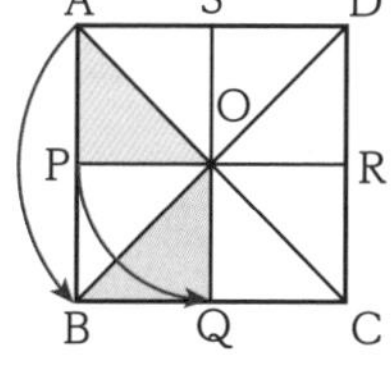

点Aと点B，点Pと点Qが対応しているから，△OBQは点Oを回転の中心として回転移動させたものである。

同様にして，△OCRは180°，△ODSは270°それぞれ△OAPを，点Oを回転の中心として反時計まわりに回転移動させたものである。

よって，△OBQ，△OCR，△ODS

くわしく 点対称移動

例題3の△OAPと△OCRのように，点Oを回転の中心として180°回転移動させることを**点対称移動**（てんたいしょういどう）という。

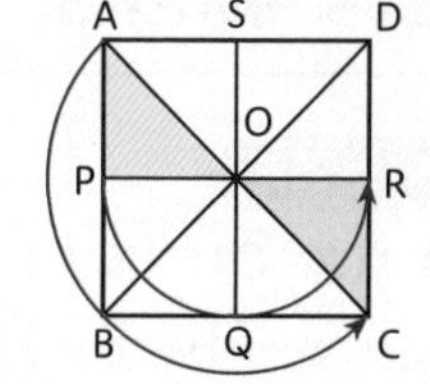

類題 3 別冊解答 p.82

右の図は，合同な6つの正三角形ア～カを組み合わせてできた正六角形である。△OABを，点Oを中心として反時計回りに120°だけ回転移動させて重ね合わせることができる三角形はどれか。ア～カの中から正しいものを1つ選び，記号で答えなさい。 〔福島〕

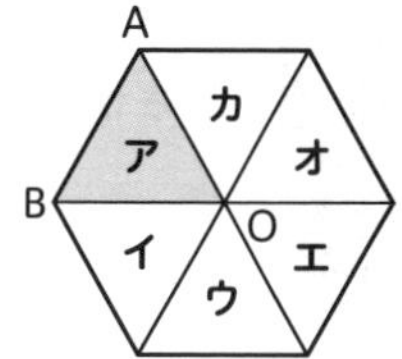

★★★

p.292 2

例題 4 対称移動

次の問いに答えなさい。

(1) 右の図の△DEFは，△ABCを直線ℓを対称の軸として対称移動させたものである。

❶ 辺ACに対応する辺はどれですか。

❷ 線分BQと長さの等しい線分はどれですか。

❸ 線分ADと対称の軸ℓの関係を，記号を使って表しなさい。

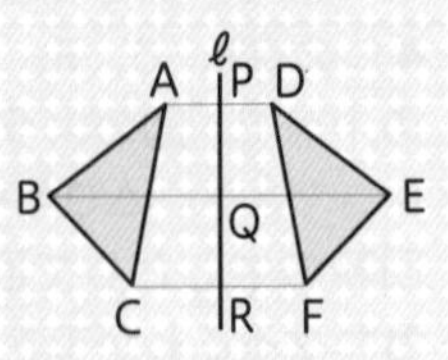

(2) 右の図の△ABCを，直線ℓを軸として対称移動させた図形を，方眼を利用してかきなさい。〔広島〕

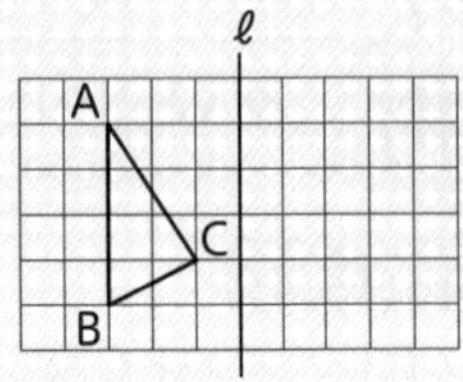

対称移動では，対応する2点を結ぶ線分は対称の軸により垂直に2等分される。

解き方と答え

(1)❶ 点A，Cに対応する点はそれぞれD，Fだから，
辺ACに対応する辺は，辺DF

❷，❸ 対称の軸は，対応する2点を結ぶ線分を垂直に2等分するから，線分EQ，AD⊥ℓ

(2)① 点Aから直線ℓへ垂線をひき，ℓと垂線との交点をPとする。

② AP=DPとなる点Dをとる。

③ ②と同様にして，点B，Cを対称移動させた点E，Fをとり，D，E，Fを結ぶ。

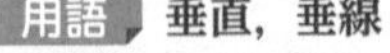

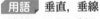

用語 垂直，垂線

2直線AB，CDが交わってできる角が直角であるとき，ABとCDは垂直であるといい，記号⊥を使って，**AB⊥CD**と表す。AB⊥CDのとき，ABはCDの垂線，CDはABの垂線という。

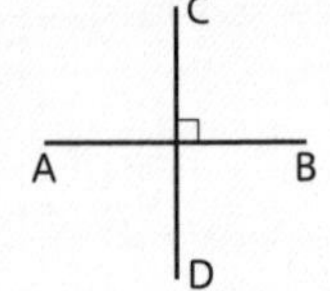

類題 4 右の図の三角形を，直線ℓを対称の軸として対称移動させた図形をかきなさい。〔岩手〕

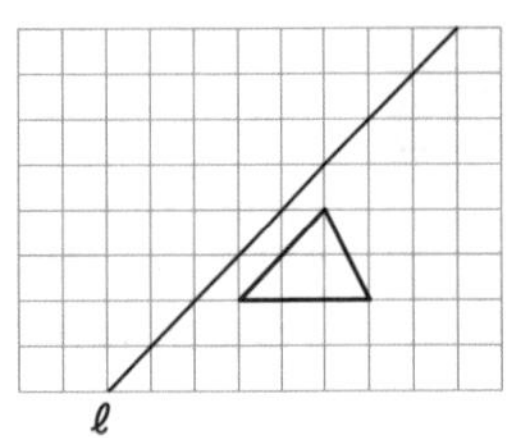

2 基本の作図

p.297～302

❶ 円における弧や弦，接線の意味がわかるようにしよう。
❷ 線分の垂直二等分線，角の二等分線，垂線の作図の手順を覚え，正しくかけるようにしよう。

要点整理

1 弧と弦，接線

➡例題 5

▶円周上の2点をA，Bとするとき，AからBまでの円周の部分を**弧AB**といい，$\overset{\frown}{AB}$と表す。また，A，Bを結ぶ線分を**弦AB**という。

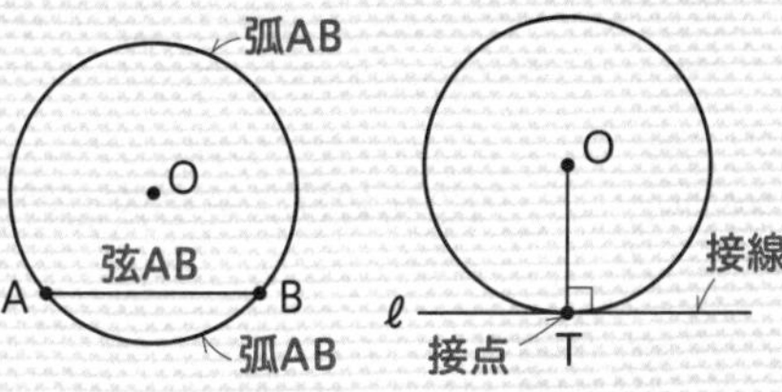

▶円と直線が1点で交わるとき，直線は円に**接する**という。右の図のように，直線ℓが円Oに接しているとき，ℓを円Oの**接線**，点Tを**接点**という。円の接線は，**その接点を通る半径に垂直である。**

2 垂直二等分線，角の二等分線の作図

➡例題 6，7

▶線分の両端からの距離が等しい線分上の点を線分の**中点**という。中点を通り，その線分と垂直に交わる直線をその線分の**垂直二等分線**という。

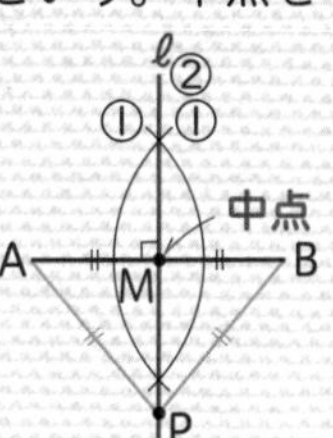

㋐ **AM＝BM，**
ℓ⊥AB

㋑ ℓ上に点Pをとると，**PA＝PB**

▶角を2等分する半直線を，その角の**二等分線**という。

㋐ **∠AOC＝∠BOC**

㋑ 角の二等分線上の点Pから辺OA，OBに垂線PQ，PRをひくと，**PQ＝PR**

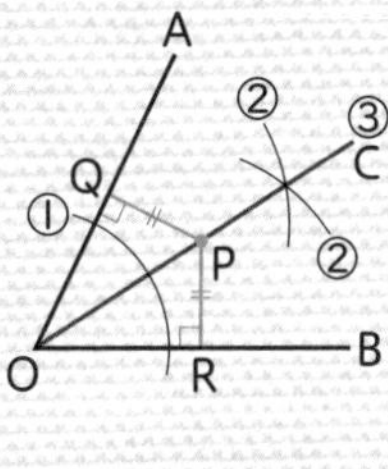

3 垂線の作図

➡例題 8，9

▶直線上にある点を通る**垂線**…垂線は180°の角の二等分線になっている。

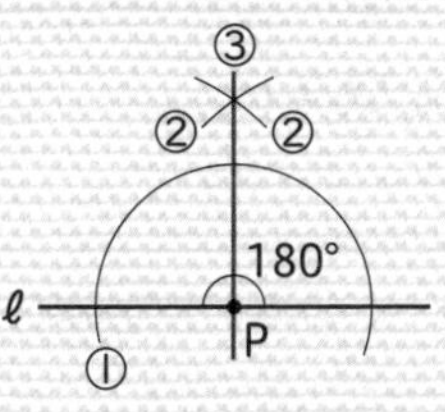

▶直線上にない点を通る垂線…右の図の四角形AQBPのような形を**たこ形**という。

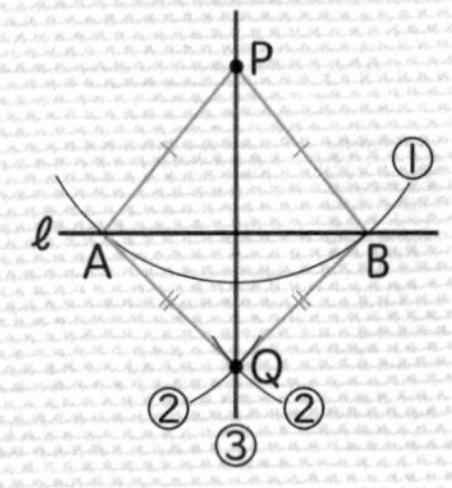

★★★ p.297 1

例題 5 弧と弦，接線

次の問いに答えなさい。

(1) 右の図で，点Aを，点Oを中心として90°だけ回転移動した点をBとする。このとき，点Aが動いたあとの線をかき入れなさい。また，線分OBと線分ABを何といいますか。

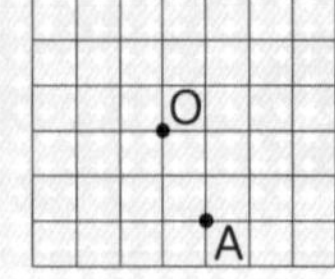

(2) 右の図で，直線ℓは円Oの接線である。このとき，点Pを何といいますか。また，接線ℓと半径OPの関係を，式で表しなさい。

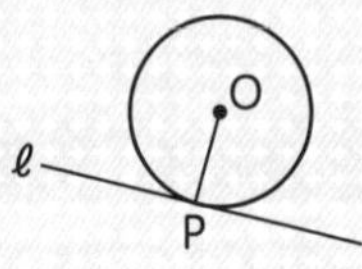

(2) **円の接線は，その接点を通る半径に垂直である。**

解き方と答え

(1) 右の図のように，半径OAの円をかき，OA⊥BOとなるBを求めるために，直角三角形AOCを考える。∠BOA＝90°であるためには，∠BOC＋∠AOC＝90°より，∠BOC＝∠OACとなればよい。また，円の半径だから，OB＝OAである。BからOCに垂線をひき，OCとの交点をDとすると，2つの直角三角形AOCとOBDは合同になり，∠BOD＝∠OACより，∠BOA＝90°

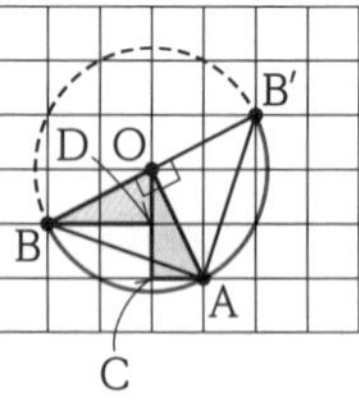

また，OBの延長と円の交点B′もOA⊥OB′を満たす点である。

線分OBは円Oの半径，線分ABは弦（げん）

(2) 直線ℓは円Oの接線であるから，点Pは接点である。

接線ℓと半径OPは垂直に交わっているので，ℓ⊥OP

用語 中心角，おうぎ形

右の図の∠AOBを$\overset{\frown}{AB}$に対する中心角（ちゅうしんかく）といい，弧（こ）の両端（りょうたん）を通る2つの半径とその弧で囲まれた図形をおうぎ形（がた）という。

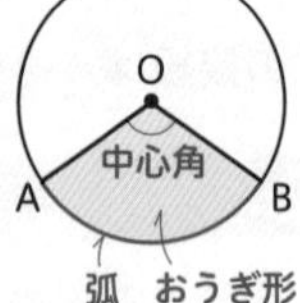

類題 5 別冊解答 p.82

右の図の円Oについて，次の問いに答えなさい。

(1) 円Oの中心Oを通る弦PQを何といいますか。

(2) (1)で，$\overset{\frown}{PQ}$に対する中心角は何度ですか。

(3) 点P，Qをそれぞれ通る接線をひく。この2本の接線はどんな関係にありますか。

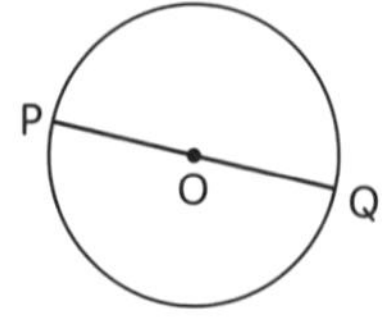

★★★ ⮌ p.297 2

例題 6 垂直二等分線の作図

次の問いに答えなさい。

(1) 右の図1において，線分ABの垂直二等分線を作図しなさい。〔長崎〕

(2) 右の図2のように，直線ℓと2点A，Bが同じ平面上にある。ℓ上にあって，A，Bから等しい距(きょ)離(り)にある点Pを作図しなさい。〔福島〕

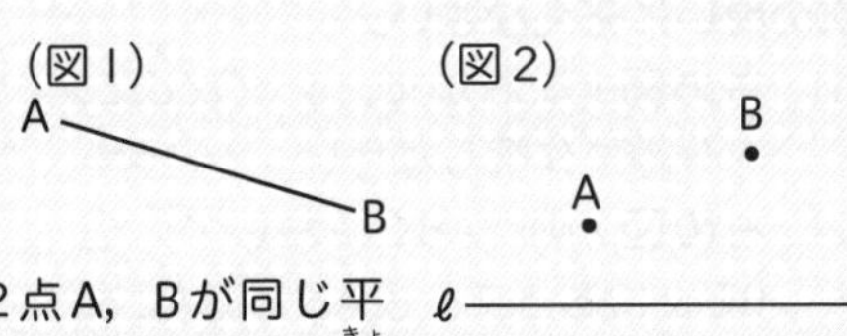

解き方のコツ

(2) 2点A，Bから等しい距離にある点は，線分ABの垂直二等分線上にある。

解き方と答え

(1)① 線分の両端の点A，Bをそれぞれ中心として，等しい半径の円をかく。

② この2円の交点をC，Dとし，直線CDをひく。

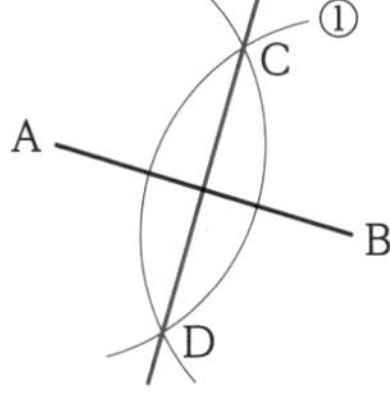

(2) 2点A，Bから等しい距離にある点は，線分ABの垂直二等分線上にある。

よって，線分ABの垂直二等分線mをひき，2直線ℓ，mの交点を点Pとする。

ただし，線分ABはひかなくてもよい。

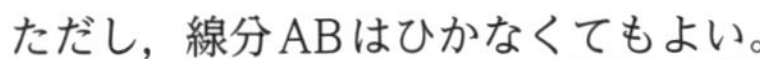

↑作図するときは，2点A，Bだけを使う

くわしく 作図のしかた

定規とコンパスだけを使って図をかくことを作図という。

㋐定規は，2点を通る直線をひいたり，線分を延長するときに使う。

㋑コンパスは，円をかいたり，線分などの長さをうつしとるときに使う。

作図するときは，定規のめもりを使って長さを測ったり，分度器で角を測ってはいけない。また，作図で使った線は消さずに残しておく。

類題 6

右の図の△ABCにおいて，頂点Bが辺AC上の点Pに重なるように折るとき，折り目の線を作図しなさい。〔鳥取〕

➡ 別冊解答 p.82

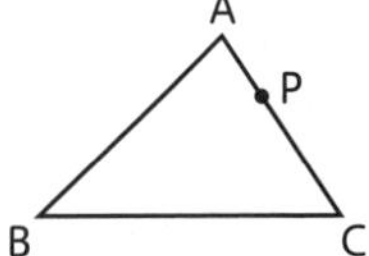

★★★ p.297 2

例題 7 角の二等分線の作図

次の問いに答えなさい。

(1) 右の図1において，∠XOYの二等分線を作図しなさい。〔沖縄〕

(2) 右の図2の△ABCにおいて，辺BC上にあって，辺ABと辺ACまでの距離が等しい点をPとする。点Pを作図しなさい。〔奈良〕

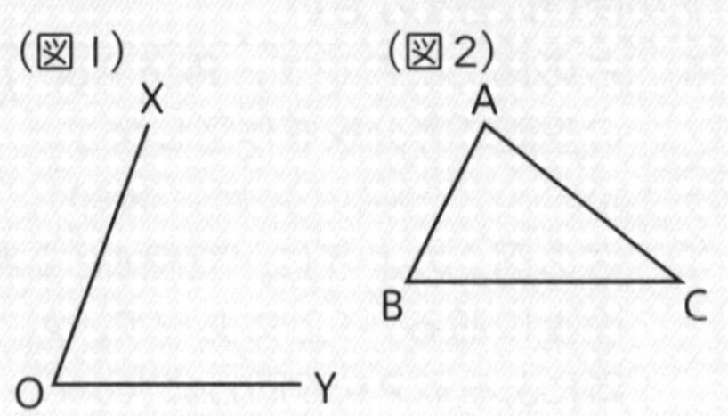

(2) 2辺AB，ACまでの距離が等しい点は，∠BACの二等分線上にある。

(1)① 角の頂点Oを中心とする円をかき，角の2辺との交点をA，Bとする。

② A，Bをそれぞれ中心として等しい半径の円をかき，その交点をCとする。

③ 半直線OCをひく。

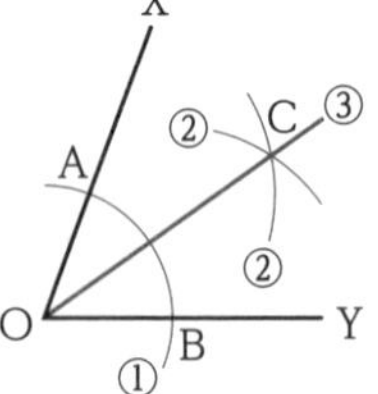

(2) 2辺AB，ACまでの距離が等しい点は，∠BACの二等分線上にある。

よって，∠BACの二等分線ℓをひき，直線ℓと辺BCの交点をPとする。

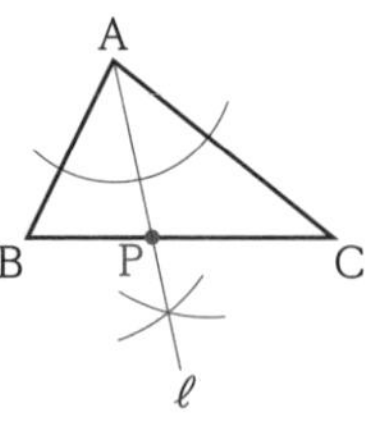

くわしく

角の二等分線の性質

㋐角の二等分線上の点から角の2辺までの距離は等しい。

㋑角の内部にあって，その角の2辺までの距離が等しい点は，**その角の二等分線上にある。**

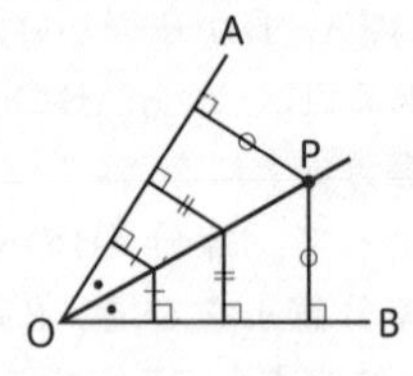

右の図において，円Oの周上にあって，2直線ℓ，mまでの距離が等しい点をすべて作図しなさい。〔山梨〕

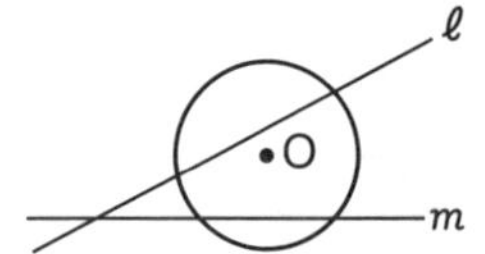

★★★

⮌ p.297 3

例題 8 直線上の点を通る垂線の作図

次の問いに答えなさい。

(1) 右の図において，点Pを通り直線ℓに垂直な直線を作図しなさい。〔長崎〕

(2) 右の図のように，線分ABと線分BCがあり，線分BC上に点Pがある。点Pで線分BCに接し，線分ABにも接する円Oを作図しなさい。〔愛媛－改〕

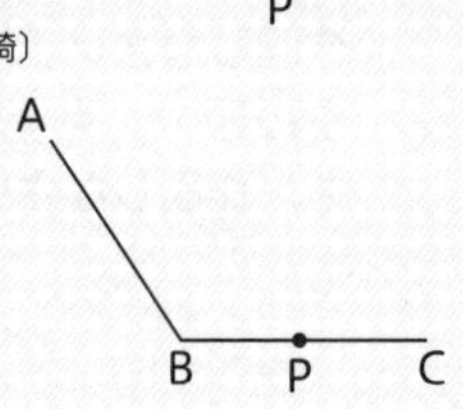

(1) **垂線の作図は，**180°**の角の二等分線の作図と考えよう。**

(1)① 点Pを中心とする円をかき，直線ℓとの交点をA, Bとする。

② A, Bをそれぞれ中心として等しい半径の円をかき，その交点をCとする。

③ 直線CPをひく。

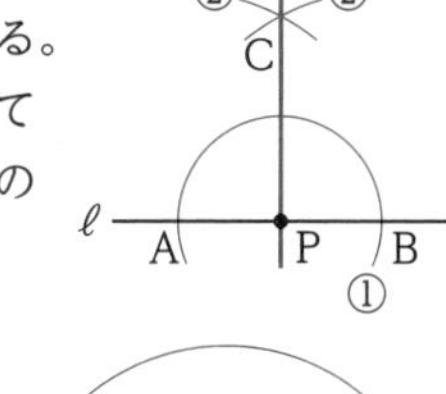

(2)① 点Pで線分BCに接する円の中心は，点Pを通る垂線上にあるから，垂線ℓを作図する。

② 線分AB, BCに接する円の中心は，∠ABCの二等分線上にあるから，∠ABCの二等分線mを作図する。

③ 直線ℓとmの交点を中心Oとして，半径OPの円をかく。

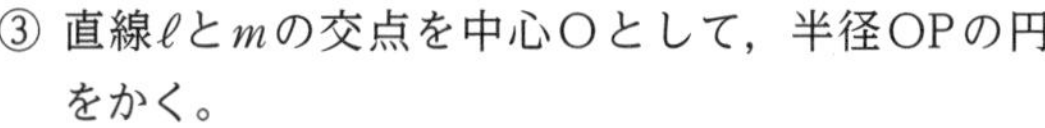

参考 正方形の作図

線分ABを1辺とする正方形の作図は，

①点Aを通り直線ABの垂線をひく。

②垂線上に，AB＝ACとなる点Cをとる。

③点B，Cをそれぞれ中心として半径ABの円をかき，その交点をDとする。

④四角形ABDCをかく。

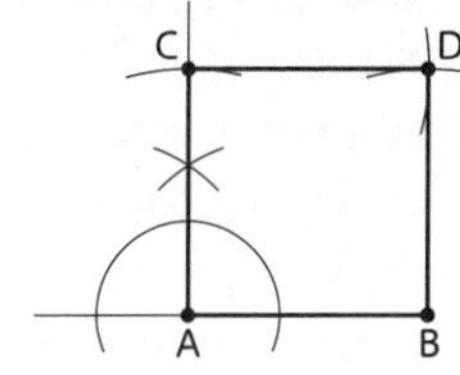

右の図のように，直線ℓと直線ℓ上の点A，直線ℓ上にない点Bがある。点Aで直線ℓに接し，点Bを通る円の中心Oを作図しなさい。 〔秋田〕

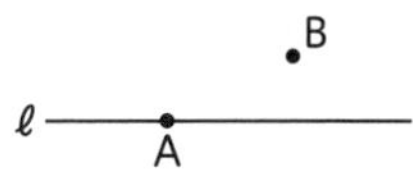

★★★ ⮌ p.297 3

例題 9 直線上にない点を通る垂線の作図

次の問いに答えなさい。

(1) 右の図において，点Pを通り直線ℓに垂直な直線を作図しなさい。〔長崎〕

•P

―――――――― ℓ

(2) 右の図で，点Pを直線ℓについて対称移動させた点を，作図しなさい。〔岩手〕

ℓ

P•

(2) 直線ℓ上に2点A，Bをとって，線対称な四角形をつくろう。

解き方と答え

(1)① 点Pを中心としてℓに交わる円をかき，ℓとの交点をA，Bとする。

② A，Bをそれぞれ中心として等しい半径の円をかき，その交点をQとする。

③ 直線PQをひく。

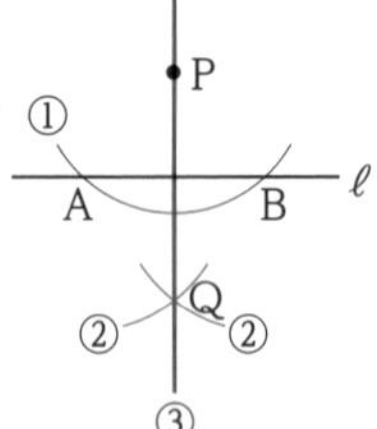

(2)① 直線ℓ上に適当な2点A，Bをとる。

② 点Aを中心とする半径APの円と点Bを中心とする半径BPの円をかく。

③ ②の2つの円の交点Qが点Pを対称移動させた点である。

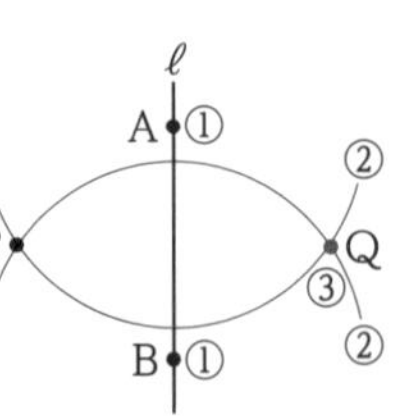

別解 (1)垂線の作図

①直線ℓ上に適当な2点A，Bをとる。

②点Aを中心とする半径APの円と点Bを中心とする半径BPの円をかく。

③②の2つの円のPでないほうの交点をQとする。

④直線PQをひく。

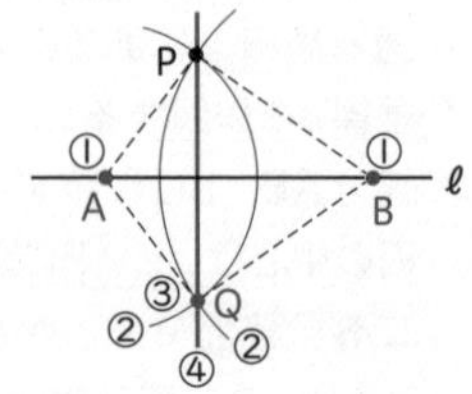

類題 9 ➡ 別冊解答 p.83

次の問いに答えなさい。

(1) 右の図1において，直線ℓ上にあって，点Pからの距離が最短となる点を作図しなさい。〔山梨〕

(2) 右の図2のような△ABCがある。辺BCを底辺としたときの高さを表す線分APを作図しなさい。

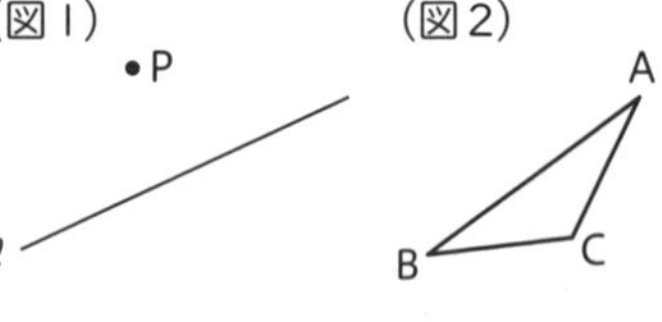

〔栃木〕

3　いろいろな作図

p.303 ～ 310

❶ 複雑な作図では，3つの基本の作図をどのように組み合わせて使っていけばよいのかを見極めながら解いていけるようにしよう。

❷「3辺まで」と「3点から」の距離が等しい点の作図のちがいを理解しよう。

要点整理

1　特別な角の作図，円の接線の作図

➡例題 10，11

▶ ㋐ 60°の角…**正三角形**をつくる。
㋑ 30°の角…**60°を2等分**する。

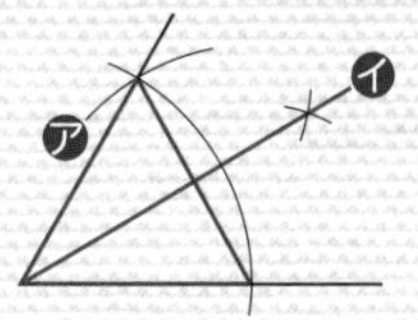

▶ 円の接線…**OA⊥ℓ**

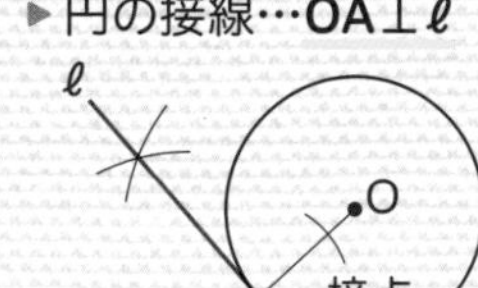

2　回転の中心の作図，最短距離の作図

➡例題 12，13

▶ 回転の中心…対応する2点を結ぶ**線分の垂直二等分線**を2本ひき，その交点が回転の中心になる。

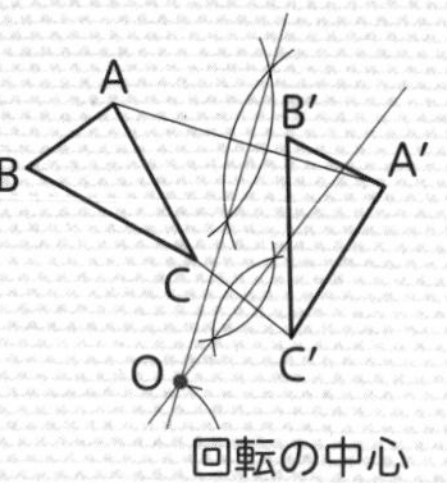

▶ 最短距離…直線ℓ上に点Pをとって，AP＋PBを最短にするには，点Bと直線ℓについて対称な点B′をとると，**線分AB′と直線ℓの交点がP**になる。

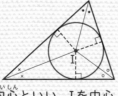

3　3辺までの距離が等しい点・3点から等しい距離にある点の作図

➡例題 14～16

▶ 三角形の3つの角の二等分線の交点Iは，**3辺までの距離が等しい点**である。Iを**内心**といい，Iを中心とし，3辺に接する円を**内接円**という。

▶ 三角形の3辺の垂直二等分線の交点Oは，**3点から等しい距離にある点**である。Oを**外心**といい，Oを中心とし，3つの頂点を通る円を**外接円**という。

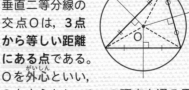

★★★ p.303 1

例題 10 特別な角の作図

次の問いに答えなさい。

(1) 右の図のような線分ABがある。線分ABの上側に，∠BAP＝45°となるような角を作図しなさい。〔島根〕

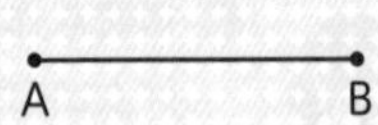

(2) 右の図において，OAを半径とする円Oの周上にあり，∠AOB＝30°となる点Bを1点作図しなさい。〔兵庫〕

O――――A

解き方のコツ (1)45°＝90°÷2，(2)30°＝60°÷2**であることを利用しよう。**

解き方と答え

(1)① 点Aを通る垂線の作図で90°をつくる。

② 角の二等分線の作図で90°÷2＝45°をつくると，∠BAP＝45°になる。

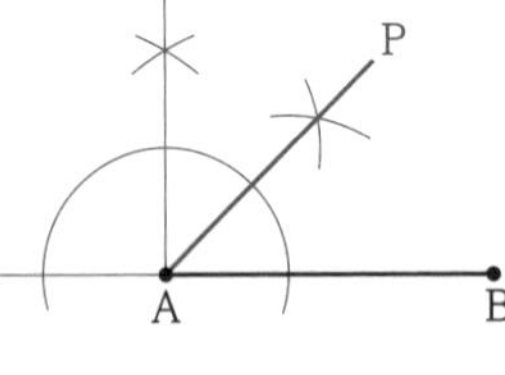
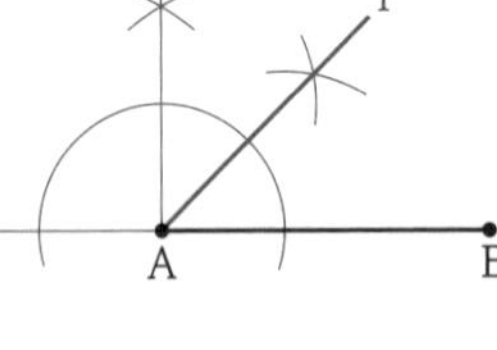

(2) 正三角形の1つの内角は60°であることを利用する。

① 正三角形AOA′をつくる。

② ∠AOA′の二等分線の作図で60°÷2＝30°をつくると，∠AOB＝30°になる。

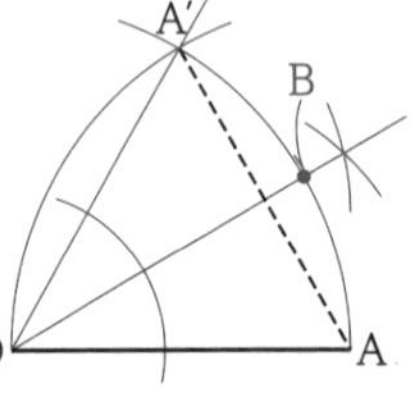

参考 120°，105°の作図

㋐ 120°＝180°−60°としてつくる。

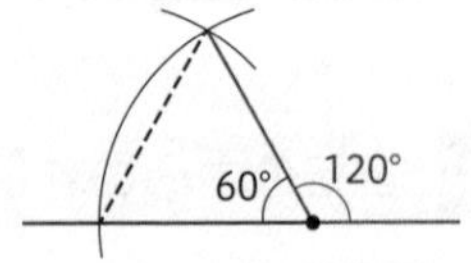

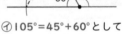

㋑ 105°＝45°＋60°としてつくる。

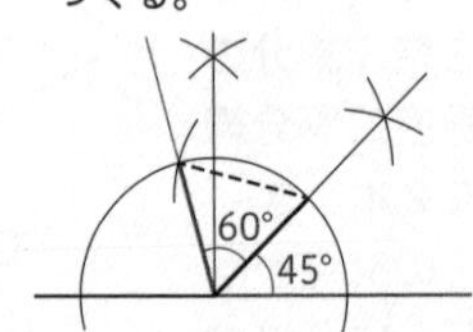

類題 10 別冊解答 p.83

次の問いに答えなさい。

(1) 右の図のように，半直線OX，OYがあり，点Aは半直線OY上の点である。半直線OX上に∠OAP＝30°となる点Pを作図しなさい。〔高知〕

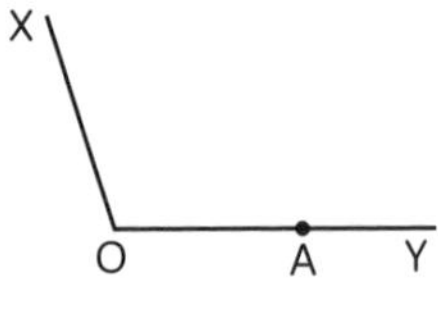

(2) 右の図のように，直線ℓ上に，2点A，Bがあるとき，AB＝AC，∠BAC＝135°の二等辺三角形ABCを1つ作図しなさい。〔三重〕

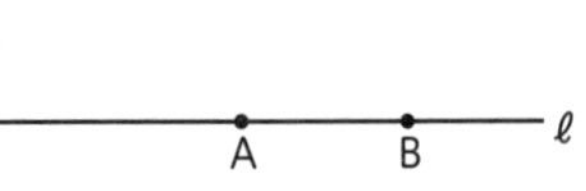

★★★

p.303 1

例題 11 円の接線の作図

次の問いに答えなさい。

(1) 右の図1のような円Oがある。円周上の点Aを通る円Oの接線を作図しなさい。〔新潟〕

(2) 右の図2のように，円Oとその外部の点Pがある。点Pを通る円Oの接線を作図しなさい。〔島根〕

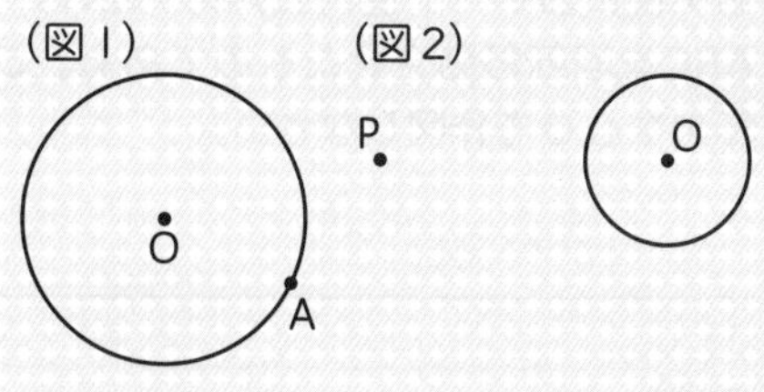

円の接線は，その接点を通る半径に垂直である。

解き方と答え

(1) 円の接線は，その接点を通る半径に垂直である。
よって，半直線OA上の点Aを通る垂線ℓを作図する。

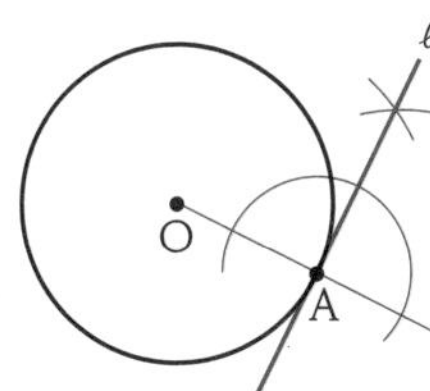

(2)① 2点P，Oを結ぶ。

② 線分POの垂直二等分線をひき，①との交点を中心として，線分POを直径とする円をかく。

③ ②の円と円Oとの交点をA，Bとする。

④ 直線PA，PBをひく。

このとき，∠PAO＝∠PBO＝90°

↑△APOで，$2x+2y=180°$より，$x+y=90°$

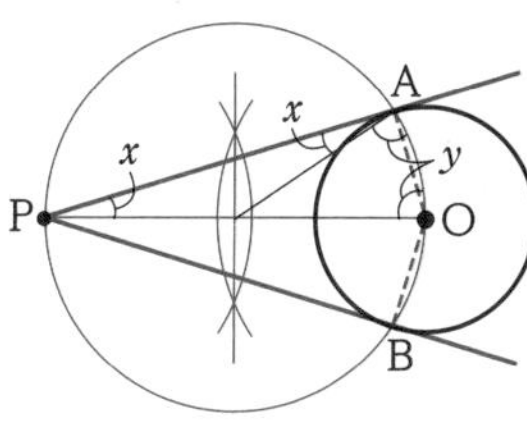

接線の長さ

円外の1点から円の接線は2本ひける。下の図のように，点Pから2つの接線PA，PBをひくとき，線分PA，PBの長さを接線の長さといい，**PA＝PB**である。

これは，2つの直角三角形APOとBPOが合同だからである。↑直角三角形の合同条件(p.379の1参照)

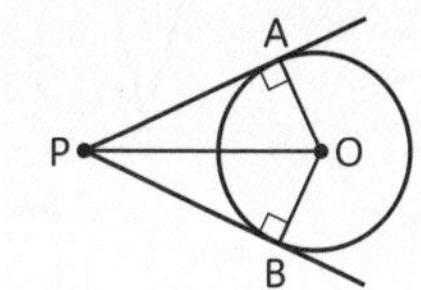

右の図のように，円Oの周上に点Aがあり，円Oの外部に点Bがある。点Aを接点とする円の接線上にあり，∠OPA＝∠OPBとなる点Pを1つ作図しなさい。〔大分〕

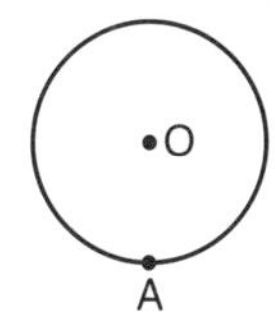

★★★ ⤺ p.303 2

例題 12 回転の中心の作図

右の図において，直角三角形PQRは，直角三角形ABCを回転移動させたものである。このとき，回転の中心Oを作図しなさい。〔大分〕

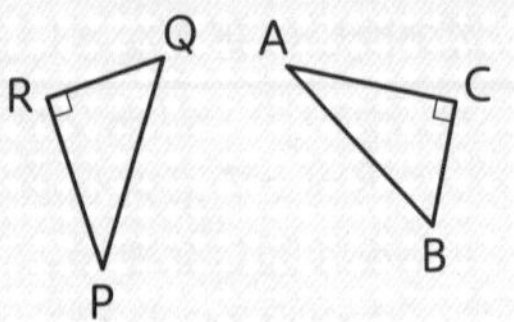

回転の中心は，対応する2点を結ぶ線分の垂直二等分線上にある。

解き方と答え

点P，Q，Rと回転の中心Oとの距離（きょり）は，それぞれOA，OB，OCの長さに等しい。
つまり，OP＝OA，OQ＝OB，OR＝OC
OP＝OAより，点Oは2点A，Pから等しい距離にあるので，回転の中心Oは線分APの垂直二等分線ℓ上にある。
同様に，中心Oは線分BQの垂直二等分線m上にもある。
よって，直線ℓとmの交点が中心Oである。

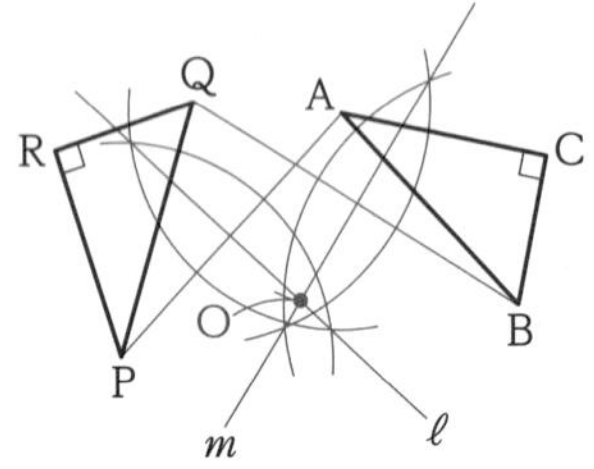

くわしく
3本から2本選べばよい
線分AP，BQ，CRの垂直二等分線は，すべて回転の中心Oで交わっている。つまり，AP，BQ，CRのうちから2本選んで，その垂直二等分線をひけばよい。

Return 回転移動…
p.295の例題③

次の問いに答えなさい。

(1) 右の図の線分A′B′は線分ABを回転移動させたものである。このときの回転の中心Oを作図しなさい。〔富山〕

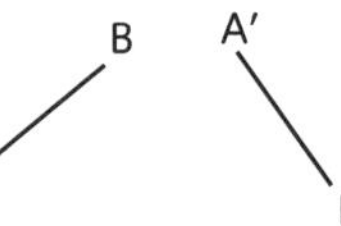

(2) 右のような2点A，A′があり，点A′は点Aを，ある点Pを中心に時計の針の回転と同じ向きに，90°回転移動させた点である。このとき，回転の中心Pを作図しなさい。〔宮崎〕

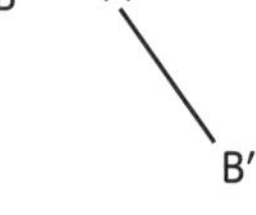

★★★

p.303 2

例題 13 最短距離の作図

次の問いに答えなさい。

(1) 右の図のように，直線ℓとその上側に点A，Bがある。ℓ上に点Pをとり，P，A，Bを結ぶとき，AP＋PBが最短となるような点Pを作図しなさい。

(2) 右の図のように，円Oと直線ℓがある。円Oの周上にある点で，直線ℓまでの距離(きょり)が最も短くなるような点Pを作図しなさい。〔群馬〕

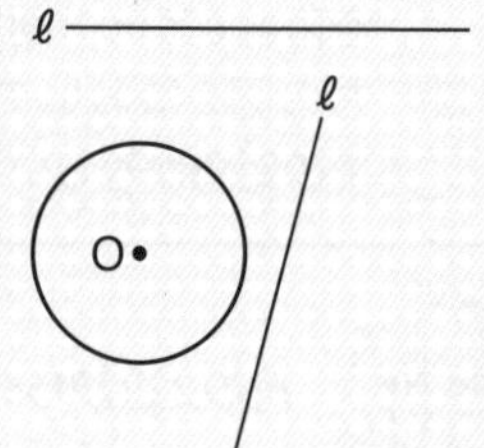

(1) 2点間の最短距離は，2点を結ぶ線分の長さである。

解き方と答え

(1)① 点Aを直線ℓについて対称(たいしょう)移動(いどう)させた点をA′とする。
　← ℓは線分AA′を垂直に2等分する

② 2点A′，Bを結び，直線ℓとの交点をPとする。

③ AとPを結び，折れ線AP，PBをつくると，AP＋PBが最も小さくなる。
　← ＝A′P＋PB

(2)① 円の中心Oから，直線ℓに垂線mをひく。

② 垂線mと円Oとの交点をP，直線ℓとの交点をQとすると，線分PQの長さが最も短い。

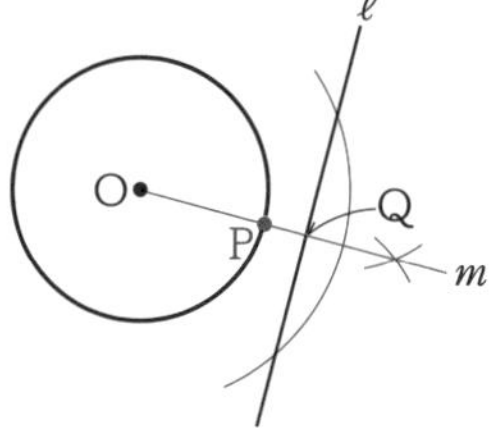

用語 点と直線との距離

下の図で，点Pから直線ℓに垂線をひき，直線ℓとの交点をHとする。線分PHは，点Pと直線ℓ上の点を結ぶ線分のうち，最も短い。この線分PHの長さを，点Pと直線ℓとの距離という。

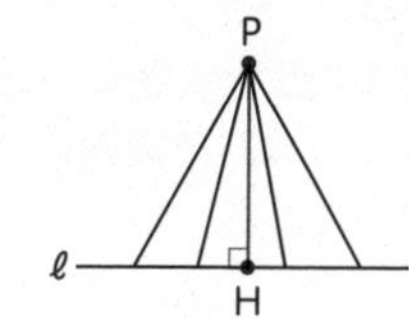

Return 対称移動…p.296の例題④

右の図のように，点Oを中心とする円の周上に点Aがあり，円の外部に点Bがある。Aを接点とする円Oの接線上にあって，2つの線分OP，PBの長さの和が最小となる点Pを作図しなさい。〔熊本〕

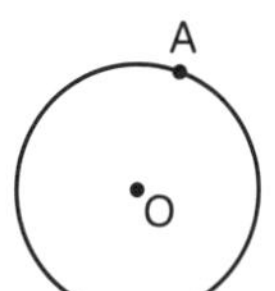

•B

★★★ p.303 3

例題 14 3辺までの距離が等しい点の作図

次の問いに答えなさい。

(1) 右の図1において，3つの直線ℓ，m，nとの距離（きょり）がすべて等しくなる点Pを直線ℓとmの間に作図しなさい。

(2) 右の図2において，△ABCの3辺までの距離が等しい点Iを作図しなさい。

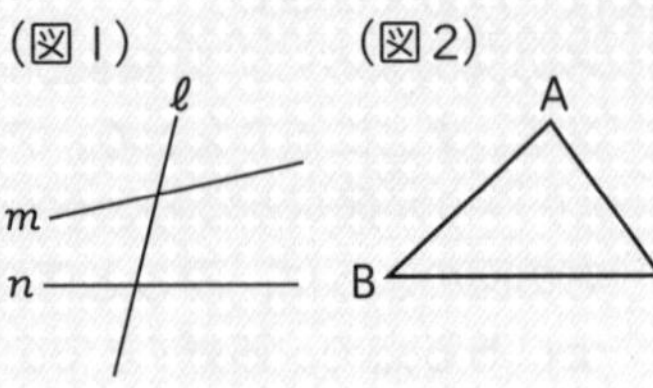

角の2辺から等しい距離にある点は，角の二等分線上にある。

解き方と答え

(1) 2つの直線ℓ，mから等しい距離にある点は，**ℓ，mのつくる角の二等分線①，②上**にある。
同様に，2つの直線ℓ，nから等しい距離にある点は，**ℓ，nのつくる角の二等分線③，④上**にある。

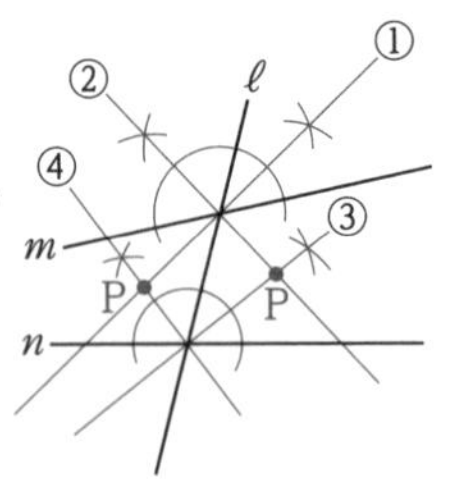

よって，3つの直線ℓ，m，nとの距離がすべて等しくなる点Pは，右の図から①と④，②と③の交点である。

(2) 角の2辺から等しい距離にある点は，その**角の二等分線上**にある。
よって，∠A，∠Bの二等分線をひくと，その交点がIになる。

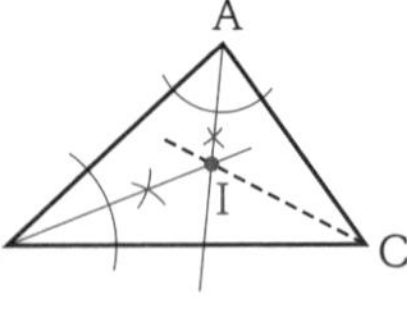

くわしく 内接円と内心I

下の図のように，△ABCの3つの辺に接する円を，その三角形の内接円（ないせつえん）といい，内接円の中心Iを内心（ないしん）という。このとき，IP=IQ=IRである。

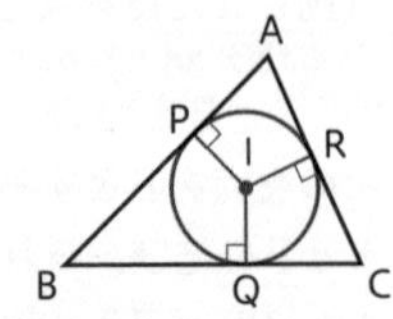

くわしく

内心Iのとりかた

(2)∠Cの二等分線をひいてもよい。

類題 14 別冊解答 p.84

次の△ABCの内接円をそれぞれ作図しなさい。

(1)

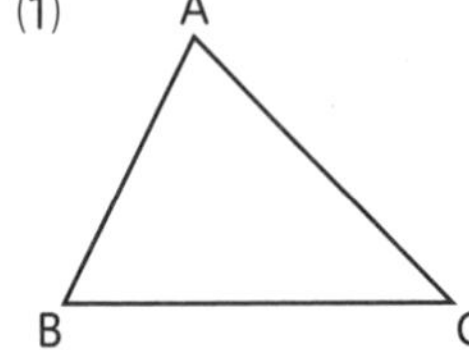

(2)

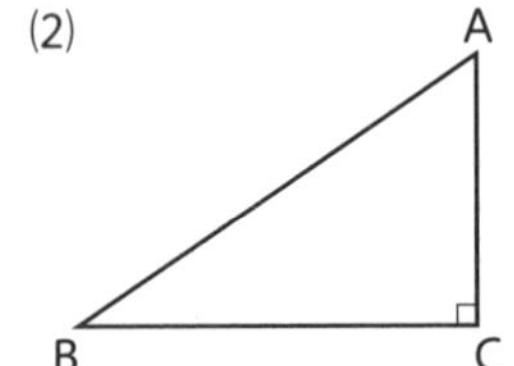

(3)

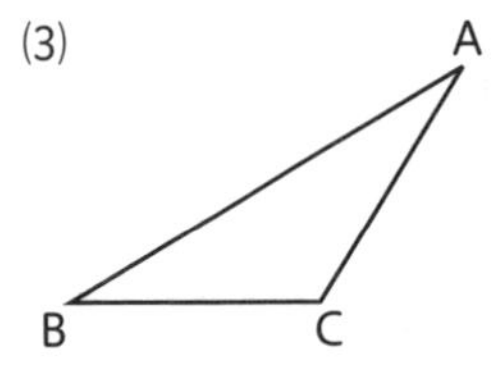

★★★

p.303 3

例題 15 内接円の半径

右の図のように，円Oが，∠C=90°の直角三角形ABCの辺AB，BC，CAと接する点をそれぞれP，Q，Rとする。AB=13cm，BC=12cm，CA=5cmのとき，円Oの半径を求めなさい。

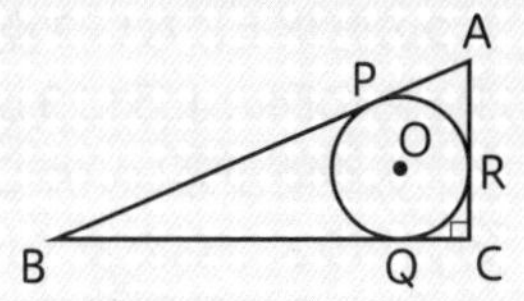

円外の1点からひいた2本の接線の長さは等しい。

解き方と答え

OとP，Q，Rをそれぞれ結ぶと，
OP=OQ=ORで，
OP⊥AB，OQ⊥BC，OR⊥AC
より，△AOPと△AOR，
△BOPと△BOQ，△COQ
と△CORは，それぞれ合同な直角三角形である。
↑直角三角形の合同条件（p.379の1参照）

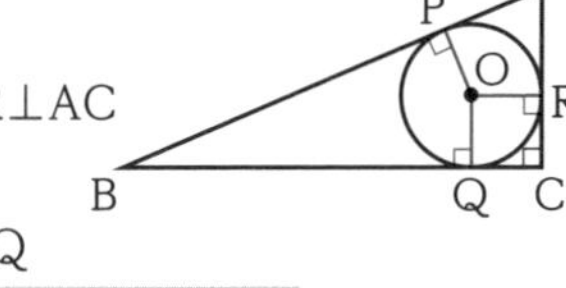

よって，AP=AR，BP=BQ，CQ=CR
↑円外の1点からひいた2本の接線の長さは等しい

このとき，OQ=ORだから，四角形OQCRは正方形である。
↑円Oの半径

円Oの半径を$x$cmとすると，CQ=CR=$x$cmより，
AP=AR=$5-x$(cm)，BP=BQ=$12-x$(cm)
AP+BP=ABより，$(5-x)+(12-x)=13$　$x=2$
よって，2cm

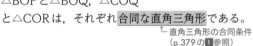

公式

三角形の面積と内接円

下の図の円Oは△ABCの内接円の中心で，半径をrとする。△ABCの面積
=△AOB+△BOC+△COA
$=\frac{1}{2}cr+\frac{1}{2}ar+\frac{1}{2}br$より，
$S=\frac{1}{2}r(a+b+c)$
↑△ABCの面積

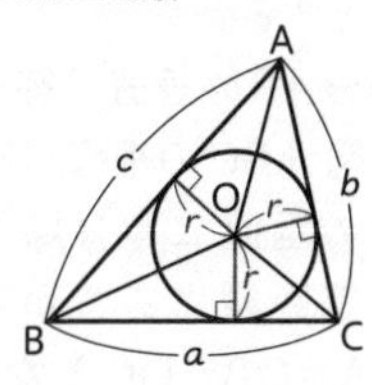

別解

上の公式を利用する

$a=12$，$b=5$，$c=13$，
$\triangle ABC=\frac{1}{2}\times12\times5=30$より，
$30=\frac{1}{2}r(12+5+13)$　$r=2$

右の図のように，円Oが，∠A=90°の直角三角形ABCの辺AB，BC，CAと接する点をそれぞれP，Q，Rとする。AB=9cm，BC=15cm，CA=12cmのとき，円Oの半径を求めなさい。

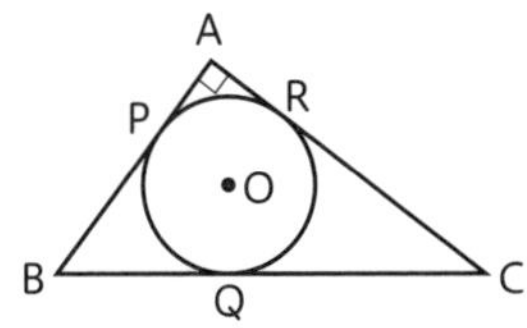

★★★ p.303 3

例題 16 3点から等しい距離にある点の作図

1つの直線上にない3点A，B，Cがある。 〔群馬〕

(1) 右の図のように3点A，B，Cがある。この3点からの距離が等しい点Oを作図しなさい。

(2) (1)のような方法で作図した点Oは，なぜ3点A，B，Cからの距離が等しいといえるのか。作図に用いた図形の性質を根拠にして，説明しなさい。

A
•C
B

解き方のコツ 線分の垂直二等分線上の点は，線分の両端の点から等距離にある。

解き方と答え

(1)① 線分ABの垂直二等分線ℓをひく。

② 線分BCの垂直二等分線mをひく。

③ 直線ℓとmの交点をOとする。

(2) 線分ABの垂直二等分線ℓと線分BCの垂直二等分線mの交点がOである。線分の垂直二等分線上の点は，線分の両端の点から等距離にあるから，OA=OB，OB=OCより，OA=OB=OCとなり，点Oは3点A，B，Cからの距離が等しい点である。

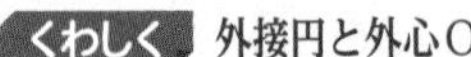

くわしく 外接円と外心O

下の図のように，△ABCの3つの頂点を通る円を，その三角形の外接円といい，外接円の中心Oを外心という。このときOA=OB=OCである。

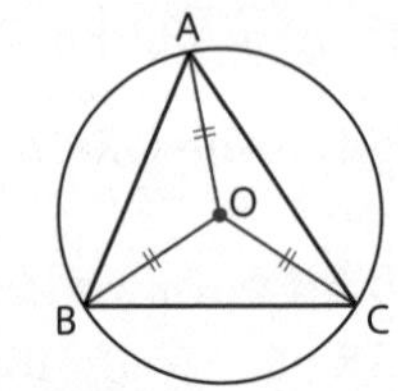

くわしく

外心Oのとりかた

(1)線分ACの垂直二等分線をひいてもよい。

類題 16 別冊解答 p.84

次の問いに答えなさい。

(1) 右の図1の円の中心Oを作図しなさい。

(2) 右の図2のように，∠A=90°の直角三角形ABCがある。3点A，B，Cを通る円の中心Pを作図しなさい。〔福島〕

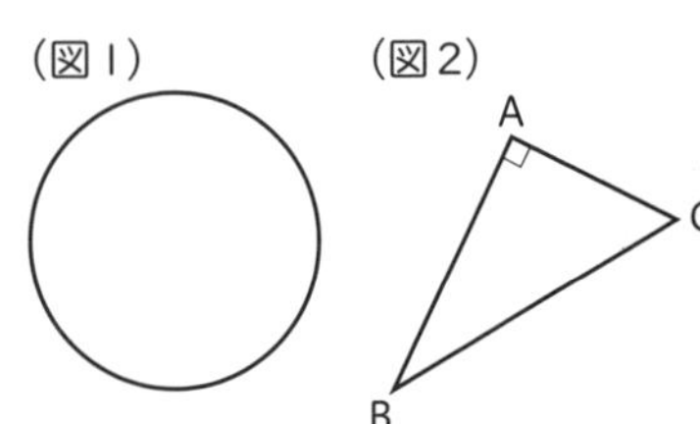

4 おうぎ形

p.311 ～ 315

❶ おうぎ形の弧の長さや面積の公式を正確に覚え，おうぎ形を組み合わせた図形のまわりの長さや面積を求められるようにしよう。

❷ 図形を移動させたときにできる長さや面積を求められるようにしよう。

要点整理

1 おうぎ形のまわりの長さと面積

➡例題 17

▶半径r，中心角$a°$のおうぎ形の弧の長さをℓ，面積をSとすると，

$$\ell=2\pi r\times\frac{a}{360},\quad S=\pi r^2\times\frac{a}{360},\quad S=\frac{1}{2}\ell r$$

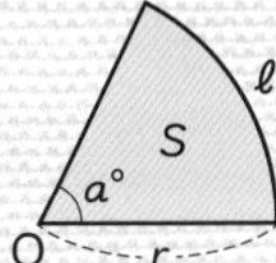

2 おうぎ形といろいろな図形

➡例題 18

▶おうぎ形を組み合わせた図形のまわりの長さや面積を求めるときは，**分けて**考えたり，**移動させて**考えるとよい。

㋐ 分けて面積を求める。

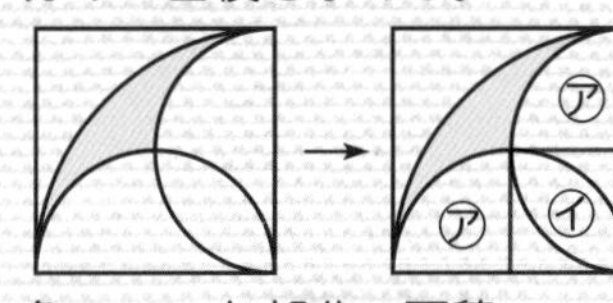

色のついた部分の面積

$=\frac{1}{4}$円－㋐×2－㋑

㋑ 面積の等しい部分を移動させる。

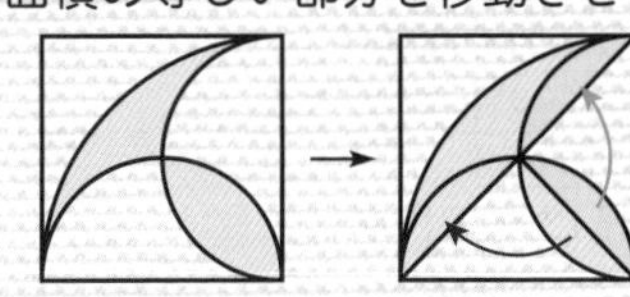

色のついた部分の面積

$=\frac{1}{4}$円－直角二等辺三角形

3 回転移動と図形の面積，転がした図形

➡例題 19，20

▶回転移動させた図形の面積は**斜線部分を移して**求める。

㋐ 長方形を90°回転させる。

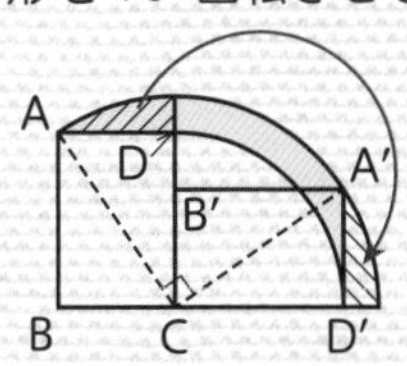

㋑ 半円を90°回転させる。

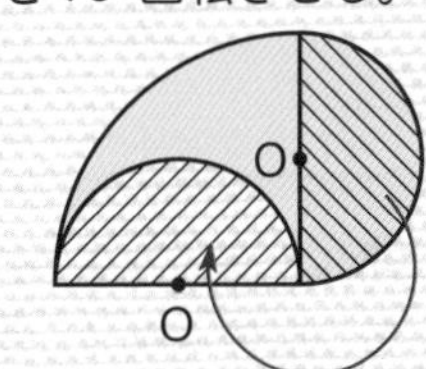

▶正方形を，直線上を転がしたとき，右の図のように，Aが動いていく。

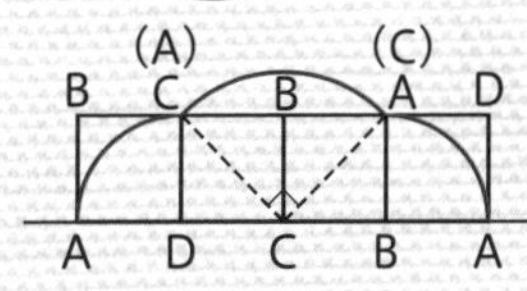

★★★ p.311 1

例題 17 おうぎ形のまわりの長さと面積

次の問いに答えなさい。

(1) 半径が6cm，中心角が270°のおうぎ形のまわりの長さと面積を求めなさい。ただし，円周率はπとする。
↑以後すべてπとする

(2) 半径12cm，弧（こ）の長さが4πcmのおうぎ形がある。このおうぎ形の中心角を求めなさい。

解き方のコツ 半径r，中心角$a°$のおうぎ形の弧の長さは$2\pi r\times\frac{a}{360}$，面積は$\pi r^2\times\frac{a}{360}$

解き方と答え

(1) 弧の長さは，

$2\pi\times6\times\frac{270}{360}=12\pi\times\frac{3}{4}=9\pi(\text{cm})$
└約分する─↑

よって，まわりの長さは，

$9\pi+6\times2=\underline{9\pi+12}(\text{cm})$
↑21πとしてはいけない

おうぎ形の面積は，

$\pi\times6^2\times\frac{270}{360}=36\pi\times\frac{3}{4}=\underline{27\pi}(\text{cm}^2)$

(2) 半径12cmの円周の長さは，$2\pi\times12=24\pi(\text{cm})$

よって，中心角$=360°\times\frac{4\pi}{24\pi}=360°\times\frac{1}{6}=\underline{60°}$

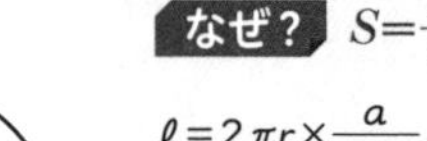

なぜ？ $S=\frac{1}{2}\ell r$

$\ell=2\pi r\times\frac{a}{360}$より，

$\pi r\times\frac{a}{360}=\frac{1}{2}\ell$

$S=\pi r^2\times\frac{a}{360}$

$=r\times\pi r\times\frac{a}{360}$

$=r\times\frac{1}{2}\ell$

$=\frac{1}{2}\ell r$

公式

(2)おうぎ形の中心角

$\ell=2\pi r\times\frac{a}{360}$を

aについて解いて，
↑等式の変形（p.65の3参照）

$a=360\times\frac{\ell}{2\pi r}$

類題 17 別冊解答 p.85

次の問いに答えなさい。

(1) 右の図のような，半径2cm，中心角135°のおうぎ形がある。このおうぎ形のまわりの長さと面積を求めなさい。
〔岡山ー改〕

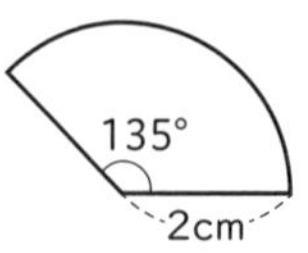

(2) 半径4cm，面積が10πcm^{2}のおうぎ形がある。このおうぎ形の中心角を求めなさい。

★★★ p.311 2

例題 18 おうぎ形といろいろな図形

次の図は，おうぎ形と正方形を組み合わせた図である。色のついた部分のまわりの長さと面積を求めなさい。

(1)

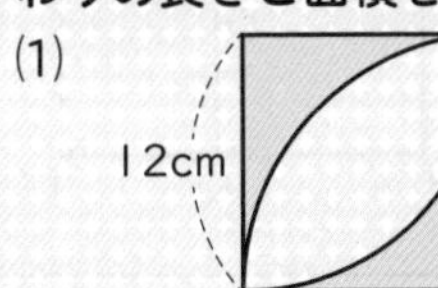

(2)

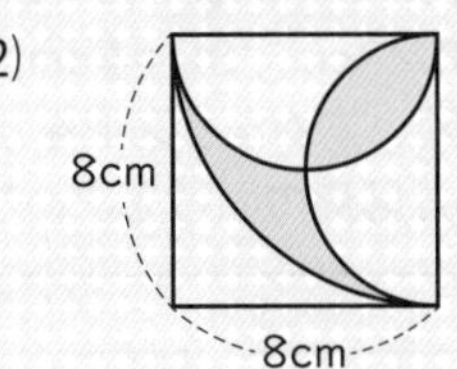

(1) **面積は，$\left(\text{正方形の面積}-\frac{1}{4}\text{円}\right)\times 2$**

(2) **面積の等しい部分を移動させて考えよう。**

解き方と答え

(1) まわりの長さは，$2\pi\times 12\times\frac{90}{360}\times 2+12\times 4=12\pi+48$(cm)

（$2\pi\times 12\times\frac{90}{360}$：$\frac{1}{4}$円の弧の長さ，$12\times 4$：正方形のまわりの長さ）

面積は，$\left(12^2-\pi\times 12^2\times\frac{90}{360}\right)\times 2=(144-36\pi)\times 2$

（$\pi\times 12^2\times\frac{90}{360}$：$\frac{1}{4}$円の面積）

$=288-72\pi$(cm^2)

(2) まわりの長さは，

$2\pi\times 4+2\pi\times 8\times\frac{90}{360}$

$=8\pi+4\pi=12\pi$(cm)

面積は，右の図のように移動させて，$\pi\times 8^2\times\frac{90}{360}-\frac{1}{2}\times 8\times 8$

（$\pi\times 8^2\times\frac{90}{360}$：$\frac{1}{4}$円の面積，$\frac{1}{2}\times 8\times 8$：直角二等辺三角形の面積）

$=16\pi-32$(cm^2)

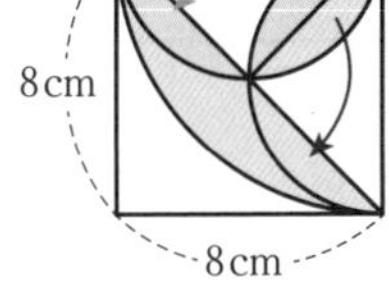

豆知識

ヒポクラテスの三日月

下の図のように，直角三角形の3つの辺を直径とする半円をかいた図をヒポクラテスの三日月という。このとき，2つの月形の面積の和は，直角三角形の面積に等しい。

類題 18 別冊解答 p.85

次の図で色のついた部分のまわりの長さと面積を求めなさい。

(1)

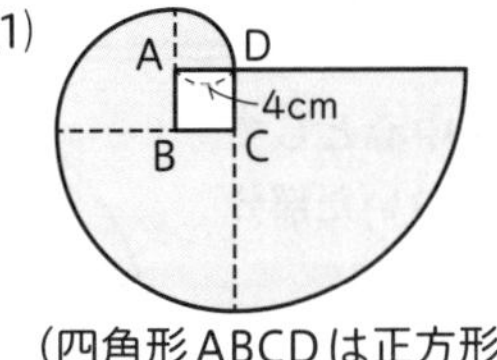

(四角形ABCDは正方形)

(2)

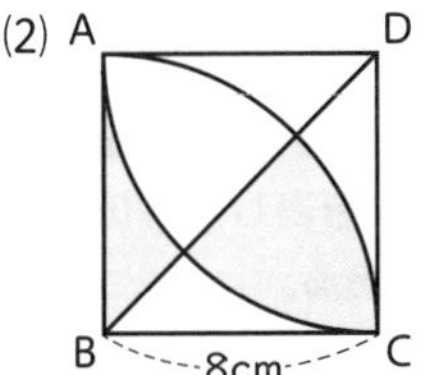
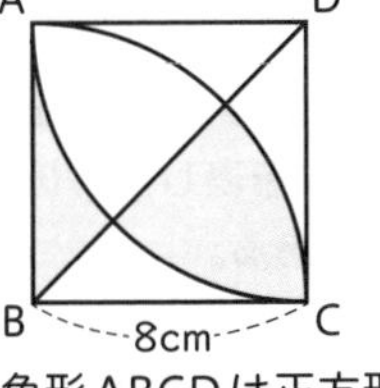

(四角形ABCDは正方形)

(3)

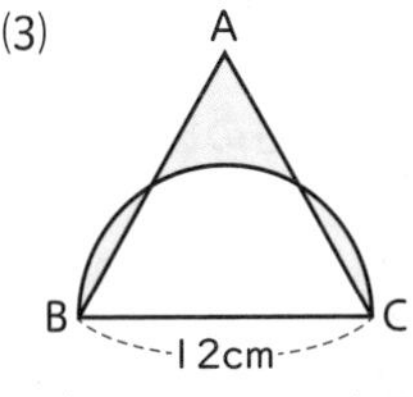

(△ABCは正三角形)

★★★ p.311 3

例題 19 回転移動と図形の面積

右の図の長方形A'B'CD'は，長方形ABCDを，点Cを回転の中心として時計回りに90°回転移動させたものである。AB=3cm，BC=4cm，AC=5cmである。

(1) 辺ADが動いてできる図形をかきなさい。

(2) (1)でかいた図形の面積を求めなさい。

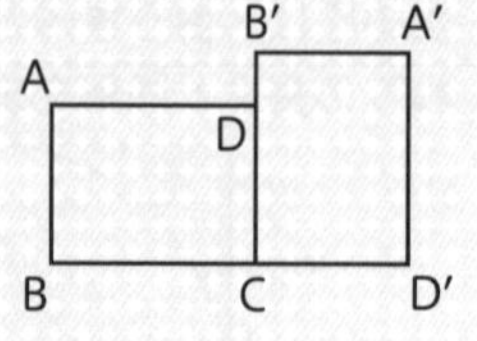

(2) **面積の等しい部分を移動させて，面積を求めやすい図形にする。**

解き方と答え

(1) 点Cを回転の中心として90°回転移動させるから，点AとA'，点DとD'が対応する。よって，辺ADが動いてできる図形は，右の図の色のついた部分である。

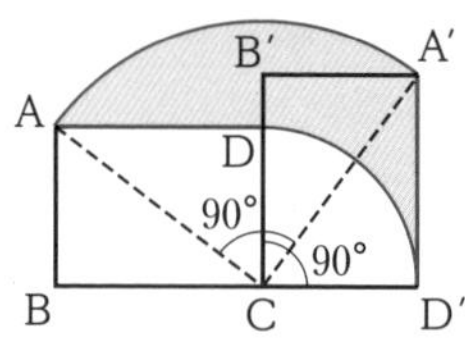

(2) (1)の色をつけた部分のうち，右の図で，辺ADの上にある青色の部分を，辺A'D'の右側に移して面積を求める。

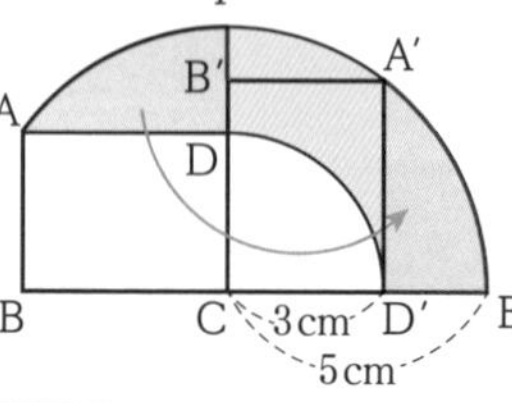

よって，求める面積は，

おうぎ形CEF－おうぎ形CD'Dだから，

$\pi\times5^2\times\frac{90}{360}-\pi\times3^2\times\frac{90}{360}=\pi\times\frac{1}{4}\times(25-9)$

$=\pi\times\frac{1}{4}\times16=4\pi(\mathrm{cm}^2)$

別解

(2)移す部分を変えると？

下の図の図形A'ED'を，図形AFDに移すと，求める面積は，おうぎ形CA'A－おうぎ形CEFとなる。

よって，$\pi\times5^2\times\frac{90}{360}$

$-\pi\times3^2\times\frac{90}{360}$

$=4\pi(\mathrm{cm}^2)$

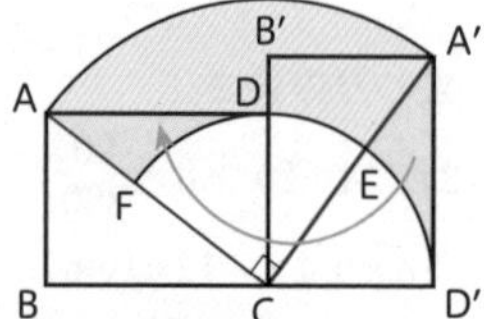

右の図は，ABを直径とする半円を，点Bを中心として45°回転させたようすを表したもので，色のついた部分は$\overset{\frown}{AB}$の通ったあとである。

(1) 色のついた部分のまわりの長さを求めなさい。

(2) 色のついた部分の面積を求めなさい。

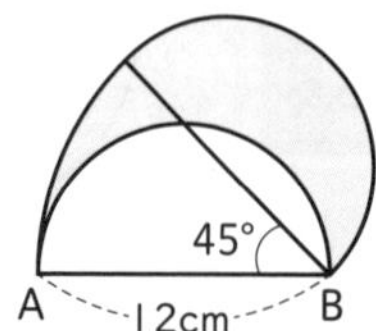

★★★ p.311 3

例題 20 転がした図形

右の図のように，∠BOA＝60°を中心角とする半径4cmのおうぎ形OABが直線ℓ上にある。このおうぎ形をOAがℓに重なった位置からOBがℓにはじめて重なる位置まで，すべらないようにℓ上を右方向へ転がす。

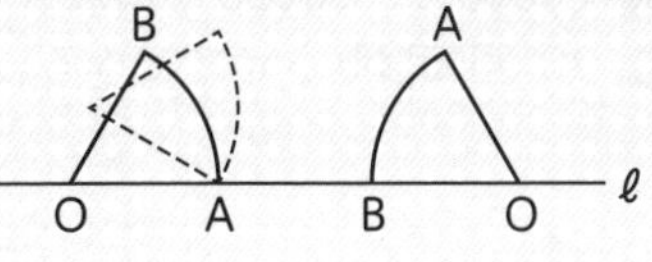

(1) 点Oが動いたときにえがく線の長さを求めなさい。

(2) (1)の線と直線ℓで囲まれた図形の面積を求めなさい。

(1) $\overset{\frown}{AB}$がℓ上を転がるとき，点Oは直線ℓと平行に$\overset{\frown}{AB}$の長さだけ動く。

解き方と答え

(1) 点Oは，右の図の青い線のように動く。

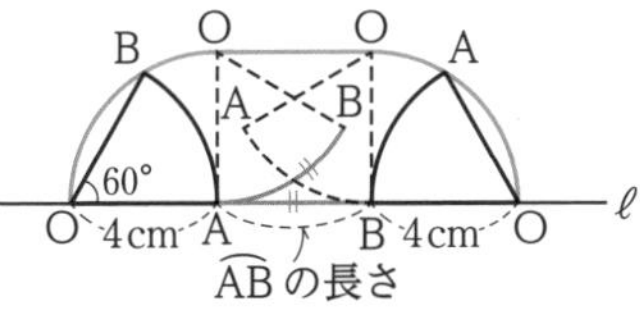

左右のおうぎ形は半径4cm，中心角90°，中央の長方形は縦4cm，横は$\overset{\frown}{AB}$の長さに等しい。

↑右の図の線分AB

よって，青い線の長さは，

$$2\pi\times4\times\frac{90}{360}\times2+2\pi\times4\times\frac{60}{360}=4\pi+\frac{4}{3}\pi=\frac{16}{3}\pi\,(\text{cm})$$

(2) 右の図の色のついた部分の面積になる。よって，

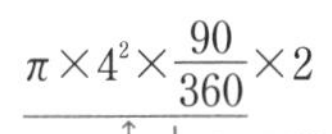

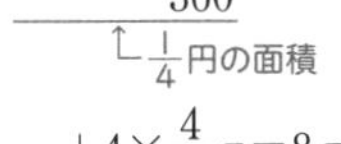

$\pi\times4^2\times\frac{90}{360}\times2$

↑$\frac{1}{4}$円の面積

$+4\times\frac{4}{3}\pi=8\pi+\frac{16}{3}\pi=\frac{40}{3}\pi\,(\text{cm}^2)$

↑長方形の面積

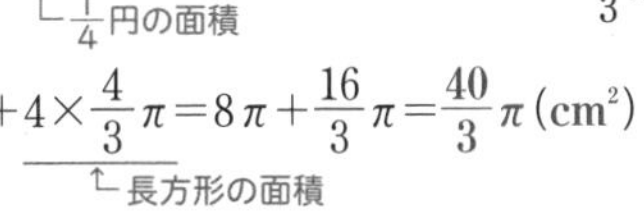

くわしく $\overset{\frown}{AB}$がℓ上を転がるとき

おうぎ形OABの$\overset{\frown}{AB}$が直線ℓ上を転がるとき，下の図のようになる。

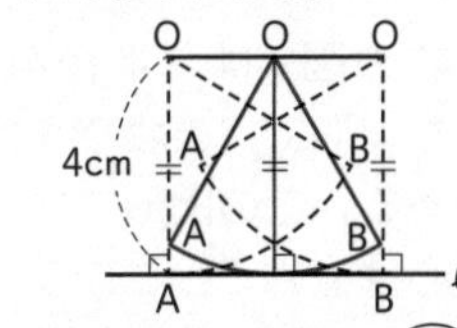

このとき，点Oから$\overset{\frown}{AB}$までの長さはどこも半径で等しいので，点Oは$\overset{\frown}{AB}$の長さだけ，直線ℓと平行に動く。

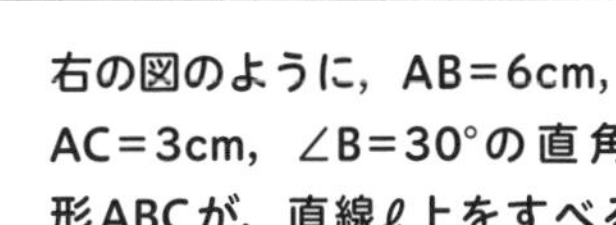

類題 20 別冊解答 p.86

右の図のように，AB＝6cm，AC＝3cm，∠B＝30°の直角三角形ABCが，直線ℓ上をすべることなく転がって1回転する。

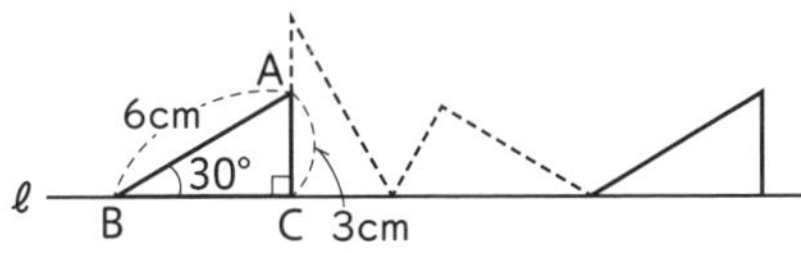

(1) 頂点Aがえがく線をかきなさい。

(2) 頂点Aがえがく線の長さを求めなさい。

章末問題 A

→別冊解答 p.86～87

1 右の図の，△ABCを頂点Aを中心として反時計回りに90°回転移動させてできる△ADEを作図しなさい。

例題 3 8

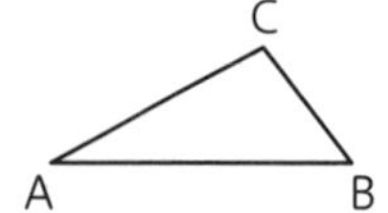

2 右の図のように，3点A，B，Cがある。次の条件㋐，㋑を満たす点Pを作図しなさい。〔奈良〕

例題 6 7

〔条件〕㋐点Pは，2点A，Bから等しい距離(きょり)にある。
㋑∠ABP＝∠CBPである。

A

B　C

3 右の図のように，△ABCの辺AB上に点Pがある。点Pを通る直線を折り目として，点Aが辺BCに重なるように△ABCを折る。このとき，折り目となる直線を作図しなさい。〔埼玉〕

例題 6 7

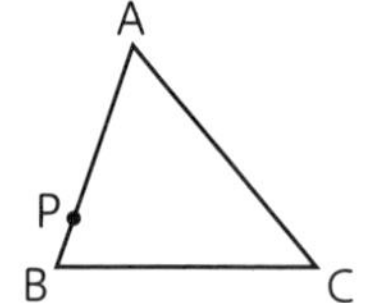

4 右の図1は，半径4cmの円を5つ並べた図形で，まわりを太線で示したものである。この図形では，それぞれの円の中心は直線ℓ上にある。また，となり合う2つの円はどれも図2のように，それぞれの円の半径が交点で垂直に交わっている。このとき，図1の図形のまわりの長さを求めなさい。〔岐阜〕

例題 18

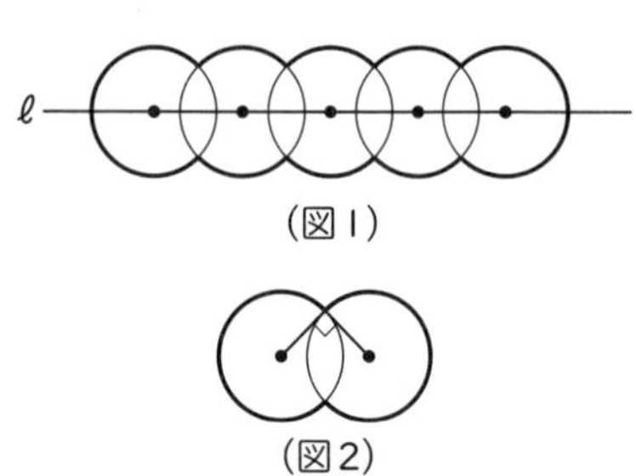

（図1）
（図2）

5 右の図で，色のついた部分の面積を求めなさい。ただし，四角形ABCDはAB＝4，BC＝6の長方形で，点Mは辺CDを直径とする半円の弧(こ)の中点である。〔駿台甲府高〕

例題 18

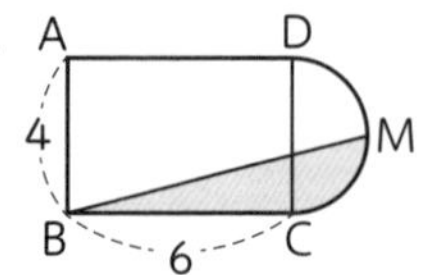

6 1辺の長さが2の正三角形ABCが右の図の位置から直線ℓ上をすべることなく回転し，辺BCが再び直線ℓ上にくるまで転がるとき，点Aの動いた長さを求めなさい。〔近畿大附高〕

例題 20

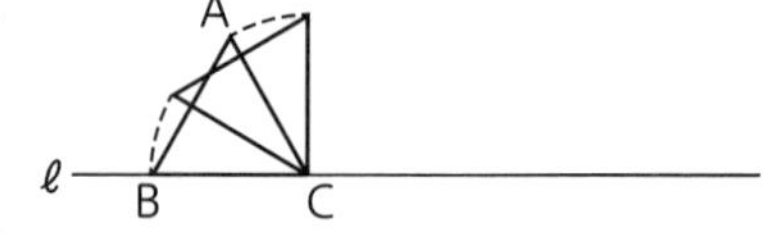

章末問題 B

→別冊解答 p.87～88

7 2点A，Bを通る直線ℓと，ℓ上にない点Cがある。これを用いて，次の[ ]の中の条件㋐～㋒をすべて満たす点Pを作図しなさい。〔石川〕

つ例題 6 8 9

㋐ 点Pは，直線ℓに対して点Cと同じ側にある。
㋑ $PB \perp \ell$
㋒ $\triangle PAB$の面積は，$\triangle CAB$の面積の$\frac{1}{2}$である。

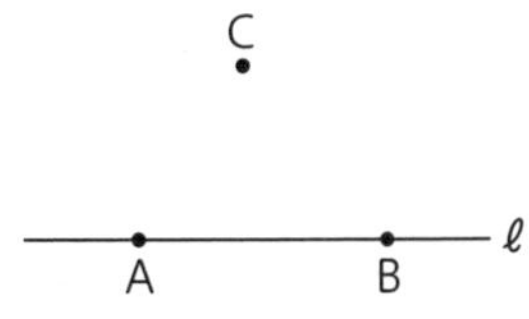

8 右の図1で，直線ℓは円の接線，2点A，Bは円周上の点であり，2点A，Bを結んでできる線分ABは直線ℓに平行である。図2をもとにして，2点A，Bを通り，直線ℓに接する円を作図しなさい。〔都立西高〕

つ例題 11 16

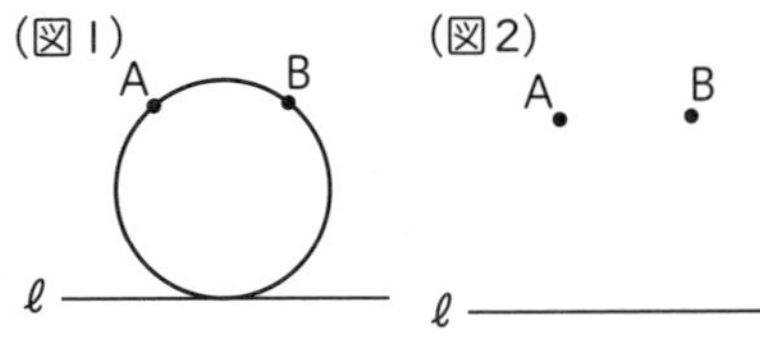

9 次の直線と三角形をそれぞれ作図しなさい。〔開成高－改〕

つ例題 11 14

(1) 中心をOとする円と，その円周上の点Pがあたえられたときに，点Pを通る円の接線。

(2) 中心をOとする円と，その円周上の点Qを通る接線があたえられたときに，その円に外接する正三角形，つまり3辺がそれぞれ円に接するような正三角形のうち点Qがその辺上にあるもの。

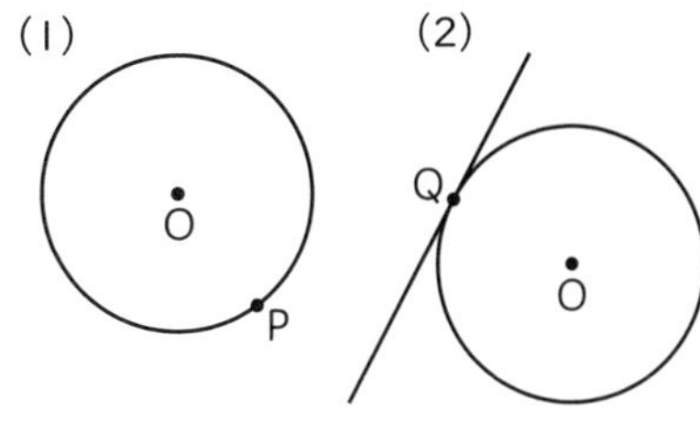

10 半径9cmの円Oと半径3cmの円O′がある。円Oの周上の点Aから，この円周上にそって円O′をすべらないように転がしたところ，点Bで再度円O′の同じ点が円Oと重なった。

つ例題 20

(1) おうぎ形OABの面積を求めなさい。

(2) 円O′が移動した部分の面積を求めなさい。

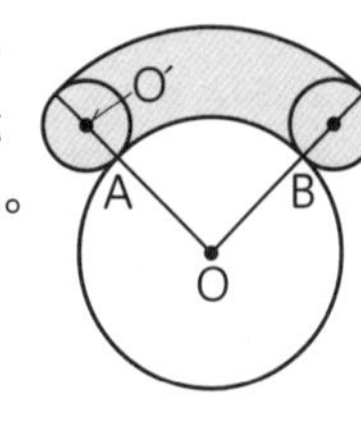

チャレンジ

11 右の図のように，1辺2cmの正三角形ABCが太線ℓ上をすべることなく㋐の位置まで転がっていく。

つ例題 20

(1) 頂点Cがえがく線をかきなさい。

(2) 頂点Cがえがく線の長さを求めなさい。

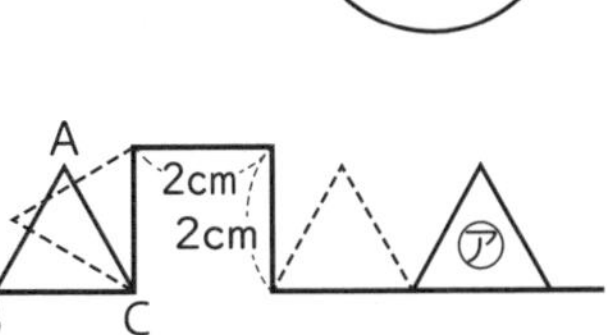

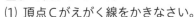

5　直線や平面の位置関係

p.318 ～ 321

❶ 空間における2直線の位置関係，直線と平面の位置関係，2平面の位置関係を理解しよう。

❷ 立体の中でのねじれの位置にある辺を見つけられるようにしよう。

要点整理

1　2直線の位置関係

➡例題 21

▶空間内の2直線ℓ，mの位置関係には，次の3つの場合がある。

㋐ 交わる　　㋑ 平行　　㋒ ねじれの位置にある

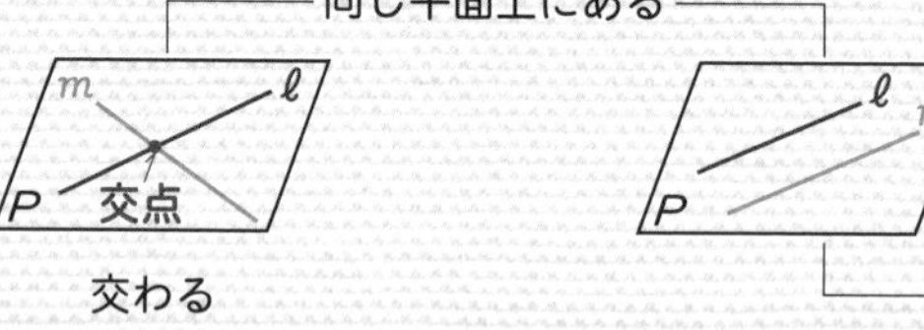

同じ平面上にない

ℓ
P
m

交わらない

2　直線と平面の位置関係

➡例題 22

▶空間内の直線ℓと平面Pの位置関係には，次の3つの場合がある。

㋐ 直線は平面上にある　　㋑ 交わる　　㋒ 平行（$\ell /\!/ \mathrm{P}$）

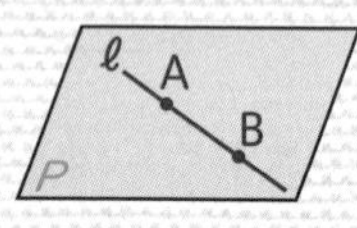

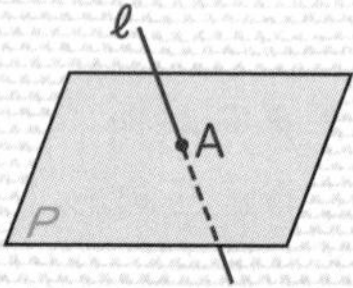

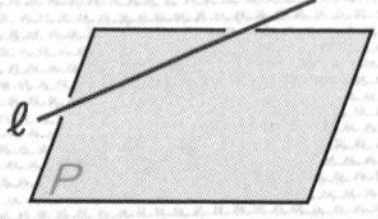

▶直線ℓが平面Pと点Hで交わっていて，点Hを通る平面P上のすべての直線に垂直であるとき，直線ℓと平面Pは**垂直**であるといい，$\ell \perp \mathrm{P}$と表す。このとき，直線ℓを平面Pの**垂線**という。また，点Aから平面Pに垂線AHをひくとき，線分AHの長さを**点Aと平面Pとの距離**という。

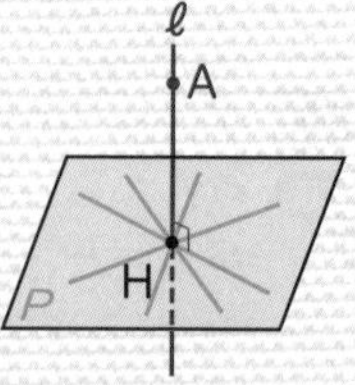

3　2平面の位置関係

➡例題 23

▶空間内の2つの平面P，Qの位置関係には，右の2つの場合がある。

㋐ 交わる

交線
P
ℓ
Q

㋑ 平行（$\mathrm{P} /\!/ \mathrm{Q}$）

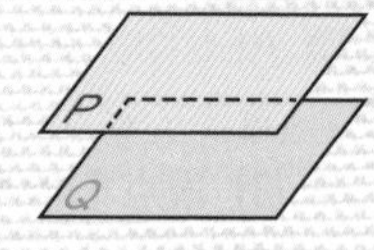

★★★

p.318 1

例題 21 2直線の位置関係

次の問いに答えなさい。

(1) 右の図1の立方体において，辺ADと平行な辺と辺ABと垂直な辺をすべて書きなさい。

(2) 右の図2の三角柱ABC-DEFにおいて，辺ADとねじれの位置にある辺をすべて答えなさい。〔栃木〕

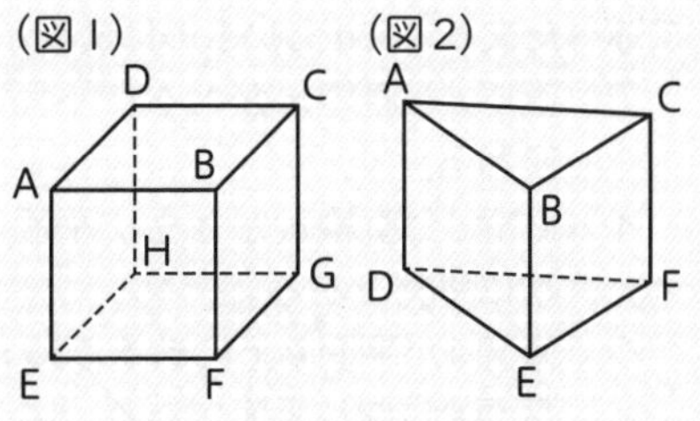

(2) 辺ADと，交わる辺と平行な辺を除いた辺である。

解き方と答え

(1) 同じ平面上にあり，どこまでのばしても交わらない2直線が平行な2直線だから，辺ADと平行な辺は，
辺BC，辺EH，辺FG
また，辺ABと垂直な辺は，点Aで垂直に交わる辺の辺AD，辺AE，点Bで垂直に交わる辺の辺BC，辺BF

(2) 辺ADと交わる辺は，辺AC，辺AB，辺DE，辺DF
辺ADと平行になる辺は，辺BE，辺CF
よって，辺ADとねじれの位置にある辺は，上の6本の辺を除いた辺だから，辺BC，辺EF

用語 ねじれの位置

空間内で，平行でなく，交わらない2つの直線はねじれの位置にあるという。

注意！

延長すると交わるとき

下の図の辺ADと辺BCは延長すると交わる(同一平面上にある)ので，ねじれの位置にあるとはいわない。

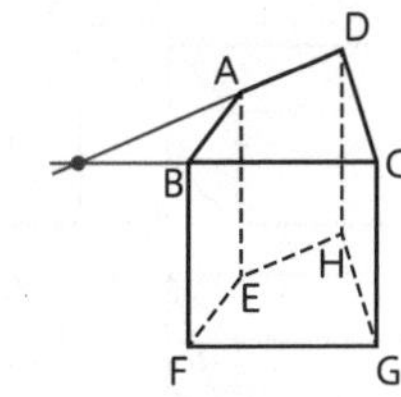

類題 21 別冊解答 p.88

次の問いに答えなさい。

(1) 右の図の三角柱ABCDEFにおいて，辺DEとねじれの位置にある辺は全部で何本あるか答えなさい。〔福岡〕

(2) 次のことがらのうち，正しいものをすべて選んで，記号で答えなさい。

ア 1つの平面上にあって交わらない2つの直線は，平行である。

イ 空間内で，3直線ℓ，m，nが$\ell \perp m$，$m \perp n$ならば，$\ell /\!/ n$である。

ウ 空間内で，3直線ℓ，m，nが$\ell /\!/ m$，$m /\!/ n$ならば，$\ell /\!/ n$である。

★★★ p.318 2

例題 22 直線と平面の位置関係

次のア～エのうち，空間における平面P，直線ℓ，直線mの位置関係について述べた文として正しいものはどれか。1つ選び，記号を書きなさい。 〔大阪〕

ア 直線ℓと直線mがともに平面P上にあるとき，直線ℓと直線mは常に交わる。

イ 直線ℓと直線mがともに平面Pに平行であるとき，直線ℓと直線mは常に平行である。

ウ 直線ℓが平面P上にある直線mと垂直に交わっているとき，直線ℓは平面Pに常に垂直である。

エ 平面Pと交わる直線ℓが平面P上にある直線mと交わらないとき，直線ℓと直線mは常にねじれの位置にある。

直方体をかいて考え，成り立たない例を探そう。

解き方と答え

ア 2直線ℓ，mはともに平面P上にあるが，$\ell /\!/ m$なので，ℓとmは交わらない。

イ $\ell /\!/ \mathrm{P}$，$m /\!/ \mathrm{P}$であるが，ℓとmは平行でない。

ウ $\ell \perp m$であるが，ℓは平面Pに垂直ではない。

エ ℓはmと交わらず，平行でもないから，ねじれの位置にある。…正しい

ア
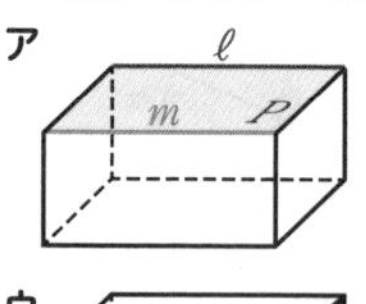

イ
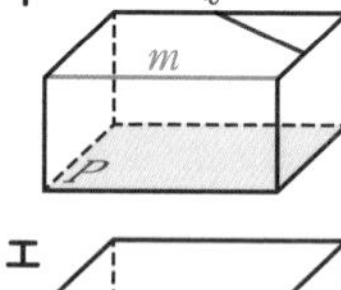

ウ
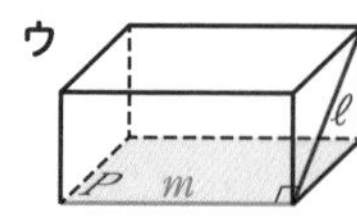

エ
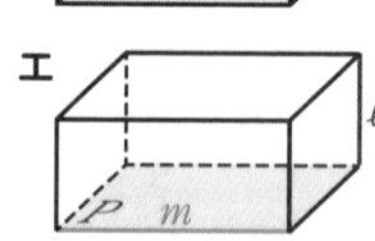

よって，エ

くわしく

直線と平面の垂直

直線ℓと平面Pが垂直であることを確かめるときには，交点Aを通る平面P上の2つの直線と直線ℓが，それぞれ垂直であることを示せばよい。

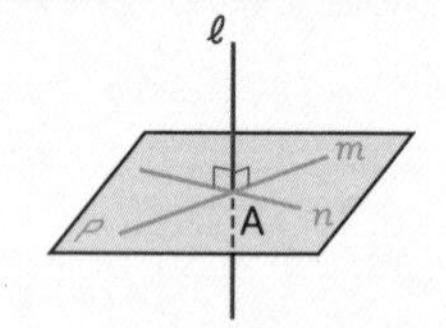

$\ell \perp m$，$\ell \perp n$ならば，$\ell \perp \mathrm{P}$

類題 22 別冊解答 p.88

右の図の直方体について，次の問いに答えなさい。

(1) 辺ABと平行な面をすべて答えなさい。

(2) 面AEHDと平行な辺をすべて答えなさい。

(3) 辺CGと垂直な面をすべて答えなさい。

(4) 面AEFBと垂直な辺をすべて答えなさい。

(5) ∠AEGの大きさを求めなさい。

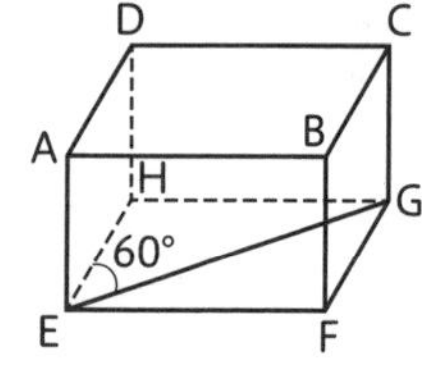

★★★

p.318 3

例題 23 2平面の位置関係

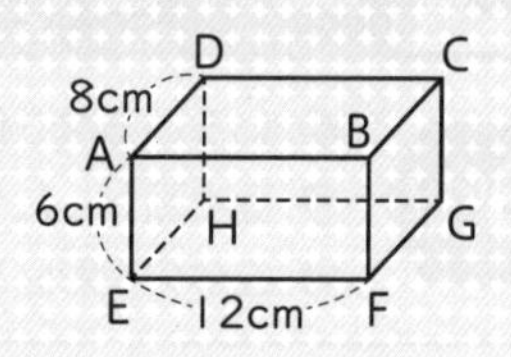

右の図の直方体について，次の問いに答えなさい。

(1) 面DHGCと平行な面はどれですか。

(2) 面AEHDと垂直な面をすべて答えなさい。

(3) 点Bと面EFGHとの距離(きょり)を求めなさい。

(4) 2平面AEHDとBFGC間の距離を求めなさい。

(2) 面AEHDと辺AB，EF，HG，DCはすべて垂直である。

解き方と答え

(1) 面DHGCと向かい合う面なので，面AEFB

(2) 面AEHDと接する4つの面はすべて垂直である。
よって，面AEFB，面EFGH，面DHGC，面ABCD

(3) BF⊥面EFGHより，点Bと面EFGHとの距離はBFの長さの6cm

(4) 面AEHD//面BFGCで辺AB⊥面AEHDであるから，
（↑EF，HG，DCでもよい）
2平面AEHDとBFGC間の距離はABの長さの12cm

くわしく 2平面が垂直

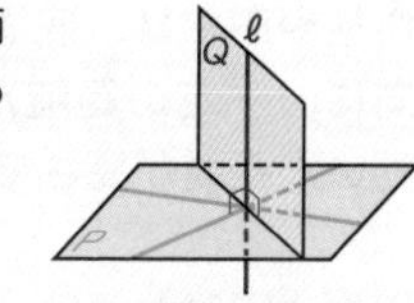

右の図のように，平面Pと平面Qが交わっていて，平面Qが，平面Pに垂直な直線ℓをふくんでいるとき，2つの平面P，Qは垂直(すいちょく)であるといい，P⊥Qで表す。

参考 平行な2平面に交わる平面

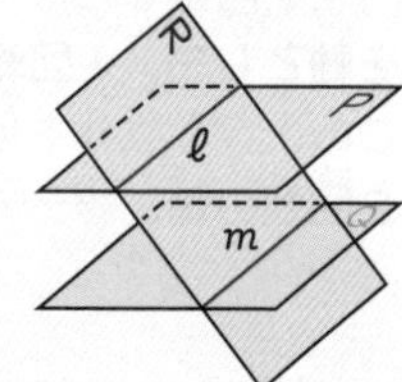

右の図のように，平行な2つの平面P，Qに1つの平面Rが交わるとき，交わりの直線ℓ，mは，1つの平面R上にあって，平行(ℓ//m)となる。

次のことがらのうち，正しいものをすべて選んで，記号で答えなさい。

ア 空間内で，2平面P，Qが交わらないとき，P//Qである。

イ 空間内で，3平面P，Q，RがP⊥Q，Q⊥Rならば，P//Rである。

ウ 空間内で，2平面P，Qと直線ℓがℓ//P，ℓ//Qならば，P//Qである。

エ 空間内で，2平面P，Qと直線ℓがℓ//P，ℓ⊥Qならば，P⊥Qである。

6 立体のいろいろな見方

p.322 ～ 326

❶ いろいろな立体の特徴を覚えよう。
❷ 面を動かしたり，回転させてできる立体について理解しよう。
❸ 立体の投影図をかくことができるようにしよう。

要点整理

1 いろいろな立体

➡例題 24

▸底面が三角形，四角形，…の角柱を，**三角柱**，**四角柱**，…という。底面が円になっている右のような立体を**円柱**という。角柱と円柱をまとめて，**柱体**という。

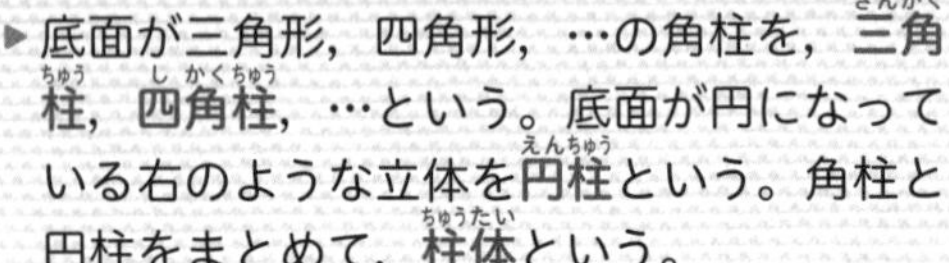

▸底面が三角形，四角形，…の角錐を，**三角錐**，**四角錐**，…という。底面が円になっている右のような立体を**円錐**という。角錐と円錐をまとめて，**錐体**という。

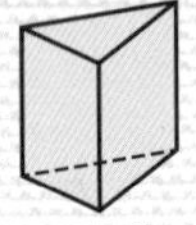

三角柱

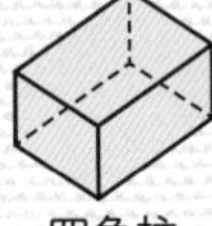

四角柱

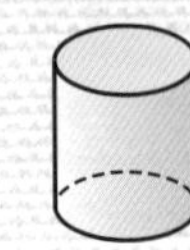

円柱

三角錐

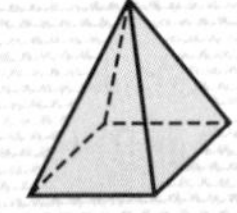

四角錐

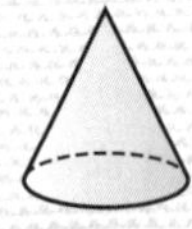

円錐

2 面を動かしたり，回転させてできる立体

➡例題 25，26

▸角柱や円柱は，底面の多角形や円が**底面と垂直な方向に，一定の距離だけ動いてできた立体**といえる。動いた距離が**高さ**である。

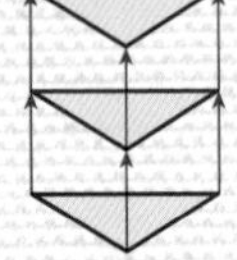

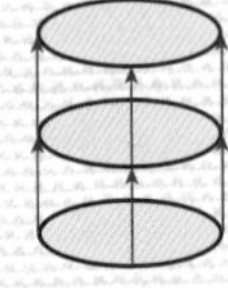

▸円柱や円錐などは，**1つの平面図形を1本の直線を軸として，1回転させてできる立体**といえる。このような立体を**回転体**といい，右の図の直線ℓを**回転の軸**，線分ABを**母線**という。

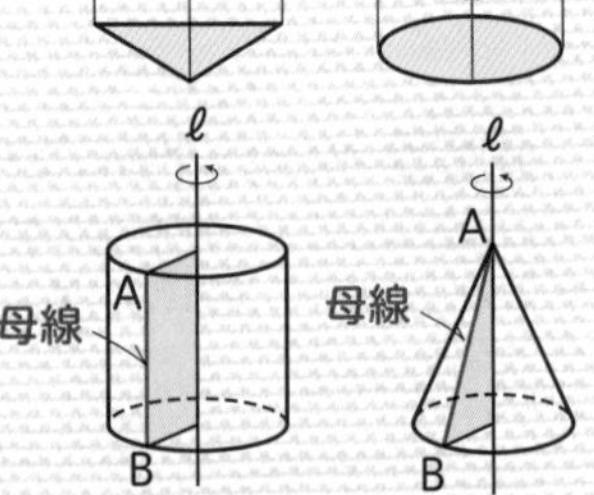

3 投影図

➡例題 27

▸立体を，真正面から見た図を**立面図**，真上から見た図を**平面図**といい，立面図と平面図をあわせて**投影図**という。

▸投影図をかくとき，**実際に見える辺は実線，見えない辺は破線**で示す。

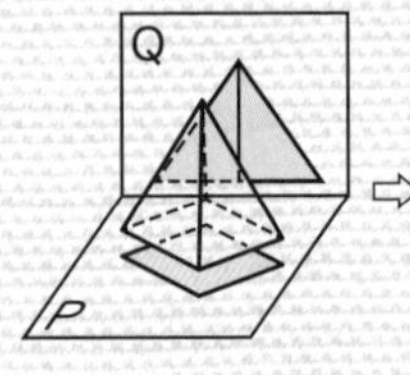

（立面図）
（平面図）

★★★

p.322 1

例題 24 いろいろな立体

次の問いに答えなさい。

(1) 右の角柱や角錐(かくすい)の面，辺，頂点についての表を完成させなさい。

(2) それぞれの立体について，頂点の数－辺の数＋面の数を求めると，一定の数になる。一定の数を求めなさい。

	三角柱	四角柱	三角錐	四角錐
底面の形				
側面の形				
面の数				
辺の数				
頂点の数				

n角柱…底面がn角形で，側面が長方形。
n角錐…底面がn角形で，側面が三角形。

解き方と答え

(1)

	三角柱	四角柱	三角錐	四角錐
底面の形	三角形	四角形	三角形	四角形
側面の形	長方形	長方形	三角形	三角形
面の数	5	6	4	5
辺の数	9	12	6	8
頂点の数	6	8	4	5

n角柱，n角錐とも側面の数はn個である。角柱の底面の数は2個，角錐の底面の数は1個である。

(2) 表より，
三角柱…6－9＋5＝2，四角柱…8－12＋6＝2，
三角錐…4－6＋4＝2，四角錐…5－8＋5＝2
よって，2

くわしく 正n角錐の側面

正n角錐の底面は正n角形，側面は合同な二等辺三角形である。

定理

オイラーの多面体定理

へこみのない多面体(ためんたい)(凸多面体という)の頂点(Vertex)の数をv，辺(Edge)の数をe，面(Face)の数をfとするとき，$v-e+f=2$である。これをオイラーの多面体定理という。

↑ 平面だけで囲まれた立体

右の角柱や角錐の面，辺，頂点についての表を完成させなさい。

	五角柱	n角柱	五角錐	n角錐
底面の形				
側面の形				
面の数				
辺の数				
頂点の数				

★★★ p.322 2

例題 25 多面体，面を動かしてできる立体

下の立体について，次の問いに答えなさい。

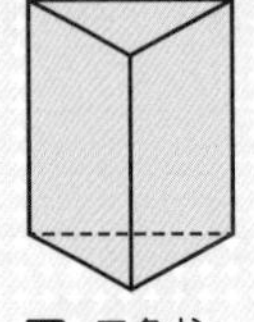

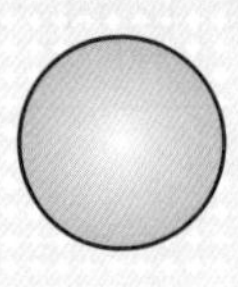

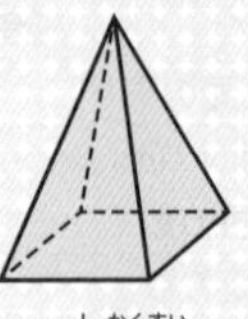

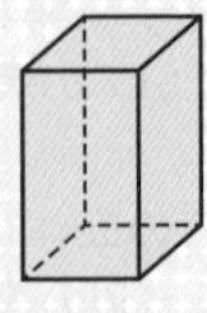

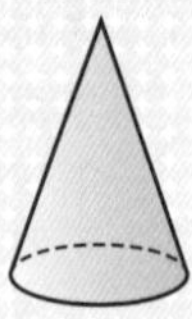

ア 三角柱　**イ** 球　**ウ** 四角錐（しかくすい）　**エ** 円柱　**オ** 直方体　**カ** 円錐

(1) 多面体はどれですか。また，何面体ですか。

(2) 多角形や円を，その面に垂直な方向に平行に動かしてできる立体はどれですか。

(2) 多角形や円を，その面に垂直な方向に平行に動かすと柱体ができる。

解き方と答え

(1) 平面だけで囲まれた立体を多面体といい，その面の数によって，四面体，五面体，… という。
（曲面をもつ立体は多面体でない）

よって，多面体は，**ア**…五面体(底面2＋側面3)

ウ…五面体(底面1＋側面4)

オ…六面体(底面2＋側面4)

(2) 平行に動かしてできる立体は柱体である。

ア 三角柱　**エ** 円柱　**オ** 直方体

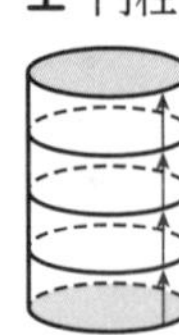

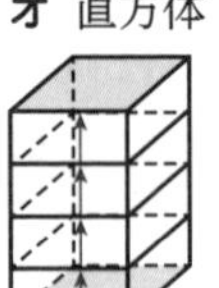

よって，ア，エ，オ

くわしく 立体の高さ

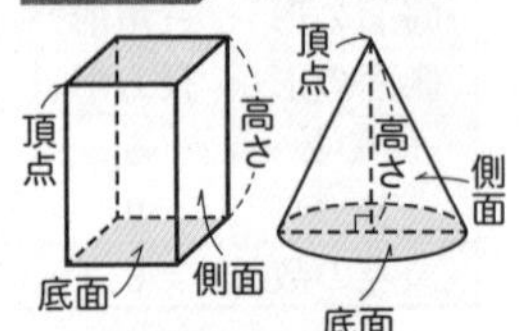

三角錐台（さんかくすいだい）…三角錐を底面と平行に切断した立体

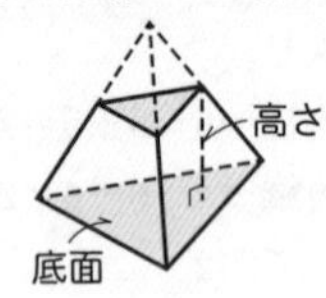

類題 25 別冊解答 p.88

次の問いに答えなさい。

(1) 右の立体は，どの面を，どの方向に動かしてできたものですか。

(2) 次の立体はそれぞれ何面体ですか。

❶ 三角錐　❷ 立方体　❸ 六角柱　❹ 四角錐台

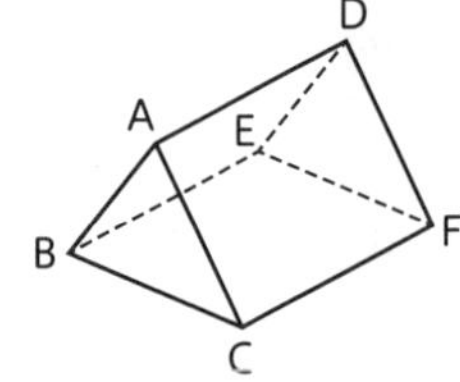

★★★

p.322 2

例題 26 面を回転させてできる立体

次の問いに答えなさい。

(1) 右の図の直角三角形ABCについて，辺ACを軸として1回転させてできる立体を，次の**ア**～**エ**のうちから1つ選び，記号で答えなさい。〔千葉〕

ア 円柱　**イ** 三角錐　**ウ** 三角柱　**エ** 円錐

(2) 次の図形をそれぞれ直線ℓを軸として1回転させると，どんな立体ができますか。

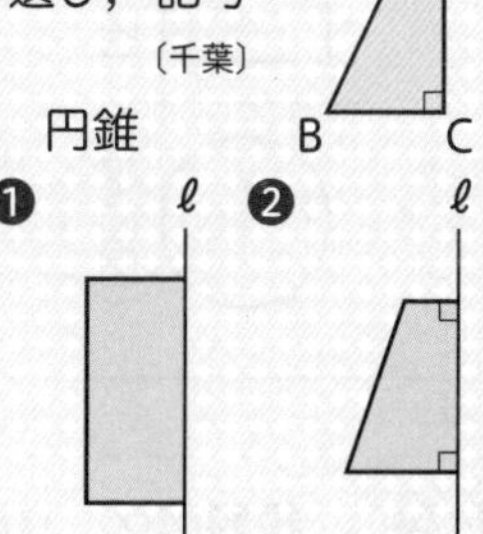

(1) **辺BCを点Cを中心としてACに垂直に1回転させると円ができる。**

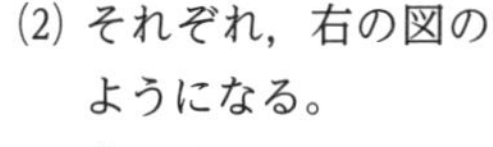

(1) 右の図のように，辺ACを軸として直角三角形ABCを1回転させると，円錐ができる。
よって，**エ**

(2) それぞれ，右の図のようになる。
よって，
❶円柱
❷円錐台

❶ 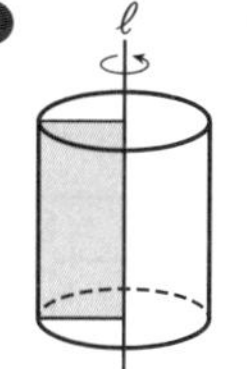

❷ 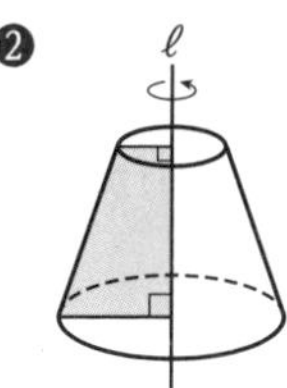

用語 母線

回転体の側面をつくるもとになる線分を母線という。

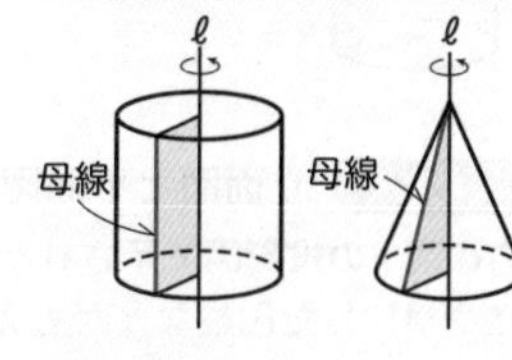

くわしく 円錐台

(2)❷のような，円錐を底面と平行に切断した立体を円錐台という。

次の立体は，それぞれ直線ℓを軸としてある図形を1回転させたときにできる回転体である。それぞれ回転させた図形の名前を答えなさい。

(1)

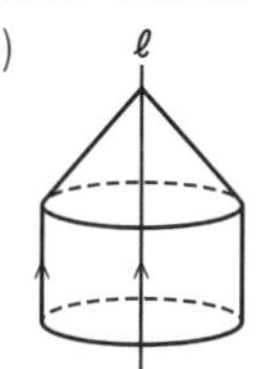

(2)

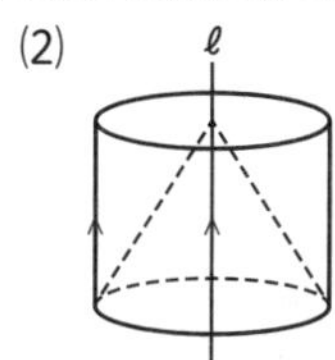

(3)

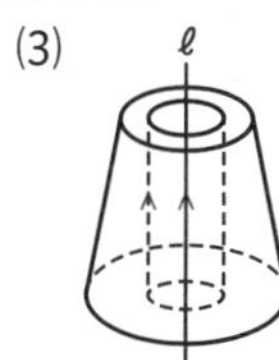

★★★ p.322 3

例題 27 投影図

次の投影図で示された立体の名前を答えなさい。

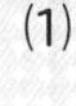

(1) 〔佐賀〕

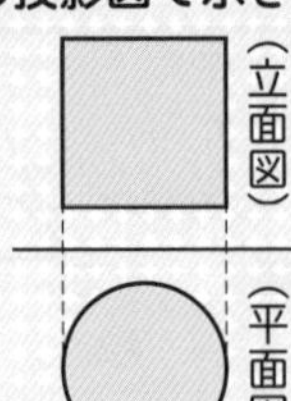

(2)

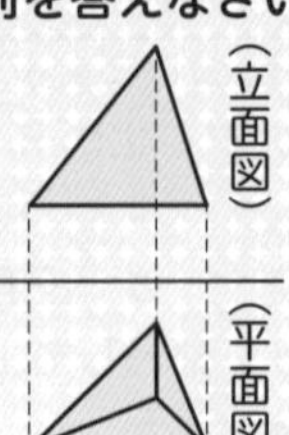

(3)

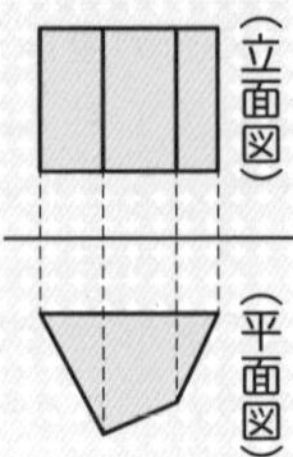

投影図は，立面図(正面から見た図)と平面図(真上から見た図)の組み合わせである。

解き方と答え

見取図をかくと，それぞれ次のようになる。よって，(1)円柱　(2)三角錐　(3)四角柱

(1)

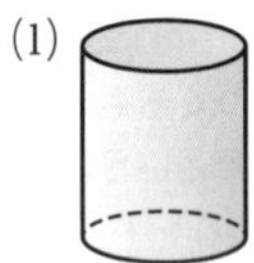

(2)

(3)

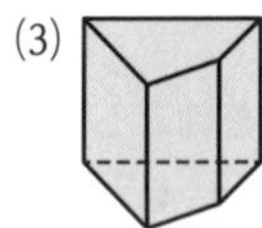

くわしく 立面図と平面図だけでは表せないとき

右の図1の投影図で示された立体は，四角柱や横にした円柱などが考えられる。図2のように，側面図(横から見た図)をつけ加えて表すと，四角柱と断定できる。

(図1)

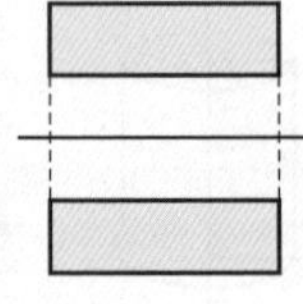

(図2)

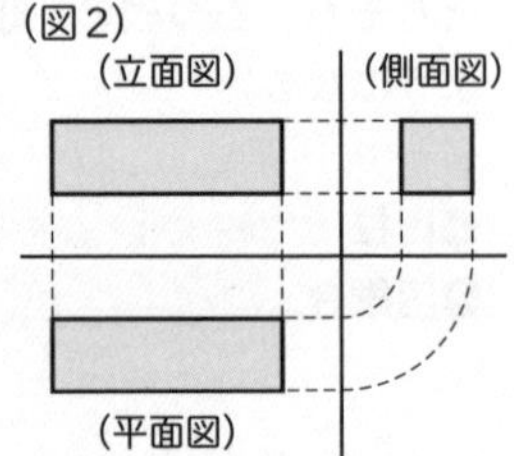

類題 27 別冊解答 p.88

右の図は，正四角錐の見取図である。この正四角錐の投影図として正しいものを1つ選び，記号で答えなさい。〔鳥取〕

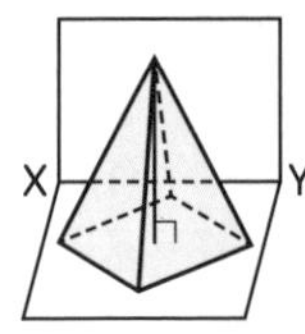

ア　イ　ウ　エ　オ

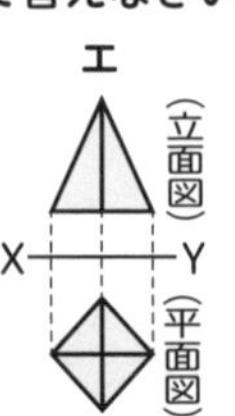

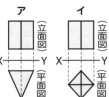

7 立体の展開図

p.327 ～ 332

GOAL

❶ 柱体と錐体の展開図をかけるようにしよう。

❷ 正多面体にはどんなものがあるかを知り，それぞれの特徴を理解しよう。

❸ 柱体や錐体での最短距離を求める問題が解けるようにしよう。

要点整理

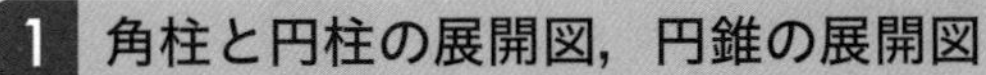

1 角柱と円柱の展開図，円錐の展開図

➡例題 28，29

㋐ 角柱の展開図

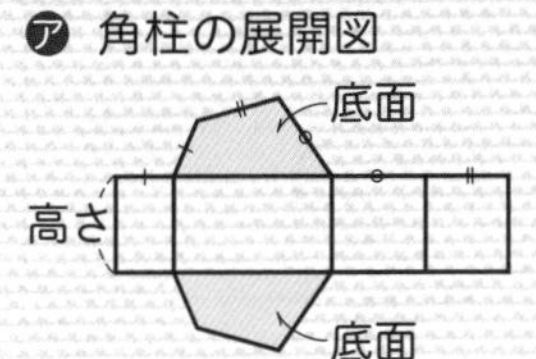

㋑ 円柱の展開図

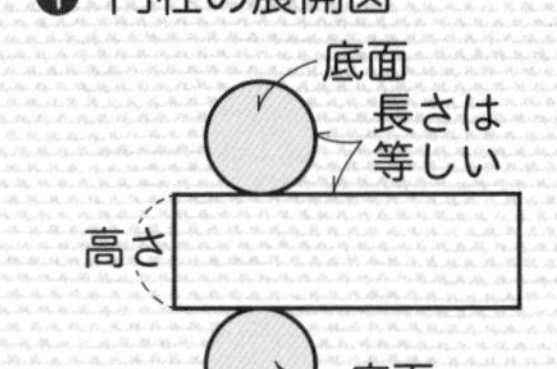

㋒ 円錐の展開図

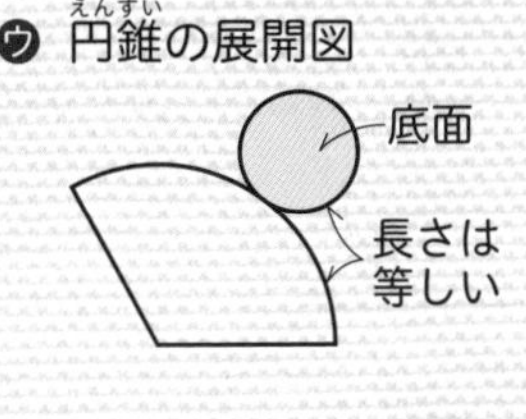

2 正多面体の展開図

➡例題 30

▶合同な正多角形で囲まれ，各頂点に同数の面が集まり，へこみのない多面体を**正多面体**という。正多面体は，次の**5種類**しかない。

㋐ ㋑

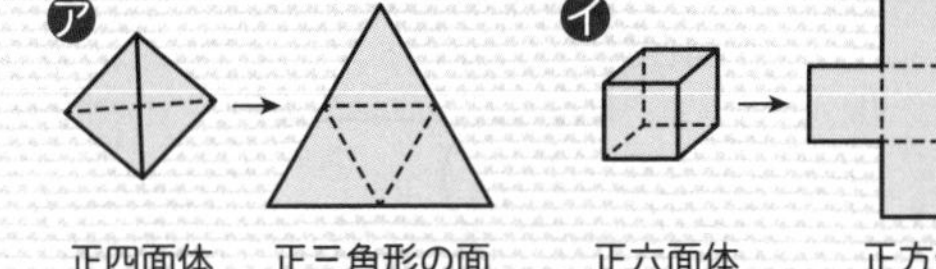

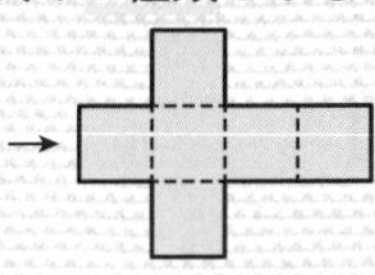

正四面体　正三角形の面　正六面体　正方形の面

㋒

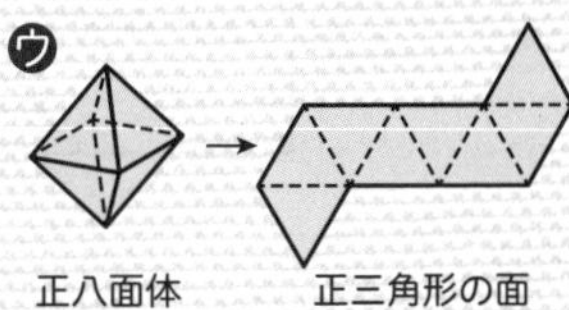

正八面体　正三角形の面

㋓

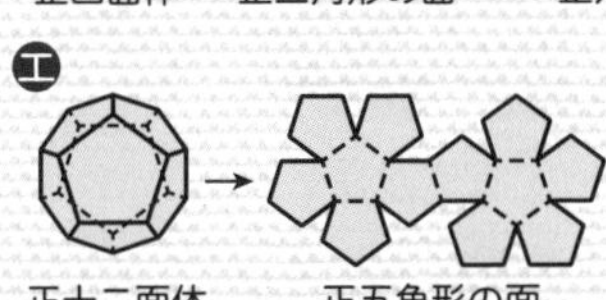

正十二面体　正五角形の面

㋔

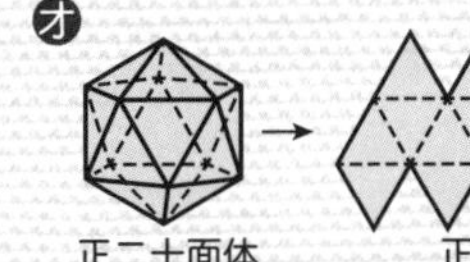

正二十面体　正三角形の面

3 展開図と最短距離

➡例題 31，32

▶立体での最短距離を求める問題では，**展開図をかいて考える**とよい。

㋐ 三角柱と最短距離

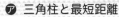

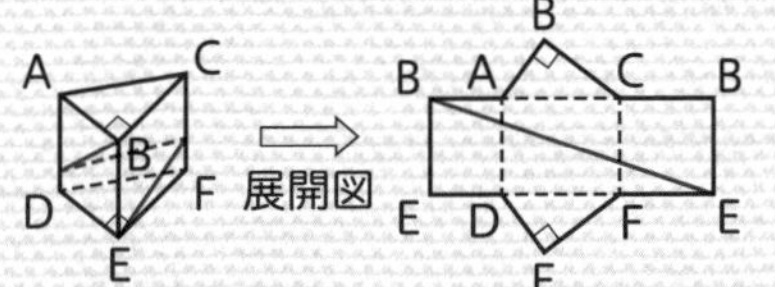

㋑ 円錐と最短距離

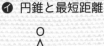

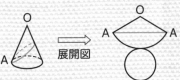

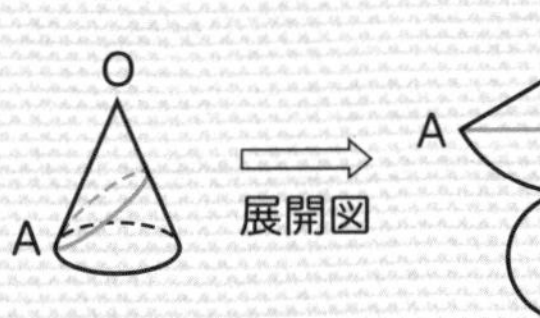

★★★ p.327 1

例題 28 角柱と円柱の展開図

次の問いに答えなさい。

(1) 右の図のような三角柱と円柱の展開図をかきなさい。

❶ 5cm, 4cm, 3cm, 6cm　❷ 2cm, 4cm

(2) 右の図は，円柱の見取図とその展開図である。

❶ この円柱の高さを求めなさい。

❷ 展開図のBCの長さを求めなさい。

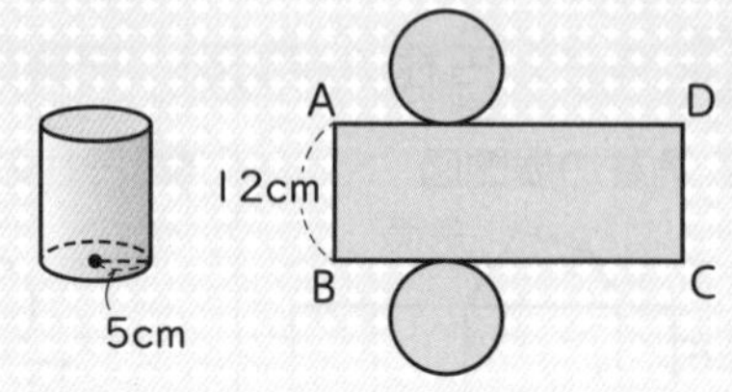

(2)❷ BCの長さは底面の円周の長さと同じである。

解き方と答え

(1)❶（例）

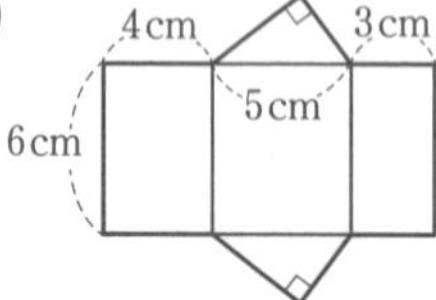

❷（例）

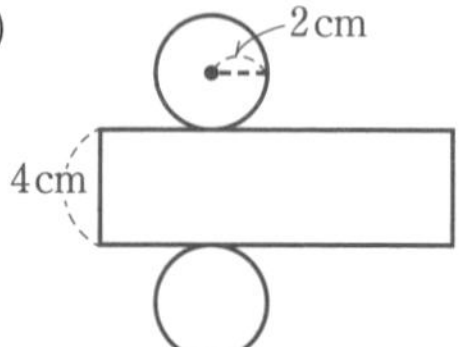

(2)❶ 円柱の高さは，展開図のABの長さで，12cm

❷ BCの長さは，底面の円周の長さに等しいから，$2\pi\times5=10\pi$(cm)

↑半径5cmの円

類題 28 別冊解答 p.88

右の図は，立方体の展開図で，辺ABは面アの1辺である。この展開図をもとにして立方体をつくるとき，辺ABに平行な面をア～カからすべて選び，記号で答えなさい。〔長野〕

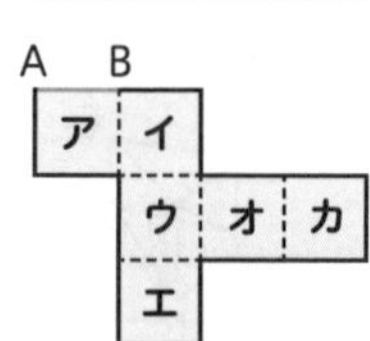

★★★

⮌ p.327 1

例題 29 円錐の展開図

次の問いに答えなさい。

(1) 右の図1は，円錐(えんすい)の展開図である。おうぎ形の中心角の大きさを求めなさい。〔富山〕

(2) 右の図2は，円錐の展開図である。側面は半円であり，その直径は12cmである。このとき，円錐の底面の円の半径を求めなさい。〔高知－改〕

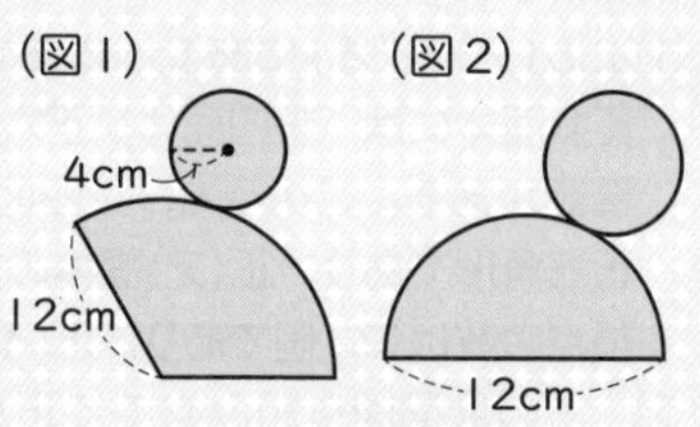

円錐の側面のおうぎ形の弧の長さは，底面の円周の長さに等しい。

解き方と答え

(1) 側面のおうぎ形の弧の長さは，底面の円周の長さに等しいから，おうぎ形の中心角を a°とすると，

$$\underline{2\pi\times12\times\frac{a}{360}}=\underline{2\pi\times4}\quad \frac{a}{15}\pi=8\pi\quad a=120$$

└底面の円周の長さ
└おうぎ形の弧の長さ

よって，おうぎ形の中心角は，120°

(2) 底面の円の半径を $r$cmとする。
側面のおうぎ形の中心角は180°だから，

$$\underline{2\pi r}=2\pi\times6\times\frac{180}{360}\quad 2\pi r=6\pi$$

└底面の円周の長さ

$r=3$

よって，底面の円の半径は，3cm

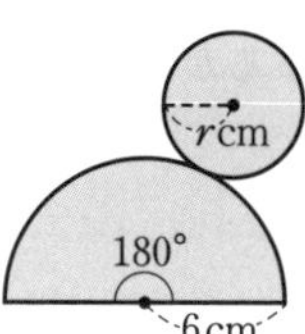

公式 中心角の求め方

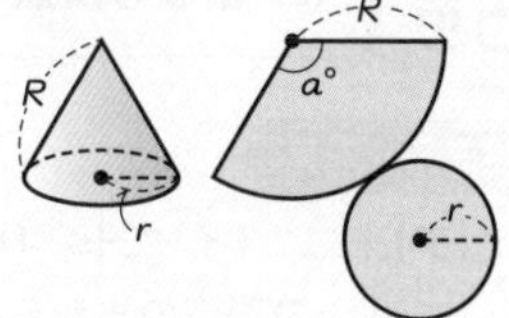

$2\pi R\times\frac{a}{360}=2\pi r$ より，

$\frac{a}{360}=\frac{r}{R}$ または，

$a=360\times\frac{r}{R}$

この公式を使うと，

(1) $a=360\times\frac{4}{12}=120$

(2) $\frac{r}{6}=\frac{180}{360}\quad r=3$

類題 29 別冊解答 p.88

次の問いに答えなさい。

(1) 底面の半径が6cm，母線の長さが30cmの円錐がある。この円錐の展開図をかいたとき，側面になるおうぎ形の中心角を求めなさい。〔青森－改〕

(2) 円錐の展開図があり，側面になるおうぎ形の中心角は120°である。この展開図を組み立てたときにできる円錐の母線の長さが4cmのとき，底面の円周の長さを求めなさい。

★★★ p.327 2

例題 30 正多面体の展開図

次の問いに答えなさい。

(1)次の(**ア**)～(**オ**)にあてはまる語句，数字をそれぞれ答えなさい。

正多面体には，正四面体，正六面体，正八面体，正(**ア**)面体，正(**イ**)面体の5種類がある。このうち，正四面体，正八面体，正(**イ**)面体は，すべての面が正三角形であり，正(**ア**)面体のすべての面は(**ウ**)である。また，正(**ア**)面体の頂点の数は(**エ**)個であり，正(**イ**)面体の辺の本数は(**オ**)本である。〔立命館高〕

(2) 右の展開図を組み立てて正八面体をつくる。

❶ 点Aと重なる点をすべて答えなさい。

❷ 辺AJと平行になる辺をすべて答えなさい。

❸ 面アと平行になる面をすべて答えなさい。

❹ 辺CDとねじれの位置になる辺をすべて答えなさい。

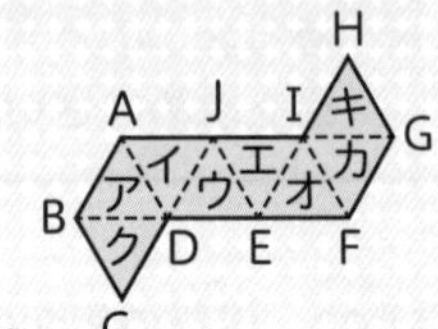

(2) **重なる頂点を結んでいこう。**

解き方と答え

(1) (**ア**)十二　(**イ**)二十　(**ウ**)正五角形

(**エ**)1つの頂点のまわりに3つの面が集まるから，

$5\times12\div3=20$(個)

(**オ**)1つの辺に2つの面が集まるから，

$3\times20\div2=30$(本)

(2)❶ 右の図から，点G

❷ 辺BC，辺FE

❸ 面エ

❹ 辺CDと重なる辺，交わる辺，平行な辺を見つけて除くと，辺AB，辺AJ，辺FI，辺FG，辺GH，辺HI，辺IJ

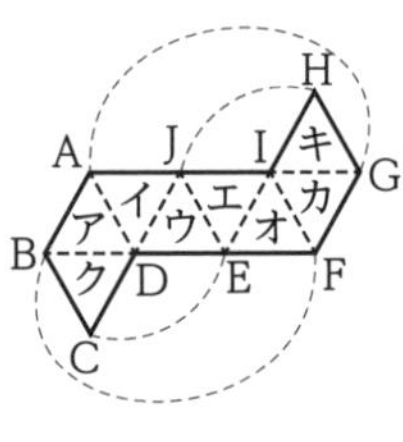

くわしく 正多面体

	見取図	面の形
正四面体		正三角形
正六面体(立方体)		正方形
正八面体		正三角形
正十二面体		正五角形
正二十面体		正三角形

別冊解答 p.89

右の図のように，「な」「ら」と書かれた立方体がある。次のア～エの立方体の展開図の中に，組み立てると図の立方体ができるものが1つある。その展開図を選び，記号で答えなさい。〔奈良〕

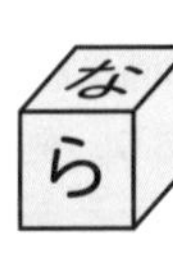

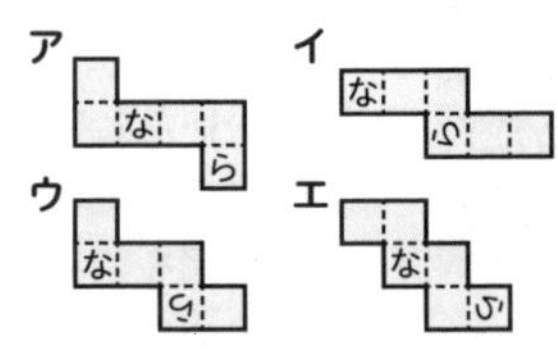

★★★ p.327 3

例題 31 展開図と最短距離 (1) ～柱体～

次の問いに答えなさい。

(1) 右の図のような直方体の表面に，頂点Aから頂点Gまで，次の2通りの方法でひもをかける。
㋐辺BCと交わる　㋑辺EFと交わる
ひもをゆるまないようにかけるとき，どちらのかけ方がひもが短くてすみますか。展開図をかいて調べなさい。

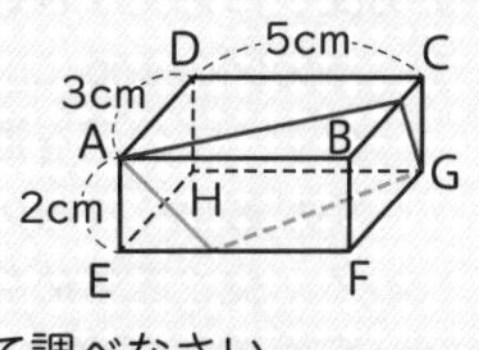

(2) 右の図のような立方体と円柱があり，AからBまで，側面に沿って糸をぴんと張った。張った糸の長さは，どちらが短いですか。

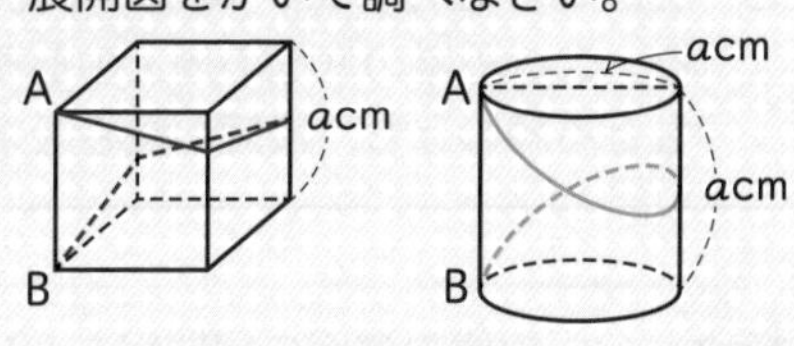

線分が通る面を取り出して考えよう。2点を通る最短距離(さいたんきょり)は，2点を結ぶ線分である。

解き方と答え

(1) 右の図のように，直方体の一部の展開図をかき，辺BC，EFと交わるように2点AとGを直線で結ぶ。コンパスで長さを比べると，㋑<㋐となることがわかるので，短いほうは㋑

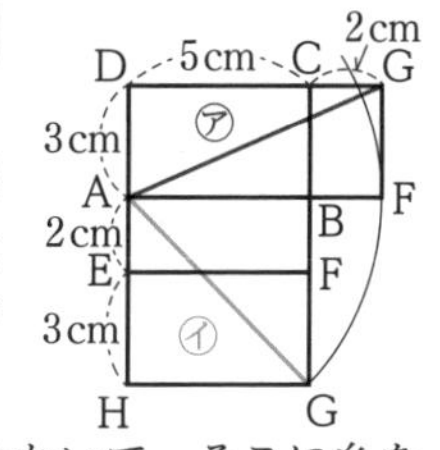

(2) 立方体と円柱の側面の展開図をかいて，そこに糸をかき入れると，糸はどちらも直線になる。

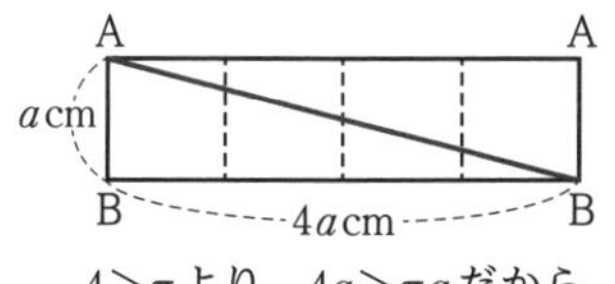

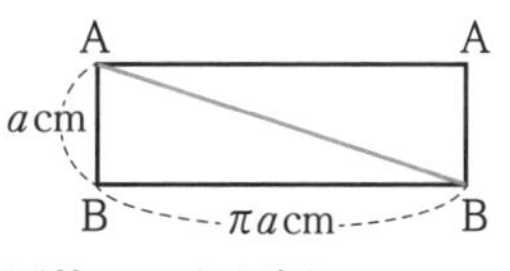

$4>\pi$ より，$4a>\pi a$ だから，円柱のほうが短い。
（π ← 3.14…）

くわしく 最短距離

2点を結ぶ線で，最短になるのは線分(せんぶん)である。

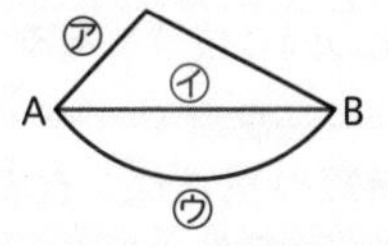

上の図で㋑の線分ABの長さが最短距離(さいたんきょり)である。

Advance 最短距離の長さ…p.472の例題134

右の図は，直方体とその展開図である。直方体の辺DC上に点Pをとる。AP+PGの長さが最小となるような点Pを，展開図にかき入れなさい。

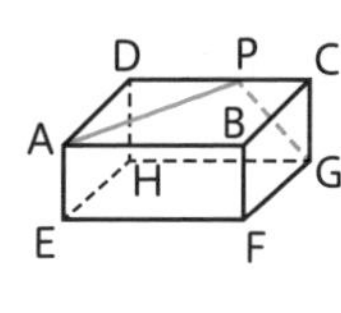

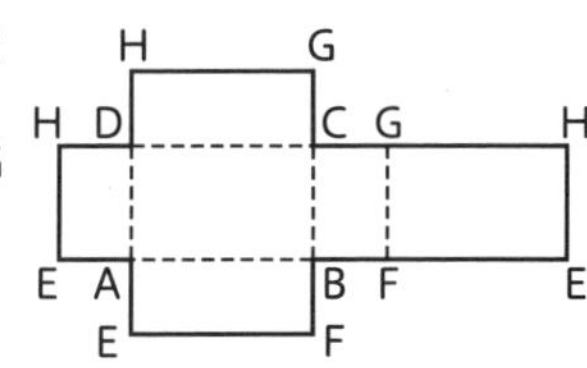

★★★ → p.327 3

例題 32 展開図と最短距離 (2) ～錐体～

次の問いに答えなさい。

(1) 右の図のように，1辺の長さが4cmの正四面体ABCDのすべての面を通って，ひもをかける。ひもの長さの和が最小になるのは，展開図上でどのようなときか答え，長さを求めなさい。

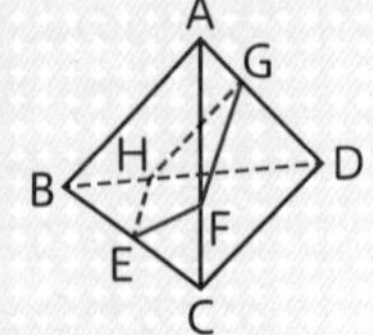

(2) 底面の半径が2cm，母線の長さが12cmの円錐(えんすい)がある。この円錐の底面の周上のある点から側面上を通って，再び同じ点にもどる線のうち，最短の長さを求めなさい。

(2) 円錐の側面の展開図をかいて考えよう。

解き方と答え

(1) 点EをBC上のどこにとっても，EF＋FG＋GH＋HEが最小になるのは，右の展開図で4点E，F，G，Hが一直線上に並ぶときである。点Eが展開図の左端と右端の辺BC上の同じ位置にあるから，その長さは，ABとBAをたした長さで，$4 \times 2 = 8$(cm)

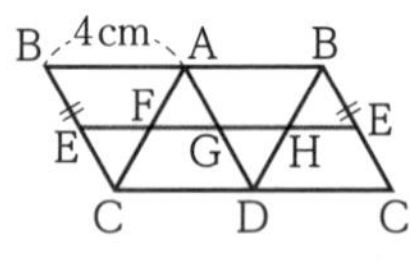

(2) 最短の長さは，右の展開図でAA′の長さになる。側面のおうぎ形の中心角は，

$360^\circ \times \frac{2}{12} = 60^\circ$

△OAA′は，OA＝OA′＝12cm，∠AOA′＝60°より，正三角形だから，最短の長さは，12cm

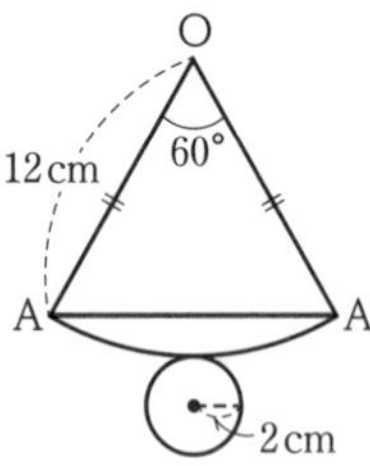

くわしく

正四角錐での最短距離

正四角錐O-ABCDの点Aから4つの側面を通り再びAにもどる線のうち，最短の長さは，下の図のAA′になる。

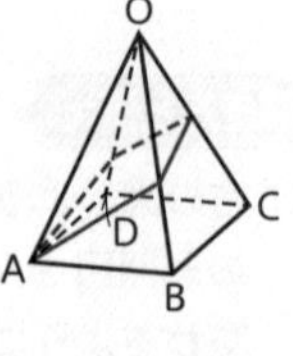

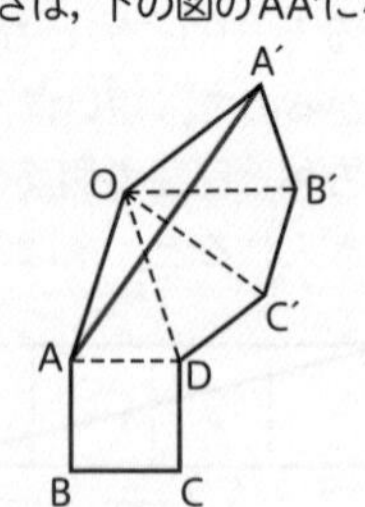

類題 32 → 別冊解答 p.89

右の図のような底面の半径が4cm，母線の長さが12cmの円錐がある。この円錐の底面の直径の両端AからBまで側面上にひもをかける。最短になるときのひもの長さを求めなさい。

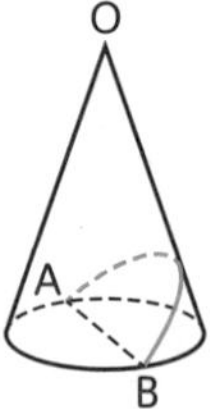

8 立体の表面積と体積

p.333〜341

❶ 角柱と円柱，角錐(かくすい)と円錐の表面積・体積の求め方を理解し，それらを求められるようにしよう。

❷ 球の表面積と体積の公式を覚え，求められるようにしよう。

要点整理

1 角柱と円柱の表面積，角錐・円錐の表面積

➡例題 33〜35

▶立体の表面全体の面積を表面積(ひょうめんせき)という。また，1つの底面の面積を底面積(ていめんせき)，側面全体の面積を側面積(そくめんせき)という。表面積は，**立体の展開図の面積と等しい。**

▶角柱・円柱の表面積
＝**底面積×2＋側面積**
角柱・円柱の側面積
＝**底面のまわりの長さ×高さ**

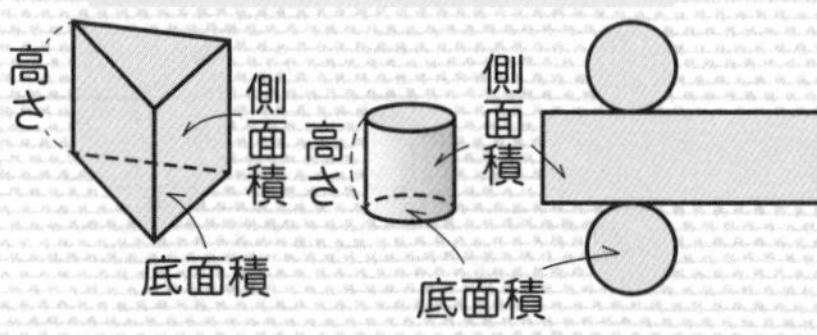

▶角錐(かくすい)・円錐の表面積＝**底面積＋側面積**

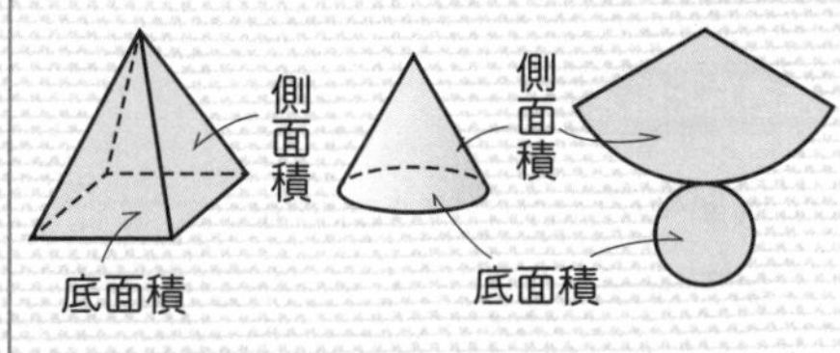

2 角柱と円柱，角錐と円錐の体積

➡例題 36〜38

▶角柱・円柱の底面積をS，高さをh，体積をVとすると，

$V=Sh$

$V=\pi r^2 h$

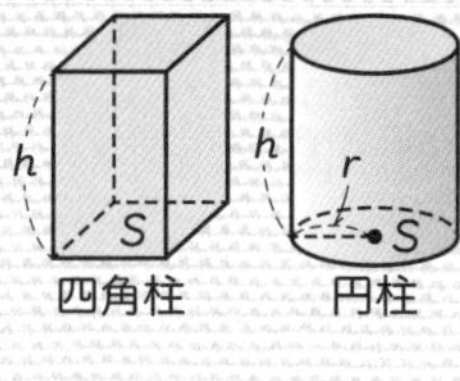

▶角錐・円錐の底面積をS，高さをh，体積をVとすると，

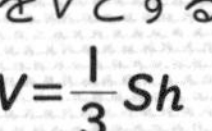

$V=\frac{1}{3}Sh$

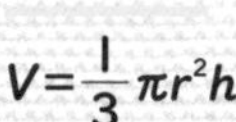

$V=\frac{1}{3}\pi r^2 h$

3 球，回転体の表面積と体積

➡例題 39，40

▶半径rの球の表面積をS，体積をVとすると，

$S=4\pi r^2$　　$V=\frac{4}{3}\pi r^3$

表面積＝心配ある事情　　体積＝身の上に心配あるので参上

▶回転体は，円柱，円錐，球などを組み合わせた立体になるので，それぞれの立体の表面積や体積の公式を使う。

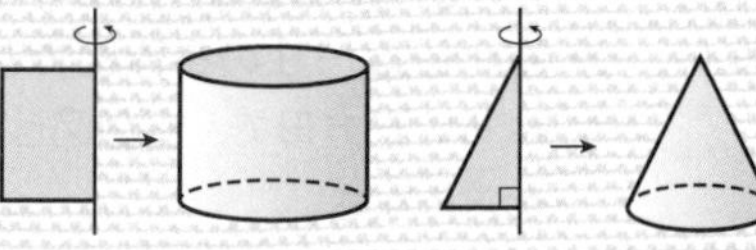

★★★

p.333 1

例題 33 角柱と円柱の表面積

次の立体の表面積を求めなさい。

(1)

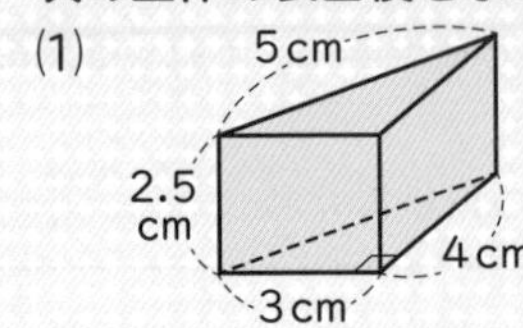

(2)

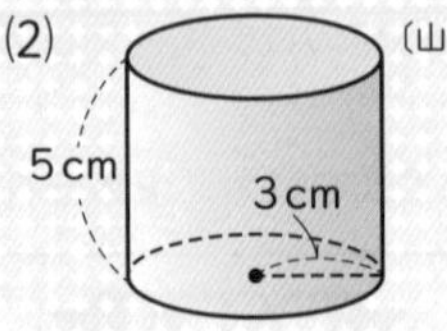

〔山口〕 (3)

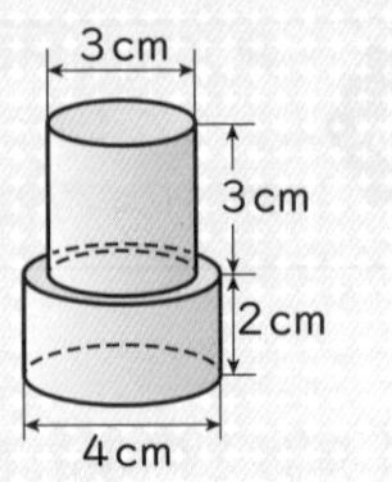

角柱・円柱の側面積＝底面のまわりの長さ×高さ
角柱・円柱の表面積＝底面積×2＋側面積

解き方と答え

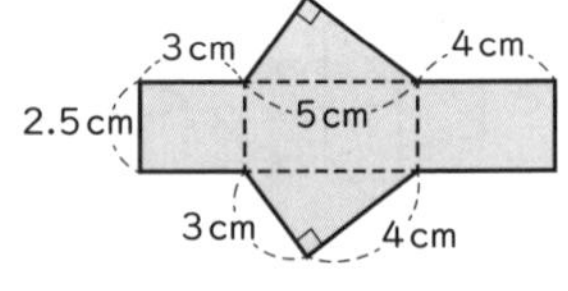

(1) 底面積は，$\frac{1}{2}\times3\times4=6(\text{cm}^2)$

側面積は，$\underline{(3+5+4)}\times2.5=30(\text{cm}^2)$
↑底面のまわりの長さ

よって，表面積は，$\underline{6\times2}+30=42(\text{cm}^2)$
↑底面は２つ

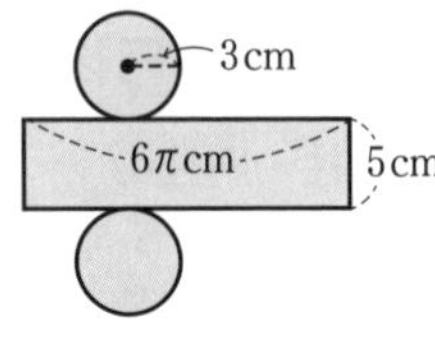

(2) 円柱の展開図は，右の図になる。側面の長方形の横の長さは，底面の円周の長さと等しく，$2\pi\times3=6\pi(\text{cm})$

よって，表面積は，$\underline{\pi\times3^2\times2}+\underline{6\pi\times5}=18\pi+30\pi=48\pi(\text{cm}^2)$
↑底面積　↑側面積

(3) 立体の表面積＝下側の円柱の底面積×2＋下側の円柱の側面積＋上側の円柱の側面積 だから，

$\pi\times2^2\times2+4\pi\times2+3\pi\times3=8\pi+8\pi+9\pi=25\pi(\text{cm}^2)$

類題 33 別冊解答 p.89

次の問いに答えなさい。

(1) 次の立体の表面積を求めなさい。

❶

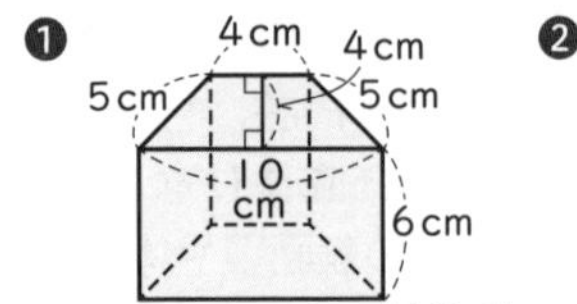

❷

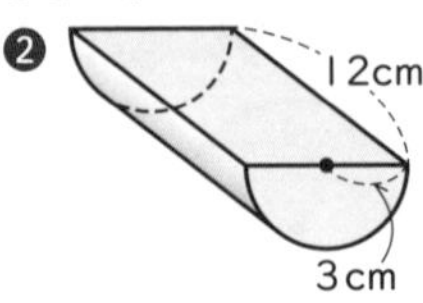

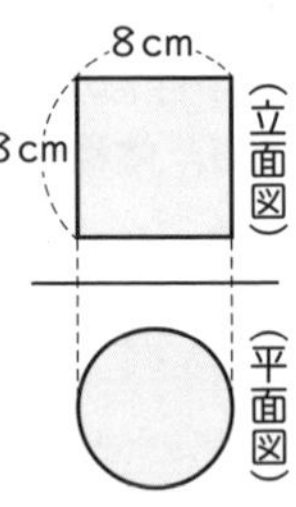

(2) 右の図は円柱の投影図（とうえいず）である。立面図は一辺の長さが8cmの正方形で，平面図は円である。この円柱の側面積を求めなさい。 〔石川〕

★★★

p.333 1

例題 34 角錐の表面積

次の問いに答えなさい。

(1) 右の図のような，底面が1辺6cmの正方形で，側面が高さ8cmの二等辺三角形である正四角錐（せいしかくすい）がある。この正四角錐の表面積を求めなさい。〔栃木〕

(2) 右の図のような，すべての辺の長さが8cmの三角柱ABCDEFがある。この三角柱を3点A，E，Fを通る平面で切って2つの立体に分けたとき，その2つの立体の表面積の差を求めなさい。

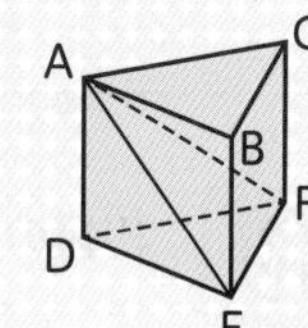

解き方のコツ 正四角錐の表面積＝正方形の面積（底面積）＋二等辺三角形の面積×4（側面積）

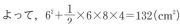

解き方と答え

(1) 正四角錐の展開図は右の図になる。
底面は1辺6cmの正方形，4つの側面は，それぞれ底辺6cm，高さ8cmの二等辺三角形である。

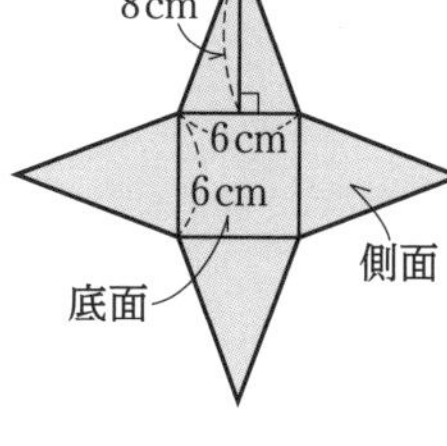

よって，$6^2+\frac{1}{2}\times6\times8\times4=132(\text{cm}^2)$

(2) 三角柱は，三角錐A-DEFと四角錐A-BEFCの2つの立体に分けられる。このとき，△ADEと△ABE，△ADFと△ACF，△DEFと△ABCは合同で，△AEFは共通の面なので，表面積の差は，正方形BEFCの面積で，$8\times8=64(\text{cm}^2)$

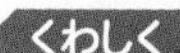

くわしく (1)正四角錐の別の展開図

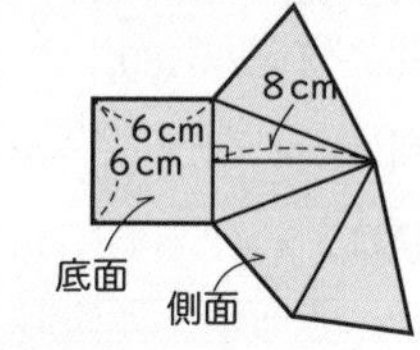

くわしく (2)図で考える

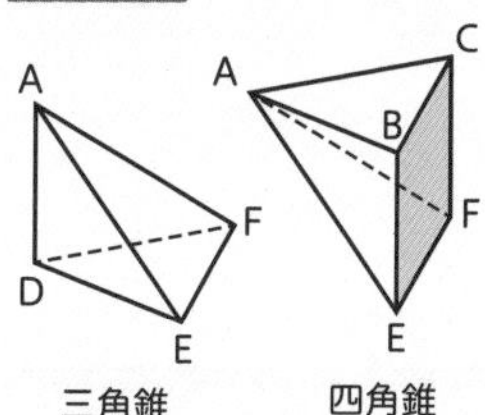
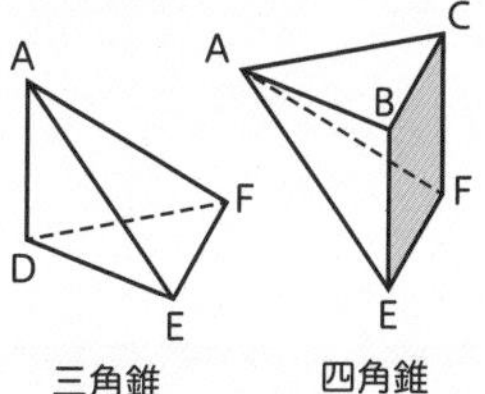

類題 34 別冊解答 p.89

次の正四角錐の表面積を求めなさい。

(1)

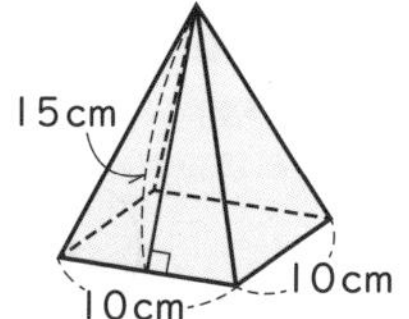

(2)

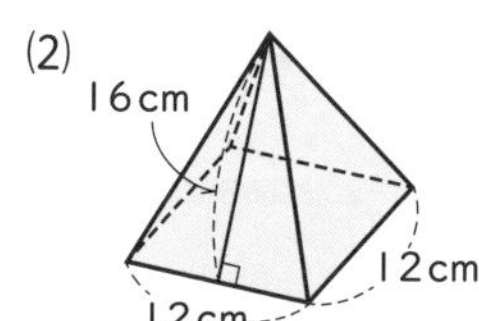

★★★

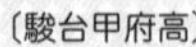
p.333 1

例題 35 円錐の表面積

右の図の円錐の表面積を求めなさい。　〔駿台甲府高〕

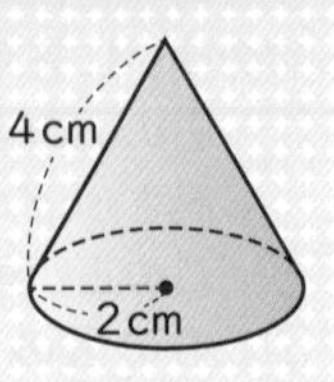

円錐の表面積＝底面の円の面積＋側面のおうぎ形の面積

解き方と答え

側面のおうぎ形の中心角を$a°$とする。

おうぎ形の弧の長さは，底面の円周の長さに等しいから，

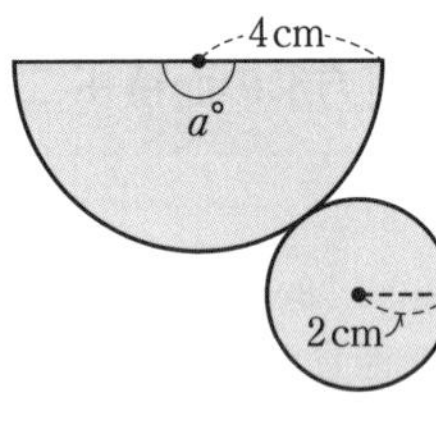

$2\pi\times4\times\frac{a}{360}=2\pi\times2$

$4a=360\times2\quad a=180$

側面積は，$\pi\times4^2\times\frac{180}{360}=8\pi(\text{cm}^2)$

底面積は，$\pi\times2^2=4\pi(\text{cm}^2)$

よって，表面積＝底面積＋側面積

$=4\pi+8\pi$

$=12\pi(\text{cm}^2)$

Return 中心角の求め方…p.329の 公式

公式 円錐の側面積

円錐の母線の長さをR，底面の半径をr，側面積をS，側面のおうぎ形の中心角を$a°$とすると，

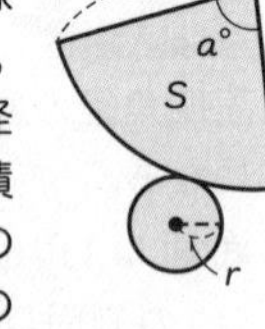

$\frac{a}{360}=\frac{2\pi r}{2\pi R}=\frac{r}{R}$

よって，$S=\pi R^2\times\frac{a}{360}$

$=\pi R^2\times\frac{r}{R}=\pi Rr$

上の公式を使うと，例題35の円錐の側面積は，

$\pi\times4\times2=8\pi(\text{cm}^2)$

次の問いに答えなさい。

(1) 右の図は，底面の半径が6cm，母線の長さが8cmの円錐である。この円錐の展開図をかいたとき，側面になるおうぎ形の面積を求めなさい。　〔青森〕

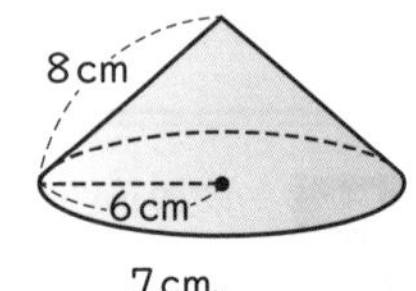

(2) 右の図のような展開図で表される円錐の表面積を求めなさい。　〔中央大附高〕

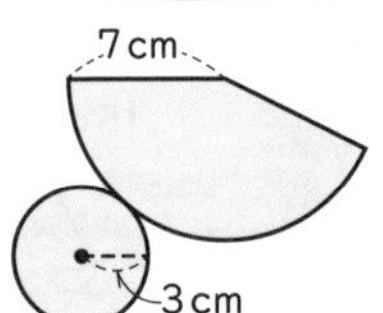

★★★ p.333 2

例題 36 角柱と円柱の体積

次の問いに答えなさい。

(1) 次の立体の体積を求めなさい。

❶ 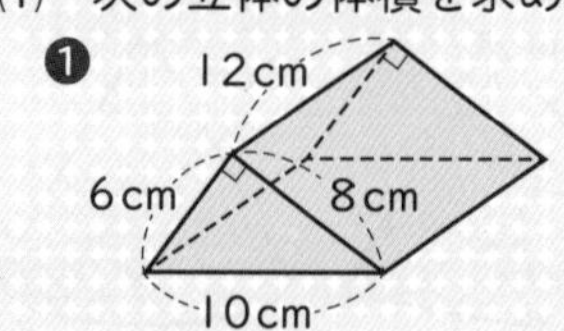

❷ 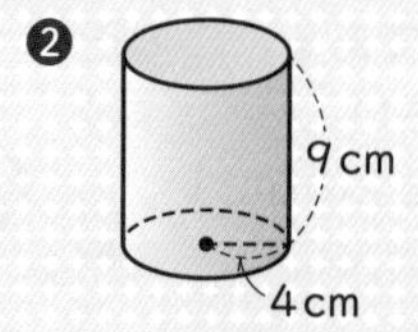

❸ 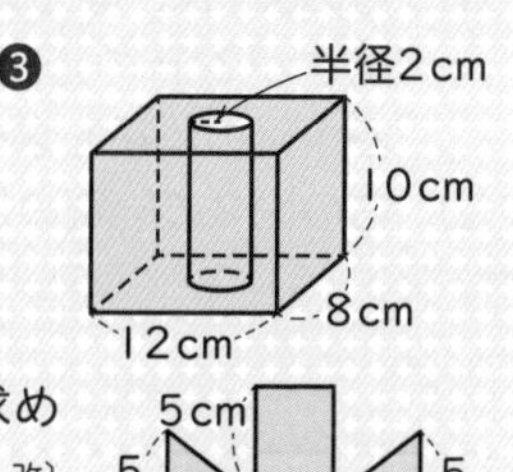

(2) 右の展開図を組み立ててつくった立体の体積を求めなさい。
〔東京工業大附属科学技術高－改〕

5cm
5 cm
2 cm
5 cm
4cm
4cm
4cm
3.5cm
5cm

解き方のコツ　**角柱・円柱の体積＝底面積×高さ**

解き方と答え

(1)❶ $\frac{1}{2}\times6\times8\times12=288(\mathrm{cm}^3)$
　底面積　高さ

❷ $\pi\times4^2\times9=144\pi(\mathrm{cm}^3)$
　底面積　高さ

❸ 四角柱の体積－円柱の体積
$=8\times12\times10-\pi\times2^2\times10=960-40\pi(\mathrm{cm}^3)$

(2) 組み立てると，右の図のような底面が台形の四角柱になる。
底面積は，$\frac{1}{2}\times(2+5)\times4=14(\mathrm{cm}^2)$
よって，体積は，$14\times3.5=49(\mathrm{cm}^3)$

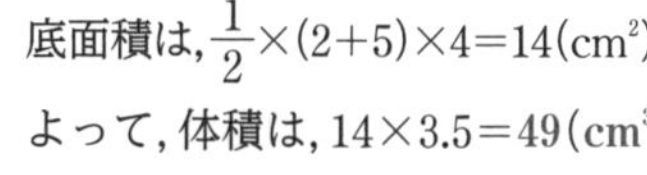

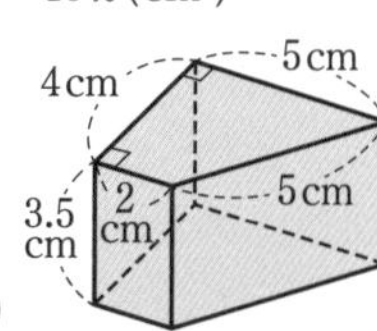

くわしく

直方体(角柱)の体積

小学校では，直方体の体積は，縦×横×高さ で求めたが，縦×横 が底面積だから，底面積×高さで体積を求めることができる。

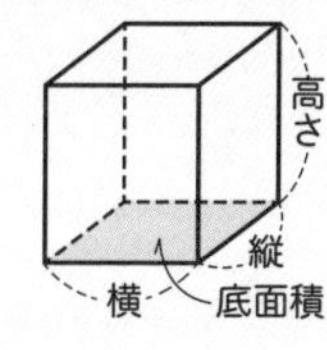

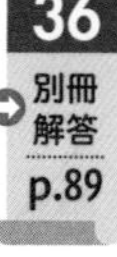

類題 36 別冊解答 p.89

次の投影図で示された立体の体積を求めなさい。

(1) 〔新潟〕

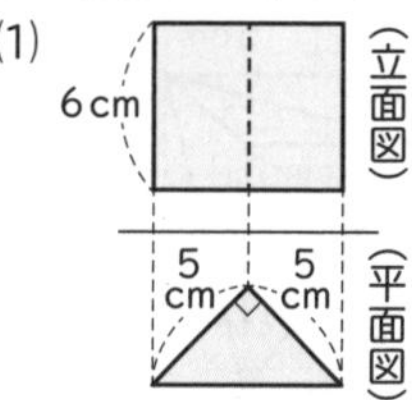

(2)

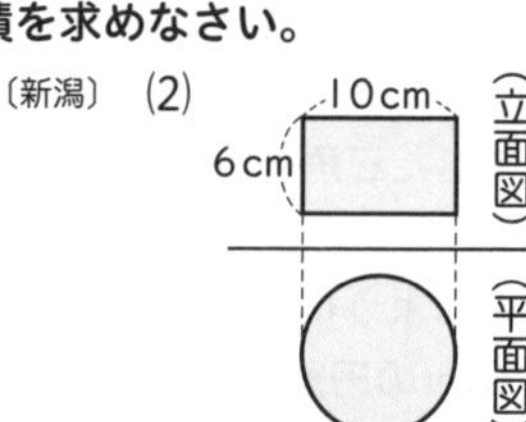

★★★ p.333 2

例題 37 角錐と円錐の体積

次の問いに答えなさい。

(1) 右の図1は，底面の対角線の長さが4cm，高さが3cmの正四角錐(せいしかくすい)である。この正四角錐の体積を求めなさい。〔岐阜〕

(2) 右の図2の円錐の体積を求めなさい。〔島根〕

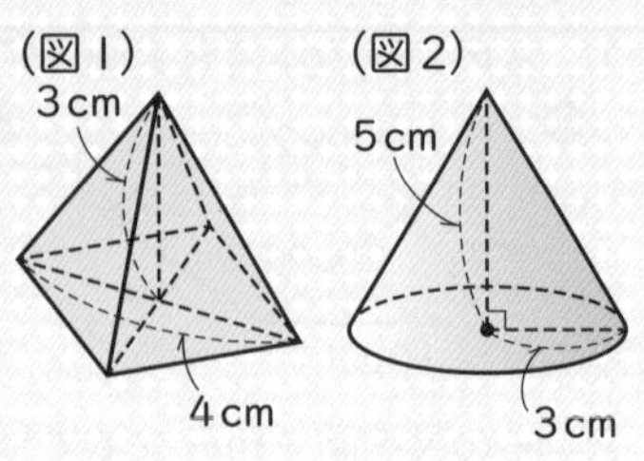

角錐・円錐の体積＝$\frac{1}{3}$×底面積×高さ

解き方と答え

(1) 正四角錐の底面は正方形である。

正方形の面積＝$\frac{1}{2}$×対角線×対角線

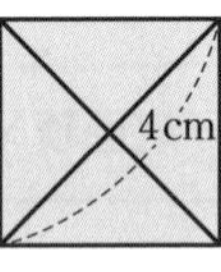

より，体積は，$\frac{1}{3}\times\left(\frac{1}{2}\times4\times4\right)\times3=8(\text{cm}^3)$

（$\frac{1}{2}\times4\times4$ ← 底面積，3 ← 高さ）

(2) 底面の円の半径は3cmだから，

底面積は，$\pi\times3^2=9\pi(\text{cm}^2)$

この円錐の高さは5cmなので，

体積は，$\frac{1}{3}\times9\pi\times5=15\pi(\text{cm}^3)$

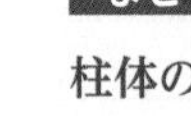

錐体の体積が柱体の$\frac{1}{3}$になる理由

錐体の体積が$\frac{1}{3}$×底面積×高さで求められることは，立方体が3つの合同な四角錐に分けられることからわかる。

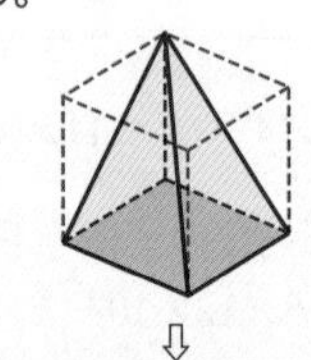

⇩

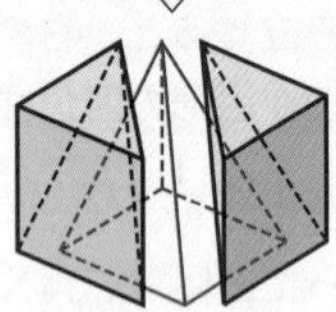

類題 37 別冊解答 p.89

次の問いに答えなさい。

(1) 右の図1のように，直方体の一部を切り取ってできた三角錐の体積を求めなさい。〔栃木〕

(2) 右の図2のように，底面の半径が5cmで，高さが6cmの円錐がある。この円錐の体積は何cm^3ですか。〔広島〕

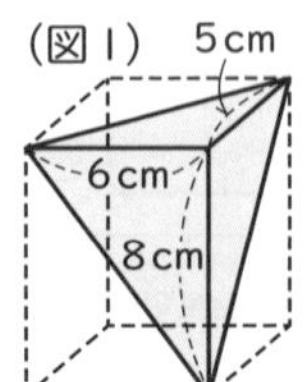

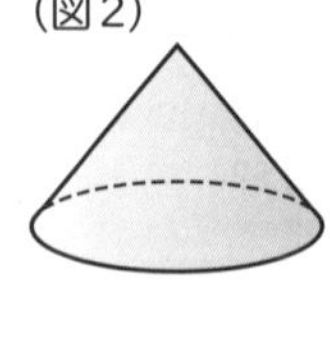

★★★ p.333 2

例題 38 特別な三角錐の展開図

右の図のような1辺の長さが6cmの正方形ABCDの辺AB，ADの中点をそれぞれP，Qとする。PQ，QC，CPを折り目として三角錐（さんかくすい）をつくる。

(1) この三角錐の体積を求めなさい。

(2) △PCQの面積を求めなさい。

(3) △PCQを底面としたとき，この三角錐の高さを求めなさい。

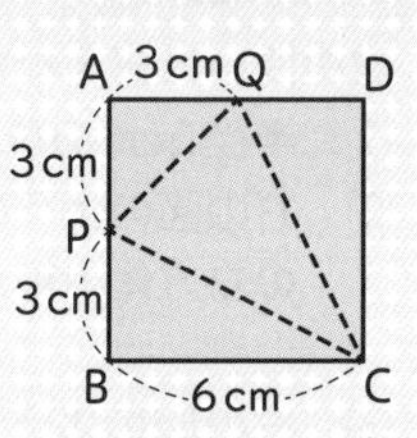

(1) 立体をつくると，AC⊥△APQとなり，AC＝6cmが三角錐の高さになる。

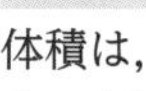

(1) ∠PBC＝∠QDC＝90°より，

△APQ⊥AC

よって，この展開図を組み立てると，右の図のような，底面が△APQ，高さがACの三角錐になる。

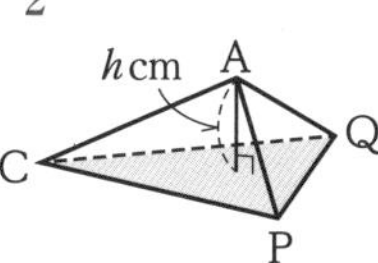

体積は，

$\frac{1}{3}\times\left(\frac{1}{2}\times3\times3\right)\times6=9$ (cm³)

(2) △PCQ＝正方形ABCD－(△APQ＋△BPC＋△CDQ)

$=6^2-\left(\frac{1}{2}\times3\times3+\frac{1}{2}\times3\times6\times2\right)=\frac{27}{2}$ (cm²)

(3) △PCQを底面としたときの三角錐の高さを$h$cmとして，体積を表すと，(1)，(2)より，

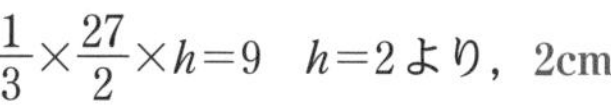

$\frac{1}{3}\times\frac{27}{2}\times h=9$　$h=2$より，2cm

アドバイス

実際につくってみよう

例題38の三角錐は，実際に展開図をかいて，組み立ててみるとよい。そうすると，

㋐3点A, B, Dが重なること。

㋑辺BCと辺DCが重なり，三角錐ができること。

㋒底面△APQに対して，辺ACが垂直になること。

が実感できるはずだ。

別解 反比例をつかう

底面を△PCQにすると，底面積が△APQのときの3倍になるので，高さは$\frac{1}{3}$になる。

よって，$6\times\frac{1}{3}=2$ (cm)

別冊解答 p.89

次の問いに答えなさい。

(1) 例題38の三角錐の表面積を求めなさい。

(2) 右の図のような，1辺の長さが3cmの正方形ABCDがある。辺BC，CDの中点をそれぞれM，Nとする。右の図の点線で折り曲げて△AMNを底面とする三角錐をつくるとき，この三角錐の高さを求めなさい。〔駿台甲府高〕

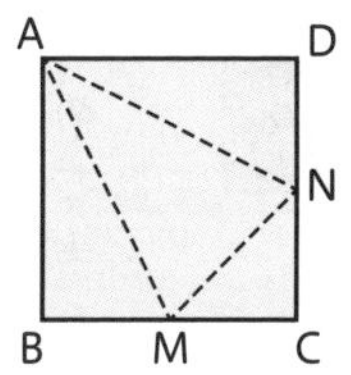

★★★ p.333 3

例題 39 球の表面積と体積

次の問いに答えなさい。

(1) 半径5cmの球の表面積を求めなさい。〔青森〕

(2) 右の図のように，球がきっちり入る1辺の長さが3cmの立方体の箱がある。この球の体積を求めなさい。〔徳島〕

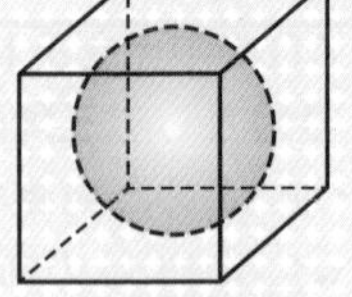

(3) 右の図のような半径3cmの半球の表面積と体積を求めなさい。〔兵庫〕

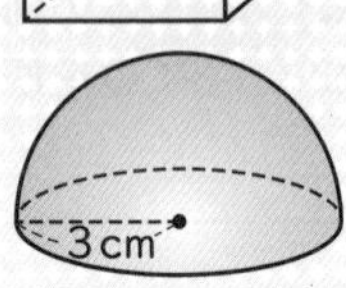

半径rの球の表面積$=4\pi r^2$，体積$=\frac{4}{3}\pi r^3$

解き方と答え

(1) $4\pi\times5^2=100\pi\,(\text{cm}^2)$

(2) 球の直径は立方体の1辺と等しく3cmなので，球の半径は$\frac{3}{2}$cm

よって，体積は，$\frac{4}{3}\pi\times\left(\frac{3}{2}\right)^3=\frac{9}{2}\pi\,(\text{cm}^3)$

(3) 表面積は，半球の曲面の面積＋底面の円の面積 だから，

$\frac{1}{2}\times4\pi\times3^2+\pi\times3^2=27\pi\,(\text{cm}^2)$

体積は，$\frac{1}{2}\times\frac{4}{3}\pi\times3^3=18\pi\,(\text{cm}^3)$

豆知識 円柱，球，円錐の体積比

半径$r$cm，高さ$2r$cmの円柱に，球，円錐(えんすい)がちょうど入っているときの体積は，それぞれ$\pi r^2\times2r=2\pi r^3\,(\text{cm}^3)$，$\frac{4}{3}\pi r^3\,\text{cm}^3$，$\frac{1}{3}\times\pi r^2\times2r=\frac{2}{3}\pi r^3\,(\text{cm}^3)$

よって，体積比は，円柱：球：円錐$=2\pi r^3:\frac{4}{3}\pi r^3:\frac{2}{3}\pi r^3=3:2:1$

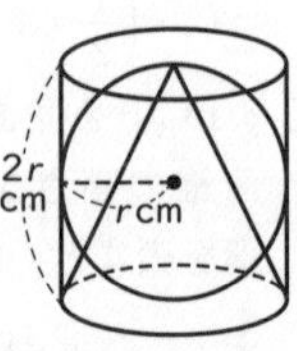

別冊解答 p.90

次の問いに答えなさい。

(1) 右の図は半径$r$cmの球を切断してできた半球で，切断面の円周の長さは4πcmであった。このとき，rの値を求めなさい。また，この半球の体積は何cm^3ですか。〔鹿児島〕

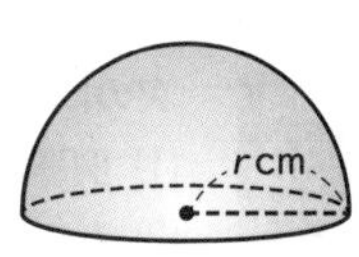

(2) 右の図のように，半径が3cmの球と，底面の半径が3cmの円柱がある。これらの体積が等しいとき，円柱の高さを求めなさい。〔佐賀〕

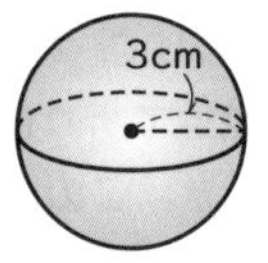

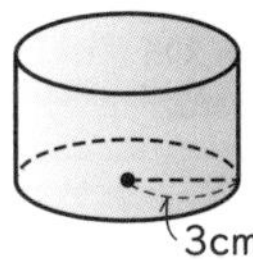

★★★ ⮌ p.333 3

例題 40 回転体の表面積と体積

次の問いに答えなさい。

(1) 右の図1のようなおうぎ形ABEと長方形BCDEをくっつけた図形を直線ACを軸(じく)として1回転させてできる立体の体積と表面積を求めなさい。〔長崎－改〕

(2) 右の図2のようなひし形を直線ℓを軸として1回転させてできる立体の体積と表面積を求めなさい。

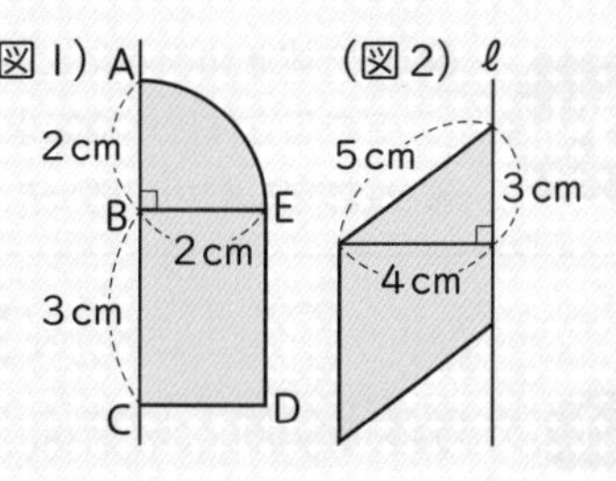

公式が使える円柱や円錐(えんすい)，球に分けて考えよう。

解き方と答え

(1) できる立体は，上側が半球，下側が円柱である。

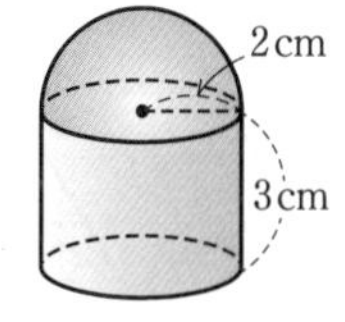

体積は，$\underbrace{\frac{1}{2}\times\frac{4}{3}\pi\times2^3}_{\text{半球の体積}}+\underbrace{\pi\times2^2\times3}_{\text{円柱の体積}}=\frac{16}{3}\pi+12\pi=\frac{52}{3}\pi\,(\text{cm}^3)$

表面積は，$\underbrace{\frac{1}{2}\times4\pi\times2^2}_{\text{半球の表面積}}+\underbrace{\pi\times2^2}_{\text{円柱の底面積}}+\underbrace{4\pi\times3}_{\text{円柱の側面積}}=24\pi\,(\text{cm}^2)$

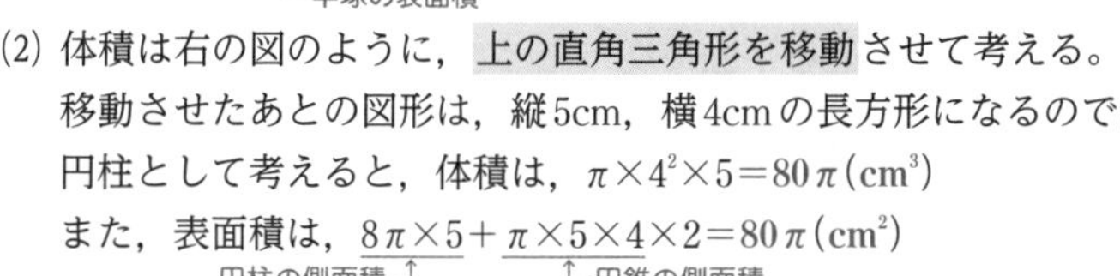

(2) 体積は右の図のように，上の直角三角形を移動させて考える。
移動させたあとの図形は，縦5cm，横4cmの長方形になるので，
円柱として考えると，体積は，$\pi\times4^2\times5=80\pi\,(\text{cm}^3)$
また，表面積は，$\underbrace{8\pi\times5}_{\text{円柱の側面積}}+\underbrace{\pi\times5\times4\times2}_{\text{円錐の側面積}}=80\pi\,(\text{cm}^2)$

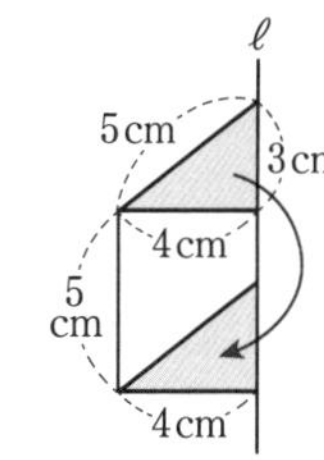

右の図のような，1辺の長さが$r$cmの正方形ABCDがある。中心角が90°のおうぎ形ABDの$\overset{\frown}{DB}$と正方形の2辺BC，CDとで囲まれた図の色のついた部分を，直線ABを軸として回転させてできる立体の体積を，rを用いた式で表しなさい。 〔宮城〕

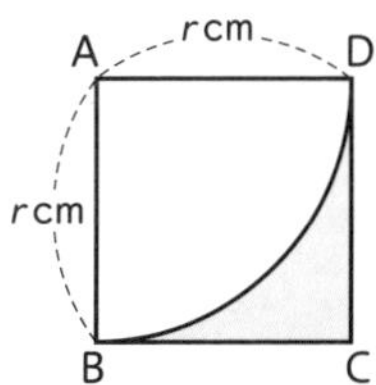

9 立体の切断

p.342 ～ 345

❶ 立方体を切断したときにできる切断面にはどんなものがあるかを理解し，できる立体の体積を求められるようにしよう。

❷ 柱体をななめに切った立体の体積を求められるようにしよう。

要点整理

1 立方体の切断と切断面

➡例題 41，42

▶ 立方体を平面で切ったときの切断面には次のようなものがある。

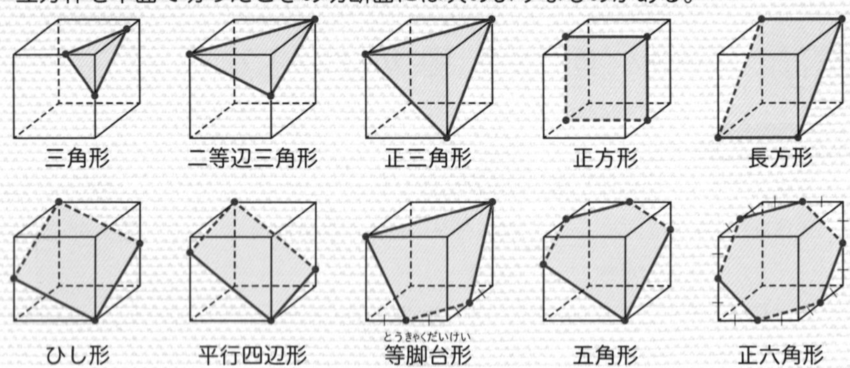

▶ 立方体の辺上にある3つの点を通る平面で切ったときの切断面の形は，次の手順で考える。

① 同じ平面上にある2点を結ぶ。

② 平行な面上にある切断面の辺は，平行になるようにかく。

③ 切断面の辺と立方体の辺をのばして交点をつくる。交点は大きな三角錐（さんかくすい）の頂点になる。

p.343の(4)参照

2 柱体をななめに切った立体

➡例題 43

▶ 柱体をななめに切った立体の体積は，**底面積×高さの平均**で求められる。

㋐ 円柱

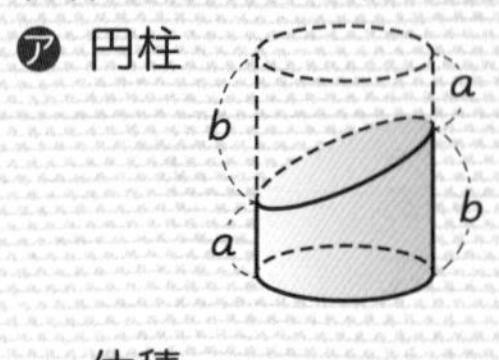

体積

$$= 底面積 \times \frac{a+b}{2}$$

㋑ 四角柱

体積

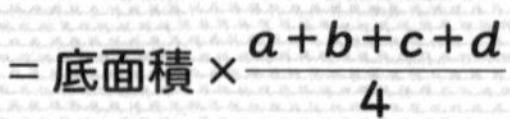

$$= 底面積 \times \frac{a+b+c+d}{4}$$

㋒ 三角柱

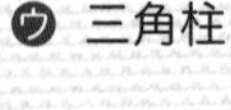

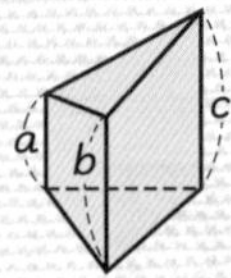

体積

$$= 底面積 \times \frac{a+b+c}{3}$$

★★★ ⮌p.342 1

例題 41 立方体の切断と切断面

右の立方体を，次の３点を通る平面で切るとき，その切断面はどんな図形になりますか。ただし，P，Q，Rは各辺の中点である。

(1) A，C，F　　(2) D，P，F

(3) E，G，R　　(4) P，Q，R

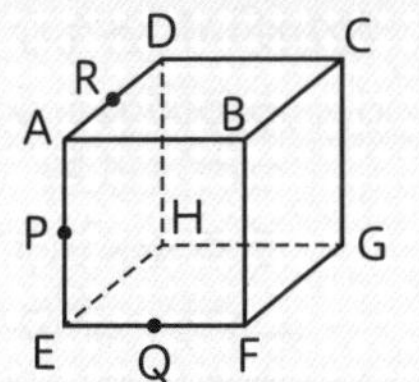

p.342の1の手順で考える。

解き方と答え

(1) 手順①で，3点A，C，Fを結ぶと，AC＝CF＝FAとなるので，正三角形ができる。

(2) 手順①で，DとP，PとFを結ぶ。手順②で，DPと平行な線MFをひくと，MはCGの中点となる。DとMを結ぶと，DP＝PF＝FM＝MDとなるので，ひし形ができる。

(3) 手順①で，RとE，EとGを結ぶ。手順②で，EGと平行な線RNをひくと，NはDCの中点となる。NとGを結ぶと，RE＝NGとなるので，等脚台形(とうきゃくだいけい)ができる。

(4) 手順①で，PとQ，PとRを結ぶ。手順③で，PRと立方体の辺HD，HEをのばし，交点OとO′をとる。手順①でO′とQを結んでのばし，辺FGとの交点をSとする。手順②で，QSと平行な線RUをひく。手順③で，OとUを結んでのばし，O′Qとの交点O″をとる。OO″と辺CGの交点をTとすると，S，T，Uはそれぞれの辺の中点となり，PQ＝QS＝ST＝TU＝UR＝RPとなるので，正六角形ができる。

(1)
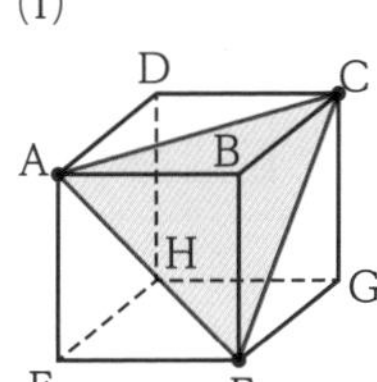

(2)
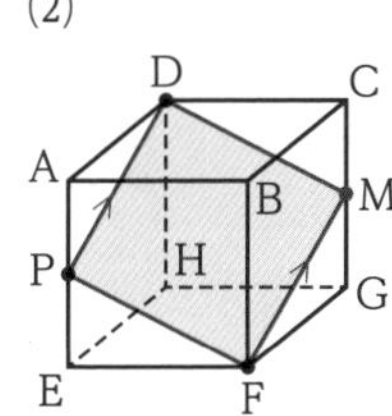

(3)
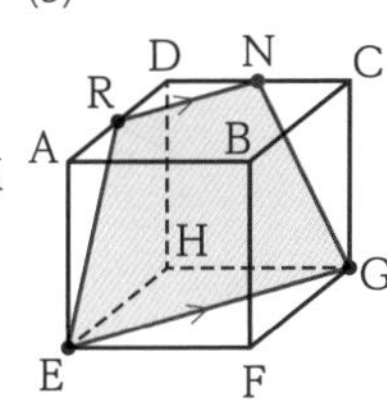

(4)
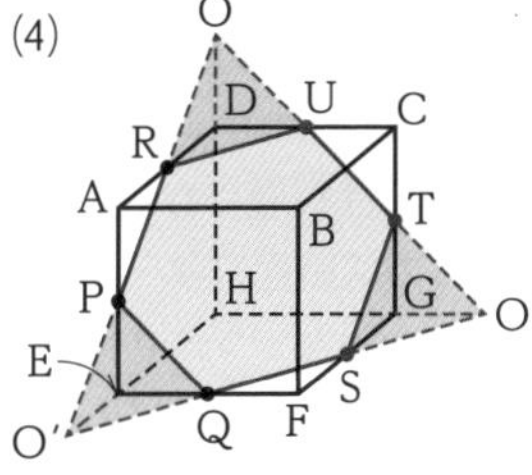

類題 41 別冊解答 p.90

右の立方体を，次の３点を通る平面で切るとき，その切断面はどんな図形になりますか。ただし，辺AD，CDの中点をそれぞれM，Nとし，線分MDの中点をPとする。

(1) C，P，E　　(2) M，N，F

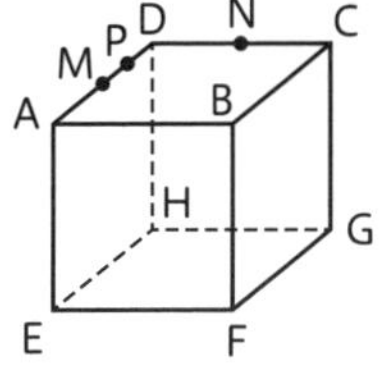
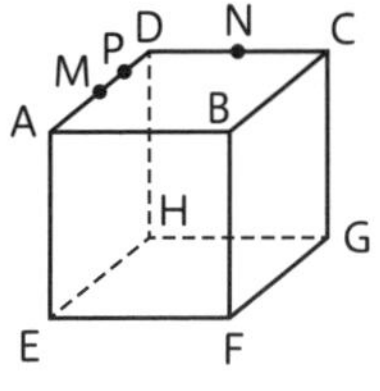

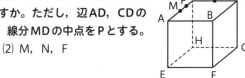

★★★ p.342 2

例題 42 立方体の切断と体積

次の問いに答えなさい。

(1) 右の図のように，1辺の長さが4cmの立方体を，3つの頂点B，C，Dを通る平面で切り取ってできた三角錐（さんかくすい）ABCDがある。三角錐ABCDの体積は何cm^3か，求めなさい。〔山口〕

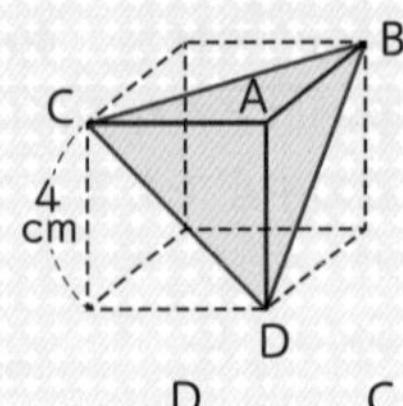

(2) 右の図のように，1辺の長さが6cmの立方体があり，辺BFの中点をMとする。3点E，M，Cを通る平面でこの立方体を切断するとき，頂点Bをふくむほうの立体の体積を求めなさい。

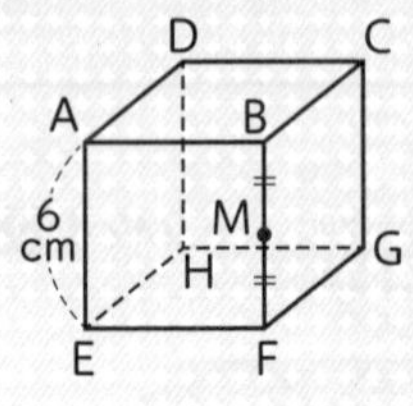

(1) 三角錐ABCDの体積$=\frac{1}{3}\times\triangle ACD\times AB$

解き方と答え

(1) 三角錐ABCDの底面を△ACDとすると，AB⊥面ACDより，AB=4cmが高さになる。

よって，体積は，$\frac{1}{3}\times\left(\frac{1}{2}\times4\times4\right)\times4=\frac{32}{3}(cm^3)$

(2) 3点E，M，Cを通る平面が辺DHと交わる点をNとすると，EM//NCとなるから，点NはDHの中点となり，切断面はひし形になる。

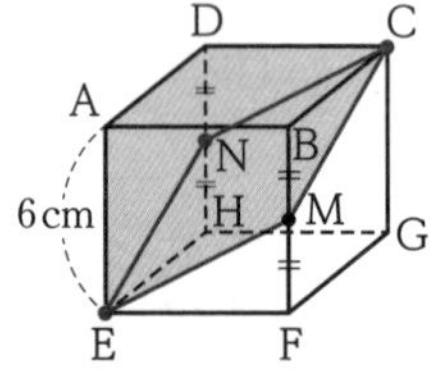

この切断面によって，立方体は合同な2つの立体に分けられるから，求める立体の体積は，$6\times6\times6\div2=108(cm^3)$

参考 立方体の体積が半分になるとき

下の図のような頂点を通る切断面で立方体を2つに分けるとき，それぞれの立体の体積は立方体の体積の半分となる。

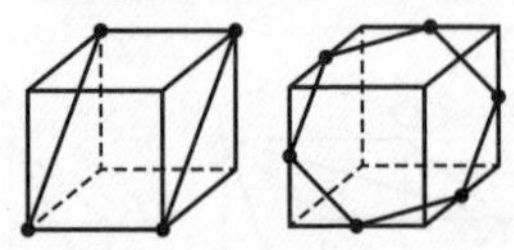

右の図は1辺6cmの立方体で，辺AD，ABの中点をそれぞれM，Nとする。点Pは頂点Gを出発して，頂点Fに向かって辺FG上を毎秒0.5cmの速さで進む。この立方体を3点M，N，Pを通る平面で切断する。〔常翔啓光学園高－改〕

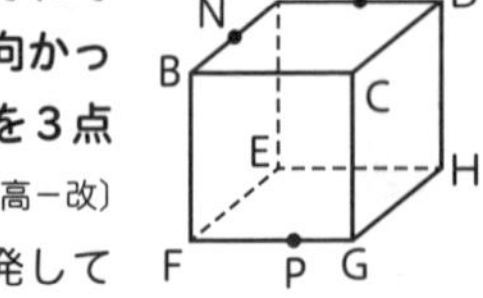

(1) 切断面が正六角形になるのは，点Pが頂点Gを出発してから何秒後ですか。

(2) 点Pが頂点Fにあるとき，頂点Aをふくむ立体の体積を求めなさい。

★★★ p.342 3

例題 43 柱体をななめに切った立体

次の図は，直方体，円柱，三角柱を１つの平面で切断してできた立体である。それぞれの体積を求めなさい。

(1)

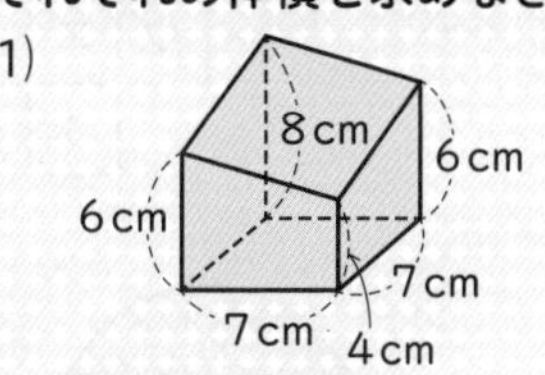

(2)

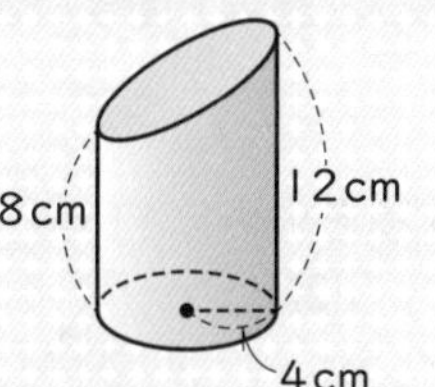

(3)

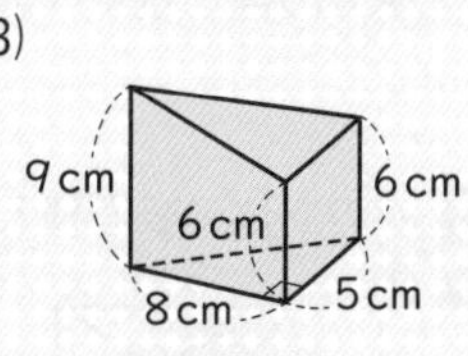

解き方のコツ (1)(2) 体積は，同じ立体を2つはり合わせた立体の体積の半分である。

解き方と答え

(1)

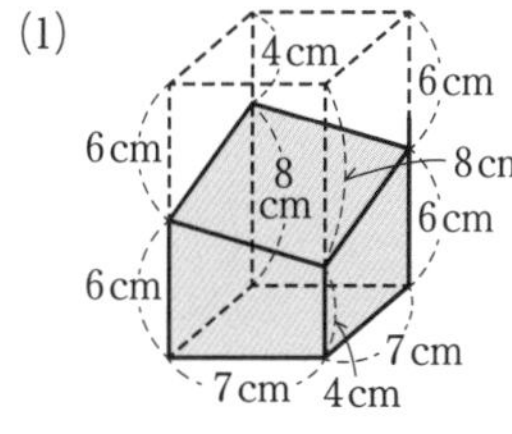

$7\times7\times(4+8)\div2=294(\text{cm}^3)$
↑6＋6でもよい

(2)

12cm
8cm
8cm
12cm
4cm

$\pi\times4^2\times(8+12)\div2=160\pi(\text{cm}^3)$

(3) 右の図のように，この立体を上側の三角錐(さんかくすい)と下側の三角柱に分けて考えると，

三角錐
3cm
三角柱
6cm
8cm
5cm

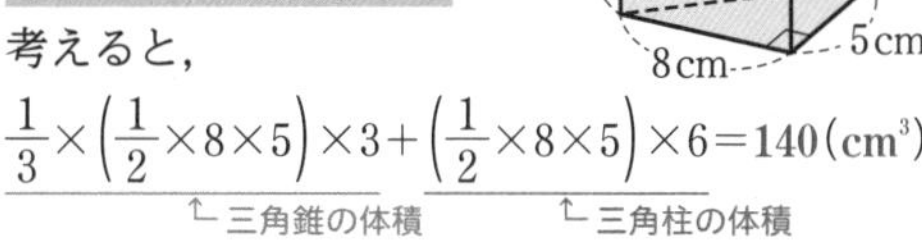

$\frac{1}{3}\times\left(\frac{1}{2}\times8\times5\right)\times3+\left(\frac{1}{2}\times8\times5\right)\times6=140(\text{cm}^3)$
↑三角錐の体積　↑三角柱の体積

別解

底面積×高さの平均

底面と平行でない平面で柱体を切断した立体の体積は，**底面積×高さの平均** で求めることができる。

(1) $(7\times7)\times\frac{6+4+6+8}{4}$
$=294(\text{cm}^3)$

(2) $(\pi\times4^2)\times\frac{8+12}{2}$
$=160\pi(\text{cm}^3)$

(3) $\left(\frac{1}{2}\times8\times5\right)\times\frac{9+6+6}{3}$
$=140(\text{cm}^3)$

類題 43 別冊解答 p.90

次の図は，直方体，円柱，三角柱を１つの平面で切断してできた立体である。それぞれの体積を求めなさい。

(1)

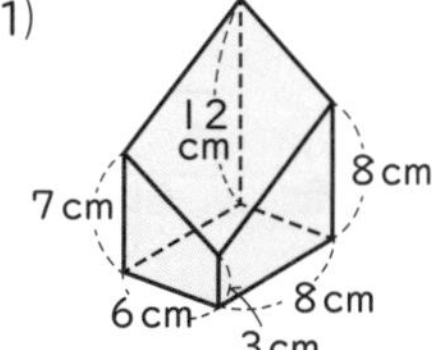

(2)

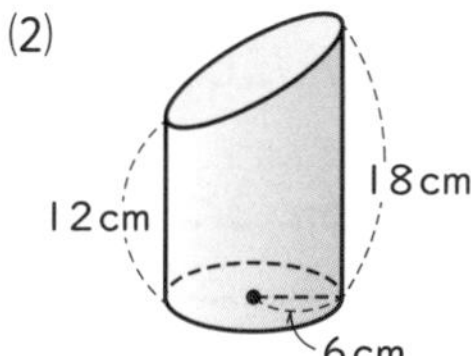

(3)

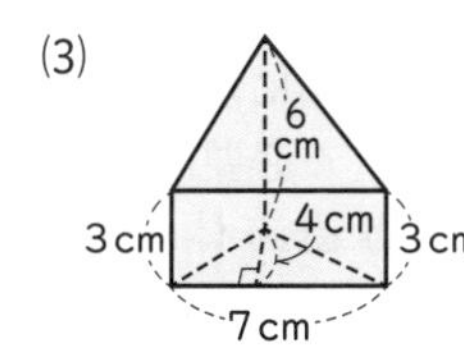

章末問題 A

→別冊解答 p.91

12 右の図は，立方体の展開図である。この展開図を組み立ててつくられる立方体について，辺ABと垂直な面を**ア**～**カ**の中からすべて選び，記号で書きなさい。〔岐阜〕

例題 22 28

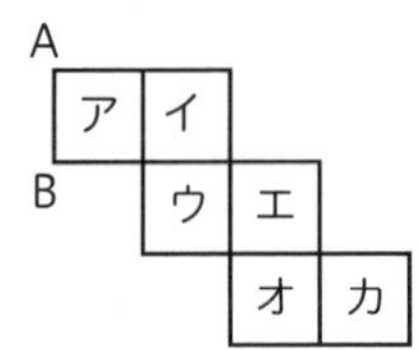

13 次の立体の表面積と体積を求めなさい。

例題 33 35～37 39

(1)

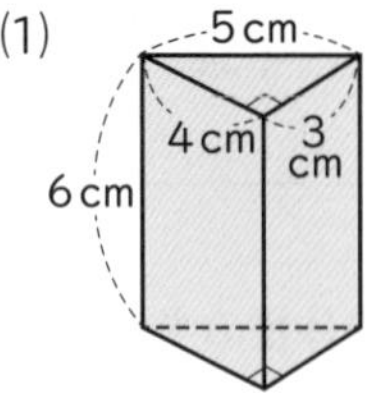

(2)

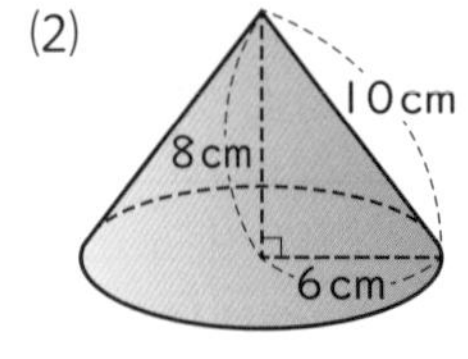

(3)

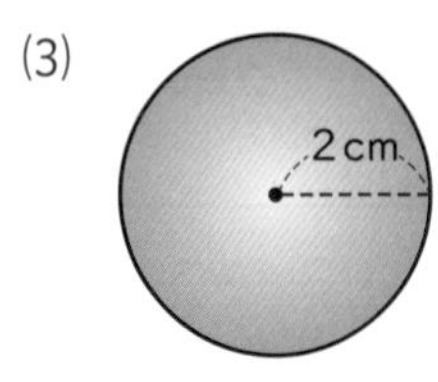

14 直方体，円柱，円錐（えんすい），球の4つの立体のなかから1つ選び，投影図（とうえいず）をかいたところ，右の図のようになった。立面図は長方形，平面図は円である。このとき，この立体の体積を求めなさい。〔岩手〕

例題 27 36

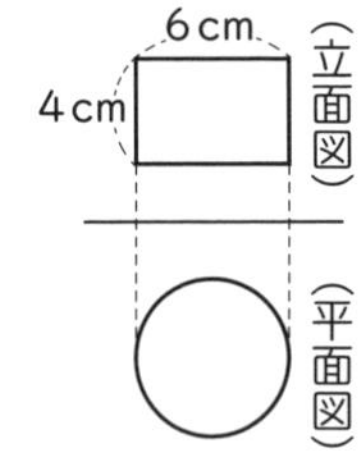

15 右の図のおうぎ形OABは，半径3cm，中心角90°である。このおうぎ形OABを，AOを通る直線ℓを軸として1回転させてできる立体の体積と表面積を求めなさい。〔和歌山〕

例題 39 40

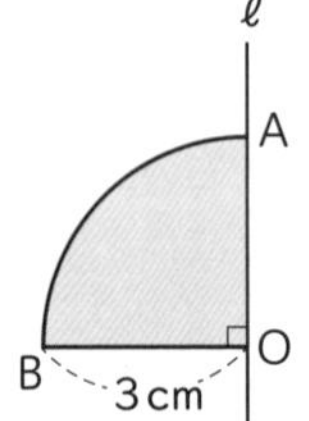

16 直方体ABCD-EFGHがあり，AB＝6cm，AD＝AE＝4cmである。右の図1は，この直方体に3つの線分AC，AF，CFを示したものである。〔京都〕

例題 28 37

(1) 右の図2は，直方体ABCD-EFGHの展開図の1つに，3つの頂点D，G，Hを示したものである。図1中に示した，3つの線分AC，AF，CFを，右の図にかき入れなさい。ただし，文字A，C，Fを書く必要はない。

(2) 直方体ABCD-EFGHを，3つの頂点A，C，Fを通る平面で切ってできる，三角錐ABCFの体積を求めなさい。

(図1)

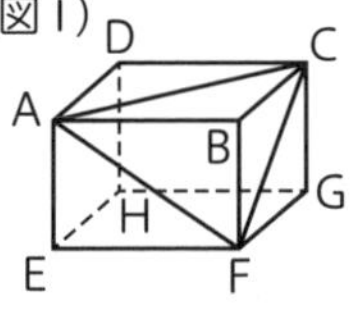

(図2)

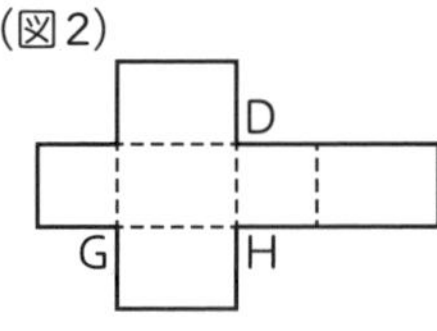

章末問題 B

➡ 別冊解答 p.91～92

17 右の①～④は，立方体の展開図である。これらの展開図を組み立ててそれぞれ立方体をつくったとき，辺ABと辺CDがねじれの位置にあるのはどれですか。その展開図の番号を答えなさい。

〔広島〕

例題 21 30

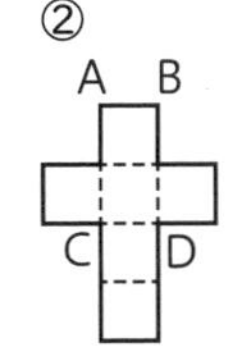

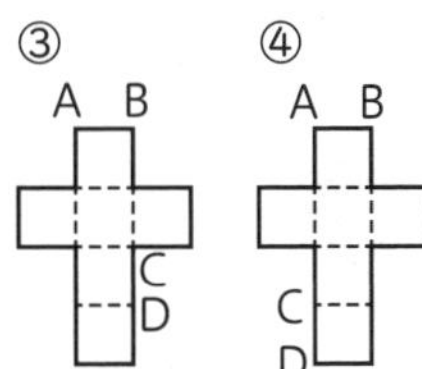

18 右の図のように，1辺の長さが2cmの正方形を7枚組み合わせた図形がある。この図形を，直線ℓを回転の軸（じく）として1回転させてできる回転体の体積を求めなさい。

〔鳥取〕

例題 36 40

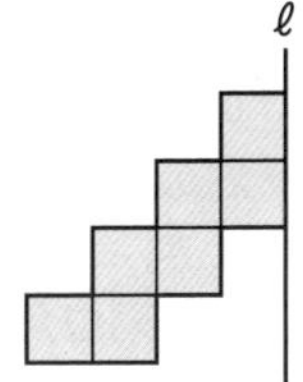

19 右の図のように，底面の半径が6cmの円錐（えんすい）を，水平な平面上に置き，頂点Oを中心として転がしたところ，最初の位置にもどるまでに，2.5回転し，点線で示した円の上を1周した。この円錐の母線の長さを求めなさい。また，この円錐の表面積を求めなさい。

例題 29 35

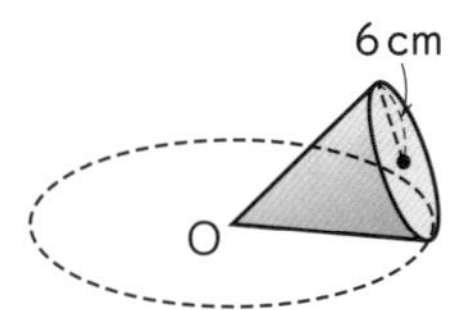

20 右の図に示した立体ABCDは正四面体であり，点Mは辺CDの中点である。右下に示した線分ABをもとにして，平面上に表したときの△MABを，定規とコンパスを用いて作図し，頂点Mの位置を示す文字Mも書きなさい。

例題 30

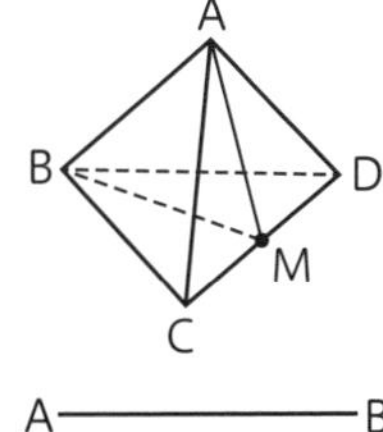

チャレンジ

21 1辺の長さが6cmの立方体がある。右の図のように，それぞれの面の対角線の交点をA，B，C，D，E，Fとするとき，この6つの点を頂点とする正八面体の体積を求めなさい。

〔埼玉〕

例題 30 37

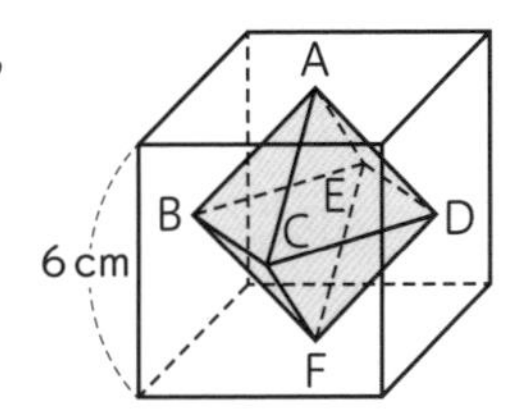

10 平行線と角，三角形の角

p.348～352

❶ 対頂角の性質，同位角と錯角(さっかく)の性質を理解しよう。
❷ 平行線の性質と平行線になるための条件を理解しよう。
❸ 三角形の内角と外角の性質を理解し，角度を求められるようにしよう。

要点整理

1 対頂角，同位角と錯角，平行線と角

➡例題 44，45

▶右の図の$\angle a$と$\angle c$，$\angle f$と$\angle h$のように，向かい合っている角を対頂角(たいちょうかく)といい，**その大きさは等しい。**

▶右の図のように，2直線ℓ，mに直線nが交わっているとき，$\angle a$と$\angle e$，$\angle d$と$\angle h$のような位置にある2つの角を同位角(どういかく)という。また，$\angle b$と$\angle h$，$\angle c$と$\angle e$のような位置にある2つの角を錯角(さっかく)という。

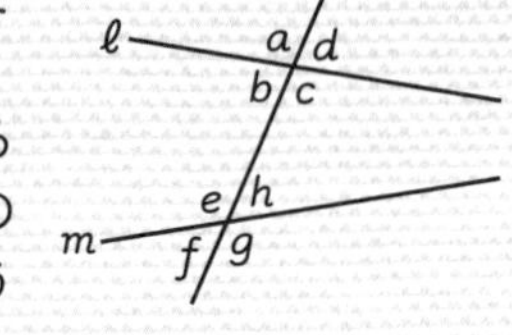

▶平行線の性質…平行な2直線に1つの直線が交わるとき，次の㋐，㋑が成り立つ。

㋐ **同位角は等しい。**（$\angle a=\angle e$など）

㋑ **錯角は等しい。**（$\angle c=\angle e$など）

▶平行線になるための条件…2直線に1つの直線が交わるとき，次のどちらかが成り立てば，その2直線は平行である。

㋐ **同位角が等しい。**

㋑ **錯角が等しい。**

2 三角形の角の性質

➡例題 46，47

▶三角形の内角(ないかく)と外角(がいかく)の性質
$\angle a, \angle b, \angle c$ → 内角　外角 ← $\angle x$

㋐ **三角形の内角の和は180°である。**
$\angle a+\angle b+\angle c=180°$

㋑ **三角形の外角は，それととなり合わない2つの内角の和に等しい。** $\angle x=\angle a+\angle b$

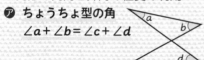

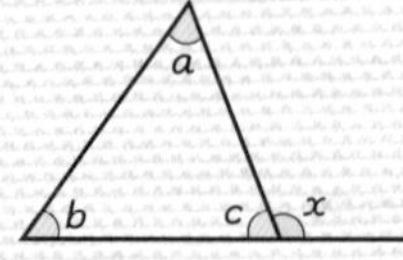

▶三角形の内角と外角の性質の利用

㋐ **ちょうちょ型の角**
$\angle a+\angle b=\angle c+\angle d$

㋑ **ブーメラン型の角**
$\angle x=\angle a+\angle b+\angle c$

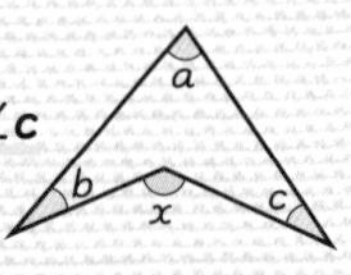

★★★ ⮌ p.348 1

例題 44 対頂角，同位角と錯角

次の問いに答えなさい。

(1) 右の図で，$\angle x$，$\angle y$の大きさをそれぞれ求めなさい。

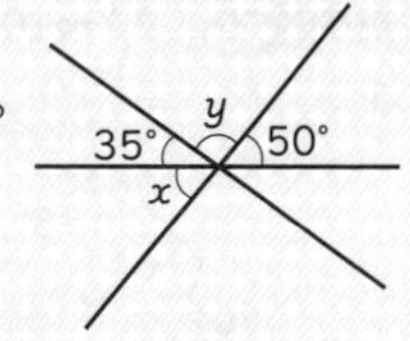

(2) 右の図で，$\ell /\!/ m$のとき，$\angle x$の大きさを求めなさい。

❶ 〔山口〕

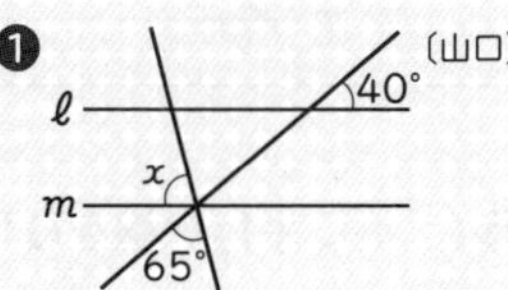

❷

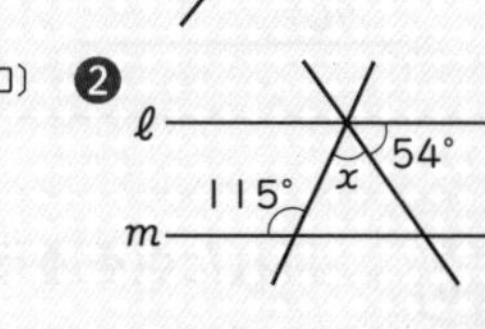

(1) 対頂角は等しいことと，一直線の角の大きさは180°を使う。

解き方と答え

(1) 対頂角は等しいから，$\angle x=50°$

$\angle y=180°-(35°+50°)=95°$

(2)❶ 平行線の性質より，同位角は等しいから，

$\angle x+40°+65°=180°$

↑一直線に並ぶ角の和

$\angle x=180°-105°=75°$

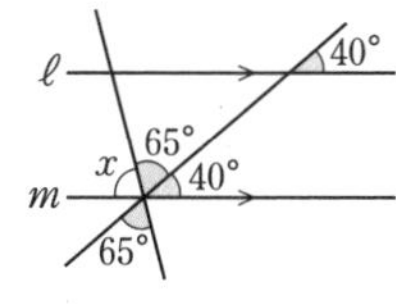

❷ 平行線の性質より，錯角(さっかく)は等しいから，

$\angle x=115°-54°$

$=61°$

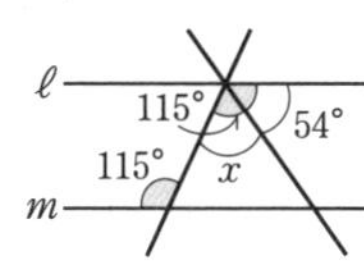

用語 同側内角

下の図1の$\angle a$と$\angle c$，$\angle b$と$\angle d$のように，直線nの同じ側に向かい合う2つの角を，同側内角(どうそくないかく)という。図2のように，$\ell /\!/ m$のとき，同側内角の和は180°になる。

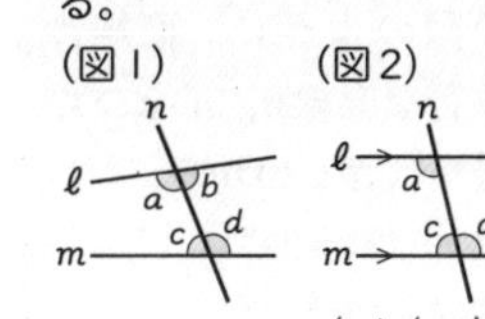

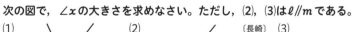

類題 44 別冊解答 p.92

次の図で，$\angle x$の大きさを求めなさい。ただし，(2)，(3)は$\ell /\!/ m$である。

(1)

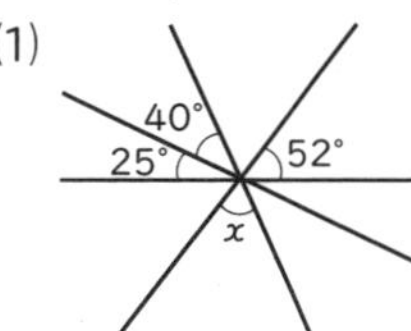

(2) 〔長崎〕

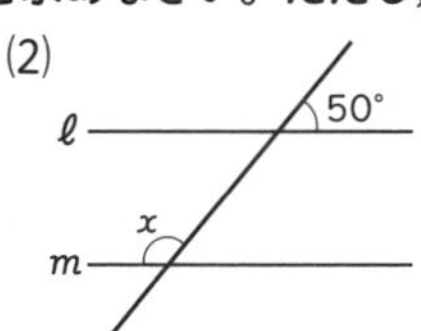

(3)

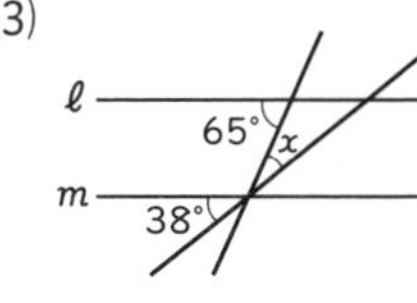

★★★ p.348 1

例題 45 平行線と角

次の図で，$\ell /\!/ m$のとき，$\angle x$の大きさを求めなさい。

(1) 〔東京〕

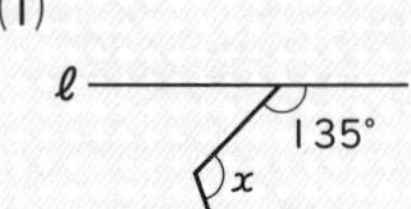

(2) 〔富山〕

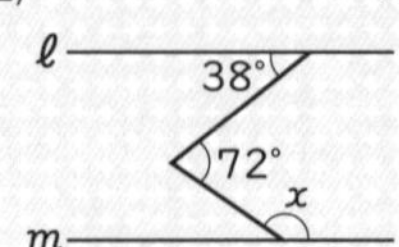

(3) 〔千葉〕

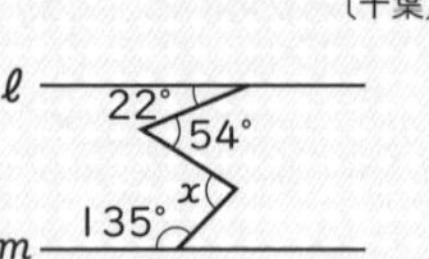

解き方のコツ 折れた点を通るℓ，mに平行な線をひいて考えよう。

解き方と答え

(1) 右の図のように，直線ℓ，mに平行な直線nをひくと，錯角は等しいから，

$\angle x = 70° + (180° - 135°) = 115°$

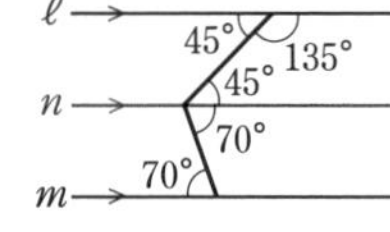

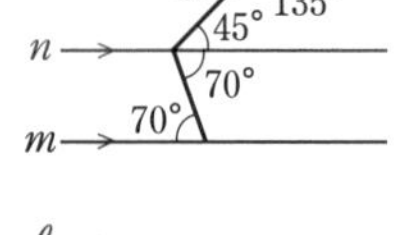

(2) (1)と同様に，直線ℓ，mに平行な直線nをひくと，錯角は等しいから，

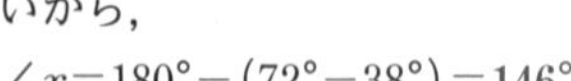

$\angle x = 180° - (72° - 38°) = 146°$

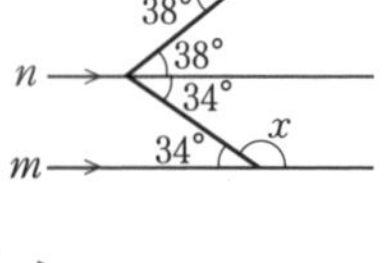

(3) 折れた点が2つあるので，右の図のように，直線ℓ，mに平行な直線n，n'をひく。

錯角は等しいから，

$54° - 22° = 32°$

$180° - 135° = 45°$

よって，$\angle x = 32° + 45° = 77°$

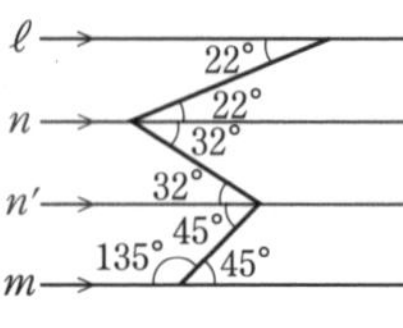

くわしく 補助線の利用

解き方と答え でひいた平行線のように，問題を解くために図に追加する線を補助線という。

別解 (2)延長線をひく

p.351の三角形の外角の性質を使うと，

$\angle y = 72° - 38° = 34°$

$\angle x = 180° - 34° = 146°$

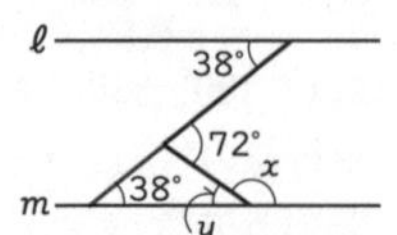

別冊解答 p.92

次の図で，$\ell /\!/ m$のとき，$\angle x$の大きさを求めなさい。

(1) 〔栃木〕

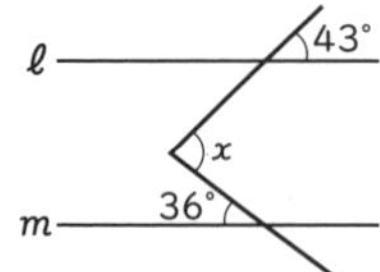

(2) 〔山口〕

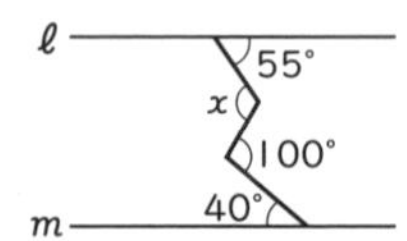

(3) 〔江戸川学園取手高〕

ℓ 25° 87° x m 13°

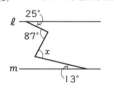

★★★

⮌ p.348 2

例題 46 三角形の内角と外角 (1) ～外角の性質～

次の問いに答えなさい。

(1) △ABCの内角の和が180°であることを説明しなさい。ただし，「三角形の1つの外角はそれととなり合わない2つの内角の和に等しい」ということを使ってはならない。〔大阪教育大附高(平野)〕

(2) 次の図で，∠xの大きさを求めなさい。ただし，❸は$\ell /\!/ m$である。

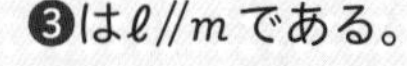

❶ 〔北海道〕

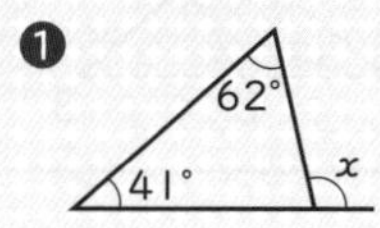

❷ 〔栃木〕

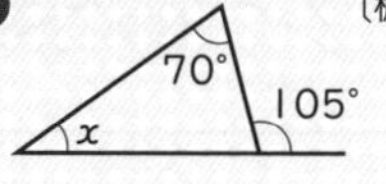

❸ 〔山口〕

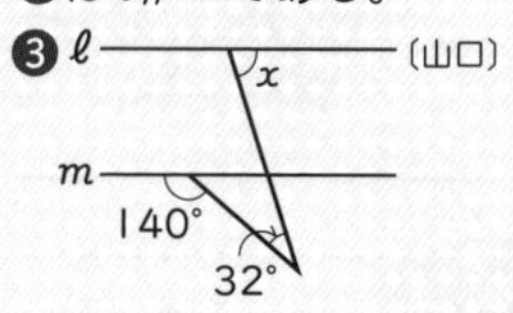

(2) 三角形の外角は，それととなり合わない2つの内角の和に等しい。

解き方と答え

(1) (例)右の図のように，△ABCの辺BCを延長した直線上に点Dをとり，点Cを通り辺BAに平行な直線CEをひく。

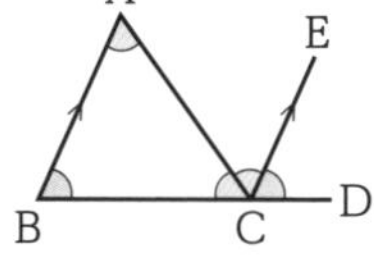

このとき，BA∥CEより，
錯角(さっかく)は等しいので，∠A＝∠ACE…①
同位角は等しいので，∠B＝∠ECD…②
①，②より，∠A＋∠B＋∠ACB＝∠BCD
3点B，C，Dは一直線上にあるから，∠BCD＝180°
よって，∠A＋∠B＋∠C＝180°

(2)❶ $\angle x=41^\circ+62^\circ=103^\circ$

❷ $\angle x=105^\circ-70^\circ=35^\circ$

❸ $180^\circ-140^\circ=40^\circ$ より，
$\angle x=40^\circ+32^\circ=72^\circ$

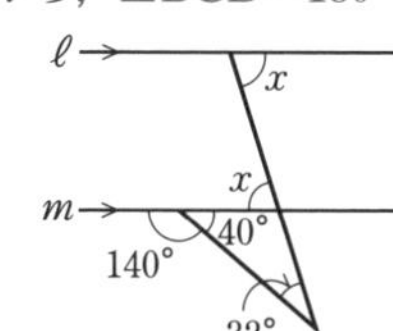

別解 (1)平行線をひく

点Aを通り辺BCに平行な直線をPQとする。PQ∥BCより，錯角は等しいので，
∠B＝∠PAB，∠C＝∠QAC
よって，∠A＋∠B＋∠C
＝∠PAQ＝180°

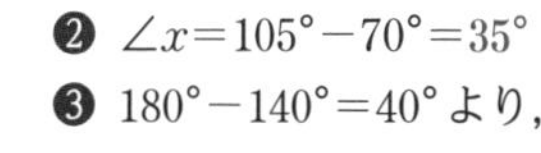

用語 鋭角・鈍角

・鋭角(えいかく)…0°より大きく90°より小さい角
・鈍角(どんかく)…90°より大きく180°より小さい角

次の図で，∠xの大きさを求めなさい。ただし，(2)，(3)は$\ell /\!/ m$である。

(1) 〔兵庫〕

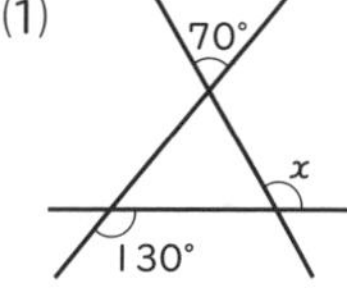

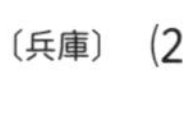

(2) 〔秋田〕

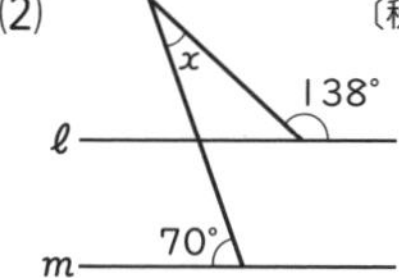

(3) 〔青森〕

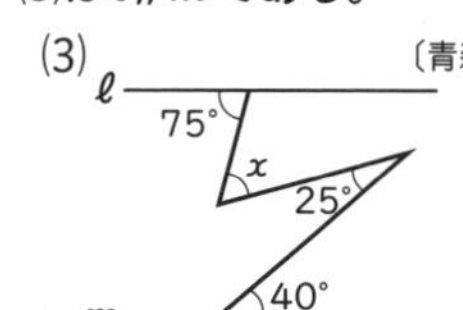

第4編 図形 / 第1章 平面図形 / 第2章 空間図形 / 第3章 図形の角と合同 / 第4章 三角形と四角形 / 第5章 相似な図形 / 第6章 円 / 第7章 三平方の定理

★★★ p.348 2

例題 47 三角形の内角と外角 (2) ～ちょうちょ型，ブーメラン型～

次の図で，∠x の大きさを求めなさい。

(1)〔秋田〕

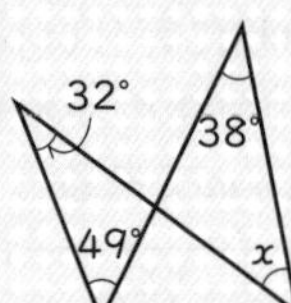

(2)〔東京工業大附属科学技術高〕

65°
25°
35°
x

(3)〔長野〕

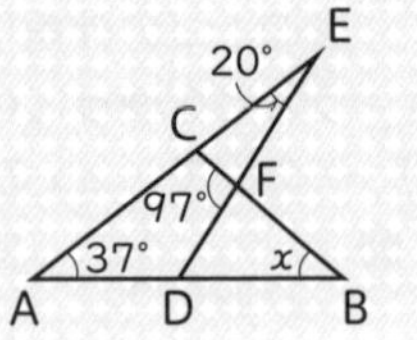

ちょうちょ型とブーメラン型の角の公式を使おう。

解き方と答え

(1) ちょうちょ型の角の公式を使って，

$\angle x+38°=49°+32°$

$\angle x=81°-38°=43°$

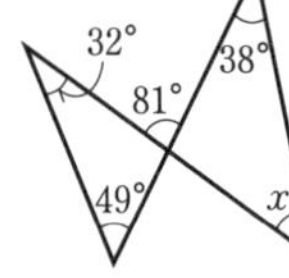

(2) 右の図のように補助線をひくと，ブーメラン型の角の公式が成り立つことがわかる。

$\angle x=25°+a+35°+b$

$=65°+25°+35°$

$=125°$

(3) 対頂角は等しいから，∠BFE＝97°

ブーメラン型の角の公式を使って，

$37°+\angle x+20°=97°$

$\angle x=97°-57°=40°$

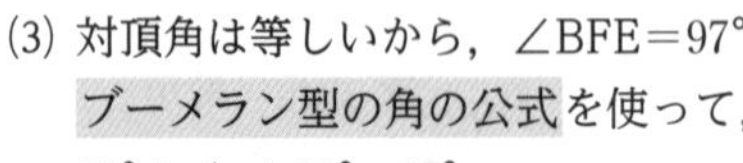

別解

(2)別の補助線をひく

△ABEで，

∠DEC＝∠A＋∠B

＝65°＋25°

＝90°

△DECで，

∠x＝∠C＋∠DEC

＝35°＋90°＝125°

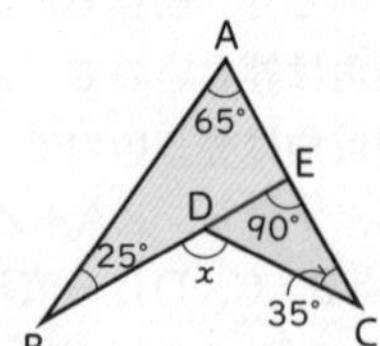

類題 47 ➡ 別冊解答 p.92

次の図で，∠x の大きさを求めなさい。

(1)〔栃木〕

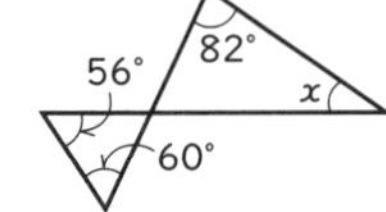

(2)〔山口〕

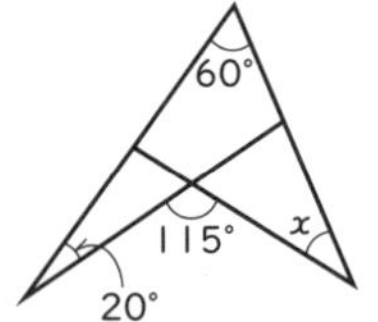

(3)〔佐賀〕

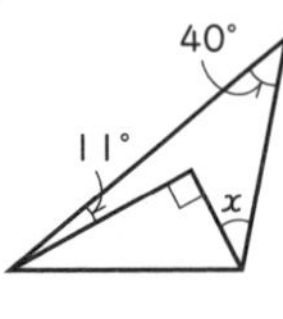

11 多角形の角

p.353 ～ 358

GOAL
❶ 多角形の内角の和の公式と外角の和は360°であることを理解しよう。
❷ 角の二等分線のある角，折り返した図形の角，星型などのいくつかの角の和を求められるようにしよう。

要点整理

1 多角形の内角と外角

➡例題 48, 49

▶ n 角形を，1つの頂点から出る対角線で三角形に分けると，$(n-2)$ 個の三角形に分けられるから，内角の和は，
$180°\times(n-2)$

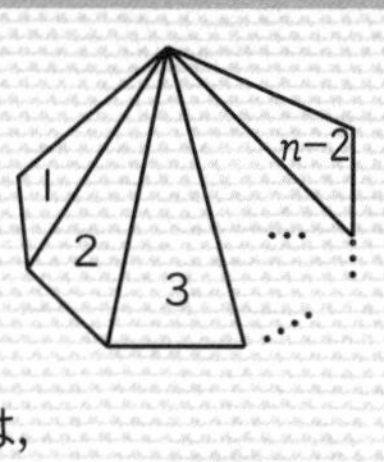

▶ n 角形のどの頂点でも内角と外角の和は $180°$ で，内角の和は $180°\times(n-2)$ なので，外角の和は，
$180°\times n-180°\times(n-2)=$ **$360°$**

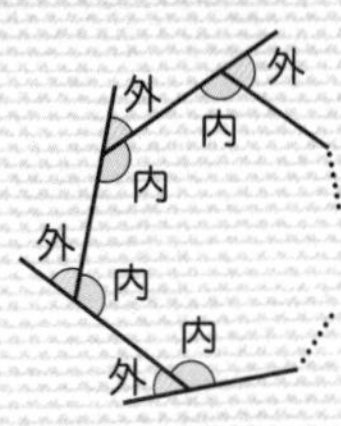

2 角の二等分線と角，折り返した図形の角

➡例題 50, 51

▶ 角の二等分線と角
$\angle ABD=\angle CBD=a$，
$\angle ACD=\angle BCD=b$
とおくと，
$2a+2b+\angle A$
$=180°$ より，
$a+b=90°-\frac{1}{2}\angle A$
$\angle BDC$ $=180°-(a+b)=$ **$90°+\frac{1}{2}\angle A$**

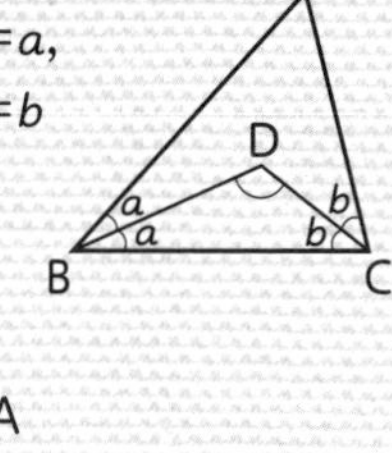

▶ 折り返した図形の角
$\triangle AQR$ と $\triangle PQR$ は**合同な三角形**だから
$\angle AQR=\angle PQR$，
$\angle ARQ=\angle PRQ$，
$\angle A=\angle QPR$

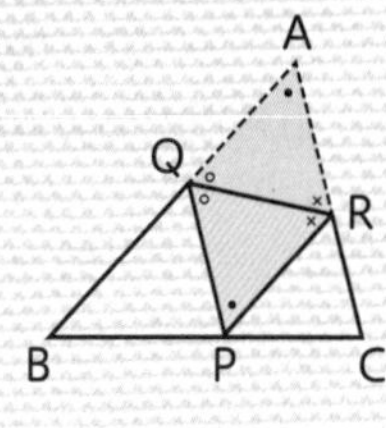

3 いくつかの角の和

➡例題 52

▶ 星型などいくつかの角の和を求める問題は，三角形の内角と外角の性質やちょうちょ型とブーメラン型の角の公式を使って，**三角形や四角形の中に角を集めて**考える。
右の図で，**$\angle a+\angle b+\angle c+\angle d+\angle e=180°$**

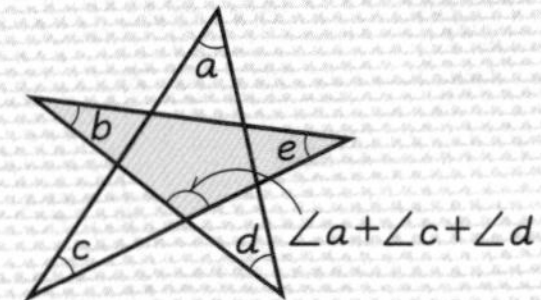

★★★ p.353 1

例題 48 多角形の内角と外角 (1) ～図から求める～

次の問いに答えなさい。

(1) 右の図のように，七角形の内部の点Pから頂点にひいた線分で七角形を三角形に分けると，七角形の内角の和は，三角形の内角の和の性質を用いて求めることができる。この方法で七角形の内角の和を求める式をつくると，［ア］°×7－［イ］°となる。ア，イにあてはまる数をそれぞれ求めなさい。〔福島〕

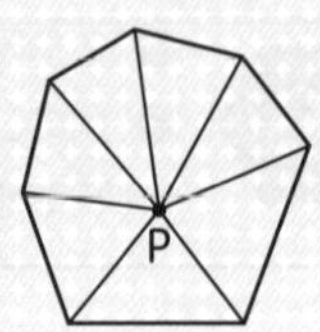

(2) 右の図で，∠xの大きさを求めなさい。〔兵庫〕

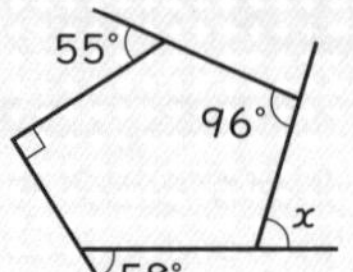

(2) **n角形の外角の和は**360°**で一定である。**

解き方と答え

(1) 右の図のように，七角形の内部には7個の三角形ができる。
点Pのまわりの角の和は360°だから，内角の和は，180°×7－360°
よって，ア…180，イ…360

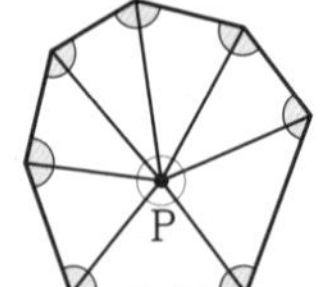

(2) 五角形の外角の和は360°で，96°，90°の外角はそれぞれ
180°－96°＝84°，180°－90°＝90°だから，
∠x＋84°＋55°＋90°＋58°＝360°
∠x＝73°

類題 48

別冊解答 p.92

次の問いに答えなさい。

(1) 例題48の(1)で，点Pを七角形の辺上にとったとき，七角形の内角の和を求める式をつくると，180°×［ア］－［イ］°となる。ア，イにあてはまる数をそれぞれ求めなさい。

(2) 次の図で，∠xの大きさを求めなさい。

❶〔徳島－改〕 ❷〔花園高(京都)〕 ❸〔石川〕

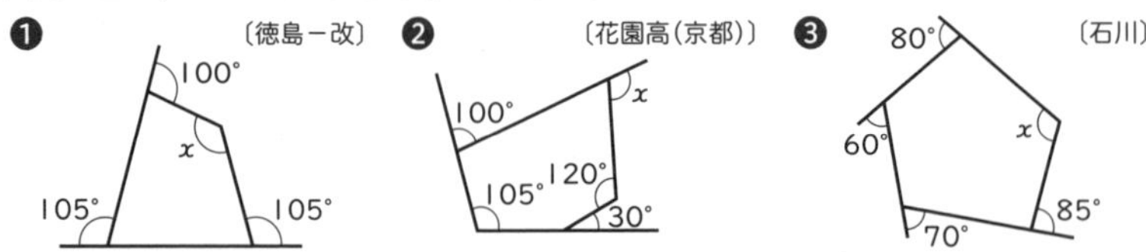

★★★ p.353 1

例題 49 多角形の内角と外角 (2) ～文章から求める～

次の問いに答えなさい。

(1) 十角形の内角の和を求めなさい。また，対角線は何本ひけますか。

(2) 内角の和が720°である多角形は何角形か，求めなさい。〔福島〕

(3) 1つの内角が150°である正多角形は，正何角形ですか。〔栃木〕

(3) 1つの外角を求めて，外角の和は360°であることを利用しよう。

解き方と答え

(1) 十角形の内角の和は，

$180° \times (10-2) = 1440°$

対角線は，右の 公式 より，

$\dfrac{10 \times (10-3)}{2} = \dfrac{10 \times 7}{2} = 35$(本)

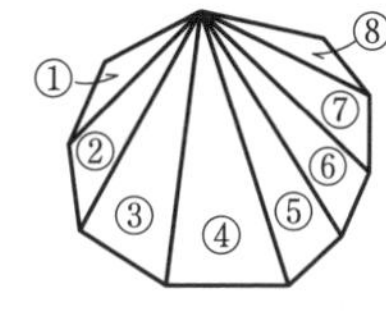

(2) n角形の内角の和は，$180° \times (n-2)$だから，

$180° \times (n-2) = 720°$より，$n-2=4$ $n=6$

よって，六角形

(3) 1つの内角が150°である正多角形の外角は，$180°-150°=30°$

外角の和は360°だから，

$360° \div 30° = 12$

よって，正十二角形

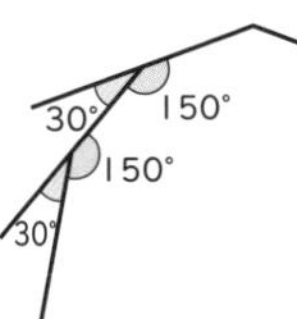

公式

n角形の対角線の本数

n角形のある1つの頂点からひける対角線の本数は，自身(下の図のA)と両どなりの点(下の図のBとD)には対角線はひけないので，$(n-3)$本。n個あるそれぞれの頂点からも同じ数ずつひけるので，$n(n-3)$本あるが，下の図のACとCAは同じもので，それぞれの対角線について2回ずつ数えていることになるから，n角形の対角線の本数は，

$\dfrac{n(n-3)}{2}$本。

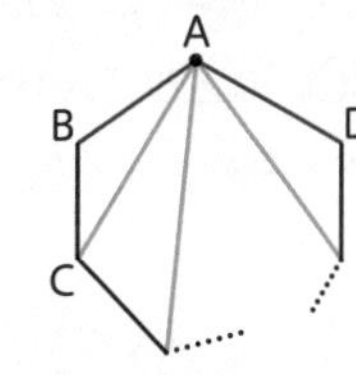

類題 49 別冊解答 p.93

次の問いに答えなさい。

(1) 二十角形の内角の和を求めなさい。

(2) 1つの内角が135°である正多角形の辺の数を求めなさい。また，対角線は全部で何本ひけますか。

(3) 正十五角形の1つの内角の大きさを求めなさい。

(4) 内角の和が外角の和の4倍である多角形は，何角形ですか。

★★★ p.353 2

例題 50 角の二等分線と角

次の問いに答えなさい。

(1) 右の図で，Dは△ABCの∠ABCの二等分線と∠ACBの二等分線との交点である。∠BAC=74°のとき，∠BDCの大きさは何度か，求めなさい。〔愛知〕

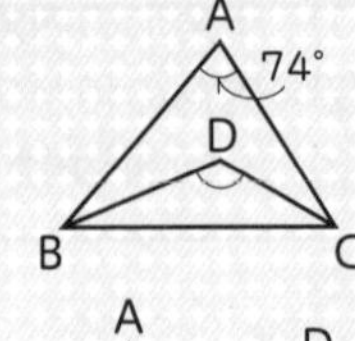

(2) 右の図で，同じ印をつけた角の大きさが等しいとき，∠xの大きさを求めなさい。〔白陵高〕

A D 70° x B C E

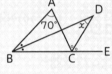

等しい角を文字で表し，(1)三角形の内角，(2)三角形の内角と外角で等式をつくろう。

解き方と答え

(1) ∠ABD=∠CBD=a，∠ACD=∠BCD=bとおく。
△ABCで，$2a+2b+74°=180°$より，
$a+b=53°$…①
△BCDで，∠BDC$+\underline{a+b}=180°$より，(↑①)
∠BDC=127°

(2) ∠ABD=a，∠ACD=bとおく。
△ABCの∠Cの外角は∠ACE=$2b$だから，
$2b=2a+70°$　$b=a+35°$　$b-a=35°$…①
△BCDの∠BCDの外角は∠DCE=bだから，
$b=a+∠x$　$∠x=\underline{b-a}=35°$ (↑①)

別解 (1)ブーメラン型の角の公式を使う

∠BDC=74°+a+b…①
△ABCの内角の和は180°より，$2a+2b+74°=180°$
$a+b=53°$
①より，∠BDC=127°

別解 (1)∠BDC$=90°+\frac{1}{2}$∠Aを使う

∠BDC$=90°+\frac{1}{2}\times74°$
$=127°$

類題 50 別冊解答 p.93

次の図で，同じ印をつけた角の大きさが等しいとき，∠xの大きさを求めなさい。

(1) 〔専修大附高〕　(2) 〔沖縄〕　(3) 〔大阪体育大浪商高〕

A 66° D x B C

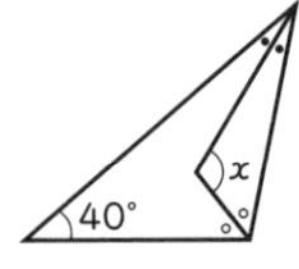

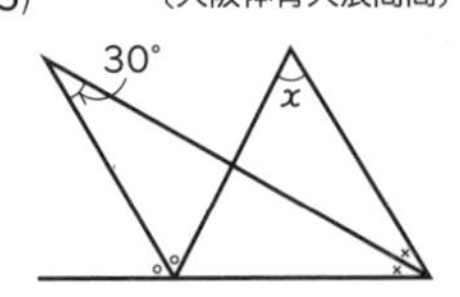

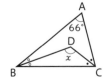

★★★ ⮌ p.353 2

例題 51 折り返した図形の角

次の問いに答えなさい。

(1) 右の図1は，△ABCを，頂点Aが辺BC上の点Fに重なるように，線分DEを折り目として折ったものである。DE∥BC，∠DFE＝72°，∠ECF＝67°であるとき，∠BDFの大きさを求めなさい。〔熊本〕

(図1)

(図2)

(2) 右の図2は，長方形の紙ABCDを線分EFで折り返したものである。∠GFC＝30°のとき，∠xの大きさを求めなさい。〔法政大第二高〕

折り返した図形は，もとの図形と合同である。

解き方と答え

(1) △ADEを折り返した図形が△FDEで，DE∥BCだから，

∠FED＝∠AED＝∠C＝67°

∠A＝∠DFE＝72°

∠ADE＝∠FDE＝180°－(67°＋72°)＝41°

よって，∠BDF＝180°－41°×2＝98°（41°×2 ← ∠ADF）

(2) 右の図で，AE∥BFより，錯角は等しいから，

∠GEF＝∠D′EF

＝∠GFE＝∠x

また，DE∥CFより，錯(さっ)角(かく)は等しいから，

∠EGF＝∠CFG＝30°

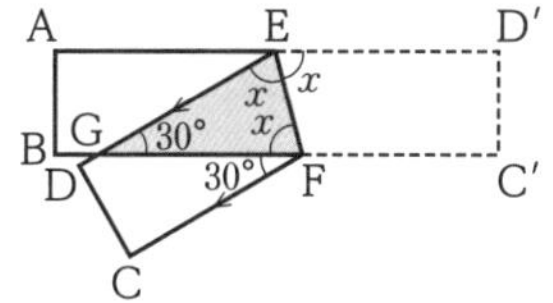

よって，△GEFは頂角が30°の二等辺三角形なので，

∠x＝(180°－30°)÷2＝75°

くわしく

二等辺三角形に注目する

折り返した図形は，もとの図形と合同である。下の図で，線分CEで折り返すと，△BCEと△B′CEは合同な三角形だから，BC＝B′C＝DCより，△B′CDは二等辺三角形である。

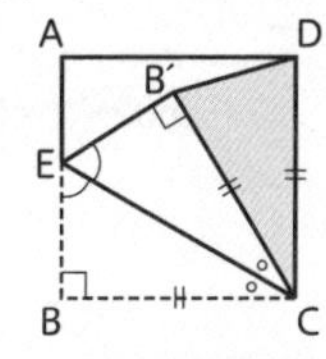

類題 51

次の問いに答えなさい。

(1) 右の図1のように，長方形の紙ABCDを線分EFを折り目として折り返したとき，∠xの大きさを求めなさい。〔大阪薫英女学院高〕

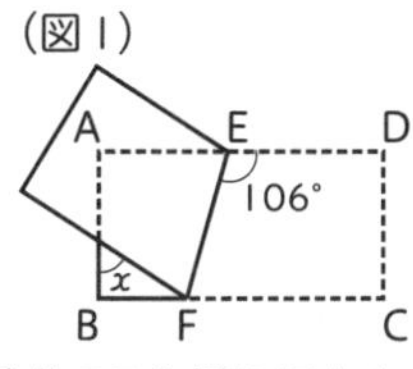

(図2)

(2) 右の図2のように，正方形ABCDを線分DEを折り目として折り返したとき，∠xの大きさを求めなさい。

➡ 別冊解答 p.93

★★★ p.353 3

例題 52 いくつかの角の和

次の図で，印をつけた角の大きさの和を求めなさい。

(1)

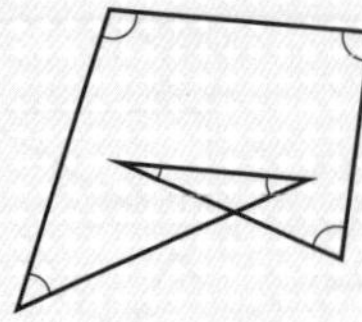

(2)

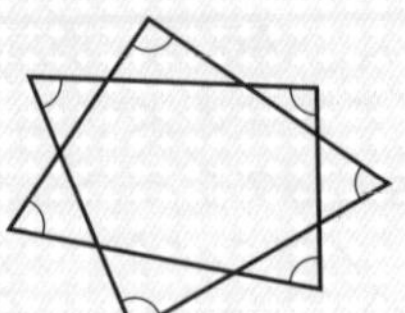

三角形の内角と外角の性質などを使って，三角形や四角形の中に角を集めよう。

解き方と答え

(1) 右の図のように，BとEを結ぶ。ちょうちょ型の角の公式より，
$\angle c+\angle d=\angle \mathrm{CBE}+\angle \mathrm{DEB}$
よって，6つの角の和は四角形ABEFの内角の和と等しいので，
360°

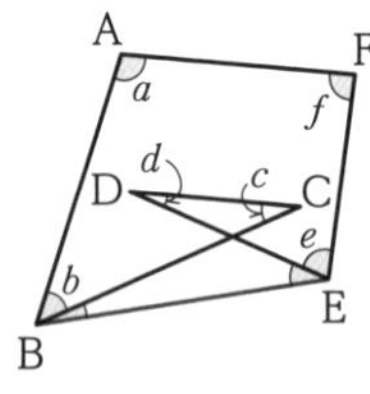

(2) 求める角の和は，色のついた7つの三角形の内角の和から，内側の七角形の外角の和2つ分(・の角の和と◦の角の和)をひいて，
$180° \times 7-360° \times 2=540°$

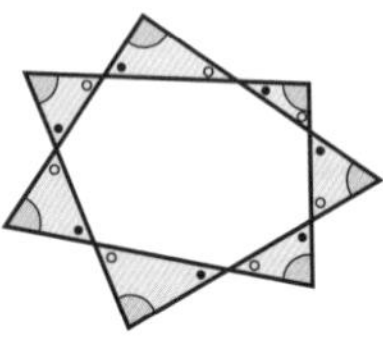

別解 (2)四角形と三角形に分ける

下の図のように，CとF，DとEを結ぶと，
$\angle \mathrm{FCE}+\angle \mathrm{CFD}$
$=\angle \mathrm{FDE}+\angle \mathrm{CED}$
よって，求める角の和は，
$(\angle \mathrm{A}+\angle \mathrm{ACF}+\angle \mathrm{CFA})$ ← △ACFの内角の和
$+(\angle \mathrm{B}+\angle \mathrm{BDE}+\angle \mathrm{DEG}+\angle \mathrm{G})$ ← 四角形BDEGの内角の和
$=180°+360°=$**540°**

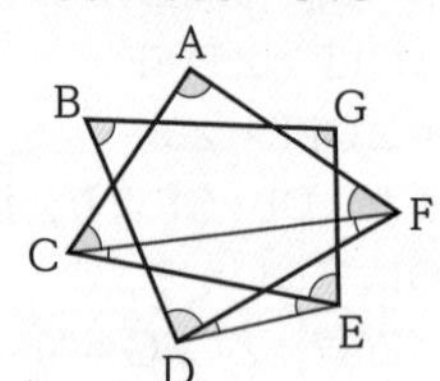

次の図で，印をつけた角の大きさの和を求めなさい。

(1)

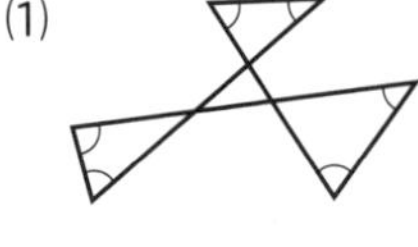

(2)

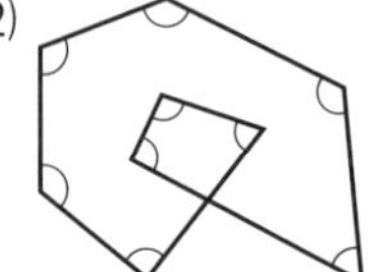

(3)

12 合同な図形

p.359 〜 363

❶ 合同な図形の性質を理解し，合同の記号を使って表せるようにしよう。
❷ 三角形の合同条件を正確に覚えよう。
❸ 三角形が合同になるための条件を見つけられるようにしよう。

要点整理

1 合同な図形の性質

➡例題 53

▶平面上の2つの図形について，一方を移動させることによって他方に重ね合わせることができるとき，この2つの図形は合同(ごうどう)であるという。合同な図形で，重なる頂点，辺，角を，それぞれ対応(たいおう)する頂点(ちょうてん)，辺(へん)，角(かく)という。**合同な図形では，対応する線分や角は等しい。**

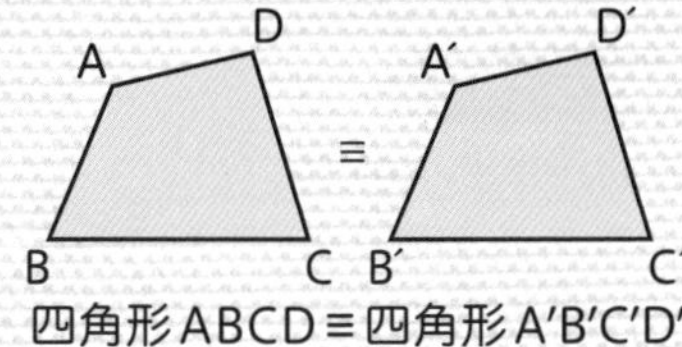

四角形ABCD≡四角形A′B′C′D′
↑合同を表す記号

2 三角形の合同条件

➡例題 54

▶2つの三角形は，次のどれか1つが成り立てば，合同である。

㋐ **3組の辺がそれぞれ等しい。**
AB＝DE，BC＝EF，CA＝FDならば，
△ABC≡△DEF

㋑ **2組の辺とその間の角がそれぞれ等しい。**
AB＝DE，BC＝EF，∠B＝∠Eならば，
△ABC≡△DEF

㋒ **1組の辺とその両端(りょうたん)の角がそれぞれ等しい。**
BC＝EF，∠B＝∠E，∠C＝∠Fならば，
△ABC≡△DEF

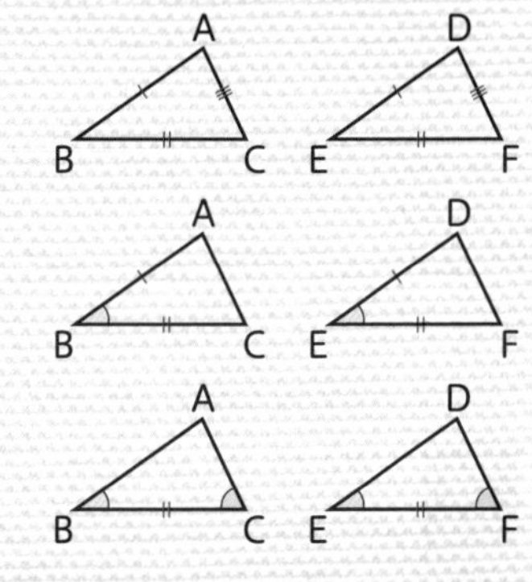

3 合同になるための条件

➡例題 55，56

▶三角形の合同条件を満たすため，**足りない条件を見つけ出す**必要がある。

例 2組の辺が等しいことが与えられているとき，
㋐ 残りの1組の辺が等しいことを示す
→「3組の辺がそれぞれ等しい」が使える。
㋑ その間の角が等しいことを示す
→「2組の辺とその間の角がそれぞれ等しい」が使える。

★★★ p.359 1

例題 53 合同な図形の性質

右の図で，四角形ABCDと四角形EFGHが合同である。

(1) 辺AD，GHの長さを求めなさい。

(2) ∠G，∠Fの大きさを求めなさい。

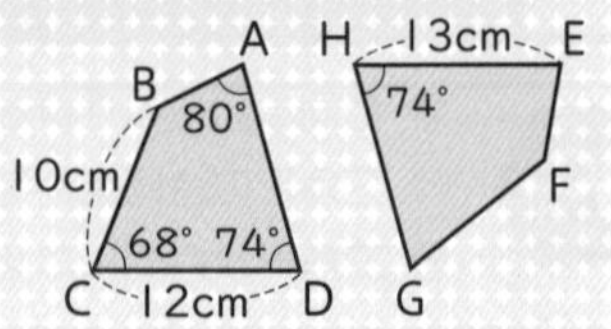

合同な図形では，対応する辺や角は等しい。

解き方と答え

2つの四角形ABCDと四角形EFGHの対応する頂点がわかるように，図の向きをそろえてかく。

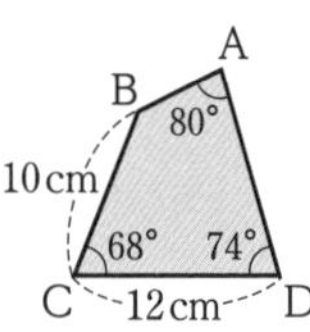

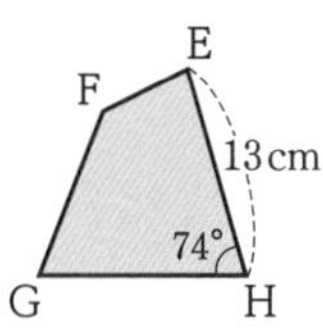

(1) 頂点AにはE，DにはHが対応しているから，辺ADには辺EHが対応する。
対応する辺の長さは等しいから，AD＝EH＝13cm
同様に，辺GHには辺CDが対応するから，
GH＝CD＝12cm

(2) 対応する角の大きさは等しいから，
$\angle G=\angle C=68°$，
$\angle F=\angle B=360°-(80°+68°+74°)=138°$

アドバイス

合同な図形の表し方

合同であることを示すときは，必ず対応する頂点を順に並べて書く。
例題53のように，合同だと分かっているときは，問題文から対応する順がすぐに分かるので，それを利用して考えることもできる。

次の問いに答えなさい。

(1) 右の図で，2つの三角形は合同である。

❶ 2つの三角形の合同を，記号「≡」を使って表しなさい。

❷ 辺AB，辺DEの長さと，∠Dの大きさを求めなさい。

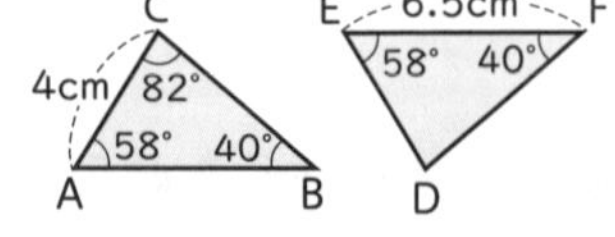

(2) 次の各組の図形は合同である。**ア**～**カ**にあてはまる数を求めなさい。

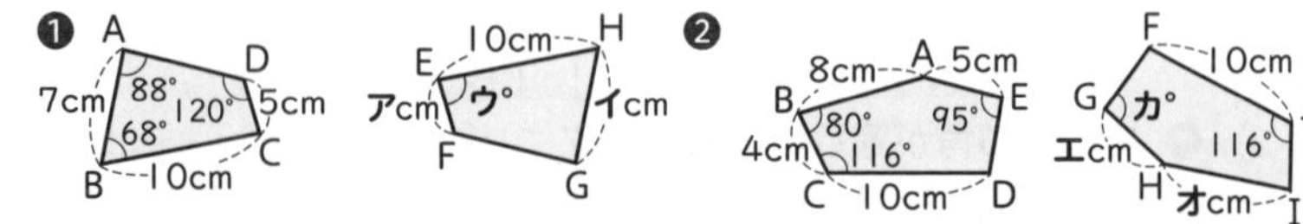

★★★

p.359 2

例題 54 三角形の合同条件

次の図の中で，合同な三角形を記号≡を使って表しなさい。また，そのときに使った合同条件を書きなさい。

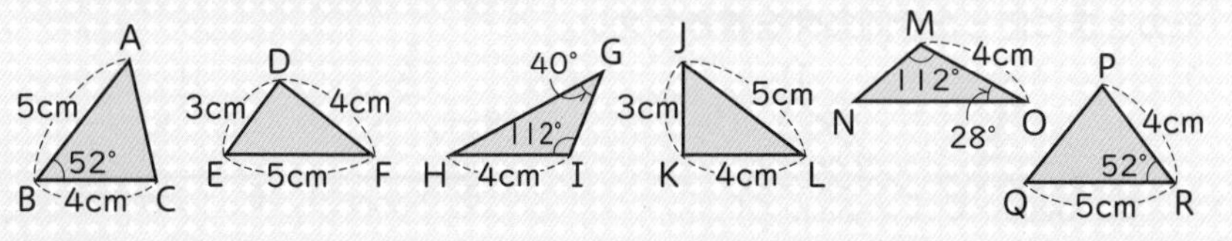

三角形の3つの合同条件のどれにあてはまるかを考える。

解き方と答え

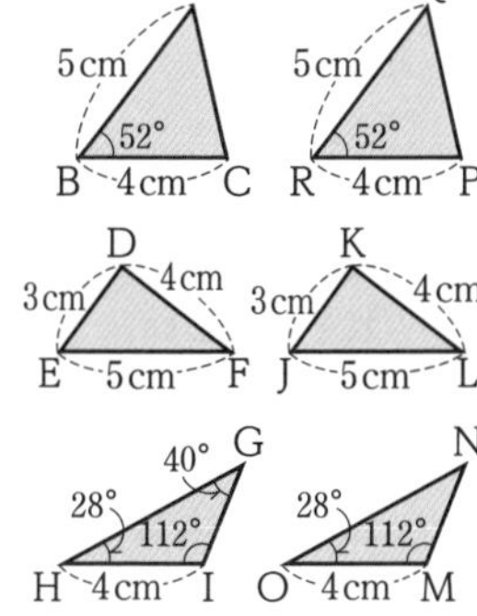

△ABCと△QRPで，AB＝QR，BC＝RP，∠B＝∠Rより，
2組の辺とその間の角がそれぞれ等しいから，
△ABC≡△QRP

△DEFと△KJLで，DE＝KJ，EF＝JL，FD＝LKより，
3組の辺がそれぞれ等しいから，
△DEF≡△KJL

△GHIと△NOMで，HI＝OM，∠GIH＝∠NMO，△GHIの残りの角∠GHI＝180°－(40°＋112°)＝28°＝∠NOM
よって，1組の辺とその両端(りょうたん)の角がそれぞれ等しいから，
△GHI≡△NOM

類題 54 別冊解答 p.94

次の図の中で，合同な三角形を記号≡を使って表しなさい。また，そのときに使った合同条件を書きなさい。

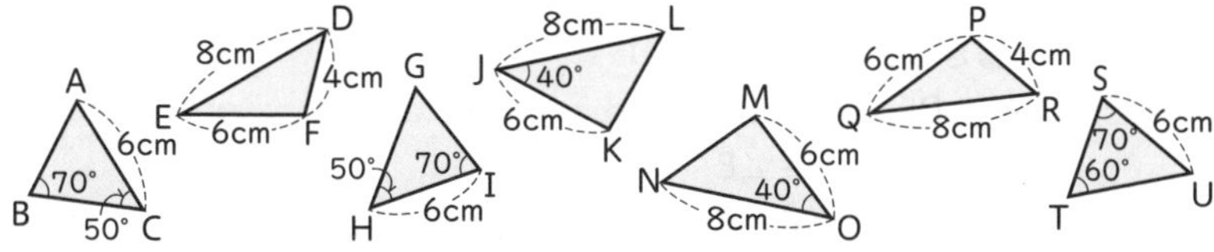

p.359 3

例題 55 合同になるための条件 (1) ～条件を1つ加えて合同を示す～

次の図のような△ABCと△DEFがある。このとき，どんな条件をあと1つ加えれば，△ABC≡△DEFであるといえますか。すべて答えなさい。また，そのときに使った合同条件を書きなさい。

(1)

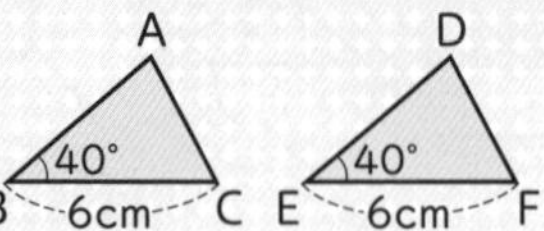

(2)

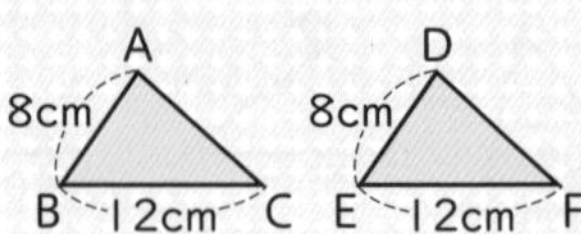

三角形の合同条件に合うように，辺や角を考える。

解き方と答え

(1) △ABCと△DEFで，BC＝EF，∠B＝∠Eである。
よって，次の㋐または㋑が成り立てば，合同になる。

㋐AB＝DE
合同条件は，2組の辺とその間の角がそれぞれ等しい。

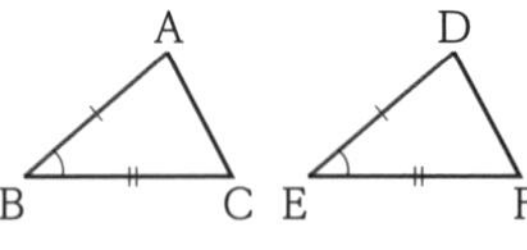

㋑∠C＝∠F
合同条件は，1組の辺とその両端の角がそれぞれ等しい。

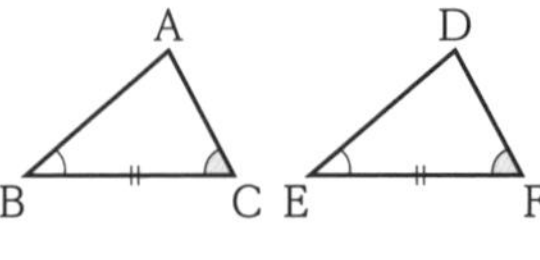

(2) △ABCと△DEFで，AB＝DE，BC＝EFである。
よって，次の㋐または㋑が成り立てば，合同になる。
㋐AC＝DF…合同条件は，3組の辺がそれぞれ等しい。
㋑∠B＝∠E…合同条件は，2組の辺とその間の角がそれぞれ等しい。

注意！

(1)AC＝DFのとき
AC＝DFとした場合，2つの三角形は下の図のように，合同にならないことがある。

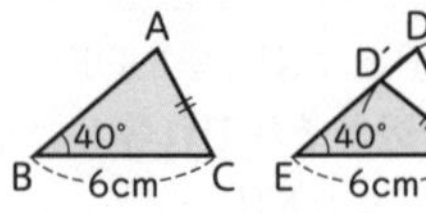

△ABCと△D′EFは，
BC＝EF，AC＝D′F，
∠B＝∠Eであるが，合同ではない。

類題 55 別冊解答 p.94

次の(1)～(3)のとき，それぞれどんな条件をあと1つ加えれば，△ABC≡△DEFであるといえますか。すべて答えなさい。また，そのときに使った合同条件を書きなさい。

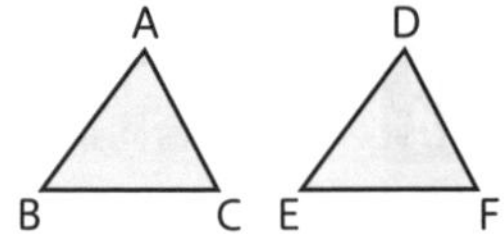

(1) AC＝DF，BC＝EF
(2) AB＝DE，∠B＝∠E
(3) ∠A＝∠D，∠B＝∠E

★★★ p.359 3

例題 56 合同になるための条件 (2) ～条件を1つ見つけ出して合同を示す～

次のそれぞれの図形において，合同な三角形を記号≡を使って表しなさい。また，そのときに使った合同条件を書きなさい。ただし，同じ印をつけた辺はそれぞれ等しいとする。

(1)

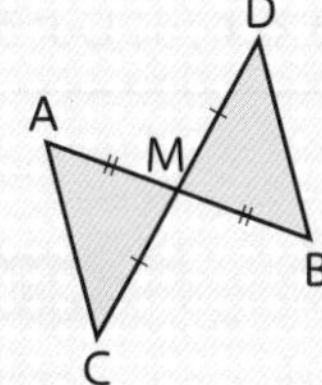

(2)

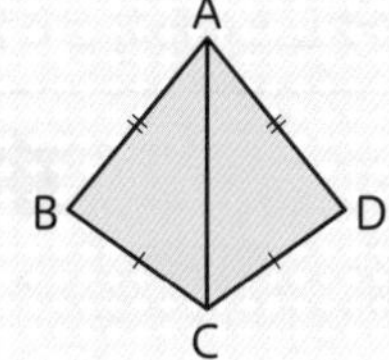

解き方のコツ 図からわかること(対頂角，共通な辺や角)に注目しよう。

解き方と答え

(1) △ACMと△BDMにおいて，
AM＝BM，CM＝DM
対頂角は等しいから，
∠AMC＝∠BMD
2組の辺とその間の角がそれぞれ等しいから，
△ACM≡△BDM

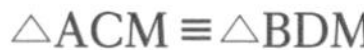

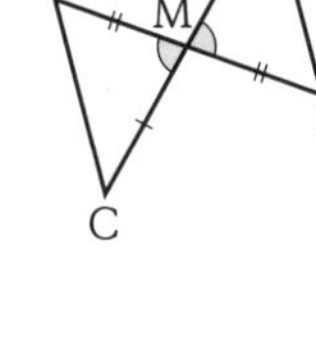

(2) △ABCと△ADCにおいて，
AB＝AD，BC＝DC
辺ACは共通だから，AC＝AC
3組の辺がそれぞれ等しいから，
△ABC≡△ADC

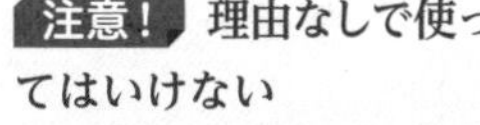

注意！ 理由なしで使ってはいけない

(1)ACとBDは長さが等しいように見えるが，条件として与えられていない。このようなときは，AC＝BDと条件に書くことはできない。

くわしく 共通な辺・角

(2)ACは△ABCと△ADCで重なっている辺である。このような辺を共通な辺といい，長さが等しいので，条件として使うことができる。

類題 56 別冊解答 p.94

次のそれぞれの図形において，合同な三角形を記号≡を使って表しなさい。また，そのときに使った合同条件を書きなさい。ただし，同じ印をつけた辺や角はそれぞれ等しく，(3)のACとDBは平行である。

(1)

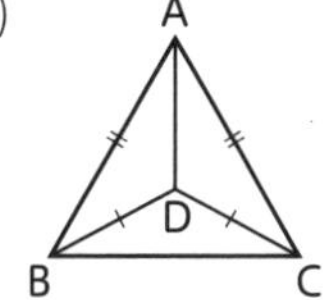

(2)

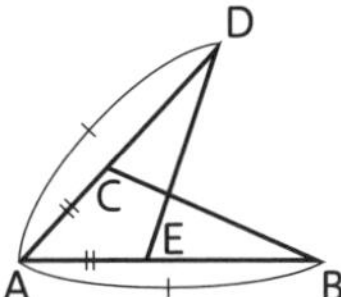

(3)

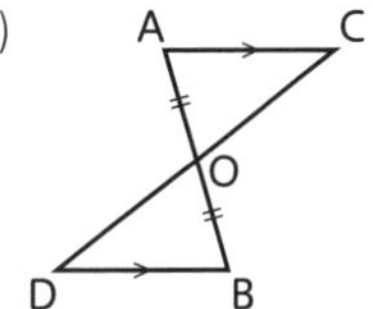

13 図形の証明

p.364 〜 369

❶ 問題文から，仮定と結論を読み取れるようにしよう。
❷ 三角形の合同条件を使って，合同の証明ができるようにしよう。
❸ 正方形や正三角形などを利用して，合同の証明ができるようにしよう。

要点整理

1 仮定と結論

▶あることがらが成り立つことを，すじ道を立てて明らかにすることを**証明**という。

▶「(ア)ならば(イ)である」について，(ア)の部分を**仮定**，(イ)の部分を**結論**という。

例　△ABC≡△DEFならば，∠A＝∠Dである。
　⇒仮定…△ABC≡△DEF，結論…∠A＝∠D

2 三角形の合同の証明

▶証明のしくみ…仮定をもとにして，すでに正しいと認められていることがらを根拠として使い，結論を導く。

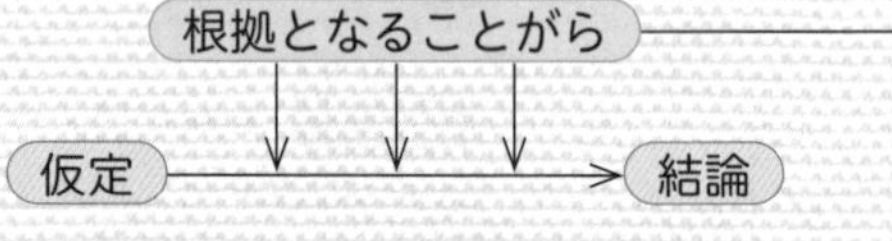

・対頂角の性質
・平行線の性質
・三角形の内角，外角の性質
・合同な図形の性質
・三角形の合同条件　　など

例　線分ABとCDが点Oで交わり，OA＝OB，OC＝ODならば，AD//CBである。

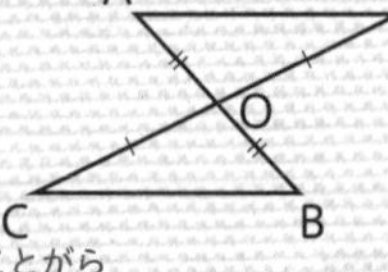

(1)　仮定と結論をいいなさい。
〔仮定〕OA＝OB，OC＝OD
〔結論〕AD//CB

(2)　このことがらを証明しなさい。
〔証明〕△AODと△BOCにおいて，
仮定より，OA＝OB…①，
OD＝OC…②
対頂角は等しいから，（↑根拠となることがら）
∠AOD＝∠BOC…③
①，②，③より，
2組の辺とその間の角がそれぞれ等しいから，（↑根拠となることがら）
△AOD≡△BOC
よって，∠OAD＝∠OBC
錯角が等しいから，AD//CB（↑根拠となることがら）

★★★

p.364 1

例題 57 仮定と結論

次の問いに答えなさい。

(1) 次のことがらの仮定と結論を書きなさい。

❶ △ABC≡△DEFならば，BC=EFである。

❷ xが6の倍数ならば，xは3の倍数である。

❸ m，nが奇数ならば，$m+n$は偶数である。

(2) 次のそれぞれのことがらについて，仮定と結論を図の記号を用いて式で表しなさい。

❶ 2つの直線が平行ならば，錯角は等しい。

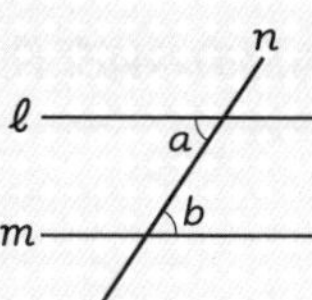

❷ 正三角形の3つの内角は等しい。

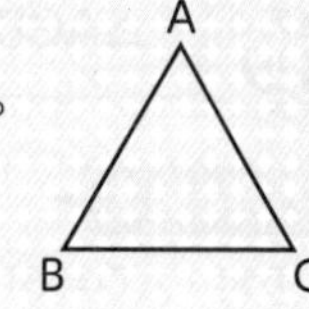

「○○ならば□□である」の○○を仮定，□□を結論という。

解き方と答え

(1)❶ 仮定…△ABC≡△DEF，結論…BC=EF

❷ 仮定…xが6の倍数，結論…xは3の倍数

❸ 仮定…m，nが奇数，結論…$m+n$は偶数

(2)❶ 仮定…$\ell /\!/ m$，
結論…$\angle a=\angle b$

❷ 仮定…AB=BC=CA，
結論…∠A=∠B=∠C

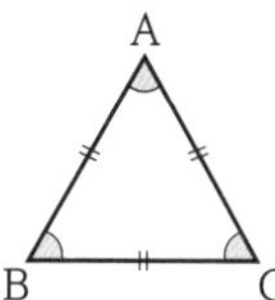

くわしく

「ならば」でない文

(2)❷「○○ならば□□」の文に書きかえると，「三角形が正三角形ならば，その三角形の3つの内角は等しい。」となり，
仮定…三角形が正三角形
結論…三角形の3つの内角は等しい
とわかるから，これらを式で表す。

類題 57 別冊解答 p.94

次の問いに答えなさい。

(1) 次のことがらの仮定と結論を書きなさい。

❶ △ABC≡△PQRならば，∠A=∠P，∠B=∠Q，∠C=∠Rである。

❷ m，nが奇数ならば，mnは奇数である。

(2)「角の二等分線上の点からその角の2辺までの距離は等しい。」について，仮定と結論を図の記号を用いて式で表しなさい。

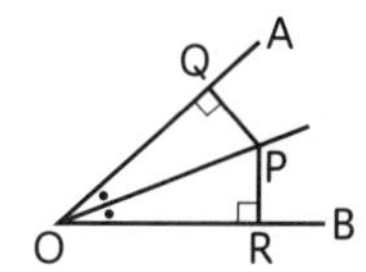

★★★ ⮌p.364 2

例題 58 三角形の合同の証明 (1) ～証明の基本～

右の図のように，△ABCの辺ABの中点をDとし，点Bを通り辺ACに平行な直線と，直線CDとの交点をEとする。このとき，△ACD≡△BEDである。

(1) 仮定と結論を，図の記号を用いて式で表しなさい。

(2) このことがらを証明しなさい。

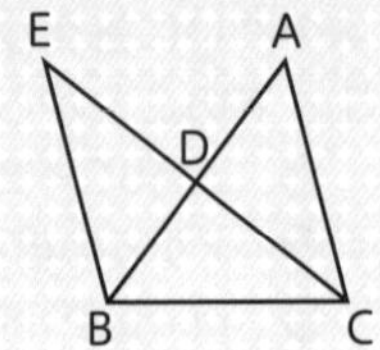

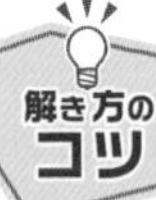

△ACDと△BEDにおいて，三角形の合同条件が成り立つことを示す。

解き方と答え

(1) 仮定…AD＝BD，AC//EB
　　　　　└辺ABの中点がD

　結論…△ACD≡△BED

(2) △ACDと△BEDにおいて，

　仮定より，AD＝BD…①

　平行線の錯角は等しいから，

　∠CAD＝∠EBD…②

　対頂角は等しいから，

　∠ADC＝∠BDE…③

　①，②，③より，1組の辺とその両端の角がそれぞれ等しいから，

　△ACD≡△BED

アドバイス

証明のしかた

㋐仮定を図に記号などでかき入れて，証明の大筋の流れを決めてから，はじめるとよい。

㋑仮定と証明の根拠だけを使う。長さが等しく見えたり，平行や垂直に見えても，条件として与えられていなければそれを使ってはいけない。

㋒場合によっては，結論からさかのぼって，合同条件に足りないものを探し，等しくなる理由を見つけることも有効である。

類題 58 別冊解答 p.95

右の図で，AC＝BD，AD＝BCならば，∠ACB＝∠BDAとなる。

(1) 仮定と結論を，図の記号を用いて式で表しなさい。

(2) このことがらを証明しなさい。

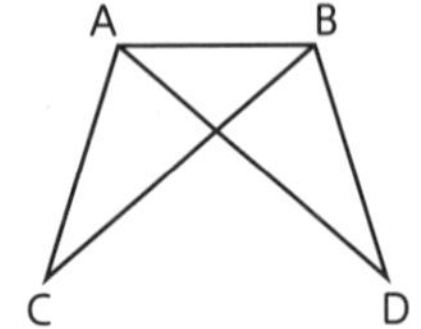

★★★ p.364 2

例題 59 三角形の合同の証明 (2) ～結論が平行～

線分ABと線分CDが点Oで交わっているとき，AO＝BO，CO＝DOならば，AC//DBであることを，次のように証明したい。[I]，[II]，[III]にあてはまる最も適当なものを，下のアからカまでの中からそれぞれ選んで，記号で答えなさい。 〔愛知〕

(証明) △AOCと△BODにおいて，
仮定より，AO＝BO…①，CO＝DO…②
[I]は等しいから，∠AOC＝∠BOD…③
①，②，③から，[II]がそれぞれ等しいので，△AOC≡△BOD
合同な図形では，対応する角の大きさは等しいので，∠ACO＝∠BDO
2つの直線に1つの直線が交わるとき，[III]が等しいならば，この2つの直線は平行だから，AC//DB

ア 同位角　**イ** 錯角（さっかく）　**ウ** 対頂角　**エ** 1組の辺とその両端の角
オ 2組の辺とその間の角　**カ** 2組の辺と1組の角

平行になることを証明するには，同位角または錯角が等しいことを示せばよい。

解き方と答え

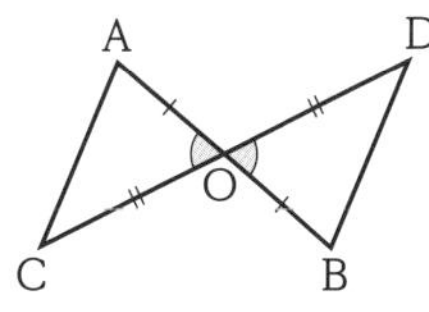

Ⅰ…右の図で，∠AOCと∠BODは対頂角である。
　よって，**ウ**
Ⅱ…①，②，③から，三角形の合同条件
　2組の辺とその間の角がそれぞれ等しいとわかるので，**オ**
Ⅲ…∠ACOと∠BDOは錯角である。
　よって，**イ**

類題 59 別冊解答 p.95

右の図のように，平行な2直線AB，CDに1つの直線が交わるとき，それぞれの交点をE，Fとする。∠AEFの二等分線とCDとの交点をG，∠DFEの二等分線とABとの交点をHとすると，EG//HFである。このことを証明しなさい。

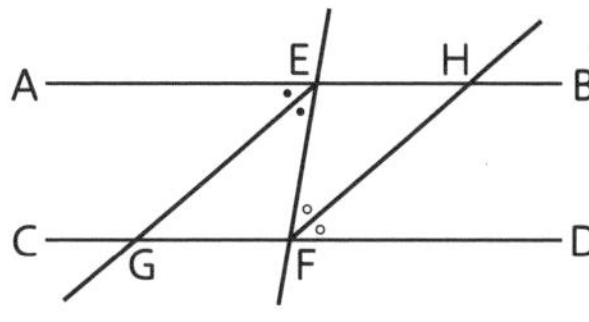

★★★ ⮌ p.364 2

例題 60 三角形の合同の証明 (3) ～正三角形や正方形の利用～

右の図のように，△ABCの辺ABを一辺とする正三角形ABDと辺ACを一辺とする正三角形ACEがある。このとき，△ADCと△ABEが合同であることを証明しなさい。

〔関西大北陽高〕

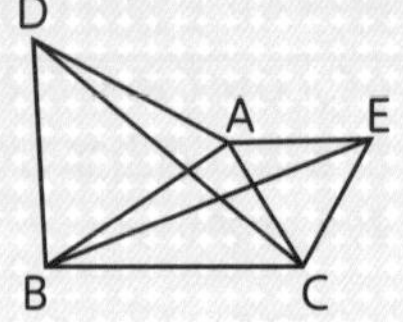

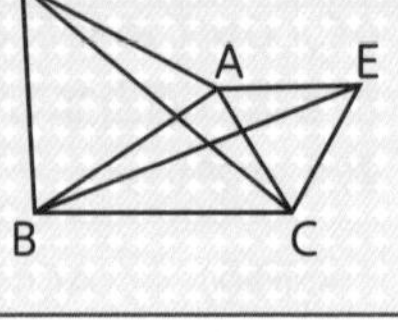

∠CAD＝∠CAB＋60°，∠EAB＝∠CAB＋60°より，∠CAD＝∠EAB

解き方と答え

△ADCと△ABEにおいて，
仮定より，△ABD，△ACEは
正三角形であるから，
AD＝AB…①
AC＝AE…②
また，∠BAD＝∠CAE＝60°より，
∠CAD＝∠CAB＋∠BAD＝∠CAB＋60°…③
∠EAB＝∠CAB＋∠CAE＝∠CAB＋60°…④
③，④より
∠CAD＝∠EAB…⑤
①，②，⑤より，2組の辺とその間の角がそれぞれ等しいから，
△ADC≡△ABE

くわしく 証明のしかた

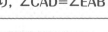

仮定は，「△ABD，△ACEが正三角形である」ことから，
△ABDで，

$$\begin{cases} AB=BD=DA \\ \angle BAD=\angle ABD=\angle ADB=60^\circ \end{cases}$$

△ACEで，

$$\begin{cases} AC=CE=AE \\ \angle CAE=\angle ACE=\angle AEC=60^\circ \end{cases}$$

この中から，合同条件に必要なことがらを図の中にかき入れていく。

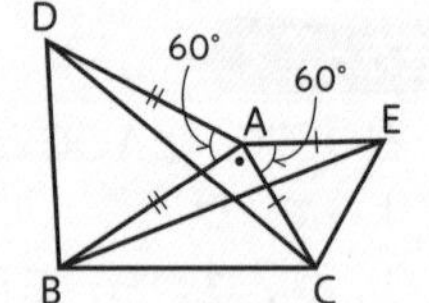

右の図のように，△ABCの辺ABを一辺とする正方形ADEBと辺ACを一辺とする正方形ACFGがある。このとき，△ADCと△ABGが合同であることを証明しなさい。

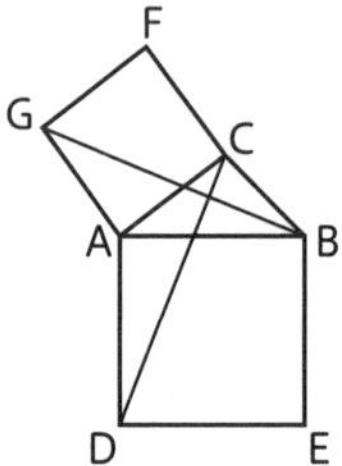

★★★

⮌p.364 2

例題 61 三角形の合同の証明 (4) ～作図の証明～

右の図は，直線ℓ上にない点Pを通り，直線ℓに垂直な直線を作図したものである。

(1) この作図のしかたを説明しなさい。

(2) この作図が正しいことを証明しなさい。

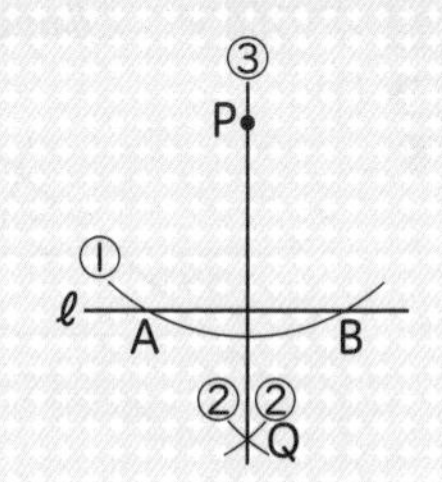

(2) PQ⊥ℓを証明するには，PQとℓの交点をRとして∠ARP=90°を示す

解き方と答え

(1) (例)①点Pを中心とする円をかき，直線ℓとの交点をA，Bとする。

②2点A，Bをそれぞれ中心とする等しい半径の円をかき，その交点をQとする。

③2点PとQを結ぶ。

(2) 点PとA, B, 点QとA, Bを結ぶ。

△PAQと△PBQにおいて，

(1)より，PA＝PB…㋐

QA＝QB…㋑

PQは共通…㋒

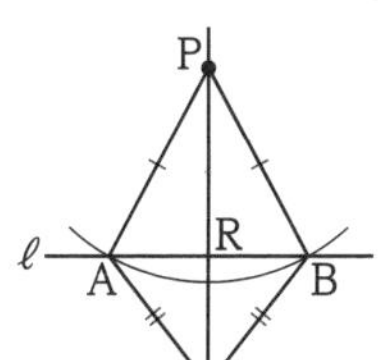

㋐，㋑，㋒より，3組の辺がそれぞれ等しいから，△PAQ≡△PBQ…㋓

PQと直線ℓとの交点をRとすると，△APRと△BPRにおいて，

㋓より，∠APR＝∠BPR…㋔

PRは共通…㋕

㋐，㋔，㋕より，2組の辺とその間の角がそれぞれ等しいから，△APR≡△BPR

よって，∠ARP＝∠BRP＝90°より，PQ⊥ℓ

くわしく PQ⊥ℓの証明

△APR≡△BPRより，

∠ARP＝∠BRP…①

また，

∠ARP＋∠BRP＝180°…②

①，②より，

$\angle ARP=\angle BRP=\dfrac{180°}{2}=90°$

となる。

Return 直線上にない点を通る垂線の作図…p.302の例題⑨

類題 61 別冊解答 p.95

右の図は，線分ABの垂直二等分線を作図したものである。

(1) この作図のしかたを説明しなさい。

(2) この作図が正しいことを証明しなさい。

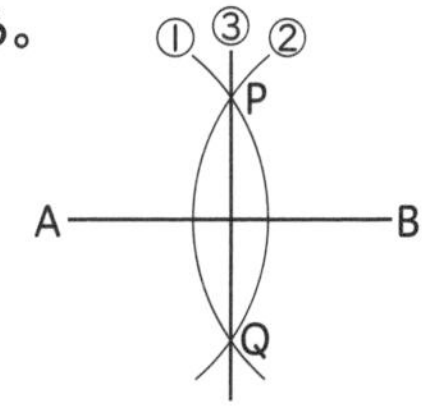

章末問題 A

→別冊解答 p.95～96

22 次の図で，$\ell /\!/ m$ のとき，$\angle x$ の大きさを求めなさい。

例題 44～46

(1)　〔愛知〕　(2)　〔鹿児島〕　(3)　〔徳島－改〕

23 次の図で，$\angle x$ の大きさを求めなさい。

例題 48

(1)　〔兵庫〕

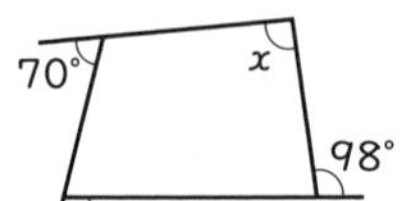

(2)　〔岐阜〕

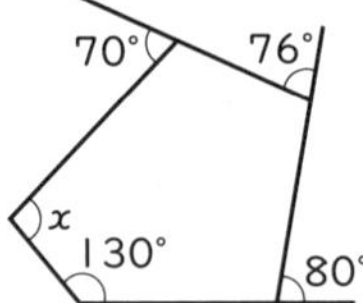

(3)　〔宮崎〕

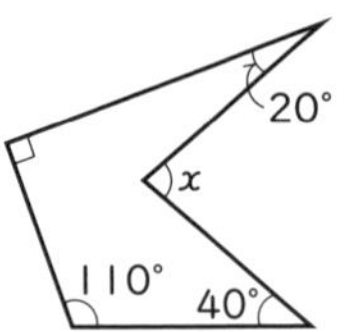

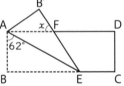

24 次のように，長方形の紙を折った。$\angle x$ の大きさを求めなさい。

例題 51

(1)

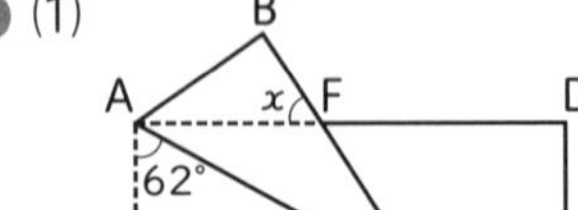

(2)

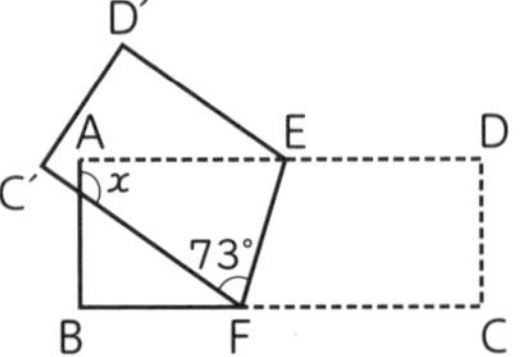

25 右の図で，四角形ABCDは正方形であり，∠CFE＝114°である。

例題 58

(1) △ADE ≡ △CDE を証明しなさい。

(2) ∠BECの大きさを求めなさい。

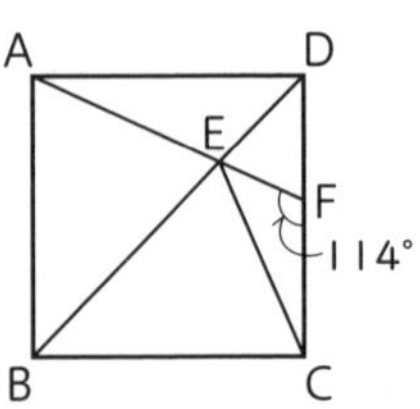

26 右の図のように，2つの正三角形ABC，CDEがある。頂点A，Dを結んで△ACDをつくり，頂点B，Eを結んで△BCEをつくる。このとき，△ACD ≡ △BCEであることを証明しなさい。　〔新潟〕

例題 60

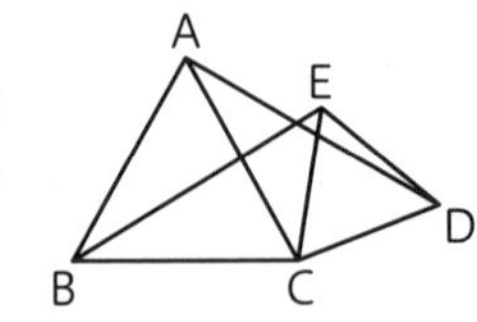

章末問題 B

→別冊解答 p.96～97

27 次の図で，$\angle x$の大きさを求めなさい。

例題 45 48

(1)　〔法政大第二高〕　(2)　〔大分〕　(3)　〔慶應義塾高〕

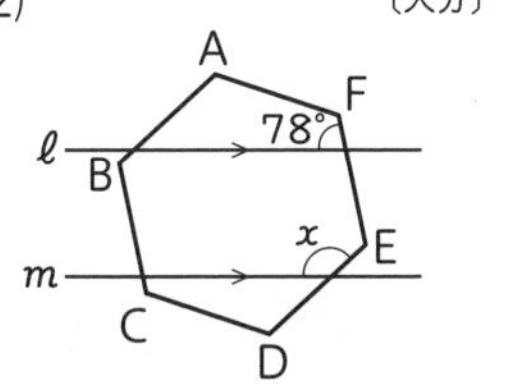

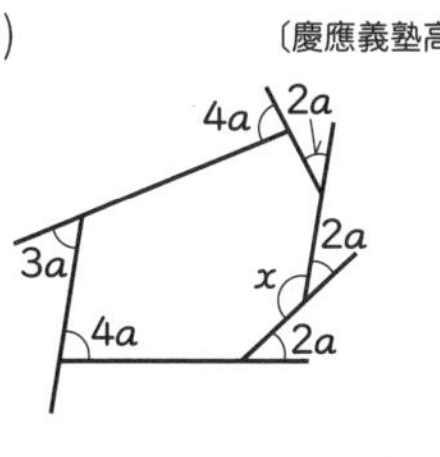

(五角形ABCDEは正五角形)　(六角形ABCDEFは正六角形)

28 次の図で，同じ印をつけた角の大きさが等しいとき，$\angle x$，$\angle y$の大きさを求めなさい。

例題 47 50

(1)　〔東京電機大高〕　(2)　〔大谷高(京都)〕　(3)　〔豊島岡女子学園高〕

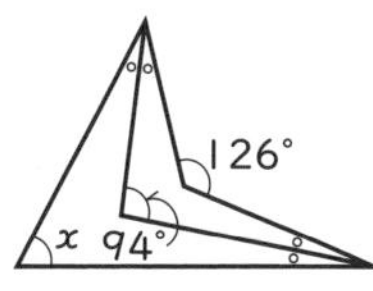

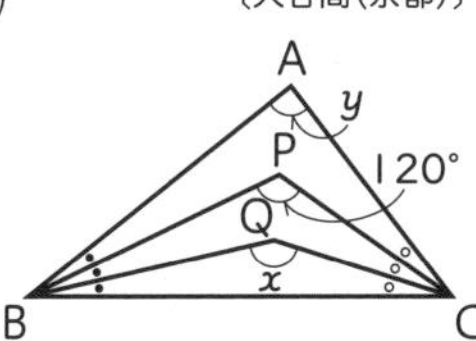

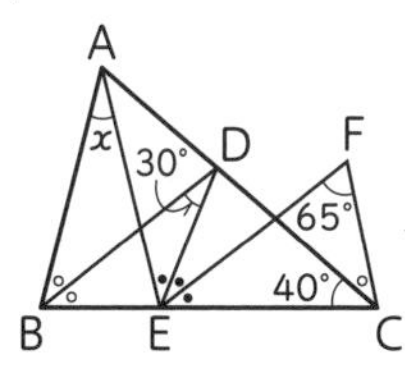

29 次の図で，印をつけた角の大きさの和を求めなさい。

例題 52

(1)　〔大谷高(京都)〕　(2)　〔日本大習志野高〕

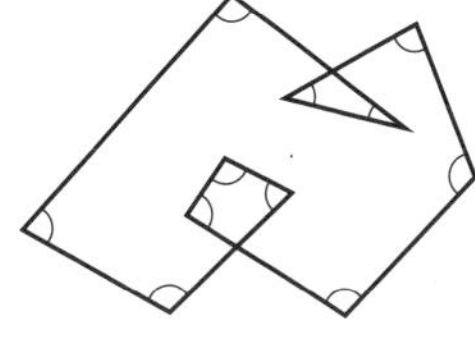

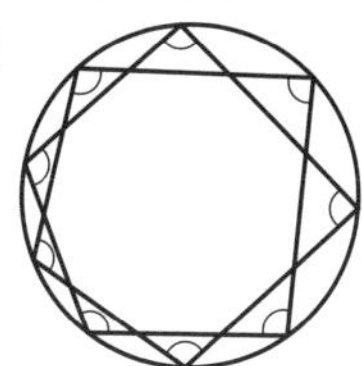

30 右の図で，四角形ABCDは，$\angle ADC=60°$のひし形である。辺CD上に2点C，Dと異なる点Eをとり，辺BCの延長線上に点FをCE＝CFとなるようにとる。　〔千葉－改〕

例題 58 60

(1) △BCE ≡ △ACFを証明しなさい。

(2) △ABE ≡ △DAFを証明しなさい。

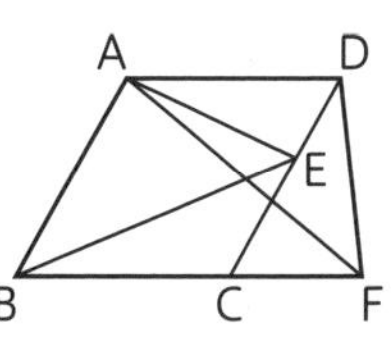

チャレンジ

31 右の図1のような$\angle A=90°$である直角三角形ABCがある。図2のように，この三角形を，線分AEを折り目として，ED//ABとなるように折る。点Eは辺BC上の点であり，点Dは点Cが移った点である。また，線分ADと線分BEの交点をFとする。このとき，AD⊥BEであることを証明しなさい。

例題 44 51

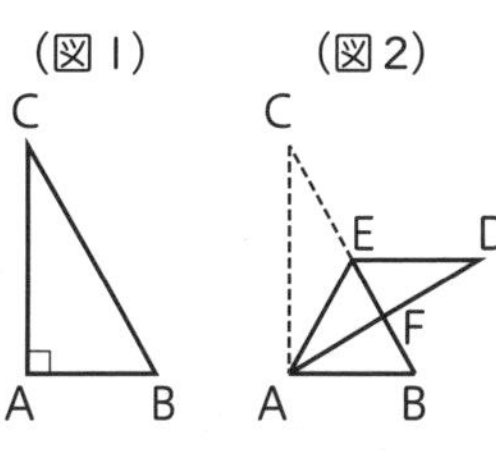

14 二等辺三角形

p.372 ～ 378

❶ 定義と定理の違いを理解できるようにしよう。
❷ 二等辺三角形の性質を使って証明できるようにしよう。
❸ 三角形が二等辺三角形であることを証明できるようにしよう。

要点整理

1 定義と定理

➡例題 62

▶ことばの意味をはっきり述べたものを**定義**という。

▶「対頂角は等しい」などの性質は，図形の性質を証明するときの根拠としてよく使われる。このような，証明された性質のうち，重要なものを**定理**という。

▶あることがらの仮定と結論を入れかえたものを**逆**という。

○○ならば□□ の逆は，
□□ならば○○

▶あることがらが成り立たない例を**反例**という。あることがらが正しくないことを示すには，**反例を1つあげればよい。**

2 二等辺三角形の性質，二等辺三角形と証明

➡例題 63~65

▶二等辺三角形の定義…**2辺が等しい三角形。**

二等辺三角形で，長さの等しい2辺の間の角を**頂角**，頂角に対する辺を**底辺**，底辺の両端の角を**底角**という。

▶二等辺三角形の性質（定理）

㋐ **二等辺三角形の底角は等しい。**

AB＝ACならば，
∠B＝∠C

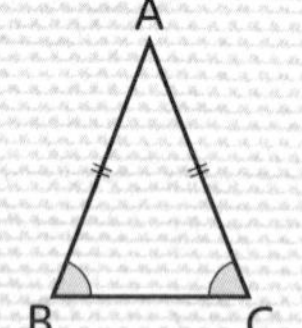

㋑ **二等辺三角形の頂角の二等分線は，底辺を垂直に2等分する。**

ADが∠Aの二等分線ならば，
AD⊥BC，BD＝CD

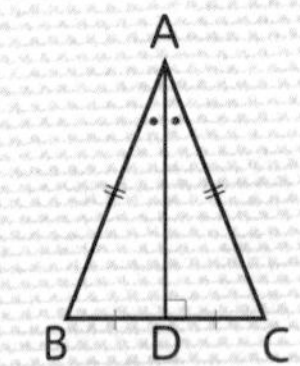

3 二等辺三角形，正三角形になるための条件

➡例題 66，67

▶二等辺三角形になるための条件…**2つの角が等しい三角形は，二等辺三角形である。**

▶正三角形の定義…**3辺がすべて等しい三角形。**

▶正三角形の性質…正三角形の3つの角はすべて等しく**60°**である。

▶正三角形になるための条件…**3つの角が等しい三角形は，正三角形である。**

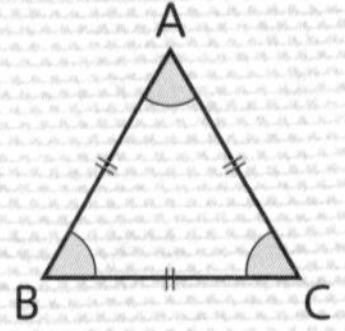

★★★

⮌ p.372 1

例題 62 定義と定理

次の問いに答えなさい。

(1) 次の用語の定義を書きなさい。

❶ 二等辺三角形　　❷ 鋭角(えいかく)，直角，鈍角(どんかく)

(2) 次のことがらの逆を書きなさい。

❶ △ABCで，∠C＝90°ならば，∠A＋∠B＝90°である。

❷ aが奇数(きすう)，bが偶数(ぐうすう)ならば，abは偶数である。

(3) 「a，bがともに正の数ならば積abは正の数である。」ということがらは正しい。ところが，このことがらの逆「積abが正の数ならばa，bはともに正の数である。」は正しくない。このことを示す反例を1つ書きなさい。〔岩手〕

(2) **ことがらの逆は，仮定と結論を入れかえてつくる。**

解き方と答え

(1)❶ 2辺が等しい三角形

❷ 鋭角…0°より大きく90°より小さい角
直角…90°の角
鈍角…90°より大きく180°より小さい角

(2)❶ ∠C＝90°が仮定，∠A＋∠B＝90°が結論なので，
△ABCで，∠A＋∠B＝90°ならば，∠C＝90°である。
（△ABCで，…仮定でも結論でもない）

❷ aが奇数，bが偶数が仮定，abは偶数が結論なので，
abが偶数ならば，aは奇数，bは偶数である。

(3) (例) $a=-1$，$b=-2$のとき，$ab=(-1)\times(-2)=2$ は正の数だが，aもbも負の数である。

くわしく

角の種類と三角形

㋐鋭角三角形…3つの角がすべて鋭角

㋑直角三角形…1つの角が直角

㋒鈍角三角形…1つの角が鈍角

別冊解答 p.97

次のことがらの逆を書きなさい。また，逆が正しいものには○をつけ，正しくないものには反例を1つ示しなさい。

(1) 2つの直線が平行ならば，同位角は等しい。

(2) aが偶数，bが偶数ならば，$a+b$は偶数である。

(3) 2つの三角形ABCとDEFにおいて，△ABC≡△DEFならばAB＝DE，BC＝EF，∠C＝∠Fである。

★★★ p.372 2

例題 63 二等辺三角形の定理の証明

右の図のようなAB＝ACである二等辺三角形において，∠B＝∠Cであることを証明しなさい。

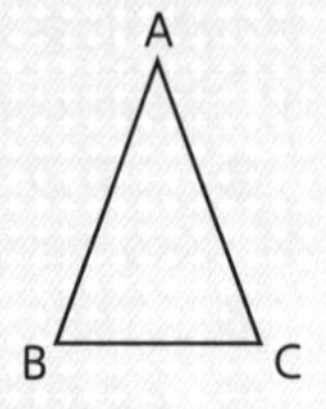

頂角の二等分線をひき，三角形の合同条件を用いて証明しよう。

解き方と答え

∠Aの二等分線をひき，BCとの交点をDとする。
△ABDと△ACDにおいて，
仮定より，AB＝AC…①
ADは∠Aの二等分線だから，
∠BAD＝∠CAD…②
ADは共通…③
①，②，③より，2組の辺とその間の角がそれぞれ等しいから，△ABD≡△ACD
よって，∠B＝∠C

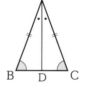

別解 辺BCの中点をMとし，点AとMを結ぶ。
△ABMと△ACMにおいて，
仮定より，AB＝AC…①
点MはBCの中点だから，BM＝CM…②
AMは共通…③
①，②，③より，3組の辺がそれぞれ等しいから，△ABM≡△ACM
よって，∠B＝∠C

くわしく

例題63の証明のしくみ

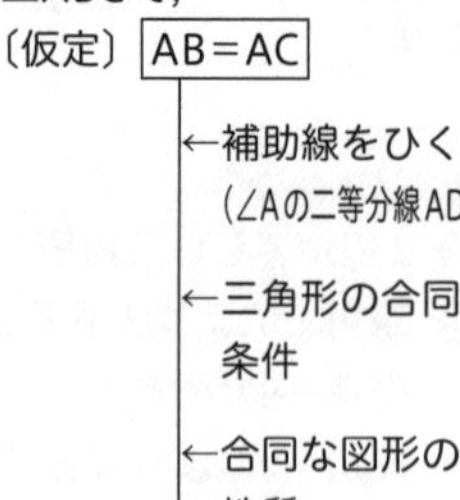

Advance

中線…p.421の例題100
線分AMを中線(ちゅうせん)という。

右の図で，二等辺三角形ABCの頂角Aの二等分線をひき，BCとの交点をDとすると，BD＝CD，AD⊥BCとなる。このことを証明しなさい。

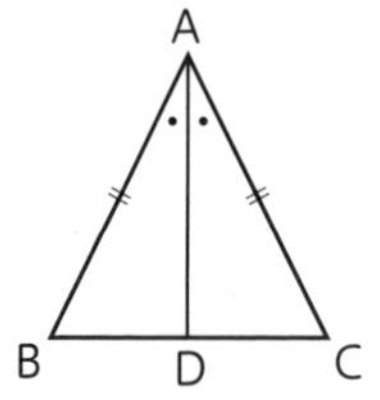

★★★

p.372 2

例題 64 二等辺三角形の性質

次の図のような，AB＝ACの二等辺三角形がある。∠xの大きさを求めなさい。

(1) 〔駿台甲府高〕 (2) 〔香川〕 (3) 〔日本大第二高〕

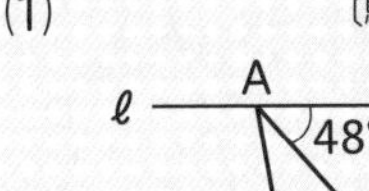

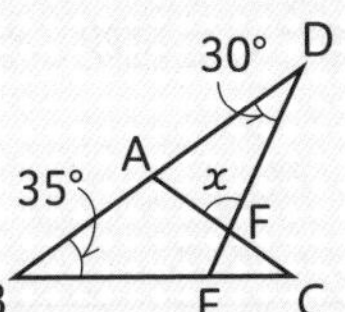
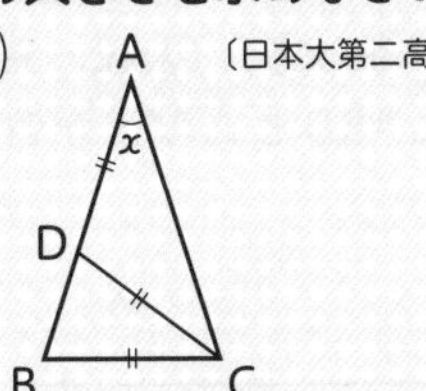

解き方のコツ 二等辺三角形の性質「二等辺三角形の底角は等しい」を使おう。

解き方と答え

(1) AB＝ACより，∠ABC＝∠C＝74°
よって，∠BAC＝180°−(74°×2)＝32°
平行線の錯角（さっかく）は等しいから，∠x＝32°＋48°＝80°

(2) AB＝ACより，∠C＝∠B＝35°
ブーメラン型の角の公式より，
∠CFD＝35°＋35°＋30°＝100°
よって，∠x＝180°−100°＝80°

(3) AD＝DC＝BCより，△DAC，△CBDは二等辺三角形である。
△ACDで，
∠CDB＝∠B＝x＋x＝2x
また，AB＝ACだから，
∠ACB＝∠B＝2x
三角形ABCの内角の和は180°だから，
x＋2x＋2x＝180°　5x＝180°　∠x＝36°
（x：∠A，2x：∠B，2x：∠ACB）

別解 (1)Cを通り，ℓに平行な直線CDをひく
∠DCB＝74°−48°＝26°
より，∠x
＝180°−(26°＋74°)＝80°

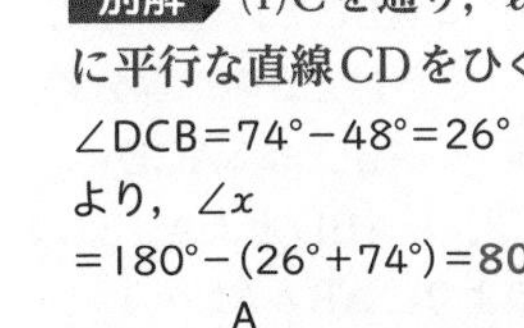

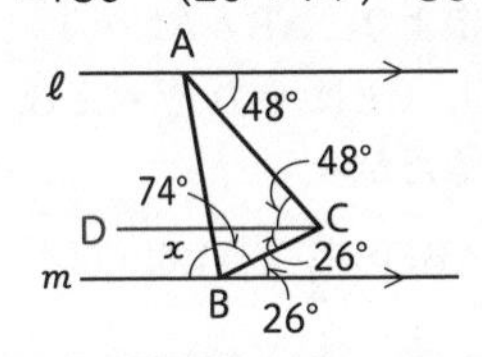

Advance (3)△ABC∽△CBD…p.428の例題106
∠ABCと∠CBDは共通，
∠DCB＝2x−x＝xより，
△ABCと△CBDは相似（そうじ）になる。
p.402参照

類題 64 別冊解答 p.98

次の図で，∠xの大きさを求めなさい。

(1) 〔宮崎〕 (2) 〔城北高(東京)〕 (3)

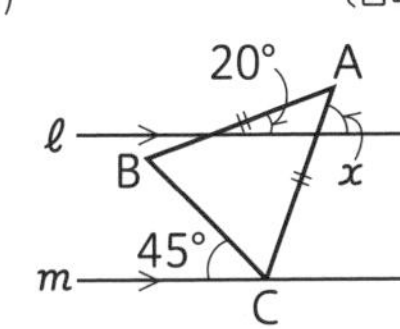
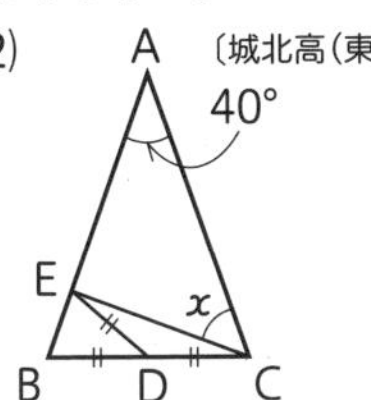
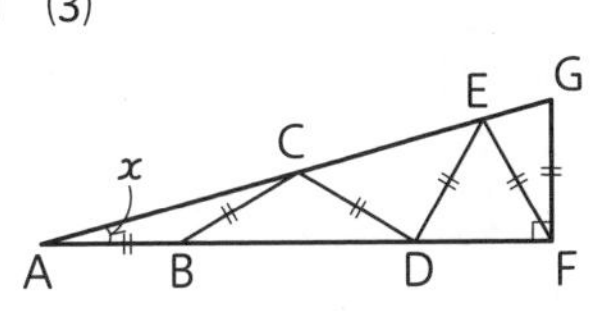

★★★ ⮌ p.372 2

例題 65 二等辺三角形と証明

AB＝ACの二等辺三角形ABCにおいて，∠Bと∠Cの二等分線をひき，辺AC，ABとの交点を，それぞれD，Eとする。△ABDと△ACEが合同であることを証明しなさい。 〔埼玉〕

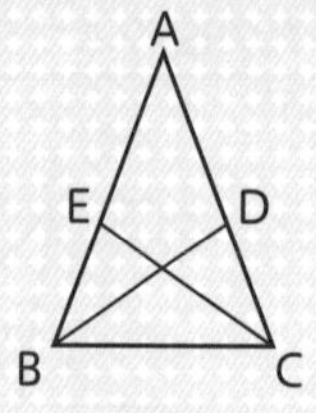

仮定と二等辺三角形の性質から，三角形の合同条件を導く。

解き方と答え

仮定…△ABCで，AB＝AC

BDは∠Bの二等分線，CEは∠Cの二等分線

結論…△ABD≡△ACE

（証明）△ABDと△ACEにおいて，

仮定より，AB＝AC…①

BD，CEはそれぞれ∠B，∠Cの二等分線だから，

$\angle ABD=\frac{1}{2}\angle ABC$…②

$\angle ACE=\frac{1}{2}\angle ACB$…③

①より，二等辺三角形の底角は等しいから，

∠ABC＝∠ACB…④

②，③，④より，∠ABD＝∠ACE…⑤

また，∠Aは共通…⑥

よって，①，⑤，⑥より，1組の辺とその両端(りょうたん)の角がそれぞれ等しいから，△ABD≡△ACE

先に合同条件を決める

証明では，合同条件のどれを使うかを先に決めるとよい。**例題65**では，等しい辺は，仮定からAB＝ACの1組しか分からないので，使う合同条件は，「1組の辺とその両端の角がそれぞれ等しい」と決まる。よって，ABとACの両端の角が等しいことをいえばよい。

右の図のように，AB＝ACの二等辺三角形ABCの辺BC上に，BD＝CEとなるようにそれぞれ点D，Eをとる。ただし，BD<DCとする。このとき，△ABE≡△ACDであることを証明しなさい。 〔栃木〕

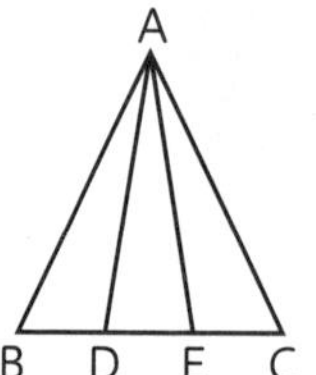

★★★

⮌ p.372 3

例題 66 二等辺三角形になるための条件

右の図で，△ABCは，∠BAC＝90°の直角三角形である。Dは∠ABCの二等分線上の点で，AD∥BCである。Hは辺BC上の点で，AH⊥BCであり，E，Fはそれぞれ線分DBとAC，AHとの交点である。このとき，△AFEは二等辺三角形であることを証明しなさい。

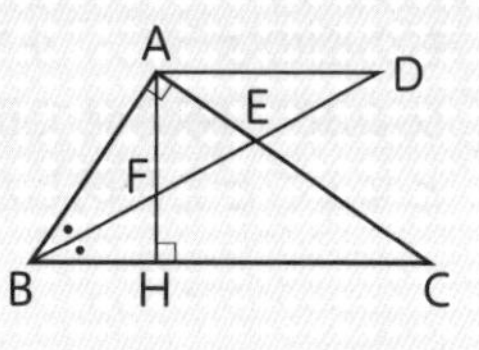

二等辺三角形であることを証明するには，2つの角が等しいことをいえばよい。

解き方と答え

AD∥BCより，平行線の錯角は等しいから，∠CBD＝∠ADB

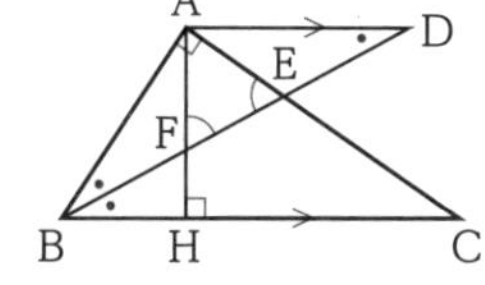

仮定より，∠ABD＝∠CBD

よって，

∠ABD＝∠ADB…①

仮定より，AD∥BC，AH⊥BCだから，∠FAD＝90°

また，仮定より，∠BAE＝90°

三角形の内角の和は180°だから，

∠AEB＝180°－(90°＋∠ABD)＝90°－∠ABD…②

∠AFD＝180°－(90°＋∠ADB)＝90°－∠ADB…③

①，②，③より，∠AEB＝∠AFD

つまり，∠AEF＝∠AFE

よって，2つの角が等しいから，△AFEは二等辺三角形である。

別解 △ABFと△ADEの合同を利用する

△ABFと△ADEにおいて，

①より，2つの角が等しいから，△ABDは二等辺三角形である。

よって，AB＝AD…㋐

また，∠BAF＝∠BAE－∠FAE

＝90°－∠FAE…㋑

∠DAE＝∠FAD－∠FAE

＝90°－∠FAE…㋒

㋑，㋒より，

∠BAF＝∠DAE…㋓

①，㋐，㋓より，1辺とその両端の角がそれぞれ等しいから，

△ABF≡△ADE

よって，AF＝AEより，2辺が等しいから，△AFEは二等辺三角形である。

類題 66

別冊解答 p.98

右の図のような正方形ABCDの辺AB上に点Eを，直線BC上に点Fを，AE＝CFとなるようにとる。また，直線BC上に点Gを，∠ADE＝∠EDGとなるようにとる。このとき，△GDFは二等辺三角形であることを証明しなさい。

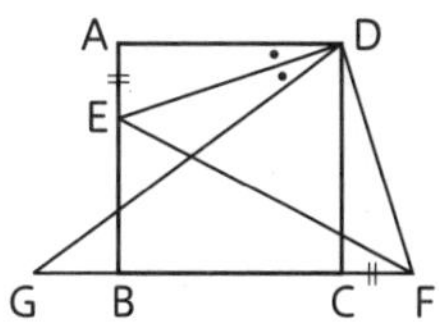

★★★ ⮌ p.372 3

例題 67 正三角形になるための条件

右の図のように，正方形ABCDを点Aを中心に時計回りに30°回転させて正方形AB′C′D′をつくる。BB′＝BC′となることを証明しなさい。〔関西学院高〕

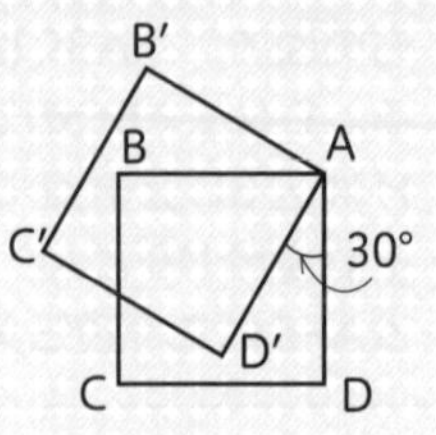

正三角形であることを証明するには，くわしくの㋐か㋑のどちらかをいえばよい。

解き方と答え

正方形AB′C′D′は，正方形ABCDを回転移動させたものだから，合同である。

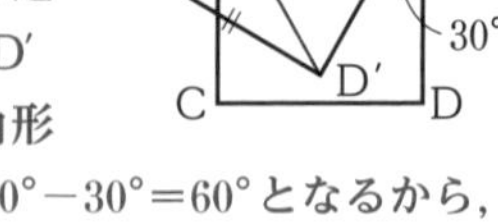

△ABD′において，正方形の1辺の長さは等しいから，AB＝AD′
よって，△BAD′は二等辺三角形で，頂角∠BAD′は∠BAD′＝90°－30°＝60°となるから，
△BAD′は正三角形…①
└「くわしく」の㋑参照
△AB′Bと△D′C′Bにおいて，
①より，AB＝D′B…②
正方形の1辺の長さは等しいから，AB′＝D′C′…③
∠BAB′＝∠BD′C′＝90°－60°＝30°…④
②，③，④より，2組の辺とその間の角がそれぞれ等しいから，△AB′B≡△D′C′B
よって，BB′＝BC′

くわしく 正三角形になるための条件

㋐∠A＝∠B＝∠C
(証明)∠A＝∠Bより，AC＝BC
∠A＝∠Cより，AB＝BC
よって，AB＝BC＝ACより，△ABCは正三角形

㋑AB＝AC，∠A＝60°
(証明)AB＝ACより，∠B＝∠C
∠B＋∠C＝180°－60°＝120°
よって，∠B＝∠C＝60°
㋐より，△ABCは正三角形

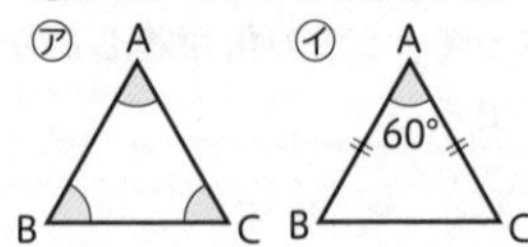

➡別冊解答 p.99

右の図において，△ABCは正三角形であり，頂点B，C，Aは線分DA，EB，FCの中点である。このとき，△DEFが正三角形であることを証明しなさい。

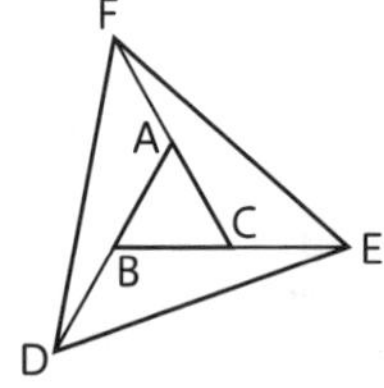

15 直角三角形

p.379 ～ 383

❶ 直角三角形の合同条件を正確に覚えよう。
❷ 直角三角形の合同を証明できるようにしよう。
❸ 内心と内接円についての証明をできるようにしよう。

要点整理

1 直角三角形の合同条件

➡例題 68

▶2つの直角三角形は，次のどちらかが成り立てば，合同である。

㋐ **斜辺と1つの鋭角がそれぞれ等しい。**
∠C＝∠F＝90°，AB＝DE，∠A＝∠D ならば，△ABC≡△DEF

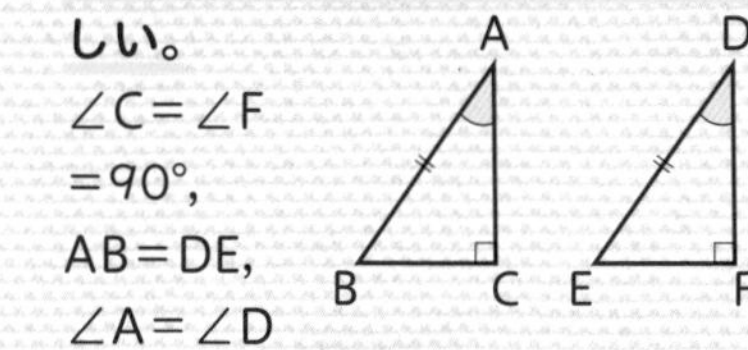

㋑ **斜辺と他の1辺がそれぞれ等しい。**
∠C＝∠F＝90°，AB＝DE，AC＝DF ならば，△ABC≡△DEF

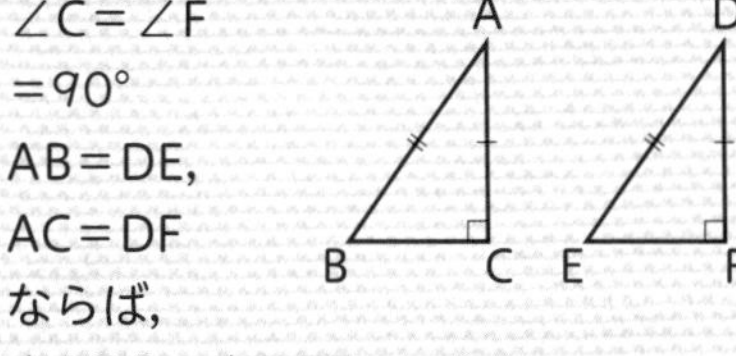

2 直角三角形と証明

➡例題 69，70

▶直角三角形の合同条件を使うには，次の2つのことが必ず必要になる。

㋐ **直角**がある。
㋑ **斜辺が等しい。**…斜辺が等しいかわからないときは，ふつうの三角形の合同条件を使うことになる。

この㋐，㋑があった上で，それに加えて次の㋒か㋓を示せば，直角三角形の合同条件を使うことができる。

㋒ **他の1辺が等しい。**
㋓ **1つの鋭角が等しい。**

3 三角形の内角の二等分線

➡例題 71

三角形の3つの内角の二等分線は，1点Iで交わる。この点を**内心**(ないしん)という。内心Iから3つの辺に**垂線**をひき，辺AB，BC，CAと交わる点をP，Q，Rとすると，**IP＝IQ＝IR**となり，点Iを中心とする△ABCに内接する円(**内接円**(ないせつえん)という)をかくことができる。

↑p.303の3参照

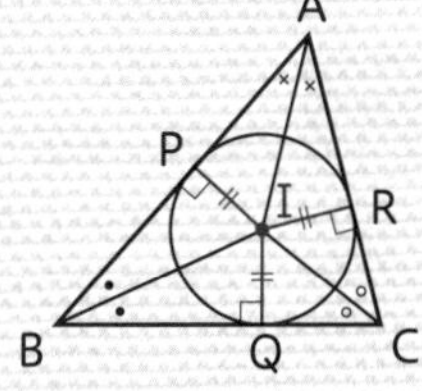

★★★

p.379 1

例題 68 直角三角形の合同条件

右の図の2つの直角三角形△ABCと△DEFで，次のとき，△ABCと△DEFは合同になることを，三角形の合同条件を使って証明しなさい。

(1) ∠C＝∠F＝90°，AB＝DE，∠A＝∠D

(2) ∠C＝∠F＝90°，AB＝DE，AC＝DF

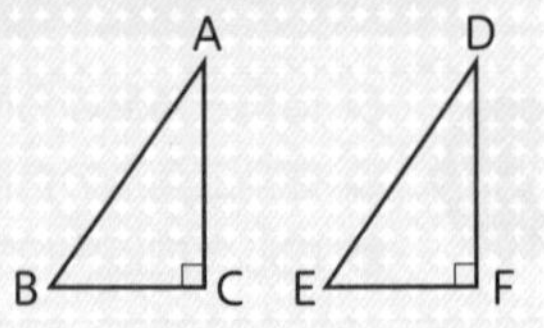

(2) △DEFを裏返して，等しい辺ACとDFを重ねた図をつくる。

解き方と答え

(1) △ABCと△DEFにおいて，
仮定より，
AB＝DE…①　∠A＝∠D…②　∠C＝∠F…③
②，③より，三角形の内角の和は180°だから，
残りの内角も等しくなるので，∠B＝∠E…④
①，②，④より，1組の辺とその両端の角がそれぞれ等しいから，△ABC≡△DEF

(2) △ABCと△DEFにおいて，
仮定より，AC＝DF…①なので，
△DEFを裏返して，等しい辺ACとDFを重ねて，右のような図をつくる。∠C＝∠F＝90°…②
より，点B, C, Eは一直線上に並び，△ABEができる。
仮定より，AB＝AE＝DE…③だから，∠B＝∠E…④
②，④より，∠A＝∠D…⑤
①，③，⑤より，2組の辺とその間の角がそれぞれ等しいから，△ABC≡△DEF

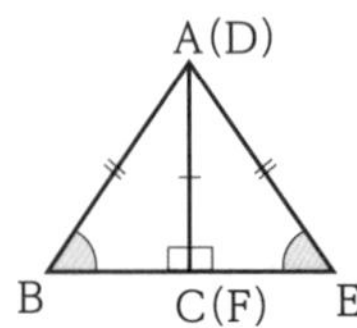

用語 直角三角形と斜辺

直角三角形の定義…1つの内角が直角である三角形。
直角三角形で，直角に対する辺を斜辺（しゃへん）という。

注意！

(2)△ABEができる条件

AC＝DFより，△ABCと△DEFをくっつけるとき，すぐに△ABEができるとしてはいけない。3点B, C, Eが一直線上に並ぶことを示す必要がある。

別解 (2)①，②，⑤を使うと？

1組の辺とその両端の角がそれぞれ等しいことからいえる。

別冊解答 p.99

右の図の中で，合同な三角形を記号≡を使って表しなさい。また，そのときに使った合同条件を書きなさい。

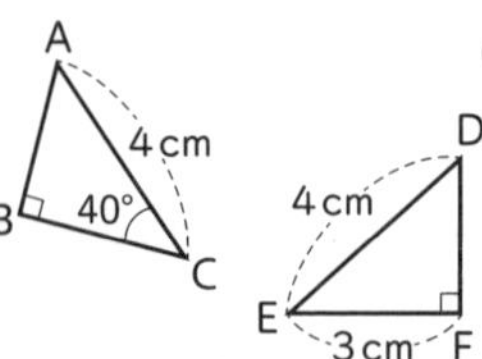

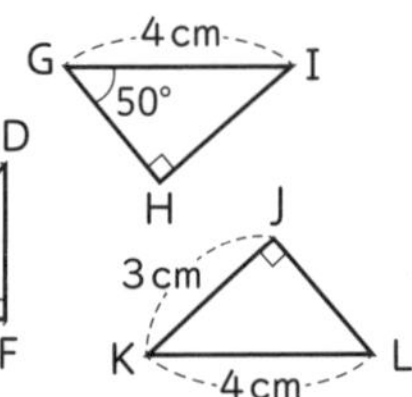

★★★ p.379 2

例題 69 直角三角形と証明 (1) ～斜辺と他の1辺が等しい～

右の図のように，正方形ABCDがあり，辺AB上に点E，辺BC上に点Fをとり，△DEFが正三角形になるようにする。 〔佐賀－改〕

(1) △AED≡△CFDであることを証明しなさい。

(2) ∠ADEの大きさを求めなさい。

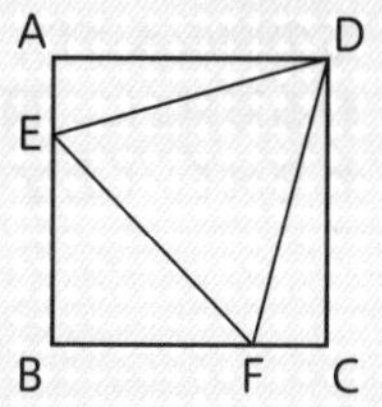

(2) **(1)から△AED≡△CFDがわかるので，それを利用しよう。**

解き方と答え

(1) △AEDと△CFDにおいて，
仮定より，
∠EAD＝∠FCD＝90°…①
△DEFが正三角形だから，
DE＝DF…②
四角形ABCDが正方形だから，
AD＝CD…③
①，②，③より，直角三角形の斜辺（しゃへん）と他の1辺がそれぞれ等しいから，
△AED≡△CFD

(2) (1)より，∠ADE＝∠CDF
正方形の内角は90°だから，∠ADC＝90°
正三角形の内角は60°だから，∠EDF＝60°
よって，∠ADE＝(90°－60°)÷2＝15°

アドバイス

証明したことを使おう

例題69のように，(1)に証明があって，(2)以降で角度，線分の長さ，図形の面積などを求める問題は，入試によく出題される。このような場合，(1)で証明した結論を使って(2)以降の問題を解くことが多い。もしも，証明のしかたが分からなかったとしても，結論を使って(2)以降の問題を解くこともできるので，あきらめないように！

類題 69

別冊解答 p.99

右の図のように，△ABCの辺BCの中点Dから2辺AB，ACに垂線をひき，AB，ACとの交点をそれぞれE，Fとする。このとき，DE＝DFならば，△ABCは二等辺三角形であることを証明しなさい。

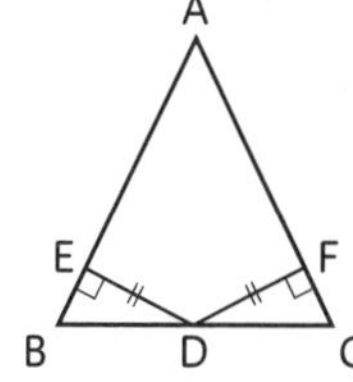

★★★ →p.379 2

例題 70 直角三角形と証明 (2) ～斜辺と1つの鋭角が等しい～

右の図のように，正方形ABCDの頂点Cを通り辺ADに交わる直線ℓに，頂点B，Dから垂線をひき，ℓとの交点をそれぞれE，Fとする。このとき，CE＝DFを証明しなさい。

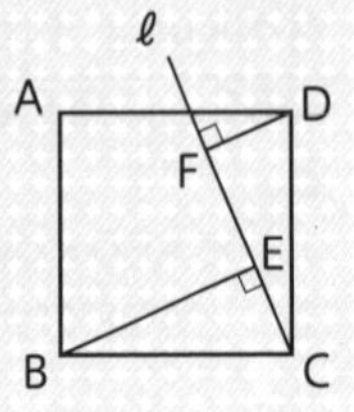

∠BCE＝∠CDFが成り立つことから，合同条件「斜辺(しゃへん)と1つの鋭角(えいかく)が等しい」を使おう。

解き方と答え

△BCEと△CDFにおいて，

仮定より，BC＝CD…①

∠BEC＝∠CFD＝90°…②

また，∠BCE＝90°－∠FCD…③

（90°←∠BCD）

△CDFで，∠CDF＝90°－∠FCD…④

（90°←180°－∠CFD＝180°－90°）

よって，∠BCE＝∠CDF…⑤

①，②，⑤より，直角三角形の斜辺と1つの鋭角がそれぞれ等しいから，

△BCE≡△CDF

したがって，CE＝DF

くわしく ∠BCE＝∠CDF

四角形ABCDが正方形なので，∠BCD＝90°…㋐

また，三角形の内角の和は180°だから，∠CDF＋∠DCF＝180°－∠CFD＝90°…㋑

㋐，㋑より，③，④がいえる。

このように，正方形の1つの角が90°であることと直角三角形の直角を除いた2つの角の和が90°であることを利用して，1つの鋭角が等しいことを示す方法はよく使われるので，覚えておこう。

別冊解答 p.99

右の図のように，AB＝ACである直角二等辺三角形ABCの頂点Aを通る直線に，頂点B，Cからそれぞれ垂線BD，CEをひく。

(1) △ADB≡△CEAを証明しなさい。

(2) BD＋CE＝DEを証明しなさい。

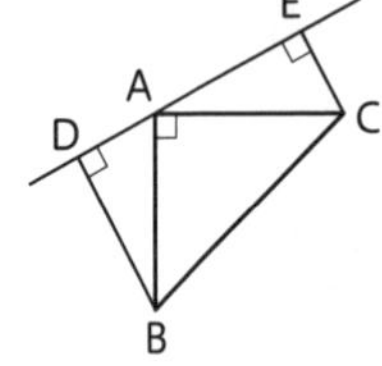

★★★

p.379 3

例題 71 三角形の内角の二等分線

右の図のように，△ABCの∠Bと∠Cの二等分線の交点をIとし，Iから3辺に垂線をひいて，AB，BC，CAとの交点をそれぞれP，Q，Rとする。

(1) IP=IQ=IRであることを証明しなさい。

(2) 半直線AIは∠BACを2等分することを証明しなさい。

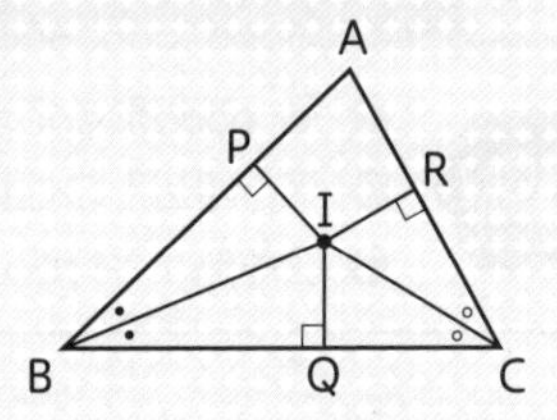

(2) 2つの直角三角形△AIPと△AIRが合同であることを証明しよう。

解き方と答え

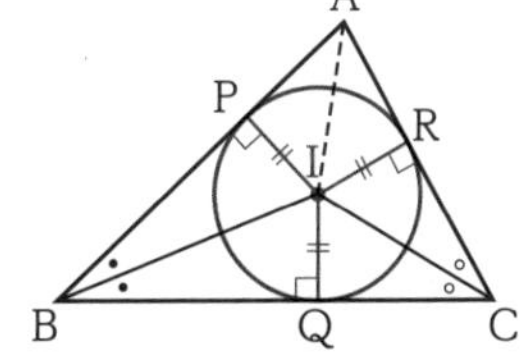

(1) △BIPと△BIQにおいて，
仮定より，BIは∠Bの二等分線だから，∠IBP=∠IBQ…①
∠BPI=∠BQI=90°…②
BIは共通…③
①，②，③より，直角三角形の斜辺と1つの鋭角がそれぞれ等しいから，△BIP≡△BIQ
よって，IP=IQ…④
同様にして，CIは∠Cの二等分線だから，△CIQ≡△CIR
よって，IQ=IR…⑤
④，⑤より，IP=IQ=IR

(2) △AIPと△AIRにおいて，
(1)より，IP=IR…⑥
AIは共通…⑦
∠API=∠ARI=90°…⑧
⑥，⑦，⑧より，直角三角形の斜辺(しゃへん)と他の1辺がそれぞれ等しいから，△AIP≡△AIR
よって，∠IAP=∠IARとなるから，半直線AIは∠BACを2等分する。

別冊解答 p.100

右の図のように，△ABCの3つの辺に内接する円Oがある。

(1) 半直線AOは∠BACの二等分線であることを証明しなさい。

(2) BC=a，CA=b，AB=c，半径をrとするとき，△ABCの面積は$\frac{1}{2}r(a+b+c)$であることを説明しなさい。

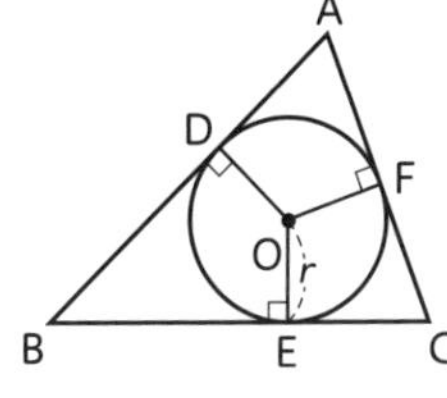

16 平行四辺形

p.384 ～ 389

❶ 平行四辺形の定理を証明することができるようにしよう。
❷ 平行四辺形の性質を使って証明できるようにしよう。
❸ 四角形が平行四辺形であることを証明できるようにしよう。

要点整理

1 平行四辺形の性質，平行四辺形と証明 ➡例題 72 ～ 74

▶平行四辺形の定義…**2組の対辺 が それぞれ平行な四角形。**
AB//DC，AD//BC

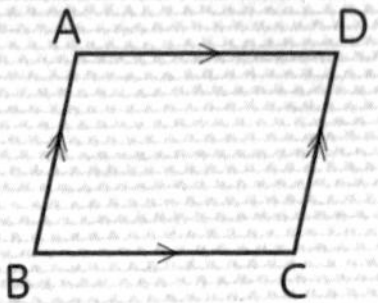

▶平行四辺形ABCDを▱ABCDと書く。
▶平行四辺形の性質（定理）

㋐ 平行四辺形では，**2組の対辺 は それぞれ等しい。**
AB＝DC，AD＝BC

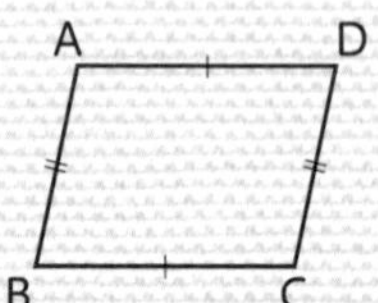

㋑ 平行四辺形では，**2組の対角 は それぞれ等しい。**
∠A＝∠C，∠B＝∠D

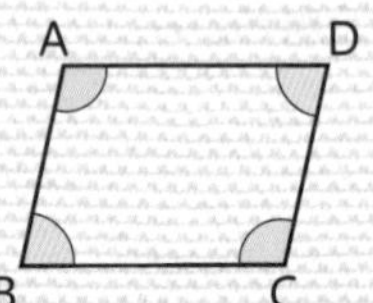

㋒ 平行四辺形では，**対角線 は それぞれ中点で交わる。**
AO＝CO，BO＝DO

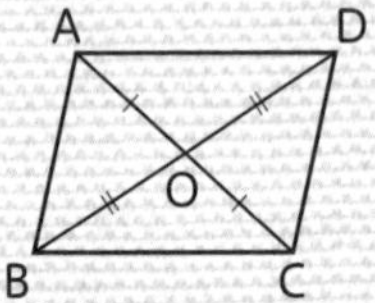

▶平行四辺形のある図形の証明では，「平行四辺形の性質」を根拠（こんきょ）として使うことができる。

2 平行四辺形になるための条件，平行四辺形になることの証明 ➡例題 75，76

▶平行四辺形になるための条件…四角形は，次の㋐～㋔の条件のうち，どれか1つが成り立てば，平行四辺形になる。

㋐ **2組の対辺 が それぞれ平行である。（定義）**
㋑ **2組の対辺 が それぞれ等しい。**
㋒ **2組の対角 が それぞれ等しい。**
㋓ **対角線 が それぞれの中点で交わる。**
㋔ **1組の対辺 が 平行でその長さが等しい。**

㋔ AB＝DC，AB//DC
（またはAD＝BC，AD//BC）

★★★

p.384 1

例題 72 平行四辺形の定理の証明

右の図の▱ABCDにおいて，平行四辺形の定義を使って次の証明をしなさい。

(1) AB＝DC，AD＝BC

(2) ∠A＝∠C，∠B＝∠D

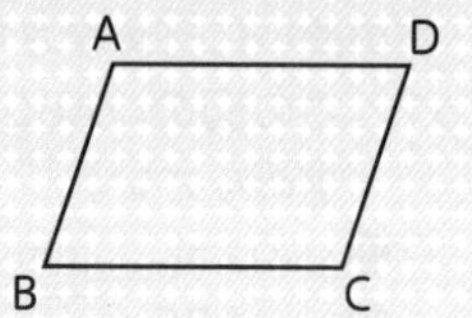

(1) 対角線ACをひいて，△ABC≡△CDAを証明しよう。

解き方と答え

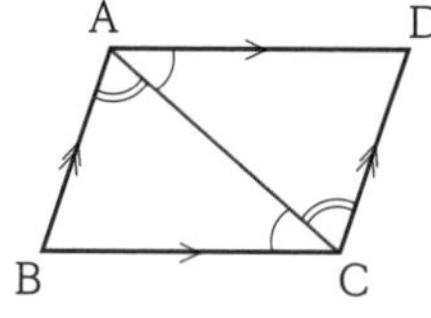

(1) 対角線ACをひく。

△ABCと△CDAにおいて，

AB∥DC，AD∥BCより，

平行線の錯角（さっかく）は等しいから，

∠BAC＝∠DCA…①

∠ACB＝∠CAD…②

ACは共通…③

①，②，③より，1組の辺とその両端（りょうたん）の角がそれぞれ等しいから，△ABC≡△CDA

よって，AB＝DC，AD＝BC

(2) 右の図で，AD∥BCより，

錯角は等しいから，

∠DAB＝∠ABE…①

AB∥DCより，

同位角は等しいから，

∠ABE＝∠C…②

①，②より，∠A＝∠C

同様にして，∠B＝∠D

くわしく

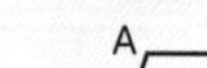

平行四辺形の定理の証明

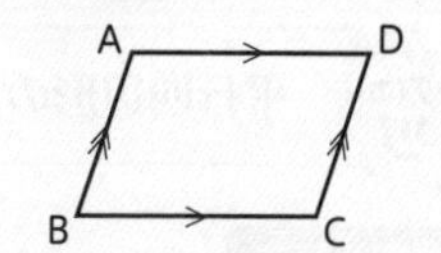

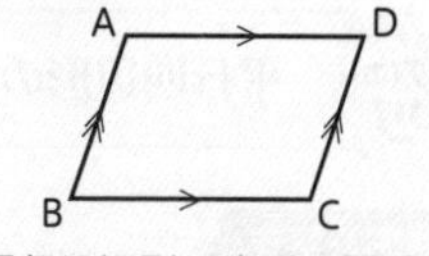

平行四辺形の定理の証明で，仮定として使えるのは，平行四辺形の定義「2組の対辺が平行（AB∥DC，AD∥BC）」だけである。

別解 別の対角線をひく

(1)対角線BDをひいて，△ABD≡△CDBを証明してもよい。

右の図の▱ABCDにおいて，対角線ACとBDの交点をOとすると，AO＝CO，BO＝DOであることを，平行四辺形の定義を使って証明しなさい。

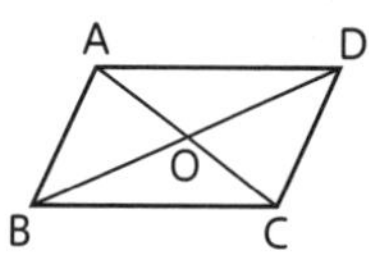

⮌ p.384 1

★★★

例題 73 平行四辺形の性質

次の問いに答えなさい。

(1) 右の図の▱ABCDで，□にあてはまる数を求めなさい。

A D 16cm 50° O B C 20cm

❶ AD=□cm　　❷ OC=□cm

❸ ∠ABC=□°　　❹ ∠BAD=□°

(2) 次の図の▱ABCDで，∠xの大きさを求めなさい。

❶ 〔和歌山〕

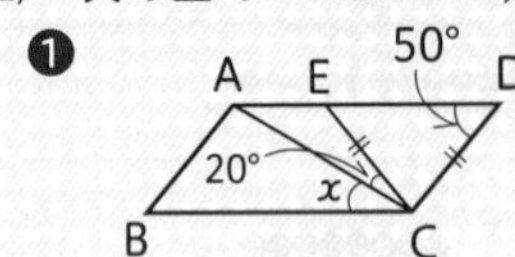

❷ 〔徳島－改〕

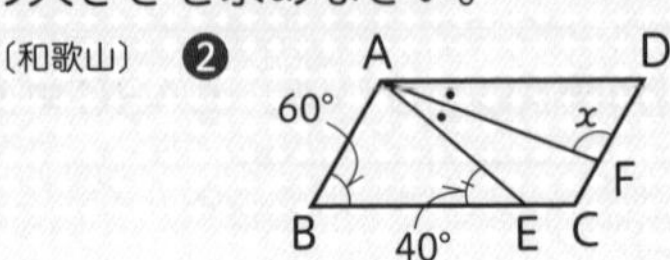
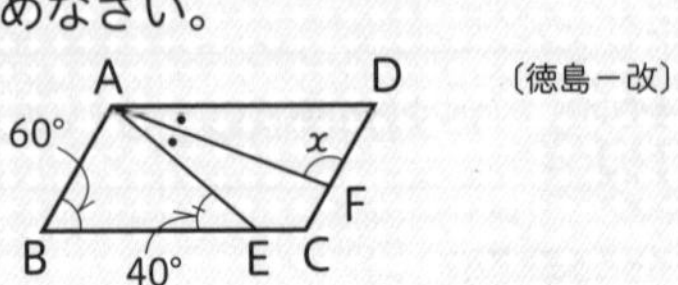

平行四辺形の定義，性質を用いて，辺の長さ，角の大きさを求める。

解き方と答え

(1)❶ AD＝BC＝20cm

❷ OC＝$\frac{1}{2}$AC＝8cm

❸ ∠ABC＝∠ADC＝50°

❹ ∠BAD＝180°－50°＝130°

(2)❶ CD＝CEより，∠CED＝50°

AD//BCより，平行線の錯角(さっかく)は等しいから，

∠x＝∠CAE＝50°－20°＝30°

❷ 平行四辺形の対角は等しいから，∠D＝60°

AD//BCより，∠DAE＝40°

AFは∠DAEの二等分線より，

∠DAF＝40°÷2＝20°

∠x＝180°－(60°＋20°)＝100°

くわしく となり合う内角の和は180°

▱ABCDで，平行四辺形の性質より，対角は等しいから，∠A＝∠C，∠B＝∠D

また，四角形の内角の和は360°より，

∠A＋∠B＋∠C＋∠D＝360°

よって，

2(∠A＋∠B)＝360°より，

∠A＋∠B＝180°

また，**∠A＋∠D＝180°**

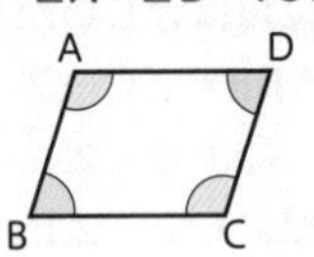

類題 73

別冊解答 p.100

次の図の▱ABCDで，∠xの大きさを求めなさい。

(1) 〔栃木〕

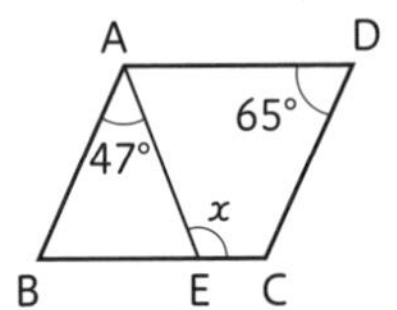

(2) 〔石川〕

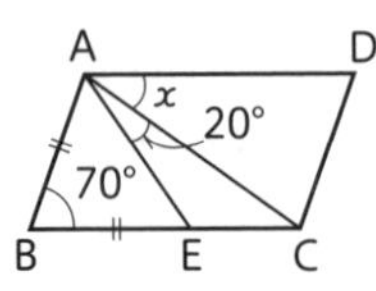

(3) 〔香川〕

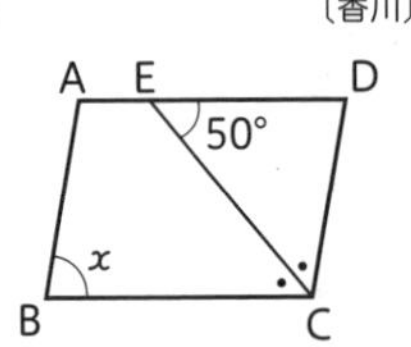

★★★

⮌ p.384 1

例題 74 平行四辺形と証明

右の図において，四角形ABCDは平行四辺形である。点Eは点Aから辺BCにひいた垂線とBCとの交点である。また，点Fは∠BCDの二等分線と辺ADとの交点であり，点GはFから辺CDにひいた垂線とCDとの交点である。このとき，AE＝FGであることを証明しなさい。〔福島〕

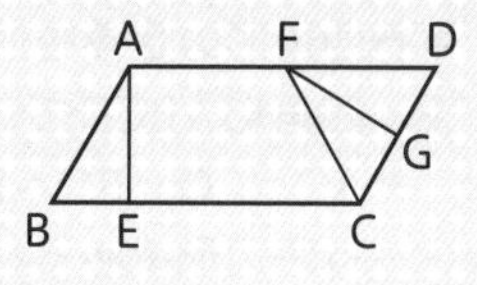

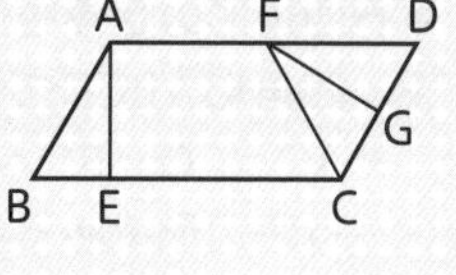

解き方のコツ 平行四辺形の性質を使って，△ABE≡△FDGを示そう。

解き方と答え

△ABEと△FDGにおいて，
仮定より，
∠AEB＝∠FGD＝90°…①
▱ABCDの対角は等しいから，
∠B＝∠D…②

AD//BCより，平行線の錯角(さっかく)は等しいから，
∠DFC＝∠FCB…③
CFは∠BCDの二等分線だから，∠FCB＝∠FCD…④
③，④より，∠DFC＝∠FCDとなり，△DCFは二等辺三角形である。
よって，FD＝CD…⑤
また，平行四辺形の性質より，対辺は等しいから，
AB＝CD…⑥
⑤，⑥より，AB＝FD…⑦
①，②，⑦より，直角三角形の斜辺(しゃへん)と1つの鋭角(えいかく)がそれぞれ等しいから，△ABE≡△FDG
よって，AE＝FG

くわしく

平行四辺形と証明

仮定に平行四辺形があるとき，定義と性質を利用できる。
下の図では，
(定義)AB//DC，AD//BC
(性質)
㋐AB＝DC，AD＝BC
㋑∠A＝∠C，∠B＝∠D
㋒AO＝CO，BO＝DO

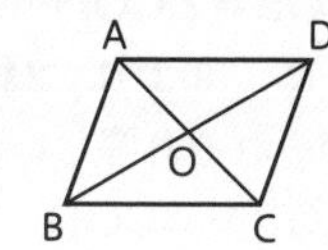

類題 74 別冊解答 p.100

次の図1のような，AB＜ADの▱ABCDがある。この平行四辺形を図2のように，頂点Cが頂点Aに重なるように折った。折り目の線と辺AD，BCとの交点をそれぞれP，Qとし，頂点Dが移った点をEとする。このとき，△ABQ≡△AEPであることを証明しなさい。〔栃木〕

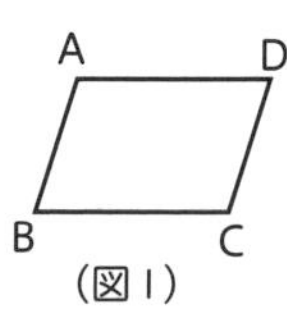

(図1)

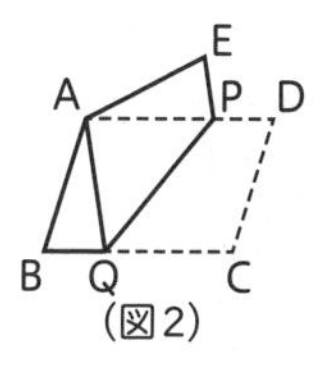

(図2)

★★★ p.384 2

例題 75 平行四辺形になるための条件

平行四辺形の定義を使って，次の証明をしなさい。

(1) 四角形ABCDで，対角線の交点をOとするとき，AO＝CO，BO＝DOならば，四角形ABCDは平行四辺形である。

(2) 四角形ABCDで，AB＝DC，AB//DCならば，四角形ABCDは平行四辺形である。

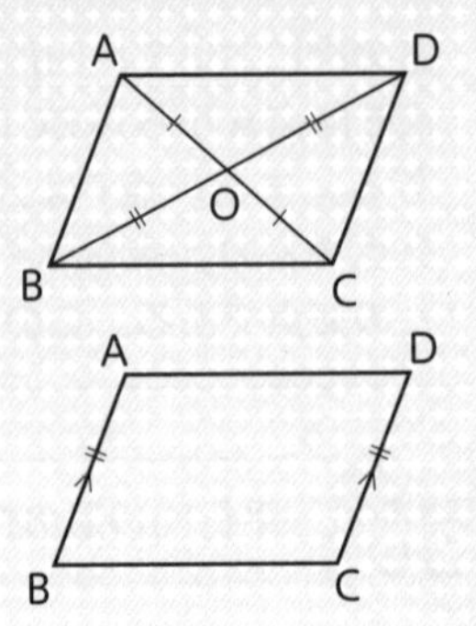

平行四辺形の定義「2組の対辺がそれぞれ平行である」を示す。

解き方と答え

(1) △AOBと△CODにおいて，
仮定より，AO＝CO…①
BO＝DO…②
対頂角は等しいから，
∠AOB＝∠COD…③
①，②，③より，2組の辺とその間の角がそれぞれ等しいから，
△AOB≡△COD
よって，∠BAO＝∠DCO
錯角（さっかく）が等しいから，AB//DC
同様にして，AD//BCより，2組の対辺がそれぞれ平行だから，四角形ABCDは平行四辺形である。

(2) 対角線ACをひく。
△ABCと△CDAにおいて，
仮定より，
AB＝CD…①
ACは共通…②
AB//DCより，錯角は等しいから，
∠BAC＝∠DCA…③
①，②，③より，2組の辺とその間の角がそれぞれ等しいから，
△ABC≡△CDA
よって，∠ACB＝∠CAD
錯角が等しいから，AD//BC
これと仮定AB//DCより，2組の対辺がそれぞれ平行だから，四角形ABCDは平行四辺形である。

類題 75 別冊解答 p.100

四角形ABCDにおいて，必ず平行四辺形になるものを，次のア～ウから1つ選び，記号で答えなさい。 〔島根－改〕

ア AD//BC，AB＝CD
イ AD//BC，∠A＝∠B
ウ AD//BC，∠A＝∠C

★★★

p.384 2

例題 76 平行四辺形になることの証明

次の問いに答えなさい。

(1) ▱ABCDの辺AD，BCの中点をそれぞれM，Nとするとき，四角形ANCMは平行四辺形であることを証明しなさい。

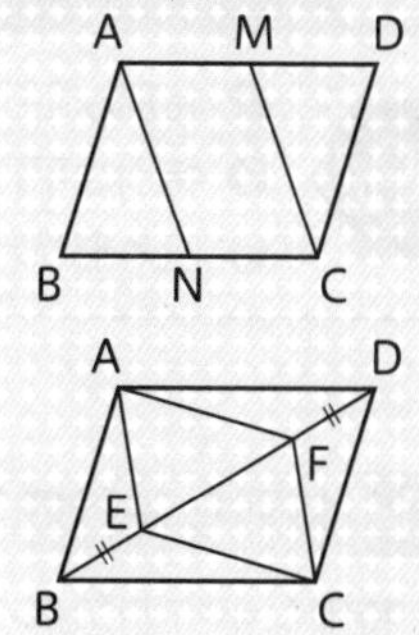

(2) ▱ABCDの対角線BD上に，BE＝DFとなるように2点E，Fをとる。このとき，四角形AECFは平行四辺形であることを証明しなさい。

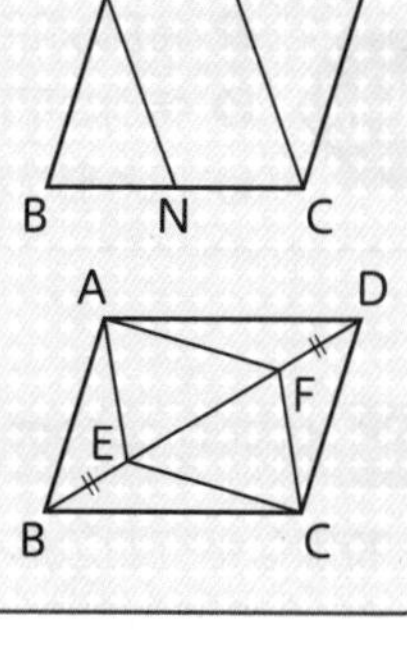

平行四辺形になるための条件のどれかが成り立つことを示す。

解き方と答え

(1) ▱ABCDにおいて，
AD∥BCより，AM∥NC…①
平行四辺形の性質より，AD＝BC…②
仮定より，点M，Nは辺AD，BCの中点だから，
$AM=\frac{1}{2}AD$…③，$NC=\frac{1}{2}BC$…④
②，③，④より，AM＝NC…⑤
①，⑤より，1組の対辺が平行でその長さが等しいから，四角形ANCMは平行四辺形である。

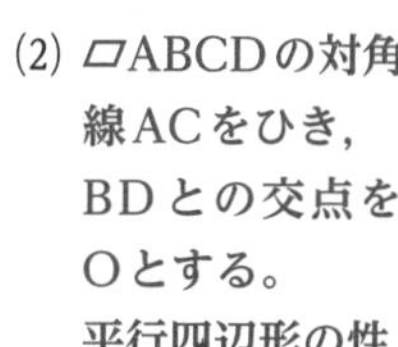

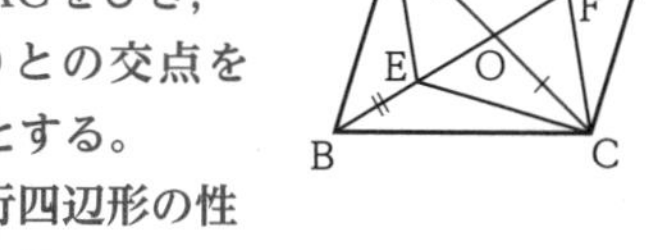

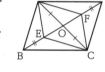

(2) ▱ABCDの対角線ACをひき，BDとの交点をOとする。
平行四辺形の性質より，
AO＝CO…①　BO＝DO…②
仮定より，BE＝DF…③
②，③より，
EO＝BO－BE＝DO－DF＝FO…④
①，④より，対角線がそれぞれの中点で交わるから，四角形AECFは平行四辺形である。

類題 76 別冊解答 p.100

右の図のように，▱ABCDの辺AB，BC，CD，DAの中点をそれぞれP，Q，R，Sとする。このとき，四角形PQRSは平行四辺形であることを証明しなさい。

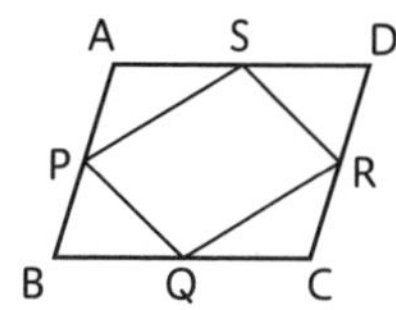

17 特別な平行四辺形

p.390 ～ 394

❶ 特別な平行四辺形の定義とその性質を覚えよう。
❷ 特別な平行四辺形の定義とその性質を証明に利用できるようにしよう。
❸ 四角形が特別な平行四辺形であることを証明できるようにしよう。

要点整理

1 特別な平行四辺形の性質 ➡例題 77

▶特別な平行四辺形…長方形，ひし形，正方形の３つがある。

㋐ 長方形の定義…**４つの角がすべて等しい四角形。**
対角線の性質…対角線は**等しい。**

㋑ ひし形の定義…**４つの辺がすべて等しい四角形。**
対角線の性質…対角線は**垂直に交わる。**

㋒ 正方形の定義…**４つの辺がすべて等しく，４つの角がすべて等しい四角形。**
対角線の性質…対角線は**等しく，垂直に交わる。**

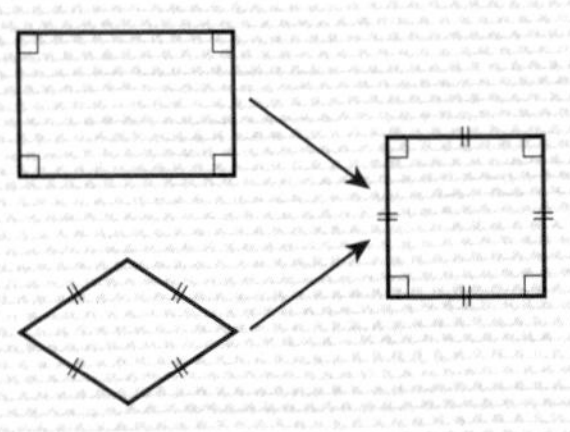

2 特別な平行四辺形と証明 ➡例題 78

▶平行四辺形，長方形，ひし形，正方形の関係は，右の図のようになる。

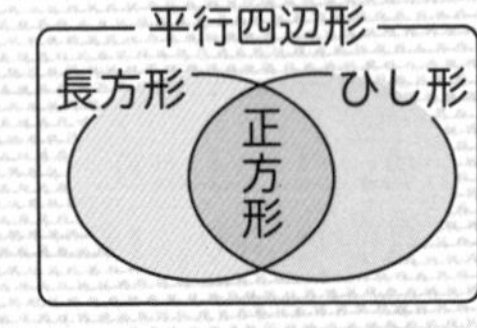

▶長方形，ひし形，正方形は，２組の対辺がそれぞれ等しいので，すべて平行四辺形である。よって，これらの四角形は，**平行四辺形の性質をもっている。**

▶正方形は，**長方形とひし形の両方の性質をもっている。**

3 特別な平行四辺形になるための条件，なることの証明 ➡例題 79，80

▶▱ABCDに，次の条件を加えると，長方形，ひし形，正方形になる。

㋐ 長方形になるための条件
∠A＝∠Bまたは，AC＝BD

㋑ ひし形になるための条件
AB＝ADまたは，AC⊥BD

㋒ 正方形になるための条件
{AB＝AD, ∠A＝∠B} または，{AC＝BD, AC⊥BD}

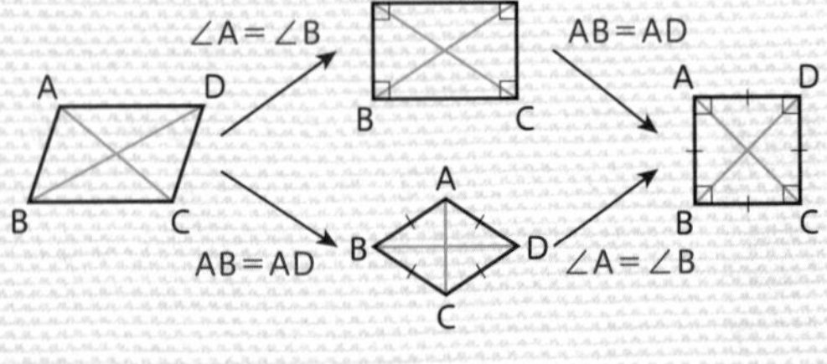

★★★

p.390 1

例題 77 特別な平行四辺形の性質

次の問いに答えなさい。

(1) 右の図で，△ABCは正三角形，四角形ACDEは正方形，Fは線分ACとEBの交点である。このとき，∠EFCの大きさを求めなさい。 〔愛知〕

(2) 右の図で，四角形ABCDは正方形，四角形BEFCはひし形である。$\angle x$の大きさを求めなさい。 〔法政大高〕

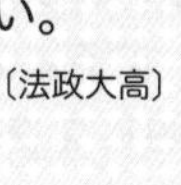

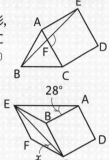

解き方のコツ 正方形と正三角形やひし形の一辺が重なるとき，二等辺三角形ができる。

解き方と答え

(1) AB＝AEより，△ABEは二等辺三角形である。
∠BAE＝60°＋90°＝150°
∠AEB＝(180°－150°)÷2＝15°
よって，△AEFで，
∠EFC＝90°＋15°＝105°

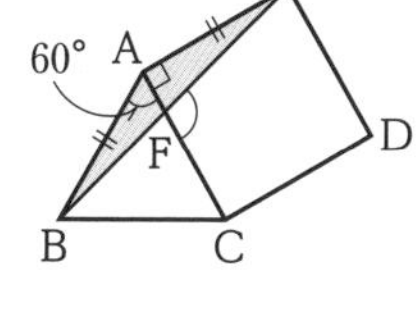

(2) AB＝BC＝BE＝EF＝FCより，
△ABE，△BCE(≡△FCE)は二等辺三角形である。
∠AEB＝28°より，
∠CBE＝28°×2＋90°＝146°
　　↑∠ABEの外角
$\angle x$＝∠BCE＝(180°－146°)÷2＝17°

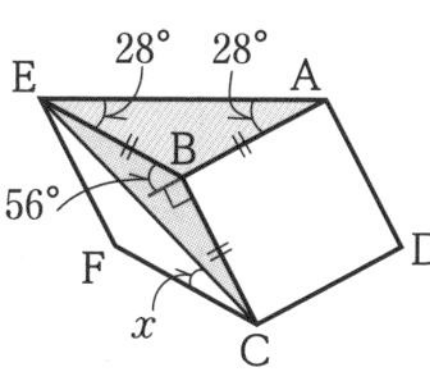

くわしく

正方形と正三角形

正方形の中に，正方形の辺を1辺とする正三角形をつくる。
このとき，△ABEと△DCEは合同な二等辺三角形，△ADEも二等辺三角形になる。

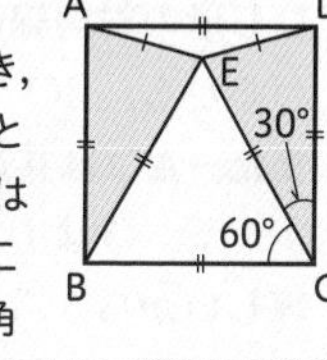

∠CDE＝(180°－30°)÷2＝75°
∠ADE＝90°－75°＝15°より，
∠AED＝180°－15°×2＝150°

類題 77 別冊解答 p.101

右の図で，四角形ABCDは正方形，△BCEは正三角形である。$\angle x$，$\angle y$の大きさを求めなさい。

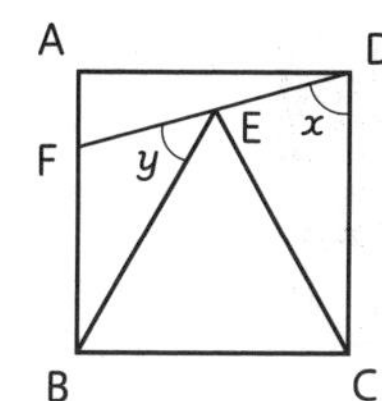

★★★ p.390 2

例題 78 特別な平行四辺形と証明

次の問いに答えなさい。

(1) ひし形ABCDの2つの対角線AC，BDは垂直に交わることを証明しなさい。

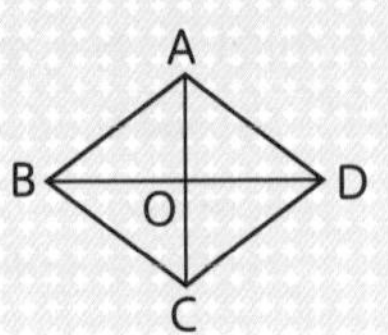

(2) 右の図のように，1つの平面上に∠BAC＝90°の直角二等辺三角形ABCと正方形ADEFがある。ただし，∠BADは鋭角とする。このとき，△ABD≡△ACFであることを証明しなさい。〔広島〕

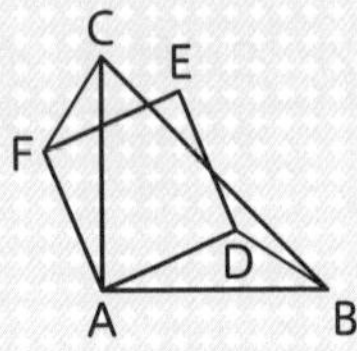

(1) △ABO≡△ADOを証明することによって，∠AOB＝90°を導く。

解き方と答え

(1) △ABOと△ADOにおいて，
仮定より，四角形ABCDはひし形だから，AB＝AD…①
ひし形の対角線はそれぞれの中点で交わるから，BO＝DO…②
また，AOは共通…③
①，②，③より，3組の辺がそれぞれ等しいから，△ABO≡△ADO
よって，∠AOB＝∠AOD
∠AOB＋∠AOD＝180°だから，
∠AOB＝90°
したがって，AC⊥BD

(2) △ABDと△ACFにおいて，仮定より，四角形ADEFは正方形だから，
AD＝AF…①

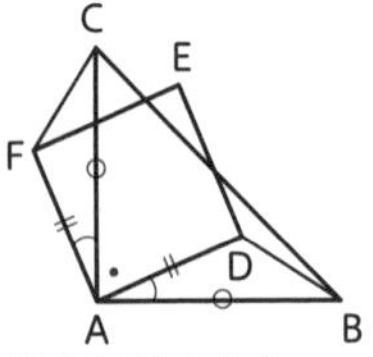

△ABCは直角二等辺三角形だから，
AB＝AC…②
また，∠BAC＝∠DAF＝90°より，
∠BAD＝90°－∠DAC…③
∠CAF＝90°－∠DAC…④
③，④より，∠BAD＝∠CAF…⑤
①，②，⑤より，2組の辺とその間の角がそれぞれ等しいから，
△ABD≡△ACF

右の図のように，正方形ABCDがある。辺AB，BC，AD上に点E，F，Gをそれぞれとり，線分GE，EF，GFをひく。EG＝EF，∠GEF＝90°である。〔宮崎－改〕

(1) ∠AGE＝74°のとき，∠DGFの大きさを求めなさい。

(2) △AEG≡△BFEであることを証明しなさい。

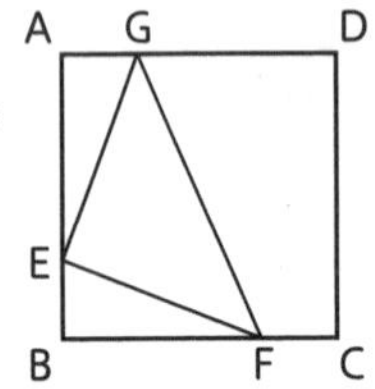

★★★ ⮌ p.390 3

例題 79 特別な平行四辺形になるための条件

次の正方形でない▱PQRSの２つの対角線PR，QSがどのような関係にあれば，▱PQRSがひし形または長方形になるか，［　　］にあてはまることばを書きなさい。〔山形〕

(1) 対角線PRとQSが［　　］ならば，▱PQRSはひし形になる。

(2) 対角線PRとQSが［　　］ならば，▱PQRSは長方形になる。

平行四辺形の性質を使って，ひし形や長方形になるための条件を考える。

解き方と答え

(1) 右の図で，PR⊥QSならば，2組の辺とその間の角がそれぞれ等しいから，△PQO≡△PSO
PQ＝PSより，**となり合う辺が等しい**から，ひし形になる。
よって，［　　］にあてはまることばは，垂直

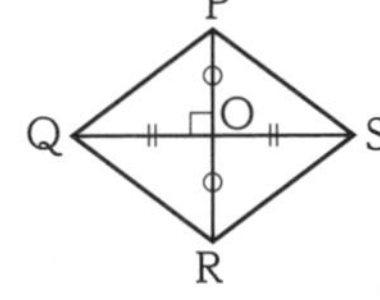

(2) 右の図で，PR＝QSならば，3組の辺がそれぞれ等しいから，
△PQS≡△SRP
∠QPS＝∠RSP＝90°より，**となり合う角が等しい**から，長方形になる。
よって，［　　］にあてはまることばは，等しい

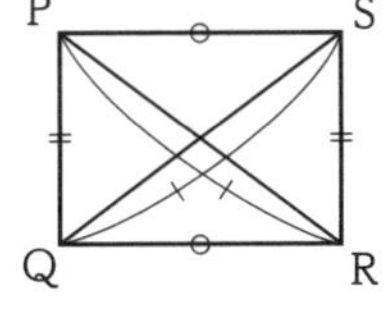

くわしく 平行四辺形がひし形になる条件

次のどちらかが成り立てば，ひし形になる。
㋐となり合う辺が等しい。
㋑対角線が垂直に交わる。

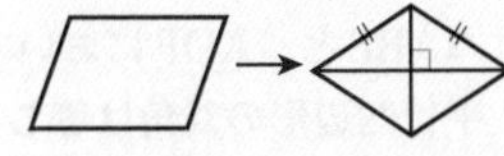

くわしく 平行四辺形が長方形になる条件

次のどちらかが成り立てば，長方形になる。
㋐となり合う角が等しい。
㋑対角線が等しい。

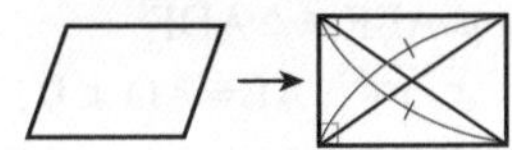

右の図の▱ABCDにおいて，次の条件を満たす四角形AFCEを作図しなさい。

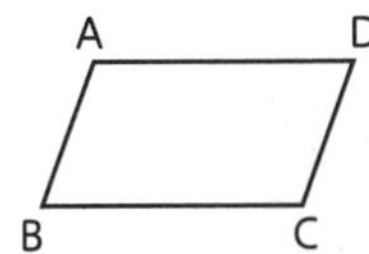

> ㋐E，Fは，それぞれ辺AD，BC上の点である。
> ㋑四角形AFCEはひし形となる。

また，E，Fの位置を決めるために使ったひし形の性質も書きなさい。〔群馬〕

★★★ p.390 3

例題 80 特別な平行四辺形になることの証明

次の問いに答えなさい。

(1) 右の図のように▱ABCDの点Aから辺BC，CDにそれぞれ垂線AE，AFをひく。AE＝AFならば，▱ABCDはひし形であることを証明しなさい。

(2) 右の図のように，▱ABCDの辺BC，AD上に，BP＝DQとなるような点P，Qをそれぞれとり，PからCQにひいた垂線をPR，QからAPにひいた垂線をQSとする。このとき，PQ＝RSであることを証明しなさい。

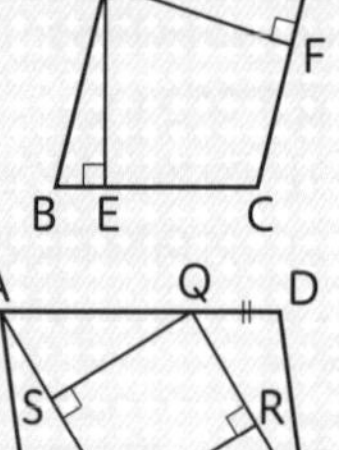

解き方のコツ　(1) △ABE≡△ADFを導き，となり合う2辺が等しいことを示す。

解き方と答え

(1) △ABEと△ADFにおいて，
平行四辺形の対角は等しいから，
∠B＝∠D…①
仮定より，AE＝AF…②
∠AEB＝∠AFD＝90°…③
①，③より，∠BAE＝∠DAF…④
②，③，④より，1組の辺とその両端(りょうたん)の角がそれぞれ等しいから，
△ABE≡△ADF
よって，AB＝ADより，となり合う2辺が等しいから，▱ABCDはひし形である。

(2) AD∥BCより，AQ∥PC…①
AD＝BC，BP＝DQより，
AQ＝PC…②
①，②より，四角形APCQは，1組の対辺が平行でその長さが等しいから，平行四辺形である。
よって，SP∥QR
仮定より，∠PRQ＝∠QSP＝90°だから，
PR∥SQ
よって，四角形SPRQは，∠QSP＝90°の平行四辺形だから，長方形になる。
長方形の対角線は等しいから，PQ＝RS

類題 80 別冊解答 p.101

右の図のように，▱ABCDの4つの角∠A，∠B，∠C，∠Dのそれぞれの二等分線の交点をP，Q，R，Sとする。このとき，四角形PQRSは長方形であることを証明しなさい。

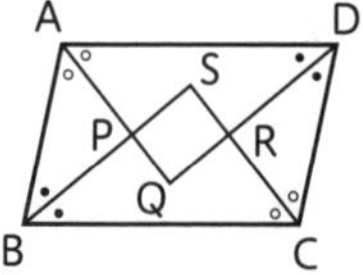

18 平行線と面積

p.395 ～ 399

❶ 底辺が共通な2つの三角形の面積が等しい条件を理解しよう。
❷ 平行四辺形の中で，面積の等しい三角形を見つけられるようにしよう。
❸ 等積変形のしかたを理解し，利用できるようにしよう。

要点整理

1 底辺が共通な三角形

➡例題 81

▶底辺が共通な三角形と面積…1つの直線上の2点A，Bとその直線の同じ側にある2点P，Qについて，

㋐ **PQ//ABならば，△PAB＝△QAB**

㋑ **△PAB＝△QABならば，PQ//AB**

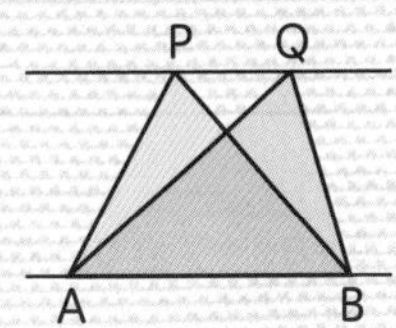

2 平行四辺形の中の三角形

➡例題 82

▶平行四辺形の中の三角形の面積…平行四辺形の中に平行線をひくと，面積の等しい三角形がいくつかできる。

例 右の図の▱ABCDで，PQ//BDとする。
このとき，△ABPと面積の等しい三角形は，
△DBP，△DBQ，△DAQの3つある。

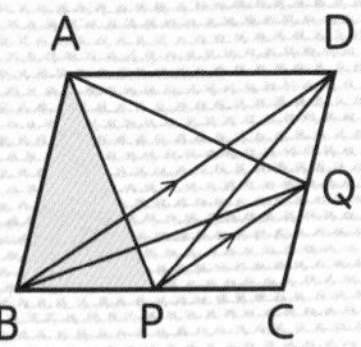

3 図形の等積変形，1次関数と等積変形

➡例題 83，84

▶図形を，その面積を変えないで別の図形に変形することを**等積変形**(とうせきへんけい)という。

例 右の図の，四角形ABCDと面積が等しい△ABEをつくる。ただし，点Eは，辺BCをCの方向に延長した半直線BCと，点Dを通りACと平行な直線との交点とする。

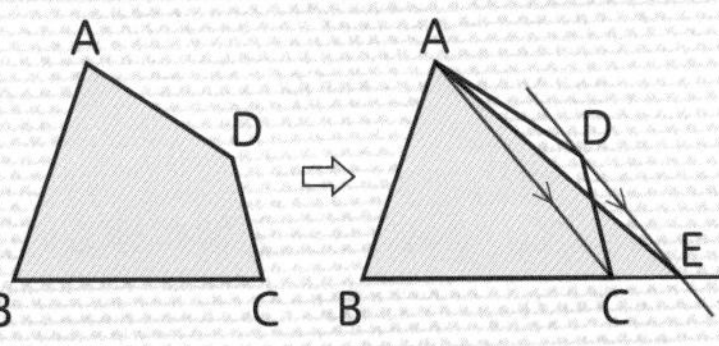

四角形ABCD＝△ABC＋<u>△ACD</u>＝△ABC＋<u>△ACE</u>＝△ABE

▶座標平面上で図形の面積を求めるときは，**等積変形を利用する**とよい。

例 右の図の△AOBの面積を求めなさい。

解 点Aを通り，直線OBに平行な直線をひき，y軸との交点をCとすると，C(0，3)

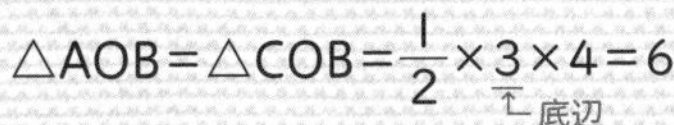

$\triangle AOB=\triangle COB=\frac{1}{2}\times 3\times 4=6$
（3：底辺）

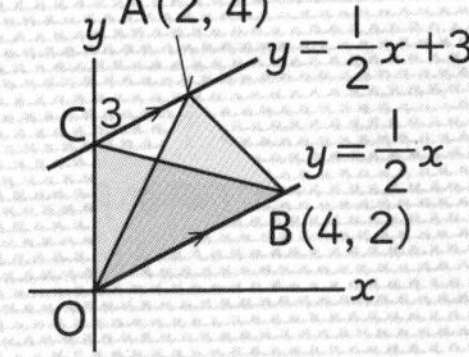

★★★

p.395 1

例題 81 底辺が共通な三角形

次の問いに答えなさい。

(1) 右の図で，AD∥BCのとき，面積の等しい三角形の組をすべて見つけ，式で表しなさい。

(2) 右の図で，AD∥EF∥BCのとき，△AOBと面積の等しい三角形をすべて答えなさい。

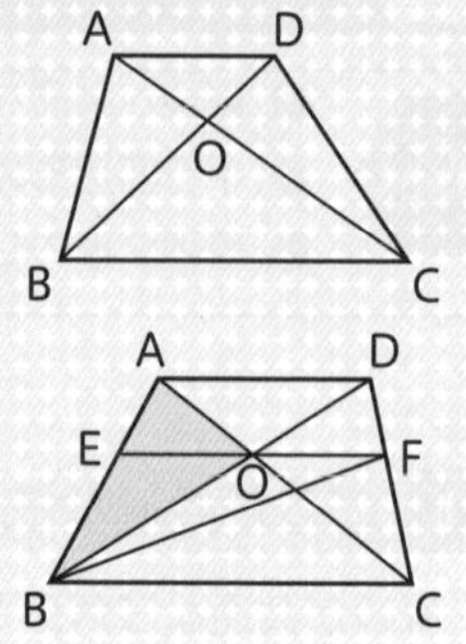

底辺が共通な三角形を見つけよう。

解き方と答え

(1) AD∥BCより，底辺BCが共通な△ABCと△DBCは，面積が等しくなる。

よって，△ABC＝△DBC

同様に，底辺ADが共通な三角形だから，

△BAD＝△CAD

また，△BAD－△OAD＝△CAD－△OADより，

△AOB＝△DOC

(2) (1)より，△AOB＝△DOC

また，EF∥BCより，

△DOC＝△DOF＋△COF

＝△DOF＋△BOF

＝△DBF

よって，△AOBと面積が等しい三角形は，

△DOC，△DBF

高さが等しい三角形

下の図の△ABCと△ACDのように，高さが等しい三角形の面積の比は底辺の比に等しくなる。

△ABC：△ACD＝BC：CD

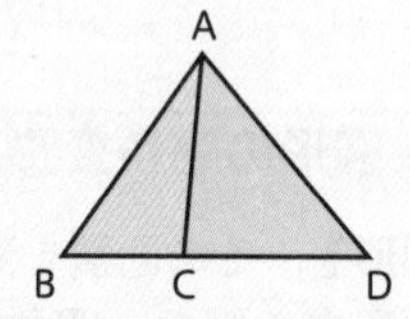

右の図の台形ABCDにおいて，AB＝8cm，△CODの面積は16cm²である。

(1) OEの長さを求めなさい。

(2) △ACEの面積を求めなさい。

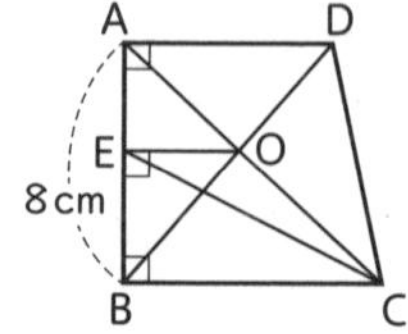

★★★

⮌ p.395 2

例題 82 平行四辺形の中の三角形

右の図の▱ABCDで，AB，BC上にそれぞれ点E，Fをとる。AC//EFのとき，△ACEと面積が等しい三角形をすべて答えなさい。〔青森〕

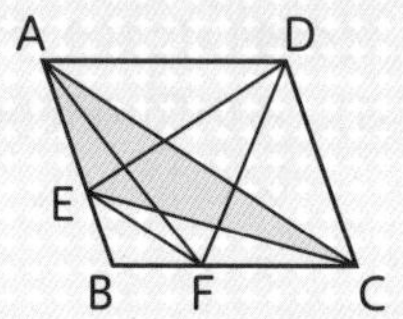

底辺に平行な直線上に頂点をもつ三角形をさがそう。

解き方と答え

まず，辺AEを共通な底辺にすると，
DC//AEなので，
△ACE＝△ADE

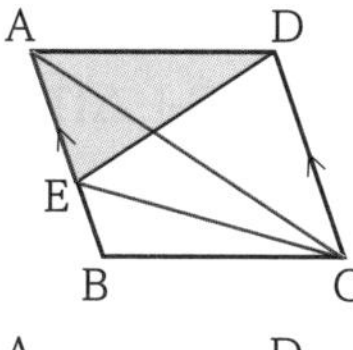

また，辺ACを共通な底辺にすると，
EF//ACなので，
△ACE＝△ACF

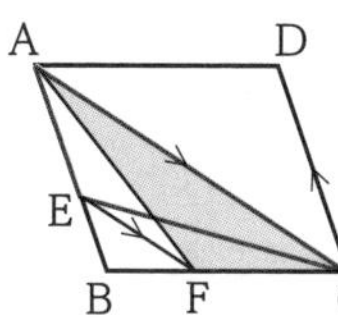

次に，△ACFと面積が等しい三角形を考える。
辺CFを共通な底辺にすると，
AD//FCなので，
△ACF＝△DCF

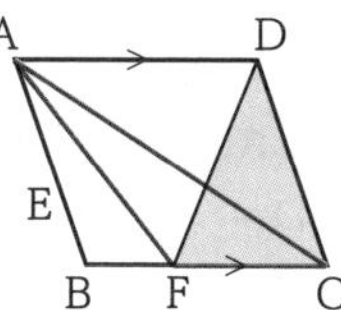

よって，△ACEと面積が等しい三角形は，
△ADE，△ACF，△DCF

参考 等積変形の利用

下の図のように，平行四辺形の内部に点Pをとる。色のついた向かい合う三角形を等積変形すると，面積は平行四辺形の面積の半分となる。点Pは平行四辺形の内部であれば，どこにとってもよい。

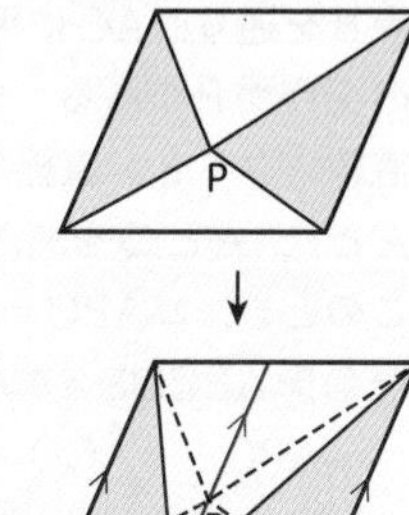

右の図のように，▱ABCDで，EF//BDとする。このとき，図の中で，△ABEと面積の等しくない三角形を，次のア～エから1つ選びなさい。〔島根〕

ア △BDE　　イ △BDF
ウ △ADF　　エ △ADE

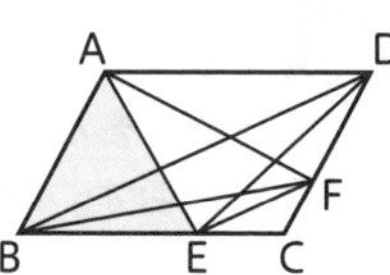

★★★ p.395 3

例題 83 図形の等積変形

次の問いに答えなさい。

(1) 右の図の五角形ABCDEと面積が等しい△APQを作図しなさい。ただし，点P，Qは直線CD上にかきなさい。

(2) 右の図のような四角形ABCDがあるとき，頂点Dを通って四角形の面積を2等分する直線ℓを作図しなさい。

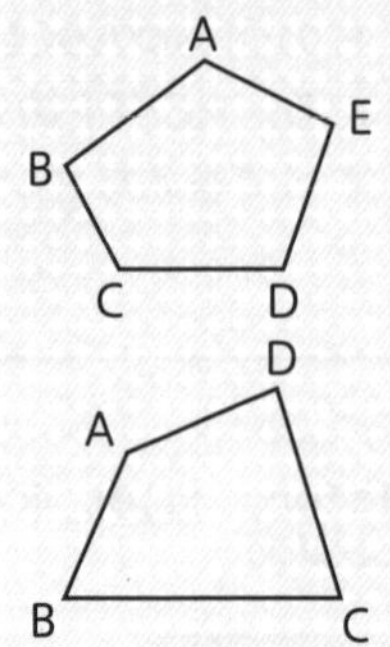

(2) 四角形ABCD＝△DAB＋△DBCと分けて，△DABを等積変形しよう。

解き方と答え

(1)① 対角線AC，ADをひく。

② 点Bを通り，ACに平行な直線をひくと，直線CDとの交点がPである。また，点Eを通り，ADに平行な直線をひくと，直線CDとの交点がQである。

③ AとP，AとQを結ぶ。

このとき，△APC＝△ABC，△AQD＝△AEDだから，

五角形ABCDE＝△ABC＋△ACD＋△AED

＝△APC＋△ACD＋△AQD＝△APQ

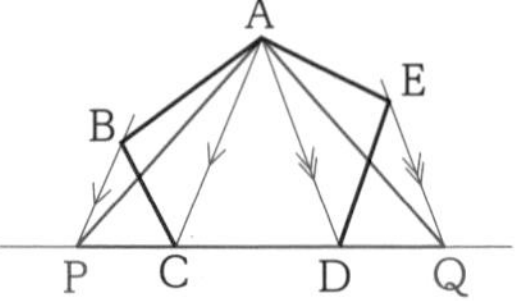

(2) 右の図のように，辺BCの延長上にDB//AEとなる点Eをとる。このとき，四角形ABCD＝△DECとなる。

辺ECの垂直二等分線mをひき，辺ECとの交点をPとすると，PはECの中点となる。

よって，直線DPが求める直線ℓである。

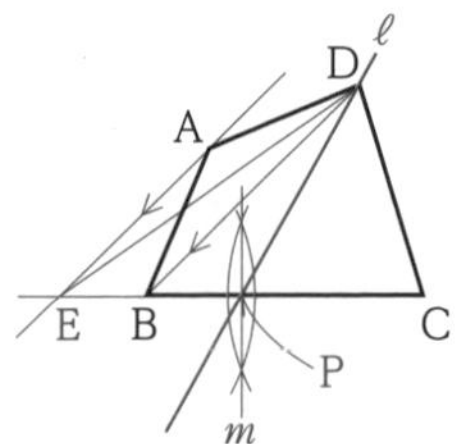

右の図のように，長方形ABCDが，折れ線EFGを境界として2つに分かれている。この図形において，辺BC上に点Pをとり，点Eを通る線分EPを新しい境界としてひきなおす。AE＝BGのとき，もとの五角形ABGFEと，境界をひきなおしてできる四角形ABPEの面積が等しくなるように，線分EPを作図しなさい。

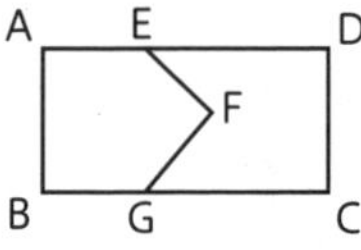

〔山口〕

★★★

⮌ p.395 3

例題 84 1次関数と等積変形

右の図で，Aはy軸上の点，B，Cは直線$y=\frac{1}{2}x+4$上の点で，△AOCの面積は△ABOの面積の2倍，△ABCの面積は△BOCの面積の3倍である。点Bのx座標が-4のとき，原点Oを通り，四角形ABOCの面積を2等分する直線の式を求めなさい。 〔愛知〕

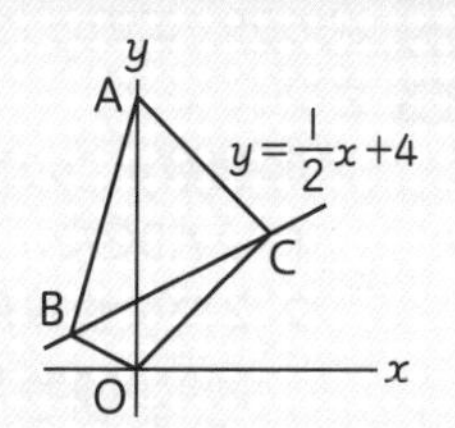
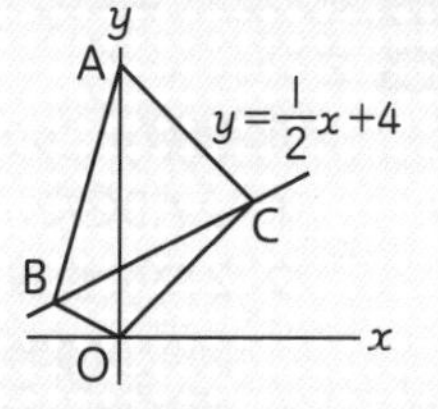

四角形ABOCを等積変形して三角形として考えよう。

解き方と答え

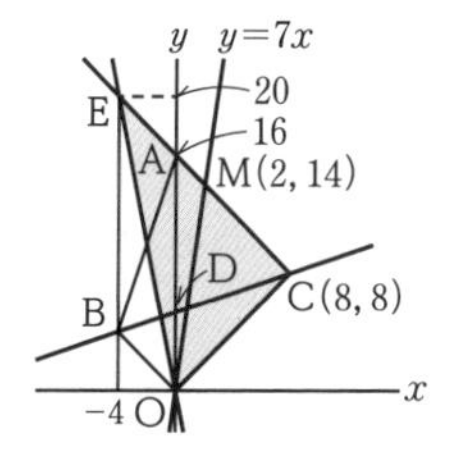

点Bは，$y=\frac{1}{2}x+4$上にあり，x座標が-4だから，B$(-4,\ 2)$

直線BCとy軸の交点をDとすると，D$(0,\ 4)$

△AOCと△ABOは，底辺AOが共通なので，面積は高さ（点C，点Bのそれぞれのx座標の絶対値）に比例するから，

△AOC＝2△ABOより，点Cのx座標は$4\times2=8$

また，△ABCと△BOCは，Cのx座標－Bのx座標が等しいので，面積は底辺に比例するから，
（↑AD，DOをそれぞれ底辺としたときの高さの和）

△ABC＝3△BOCより，AD：DO＝3：1で，点Aのy座標は16（↑DO×4）

よって，C$(8,\ 8)$，A$(0,\ 16)$

直線ACの式は，傾き-1，切片16より，$y=-x+16$

ここで，点Bを通り，y軸に平行な直線と直線ACとの交点をEとすると，E$(-4,\ 20)$

このとき，△ABO＝△AEOとなるので，四角形ABOC＝△AOC＋△ABO＝△EOC
（↑底辺AO共通，BE//AO）

原点Oを通り，△EOCの面積を2等分する直線は，辺CEの中点を通る。

よって，辺CEの中点をMとすると，$\mathrm{M}\left(\frac{-4+8}{2},\ \frac{20+8}{2}\right)=(2,\ 14)$となるから，直線OMの式は，$y=7x$

類題 84 別冊解答 p.102

右の図のように，3点A(6，5)，B(−2，3)，C(2，1)を頂点とする△ABCがある。 〔佐賀－改〕

(1) 点Aを通り，直線BCに平行な直線の式を求めなさい。

(2) 直線OC上に点Pをとり，△OPBと四角形OCABの面積が等しくなるようにする。このとき，点Pの座標を求めなさい。ただし，点Pのx座標は正とする。

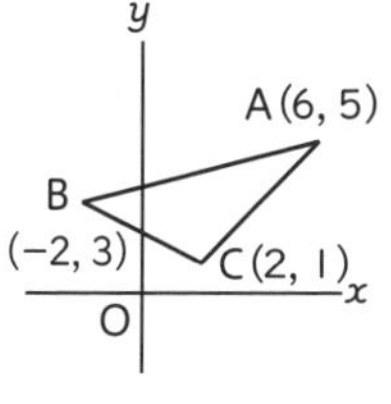

章末問題 A

→別冊解答 p.102～103

32 次の**ア**～**エ**のことがらの中から逆が正しいものをすべて選び，記号を書きなさい。〔佐賀〕

例題 62

ア 整数a，bで，aもbも偶数(ぐうすう)ならば，abは偶数である。

イ △ABCで，AB＝ACならば，∠B＝∠Cである。

ウ 2つの直線ℓ，mに別の1つの直線が交わるとき，ℓとmが平行ならば，同位角は等しい。

エ 四角形ABCDがひし形ならば，対角線ACとBDは垂直に交わる。

33 次の図で，∠xの大きさを求めなさい。

例題 64 77

(1) 〔三重〕

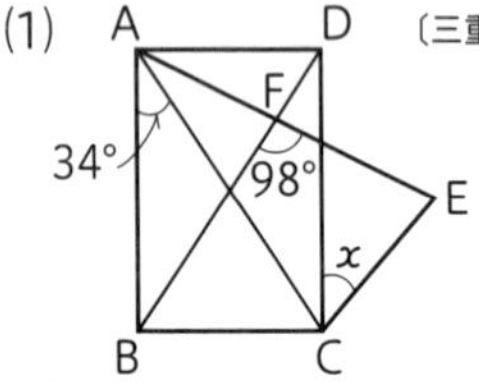

（四角形ABCDは長方形，AC＝AE）

(2) 〔高知〕

A
44°
B
C
x
D
E

(3) 〔愛知〕

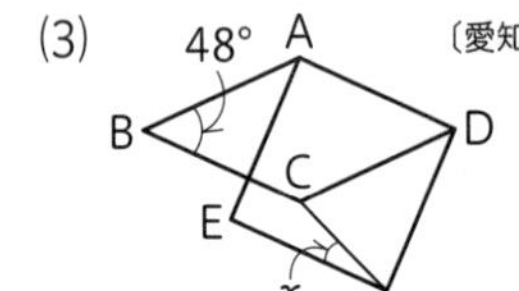

（四角形ABCDはひし形，四角形AEFDは正方形）

34 右の図は，∠ABCが鋭角(えいかく)の▱ABCDで，2辺AD，BCの中点をそれぞれE，Fとし，∠AFBは鋭角である。点Bを通り辺BCに垂直な直線と直線AFとの交点をGとし，点Eを通り辺ADに垂直な直線と直線AFとの交点をHとする。このとき，GF＝HAであることを証明しなさい。〔岩手〕

例題 74

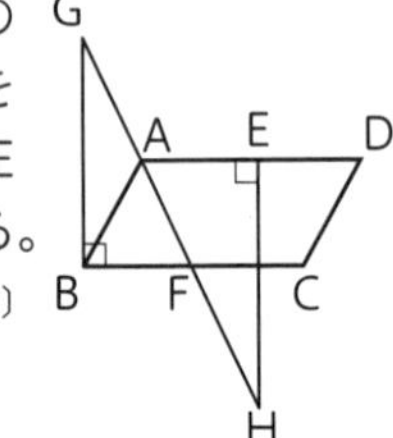

35 右の図で，正方形AEFGは，正方形ABCDを，頂点Aを回転の中心として，時計の針の回転と同じ向きに回転移動させたものである。また，P，Qはそれぞれ線分DEと辺AG，ABとの交点である。このとき，AP＝AQとなることを証明しなさい。〔愛知－改〕

例題 77

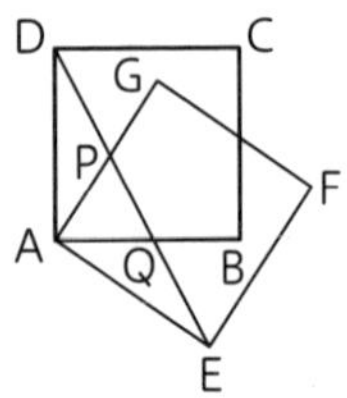

36 右の図で，四角形ABCDは平行四辺形で，A，Cはy軸上の点，辺ADはx軸(じく)に平行である。また，Eは直線$y=x-1$上の点である。点A, Bの座標がそれぞれ(0, 6)，(−2, 2)で，▱ABCDの面積と△DCEの面積が等しいとき，点Eの座標を求めなさい。ただし，点Eのx座標は正とする。〔愛知〕

例題 84

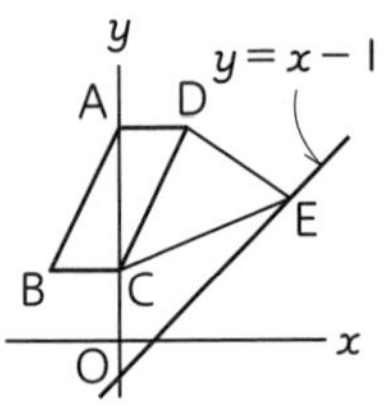

章末問題 B

→別冊解答 p.103～105

37 右の図のような正方形ABCD内に1点Pをとるとき，∠APB＝75°，∠ABP＝45°になった。∠CPDの大きさを求めなさい。〔巣鴨高〕

例題 64 77

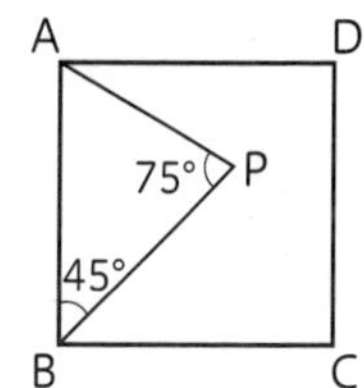

38 右の図のように，合同な2つの二等辺三角形ABCとADEを並べて五角形ABCDEをつくった。このとき，CD//BEを証明しなさい。〔関西学院高〕

例題 64

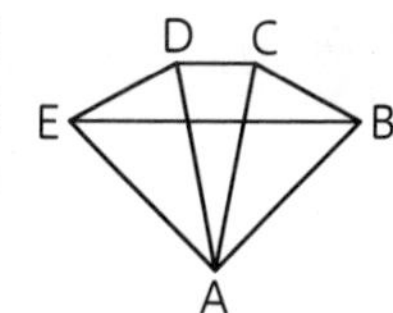

チャレンジ

39 右の図のような▱ABCDにおいて，辺BC上にAE＝ECとなるように点Eをとり，さらにAE上にAB＝CFとなる点Fをとると，∠BAE＝48°，∠ECF＝32°になった。x，yの値を求めなさい。〔ラ・サール高〕

例題 73

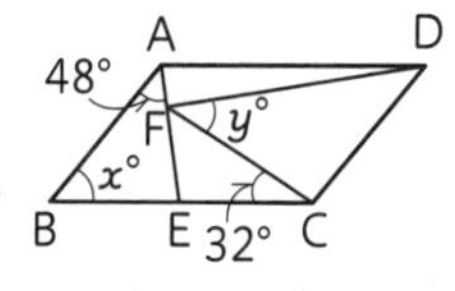

40 右の図のように，∠Aが鋭角（えいかく）で，AB＝ACの二等辺三角形ABCがあり，点Pは辺BC上にある。点Pから辺AB，ACに垂線をひき，AB，ACとの交点をそれぞれD，Eとする。ただし，Pが頂点B，C上にあるときは考えないものとする。点Pが辺BC上のどの位置にあっても，PD＋PEの長さは一定である。このことを証明しなさい。〔石川一改〕

例題 70 78

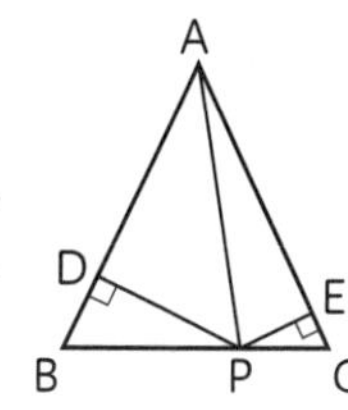

41 右の図のように長方形ABCDの内部に点Pがあり，△PAB，△PBC，△PDAの面積がそれぞれ8cm^2，11cm^2，22cm^2である。このとき，△PCDの面積を求めなさい。〔江戸川学園取手高〕

例題 82

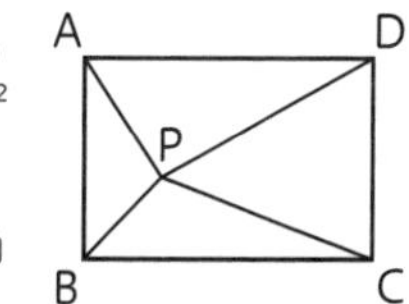

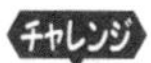

42 右の図のように，長方形ABCDと線分PQがある。辺BC上に点Rをとり，折れ線PQRで長方形ABCDの面積を2等分したい。〔大阪教育大附高（池田）〕

例題 83

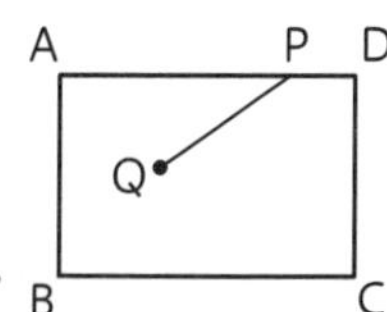
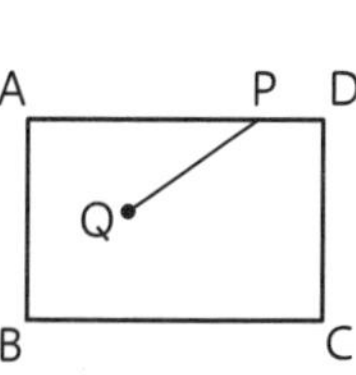

(1) 点Rをどこにとればよいか，作図の手順を書きなさい。

(2) (1)の手順で求めた点Rによって，折れ線PQRで長方形ABCDの面積が2等分されることを証明しなさい。

19 相似な図形

p.402 ～ 405

❶ 相似な図形の性質を理解し，相似の記号を使って表せるようにしよう。
❷ 相似の位置にある図形の性質を理解し，作図できるようにしよう。
❸ 縮図を利用して，いろいろな長さを求められるようにしよう。

要点整理

1 相似な図形の性質

➡例題 85

▶ 1つの図形を，形を変えずに一定の割合に拡大，または縮小した図形は，もとの図形と相似（そうじ）であるという。

▶ 相似な図形では，**対応する線分の長さの比はすべて等しく，対応する角の大きさはそれぞれ等しい。**

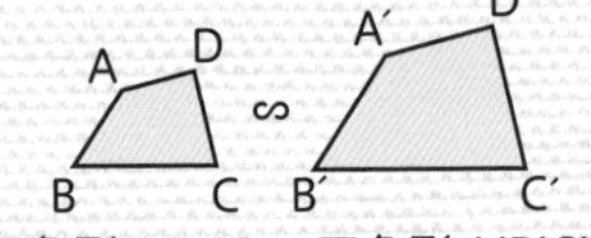

四角形ABCD∽四角形A′B′C′D′
↑相似を表す記号

▶ 相似な図形で，対応する線分の長さの比を**相似比**（そうじひ）という。右上の図では，AB：A′B′＝BC：B′C′＝… である。

2 相似の位置にある図形

▶ 右の図の△ABCと△A′B′C′のように，2つの図形の対応する点どうしを通る直線がすべて1点Oに集まり，Oから対応する点までの距離の比がすべて等しいとき，それらの図形は，Oを**相似の中心**（ちゅうしん）として**相似の位置**（いち）にあるという。右の図では，相似比は1：2である。

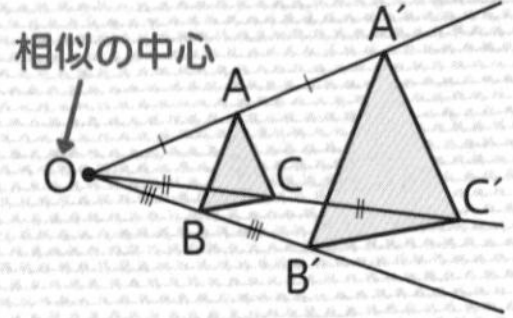

3 縮図の利用

▶ 直接測定できない2地点間の距離や高さなどは，**縮図**（しゅくず）をかいて求めることができる。

例 右の図の2地点間の距離ABを求めなさい。

解 ACの長さを5cmにした△A′B′C′をかくと，縮尺は，

$$\frac{A'C'}{AC}=\frac{5\text{cm}}{25\text{m}}=\frac{1}{500}$$

$$B'C'=3200\times\frac{1}{500}=6.4(\text{cm})$$

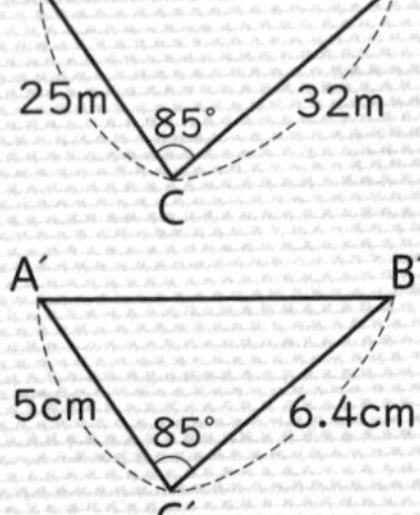

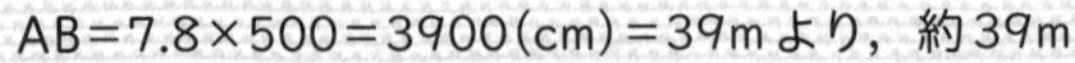

$\frac{1}{500}$の縮図をかいて，A′B′を測ると約7.8cmだから，

AB＝7.8×500＝3900(cm)＝39mより，約39m

★★★

p.402 1

例題 85 相似な図形の性質

右の図で，四角形ABCDと四角形HGFEは相似である。

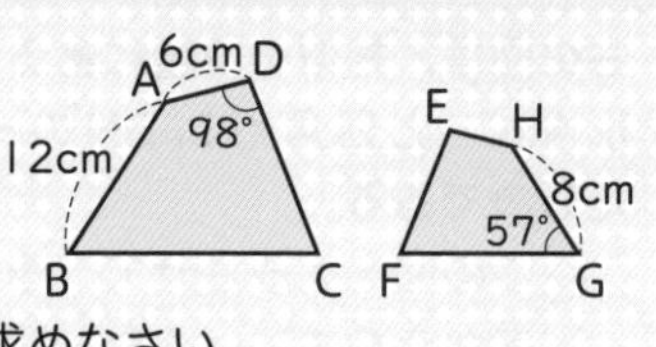

(1) 辺ABに対応する辺はどれですか。

(2) ∠Eの大きさを求めなさい。

(3) 四角形ABCDと四角形HGFEの相似比を求めなさい。

(4) 辺EHの長さを求めなさい。

(3) 対応する辺の比が相似比である。(4) 相似比を使って求めよう。

解き方と答え

(1) 四角形ABCD∽四角形HGFEだから，頂点A，Bに対応する点はH，G

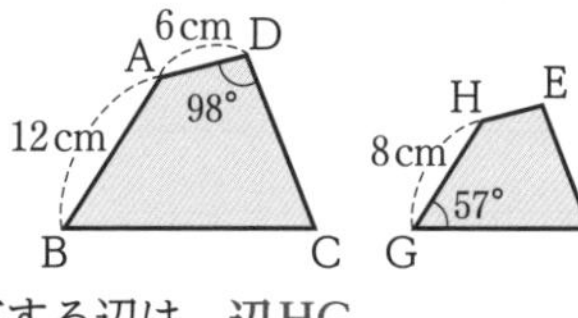

よって，辺ABに対応する辺は，辺HG

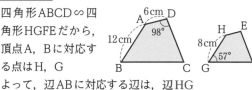

(2) ∠Eに対応する角は∠Dだから，∠E＝∠D＝98°

(3) (1)より，辺ABと辺HGが対応しているから，相似比は，AB：HG＝12：8＝3：2

簡単にしておく

(4) 辺EHは辺DAと対応し，相似比が3：2だから，

DA：EH＝3：2　6：EH＝3：2　3EH＝6×2

比例式 $a:b=c:d \Rightarrow ad=bc$

EH＝4cm

くわしく 対応する順

相似な図形では，対応する頂点の順に表す。

四角形ABCD∽四角形HGFEとあるので，AとH，BとG，…が対応していることが分かる。

用語 相似の記号∽

相似(Similarity)の記号∽は，similar(似ている)の頭文字Sを横にしたものといわれている。

類題 85

別冊解答 p.105

次の問いに答えなさい。

(1) 右の図で，△ABCと△EFDは相似である。

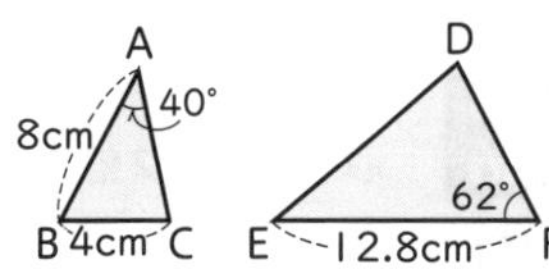

❶ 辺ACに対応する辺はどれですか。

❷ ∠Cの大きさを求めなさい。

❸ △ABCと△EFDの相似比を求めなさい。

❹ 辺DFの長さを求めなさい。

(2) 右の図において，△ABC∽△DAC，∠ACB＝40°，∠ADB＝70°のとき，∠BADの大きさを求めなさい。

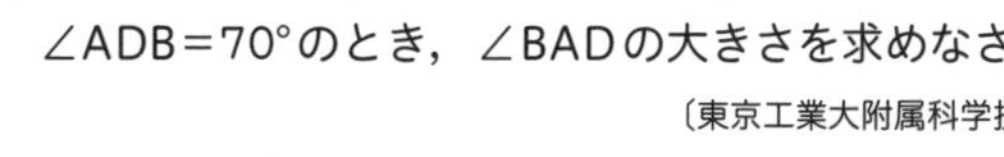

〔東京工業大附属科学技術高〕

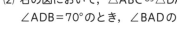

★★★ ⮌p.402 2

例題 86 相似の位置にある図形

右の図は，相似の位置にある２つの四角形ABCDと四角形EFGHの一部をかいたものである。

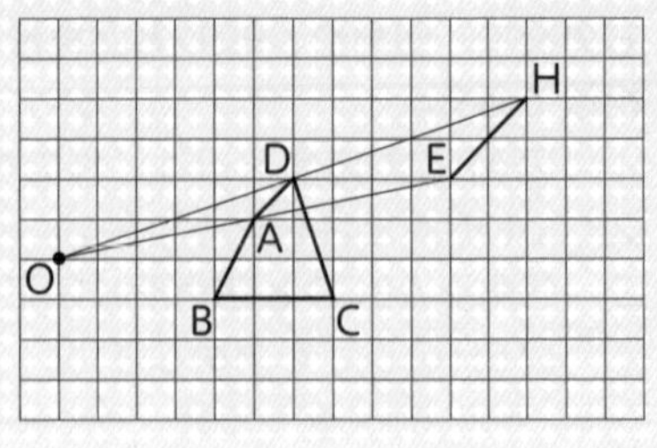

(1) この図を完成させて，四角形EFGHをかきなさい。また，四角形EFGHは四角形ABCDを何倍に拡大した図になっていますか。

(2) 頂点Cに対応する頂点はどれですか。

(3) 辺ABに対応する辺，∠Dに対応する角をそれぞれ答えなさい。

相似の位置にある図形の対応する点どうしを通る直線はすべてOに集まる。

解き方と答え

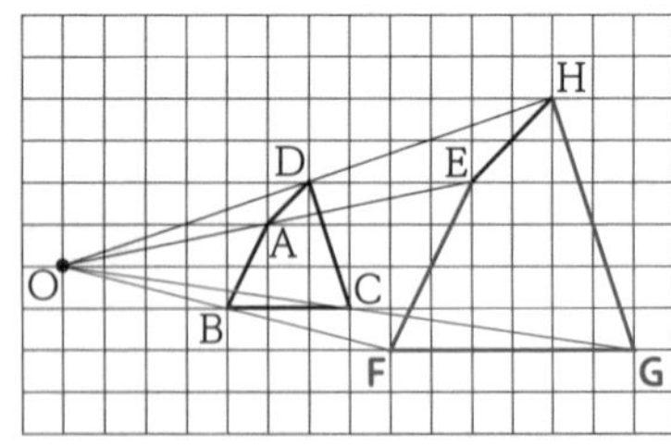

(1) OE＝2OA，OH＝2ODなので，2倍の拡大図になっている。点Oと（相似の中心）頂点B，Cを通る直線をそれぞれひき，その直線上に，OF＝2OB，OG＝2OCとなる点F，Gをとる。

(2) (1)より，頂点Cに対応する頂点は，頂点G

(3) 点Aと点E，点Bと点F，点Dと点Hが対応するから，
辺ABに対応する辺は，辺EF
∠Dに対応する角は，∠H

くわしく

相似の中心と相似の位置

下の図の△ABCと△DEFは相似の位置にあるが，点Oについて反対側にある。

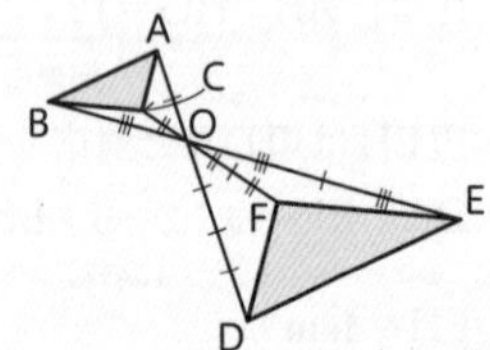

相似の位置にある２つの図形は相似である。上の図では，相似比は１：２である。

右の図に，△ABCを点Oを相似の中心として，２倍に拡大した△A′B′C′をかきなさい。ただし，点Oについて△ABCと反対側になるようにかくこと。

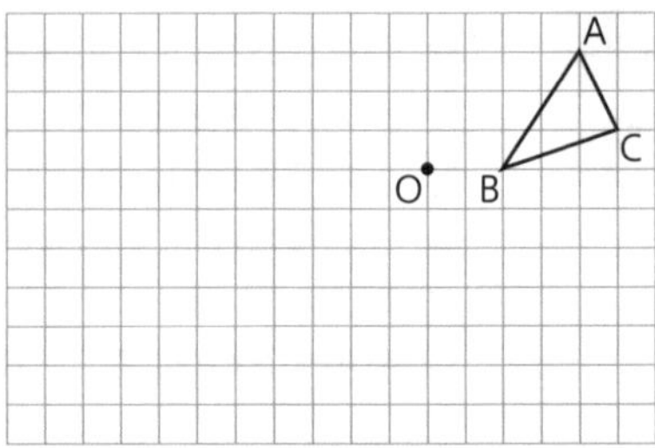

★★★

p.402 3

例題 87 縮図の利用

右の図のような，池の両端（りょうたん）にある2地点A，B間の距離（きょり）を求めるために測量をして，PA＝72m，PB＝80m，∠APB＝58°を得た。2地点A, B間の距離を求めなさい。

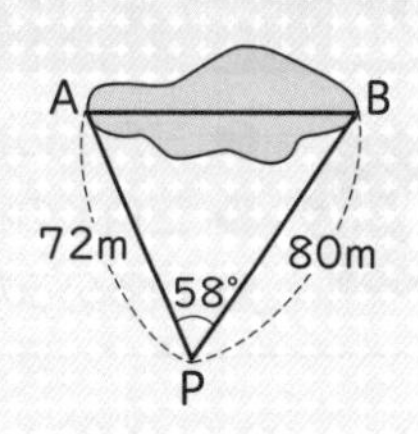

縮尺$\frac{1}{2000}$の△A′B′P′を正確にかき，A′B′の長さを測ろう。

解き方と答え

PA＝72m＝7200cm,
PB＝80m＝8000cm
より，**縮尺$\frac{1}{2000}$で△ABPの縮図△A′B′P′をかく**。

P′A′$=7200\times\frac{1}{2000}$
＝3.6(cm)

P′B′$=8000\times\frac{1}{2000}$
＝4(cm)だから，

上の図のような△A′B′P′をかくことができる。

この縮図△A′B′P′で，A′B′の長さを測ると，約3.7cmだから，

AB＝3.7×2000＝7400(cm)＝74mより，約74m

用語　縮図と縮尺

図形を一定の割合に縮小したものを縮図（しゅくず）といい，実際の長さを縮めた割合のことを縮尺（しゅくしゃく）という。

くわしく　縮尺の表し方

縮尺には，3通りの表し方がある。

- $\frac{1}{1000}$
- 1：1000
- 0　10m　20m（1めもり1cm）

類題 87

別冊解答 p.105

右の図のように，ビルの高さを測るために，ビルの真下Bから35m離（はな）れた地点Pでビルの頂上Aを見上げたところ，∠AQCの大きさは42°であった。目の高さQPを1.5mとして，このビルの高さを求めなさい。

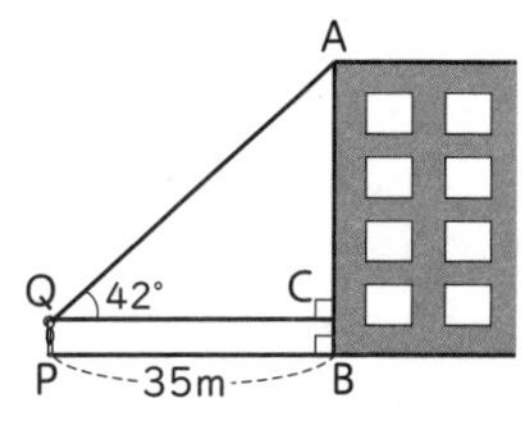

20 三角形の相似条件

p.406 ～ 410

❶ 三角形の相似条件を正確に覚えよう。
❷ 三角形の相似条件を利用して，相似の証明ができるようにしよう。
❸ いろいろな相似な図形の長さを求められるようにしよう。

要点整理

1 三角形の相似条件

➡例題 88

▶ 2つの三角形は，次のどれか1つが成り立てば，相似である。

㋐ **3組の辺の比がすべて等しい。**

$a:a'=b:b'=c:c'$ならば，
△ABC∽△A′B′C′

㋑ **2組の辺の比とその間の角がそれぞれ等しい。**

$a:a'=c:c'$，∠B＝∠B′ならば，
△ABC∽△A′B′C′

㋒ **2組の角がそれぞれ等しい。**

∠B＝∠B′，∠C＝∠C′ならば，
△ABC∽△A′B′C′

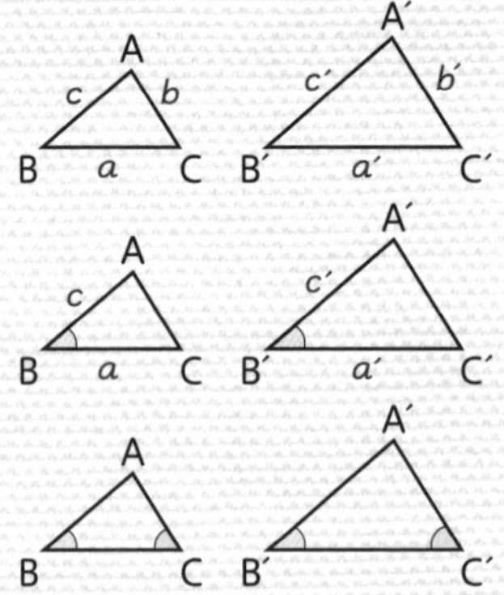

2 三角形の相似の証明

▶ 相似条件…2組の辺の比とその間の角がそれぞれ等しい。

例 △ABCと△AEDで，
AB：AE＝8：4＝2：1
AC：AD＝6：3＝2：1
∠Aは共通
よって，△ABC∽△AED

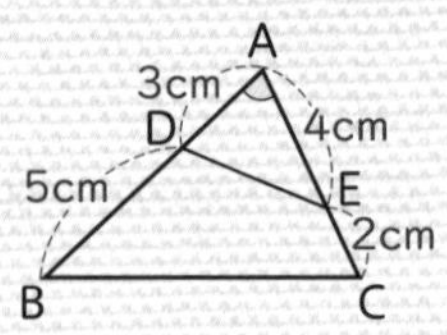

▶ 相似条件…2組の角がそれぞれ等しい。

例 △AODと△BOCで，
対頂角は等しいから，
∠AOD＝∠BOC
∠OAD＝∠OBC＝90°
よって，△AOD∽△BOC

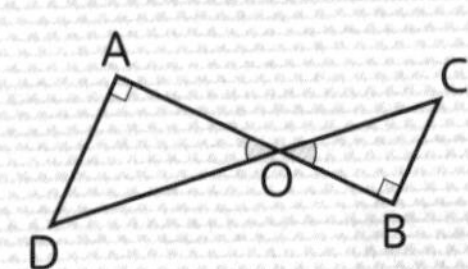

★★★

⮌ p.406 1

例題 88 三角形の相似条件

次の図で，相似な三角形を記号∽を使って表しなさい。また，そのときに使った相似条件を書きなさい。

(1)

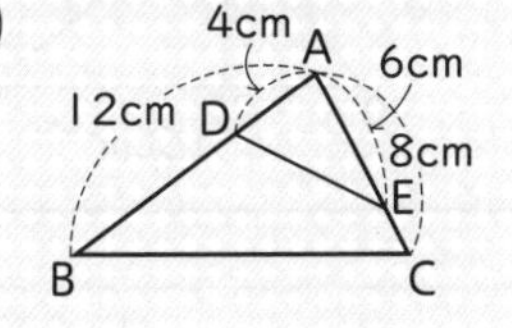

(2)

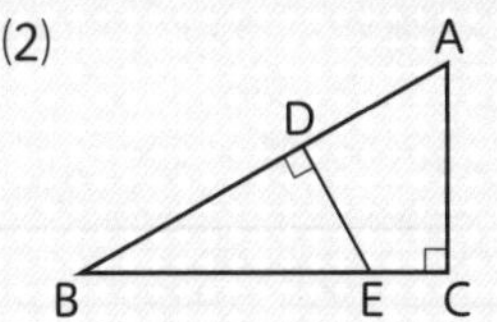

(3)

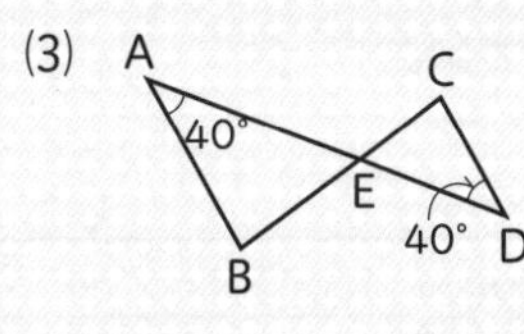

等しい角や辺の比を考えて，相似条件を見つけよう。

解き方と答え

(1) △ABCと△AEDにおいて，

AB：AE＝12：6＝2：1

AC：AD＝8：4＝2：1

∠Aは共通

2組の辺の比とその間の角が，それぞれ等しいから，

△ABC∽△AED

(2) △ABCと△EBDにおいて，

∠ACB＝∠EDB＝90°

∠Bは共通

2組の角がそれぞれ等しいから，△ABC∽△EBD

(3) △ABEと△DCEにおいて，

∠A＝∠D＝40°

対頂角は等しいから，∠AEB＝∠DEC

2組の角がそれぞれ等しいから，△ABE∽△DCE

くわしく 3組の辺の比が等しいとき

下の図の△ABCと△ADEは，

AB：AD＝BC：DE

＝AC：AE＝3：2

3組の辺の比がすべて等しいから，相似である。

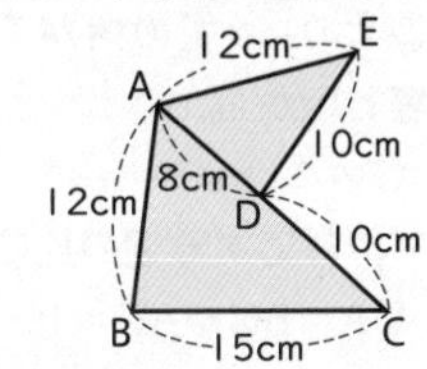

アドバイス 辺の長さがわからないとき

相似条件「2組の角がそれぞれ等しい」しか使えないので，等しい角を見つけよう。

別冊解答 p.105

右の図の△ABCで，点B，Cから辺AC，ABにそれぞれ垂線BD，CEをひく。この図において，相似な三角形を3組見つけ，記号∽を使って表しなさい。また，そのときに使った相似条件を書きなさい。

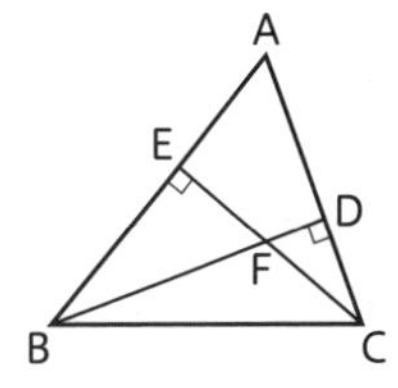

★★★

p.406 2

例題 89 三角形の相似の証明 (1) ～直角三角形～

右の図の直角三角形ABCで，頂点Aから辺BCに垂線ADをひく。このとき，線分AD，CDの長さを求めなさい。

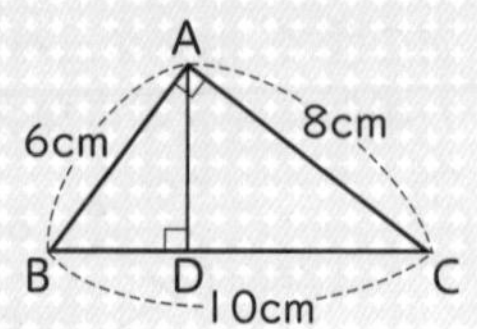

直角三角形の中にできる2つの直角三角形は，もとの三角形と相似である。

解き方と答え

右の図のように，直角三角形DACを対応がわかるように，向きをそろえてとり出す。

△ABCと△DACにおいて，

∠BAC＝∠ADC＝90°…①

∠Cは共通…②

①，②より，2組の角がそれぞれ等しいから，

△ABC∽△DAC

よって，対応する辺の比は等しいから，

AB：DA＝BC：AC＝10：8＝5：4

6：DA＝5：4　5DA＝24　AD＝4.8(cm)

また，CA：CD＝5：4　8：CD＝5：4

5CD＝32　CD＝6.4(cm)

くわしく

直角三角形と相似

例題89の3つの直角三角形△ABC，△DBA，△DACはすべて互いに相似である。

別解 線分ADの長さ

AD＝$x$cmとすると，

△ABCの面積から，

$\frac{1}{2}\times 10\times x=\frac{1}{2}\times 6\times 8$

$x=4.8$

右の図の直角三角形ABCで，頂点Aから辺BCに垂線ADをひく。

(1) △ABD∽△CADを証明しなさい。

(2) AD^2＝BD×CDを証明しなさい。

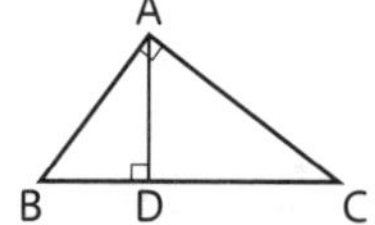

★★★ ⮌ p.406 2

例題 90 三角形の相似の証明 (2) ～ずらした正三角形～

右の図において，△ABCと△APQは正三角形であり，点Pは辺BC上にある。辺ACとPQとの交点をRとする。

(1) △APC∽△ARPを証明しなさい。

(2) △ABP∽△PCRを証明しなさい。

(3) AB=6cm，BP=2cmのとき，CR，APの長さを求めなさい。

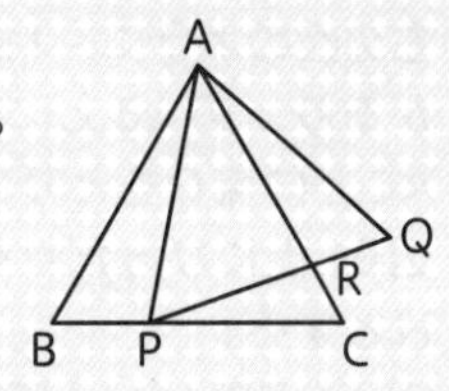

(1)(2) 辺の長さがわからないので，「2組の角」の相似条件を使おう。

解き方と答え

(1) △APCと△ARPにおいて，

仮定より，∠ACP=∠APR=60°…①

共通な角だから，∠CAP=∠PAR…②

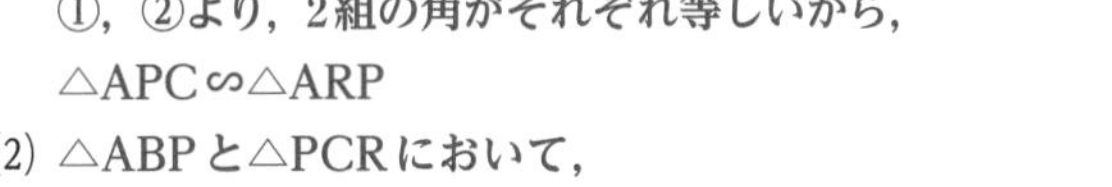

①，②より，2組の角がそれぞれ等しいから，

△APC∽△ARP

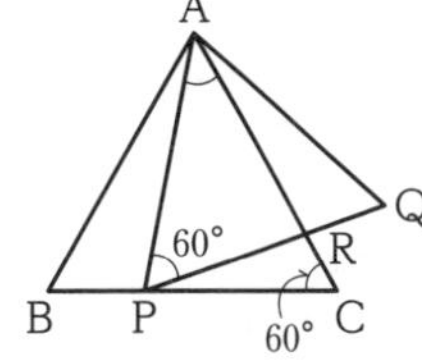

(2) △ABPと△PCRにおいて，

仮定より，∠B=∠C=60°…③

三角形の内角と外角の関係より，

△ABPで，∠BAP+60°=∠APC=∠CPR+60°（↑∠APQ）

よって，∠BAP=∠CPR…④

③，④より，2組の角がそれぞれ等しいから，

△ABP∽△PCR

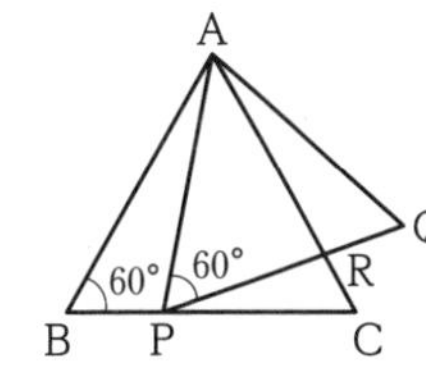

(3) (2)より，AB：PC=BP：CR　6：4=2：CR　CR=$\frac{4}{3}$cm

(1)より，AP：AR=AC：AP　AR=$6-\frac{4}{3}=\frac{14}{3}$(cm)より，

AP：$\frac{14}{3}$=6：AP　$AP^2=\frac{14}{3}\times6=28$

AP>0より，AP=$2\sqrt{7}$cm

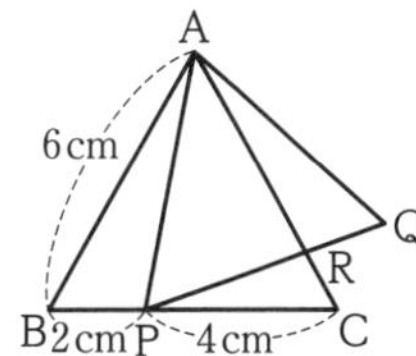

別冊解答 p.106

例題90について，次の問いに答えなさい。

(1) △ABP∽△AQRを証明しなさい。

(2) AB=6cm，BP=2cmのとき，PRの長さを求めなさい。

★★★ p.406 2

例題 91 三角形の相似の証明 (3) ～折り返した図形～

右の図のように，1辺の長さが10cmの正三角形ABCがあり，辺AB上にBD＝3cmとなる点Dがある。辺AC上に点Gをとり，線分DGを折り目として点Aが辺BC上にぴったり重なるように折り，重なった点をHとする。〔宮崎－改〕

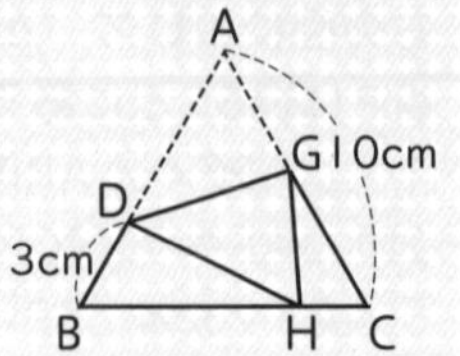

(1) △DBH∽△HCGであることを証明しなさい。

(2) 線分HCの長さを求めなさい。

折り返した図形△HDGは，もとの図形△ADGと合同であることを利用しよう。

解き方と答え

(1) △DBHと△HCGにおいて，

仮定より，∠DBH＝∠HCG＝60°…①

△ADG≡△HDGなので，∠DAG＝∠DHG＝60°

∠BHG＝∠BHD＋60°…②

∠BHGは，△HCGの外角だから，∠BHG＝∠CGH＋60°…③

②，③より，∠BHD＝∠CGH…④

①，④より，2組の角がそれぞれ等しいから，△DBH∽△HCG

(2) DH＝DA＝7cm

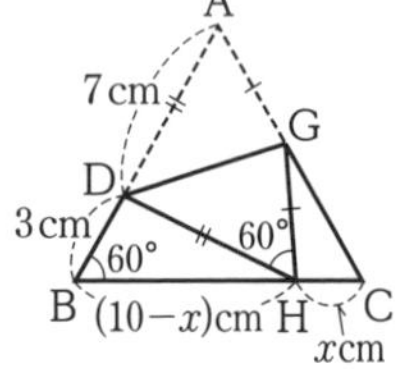

HC＝$x$cmとおくと，(1)より，HG＝$\frac{7}{3}x$cm＝AG

よって，CG＝$10-\frac{7}{3}x$(cm)

BH：CG＝BD：CHより，$(10-x):\left(10-\frac{7}{3}x\right)=3:x$

$x^2-17x+30=0$　$x=2$，15　$0<x<10$より，$x=2$

よって，HC＝2cm

右の図は，長方形ABCDの形をした紙を，辺BC上の点Eと頂点Aを結ぶ線分を折り目として，頂点Bが辺CD上の点Fに重なるように折り返したものである。

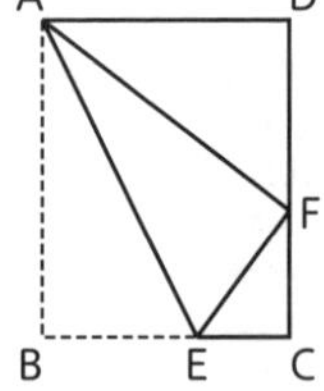

(1) △ADF∽△FCEであることを証明しなさい。

(2) AB＝10cm，AD＝8cm，DF＝6cmのとき，BEの長さを求めなさい。

21 平行線と線分の比

p.411 ～ 417

❶ 三角形や平行線の線分の比を理解し，長さを求められるようにしよう。
❷ 角の二等分線の定理を覚え，使えるようにしよう。
❸ 補助線をうまくひいて，相似形をつくれるようにしよう。

要点整理

1 三角形と線分の比，平行線と線分の比

➡例題 92～95

▶三角形と線分の比

㋐ピラミッド型　㋑ちょうちょ型

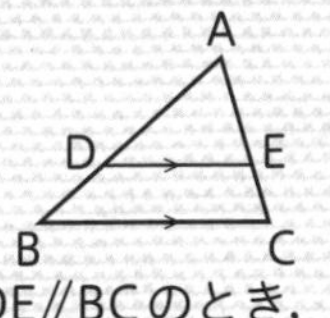

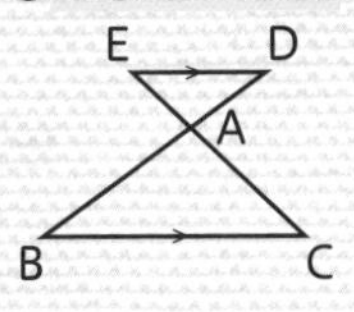

DE//BCのとき，
AD：AB＝AE：AC＝DE：BC
AD：DB＝AE：EC

▶平行線と線分の比

ℓ//m//nのとき，
$\boldsymbol{a : b = a' : b'}$
また，
$\boldsymbol{a : (a+b) = a' : (a'+b')}$
$\boldsymbol{b : (a+b) = b' : (a'+b')}$

▶下の㋐と㋑のような図形で，線分EFの長さは，ピラミッド型，ちょうちょ型の組み合わせと考えると，求めることができる。

㋐ 台形で，AD//EF//BCのとき，

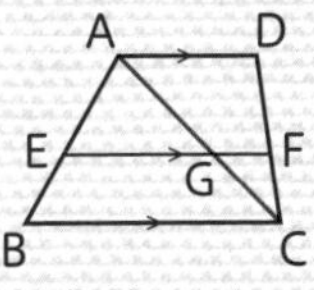

対角線で2つの三角形に分けると，
EF＝EG＋GF

平行四辺形と三角形に分けると，
EF＝EH＋HF

㋑ AB//EF//CDのとき，

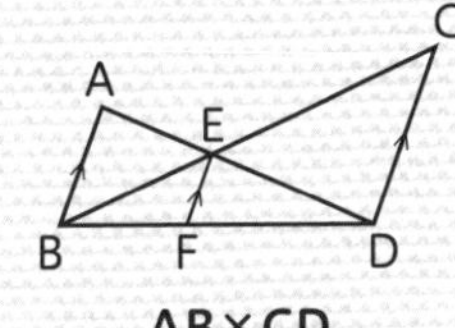

$$\mathrm{EF} = \frac{\mathrm{AB} \times \mathrm{CD}}{\mathrm{AB} + \mathrm{CD}}$$

2 角の二等分線の定理

➡例題 96

▶△ABCのADが∠BACの二等分線のとき，
AB：AC＝BD：DC

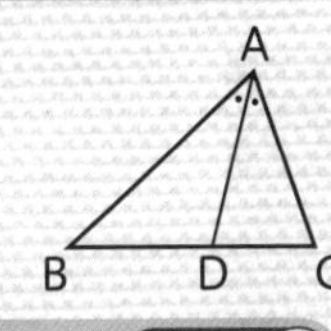

3 補助線のひき方

➡例題 97

▶線分の比を求める問題では，**平行線をひいたり，辺をのばしたりして，ピラミッド型，ちょうちょ型の相似形をつくって**解くことができる。

★★★ ⮌p.411 1

例題 92 三角形と線分の比

次の図において，DE//BCである。x，yの値をそれぞれ求めなさい。

(1) 〔群馬〕

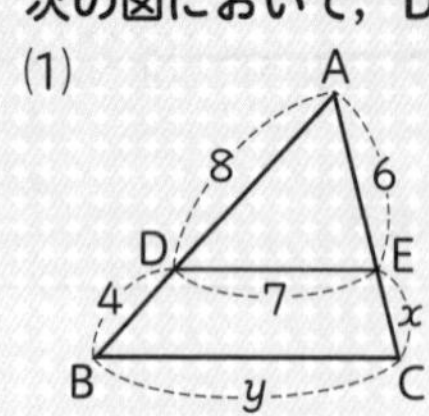

(2)

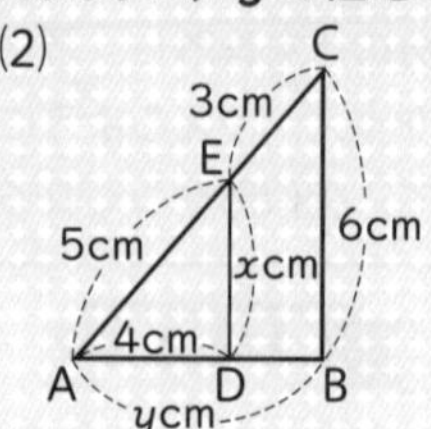

(3)

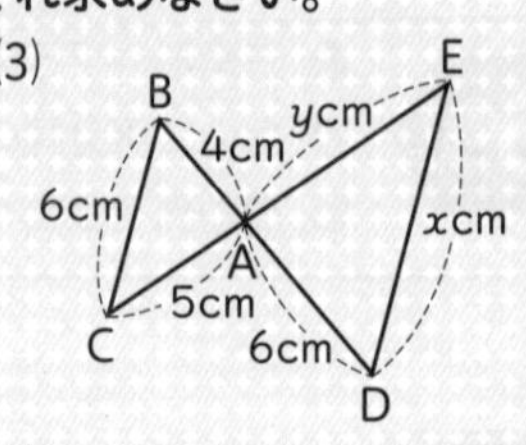

DE//BCより，△ADE∽△ABCとなり，対応する辺の比は等しい。

解き方と答え

(1) DE//BCより，AD：DB＝AE：EC

$8:4=6:x$　$2:1=6:x$　$x=3$
↑比を簡単にする

AD：AB＝DE：BCより，$2:3=7:y$

$2y=21$　$y=\frac{21}{2}$

(2) DE//BCより，AE：AC＝AD：AB＝DE：BC

$5:8=x:6$　$8x=30$　$x=\frac{15}{4}$
↑5+3

$4:y=5:8$　$5y=32$　$y=\frac{32}{5}$

(3) DE//BCより，AB：AD＝AC：AE＝BC：DE

$4:6=6:x$　$4x=36$　$x=9$

$4:6=5:y$　$4y=30$　$y=\frac{15}{2}$

注意！

三角形と線分の比

(1)DE//BCのとき，次の2つの線分の比が成り立つ。

㋐AD：AB＝AE：AC
＝DE：BC

㋑AD：DB＝AE：EC

このとき，㋐と㋑を混同して，DE：BC＝AD：DBとしないようにしよう。

(3)AB：AE＝AC：AD
↑上側の辺　↑下側の辺

としないように。
△ABC∽△ADEより，
AB：AD＝AC：AEである。

次の図で，xの値を求めなさい。

(1) 〔沖縄〕

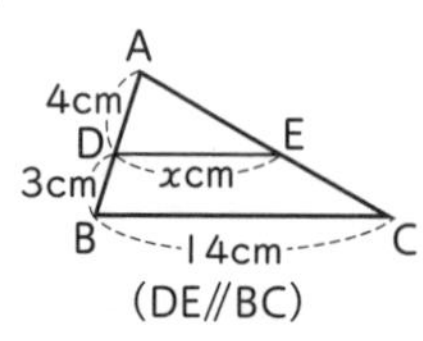

(DE//BC)

(2) 〔新潟〕

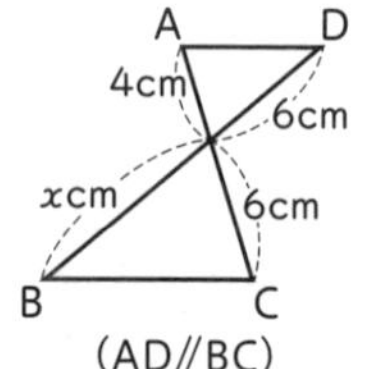

(AD//BC)

(3) 〔成蹊高〕

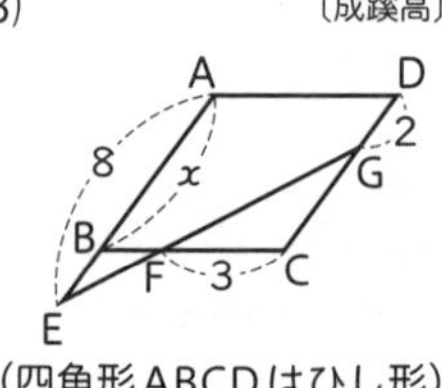

(四角形ABCDはひし形)

★★★ p.411 1

例題 93 平行線と線分の比

次の問いに答えなさい。

(1) 右の図において，$\ell /\!/ m /\!/ n$ ならば，AB：BC＝DE：EF であることを証明しなさい。

(2) 右の図で，$\ell /\!/ m /\!/ n$ である。x の値を求めなさい。

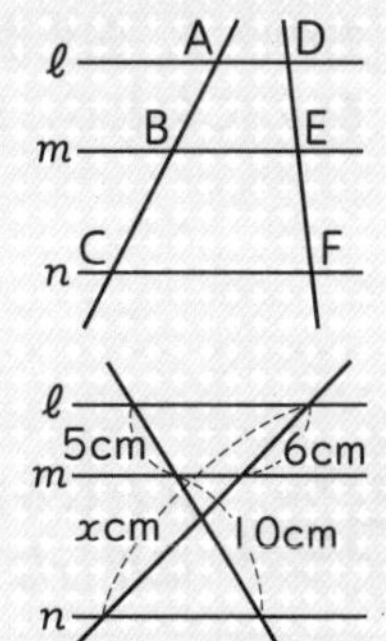

(1) AとFを結び2つの三角形に分けて考える。または，Aを通るDFに平行な直線をひき，三角形と平行四辺形に分けて考える。

解き方と答え

(1)（例1）

2点A，Fを通る直線をひき，直線 m との交点をB′とする。

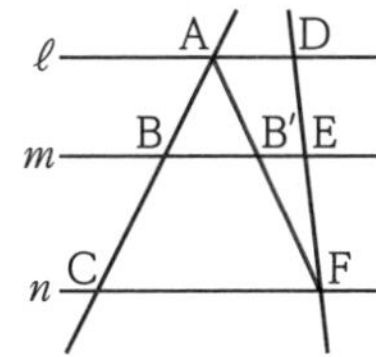

△ACF において，

BB′//CF より，

AB：BC＝AB′：B′F…①

△FAD において，B′E//AD より，

AB′：B′F＝DE：EF…②

①，②より，AB：BC＝DE：EF

(1)（例2）

点Aを通る直線DFに平行な直線をひき，m，n との交点をE′，F′とする。

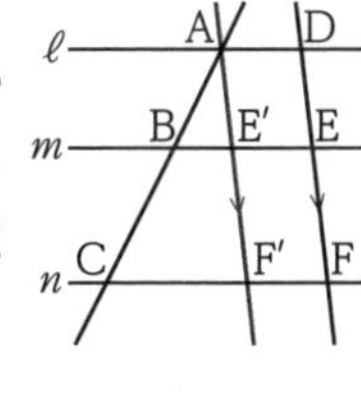

△ACF′ において，

BE′//CF′ より，

AB：BC＝AE′：E′F′…①

また，四角形AE′EDとE′F′FEは平行四辺形だから，

AE′＝DE，E′F′＝EF…②

①，②より，AB：BC＝DE：EF

(2) $x:6=(10+5):5$　$x:6=15:5$　$x:6=3:1$　$x=18$

（3：1 ← 比を簡単にする）

次の図で，$\ell /\!/ m /\!/ n$ であるとき，x の値を求めなさい。

(1)

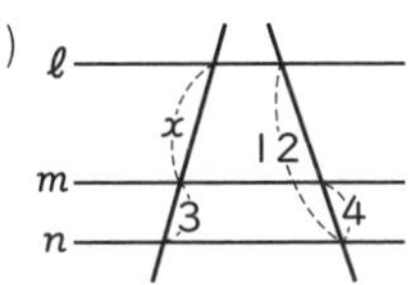

(2)

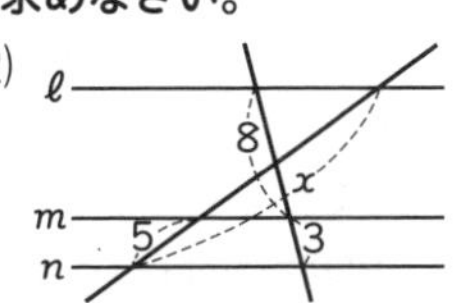

★★★ p.411 1

例題 94 相似な図形の組み合わせ (1) ～台形～

右の図で，四角形ABCDは，AD//BCの台形である。EF//BCのとき，線分EFの長さを求めなさい。〔岩手〕

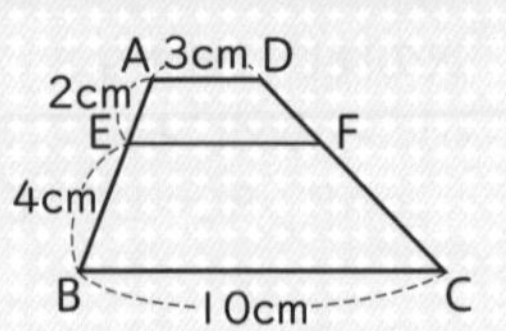

AとCを結び2つの三角形に分けて考える。または，Dを通るABに平行な直線をひき，三角形と平行四辺形に分けて考える。

解き方と答え

(解き方1)

2点A，Cを通る直線をひき，線分EFとの交点をGとする。

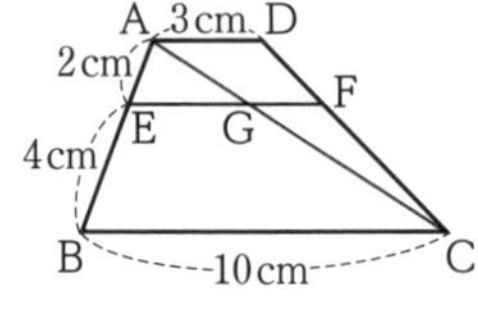

△ABCにおいて，

EG：10＝2：6より，$EG=\frac{10}{3}$(cm)　（6 ← 2+4）

△CADにおいて，

GF：3＝4：6　GF＝2cm　（4：6 ← CF：CD＝BE：BA）

よって，$EF=EG+GF=\frac{10}{3}+2=\frac{16}{3}$(cm)

(解き方2)

点Dを通り直線ABに平行な直線をひき，線分EF，辺BCとの交点をH，Iとする。四角形AEHDとEBIHは平行四辺形だから，

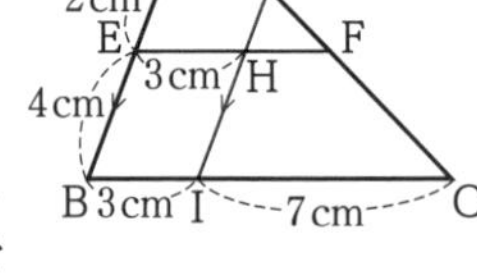

EH＝BI＝3cm

△DICで，HF：IC＝DH：DI

＝AE：AB＝2：6　HF：7＝1：3

$HF=\frac{7}{3}$cm

よって，$EF=EH+HF=3+\frac{7}{3}=\frac{16}{3}$(cm)

類題 94 別冊解答 p.106

次の問いに答えなさい。

(1) 右の図で，AD//EF//BCのとき，xの値を求めなさい。

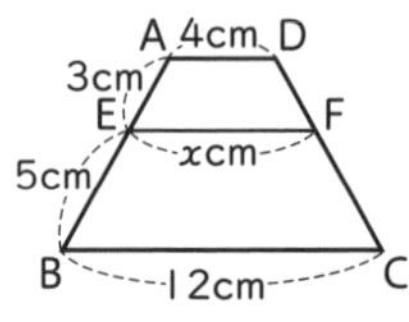

(2) 右の図のように，AD//BC，AD:BC＝2:5の台形がある。辺AB上に，AP：PB＝2：1となる点Pをとり，点Pから辺BCに平行な直線をひき，辺CDとの交点をQとする。PQ＝16cmのとき，xの値を求めなさい。〔新潟〕

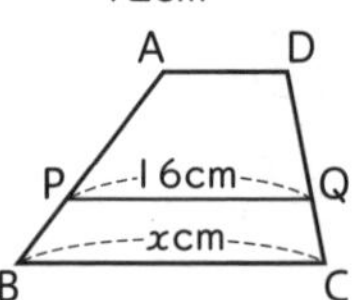

★★★ ⮌p.411 1

例題 95 相似な図形の組み合わせ (2) ～ピラミッド型＋ちょうちょ型～

次の問いに答えなさい。

(1) 右の図で，AB∥EF∥CDのとき，次の❶，❷を求めなさい。

❶ BE：EC

❷ EFの長さ

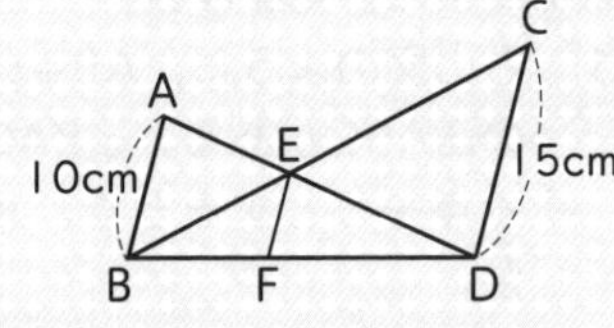

(2) 右の図のように，AB，CD，EFが平行で，AB＝15cm，EF＝3cmの図形がある。CDの長さを求めなさい。〔長野〕

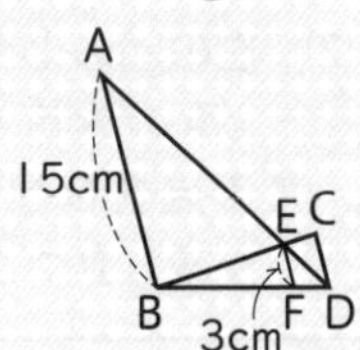

(1) **AB∥CDより△ABE∽△DCE，EF∥CDより△BEF∽△BCD**

解き方と答え

(1)❶ AB∥CDより，

BE：EC＝AB：CD

＝2：3

❷ △BCDで，

EF∥CDより，

EF：CD＝2：(2＋3)

EF：15＝2：5　5EF＝30　EF＝6cm

(2) △DABで，EF∥ABより，EF：AB＝DE：DA＝1：5

よって，DE：EA＝1：(5−1)＝1：4

CD∥ABより，CD：AB＝DE：EA＝1：4　4CD＝15

CD＝$\frac{15}{4}$cm

公式 EFの求め方

(1)AB＝a，CD＝bとすると，

BE：EC＝a：b

EF：CD＝BE：BCより，

EF：b＝a：(a＋b)

(a＋b)EF＝ab

EF＝$\frac{ab}{a+b}$

(1)❷a＝10，b＝15だから，

EF＝$\frac{10\times15}{10+15}$＝$\frac{10\times15}{25}$

＝6(cm)

(2)3＝$\frac{15CD}{15+CD}$

3(15＋CD)＝15CD

CD＝$\frac{15}{4}$cm

類題 95

別冊解答 p.107

次の問いに答えなさい。

(1) 例題95(1)で，AB＝12cm，CD＝9cmとするとき，EFの長さを求めなさい。

(2) 右の図において，AB∥DE∥FG，AB＝28，DE＝12，BE＝CGである。FGの長さを求めなさい。〔成蹊高〕

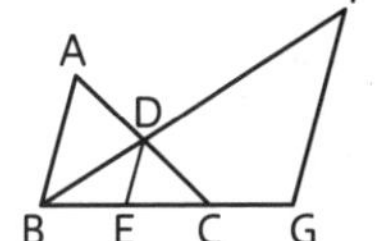

★★★ p.411 2

例題 96 角の二等分線の定理

次の問いに答えなさい。

(1) 右の図のように，AB＝6cm，BC＝9cm，CA＝8cm の△ABCがある。∠BACの二等分線が辺BCと交わる点をDとするとき，線分BDの長さは何cmですか。〔長崎〕

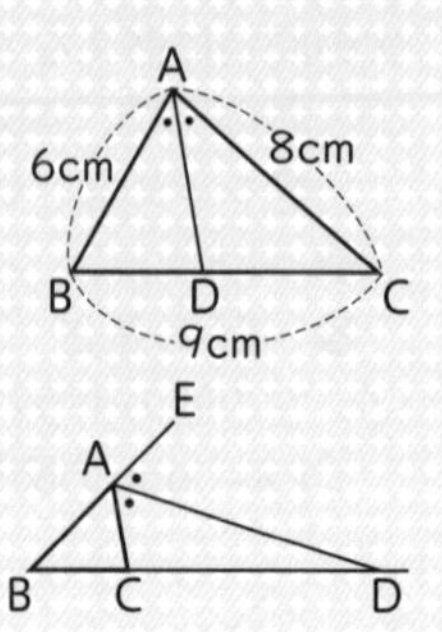

(2) 右の図のように，AB＞ACである△ABCにおいて，∠Aの外角∠CAEの二等分線がBCの延長と交わる点をDとする。このとき，AB：AC＝BD：DC が成り立つことを証明しなさい。〔慶應義塾志木高〕

(1) 角の二等分線の定理 AB：AC＝BD：DCを使おう。

解き方と答え

(1) BD＝$x$cmとおくと，DC＝$9-x$(cm)
ADは∠Aの二等分線だから，AB：AC＝BD：DC
よって，$3:4=x:(9-x)$ $4x=3(9-x)$
$x=\frac{27}{7}$ よって，BD＝$\frac{27}{7}$cm

(2) 点Cを通り，直線ADに平行な直線をひき，直線BEとの交点をFとする。AD//FCより，

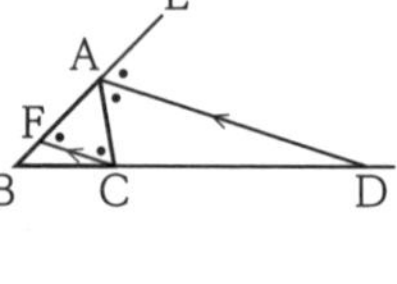

∠EAD＝∠AFC(同位角)…①
∠CAD＝∠ACF(錯角(さっかく))…②
仮定より，∠EAD＝∠CAD…③
①，②，③より，∠AFC＝∠ACFだから，△AFCは二等辺三角形である。よって，AC＝AF…④
△BADで，FC//ADより，BA：AF＝BD：DC…⑤
したがって，④，⑤より，AB：AC＝BD：DC

なぜ？

角の二等分線の定理
BAを延長した直線と，点Cを通りADに平行な直線との交点をEとすると，∠AEC＝∠ACEとなるので，△ACEは二等辺三角形になる。よって，AE＝AC
また，AD//ECより，
BA：AE＝BD：DC
つまり，**AB：AC＝BD：DC**

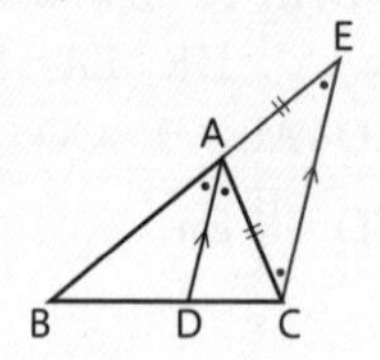

右の図において，ADは∠BACの二等分線，BIは∠ABDの二等分線とするとき，AI：IDを求めなさい。

〔城北高(東京)〕

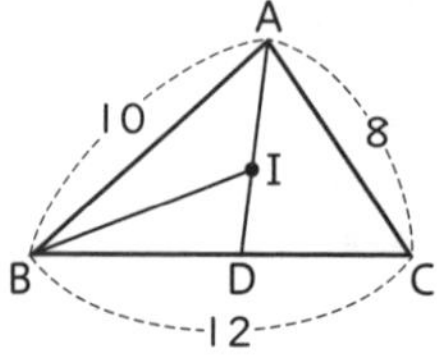

★★★ p.411 3

例題 97 補助線のひき方

右の図のように，△ABCの辺AB，AC上にそれぞれ点D，Eをとり，BEとCDの交点をPとする。

(1) DP：PCを求めなさい。

(2) BP：PEを求めなさい。

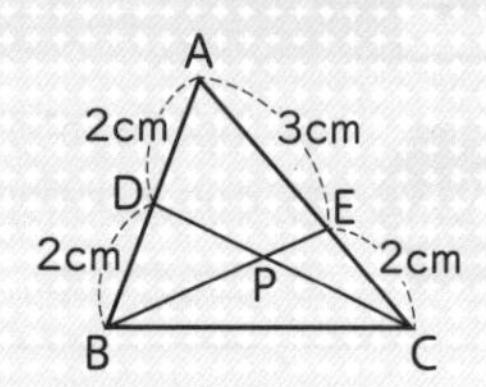

解き方のコツ DF//BEとなる補助線DFをひこう。

解き方と答え

(1) 辺AC上に，DF//BEとなる点Fをとると，DF//BEより，

AF：FE＝AD：DB＝1：1

よって，FE＝AE÷2＝$\frac{3}{2}$(cm)

PE//DFより，DP：PC＝FE：EC＝$\frac{3}{2}$：2＝3：4

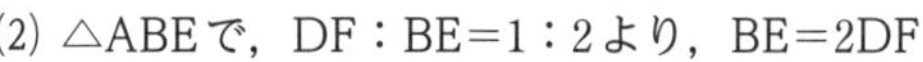

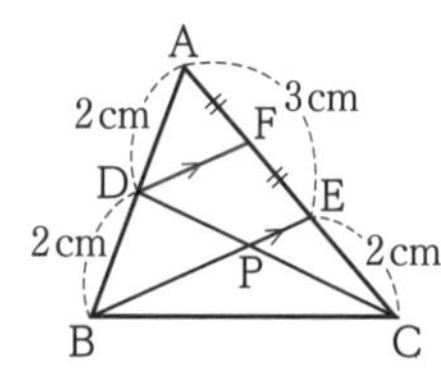

(2) △ABEで，DF：BE＝1：2より，BE＝2DF

△CDFで，PE：DF＝4：(4＋3)＝4：7より，PE＝$\frac{4}{7}$DF

よって，BP：PE＝$\left(2\text{DF}-\frac{4}{7}\text{DF}\right)：\frac{4}{7}\text{DF}=\frac{10}{7}：\frac{4}{7}$＝5：2

アドバイス 補助線をうまく使って考えよう

例題97のような線分の長さの比を求める問題では，補助線をひいて考える場合が多い。補助線は，辺に平行な線をひいたり，そのままのばしたりすることで，求める辺の比をふくむ相似形をつくるようにひくとよい。APのように，単に点と点を結んでみても，何も進展しないので，注意しよう。

別解 辺AD上にFをとる

FE//DCとなるFをとって，考えてもよい。

Advance メネラウスの定理…p.429

類題 97 別冊解答 p.107

右の図のように，△ABCの辺BC，AC上にそれぞれ点D，Eをとる。ADとBEの交点をPとするとき，AP：PD，BP：PEを求めなさい。

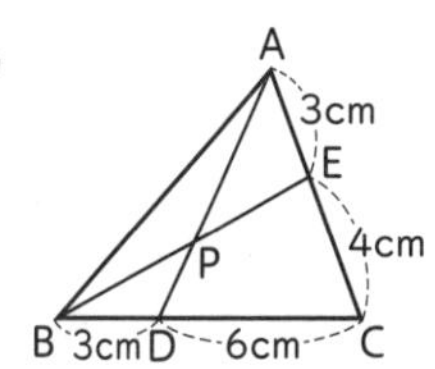

22 中点連結定理

p.418 ～ 421

❶ 中点連結定理とその逆について，違(ちが)いを理解しよう。
❷ 中点連結定理を使って問題を解けるようにしよう。
❸ 三角形の重心とその性質を理解し，覚えておこう。

要点整理

1 中点連結定理

▶ **中点連結定理**(ちゅうてんれんけつていり)…△ABCの2辺AB, ACの中点をそれぞれD, Eとすると，**DE∥BC，DE＝$\frac{1}{2}$BC**

▶ **中点連結定理の逆**(ぎゃく)…△ABCの辺ABの中点Dを通り，辺BCに平行な直線が辺ACと交わる点をEとすると，**点Eは辺ACの中点**である。
↑逆にはいろいろあり，中には成り立たないものもあるが，本書ではこのように定義する

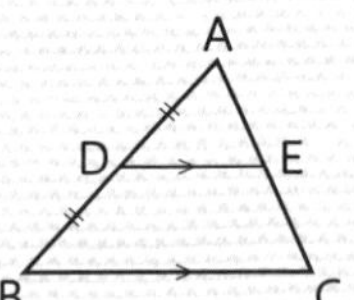

▶ 四角形への利用

㋐ 右の台形ABCDで，AD∥EF，EがABの中点のとき，AG＝CG，DF＝CF

EG＝$\frac{1}{2}$BC，GF＝$\frac{1}{2}$ADより，

EF＝$\frac{AD+BC}{2}$

㋑ 右の四角形ABCDで，各辺の中点をP，Q，R，Sとすると，**四角形PQRSは平行四辺形になる。**
これは，四角形ABCDがどんな形でも成り立つ。

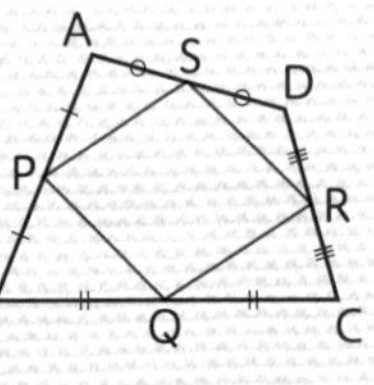

2 三角形の重心

▶ 三角形の頂点とその対辺の中点を結ぶ線分を中線(ちゅうせん)という。△ABCの3つの中線AD，BE，CFは1点で交わる。この点Gを三角形の重心(さんかくけいのじゅうしん)という。三角形の重心は，**3つの中線をそれぞれ頂点から2：1の比に分ける。**

▶ 三角形の面積は，3つの中線によって，**6等分**される。
右の図で，△AFG＝△BFG＝△BDG＝△CDG＝△CEG＝△AEG

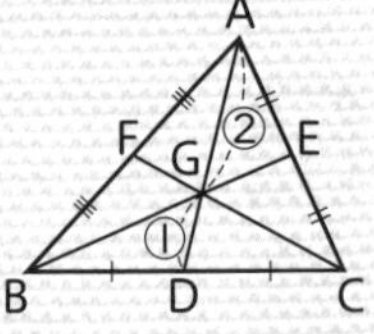

★★★

p.418 1

例題 98 中点連結定理

次の問いに答えなさい。

(1) p.418の 1 の「中点連結定理の逆」を証明しなさい。

(2) 右の図の△ABCで，AD＝DB，AE＝EF＝FCである。また，線分BF，DCの交点をGとする。BF＝10cmのとき，BGの長さを求めなさい。〔国立高専〕

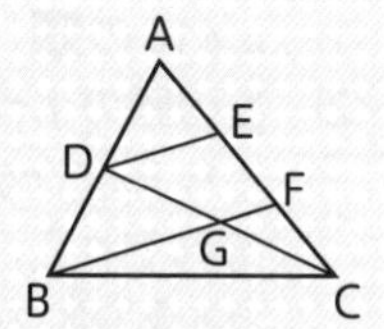

(2) △ABFと△CDEで，中点連結定理を使おう。

解き方と答え

(1) △ABCにおいて，DE∥BCより，AD：DB＝AE：EC
点Dは辺ABの中点だから，AD＝DB
よって，AE：EC＝1：1となり，点Eは辺ACの中点である。
（↑つまり，AE＝EC）

(2) (例) △ABFで，AD＝DB，AE＝EFより，点D，Eはそれぞれ辺AB，AFの中点である。よって，中点連結定理より，DE∥BF　$DE=\frac{1}{2}BF=5$cm
△CDEで，GF∥DE，点Fは辺CEの中点だから，点Gも辺CDの中点である。
よって，$GF=\frac{1}{2}DE=\frac{5}{2}$cmより，
$BG=BF-GF=10-\frac{5}{2}=\frac{15}{2}$(cm)

なぜ？ 中点連結定理

△ABCで，
AD：DB＝AE：EC＝1：1
より，三角形と線分の比から，**DE∥BC**
△ADE∽△ABCだから，
DE：BC＝AD：AB
＝1：2より，2DE＝BC
よって，**$DE=\frac{1}{2}BC$**

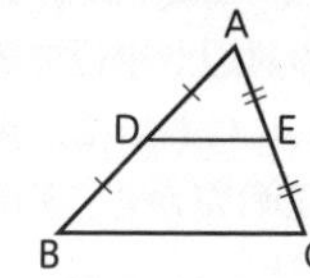

類題 98

別冊解答 p.107

次の問いに答えなさい。

(1) 右の図の△ABCで，2点D，Eは辺BCを3等分した点で，Bに近い方から順にD，Eとする。また，点Fは辺ABの中点で，点Gは2つの線分AEとCFの交点である。このとき，AGの長さを求めなさい。〔岩手〕

(2) 右の図の四角形ABCDは，AD∥BC，AD＝8cm，BC＝18cmの台形である。辺AB，DCの中点をそれぞれM，Nとし，線分MNと対角線BD，ACとの交点をそれぞれP，Qとする。このとき，PQの長さを求めなさい。

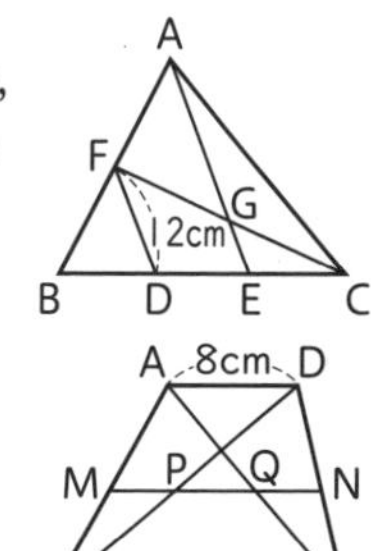

★★★ p.418 1

例題 99 中点連結定理の利用

次の問いに答えなさい。

(1) p.418の 1 「四角形への利用の イ」のことがらを証明しなさい。

(2) 右の図のように，△ABCの辺BC上にBD：DC＝1：2となる点Dをとる。また，線分AD，辺ACの中点をそれぞれE，Fとする。このとき，BE＝DFとなることを証明しなさい。〔福島〕

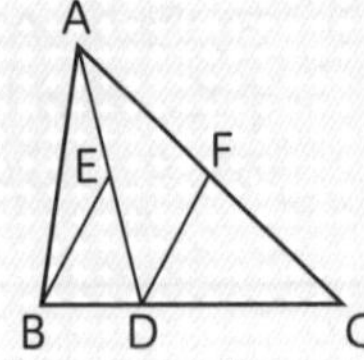

(1) 対角線ACをひいて，△BACと△DACで中点連結定理を利用しよう。

解き方と答え

(1) 対角線ACをひく。

△BACにおいて，点P，QはBA，BCの中点であるから，中点連結定理より，PQ//AC，$PQ=\frac{1}{2}AC$

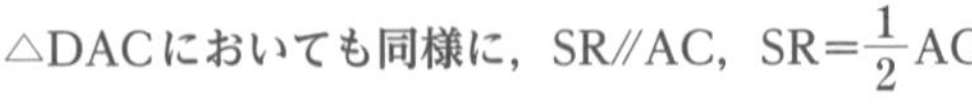
△DACにおいても同様に，SR//AC，$SR=\frac{1}{2}AC$

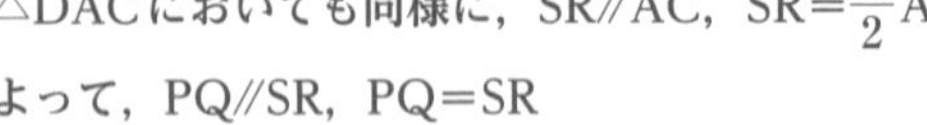
よって，PQ//SR，PQ＝SR

1組の対辺が平行で等しいから，四角形PQRSは平行四辺形である。

(2) △ADCにおいて，点E，FはAD，ACの中点であるから，

EF//DCだから，EF//BD…①

$EF=\frac{1}{2}DC=BD$…②

①，②より，1組の対辺が平行で等しいから，四角形EBDFは平行四辺形である。

よって，BE＝DF

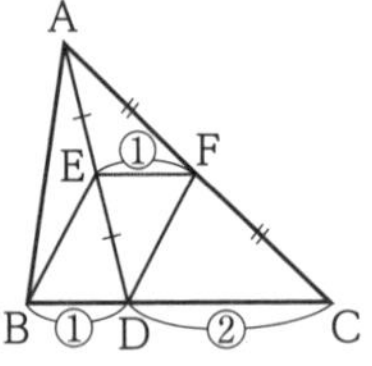

次の問いに答えなさい。

(1) 例題99(1)で，四角形PQRSがひし形，長方形，正方形になるとき，それぞれ四角形ABCDの対角線AC，BDにどんな条件があればよいですか。

(2) 右の図のようなAB＝DCの四角形ABCDがある。AD，BD，BCの中点をそれぞれP，Q，Rとするとき，△PQRは二等辺三角形であることを証明しなさい。

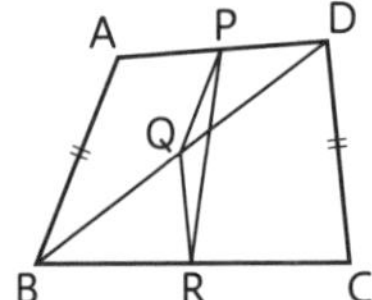

★★★

p.418 2

例題 100 三角形の重心

右の図のように，△ABCがあり，辺AB，辺ACの中点をそれぞれL，Mとする。また，BMとCLの交点をNとする。 〔和洋国府台女子高〕

(1) BN：NMを最も簡単な整数の比で表しなさい。

(2) △LMNの面積は△ABCの面積の何倍ですか。

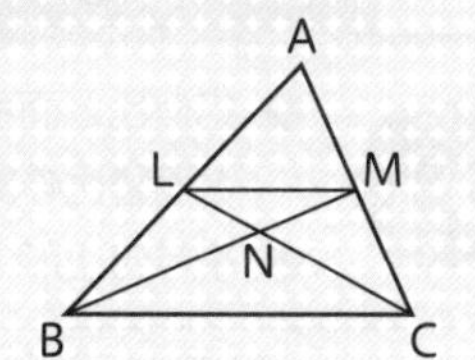

(1) BM，CLは△ABCの中線だから，その交点Nは△ABCの重心である。

解き方と答え

(1) 点L，Mは辺AB，ACの中点なので，BM，CLは中線である。よって，中線の交点Nは△ABCの重心である。重心は中線を2：1の比に分けるから，

BN：NM＝2：1

(2) (1)より，BN：NM＝2：1だから，

$$\triangle LMN=\frac{1}{2+1}\underset{=\triangle LAM}{\underline{\triangle LBM}}=\frac{1}{3}\times\left(\frac{1}{2}\triangle ABM\right)$$

$$=\frac{1}{6}\underset{=\triangle CBM}{\underline{\triangle ABM}}=\frac{1}{6}\times\left(\frac{1}{2}\triangle ABC\right)=\frac{1}{12}\triangle ABC$$

よって，△LMNの面積は，△ABCの面積の$\frac{1}{12}$倍

なぜ？ 重心は中線を2：1に分ける

点L，Mは辺AB，ACの中点だから，中点連結定理より，LM//BC

$LM=\frac{1}{2}BC$…①

△LMN∽△CBN

①より，BN：MN＝CB：LM＝2：1

同様に，CN：LN＝2：1

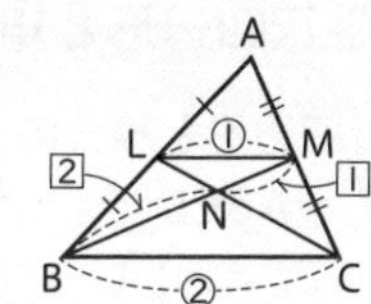

次の問いに答えなさい。

(1) 右の図の点Gは△ABCの重心である。AE＝6cm, AD＝12cm, BG＝10cmのとき，次の線分の長さを求めなさい。

❶ CE　❷ GE　❸ AG

(2) 右の図において，△ABCの辺AB，BC，CAの中点をD，E，Fとする。AEとBFの交点をG，DFとAEの交点をHとするとき，AEはHGの何倍になりますか。また，△HGFの面積は△ABCの面積の何倍になりますか。

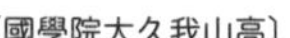
〔國學院大久我山高〕

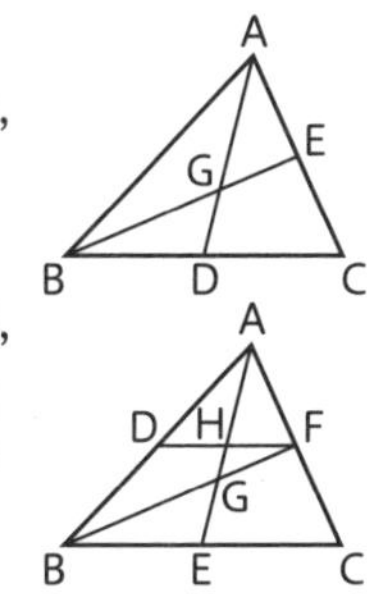

23 線分の比と面積比，体積比

p.422 ～ 428

❶ 相似比と面積比，相似比と表面積比，相似比と体積比，三角形の底辺の比と面積比の関係を理解しよう。

❷ 平行四辺形の相似比と線分の比，面積比の問題を解けるようにしよう。

要点整理

1 相似な図形の面積比，相似な立体の表面積比と体積比

➡例題 101，102，106

▶ 2つの相似な図形で，相似比が $m:n$ のとき，**面積比は $m^2:n^2$**

▶ 2つの相似な立体で，相似比が $m:n$ のとき，**表面積比は $m^2:n^2$，体積比は $m^3:n^3$**

2 三角形の面積比

➡例題 101，103

▶ 高さが共通な三角形の面積比は底辺の比に等しい。
底辺の比が $m:n$ のとき，**△ABD：△ACD＝$m:n$**

▶ 1つの角が共通な三角形の面積比

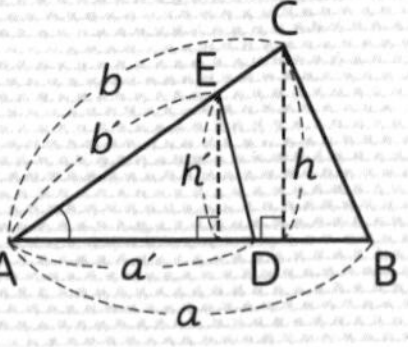

△ADE：△ABC

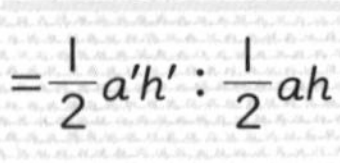

$=\frac{1}{2}a'h':\frac{1}{2}ah$

$=a'b':ab$

3 平行四辺形と線分の比，面積比

➡例題 104，105

▶ 平行四辺形と線分の比

例　▱ABCDで，DE：EC＝2：1のとき，

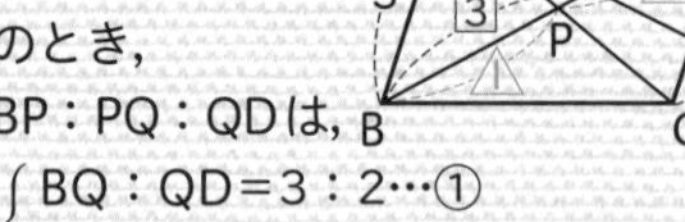

BP：PQ：QDは，

$\begin{cases} BQ:QD=3:2 \cdots ① \\ BP:PD=1:1 \cdots ② \end{cases}$

より，

BQ＋QD＝BP＋PD＝BDであるから，

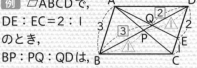

3＋2＝5と1＋1＝2の最小公倍数10
（3＋2：①の比の和　1＋1：②の比の和）

より，

$\begin{cases} BQ:QD=6:4 \\ BP:PD=5:5 \end{cases}$

よって，BP：PQ：QD＝5：1：4
（PQ＝BQ－BP＝6－5）

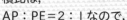

▶ 平行四辺形と面積比

例　▱ABCDで，DE：EC＝1：1のとき，△ADPと▱ABCDの面積比は，

AP：PE＝2：1なので，

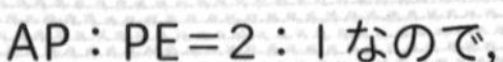

$△ADP=\frac{2}{3}△ADE=\frac{2}{3}\times\left(\frac{1}{2}△ACD\right)$

$=\frac{2}{3}\times\frac{1}{2}\times\left(\frac{1}{2}▱ABCD\right)$

$=\frac{1}{6}▱ABCD$

よって，△ADP：▱ABCD＝1：6

★★★

p.422 1，2

例題 101 三角形の面積比 (1) ～相似比，底辺の比～

次の問いに答えなさい。

(1) △ABCと△DEFは相似であり，その相似比は1：3である。このとき，△DEFの面積は△ABCの面積の何倍ですか。〔栃木－改〕

(2) 右の図の△ABCで，点Dは辺ACを2：3に分ける点で，点EはBDの中点である。このとき，△ABCの面積は△ABEの面積の何倍か求めなさい。〔日本大第二高〕

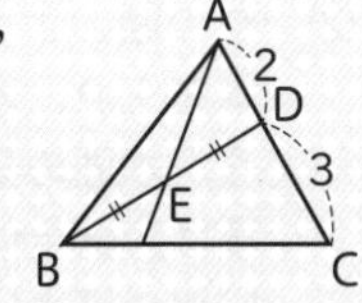

(2) △ABEと△AED，△ABDと△CBDは高さが共通だから，面積比は底辺の比に等しい。

解き方と答え

(1) 相似な図形の面積比は相似比の2乗に等しいから，

$\triangle ABC : \triangle DEF = 1^2 : 3^2 = 1 : 9$

よって，9倍

(2) 点EはBDの中点だから，BE＝EDより，

$\triangle ABE = \triangle AED = \frac{1}{2}\triangle ABD$…①

AD：DC＝2：3より，△ABD：△CBD＝2：3だから，

$\triangle ABD = \frac{2}{2+3}\triangle ABC$…②

①，②より，$\triangle ABE = \frac{1}{2}\triangle ABD = \frac{1}{2} \times \left(\frac{2}{5}\triangle ABC\right)$

$= \frac{1}{5}\triangle ABC$

よって，△ABCの面積は△ABEの面積の5倍

覚えよう 台形の面積比

台形ABCDで，

△AOD∽△COB

なので，AD：CB＝a：bより，

$\triangle AOD : \triangle COB = a^2 : b^2$

DO：BO＝a：bより，

△AOD：△AOB

$= a : b = a^2 : ab$

△AOB＝△DOCなので，

面積比は，下のようになる。

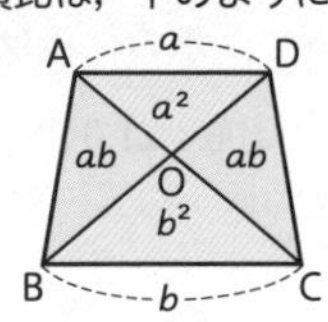

類題 101 別冊解答 p.108

次の問いに答えなさい。

(1) 右の図の△ABCにおいて，D，Eはそれぞれ辺AB，AC上の点で，DE//BC，AD：DB＝2：1である。△ADEの面積が12cm²のとき，△ABCの面積は何cm²か求めなさい。〔兵庫〕

(2) 右の図の台形ABCDにおいて，AD//BC，AD＝9cm BC＝12cmである。

❶ △AOD：△BOC，△AOD：△AOBを求めなさい。

❷ △AODの面積が18cm²であるとき，△AOB，台形ABCDの面積を求めなさい。

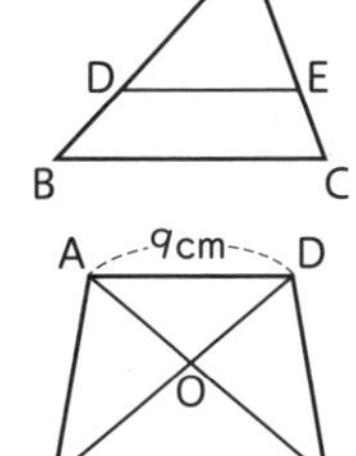

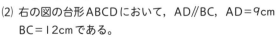

★★★ p.422 1

例題 102 相似な立体の表面積比と体積比

次の問いに答えなさい。

(1) 2つの相似な円柱P，Qがあり，底面の半径はそれぞれ2cm，3cmである。このとき，円柱Pと円柱Qの表面積比と体積比を求めなさい。

(2) 右の図のような高さ15cmの円錐(えんすい)の形をした容器に水を入れ，水面が底面と平行になるようにしたところ，水面の高さが9cmとなった。このとき，水の体積は容器全体の体積の何％か，求めなさい。ただし，容器の厚さは考えないものとします。〔群馬〕

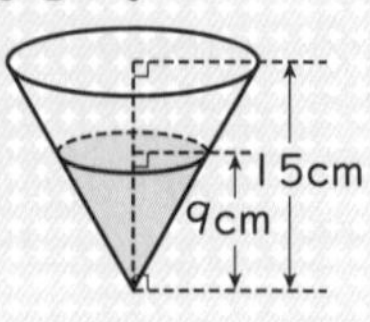

相似な立体の表面積比は相似比の2乗に，体積比は相似比の3乗に等しい。

解き方と答え

(1) PとQの相似比が2：3なので，
表面積比は $2^2:3^2=4:9$，**体積比**は $2^3:3^3=8:27$

(2) 容器の円錐と水の入った部分は相似で，相似比は
$15:9=5:3$
↑円錐の高さの比
体積比は，相似比の3乗に等しいので，
$5^3:3^3=125:27$
よって，水の体積は，全体の体積の
$\frac{27}{125}\times100=$**21.6(％)**

くわしく 相似な立体
1つの立体を，一定の割合で拡大または縮小してつくられた立体はもとの立体と相似であるという。相似な立体では，相似な図形と同様に，
㋐対応する線分の長さの比は，すべて等しい。
㋑対応する面は，それぞれ相似である。

類題 102  別冊解答 p.108

次の問いに答えなさい。

(1) 三角柱と三角錐があり，底面は相似な三角形で高さが等しい。三角柱の底面と三角錐の底面の相似比が1：2であるとき，三角柱の体積は三角錐の体積の何倍か，求めなさい。〔愛知〕

(2) 右の図のような円錐の容器に深さ3cmまで水が入っている。この容器にさらに水を98cm³入れると，水面が3cm高くなった。水面をさらに3cm高くするためには，あと何cm³の水が必要ですか。〔法政大高〕

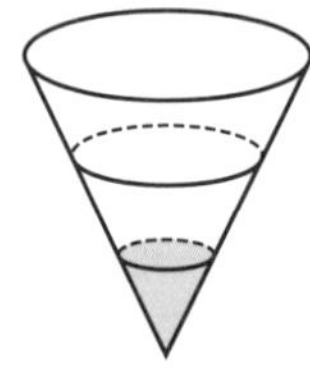

★★★ p.422 2

例題 103 三角形の面積比 (2) ～1つの角が共通な三角形の面積比～

次の問いに答えなさい。

(1) 右の図において，AD：DB＝3：2，AE：EC＝2：1 である。△ABCの面積が25cm^{2}であるとき，△ADE の面積を求めなさい。

(2) 右の図の正方形ABCDにおいて，四角形CEFGの面積を求めなさい。〔中央大杉並高〕

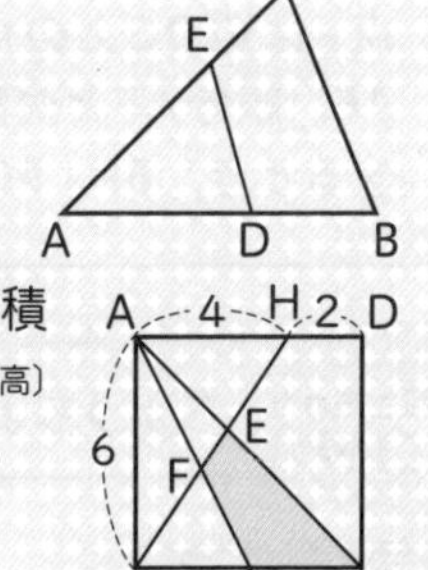

共通な角をもつ三角形の面積比は，その角をはさむ2辺の積の比に等しい。

解き方と答え

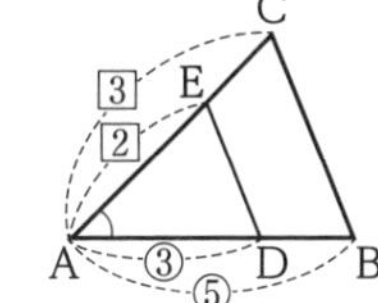

(1) AD：DB＝3：2，AE：EC＝2：1より，

AD：AB＝3：5，AE：AC＝2：3

よって，△ADE：△ABC＝(3×2)：(5×3)より，
（3×2 ← AD×AE，5×3 ← AB×AC）

$$\triangle ADE=\frac{3\times 2}{5\times 3}\times\triangle ABC=\frac{2}{5}\times 25=10\,(\text{cm}^2)$$

(2) AD//BCだから，

AE：EC＝4：6＝2：3より，AE：AC＝2：5

AF：FG＝4：3より，AF：AG＝4：7

△AEFと△ACGは∠EAFが共通な三角形だから，

△AEF：△ACG＝(2×4)：(5×7)＝8：35

よって，四角形CEFG＝$\frac{1}{2}\times 3\times 6\times\left(1-\frac{8}{35}\right)=\frac{243}{35}$
（$\frac{1}{2}\times 3\times 6$ ← △ACG）

右の図の△ABCで，AD：DB＝4：3，BE：EC＝2：1，点Fは辺ACの中点である。このとき，次の図形の面積比を求めなさい。

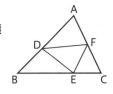

(1) △ADF：△ABC

(2) △DEF：△ABC

★★★ p.422 3

例題 104 平行四辺形と線分の比

右の図の▱ABCDにおいて，辺BCの中点をEとする。点Fは辺DC上の点で，DF：FC＝1：2である。線分AE，線分AFと対角線BDとの交点をそれぞれP，Qとするとき，BP：PQ：QDを求めなさい。

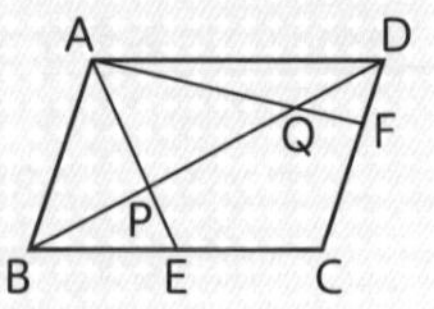

ちょうちょ型の相似を2回使って，BD全体で比をそろえよう。

解き方と答え

DF：FC＝1：2で，AB＝DC，
AB//DFより，
△ABQ∽△FDQ
よって，AB：FD＝3：1より，
BQ：QD＝③：①
点EはBCの中点で，AD＝BC，
AD//BEより，
△BEP∽△DAP
よって，BE：DA＝1：2より，
BP：PD＝[1]：[2]
BQ＋QD＝BP＋PD＝BDだから，
3＋1＝4と1＋2＝3の最小公倍数12より，
BQ：QD＝③：①＝9：3，BP：PD＝[1]：[2]＝4：8
（×3）　（×4）
よって，BP：PQ：QD＝4：5：3
（5は9－4または8－3）

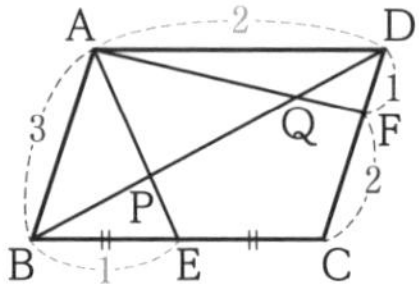

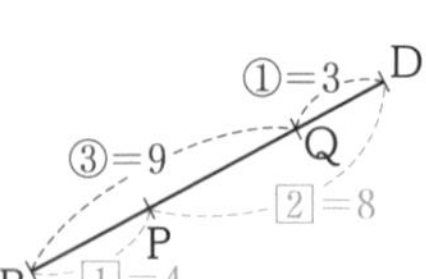

くわしく

□と○の使い分け

BQ：QD＝③：①，BP：PD＝[1]：[2]のように，比を○や□で使い分けているのは，もとにする線分がちがうからである。（ここでは，QD＝①，BP＝[1]としている。）そして，共通する線分BDを2通りの比で表して，それぞれの比の和を最小公倍数でそろえることで，同じ線分に対する比として考えることができる。

別冊解答 p.109

右の図のように，▱ABCDがある。辺ABの中点をEとし，点Eを通り対角線BDに平行な直線と辺ADとの交点をFとする。また，線分CFと線分ED，BDとの交点をそれぞれG，Hとする。このとき，FG：GH：HCを求めなさい。

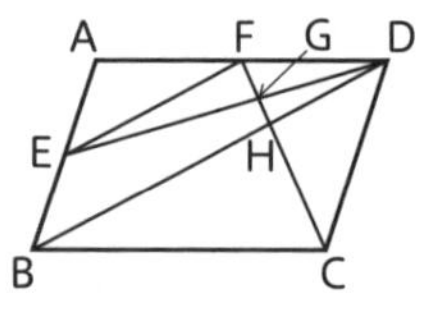

★★★ ⮌ p.422 3

例題 105 平行四辺形と面積比

右の図の▱ABCDにおいて，CE：ED＝1：2のとき，△AFGと▱ABCDの面積の比を最も簡単な整数の比で表しなさい。〔中央大附高〕

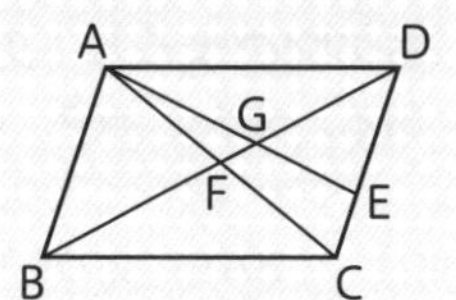

△AFGの面積を[1]として，▱ABCDの面積を□を使って表す。または，▱ABCDの面積を[1]として，△AFGの面積を□を使って表す。

解き方と答え

（解き方1）

AF＝CFより，

AF：AC＝1：2

△ABG∽△EDG

より，

AG：GE＝AB：DE＝3：2だから，

AG：AE＝3：5

△AFGと△ACEは∠CAEが共通だから，

△AFG：△ACE＝(1×3)：(2×5)＝3：10

ここで，△AFG＝[1]とすると，△ACE

$=\frac{10}{3}$△AFG＝$\boxed{\frac{10}{3}}$　CE：CD＝1：3より，

△ACD＝3△ACE

$=3\times\boxed{\frac{10}{3}}=\boxed{10}$

▱ABCD＝2△ACD＝2×[10]＝[20]

よって，△AFG：▱ABCD＝1：20

（解き方2）

対角線BDにおいて，

△ABG∽△EDG

より，BG：GD

＝3：2＝6：4

△ABF≡△CDFより，

BF：FD＝1：1＝5：5

よって，BF：FG：GD＝5：1：4より，

FG：BD＝1：10

ここで，▱ABCD＝[1]とすると，

△ABD＝$\frac{1}{2}$▱ABCD＝$\boxed{\frac{1}{2}}$

△AFG＝$\frac{1}{10}$△ABD＝$\boxed{\frac{1}{20}}$

よって，△AFG：▱ABCD＝1：20

右の図のように，▱ABCDの辺AD上に，AE：ED＝1：2となる点E，辺CD上にCF：FD＝1：2となる点Fをとる。また，BDとEF，ECの交点をそれぞれP，Qとし，EFとBCをそれぞれ延長した直線の交点をGとする。△EPQと▱ABCDの面積比を最も簡単な整数の比で表しなさい。

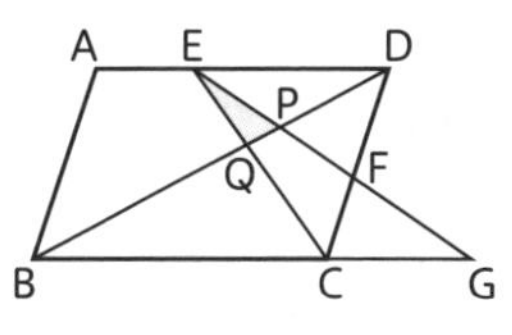

〔中央大杉並高〕

★★★ ⮌ p.422 1

例題 106 正五角形の面積比

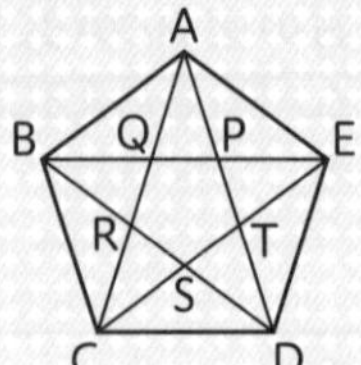

右の図のような1辺の長さが1cmの正五角形ABCDEがある。また，点P，Q，R，S，Tは対角線の交点である。

〔江戸川学園取手高〕

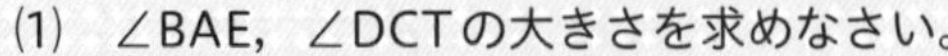

(1) ∠BAE，∠DCTの大きさを求めなさい。

(2) 線分ATの長さを求めなさい。

(3) AD＝$x$cmとする。xの値を求めなさい。

(4) 五角形ABCDEの面積をS，五角形PQRSTの面積をTとするとき，$\frac{T}{S}$を求めなさい。

(3) **△ACD∽△CDTより，** AD：CT＝CD：DT

解き方と答え

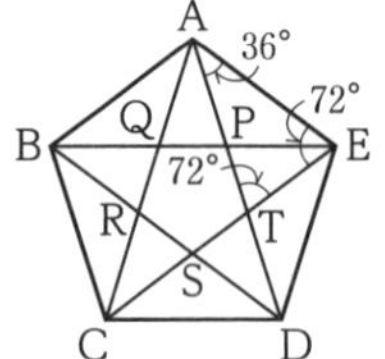

(1) $\angle BAE=180°\times(5-2)\div5=108°$

△CDEは二等辺三角形だから，

$\angle CDE=108°$より，$\angle DCT=(180°-108°)\div2=36°$

(2) $\angle AET=108°-36°=72°$，$\angle ATE=36°\times2=72°$より，△AETは二等辺三角形だから，AT＝AE＝1cm

(3) △ACDと△CDTにおいて，∠CAD＝∠DCT＝36°

∠ACD＝∠CDT＝72°より，2組の角がそれぞれ等しいから，△ACD∽△CDT

よって，AD：CT＝CD：DT　$x:1=1:\underset{\text{AD}-\text{AT}}{\underline{(x-1)}}$　$x^2-x-1=0$

$x=\frac{1\pm\sqrt{5}}{2}$　$x>0$より，$x=\frac{1+\sqrt{5}}{2}$

(4) 五角形ABCDEと五角形PQRSTは，どちらも正五角形で相似になり，相似比は，AE：PTより，$S:T=\text{AE}^2:\text{PT}^2$

$\text{PT}=\text{AT}+\text{DP}-\text{AD}=1+1-\frac{1+\sqrt{5}}{2}=\frac{3-\sqrt{5}}{2}$より，$S:T=1^2:\left(\frac{3-\sqrt{5}}{2}\right)^2=1:\frac{7-3\sqrt{5}}{2}$

よって，$\frac{T}{S}=\frac{7-3\sqrt{5}}{2}$

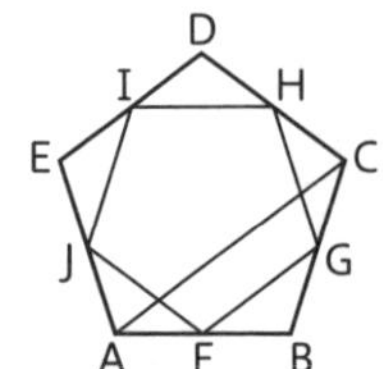

右の図のような1辺の長さが2の正五角形ABCDEがある。辺AB，BC，CD，DE，EAの中点をそれぞれF，G，H，I，Jとする。また，正五角形ABCDEの面積をSとする。

(1) 対角線ACの長さを求めなさい。

(2) 五角形FGHIJの面積をSを用いて表しなさい。

+α プラスアルファ

メネラウスの定理

三角形と直線について，次のメネラウスの定理(ていり)が成り立つ。

△ABCの辺BC，CA，ABまたはその延長が，三角形の頂点を通らない直線ℓと，それぞれ点P，Q，Rで交わるとき，

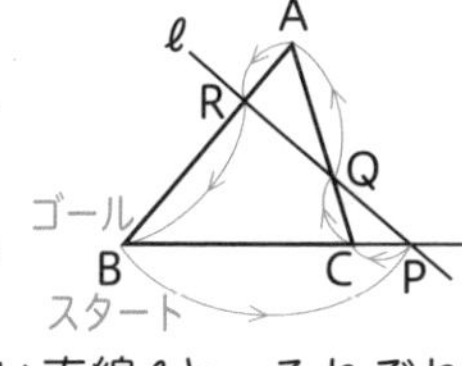

スタート

$$\frac{BP}{PC}\times\frac{CQ}{QA}\times\frac{AR}{RB}=1$$

ゴール

〔証明〕△ABCの頂点Aを通り，直線ℓに平行な直線をひき，直線BCとの交点をDとする。

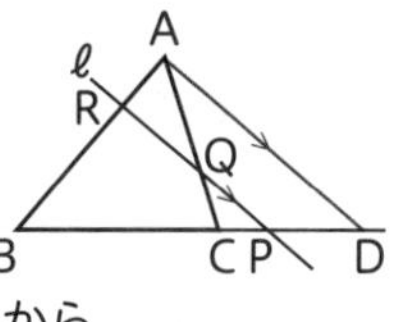

平行線と線分の比の関係から，

CQ：QA＝CP：PD…①

AR：RB＝DP：PB…②

①，②より，$\frac{CQ}{QA}=\frac{CP}{PD}$，$\frac{AR}{RB}=\frac{DP}{PB}$

よって，

$$\frac{BP}{PC}\times\frac{CQ}{QA}\times\frac{AR}{RB}=\frac{BP}{PC}\times\frac{CP}{PD}\times\frac{DP}{PB}=1$$

このメネラウスの定理を使って，p.417の例題97の問題を解いてみよう！

右の図のように，△ABCの辺AB，AC上にそれぞれ点D，Eをとり，BEとCDの交点をPとする。

(1) DP：PC を求めなさい。

(2) BP：PE を求めなさい。

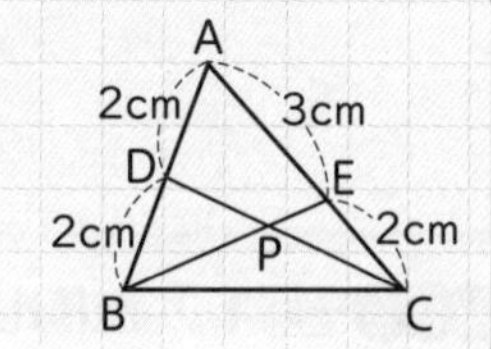

解き方と答え

(1) △ADCと直線BEについて，メネラウスの定理を使うと，

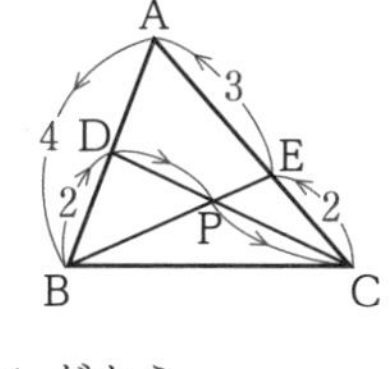

スタート

$$\frac{AB}{BD}\times\frac{DP}{PC}\times\frac{CE}{EA}=1$$ だから，

ゴール

$\frac{4}{2}\times\frac{DP}{PC}\times\frac{2}{3}=1$　$\frac{4}{3}\times\frac{DP}{PC}=1$

$\frac{DP}{PC}=\frac{3}{4}$

よって，DP：PC＝3：4

(2) △ABEと直線CDについて，メネラウスの定理を使うと，

スタート

$$\frac{AC}{CE}\times\frac{EP}{PB}\times\frac{BD}{DA}=1$$ だから，

ゴール

$\frac{5}{2}\times\frac{EP}{PB}\times\frac{2}{2}=1$　$\frac{5}{2}\times\frac{EP}{PB}=1$

$\frac{EP}{PB}=\frac{2}{5}$

よって，BP：PE＝5：2

メネラウスの定理を使うと，補助線をひかなくても済むことがよく分かったね！

+α プラスアルファ

チェバの定理

三角形の頂点を通る直線について，次のチェバの定理(ていり)が成り立つ。

△ABCの内部に点Oがあり，頂点A, B, CとOを結ぶ直線がそれぞれP, Q, Rで交わるとき，

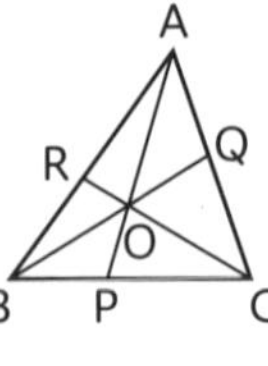

スタート

$\frac{BP}{PC}\times\frac{CQ}{QA}\times\frac{AR}{RB}=1$

ゴール

〔証明〕△ABOと△ACOは底辺AOが共通なので，△ABO：△ACO＝BP：PC

同様に，△BCO：△BAO＝CQ：QA，

△CAO：△CBO＝AR：RB

よって，$\frac{\triangle ABO}{\triangle ACO}=\frac{BP}{PC}$，$\frac{\triangle BCO}{\triangle BAO}=\frac{CQ}{QA}$，

$\frac{\triangle CAO}{\triangle CBO}=\frac{AR}{RB}$ となるから，$\frac{BP}{PC}\times\frac{CQ}{QA}\times\frac{AR}{RB}$

$=\frac{\triangle ABO}{\triangle ACO}\times\frac{\triangle BCO}{\triangle BAO}\times\frac{\triangle CAO}{\triangle CBO}=1$

これがどのようなときに使えるのか，次の入試問題を見てみよう！

右の図で，AD：DB＝2：1，AF：FC＝4：3であるとき，BE：ECを最も簡単な整数の比で表しなさい。 〔法政大高〕

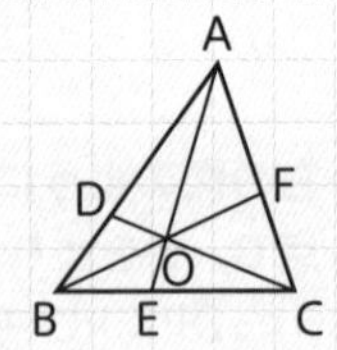

解き方 その1 … 面積比で考える。

△ADO：△BDO＝AD：DB＝2：1…①　△AFO：△CFO＝AF：FC＝4：3…②

このとき，△ADO＝$2a$，△AFO＝$4b$，△BCO＝cとすると，①，②より，

△BDO＝a，△CFO＝$3b$となる。

よって，△ADC：△BDC＝(△ADO＋△AFO＋△CFO)：(△BDO＋△BCO)

＝$(2a+4b+3b):(a+c)=2:1$　$2(a+c)=2a+7b$　$2c=7b$…③

△AFB：△CFB＝(△ABO＋△AFO)：(△CFO＋△BCO)＝$(3a+4b):(3b+c)=4:3$

$4(3b+c)=3(3a+4b)$　$4c=9a$…④

③，④より，$9a=14b$…⑤

△ABO：△ACO＝BE：ECで，△ABO：△ACO＝$3a:7b=3a:\frac{9}{2}a=6:9=2:3$ （⑤より）

よって，BE：EC＝2：3

解き方 その2 … チェバの定理を使う。

AD：DB＝2：1，AF：FC＝4：3だから，

$\frac{BE}{EC}\times\frac{CF}{FA}\times\frac{AD}{DB}=\frac{BE}{EC}\times\frac{3}{4}\times\frac{2}{1}=1$　$\frac{3}{2}\times\frac{BE}{EC}=1$　$\frac{BE}{EC}=\frac{2}{3}$ より，BE：EC＝2：3

チェバの定理を使うと，面積比で考えなくても済むことがよく分かったね！

章末問題 A

→別冊解答 p.110～111

43 右の図のように，高さ5.6mの照明灯の真下から10m離れたところに太郎(たろう)さんが立っている。太郎さんの影(かげ)の長さは4mであった。このとき，太郎さんの身長は何mか求めなさい。〔富山〕

例題 87 92

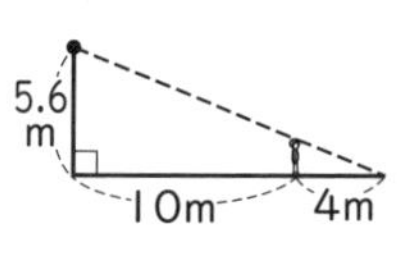

44 次の図において，xの値を求めなさい。

例題 92 93

(1)〔栃木〕

(2)〔栃木〕

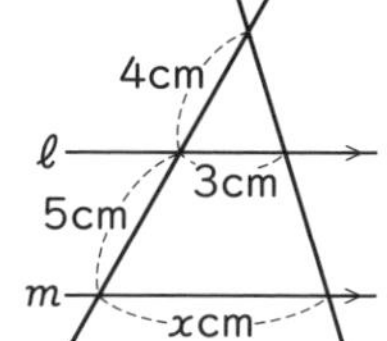

(3)〔岡山〕

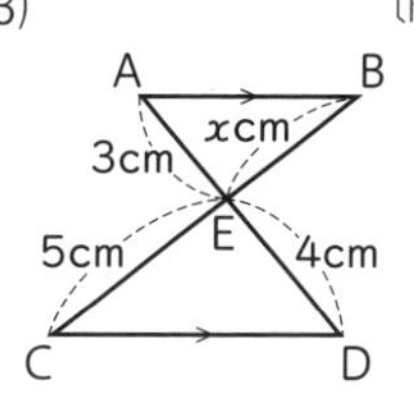

45 1辺の長さが3cmである正三角形の面積をS，1辺の長さが2cmである正三角形の面積をTとする。2つの正三角形の面積の比$S:T$を求めなさい。〔栃木〕

例題 101

46 右の図のような，∠OAB＝∠OAC＝∠BAC＝90°の三角錐(さんかくすい)OABCがある。3点D，E，Fはそれぞれ辺OA，OB，OC上の点で，三角錐OABCと三角錐ODEFは相似である。三角錐OABCを3点D，E，Fを通る平面で切って，2つの立体に分けたとき，点Aをふくむ立体の体積は何cm^3ですか。〔香川－改〕

例題 102

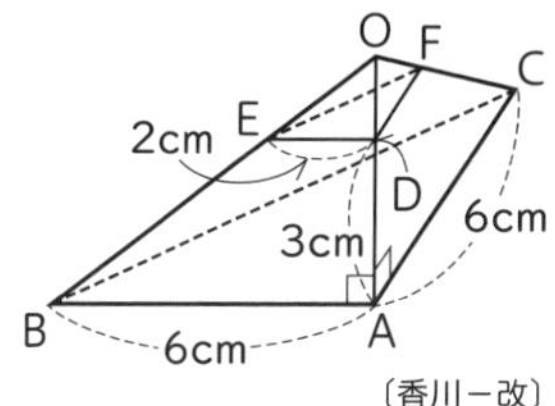

47 右の図1のように，△ABCの辺AB上に点Dをとり，辺AC上にBC∥DEとなる点Eをとる。また，線分BD上に点Fをとり，線分AD上にAC：AE＝BF：DGとなる点Gをとる。〔山口〕

例題 88

(1) △BCF∽△DEGであることを証明しなさい。

(2) 図2は，図1の辺AC上に，DE∥FHとなるように点Hをとったものである。AG：GD＝3：2のとき，△AFHの面積は△FBCの面積の何倍ですか。

(図1)

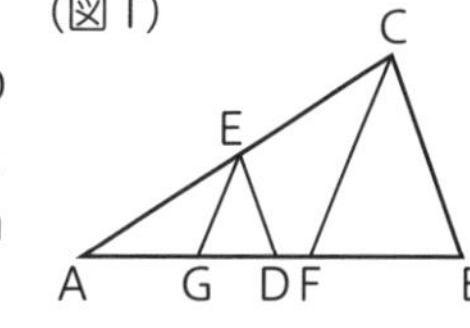

(図2)

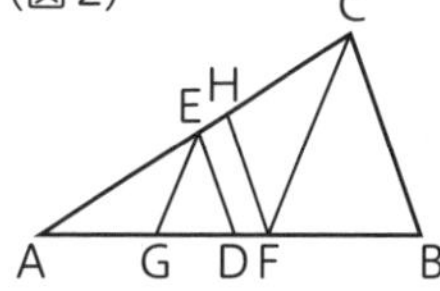

章末問題 B

→別冊解答p.111～113

48 右の図において，AB∥CD，AB∥EF，BG＝GH＝HD，AB＝2cm，CD＝4cmとし，EF＝$x$cmとする。xの値を求めなさい。〔沖縄〕

例題 95

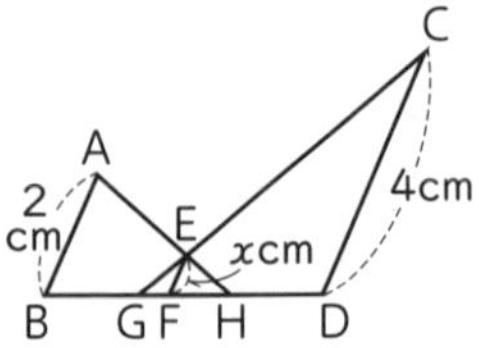

49 右の図のように，BA＝BC，∠B＝36°の二等辺三角形ABCがある。∠BACの二等分線と線分BCとの交点をDとすると，CDの長さが1となった。このとき，線分ADの長さを求めなさい。〔城北高(東京)〕

例題 96

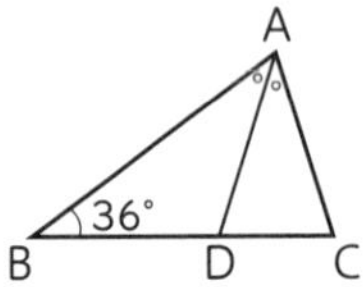

50 右の図のように，三角錐（さんかくすい）A-BCDを底面に平行な平面で3つの部分に分ける。△APQ：△AST：△ABC＝4：25：81のとき，三角錐A-PQR，三角錐台PQR-STU，三角錐台STU-BCDの体積の比を求めなさい。

例題 101 102

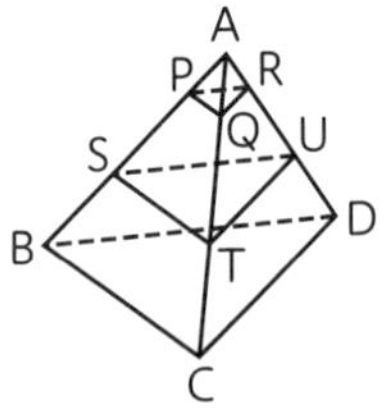

51 右の図のように，▱ABCDがあり，辺AB，BC上にそれぞれAE：EB＝3：5，BF：FC＝2：1となる点E，Fがある。ACとDFの交点をG，AFとDEの交点をHとする。〔明治大付属明治高〕

例題 103 104 105

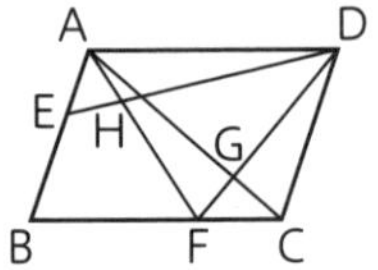

(1) ▱ABCDの面積をSとするとき，△AGDの面積をSを用いて表しなさい。

(2) DH：HEを最も簡単な整数の比で表しなさい。

(3) △HAEと△HDFの面積比を最も簡単な整数の比で表しなさい。

52 右の図1で2つの線分AB，CDは点Oで交わっており，AB＝7cm，CD＝8cm，OA＝4cm，OC＝2cmである。また，4点P，Q，R，Sはそれぞれ線分AB，BC，CD，DAの中点である。〔奈良〕

例題 95 98 99

(1) 点Sを定規とコンパスを使って図2に作図しなさい。

(2) 四角形PQRSは平行四辺形であることを証明しなさい。

チャレンジ (3) 四角形PQRSの面積は△OADの面積の何倍ですか。

(図1)

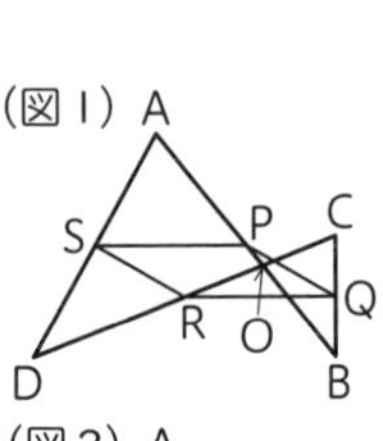

(図2)

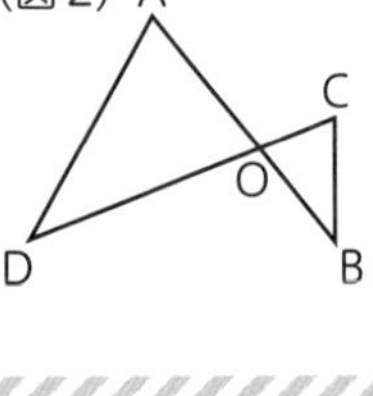

章末問題 C

→別冊解答 p.113～115

53 右の図の△ABCにおいて，AB＝6cm，BC＝8cm，CA＝7cm，BD＝2cmである。また，ADと平行な直線が，直線AB，辺AC，辺BCとそれぞれE，F，Gで交わっている。次の比を最も簡単な整数の比で表しなさい。〔青山学院高〕

例題 93 103

(1) AE：DG
(2) AF：DG
(3) AE：AF
(4) DG＝3cmのとき，△CFG：△AEF

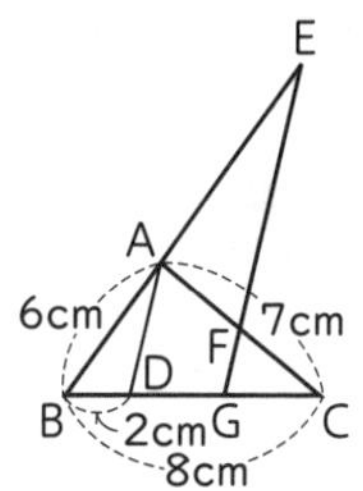

54 右の図のように，1辺の長さが8の正方形ABCDがある。BE＝3，DF＝2で，図の**ア**と**イ**の部分の面積が等しいとき，DGの長さを求めなさい。〔城北高(東京)〕

例題 101

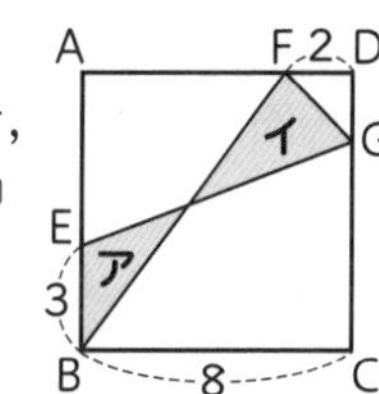

55 右の図のように，▱ABCDがある。点Eは辺ADの中点，点FはAF：FB＝3：2となる点，点Gは線分CEとDFとの交点とする。また，点Gを通り辺ADに平行な直線と，辺AB，CDの交点をそれぞれH，Iとする。このとき，HG：GIを最も簡単な整数の比で表しなさい。〔市川高(千葉)〕

例題 92 104

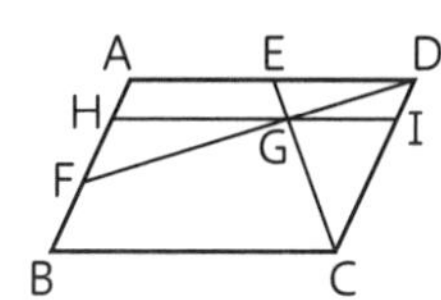

56 右の図のように，▱ABCDにおいて，点PはADを1：2に分ける点，点QはCDの中点とする。AQとBPの交点をRとするとき，△ARPと△RBQの面積比を求めなさい。〔西大和学園高〕

例題 101 105

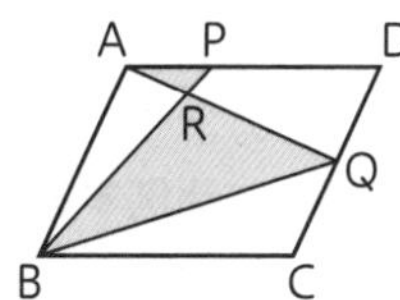

57 右の図においてAB＝3，AC＝2，直線AEは∠BACの二等分線であり，AE⊥BEである。点Dは直線AEとBCの交点である。〔ラ・サール高〕

例題 96 97

チャレンジ (1) 線分の長さの比AD：DEを求めなさい。
(2) 面積比△ADC：△BEDを求めなさい。

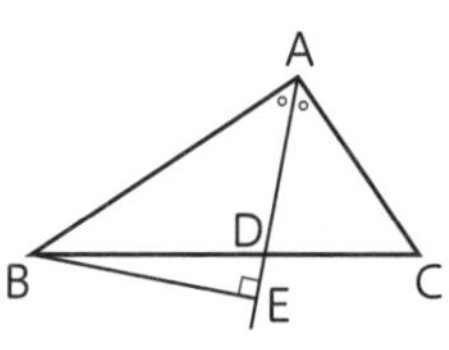

24 円周角の定理

p.434～438

❶ 円周角と中心角の関係から，角度を求められるようにしよう。
❷ 中心角・円周角と弧(こ)の関係を理解しよう。
❸ 円周角の定理の逆を理解し，利用できるようにしよう。

要点整理

1 円周角の定理

➡例題 107，108

▶図1の円Oで，$\overset{\frown}{AB}$を除いた円周上に点Pをとるとき，∠APBを，$\overset{\frown}{AB}$に対する**円周角**(えんしゅうかく)という。

▶円周角の定理(ていり)

㋐ **1つの弧(こ)に対する円周角の大きさは，その弧に対する中心角の大きさの半分である。** $\angle APB=\frac{1}{2}\angle AOB$

㋑ **同じ弧に対する円周角の大きさは等しい。** ∠APB＝∠AQB

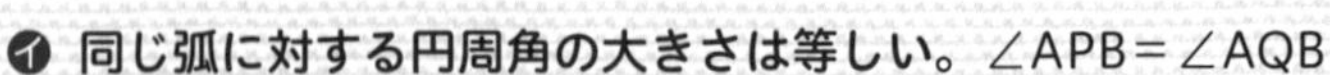

▶**半円の弧に対する円周角は，直角**である。図2の円Oで，ABが直径ならば，**∠APB＝90°**

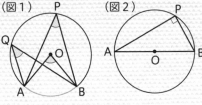

2 円周角と弧

➡例題 109

▶図1のように，1つの円で，

㋐ **等しい弧に対する円周角は等しい。**
$\overset{\frown}{AB}=\overset{\frown}{CD}$ならば，∠APB＝∠CQD

㋑ **等しい円周角に対する弧は等しい。**
∠APB＝∠CQDならば，$\overset{\frown}{AB}=\overset{\frown}{CD}$

▶図2のように，円周角の大きさは弧の長さに**比例する**。

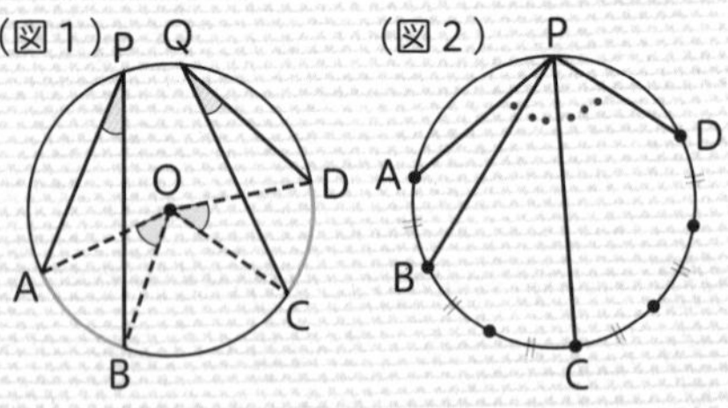

3 円周角の定理の逆

➡例題 110

▶円周角の定理の逆(ぎゃく)

4点A，B，P，Qについて，P，Qが直線ABの同じ側にあるとき，∠APB＝∠AQBならば，この4点は**同一円周上**にある。

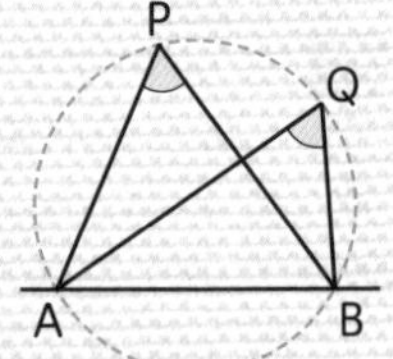

★★★

⮌ p.434 1

例題 107 円周角の定理 (1) ～円周角と中心角～

次の図で，∠xの大きさを求めなさい。

(1) 〔奈良〕

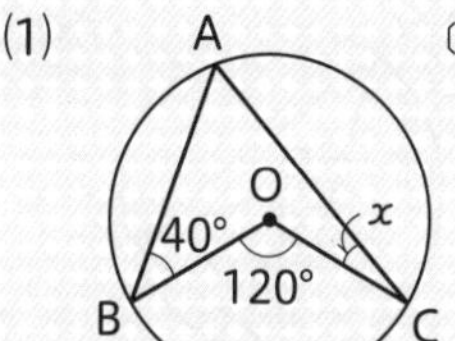

(2) 〔兵庫〕

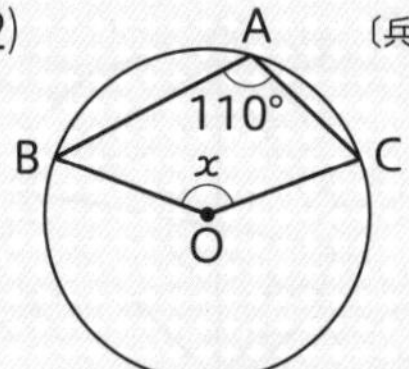

(3) 〔富山〕

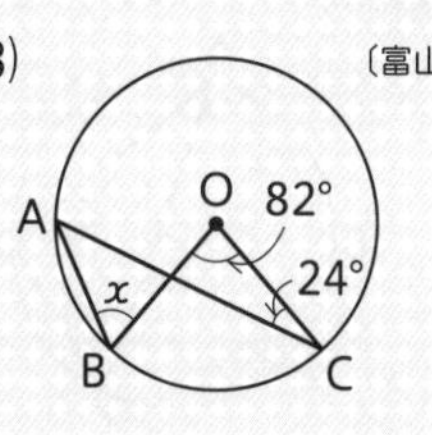

1つの弧に対する円周角は，中心角の半分に等しい。

解き方と答え

(1) 円周角の定理より，∠BAC＝120°÷2＝60°
ブーメラン型の角の公式を使って，
60°＋40°＋∠x＝120°　∠x＝120°－100°＝20°

(2) 円周角の定理より，
∠y＝2∠BAC＝220°
よって，∠x＝360°－∠y
＝360°－220°＝140°

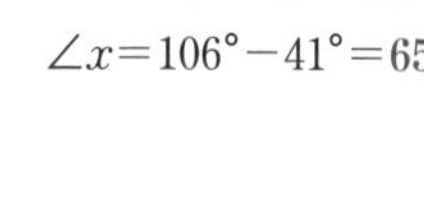

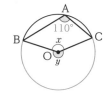

(3) 円周角の定理より，
∠BAC＝82°÷2＝41°
ちょうちょ型の角の公式を使って，
41°＋∠x＝82°＋24°
∠x＝106°－41°＝65°

なぜ？

円周角は中心角の半分

〔証明〕△OPA，△OPBは二等辺三角形だから，
∠AOC＝∠OAP＋∠OPA
＝2∠OPA
同様に，∠BOC＝2∠OPB
∠AOB＝∠AOC＋∠BOC
＝2(∠OPA＋∠OPB)
＝2∠APB
よって，∠APB＝$\frac{1}{2}$∠AOB

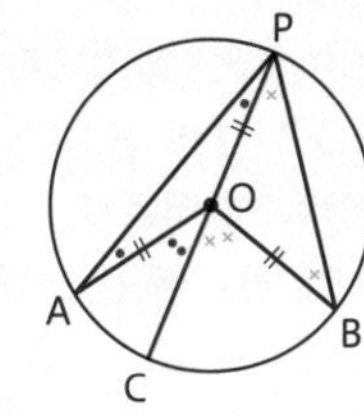

類題 107 ➡ 別冊解答 p.115

次の図で，∠xの大きさを求めなさい。

(1) 〔東京電機大高〕

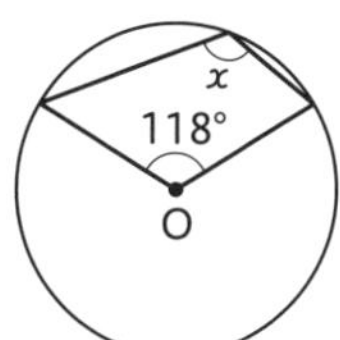

(2) 〔専修大附高〕

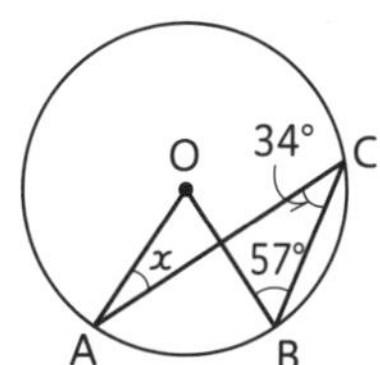

(3) 〔鳥取〕

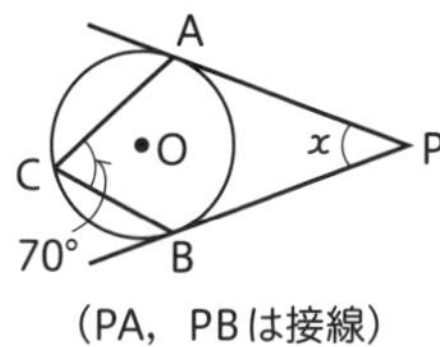

(PA，PBは接線)

★★★ p.434 1

例題 108 円周角の定理 (2) ～直径と円周角，二等辺三角形～

次の図で，$\angle x$ の大きさを求めなさい。

(1) 〔秋田〕

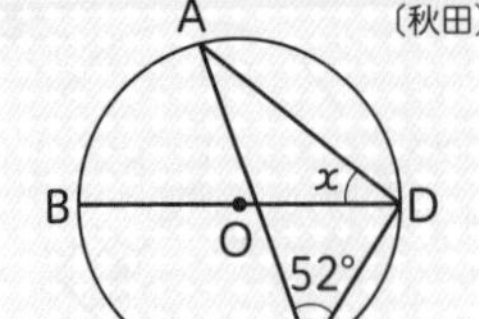

(2) 〔青森〕

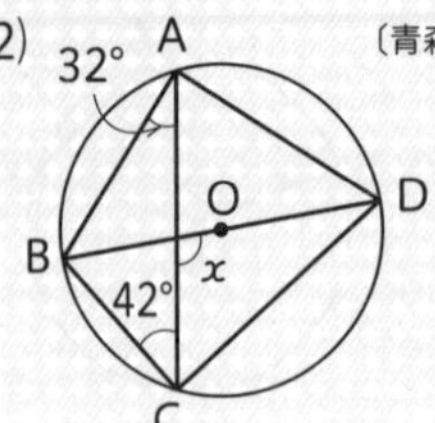

(3) 〔鳥取〕

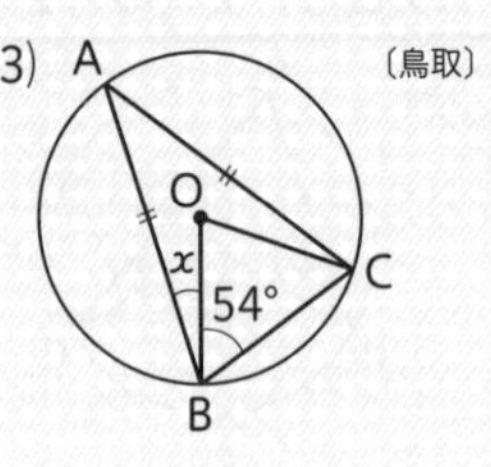

解き方のコツ

(1)(2) 半円の弧に対する円周角は，直角である。

(3) OB＝OCより，△OBCは二等辺三角形である。

解き方と答え

(1) 2点AとBを結ぶと，BDは直径だから，$\angle BAD=90°$

$\angle ABD=\angle ACD=52°$より，

$\angle x=180°-(90°+52°)=38°$

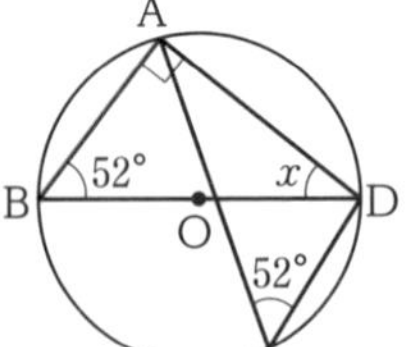

(2) BDは直径だから，$\angle BCD=90°$

$\angle ACD=90°-42°=48°$

$\angle BDC=\angle BAC=32°$

よって，$\angle x=180°-(48°+32°)=100°$

(3) △OBCは二等辺三角形だから，

$\angle BOC=180°-54°\times2=72°$

円周角の定理より，$\angle BAC=36°$

△ABCも二等辺三角形だから，

$\angle x+54°=(180°-36°)\div2=72°$　$\angle x=72°-54°=18°$

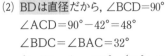

アドバイス

補助線をひくとできる図形

㋐直径が斜辺（しゃへん）となるように線分をひく⇒直角三角形

㋑中心Oと円周上の2点を結ぶ⇒二等辺三角形

別解

(1)2点AとOを結ぶ

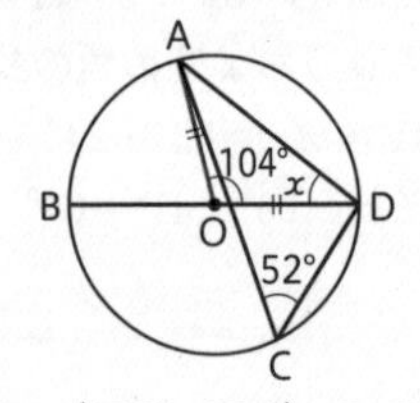

$\angle x=(180°-104°)\div2=38°$

類題 108 別冊解答 p.115

次の図で，$\angle x$ の大きさを求めなさい。

(1) 〔福島〕

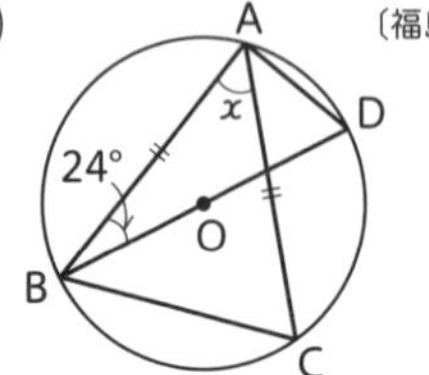

(2) 〔新潟〕

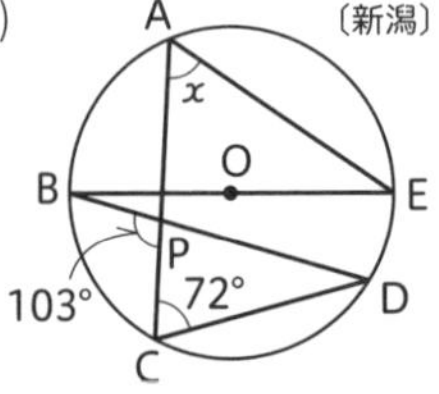

(3)

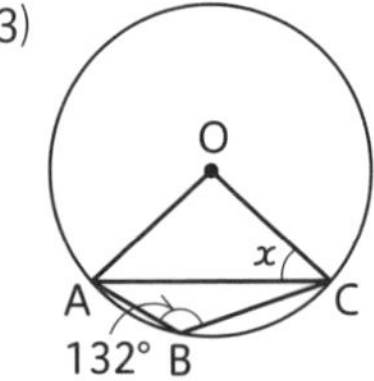

★★★

⮌ p.434 2

例題 109 円周角と弧

次の図で，∠xの大きさを求めなさい。

(1) 〔宮崎〕

(2) 〔成蹊高〕

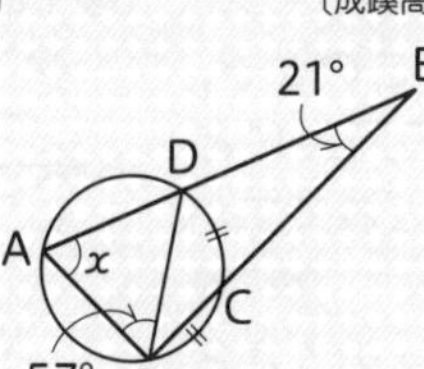

(3)

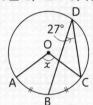

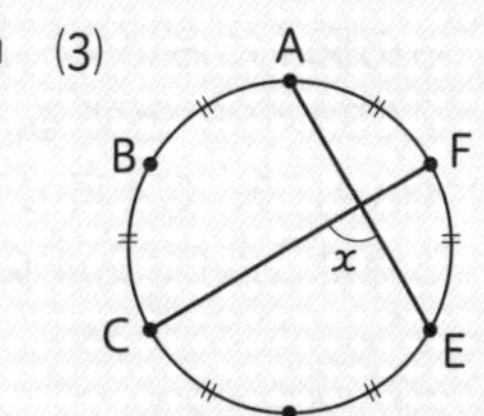

等しい弧(こ)に対する円周角・中心角は等しい。

解き方と答え

(1) 2点OとBを結ぶと，∠BOC＝27°×2＝54°

$\overset{\frown}{AB}=\overset{\frown}{BC}$より，∠AOB＝∠BOC

よって，∠x＝54°×2＝108°

(2) AとC，CとDを結ぶ。

$\overset{\frown}{BC}=\overset{\frown}{CD}$より，∠BDC＝$a$

とおくと，△BDEで，

∠ADB＝21°＋a

△ABDで，

21°＋a＋2a＋57°＝180°　a＝34°

よって，∠x＝2a＝34°×2＝68°

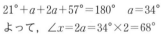

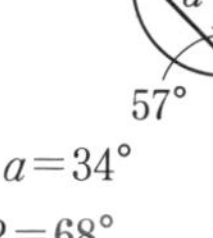

(3) AとCを結ぶと，

$\angle ACF=180°\times\frac{1}{6}=30°$，$\angle CAE=180°\times\frac{2}{6}=60°$

（∠ACF：$\overset{\frown}{AF}$の円周角　∠CAE：$\overset{\frown}{CE}$の円周角）

よって，△ACGで，∠x＝30°＋60°＝90°

別解

(1)2点AとDを結ぶ

∠ADC＝27°×2＝54°

円周角の定理より，

∠x＝54°×2＝108°

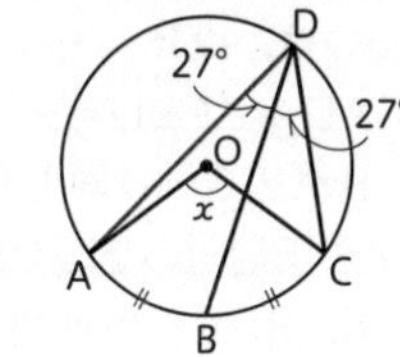

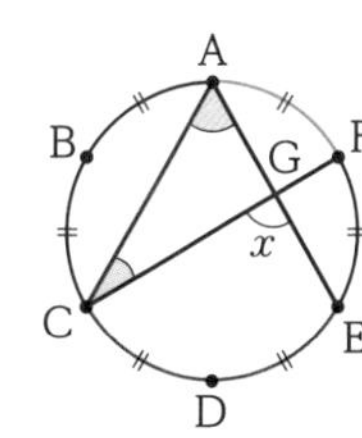
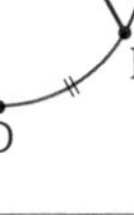

次の図で，∠xの大きさを求めなさい。

(1) 〔茨城〕

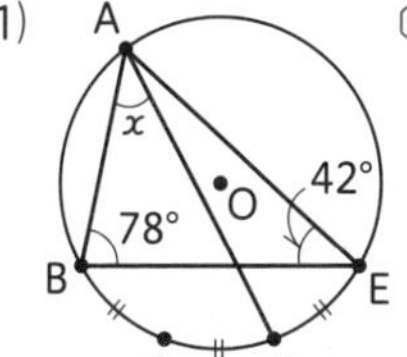

(2) 〔岡山県立岡山朝日高－改〕

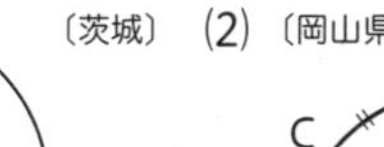
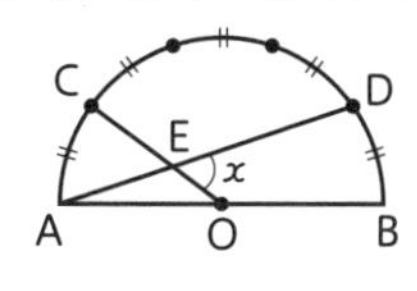

(3)

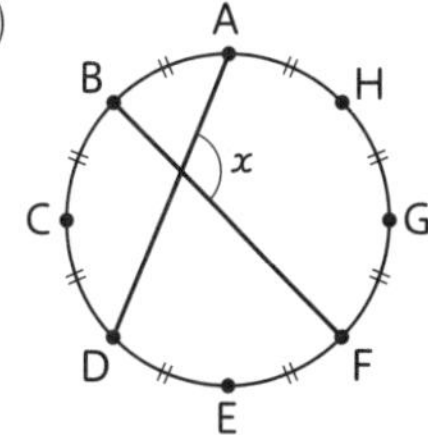

★★★ p.434 3

例題 110 円周角の定理の逆

次の問いに答えなさい。

(1) 右の図1において，∠BAC=46°，∠CBA=85°とする。このとき，3点A，B，Cと同じ円周上にある点は3点D，E，Fのどれですか。 〔鹿児島〕

(2) 右の図2において，∠xの大きさを求めなさい。 〔法政大第二高〕

（図1）

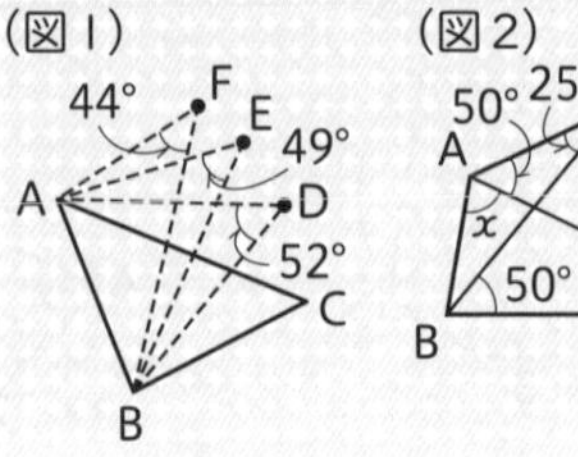

（図2）

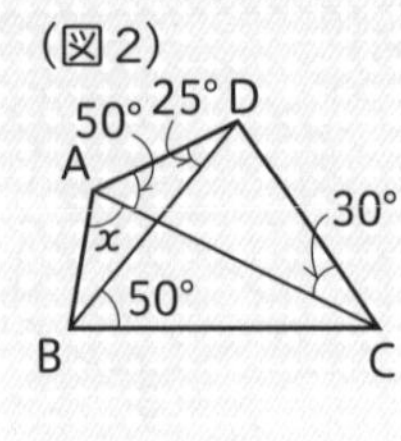

(2) ∠CAD=∠CBDより，4点A，B，C，Dは同一円周上にある。

解き方と答え

(1) △ABCで，∠ACB=180°−(46°+85°)=49°
∠AEB=49°より，∠ACB=∠AEBとなるので，円周角の定理の逆より，3点A，B，Cと同じ円周上にあるのは，点E

(2) ∠CAD=∠CBD=50°で，点A，Bが辺CDの同じ側にあるから円周角の定理の逆より，4点A，B，C，Dは同一円周上にある。
よって，∠ABD=∠ACD=30°より，△ABDで，
∠x=180°−(30°+50°+25°)=75°

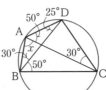

参考

円周上に点がないとき

㋐点Qが円の内部にあるとき，∠APB<∠AQB（∠APB=∠AQ′B）

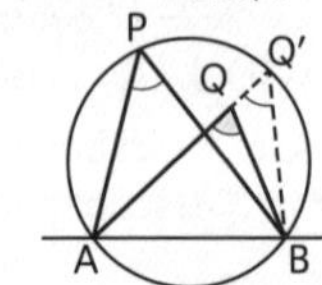

㋑点Qが円の外部にあるとき，∠APB>∠AQB（∠APB=∠AQ″B）

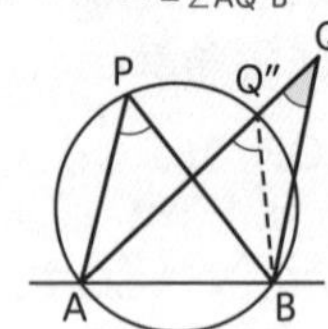

右の図のように，△ABCの辺AB上に点D，辺AC上に点Eがあり，DE//BCである。また，線分CD上に点Fがあり，∠AFD=∠ACBである。このとき，4点A，D，F，Eは1つの円周上にあることを証明しなさい。 〔広島〕

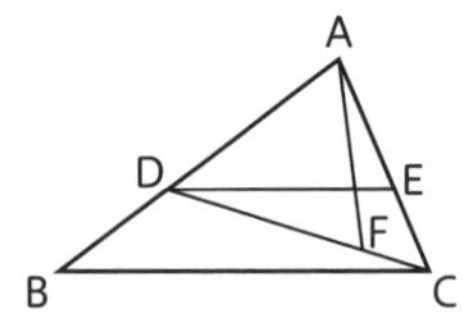

25 円周角の定理の利用

p.439 〜 443

❶ 円の中にある合同な三角形や相似な三角形を，いろいろな図形の性質を利用して見つけられるようにしよう。
❷ 円に内接する四角形の性質を理解し，利用できるようにしよう。

要点整理

1 円と合同，円と相似

➡例題 111，112

▶円の中に三角形があるとき，**円周角の定理，半円の弧（こ）に対する円周角，平行線の性質，二等辺三角形の性質，角の二等分線の定理などの性質から，合同な三角形や相似な三角形ができやすい。**

例 右の図で，△ABP∽△DCP，△ABP∽△DBC，△DCP∽△DBCの３組の相似な三角形ができる。

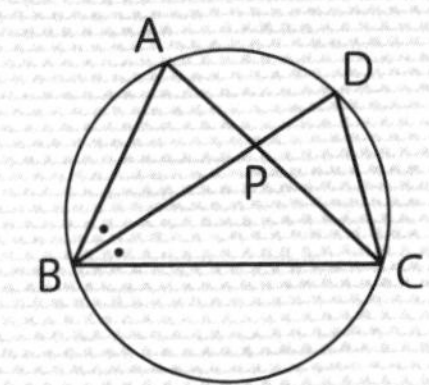

△ABPと△DCPにおいて，
∠BAP＝∠CDP（$\overset{\frown}{BC}$に対する円周角）　∠APB＝∠DPC（対頂角）
２組の角がそれぞれ等しいから，
△ABP∽△DCP…①
△ABPと△DBCにおいて，
∠BAP＝∠BDC（$\overset{\frown}{BC}$に対する円周角）　∠ABP＝∠DBC（DBは∠ABCの二等分線）
２組の角がそれぞれ等しいから，
△ABP∽△DBC…②
①，②より，△DCP∽△DBC

2 円に内接する四角形

➡例題 113，114

▶四角形の４つの頂点が同一円周上にあるとき，この四角形は**円（えん）に内接（ないせつ）する**という。この円を四角形の**外接円（がいせつえん）**という。（内接円ではない）

▶円に内接する四角形の性質
㋐ **対角の和は180°である。**
㋑ **１つの外角は，それととなり合う内角の対角に等しい。**

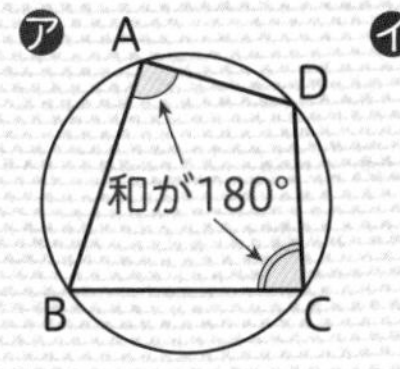

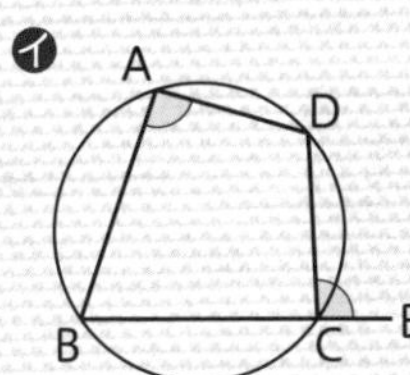

▶四角形が円に内接する条件…四角形は，上の㋐，㋑のうち，どちらかが成り立てば円に内接する。

★★★

p.439 1

例題 111 円と合同の証明

右の図のように，円Oの周上にAB＝ACとなるように3点A，B，Cをとり，二等辺三角形ABCをつくる。弧AC上に点Dをとり，点Aと点D，点Cと点Dをそれぞれ結ぶ。線分BDと線分ACの交点をEとする。点Cを通り，線分BDに平行な直線と円との交点をFとし，線分AFと線分BDの交点をGとする。〔高知〕

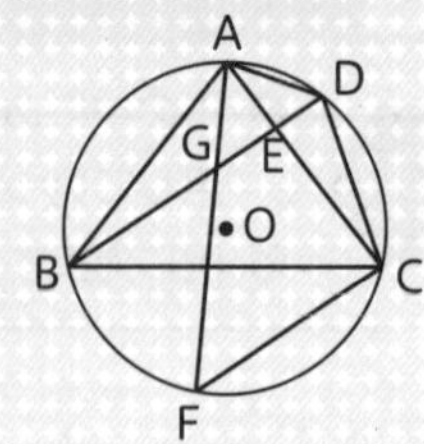

(1) △ABG≡△ACDを証明しなさい。

(2) AB＝8cm，AD＝3cm，GF＝7cmのとき，線分CEの長さを求めなさい。

円の中に平行線があるとき，円周角の定理もあわせて使うと，いくつもの等しい角ができる。

解き方と答え

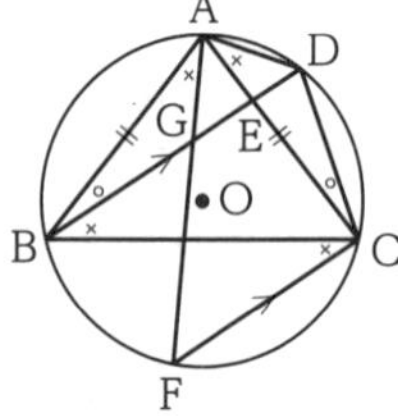

(1) △ABGと△ACDにおいて，
仮定より，AB＝AC…①
$\overset{\frown}{AD}$に対する円周角が等しいから，∠ABG＝∠ACD…②
$\overset{\frown}{BF}$に対する円周角が等しいから，∠GAB＝∠FCB…③
BD∥FCより，錯角が等しいから，∠FCB＝∠DBC…④
$\overset{\frown}{CD}$に対する円周角が等しいから，∠DBC＝∠DAC…⑤
③，④，⑤より，∠GAB＝∠DAC…⑥
①，②，⑥より，1組の辺とその両端（りょうたん）の角がそれぞれ等しいから，
△ABG≡△ACD

(2) AC＝AB＝8cm　また，(1)より，AG＝AD＝3cm
△AFCで，BD∥FCより，AE：EC＝AG：GF＝3：7
よって，$CE=8\times\frac{7}{3+7}=\frac{28}{5}$(cm)

右の図で，点CはABを直径とする円Oの周上の点であり，点Dは線分BC上の点であり，AC＝BDである。また，点E，FはDを通りBCに垂直な直線と円Oとの交点であり，点GはAEとBCとの交点である。〔岐阜－改〕

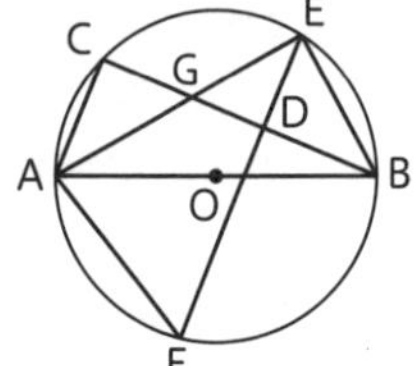

(1) △ACG≡△BDEであることを証明しなさい。

(2) AC＝4cm，CG＝3cmのとき，DGの長さを求めなさい。

★★★ ⮌ p.439 1

例題 112 円と相似の証明

右の図のように，AB=ACである二等辺三角形ABCの3つの頂点を通る円がある。∠Bの二等分線と円の交点をDとし，直線ADと直線BCの交点をEとする。AE=12cm，BE=10cmである。 〔青雲高〕

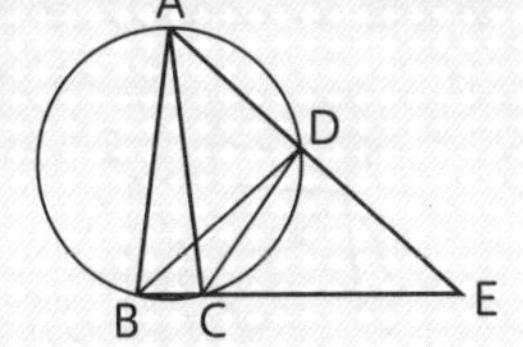

(1) AC：BDを最も簡単な整数の比で表しなさい。

(2) AB，CDの長さを求めなさい。

円の中に二等辺三角形や角の二等分線があるとき，円周角の定理を使って等しい角を見つけ，相似な三角形をさがそう。

解き方と答え

(1) ∠EAC=∠EBD，∠Eは共通だから，△EAC∽△EBDより，
（∠EAC=∠EBD ← $\overset{\frown}{CD}$の円周角）（△EAC∽△EBD ← 2組の角がそれぞれ等しい）

AC：BD=EA：EB=12：10=6：5

(2) ∠ABD=∠EBD=aとすると，円周角の定理より，
∠DCA=∠DAC=aだから，**△ACDは二等辺三角形**である。

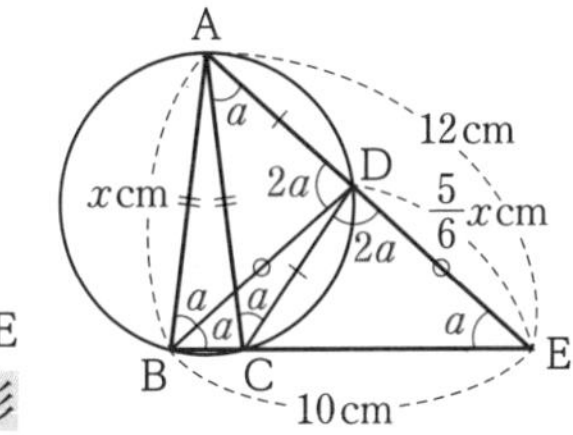

また，AB=ACより，∠ACB=$2a$=∠ADB

△ACDで，∠CDE=$2a$ ∠ADC=$2a$+∠BDC=∠BDE

より，△ACD∽△BEDだから，**△BEDも二等辺三角形**である。
（△ACD∽△BED ← 2組の角がそれぞれ等しい）

AB=AC=$x$cmとおくと，(1)より，DE=DB=$\frac{5}{6}x$cm，CD=AD=$12-\frac{5}{6}x$(cm)

△ACD∽△BEDより，DA：DB=AC：BE $\left(12-\frac{5}{6}x\right):\frac{5}{6}x=x:10$

$x^2+10x-144=0$ $(x-8)(x+18)=0$ $x>0$より，x=AB=8cm

CD=$12-\frac{5}{6}\times 8=\frac{16}{3}$(cm)

右の図のように，円Oの周上に3点A，B，CをAB=ACとなるようにとる。また，$\overset{\frown}{BC}$上に2点B，Cと異なる点Dをとり，線分ADと線分BCとの交点をEとする。さらに，∠CADの二等分線と線分CDとの交点をFとし，線分AFと線分BCとの交点をGとする。

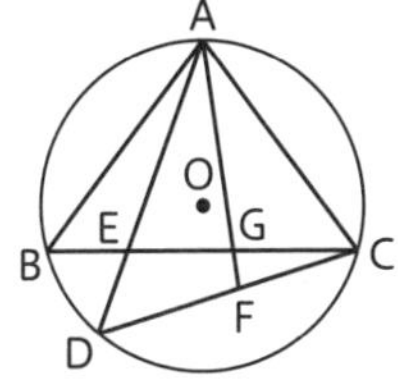

(1) △ACF∽△AEGであることを証明しなさい。

(2) AB=10cm，AE=9cm，AG=8cmのとき，FGの長さを求めなさい。

★★★ p.439 2

例題 113 円に内接する四角形

次の図で，∠xの大きさを求めなさい。

(1) 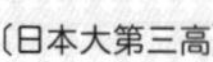
〔日本大第三高〕

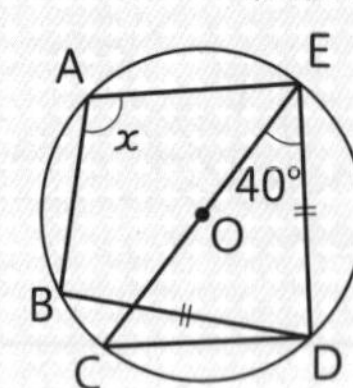

(2) 〔中央大附高〕

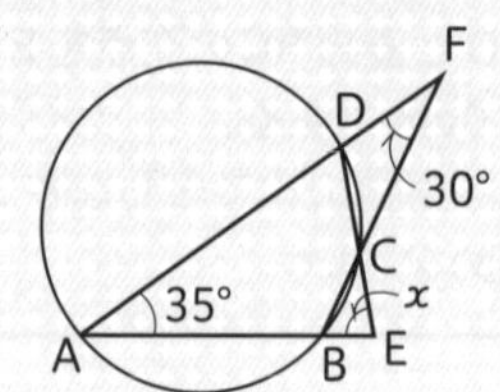

(3) 〔明治大付属中野高〕

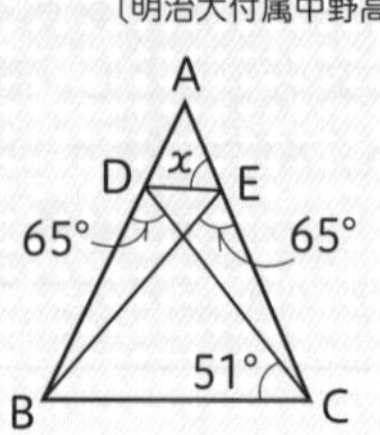

円に内接する四角形の性質を使おう。

解き方と答え

(1) CEは直径だから，∠CDE＝90°
∠EBD＝∠ECD＝50°，△BDEは二等辺三角形だから，∠BDE＝180°－50°×2＝80°
四角形ABDEは円Oに内接しているから，
∠x＝180°－∠BDE＝180°－80°＝100°

(2) 四角形ABCDは円に内接しているから，
∠BCE＝∠A＝35°
↑内接四角形ABCDの外角
△ABFで，∠ABF＝180°－(35°＋30°)＝115°
よって，△BCEで，∠x＝115°－35°＝80°

(3) ∠BDC＝∠BEC＝65°だから，円周角の定理の逆より，4点B，C，E，Dは同一円周上にある。
△BCDで，∠DBC＝180°－(65°＋51°)＝64°より，
∠x＝∠DBC＝64°
↑内接四角形BCEDの外角

なぜ？ 円に内接する四角形の性質

円周角の定理から，
∠A＝$\frac{1}{2}$∠x，∠DCB＝$\frac{1}{2}$∠y
∠x＋∠y＝360°より，
∠A＋∠DCB
＝$\frac{1}{2}$(∠x＋∠y)＝180°
∠DCE＋∠DCB＝180°より，
∠A＝∠DCE

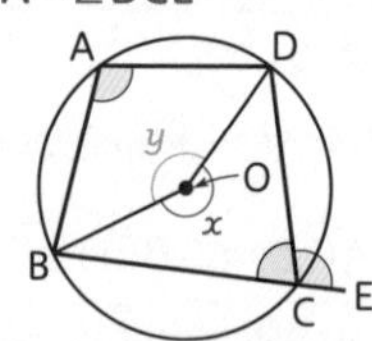

次の図で，∠xの大きさを求めなさい。

(1) 
〔日本大豊山高〕

x 70° O 35°

(2) 〔福岡大附属大濠高〕

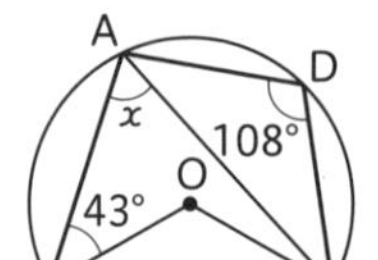

(3) 〔明治学院高〕

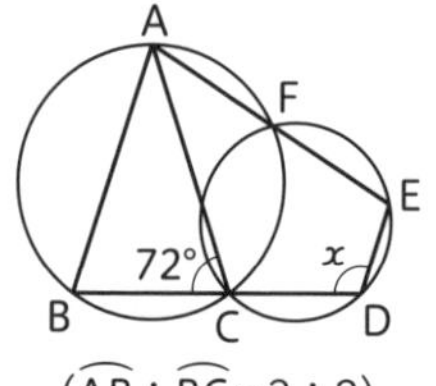

$(\overset{\frown}{AB}:\overset{\frown}{BC}=3:2)$

★★★

p.439 2

例題 114 内接四角形の利用

右の図のように，正三角形ABCが円Oに内接している。円周上の，点A，B，Cと異なる位置に点Dをとり，点Dと，3点A，B，Cを直線で結ぶ。直線ADと直線BCの交点をEとする。

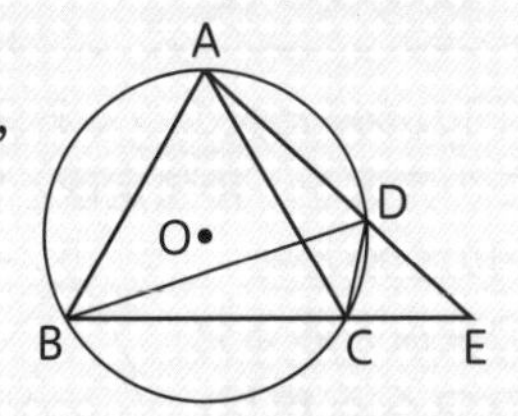

(1) △EDC∽△EBAであることを証明しなさい。

(2) △ABD∽△CEDであることを証明しなさい。

円に内接する四角形の性質を使って，等しい角を見つけよう。

解き方と答え

(1) △EDCと△EBAにおいて，∠Eは共通だから，
∠CED＝∠AEB…①
四角形ABCDは円に内接する四角形なので，1つの外角は，それととなり合う内角の対角に等しいから，
∠EDC＝∠EBA＝60°…②
①，②より，2組の角がそれぞれ等しいから，
△EDC∽△EBA

(2) △ABDと△CEDにおいて，四角形ABCDは円に内接しているから，
∠BAD＝∠ECD…③
円周角の定理と②より，
∠BDA＝∠BCA＝∠EDC＝60°…④
③，④より，2組の角がそれぞれ等しいから，
△ABD∽△CED

アドバイス 必要な角だけ注目しよう

(1)△EDCと△EBA

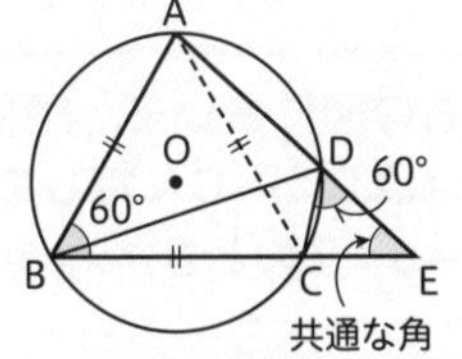

(2)△ABDと△CDE

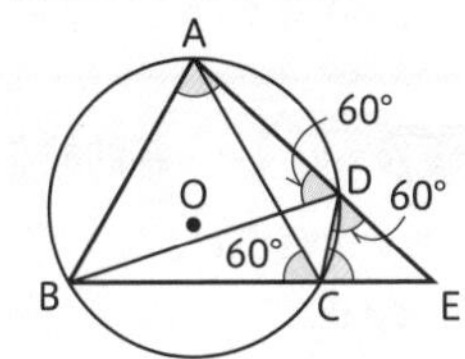

類題 114 別冊解答 p.117

例題114で，DB＝12cm，DC＝4cm，DE＝6cmである。

(1) 線分ADの長さを求めなさい。

(2) 辺ABの長さを求めなさい。

(3) 線分BEの長さを求めなさい。

プラスアルファ

接弦定理

「円の接線と弦のつくる角」についての定理を，接弦定理（せつげんていり）という。

円の接線とその接点を通る弦のつくる角は，その角の内部にある弧に対する円周角に等しい。

∠BTP＝∠BAT

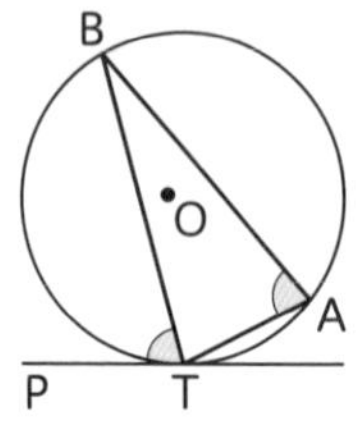

〔証明〕点Tを通る直径TCをひき，点CとBを結ぶ。直線PTは接線だから，∠PTC＝90°

半円に対する円周角は90°だから，

∠CBT＝90°

∠BTP＝90°－∠BTC＝∠BCT…①

$\overset{\frown}{BT}$に対する円周角は等しいから，

∠BCT＝∠BAT…②

よって，①，②より，∠BTP＝∠BAT

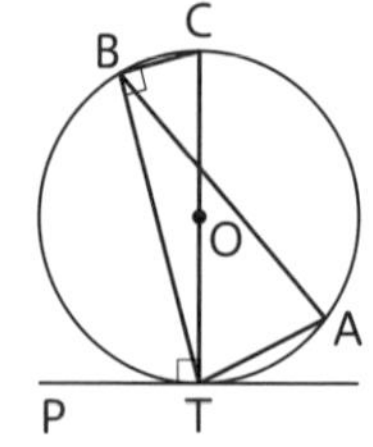

これがどのようなときに使えるのか，次の入試問題を見てみよう。

右の図において，線分BCは円Oの直径で，直線AFは点Fで円Oに接している。∠AED＝94°，$\overset{\frown}{BF}$：$\overset{\frown}{BD}$＝6：7のとき，x，yの値を求めなさい。 〔愛光高〕

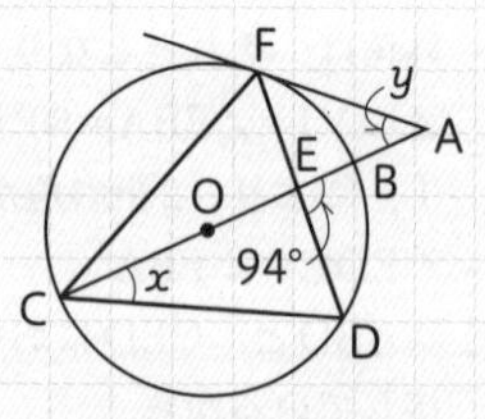

解き方 その1… 補助線をひいて考える。

点BとFを結ぶと，

∠CFB＝90°

∠CBF＝∠CDF

＝94°－∠x

△CBFで，

∠BCF＋90°

＋(94°－∠x)＝180°　∠BCF＝∠x－4°

$\overset{\frown}{BF}$：$\overset{\frown}{BD}$＝6：7より，

(∠x－4°)：∠x＝6：7　7(∠x－4°)＝6∠x

∠x＝28°　∠BCF＝28°－4°＝24°

OとFを結ぶと，△OFAは直角三角形だから，∠y＋<u>∠AOF</u>＝90°　∠y＝90°－48°＝42°

（↑24°×2）

よって，x＝28，y＝42

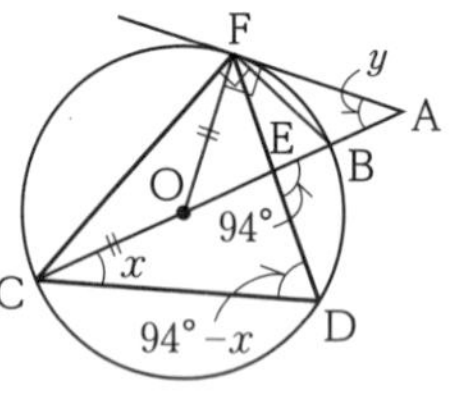

解き方 その2… 接弦定理を使う。

点BとFを結ぶ。

$\overset{\frown}{BF}$：$\overset{\frown}{BD}$＝6：7

より，

∠x＝7∠aとすると，∠FCB＝6∠a

接弦定理より，

∠AFE＝∠FCD＝6∠a＋7∠a＝13∠a

よって，△AEFで　13∠a＋∠y＝94°…①

接弦定理より，∠AFB＝∠FCB＝6∠a

△ACFで，6∠a＋90°＋6∠a＋∠y＝180°

12∠a＋∠y＝90°…②

①－②より，∠a＝4°

よって，x＝7×4＝28，y＝42

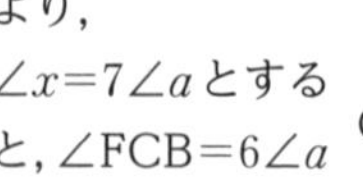

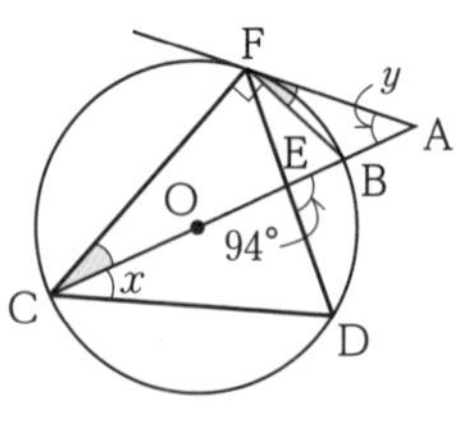

接弦定理を知っていれば，解き方が広がるので，覚えておこう！

+α プラスアルファ

方べきの定理

1つの円における2つの弦について，次の**方べきの定理**が成り立つ。
円の2つの弦AB，CDの交点，またはそれらの延長の交点をPとすると，
PA×PB＝PC×PDが成り立つ。

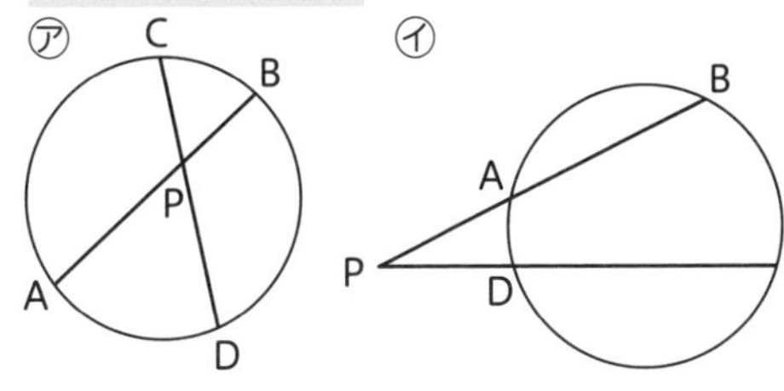

〔㋐の証明〕△PADと△PCBにおいて，$\overset{\frown}{BD}$に対する円周角より，
∠PAD
＝∠PCB…①
対頂角は等しいから，
∠APD＝∠CPB…②
①，②より，2組の角がそれぞれ等しいから，△PAD∽△PCB
よって，PA：PC＝PD：PBより，
PA×PB＝PC×PD

これがどのようなときに使えるのか，次の入試問題を見てみよう。

右の図において，4点A，B，C，Dは円O上の点で，点Pは弦ACと弦BDの交点とする。AP＝6cm，BP＝4cm，CP＝2cmであるとき，DPの長さを求めなさい。

〔明治大付属中野高〕

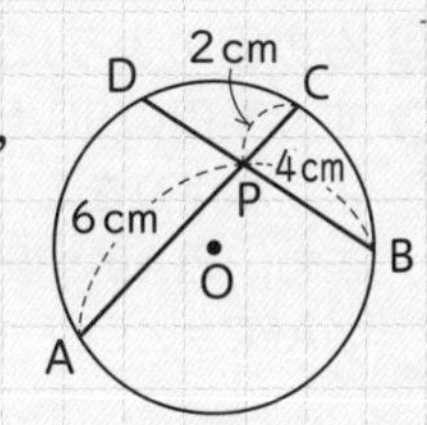

解き方 その1 … 相似な三角形で考える。

△PADと△PBCにおいて，
∠A＝∠B，∠D＝∠C
2組の角がそれぞれ等しいから，
△PAD∽△PBC
よって，PA：PB＝PD：PC
6：4＝DP：2より，DP＝3cm

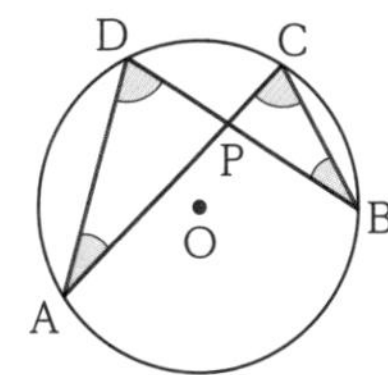

解き方 その2 … 方べきの定理を使う。

PA×PC＝PB×PDだから，
6×2＝4×PDより，
DP＝3cm
方べきの定理を使うと，相似な三角形から辺の比を考える過程を省略することができるね！

章末問題 A

→別冊解答p.117～118

58 次の図で，$\angle x$の大きさを求めなさい。

つ例題 107 108

(1)　〔大分〕

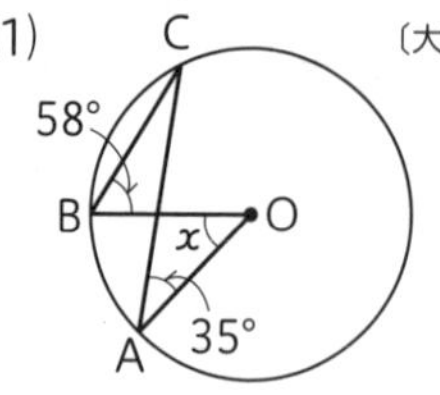

(2)　〔長崎〕

D A x O C B 25°

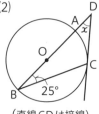

（直線CDは接線）

(3)　〔愛知〕

A O D 41° B x C E 58°

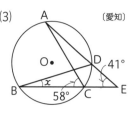

(4)　〔岩手〕

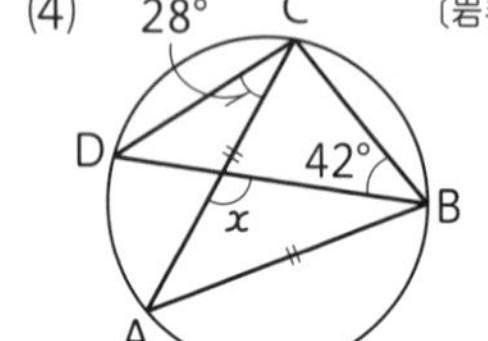

(5)　〔京都〕

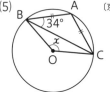

B A 34° x O C

(6)　〔大分〕

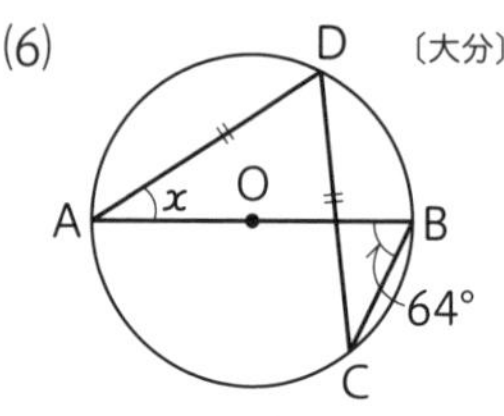

59 右の図のように，△ABCがあり，点AはBCを直径とする半円の$\overset{\frown}{BC}$上の点である。$\overset{\frown}{AB}$上に$\overset{\frown}{AD}=\overset{\frown}{DB}$となるような点Dをとり，点Dから直径BCに垂線DEをひく。また，辺ABと線分CDとの交点をFとする。このとき，∠AFC＝∠CDEであることを証明しなさい。

つ例題 108 109

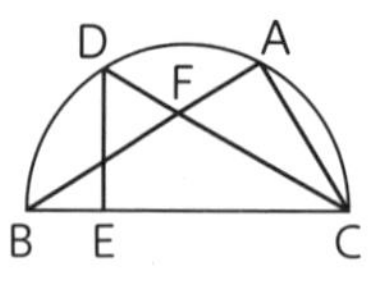

〔広島〕

60 右の図１で，△ABCはAB＝AC，∠BACが鋭角(えいかく)の二等辺三角形である。点Oは，△ABCの３つの頂点A，B，Cを通る円の中心である。点Pは，頂点Bをふくまない$\overset{\frown}{AC}$上にある点で，頂点A，Cのいずれにも一致(いっち)しない。頂点Bと点Pを結び，辺ACとの交点をQとする。〔東京〕

つ例題 111

（図１）

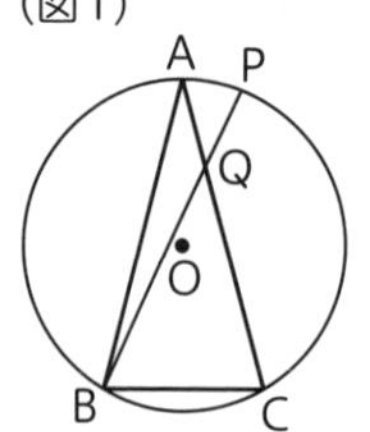

(1) 図１において，∠ABC＝75°，∠ABP＝a°とするとき，∠PQCの大きさをaを用いた式で表しなさい。

(2) 右の図２は，図１において，頂点Aと点P，頂点Cと点Pをそれぞれ結び，線分CPをPの方向に延ばした直線上にありBP＝CRとなる点をRとし，頂点Aと点Rを結んだ場合を表している。

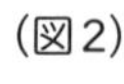

（図２）

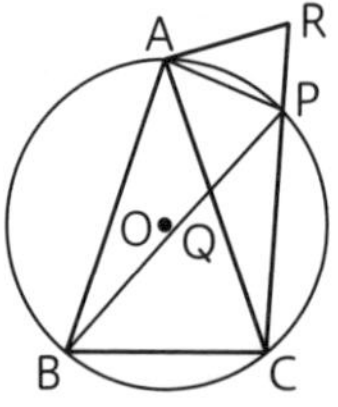

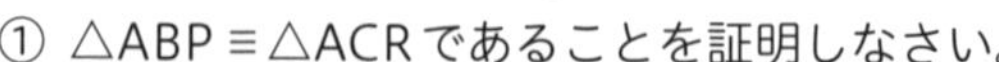

① △ABP ≡ △ACRであることを証明しなさい。

② AB＝BP＝9cm，BC＝6cmのとき，線分CPの長さは何cmですか。

章末問題 B

→別冊解答 p.118～119

61 次の図で，$\angle x$，$\angle y$の大きさを求めなさい。

例題 107～109

(1) 〔豊島岡女子学園高〕 (2) 〔日本大第三高〕 (3) 〔桐蔭学園高〕

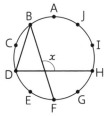

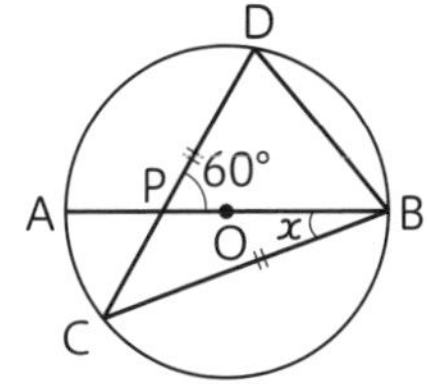

(点A～Jは円周上を10等分した点)

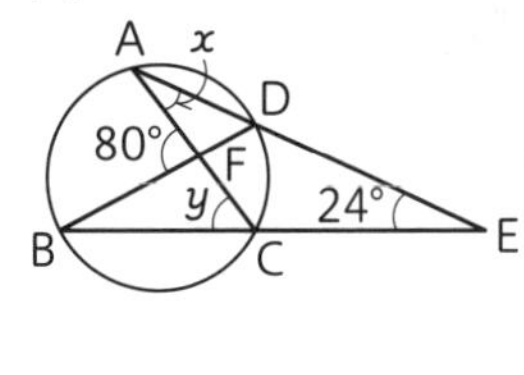

62 右の図で，$\angle a+\angle b+\angle c+\angle d+\angle e+\angle f+\angle g$の大きさを求めなさい。 〔山梨〕

例題 107 109

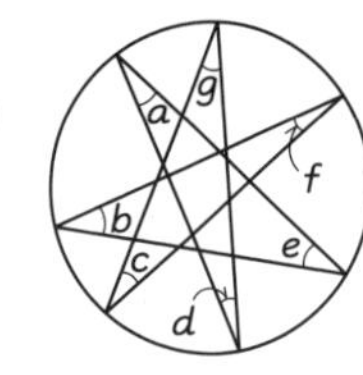

63 右の図において，Mは辺BCの中点であるとき，$\angle$DMEの大きさを求めなさい。 〔城北高(東京)〕

例題 110

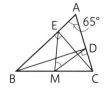

64 右の図のように，円周上に5点A，B，C，D，Eがあり，$\overset{\frown}{AB}=\overset{\frown}{AE}$とする。また，弦(げん)BEと弦AC，ADとの交点をそれぞれP，Qとする。 〔久留米大附高〕

例題 112 114

(1) △ACD∽△AQPを証明しなさい。

(2) $\angle$PDC＝$\angle$PQCを証明しなさい。

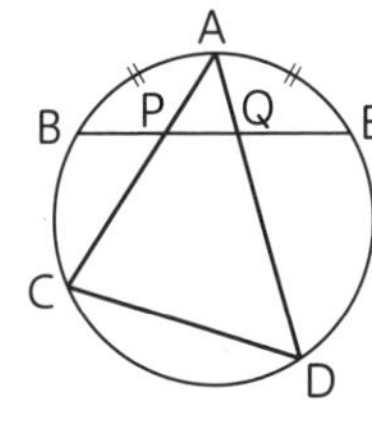

チャレンジ

65 右の図のように5点A，B，C，D，Eが円周上にあり，△ABCはAB＝ACの二等辺三角形である。辺BCと弦AD，AEとの交点をそれぞれF，Gとする。 〔大阪教育大附高(池田)〕

例題 112

(1) △ABFと△ADBに着目して，AB^2＝AD×AFを証明しなさい。

(2) △ADG∽△AEFを証明しなさい。

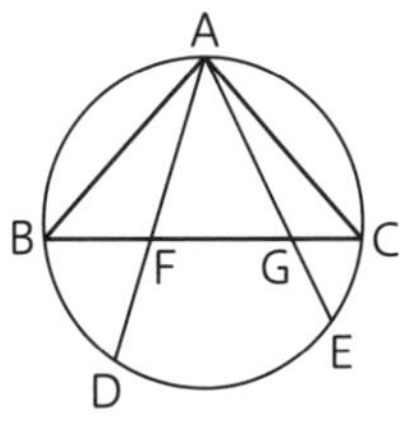

26 三平方の定理

p.448 〜 452

❶ 三平方の定理とその逆を理解しよう。
❷ 特別な直角三角形の辺の比を覚え，使えるようにしよう。
❸ いろいろな線分の長さを三平方の定理を使って求められるようにしよう。

要点整理

1 三平方の定理の証明，三平方の定理とその逆

➡例題 115，116

▶ 三平方の定理（ピタゴラスの定理）
直角三角形の直角をはさむ2辺の長さをa，b，斜辺の長さをcとすると，$\boldsymbol{a^2+b^2=c^2}$

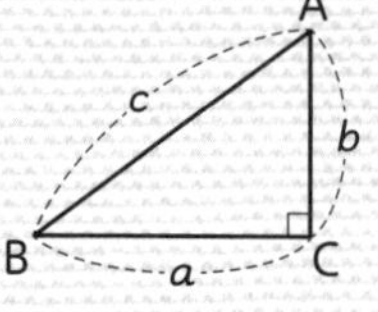

▶ 三平方の定理の逆
三角形の3辺の長さa，b，cの間に，$a^2+b^2=c^2$が成り立てば，その三角形は**cを斜辺とする直角三角形**である。

▶ △ABCの3辺の長さa，b，c（cが最長とする）の関係は次のようになる。

㋐ $a^2+b^2>c^2$
→**鋭角三角形**

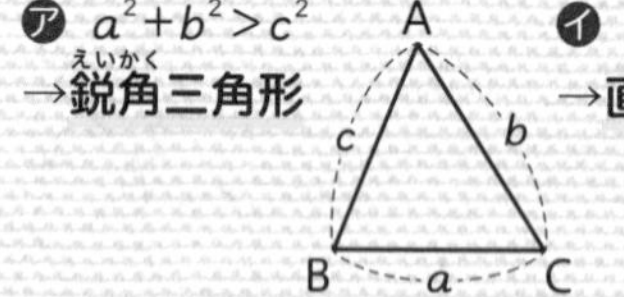

㋑ $a^2+b^2=c^2$
→**直角三角形**

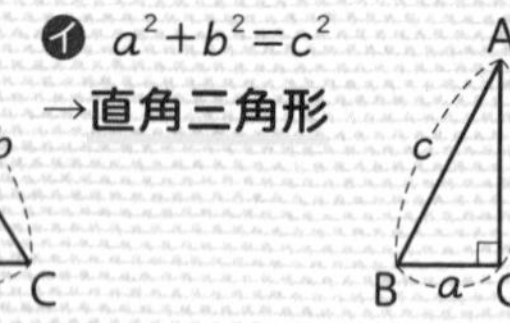

㋒ $a^2+b^2<c^2$
→**鈍角三角形**

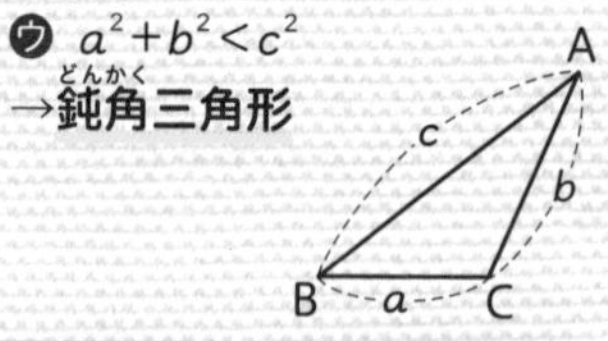

2 特別な直角三角形の辺の比

➡例題 117

㋐ 整数の比になる直角三角形　㋑ 30°, 60°, 90°の直角三角形　㋒ 45°, 45°, 90°の直角二等辺三角形

例

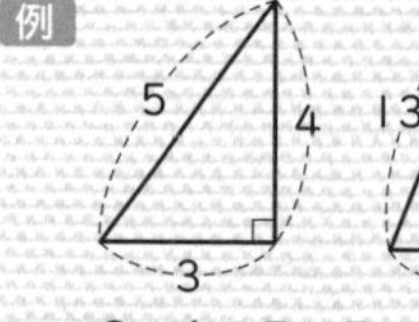

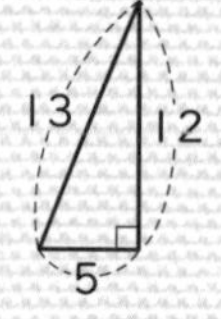

3：4：5　5：12：13

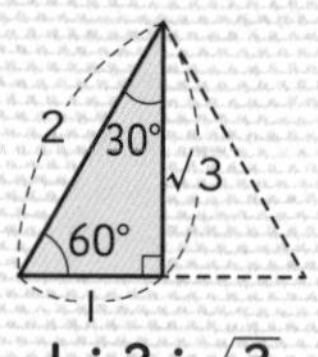

1：2：$\sqrt{3}$

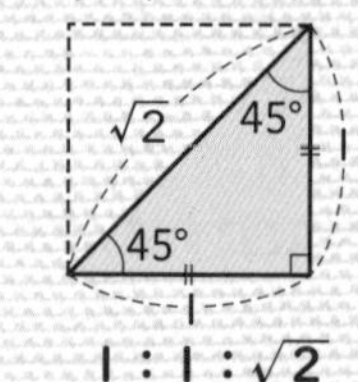

1：1：$\sqrt{2}$

3 いろいろな線分の長さ

➡例題 118

㋐ 長方形の対角線の長さ　㋑ 120°，135°の内角をもつ三角形の高さh

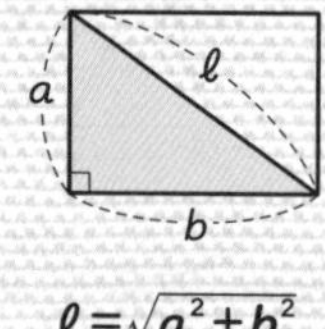

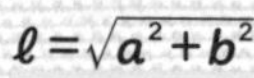

$\boldsymbol{\ell=\sqrt{a^2+b^2}}$

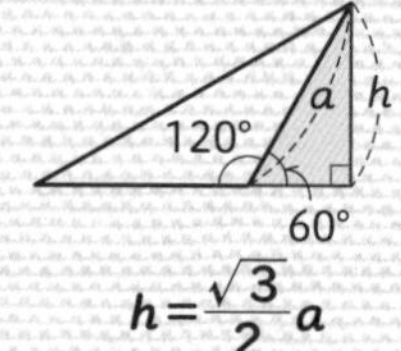

$\boldsymbol{h=\dfrac{\sqrt{3}}{2}a}$

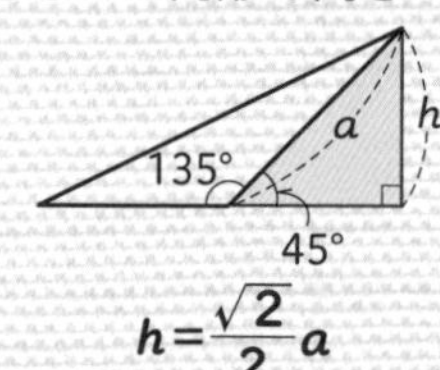

$\boldsymbol{h=\dfrac{\sqrt{2}}{2}a}$

★★★

⮌ p.448 1

例題 115 三平方の定理の証明

直角三角形の直角をはさむ2辺の長さをa，b，斜辺(しゃへん)の長さをcとすると$a^2+b^2=c^2$が成り立つ。これを証明しなさい。

〔西大和学園高〕

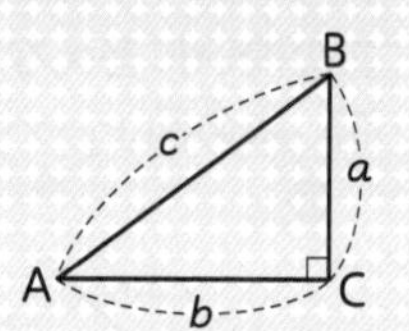

AC＋BCを1辺とする正方形または，AB，BC，CAを1辺とする正方形をつくる。

解き方と答え

(例1)右の図のように，直角三角形ABCと合同な直角三角形を，1辺がcの正方形のまわりにつくる。

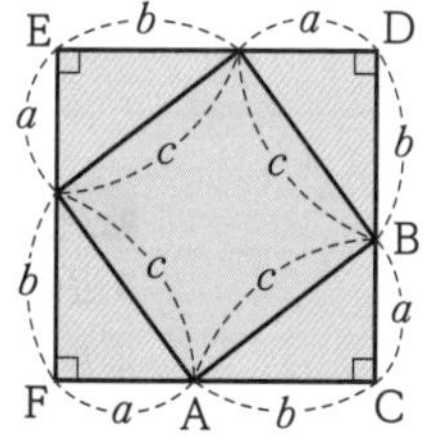

このとき，外側の四角形CDEFは1辺が$a+b$の正方形である。

正方形CDEFの面積

$=c^2+$△ABCの面積×4 であるから，

$(a+b)^2=c^2+\frac{1}{2}ab\times4$

$a^2+2ab+b^2=c^2+2ab$

よって，$a^2+b^2=c^2$

(例2)右の図のように，直角三角形の3つの辺AB，BC，CAを1辺とする正方形をつくる。

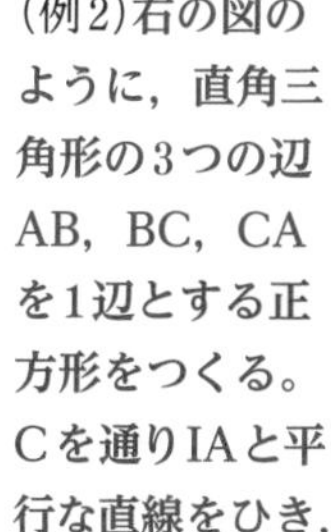

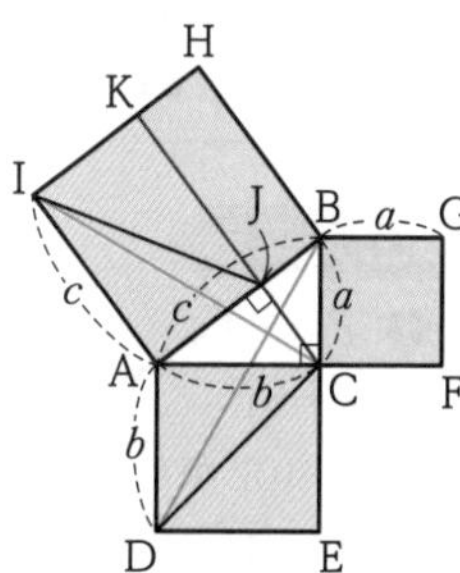

Cを通りIAと平行な直線をひき，AB，IHとの交点をそれぞれJ，Kとする。

△ADC＝△ADB(等積変形)

△ADB≡△ACI(合同)

△ACI＝△AIJ(等積変形)

これより，正方形ADEC＝長方形AJKI…①

同様にして，

正方形BCFG＝長方形JBHK…②

①＋②より，$a^2+b^2=c^2$

三平方の定理を，四角形AEDCの面積を2通りに表すことによって次のように証明した。ア～ウにあてはまる数字または式を答えなさい。ただし，式は展開して同類項をまとめて答えなさい。

〔関西大第一高〕

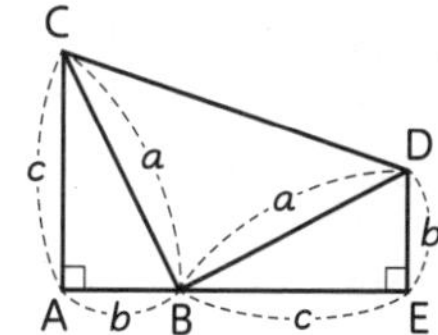

(証明)四角形AEDCの面積をSとすると，$S=$ ア …①

また，$S=$△ABC＋△BCD＋△BEDであり，

∠CBD＝ イ °であるから，$S=$ ウ …②

①，②より， ア ＝ ウ である。したがって，$a^2=b^2+c^2$が成り立つ。

★★★ p.448 1

例題 116 三平方の定理とその逆

次の問いに答えなさい。

(1) 次の図で，x の値を求めなさい。

❶ 〔北海道〕

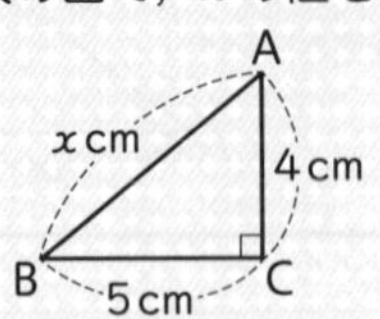

❷

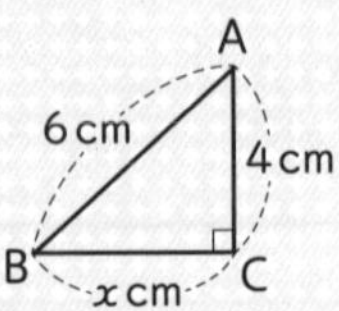

(2) 次の長さを3辺とする三角形のうち，直角三角形はどれですか。

ア 3，4，$\sqrt{5}$　**イ** $3\sqrt{2}$，$3\sqrt{2}$，6　**ウ** 7，24，25

(2) 3辺の長さを a，b，c（c が最長）として $a^2+b^2=c^2$ が成り立つか調べよう。

解き方と答え

(1)❶ $x^2=5^2+4^2$

$x^2=41$

$x>0$ だから，

$x=\sqrt{41}$

❷ $x^2+4^2=6^2$

$x^2=6^2-4^2=20$

$x>0$ だから，

$x=\sqrt{20}=2\sqrt{5}$

(2)**ア** 最も長い辺は4　$3^2+(\sqrt{5})^2=14$，$4^2=16$

$3^2+(\sqrt{5})^2<4^2$ だから，直角三角形でない。（←鈍角三角形）

イ 最も長い辺は6　$(3\sqrt{2})^2+(3\sqrt{2})^2=36$　$6^2=36$

$(3\sqrt{2})^2+(3\sqrt{2})^2=6^2$ より，直角二等辺三角形である。

ウ 最も長い辺は25　$7^2+24^2=625$　$25^2=625$

$7^2+24^2=25^2$ より，直角三角形である。

よって，**イとウ**

公式

3辺の簡単な求め方

直角三角形ABCにおいて，それぞれ辺の長さは，

- $c=\sqrt{a^2+b^2}$
- $a=\sqrt{c^2-b^2}$
- $b=\sqrt{c^2-a^2}$

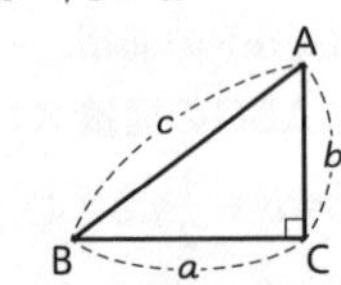

上の公式を用いると，

(1)❶ $x=\sqrt{5^2+4^2}=\sqrt{41}$

❷ $x=\sqrt{6^2-4^2}=\sqrt{20}=2\sqrt{5}$

類題 116 別冊解答 p.120

次の問いに答えなさい。

(1) 次の図で，x の値を求めなさい。

❶ 〔専修大附高〕

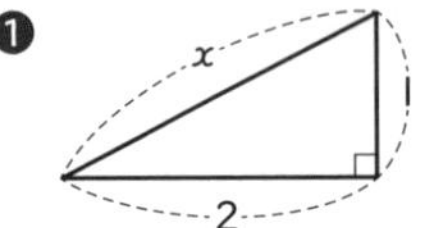

❷

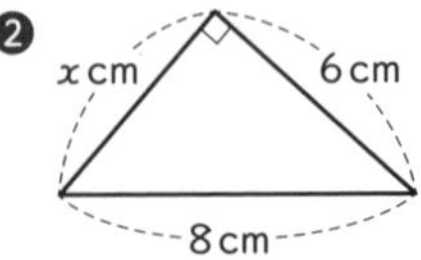

(2) 3辺が次のような長さである直角三角形の x の値を求めなさい。

❶ x，$x+7$，$x+8$ 〔和洋国府台女子高〕　❷ $x+3$，$x+5$，$x+6$ 〔明治大付属中野高〕

★★★ p.448 2

例題 117 特別な直角三角形の辺の比

次の図で，x，y の値を求めなさい。

(1)

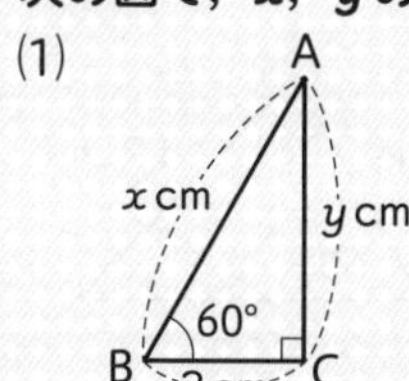

(2)

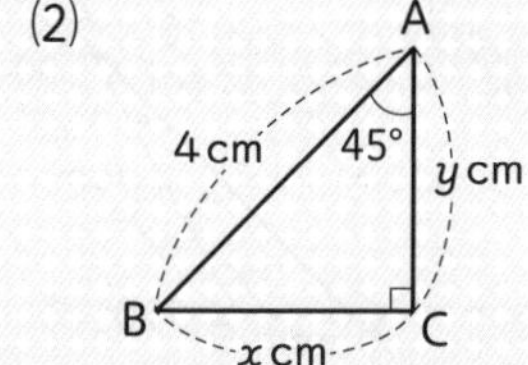

(3) 〔江戸川学園取手高〕

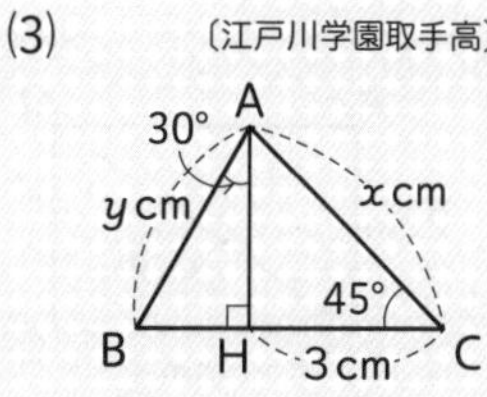

30°，60°，90°の直角三角形の辺の比は， $1:2:\sqrt{3}$
45°，45°，90°の直角二等辺三角形の辺の比は， $1:1:\sqrt{2}$

解き方と答え

(1) △ABCは，30°，60°，90°の直角三角形だから，
$BC:AB:AC=1:2:\sqrt{3}$
$3:x=1:2$ より，$x=6$
$3:y=1:\sqrt{3}$ より，$y=3\sqrt{3}$

(2) △ABCは，45°，45°，90°の直角二等辺三角形だから，
$BC:AC:AB=1:1:\sqrt{2}$
$x:4=1:\sqrt{2}$ より，$\sqrt{2}x=4$　$x=\dfrac{4}{\sqrt{2}}=2\sqrt{2}$
$y=x=2\sqrt{2}$

(3) 公式 より，△AHCは，45°，45°，90°の直角二等辺三角形だから，$x=\sqrt{2}HC=3\sqrt{2}$
△ABHは，30°，60°，90°の直角三角形だから，
$AH=CH=3cm$ より，$y=\dfrac{2}{\sqrt{3}}AH=\dfrac{2}{\sqrt{3}}\times3=2\sqrt{3}$

公式 特別な直角三角形の辺の比

㋐30°，60°，90°の直角三角形

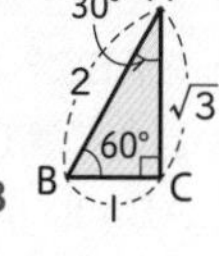

・$AC=\dfrac{\sqrt{3}}{2}AB$
$=\sqrt{3}BC$
・$AB=\dfrac{2}{\sqrt{3}}AC$

㋑45°，45°，90°の直角二等辺三角形

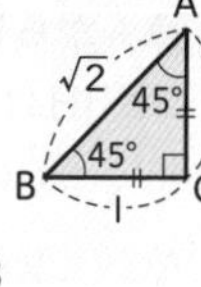

・$BC=AC$
$=\dfrac{1}{\sqrt{2}}AB$
・$AB=\sqrt{2}AC=\sqrt{2}BC$

類題 117 別冊解答 p.120

次の図で，x，y の値を求めなさい。

(1)

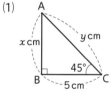

A, x cm, y cm, 45°, B, 5 cm, C

(2)

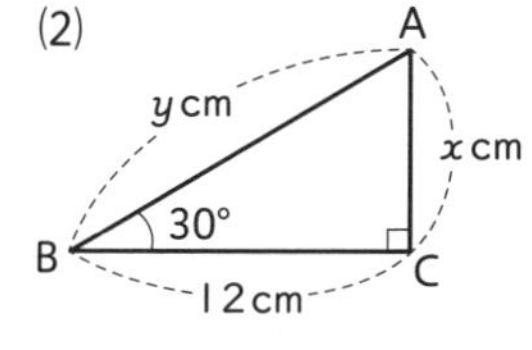

(3)

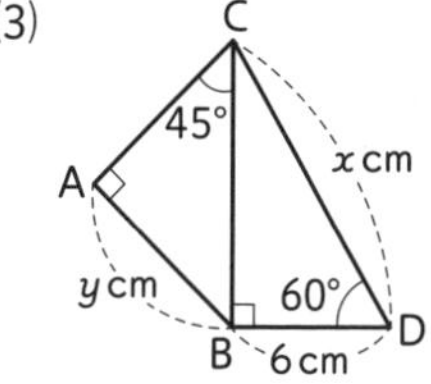

★★★ p.448 3

例題 118 いろいろな線分の長さ

次の図で，x，y の値を求めなさい。

(1) 〔北海道〕

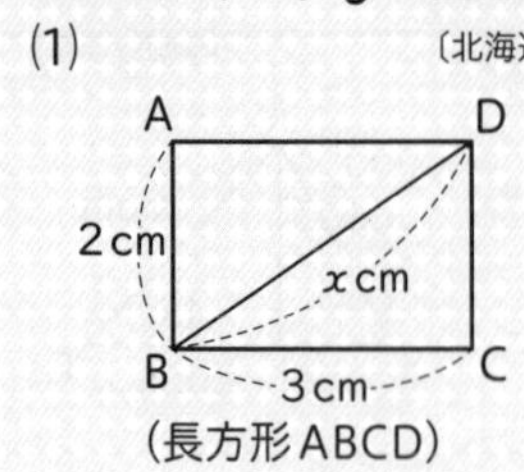

(2)

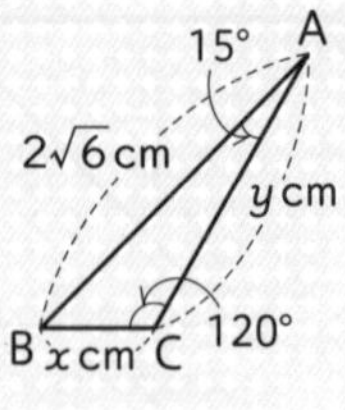

(3)

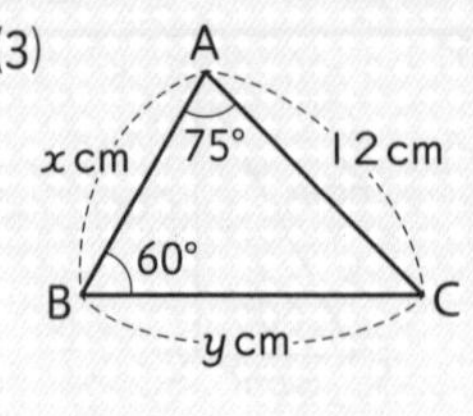

(2)(3) 三平方の定理を使うために，垂線をひき直角三角形をつくろう。

解き方と答え

(1) △ABDは直角三角形なので，三平方の定理より，$x=\sqrt{3^2+2^2}=\sqrt{13}$

(2) 辺BCを延長し，点Aから半直線BCに垂線AHをひくと，

∠ABC＝45°，∠ACH＝60°より，△ABHは，45°，45°，90°の直角二等辺三角形，△ACHは，30°，60°，90°の直角三角形になる。

AB＝$2\sqrt{6}$cmより，

AH＝BH＝$2\sqrt{6}\times\dfrac{1}{\sqrt{2}}=2\sqrt{3}$(cm)，CH＝$2\sqrt{3}\times\dfrac{1}{\sqrt{3}}=2$(cm)

よって，$x=2\sqrt{3}-2$，$y=2\times2=4$

(3) 点Aから辺BCに垂線AHをひく。

△ABHは，30°，60°，90°の直角三角形，△ACHは，45°，45°，90°の直角二等辺三角形になる。

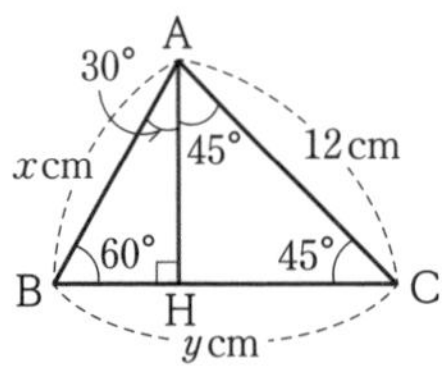

AC＝12cmより，AH＝CH＝$12\times\dfrac{1}{\sqrt{2}}=6\sqrt{2}$(cm)

x＝AB＝$6\sqrt{2}\times\dfrac{2}{\sqrt{3}}=4\sqrt{6}$，BH＝$4\sqrt{6}\times\dfrac{1}{2}=2\sqrt{6}$(cm)

よって，y＝BC＝$2\sqrt{6}+6\sqrt{2}$

次の図で，x の値を求めなさい。

(1)

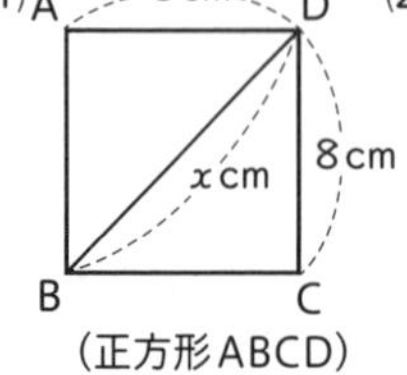

(2)

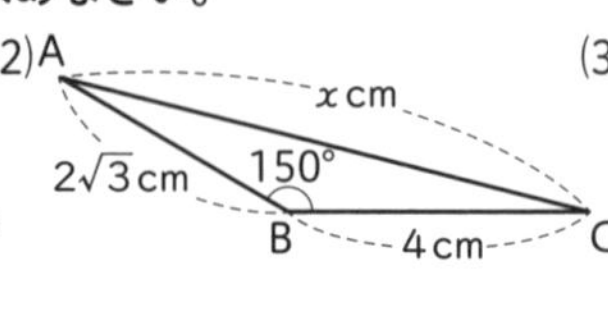

(3)

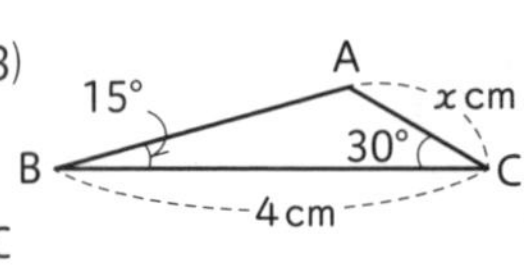

27 平面図形への利用 (1)

p.453 ～ 456

❶ 二等辺三角形や正三角形の高さと面積を求められるようにしよう。
❷ 2点間の距離(きょり)を求められるようにしよう。
❸ 三平方の定理を四角形へ利用できるようにしよう。

要点整理

1 二等辺三角形・正三角形の高さと面積

➡例題 119

▶二等辺三角形の高さhと面積S

例 **点Aから底辺BCに垂線AHをひくと，** BH＝2cm，高さ

$h=\sqrt{6^2-2^2}=4\sqrt{2}$ (cm)より，$S=\frac{1}{2}\times4\times4\sqrt{2}=8\sqrt{2}$ (cm²)

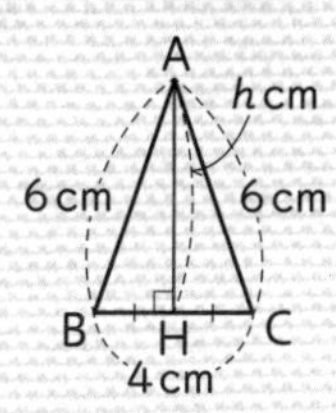

▶1辺がaの正三角形の高さ$\boldsymbol{h=\frac{\sqrt{3}}{2}a}$，面積$\boldsymbol{S=\frac{\sqrt{3}}{4}a^2}$

2 2点間の距離

➡例題 120

▶2点A$(x_1,\ y_1)$，B$(x_2,\ y_2)$間の距離(きょり)は，
AB＝$\sqrt{(x_2-x_1)^2+(y_2-y_1)^2}$ で求められる。

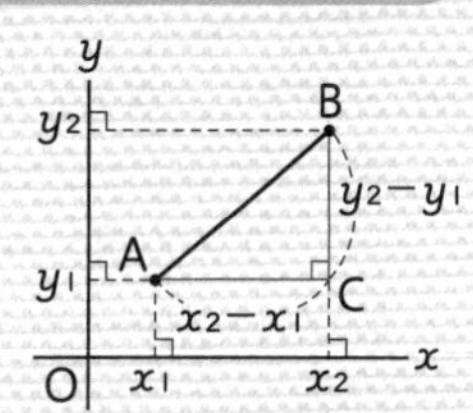

3 四角形への利用

➡例題 121

▶四角形も三角形と同じように垂線をひき，三平方の定理を使うことで，長さや面積が求められる。

㋐ 台形への利用

例 右の図の台形で，点Aから辺BCに垂線AHをひくと，

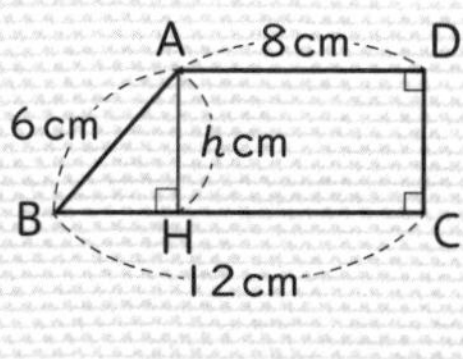

台形の高さh＝AH＝$\sqrt{6^2-(12-8)^2}$
$=2\sqrt{5}$ (cm)

台形の面積は，$\frac{1}{2}\times(8+12)\times2\sqrt{5}$
$=20\sqrt{5}$ (cm²)

㋑ ひし形への利用

例 右の図のひし形で，対角線は垂直に交わるから，△ABOは直角三角形で，AO＝4cm，

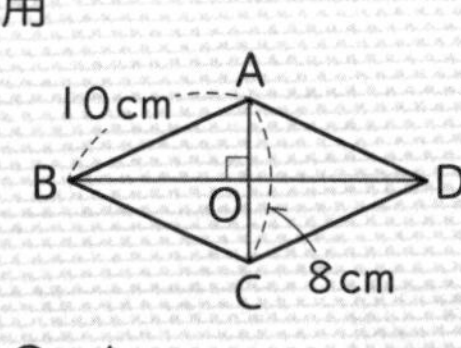

BO＝$\sqrt{10^2-4^2}=2\sqrt{21}$ (cm)

ひし形の面積は，$\left(\frac{1}{2}\times2\sqrt{21}\times4\right)\times4$
$=16\sqrt{21}$ (cm²)

★★★ p.453 1

例題 119 三角形の高さと面積 (1) 〜二等辺三角形，正三角形〜

次の問いに答えなさい。

(1) 右の図の二等辺三角形ABCの面積を求めなさい。

(2) 1辺がaの正三角形ABCの高さhと面積Sを求めなさい。

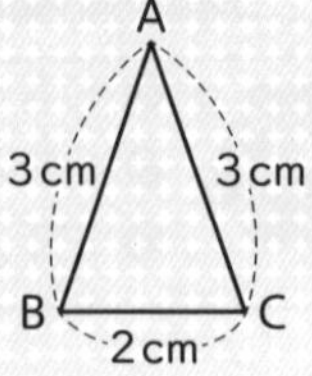

(1) 頂点Aから底辺BCに垂線AHをひいて，三平方の定理を使う。

解き方と答え

(1) 頂点Aから底辺BCに垂線AHをひく。
直角三角形ABHで，三平方の定理より，$AH=\sqrt{3^2-1^2}=2\sqrt{2}$ (cm)
よって，面積は，$\frac{1}{2}\times2\times2\sqrt{2}$
$=2\sqrt{2}$ (cm^2)

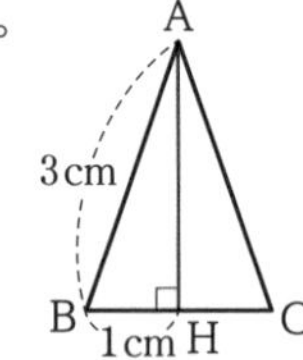

(2) 右の図で，点Aから辺BCに垂線AHをひくと，△ABHは，30°，60°，90°の直角三角形になる。

$h=AH=AB\times\frac{\sqrt{3}}{2}=a\times\frac{\sqrt{3}}{2}$
$=\frac{\sqrt{3}}{2}a$

$S=\frac{1}{2}\times BC\times h=\frac{1}{2}\times a\times\frac{\sqrt{3}}{2}a=\frac{\sqrt{3}}{4}a^2$

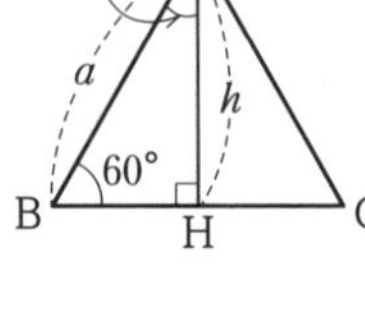

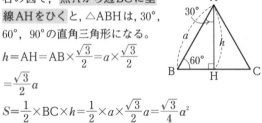

くわしく

二等辺三角形の高さ

二等辺三角形は，頂点から底辺に垂線をひくと，合同な2つの直角三角形に分けられる。
よって，$AH=\sqrt{AB^2-BH^2}$

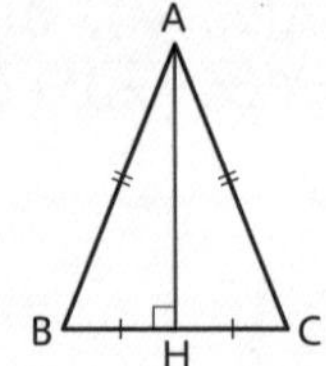

別冊解答 p.120

次の問いに答えなさい。

(1) 右の図の二等辺三角形ABCの面積を求めなさい。

(2) 1辺が6cmの正三角形の面積を求めなさい。

(3) 1辺が8cmの正六角形の面積を求めなさい。

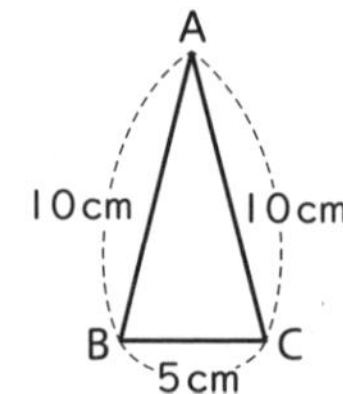

★★★

p.453 2

例題 120 2点間の距離

次の問いに答えなさい。

(1) 右の図の2点A，B間の距離を求めなさい。〔栃木〕

(2) 3点A(8, 7)，B(1, 3)，C(4, 1)がある。△ABCはどんな三角形ですか。

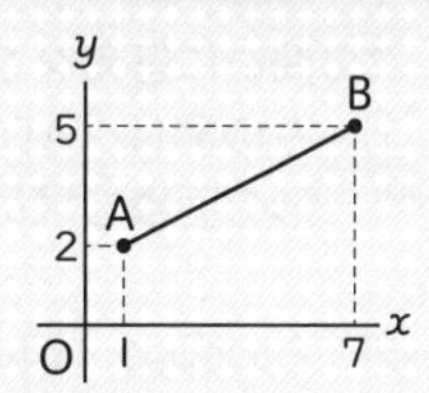

2点A(x_1, y_1)，B(x_2, y_2)間の距離は， $AB=\sqrt{(x_2-x_1)^2+(y_2-y_1)^2}$

解き方と答え

(1) 右の図のように，直角三角形ABCをつくると，AC=7−1=6

BC=5−2=3より，

$AB=\sqrt{6^2+3^2}=\sqrt{45}=3\sqrt{5}$

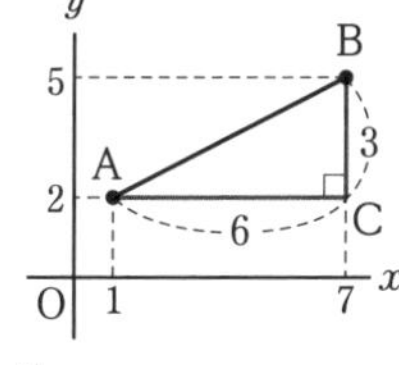
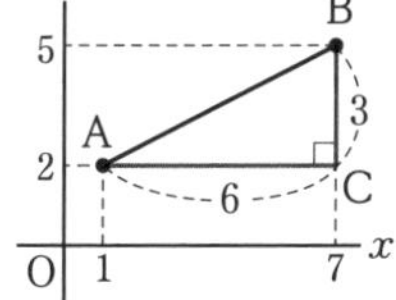

(2) △ABCをつくると，右の図のようになる。

$AB=\sqrt{(8-1)^2+(7-3)^2}=\sqrt{65}$

$BC=\sqrt{(4-1)^2+(1-3)^2}=\sqrt{13}$

$AC=\sqrt{(8-4)^2+(7-1)^2}=\sqrt{52}$

$AB^2=65$,

$BC^2+AC^2=65$ より，

$AB^2=BC^2+AC^2$ だから，

△ABCは，∠C=90°の直角三角形である。

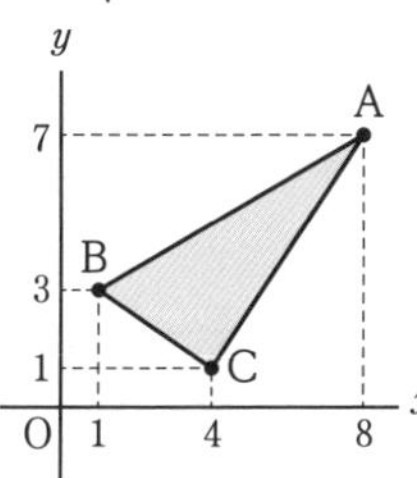

くわしく

2点間の距離の公式

$(a-b)^2=(b-a)^2$ であるので，2点A(x_1, y_1)，B(x_2, y_2)の距離 $AB=\sqrt{(x_2-x_1)^2+(y_2-y_1)^2}$ を，$AB=\sqrt{(x_1-x_2)^2+(y_1-y_2)^2}$ としてもよい。

注意！ **(2)斜辺の2乗＝残りの辺の2乗の和**

$AB^2+BC^2=78>AC^2$ より，△ABCは直角三角形でないとしてはいけない。必ず一番長い辺を単独にして，AB^2 と BC^2+AC^2 を比べなくてはいけない。

類題 120 別冊解答 p.121

次の問いに答えなさい。

(1) 2点A(−2, 4)，B(3, −5)間の距離を求めなさい。

(2) 座標平面上に点P(6, 2)をとり，Pを中心として半径10の円をかくとき，y軸との交点のy座標を求めなさい。〔明治大付属中野高〕

(3) 3点A(−2, 4)，B(−5, −2)，C(4, 1)がある。△ABCはどんな三角形ですか。

★★★ p.453 3

例題 121 四角形への利用

次の問いに答えなさい。

(1) 右の図は，AD//BCの台形である。この台形の面積を求めなさい。

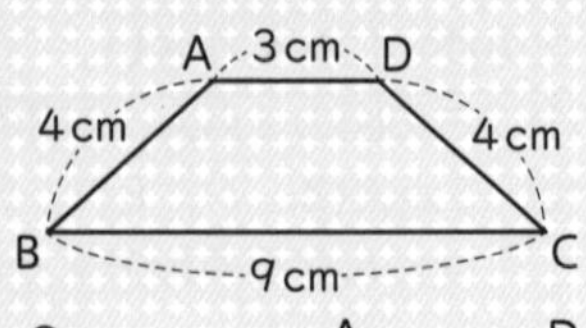

(2) 右の図は，1辺の長さが10cmのひし形で，AE=8cmである。このとき，対角線AC，BDの長さをそれぞれ求めなさい。

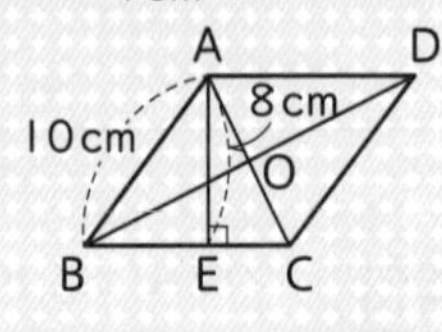

(1) **点A，Dから辺BCに垂線をひくと，2つの合同な直角三角形と長方形に分けることができる。**

解き方と答え

(1) 点A，Dから辺BCに垂線AH，DIをひく。

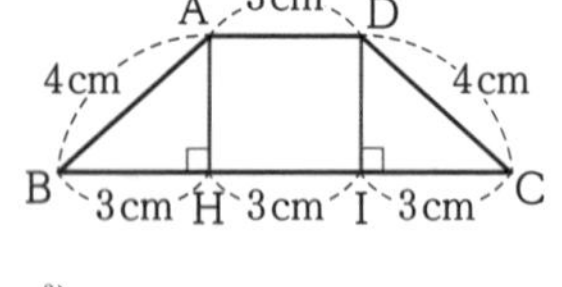

$AH=\sqrt{4^2-3^2}=\sqrt{7}$(cm)

よって，台形の面積は，

$\frac{1}{2}\times(3+9)\times\sqrt{7}=6\sqrt{7}$(cm^2)

(2) △ABEで，三平方の定理より，$BE=\sqrt{10^2-8^2}=6$(cm)

↑AB：AE=10：8=5：4より，△BEAは3：4：5の直角三角形だから，BE=6cmとしてもよい。

よって，CE=10−6=4(cm)

△ACEで，三平方の定理より，$AC=\sqrt{8^2+4^2}=4\sqrt{5}$(cm)

だから，$AO=4\sqrt{5}\div2=2\sqrt{5}$(cm)

ひし形の対角線は垂直に交わるから，△AODで，

三平方の定理より，$DO=\sqrt{10^2-(2\sqrt{5})^2}=4\sqrt{5}$

よって，$BD=2DO=8\sqrt{5}$(cm)

別解 (2)辺BCを延長し，点Dから垂線DHをひく

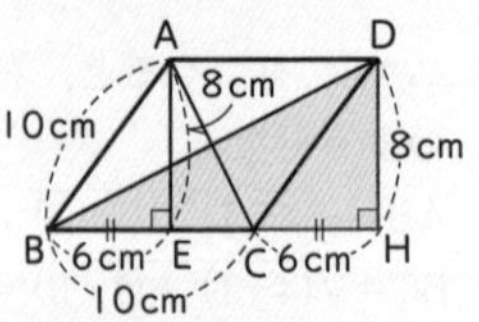

△ABE≡△DCHより，

CH=BE=6cm

△DBHで，三平方の定理より，

$BD=\sqrt{(10+6)^2+8^2}$

$=8\sqrt{5}$(cm)

次の四角形の面積を求めなさい。

(1)

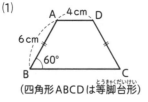

(四角形ABCDは等脚台形)

(2)

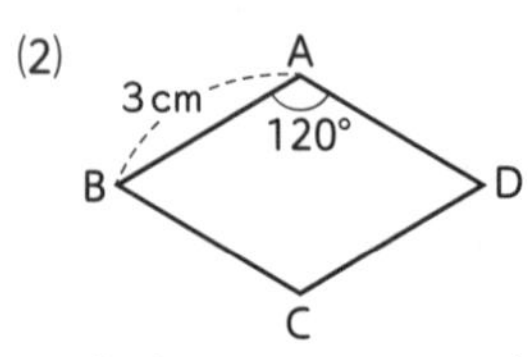

(四角形ABCDはひし形)

28 平面図形への利用 (2)

p.457 ～ 461

❶ 不等辺三角形の高さや面積を求められるようにしよう。
❷ 合同や相似と三平方の定理を組み合わせて解く問題，三平方の定理を利用した関数の問題は，入試に頻出(ひんしゅつ)である。くり返し練習して解けるようにしよう。

要点整理

1 不等辺三角形の高さと面積

➡例題 122

▶ 不等辺三角形の3辺の長さがわかっているとき，**垂線をひいて方程式を利用することで，面積を求めることができる。**
（不等辺三角形：辺の長さがすべて異なる三角形）

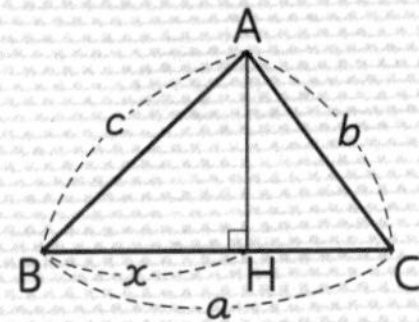

例 ❶ 点Aから辺BCに垂線AHをひく。
❷ BH＝xとすると，CH＝$a-x$
❸ △ABHと△ACHで，AH^2の長さを三平方の定理を使って表すと，$AH^2=c^2-x^2$，$AH^2=b^2-(a-x)^2$
❹ $c^2-x^2=b^2-(a-x)^2$より，xの値を求めて，AHの値を求める。
❺ 三角形の面積Sは，$S=\frac{1}{2}\times a\times AH$

2 相似と三平方の定理，折り返した図形への利用

➡例題 123，124

▶ 線分の長さや図形の面積を求めるとき，**合同な図形や相似な図形などに注目して**，三平方の定理を使うとよい。

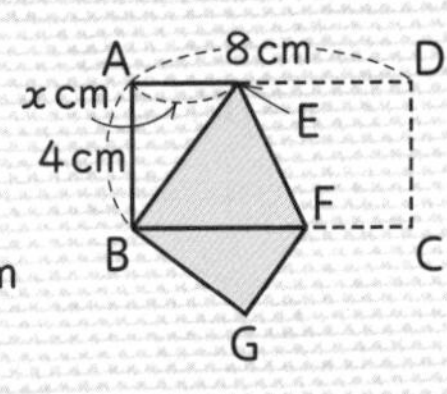

例 長方形ABCDで，頂点Dが頂点Bと重なるように折り返したとき，AEの長さを求めなさい。

解 AE＝$x$cmとすると，DE＝$(8-x)$cm
四角形EBGF≡四角形EDCFより，BE＝DE＝$(8-x)$cm
△ABEで，三平方の定理より，$4^2+x^2=(8-x)^2$
x＝AE＝3cm

3 座標平面への利用

➡例題 125

▶ 直線の傾(かたむ)きと三平方の定理

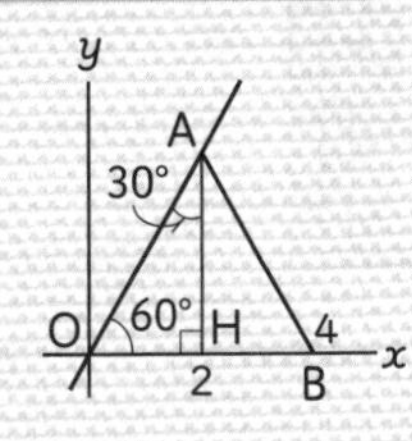

例 右の図で，△AOBが1辺4の正三角形であるとき，点HはOBの中点なので，H(2，0)，A$(2,\ 2\sqrt{3})$
直線OAの式は，傾きが$\frac{2\sqrt{3}}{2}=\sqrt{3}$より，$y=\sqrt{3}x$

★★★ p.457 1

例題 122 三角形の高さと面積 (2) ～不等辺三角形～

右の図のように，AB=4，BC=5，CA=6である△ABCに円Oが内接している。 〔法政大高－改〕

(1) AからBCに垂線をひき，BCとの交点をDとするとき，線分ADの長さを求めなさい。

(2) △ABCの面積を求めなさい。

(3) 円Oの半径を求めなさい。

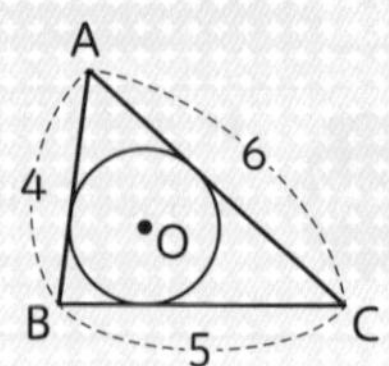

(1) △ABD，△ACDで，AD^2の長さを三平方の定理を使って表し，方程式をつくろう。

解き方と答え

(1) BD$=x$とすると，CD$=5-x$

△ABDと△ACDは直角三角形だから，三平方の定理より，

$AD^2=\underline{4^2-x^2}=\underline{6^2-(5-x)^2}$

（4^2-x^2 ← AB^2-BD^2，$6^2-(5-x)^2$ ← AC^2-CD^2）

$x=\frac{1}{2}$

よって，$AD=\sqrt{4^2-\left(\frac{1}{2}\right)^2}=\frac{3\sqrt{7}}{2}$

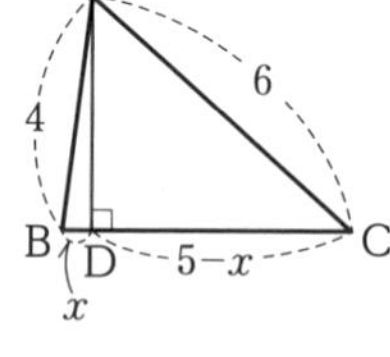

(2) $\triangle ABC=\frac{1}{2}\times5\times\frac{3\sqrt{7}}{2}=\frac{15\sqrt{7}}{4}$

(3) 円Oの半径をrとすると，

△OAB＋△OBC＋△OCA＝△ABC より，

$\frac{1}{2}\times4r+\frac{1}{2}\times5r+\frac{1}{2}\times6r=\frac{15\sqrt{7}}{4}$

$\frac{1}{2}(4r+5r+6r)=\frac{15\sqrt{7}}{4}$　$r=\frac{\sqrt{7}}{2}$

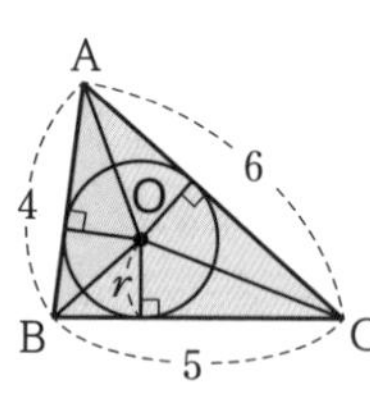

くわしく

hを2通りの方法で表す

$h^2=c^2-x^2$，

$h^2=b^2-(a-x)^2$より，

$c^2-x^2=b^2-a^2+2ax-x^2$

xについて整理すると，

$x=\frac{a^2+c^2-b^2}{2a}$

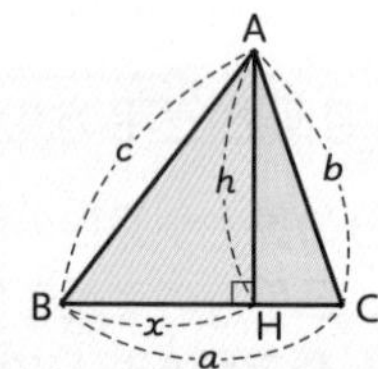

Return 三角形の面積と内接円→p.309の 公式

類題 122 別冊解答 p.121

次の問いに答えなさい。

(1) △ABCの内接円の半径を求めなさい。

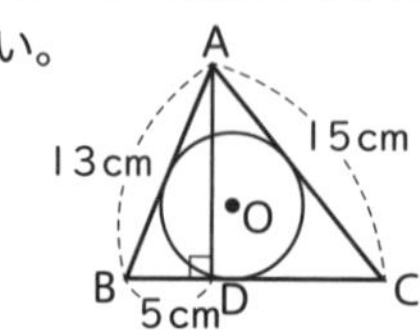

(2) △ABCの面積を求めなさい。

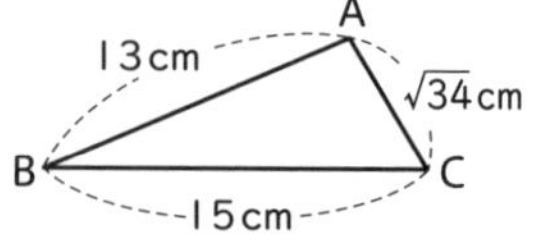

★★★

⮌ p.457 2

例題 123 相似と三平方の定理

右の図のように，∠A=90°，BC=25cmの直角三角形ABCがある。辺AC上にAD=5cmとなるように点Dをとり，点Dから辺BCに垂線DHをひくと，CH=12cmとなった。〔西大和学園高〕

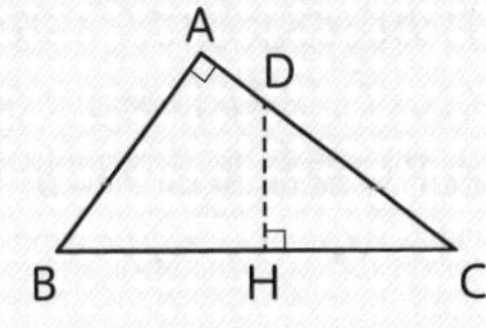

(1) 線分CDの長さを求めなさい。

(2) 線分AHの長さを求めなさい。

(1) 直角三角形CDHとCBAは，∠Cが共通だから，相似になる。

解き方と答え

(1) △CDHと△CBAにおいて，∠Cは共通，∠CHD=∠A=90°

2組の角がそれぞれ等しいから，△CDH∽△CBA

CD=$x$cmとすると，

CD：CB=CH：CAより，$x：25=12：(x+5)$

$x=-20,\ 15$

$x>0$より，x=CD=15cm

(2) AB$=\sqrt{25^2-(5+15)^2}=15$(cm)

△CDH∽△CBAで，CD：CB=15：25=3：5だから，

DH$=15\times\frac{3}{5}=9$(cm)

点Aから辺BCに垂線AIをひくと，

△ABI≡△CDHより，AI=CH=12cm，BI=DH=9cm

↑斜辺と1つの鋭角がそれぞれ等しい

よって，IH$=25-(9+12)=4$(cm)より，

△AIHで，三平方の定理より，AH$=\sqrt{12^2+4^2}=4\sqrt{10}$(cm)

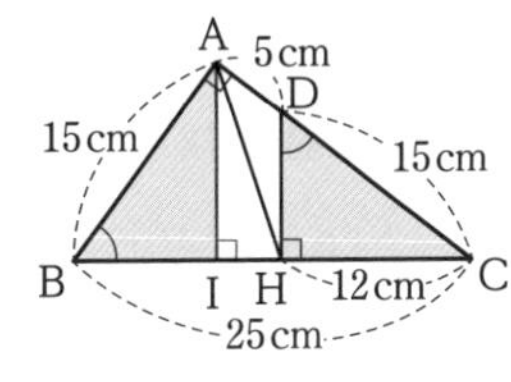

類題 123 別冊解答 p.121

右の図のように，長方形ABCDがあり，辺ABの中点をEとする。また，辺BC上に点FをBF：FC=2：1となるようにとり，辺AD上に点Gを，線分DEと線分FGが垂直に交わるようにとる。さらに，線分DEと線分FGとの交点をHとする。AB=2cm，BC=3cmのとき，線分GHの長さを求めなさい。〔神奈川〕

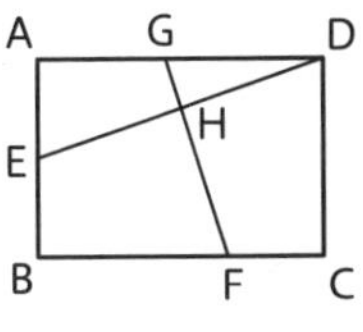

★★★ p.457 2

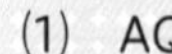

例題 124 折り返した図形への利用

右の図のように，1辺の長さが1である正方形ABCDにおいて，辺ADを1：3に分ける点をPとする。頂点Bが点Pに重なるように折るとき，次の長さを求めなさい。

(1) AQ　(2) DR　(3) CS　(4) QS

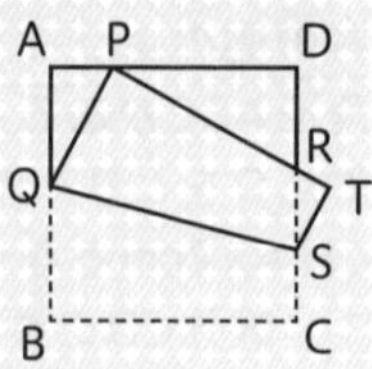

(1) AQ$=x$として，△AQPで三平方の定理を使おう。

解き方と答え

(1) AQ$=x$とすると，BQ$=$PQ$=1-x$

AP：PD$=1:3$より，AP$=\dfrac{1}{4}$

△APQで，三平方の定理より，$(1-x)^2=\left(\dfrac{1}{4}\right)^2+x^2$　$x=\text{AQ}=\dfrac{15}{32}$

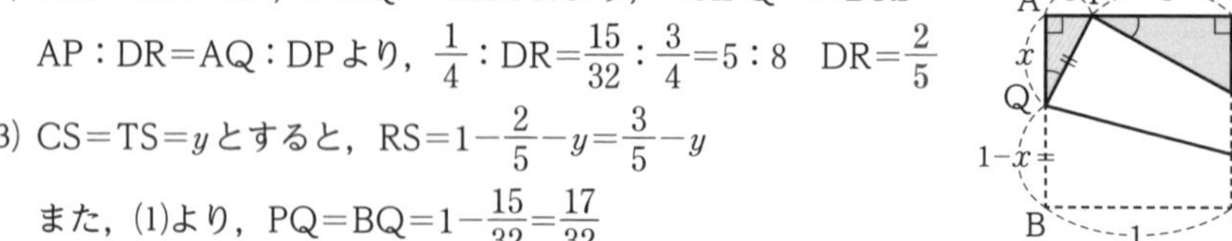

(2) $\angle$A$=\angle$D$=90°$，$\angle$AQP$=\angle$DPRより，△APQ∽△DRP

AP：DR$=$AQ：DPより，$\dfrac{1}{4}$：DR$=\dfrac{15}{32}:\dfrac{3}{4}=5:8$　DR$=\dfrac{2}{5}$

(3) CS$=$TS$=y$とすると，RS$=1-\dfrac{2}{5}-y=\dfrac{3}{5}-y$

また，(1)より，PQ$=$BQ$=1-\dfrac{15}{32}=\dfrac{17}{32}$

△STR∽△QAPより，TS：RS$=$AQ：PQだから，

$y:\left(\dfrac{3}{5}-y\right)=\dfrac{15}{32}:\dfrac{17}{32}=15:17$　$17y=15\left(\dfrac{3}{5}-y\right)$　$y=\text{CS}=\dfrac{9}{32}$

(4) 右の図のように，Sから辺ABに垂線SUをひくと，

QU$=1-\left(\dfrac{15}{32}+\dfrac{9}{32}\right)=\dfrac{1}{4}$

△SUQで，三平方の定理より，QS$=\sqrt{1^2+\left(\dfrac{1}{4}\right)^2}=\dfrac{\sqrt{17}}{4}$

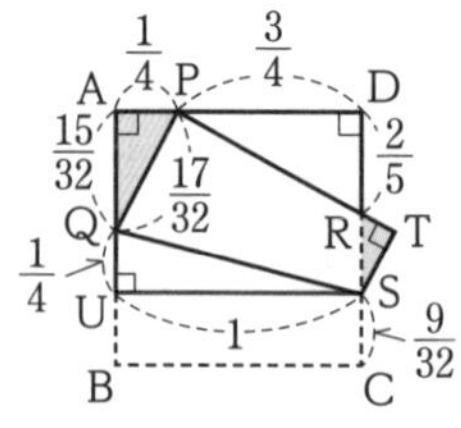

類題 124 別冊解答 p.122

右の図のように，正三角形ABCの辺BC上にBD：DC＝1：2となる点Dをとり，頂点Aが点Dと重なるように折り返すと，折り目は辺AB上の点Eと辺AC上の点Fを結ぶ線分EFとなった。〔高知〕

(1) △BDE∽△CFDを証明しなさい。

(2) BC＝12cm，CF＝5cmのとき，三角形DEFの面積を求めなさい。

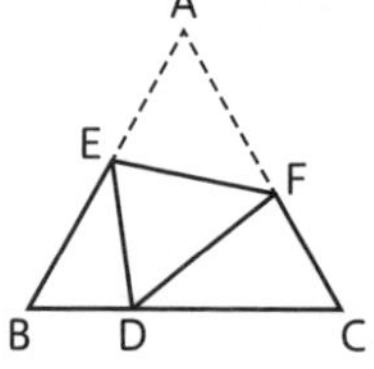

★★★ p.457 3

例題 125 座標平面への利用

右の図のように，座標平面上に1辺の長さが2の正六角形を考える。辺ABはx軸上にあり，頂点Aのx座標が2のとき，線分ECとADの交点Pの座標を求めなさい。

〔中央大杉並高〕

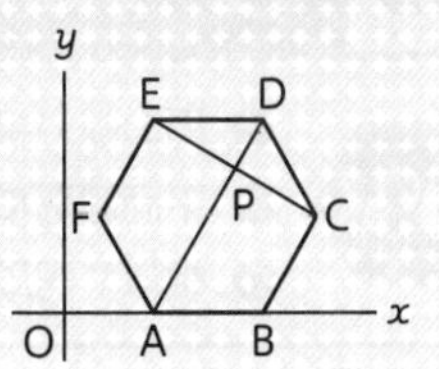

∠DAB＝60°だから，直線ADの傾きは$\sqrt{3}$である。

解き方と答え

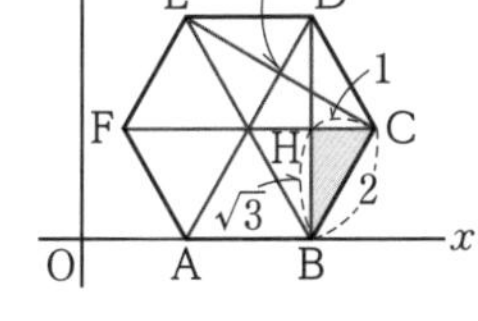

A(2, 0)，B(4, 0)正六角形を6つの正三角形に分け，BDとCFの交点をHとすると，△BCHは30°，60°，90°の直角三角形である。BC＝2より，CH＝1，BH＝$\sqrt{3}$だから，

C(5, $\sqrt{3}$)，D(4, $2\sqrt{3}$)，E(2, $2\sqrt{3}$)

よって，直線ADの傾きは，$\dfrac{2\sqrt{3}-0}{4-2}=\sqrt{3}$より，

直線ADの式を，$y=\sqrt{3}x+b$とおくと，A(2, 0)を通るから，

$0=2\sqrt{3}+b$より，$b=-2\sqrt{3}$

よって，直線ADの式は$y=\sqrt{3}x-2\sqrt{3}$…①

同様に，直線CEの傾きは，$\dfrac{\sqrt{3}-2\sqrt{3}}{5-2}=-\dfrac{\sqrt{3}}{3}$より，

直線CEの式は，$y=-\dfrac{\sqrt{3}}{3}x+\dfrac{8\sqrt{3}}{3}$…②

点Pは，2直線ADとCEの交点だから，①，②より，

$\sqrt{3}x-2\sqrt{3}=-\dfrac{\sqrt{3}}{3}x+\dfrac{8\sqrt{3}}{3}$　$3x-6=-x+8$　$x=\dfrac{7}{2}$

$y=\sqrt{3}\times\dfrac{7}{2}-2\sqrt{3}=\dfrac{3\sqrt{3}}{2}$　よって，$P\left(\dfrac{7}{2},\ \dfrac{3\sqrt{3}}{2}\right)$

別解 相似を使う

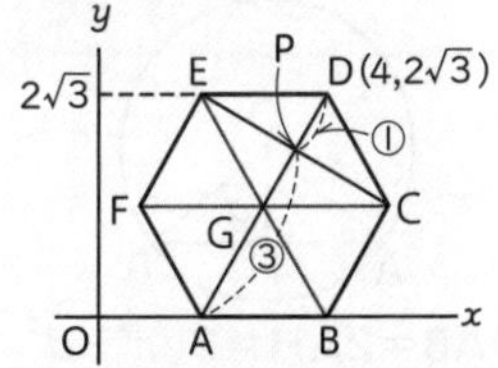

3つの対角線の交点をGとすると，AG=DG=2，

GP=DP=1より，

AP：PD=3：1

A(2, 0)，D(4, $2\sqrt{3}$)より，

点Pのx座標は，

$2+(4-2)\times\dfrac{3}{3+1}=\dfrac{7}{2}$

点Pのy座標は，

$(2\sqrt{3}-0)\times\dfrac{3}{3+1}=\dfrac{3\sqrt{3}}{2}$

よって，$P\left(\dfrac{7}{2},\ \dfrac{3\sqrt{3}}{2}\right)$

類題 125 別冊解答 p.122

右の図のように，2つの放物線$y=x^2$…①，$y=ax^2$($a>1$)…②がある。①上に4点A，B，E，Fを，②上に2点C，Dを六角形ABCDEFが正六角形で，辺AFがx軸と平行となるようにとる。

〔愛光高ー改〕

(1) 点Aの座標を求めなさい。

(2) aの値を求めなさい。

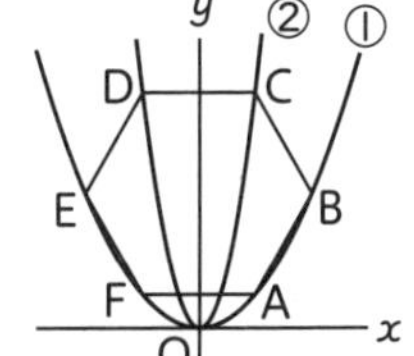

29 円への利用

p.462～467

❶ 円の弧（こ）や接線の長さを求められるようにしよう。
❷ 平面図形に内接する円の問題を解けるようにしよう。
❸ 相似や円周角の定理の逆を利用できるようにしよう。

要点整理

1 弦や接線の長さ，2つの円と接線

➡例題 126，127

▶**円の弦（げん）や接線の長さを**，三平方の定理を使って求めることができる。

㋐ 円の弦

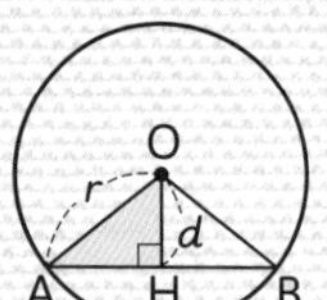

$AB=2AH=2\sqrt{r^2-d^2}$

㋑ 共通外接線

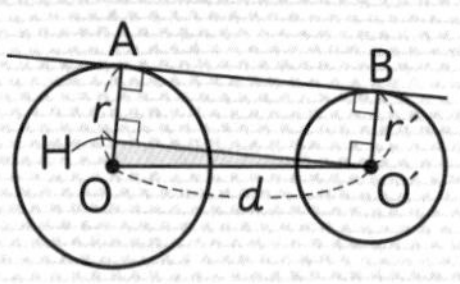

$AB=HO'=\sqrt{d^2-(r-r')^2}$

㋒ 共通内接線

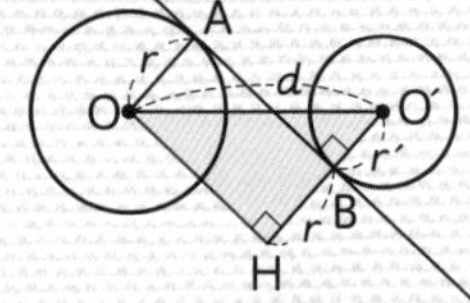

$AB=OH=\sqrt{d^2-(r+r')^2}$

2 平面図形に内接する円

➡例題 128

例　二等辺三角形に内接する円

$AH=\sqrt{13^2-5^2}=12$

内接円Oの半径をrとすると，$AO=12-r$　$BD=BH=5$より，△AODで，$(13-5)^2+r^2=(12-r)^2$　$r=\dfrac{10}{3}$

（または，相似を使って，求めることもできる。
△AOD∽△ABHより，AD：AH＝OD：BH　$8:12=r:5$　$r=\dfrac{10}{3}$）

A, 13, D, O, r, B, 5, H, C

3 相似の利用，円周角の定理の逆の利用

➡例題 129，130

▶**半円の弧（こ）に対する円周角は90°だから，三平方の定理を使うことができる。**

例　右の図で，xの値を求めなさい。

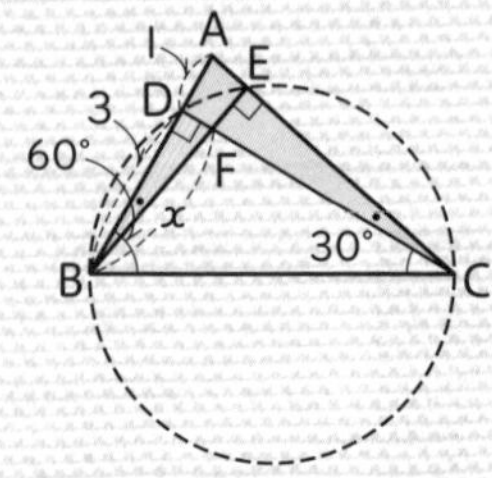

解　∠BDC＝∠BEC＝90°より，4点D，B，C，EはBCを直径とする同一円周上にある。∠ABC＝60°
$CD=3\sqrt{3}$より，$AC=\sqrt{1^2+(3\sqrt{3})^2}=2\sqrt{7}$
△BDF∽△CDA　BF：CA＝BD：CD
$x:2\sqrt{7}=3:3\sqrt{3}$　$x=\dfrac{2\sqrt{21}}{3}$

★★★ ⮌ p.462 1

例題 126 弦や接線の長さ

次の問いに答えなさい。

(1) 右の図のように，半径10cmの円Oで，中心Oからの距離(きょり)が5cmである弦(げん)ABの長さを求めなさい。〔徳島〕

(2) 右の図のように，∠C＝90°の直角三角形ABCがある。円Oは辺BC上に中心があり，点Cを通り，点Pで辺ABに接している。BC＝5cm，OC＝2cmであるとき，線分APの長さを求めなさい。〔東京工業大附属科学技術高〕

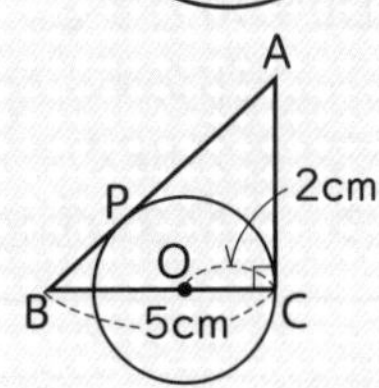

(1) 円の中心Oから弦ABにひいた垂線OHは，弦ABを2等分する。

解き方と答え

(1) △AOHで，三平方の定理より，
$AH=\sqrt{10^2-5^2}=5\sqrt{3}$ (cm)
AH＝BHより，
$AB=2AH=10\sqrt{3}$ (cm)

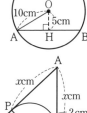

(2) AP＝$x$cmとすると，1点からひいた2本の接線の長さは等しいから，AC＝AP＝$x$cm
点OをPと結ぶと，
∠OPB＝90°
△OPBで，三平方の定理より，
$BP=\sqrt{3^2-2^2}=\sqrt{5}$ (cm)
△ABCで，三平方の定理より，$(x+\sqrt{5})^2=5^2+x^2$
よって，$x=AP=\dfrac{10}{\sqrt{5}}=2\sqrt{5}$ (cm)

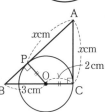

公式 接線の長さ

円外の1点からひいた2本の接線の長さは等しく，
$PH=PH'=\sqrt{d^2-r^2}$

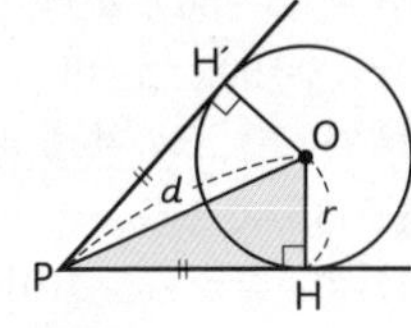

くわしく

弦と二等辺三角形

(1)△OABは二等辺三角形で，
AH＝BH，
∠OHA＝∠OHB＝90°

別冊解答 p.123

右の図のような線分ABを直径とする円Oがある。円Oの周上の点Tにおける接線をℓとして，直径ABの延長と接線ℓとの交点をPとする。AB＝2cm，∠APT＝30°である。〔和洋国府台女子高〕

(1) PTの長さを求めなさい。

(2) △APTの面積を求めなさい。

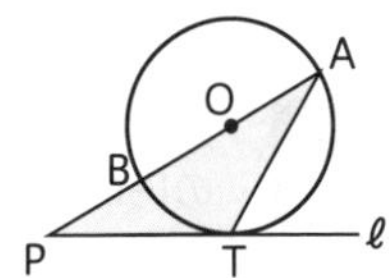

★★★ ⮌ p.462 1

例題 127 2つの円と接線

右の図のように，中心がA，Bである2つの円を円A，Bとする。直線ℓが円A，Bと点Cで接しており，直線mが円A，Bとそれぞれ点D，Eで接している。2直線ℓ，mの交点をFとする。円Aの半径が25，DE＝30とする。〔法政大国際高－改〕

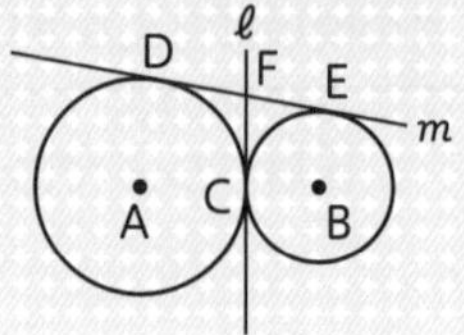

(1) 円Bの半径を求めなさい。
(2) 線分BFの長さを求めなさい。
(3) △AFBの面積を求めなさい。

円の接線は，接点を通る円の半径に垂直であることを利用しよう。

解き方と答え

(1) 円Bの半径をxとする。
右の図のように，AD，AB，BEを結び，点Bから線分ADにひいた垂線をBHとすると，四角形BEDHは長方形になる。
直角三角形ABHで，AB＝$25+x$，AH＝$25-x$
HB＝DE＝30だから，$(25+x)^2=(25-x)^2+30^2$
$50x\times2=900$　$x=9$

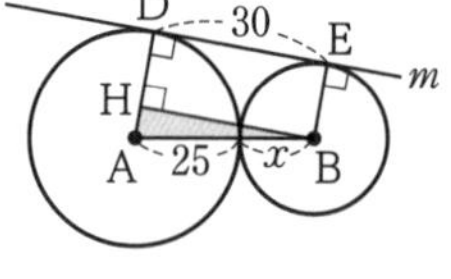

(2) ℓは2円A，Bの共通接線だから，$\ell\perp$ABより，△BCFは直角三角形である。
円外の1点から1つの円にひいた2本の接線の長さは等しいから，FC＝FD＝FE＝$\frac{1}{2}$DE＝15
△BCFで，三平方の定理より，
BF＝$\sqrt{15^2+9^2}=3\sqrt{34}$

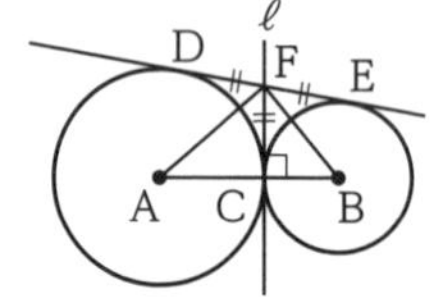

(3) △AFB＝$\frac{1}{2}$×AB×CF＝$\frac{1}{2}$×$(25+9)$×15＝255

別冊解答 p.123

右の図のように，中心がOで半径が1の円と中心がPの円の両方に接する直線を2本ひき，接する点をA，B，C，Dとする。AB＝$4\sqrt{5}$，OP＝9のとき，CDの長さを求めなさい。〔東邦大付属東邦高〕

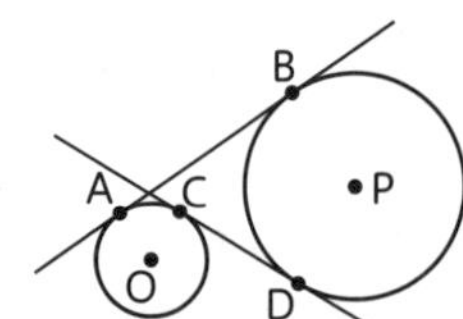

★★★ p.462 2

例題 128 平面図形に内接する円

次の問いに答えなさい。

(1) 右の図において，四角形ABCDはAB=4cm，AD=6cmの長方形である。円Pは，辺AB，辺BC，辺ADに接しており，円Qは辺BC，辺CDに接している。また，2円P，Qの中心を結んだ線分PQの長さは，2円P，Qの半径の長さの和に等しいものとする。円Qの半径の長さは何cmですか。〔都立西高〕

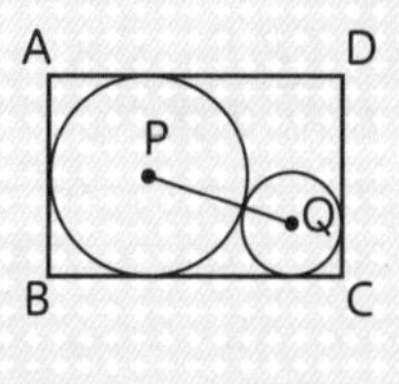

(2) 右の図のように，線分ABを直径とする半円に半径1cmの円が3つたがいに接している。色のついた部分の面積を求めなさい。〔東京工業大附属科学技術高〕

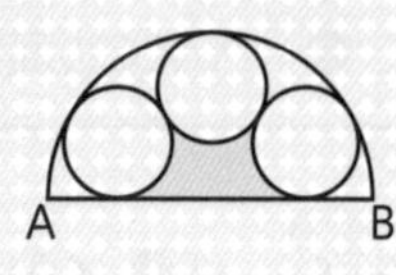

(1) 円P，Qから接点に半径をひいて考えよう。

解き方と答え

(1) 円の中心P，Qから，辺BCに垂線PE, QFをひく。
さらに，QからPEに垂線QGをひく。
円Qの半径を$x$cmとすると，直角三角形PQGで，
PG$=2-x$(cm)　PQ$=2+x$(cm)，
QG$=6-(2+x)=4-x$(cm)
└ QG=EF=BC−(BE+FC)
三平方の定理より，$(2-x)^2+(4-x)^2=(2+x)^2$　$x=8\pm4\sqrt{3}$
$0<x<2$より，$x=8-4\sqrt{3}$　よって，$8-4\sqrt{3}$(cm)

(2) 右の図のように，五角形PQRSTをつくる。

└ 点Q，R，Sは小円の中心
色のついた部分の面積は，五角形の面積(1辺2cmの正三角形3個分の面積)から，半径1cm，中心角120°のおうぎ形3つ分の面積をひけば求められる。
よって，$\left(\frac{\sqrt{3}}{4}\times2^2\right)\times3-\left(\pi\times1^2\times\frac{120}{360}\right)\times3=3\sqrt{3}-\pi$(cm^2)

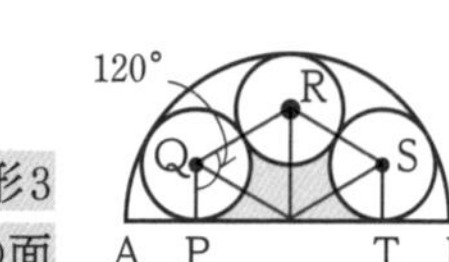

右の図のように，AB=AC=10，BC=12の△ABCがあり，3つの円のO_1，O_2，O_3がそれぞれ△ABCの2辺に接し，3つの円はたがいに接している。〔市川高(千葉)〕

(1) △ABCの面積を求めなさい。
(2) 円O_2の半径を求めなさい。
(3) 円O_1の半径を求めなさい。

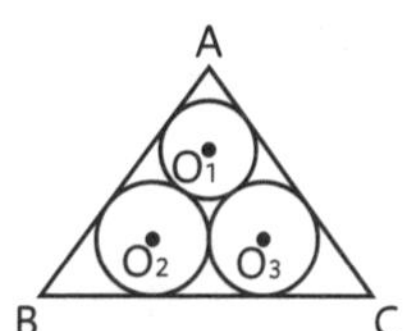

★★★ p.462 3

例題 129 相似の利用

右の図のように，線分ABを直径とする円Oの周上に点Cがあり，Cをふくまない$\overset{\frown}{AB}$上に点Dを，$\overset{\frown}{AD}$の長さが$\overset{\frown}{AC}$の長さより長くなるようにとる。点Eは線分CD上にあって，AE⊥CDである。〔熊本〕

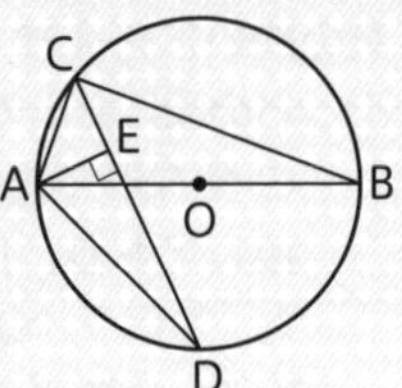

(1) △ABC∽△ADEであることを証明しなさい。

(2) AB＝9cm，AC＝3cm，AD＝6cmのとき，

❶ 線分DEの長さを求めなさい。

❷ △AECの面積を求めなさい。

(2)❶ ∠ACB＝90°より，△ABCで三平方の定理が使える。

解き方と答え

(1) △ABCと△ADEにおいて，

ABは直径だから，∠ACB＝90°

AE⊥CDより，∠AED＝90°

よって，∠ACB＝∠AED…①

$\overset{\frown}{AC}$に対する円周角は等しいから，∠ABC＝∠ADE…②

①，②より，2組の角がそれぞれ等しいから，

△ABC∽△ADE

(2)❶ △ABCで，三平方の定理より，$BC=\sqrt{9^2-3^2}=6\sqrt{2}$(cm)

(1)より，AB：AD＝BC：DE　9：6＝$6\sqrt{2}$：DE　DE＝$4\sqrt{2}$cm

❷ (1)より，AB：AD＝AC：AE　9：6＝3：AE　AE＝2cm

△AECで，三平方の定理より，$CE=\sqrt{3^2-2^2}=\sqrt{5}$(cm)

よって，$\triangle AEC=\frac{1}{2}\times2\times\sqrt{5}=\sqrt{5}$(cm²)

別冊解答 p.124

右の図のように，ABを直径とする円がある。円周上に点Cをとり，△ABCの辺CAの延長上に点Dをとる。DBと円との交点をEとし，$\overset{\frown}{EB}$上に点Fを$\overset{\frown}{AC}=\overset{\frown}{EF}$となるようにとる。また，DBとAFとの交点をGとする。〔桐朋高〕

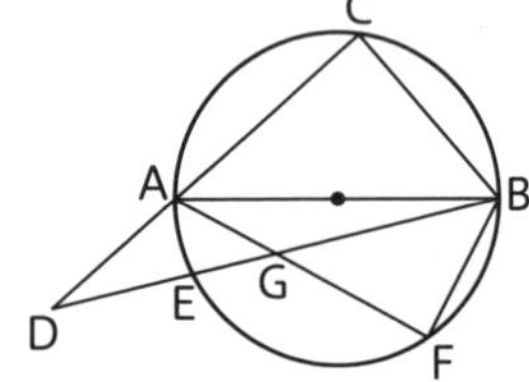

(1) △BCD∽△BFAであることを証明しなさい。

(2) AB＝4，AC＝3，AD＝2のとき，

❶ BF，DGの長さを求めなさい。

❷ △ADGの面積を求めなさい。

★★★

⮌ p.462 3

例題 130 円周角の定理の逆の利用

右の図のように，△ABCがある。頂点B，Cからそれぞれ辺AC，ABに垂線をひき，辺AC，ABとの交点をそれぞれD，Eとし，線分BDと線分CEとの交点をFとする。〔茨城〕

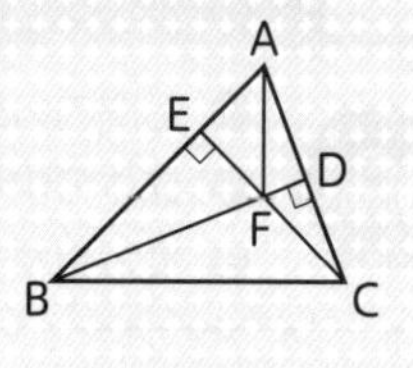

(1) △BFE∽△CFDであることを証明しなさい。

(2) AC＝6cm，BE＝5cm，∠ABC＝45°のとき，線分AFの長さを求めなさい。

(2) ∠BEC＝∠BDCであるから，4点B, C, D, Eは同一円周上にある。

解き方と答え

(1) △BFEと△CFDにおいて，∠BEF＝∠CDF＝90°…①
対頂角は等しいから，∠BFE＝∠CFD…②
①，②より，2組の角がそれぞれ等しいから，
△BFE∽△CFD

(2) ∠BEC＝∠BDC＝90°より，4点B，C，D，EはBCを直径とする同一円周上にある。
↑円周角の定理の逆

さらに，∠AEF＝∠ADF＝90°より，4点A，E，F，DはAFを直径とする同一円周上にある。
↑円に内接する四角形の性質

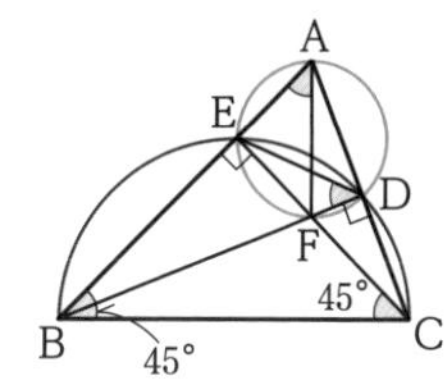

よって，∠EAF＝∠EDF＝∠ECB＝45°となり，
↑$\overset{\frown}{EF}$に対する円周角　↑$\overset{\frown}{BE}$に対する円周角

△AEF，△BECは，直角二等辺三角形である。
△AECで，CE＝BE＝5cm，AC＝6cmだから，
三平方の定理より，AE＝$\sqrt{6^2-5^2}=\sqrt{11}$(cm)
よって，△AEFで，AF＝AE×$\sqrt{2}=\sqrt{11}\times\sqrt{2}=\sqrt{22}$(cm)

右の図のように，∠A＝45°である鋭角三角形(えいかくさんかくけい)ABCにおいて，Aから辺BCへ垂線ADをひき，Cから辺ABへ垂線CEをひく。また，ADとCEとの交点をFとする。〔大阪星光学院高〕

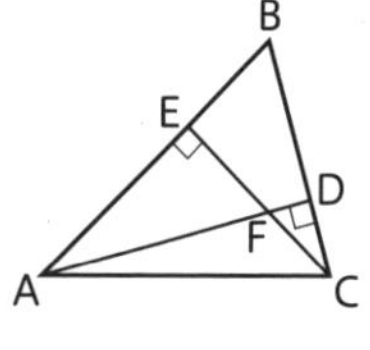

(1) △AFEと△CBEが合同であることを証明しなさい。

(2) BD＝10，CD＝3であるとき，FD，ACの長さを求めなさい。

30 空間図形への利用（1）

p.468 ～ 472

❶ 空間内の線分の長さ，錐体（すいたい）の体積と表面積を求められるようにしよう。
❷ 立体の中にある平面図形の面積を求められるようにしよう。
❸ 最短距離（さいたんきょり）の問題は展開図をかいて長さを求められるようにしよう。

要点整理

1 空間内の線分の長さ，錐体の体積と表面積，球の切り口 ➡例題 131，132

㋐ 直方体の対角線の長さ

対角線AG $=\sqrt{a^2+b^2+c^2}$

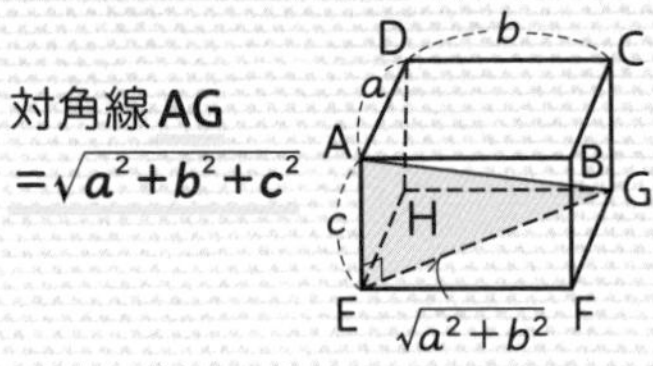

㋑ 円錐（えんすい）の高さ

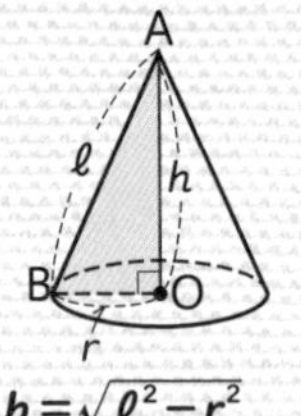

$h=\sqrt{\ell^2-r^2}$

㋒ 球の切り口の面積

切り口の面積 $=\pi(r^2-d^2)$

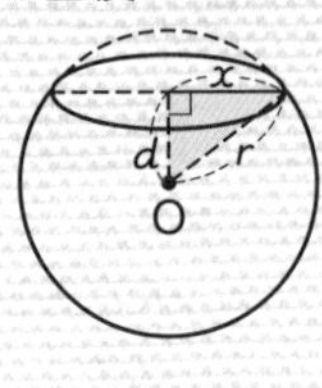

2 立体の中にある平面図形の面積 ➡例題 133

▶立体の中にある平面図形の面積を求めるときには，その**平面図形をとり出してから**考えるとよい。

例 1辺6cmの正四面体P－ABCがあり，BCの中点をMとする。△PMAの面積を求めなさい。

解 PM＝AM＝$3\sqrt{3}$cmだから，△PMAは底辺AP＝6cmの二等辺三角形である。MからAPに垂線MHをひくと，

MH＝$\sqrt{(3\sqrt{3})^2-3^2}=3\sqrt{2}$(cm)

よって，△PMA＝$\frac{1}{2}\times6\times3\sqrt{2}=9\sqrt{2}$(cm²)

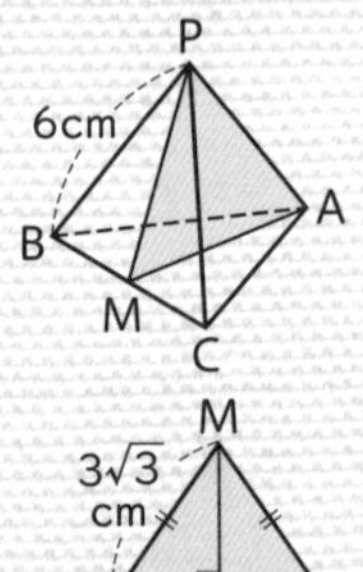

3 最短距離の長さ ➡例題 134

▶立体の表面上を通る最短距離（さいたんきょり）の長さは，**三平方の定理で求めることができる。**

㋐ 円錐の側面

例

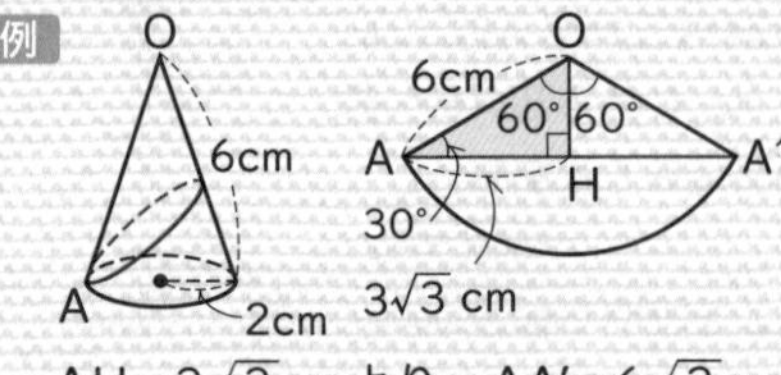

AH＝$3\sqrt{3}$cmより，AA′＝$6\sqrt{3}$cm

㋑ 直方体の表面

例

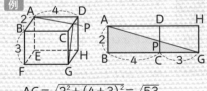

AG＝$\sqrt{2^2+(4+3)^2}=\sqrt{53}$

★★★ p.468 1

例題 131 空間内の線分の長さ

右の図の直方体について，次の問いに答えなさい。

(1) 対角線AGの長さを求めなさい。

(2) 辺ADの中点をMとするとき，線分MFの長さを求めなさい。

(3) 点Cから対角線AGに垂線CIをひくとき，線分CIの長さを求めなさい。

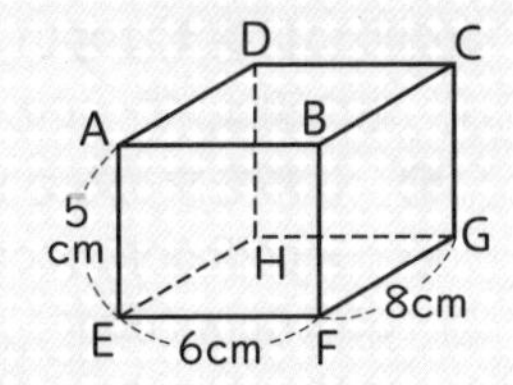

(1)(2) 縦a，横b，高さcの直方体の対角線の公式$\sqrt{a^2+b^2+c^2}$を使おう。

解き方と答え

(1) $AG=\sqrt{8^2+6^2+5^2}=5\sqrt{5}$ (cm)

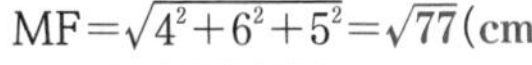

(2) 点Mを通り，面AEFBに平行な面で切ると，MFは直方体ABNM-EFLOの対角線である。$FL=8\div2=4$ (cm) より，

$MF=\sqrt{4^2+6^2+5^2}=\sqrt{77}$ (cm)

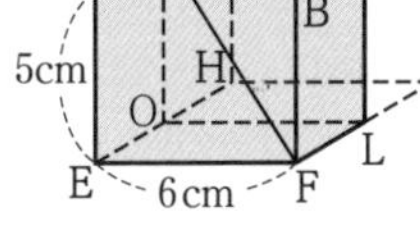

(3) CG⊥面ABCDより，

$\angle ACG=90°$

$AC=\sqrt{6^2+8^2}=10$ (cm) より，

$\triangle ACG=\dfrac{1}{2}\times10\times5=25$ (cm^2)

また，

$\triangle ACG=\dfrac{1}{2}\times AG\times CI=\dfrac{1}{2}\times5\sqrt{5}\times CI$ だから，

$\dfrac{5\sqrt{5}}{2}CI=25$　$CI=2\sqrt{5}$ (cm)

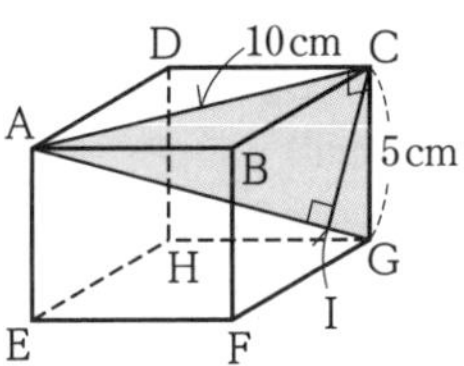

くわしく

直方体の対角線の長さ

△EFGで，$EG^2=a^2+b^2$

AE⊥面EFGHより，

$\angle AEG=90°$

よって，

$AG=\sqrt{AE^2+EG^2}$

$=\sqrt{a^2+b^2+c^2}$

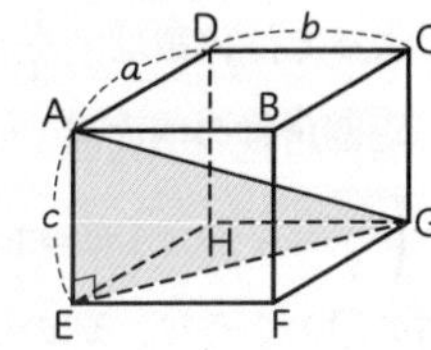

類題 131 別冊解答 p.125

右の図の立方体について，次の問いに答えなさい。

(1) 対角線AGの長さを求めなさい。

(2) 辺ADの中点をMとするとき，線分MFの長さを求めなさい。

(3) 点Cから対角線AGに垂線CIをひくとき，線分CIの長さを求めなさい。

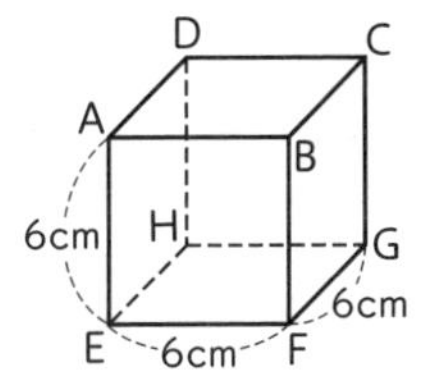

★★★ p.468 1

例題132 錐体の体積と表面積，球の切り口

次の問いに答えなさい。

(1) 右の図は，すべての辺の長さが6cmの正四角錐(せいしかくすい)である。

❶ 体積を求めなさい。

❷ 表面積を求めなさい。

(2) 半径5cmの球を，中心から3cmの距離(きょり)にある平面で切ったとき，切り口の面積を求めなさい。

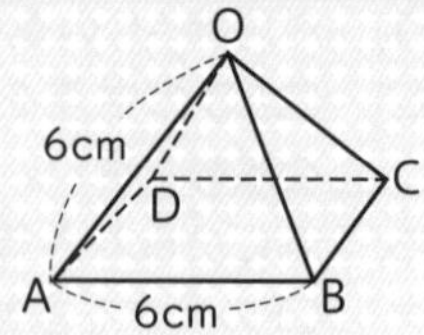

解き方のコツ **(1) 頂点Oと底面の正方形ABCDの対角線の交点とを結ぶ線分が高さになる。**

解き方と答え

(1)❶ 頂点Oから底面に垂線OHをひくと，点Hは底面の正方形ABCDの対角線の交点である。

底面の対角線ACは，$AC=AB\times\sqrt{2}=6\sqrt{2}$(cm)

よって，$AH=6\sqrt{2}\div2=3\sqrt{2}$(cm)

△OAHで，三平方の定理より，$OH=\sqrt{6^2-(3\sqrt{2})^2}=3\sqrt{2}$(cm)

よって，体積は，$\frac{1}{3}\times6^2\times3\sqrt{2}=36\sqrt{2}$(cm^3)

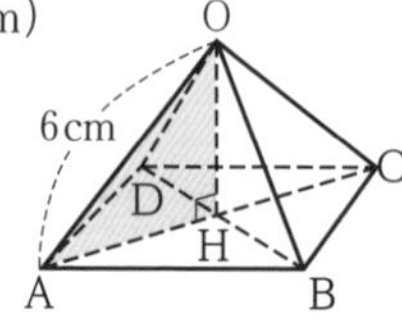

❷ 正四角錐の側面は1辺6cmの正三角形だから，表面積は，(正三角形：4つある)

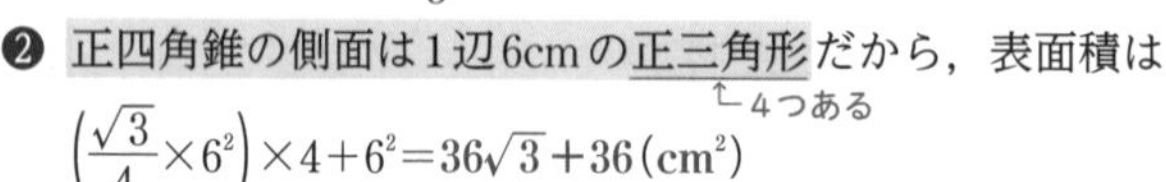

$\left(\frac{\sqrt{3}}{4}\times6^2\right)\times4+6^2=36\sqrt{3}+36$(cm^2)

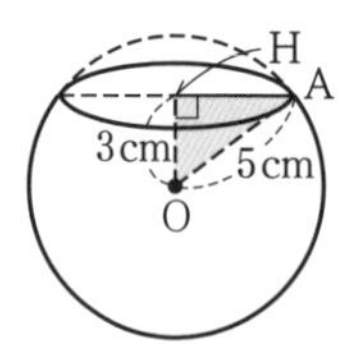

(2) 右の図のように，球の中心Oから切り口の面に垂線OHをひくと，点Hは切り口の円の中心である。

円の周上に点Aをとると，△OHAで，

$HA=\sqrt{OA^2-OH^2}=\sqrt{5^2-3^2}=4$(cm)

よって，切り口の面積は，$\pi\times HA^2=\pi\times16=16\pi$(cm^2)

類題132 別冊解答 p.125

次の問いに答えなさい。

(1) 底面の半径が1cm，母線の長さが3cmの円錐の体積を求めなさい。

(2) 右の図は，ある正四角錐の投影図である。立面図は1辺の長さが4cmの正三角形である。

❶ 体積を求めなさい。

❷ 表面積を求めなさい。

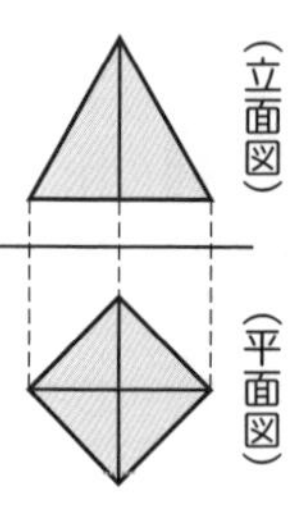

★★★ p.468 2

例題 133 立体の中にある平面図形の面積

右の図のような，すべての辺の長さが4cmの正四角錐O-ABCDがある。辺OCの中点をP，辺ODの中点をQとするとき，四角形ABPQの面積を求めなさい。

〔福岡大附属大濠高〕

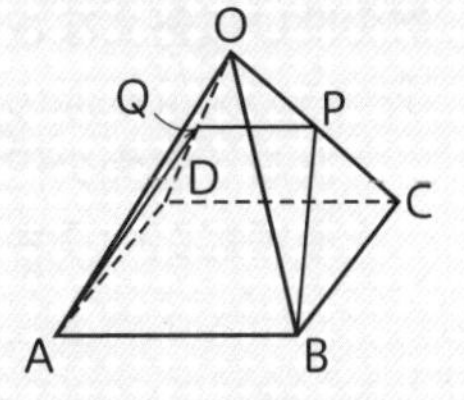

求める図形を立体からとり出して，それぞれの辺の長さを求めよう。
四角形ABPQは，中点連結定理から等脚台形である。

解き方と答え

側面はすべて1辺4cmの正三角形で，2点P，Qはそれぞれ辺OC，ODの中点であるから，中点連結定理より，PQ∥CD，

$PQ=4\div2=2$(cm)

BP⊥OCより，△BCPは30°，60°，90°の直角三角形だから，

$BP=BC\times\frac{\sqrt{3}}{2}=2\sqrt{3}$(cm)

CD∥ABよりPQ∥ABで，AQ=BPだから，四角形ABPQは右の図のような等脚台形である。点Pから辺ABに垂線PHをひくと，$BH=(4-2)\div2=1$(cm)

△BPHで，三平方の定理より，

$PH=\sqrt{(2\sqrt{3})^2-1^2}=\sqrt{11}$(cm)

よって，面積は，$\frac{1}{2}\times(2+4)\times\sqrt{11}=3\sqrt{11}$(cm^2)

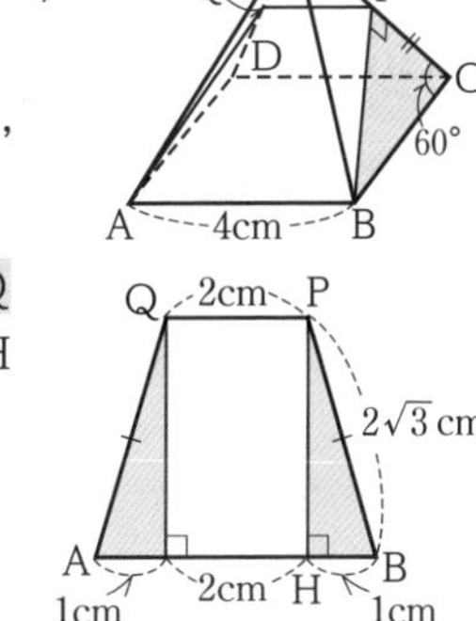

別冊解答 p.125

右の図のように，点A，B，C，D，E，Fを頂点とし，∠DEF=90°の直角二等辺三角形DEFを底面の1つとする三角柱がある。辺ACの中点をG，辺BCの中点をHとし，4点D，E，H，Gを結んで四角形DEHGをつくる。辺ADの長さが6cm，辺DEの長さが6cmのとき，四角形DEHGの面積を求めなさい。

〔三重一改〕

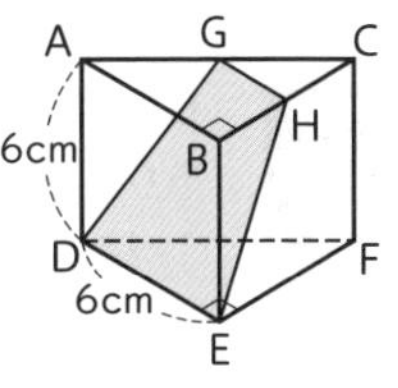

★★★

p.468 3

例題 134 最短距離の長さ

次の問いに答えなさい。

(1) 右の図は底面の半径が3cm，母線の長さが12cmの円錐（えんすい）である。底面の円周上の点Aから側面上を通り点Aにもどる最短経路の長さは何cmですか。〔國學院大久我山高〕

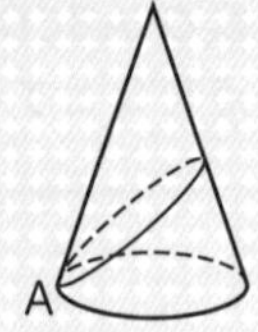

(2) 右の図のように，それぞれの辺の長さがすべて4cmの正四角錐ABCDEがあり，辺BCの中点をMとする。この正四角錐ABCDEの側面に，点Mから頂点Eまで，辺AC，辺ADに交わるようにひもをかける。かけたひもの長さが最も短くなるときのひもの長さを求めなさい。〔三重〕

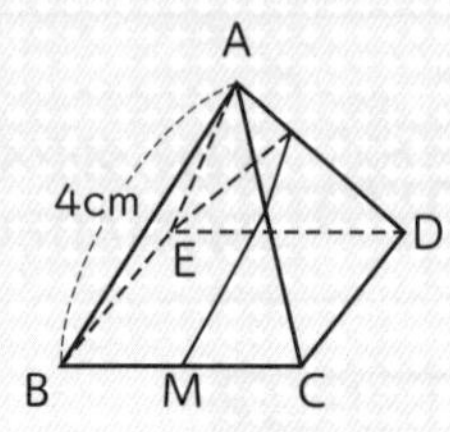

立体の表面上を通る最短距離を求めるときは，展開図をかいて考えよう。

解き方と答え

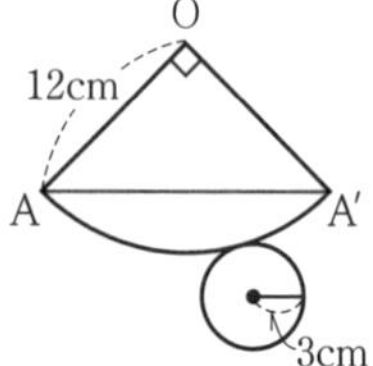

(1) 円錐の展開図をかくと，右の図のようになる。

側面のおうぎ形の中心角は，$360°\times\frac{3}{12}=90°$

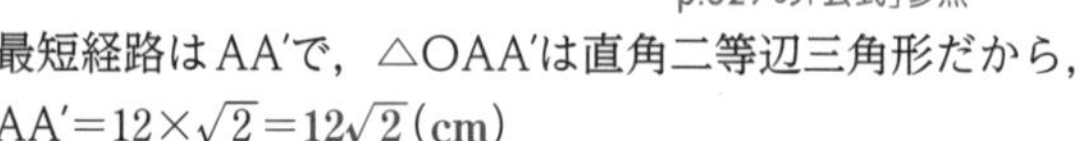

↑p.329の「公式」参照

最短経路はAA′で，△OAA′は直角二等辺三角形だから，

$AA'=12\times\sqrt{2}=12\sqrt{2}$(cm)

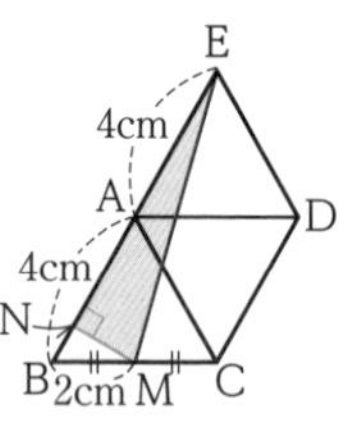

(2) ひもが通る側面の展開図は右のような等脚台形（とうきゃくだいけい）BCDEで，MEが最短のひもの長さである。

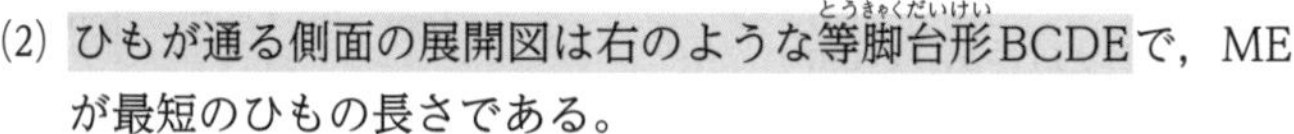

MからBAに垂線MNをひくと，△BMNは30°，60°，90°の直角三角形だから，BN＝1cm，MN＝$\sqrt{3}$cm

直角三角形MNEにおいて，EN＝4×2－1＝7(cm)だから，

三平方の定理より，$ME=\sqrt{7^2+(\sqrt{3})^2}=2\sqrt{13}$(cm)

類題 134 別冊解答 p.125

右の図のように，1辺の長さが6の立方体ABCD-EFGHがあり，AM：MD＝2：1とする。〔日本大豊山高〕

(1) 線分MFの長さを求めなさい。

(2) 辺AE上に点Nがある。△MNFのまわりの長さが最も小さくなるとき，まわりの長さを求めなさい。

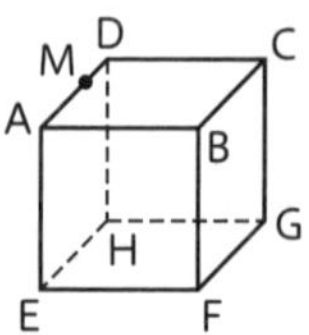

31 空間図形への利用 (2)

p.473 ～ 478

❶ 立体を切断したときにできる立体の体積を求められるようにしよう。
❷ 空間図形に内接する球についての問題を解けるようにしよう。
❸ 1辺がaの正四面体の高さと体積の公式を覚えよう。

要点整理

1 立体の切断と体積

➡例題 135～137

例 1辺6cmの立方体を3つの頂点A，C，Fを通る平面で切る。切ってできた三角錐（さんかくすい）B-ACFで，底面を△ACFにしたときの高さを求めなさい。

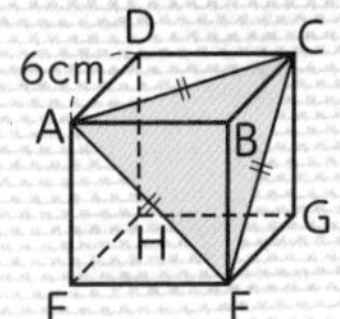

解 $\triangle ACF=\frac{\sqrt{3}}{4}\times(6\sqrt{2})^2=18\sqrt{3}\,(cm^2)$
（正三角形）

求める高さを$h$cmとすると，

$\frac{1}{3}\times18\sqrt{3}\times h=\frac{1}{3}\times\left(\frac{1}{2}\times6\times6\right)\times6$ より，$6\sqrt{3}h=36$　$h=2\sqrt{3}$cm
（△ABFを底面としたときの三角錐の体積）

2 空間図形に内接する球

➡例題 138

▶球が他の立体に内接する問題は，**円と平面図形におきかえて**考えるとよい。

㋐ 円錐に内接する球…p.462の 2 と同じようにして考える。

$AH=\sqrt{\ell^2-R^2}$
$AO=AH-r$
$AD=\ell-R$

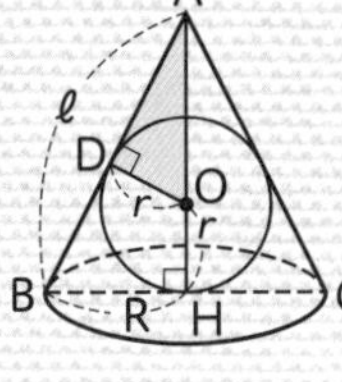

㋑ 円柱に内接する球…平面図で考える。

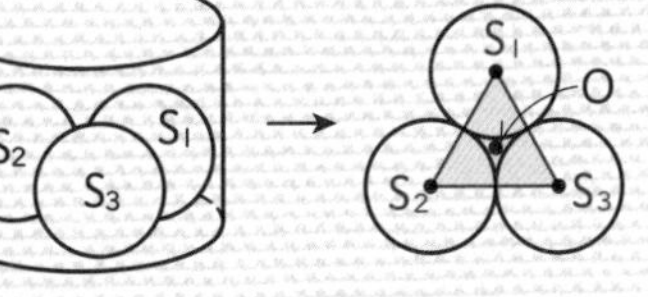

中心Oは$\triangle S_1S_2S_3$の**重心**

3 正四面体の体積

➡例題 139

▶右の図の正四面体で，**点Hは正三角形BCDの重心**だから，$DM=\frac{\sqrt{3}}{2}a$ より，$DH=\frac{\sqrt{3}}{3}a$

$$\boldsymbol{h}=\sqrt{a^2-\left(\frac{\sqrt{3}}{3}a\right)^2}=\boldsymbol{\frac{\sqrt{6}}{3}a}$$

$$\textbf{体積}\ \boldsymbol{V}=\frac{1}{3}\times\left(\frac{1}{2}\times a\times\frac{\sqrt{3}}{2}a\right)\times\frac{\sqrt{6}}{3}a=\boldsymbol{\frac{\sqrt{2}}{12}a^3}$$

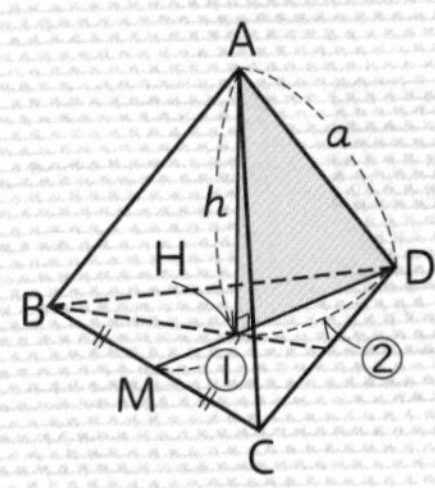

★★★ p.473 1

例題 135 立方体の切断と体積 (1) ～切断面の面積～

右の図のように，1 辺の長さが 2cm の立方体 ABCD-EFGH の辺 CD，DA，AE の中点をそれぞれ I，J，K とする。

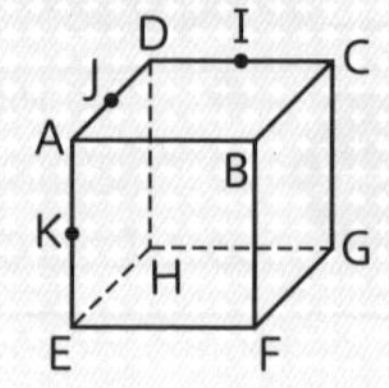

(1) この立方体を，3 点 I，J，K を通る平面で切ったとき，切断面の面積を求めなさい。

(2) (1)で求めた切断面の図形を底面とし，B を頂点とする角錐(かくすい)の体積を求めなさい。

(2) この立体は，底面が正六角形で，高さが BH の半分の正六角錐である。

解き方と答え

(1) 切断面は，右の図の正六角形 IJKLMN である。△DIJ は直角二等辺三角形だから，$IJ=\sqrt{2}$cm

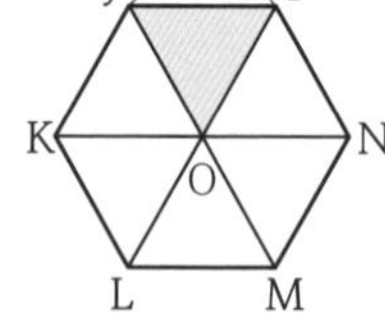

よって，切断面の面積は，正三角形 IJO の面積の 6 倍だから，

$\frac{\sqrt{3}}{4}\times(\sqrt{2})^2\times6=3\sqrt{3}\,(\text{cm}^2)$

↑ 1 辺 a の正三角形の面積の公式に $a=\sqrt{2}$ を代入

(2) 立体 B-IJKLMN は，底面が正六角形 IJKLMN で，高さが BO の正六角錐である。

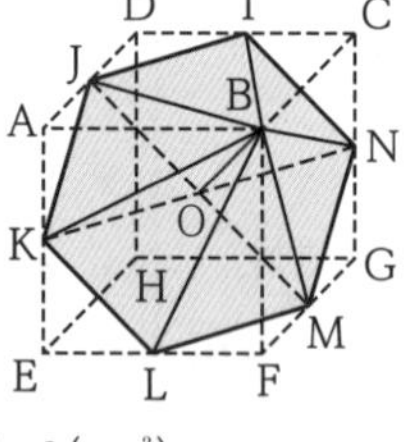

立方体の対角線 BH の長さは $\sqrt{2^2+2^2+2^2}=2\sqrt{3}$ (cm) だから，

高さ $BO=2\sqrt{3}\div2=\sqrt{3}$ (cm)

よって，体積は，$\frac{1}{3}\times3\sqrt{3}\times\sqrt{3}=3\,(\text{cm}^3)$

Return 立方体の切断と切断面…p.343 の例題㊶

くわしく

(2)正六角錐の高さ BO

p.344 の 参考 にあるように，正六角形 IJKLMN で立体は半分に分けられる。よって，正六角錐 B-IJKLMN と正六角錐 H-IJKLMN は合同な立体であるから，2 つの立体の高さは等しい。

よって，$BO=HO=\frac{1}{2}BH$

$=\sqrt{3}$ (cm)

別冊解答 p.126

右の図のように，1 辺の長さが 6cm の立方体がある。辺 AE，CG の中点をそれぞれ P，Q とする。

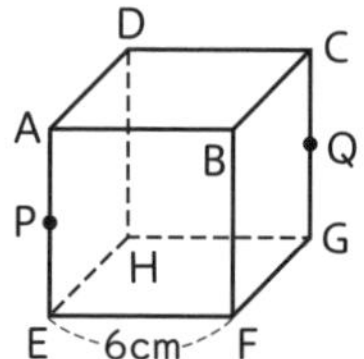

(1) この立方体を，3 点 D，P，Q を通る平面で切ったとき，切断面の面積を求めなさい。

(2) B から(1)で求めた切断面にひいた垂線 BI の長さを求めなさい。

★★★ ⤺ p.473 1

例題 136 立方体の切断と体積 (2) ～体積比の利用～

右の図のように，1辺の長さが3cmの立方体ABCDEFGHの辺EAを2倍にA側に延長した点をOとし，線分OFと辺AB，線分OHと辺ADの交点をそれぞれP，Qとする。

〔江戸川学園取手高〕

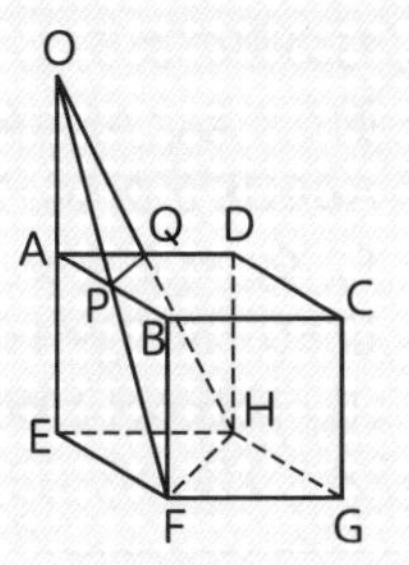

(1) 三角錐(さんかくすい)OAPQの体積を求めなさい。

(2) 立方体ABCDEFGHを平面PFHQで切ってできる2つの立体のうち，大きい方の立体の体積を求めなさい。

(3) △OFHの面積を求めなさい。

(4) 点Eから平面PFHQにひいた垂線の長さを求めなさい。

(2) 三角錐OAPQとOEFHは相似なので，体積比は$1^3:2^3=1:8$

解き方と答え

(1) $AP:EF=OA:OE=1:2$ より，$AP=\dfrac{3}{2}$cm　同様に，$AQ=\dfrac{3}{2}$cm

よって，三角錐OAPQの体積は，$\dfrac{1}{3}\times\left(\dfrac{1}{2}\times\dfrac{3}{2}\times\dfrac{3}{2}\right)\times3=\dfrac{9}{8}(\text{cm}^3)$

(2) 三角錐OAPQとOEFHは相似な立体で，相似比が1：2だから，体積比は$1^3:2^3=1:8$

よって，三角錐台APQEFHの体積は，

$\dfrac{9}{8}\times(8-1)=\dfrac{63}{8}(\text{cm}^3)$だから，求める立体の体積は，$3^3-\dfrac{63}{8}=\dfrac{153}{8}(\text{cm}^3)$

(3) △OEFで，$OF=\sqrt{(3+3)^2+3^2}=3\sqrt{5}$(cm)

$FH=3\sqrt{2}$cmより，OからFHに垂線OIをひくと，

$OI=\sqrt{(3\sqrt{5})^2-\left(\dfrac{3\sqrt{2}}{2}\right)^2}=\dfrac{9\sqrt{2}}{2}$(cm)

よって，$\triangle OFH=\dfrac{1}{2}\times3\sqrt{2}\times\dfrac{9\sqrt{2}}{2}=\dfrac{27}{2}(\text{cm}^2)$

(4) 求める垂線の長さを$x$cmとすると，三角錐OEFHの体積から，

$\underset{\uparrow(1)}{\dfrac{9}{8}}\times8=\dfrac{1}{3}\times\underset{\uparrow(3)}{\dfrac{27}{2}}\times x$　$x=2$　よって，垂線の長さは，2cm

---

類題 136 別冊解答 p.126

右の図のように，1辺の長さが4の立方体ABCD-EFGHに対し，辺AB，BC，CD，DAの中点を順にP，Q，R，Sとする。この立方体を3点S，P，Fを通る平面で切り，続けて3点R，Q，Fを通る平面で切り，頂点Bをふくむ立体を得た。この立体の(1)体積，(2)表面積をそれぞれ求めなさい。

〔中央大附高〕

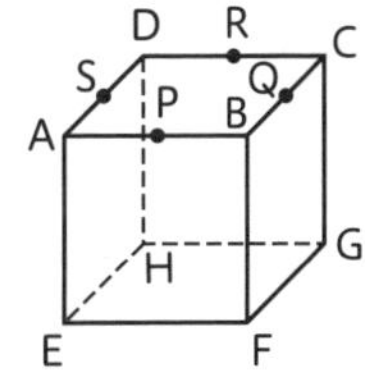

★★★ ⮌ p.473 1

例題 137 角錐の切断と体積

右の図のように，1辺の長さが4cmの正方形を底面とする，AB=AC=AD=AE=4cmの正四角錐(せいしかくすい)ABCDEがある。辺AB，AE，BCの中点をそれぞれF，G，Hとする。辺BC上にBI=1cmとなる点I，辺ED上にEJ=1cmとなる点Jをとる。〔新潟－改〕

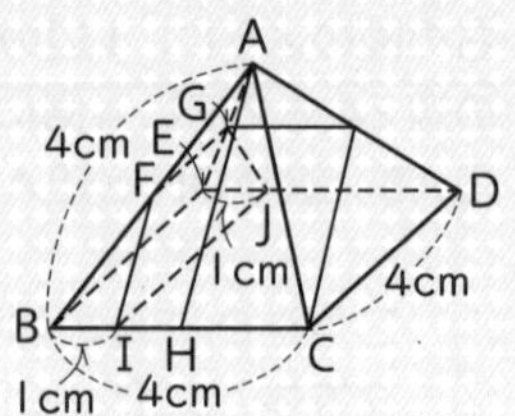

(1) 線分AHと線分FIの長さを求めなさい。

(2) 立体FBI-GEJの体積を求めなさい。

(2) 立体を2つの合同な四角錐と三角柱の3つに分けて体積を求める。

解き方と答え

(1) AHは正三角形ABCの高さだから，$AH=4\times\frac{\sqrt{3}}{2}=2\sqrt{3}$(cm)

FIは△ABHにおいて，点F，Iがそれぞれ辺AB，BHの中点だから，

中点連結定理より，$FI=\frac{1}{2}AH=\sqrt{3}$(cm)

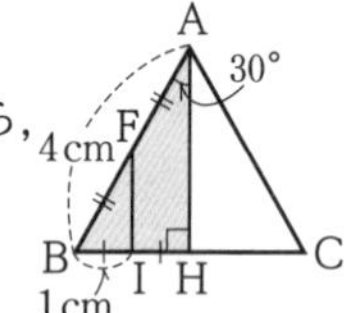

(2) △ABEで，点F，Gがそれぞれ辺AB，AEの中点だから，

中点連結定理より，$FG=\frac{1}{2}BE=2$(cm)

また，FG∥BE∥IJ，FI＝GJより**四角形FIJGは等脚台形**(とうきゃくだいけい)である。

これを2つの直角三角形△FIK，△GJLと長方形FKLGに分けると，KL=2cm，IK=LJ=(4−2)÷2=1(cm)より，

$FK=GL=\sqrt{(\sqrt{3})^2-1^2}=\sqrt{2}$(cm)

次に，点K，Lより辺BEに垂線KM，LNをひくと，**立体FBI-GEJは，2つの合同な四角錐F-BIKM，G-EJLNと，三角柱FMK-GNLに分けられる**。よって，求める立体の体積は，

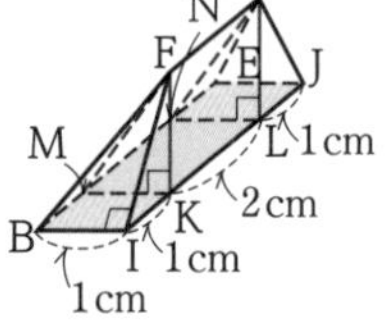

$$\left(\frac{1}{3}\times1^2\times\sqrt{2}\right)\times2+\frac{1}{2}\times1\times\sqrt{2}\times2=\frac{2\sqrt{2}}{3}+\sqrt{2}=\frac{5\sqrt{2}}{3}\ (\text{cm}^3)$$

↑ 四角錐の体積　↑ 三角柱の体積

右の図のように，それぞれの辺の長さが4cmの正四角錐O-ABCDがある。辺OD，OC上にOP=OQ=1cmとなる点P，Qをとり，点Qから辺AB，CDに垂線QR，QSをひく。〔愛光高〕

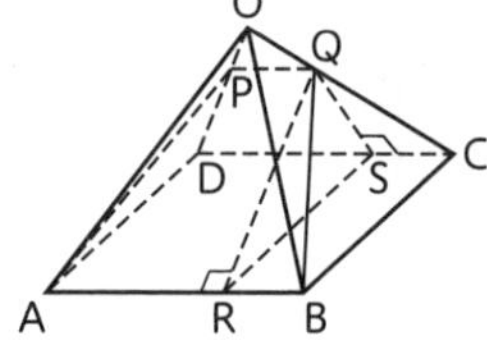

(1) 正四角錐O-ABCDの体積を求めなさい。

(2) △QRSの面積を求めなさい。

(3) 四角錐O-ABQPの体積を求めなさい。

★★★ p.473 2

例題 138 空間図形に内接する球

右の図のように，1辺の長さが2である立方体のそれぞれの面の対角線の交点を結んでできる正八面体がある。

〔法政大国際高〕

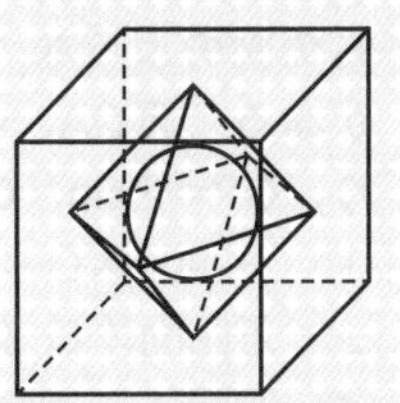

(1) 正八面体の1辺の長さを求めなさい。
(2) 正八面体の体積を求めなさい。
(3) 正八面体に内接する球の半径を求めなさい。

(3) 球の中心から正八面体のそれぞれの面までの距離（きょり）は，球の半径に等しい。

解き方と答え

(1) 右の図で，△AEGは直角二等辺三角形だから，$AE=\sqrt{2}$

(2) 正八面体の体積は，正方形CDEFを共通の底面にもつ，2つの合同な正四角錐（せいしかくすい）A-CDEFとB-CDEFの体積の和であり，

高さは，$AH=BH=\frac{1}{2}AB=1$

よって，体積は，$\left\{\frac{1}{3}\times(\sqrt{2}\times\sqrt{2})\times1\right\}\times2=\frac{4}{3}$

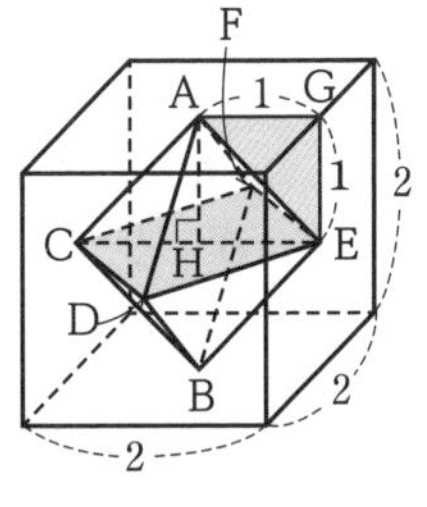

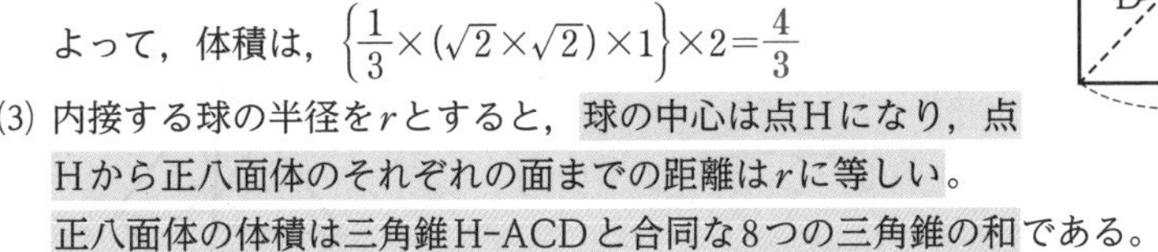

(3) 内接する球の半径をrとすると，球の中心は点Hになり，点Hから正八面体のそれぞれの面までの距離はrに等しい。

正八面体の体積は三角錐H-ACDと合同な8つの三角錐の和である。

$\triangle ACD=\frac{\sqrt{3}}{4}\times(\sqrt{2})^2=\frac{\sqrt{3}}{2}$と(2)より，

$\left(\frac{1}{3}\times\frac{\sqrt{3}}{2}\times r\right)\times8=\frac{4}{3}$　$\frac{4\sqrt{3}}{3}r=\frac{4}{3}$

$r=\frac{\sqrt{3}}{3}$

別冊解答 p.127

右の図のように，1辺の長さが$6+6\sqrt{3}$の正三角形を底面とする三角柱に，半径の等しい3個の球が内接していて，どの球も他の球と接している。このとき，球の半径を求めなさい。

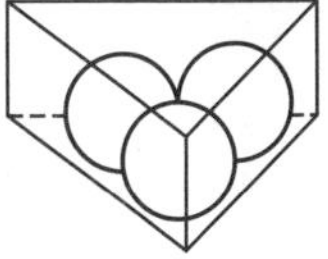

★★★ ⤴p.473 3

例題 139 正四面体の体積

右の図のような，1辺の長さが6cmの正四面体O-ABCがある。辺OA，OB，OC上にそれぞれ点P，Q，Rをとり，OP=2cm，OQ=3cm，OR=1cmとする。

(1) 正四面体O-ABCの高さを求めなさい。

(2) 正四面体O-ABCの体積を求めなさい。

(3) 四面体O-PQRの体積を求めなさい。

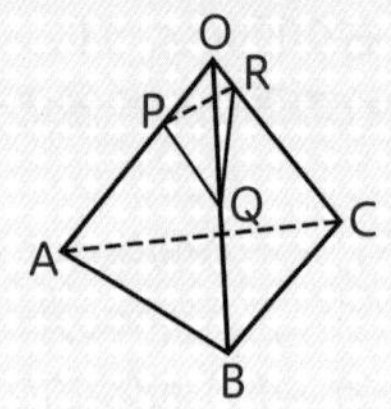

(1) 頂点Oから底面ABCにひいた垂線と底面の交点は，△ABCの重心である。

解き方と答え

(1) 頂点Oから底面に垂線OHをひくと，点Hは△ABCの重心である。重心は中線を2：1の比に分けるから，

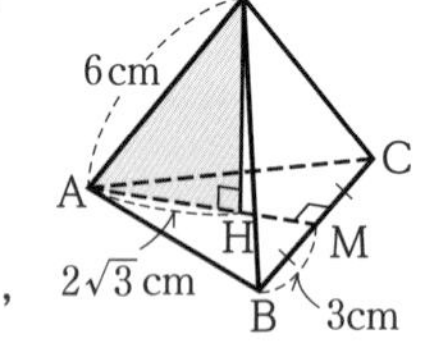

AM=AB×$\frac{\sqrt{3}}{2}$=$3\sqrt{3}$(cm)より，

AH=$\frac{2}{3}$×AM=$2\sqrt{3}$(cm)

よって，△OAHで，OH=$\sqrt{6^2-(2\sqrt{3})^2}$=$2\sqrt{6}$(cm)

(2) $\frac{1}{3}\times\left(\frac{\sqrt{3}}{4}\times6^2\right)\times2\sqrt{6}=18\sqrt{2}$(cm³)

└△ABCの面積　└高さOH

(3) 四面体O-PQRと正四面体O-ABCの体積比は，右の 公式 より，(2×3×1)：(6×6×6)=1：36だから，

四面体O-PQRの体積は，$18\sqrt{2}\times\frac{1}{36}=\frac{\sqrt{2}}{2}$(cm³)

公式 1つの頂点が共通な立体の体積比

四面体O-PQRと四面体O-ABCの体積比は，

四面体O-PQR：四面体O-ABC
=(OP×OQ×OR)：(OA×OB×OC)
で求められる。

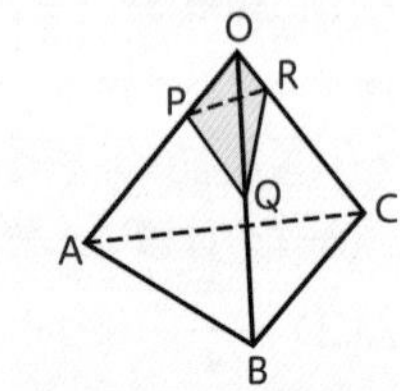

これはp.422の 2 の「1つの角が共通な三角形の面積比」と同じ考え方である。

類題 139 別冊解答 p.127

1辺の長さが2である正四面体ABCDに球が内接している。　〔法政大国際高〕

(1) △BCDの面積を求めなさい。

(2) 頂点Aから△BCDにひいた垂線の長さを求めなさい。

(3) 正四面体ABCDの体積を求めなさい。

(4) 球の半径を求めなさい。

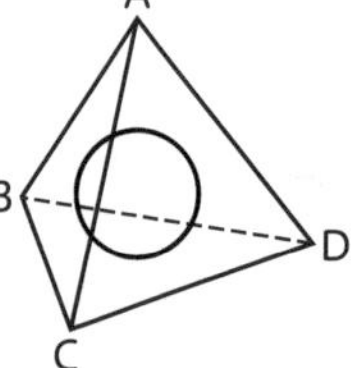

章末問題 A

→別冊解答 p.128～129

66 右の図のような，∠ABC＝90°である直角三角形ABCについて，AB＝5cm，AC＝7cmのとき，△ABCの面積を求めなさい。〔佐賀〕

例題 116

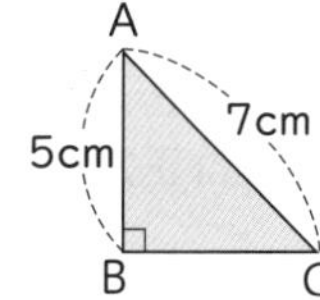

67 右の図で，直線ℓは，半径4cmの円Oと半径3cmの円O′に共通な接線であり，点A，Bは接点である。OO′間の距離(きょり)が11cmのとき，線分ABの長さを求めなさい。〔法政大高〕

例題 127

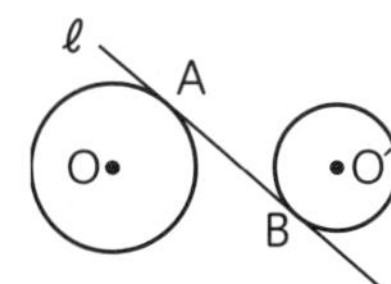

68 右の図の四角形ABCDは，AD//BC，∠C＝∠D＝90°の台形で，AD＝3cm，BC＝9cmである。この台形の辺CDを直径として円Oをかくと，点Eで辺ABと接する。このとき，色のついた部分の面積を求めなさい。〔埼玉〕

例題 121 126

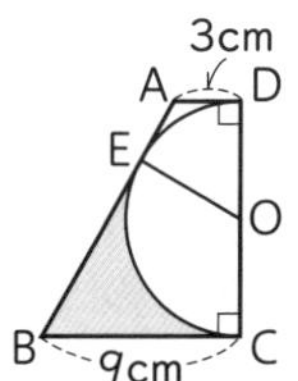

69 右の図のようなAB＝ACの二等辺三角形ABCがある。辺AC上に2点A，Cと異なる点Dをとり，点Cを通り辺BCに垂直な直線をひき，直線BDとの交点をEとする。AB＝5cm，BC＝CE＝6cmであるとき，△BDCの面積は何cm^{2}ですか。〔香川〕

例題 123

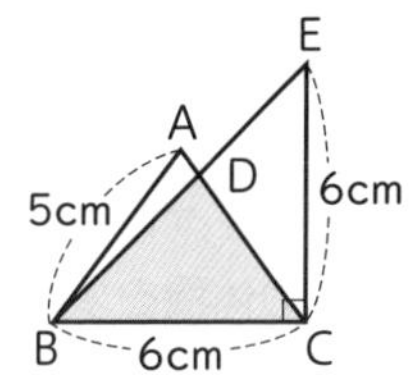

70 右の図は，すべての辺の長さが8cmの正四角錐(せいしかくすい)OABCDであり，点Hは底面ABCDの2つの対角線AC，BDの交点である。点Pは辺OC上にあって，OP＝6cmである。また，辺OB上に点Qを，2つの線分AQ，QPの長さの和が最小となるようにとる。〔熊本〕

例題 134

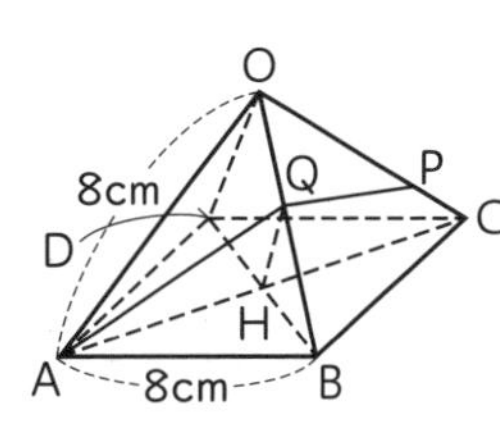

(1) 対角線BDの長さを求めなさい。

(2) 線分OQと線分QBの長さの比OQ：QBを求めなさい。ただし，答えは最も簡単な整数比で表すこと。

(3) 線分QHの長さを求めなさい。

章末問題 B

→別冊解答 p.129～131

71 右の図のような，1 辺の長さが 1 の正方形ABCDの中にある正三角形AEFの面積を求めなさい。ただし，2点E，Fは正方形の辺上にある。 〔大阪星光学院高〕

⤴例題 116 117

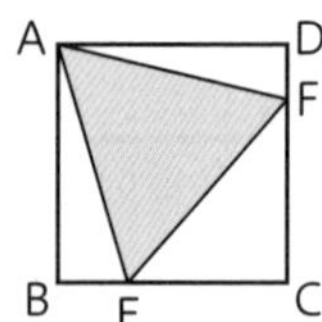

72 右の図のように，AB＝10，AD＝17の長方形ABCDがある。円Oは四角形ABEDに接している。円Pは辺AD，DEと円Oに接している。2つの円O，Pの接点をHとする。線分FGは点Hを通り，線分OPと垂直である。 〔桐蔭学園高〕

⤴例題 126 127

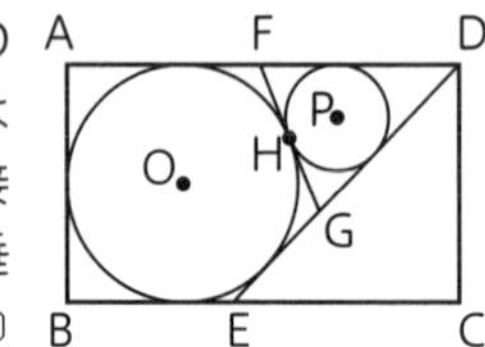

(1) DOの長さを求めなさい。
(2) 円Pの半径を求めなさい。
(3) FGの長さを求めなさい。
(4) ECの長さを求めなさい。

73 右の図のように，底面の半径が3，高さが4の円錐（えんすい）がある。この円錐の底面と側面にちょうど接する球の体積を求めなさい。 〔明治学院高〕

⤴例題 138

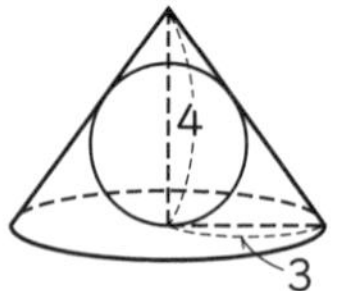

74 右の図のように，すべての辺の長さが6cmの正四面体ABCDがあり，辺ADの中点をEとする。この正四面体を3点B，C，Eを通る平面で切ったとき，三角錐ABCEの体積を求めなさい。 〔埼玉〕

⤴例題 139

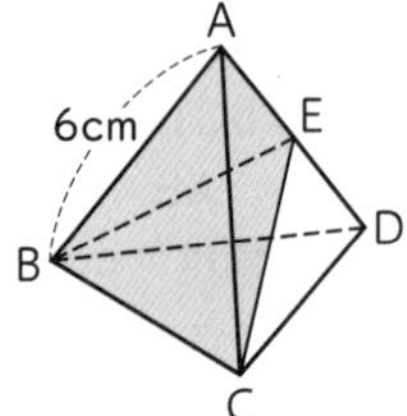

75 底面が1辺6cmの正方形で，側面が正三角形である正四角錐O-ABCDがある。辺OC上にOE＝ECとなる点Eをとり，また，辺OD上に点Fをとって，3点A，E，Fを通る平面でこの正四角錐を切り，辺OBと切断面の交点をGとしたところ，OF＝OGとなった。〔青雲高〕

⤴例題 137

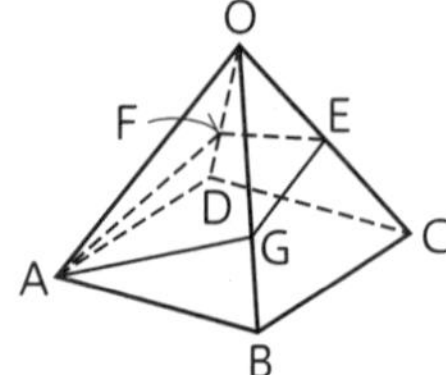

(1) 線分AEの長さを求めなさい。
(2) OG：GBを最も簡単な整数の比で表しなさい。
(3) 四角形AGEFの面積を求めなさい。
(4) 正四角錐O-ABCDと四角錐O-AGEFの体積をそれぞれV_1，V_2とするとき，V_1：V_2を最も簡単な整数の比で表しなさい。

章末問題 C

➡ 別冊解答 p.131～134

76 右の図において，鋭角三角形(えいかくさんかくけい)ABCはAB=7，BC=8，∠ACB=60°である。また円Oは辺BCの中点Dでこの辺に接し，頂点Aを通り，辺AB，ACとそれぞれ点E，Fで交わっている。〔ラ・サール高〕

例題 122 129

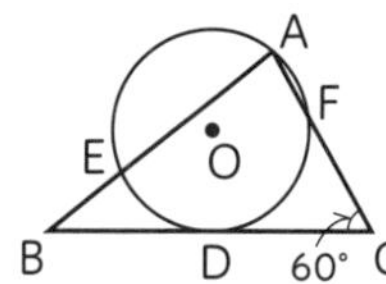
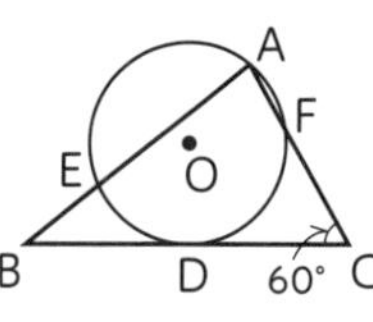

(1) ACの長さを求めなさい。
(2) AFの長さを求めなさい。
(3) 円Oの半径rを求めなさい。

77 右の図のように，AB=AC=$3\sqrt{10}$，BC=6の二等辺三角形ABCと，その頂点A，B，Cを通る円Oがある。点Dは，直線AOと円の交点のうちAでないほうの点であり，点Eは，直線OBと直線CDの交点である。また，点Fは直線ABと直線CDの交点である。〔東京学芸大附高〕

例題 129

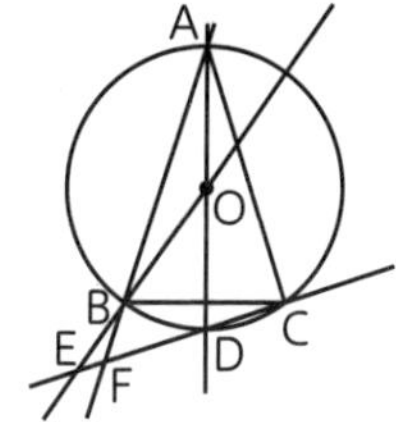

(1) 線分OBの長さを求めなさい。
(2) 線分DEの長さを求めなさい。
(3) △BEFの面積を求めなさい。

78 円柱の中に半径2cmの球を4個入れたところ，4個の球はたがいに接した。3個の球はすべて円柱の下の底面と側面に接し，残りの球は円柱の上の底面に接した。〔立教新座高〕

例題 139

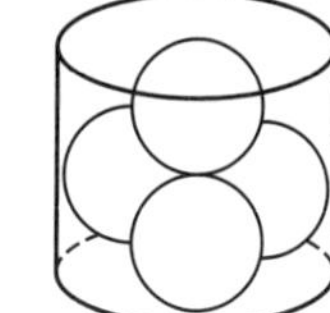

(1) 円柱の底面の円の半径を求めなさい。
(2) 円柱の高さを求めなさい。

79 右の図1のように，1辺の長さが6cmである立方体ABCD−EFGHがある。辺AD，CD上にそれぞれ点M，Nを，DM=DN=2cmとなるようにとる。〔帝塚山高－改〕

例題 135 136 138

(図1)

(1) 四角形MNGEの面積を求めなさい。
(2) 図2のように，図1の立方体ABCD − EFGHのすべての面に接する球Oを考える。
　① 球Oの体積を求めなさい。
チャレンジ ② 四角形MNGEをふくむ平面で球Oを切断するとき，その切断面に現れる円の半径を求めなさい。

(図2)

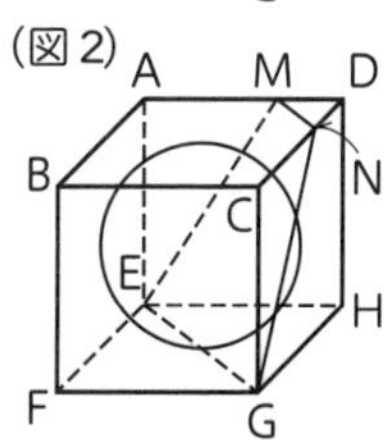

折り紙と数学 ～正多角形を折ってみよう～

折り紙で鶴(つる)を折ったことあるかな？意外と気づいていないかも知れないけれど，折り紙を折るときには，**垂直二等分線**，**角の二等分線**(p.297)，**図形の折り返し**(p.353)などいろいろな図形の性質を利用している。そこで，今回は身近にあるA4の紙で，正三角形と正六角形が折れることを紹介(しょうかい)するよ。

㋐ 正三角形の折り方

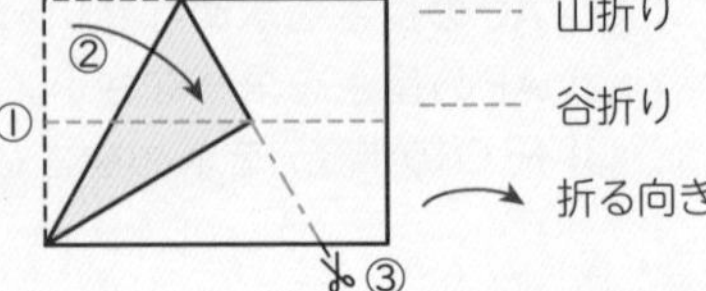

① 縦半分に折って折り目をつける。
② 左上の頂点が①の折り目に重なるように折る。
③ 折り目をつけて切る。

〔証明〕AB＝2とすると, CB＝AB＝2, CE＝$\frac{1}{2}$AB＝1, ∠BEC＝90°

より，△ECBは1：2：$\sqrt{3}$の直角三角形だから，∠CBE＝30°

∠ABD＝∠CBD＝(90°－30°)×$\frac{1}{2}$＝30°

よって，∠DBE＝30°×2＝60°…①

△BCDで，∠BDC＝90°－30°＝60°…②

①，②より，△BDFは正三角形となる。

次は，上の正三角形の折り方を使って正六角形を折ってみよう。**正六角形は合同な正三角形6つからできている**ことを利用するよ。

㋑ 正六角形の折り方

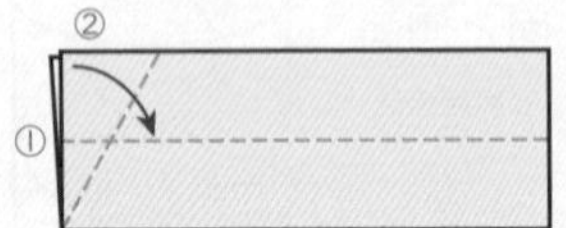

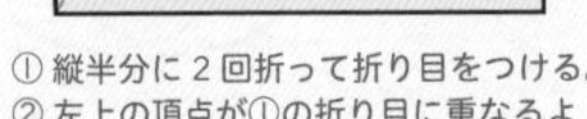
① 縦半分に2回折って折り目をつける。
② 左上の頂点が①の折り目に重なるように折る。

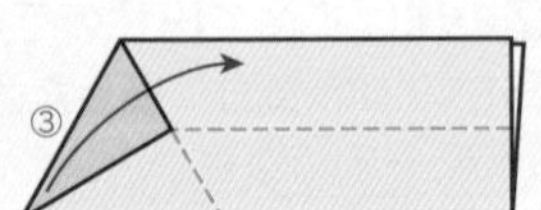

③ 左下の頂点が上の辺に重なるように折る。

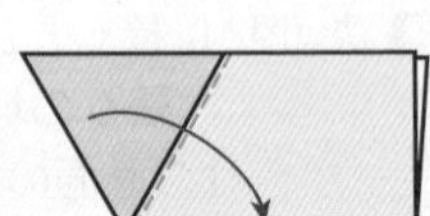

左上の頂点が下の辺に重なるように折る。

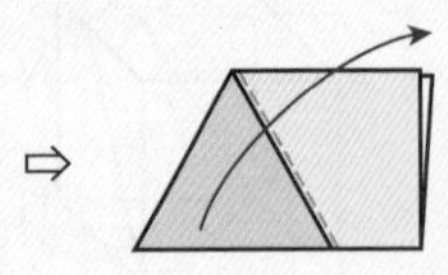

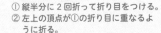

③と同じように折る。

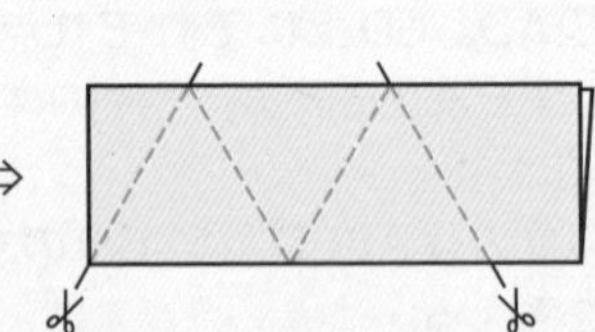

半分まで広げて切る。

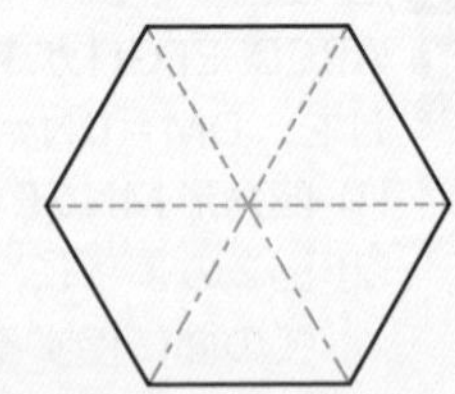

広げると，正六角形になる。

どうだったかな？さらに正五角形，正八角形，…のような正多角形，また，**正多面体**(p.330)などの立体図形に挑戦(ちょうせん)するのもおススメだ。紙を正方形の折り紙に変えても，折ることができるよ。いろいろな折り方をインターネットや本で調べてみよう。1枚の紙から，数学の世界が広がっていくよ。

5

第5編 データの活用

05

ここからスタート！

第5編 データの活用

START!

代表値は覚えているかな？中学では，箱ひげ図というものを利用することで，視覚的にデータをとらえられるようになるよ。また，あることがらの起こりやすさを数値化した確率も求めていくんだ。日常にあるいろいろなデータは，どの方法でまとめるのがわかりやすいのか知ろう！

資料の整理 ～データはどう活かされるの？～

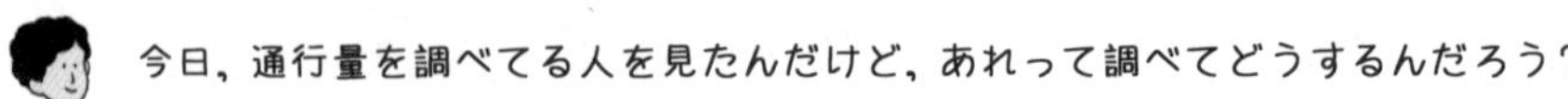

今日，通行量を調べてる人を見たんだけど，あれって調べてどうするんだろう？

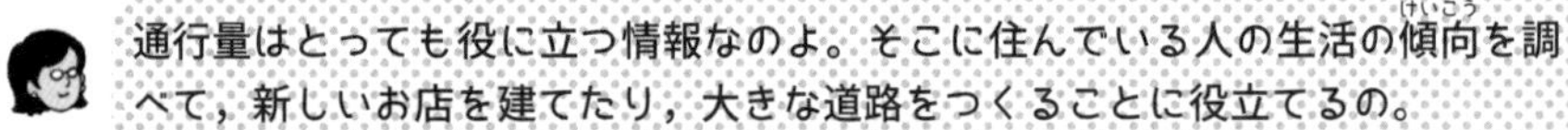

通行量はとっても役に立つ情報なのよ。そこに住んでいる人の生活の傾向を調べて，新しいお店を建てたり，大きな道路をつくることに役立てるの。

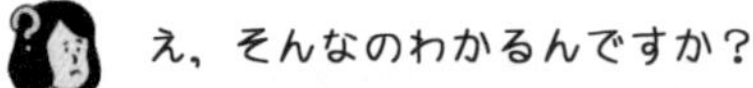

え，そんなのわかるんですか？

ええ。ヒストグラム，箱ひげ図を使えばそのデータについて，傾向がわかるのよ。特に箱ひげ図は，データがどのぐらい散らばっているのかわかりやすいわ。

散らばりがわかると何がいいんですか？平均でもいい気がするんですけど。

例えばこの箱ひげ図，平均はどちらも80なんだけど，まったく違うわよね。

60 65 70 75 80 85 90 95 100

片方はものすごく長いのにもう片方はとっても短い。

そう，全体的に平均に近い値を取っているのか，それとも飛びぬけて低い数値や高い数値があるのか，はっきりわかるわ。通行量も同じように，数時間ごとの人通りを調べて比べてるの。この時間帯にはこの年代が多いということがわかれば，お店に並べる商品なんかも変えていくことができるのよ。

あ，だからコンビニも場所によってある商品とない商品があるのか！

必要とされていることが何なのか，いらないものは何なのか調べて住みやすい地域がつくられていくのよ。

確率 ～コインゲーム～

2人とも何してるんですか？

コインの表裏を当てるゲーム！ 10日間連続でどっちが出るか当てたらプレゼントがもらえるんだ！ 9日連続で勝利中！今日も絶対当てるんだ！

へぇ，すごいね。10日間連続正解する確率ってどうやって求めればいいんですか？

確率は，考えられる全部の場合の数をもとにしたときの，そのことが起こる場合の数の割合を表すものなの。例えば，くじ引きで100人中5人が当たる場合だったら，当たる確率は$\frac{5}{100}$つまり$\frac{1}{20}$ね。

0.05って表しちゃダメなんですか？

ダメってわけではないけど，6人中1人のとき小数にすると0.1666…のようにわり切れないわよね？こんなとき正確な値で表せないから，基本は分数ね。さて，じゃあ今回の確率を求めていきましょう。書き出して求める方法もあるんだけど，大変だから計算で求めるわ。例えば1枚のコインを2回投げたとき，表裏の出方って何通りあるかしら？出た順番も気をつけて考えてみて。

1回なら2通りですよね。2回なら表表，表裏，裏表，裏裏で4通りですね！

その通り！ 3回投げたときは，2回投げた結果からさらに表と裏の出方が増えていくから，2回投げたときの2倍の8通りね。4回投げたら3回投げたときのさらに2倍，というふうに出方は増えていくの。つまり，2を投げた回数分かけていくのよ。これが分母ね。

じゃあ，今まで9回投げているから2^9で512通り，そのうち正解は1通りしかないから，$\frac{1}{512}$になるんですね。じゃあ，今日の結果をお願いします！

よし，今日は表だ！

…まさかの！確率$\frac{1}{1024}$!?

1 度数分布表と相対度数

p.486 ～ 489

❶ 度数分布表とヒストグラムのつくり方を理解し，それらからいろいろなことがらを読み取れるようにしよう。

❷ 相対度数と累積度数・累積相対度数を求められるようにしよう。

要点整理

1 度数分布表，ヒストグラム

➡例題 1，2

▶度数の分布

㋐ 階級…資料を整理するために用いる区間

㋑ 階級の幅…区間の幅　例 右の表では，5分

㋒ 階級値…各階級の真ん中の値

例 10分以上15分未満の階級値は，

$$\frac{10+15}{2}=12.5(分)$$

通学時間の度数分布表

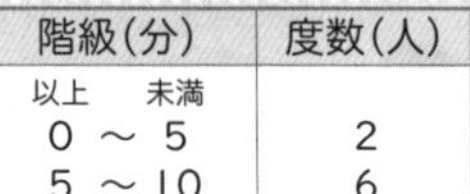

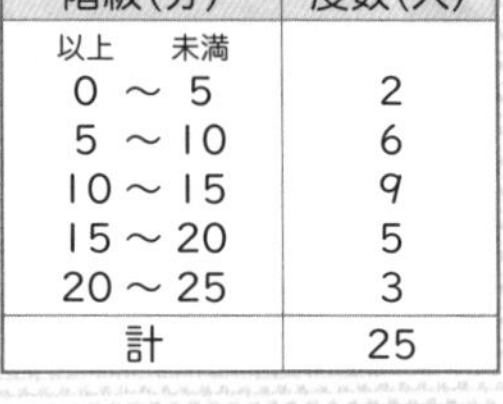

階級(分)	度数(人)
以上　未満	
0 ～ 5	2
5 ～ 10	6
10 ～ 15	9
15 ～ 20	5
20 ～ 25	3
計	25

㋓ 度数…各階級に入っている資料の個数

㋔ 度数分布表…各階級にその階級の度数を示して，分布のようすを表した表

㋕ 範囲(レンジ)…資料の**最大の値から最小の値をひいた値**

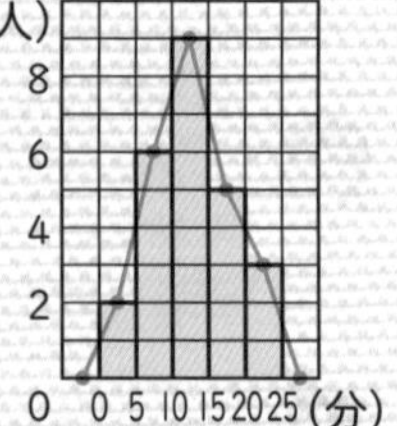

▶**階級の幅を横，度数を縦とする長方形を並べたグラフをヒストグラム(柱状グラフ)という。**

▶ヒストグラムのそれぞれの長方形の上の辺の**中点を結んでできる折れ線**を**度数折れ線(度数分布多角形)**という。

2 相対度数と累積度数

➡例題 3

▶各階級の度数の，度数の合計に対する割合を，その階級の**相対度数**という。

例 1の度数分布表で，階級5～10の相対度数は，$\frac{6}{25}=0.24$

▶はじめの階級から各階級までの度数の和を表したものを**累積度数**という。

例 1の度数分布表で，階級10～15の累積度数は，2+6+9=17(人)

▶各階級の累積度数の，全体に対する割合を，**累積相対度数**という。

例 1の度数分布表で，階級10～15の累積相対度数は，$\frac{17}{25}=0.68$

▶階級の幅を横，累積度数を縦とするグラフで，各階級の累積度数を，その階級の**最大値の点を結んでできる折れ線**を**累積度数折れ線(累積度数分布折れ線)**という。点を**階級値で結ぶ**度数折れ線との違いに注意する。

★★★

⮌ p.486 1

例題 1 度数分布表

次の表は，A中学校の２年生男子20名の握力(あくりょく)の記録を書き並べたものである。

(単位kg)

39, 17, 26, 35, 25, 21, 30, 43, 38, 27
33, 28, 31, 42, 27, 25, 34, 32, 29, 24

階級(kg)	度数(人)
以上　未満	
15 ～ 20	
20 ～ 25	
25 ～ 30	
30 ～ 35	
35 ～ 40	
40 ～ 45	
計	20

(1) 度数分布表を完成させなさい。また，範囲(はんい)を求めなさい。

(2) 階級の幅(はば)は何kgですか。

(3) 属する人数が最も多い階級の階級値を求めなさい。

(1) 資料を数えるときは，もれなく重複しないように数えよう。

解き方と答え

(1) 度数を数えるのに，「正」などの記号を使うとよい。

範囲
＝最大の値 − 最小の値
＝43−17＝26(kg)

階級(kg)	度数(人)
以上　未満	
15 ～ 20	一　1
20 ～ 25	T　2
25 ～ 30	正T　7
30 ～ 35	正　5
35 ～ 40	下　3
40 ～ 45	T　2
計	20

(2) 階級の幅は，20−15＝5(kg)

(3) (1)の度数分布表より，25kg以上30kg未満の階級に属する7人が最も多く，その階級値は，$\frac{25+30}{2}=27.5$(kg)

くわしく 階級の幅

例題①で，階級の幅を10kgにした度数分布表は次のようになる。

階級(kg)	度数(人)
以上　未満	
15 ～ 25	3
25 ～ 35	12
35 ～ 45	5
計	20

階級の幅を大きくすると，全体の傾向(けいこう)は分かりやすくなるが，情報の正確性が失われる。目的によって，階級の幅を決めよう。

類題 1

別冊解答 p.135

右の資料は，生徒15人の反復横とびの記録である。〔大阪−改〕

	1人目	2人目	3人目	4人目	5人目	6人目	7人目
記録	42回	47回	50回	38回	56回	46回	39回
8人目	9人目	10人目	11人目	12人目	13人目	14人目	15人目
42回	36回	49回	53回	48回	44回	41回	47回

(1) 右の表は，この生徒15人の反復横とびの記録を度数分布表にまとめたものである。表のア，イにあてはまる数をそれぞれ書きなさい。

(2) 15人の記録の中で，ちょうど真ん中の記録の人は何回ですか。

記録(回)	度数(人)
以上　未満	
35 ～ 40	ア
40 ～ 45	4
45 ～ 50	イ
50 ～ 55	2
55 ～ 60	1
計	15

★★★ p.486 1

例題 2 ヒストグラム

右の表は，ある中学校の生徒40人が5月に読んだ本の冊数について，度数分布表にまとめたものである。

(1) 度数分布表をもとに，ヒストグラムをかきなさい。

(2) 度数折れ線をかきなさい。

階級(冊)	度数(人)
以上　未満	
0 ～ 5	8
5 ～ 10	11
10 ～ 15	14
15 ～ 20	5
20 ～ 25	2
計	40

(1) それぞれの階級の幅(はば)を底辺，度数を高さとする長方形を順に並べてかこう。

解き方と答え

(1) 横軸(よこじく)に読んだ本の冊数，縦軸に人数をとって，長方形を次々にかいていく。ただし，横軸の両端(りょうたん)は階級1つ分ずつあけてかく。

(2) ヒストグラムの1つ1つの長方形の上の辺の中点を，順に線分で結ぶ。ただし，両端には，度数0の階級があるものと考えて，折れ線を度数0までのばす。

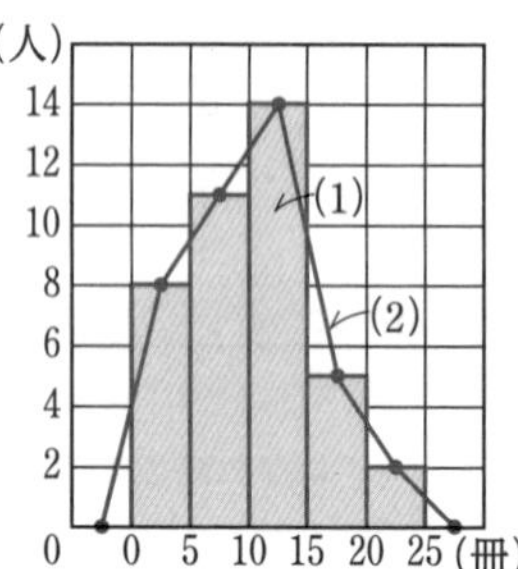

注意！

ヒストグラムと棒グラフ

棒グラフは，長方形と長方形の間をあけながらかくが，ヒストグラムは間をあけないでかくこと。

くわしく ヒストグラムと度数折れ線

ヒストグラム全体の面積
＝度数折れ線と横軸が囲む面積

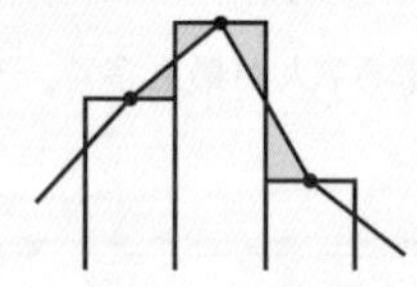

類題 2 別冊解答 p.135

右のグラフは，あるクラスの数学のテストの結果をヒストグラムに表したものである。

(1) このクラスの人数を求めなさい。

(2) 70点以上90点未満の生徒は何人ですか。

(3) 得点が60点未満の生徒は全体の何％ですか。

(4) 度数折れ線をかきなさい。

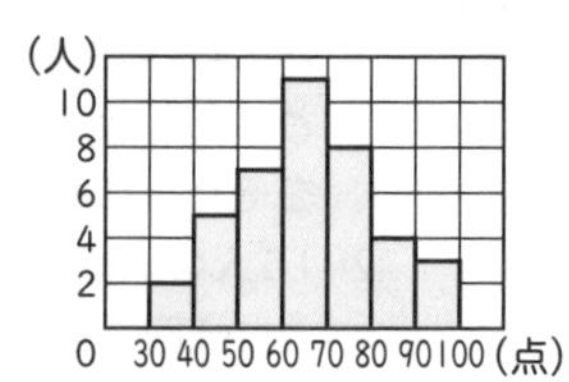

★★★

p.486 2

例題 3 相対度数と累積度数

右の表は，ある中学校の男子生徒50人のハンドボール投げの記録を度数分布表にしたものである。次の値を求めなさい。

(1) 度数①，②の値
(2) 相対度数④，⑤の値
(3) 累積度数(るいせきどすう)⑦，⑧の値
(4) 累積相対度数⑩，⑪の値

階級(m)	度数(人)	相対度数	累積度数(人)	累積相対度数
以上 未満 6 ～ 9	3	0.06	3	0.06
9 ～ 12	6	④	⑦	0.18
12 ～ 15	①	0.14	16	⑩
15 ～ 18	8	⑤	⑧	0.48
18 ～ 21	②	0.18	33	⑪
21 ～ 24	③	0.16	⑨	0.82
24 ～ 27	5	⑥	46	⑫
27 ～ 30	4	0.08	50	1.00
計	50	1.00		

解き方のコツ

(2) 相対度数 $=\dfrac{\text{各階級の度数}}{\text{度数の合計}}$　(4) 累積相対度数 $=\dfrac{\text{各階級の累積度数}}{\text{度数の合計}}$

解き方と答え

(1) $3+6+①=16$ より，$①=7$
　↑階級12以上～15未満の累積度数
$3+6+7+8+②=33$ より，$②=9$

(2) 度数の合計は50人だから，
④の階級の度数6人より，$④=\dfrac{6}{50}=0.12$
⑤の階級の度数8人より，$⑤=\dfrac{8}{50}=0.16$

(3) $⑦=3+6=9$，$⑧=16+8=24$

(4) $⑩=\dfrac{16}{50}=0.32$，$⑪=\dfrac{33}{50}=0.66$

くわしく 相対度数

・相対度数は小数で表す。
・相対度数の合計が1にならないときは，最も大きい値で調整して，合計が1になるようにする。

別解 相対度数を使う

(1) $\dfrac{①}{50}=0.14$ より，
$①=50\times0.14=7$

(4) $⑩=0.18+0.14=0.32$

類題 3  別冊解答 p.135

上の例題③で，次の問いに答えなさい。

(1) 表の③，⑥，⑨，⑫の値を求めなさい。
(2) 各階級の相対度数の折れ線を図1にかきなさい。
(3) 累積度数折れ線を図2にかきなさい。

(図1)

(図2)

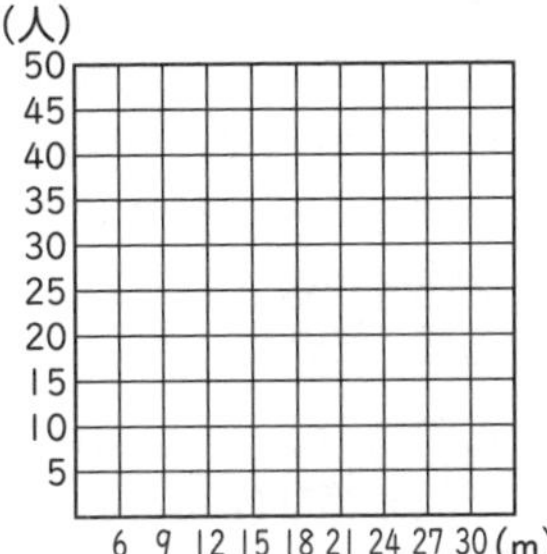

2 代表値と四分位範囲

p.490 ～ 493

❶ 平均値，中央値，最頻値を求められるようにしよう。
❷ 度数分布表から代表値が求められるようにしよう。
❸ 四分位数の意味を理解し，箱ひげ図をかけるようにしよう。

要点整理

1 代表値

➡例題 4

▶資料全体のようすを1つの数値で代表させた値を**代表値**(だいひょうち)といい，次の3つがある。

㋐ **平均値**(へいきんち) $= \dfrac{\textbf{資料の個々の値の合計}}{\textbf{資料の総数}}$

㋑ **中央値**(ちゅうおうち)(メジアン)…資料の値を大きさの順に並べたときの中央の値

㋒ **最頻値**(さいひんち)(モード)…資料の値の中で，最も多く現れる値

2 度数分布表と代表値

➡例題 5

▶度数分布表での平均値は，

❶それぞれの階級の資料の値を階級値とみなし，**階級値×度数**を求める。

❷❶で求めた値をすべて**加える**。

❸❷で求めた結果を**度数の合計でわる**。

ハンドボール投げの記録

階級(m)	階級値(m)	度数(人)	階級値×度数
以上 未満			
0 ～ 10	5	2	10
10 ～ 20	15	4	60
20 ～ 30	25	9	225
30 ～ 40	35	5	175
計		20	470

例 右の表では，平均値 $=470\div20=23.5$(m)

▶度数分布表での最頻値は，**度数の最も多い階級の階級値**である。

例 右の表では，20 ～ 30の階級に属する9人が最も多いから，最頻値は25m

3 四分位数と箱ひげ図

➡例題 6

▶右の図のように，資料の値を小さい順に並べて，資料を順番に4等分する。その位置にある資料の値を**四分位数**(しぶんいすう)という。

第1四分位数　第2四分位数　第3四分位数
最小値　中央値　最大値

▶**四分位範囲**(しぶんいはんい) **= 第3四分位数 − 第1四分位数**

▶右の図のように，箱と線(ひげ)を用いて表した図を**箱ひげ図**(はこひげず)という。

中央値(第2四分位数)
最小値　最大値
第1四分位数　第3四分位数

★★★

p.490 1

例題 4 代表値

次の問いに答えなさい。

(1) 右の表は，あるクラスの生徒30人が1か月に読んだ本の冊数をまとめたものである。このとき，このクラスの生徒が1か月に読んだ本の冊数の平均値を求めなさい。

冊数(冊)	1	2	3	4	5	6	7	合計
度数(人)	3	5	8	3	8	2	1	30

〔愛知〕

(2) 右の資料は，あるサッカーチームが10回試合を行い，各試合ごとのシュートの本数を少ないほうから順に並べたものである。次の値を求めなさい。

5, 5, 8, 10, 10, 11, 11, 11, 13, 15

〔長崎－改〕

❶ 範囲(はんい)(レンジ)　❷ 中央値(メジアン)　❸ 最頻値(さいひんち)(モード)

(2) 資料の値を大きさの順に並べたときの中央の値を中央値という。

解き方と答え

(1) 平均値 $=\dfrac{\text{読んだ本の冊数の合計}}{\text{クラスの人数}}$ より，

本の合計は，$1\times3+2\times5+3\times8+4\times3+5\times8+6\times2+7\times1=108$(冊)

よって，平均値 $=108\div30=3.6$(冊)

(2)❶ 資料の最大の値と最小の値の差が範囲であるから，

$15-5=10$(本)

❷ 資料の個数が10個で偶数であるから，

5, 5, 8, 10, ⑩, ⑪, 11, 11, 13, 15

中央に並ぶ2つの値10，11の平均をとって，

中央値は，$\dfrac{10+11}{2}=10.5$(本)

❸ 資料の値の中で11が3回で最も多くあるから，最頻値は11本

くわしく 中央値の求め方

まず，資料の値を大きさの順に並べる。

㋐資料の個数が奇数(きすう)個のとき，中央の値が中央値。

例 資料が7個のとき，

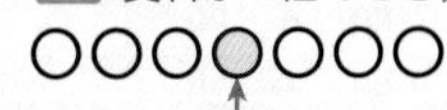

㋑資料の個数が偶数(ぐうすう)個のとき，中央にある2つの値の平均が中央値。

例 資料が6個のとき，

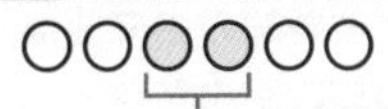

p.135

ある10点満点のテストを6人が受けたところ，それぞれ右のような得点になった。この得点の中央値は7点，上位3人の得点の平均値は9点である。このとき，6人の得点の平均値を求めなさい。

4, 9, x, 5, y, 10

〔豊島岡女子学園高〕

★★★

p.490 2

例題 5 度数分布表と代表値

右の度数分布表は，あるクラス30人の学習時間を整理したものである。

(1) 学習時間の最頻値を求めなさい。

(2) 学習時間の平均値を求めなさい。

(3) 学習時間の中央値は，どの階級に入っていますか。

学習時間(分)	度数(人)
以上 未満 0 ～ 30	2
30 ～ 60	7
60 ～ 90	10
90 ～ 120	6
120 ～ 150	4
150 ～ 180	1
計	30

(2) 平均値＝$\dfrac{(\text{階級値}\times\text{度数})\text{の総和}}{\text{度数の合計}}$ で求めよう。

解き方と答え

(1) 度数の最も多い階級は，10人の60分以上90分未満の階級であるから，最頻値はその階級値の(60＋90)÷2＝75(分)

(2) 度数分布表から次のように求める。

学習時間(分)	階級値(分)	度数(人)	階級値×度数
以上 未満 0 ～ 30	15	2	30
30 ～ 60	45	7	315
60 ～ 90	75	10	750
90 ～ 120	105	6	630
120 ～ 150	135	4	540
150 ～ 180	165	1	165
計		30	2430

よって，学習時間の平均値は，2430÷30＝81(分)

(3) 学習時間の中央値は，学習時間の少ない順に並べたときの15番目の人と16番目の人の値の平均だから，この2人の値のある60分以上90分未満の階級に入っている。

類題 5

別冊解答 p.135

右の度数分布表は，あるクラスのハンドボール投げの記録である。

(1) この度数分布表から，平均値，最頻値を求めなさい。

(2) この20人の記録の中央値をふくむ階級について，階級値を求めなさい。

記録(m)	度数(人)
以上 未満 0 ～ 10	2
10 ～ 20	4
20 ～ 30	6
30 ～ 40	7
40 ～ 50	1
計	20

★★★

⤺ p.490 3

例題 6 四分位数と箱ひげ図

次のA，B2つの資料の値について，次の問いに答えなさい。

A…10，18，15，15，22，20　B…13，8，9，12，9，20，17

(1) それぞれの資料の値の四分位数を求めなさい。

(2) それぞれの資料の値の四分位範囲（しぶんいはんい）を求めなさい。

(3) それぞれの資料の値の箱ひげ図をかきなさい。

資料の値を小さい順に並べて，中央値(第2四分位数)，第1，3四分位数の順に求めよう。

解き方と答え

(1) A，Bの資料の値を小さい順に並べる。

A

10，15，15 | 18，20，22
中央値

第2四分位数は，

$\frac{15+18}{2}=16.5$

第1四分位数は，10，15，15の中央値で15

第3四分位数は，18，20，22の中央値で20

B

8，9，9，⑫，13，17，20
中央値

第2四分位数は12

第1四分位数は，8，9，9の中央値で9

第3四分位数は，13，17，20の中央値で17

(2) 四分位範囲＝第3四分位数－第1四分位数より，

Aの四分位範囲は，20－15＝5

Bの四分位範囲は，17－9＝8

(3)

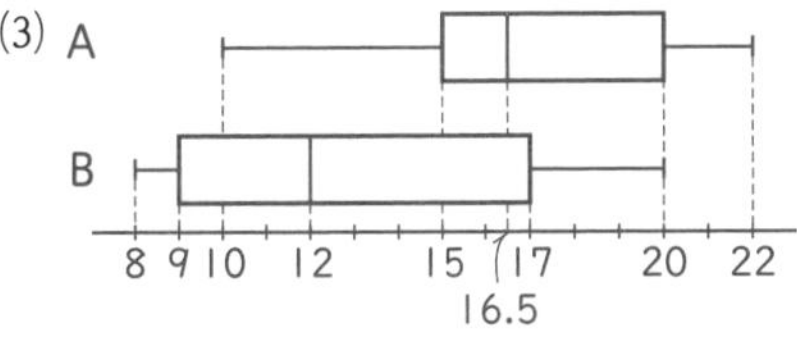

くわしく 四分位数

第2四分位数は中央値であり，第1四分位数は，中央値より小さいほうの中央値，第3四分位数は中央値より大きいほうの中央値である。

㋐偶数個

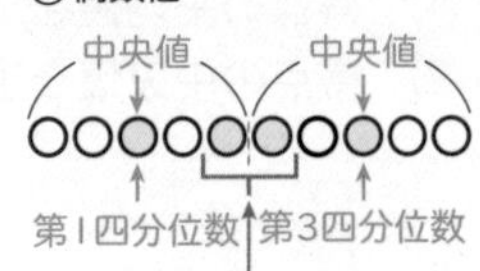

㋑奇数個

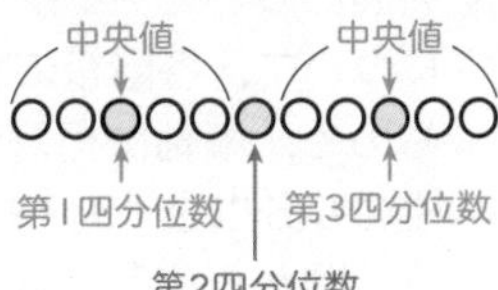

類題 6　別冊解答 p.136

次のデータについて，次の問いに答えなさい。

65，82，46，73，91，75，86，49，57，65，83，94

(1) 四分位数を求めなさい。

(2) 四分位範囲を求めなさい。

(3) 箱ひげ図をかきなさい。

章末問題 A

→別冊解答 p.136

1 ある中学校で生徒30人のハンドボール投げの記録を調べた。右の図は調べた記録を小さいほうから順に並べて書いた用紙の一部であり，表は調べた30人の記録を度数分布表に整理したものである。〔岐阜〕

例題 1 3 4

ハンドボール投げの記録(m)

8　11　13　14　14
15　15　16　17　18
18　19　19　20　21

記録(m)	人数(人)
以上 未満 5 ～ 10	1
10 ～ 15	ア
15 ～ 20	イ
20 ～ 25	9
25 ～ 30	6
30 ～ 35	2
計	30

(1) 表の中の**ア**，**イ**にあてはまる数を書きなさい。

(2) 表から，最頻値(さいひんち)を求めなさい。

(3) 25m以上投げた生徒の相対度数を，四捨五入して小数第2位まで求めなさい。

2 20人の学級で，10点満点の英単語試験を行った。右の図は，その結果をヒストグラムに表したものである。〔専修大附高〕

例題 2 4

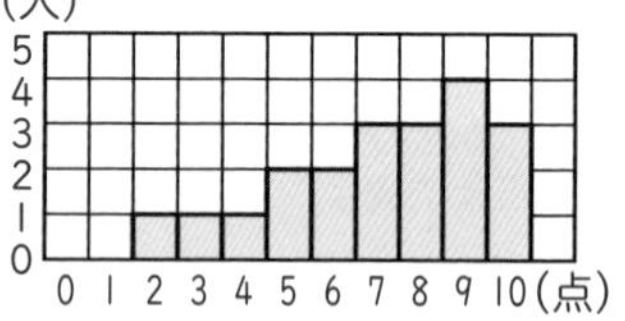

(1) 得点の平均値を求めなさい。

(2) 得点の中央値を求めなさい。

3 ある中学校の1年生100人と3年生120人に，通学時間についてアンケートをした。右の図は，その結果について，各階級の相対度数を折れ線グラフに表したもので，縦軸(たてじく)は相対度数を表している。例えば，1年生の5分以上10分未満の階級の相対度数は0.14である。図から読みとることができることがらとして適切なものを次の**ア**～**オ**からすべて選び，その記号を書きなさい。〔奈良〕

例題 2 3

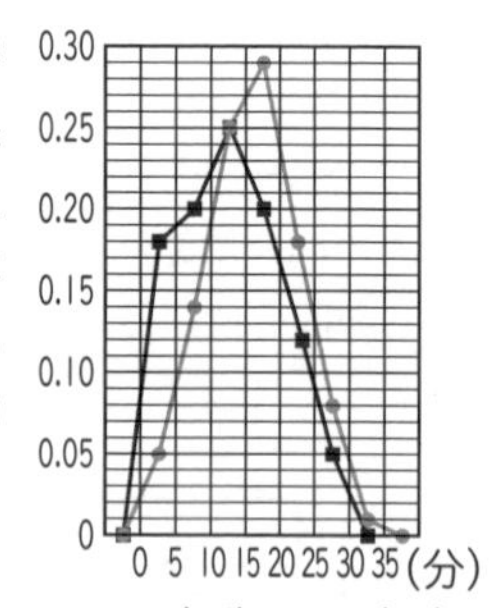

ア 通学時間の最大値は，1年生の方が3年生より大きい。

イ 通学時間が20分以上25分未満の階級の相対度数は，1年生の方が3年生より小さい。

ウ 通学時間が10分未満の生徒の人数は，1年生の方が3年生より多い。

エ 通学時間が10分以上15分未満の生徒の人数は，1年生の方が3年生より少ない。

オ 全体の傾向(けいこう)としては，1年生の方が3年生より通学時間が長いといえる。

章末問題 B

→別冊解答 p.136～137

4 右の表は，生徒20人のハンドボール投げの記録を度数分布表にまとめたものである。次の**ア**～**エ**のうち，この度数分布表からわかることとして正しいものを1つ選びなさい。〔大阪〕

例題 1 3 4

ハンドボール投げの記録(m)	度数(人)
以上　未満	
10 ～ 15	4
15 ～ 20	7
20 ～ 25	5
25 ～ 30	3
30 ～ 35	1
計	20

ア 生徒20人の記録の範囲(はんい)は25m以上である。
イ 生徒20人の記録の中央値は20m以上25m未満の階級にふくまれている。
ウ 25m以上30m未満の階級の相対度数は0.15である。
エ 度数が最も多い階級の階級値は32.5mである。

5 K高校の体育祭では，全校生徒を東軍と西軍の2つの軍に分けて応援合戦(おうえんがっせん)が行われる。応援合戦の得点は，5人の審判(しんぱん)がそれぞれ10点満点(整数)で採点し，最高点と最低点をつけた2人の点数を除いた3人の点数の平均値である。例えば，5人の審判の点数が，点数の低いものから順に5，5，6，7，9であったとき，その軍の得点は$\dfrac{5+6+7}{3}=6$(点)となる。右上の表は，東軍と西軍に対する5人の審判A，B，C，D，Eの採点結果である。審判Aは東軍と西軍に同じ点数a点をつけ，点数aは東軍の5つの点数の中央値であった。東軍と西軍の応援合戦が引き分けとなるとき，aの値を求めなさい。〔都立国立高〕

例題 4

	審判A	審判B	審判C	審判D	審判E
東軍	a	5	8	9	5
西軍	a	5	7	7	7

6 次のデータは，10人の生徒に行った100点満点のテストの結果である。

例題 6

数学…59，47，64，51，92，32，64，87，36，70
英語…81，58，74，70，87，51，79，90，64，74
国語…79，65，70，67，80，57，76，74，61，64

(1) 各データの四分位数を求めなさい。
(2) 各データの四分位範囲を求めなさい。
(3) 各データの箱ひげ図を並べてかきなさい。
(4) データの散らばりの度合いが最も大きいのは，数学，英語，国語のうちどれですか。

チャレンジ

7 右の表は，ある中学校のクラスで1日のテレビの視聴時間(しちょうじかん)を調べてつくったものである。中央値は40分以上60分未満の階級に属し，最頻値(さいひんち)は30分である。このとき，平均値が最大となるようなx，yの値と，そのときの平均値をそれぞれ求めなさい。〔中央大杉並高〕

例題 1 4 5

階級(分)	度数(人)
以上　未満	
0 ～ 20	8
20 ～ 40	x
40 ～ 60	y
60 ～ 80	3
80 ～ 100	10
計	50

3 確 率

p.496 ～ 500

❶ 順列と組み合わせの違(ちが)いについて理解し，どちらを使えばよい問題なのかを判断できるようになろう。

❷ 確率の意味を理解し，簡単な確率を求められるようにしよう。

要点整理

1 順 列

➡例題 7

▶異なるn個のものから，**r個取り出して1列に並べたもの**を，n個のものからr個取り出した**順列(じゅんれつ)**(permutation)といい，その総数は，**$n\times(n-1)\times\cdots\times(n-r+1)$通り**である。

例 A，B，Cの3人の並べ方は，
$3\times2\times1=6$(通り)

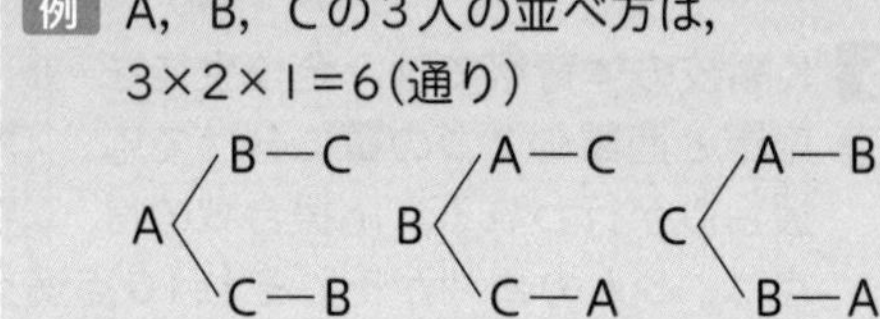

2 組み合わせ

➡例題 8

▶異なるn個のものから，順序を考えずに**r個取り出して1組としたもの**を，n個のものからr個取り出した**組(く)み合(あ)わせ**(combination)という。組み合わせでは，**AとBの組{A，B}と，BとAの組{B，A}は同じものとして考える。**

例 A，B，C，Dの4人から2人選ぶ選び方は，$3+2+1=6$(通り)

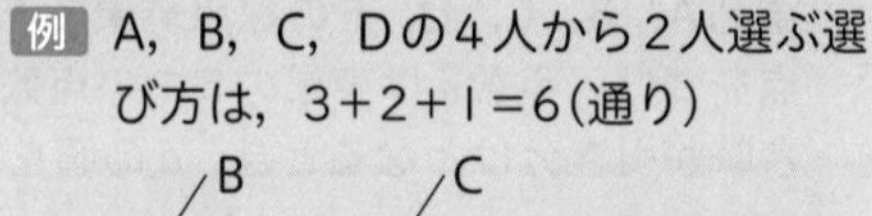

3 ことがらの起こりやすさ，確率の求め方

➡例題 9，10

▶観察や実験をくり返して得られた資料の総数をn，そのうちあることがらが起こった度数をrとするとき，$r\div n$をそのことがらの起こる**相対度数(そうたいどすう)**という。**nの値が大きくなるとこの相対度数は一定の値pに近づいていく。**この値pをそのことがらの起こる**確率(かくりつ)**という。

▶起こりうるすべての場合において，どれが起こることも同じ程度に期待できるとき，どの場合の起こることも**同様(どうよう)に確(たし)からしい**という。

▶起こりうる場合がn通りあり，どの場合の起こることも同様に確からしいとする。そのうち，ことがらAの起こる場合がa通りあるとき，Aの起こる確率pは，

$p=\dfrac{a}{n}$ で求められる。

★★★
p.496 1

例題 7 順　列

1, 2, 3, 4の4枚のカードがある。

(1) この中から2枚のカードを使って2けたの整数をつくるとき，全部で何通りできますか。

(2) この中から3枚のカードを使って3けたの整数をつくるとき，全部で何通りできますか。

(1) 十の位が1のとき，一の位のカードの選び方が何通りあるかを考え，あとは計算で求めよう。

解き方と答え

(1) 十の位が1のときの樹形図をかくと，右のようになる。
十の位が2，3，4のときも同じように3通りずつあるから，全部で，
4×3＝12(通り)

十	一	数
1	2	12
	3	13
	4	14

(2) 百の位が1のときの樹形図をかくと，右のようになる。
百の位が2，3，4のときも同じように6通りずつあるから，全部で，4×6＝24(通り)

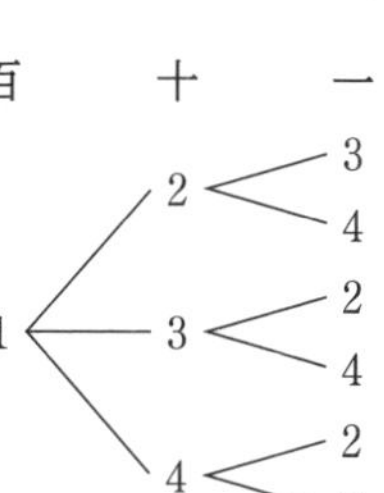

用語 樹形図
左のような図を樹形図(じゅけいず)という。

別解 (2)計算で求める
百，十，一の位の数の選び方は，それぞれ4，3，2だから，
4×3×2＝**24**(通り)

くわしく 順列 $_nP_r$
異なるn個のものからr個取り出して1列に並べたときの総数を，$_nP_r$と表す。

$$_nP_r=\underbrace{n\times(n-1)\times(n-2)\times\cdots\times(n-r+1)}_{r\text{個の数の積}}$$

例題をこの方法で求めると，
(1) $_4P_2=4\times3=$ **12**(通り)
(2) $_4P_3=4\times3\times2=$ **24**(通り)

類題 7
別冊解答 p.137

次の問いに答えなさい。

(1) A，B，C，Dの4人が1列に並ぶとき，並び方は全部で何通りありますか。

(2) 右のように，A，B，Cの3つの部分に仕切られた花だんがある。このA，B，Cの3つの部分にそれぞれマーガレット，チューリップ，パンジーのいずれかを植える。同じ種類の花を2つの部分に植えてもよいが，となり合った部分には異なる種類の花を植えるとき，植え方は全部で何通りありますか。　〔埼玉一改〕

A	B	C

★☆☆ p.496 2

例題 8 組み合わせ

A, B, C, D, Eの5人の中から3人の当番を選ぶとき，選び方は何通りありますか。

5人から3人選んで並べた場合の数を，3人の並べ方の場合の数でわる。

解き方と答え

A, B, C, D, Eの5人の中から3人を取り出して並べると，全部で，$5\times4\times3=60$(通り)
しかし，例えば，ABC, ACB, BAC, BCA, CAB, CBAは，全部{A, B, C}の組だ
(↑A, B, Cを並べる順列で$3\times2\times1=6$(通り))
から，同じものとして考える。1つの組について6個ずつ同じものがあるから，5人の中から3人を選ぶときは，5人から3人取り出す並べ方の総数を3人の並べ方の場合の数である6でわればよい。
よって，選び方は，全部で$60\div6=$**10**(通り)

別解 樹形図をかくと？

A—B<C, D, E　A—C<D, E　A—D—E　B—C<D, E　B—D—E　C—D—E

よって，**10通り**

くわしく 組み合わせ $_nC_r$

異なるn個のものから順序を考えずにr個取り出したときにできる組の総数を$_nC_r$で表すと，
(↑取り出し方だけを考える)

$$_nC_r=\frac{_nP_r}{r\times(r-1)\times\cdots\times2\times1}$$

例題⑧をこの方法で求めると，$_5C_3=\frac{5\times4\times3}{3\times2\times1}=10$(通り)

別解 選ばないほうを計算すると？

5人から3人の当番を選ぶことは選ばない2人を決めることと同じだから，$_5C_2=\frac{5\times4}{2\times1}=10$(通り)
このことから，$_nC_r={}_nC_{n-r}$がいえる。

類題 8 別冊解答 p.137

次の問いに答えなさい。

(1) A, B, C, Dの4人の中から次の委員を選ぶとき，選び方は何通りありますか。
　❶ 委員長と副委員長　　❷ 書記を2人

(2) A, B, C, D, E, Fの6人の中から3人の当番を選ぶとき，選び方は何通りありますか。

(3) 7人を，5人組と2人組に分ける方法は全部で何通りありますか。

★★★ ⮌ p.496 3

例題 9 ことがらの起こりやすさ

1つの画びょうを投げ，上向きになることの起こりやすさを実験した。上向きの割合を四捨五入して小数第2位まで求め，グラフに表しなさい。また，上向きと下向きではどちらのほうが起こりやすいですか。

上向き　下向き

投げた回数	10	100	200	400	600	800	1000	1500	2000
上向きの回数	7	64	124	252	367	477	594	883	1182
上向きの割合	0.70								

(1) 上向きの割合＝上向きの相対度数＝上向きの回数÷投げた回数

解き方と答え

左から順に，0.64，0.62，0.63，0.61，0.60，0.59，0.59，0.59

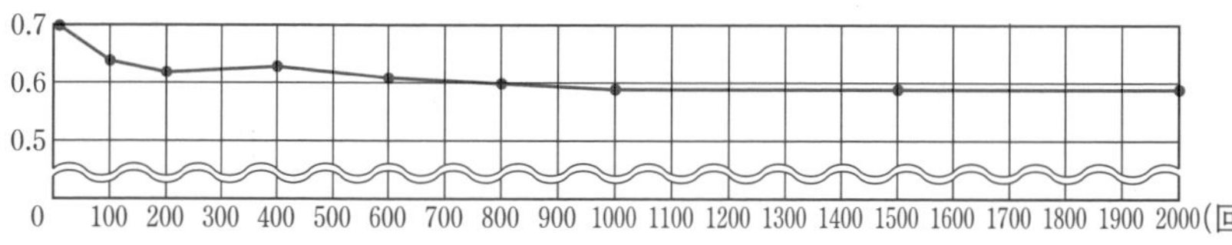

上向きになる相対度数は0.59に近づくから，上向きのほうが起こりやすい。

くわしく 確率の意味

実験の回数が多くなるにつれて，画びょうが上向きの相対度数は一定の割合0.59に近づいていくことがわかる。
このことから，画びょうが上向きになる確率は0.59と考えてよい。

類題 9

別冊解答 p.138

1つのさいころを投げ，1の目が出ることの起こりやすさを実験した。1の目が出る割合を四捨五入して小数第2位まで求め，表を完成させなさい。また，表から，1の目が出る割合はいくらであると考えられますか。

投げた回数	10	100	200	400	600	800	1000	1500	2000
1の目が出た回数	2	14	37	69	92	131	169	252	332
1の目が出る割合	0.20	0.14	0.19	0.17					

★★★ p.496 3

例題 10 確率の求め方

次の問いに答えなさい。

(1) 正しくつくられた1個のさいころを投げるとき，素数の目が出る確率を，次の順序で求めなさい。

❶ 起こりうる場合は全部で何通りありますか。また，どの場合が起こることも同様に確からしいといえますか。

❷ 出た目が素数である場合は何通りありますか。

❸ 素数の目が出る確率を求めなさい。

(2) 右のように，袋A，B，Cに玉が4個ずつ入っている。袋(ふくろ)から玉を1個ずつ取り出すとき，それが赤玉である確率をそれぞれ求めなさい。

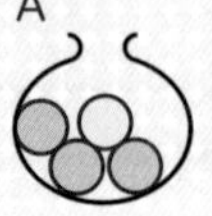

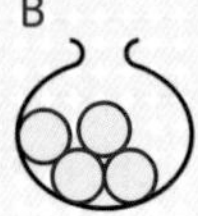

同様に確からしいとき，確率 $=\dfrac{\text{あることがらの起こる場合の数}}{\text{起こりうるすべての場合の数}}$

解き方と答え

(1)❶ さいころの目は，1，2，3，4，5，6だから全部で6通り。このとき，さいころは正しくつくられているので，どの目が出ることも同様に確からしいといえる。

❷ 素数の目は，2，3，5の3通り

❸ 素数の目が出る確率は，$\dfrac{3}{6}=\dfrac{1}{2}$

(2) Aは，赤玉3個，青玉1個より，$\dfrac{3}{4}$

Bは，青玉4個より，$\dfrac{0}{4}=0$

Cは，赤玉4個より，$\dfrac{4}{4}=1$

用語 **同様に確からしい**

起こりうるすべての場合について，あることがらが特に起こりやすいということがなく同じ程度に期待されるとき，どの結果が起こることも同様に確からしいという。

くわしく **確率の性質**

㋐あることがらの起こる確率をpとすると，$0 \leqq p \leqq 1$

㋑かならず起こる確率は1

㋒決して起こらない確率は0

類題 10 別冊解答 p.138

ジョーカーを除く52枚のトランプをよくきって1枚ひくとき，そのカードがスペードである確率を，次の順序で求めなさい。

(1) 起こりうる場合は全部で何通りありますか。また，どの場合が起こることも同様に確からしいといえますか。

(2) スペードである場合は何通りありますか。

(3) カードがスペードである確率を求めなさい。

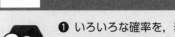

4 いろいろな確率

p.501 ～ 507

GOAL
❶ いろいろな確率を，表にまとめたり，樹形図をかいて求められるようにしよう。慣れてきたら，計算でも求められるようにしよう。
❷ 樹形図をかくときは，もれや重なりがないようにしよう。

要点整理

1 いろいろな確率

➡例題 11～16

▶硬貨(こうか)と確率

例 2枚の硬貨を投げたとき，2枚とも表が出る確率

解 全部で2×2=4(通り)
2枚とも表が出るのは1通りだから，$\frac{1}{4}$

A＼B	表	裏
表	(表, 表)	(表, 裏)
裏	(裏, 表)	(裏, 裏)

▶色玉と確率

例 袋(ふくろ)の中に赤玉3個，白玉1個があり，2個同時に取り出すとき，2個とも赤玉になる確率

解 全部で3+2+1=6(通り)
2個とも赤玉になるのは3通りだから，$\frac{3}{6}=\frac{1}{2}$

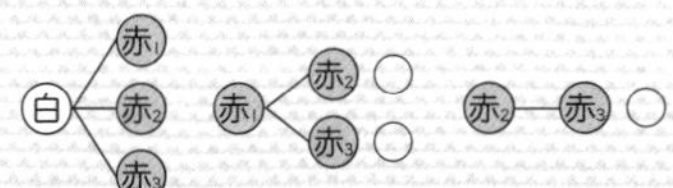

▶じゃんけんと確率

例 A，B2人がじゃんけんをしたとき，あいこになる確率

解 全部で3×3=9(通り)
あいこになるのは，(グ，グ)，(チ，チ)，(パ，パ)の3通りだから，$\frac{3}{9}=\frac{1}{3}$

▶さいころと確率

例 大小2個のさいころを投げたとき，目の和が5になる確率

解 全部で6×6=36(通り)
和が5になるのは4通りだから，
$\frac{4}{36}=\frac{1}{9}$

小＼大	1	2	3	4	5	6
1				○		
2			○			
3		○				
4	○					
5						
6						

▶カードと確率

例 3枚のカード[1]，[2]，[3]をよくきって1枚ずつ取り出し，3けたの整数をつくるとき，偶数(ぐうすう)のできる確率

解 全部で3×2×1=6(通り)
偶数は2通りだから，$\frac{2}{6}=\frac{1}{3}$

百 十 一　　百 十 一　　百 十 一
1 ＜ 2—3 ／ 3—2 ○　　2 ＜ 1—3 ／ 3—1　　3 ＜ 1—2 ○ ／ 2—1

▶くじと確率

例 5本のうち2本が当たりくじで1回ひくとき，当たる確率

解 くじのひき方は全部で5通り
当たるのは，2通りだから，$\frac{2}{5}$

★★★ ⮌ p.501 1

例題 11 硬貨と確率

次の問いに答えなさい。

(1) 3枚の硬貨(こうか)を同時に投げるとき，1枚は表で2枚は裏となる確率を求めなさい。〔宮崎〕

(2) 3枚の硬貨を同時に投げるとき，少なくとも1枚は表が出る確率を求めなさい。〔法政大高〕

解き方のコツ 投げる硬貨を区別して表や樹形図をかき，起こりうる場合を求めよう。

解き方と答え

(1) 3枚の硬貨をA，B，Cと区別して樹形図をかくと，右の図のようになる。

全部で，$2\times2\times2=8$(通り)

このうち，「1枚表，2枚裏」は○のついた3通りあるので，

求める確率は，$\frac{3}{8}$

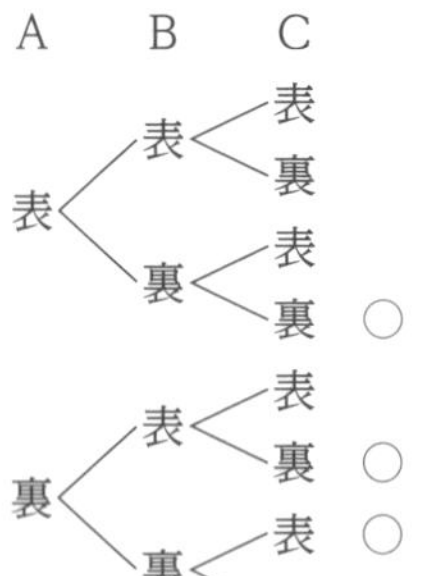

(2)「少なくとも1枚は表が出る」場合とは，「表が1枚か2枚か3枚出る」場合のことである。

これは，「3枚とも裏」ではない場合と同じことである。ここで，「3枚とも裏が出る」場合を求めると1通り((1)の樹形図の△)だから，求める確率は，

$1-\frac{1}{8}=\frac{7}{8}$

↑3枚とも裏が出る確率

くわしく 起こらない確率

ことがらAについて，

Aの起こらない確率

＋Aの起こる確率＝1 より，

Aの起こらない確率

＝1－Aの起こる確率

で求められる。

「少なくとも」というキーワードが出てきたら，この考え方を使うことが多いので，覚えておこう。

類題 11

別冊解答 p.138

次の問いに答えなさい。

(1) 4枚の硬貨を同時に投げるとき，少なくとも2枚は表となる確率を求めなさい。〔日本大第二高〕

(2) 1枚の硬貨を4回投げたとき，裏が2回以上連続して出ない確率を求めなさい。〔東邦大付属東邦高〕

(3) 10円，50円，100円の3枚の硬貨を同時に投げるとき，3枚とも表となる確率を求めなさい。また，表が出た硬貨の金額の合計が60円以上になる確率を求めなさい。〔岡山県立岡山朝日高〕

★★★

p.501 1

例題 12 さいころと確率

次の問いに答えなさい。

(1) 大小2つのさいころを同時に1回投げる。〔長崎〕

❶ 目の出方は全部で何通りありますか。

❷ 大小2つのさいころの出る目の数の和が7になる確率を求めなさい。

❸ 大小2つのさいころの出る目の数の積が偶数(ぐうすう)になる確率を求めなさい。

(2) 2個のさいころを同時に投げるとき，少なくとも1個は5以上の目が出る確率を求めなさい。〔奈良〕

(1)❷❸ 起こりうるすべての場合を表にかき，あてはまる所に印をつけていこう。

解き方と答え

(1)❶ 右の表より，$6\times6=36$(通り)

❷ 目の数の和が7になるのは，右の表より，6通りある。
よって，求める確率は，
$\dfrac{6}{36}=\dfrac{1}{6}$

❸ 目の数の積が偶数になるのは，右の表より，27通りある。
よって，求める確率は，
$\dfrac{27}{36}=\dfrac{3}{4}$

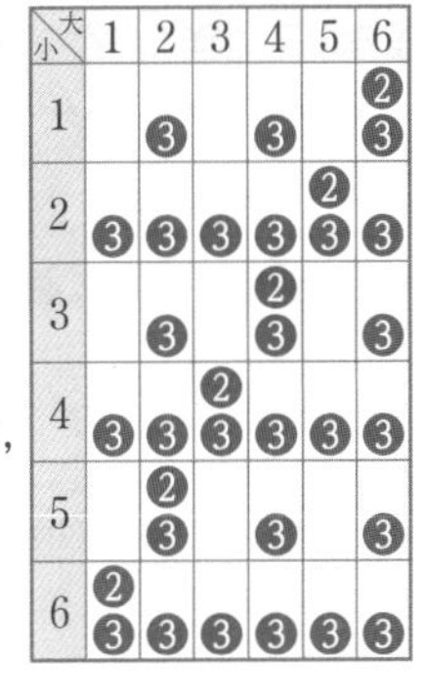

小＼大	1	2	3	4	5	6
1		❸		❸		❷❸
2	❸	❸	❸	❸	❷❸	❸
3		❸		❷❸		❸
4	❸	❸	❷❸	❸	❸	❸
5		❷❸		❸		❸
6	❷❸	❸	❸	❸	❸	❸

別解 (1)❸「起こらない確率」で求める

目の数の積が偶数にならないのは，**積が奇数(きすう)になるとき**で，それは奇数×奇数＝奇数しかない。奇数の目の出方は1，3，5の3通りだから，3×3＝9(通り)
よって，**積が偶数になる確率＝1－積が奇数になる確率**
$=1-\dfrac{9}{36}=\dfrac{3}{4}$

(2)「少なくとも1個は5以上の目が出る」場合とは，「5以上の目が1個か2個出る」場合のことである。これは，「2個とも4以下の目が出ることはない」場合と同じことである。
2個とも4以下の目が出る確率は，$\dfrac{4\times4}{36}=\dfrac{4}{9}$ だから，求める確率は，$1-\dfrac{4}{9}=\dfrac{5}{9}$

類題 12

大小2つのさいころを同時に投げる。大きいさいころの出た目の数をa，小さいさいころの出た目の数をbとする。〔兵庫－改〕

(1) $\dfrac{b}{a}=2$ となる確率を求めなさい。

(2) 2直線 $y=\dfrac{b}{a}x$，$y=-x+8$ の交点のx座標，y座標がともに自然数となる確率を求めなさい。

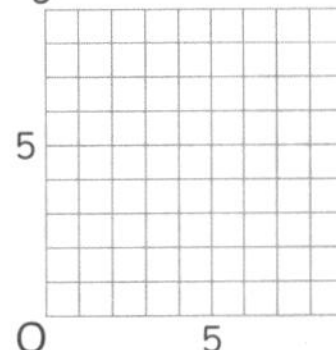

★★★ ⤴p.501 1

例題 13 色玉と確率

次の問いに答えなさい。

(1) 白玉3個，赤玉2個が入っている袋(ふくろ)から1個ずつ2回玉を取り出すとき，1回目と2回目に取り出した玉の色が同じである確率を求めなさい。ただし，取り出した玉はもとにもどさないものとする。〔新潟〕

(2) 赤玉3個，白玉2個，青玉1個が入っている箱がある。この箱から玉を同時に2個取り出すとき，同じ色の玉を取り出す確率を求めなさい。〔愛知〕

(1) 玉を2回取り出す→順列　(2) 玉を同時に2個取り出す→組み合わせ

解き方と答え

(1) 3個の白玉を白1，白2，白3，2個の赤玉を赤1，赤2とすると，玉の取り出し方は$5\times4=20$(通り)

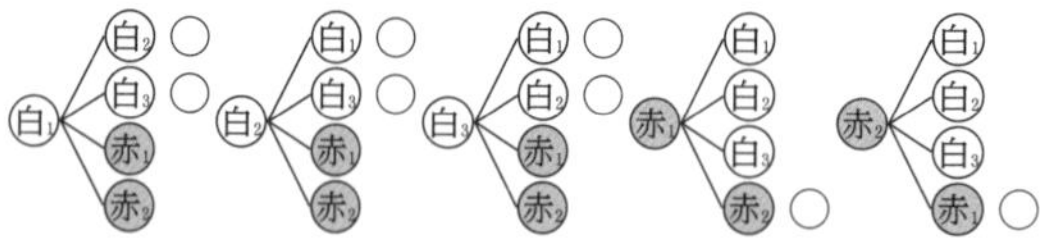

このうち，玉の色が同じなのは(白，白)の6通りと(赤，赤)の2通りで，$6+2=8$(通り)

よって，求める確率は，$\frac{8}{20}=\frac{2}{5}$

(2) 3個の赤玉を赤1，赤2，赤3とし，2個の白玉を白1，白2，青玉を青とする。2個の取り出し方は全部で，$5+4+3+2+1=15$(通り)

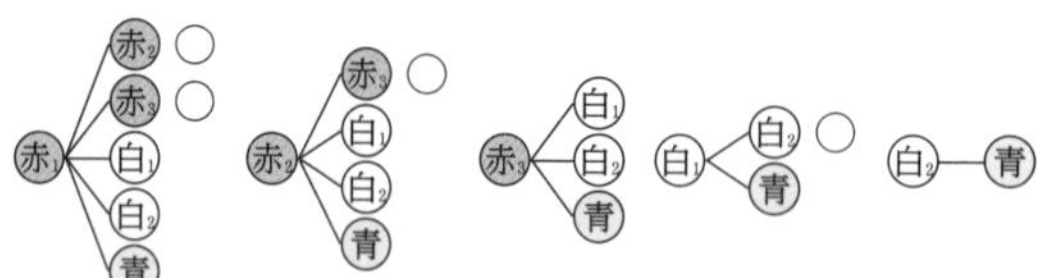

このうち，玉の色が同じなのは4通りだから，求める確率は，$\frac{4}{15}$

別解 (2)計算で求める

玉は全部で6個あるから，同時に2個を取り出すのは，$6\times5\div2=15$(通り)

同じ色の玉が出るのは，赤玉3個から2個取り出す3通り，白玉2個から2個取り出す1通りある。よって，$3+1=4$(通り)より，

求める確率は$\frac{4}{15}$

右の図のように，箱の中に赤玉2個，青玉2個，白玉1個の合計5個の玉が入っている。この箱の中から，A，Bの2人がこの順に1個ずつ玉を取り出す。ただし，取り出した玉は箱の中にもどさないものとする。〔福島〕

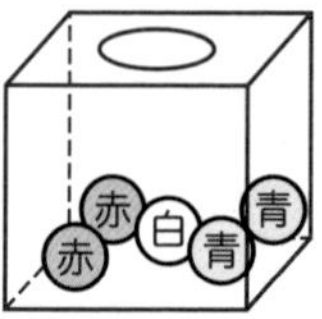

(1) Aが青玉を取り出す確率を求めなさい。

(2) A，Bの2人のうち，少なくとも1人が青玉を取り出す確率を求めなさい。

★★★ p.501 1

例題 14 カードと確率

次の問いに答えなさい。

(1) 右の図のような，1から4までの数字が1つずつ書かれた4枚のカードがある。これらのカードをよくきってから1枚ずつ2回続けてひき，1回目にひいたカードの数字を十の位，2回目にひいたカードの数字を一の位として，2けたの整数をつくる。このとき，できた整数が素数になる確率を求めなさい。〔栃木〕

1 2 3 4

(2) 4枚のカード 0 1 2 3 をよくきってから3枚取り出して並べ，3けたの整数をつくる。このとき，できた整数が3の倍数である確率を求めなさい。

(2) 0のカードは百の位には使えないが，十の位，一の位には使える。

解き方と答え

(1) 4枚のカードから2枚を選んで順に並べるから，全部で$4\times3=12$(通り)

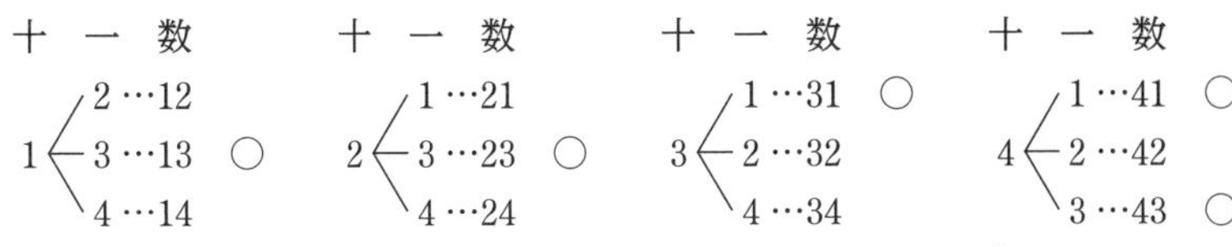

この中で，素数になるのは5通りあるから，求める確率は，$\dfrac{5}{12}$

(2) 百の位には0が使えないことに注意して樹形図をかくと，
全部で$6\times3=18$(通り)
3の倍数は10通りあるから，
（↑3けたの数の和が3の倍数）
求める確率は，$\dfrac{10}{18}=\dfrac{5}{9}$

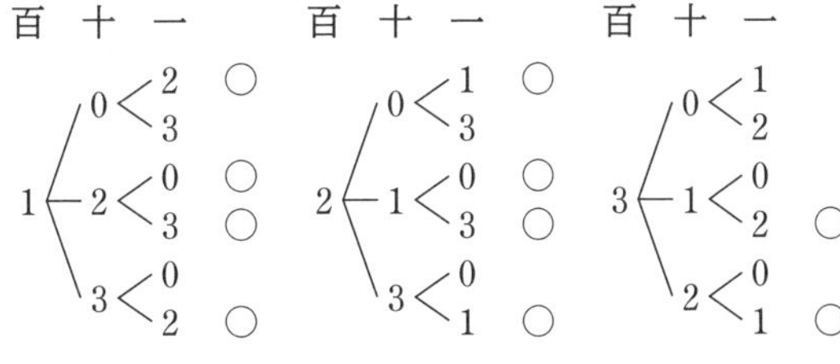

右の図のように，数字2，3を書いたカードがそれぞれ2枚ずつ，数字4を書いたカードが1枚ある。この5枚のカードをよくきって，1枚カードを取り出し，カードに書かれた数字を記録してから，取り出したカードをもどし，再びよくきって，1枚カードを取り出し，カードに書かれた数字を記録する。このとき，1回目と2回目に取り出したカードに書かれた数字の和が6以上になる確率を求めなさい。〔愛知〕

★★★ ⮌ p.501 1

例題 15 じゃんけんと確率

次の問いに答えなさい。

(1) A, B2人がじゃんけんをする。2人とも, グー, チョキ, パーの出し方は同様に確からしいとする。

❶ 2人のじゃんけんの出し方は, 全部で何通りありますか。

❷ Aが勝つ確率を求めなさい。

❸ あいこになる確率を求めなさい。

(2) 3人で1回じゃんけんをするとき, あいこになる確率を求めなさい。

〔専修大附高〕

解き方のコツ (2) あいこになるのは, 3人が同じ場合と3人とも違(ちが)う場合がある。

解き方と答え

(1)❶ 1人が3通りの出し方ができるので, 2人では, $3\times3=9$(通り)

❷ Aが勝つ場合は, (A, B)=(グ, チ), (チ, パ), (パ, グ)の3通り。

よって, 求める確率は, $\frac{3}{9}=\frac{1}{3}$

❸ あいこになるのは, (A, B)=(グ, グ), (チ, チ), (パ, パ)の3通り。

よって, 求める確率は, $\frac{3}{9}=\frac{1}{3}$

(2) 3人をA, B, Cとするとき, じゃんけんの出し方は, $3\times3\times3=27$(通り)

この中で, あいこになるのは,

㋐ 3人が同じものを出すとき, (A, B, C)=(グ, グ, グ), (チ, チ, チ), (パ, パ, パ)の3通り

㋑ 3人とも違うものを出すとき, (A, B, C)=(グ, チ, パ), (グ, パ, チ), (チ, グ, パ), (チ, パ, グ), (パ, グ, チ), (パ, チ, グ)の6通り

よって, 全部で$3+6=9$(通り)あるから, 求める確率は, $\frac{9}{27}=\frac{1}{3}$

類題 15 別冊解答 p.139

A, B, Cの3人がじゃんけんをするとき, 次の確率を求めなさい。

(1) Cだけが勝つ確率

(2) BとCが勝ち, Aだけが負ける確率

★★★ ⤺ p.501 1

例題 16 くじと確率

5本のうち，当たりが2本入っているくじがある。このくじを，太郎(たろう)さん，花子さんの2人がこの順に1本ずつひく。太郎さん，花子さんが当たりくじをひく確率をそれぞれ求めなさい。

太郎さんがひいたくじを花子さんはひかないことに注意して，樹形図をかいて求めよう。

解き方と答え

2人のくじのひき方は，
5×4＝20(通り)
当たりくじを①，②，はずれくじをⒶ，Ⓑ，Ⓒとすると，太郎さんが当たりくじをひくのは，右の図の○のところで，8通りある。よって，太郎さんの当たる確率は，
$\frac{8}{20}=\frac{2}{5}$
花子さんが当たりくじをひくのは，右の図の☆のところで，8通りある。よって，花子さんの当たる確率は，$\frac{8}{20}=\frac{2}{5}$

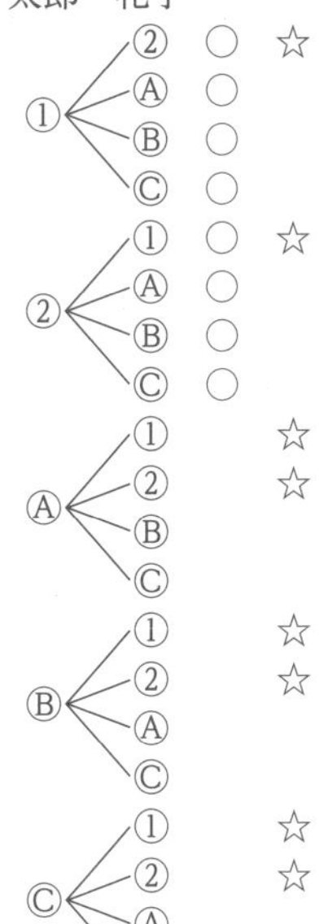

くわしく

くじをひく順番と確率

例題⑯のようなくじをひくとき，ひく順番によって当たる確率は変わらない。

別解 花子さんの当たる確率を計算で求める

㋐太郎さんがはずれるとき。
太郎さんがはずれる確率は$\frac{3}{5}$。残り4本のくじの中の2本の当たりのうちの1本をひく確率は，$\frac{2}{4}$。
花子さんの当たる確率は，
$\frac{3}{5}\times\frac{2}{4}=\frac{3}{10}$
㋑太郎さんが当たるとき。
㋐と同様に考えて，
$\frac{2}{5}\times\frac{1}{4}=\frac{1}{10}$
以上より，$\frac{3}{10}+\frac{1}{10}=\frac{2}{5}$

類題 16 別冊解答 p.139

次の問いに答えなさい。

(1) 5本のくじの中に当たりくじが2本入っている。この中から1本をひき，ひいたくじをもとにもどさず，さらに1本をひく。このとき，少なくとも1本の当たりくじをひく確率を求めなさい。〔国立高専〕

(2) 10本のうち，当たりが4本入っているくじがある。このくじから同時に2本ひくとき，少なくとも1本が当たりである確率を求めなさい。〔東大寺学園高〕

章末問題 A

→別冊解答 p.140～141

8 次の問いに答えなさい。

↩例題 7 8

(1) A，B，C，D，Eの5人が一列に並ぶとき，並び方は全部で何通りありますか。

(2) 1から6までの数字から異なる3個の数字を選んでつくる3けたの整数は何個ありますか。

(3) 6人を4人組と2人組に分ける方法は，全部で何通りありますか。

(4) 5枚のカード[0]，[1]，[2]，[2]，[5]から3枚取り出し，左から順に並べて3けたの整数をつくるとき，3けたの整数は全部で何通りできますか。また，3の倍数は何通りできますか。

9 2つのさいころを同時に投げるとき，次の確率を求めなさい。

↩例題 12

(1) 同じ目が出る確率 〔宮崎〕

(2) 出る目の数の和が5の倍数になる確率 〔岐阜〕

(3) 出る目の数の和が素数になる確率 〔千葉〕

(4) 出る目の数の積が4になる確率 〔島根〕

10 4人の生徒A，B，C，Dで1つのチームをつくり，リレーに出ることになった。走る順番はくじで決めるとする。 〔三重〕

↩例題 7 10

(1) 走る順番は全部で何通りありますか。

(2) Bが第2走者でDが第3走者になる確率を求めなさい。

11 袋(ふくろ)の中に，赤玉3個と白玉2個と青玉1個が入っている。この袋の中から同時に2個の玉を取り出すとき，取り出した2個のうち1個が青玉である確率を求めなさい。 〔福岡〕

↩例題 13

12 右の図のように，1，2，3，4，5の数が1つずつ書かれた5枚のカードがある。この5枚のカードをよくきってから，1枚ずつ2回続けてひき，1回目にひいたカードに書かれている数を十の位の数，2回目にひいたカードに書かれている数を一の位の数として，2けたの整数をつくる。ただし，ひいたカードはもとにもどさないものとする。 〔三重〕

↩例題 14

[1] [2] [3] [4] [5]

(1) できる2けたの整数は，全部で何通りありますか。

(2) できる2けたの整数が3の倍数になる確率を求めなさい。

章末問題 B

→別冊解答 p.141～143

13 黄色のカードが3枚，青色のカードが2枚ある。これらの5枚のカードを左から順に1列に並べたとき，青色のカードがとなり合わない並べ方は，何通りありますか。〔都立産業技術高専〕

つ例題 7

14 袋(ふくろ)の中に，赤，青，白の玉が1個ずつ，合計3個入っている。この袋の中から1個の玉を取り出し，色を確認してからまたもとにもどす。この作業を3回くり返すとき，3回とも赤玉が取り出せない確率を求めなさい。〔都立墨田川高〕

つ例題 13

15 立方体のさいころが1個あり，その6つの面には1，2，2，3，3，4のそれぞれの数字が書かれている。また，数直線上で，点Pは原点Oを出発点とし，さいころを投げて偶数(ぐうすう)の目が出たらその目の数だけ右に進み，奇数の目が出たらその目の数だけ左に進むものとする。さいころを続けて2回投げたとき，次の確率を求めなさい。〔青山学院高〕

O P
-5 -4 -3 -2 -1 0 1 2 3 4 5

つ例題 12

(1) 点Pの座標が1である確率

(2) 点Pの座標が正である確率

16 5つの文字A，B，C，D，Eを横一列に並べるとき，AとBがとなり合わない確率を求めなさい。〔東大寺学園高〕

つ例題 7

17 右の図のように，座標平面上に4点A(1，2)，B(4，2)，C(4，4)，D(1，4)を頂点とする長方形ABCDがある。

つ例題 12

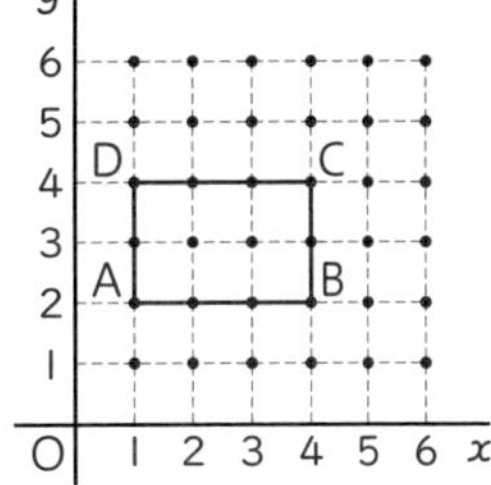

(1) 大，小2個のさいころを投げて出た目の数をそれぞれa，bとする。2点P(a，b)，Q(0，2)をとるとき，直線PQが長方形ABCDの頂点を通る確率を求めなさい。

(2) 大，中，小3個のさいころを投げて出た目の数をそれぞれc，d，eとする。2点R(c，d)，S(0，e)をとるとき，直線RSが長方形ABCDの面積を2等分する確率を求めなさい。〔豊島岡女子学園高〕

チャレンジ

18 袋の中に赤玉，青玉，白玉，黒玉が1個ずつ，合計4個入っている。

つ例題 13

操作…袋から同時に2個の玉を取り出し，玉の色を記録し，取り出された玉を袋にもどす。

上の操作を1回の操作とし，4個の玉のすべてが少なくとも1回取り出された時点で操作を終える。このとき，2回目で操作を終える確率と，3回目で操作を終える確率を求めなさい。〔灘高〕

5 標本調査

p.510 ～ 512

❶ 全数調査と標本調査の違(ちが)いを理解し，標本調査における標本の正しい取り出し方がわかるようにしよう。

❷ 標本調査を利用して，母集団について推定できるようにしよう。

要点整理

1 標本調査

➡例題 17

▶調査の対象となっている集団すべてについて調べることを**全数調査**(ぜんすうちょうさ)という。

例 学級での身体測定，国勢調査など

▶全体からその一部分を取り出して調べることで，対象全体の特徴(とくちょう)や性質を推定する調べ方を**標本調査**(ひょうほんちょうさ)という。

例 世論調査，商品の品質検査など

㋐ **母集団**(ぼしゅうだん)…特徴や傾向(けいこう)などの性質を調べたい集団全体

㋑ **標本**…調査のために母集団から取り出した一部の資料

㋒ **母集団の大(おお)きさ**…母集団全体の個数

㋓ **標本の大きさ**…取り出した資料の個数

▶母集団からかたよりなく標本を選ぶことを**無作為**(むさくい)**に抽出**(ちゅうしゅつ)**する**という。母集団にふくまれるもの1つ1つに番号をつけて，その番号を**乱数さい**，**乱数表**，**コンピューター**などを利用して抽出する。

2 個数の推定

➡例題 18

▶母集団の推定

❶ 母集団から標本を取り出す。

❷ 取り出した標本の性質を調べる。

❸ その結果から，母集団の性質を推定する。

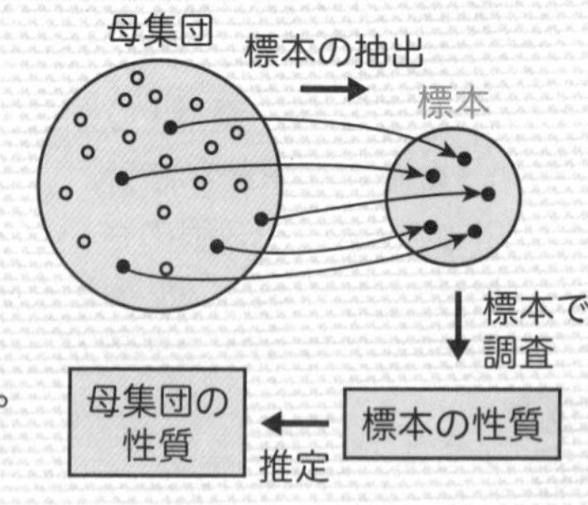

▶母集団の比率の推定

標本での比率と母集団での比率は，ほぼ等しいとみなして，母集団の比率を推定できる。

▶母集団から取り出した標本の平均値を**標本平均**(ひょうほんへいきん)という。**無作為に抽出した標本平均は，母集団の平均とほぼ等しいとみなす**ことができる。

★★★ p.510 1

例題 17 標本調査

次の問いに答えなさい。

(1) 次の調査のうち，標本調査で行うのが適当であるものを，**ア**～**エ**の中からすべて選び，記号で答えなさい。

ア 国勢調査　　**イ** テレビ番組の視聴率調査

ウ 飛行機に乗る前の手荷物検査　　**エ** 出荷前の電池の寿命の検査

(2) ある中学校の全校生徒720人について，数学が好きかどうかを調べるために，標本調査をすることにした。次の**ア**～**ウ**で，標本の選び方として最も適切なものを記号で答えなさい。〔沖縄〕

ア 男子だけを選ぶ。　**イ** 1年生の中からくじ引きで150人を選ぶ。

ウ 全校生徒720人に通し番号をつけ，乱数さいを使って120人を選ぶ。

(2) 標本を選ぶときは，無作為に抽出する必要がある。

解き方と答え

(1) **ア**と**ウ**…すべての人を対象にして調べることが必要な調査なので，全数調査である。

イ…全数調査をすると，ばく大な時間と費用などがかかるから不可能である。

エ…すべての電池の寿命を調べてしまうと，製品として販売する電池がなくなってしまうので，全数調査は不可能である。

よって，標本調査をするものは，**イ**，**エ**

(2) **ア**…女子の傾向を知ることはできない。

イ…2年生，3年生の傾向を知ることはできない。

よって，男女，全学年の生徒の傾向を知るには，**ウ**が最も適切である。

参考 **国勢調査**

国勢調査は，日本に住んでいるすべての人と世帯を対象とする国の最も重要な統計調査で，5年ごとに実施される。国勢調査から得られる**日本の人口や世帯の実態は，国や地方公共団体の行政において利用され，国民生活に役立てられている。**結果は総務省統計局のホームページで公開している。

類題 17

別冊解答 p.143

次の調査のうち，標本調査で行うのが適当であるものを，ア～エから1つ選び，記号で答えなさい。

ア 入試における学力　　**イ** 学校での身体測定

ウ 世論調査　　**エ** ある中学校で行う進路希望の調査

★★★ p.510 2

例題 18 個数の推定

次の問いに答えなさい。

(1) 箱の中に同じ大きさの黒玉だけがたくさん入っている。この箱の中に黒玉と同じ大きさの白玉200個を入れてよくかき混ぜたあと，その箱から170個の玉を無作為に抽出すると，黒玉は140個，白玉は30個であった。この結果から，はじめに箱の中に入っていた黒玉の個数は，およそ何個と推定されますか。一の位の数を四捨五入した概数で答えなさい。〔山口〕

(2) ある製品にふくまれる不良品の個数を標本調査によって調べる。12000個の製品のうち，8％にあたる製品を無作為に抽出して調べたところ，その中に4個の不良品が発見された。12000個の製品の中には，不良品はおよそ何個あると推定されますか。〔都立墨田川高〕

母集団での比率と標本での比率はほぼ等しいとみなして考えよう。

解き方と答え

(1) はじめに箱の中に入っていた黒玉の個数をx個とする。母集団での黒玉と白玉の比率と，170個の標本での黒玉と白玉の比率は，ほぼ等しいと考えられるから，

$x:200=140:30$　$x=933.3\cdots$

よって，**およそ930個**

(2) 12000個の中の不良品の個数をx個とする。標本の大きさは，$12000\times0.08=960$(個)だから，

$12000:x=960:4$　$x=50$

よって，**およそ50個**

くわしく　実際の値に近づけるには？

(1)のおよそ930個はあくまでも推定した値で実際の値とは異なる。実際の値に近づけるには，

㋐ **標本の大きさを大きくする**

㋑ **無作為に抽出する回数を増やして，その平均をとる**

とよい。

次の問いに答えなさい。

(1) ある池に印をつけた魚を25匹放流し，しばらくたってから40匹採取したところ，印をつけた魚が2匹ふくまれていました。この池にはおよそ何匹の魚がいると考えられますか。〔桃山学院高〕

(2) 1200ページある国語辞典にのっている見出し語の総数を調べるため，無作為に10ページを選び，それぞれのページにのっている見出し語の数を調べると，50，59，41，45，55，49，51，53，47，50となった。このとき，この国語辞典にのっている見出し語の総数を推定して書きなさい。〔佐賀〕

章末問題

→別冊解答 p.143〜144

19 ある中学校の生徒会が，全校生徒525人のうち，冬休みに家の手伝いをした生徒のおよその人数を調べることになり，40人を無作為（むさくい）に抽出（ちゅうしゅつ）する標本調査を行った。〔栃木〕

↻例題 17 18

(1) 標本の選び方として適切なものを，次の**ア**，**イ**，**ウ**，**エ**のうちから1つ選んで記号で答えなさい。ただし，くじ引きを行うとき，その対象の中からの生徒の選ばれ方は同様に確からしいものとする。

ア 2年生の中から40人をくじ引きで選ぶ。
イ 男子生徒267人の中から40人をくじ引きで選ぶ。
ウ 生徒全員の中から40人をくじ引きで選ぶ。
エ 運動部員の中から20人，文化部員の中から20人の計40人をくじ引きで選ぶ。

(2) 抽出された40人のうち，冬休みに家の手伝いをした生徒は32人であった。この中学校で，冬休みに家の手伝いをした生徒のおよその人数を求めなさい。

20 世帯数が60000世帯のA市で，300世帯を無作為に抽出してテレビで番組Tを視聴（しちょう）していた世帯数を調査したところ45世帯が視聴していた。このとき，A市全体でこの番組Tを視聴していた世帯はおよそ何世帯と推定されるか，求めなさい。〔愛知〕

↻例題 18

記述

21 袋（ふくろ）の中に，緑色の豆だけがたくさん入っている。そのおよその個数を調べるために，袋の中に100個の黒色の豆を入れてよくかき混ぜた。その後，袋の中から30個の豆を無作為に抽出し，緑色と黒色の豆の個数をそれぞれ数え，数え終わった豆を袋にもどしてよくかき混ぜる実験を3回行い，表にした。3回の平均をもとにして，袋の中の緑色の豆の個数を推定しなさい。考え方がわかるように過程も書きなさい。ただし，すべての豆の重さ，大きさは同じものとする。〔秋田〕

↻例題 18

実験の回数	緑色の豆の個数	黒色の豆の個数
1回目	28	2
2回目	26	4
3回目	27	3
3回の平均	27	3

22 袋の中に同じ大きさの赤玉と白玉が合わせて1000個入っている。標本調査を利用して袋の中の赤玉の個数と白玉の個数を推定したい。よくかき混ぜた後，袋の中から玉を50個取り出したところ白玉の個数が26個だった。袋の中に赤玉は何個入っていたと推定されますか。〔明治学院高〕

↻例題 18

チャレンジ

23 袋の中に，白玉と赤玉が2：3の割合で入っている。そこに青玉を50個混ぜ，無作為に80個取り出すと，そのうちの10個が青玉だった。はじめに入っていた白玉は，およそ何個であるか推定しなさい。〔中央大杉並高〕

↻例題 18

偏差値とは？ ～偏差値の意味を知って，学習に活かそう～

偏差値って聞いたことあるかな？模擬テストの結果にあるアレだ。なんとなくしかわかっていない人も多いと思うので紹介しておこう。

下の表とグラフは，ある人の実力テストの結果である。

教科	得点(点)	平均点(点)	偏差値
国語	60	66	47
社会	37	45	46
数学	88	64	61
理科	53	57	48
英語	80	50	64
5教科	318	282	54

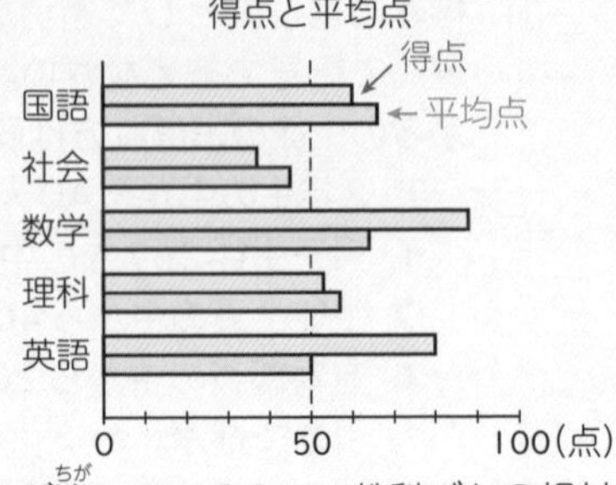

得点からはその教科の到達度がわかるが，平均点が違っているので，教科ごとの相対的な成績を比べるとき，得点だけで比べることはできない。例えば，数学の得点が英語よりも高いが，平均点は英語のほうが低いので，全体での順位は，英語のほうがよいと思われる。これをうまく表すのが**偏差値**で，**集団の中でどれくらいの位置にいるのかがわかる**。実際，数学と英語の偏差値はそれぞれ61と64で，英語が高い値をとっている。

偏差値は，平均点を基準として，得点の散らばりを表す**標準偏差**を使って，右のような式で求めることができる。**平均点をとれば，偏差値50**となり，**平均点より高い得点をとると，偏差値は50より大きくなる。**

$$\text{偏差値} = \frac{\text{得点} - \text{平均点}}{\text{標準偏差}} \times 10 + 50$$

では，実際に偏差値を求めてみよう。

A～Eの5人のテストの得点が右の表のようになるとき，平均点は，300÷5＝60(点)である。

	A	B	C	D	E	平均点
得点(点)	72	60	58	45	65	60
得点－60	12	0	−2	−15	5	
$(\text{得点}-60)^2$	144	0	4	225	25	合計 398

次に標準偏差を求める。表の**得点－平均点**を計算すると，平均点からの散らばり具合がわかる。ただし，このまま加えると0になるから，**$(\text{得点}-\text{平均点})^2$** を計算して，その合計を求める。この合計は398で，人数の5でわって，その平方根をとると$\sqrt{79.6} \fallingdotseq 9$になる。(これが標準偏差である。) 5人の平均点が60点，標準偏差が約9なので，AとDの偏差値を求めると，Aの偏差値は$\frac{72-60}{9} \times 10 + 50 \fallingdotseq 63$，Dの偏差値は$\frac{45-60}{9} \times 10 + 50 \fallingdotseq 33$となる。

このように，偏差値は集団の中での自分の位置がある程度わかるものとして利用するとよい。くれぐれも偏差値が1上がったからといって油断しないように！

第6編
思考力強化編

例題 1 大きい数の計算

大きい数や大きい指数の計算は，もちろんそのまま計算することもできますが，それでは時間がかかってしまったり，計算まちがいをしてしまいます。素因数分解やさまざまな計算法則を利用して，くふうできないかを見極めることが大切です。

次の問いに答えなさい。

(1) $2016!=2016\times2015\times2014\times\cdots\times3\times2\times1$ を計算すると，末尾(まつび)には何個の0が並びますか。 〔慶應義塾高〕

(2) $\dfrac{\{(1+\sqrt{3})^{50}\}^2(2-\sqrt{3})^{50}}{2^{50}}$ を計算しなさい。 〔立命館高〕

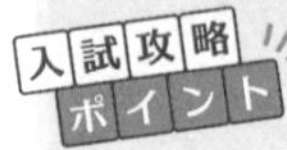

(1) $10=2\times5$ より，$2016!$ の中の素因数2，5の少ないほうの個数を求めよう。

(2) 指数法則 $(a^m)^n=(a^n)^m=a^{mn}$，$a^nb^n=(ab)^n$ を使おう。

解き方と答え

(1) 末尾に並ぶ0の個数は，積 $2016\times2015\times\cdots\times2\times1$ にふくまれる因数 $2\times5=10$ の個数になる。5の倍数は偶数よりも少ないから，積にふくまれる素因数5の個数は，素因数2の個数より少ない。よって，因数10の個数は素因数5の個数と同じである。

5の倍数は，$2016\div5=403$ 余り1より，403個

$5^2=25$ の倍数は，$2016\div25=80$ 余り16より，80個

$5^3=125$ の倍数は，$2016\div125=16$ 余り16より，16個

$5^4=625$ の倍数は，$2016\div625=3$ 余り141より，3個

よって，素因数5の個数は，$403+80+16+3=502$(個)あるから，末尾に並ぶ0の個数も502個

(2) 指数法則 $(a^m)^n=(a^n)^m$ を使って，

$\{(1+\sqrt{3})^{50}\}^2=\{(1+\sqrt{3})^2\}^{50}=(4+2\sqrt{3})^{50}=\{2(2+\sqrt{3})\}^{50}$

指数法則 $(ab)^n=a^nb^n$ を使って，

$\{2(2+\sqrt{3})\}^{50}=2^{50}\times(2+\sqrt{3})^{50}$

よって，$\dfrac{\{(1+\sqrt{3})^{50}\}^2(2-\sqrt{3})^{50}}{2^{50}}=\dfrac{2^{50}\times(2+\sqrt{3})^{50}\times(2-\sqrt{3})^{50}}{2^{50}}=(2+\sqrt{3})^{50}\times(2-\sqrt{3})^{50}$

指数法則 $a^nb^n=(ab)^n$ を使って，

$(2+\sqrt{3})^{50}\times(2-\sqrt{3})^{50}=\{(2+\sqrt{3})(2-\sqrt{3})\}^{50}=(4-3)^{50}=1^{50}=1$

例題 2 複雑な式の値

ふつう，式の値は，文字の値を式に(式を簡単にできるときは簡単にしてから)代入して計算します。文字が複数あり，和や積，平方根，比の値などで与えられたときは，条件式(代入するほうの式)か与えられた式を代入しやすい形に変えることが大切です。

次の式の値を求めなさい。

(1) $a+b+c=0$，$abc=-3$のとき，$a^3(b+c)^2b^3(c+a)^2c^3(a+b)^2$の値 〔お茶の水女子大附高〕

(2) $x=3+2\sqrt{2}$，$y=3-2\sqrt{2}$のとき，$\dfrac{\sqrt{x}+\sqrt{y}}{\sqrt{x}-\sqrt{y}}$の値 〔久留米大附高〕

(1) $a+b+c=0$より，$b+c=-a$，$c+a=-b$，$a+b=-c$
(2) 与えられた式の分母を有理化してから，x，yの値を代入する。

解き方と答え

(1) 2つの条件式は，それぞれ和と積の式(基本対称式)であり，与えられた式は，
↑p.93参照
積と和の一部であり，対称式になっている。
↑p.93参照
和の条件式$a+b+c=0$を変形して，
$b+c=-a$，$c+a=-b$，$a+b=-c$
これらを与えられた式に代入すると，
$a^3(\underline{b+c})^2b^3(\underline{c+a})^2c^3(\underline{a+b})^2$
（↑$=-a$　↑$=-b$　↑$=-c$）
$=a^3\times(-a)^2\times b^3\times(-b)^2\times c^3\times(-c)^2$
$=a^3\times a^2\times b^3\times b^2\times c^3\times c^2$
$=a^5\times b^5\times c^5$
指数法則$a^n\times b^n=(ab)^n$を使って，
$a^5\times b^5\times c^5=(abc)^5$
$=(-3)^5$
$=-243$

(2) 与えられた式の分母を有理化すると，
$\dfrac{\sqrt{x}+\sqrt{y}}{\sqrt{x}-\sqrt{y}}=\dfrac{(\sqrt{x}+\sqrt{y})^2}{(\sqrt{x}-\sqrt{y})(\sqrt{x}+\sqrt{y})}$
$=\dfrac{x+2\sqrt{xy}+y}{x-y}$
$x=3+2\sqrt{2}$，$y=3-2\sqrt{2}$より，
$x+y=6$，$x-y=4\sqrt{2}$，
$xy=(3+2\sqrt{2})(3-2\sqrt{2})=3^2-(2\sqrt{2})^2=1$
よって，$\dfrac{x+y+2\sqrt{xy}}{x-y}=\dfrac{6+2\sqrt{1}}{4\sqrt{2}}=\dfrac{2}{\sqrt{2}}$
$=\sqrt{2}$

別解 $\sqrt{x}$，$\sqrt{y}$の値を求める

$x=3+2\sqrt{2}=(\sqrt{2}+1)^2$，
（↑$\sqrt{2}+1>0$）
$y=3-2\sqrt{2}=(\sqrt{2}-1)^2$
（↑$\sqrt{2}-1>0$）
$a\geqq0$のとき，$\sqrt{a^2}=a$であるから，
$\sqrt{x}=\sqrt{(\sqrt{2}+1)^2}=\sqrt{2}+1$，
$\sqrt{y}=\sqrt{(\sqrt{2}-1)^2}=\sqrt{2}-1$
よって，$\dfrac{\sqrt{x}+\sqrt{y}}{\sqrt{x}-\sqrt{y}}=\dfrac{(\sqrt{2}+1)+(\sqrt{2}-1)}{(\sqrt{2}+1)-(\sqrt{2}-1)}$
$=\dfrac{2\sqrt{2}}{2}=\sqrt{2}$

例題 3 不定方程式

方程式の数が未知数の数より少なく，解が無数にある方程式を不定方程式（ふていほうていしき）といいます。係数と解がともに整数である不定方程式の解は，ある文字に注目したり，因数分解したりして，解の候補を絞（しぼ）っていきます。あとは1つ1つ調べれば解が求められます。

次の問いに答えなさい。

(1) $3x+7y+4z=24$ を満たす自然数 x，y，z の組をすべて求めなさい。〔ラ・サール高〕

(2) $\frac{1}{m}+\frac{1}{n}=\frac{1}{7}$ を満たす自然数 m，$n\ (m<n)$ を求めなさい。〔慶應義塾志木高〕

(1) 係数の大きい順($y \to z \to x$)に値を絞ろう。
yの係数が7なので，自然数yの値は1か2しかとれない。
(2) 分母をはらって，(　)(　)＝自然数 の形をつくろう。

解き方と答え

(1) x，y，z は自然数だから，
$x \geqq 1$，$y \geqq 1$，$z \geqq 1$
よって，$3x+7y+4z$ の最小値は，
$3\times1+7\times1+4\times1=14$
yの係数が7でいちばん大きいから，まずyについて場合分けを考える。
$y=3$ のとき，$x=1$，$z=1$ とすると，
$3+7\times3+4=28>24$ だから，$y<3$ より，
$y=1$，2
㋐ $y=1$ のとき，$3x+4z=17$
㋑ $y=2$ のとき，$3x+4z=10$
zの係数が4で2番目に大きいから，$z=1$，2…を代入して，$x\geqq1$ を満たす x を求める。
表にまとめると，

$3x+4z$	17				10	
z	1	2	3	4	1	2
x	$\frac{13}{3}$	3	$\frac{5}{3}$	$\frac{1}{3}$	2	$\frac{2}{3}$

となるので，自然数 x，y，z の組は，
$(x,\ y,\ z)=(3,\ 1,\ 2)$，$(2,\ 2,\ 1)$

(2) 両辺に $7mn$ をかけると，
$7n+7m=mn$
$mn-7m-7n=0$
m，n の係数がともに7だから，左辺を因数分解するため，両辺に 7^2 を加えると，$mn-7m-7n+7^2=0+7^2$
$(m-7)(n-7)=49$…①
$m-7$，$n-7$ は整数…②
①，②より，$49=1\times49$，$(-1)\times(-49)$，7×7，$(-7)\times(-7)$
ここで，$0<m<n$ より，$-7<m-7<n-7$
だから，$49=1\times49$ ← $-7<1<49$
よって，$m-7=1$，$n-7=49$ より，
$m=8$，$n=56$

例題 4 いろいろな連立方程式

ここでは，3つの文字x，y，zのある連立3元2次方程式や，係数に平方根のある連立方程式について考えます。どんなに複雑な連立方程式でも，基本は加減法や代入法を用いて，文字を消去して解いていきます。

次の問いに答えなさい。

(1) $\begin{cases} 3x+4y+5z=40 & \cdots① \\ x+y+z=10 & \cdots② \\ x^2+y^2+z^2=36 & \cdots③ \end{cases}$ 〔慶應義塾高〕

❶ ①，②より，x，yをそれぞれzで表しなさい。

❷ 連立方程式を解きなさい。

(2) 連立方程式$\begin{cases} (2+\sqrt{2})x+(2-\sqrt{2})y=\sqrt{2} & \cdots① \\ (2-\sqrt{2})x+(2+\sqrt{2})y=-\sqrt{2} & \cdots② \end{cases}$を解きなさい。〔東海高〕

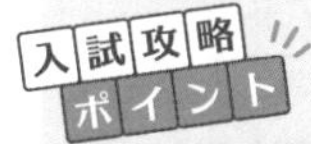

(1) x，yをzの式で表し，それらを③に代入しよう。

(2) $(a+b)(a-b)=a^2-b^2$を利用して，xかyの係数をそろえよう。

解き方と答え

(1)❶ ①－②×4

$$\begin{array}{rr} & 3x+4y+5z=40 \\ -) & 4x+4y+4z=40 \\ \hline & -x \quad\quad +z=0 \end{array}$$

よって，$x=z$

①－②×3

$$\begin{array}{rr} & 3x+4y+5z=40 \\ -) & 3x+3y+3z=30 \\ \hline & y+2z=10 \end{array}$$

よって，$y=-2z+10$

❷ ❶より，$x=z$，$y=-2z+10$を③に代入して，$z^2+(-2z+10)^2+z^2=36$

$3z^2-20z+32=0$

解の公式より，$z=\frac{8}{3}$，4

よって，$z=\frac{8}{3}$のとき，$x=\frac{8}{3}$，$y=\frac{14}{3}$

$z=4$のとき，$x=4$，$y=2$

(2) $(2+\sqrt{2})(2-\sqrt{2})=2$を利用する。

①×$(2-\sqrt{2})$－②×$(2+\sqrt{2})$

$$\begin{array}{rr} & 2x+(2-\sqrt{2})^2y=\sqrt{2}(2-\sqrt{2}) \\ -) & 2x+(2+\sqrt{2})^2y=-\sqrt{2}(2+\sqrt{2}) \\ \hline & -8\sqrt{2}y=4\sqrt{2} \\ & y=-\frac{1}{2} \end{array}$$

①×$(2+\sqrt{2})$－②×$(2-\sqrt{2})$

$$\begin{array}{rr} & (2+\sqrt{2})^2x+2y=\sqrt{2}(2+\sqrt{2}) \\ -) & (2-\sqrt{2})^2x+2y=-\sqrt{2}(2-\sqrt{2}) \\ \hline & 8\sqrt{2}x \quad =4\sqrt{2} \\ & x \quad =\frac{1}{2} \end{array}$$

よって，$x=\frac{1}{2}$，$y=-\frac{1}{2}$

別解 $y=-\frac{1}{2}$を代入してもよい。

yの値を解いた後に，①または②に代入して，xの値を求めてもよい。

例題 5 関数のグラフと動点

動点について，三平方の定理を利用して解く問題です。これまでと同じように，それぞれの区間の中で動点がどの辺上にあるかを作図し，状況を整理して，場合分けして考えることが大切です。

右の図のように，1辺の長さが4の正六角形OABCDEがあり，O(0, 0)A(4, 0)とする。この正六角形の辺上を動点Pが点Aから出発して秒速1の速さで反時計回りに点Dまで半周する。点Pからx軸に垂線PQをひき，直角三角形OPQの面積をSとする。

〔久留米大附高－改〕

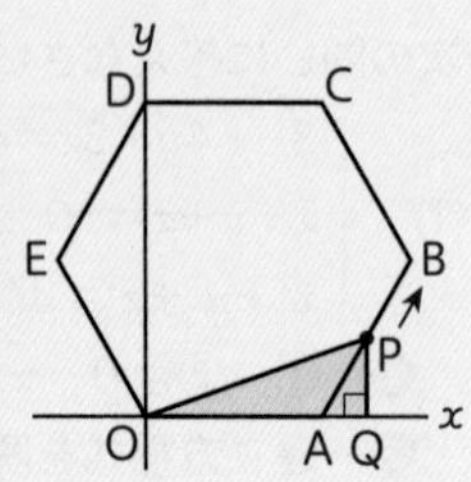

(1) 点PがAを出発して1秒後，5秒後，9秒後のSの値をそれぞれ求めなさい。

(2) 点PがAB上にあるとき，Aを出発してt秒後に$S=\frac{5\sqrt{3}}{2}$になるとする。このtの値を求めなさい。

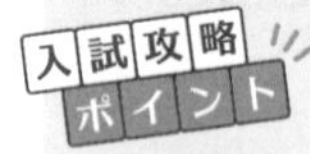

(1) 5秒後のとき，点PはBC上にある。BからPQに垂線をひいて考えよう。

解き方と答え

(1) 1秒後，点PはAB上にある。$\angle PAQ=60°$　$AP=1$より，$OQ=4+\frac{1}{2}=\frac{9}{2}$，$PQ=\frac{\sqrt{3}}{2}$

よって，$S=\frac{1}{2}\times\frac{9}{2}\times\frac{\sqrt{3}}{2}=\frac{9\sqrt{3}}{8}$

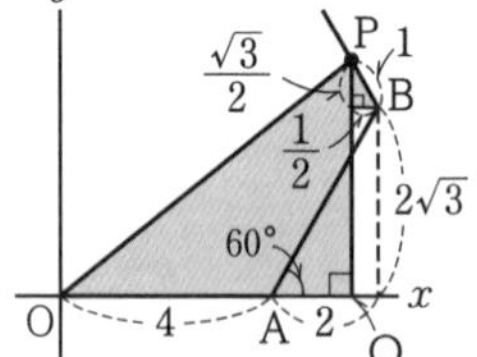

5秒後，点PはBC上にある。$BP=5-4=1$,

$OQ=4+2-\frac{1}{2}=\frac{11}{2}$，$PQ=2\sqrt{3}+\frac{\sqrt{3}}{2}=\frac{5\sqrt{3}}{2}$

よって，$S=\frac{1}{2}\times\frac{11}{2}\times\frac{5\sqrt{3}}{2}=\frac{55\sqrt{3}}{8}$

9秒後，点PはCD上にある。$CP=9-4\times2=1$

$OQ=4-1=3$，$PQ=2\sqrt{3}\times2=4\sqrt{3}$

よって，$S=\frac{1}{2}\times3\times4\sqrt{3}=6\sqrt{3}$

(2) 点PがAB上にあるとき，$AP=t$より，$AQ=\frac{1}{2}t$，$PQ=\frac{\sqrt{3}}{2}t$

よって，$S=\frac{1}{2}\times OQ\times PQ$より，$\frac{1}{2}\left(4+\frac{1}{2}t\right)\times\frac{\sqrt{3}}{2}t=\frac{5\sqrt{3}}{2}$

$t^2+8t-20=0$　$0\leqq t\leqq4$より，$t=2$

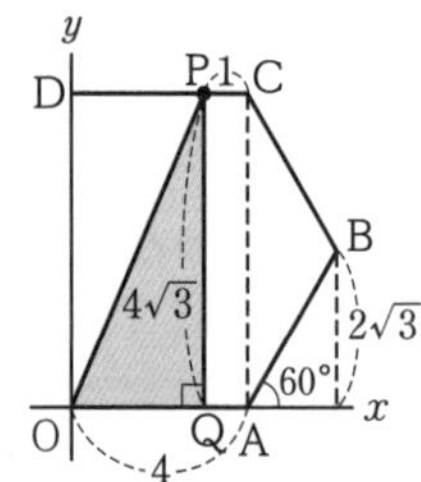

例題 6 関数のグラフと円

座標平面上で円が座標軸(ざひょうじく)や直線と接しているとき，円の中心の座標を文字を使って表し，半径が等しいことに注目して，円の中心の座標を求めることができます。また，円の接線の性質を使って問題を解くこともあります。

右の図の放物線$y=ax^2$は点$(-3,\ 3)$を通る。2つの円の中心P，Qは放物線上の点であり，それらのx座標はともに正である。円Pはx軸に接する。また，y軸，直線ℓ，そして，x軸に平行な直線mは2つの円の共通接線である。〔城北高(東京)〕

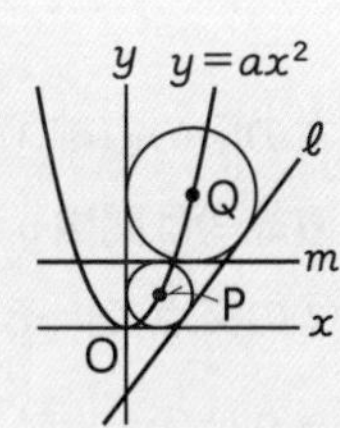

(1) aの値を求めなさい。

(2) 中心Pの座標を求めなさい。

(3) △OPQの面積を求めなさい。

(4) 直線ℓの切片を求めなさい。

(2) 図より，円Pはx軸とy軸に接することがわかるから，点Pのx座標とy座標が等しいことを利用しよう。

解き方と答え

(1) $y=ax^2$に点$(-3,\ 3)$を代入して，$a=\frac{1}{3}$

(2) 中心Pのx座標をpとすると，$P\left(p,\ \frac{1}{3}p^2\right)$であり，円Pは$x$軸，$y$軸に接するから，

点Pのx座標とy座標が等しいので，$\frac{1}{3}p^2=p$　$p^2-3p=0$　$p>0$より，$p=3$

よって，$P(3,\ 3)$

(3) 中心Qのx座標をqとすると，$Q\left(q,\ \frac{1}{3}q^2\right)$であり，(2)より共通接線$m$の式は，$y=6$

円Qの半径は等しいから，$q=\frac{1}{3}q^2-6$　$q^2-3q-18=0$　$q>0$より，$q=6$

よって，$Q(6,\ 12)$

右の図のように，直線OQ（$y=2x$）上に，PR//x軸となる点Rをとると，

$R\left(\frac{3}{2},\ 3\right)$

よって，△OPQ＝△OPR＋△QPR$=\frac{1}{2}\times\left(3-\frac{3}{2}\right)\times(3+9)=9$

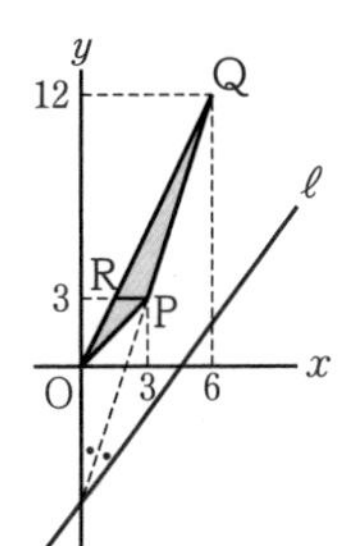

(4) 2つの円の中心P，Qを通る直線は，y軸と直線ℓのなす角を二等分するから，直線ℓの切片と一致する。

放物線と交わる直線の公式より，直線PQの切片は，

$-\frac{1}{3}\times3\times6=-6$

例題 7 関数のグラフと回転体

座標平面上の図形の回転体の問題では，図形を座標軸(ざひょうじく)のまわりに回転させることが多いですが，中には座標軸に平行でない直線を軸とした回転体の体積を求める問題もあります。どのような立体になるのかを想像しながら解く力が必要になってきます。
与えられた図は，正確でない場合もあるので，正しい図にして考える力も必要です。

右の図の直線①は関数$y=ax+\frac{3}{2}$，曲線②は関数$y=bx^2$，直線③は関数$y=ax+c$のグラフである。点P，Qは①と②の交点で，それぞれのx座標は$-\frac{1}{2}$，$\frac{3}{2}$である。また，点Rは③とy軸との交点で，△PQRの面積は$\frac{7}{2}$cm^{2}である。ただし，$c>\frac{3}{2}$とする。〔函館ラ・サール高一改〕

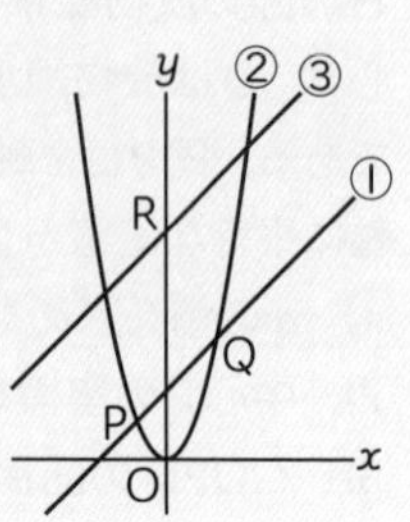

(1) a，b，cの値を求めなさい。

(2) △PQRを直線①を軸に1回転させてできる立体の体積を求めなさい。

(2) 底面が共通な2つの円錐(えんすい)の体積は，それぞれの円錐の高さがわからなくても，高さの和がわかれば求めることができる。

解き方と答え

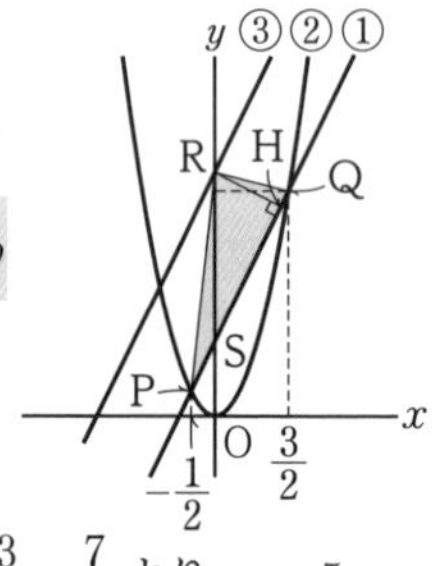

(1) 直線①は放物線と$x=-\frac{1}{2}$，$\frac{3}{2}$で交わるから，「放物線と交わる直線の公式」より，$y=b\times\left(-\frac{1}{2}+\frac{3}{2}\right)x-b\times\left(-\frac{1}{2}\right)\times\frac{3}{2}=bx+\frac{3}{4}b$

これと$y=ax+\frac{3}{2}$を比べて，$a=b$，$\frac{3}{4}b=\frac{3}{2}$より，$a=b=2$

①とy軸との交点をSとすると，$\mathrm{RS}=c-\frac{3}{2}$(cm)だから，

$\triangle\mathrm{PQR}=\triangle\mathrm{RSP}+\triangle\mathrm{RSQ}=\frac{1}{2}\times\left(c-\frac{3}{2}\right)\times\left\{\frac{3}{2}-\left(-\frac{1}{2}\right)\right\}=c-\frac{3}{2}=\frac{7}{2}$より，$c=5$

(2) $\mathrm{P}\left(-\frac{1}{2},\ \frac{1}{2}\right)$，$\mathrm{Q}\left(\frac{3}{2},\ \frac{9}{2}\right)$より，$\mathrm{PQ}=\sqrt{\left\{\frac{3}{2}-\left(-\frac{1}{2}\right)\right\}^2+\left(\frac{9}{2}-\frac{1}{2}\right)^2}=2\sqrt{5}$(cm)

点Rから直線①に垂線RHをひき，RH$=h$とすると，

$\triangle\mathrm{PQR}=\frac{1}{2}\times2\sqrt{5}\times h=\frac{7}{2}$より，$h=\frac{7}{2\sqrt{5}}=\frac{7\sqrt{5}}{10}$

回転体は右の図のような共通の底面をもつ2つの円錐になるから，その体積は，

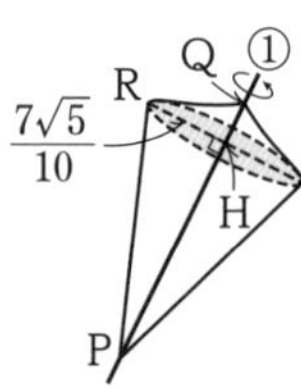

$\frac{1}{3}\pi\times h^2\times\mathrm{PH}+\frac{1}{3}\pi\times h^2\times\mathrm{QH}=\frac{1}{3}\pi h^2(\mathrm{PH}+\mathrm{QH})$

$=\frac{1}{3}\pi h^2\times\mathrm{PQ}=\frac{1}{3}\pi\times\left(\frac{7\sqrt{5}}{10}\right)^2\times2\sqrt{5}=\frac{49\sqrt{5}}{30}\pi$(cm^3)

例題 8 空間図形と動点

空間図形での動点の問題では，**例題 5** と同様に，時間の経過とともに点がどこに移動するのかを知ることが大切です。動点が複数あるときでも，それぞれの動点がどの辺上にあるかを整理して考えることが大切です。

右の図のように，AB＝AD＝4cm，AE＝8cmの直方体ABCD-EFGHがある。頂点Aを同時に出発する動点P，Q，Rがあり，P，Qは毎秒2cm，Rは毎秒1cmの速さで直方体の辺上を遠回りせずに，P：A→B→F→G，Q：A→D→H→G，R：A→Eのように動く。動点P，Q，Rが頂点Aを出発してからx秒後の四面体APQRの体積を$y$cm^{3}とする。〔青山学院高〕

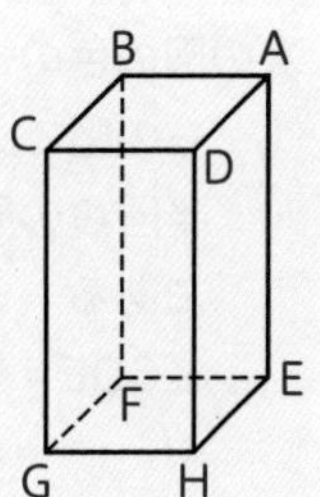

(1) $0<x\leqq2$のとき，yをxの式で表しなさい。

(2) $2\leqq x\leqq4$のとき，yをxの式で表しなさい。

(3) $x=7$のとき，△PQEの面積およびyを求めなさい。

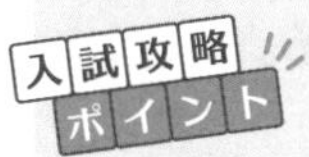

(3) $x=7$のときの3点P，Q，Rの位置から，四面体APQRの形を考えよう。

解き方と答え

(1) $0<x\leqq2$のとき，PはAB上，QはAD上にある。AP＝$2x$cm，AQ＝$2x$cm，AR＝$x$cm

より，$y=\dfrac{1}{3}\times\left(\dfrac{1}{2}\times2x\times2x\right)\times x=\dfrac{2}{3}x^3$

（$\left(\dfrac{1}{2}\times2x\times2x\right)$ ← △APQ，x ← AR）

(2) $2\leqq x\leqq4$のとき，PはBF上，QはDH上にある。BP＝DQ＝$2x-4$(cm)，AR＝$x$cm（BP＝DQ≦AR）

辺AE上に，AS＝$2x-4$(cm)となる点Sをとると，$y=\dfrac{1}{3}\times\triangle\mathrm{PQS}\times(\mathrm{AS}+\mathrm{SR})$

（△PQS ← ＝△ABD，AS＋SR ← ＝AR）

$=\dfrac{1}{3}\times\left(\dfrac{1}{2}\times4\times4\right)\times x=\dfrac{8}{3}x$

(3) $x=7$のとき，PはFG上，QはHG上にあり，FP＝HQ＝2cm，

△PQE＝16－△EFP－△EHQ－△GPQ

$=16-\left(\dfrac{1}{2}\times4\times2\right)\times2-\dfrac{1}{2}\times2\times2$

$=6$(cm^2)

$y=$三角錐（さんかくすい）A-PQE－三角錐R-PQE

$=\dfrac{1}{3}\times\triangle\mathrm{PQE}\times(\mathrm{AE}-\mathrm{RE})=\dfrac{1}{3}\times6\times7=14$

（AE－RE ← AR）

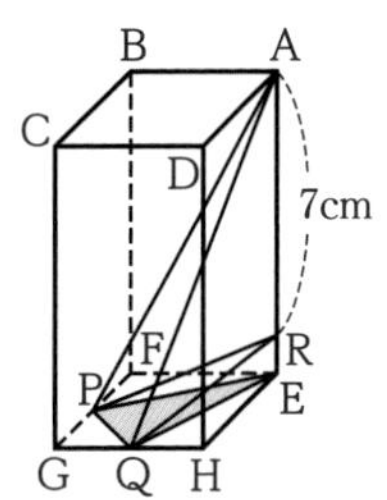

例題 9 特殊な図形の面積

ここでは，弧（こ）や弦（げん），線分などで囲まれた特殊（とくしゅ）な図形の面積を求めます。直接面積を求められない場合が多く，等積変形によって形を変えたり，まわりの図形の面積から不要な図形の面積をひいたりして求めます。

次の図の色のついた部分の面積を求めなさい。

(1) 右の図で，C，DはABを直径とする半円Oの周上の点で，$\angle COD=90°$ である。また，Eは弧CA上の点で，$\angle COE=45°$，$AB=6cm$ である。

〔愛知－改〕

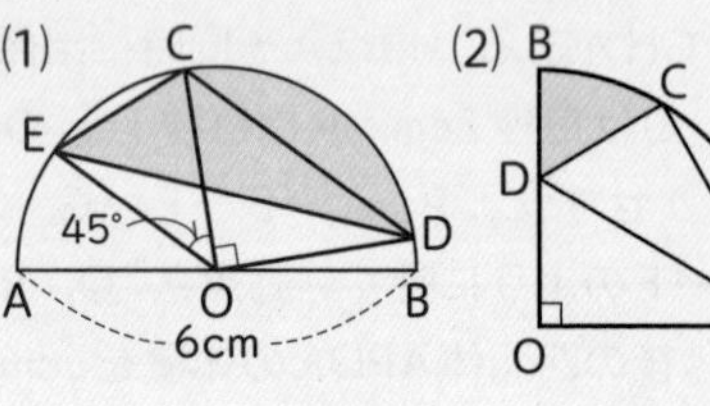

(2) 右上の図のようなおうぎ形があり，$OA=AC=1cm$ である。$\angle OAC$ の二等分線と半径OBとの交点をDとする。

〔立教新座高〕

(1) OE∥DCより，等積変形を利用して色のついた部分の形を変える。

(2) 2点OとCを結んでできる△OACは正三角形である。

解き方と答え

(1) △CODは直角二等辺三角形だから，

$\angle OCD=45°$

$\angle COE=45°$ より，錯角（さっかく）が等しいので，

OE∥DC

よって，△CDE＝△CDOより，求める面積は，おうぎ形OCDの面積に等しいから，

$OD=6\div 2=3(cm)$ より，

$3^2\times\pi\times\frac{90}{360}=\frac{9}{4}\pi(cm^2)$

(2) 点OとCを結ぶと，△OACは

$OA=OC=AC$

となり，1辺1cmの正三角形になる。

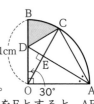

ADとOCの交点をEとすると，AEは∠OACの二等分線だから，点Eは辺OCの中点であり，$\angle OED=90°$

また，$\angle AOC=60°$ より，$\angle COB=30°$ だから，△ODEは30°，60°，90°の直角三角形となる。

よって，$OE=\frac{1}{2}cm$ より，

$DE=\frac{1}{\sqrt{3}}OE=\frac{\sqrt{3}}{6}cm$

求める面積は，$\underbrace{\pi\times1^2\times\frac{30}{360}}_{\text{おうぎ形OBC}}-\underbrace{\frac{1}{2}\times1\times\frac{\sqrt{3}}{6}}_{\text{△OCD}}$

$=\frac{\pi-\sqrt{3}}{12}(cm^2)$

例題 10 複雑な立体の体積

立方体をある平面で切断してできた立体を，さらにいくつかの平面で切断してできる立体を考えます。2つの切断面の交わりは交線であり，ここでは，それが立方体の対角線である場合を考えます。図をかいて，立体の切断面を確認することが大切です。

1辺の長さが1の立方体ABCD-EFGHを3点A，D，Fを通る平面で切ったとき，頂点Bをふくむほうの立体をPとする。また，立体Pを3点A，C，Gを通る平面で切ったとき，頂点Bをふくむほうの立体をQとする。〔桐朋高〕

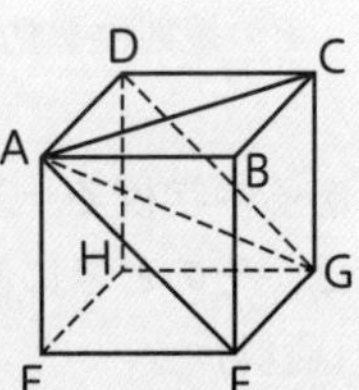

(1) 立体P，Qの体積を求めなさい。

(2) 立体Qを3点A，B，Gを通る平面で切ったとき，頂点Fをふくむほうの立体の表面積を求めなさい。

(3) 立体Qを3点D，C，Fを通る平面で切ったとき，頂点Bをふくむほうの立体の体積を求めなさい。

(3) 2つの面ADGFとACGEの交線は，立方体の対角線AGである。

解き方と答え

(1) 立体Pは三角柱ABF-DCGなので，その体積は，立方体の体積の半分で$\frac{1}{2}$

立体Pを3点A，C，Gを通る平面で切ったとき，頂点Bをふくまないほうの立体は，三角錐A-CDGだから，立体Qの体積は，$\frac{1}{2}-\underbrace{\frac{1}{3}\times\left(\frac{1}{2}\times1\times1\right)\times1}_{\text{三角錐A-CDGの体積}}=\frac{1}{3}$

(2) 求める立体の面は4つある。$\triangle ABF=\triangle BFG=\frac{1}{2}\times1\times1=\frac{1}{2}$

$\triangle AFG=\frac{1}{2}\times AF\times FG=\frac{1}{2}\times\sqrt{2}\times1=\frac{\sqrt{2}}{2}$

$\triangle ABG=\frac{1}{2}\times AB\times BG=\frac{1}{2}\times1\times\sqrt{2}=\frac{\sqrt{2}}{2}$

よって，求める表面積は，$\frac{1}{2}\times2+\frac{\sqrt{2}}{2}\times2=\mathbf{1+\sqrt{2}}$

(3) 立体Qをつくるときの立方体の切断面ADGFとACGEの交線は，立方体の対角線AGである。これと(3)の切断面CDEFとの交点をOとすると，Oは対角線AGの中点である。

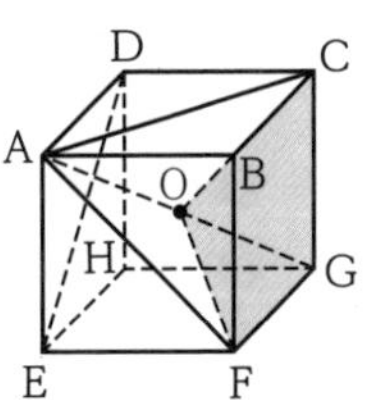

立体Qを平面CDEFで切ったとき，頂点Bをふくまないほうの立体は，三角錐O-CGFだから，求める立体の体積は，

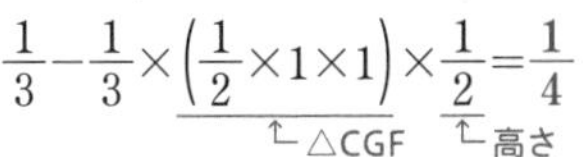

$\frac{1}{3}-\frac{1}{3}\times\underbrace{\left(\frac{1}{2}\times1\times1\right)}_{\triangle CGF}\times\underbrace{\frac{1}{2}}_{\text{高さ}}=\frac{1}{4}$

例題 11 資料を読み取る問題 (1) ～規則性についての問題～

最近の公立高校入試では，条件文の長い問題が増えてきています。条件を読み取るのに時間はかかりますが，理解してしまえば，問題そのものはあまり難しくないものが多いので，あきらめずに取り組みましょう。
ここでは，多くの人が一定の規則に基づいて移動する問題を扱います。資料や図などから，その規則性を見つけることが大切です。

ある中学校で，入学予定者100名に新入生説明会を行うことになった。図1は，そのときに使用する〔資料〕の一部である。
〔資料〕

① 受付で1番から100番までの番号札を受け取ってください。1番から50番までが1班，51番から100番までが2班になります。

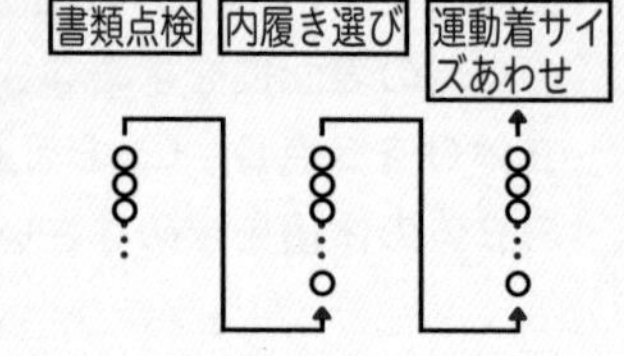

② 生徒会役員が誘導するので，指示があった班は書類点検を行う場所の前に並んでください。
③ 番号順に1人ずつ，書類点検，内履き選び，運動着サイズあわせの順番で進んでください。

(図1)

入学予定者1人につき，書類点検に20秒，内履き選びに30秒，運動着サイズあわせに50秒かかるとする。ただし，次の場所への移動時間は考えないものとする。
〔青森〕

(1) 図2で，[A]は書類点検の時間，[B]は内履き選びの時間，[C]は運動着サイズあわせの時間，

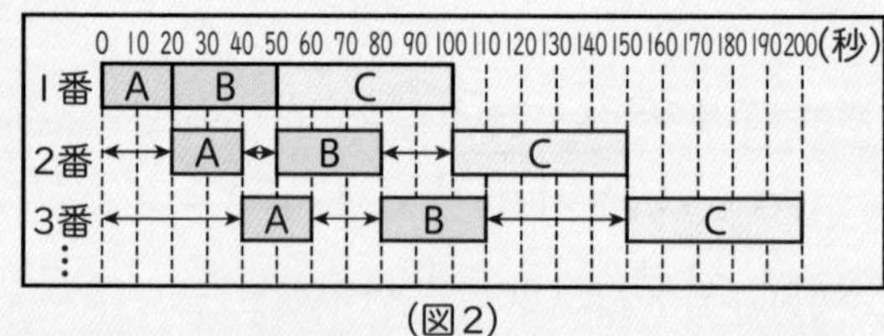

(図2)

←→は待ち時間を表している。例えば，図2から，3番の人の運動着サイズあわせが終わるまでにかかる時間は200秒，そのうち待ち時間の合計は100秒であることがわかる。1班からはじめるとする。

❶ 7番の人の書類点検がはじまるまでの待ち時間は何秒か，求めなさい。
❷ 10番の人の待ち時間の合計は何秒か，求めなさい。
❸ 午前9時に，1番の人の書類点検をはじめるとき，37番の人の書類点検がはじまる時刻は何時何分何秒か，求めなさい。

❹ 1班のn番の人の運動着サイズあわせが終わるまでにかかる時間は何秒か，nを用いて表しなさい。

(2) 午前9時に，1班から書類点検をはじめ，45番の人の運動着サイズあわせが終わった時点で，2班の書類点検をはじめるとする。

❶ 45番の人の運動着サイズあわせが終わる時刻は何時何分何秒か，求めなさい。

❷ 51番の人の書類点検がはじまってから運動着サイズあわせが終わるまでの待ち時間の合計は何秒か，求めなさい。

(1) 図2から，1班のn番の人のA，B，Cがはじまるまでの待ち時間をnを使って表そう。

解き方と答え

(1) 図2から，1班のn番の人の，書類点検がはじまるまでの待ち時間は$20(n-1)$秒，書類点検が終わって，内履き選びがはじまるまでの待ち時間は$10(n-1)$秒，内履き選びが終わって運動着サイズあわせがはじまるまでの待ち時間は$20(n-1)$秒であることがわかる。

❶ 7番の人の書類点検がはじまるまでの待ち時間は，$20(n-1)$に$n=7$を代入して，$20\times6=$**120(秒)**

❷ n番の人の待ち時間の合計は，$20(n-1)+10(n-1)+20(n-1)=50(n-1)$(秒)
よって，10番の人の待ち時間の合計は，$n=10$を代入して，$50\times9=$**450(秒)**

❸ 37番の人の書類点検がはじまるまでの待ち時間は，$20\times(37-1)=720$(秒)$=12$分
よって，**9時12分0秒**

❹ 1班のn番の人の待ち時間の合計は❷から$50(n-1)$秒であり，[A]，[B]，[C]の3つに合計100秒かかる。
よって，$50(n-1)+100=$**$50n+50$(秒)**

(2)❶ (1)❹より，45番の人の運動着サイズあわせが終わるまでの時間は，
$50\times45+50=2300$(秒)$=38$分20秒
よって，**9時38分20秒**

❷ ❶より，45番の人の運動着サイズあわせが終わるまで2300秒かかり，50番目の人の運動着サイズあわせが終わるまでは，$50\times50+50=2550$(秒)

2300 2350 2400 …… 2550 2600(秒)
1班 45番 C | 46番 C | ……… | 50番 C
2班 51番 A B ←待ち時間→ C

このとき，45番の人から51番の人までの動きを図にかくと，上のようになる。
51番の人は，2350秒後に内履き選びを待ち時間なしで終わるので，51番の人の待ち時間の合計は，$2550-2350=$**200(秒)**

例題 12 資料を読み取る問題 (2) ～方程式についての問題～

資料から，いくつかの条件を満たす解を求める問題を考えます。ここでは，高速道路料金表を用いて距離(きょり)，時間，料金の条件に最も適したものを求めます。資料をしっかり読み取り，大小関係や方程式などを利用して解きましょう。

静岡市に住むあおいさんは，春休みに車で旅行する計画を，資料（略地図，高速道路料金表）を使って立てた。メモは，計画を立てるときに考えたことである。これらの資料とメモに基づいて，次の問いに答えなさい。なお，高速道路に入ったり，出たりできる場所をインターチェンジといい，ICと表すこととする。〔岩手〕

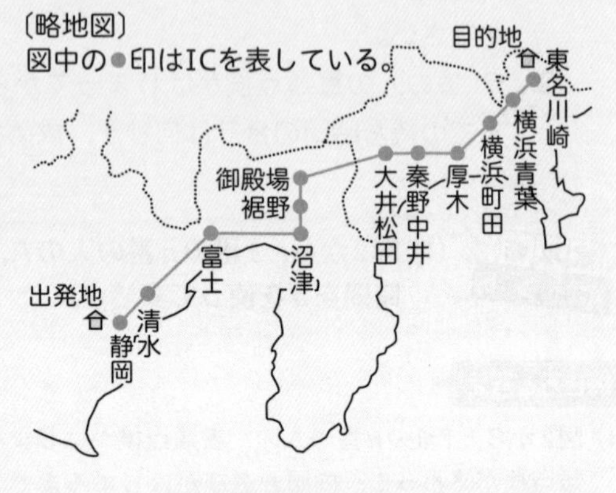

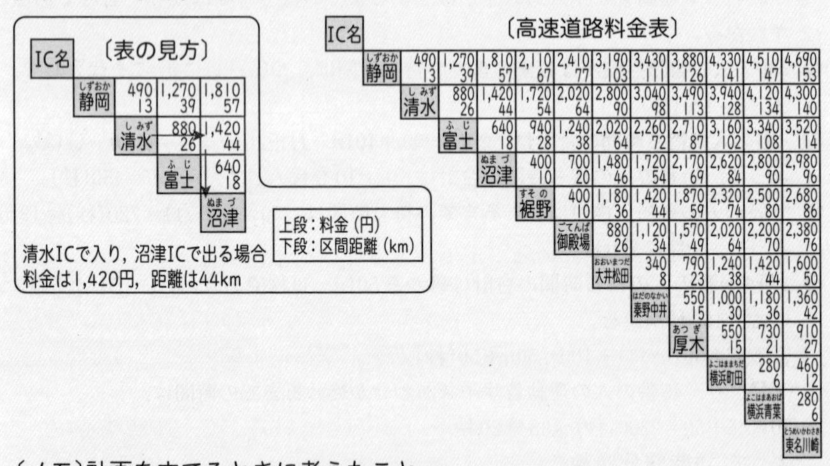

〔表の見方〕

IC名	清水	富士	沼津
静岡(しずおか)	490 13	1,270 39	1,810 57
清水(しみず)		880 26	1,420 44
富士(ふじ)			640 18
沼津(ぬまづ)			

上段：料金（円）
下段：区間距離（km）

清水ICで入り，沼津ICで出る場合
料金は1,420円，距離は44km

〔高速道路料金表〕

IC名	清水	富士	沼津	裾野	御殿場	大井松田	秦野中井	厚木	横浜町田	横浜青葉	東名川崎
静岡(しずおか)	490 13	1,270 39	1,810 57	2,110 67	2,410 77	3,190 103	3,430 111	3,880 126	4,330 141	4,510 147	4,690 153
清水(しみず)		880 26	1,420 44	1,720 54	2,020 64	2,800 90	3,040 98	3,490 113	3,940 128	4,120 134	4,300 140
富士(ふじ)			640 18	940 28	1,240 38	2,020 64	2,260 72	2,710 87	3,160 102	3,340 108	3,520 114
沼津(ぬまづ)				400 10	700 20	1,480 46	1,720 54	2,170 69	2,620 84	2,800 90	2,980 96
裾野(すその)					400 10	1,180 36	1,420 44	1,870 59	2,320 74	2,500 80	2,680 86
御殿場(ごてんば)						880 26	1,120 34	1,570 49	2,020 64	2,200 70	2,380 76
大井松田(おおいまつだ)							340 8	790 23	1,240 38	1,420 44	1,600 50
秦野中井(はだのなかい)								550 15	1,000 30	1,180 36	1,360 42
厚木(あつぎ)									550 15	730 21	910 27
横浜町田(よこはままちだ)										280 6	460 12
横浜青葉(よこはまあおば)											280 6
東名川崎(とうめいかわさき)											

〔メモ〕計画を立てるときに考えたこと。

- ○出発地は静岡市にある自宅，目的地は川崎市にある祖母の家で，道のりは165km
- ○出発地から静岡ICまでと，東名川崎ICから目的地までの道のりは，ともに6km
- ○高速道路では時速70km，一般道路では時速30kmとして計算
- ○一般道路は無料，高速道路は有料

○高速道路に入る回数，出る回数はそれぞれ1回

○高速道路を利用する距離が長くなれば，その分料金は高くなる。

○行程のイメージ

・実線は一般道路，二重線は高速道路

出発地 ― 静岡 ― 清水 ― 富士 ― 沼津 ― 裾野 ― 御殿場 ― 大井松田 ― 秦野中井 ― 厚木 ― 横浜町田 ― 横浜青葉 ― 東名川崎 ― 目的地

・同じ区間の一般道路と高速道路の道のりは同じものとして計算

(1) あおいさんが「高速道路の料金は3000円以内で，できるだけ早く目的地に到着(とうちゃく)したい」と考えたとき，どのICからどのICまで高速道路を利用すればよいですか。高速道路に入るIC名と出るIC名を答えなさい。

(2) あおいさんが「午前8時30分に自宅を出発して，正午までに目的地に到着したいが，できるだけ高速道路の料金を安くしたい」と考え，次のように2つの方針を立てました。

〔方針1〕正午ちょうどに目的地に到着するように方程式をつくる。

〔方針2〕計算結果をもとに，どのICからどのICまで高速道路を利用すればよいかを決める。

❶ 上の方針1をもとに方程式をつくりなさい。ただし，用いる文字が何を表すかを示すこと。

❷ 上の方針2の結果から，どのICからどのICまで高速道路を利用すればよいですか。高速道路に入るIC名と出るIC名を答えなさい。

(2) 条件「正午までに目的地に着く」から高速道路の利用距離を求めよう。

解き方と答え

(1)「できるだけ早く目的地に到着したい」と考えたので，高速道路を利用する距離を長くする。ただし，高速料金を3000円以内にしないといけないので，3000円以下で，できるだけ高い料金を探す。よって，料金が2980円の「沼津ICから東名川崎ICまで」が最も条件に合う。

(2)❶ 8時30分から正午までは3.5時間より，

高速道路を利用する距離を$x$kmとすると，$\frac{x}{70}+\frac{165-x}{30}=3.5$

❷ 正午までに目的地に到着するには，❶の方程式を解いて，$x=105$より，105km以上高速道路を走らなければならない。ただし，料金をできるだけ安くしないといけないので，105km以上で，できるだけ短い距離を探す。よって，「富士ICから横浜青葉ICまでの，距離108km，料金3340円」が最も条件に合う。

例題 13 資料を読み取る問題 (3) 〜図形についての問題 ①〜

会話文から条件を読み取る問題も公立高校入試でよく出題されます。ここでは，弓形という図形について，角と直径の関係，三平方の定理，おうぎ形の面積など，図形に関するいろいろな知識を総合的に利用する問題を扱います。

右の写真はトンネルの一部を示したものである。拓也さんと桃子さんが，この写真を見ながら教室で話をしている。

拓也さん 「トンネルの入り口は半円の形をしていると思っていたけど，よく見るとそうじゃないね。」
桃子さん 「そうね。高い車高のトラックなどが通れるように，写真のような形になっているのかしら？」
拓也さん 「トンネルの入り口の形について，調べてみようよ。」

拓也さんと桃子さんがトンネルの入り口の形について調べてみると，入り口の形が，右の図のような円の弧とその両端を結ぶ弦で囲まれた弓形という図形と同じ形のものがあることがわかった。そして，拓也さんは，入り口の形がこの形をしたトンネルにおいて，天井にぶつからずに通ることができる自動車の高さを次のように図をかいて考えた。

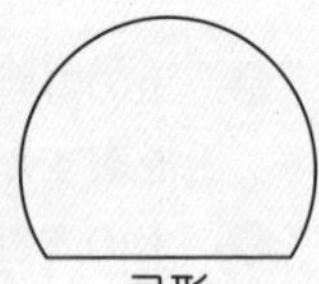
弓形

〔天井にぶつからずにトンネルを通ることができる自動車の高さ〕

右の図のような弓形の形をしたトンネルの入り口において，

・車道の幅は弦ABの長さとする。
・車道の端の点Aを通り弦ABに垂直な直線をひき，$\overset{\frown}{AB}$との交点をCとすると，車道部分の天井で一番低い部分は点Cである。
・線分ACの長さよりも低い自動車の高さを，天井にぶつからずにトンネルを通ることができる自動車の高さとする。

拓也さん 「弓形は円の一部分になっているから，線分BCはその円の直径と考えることができるね。線分BCと弦ABの長さが分かれば，天井にぶつからずにそのトンネルを通ることができる自動車の高さがわかるんじゃないかな？」

> 桃子さん「そうね。弓形の形をしたトンネルの入り口なら，その面積もわかると思うわ。」

これについて，次の問いに答えなさい。〔広島〕

(1) 拓也さんは，〔天井にぶつからずにトンネルを通ることができる自動車の高さ〕から，入り口の形が弓形の形をしたトンネルにおいて，線分BCの長さが7mで，弦ABの長さが6mであれば，高さ3mの自動車は天井にぶつからずに通ることができると判断した。そのように判断できるのはなぜですか。その理由を説明しなさい。

(2) 桃子さんは，自宅の近くにあるトンネルの入り口の形を調べてみると，弓形の形をしていることがわかり，図をかいてその面積を求めようと考えた。右の図は，桃子さんがかいたもので，$\overset{\frown}{AB}$と弦ABで囲まれた弓形の形をしたトンネルの入り口を表している。点Aを通り弦ABに垂直な直線をひき，$\overset{\frown}{AB}$との交点をCとする。線分BCの長さが6m，線分ACの長さが3mのとき，この弓形をしたトンネルの入り口の面積は何m^2ですか。

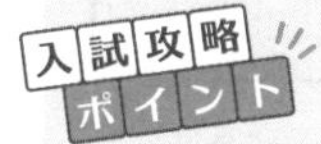

(2) ∠BAC＝90°より，線分BCは直径であり，半径は線分ACと等しい。

解き方と答え

(1) (例) △ABCは，AB＝6m，BC＝7mの直角三角形で，三平方の定理より，

$AC=\sqrt{7^2-6^2}=\sqrt{13}$(m)

$9<13$より，$3<\sqrt{13}$であり，辺ACの長さよりも自動車の高さのほうが低いから天井にぶつからない。

(2) 右の図で，∠BAC＝90°だから，線分BCは円Oの直径である。

直角三角形ABCで，$AB=\sqrt{6^2-3^2}=3\sqrt{3}$(m)

点Oから辺ABに垂線OHをひくと，中点連結定理から，

$OH=\dfrac{1}{2}AC=\dfrac{3}{2}$(m)

よって，求める面積は，

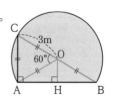

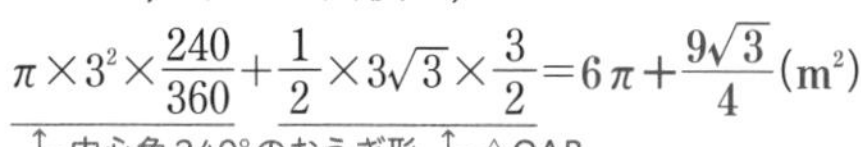

$$\pi\times3^2\times\frac{240}{360}+\frac{1}{2}\times3\sqrt{3}\times\frac{3}{2}=6\pi+\frac{9\sqrt{3}}{4}\ (m^2)$$

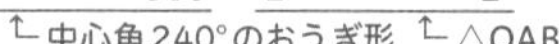

例題 14 資料を読み取る問題 (4) ～図形についての問題②～

ここでは，方向と長さを持つ線分(ベクトルという)について考えます。出発点から，向かう角度と移動する距離(きょり)を決めて到着点(とうちゃくてん)を求めたり，ある点に行くためにはどのように移動すればよいかなどを考えます。正確な図をかいて考える力が求められます。

右のようなロボットに『x度，ym』と指示すると，ロボットは時計の針の回転と同じ向きにx度だけ回転してからym前進し，進行方向を向いたまま停止する。例えば，次の例のように移動する。ただし，$0 \leqq x < 360$，$y > 0$とする。

〔例〕ロボットを真上から見たとき，

㋐ 『90度，1m』と指示すると，

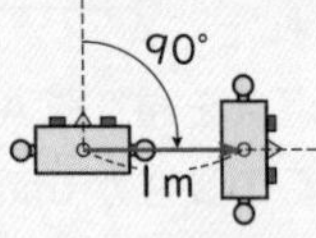

のように移動する。

㋑ 『45度，2m』と指示し，さらに『100度，$\sqrt{3}$m』と指示すると，

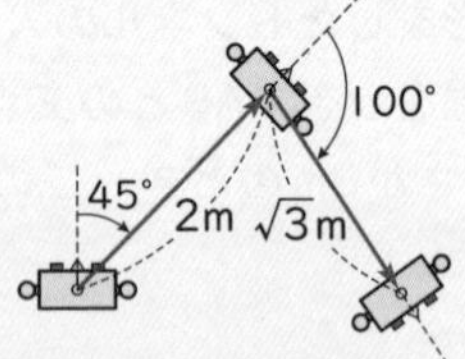

のように移動する。

右の図のように，点Oを中心とする半径3mと6mの円をかき，中心角が等しくなるように12等分する。半径6mの円の周上に点A，B，C，D，E，Fをとり，ロボットを点Oの位置にAの方向を向かせて置いた。

〔佐賀〕

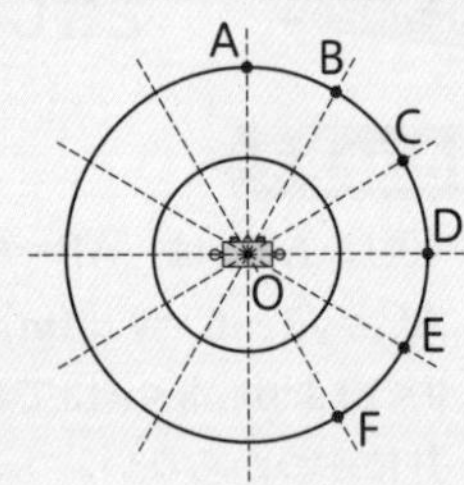

(1) ロボットに，『60度，6m』と指示したとき，たどり着いた位置を図のA～Fの中から1つ選び，記号を書きなさい。

(2) ロボットに，『60度，6m』と指示し，さらに『120度，6m』と指示したとき，たどり着いた位置を図のA～Fの中から1つ選び，記号を書きなさい。

(3) ロボットに，『180度，3m』と指示し，さらに『90度，3m』と指示して移動させた。その後，もう1回だけ指示をして，点Oの位置に移動させるにはどのような指示をすればよいか，書きなさい。

(4) ロボットに，3回続けて『60度，3m』と指示したとき，たどり着いた位置をGとする。ロボットを点Oの位置にもどし，Aの方向を向かせて置いて，１回の指示で点Gの位置に移動させるにはどのような指示をすればよいか，書きなさい。

指示によって移動した後，ロボットの顔(前面)がどの方向にあるかをみる。

解き方と答え

(1) Oの位置でAの方向を向いているから，時計回りに60°回転して，6m進むと点Cにたどり着く。

(2) (1)より，点Cまで進んだとき，右の図のXの方向を向いて止まる。次に，『120度，6m』の指示で，∠XCE＝120°より，∠OCE＝60°（△OCEは正三角形）となり，CE＝6mなので，ロボットは点Eにたどり着く。

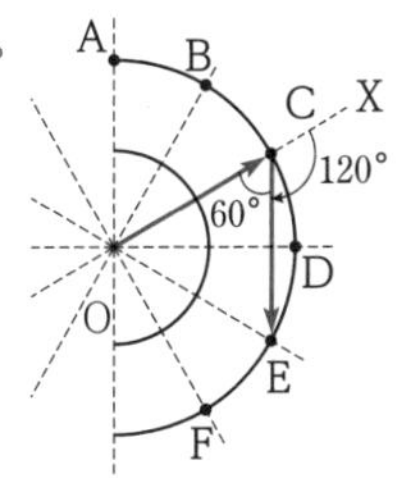

(3) 『180度，3m』の指示でロボットは，右の図の点Pにたどり着き，『90度，3m』の指示で点Qにたどり着く。OP＝PQ＝3m，∠OPQ＝90°
よって，次の指示で，点Oの位置に移動させるには，図のQOのように移動すればよい。OQ＝$3\sqrt{2}$m，∠YQO＝135°より，**『135度，$3\sqrt{2}$m』**と指示すればよい。

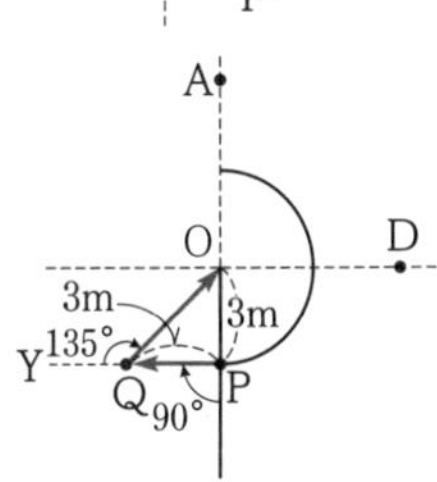

(4) 1回目，2回目の指示で，ロボットがたどり着く位置をそれぞれR，Sとすると，右の図1のようになる。
3回目の指示でたどり着いたGは，図2の位置にある。
∠OSR＝30°より，∠OSG＝180°−(30°＋60°)＝90°
また，△ORSは底角が30°の二等辺三角形だから，
$OS=3\times\frac{\sqrt{3}}{2}\times2=3\sqrt{3}$(m)より，
OS：SG＝$3\sqrt{3}$：3＝$\sqrt{3}$：1
よって，△OSGは30°，60°，90°の直角三角形だから，
OG＝2SG＝6(m)
∠AOG＝90°＋30°＝120°だから，**『120度，6m』**と指示すればよい。

(図1)

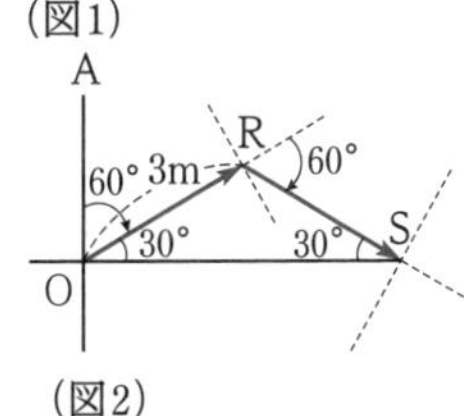

(図2)

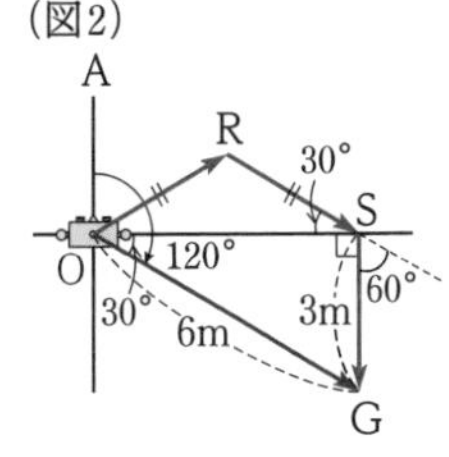

例題 15 資料を読み取る問題 (5) ～データについての問題～

ゲームの結果から代表値を求めたり，データからわかることの正誤を判断する問題を考えます。単に相対度数を求めるだけではなく，次の(4)のようなものごとの本質を理解していないと解けない問題も増えてきています。

伸一(しんいち)さんと仁美さんが住んでいる地域では，8月13日と8月14日の2日間に夏祭りが開催(かいさい)された。その夏祭りで伸一さんと仁美さんは，輪投げゲームの係をした。
輪投げゲームのルールは，右のとおりであった。

輪投げゲームのルール

① 1人が輪を5本投げる。
② 的の棒に入った輪の本数を得点とし，1つの輪を1点とする。
③ 的の同じ棒に複数の輪が入った場合は，入った輪の本数を得点とする。

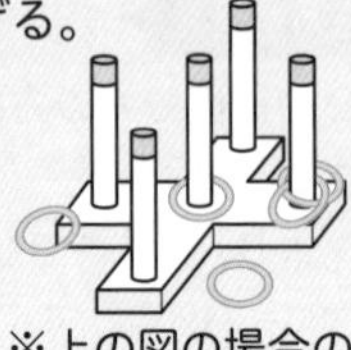

※上の図の場合の得点は3点

また，右の度数分布表は，伸一さんが2日間の輪投げゲームの結果をまとめたものである。〔鳥取〕

得点(点)	8月13日	8月14日
	度数(人)	度数(人)
0	8	3
1	14	7
2	26	15
3	16	12
4	10	8
5	6	5
計	80	50

(1) 8月13日における得点の最頻値(さいひんち)を答えなさい。

(2) 8月13日における得点が4点の階級の相対度数を求める式を答えなさい。ただし，実際に相対度数を求める必要はありません。

(3) 8月14日における得点の中央値と平均値の組み合わせとして正しいものを，右のア～カから1つ選び，記号で答えなさい。

	得点の中央値(点)	得点の平均値(点)
ア	2	2.5
イ	2	2.6
ウ	2.5	2.5
エ	2.5	2.6
オ	3	2.5
カ	3	2.6

(4) 右の会話は，「8月13日と8月14日の得点の分布を比較(ひかく)する場合には，相対度数を用いる必要がある」ことについて話し合ったものである。このとき，□にあてはまることばを答えなさい。

伸一さん：8月13日と8月14日の得点の分布を比較するために度数分布表に整理したけど，□ので，このままでは比較しにくいよね。

仁美さん：そうだよね。各階級の度数の，全体に対する割合を求めて，その割合で比較してみるといいよね。

(5) (4)の会話の後に，伸一さんと仁美さんは8月13日と8月14日について，それぞれの階級の相対度数を求めて，右のような度数分布多角形を作成した。この度数分布多角形からわかることとして正しいものを，**ア**～**エ**から1つ選び，記号で答えなさい。

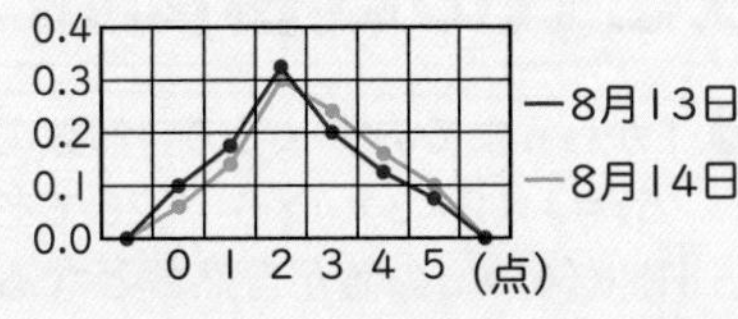

ア 2点の階級では，8月13日のほうが相対度数が大きいので，8月13日のほうが，全体的に得点の多い人の割合が高いといえる。

イ 8月13日，8月14日ともに2点の階級の相対度数が最も大きく，山型に分布しているので，両日とも全体的に得点の多い人の割合は同じといえる。

ウ 2点以下の階級の相対度数は8月14日のほうが小さく，3点以上の階級の相対度数は8月14日のほうが大きいので，8月14日のほうが，全体的に得点の多い人の割合が高いといえる。

エ 8月13日のほうが輪投げゲームをした人数が多いので，8月13日のほうが，全体的に得点の多い人の割合が高いといえる。

(4) 逆に，比較できるときはどういうときかを考えるとよい。

解き方と答え

(1) 度数が最も多いのは26人だから，最頻値は2点

(2) 相対度数 $=\dfrac{\text{その階級の度数}}{\text{度数の合計}}$ より，$10\div80$

(3) 中央値…度数の合計が50なので，小さいほうから数えて，25番目と26番目の得点の平均を求める。$3+7+15=25$ だから，25番目の人は2点，26番目の人は3点である。

よって，中央値は，$(2+3)\div2=2.5$(点)

平均値…$(0\times3+1\times7+2\times15+3\times12+4\times8+5\times5)\div50=130\div50=2.6$(点)

よって，正しい組み合わせは**エ**

(4) (例)合計の度数がちがう

(5) **ア**…2点より多い得点の階級の相対度数は，14日のほうが大きいので，正しくない。

イ…得点の多い人の割合は同じではないので，正しくない。

エ…度数分布多角形からは，度数の大きさはわからず，また，得点の多い階級の相対度数が大きいのは14日なので，正しくない。

よって，**ウ**

数と式の総合問題

→別冊解答 p.145〜148

1 1からnまでのすべての自然数の積を$\langle n\rangle$と表す。例えば，$\langle 2\rangle=1\times 2$，$\langle 5\rangle=1\times 2\times 3\times 4\times 5=120$である。〔佐賀〕

(1) $\sqrt{\langle 4\rangle\times a}$の値が自然数となるような自然数$a$のうち，最も小さいものを求めなさい。

(2) $\langle 6\rangle$を素因数分解して，次のように表したとき，［ア］，［イ］にあてはまる数をそれぞれ求めなさい。　$\langle 6\rangle=2^{\boxed{ア}}\times 3^{\boxed{イ}}\times 5$

(3) $\langle 10\rangle$の末尾（まつび）に連続して並ぶ0の個数を求めなさい。ただし，末尾に連続して並ぶ0の個数とは，例えば10000の場合は4個，102000の場合は3個である。

(4) $\langle n\rangle$の末尾に連続して並ぶ0の個数が6個となるような自然数nのうち，最も小さいものを求めなさい。

(5) $\langle 15\rangle$の千の位の数を求めなさい。

2 次の問いに答えなさい。

(1) 正の数xについて，xの整数部分を$[x]$，小数部分を$\langle x\rangle$で表すことにする。このとき，$[\sqrt{21}]-\langle 3\sqrt{11}\rangle$ の値を求めなさい。〔中央大附高〕

(2) nを自然数とするとき，$p(n)$を$\sqrt{n}$の整数部分とする。例えば，$\sqrt{2}$の整数部分は1なので，$p(2)=1$である。このとき，$p(n)+p(n+1)=9$を満たす自然数nを求めなさい。〔和洋国府台女子高〕

(3) $x=4-\sqrt{7}$のとき，$\sqrt{x^2-8(x-a)+13}$が自然数になるような自然数aのうち最も小さいものを求めなさい。〔桐朋高〕

3 次の問いに答えなさい。

(1) 2^{2018}の一の位の数を求めなさい。〔江戸川学園取手高〕

(2) 21^{13n}の十の位の数字が8となる2けたの自然数nはいくつありますか。〔慶應義塾志木高〕

(3) 6けたの整数$23a57b$が4でわり切れるとき，bの値をすべて求めなさい。また，この整数が36でわり切れるとき，a，bの値の組をすべて求めなさい。〔愛光高〕

4 $\left(1-\dfrac{1}{2^2}\right)\left(1-\dfrac{1}{3^2}\right)\left(1-\dfrac{1}{4^2}\right)\cdots\left(1-\dfrac{1}{999^2}\right)$を計算しなさい。〔慶應義塾高〕

5 $(1+2x+3x^2+4x^3)^4$を展開したときの定数項は［　］であり，xの係数は［　］，x^2の係数は［　］である。［　］にあてはまる数を求めなさい。〔慶應義塾高〕

6 1以上2018以下の偶数(ぐうすう)の中で，2つの正の偶数の積で表すことができない偶数を，右の表のように小さいほうから順にp_1，p_2，p_3，… とした。

2	4 (2×2)	6	8 (2×4)	10	12 (2×6)	14	16 (2×8)	18	…	2018
p_1		p_2		p_3		p_4		p_5		p_k

〔早稲田実業学校高〕

(1) $p_k=2018$となるkの値を求めなさい。

(2) $A=p_m\times p_n\,(m\leqq n)$と表すことができる偶数$A$について考える。

① m，nの組の選び方がちょうど2通りとなるとき，最も小さい偶数Aを求めなさい。

② m，nの組の選び方がちょうど3通りとなるとき，最も小さい偶数Aを求めなさい。

7 nを自然数とするとき，1からnまでのすべての自然数の積を$n!$で表す。例えば，$1!=1$，$2!=1\times2$，$3!=1\times2\times3$，$4!=1\times2\times3\times4$である。このとき，$1!+2!+3!+4!+5!+\cdots+18!+19!+20!$ を計算した結果の末尾2けたの数を求めなさい。ただし，末尾2けたの数とは，1234の場合は34，108の場合は08のことである。 〔巣鴨高〕

8 自然数nについて，1からnまでのすべての自然数の積を$n!$で表すことにする。また，$n!$を素因数分解したときの素数2の指数を《$n!$》で表す。すなわち，自然数$n!$は2でちょうど《$n!$》回わりきれる。例えば，$5!=1\times2\times3\times4\times5=2^3\times3\times5$であるから，《$5!$》$=3$である。 〔開成高〕

(1) 《$6!$》，《$8!$》，《$9!$》をそれぞれ求めなさい。

(2) 《$212!$》を求めなさい。

(3) 《$n!$》$=212$ を満たすすべての自然数nを求めなさい。

(4) 《$n!$》$=n-1$ を満たす自然数nを5つ答えなさい。

9 1から9までの整数から異なる3つの整数p，q，rを選ぶ。記号【p，q，r】は，選んだp，q，rを並べてできる3けたの整数のうち一番大きな数と一番小さな数の差を表す。例えば，【4，5，3】$=543-345=198$ である。

〔東大寺学園高〕

(1) (【a，1，9】−【7，4，1】)÷99の値を求めなさい。

(2) 【3, a, 2】+【a, 9, 7】の値が693になるときのaの値をすべて求めなさい。

(3) 【a，1，b】−【9，b，a】の値で，一番大きい値と一番小さい値の差を求めなさい。

(4) 【a，b，c】のとりうる値の中で大きい方から5番目の値となる3つの数の組み合わせについて考える。その組み合わせのうち，3つの数の和が9の倍数になる組み合わせをすべて求めなさい。ただし，答えは大きい数から並べて(a，b，c)の形で答えなさい。

方程式の総合問題

→別冊解答 p.148～151

10 次の連立方程式を解きなさい。

(1) $\begin{cases} 79x+54y=61 \\ 21x+46y=39 \end{cases}$ 〔法政大第二高〕

(2) $\begin{cases} (\sqrt{5}+2)x+(\sqrt{5}-2)y=\sqrt{5} \\ (\sqrt{5}-2)x-(\sqrt{5}+2)y=2 \end{cases}$ 〔慶應義塾高〕

(3) $\begin{cases} \dfrac{1}{x}+\dfrac{1}{y}=-5 \\ xy=4 \end{cases}$ （ただし，$x>y$とする） 〔開成高〕

11 次の問いに答えなさい。

(1) aを定数とする。x，yについての連立方程式 $\begin{cases} (-a^2+7a-6)x+2y=4 \\ ax+y=a \end{cases}$ の解が存在しないとき，aの値を求めなさい。 〔東大寺学園高〕

記述 (2) 2次方程式$x^2-8x+6=0$の2つの解をa，bとするとき，$(2a^2-16a+9)(3b^2-24b-2)$の値を求めなさい。途中式や考え方も書きなさい。 〔明治大付属中野高〕

(3) 数xに対し，xを超えない最大の整数を$[x]$で表す。$x-(x-[x])^2=\dfrac{20}{9}$を満たす数$x$をすべて求めなさい。 〔灘高〕

記述 **12** A社とB社は同じ商品を生産している。A社，B社の一昨年の生産量は等しかった。A社の昨年の生産量は一昨年の生産量から75％増え，今年の生産量は昨年の生産量から12％増えた。一方，B社の生産量は一昨年から昨年，昨年から今年と2年連続でa％ずつ増えた。その結果，A社，B社の今年の生産量も等しくなった。このとき，aの値を求めなさい。ただし，生産量は0ではなく，$a>0$とする。なお，途中過程も書きなさい。 〔市川高(千葉)〕

13 P地点とQ地点を結ぶ道があり，Aさん，Bさんは自転車でP，Q間を往復する。まず，AさんがP地点を出発し，毎時$x$kmの速さでQ地点に向かった。Aさんが出発してからy分後にBさんはP地点を出発し，毎時20kmの速さでQ地点に向かった。Aさんは出発してから40分後にQ地点に到着し，そこで8分間休んでから毎時$(x-9)$kmの速さでP地点に向かった。Aさんは，Q地点を出発してから8分後に，P地点から移動してきたBさんとR地点ですれ違った。また，BさんはQ地点に到着後すぐに出発して，毎時25kmの速さでP地点に向かったところ，2人がすれ違ってから27分後にAさんに追いついた。 〔成蹊高〕

(1) P，Q間の道のりは何kmか，xを用いて表しなさい。

(2) P，R間の道のりは何kmか，yを用いて表しなさい。

(3) BさんがQ地点に到着したのは，AさんがP地点を出発してから何時間後か。x，yを用いて表しなさい。

(4) x，yについての連立方程式をつくりなさい。

(5) x，yの値を求めなさい。

規則性の総合問題

→別冊解答 p.151〜152

14 右の表のように，連続する自然数を1から順に規則的に書いていく。上の段から順に1段目，2段目，3段目，…，左の列から順に1列目，2列目，3列目，…とする。例えば，8が書かれているのは3段目の2列目である。〔京都〕

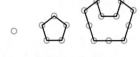

	1列目	2列目	3列目	4列目	5列目	…
1段目	1	4	5	16	17	
2段目	2	3	6	15	18	
3段目	9	8	7	14		
4段目	10	11	12	13		
5段目						
⋮						

(1) 36が書かれているのは何段目の何列目か求めなさい。

(2) n段目のn列目に書かれている数をnを用いて表しなさい。ただし，答えは，かっこがあればかっこをはずし，同類項(どうるいこう)があれば同類項をまとめて簡単にすること。

(3) 87段目の93列目に書かれている数を求めなさい。

15 右の図のように「○」で正五角形をつくる。各正五角形における「○」の個数を1辺の個数aに着目し，$S(a)$で表す。例えば，右の図では，それぞれ左から順に$S(1)=1$，$S(2)=5$，$S(3)=12$である。
このとき，$S(1)+S(2)+S(3)+S(4)+S(5)+S(6)$の値を求めなさい。〔巣鴨高〕

16 a，bを自然数とし，$a<b$とする。下のように，数が規則的に並んでいる。

1，a，b，$a\times b$，1，a，b，$a\times b$，1，a，b，$a\times b$，1，a，…〔明治大付属明治高〕

(1) $a=4$，$b=6$とする。最初の数からn番目の数までの和が1300になるとき，nの値を求めなさい。

(2) 最初の数から200番目までの数の和が7150であるとき，a，bの値を求めなさい。

17 同じ大きさの青紙と白紙がたくさんある。これらの青紙と白紙を，下の図のように，交互(こうご)に一定の規則にしたがって，1番目，2番目，3番目，4番目，…と並べて階段状の図形をつくっていく。下の表は，図で，それぞれの図形をつくるときに使った青紙の枚数，白紙の枚数，紙の総枚数をまとめたものである。〔千葉ー改〕

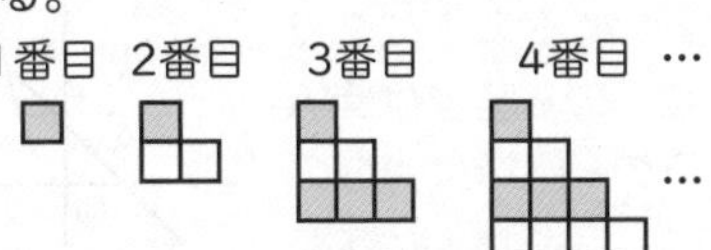

	1番目	2番目	3番目	4番目	5番目	6番目	…
青紙の枚数	1	1	4	4	ア		…
白紙の枚数	0	2	2	6		イ	…
紙の総枚数	1	3	6	10			…

(1) 表の**ア**，**イ**に入る数をそれぞれ書きなさい。

(2) 青紙の枚数がはじめて36枚になるのは何番目のときか，求めなさい。

(3) 30番目のとき，紙の総枚数は何枚になるか，求めなさい。

(4) 紙の総枚数が1275枚のとき，白紙の枚数は何枚になるか，求めなさい。

関数の総合問題

→別冊解答 p.152〜156

18 右の図のように，座標平面上に１次関数$y=2x+1$…①のグラフと反比例$y=\frac{a}{x}$…②のグラフがある。①と②のグラフの交点のうち，x座標が１であるものをＡとする。①，②のグラフ上にともにx座標が$t(t>1)$である点$\mathrm{P}(t,\ 2t+1)$，$\mathrm{Q}\left(t,\ \frac{a}{t}\right)$をそれぞれとる。〔洛南高〕

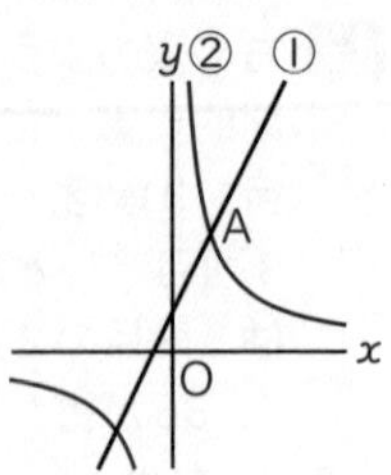

(1) aの値を求めなさい。

(2) △OPQの面積をtで表しなさい。

(3) △OPQの面積について，tの値が$\frac{5}{2}$から３まで増加するときの変化の割合を求めなさい。

(4) △OPQの面積が$\frac{3}{2}$になるとき，直線AQの式を求めなさい。

19 右の図のように，６点$\mathrm{A}(-1,\ \sqrt{3})$，$\mathrm{B}(1,\ \sqrt{3})$，$\mathrm{C}(-1,\ -\sqrt{3})$，$\mathrm{D}(-2,\ 0)$，$\mathrm{E}(2,\ 0)$，$\mathrm{F}(1,\ -\sqrt{3})$をとる。動点P，Q，Rは同時に原点Oを出発し，秒速２で次のように動くものとする。点Pは△OABの辺上をO→A→B→Oの順に，点Qは△OCDの辺上をO→C→D→Oの順に，点Rは△OEFの辺上をO→E→F→Oの順に動き，Oで止まる。〔同志社高〕

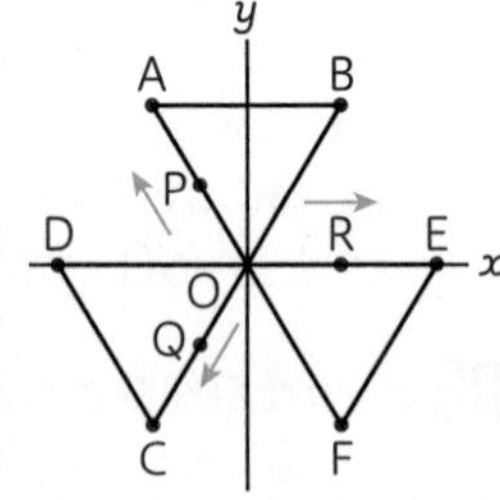

(1) 出発してからt秒後に点Pは辺OA上にあった。このとき，３点P，Q，Rの座標をtを用いて表しなさい。ただし，$0 \leqq t \leqq 1$とする。

(2) (1)のとき，△PQRの面積をtを用いて表しなさい。

(3) 出発してからt秒後に点Pは辺AB上にあった。このとき，３点P，Q，Rの座標をtを用いて表しなさい。ただし，$1 \leqq t < \frac{3}{2}$とする。

(4) (3)のとき，△PQRの面積をtを用いて表しなさい。

20 右の図のように，放物線$y=\frac{1}{2}x^2$と直線$y=x+4$との２つの交点をA，Bとする。また，３つの三角形△OAB，△CAB，△DABの面積がすべて等しくなるように２点C，Dを放物線上にとる。ただし，点Cのx座標は点Aのx座標よりも小さいものとし，点Dのx座標は点Bのx座標よりも大きいものとする。〔西大和学園高〕

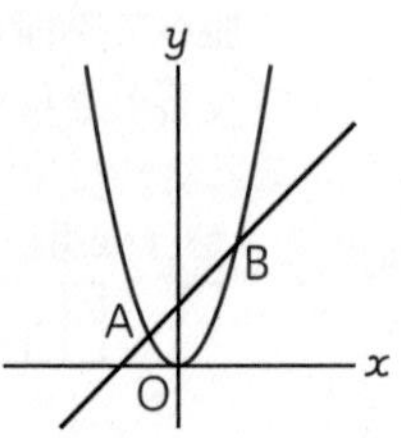

(1) ２点A，Bの座標をそれぞれ求めなさい。

(2) ２点C，Dのx座標をそれぞれ求めなさい。

(3) 四角形ABDCの面積を求めなさい。

(4) 点Aを通り，四角形ABDCの面積を二等分する直線の方程式を求めなさい。

21 右の表はある電話会社の月額の料金プランである。1か月の通話時間をx分，その月の電話料金をy円とする。ただし，1分未満の通話時間は切り上げるものとし，xは整数とする。また，電話料金は基本料金と通話料金の合計とする。〔青山学院高〕

料金プラン	基本料金	通話料金		
		60分までの時間※	60分を超えて120分までの時間※	120分を超えた時間※
A	500円	1分あたり30円		
B	2000円	0円	60分を超えた分につき，1分あたり20円	
C		0円		120分を超えた分につき，1分あたり10円

※　1か月合計の通話時間

(1) Aプランについて，yをxの式で表しなさい。

(2) AプランとBプランの月額の料金が同額となるときの，xの値を求めなさい。

(3) (2)で求めた通話時間x分からしばらくは，Bプランの料金が最も安く，x分から90分後に，BプランとCプランの料金は同額になる。Cプランの月額の基本料金は何円ですか。

(4) 1年間の電話料金をA，B両プランで比べてみる。月々の通話料金を，長い月は75分，それ以外を45分とするとき，A，B両プランの1年間の電話料金が同額になるのは，75分の月が何回のときですか。

22 右の図のように，関数$y=\frac{1}{2}x^2$のグラフ上に異なる2点A，Bがあり，それらのx座標はともに正である。点Aを中心とする円Aと，点Bを中心とする円Bについて，円Aはx軸（じく），y軸，およびx軸に平行な直線ℓに接し，円Bはy軸と直線ℓに接している。〔中央大附高〕

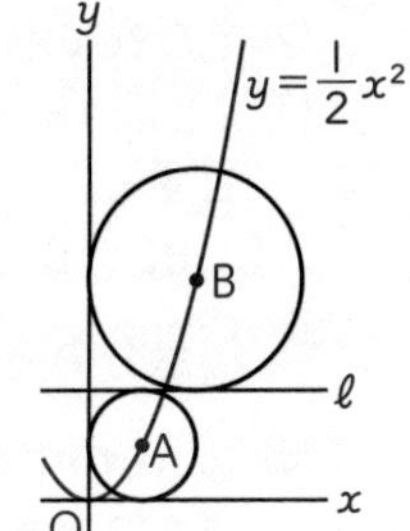

(1) 点Aの座標を求めなさい。

(2) 円Bの半径を求めなさい。

(3) 円Bの周上に点Pを線分APの長さが最大になるようにとる。このとき，直線APと直線ℓの交点の座標を求めなさい。

23 座標平面上でx座標，y座標がともに整数となる点を格子点という。kを自然数とするとき，直線$y=k$，放物線$y=x^2$ ($x \geqq 0$)，およびy軸で囲まれた図形の周上および内部を領域Dとする。領域Dにある格子点について考える。〔渋谷教育学園幕張高〕

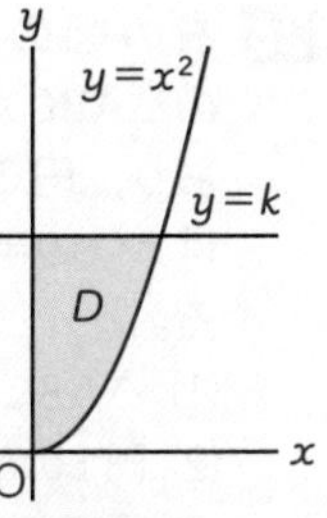

(1) $k=5$のとき，領域Dにある格子点の個数を求めなさい。

(2) 領域Dの直線$y=k$上に格子点がちょうど10個あるようなkの値はいくつあるか求めなさい。

(3) 領域Dにある格子点が2017個を超える最小のkの値を求めなさい。

図形の総合問題

→別冊解答 p.156〜161

24 右の図1のような，1辺が3cmの正三角形PQRと，AB＝BC＝DE＝EF＝3cm，CD＝6cm　∠ABC＝∠BCD＝∠CDE＝∠DEF＝90°の折れ線ABCDEFがある。図2のように，正三角形PQRを辺QRが線分ABと重なるように置き，折れ線ABCDEFに沿って，正三角形PQRの1辺が線分EFと重なるまですべらずに回転させる。〔お茶の水女子大附高〕

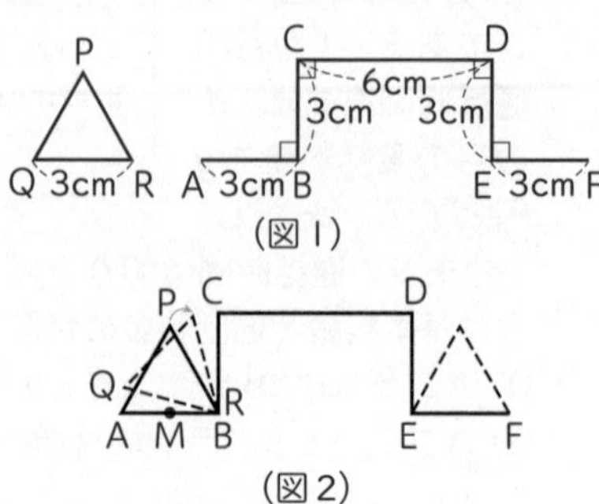

(図1)

(図2)

(1) 正三角形PQRの頂点Pが動いてできる線の長さを求めなさい。

(2) 正三角形PQRの辺QRの中点をMとするとき，点Mが動いてできる線の長さを求めなさい。

25 右の図のように，∠BAC＝90°の直角三角形ABCと，正三角形DBCがある。辺AB，ACの長さはそれぞれ8cm，4cmで，直線ℓは辺BCの垂直二等分線である。〔清風高〕

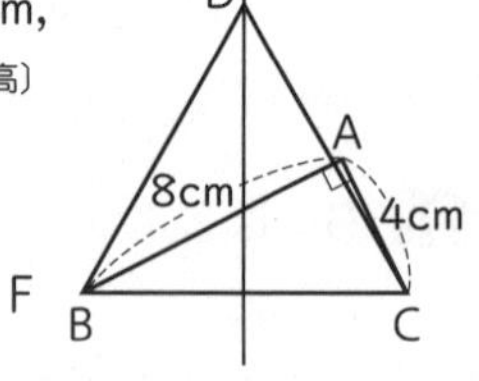

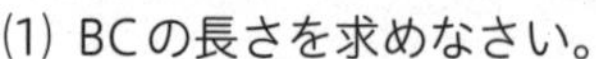
(1) BCの長さを求めなさい。

(2) △DBCの面積を求めなさい。

(3) ℓと辺ABとの交点をE，辺ABと辺DCとの交点をFとする。

① BEの長さを求めなさい。

② 線分の長さの比$\dfrac{DF}{CF}$の値を求めなさい。

(4) 辺ABの中点をMとし，線分CMの垂直二等分線をgとする。ℓとgの交点をGとするとき，

① ∠GBMと∠GCMの2つの角の大きさの和を求めなさい。

② AGの長さを求めなさい。

26 右の図のように，AB＝9cm，BC＝8cm，CA＝7cmの△ABCがある。円Iは△ABCの3つの辺に接しており，円Oは△ABCの3つの頂点を通る。また，円Eは2つの半直線AB，ACと辺BCにそれぞれ接している。〔立教新座高〕

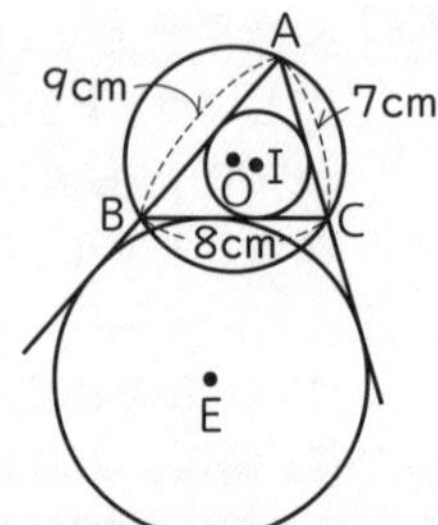

(1) △ABCの面積を求めなさい。

(2) 円Iの半径を求めなさい。

(3) 円Oの半径を求めなさい。

(4) 円Eの半径を求めなさい。

27 右の図のように，$AC=2\sqrt{2}$cm，$\angle ABC=90°$の直角二等辺三角形ABCを底面とし，$OA=OB=OC=\sqrt{14}$cmの三(さん)角錐(かくすい)OABCがある。点Pは辺OB上(ただし，両端(りょうたん)の点を除く)を動く点とする。〔青雲高〕

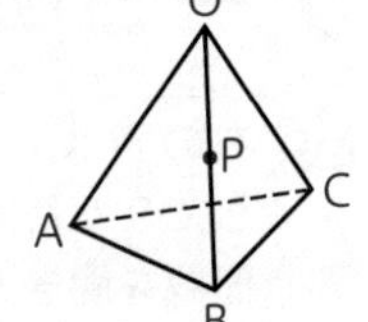

(1) $\angle OPA=90°$となるとき，線分PBの長さを求めなさい。
(2) $\angle APC=90°$となるとき，線分PBの長さを求めなさい。
(3) 辺BCの中点をDとし，$\angle APD=90°$となるとき，次の値を求めなさい。
① 4点A，B，D，Pを通る球の半径
② 線分PBの長さ

28 右の図のように，1辺の長さが$\sqrt{2}$の立方体ABCD-EFGHがある。最初，2点P，Qはそれぞれ点H，点Cにあって，そこから秒速1で立方体の各面の対角線上を次のように動く。

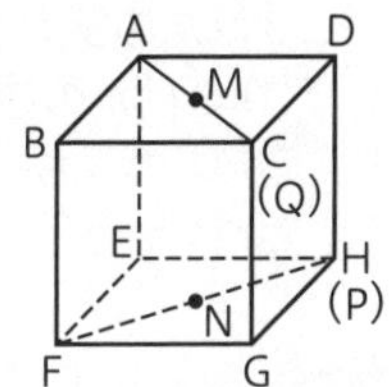

点P：点H→点C→点A→点F
点Q：点C→点F→点H→点A

点P，Qはそれぞれ点F，点Aに着いたら止まるものとする。〔開成高〕

(1) $0 \leqq t \leqq 2$とするとき，点P，Qが動きはじめてからt秒後のPQ^2の値をtを用いて表しなさい。
(2) 対角線AC, FHの中点をそれぞれM, Nとする。$2 \leqq t \leqq 4$とするとき, 点P, Qが動きはじめてからt秒後のPN^2とPQ^2の値をそれぞれtを用いて表しなさい。
(3) 点P，Qが動きはじめてから止まるまでの間で，点P，Qが動きはじめてからs秒後に$PQ=AB$となった。このときsとして考えられる値の個数とその総和を求めなさい。

29 直方体ABCD-EFGHがある。$AB=AD=2$，$AE=3$である。点P，Qはそれぞれ辺AE，CG上にあり，$AP=1$，$CQ=2$である。4点P，F，Q，Dは同じ平面上にある。面PFQD，面PEHD，面QGHD，面EFGHのすべての面に接する球をSとする。直線DPと直線HEの交点をP′とする。〔洛南高〕

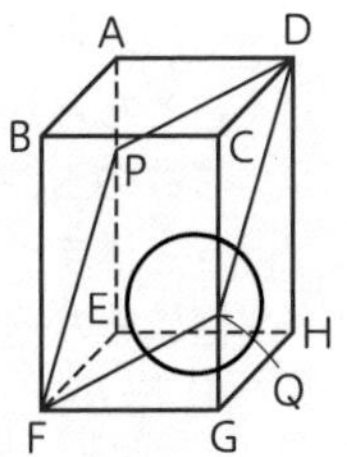

(1) HP′の長さを求めなさい。
(2) DP′の長さを求めなさい。
(3) 立体QFG-DP′Hの体積を求めなさい。
(4) 球Sの半径を求めなさい。

データの活用の総合問題

→別冊解答 p.161～164

30 右の表は，生徒10名に対して3ヶ月間で読んだ本の冊数を聞きとりまとめたものである。

生徒番号	1	2	3	4	5	6	7	8	9	10
本の冊数(冊)	11	15	19	15	9	12	10	13	11	15

〔大阪教育大附高(池田)〕

(1) 読んだ本の冊数の平均値，中央値，最頻値(さいひんち)を求めなさい。

(2) ある1人の生徒の冊数が間違(まちが)っていることがわかり，訂正(ていせい)した。その結果，平均値は12.5冊，中央値は12冊となった。このとき，間違っている生徒番号と正しい本の冊数を答えなさい。

31 6枚のカード[0]，[0]，[1]，[2]，[2]，[5]から3枚取り出し，左から順に並べて3けたの整数をつくる。

〔渋谷教育学園幕張高〕

(1) 3けたの整数は全部でいくつできますか。

(2) (1)のうち，6でわり切れる整数はいくつできますか。

(3) (1)でつくった整数すべての和を求めなさい。

32 右の図のような格子状の道がある。点Aから点Bまで行く最短経路のうち，次の経路の総数を求めなさい。

〔慶應義塾志木高〕

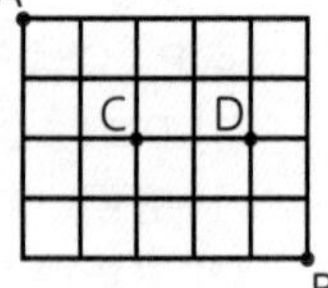

(1) すべての最短経路

(2) 点C，点Dをともに通る経路

(3) 点Cまたは点Dを通る経路

(4) ちょうど3回曲がる経路

33 右の図1のような穴のあいた箱があり，正面の板は透明(とうめい)で，箱の中は仕切りによって左右2つの部屋に分けられている。図2のように，この箱に穴から玉を入れると，玉は必ず左右どちらかの部屋に入る。それぞれの部屋に玉は4個まで入り，同じ部屋に複数の玉が入るときは図3のように縦に積み重なる。ただし，用いる玉の大きさはすべて同じであり，それぞれの玉が左右どちらの部屋に入るかは，同様に確からしいものとする。

(図1)

(図2)

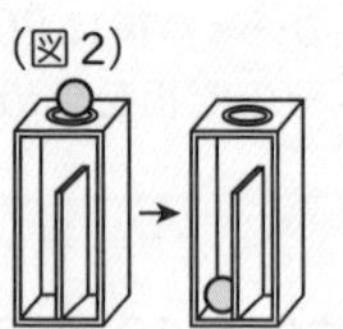

(図3)

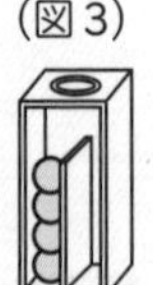

〔京都〕

(1) 玉が入っていない図1の箱に，白玉・黒玉・白玉の順に玉を3個入れるとき，部屋の中で白玉と白玉が接触(せっしょく)する確率を求めなさい。

(2) 玉が入っていない図1の箱に，白玉・黒玉・白玉・黒玉の順に玉を4個入れるとき，部屋の中で，白玉と白玉の接触，または黒玉と黒玉の接触の，少なくとも一方が起こる確率を求めなさい。

34 右の図のように，1辺が4の正三角形ABCがあり，各辺を4等分する点をとる。さいころを2回投げ，次の規則にしたがって点Mが正三角形ABCの辺上の点を反時計回りに1つずつ動く。

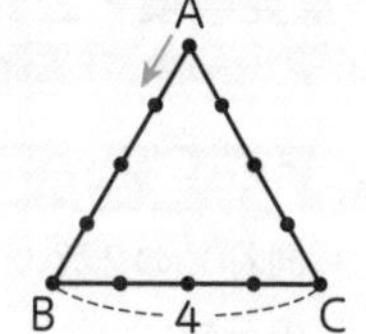

㋐ 最初，点Mは頂点Aにある。

㋑ さいころを1回投げ，出た目の数だけ移動する。

㋒ 再びさいころを投げ，㋑で止まったところから，さらに出た目の数だけ移動する。

さいころを投げ，点Mが最初に止まった点をP，2回目に止まった点をQとする。頂点A，点P，点Qを結んでできる図形Tを考える。〔明治学院高〕

(1) 図形Tが三角形となる確率を求めなさい。

(2) 1回目に投げたさいころの目が3で，2回目に投げたさいころの目が4のとき，△APQの面積は△ABCの面積の何倍ですか。

(3) △APQの面積が△ABCの面積の$\frac{3}{16}$倍になる確率を求めなさい。

35 右の図1のように，2つの円O，O′がある。線分OO′上に2点O，O′とは異なる点Xがあり，線分OXは円Oの半径，線分O′Xは円O′の半径である。また，円Oの周上では，3点A，X，Bが時計回りの順に並んでおり，円O′の周上には，3点C，D，Xが時計回りの順に並んでいる。さらに，点Aの位置に点Pがある。大，小2つのさいころを同時に1回投げ，大きいさいころの出た目の数をa，小さいさいころの出た目の数をbとし，出た目の数によって，次の㋐，㋑にしたがい，点Pを円周に沿って移動させる。

（図1）

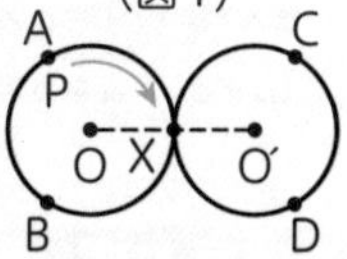

㋐ aとbの和だけ，点Aを出発点とし，円の周上の点を時計回りの順に1つずつ移動させる。

㋑ aがbの約数であるとき，点Xの次は円O′の周上の点を時計回りの順に移動させ，aがbの約数でないとき，点Xの次は円Oの周上の点を時計回りの順に移動させる。

> 例 大きいさいころの出た目の数が1，小さいさいころの出た目の数が4のとき，㋐により，点Pを，1と4の和の5だけ，点Aを出発点とし，円の周上の点を時計回りの順に1つずつ移動させる。そのとき，1は4の約数であるから，㋑により，点Xの次は円O′の周上の点を時計回りの順に移動させる。したがって，点PをA→X→C→D→X→Cと移動させることになる。この結果，点Pは図2のように点Cの位置にある。
>
> （図2）

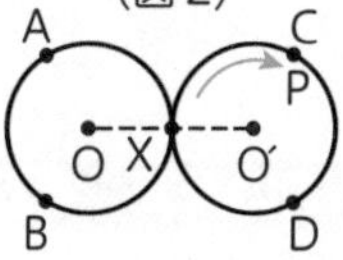

いま，点Aの位置に点Pがある状態で，大，小2つのさいころを同時に1回投げるとき，次の確率を求めなさい。〔神奈川〕

(1) 点Pが点Xの位置にある確率

(2) 点Pが点Bの位置にある確率

● 正の数・負の数　1年

▶ 同符号(どうふごう)の2数の和⇒絶対値の和に共通の符号
異符号の2数の和⇒絶対値の差に絶対値の大きいほうの符号　→p.17 1

▶ 減法は，ひく数の符号を変えて加法になおして計算する。　→p.17 2

▶ 乗除の混じった計算の符号
⇒負の符号が { 偶数個(ぐうすうこ)→＋ / 奇数個(きすうこ)→－ }　→p.22 1

▶ 四則計算の順序　→p.27 1
累乗(るいじょう)・かっこ→乗除→加減の順

▶ 分配法則　→p.27 2
$a\times(b+c)=a\times b+a\times c$
$(b+c)\times a=b\times a+c\times a$

● 文字と式　1年

▶ $a\div b=\dfrac{a}{b}$，$a\div\dfrac{n}{m}=a\times\dfrac{m}{n}$　→p.34 1, 2

▶ $ax\pm bx=(a\pm b)x$　→p.43 1

▶ $m(a+b)=ma+mb$，$\dfrac{a+b}{m}=\dfrac{a}{m}+\dfrac{b}{m}$
→p.43 2

● 式の計算　2年

▶ 指数法則（m，nは自然数）　→p.61 1
$a^m\times a^n=a^{m+n}$，$(a^m)^n=a^{mn}$，$(ab)^n=a^nb^n$

▶ $A\div B\times C=A\times\dfrac{1}{B}\times C=\dfrac{A\times C}{B}$　→p.61 3

▶ 式の値…式を簡単にしてから，数を代入する。　→p.65 1

▶ 整数の表し方　→p.65 2
㋐中央の整数をnとすると，連続する3つの整数は，$n-1$，n，$n+1$
㋑十の位をx，一の位をyとする2けたの整数は，$10x+y$

● 多項式　3年

▶ $(a+b)(c+d)=ac+ad+bc+bd$　→p.74 1

▶ 乗法公式　→p.74 2
㋐$(x+a)(x+b)=x^2+(a+b)x+ab$
㋑$(x+a)^2=x^2+2ax+a^2$
㋒$(x-a)^2=x^2-2ax+a^2$
㋓$(x+a)(x-a)=x^2-a^2$

▶ 因数分解の手順　→p.82 1, 2
①共通因数Mをくくり出す。
$Ma+Mb=M(a+b)$
②乗法公式㋐～㋓の逆向きを使う。

▶ $a^2+b^2=(a+b)^2-2ab$　→p.91 1

● 整数の性質　1～3年

▶ $a=b\times c$（a，b，cは整数）のとき，b，cはaの約数，aはb，cの倍数　→p.100 2

▶ 整数Nの素因数分解が$N=p^aq^b$のとき，Nの約数の個数は，$(a+1)(b+1)$個
→p.100 2

● 平方根　3年

▶ 正の数aの平方根は$\sqrt{a}$，$-\sqrt{a}$の2つある。$(\pm\sqrt{a})^2=a$　→p.110 1

▶ 平方根の大小　→p.110 2
$0<a<b$ならば，$\sqrt{a}<\sqrt{b}$

▶ 根号をふくむ式の乗除　→p.116 1
$a>0$，$b>0$のとき，
$\sqrt{a}\times\sqrt{b}=\sqrt{a\times b}$，$\dfrac{\sqrt{a}}{\sqrt{b}}=\sqrt{\dfrac{a}{b}}$，
$\sqrt{a^2b}=a\sqrt{b}$

▶ 分母の有理化　→p.116 2
$\dfrac{b}{\sqrt{a}}=\dfrac{b\times\sqrt{a}}{\sqrt{a}\times\sqrt{a}}=\dfrac{b\sqrt{a}}{a}$

▶ $m\sqrt{a}\pm n\sqrt{a}=(m\pm n)\sqrt{a}$　→p.123 1

▶ $\sqrt{n}$の整数部分をa，小数部分をbとすると，$b=\sqrt{n}-a$　→p.127 3

● 1次方程式 1年

▶ 等式の性質 →p.138 2

$A=B$ ならば，

㋐ $A+C=B+C$

㋑ $A-C=B-C$

㋒ $AC=BC$

㋓ $\frac{A}{C}=\frac{B}{C}$ $(C\neq0)$

▶ 1次方程式の解き方

→p.138 3 →p.142 1，2

①かっこをはずしたり，分数があれば分母をはらったりして整理する。

② x をふくむ項(こう)を左辺に，定数項を右辺に移項する。

③ $ax=b$ の形にする。

④両辺を x の係数 a でわる。

▶ 比例式の性質 →p.142 3

$a:b=c:d$ ならば，$ad=bc$

● 連立方程式 2年

▶ 連立方程式の解き方 →p.164 2，3

㋐加減法…x か y の係数の絶対値をそろえて加減し，その文字を消去して解く。

㋑代入法…一方の式を他方の式に代入し，文字を消去して解く。

▶ $A=B=C$ の形の連立方程式は，

$\begin{cases}A=B\\A=C\end{cases}$ $\begin{cases}A=B\\B=C\end{cases}$ $\begin{cases}A=C\\B=C\end{cases}$

のいずれかにして解く。 →p.168 2

● 2次方程式 3年

▶ 平方根の考えを使った解き方 →p.186 2

㋐ $ax^2=b \Rightarrow x=\pm\sqrt{\frac{b}{a}}$

㋑ $(x+m)^2=n \Rightarrow x=-m\pm\sqrt{n}$

▶ 解の公式による解き方 →p.186 3

$ax^2+bx+c=0$ の解の公式は，

$x=\frac{-b\pm\sqrt{b^2-4ac}}{2a}$

▶ 因数分解による解き方 →p.191 1

2次方程式 $ax^2+bx+c=0$ の左辺を因数分解して，$a(x-p)(x-q)=0$ の形にする。⇒ $x=p$，$x=q$ が解

● 方程式の文章題 1～3年

▶ 方程式を使って文章題を解く手順

→p.147 2

①問題の意味をよく考え，何を x で表すか決める。

②問題の中にある数量を，x を使って表す。

③等しい数量の関係を見つけて，方程式をつくる。

④つくった方程式を解く。

⑤方程式の解が問題に適していることを確かめて，答えとする。

▶ 過不足についての問題 →p.147 3

全体の個数＝配る個数＋余る個数

＝配る個数－不足する個数

▶ 濃度(のうど)についての問題 →p.154 2

食塩水を混ぜる前と後で食塩の合計の量は変わらないことを利用する。

▶ 2人が池のまわりを進む問題 →p.175 2

㋐反対方向に進み，はじめて出会うとき，2人の移動距離(いどうきょり)の和＝1周

㋑同じ方向に進み，はじめて追いこすとき，2人の移動距離の差＝1周

▶ 割合の増減の問題 →p.175 3

もとにする量を x，y とする。

● 比例と反比例　1年

▶ 関数と変域　→p.210 1

㋐関数…変数x，yで，xの値を決めると，これに対応してyの値がただ1つ決まるとき，yはxの関数である。

㋑変域…変数のとりうる値の範囲（はんい）

▶ 座標平面上で，横の数直線をx軸（じく），縦の数直線をy軸，交点Oを原点という。点Aが(2，3)のとき，2をAのx座標，3をAのy座標という。　→p.217 1

▶ 比例　→p.210 2，p.217 2

㋐比例の式は$y=ax$（aは比例定数）

㋑比例のグラフは，原点を通る直線

$a>0$…右上がり

$a<0$…右下がり

▶ 反比例　→p.210 3，p.217 3

㋐反比例の式は$y=\frac{a}{x}$（aは比例定数）

㋑反比例のグラフは，原点について対称（たいしょう）な双曲線（そうきょくせん）

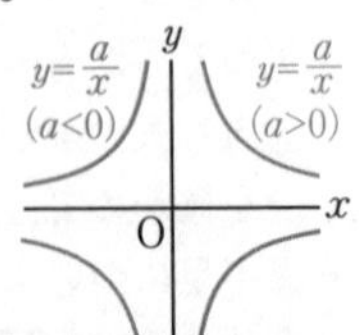

● 1次関数　2年

▶ 1次関数の式は$y=ax+b$　→p.232 1

▶ 変化の割合$=\dfrac{y\text{の増加量}}{x\text{の増加量}}$

1次関数$y=ax+b$の変化の割合はxの係数aに等しい。　→p.232 1

▶ 1次関数$y=ax+b$のグラフは傾き（かたむ）a，切片bの直線　→p.232 2

▶ 1次関数の式の求め方　→p.238 1

㋐傾きaと1点の座標がわかっているとき，$y=ax+b$に1点の座標を代入して，bの値を求める。

㋑2点の座標がわかっているとき，

・傾きaを求め，㋐の方法を使う。

・$y=ax+b$に2点の座標を代入して，連立方程式を解く。

▶ 2直線$y=ax+b$と$y=a'x+b'$が平行$\Leftrightarrow a=a'$　→p.238 1

▶ 2直線$ax+by=c$と$a'x+b'y=c'$の交点の座標は，連立方程式$\begin{cases}ax+by=c\\a'x+b'y=c'\end{cases}$の解である。　→p.245 2

● 関数$y=ax^2$　3年

▶ 2乗に比例する関数の式は$y=ax^2$（aは比例定数）　→p.264 1

▶ 関数$y=ax^2$のグラフは原点を通り，y軸について対称な放物線　→p.264 3

▶ 関数$y=ax^2$と変域　→p.268 1

($a>0$)　$y\geqq 0$　減少　増加　最小値

($a<0$)　$y\leqq 0$　最大値　増加　減少

▶ 関数$y=ax^2$のxの値がpからqまで増加するときの変化の割合は$a(p+q)$　→p.268 2

▶ 放物線$y=ax^2$と直線との交点がA，Bのとき，直線ABの式は，$y=a(p+q)x-apq$　→p.273 1

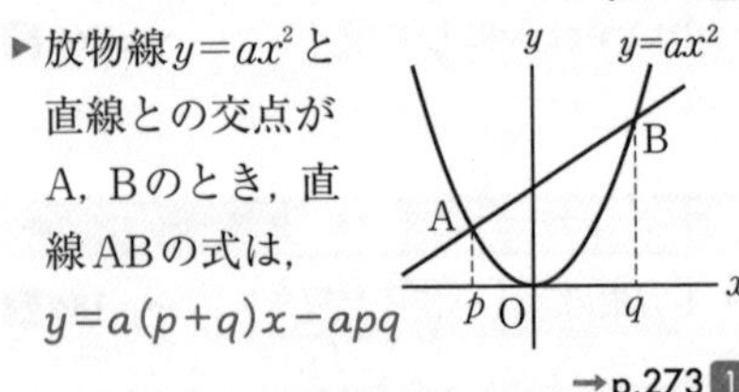

● 平面図形 1年

▶ 基本の作図 →p.297 2

㋐垂直二等分線　㋑角の二等分線

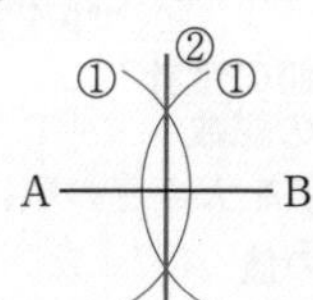

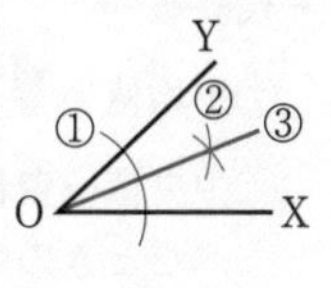

▶ 円の接線は，その接点を通る半径に垂直である。 →p.303 1

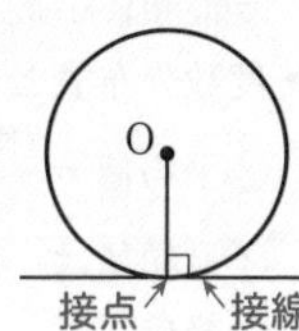

▶ おうぎ形の弧（こ）の長さℓと面積S →p.311 1

$\ell=2\pi r\times\frac{a}{360}$

$S=\pi r^2\times\frac{a}{360}$

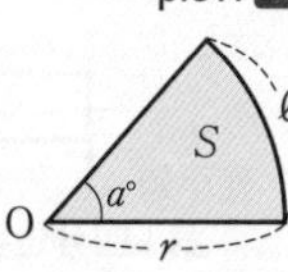

● 空間図形 1年

▶ 角柱・円柱の表面積 →p.333 1

＝底面積×2＋側面積

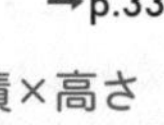

▶ 円錐（えんすい）の側面積S　$S=\pi Rr$ →p.333 1

▶ 円錐・角錐の体積V →p.333 2

$V=\frac{1}{3}\times$底面積×高さ

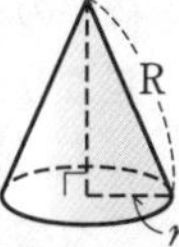

▶ 半径rの球の表面積Sと体積V →p.333 3

$S=4\pi r^2$，$V=\frac{4}{3}\pi r^3$

● 図形の角と合同 2年

▶ 平行線の性質 →p.348 1

2つの直線が平行ならば，同位角・錯（さっ）角（かく）は等しい。

▶ 三角形の内角と外角 →p.348 3

㋐ちょうちょ型　㋑ブーメラン型

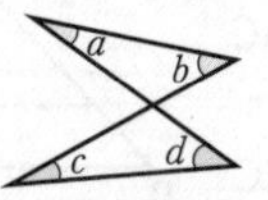

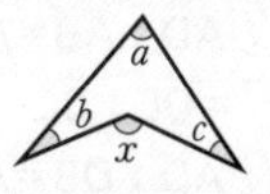

$\angle a+\angle b=\angle c+\angle d$　$\angle x=\angle a+\angle b+\angle c$

▶ 多角形の角 →p.353 1

㋐n角形の内角の和は，$180°\times(n-2)$

㋑多角形の外角の和は，360°（一定）

▶ 三角形の合同条件 →p.359 2

㋐3組の辺がそれぞれ等しい。

㋑2組の辺とその間の角がそれぞれ等しい。

㋒1組の辺とその両端（りょうたん）の角がそれぞれ等しい。

● 三角形と四角形 2年

▶ 二等辺三角形の定理 →p.372 2

㋐二等辺三角形の底角は等しい。

㋑二等辺三角形の頂角の二等分線は，底辺を垂直に2等分する。

▶ 直角三角形の合同条件 →p.379 1

㋐斜辺（しゃへん）と1つの鋭角（えいかく）がそれぞれ等しい。

㋑斜辺と他の1辺がそれぞれ等しい。

▶ 平行四辺形の性質 →p.384 2

㋐2組の対辺はそれぞれ等しい。

㋑2組の対角はそれぞれ等しい。

㋒対角線はそれぞれの中点で交わる。

● 相似な図形 3年

▶ 三角形の相似条件 →p.406 1

㋐3組の辺の比がすべて等しい。

㋑2組の辺の比とその間の角がそれぞれ等しい。

㋒2組の角がそれぞれ等しい。

▶ 三角形と線分の比 →p.411 1

DE//BCのとき，

㋐AD：AB＝AE：AC
　＝DE：BC

㋑AD：DB＝AE：EC

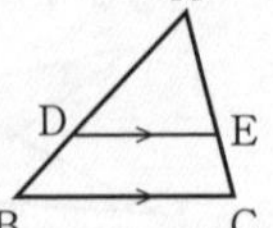

▶ 中点連結定理 →p.418 1

上の図で，2辺AB，ACの中点を，それぞれD，Eとすると，

DE//BC，$DE=\frac{1}{2}BC$

▶ 相似な図形の面積比・体積比 →p.422 1

㋐相似比$m:n$ ⇒ 面積比$m^2:n^2$

㋑相似比$m:n$ ⇒ 体積比$m^3:n^3$

● 円　3年

▶ 円周角の定理 →p.434 1

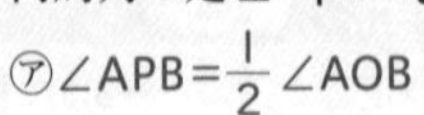

㋐$\angle APB=\frac{1}{2}\angle AOB$

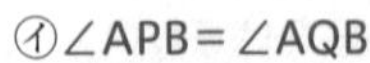

㋑$\angle APB=\angle AQB$

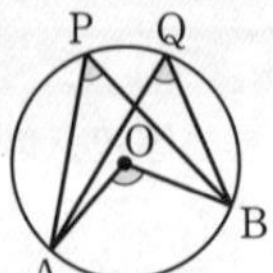

● 三平方の定理　3年

▶ 三平方の定理とその逆 →p.448 1

㋐右の直角三角形ABCで，
$a^2+b^2=c^2$

㋑△ABCで，$a^2+b^2=c^2$
ならば，∠C＝90°

A B C a b c

▶ 特別な直角三角形の辺の比 →p.448 2

㋐

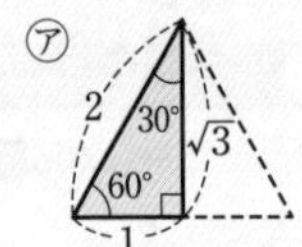

㋑

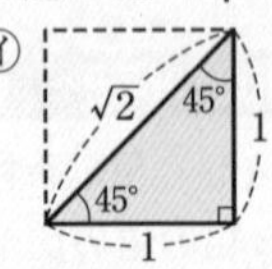

▶ 1辺がaの正三角形の面積$S=\frac{\sqrt{3}}{4}a^2$

→p.453 1

● 資料の整理　1，2年

▶ 相対度数＝$\dfrac{各階級の度数}{度数の合計}$ →p.486 2

▶ 代表値 →p.490 1

㋐平均値＝$\dfrac{資料の値の合計}{資料の総数}$

㋑中央値…資料の値を大きさの順に並べたときの中央の値

㋒最頻値(さいひんち)…最も多く現れる値

▶ 度数分布表と代表値 →p.490 2

㋐平均値＝$\dfrac{(階級値\times度数)の総和}{度数の合計}$

㋑最頻値は，度数の最も多い階級の階級値

▶ 四分位数と箱ひげ図 →p.490 3

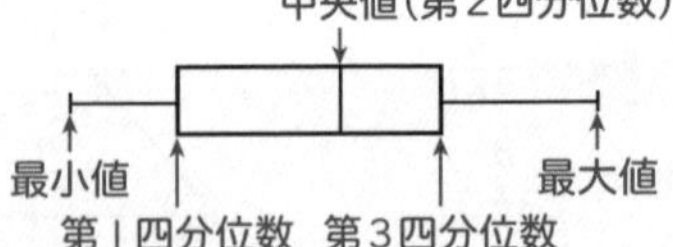

● 確　率　1，2年

▶ 順列と組み合わせ →p.496 1，2

㋐順列…取り出して1列に並べる。

㋑組み合わせ…取り出して1組としたもの。

▶ 確率の求め方 →p.496 3

起こりうる場合がn通りあり，どの場合も同様に確からしいとする。Aの起こる場合がa通りあるとき，Aの起こる確率は，$p=\frac{a}{n}$

また，Aの起こらない確率は，$1-p$

● 標本調査　3年

▶ 母集団の推定…標本での比率と母集団での比率は，ほぼ等しい。 →p.510 2

さくいん

① 赤文字は重要用語です。
② 青文字は「例題タイトル」のキーワードです。
③ 数，方，関，図，デ，思はそれぞれの編のマークです。

あ・い・う

え

お

か

き

く

け

こ

さ

し

す

せ

ち

つ・て

と

な

に

ね・の

は

ひ

ふ

へ

ほ

む

め

も

や・ゆ・よ

り・る・れ

わ

記号

編著者紹介

井上 栄二（いのうえ えいじ）

1953 年生まれ。広島大学大学院学校教育研究科数学教育専攻修士課程を修了。教諭として，30 年間広島県内の中学校・高等学校に勤務。指導にあたる際，生徒の理解を深めるため，4 つの要素「言語，絵・図，記号，身近にある数学」のつながりを多くつくるように意識した。趣味はリーマン予想の研究と絵画鑑賞。

装丁デザイン：ブックデザイン研究所
本文デザイン：A.S.T DESIGN
図　　版：(有)デザインスタジオ エキス .
イラスト：青木 麻緒

※QRコードは㈱デンソーウェーブの登録商標です。

中学 自由自在 数学

昭和29年 3 月15日　第 1 刷 発 行　昭和56年 3 月15日　全訂第 1 刷発行
昭和34年 2 月15日　増訂第 1 刷発行　平成 2 年 3 月 1 日　改訂第 1 刷発行
昭和37年 1 月10日　全訂第 1 刷発行　平成 5 年 3 月 1 日　全訂第 1 刷発行
昭和38年 8 月10日　増訂第 1 刷発行　平成14年 3 月 1 日　全訂第 1 刷発行
昭和42年 3 月 1 日　全訂第 1 刷発行　平成21年 2 月 1 日　全訂第 1 刷発行
昭和43年 1 月10日　改訂第 1 刷発行　平成28年 2 月 1 日　改訂第 1 刷発行
昭和47年 2 月 1 日　全訂第 1 刷発行　令和 3 年 2 月 1 日　全訂第 1 刷発行
昭和53年 3 月 1 日　改訂第 1 刷発行

監修者　秋　山　　仁
編著者　中学教育研究会（上記）
発行者　岡　本　明　剛

発行所　受験研究社
©株式会社 増進堂・受験研究社

〒550-0013 大阪市西区新町 2—19—15
注文・不良品などについて：(06)6532-1581(代表)／本の内容について：(06)6532-1586(編集)

Printed in Japan　ユニックス・高廣製本
落丁・乱丁本はお取り替えします。

解答とくわしい解き方

受験研究社

第1編 数と式

第1章 正の数・負の数

p.14～33

1 -3℃

解き方 数直線で考えると，前日の最低気温は，-3℃

2℃高い
-3　-1　0（℃）
前日　ある日

2 $-\frac{3}{4}<-\frac{1}{2}<-\frac{1}{3}<0<+0.01<+0.1$

絶対値の小さいほうから，

$0,\ +0.01,\ +0.1,\ -\frac{1}{3},\ -\frac{1}{2},\ -\frac{3}{4}$

解き方 数の大きさは，分数を小数になおして絶対値を比べる。$-\frac{1}{3}=-0.33\cdots$，

$-\frac{1}{2}=-0.5$，$-\frac{3}{4}=-0.75$だから，

$-\frac{3}{4}<-\frac{1}{2}<-\frac{1}{3}$となる。

3 (1)-7　(2)-7.8　(3)$-\frac{19}{8}$　(4)$+\frac{1}{30}$

解き方 (2)$(-9.6)+(+1.8)=-(9.6-1.8)$
$=-7.8$

(4)$\left(+\frac{4}{3}\right)+(-1.3)=\left(+\frac{4}{3}\right)+\left(-\frac{13}{10}\right)$

$=\left(+\frac{40}{30}\right)+\left(-\frac{39}{30}\right)=+\left(\frac{40}{30}-\frac{39}{30}\right)$

$=+\frac{1}{30}$

ここに注意！ 小数と分数が混じった計算では，小数を分数になおしてから計算する。

4 (1)-10　(2)-5　(3)-60　(4)$+\frac{1}{8}$

解き方 (2)$(-9)+(+6)+(-4)+(+9)+(-7)$
$=(+6)+(-4)+(-7)=(+6)+(-11)$
$=-5$

(4)$\left(+\frac{3}{4}\right)+\left(-\frac{1}{2}\right)+\left(-\frac{1}{4}\right)+\left(+\frac{1}{8}\right)$

$=\left(+\frac{3}{4}\right)+\left(-\frac{2}{4}\right)+\left(-\frac{1}{4}\right)+\left(+\frac{1}{8}\right)=+\frac{1}{8}$

5 (1)-34　(2)-1.2　(3)$+\frac{3}{2}$　(4)$-\frac{13}{18}$

解き方 (3)$\left(+\frac{5}{6}\right)-\left(-\frac{2}{3}\right)=\left(+\frac{5}{6}\right)+\left(+\frac{2}{3}\right)$

$=\left(+\frac{5}{6}\right)+\left(+\frac{4}{6}\right)=+\frac{9}{6}=+\frac{3}{2}$

(4)$\left(+\frac{4}{9}\right)-\left(+\frac{7}{6}\right)=\left(+\frac{4}{9}\right)+\left(-\frac{7}{6}\right)$

$=\left(+\frac{8}{18}\right)+\left(-\frac{21}{18}\right)=-\left(\frac{21}{18}-\frac{8}{18}\right)=-\frac{13}{18}$

6 (1)3　(2)-26　(3)-0.2　(4)$\frac{1}{5}$

解き方 (4)$\left(-\frac{1}{2}\right)+\frac{3}{5}-\left(-\frac{3}{10}\right)-\left(+\frac{1}{5}\right)$

$=\left(-\frac{1}{2}\right)+\frac{3}{5}+\left(+\frac{3}{10}\right)+\left(-\frac{1}{5}\right)$

$=-\frac{1}{2}+\frac{3}{5}+\frac{3}{10}-\frac{1}{5}$

$=-\frac{5}{10}-\frac{2}{10}+\frac{6}{10}+\frac{3}{10}$

$=-\frac{7}{10}+\frac{9}{10}=\frac{2}{10}=\frac{1}{5}$

7 (1)4.5　(2)$-\frac{3}{4}$　(3)3690　(4)$-\frac{1}{2}$

解き方 (3)乗法の交換・結合法則を使って，
$(-15)\times123\times(-2)=\{(-15)\times(-2)\}\times123$
$=30\times123=3690$

(4)答えの符号は，負の符号 $-$ が3個あるの

で，－

$$\left(-\frac{2}{3}\right)\times\left(-\frac{6}{5}\right)\times\left(+\frac{5}{2}\right)\times\left(-\frac{1}{4}\right)$$

$$=-\left(\frac{2}{3}\times\frac{6}{5}\times\frac{5}{2}\times\frac{1}{4}\right)=-\frac{1}{2}$$

8　(1) -45　(2) -36　(3) $-\frac{16}{3}$　(4) 288

解き方　(2) $-(-6^2)\times(-1)^3=-(-36)\times(-1)$

$=36\times(-1)=-36$

(3) $\left(-\frac{2}{3}\right)^4\times(-27)=\frac{16}{81}\times(-27)$

$=-\left(\frac{16}{81}\times27\right)=-\frac{16}{3}$

(4) $(-2)^5\times(-3^2)=(-32)\times(-9)=288$

> **ここに注意!** (1) $(-5)\times(-3)^2$ では，負の符号－は2個で偶数個であるように見えるが，実際には，$(-5)\times(-3)^2=(-5)\times(-3)\times(-3)$ となり，－は3個あるので注意しよう。

9　(1) -5　(2) $\frac{2}{15}$　(3) -32　(4) $-\frac{2}{3}$

解き方　(2)小数を分数になおして計算する。

$-\frac{1}{5}\div(-1.5)=-\frac{1}{5}\div\left(-\frac{3}{2}\right)$

$=-\frac{1}{5}\times\left(-\frac{2}{3}\right)=\frac{2}{15}$

(4) $\left(-\frac{5}{4}\right)\div\frac{15}{8}=\left(-\frac{5}{4}\right)\times\frac{8}{15}=-\left(\frac{5}{4}\times\frac{8}{15}\right)$

$=-\frac{2}{3}$

10　(1) 8　(2) -8　(3) $\frac{4}{9}$　(4) -27

解き方　(2) $-0.5\div\left(-\frac{1}{5}\right)\times\left(-\frac{2}{3}\right)\div\frac{5}{24}$

$=-\frac{1}{2}\times(-5)\times\left(-\frac{2}{3}\right)\times\frac{24}{5}$

$=-\left(\frac{1}{2}\times5\times\frac{2}{3}\times\frac{24}{5}\right)=-8$

(4)累乗の計算を先にする。

$-3^2\times(-6)\div(-2)^3\div\left(-\frac{1}{2}\right)^2$

$=-9\times(-6)\div(-8)\div\frac{1}{4}$

$=-9\times(-6)\times\left(-\frac{1}{8}\right)\times4$

$=-\left(9\times6\times\frac{1}{8}\times4\right)=-27$

11　(1) -22　(2) -11　(3) 4　(4) 4

解き方　(3) $-6^2\div\left(-\frac{3}{2}\right)^3-(-5)^2\times\frac{4}{15}$

$=-36\div\left(-\frac{27}{8}\right)-25\times\frac{4}{15}$

$=-36\times\left(-\frac{8}{27}\right)-\frac{20}{3}$

$=\frac{32}{3}-\frac{20}{3}=\frac{12}{3}=4$

(4) $\{4-(-2)\}\div(-3)-\left\{1-\left(-\frac{1}{2}\right)\right\}\times(-4)$

$=(4+2)\div(-3)-\left(1+\frac{1}{2}\right)\times(-4)$

$=-2-\frac{3}{2}\times(-4)=-2+6=4$

12　(1) -10　(2) 2　(3) -235　(4) -4214

解き方　(2)分配法則を利用して，

$(-24)\times\left(\frac{2}{3}-\frac{3}{4}\right)$

$=(-24)\times\frac{2}{3}+(-24)\times\left(-\frac{3}{4}\right)$

$=-16+18=2$

(3) $19\times4.7-69\times4.7=(19-69)\times4.7$

$=(-50)\times4.7=-235$

(4) $98\times(-43)=(100-2)\times(-43)$

$=100\times(-43)-2\times(-43)$

$=-4300+86=-4214$

13 (1)63点　(2)28点　(3)69点

解き方　(1)Cの得点は，$70-7=63$(点)

(2)得点の最も高い人はE，最も低い人はAで，その差は，$(+16)-(-12)=16+12=28$(点)

(3)$70+\frac{-12+8-7-10+16}{5}$

$=70+\frac{-5}{5}=69$(点)

14 2点

解き方　得点は，$1\times$正解数$+(-1)\times$不正解数＝正解数－不正解数である。
Aは$3-7=-4$(点)，Bは$9-1=8$(点)，Cは$4-6=-2$(点)，Dは$8-2=6$(点)より，得点の平均は，

$\frac{-4+8-2+6}{4}=2$(点)

章末問題 A

1 (1)$-4, -3, -2, -1$のいずれか1つ
(2)-1，0，1，2
(3)-2，-1，0，1，2
(4)$-\frac{1}{3}<-0.3<-\frac{1}{4}<-\frac{2}{9}$

解き方　(1)絶対値が5より小さい負の整数をあげる。

(2)下の数直線より-1，0，1，2となる。

-1.98　$\frac{9}{4}=2\frac{1}{4}$
-2　-1　0　1　2

(3)$\frac{7}{3}=2\frac{1}{3}$より，絶対値が2以下の整数をあげる。

(4)小数になおして絶対値を比べる。

$\frac{1}{3}=0.33\cdots$，$\frac{2}{9}=0.22\cdots$，$\frac{1}{4}=0.25$だから，$\frac{2}{9}<\frac{1}{4}<0.3<\frac{1}{3}$より，

$-\frac{1}{3}<-0.3<-\frac{1}{4}<-\frac{2}{9}$

ここに注意！　負の数どうしの大小は，まず絶対値の順に並べる。次に，「負の数は，絶対値が大きいほど小さい」ことから，－をつけて不等号の向きを変えればよい。

2 (1)-2　(2)3.5　(3)$-\frac{11}{18}$　(4)$\frac{9}{35}$
(5)48　(6)-6　(7)20　(8)$\frac{2}{3}$

解き方　(7)$(-2^3)\div2\times(-5)$

$=(-8)\div2\times(-5)=(-4)\times(-5)=20$

3 (1)-2　(2)-18　(3)6　(4)-43
(5)$-\frac{1}{4}$　(6)-4　(7)-7　(8)$\frac{13}{6}$
(9)6　(10)3

解き方　(9)$(-3)^2\times(-2)-6\times(-2^2)$

$=9\times(-2)-6\times(-4)=-18+24=6$

(10)$\left(2-\frac{2}{3}\right)\times\left(-\frac{3}{2}\right)^2=\left(\frac{6}{3}-\frac{2}{3}\right)\times\frac{9}{4}$

$=\frac{4}{3}\times\frac{9}{4}=3$

4 (1)1120台　(2)1180台

解き方　(2)$1200+\frac{20-80+0-70+30}{5}$

$=1200+\frac{-100}{5}=1200-20=1180$(台)

章末問題 B

5 (1)27　(2)9　(3)$\frac{19}{20}$　(4)$-\frac{15}{2}$
(5)16　(6)-2　(7)$\frac{19}{27}$　(8)$-\frac{11}{3}$
(9)$\frac{40}{9}$　(10)140

解き方　(2)$\left\{-1-\frac{3}{2^2}\times\left(1-\frac{1}{3}\right)\right\}^2\div0.25$

$=\left(-1-\frac{3}{4}\times\frac{2}{3}\right)^2\div\frac{1}{4}=\left(-\frac{3}{2}\right)^2\times4$

$=\frac{9}{4}\times4=9$

(3) $15\times\left(-\frac{1}{2}\right)^2+(-2^2)\times\frac{7}{10}$

$=15\times\frac{1}{4}+(-4)\times\frac{7}{10}=\frac{15}{4}-\frac{14}{5}$

$=\frac{75}{20}-\frac{56}{20}=\frac{19}{20}$

(5) $\{(-2)^3-3\times(-4)\}\div\left(\frac{1}{2}-1\right)^2$

$=(-8+12)\div\frac{1}{4}=4\times4=16$

(6) $-2^2\times(1-0.5^2)+\frac{3}{8}-\frac{5}{6}\div\left(-\frac{4}{3}\right)$

$=-4\times\left(1-\frac{1}{4}\right)+\frac{3}{8}+\frac{5}{6}\times\frac{3}{4}$

$=-3+\frac{3}{8}+\frac{5}{8}=-3+1=-2$

(7) $\left(-\frac{2}{3}\right)^3-2\times\left(-\frac{2^2}{3}\right)+(-3)^3\times5\div3^4$

$=-\frac{8}{27}-2\times\left(-\frac{4}{3}\right)+(-27)\times5\div81$

$=-\frac{8}{27}+\frac{8}{3}-\frac{5}{3}=-\frac{8}{27}+1=\frac{19}{27}$

(8) $\left(-\frac{3}{2}\right)^2\div\left(-\frac{3}{4}\right)^3-\frac{4}{3}\times\left\{1-\left(-\frac{3}{2}\right)^2\right\}$

$=\frac{9}{4}\div\left(-\frac{27}{64}\right)-\frac{4}{3}\times\left(1-\frac{9}{4}\right)$

$=-\frac{16}{3}+\frac{5}{3}=-\frac{11}{3}$

(9) $\left\{-2^3\times2\frac{1}{6}-\left(-\frac{7}{3}\right)\right\}\div\left(-\frac{3}{2}\right)^3$

$=\left(-8\times\frac{13}{6}+\frac{7}{3}\right)\div\left(-\frac{27}{8}\right)$

$=\left(-\frac{45}{3}\right)\times\left(-\frac{8}{27}\right)=\frac{40}{9}$

(10) $\left(\frac{1}{3}-\frac{1}{4}\right)\div\left\{\left(\frac{1}{5}-\frac{1}{6}\right)\times\left(\frac{1}{7}-\frac{1}{8}\right)\right\}$

$=\frac{1}{12}\div\left(\frac{1}{30}\times\frac{1}{56}\right)=\frac{1}{12}\times30\times56$ （約分：12→4→1，30→10，56→14）

$=140$

6　2

解き方　$(-2)^3\times\frac{1}{3}-3^2\div(-6)\times\square=\frac{1}{3}$

$(-8)\times\frac{1}{3}-9\div(-6)\times\square=\frac{1}{3}$

$-\frac{8}{3}+\frac{3}{2}\times\square=\frac{1}{3}$

$\frac{3}{2}\times\square=\frac{1}{3}-\left(-\frac{8}{3}\right)=3$

$\square=3\div\frac{3}{2}=3\times\frac{2}{3}=2$

7　10通り

解き方　3個の整数を$(a,\ b,\ c)$と表すと，どの2つの差も絶対値が3以上となるのは，(1, 4, 7), (1, 4, 8), (1, 4, 9), (1, 5, 8), (1, 5, 9), (1, 6, 9), (2, 5, 8), (2, 5, 9), (2, 6, 9), (3, 6, 9)の10通り。

テクニック　条件に合う選び方をもれなく探すには，1から順に考えること。1から3ずつ大きくして，(1, 4, 7)を得る。次に，1と4を固定して，(1, 4, 8), (1, 4, 9)，次に2つ目の数を4より1大きい5にして，(1, 5, 8), (1, 5, 9)のように順に考えていく。

8　19

解き方　4月4日から逆に計算していくと，4月3日は，20−(+2)=18，4月2日は18−(−3)=21，［ア］=21−(+2)=19

9　(1)11回　(2)21回

解き方　(1)Aが勝ったときの得点の合計は，
(+5)×6=30(点)
Aが負けたときの得点の合計は，
−3−30=−33(点)
よって，Aが負けた回数は，
−33÷(−3)=11(回)

(2)1回のゲームで，2人の得点の合計は，

$(+5)+(-3)=+2$(点)ずつ増えていく。よって，$(1+41)\div(+2)=21$(回)ゲームをしていることがわかる。
1回のゲームで，2人の得点は$(+5)-(-3)=8$(点)差がつくから，2人の勝った回数の差は$(41-1)\div 8=5$(回)
$(21-5)\div 2=8$(回)
$21-8=13$(回)より，Aは8回勝ち，13回負けている。

第2章　文字と式

p.34〜55

15 (1)❶ $-3ab$　❷ xy　❸ a^5
❹ $-0.1(a+b)^2$　❺ $-12x^3y^2z$
(2)❶ $-\frac{1}{4}\times x\times x\times y$
❷ $7\times(x+y)\times(x+y)\times(x+y)$

解き方　(1)❹数は文字の前に書く。(　)の中の式は1つの文字と考えて，累乗の指数を使って書く。-0.1の1ははぶかないので，$-0.1(a+b)^2$

16 (1)❶ $-\frac{2x+y}{5}\left(-\frac{1}{5}(2x+y)\right)$
❷ $8a^2+\frac{b}{9}$　❸ $\frac{x^2}{y}+\frac{3}{mn}$
(2)❶(例) $m\times(a+b)\times(a+b)\div 4$
❷(例) $-6\times x\times x\times x+y\div(m-n)$

解き方　(1)❸除法を乗法になおして，
$x\div y\times x+3\div m\div n$
$=x\times\frac{1}{y}\times x+3\times\frac{1}{m}\times\frac{1}{n}=\frac{x^2}{y}+\frac{3}{mn}$

17 (1) $1000-(2x+yz)$(円)
($1000-2x-yz$(円))
(2) $100x+30+y$
(3) $2n+3$

解き方　(3)連続する2つの奇数の差は2だから，$(2n+1)+2=2n+3$

18 (1)❶ $\frac{a}{1000}$km　❷ $1000x$kg
❸ $\frac{s}{60}$分
(2)❶ $1000x+y$(m)　❷ $a+\frac{b}{1000}$(t)
❸ $60m+\frac{n}{60}$(分)
(3)mの単位…$x-\frac{y}{20}$(m)
cmの単位…$100x-5y$(cm)

解き方　(1)❶ $1\text{m}=\frac{1}{1000}$kmより，
$a\text{m}=\frac{a}{1000}$km
(3)mの単位…$y\text{cm}=\frac{y}{100}$mより，
$x-\frac{y}{100}\times 5=x-\frac{y}{20}$(m)
cmの単位…$x\text{m}=100x\text{cm}$より，
$100x-y\times 5=100x-5y$(cm)

19 (1) $\frac{3}{4}a$km　(2)分速$\frac{6000-y}{60x}$m
(3) $\frac{5}{a}+\frac{5}{b}$(時間)

解き方　(1)45分$=\frac{45}{60}$時間$=\frac{3}{4}$時間
道のり＝速さ×時間より，
$a\times\frac{3}{4}=\frac{3}{4}a$(km)
(2)単位をmと分にそろえる。
x時間$=60x$分，6km＝6000m
速さ$=\frac{道のり}{時間}$より，
$60x$分間に$(6000-y)$m歩いたので，
分速$\frac{6000-y}{60x}$m
(3)時間$=\frac{道のり}{速さ}$より，行きにかかった時間

は$\frac{5}{a}$時間，帰りにかかった時間は$\frac{5}{b}$時間。よって，往復にかかった時間は，

$\frac{5}{a}+\frac{5}{b}$(時間)

20 (1)$\frac{6}{5}x$円　(2)$\frac{109}{100}a+\frac{93}{100}b$(人)

解き方　(2)$9\%=\frac{9}{100}$，$7\%=\frac{7}{100}$より，

今年度の男子は，

$a\times\left(1+\frac{9}{100}\right)=\frac{109}{100}a$(人)

女子は，$b\times\left(1-\frac{7}{100}\right)=\frac{93}{100}b$(人)

21 (1)$\frac{100b}{a+b}$%　(2)$\frac{a+2b}{3}$%

解き方　(1)食塩水の重さ＝水の重さ＋食塩の重さ$=a+b$(g)だから，

濃度は，$\frac{b}{a+b}\times100=\frac{100b}{a+b}$(%)

(2)濃度a%の食塩水100g中に食塩は，

$100\times\frac{a}{100}=a$(g)，濃度b%の食塩水

200g中に食塩は，$200\times\frac{b}{100}=2b$(g)

溶けている。

よって，混ぜ合わせてできる食塩水の濃度は，$\frac{a+2b}{100+200}\times100=\frac{a+2b}{3}$(%)

22 (1)$\frac{1}{4}x$　(2)$-2a-7$

(3)$\frac{11}{6}a$　(4)$-4x-16$

解き方　(3)$\frac{1}{3}a-a+\frac{5}{2}a=\left(\frac{1}{3}-1+\frac{5}{2}\right)a$

$=\left(\frac{2}{6}-\frac{6}{6}+\frac{15}{6}\right)a=\frac{11}{6}a$

(4)$-26x-23+14x+7+8x$

$=-26x+14x+8x-23+7$

$=-4x-16$

23 (1)❶$11a-9$　❷$7a+2$

❸$5x-1.5$　❹$2x-\frac{17}{6}$

(2)❶和…$2x+3$，差…$-12x+21$

❷和…$4a-6$　差…$16a-10$

解き方　(1)❹$\left(\frac{3}{5}x-\frac{4}{3}\right)-\left(\frac{3}{2}-\frac{7}{5}x\right)$

$=\left(\frac{3}{5}x-\frac{4}{3}\right)+\left(-\frac{3}{2}+\frac{7}{5}x\right)$

$=\frac{3}{5}x-\frac{4}{3}-\frac{3}{2}+\frac{7}{5}x=2x-\frac{17}{6}$

(2)❶和…$(-5x+12)+(7x-9)=2x+3$

差…$(-5x+12)-(7x-9)$

$=(-5x+12)+(-7x+9)$

$=-5x+12-7x+9=-12x+21$

24 (1)$-18a$　(2)$8x$　(3)$3a+2$

(4)$-45x+15$　(5)$4a+10$

(6)$18x-21$

解き方　(4)$(27x-9)\div\left(-\frac{3}{5}\right)$

$=(27x-9)\times\left(-\frac{5}{3}\right)$

$=27x\times\left(-\frac{5}{3}\right)-9\times\left(-\frac{5}{3}\right)=-45x+15$

(6)$\left(-\frac{3}{4}x+\frac{7}{8}\right)\times(-24)$

$=\left(-\frac{3}{4}x\right)\times(-24)+\frac{7}{8}\times(-24)$

$=18x-21$

25 (1)$2x-3$　(2)$a+16$　(3)$2x+15$

(4)$3a-8$　(5)$4x$　(6)$-11x+15$

解き方　(5)$\frac{2}{3}(9x-6)-\frac{1}{2}(4x-8)$

$=6x-4-2x+4=4x$

(6)$(25x-30)\div(-5)+(-42x+63)\div7$

$=(25x-30)\times\left(-\frac{1}{5}\right)+(-42x+63)\times\frac{1}{7}$

$=-5x+6-6x+9=-11x+15$

26 (1)$\frac{12x-7}{12}$　(2)$\frac{7a+3}{2}$
(3)$\frac{4a+7}{15}$　(4)$\frac{2x+7}{12}$

解き方 (1)$\frac{2x-3}{4}+\frac{3x+1}{6}$
$=\frac{3(2x-3)+2(3x+1)}{12}$
$=\frac{6x-9+6x+2}{12}=\frac{12x-7}{12}$

ここに注意! (1)$\frac{\overset{1}{\cancel{12}}x-7}{\underset{1}{\cancel{12}}}=x-7$とまちがった約分をしないように。$-7$も12でわっているので，片方とだけの約分はできない。$\frac{12x-7}{12}=\frac{12x}{12}-\frac{7}{12}=x-\frac{7}{12}$としてもよい。

(2)$\frac{9a-5}{2}-(a-4)=\frac{(9a-5)-2(a-4)}{2}$
$=\frac{9a-5-2a+8}{2}=\frac{7a+3}{2}$
(4)$x+1-\frac{x-1}{3}-\frac{2x+3}{4}$
$=\frac{12(x+1)-4(x-1)-3(2x+3)}{12}$
$=\frac{12x+12-4x+4-6x-9}{12}=\frac{2x+7}{12}$

27 (1)$y=6x+3$　(2)$5x<2y-7$
(3)$1000-50a \leqq b$

解き方 (2)aはbより小さいとき，不等式$a<b$と表す。よって，$5x$が$2y-7$より小さいから，$5x<2y-7$
(3)xがy以下のとき，$x \leqq y$と表す。
おつりは，$(1000-50a)$円だから，
$1000-50a \leqq b$

28 (1)$xy-xz(\text{cm}^2)$　(2)$25\pi\text{cm}^2$
(3)$5ab+3bc(\text{cm}^3)$

解き方 (1)長方形の面積－平行四辺形の面積$=x\times y-z\times x=xy-xz(\text{cm}^2)$
(2)$\pi\times5^2=25\pi(\text{cm}^2)$
(3)2つの直方体の体積の和を求める。
$b\times a\times5+b\times3\times c=5ab+3bc(\text{cm}^3)$

29 (1)9　(2)12　(3)8

解き方 (1)負の数を代入するときは，かっこをつけて代入する。$1-2a=1-2\times a$
$=1-2\times(-4)=1+8=9$
(3)$3a-b^2=3\times a-b^2=3\times4-(-2)^2$
$=12-4=8$

30 73

解き方 下の図は4行目まで並べたものである。

中央の数
1行目: 1
2行目: 2 3 4
3行目: 5 6 7 8 9
4行目: 10 11 12 13 14 15 16
4個

n行目の最後の数に注目すると，$1=1^2$，$4=2^2$，$9=3^2$，$16=4^2$とn^2になる。また，n行目にある数の個数は奇数個で，$(2n-1)$個ある。中央の数は，右からn番目にあるので，n行目の中央の数は，最後の数n^2からnをひいて1をたせばよい。
よって，n^2-n+1と表され，$n=9$を代入して，$9^2-9+1=81-9+1=73$

(別解) 上の図から，中央の数を並べてみると，1　3　7　13…と増えているから，
(+2　+4　+6　+8)
この規則を続けていくと，下のようになる。

①	②	③	④	⑤	⑥	⑦	⑧	9行目
1	3	7	13	21	31	43	57	73

(+2　+4　+6　+8　+10　+12　+14　+16)

よって，73

また，$1+(2+4+6+\cdots+14+16)$（和が18，和が18）

$=1+\frac{18\times8}{2}=73$

と計算してもよい。

章末問題 A

10 (1)$-xy^2$　(2)$\frac{p}{q(p+q)}$　(3)$\frac{3-2a}{b+1}$

解き方　(2)$p\div q\div(p+q)=p\times\frac{1}{q}\times\frac{1}{p+q}$

$=\frac{p}{q(p+q)}$

11 (1)$6x+4$　(2)$x-2$　(3)$3a+4$

(4)$60a+4$　(5)$\frac{3}{8}x$　(6)$\frac{x-8}{15}$

解き方　(2)$\frac{3x-(x+4)}{2}=\frac{3x-x-4}{2}$

$=\frac{2x-4}{2}=x-2$

12 (1)$y-210x$(m)　(2)$3a+8b>4000$

(3)13

解き方　(1)毎分210mの速さでx分進むと210xm進む。よって，残りは，

$(y-210x)$m

(3)$-2a^2+7b=-2\times(-2)^2+7\times3$

$=-8+21=13$

13 (1)最大7段，残った緑のタイルは3枚

(2)追加した白のタイルは$(3n-1)$枚

〔説明〕n段の図形は，$(n-1)$段の図形に白と緑のタイルあわせて$3\times n=3n$(枚)追加してできている。このとき，追加した緑のタイルは4枚であるから，追加した白のタイルは残りの$(3n-4)$枚

よって，$(n+1)$段の図形をつくるために追加した白のタイルは

$3(n+1)-4=3n-1$(枚)

解き方　(1)n段のときの緑のタイルの枚数は，最上段に3枚，残りの$(n-1)$の段には4枚ずつあるから，

$3+4(n-1)=4n-1$(枚)

よって，緑のタイルが30枚しかない場合，最大7段の図形をつくることができる。また，残った緑のタイルは，

$30-(4\times7-1)=30-27=3$(枚)

章末問題 B

14 (1)$\frac{18x-8}{9}$　(2)$\frac{5x+17}{12}$　(3)$\frac{-5x+14}{12}$

(4)$\frac{-7x-53}{60}$　$\left(-\frac{7x+53}{60}\right)$

(5)$7x$

解き方　(4)$\frac{4x-1}{3}-\frac{6x-1}{5}-\frac{x+3}{4}$

$=\frac{20(4x-1)-12(6x-1)-15(x+3)}{60}$

$=\frac{80x-20-72x+12-15x-45}{60}$

$=\frac{-7x-53}{60}$

(5)$7x-1$が5個あるので，

$7x-1=A$とおくと，

$\frac{1}{3}(A-2A+3A-4A+5A)+1$

$=\frac{1}{3}\times3A+1=A+1=7x-1+1=7x$

15 $a=3b-150$

解き方　3教科の平均点がb点なので，合計点は$b\times3=3b$(点)

よって，$70+80+a=3b$より，

$a=3b-150$

16 エ

解き方　代金<500だから，$3a+2b<500$

この不等式から，$500-2b>3a$なので，**エ**が不適当である。

17　90

解き方　$8(x+5)-6(2x-7)$
$=8\times\{(-2)+5\}-6\{2\times(-2)-7\}$
$=8\times3-6\times(-11)=24+66=90$
別解　与えられた式を簡単にすると，
$8(x+5)-6(2x-7)=8x+40-12x+42$
$=-4x+82$
この式に$x=-2$を代入すると，
$-4\times(-2)+82=8+82=90$

18　Aの濃度…$5+\frac{1}{40}x$(%)
Bの濃度…$15-\frac{1}{30}x$(%)

解き方　Aには，$400\times\frac{5}{100}=20$(g)の食塩が溶けている。Aから$x$g取り出すと，取り出した食塩水には，$x\times\frac{5}{100}=\frac{1}{20}x$(g)の食塩が溶けている。
次に，Bには$300\times\frac{15}{100}=45$(g)の食塩が溶けている。Bから$x$g取り出すと，Bには，$x\times\frac{15}{100}=\frac{3}{20}x$(g)の食塩がある。
Aは，$\frac{1}{20}x$gの食塩が出て，$\frac{3}{20}x$gの食塩が入ってくるから，操作後のAの食塩の重さは，$20-\frac{1}{20}x+\frac{3}{20}x=20+\frac{2}{20}x$
$=20+\frac{1}{10}x$(g)
同様に，操作後のBの食塩の重さは，
$45-\frac{3}{20}x+\frac{1}{20}x=45-\frac{1}{10}x$(g)
よって，操作後のA，Bの濃度は，
A…$\frac{20+\frac{1}{10}x}{400}\times100=\left(20+\frac{1}{10}x\right)\times\frac{1}{4}$
$=5+\frac{1}{40}x$(%)
B…$\frac{45-\frac{1}{10}x}{300}\times100=\left(45-\frac{1}{10}x\right)\times\frac{1}{3}$
$=15-\frac{1}{30}x$(%)

19　タイルA…$2n^2$枚
タイルB…$8n+7$(枚)

解き方　n番目の図形では，1辺nの正方形が2つできるから，タイルAの枚数は，$n^2\times2=2n^2$(枚)
表より，タイルBは1番目の図形の15枚から8枚ずつ増えているのがわかる。
よって，n番目の図形では，
$15+8(n-1)=8n+7$(枚)

第3章　式の計算

p.56〜73

31　(1)項…$4x^2$，$-9x$，-2
x^2の係数…4，xの係数…-9
(2)❶3次式　❷2次式　❸5次式
(3)❶$4ab$　❷$-7x^2-\frac{1}{6}x$

解き方　(2)❸x^2y^3が5次でもっとも大きい次数だから，5次式
(3)❷$-2x^2+\frac{2}{3}x-5x^2-\frac{5}{6}x$
$=(-2-5)x^2+\left(\frac{2}{3}-\frac{5}{6}\right)x=-7x^2-\frac{1}{6}x$

32　(1)❶$a-3b$　❷$9x-8y$　❸$3x+y$
❹$-x^2-3x$
(2)$-a+2b$

解き方　(1)❹$(2x^2-5x)-(3x^2-2x)$
$=2x^2-5x-3x^2+2x=2x^2-3x^2-5x+2x$
$=-x^2-3x$
(2)$(2a+b)-(3a-b)=2a+b-3a+b$
$=-a+2b$

33 (1)$6a-5b$　(2)$x-y$　(3)$a+2b$

(4)$4a^2+a-13$　(5)$4x$　(6)$\frac{1}{2}y$

解き方 (5)$\frac{1}{2}(4x-2y)+\frac{1}{3}(6x+3y)$

$=2x-y+2x+y=4x$

(6)$6\left(\frac{2x}{3}-\frac{y}{4}\right)-2(2x-y)$

$=4x-\frac{3}{2}y-4x+2y=\frac{1}{2}y$

34 (1)$\frac{10a+b}{10}$ $\left(a+\frac{1}{10}b\right)$

(2)$\frac{2x-4y}{15}$　(3)$\frac{8a-2b}{3}$

(4)$\frac{27x+20y}{36}$

解き方 (3)$\frac{5a+4b}{3}+a-2b$

$=\frac{5a+4b+3(a-2b)}{3}=\frac{5a+4b+3a-6b}{3}$

$=\frac{8a-2b}{3}$

(4)$-\frac{x-2y}{4}+\frac{4x-y}{6}+\frac{3x+2y}{9}$

$=\frac{-9(x-2y)+6(4x-y)+4(3x+2y)}{36}$

$=\frac{-9x+18y+24x-6y+12x+8y}{36}$

$=\frac{27x+20y}{36}$

ここに注意! (3)$\frac{5a+4b}{3}+a-2b$

$=\frac{5a+4b+a-2b}{3}$としないように注意しよう。$\frac{5}{3}+1$を$\frac{5+1}{3}=2$とできないのと同じである。

35 (1)$-3x^3y^2$　(2)a^2b^3　(3)$-\frac{6}{7}ab$

(4)$3a^3b^4$　(5)$-48a^2b^3$　(6)$-28x^{12}$

解き方 (6)$7x^5\times(-4x^3)\times(-x^2)^2$

$=7\times x^5\times(-4)\times x^3\times(-1)^2x^{2\times2}$

$=7\times(-4)\times x^5\times x^3\times x^4=-28x^{5+3+4}$

$=-28x^{12}$

36 (1)$-2a$　(2)$16a$　(3)$6a$　(4)$-\frac{9x}{y^3}$

解き方 (3)$\frac{10}{3}a^3b^2\div\frac{5}{9}a^2b^2$

$=\frac{10a^3b^2}{3}\times\frac{9}{5a^2b^2}=\frac{\overset{2}{\cancel{10}}\overset{1}{\cancel{a^3}}\overset{1}{\cancel{b^2}}\times\overset{3}{\cancel{9}}}{\underset{1}{\cancel{3}}\times\underset{1}{\cancel{5}}\underset{1}{\cancel{a^2}}\underset{1}{\cancel{b^2}}}=6a$

(4)$45x^3y^2\div(-5x^2y^5)$

$=-\frac{\overset{9}{\cancel{45}}\overset{1}{\cancel{x^3}}\overset{1}{\cancel{y^2}}}{\underset{1}{\cancel{5}}\underset{1}{\cancel{x^2}}\underset{3}{\cancel{y^5}}}=-\frac{9x}{y^3}$

ここに注意! (5)$-\frac{9x}{y^3}$を$-9\frac{x}{y^3}$としないように。

37 (1)$18a^3$　(2)$-2y$　(3)$-48b$

(4)$-4a^4b^5$　(5)$-10b^2$　(6)$-\frac{2}{3}b^9c^6$

解き方 (5)$(-2ab)^3\times\frac{ab}{5}\div\left(-\frac{2}{5}a^2b\right)^2$

$=-8a^3b^3\times\frac{ab}{5}\div\frac{4a^4b^2}{25}$

$=-8a^3b^3\times\frac{ab}{5}\times\frac{25}{4a^4b^2}$

$=-\frac{\overset{2}{\cancel{8}}\overset{1}{\cancel{a^3}}\overset{2}{\cancel{b^3}}\times\overset{1}{\cancel{a}}\overset{1}{\cancel{b}}\times\overset{5}{\cancel{25}}}{\underset{1}{\cancel{5}}\times\underset{1}{\cancel{4}}\underset{1}{\cancel{a^4}}\underset{1}{\cancel{b^2}}}=-10b^2$

(6)$\left(\frac{bc^2}{2a^2}\right)^4\times\left(-\frac{2a^2b}{3}\right)^3\div\left(\frac{c}{6ab}\right)^2$

$=\frac{b^4c^8}{16a^8}\times\left(-\frac{8a^6b^3}{27}\right)\div\frac{c^2}{36a^2b^2}$

$=\frac{b^4c^8}{16a^8}\times\left(-\frac{8a^6b^3}{27}\right)\times\frac{36a^2b^2}{c^2}$

$=-\frac{b^4\overset{6}{\cancel{c^8}}\times\overset{1}{\cancel{8}}\overset{1}{\cancel{a^6}}b^3\times\overset{\overset{2}{\cancel{4}}}{\cancel{36}}\overset{1}{\cancel{a^2}}b^2}{\underset{\underset{1}{\cancel{2}}}{\cancel{16}}\underset{1}{\cancel{a^8}}\times\underset{3}{\cancel{27}}\times\underset{1}{\cancel{c^2}}}=-\frac{2}{3}b^9c^6$

38 (1)2　(2)24　(3)2　(4)$\frac{5}{6}$

解き方　(4)$\frac{4a-b}{2}-\frac{3a-5b}{6}$

$=\frac{3(4a-b)-(3a-5b)}{6}$

$=\frac{12a-3b-3a+5b}{6}=\frac{9a+2b}{6}$

$=(9a+2b)\div 6=\left\{9\times\frac{2}{3}+2\times\left(-\frac{1}{2}\right)\right\}\div 6$

$=\frac{5}{6}$

39 (1)nを整数とすると，3つの連続する偶数は，$2n$，$2n+2$，$2n+4$と表すことができる。
その和は，
$2n+(2n+2)+(2n+4)$
$=6n+6=6(n+1)$
$n+1$は整数であるから，$6(n+1)$は6の倍数である。
よって，3つの連続する偶数の和は6の倍数になる。

(2)m，nを整数とすると，偶数は$2m$，奇数は$2n+1$と表すことができる。
その差は，
$2m-(2n+1)=2m-2n-1$
$=2(m-n)-1$
$m-n$は整数であるから，
$2(m-n)-1$は奇数である。
よって，偶数から奇数をひいた差は奇数になる。

40 (1)❶$A=100a+10b+c$
❷$B=100c+10b+a$だから，
$A-B=(100a+10b+c)$
$\qquad -(100c+10b+a)$
$=99a-99c=99(a-c)$
$a-c$は整数だから，$A-B$は99の倍数になる。

(2)3けたの正の整数の百の位の数をa，十の位の数をb，一の位の数をcとすると，3けたの正の整数は$100a+10b+c$と表すことができる。よって，
$(100a+10b+c)-(a+b+c)$
$=99a+9b=9(11a+b)$
$11a+b$は整数だから，$9(11a+b)$は9の倍数である。
よって，3けたの正の整数から，その数の各位の数の和をひくと，9の倍数になる。

41 (1)❶$y=\frac{4}{3}x-5$　❷$b=\frac{\ell}{2}-a$

❸$c=\frac{-2a+3b}{4}$　❹$a=\frac{2b+6c}{3}$

(2)$x=\frac{ab-4a}{100-b}$

解き方　(1)❷左辺と右辺を入れかえて，
$2(a+b)=\ell$
両辺を2でわって，$a+b=\frac{\ell}{2}$
aを移項して，$b=\frac{\ell}{2}-a$

❹左辺と右辺を入れかえて，両辺に5をかけると，$3a-2b-c=5c$
$-2b$と$-c$を右辺に移項して，
$3a=2b+c+5c$　$3a=2b+6c$
両辺を3でわって，$a=\frac{2b+6c}{3}$

(2)
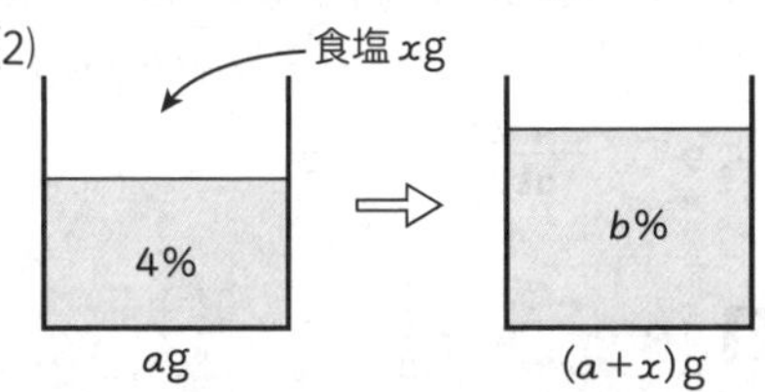

上の図で，左と右の食塩の重さは等しい。
食塩の重さ＝食塩水の重さ×濃度 より，

$a\times\frac{4}{100}+x=(a+x)\times\frac{b}{100}$

両辺に100をかけて，

$4a+100x=(a+x)\times b$

$4a+100x=ab+bx$

$100x-bx=ab-4a$

$(100-b)x=ab-4a$

両辺を$100-b$でわって，$x=\frac{ab-4a}{100-b}$

ここに注意！ (1)いろいろな表し方があることに注意しよう。

❷ $2(a+b)=\ell$　$2a+2b=\ell$

$2a$を移項して，$2b=\ell-2a$

両辺を2でわって，$b=\frac{\ell-2a}{2}$

❸ $c=\frac{-2a+3b}{4}$の他に，

$c=-\frac{2a-3b}{4}$，$c=\frac{3b-2a}{4}$でもよい。

❹ $a=\frac{2}{3}b+2c$でもよい。

42 (1)$S=2ab+2bh+2ah$
$(S=2(ab+bh+ah))$
(2)$h=\frac{S-2ab}{2(a+b)}$　(3)24倍

解き方 (2)左辺と右辺を入れかえると，

$2ab+2bh+2ah=S$　$2ah+2bh=S-2ab$

$2(a+b)h=S-2ab$

両辺を$2(a+b)$でわって，$h=\frac{S-2ab}{2(a+b)}$

(3)はじめの直方体の体積は，$abh\text{cm}^3$，縦$2a$cm，横$3b$cm，高さ$4h$cmの直方体の体積は，$2a\times3b\times4h=24abh(\text{cm}^3)$

よって，$\frac{24abh}{abh}=24$(倍)

43 (1)$-\frac{3}{8}$　(2)$-\frac{9}{4}$

解き方 (1)比例式の性質を使って，

$x:y=1:3$より，$y=3x$，

これを与えられた式に代入して，

$\frac{xy}{x^2-y^2}=\frac{x\times3x}{x^2-(3x)^2}=\frac{3x^2}{x^2-9x^2}$

$=\frac{3x^2}{-8x^2}=-\frac{3}{8}$

別解 $x:y=1:3$より，$\frac{x}{1}=\frac{y}{3}=k$

とおくと，$x=k$，$y=3k$となる。

よって，$\frac{xy}{x^2-y^2}=\frac{k\times3k}{k^2-(3k)^2}=\frac{3k^2}{-8k^2}=-\frac{3}{8}$

(2)$7x+2y=-x-5y$より，

$7x+x=-5y-2y$　$8x=-7y$　$x=-\frac{7}{8}y$

$\frac{5x-8y}{4x+9y}=\frac{5\times\left(-\frac{7}{8}y\right)-8y}{4\times\left(-\frac{7}{8}y\right)+9y}=\frac{-\frac{35}{8}y-8y}{-\frac{28}{8}y+9y}$

$=\frac{-35y-64y}{-28y+72y}=\frac{-99y}{44y}=-\frac{9}{4}$

別解 $8x=-7y$より，両辺を-56でわって，$-\frac{x}{7}=\frac{y}{8}=k$ とおくと，

$x=-7k$，$y=8k$となる。

$\frac{5x-8y}{4x+9y}=\frac{5\times(-7k)-8\times8k}{4\times(-7k)+9\times8k}=\frac{-35k-64k}{-28k+72k}$

$=\frac{-99k}{44k}=-\frac{9}{4}$

テクニック 比例式の性質を使う。

比例式$x:y=a:b$より，$bx=ay$

$x=\frac{ay}{b}$または$y=\frac{bx}{a}$として，これを式に代入して式の値を求めることができる。

このとき，別解で示したように，

比例式$x:y=a:b$より，$\frac{x}{a}=\frac{y}{b}$となるから，この値を文字kでおくと，x，yをkの式で表すことができる。

$\frac{x}{a}=\frac{y}{b}=k$とおくと，$x=ak$，$y=bk$

となる。

章末問題 A

20 (1) $7a+8b$　(2) $7x-5y+2$
(3) $14x-20y$　(4) $a+14b$
(5) $\frac{3}{4}x-4y$　(6) $\frac{5a-7b}{12}$

解き方 (5) $\frac{3}{2}x-6y-\frac{1}{4}(3x-8y)$

$=\frac{3}{2}x-6y-\frac{3}{4}x+2y$

$=\frac{6}{4}x-\frac{3}{4}x-6y+2y=\frac{3}{4}x-4y$

(6) $\frac{3a-5b}{4}-\frac{a-2b}{3}=\frac{3(3a-5b)-4(a-2b)}{12}$

$=\frac{9a-15b-4a+8b}{12}=\frac{5a-7b}{12}$

21 (1) $7a$　(2) $-8x^3$　(3) $10x^2y$
(4) $\frac{5x^2}{2y}$　(5) $3ab$　(6) $2a$

解き方 (5) $4ab^2\times\left(-\frac{3a}{2}\right)^2\div3a^2b$

$=4ab^2\times\frac{9a^2}{4}\times\frac{1}{3a^2b}=\frac{4ab^2\times9a^2}{4\times3a^2b}$

$=3ab$

(6) $\frac{7}{5}a+\left(-\frac{3}{4}ab^2\right)\div\left(-\frac{5}{4}b^2\right)$

$=\frac{7}{5}a+\frac{3ab^2\times4}{4\times5b^2}$

$=\frac{7}{5}a+\frac{3}{5}a=2a$

22 (1) 24　(2) 4

解き方 式を簡単にしてから代入する。

(1) $20x^2y\div15x\times6y=\frac{20x^2y\times6y}{15x}=8xy^2$

$=8\times3\times(-1)^2=24$

23 (1) $y=3x+6$　(2) $h=\frac{3V}{\pi r^2}$

解き方 (2)左辺と右辺を入れかえて，

$\frac{1}{3}\pi r^2h=V$

両辺に3をかけて，$\pi r^2h=3V$

両辺をπr^2でわって，$h=\frac{3V}{\pi r^2}$

24 $1000x+100y+10y+x$
$=1001x+110y=11(91x+10y)$
$91x+10y$は整数だから，
$11(91x+10y)$は11の倍数である。

章末問題 B

25 (1) $\frac{9a+8b}{4}$　(2) $\frac{4x-y-15}{6}$
(3) $\frac{ab}{c^2}$　(4) $-\frac{2}{75}xy^6$

解き方 (2) $\frac{2x+y-3}{3}-x-3+\frac{2x-y+3}{2}$

$=\frac{2(2x+y-3)-6x-18+3(2x-y+3)}{6}$

$=\frac{4x+2y-6-6x-18+6x-3y+9}{6}$

$=\frac{4x-y-15}{6}$

(3) $\frac{a^3b^2}{b^3c^5}\times\frac{b^5c^3}{c^2a^4}\div\frac{a^5b^3}{c^2a^7}$

$=\frac{a^3b^2\times b^5c^3\times c^2a^7}{b^3c^5\times c^2a^4\times a^5b^3}$

$=\frac{ab}{c^2}$

(4) $\left(-\frac{2}{3}xy^2\right)^3\div(4x^2y)^2\times\left(-\frac{6}{5}xy\right)^2$

$=-\frac{8}{27}x^3y^6\div16x^4y^2\times\frac{36}{25}x^2y^2$

$=-\frac{8x^3y^6\times36x^2y^2}{27\times16x^4y^2\times25}$

$=-\frac{2}{75}xy^6$

26 (1) $-\frac{4}{3}x^3y$　(2)ア…7，イ…2，ウ…3

解き方　(1) $9x^4y^6\div(-8x^6y^3)\times\square=\frac{3}{2}xy^4$

$\square=\frac{3xy^4}{2}\div 9x^4y^6\times(-8x^6y^3)$

$=-\frac{3xy^4\times 8x^6y^3}{2\times 9x^4y^6}=-\frac{4}{3}x^3y$

(2) $\boxed{ア}a^{\boxed{イ}}b^{\boxed{ウ}}=A$ とおくと，

$\frac{2a^4b^2}{3}\times A\div\frac{14a^3b^3}{3}=a^3b^2$

$A=a^3b^2\div\frac{2a^4b^2}{3}\times\frac{14a^3b^3}{3}$

$=\frac{a^3b^2\times 3\times 14a^3b^3}{2a^4b^2\times 3}=7a^2b^3$

27 (1) $b=\frac{a(1-S)}{1+S}$　(2) $b=\frac{a}{aV-1}$

解き方　(1)両辺に $a+b$ をかけて，

$(a+b)S=a-b$　$aS+bS=a-b$

$bS+b=a-aS$　$b(S+1)=a(1-S)$

両辺を $1+S$ でわって，$b=\frac{a(1-S)}{1+S}$

(2)左辺と右辺を入れかえて，

$\frac{1}{a}+\frac{1}{b}=V$　$\frac{1}{b}=V-\frac{1}{a}$

$\frac{1}{b}=\frac{aV-1}{a}$　逆数をとって，$b=\frac{a}{aV-1}$

テクニック　左辺と右辺が等しいとき，それぞれ逆数にしたものも等しくなる。

28 (1) -6　(2) -5

解き方　(1) $-3a^2b^5\times 12a^3b^2\div(-9a^3b^2)^2$

$=-3a^2b^5\times 12a^3b^2\div 81a^6b^4$

$=-\frac{3a^2b^5\times 12a^3b^2}{81a^6b^4}=-\frac{4b^3}{9a}$

$=-\frac{4\times(-3)^3}{9\times(-2)}=-\frac{108}{18}=-6$

(2) $\frac{x+y}{3}=\frac{x-y}{5}$ の両辺に15をかけて，

$5(x+y)=3(x-y)$　$5x+5y=3x-3y$

$2x=-8y$　$x=-4y$

$\frac{x^2+4y^2}{xy}=\frac{(-4y)^2+4y^2}{(-4y)\times y}=\frac{20y^2}{-4y^2}=-5$

別解　$\frac{x+y}{3}=\frac{x-y}{5}=k$ とおくと，

$x+y=3k$，$x-y=5k$

2つの式をたして，$2x=8k$

$x=4k$，$y=-k$

$\frac{x^2+4y^2}{xy}=\frac{(4k)^2+4\times(-k)^2}{4k\times(-k)}=\frac{20k^2}{-4k^2}=-5$

29 (1) $P=1000x+y$，$Q=10y+x$
(2) $y=-91x+489$　(3) 1398, 3216

解き方　(2) $P+Q=5379$ より，

$(1000x+y)+(10y+x)=5379$

$1001x+11y=5379$

両辺を11でわって，$91x+y=489$

$y=-91x+489$

(3) P が偶数であるためには，y が偶数でなければならない。(2)より，489が奇数だから，$91x$ も奇数であり，91が奇数だから x も奇数でなければならない。$y=489-91x$ より，x は $1\leqq x\leqq 5$ の奇数が考えられる。

$x=1$ のとき，$y=398$　このとき $P=1398$

$x=3$ のとき，$y=216$　このとき $P=3216$

$x=5$ のとき，$y=34$　y が2けたになるので，不適

よって，$P=1398$，3216

30 $\frac{2a+b}{3}$ %

解き方　食塩の重さを考えていく。Aから200g取り出してBに入れたときをB′とすると，B′の食塩の重さは，

$200\times\frac{a}{100}+1000\times\frac{b}{100}=2a+10b$ (g)

A　B　B′

a%　800g → 200g 取り出す → b%　1000g ⇒ 1200g

ここから400g取り出すと，その中の食塩の重さは，

$(2a+10b)\times\frac{400}{1200}=\frac{1}{3}(2a+10b)$ (g)

である。この400gをA(a%の食塩水600g)に入れると，食塩の重さは，

$600\times\frac{a}{100}+\frac{1}{3}(2a+10b)$

$=6a+\frac{2a+10b}{3}=\frac{20a+10b}{3}$ (g)

よって，このときのAの食塩水の濃度は，

$\frac{20a+10b}{3}\div(600+400)\times100$

$=\frac{20a+10b}{3}\times\frac{100}{1000}=\frac{2a+b}{3}$ (%)

第4章　多項式

p.74〜99

44 (1) $-4x^2+8xy$　(2) $2x-y$
(3) $-10a^2+15ab$　(4) $3x^2-2xy+2y^2$

解き方　(4)通分して計算する。

$\frac{3x(2x-y)}{2}-\frac{2y(x-3y)}{3}+\frac{xy}{6}$

$=\frac{9x(2x-y)-4y(x-3y)+xy}{6}$

$=\frac{18x^2-9xy-4xy+12y^2+xy}{6}$

$=\frac{18x^2-12xy+12y^2}{6}$

$=3x^2-2xy+2y^2$

45 (1) $ab-5a+7b-35$
(2) $xy+3x-8y-24$
(3) $6x^2-35x+36$
(4) $-2a^2+14ab-24b^2$
(5) $2x^2-8xy-13x+48y+6$
(6) $-24a^2+58ab-35b^2+18a-21b$

解き方　(6) $(4a-5b-3)(-6a+7b)$

$=-24a^2+30ab+18a+28ab-35b^2-21b$

$=-24a^2+58ab-35b^2+18a-21b$

46 (1) $x^2+2x-24$　(2) $a^2-2a-48$
(3) x^2-6x-7　(4) $x^2-x+\frac{3}{16}$
(5) $4a^2-28ab+45b^2$
(6) $9x^2-27xy-22y^2$

解き方　(6) $(3x+2y)(3x-11y)$

$=(3x)^2+(2y-11y)\times3x+2y\times(-11y)$

$=9x^2-27xy-22y^2$

47 (1) $a^2+20a+100$　(2) $x^2-18x+81$
(3) $64-48x+9x^2$
(4) $25a^2+40ab+16b^2$
(5) $x^2+\frac{2}{3}xy+\frac{1}{9}y^2$
(6) $9a^2-3ab+\frac{b^2}{4}$

解き方　(6) $\left(3a-\frac{b}{2}\right)^2$

$=(3a)^2-2\times\frac{b}{2}\times3a+\left(\frac{b}{2}\right)^2$

$=9a^2-3ab+\frac{b^2}{4}$

48 (1) x^2-16　(2) $100-a^2$　(3) x^2-49
(4) $25x^2-4y^2$　(5) $9x^2-\frac{4}{25}$
(6) $16a^2-\frac{b^2}{9}$

解き方　(6) $\left(-4a-\frac{b}{3}\right)\left(\frac{b}{3}-4a\right)$

$=\left(-4a-\frac{b}{3}\right)\left(-4a+\frac{b}{3}\right)$

$=(-4a)^2-\left(\frac{b}{3}\right)^2=16a^2-\frac{b^2}{9}$

49 (1) $10x+34$　(2) x^2-3y^2　(3) $6x-1$
(4) $3a^2+4a+10$　(5) $9x^2+24x-9$
(6) $\frac{5}{2}x^2-4xy-33y^2$

解き方　(5) $2(3x-1)(3x+4)-9\left(x-\frac{1}{3}\right)^2$
$=2(9x^2+9x-4)-9\left(x^2-\frac{2}{3}x+\frac{1}{9}\right)$
$=18x^2+18x-8-9x^2+6x-1$
$=9x^2+24x-9$

50 (1) $4a^2+4ab+b^2-12ac-6bc+9c^2$
(2) $9x^2+12xy-12y^2-30x-20y+25$
(3) $x^2-16y^2+56y-49$
(4) $x^4-10x^3+25x^2-36$

解き方　(1) $2a+b=A$ とおくと,
$(2a+b-3c)^2=(A-3c)^2=A^2-6cA+9c^2$
$=(2a+b)^2-6c(2a+b)+9c^2$
$=4a^2+4ab+b^2-12ac-6bc+9c^2$
(2) $(3x-2y-5)(3x+6y-5)$
$=\{(3x-5)-2y\}\{(3x-5)+6y\}$
$3x-5=A$ とおくと,
$(A-2y)(A+6y)=A^2+4yA-12y^2$
$=(3x-5)^2+4y(3x-5)-12y^2$
$=9x^2-30x+25+12xy-20y-12y^2$
$=9x^2+12xy-12y^2-30x-20y+25$
(3) $(x-4y+7)(x+4y-7)$
$=\{x-(4y-7)\}\{x+(4y-7)\}$
$4y-7=A$ とおくと,
$(x-A)(x+A)=x^2-A^2$
$=x^2-(4y-7)^2=x^2-(16y^2-56y+49)$
$=x^2-16y^2+56y-49$
(4) $(x+1)(x-2)(x-3)(x-6)$
$=\{(x+1)(x-6)\}\{(x-2)(x-3)\}$
$=(x^2-5x-6)(x^2-5x+6)$
$x^2-5x=A$ とおくと,
$(A-6)(A+6)=A^2-36=(x^2-5x)^2-36$
$=x^4-10x^3+25x^2-36$

ここに注意!　(4) $(+1)+(-6)$
$=(-2)+(-3)=\underline{-5}$ より,
$(x+1)(x-2)(x-3)(x-6)$ の組み合わせを $\{(x+1)(x-6)\}\{(x-2)(x-3)\}$ とすることで, $(x^2\underline{-5}x-6)(x^2\underline{-5}x+6)$ となり, 共通な部分が見つかる。

51 (1) $4a(1-3b)$　(2) $-5x^2(x-2y)$
(3) $8ab(a-2b-3)$
(4) $3xy(x^2-9x+5y)$
(5) $5t^2(2at^2-4bt+3c)$
(6) $mx^2y(x-3y+1)$

解き方　(6) $mx^3y-3mx^2y^2+mx^2y$
$=mx^2y\times x+mx^2y\times(-3y)+mx^2y\times 1$
$=mx^2y(x-3y+1)$

ここに注意!　(2) 負の符号 − を共通因数に入れずに, $5x^2(-x+2y)$ としてもよい。

52 (1) $(x-3)(x-5)$　(2) $(a+3)(a+4)$
(3) $(x+4)(x-3)$　(4) $(x-9)(x+3)$
(5) $(x+8y)(x-2y)$
(6) $(a-20b)(a-17b)$

解き方　(6) $a^2-37a+340=(a-20)(a-17)$
より,
$a^2-37ab+340b^2=(a-20b)(a-17b)$

53 (1) $(x+2)^2$　(2) $(a-9)^2$　(3) $(3t-5)^2$
(4) $(5a+b)^2$　(5) $(3x+2y)^2$
(6) $(6a-7b)^2$

解き方　(6) $36a^2-84ab+49b^2$
$=(6a)^2-2\times 7b\times 6a+(7b)^2$
$=(6a-7b)^2$

54 (1) $(x+8)(x-8)$　(2) $(2x+5)(2x-5)$

(3) $(x+2y)(x-2y)$

(4) $(9a+4b)(9a-4b)$

(5) $\left(a+\frac{1}{2}b\right)\left(a-\frac{1}{2}b\right)$

(6) $\left(\frac{2}{5}x+\frac{3}{7}y\right)\left(\frac{2}{5}x-\frac{3}{7}y\right)$

解き方　(6) $\frac{4}{25}x^2-\frac{9}{49}y^2=\left(\frac{2}{5}x\right)^2-\left(\frac{3}{7}y\right)^2$

$=\left(\frac{2}{5}x+\frac{3}{7}y\right)\left(\frac{2}{5}x-\frac{3}{7}y\right)$

55
(1) $2(x+6)(x-4)$

(2) $x(y+5x)(y-5x)$　(3) $3(x-2y)^2$

(4) $3a(x-y)(x-2y)$

(5) $ab(a+8)(a-2)$

(6) $3xy(x+2y)(x-y)$

解き方　(3) $3x^2-12xy+12y^2$

$=3(x^2-4xy+4y^2)$

$=3\{x^2-2\times2y\times x+(2y)^2\}=3(x-2y)^2$

(6) $3x^3y+3x^2y^2-6xy^3=3xy(x^2+xy-2y^2)$

$=3xy(x+2y)(x-y)$

56
(1) $(x+1)(x-2)$

(2) $(5a-12)(-a+2)$

(3) $(x^2-2x-6)(x-1)^2$

(4) $(x+6y)(x-2y)(x+2y)^2$

解き方　(2) $2a-5=A$，$3a-7=B$とおくと，

$A^2-B^2=(A+B)(A-B)$

$=\{(2a-5)+(3a-7)\}\{(2a-5)-(3a-7)\}$

$=(5a-12)(-a+2)$

(3) $(x^2-2x)^2-5x^2+10x-6$

$=(x^2-2x)^2-5(x^2-2x)-6$

$x^2-2x=A$とおくと，

$A^2-5A-6=(A-6)(A+1)$

$=(x^2-2x-6)(x^2-2x+1)$

$=(x^2-2x-6)(x-1)^2$

(4) $x^2+4xy=A$とおくと，

$A^2-8Ay^2-48y^4=(A-12y^2)(A+4y^2)$

$=(x^2+4xy-12y^2)(x^2+4xy+4y^2)$

$=(x+6y)(x-2y)(x+2y)^2$

57
(1) $(b-3)(a+1)$

(2) $(2x-y+8z)(2x-y-8z)$

(3) $(3x+1)(3x-1)(2y+1)(2y-1)$

(4) $(x+y)(x-y+3)$

解き方　(2) xyの項があるから，x，yの組とzの項に分けて考える。

$4x^2-4xy+y^2-64z^2=(2x-y)^2-64z^2$

$2x-y=A$とおくと，

$A^2-(8z)^2=(A+8z)(A-8z)$

$=(2x-y+8z)(2x-y-8z)$

(3) xについて整理すると，

$36x^2y^2-9x^2-4y^2+1$

$=9x^2(4y^2-1)-(4y^2-1)$

$4y^2-1=A$とおくと，

$9x^2A-A=A(9x^2-1)$

$=(4y^2-1)(9x^2-1)$

$=\{(3x)^2-1^2\}\{(2y)^2-1^2\}$

$=(3x+1)(3x-1)(2y+1)(2y-1)$

(4) $(x+1)^2+x+y-(y-1)^2$

$=(x+1)^2-(y-1)^2+x+y$

$x+1=A$，$y-1=B$とおくと，

$A^2-B^2+x+y=(A+B)(A-B)+x+y$

$=(x+1+y-1)(x+1-y+1)+x+y$

$=(x+y)(x-y+2)+(x+y)$

$x+y=C$とおくと，

$C(x-y+2)+C=C(x-y+2+1)$

$=(x+y)(x-y+3)$

58
(1) $(x-2)(x+y+4)$

(2) $(x+y)(x-y)(x+z)$

(3) $(a+b)(a-b)(a^2+b^2-c)$

(4) $(x+1)(x+2y)(x+3y)$

解き方　(1) yの次数が1次でxより低いから，yについて整理すると，

$x^2+xy+2x-2y-8$

$=y(x-2)+x^2+2x-8$

$=y(x-2)+(x+4)(x-2)$

$x-2=A$ とおくと，

$yA+(x+4)A=A(y+x+4)$

$=(x-2)(x+y+4)$

(2) z の次数が1次で最も低いから，z について整理すると，

$x^3+x^2z-y^2z-xy^2$

$=z(x^2-y^2)+x(x^2-y^2)$

$x^2-y^2=A$ とおくと，

$zA+xA=A(z+x)=(x^2-y^2)(x+z)$

$=(x+y)(x-y)(x+z)$

(3) c の次数が1次で最も低いから，c について整理すると，

$a^4-a^2c-b^4+b^2c=-c(a^2-b^2)+a^4-b^4$

$=-c(a^2-b^2)+(a^2+b^2)(a^2-b^2)$

$a^2-b^2=A$ とおくと，

$-cA+(a^2+b^2)A=A(-c+a^2+b^2)$

$=(a^2-b^2)(a^2+b^2-c)$

$=(a+b)(a-b)(a^2+b^2-c)$

(4) y の次数が2次で x より低いから，y について整理すると，

$x^3+(5y+1)x^2+(6y+5)xy+6y^2$

$=x^3+5x^2y+x^2+6xy^2+5xy+6y^2$

$=(6x+6)y^2+(5x^2+5x)y+x^3+x^2$

$=6(x+1)y^2+5x(x+1)y+x^2(x+1)$

$x+1=A$ とおくと，

$6Ay^2+5xAy+x^2A=A(6y^2+5xy+x^2)$

$=(x+1)(x^2+5xy+6y^2)$

$=(x+1)(x+2y)(x+3y)$

59　(1) 10　(2) 1.26

(3) $x^2-10xy+25y^2=(x-5y)^2$

$=\left(\frac{5}{2}-5\times\frac{3}{2}\right)^2=(-5)^2=25$

解き方　(2) $(x+3y)^2-(x^2+3y^2)$

$=x^2+6xy+9y^2-x^2-3y^2$

$=6xy+6y^2=6y(x+y)$

$=6\times0.21\times(0.79+0.21)$

$=6\times0.21\times1=1.26$

60　(1) ❶ 53　❷ $-\frac{5}{7}$　❸ $\frac{39}{49}$　(2) 6

解き方　(1) ❶〜❸の式を，$x+y$，xy で表す。

❶ $(x-y)^2=x^2-2xy+y^2=x^2+y^2-2xy$

$=(x^2+2xy+y^2)-2xy-2xy$

$=(x+y)^2-4xy$

$=5^2-4\times(-7)=53$

❷ $\frac{1}{x}+\frac{1}{y}=\frac{y+x}{xy}=\frac{x+y}{xy}=-\frac{5}{7}$

❸ $\frac{1}{x^2}+\frac{1}{y^2}=\frac{y^2}{x^2y^2}+\frac{x^2}{x^2y^2}$

$=\frac{x^2+y^2}{(xy)^2}=\frac{(x+y)^2-2xy}{(xy)^2}=\frac{5^2-2\times(-7)}{(-7)^2}$

$=\frac{25+14}{49}=\frac{39}{49}$

(2) $a-\frac{1}{a}=2$ の両辺を2乗して，

$\left(a-\frac{1}{a}\right)^2=2^2$　$a^2-2\times\frac{1}{a}\times a+\left(\frac{1}{a}\right)^2=4$

$a^2-2+\frac{1}{a^2}=4$　$a^2+\frac{1}{a^2}=6$

61　(1) 7800　(2) 16000　(3) 6

(4) 2200

解き方　(1) $89\times89-11\times11=89^2-11^2$

$=(89+11)(89-11)=100\times78=7800$

(2) $123=a$ とおくと，

$a^2+14a-23\times37$

$=(a+37)(a-23)$

$=(123+37)(123-23)=160\times100$

$=16000$

(3) $365=a$ とおくと，

$365\times365-364\times366+363\times367-362\times368$

$=a^2-(a-1)(a+1)+(a-2)(a+2)$

$-(a-3)(a+3)$

$=a^2-(a^2-1)+(a^2-4)-(a^2-9)$

$=1-4+9=6$

(4) $2015=a$，$202=b$ とおくと，

$2015\times202-2018\times205$

$-2012\times199+2016\times203$

$=ab-(a+3)(b+3)-(a-3)(b-3)$
$+(a+1)(b+1)$
$=ab-(ab+3a+3b+9)-(ab-3a-3b+9)$
$+(ab+a+b+1)$
$=a+b-17$
$=2015+202-17=2217-17=2200$

ここに注意！ (4)$2015=a$，$202=b$とおいたが，もちろん他の値をa，bとおいてもよい。ふつう，いくつかの数値があるときは，それらの平均に近い値を文字におくのがよい。

62 (1)$a=19$　(2)$d=a+9$
(3)$b=a+1$，
$c=b+7=(a+1)+7=a+8$
(2)より，$d=a+9$
よって，$bc-ad$
$=(a+1)(a+8)-a(a+9)$
$=a^2+9a+8-a^2-9a=8$

解き方 (1)1週間は7日だから，
$c=27$のとき，$b=27-7=20$
よって，$a=b-1=20-1=19$

63 (1)$\ell=\pi r+\pi a+2r$
(2)$S=$半径$(r+a)$mの半円の面積
−半径rmの半円の面積
＋半径amの半円の面積
＋長方形の面積 だから，
$S=\frac{1}{2}\pi(r+a)^2-\frac{1}{2}\pi r^2+\frac{1}{2}\pi a^2+2ra$
$=\frac{1}{2}\pi\{(r+a)^2-r^2+a^2\}+2ar$
$=\frac{1}{2}\pi(r^2+2ar+a^2-r^2+a^2)+2ar$
$=\pi ar+\pi a^2+2ar$
$=a(\pi r+\pi a+2r)$
(1)より，$\ell=\pi r+\pi a+2r$なので，
$S=a\ell$

章末問題A

31 (1)$2y-5x$　(2)$x^2+2x-15$
(3)$8x+17$　(4)$8x-25$
(5)$x^2-11xy-3y^2$　(6)$3x^2-3y^2$

解き方 (6)$(2x+y)^2-(x+2y)^2$
$=(4x^2+4xy+y^2)-(x^2+4xy+4y^2)$
$=4x^2+4xy+y^2-x^2-4xy-4y^2$
$=3x^2-3y^2$

別解 (6)因数分解する。
$2x+y=A$，$x+2y=B$とおくと，
$A^2-B^2=(A+B)(A-B)$
$=(3x+3y)(x-y)=3(x+y)(x-y)$
$=3(x^2-y^2)=3x^2-3y^2$

ここに注意！ 問題文に「次の式を計算しなさい。」とあるので，答えは多項式の形で答えること。$3(x+y)(x-y)$としてはいけない。

32 (1)$3xy(x-4y^2)$
(2)$(3a+4b)(3a-4b)$
(3)$(x-5)(x+3)$
(4)$(x-7)^2$　(5)$2(x+1)(x+5)$
(6)$(x-9)(x+3)$　(7)$(a-1)(b+8)$
(8)$(x+y+3)(x-y-3)$
(9)$(b-2)(ab-2)$　(10)$(x+4)(x-12)$

解き方 (6)かっこをはずして式を整理してから，因数分解する。
$(x+1)(x-7)-20$
$=x^2-6x-7-20=x^2-6x-27$
$=(x-9)(x+3)$

ここに注意！ 問題文に「次の式を因数分解しなさい。」とあるので，答えは積の形で答えること。$x^2-6x-27$で止めてはいけない。
31とのちがいに気をつけよう。問題文をよく読み，それに適する形で答えるようにしよう。

(9)$ab^2-2ab-2b+4=ab(b-2)-2(b-2)$

$b-2=A$とおくと,

$abA-2A=A(ab-2)=(b-2)(ab-2)$

(10)$x-5=A$とおくと,

$(x-5)^2+2(x-5)-63=A^2+2A-63$

$=(A+9)(A-7)=(x-5+9)(x-5-7)$

$=(x+4)(x-12)$

33　(1)70　(2)4　(3)-1500

解き方　(2)$a^2-6ab+9b^2=(a-3b)^2$

$=\left(5-3\times\frac{7}{3}\right)^2=(5-7)^2=(-2)^2=4$

(3)展開して式を簡単にしてから代入する。

$(x-8)(x+2)+(4+x)(4-x)$

$=x^2-6x-16+16-x^2=-6x$

$=-6\times250=-1500$

34　(1)4891　(2)6600　(3)314

(4)-178

解き方　(3)分配法則と因数分解の公式を使う。

$12.5^2\times3.14-7.5^2\times3.14$

$=(12.5^2-7.5^2)\times3.14$

$=(12.5+7.5)(12.5-7.5)\times3.14$

$=20\times5\times3.14=100\times3.14=314$

(4)$180=a$とおくと,

$180\times180-179\times182$

$=a^2-(a-1)(a+2)$

$=a^2-(a^2+a-2)=-a+2$

$=-180+2=-178$

35　〔証明〕出席番号の並び方から, b, c, dをaを使って表すと, $b=a+1$, $c=a+5$, $d=c+1=(a+5)+1=a+6$

よって, $bc-ad$

$=(a+1)(a+5)-a(a+6)$

$=a^2+6a+5-a^2-6a=5$

36　(1)$(\pi x+\pi y)$cm　(2)$\frac{1}{4}\pi xy$cm^2

解き方　(1)周の長さは, AP, PB, ABをそれぞれ直径とする半円の長さの和だから,

$\frac{1}{2}\pi x+\frac{1}{2}\pi y+\frac{1}{2}\pi(x+y)=\pi x+\pi y$(cm)

(2)ABを直径とする半円の面積

$-$APを直径とする半円の面積

$-$PBを直径とする半円の面積

だから, $\frac{1}{2}\pi\left(\frac{x+y}{2}\right)^2-\frac{1}{2}\pi\left(\frac{x}{2}\right)^2-\frac{1}{2}\pi\left(\frac{y}{2}\right)^2$

$=\frac{1}{2}\pi\left(\frac{x^2+2xy+y^2}{4}-\frac{x^2}{4}-\frac{y^2}{4}\right)$

$=\frac{1}{2}\pi\times\frac{1}{2}xy=\frac{1}{4}\pi xy$(cm^2)

章末問題B

37　(1)$a-3b$　(2)-18　(3)$2x^2+13x+6$

(4)$3a^2-5ab+7b^2$　(5)x^4-2x^2+1

(6)a^4-81

解き方　(4)$(2a-b)^2-(a+3b)(a-2b)$

$=(4a^2-4ab+b^2)-(a^2+ab-6b^2)$

$=4a^2-4ab+b^2-a^2-ab+6b^2$

$=3a^2-5ab+7b^2$

(5)$A^2B^2=(AB)^2$を使うと,

$(x-1)^2(x+1)^2=\{(x-1)(x+1)\}^2$

$=(x^2-1)^2=x^4-2x^2+1$

(6)$(a+3)(a-3)(a^2+9)$

$=\{(a+3)(a-3)\}(a^2+9)$

$=(a^2-9)(a^2+9)=(a^2)^2-9^2=a^4-81$

38　(1)$2x(y+3)(y-3)$

(2)$(3x+7)(3x-7)$

(3)$(a+b+4)(a+b-4)$

(4)$(x-2)(7x-2)$

(5)$(a+b-3)(a+b+1)$

(6)$(x+1)(x-1)(y-2)$

解き方　(2)$(3x+1)^2-2(3x+25)$

$=9x^2+6x+1-6x-50=9x^2-49$

$=(3x)^2-7^2=(3x+7)(3x-7)$

(4) $(x-2)^2-6x(2-x)=(x-2)^2+6x(x-2)$
$x-2=A$とおくと，
$A^2+6xA=A(A+6x)$
$=(x-2)(x-2+6x)=(x-2)(7x-2)$

(5) $(a+b)^2-2a-2b-3$
$=(a+b)^2-2(a+b)-3$
$a+b=A$とおくと，
$A^2-2A-3=(A-3)(A+1)$
$=(a+b-3)(a+b+1)$

(6) yの次数が最も低いので，yについて整理すると，
$x^2y-2x^2-y+2=y(x^2-1)-2(x^2-1)$
$x^2-1=A$とおくと，
$yA-2A=A(y-2)=(x^2-1)(y-2)$
$=(x+1)(x-1)(y-2)$

39　(1) -10　(2) -160　(3) 12

解き方　(1) $4x+3y=A$, $3y-4x=B$とおくと，
$(4x+3y)^2-(3y-4x)^2=A^2-B^2$
$=(A+B)(A-B)=6y\times 8x$
$=48xy=48\times\frac{5}{16}\times\left(-\frac{2}{3}\right)=-10$

(3) $(x+y)(x-2y)+y(2x+3y)$
$=x^2-xy-2y^2+2xy+3y^2$
$=x^2+xy+y^2$
$=(x+y)^2-xy=2^2-(-8)=12$

40　(1) 400　(2) 325

解き方　(1) $20=a$とおくと，
$19\times 21+20^2-40\times 19+19^2$
$=(a-1)(a+1)+a^2-2a(a-1)+(a-1)^2$
$=(a-1)\{(a+1)-2a+(a-1)\}+a^2$
$=(a-1)\times 0+a^2$
$=a^2=20^2=400$

(2) $25^2-24^2+23^2-22^2+\cdots+3^2-2^2+1^2-0^2$
$=(25+24)(25-24)$
$\quad+(23+22)(23-22)+\cdots$
$\quad+(3+2)(3-2)+(1+0)(1-0)$
$=(25+24)\times 1+(23+22)\times 1+\cdots$
$\quad+(3+2)\times 1+(1+0)\times 1$
$=25+24+23+22+\cdots+3+2+1+0$
$=S$とおくと，

$$\begin{array}{rl} S= & 25+24+23+\cdots+1+0 \\ +)\ S= & 0+1+2+\cdots+24+25 \\ \hline 2S= & 25+25+25+\cdots+25+25 \end{array}$$

$25+24+23+\cdots+1+0$は26項ある。

よって，$S=\frac{25\times 26}{2}=325$

テクニック　数を規則的に並べたものを数列といい，となりとの差が等しい数列を等差数列という。等差数列a, …, ℓのように，はじめの数をa，終わりの数をℓ，数の個数をn個とするとき，その和Sは，$S=\frac{n(a+\ell)}{2}$で求めることができる。

41　6番目の図形のタイルB…36枚
n番目のタイルの合計
…$2n^2-2n+1$（枚）

解き方　規則にしたがって，タイルA，タイルBの枚数を求めていくと，下の表のようになる。

番目	1	2	3	4	5	6	…
タイルA	$1=1^2$	1	$9=3^2$	9	$25=5^2$	25	…
タイルB	0	$4=2^2$	4	$16=4^2$	16	$36=6^2$	…

よって，6番目のタイルBは36枚ある。
次に，n番目の図形を考える。上の表から，nが奇数のときと偶数のときに分けて考える。
㋐nが奇数のとき，タイルA…n^2枚
　タイルB…$(n-1)^2$枚になる。
㋑nが偶数のとき，タイルA…$(n-1)^2$枚
　タイルB…n^2枚になる。
以上から，n番目のタイルの合計は，
$n^2+(n-1)^2=n^2+n^2-2n+1$
$=2n^2-2n+1$（枚）

第1編　数と式
第1章　正の数・負の数
第2章　文字と式
第3章　式の計算
第4章　多項式
第5章　整数の性質
第6章　平方根

42 (1) $a>b>c>d$で連続する整数だから，$b=a-1, c=a-2, d=a-3$となる。

よって，$ab-cd$

$=a(a-1)-(a-2)(a-3)$

$=a^2-a-(a^2-5a+6)=4a-6$

また，$a+b+c+d$

$=a+(a-1)+(a-2)+(a-3)$

$=4a-6$

したがって，$ab-cd=a+b+c+d$が成り立つ。

(2) $a>b>c>d$で連続する奇数だから，$b=a-2$，$c=a-4$，$d=a-6$となる。

よって，$ac-bd$

$=a(a-4)-(a-2)(a-6)$

$=a^2-4a-(a^2-8a+12)=4a-12$

また，$a+b+c+d$

$=a+(a-2)+(a-4)+(a-6)$

$=4a-12$

したがって，$ac-bd=a+b+c+d$が成り立つ。

章末問題C

43 (1) $4x^2-12x-57$　(2) $24xy$

(3) 4　(4) a^8-256b^8

解き方　(1) $(3x+4)(3x-4)-(2x+5)^2-(x-4)^2$

$=9x^2-16-(4x^2+20x+25)-(x^2-8x+16)$

$=9x^2-16-4x^2-20x-25-x^2+8x-16$

$=4x^2-12x-57$

(2) $4x+\dfrac{3}{2}y=A$，$4x-\dfrac{3}{2}y=B$とおくと，

$\left(4x+\dfrac{3}{2}y\right)^2-\left(4x-\dfrac{3}{2}y\right)^2=A^2-B^2$

$=(A+B)(A-B)=8x\times3y$

$=24xy$

(3) $\left(\dfrac{1}{a}+\dfrac{1}{b}\right)^2\times ab-(a-b)^2\div ab$

$=\left(\dfrac{1}{a^2}+\dfrac{2}{ab}+\dfrac{1}{b^2}\right)\times ab-\dfrac{a^2-2ab+b^2}{ab}$

$=\dfrac{b}{a}+2+\dfrac{a}{b}-\left(\dfrac{a}{b}-2+\dfrac{b}{a}\right)=4$

別解　$\left(\dfrac{1}{a}+\dfrac{1}{b}\right)^2\times ab-(a-b)^2\div ab$

$=\left(\dfrac{a+b}{ab}\right)^2\times ab-\dfrac{(a-b)^2}{ab}$

$=\dfrac{(a+b)^2}{ab}-\dfrac{(a-b)^2}{ab}=\dfrac{(a+b)^2-(a-b)^2}{ab}$

$=\dfrac{\{(a+b)+(a-b)\}\{(a+b)-(a-b)\}}{ab}$

$=\dfrac{2a\times2b}{ab}=4$

(4) $(a-2b)(a+2b)(a^2+4b^2)(a^4+16b^4)$

$=\{(a^2-4b^2)(a^2+4b^2)\}(a^4+16b^4)$

$=(a^4-16b^4)(a^4+16b^4)$

$=a^8-256b^8$

44 (1) $(x+1)(x-2)(x+2)(x-3)$

(2) $(x+2)(x-2)(x+3)(x-3)$

(3) $(x-3b)(x+2a-6)$

(4) $2(a+2)(a-2)(b+2)(b-2)$

(5) $(x+2y)(x+2y-z)$

(6) $(a+2b+2c+2)(-a+2b-2c+2)$

解き方　(1) $x^2-x=A$とおくと，

$(x^2-x)^2-8(x^2-x)+12=A^2-8A+12$

$=(A-2)(A-6)=(x^2-x-2)(x^2-x-6)$

$=(x+1)(x-2)(x+2)(x-3)$

(2) $x^2=A$とおくと，

$x^4=(x^2)^2=A^2$だから，

$x^4-13x^2+36=A^2-13A+36$

$=(A-4)(A-9)=(x^2-4)(x^2-9)$

$=(x+2)(x-2)(x+3)(x-3)$

(3) $x^2+(2a-3b-6)x-6ab+18b$

$=x^2+\{-3b+(2a-6)\}x-3b(2a-6)$

$-3b=A$，$2a-6=B$とおくと，

$x^2+(A+B)x+AB=(x+A)(x+B)$

$=(x-3b)(x+2a-6)$

(4) $(ab+4)^2+(a^2-4)(b^2-4)-4(a+b)^2$

$=\{(ab+4)^2-2^2(a+b)^2\}+(a^2-4)(b^2-4)$

$=\{(ab+4)+2(a+b)\}\{(ab+4)-2(a+b)\}$
$+(a^2-4)(b^2-4)$
$=(ab+2a+2b+4)(ab-2a-2b+4)$
$+(a^2-4)(b^2-4)$
$=(a+2)(b+2)(a-2)(b-2)$
$+(a+2)(a-2)(b+2)(b-2)$
$=2(a+2)(a-2)(b+2)(b-2)$

別解　$(ab+4)^2-4(a+b)^2+(a^2-4)(b^2-4)$
$=a^2b^2+8ab+16-4(a^2+2ab+b^2)$
$+(a^2-4)(b^2-4)$
$=a^2b^2+8ab+16-4a^2-8ab-4b^2$
$+(a^2-4)(b^2-4)$
$=a^2b^2-4a^2-4b^2+16+(a^2-4)(b^2-4)$
$=(a^2-4)(b^2-4)+(a^2-4)(b^2-4)$
$=2(a^2-4)(b^2-4)$
$=2(a+2)(a-2)(b+2)(b-2)$

(5) zの次数が最も低いので，zについて整理すると，
$x(x+4y-z)+2y(2y-z)$
$=x^2+4xy-xz+4y^2-2yz$
$=-z(x+2y)+x^2+4xy+4y^2$
$=-z(x+2y)+(x+2y)^2$
$x+2y=A$とおくと，
$-zA+A^2=A(-z+A)$
$=(x+2y)(x+2y-z)$

(6) caの項があるので，aとc，bと定数項の組み合わせをつくると，
$-a^2+4b^2-4c^2-4ca+8b+4$
$=4b^2+8b+4-a^2-4ca-4c^2$
$=4(b^2+2b+1)-(a^2+4ca+4c^2)$
$=4(b+1)^2-(a+2c)^2$
$=\{2(b+1)\}^2-(a+2c)^2$
$=\{2(b+1)+(a+2c)\}\{2(b+1)-(a+2c)\}$
$=(a+2b+2c+2)(-a+2b-2c+2)$

45　(1) 1　(2) $-\dfrac{355}{2}$

解き方　(1) $\dfrac{1}{4}:\dfrac{1}{5}=5:4$より，$x:y=5:4$
$5y=4x$より，$y=\dfrac{4}{5}x$
分子$=x^2-4xy+4y^2=(x-2y)^2$
$=\left(x-\dfrac{8}{5}x\right)^2=\dfrac{9}{25}x^2$
分母$=x^2-y^2=x^2-\dfrac{16}{25}x^2=\dfrac{9}{25}x^2$
よって，$\dfrac{x^2-4xy+4y^2}{x^2-y^2}=\dfrac{9}{25}x^2\div\dfrac{9}{25}x^2=1$

別解　$x:y=\dfrac{1}{4}:\dfrac{1}{5}$より，$\dfrac{x}{5}=\dfrac{y}{4}=k$とおく。
$x=5k$，$y=4k$より，
$\dfrac{x^2-4xy+4y^2}{x^2-y^2}=\dfrac{(x-2y)^2}{(x+y)(x-y)}$
$=\dfrac{(5k-8k)^2}{(5k+4k)(5k-4k)}=\dfrac{9k^2}{9k^2}=1$

(2)式を前2項，後2項に分けて展開すると，
$(x-3)(x-4)(x-5)+(x+3)(x+4)(x-5)$
$=(x-5)\{(x-3)(x-4)+(x+3)(x+4)\}$
$=(x-5)(x^2-7x+12+x^2+7x+12)$
$=(x-5)(2x^2+24)=2(x-5)(x^2+12)$
また，
$(x+3)(x-4)(x+5)+(x-3)(x+4)(x+5)$
$=(x+5)\{(x+3)(x-4)+(x-3)(x+4)\}$
$=(x+5)(x^2-x-12+x^2+x-12)$
$=(x+5)(2x^2-24)=2(x+5)(x^2-12)$
よって，与えられた式は，
$2(x-5)(x^2+12)+2(x+5)(x^2-12)$
$=2\{(x-5)(x^2+12)+(x+5)(x^2-12)\}$
$=2(x^3+12x-5x^2-60+x^3-12x+5x^2-60)$
$=2(2x^3-120)=4x^3-240$
$=4\times\left(\dfrac{5}{2}\right)^3-240=\dfrac{125}{2}-240=-\dfrac{355}{2}$

46　(1) 70028　(2) $4ab$，4072323

解き方　(1) $100=a$とおくと，
$97^2+98^2+99^2+100^2+101^2+102^2+103^2$
$=(a-3)^2+(a-2)^2+(a-1)^2+a^2$
$+(a+1)^2+(a+2)^2+(a+3)^2$
$=(a^2-6a+9)+(a^2-4a+4)$
$+(a^2-2a+1)+a^2+(a^2+2a+1)$

$+(a^2+4a+4)+(a^2+6a+9)$

$=7a^2+28=7\times100^2+28=70028$

(2) $2017=a$，$2019=b$とおくと，

$a+b=4036$，$a-b=-2$である。

$(a+b)^2-(a-b)^2$

$=a^2+2ab+b^2-(a^2-2ab+b^2)=4ab$より，

$ab=\frac{1}{4}\{(a+b)^2-(a-b)^2\}$

$=\frac{1}{4}\{4036^2-(-2)^2\}$

$=\frac{1}{4}\times(16289296-4)$

$=\frac{1}{4}\times16289292=4072323$

47　(1) 15枚　(2) 134枚　(3) 188枚

解き方　全体のタイルと緑のタイルの枚数は，次のようになっている。

図1：全体…$(1+2)^2=3^2=9$(枚)
　　緑…1枚

図2：全体…$(2+2)^2=4^2=16$(枚)
　　緑…$1+2=3$(枚)

図3：全体…$(3+2)^2=5^2=25$(枚)
　　緑…$1+2+3=6$(枚)

図4：全体…$(4+2)^2=6^2=36$(枚)
　　緑…$1+2+3+4=10$(枚)

(1) 図5は下の図のようになる。

(図5)

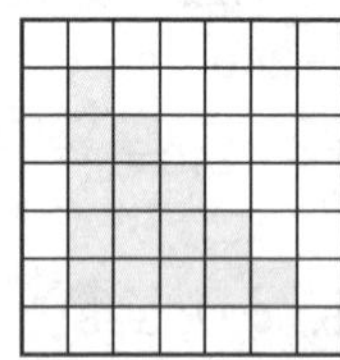

よって，$1+2+3+4+5=15$(枚)

(2) $1+2+3+\cdots+12+13=91$より，

緑のタイルの枚数が91枚になるのは，図13のときである。

よって，このときの白のタイルの枚数は，

$(13+2)^2-91=225-91=134$(枚)

(3)　(図n)

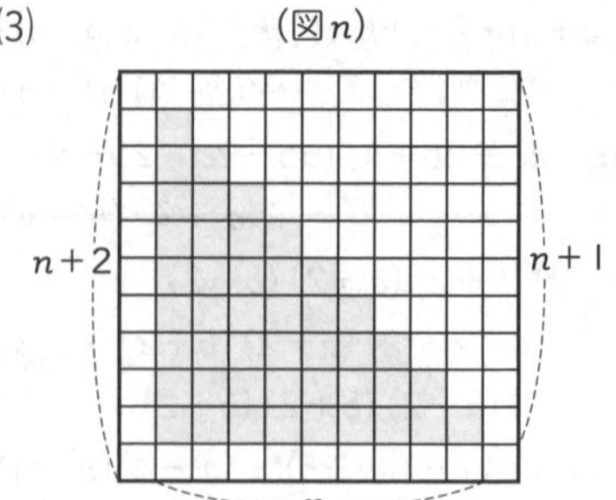

図nにおける全体の枚数は，$(n+2)^2$枚，

緑のタイルの枚数は，等差数列の和の公式(p.21 テクニック 参照)より，

$1+2+3+\cdots+n=\frac{n(1+n)}{2}$(枚)より，

白のタイルの枚数は，

$(n+2)^2-\frac{n(1+n)}{2}$(枚)

白のタイルの枚数－緑のタイルの枚数

$=(n+2)^2-\frac{n(1+n)}{2}-\frac{n(1+n)}{2}$

$=(n+2)^2-n(n+1)$

$=n^2+4n+4-n^2-n=3n+4$(枚)より，

$3n+4=52$　$n=16$

よって，図16における白タイルの枚数は，

$(16+2)^2-\frac{16\times17}{2}=324-136=188$(枚)

第5章　整数の性質

p.100～109

64　(1) 5個　(2) $72=2^3\times3^2$，
$2020=2^2\times5\times101$　(3) $n=5$，17

解き方　(3) $n^2-22n+96=(n-6)(n-16)$が素数になるためには，$n-6=\pm1$か$n-16=\pm1$とならなければならない。

㋐ $n-6=1$のとき$n=7$，

$n-16=7-16=-9$となり，適さない。

㋑ $n-6=-1$のとき$n=5$，

$n-16=-11$となり，

$(-1)\times(-11)=11$(素数)より適する。

㋒$n-16=1$のとき，$n=17$，
$n-6=11$となり，
$1\times11=11$(素数)より適する。
㋓$n-16=-1$のとき$n=15$，
$n-6=9$となり，適さない。
以上から，$n=5$，17

65 (1)$n=15$　(2)$a=3, 12, 27, 48, 75$

解き方 (2)$12=2^2\times3$より，$12a$が平方数になるには，$a=3k^2$(kは自然数)となればよい。
$1\leqq a\leqq100$より，$1\leqq k\leqq5$である。
よって，$a=3\times1^2=3$，$3\times2^2=12$，
$3\times3^2=27$，$3\times4^2=48$，$3\times5^2=75$

66 (1)個数…20個，総和…744
(2)3個　(3)91

解き方 (1)$240=2^4\times3\times5$より，
約数の個数は，
$(4+1)\times(1+1)\times(1+1)=20$(個)
約数の総和は，
$(1+2+2^2+2^3+2^4)\times(1+3)\times(1+5)$
$=744$
(2)$\dfrac{a+4}{a}=1+\dfrac{4}{a}$となるので，$a$が4の約数になればよい。
よって，$a=1$，2，4の3個
(3)abの正の約数は，1，a，b，abの4つだから，和は$1+a+b+ab=(1+a)(1+b)$
$=112$より，$(1+a)(1+b)=2^4\times7$
$1+a$が7の倍数でないとき，
$1+a=2$，2^2，2^3，2^4のいずれかである。
このとき，$a=1$，3，7，15となり，
aは素数だから，$a=3$，7
$a=3$のとき，$b=27$
27は素数でないから適さない。
$a=7$のとき，$b=13$となり適する。
よって，$ab=7\times13=91$

67 (1)$\dfrac{165}{56}$　(2)7時45分

解き方 (1)まず，$\dfrac{112}{15}$にある数$\dfrac{y}{x}$をかけた積が整数になる条件を考える。
積の分母は1にならなければいけないので，yは15の倍数である。
また，112がxでわりきれればよいので，
xは112の約数である。
$\dfrac{y}{x}$をできるだけ小さくするので，yは15の倍数で最も小さい数，xは112の約数で最も大きい数である。$\dfrac{280}{33}$も同様に考えると，求める分数の分子は15と33の最小公倍数，求める分数の分母は112と280の最大公約数にすればよい。
よって，最小の分数は$\dfrac{165}{56}$
(2)6，9，15の最小公倍数は90であるから，6時15分から90分後に同じ時刻に発車する。
よって，6時15分＋90分＝7時45分

68 (1)6の倍数…324，792，846
11の倍数…286，605，792，2948
(2)$a=3$，$b=29$
(3)$b=2$，6　$(a, b)=(8, 2)$，$(4, 6)$

解き方 (1)6の倍数は，2の倍数でもあり，3の倍数でもあるから，一の位が偶数で，各位の数の和が3の倍数のものを選ぶ。
(2)$2+6+9+7=24$より，2697は3の倍数である。
$2697\div3=899$　$899=900-1$
$=(30+1)(30-1)=29\times31$
よって，$2697=3\times29\times31$より，
$a=3$，$b=29$
(3)$23a57b$が4でわり切れるとき，下2け

たが4の倍数である。
よって，$7b$が72，76
すなわち$b=2$，6のときである。
また，この整数が36でわり切れるとき，4でもわり切れ，9でもわり切れる。9でわり切れるには，各位の数の和が9の倍数であればよい。
$2+3+a+5+7+b=17+a+b$より，
㋐$b=2$のとき，$19+a$が9の倍数であればよいから，$a=8$
㋑$b=6$のとき，$23+a$が9の倍数であればよいから，$a=4$

69　(1)200個
(2)2…最大26回，10…最大7回

解き方　(1)1から300までの整数で，
4の倍数は，$300\div4=75$(個)
6の倍数は，$300\div6=50$(個)
4と6の公倍数，すなわち12の倍数は，$300\div12=25$(個)
よって，4の倍数でも6の倍数でもない数は，$300-(75+50-25)=200$(個)
(2)1から30までの整数の中に，
2の倍数は，$30\div2=15$(個)
2^2の倍数は，$30\div4=7$余り2より，7個
2^3の倍数は，$30\div8=3$余り6より，3個
2^4の倍数は，$30\div16=1$余り14より，1個
よって，$1\times2\times3\times\cdots\times30$は2で最大$15+7+3+1=26$(回)わり切れる。
また，$10=2\times5$より，10でわり切れる回数は因数5の数と同じである。
1から30までの整数の中に，
5の倍数は，$30\div5=6$(個)
5^2の倍数は，$30\div25=1$余り5より，1個
よって，$1\times2\times3\times\cdots\times30$は，10で最大$6+1=7$(回)わり切れる。

70　(1)$n=182$　(2)2

解き方　(1)3，4，5の最小公倍数は60だから，$n=60k+2$（kは0以上の整数）
このとき，$n=7\times8k+4k+2$で，$4k+2$が7の倍数となればよい。
$k=0$のとき，$4\times0+2=2$となり適さない。
$k=1$のとき，$4\times1+2=6$となり適さない。
$k=2$のとき，$4\times2+2=10$となり適さない。
$k=3$のとき，$4\times3+2=14$となり適する。
これより，$k=3$より，$n=60\times3+2=182$
(2)m，nを整数とすると，$a=7m+2$…①，$a^2+b=7n+6$…②と表せる。
②に①を代入して整理すると，
$a^2+b=(7m+2)^2+b$
$=49m^2+28m+4+b=7n+6$
bについて整理すると，
$b=-49m^2-28m+7n+2$
$=7(-7m^2-4m+n)+2$となる。
$-7m^2-4m+n$は整数だから，bを7でわった余りは2

章末問題

48　(1)6個　(2)$a=31$，$b=37$
(3)1，21，81，441　(4)$n=672$

解き方　(1)正の約数を3個だけもつ数は，素数の平方数である。pを素数とすると，p^2の約数は1，p，p^2の3個。
$13^2<200<17^2$より，
$1\leqq p^2\leqq200$となるp^2は，
$p^2=2^2$，3^2，5^2，7^2，11^2，13^2の6個
(2)$b=68-a$で，aに2けたの素数を代入し，bを求めると，下の表になる。

a	11	13	17	19	23	29	31
b	57	55	51	49	45	39	37

このうち，bも素数であるのは，
$a=31$，$b=37$のときだけである。
(3)2や5を素因数にもつ約数は，一の位が偶数や0，5となる。
よって，一の位が1となる1以外の約数

は，3または7を素因数にもつ約数の中から探して，

$3\times7=21$，$3^4=81$，$3^2\times7^2=441$

(4)28と2016を素因数分解すると，

$28=2^2\times7$，$2016=2^5\times3^2\times7$

$\frac{2016}{n}=\frac{2^5\times3^2\times7}{n}$が素数になるのは，

2，3，7のいずれかだから，

$n=2^4\times3^2\times7=1008$，

$n=2^5\times3\times7=672$，$n=2^5\times3^2=288$

この中で，さらに$\frac{n}{28}=\frac{n}{2^2\times7}$が整数になるのは1008と672で，最も小さい$n$の値は672

49　(1)24個　(2)1170　(3)$\frac{13}{4}$

解き方　(1)360を素因数分解すると，

$360=2^3\times3^2\times5$だから，約数の個数は，

$(3+1)\times(2+1)\times(1+1)=24$(個)

(2)約数の総和は，

$(1+2+2^2+2^3)\times(1+3+3^2)\times(1+5)$

$=15\times13\times6=1170$

(3)逆数の総和は，

$\left(1+\frac{1}{2}+\frac{1}{4}+\frac{1}{8}\right)\times\left(1+\frac{1}{3}+\frac{1}{9}\right)\times\left(1+\frac{1}{5}\right)$

$=\frac{15}{8}\times\frac{13}{9}\times\frac{6}{5}=\frac{13}{4}$

テクニック　ある数Nを素因数分解して，$N=p^a\times q^b$（p，qは素数）となるとき，約数の逆数の総和は，

$\left(1+\frac{1}{p}+\frac{1}{p^2}+\cdots+\frac{1}{p^a}\right)\left(1+\frac{1}{q}+\frac{1}{q^2}+\cdots+\frac{1}{q^b}\right)$…㋐

となる。

例えば，$N=12$のとき，

12の約数は，1，2，3，4，6，12だから，

逆数の総和は，$1+\frac{1}{2}+\frac{1}{3}+\frac{1}{4}+\frac{1}{6}+\frac{1}{12}$

$=\frac{12+6+4+3+2+1}{12}$で，分子は約数の総和と同じになることがわかる。

よって，約数の総和が，

$(1+p+p^2+\cdots+p^a)(1+q+q^2+\cdots+q^b)$

のとき，約数の逆数の総和は，

$\left(\frac{p^a+p^{a-1}+p^{a-2}+\cdots+1}{p^a}\right)\left(\frac{q^b+q^{b-1}+q^{b-2}+\cdots+1}{q^b}\right)$

となり，これを約分すると，㋐の式になる。

50　(1)$\frac{4}{9}$　(2)$(p-1)$個　(3)(p^2-p)個

解き方　(2)pは素数より，pより小さい自然数の中にpの約数はない。したがって

$0<\frac{k}{p}<1$（$k=1$，2，3，…，$p-1$）はすべて0と1の間にある既約分数である。

よって，$p-1$(個)

(3)$0<\frac{k}{p^2}<1$（$k=1$，2，3，…，p^2-1）

のp^2-1(個)の中に，$\frac{k}{p^2}$が約分できるkの値は，$k=p$，$2p$，$3p$，…，$(p-1)p$の$p-1$(個)ある。

よって，0と1の間にある既約分数の個数は，

$(p^2-1)-(p-1)=p^2-p$(個)

51　$S=\frac{5050}{91}$，$T=\frac{4042}{91}$

解き方　$1+2+3+\cdots+100$

$=\frac{100\times(1+100)}{2}=5050$より，

$S=\frac{5050}{91}$

$91=7\times13$より，1以上100以下で，7の倍数は，7，14，21，…，91，98の14個，13の倍数は，13，26，39，…，91の7個ある。

よって，7で約分できるものの和は，

$\frac{7}{91}+\frac{14}{91}+\cdots+\frac{98}{91}=\frac{1}{13}+\frac{2}{13}+\cdots+\frac{14}{13}$

$=\frac{14\times(1+14)}{2}\times\frac{1}{13}=\frac{105}{13}$

13で約分できるものの和は,

$\frac{13}{91}+\frac{26}{91}+\cdots+\frac{91}{91}=\frac{1}{7}+\frac{2}{7}+\cdots+\frac{7}{7}$

$=\frac{28}{7}=4$

これらの中に$\frac{91}{91}=1$が2回入っているから,

$T=S-\left(\frac{105}{13}+4-1\right)=\frac{5050}{91}-\frac{105}{13}-3$

$=\frac{5050-735-273}{91}=\frac{4042}{91}$

52 1

解き方　$2013=5\times402+3$,
$2014=5\times402+4$, $2015=5\times403$だから, $2013^3+2014^3+2015^3$
$=(5\times402+3)^3+(5\times402+4)^3+(5\times403)^3$
を5でわったときの余りは, $3^3+4^3=91$
を5でわったときの余りと同じである。
よって, $91\div5=18$余り1より, 1

テクニック　$(a+b)^3=(a+b)(a+b)^2$
$=(a+b)(a^2+2ab+b^2)$
$=a^3+3a^2b+3ab^2+b^3$
$=a(a^2+3ab+3b^2)+b^3$ となる。
aが5の倍数であれば, $a(a^2+3ab+3b^2)$も5の倍数だから, 5でわった余りは, b^3を5でわった余りと同じである。

第6章　平方根

p.110〜133

71 イ, 9

解き方　イ…$\sqrt{(-9)^2}=\sqrt{9^2}=9$が正しい。

72 (1)$-\sqrt{8}>-3$　(2)$\frac{26}{5}$, $\frac{14}{\sqrt{7}}$, $\sqrt{29}$

(3)-2.45, $-\sqrt{6}$, $-\sqrt{3}$, 0, $\frac{7}{5}$, $\sqrt{2}$

解き方　(1)$(\sqrt{8})^2=8$, $3^2=9$より, $\sqrt{8}<3$
よって, $-\sqrt{8}>-3$

(2)$(\sqrt{29})^2=29$, $\left(\frac{14}{\sqrt{7}}\right)^2=\frac{196}{7}=28$,

$\left(\frac{26}{5}\right)^2=\frac{676}{25}=27.04$より,

$\frac{26}{5}<\frac{14}{\sqrt{7}}<\sqrt{29}$

73 (1)7個　(2)12個　(3)2, 3, 4
(4)$n=7$

解き方　(2)それぞれを2乗して,
$25<6n<100$
$4\frac{1}{6}<n<16\frac{2}{3}$
nは自然数だから, $n=5, 6, \cdots, 16$
よって, $16-5+1=12$(個)

(4)$-(n+1)<-\sqrt{59}<-n$ より,
$n<\sqrt{59}<n+1$
$7^2<59<8^2$ より, $7<\sqrt{59}<8$
よって, $n=7$

74 (1)イ, エ
(2)❶$(-\sqrt{8})^2$
❷$-\sqrt{9}$, 0, $(-\sqrt{8})^2$
❸$-\sqrt{9}$, 0, $\frac{5}{12}$, $(-\sqrt{8})^2$,
$-\sqrt{\frac{64}{121}}$, $\sqrt{\left(-\frac{1}{2}\right)^2}$
❹π, $\sqrt{1.6}$

解き方　(2)$-\sqrt{9}=-3$, $(-\sqrt{8})^2=8$,

$-\sqrt{\frac{64}{121}}=-\sqrt{\left(\frac{8}{11}\right)^2}=-\frac{8}{11}$,

$\sqrt{\left(-\frac{1}{2}\right)^2}=\frac{1}{2}$

75 (1)❶$0.\dot{8}$　❷$0.41\dot{6}$　❸$0.\dot{1}4285\dot{7}$
(2)❶$\frac{5}{9}$　❷$\frac{85}{33}$　❸$\frac{214}{333}$

解き方　(2)❸ $x=0.\dot{6}4\dot{2}$ とおく。

$$\begin{array}{rl} 1000x = & 642.642642\cdots\cdots \\ -)\quad x = & 0.642642\cdots\cdots \\ \hline 999x = & 642 \end{array}$$

$x=\frac{642}{999}=\frac{214}{333}$

別解　$0.\dot{6}4\dot{2}=0.\dot{0}0\dot{1}\times642$

$0.\dot{0}0\dot{1}=\frac{1}{999}$ より,

$0.\dot{6}4\dot{2}=\frac{1}{999}\times642=\frac{642}{999}=\frac{214}{333}$

76　(1) $\sqrt{6}$　(2) 2　(3) -20　(4) $-\sqrt{5}$　(5) 4　(6) $-\sqrt{2}$

解き方　(3) $\sqrt{10}\times(-\sqrt{40})=-\sqrt{10\times40}$
$=-\sqrt{400}=-20$

(4) $-\sqrt{\frac{6}{11}}\div\sqrt{\frac{6}{55}}=-\sqrt{\frac{6}{11}\times\frac{55}{6}}=-\sqrt{5}$

(6) $\sqrt{56}\div(-\sqrt{2})\div\sqrt{14}=-\sqrt{\frac{56}{2\times14}}=-\sqrt{2}$

77　(1)❶ $3\sqrt{15}$　❷ $\frac{5\sqrt{3}}{11}$　❸ $12\sqrt{6}$

(2)❶ $15\sqrt{7}$　❷ $\sqrt{15}$　❸ $\frac{5\sqrt{3}}{3}$

❹ $720\sqrt{7}$

解き方　(1)❸ 864を素因数分解して,

$864=2^5\times3^3=4^2\times3^2\times2\times3$

よって, $\sqrt{864}=12\sqrt{6}$

(2)❶ $\sqrt{45}\times\sqrt{35}=3\sqrt{5}\times\sqrt{5\times7}$
$=3\times5\times\sqrt{7}$
$=15\sqrt{7}$

❸ $\sqrt{150}\div3\sqrt{2}=5\sqrt{6}\div3\sqrt{2}$
$=\frac{5\sqrt{6}}{3\sqrt{2}}=\frac{5\sqrt{3}}{3}$

❹ $\sqrt{2}\times\sqrt{3}\times\sqrt{4}\times\sqrt{5}\times\sqrt{6}$
$\times\sqrt{7}\times\sqrt{8}\times\sqrt{9}\times\sqrt{10}$
$=\underline{\sqrt{2}\times\sqrt{3}}\times2\times\underline{\sqrt{5}}\times\underline{\sqrt{6}}$
$\times\sqrt{7}\times2\sqrt{\underline{2}}\times3\times\underline{\sqrt{2}}\times\underline{\sqrt{5}}$
$=\underline{6}\times2\times\underline{5}\times\sqrt{7}\times2\times\underline{2}\times3=720\sqrt{7}$

78　(1) $\frac{\sqrt{6}}{3}$　(2) $\frac{\sqrt{14}}{6}$

(3) $-\frac{5\sqrt{6}}{12}$　(4) $\frac{\sqrt{15}}{2}$

解き方　(3) $-\frac{\sqrt{75}}{\sqrt{72}}=-\frac{\sqrt{25}}{\sqrt{24}}=-\frac{5}{2\sqrt{6}}$
$=-\frac{5\times\sqrt{6}}{2\sqrt{6}\times\sqrt{6}}=-\frac{5\sqrt{6}}{12}$

(4) $\frac{6\sqrt{5}}{\sqrt{48}}=\frac{6\sqrt{5}}{4\sqrt{3}}=\frac{6\sqrt{5}\times\sqrt{3}}{4\sqrt{3}\times\sqrt{3}}=\frac{6\sqrt{15}}{12}=\frac{\sqrt{15}}{2}$

79　(1) $\frac{2\sqrt{6}}{3}$　(2) 6　(3) -1　(4) $\frac{\sqrt{2}}{2}$

解き方　(3) $\sqrt{54}\times\left(-\frac{4}{3\sqrt{3}}\right)\div\frac{8}{\sqrt{2}}$
$=3\sqrt{6}\times\left(-\frac{4}{3\sqrt{3}}\right)\times\frac{\sqrt{2}}{8}$
$=-\frac{\sqrt{2}\times4\times\sqrt{2}}{8}=-\frac{2\times4}{8}=-1$

(4) $-\frac{\sqrt{7}}{8}\div\frac{3}{\sqrt{24}}\div\left(-\frac{\sqrt{21}}{6}\right)$
$=-\frac{\sqrt{7}}{8}\times\frac{2\sqrt{6}}{3}\times\left(-\frac{6}{\sqrt{21}}\right)=\frac{\sqrt{2}}{2}$

80　(1)❶ 4.898　❷ 9.796　❸ 0.4898
(2)❶ 83.67　❷ 2646　❸ 0.08367
❹ 0.002646

解き方　(2)❷ $\sqrt{7000000}=\sqrt{7\times1000000}$
$=\sqrt{7}\times1000=2.646\times1000=2646$

❸ $\sqrt{0.007}=\sqrt{\frac{70}{10000}}=\frac{\sqrt{70}}{100}=0.08367$

81　(1) $1.595\leqq a<1.605$, 0.005

(2) $2.35\times\frac{1}{10}$ g

解き方　(1) 小数第3位を四捨五入して1.60になったので, $1.595\leqq a<1.605$
誤差の最大は, $1.60-1.595=0.005$

(2) 有効数字を3けたにするので, 左から4

けた目(最も大きい位の0は数えない)を四捨五入して，

0.2346 ⟶ 0.235　にする。

82 (1) $-\sqrt{2}$　(2) $2\sqrt{3}$
(3) $4\sqrt{2}-\sqrt{5}$　(4) $\frac{9\sqrt{7}}{7}$
(5) $-2\sqrt{3}+\sqrt{5}$　(6) $\frac{3-\sqrt{6}}{2}$

解き方　(5) $2\sqrt{3}-\frac{3}{\sqrt{5}}-\sqrt{48}+\frac{8\sqrt{5}}{5}$

$=2\sqrt{3}-\frac{3\sqrt{5}}{5}-4\sqrt{3}+\frac{8\sqrt{5}}{5}$

$=(2-4)\sqrt{3}+\left(-\frac{3}{5}+\frac{8}{5}\right)\sqrt{5}$

$=-2\sqrt{3}+\sqrt{5}$

(6) $\frac{\sqrt{2}}{3\sqrt{8}}-\frac{\sqrt{24}}{\sqrt{9}}+\frac{\sqrt{4}}{2\sqrt{6}}+\frac{2\sqrt{12}}{\sqrt{27}}$

$=\frac{\sqrt{2}}{3\times2\sqrt{2}}-\frac{2\sqrt{6}}{3}+\frac{2}{2\sqrt{6}}+\frac{2\times2\sqrt{3}}{3\sqrt{3}}$

$=\frac{1}{3\times2}-\frac{2\sqrt{6}}{3}+\frac{1\times\sqrt{6}}{\sqrt{6}\times\sqrt{6}}+\frac{2\times2}{3}$

$=\frac{1-4\sqrt{6}+\sqrt{6}+8}{6}=\frac{9-3\sqrt{6}}{6}=\frac{3-\sqrt{6}}{2}$

83 (1) $3\sqrt{2}+\sqrt{5}$　(2) $\frac{5\sqrt{6}}{3}$　(3) $-\sqrt{3}$
(4) $4\sqrt{2}-4\sqrt{3}$

解き方　(3) $\frac{18-\sqrt{72}}{\sqrt{6}}+\sqrt{48}-\sqrt{3}(3+\sqrt{18})$

$=\frac{18\sqrt{6}-12\sqrt{3}}{6}+4\sqrt{3}-3\sqrt{3}-3\sqrt{6}$

$=3\sqrt{6}-2\sqrt{3}+\sqrt{3}-3\sqrt{6}=-\sqrt{3}$

(4) $(-\sqrt{3})^5+\sqrt{(-2)^4}\div\frac{\sqrt{18}}{6}+\sqrt{75}$

$=-9\sqrt{3}+4\times\frac{6}{3\sqrt{2}}+5\sqrt{3}$

$=4\sqrt{2}-4\sqrt{3}$

84 (1) $2\sqrt{3}$　(2) -1
(3) $\sqrt{6}+2$　(4) $1-\sqrt{15}$

解き方　(1) $(\sqrt{6}+\sqrt{3})(\sqrt{8}-2)$

$=\sqrt{2}\times\sqrt{3}\times2\sqrt{2}-2\sqrt{6}+\sqrt{3}\times2\sqrt{2}-2\sqrt{3}$

$=4\sqrt{3}-2\sqrt{6}+2\sqrt{6}-2\sqrt{3}=2\sqrt{3}$

テクニック　共通因数をくくり出すと乗法公式が使える。

$(\sqrt{6}+\sqrt{3})(\sqrt{8}-2)$

$=\sqrt{3}(\sqrt{2}+1)\times2(\sqrt{2}-1)$

$=\sqrt{3}\times2(\sqrt{2}+1)(\sqrt{2}-1)$

$=2\sqrt{3}\times1=2\sqrt{3}$

(2) $(\sqrt{5}+2)^2(\sqrt{5}-2)-\frac{5+3\sqrt{5}}{\sqrt{5}}$

$=(\sqrt{5}+2)\{(\sqrt{5}+2)(\sqrt{5}-2)\}-\frac{\sqrt{5}(\sqrt{5}+3)}{\sqrt{5}}$

$=(\sqrt{5}+2)\times1-(\sqrt{5}+3)$

$=\sqrt{5}+2-\sqrt{5}-3=-1$

(3) $\sqrt{\frac{7}{3}}\times\frac{(\sqrt{3}+\sqrt{2})^2}{\sqrt{14}}+\frac{\sqrt{6}}{3\sqrt{(-2)^2}}$

$=\frac{\sqrt{7}\times(3+2\sqrt{6}+2)}{\sqrt{3}\times\sqrt{2}\times\sqrt{7}}+\frac{\sqrt{6}}{3\times2}$

$=\frac{5+2\sqrt{6}}{\sqrt{6}}+\frac{\sqrt{6}}{6}=\frac{5\sqrt{6}+12+\sqrt{6}}{6}$

$=\frac{6\sqrt{6}+12}{6}=\sqrt{6}+2$

(4) $\frac{\sqrt{5}}{\sqrt{5}+\sqrt{3}}-\frac{\sqrt{3}}{\sqrt{5}-\sqrt{3}}$

$=\frac{\sqrt{5}(\sqrt{5}-\sqrt{3})}{(\sqrt{5}+\sqrt{3})(\sqrt{5}-\sqrt{3})}-\frac{\sqrt{3}(\sqrt{5}+\sqrt{3})}{(\sqrt{5}-\sqrt{3})(\sqrt{5}+\sqrt{3})}$

$=\frac{5-\sqrt{15}}{5-3}-\frac{\sqrt{15}+3}{5-3}=\frac{5-\sqrt{15}-\sqrt{15}-3}{2}$

$=\frac{2-2\sqrt{15}}{2}=1-\sqrt{15}$

85 (1) $12-6\sqrt{3}$　(2) 8　(3) $9\sqrt{3}$　(4) 2

解き方　(1) $x^2-4x+4=(x-2)^2$

$=(\sqrt{3}-1-2)^2=(\sqrt{3}-3)^2$

$=3-6\sqrt{3}+9=12-6\sqrt{3}$

(2) $x^2-6x-3=x^2-6x+9-9-3$

$=(x-3)^2-12=(3-2\sqrt{5}-3)^2-12$

$=20-12=8$

別解　$x=3-2\sqrt{5}$ より，$x-3=-2\sqrt{5}$

両辺を2乗して，$(x-3)^2=(-2\sqrt{5})^2$

$x^2-6x+9=20$

両辺から12をひいて，

$x^2-6x-3=20-12=8$

(3) $x^2-xy-2y^2=(x+y)(x-2y)$

ここで，$x+y=3\sqrt{3}$，

$x-2y=1+2\sqrt{3}-2(-1+\sqrt{3})=3$ より，

$(x+y)(x-2y)=3\sqrt{3}\times3=9\sqrt{3}$

(4) $ab=\dfrac{(1+\sqrt{2})(1-\sqrt{2})}{4}=-\dfrac{1}{4}$，

$a+b=1$

$3(ab-1)+(a+2)(b+2)$

$=3ab-3+ab+2a+2b+4$

$=4ab+2(a+b)+1=-1+2+1=2$

86 (1)4個　(2) $n=98$　(3) $x=20$

解き方 (1)504を素因数分解すると，

$504=2^3\times3^2\times7$

$\sqrt{\dfrac{504}{n}}=\sqrt{\dfrac{2^2\times3^2\times2\times7}{n}}$ より，

$n=2\times7$，$2\times7\times2^2$，$2\times7\times3^2$，

$2\times7\times2^2\times3^2$ の4個ある。

(2) $\dfrac{\sqrt{72n}}{7}=\dfrac{6\sqrt{2n}}{7}=6\sqrt{\dfrac{2n}{49}}$ となるから，

$\dfrac{\sqrt{72n}}{7}$ が自然数となる最小の n は

$n=2\times49=98$

(3) $4<\sqrt{x}<5$ のそれぞれを2乗して，

$16<x<25$

よって，$16\times5<5x<25\times5$

$80<5x<125$

$\sqrt{5x}$ が整数になるのは，$5x=9^2$，10^2，11^2

x は整数だから，$5x=10^2=100$　$x=20$

87 (1)51　(2)24　(3) -2

解き方 (1) $2\sqrt{13}=\sqrt{4\times13}=\sqrt{52}$

$49<52<64$ より，$7<\sqrt{52}<8$

よって，$2\sqrt{13}$ の整数部分は7だから，

$a=2\sqrt{13}-7$

$a^2+14a+48=(a+6)(a+8)$

$=(2\sqrt{13}-1)(2\sqrt{13}+1)=52-1=51$

(2) $2<\sqrt{5}<3$ より，$5<3+\sqrt{5}<6$

よって，$a=5$，$b=(3+\sqrt{5})-5=\sqrt{5}-2$

$a^2+ab-b^2-9b=a(a+b)-b(b+9)$

$=5(3+\sqrt{5})-(\sqrt{5}-2)(\sqrt{5}+7)$

$=15+5\sqrt{5}-(5+5\sqrt{5}-14)=24$

(3) $2<\sqrt{7}<3$ より，$2<5-\sqrt{7}<3$

よって，$5-\sqrt{7}$ の整数部分は2だから，

$a=(5-\sqrt{7})-2=3-\sqrt{7}$

$a(a-6)=(3-\sqrt{7})(-3-\sqrt{7})$

$=-(3-\sqrt{7})(3+\sqrt{7})=-2$

章末問題 A

53 イ

54 C

解き方 $3\sqrt{5}=\sqrt{45}$　$36<45<49$ より，

$6<\sqrt{45}<7$　よって，C

55 (1) -24　(2) $-2\sqrt{3}$　(3) $12\sqrt{2}$

(4) $7\sqrt{3}-3\sqrt{5}$　(5) $\dfrac{9\sqrt{7}}{7}$　(6)5

(7)7　(8) $3+8\sqrt{6}$

解き方 (7) $(2\sqrt{3}+\sqrt{5})\left(\dfrac{6}{\sqrt{3}}-\sqrt{5}\right)$

$=(2\sqrt{3}+\sqrt{5})(2\sqrt{3}-\sqrt{5})=12-5=7$

(8) $(3\sqrt{3}+\sqrt{2})(3\sqrt{3}-\sqrt{2})-(\sqrt{6}-4)^2$

$=27-2-(6-8\sqrt{6}+16)$

$=25-22+8\sqrt{6}=3+8\sqrt{6}$

56 (1) $\dfrac{61}{33}$　(2)22個　(3)3，4，5

(4) $\sqrt{300}=17.32$，$\sqrt{0.3}=0.5477$

解き方 (1) $x=1.\dot{8}\dot{4}$ とおく。

$100x-x=184.\dot{8}\dot{4}-1.\dot{8}\dot{4}$

$99x=183$

$x=\dfrac{183}{99}=\dfrac{61}{33}$

(2) $7<\sqrt{m}<6\sqrt{2}$ のそれぞれを2乗して，
$49<m<72$ より，自然数 m は，
$m=50,\ 51,\ \cdots,\ 71$
よって，m の個数は，$71-50+1=22$(個)

57 (1) 7　(2) $6\sqrt{2}$

解き方　(2) $xy=(\sqrt{5}+\sqrt{2})(\sqrt{5}-\sqrt{2})$
$=5-2=3$
$x-y=(\sqrt{5}+\sqrt{2})-(\sqrt{5}-\sqrt{2})=2\sqrt{2}$
よって，
$x^2y-xy^2=xy(x-y)=3\times2\sqrt{2}=6\sqrt{2}$

58 (1) $n=75$　(2) $n=6$

解き方　(1) n は15の倍数で $\sqrt{3n}$ が整数となるから，最小の n は，$n=3\times5^2=75$
(2) 216を素因数分解すると，$216=2^3\times3^3$
$\sqrt{216n}=\sqrt{2^2\times3^2\times2\times3\times n}$ より，
$n=2\times3=6$ であれば，
$216n=2^4\times3^4=(2^2\times3^2)^2$ となる。

59 1

解き方　$9<10<16$ より，$3<\sqrt{10}<4$
よって，$\sqrt{10}$ の整数部分は3だから，
$a=\sqrt{10}-3$
$a(a+6)=(\sqrt{10}-3)(\sqrt{10}+3)$
$=10-9=1$

章末問題B

60 (1) $4-\sqrt{3}$　(2) $-\dfrac{\sqrt{3}}{2}$　(3) $\dfrac{5\sqrt{6}}{6}$
(4) $-\dfrac{8\sqrt{3}}{3}$　(5) 2　(6) $\dfrac{\sqrt{3}-4}{9}$

解き方　(2) $\dfrac{(\sqrt{2}-1)(\sqrt{3}+\sqrt{6})}{\sqrt{3}}-\dfrac{(\sqrt{3}+1)^2}{4}$

$=(\sqrt{2}-1)(1+\sqrt{2})-\dfrac{3+2\sqrt{3}+1}{4}$

$=(\sqrt{2})^2-1^2-\left(1+\dfrac{\sqrt{3}}{2}\right)$

$=2-1-1-\dfrac{\sqrt{3}}{2}=-\dfrac{\sqrt{3}}{2}$

(3) $\dfrac{1+\sqrt{3}}{\sqrt{2}}-\dfrac{1-\sqrt{2}}{\sqrt{3}}+\dfrac{\sqrt{2}-\sqrt{3}}{\sqrt{6}}$

$=\dfrac{\sqrt{2}+\sqrt{6}}{2}-\dfrac{\sqrt{3}-\sqrt{6}}{3}+\dfrac{2\sqrt{3}-3\sqrt{2}}{6}$

$=\dfrac{3\sqrt{2}+3\sqrt{6}-2\sqrt{3}+2\sqrt{6}+2\sqrt{3}-3\sqrt{2}}{6}$

$=\dfrac{5\sqrt{6}}{6}$

(4) $\dfrac{2(\sqrt{2}-\sqrt{7})(\sqrt{2}+\sqrt{7})}{\sqrt{5}}-\dfrac{(\sqrt{5}-\sqrt{3})^2}{\sqrt{3}}$

$=\dfrac{2\times(2-7)}{\sqrt{5}}-\dfrac{5-2\sqrt{15}+3}{\sqrt{3}}$

$=\dfrac{-10\sqrt{5}}{5}-\dfrac{8\sqrt{3}-6\sqrt{5}}{3}=-\dfrac{8\sqrt{3}}{3}$

(5) $\dfrac{5\sqrt{6}}{2\sqrt{(-3)^2}}-\sqrt{\dfrac{5}{3}}\times\dfrac{(\sqrt{2}-\sqrt{3})^2}{\sqrt{10}}$

$=\dfrac{5\sqrt{6}}{2\times3}-\dfrac{\sqrt{15}}{3}\times\dfrac{2-2\sqrt{6}+3}{\sqrt{10}}$

$=\dfrac{5\sqrt{6}}{6}-\dfrac{\sqrt{3}}{3}\times\dfrac{5-2\sqrt{6}}{\sqrt{2}}$

$=\dfrac{5\sqrt{6}}{6}-\dfrac{5\sqrt{6}-12}{6}=2$

(6) $\left(\dfrac{\sqrt{15}}{9}-\dfrac{1}{\sqrt{27}}\right)\left(\dfrac{1+\sqrt{5}}{2}\right)^2-\dfrac{1}{18}(\sqrt{3}+\sqrt{5})^2$

$=\left(\dfrac{\sqrt{15}}{9}-\dfrac{1}{3\sqrt{3}}\right)\left(\dfrac{1+2\sqrt{5}+5}{4}\right)$
$\qquad-\dfrac{1}{18}(3+2\sqrt{15}+5)$

$=\left(\dfrac{\sqrt{15}}{9}-\dfrac{\sqrt{3}}{9}\right)\times\dfrac{3+\sqrt{5}}{2}-\dfrac{1}{18}(8+2\sqrt{15})$

$=\dfrac{\sqrt{3}(\sqrt{5}-1)(\sqrt{5}+3)-(8+2\sqrt{15})}{18}$

$=\dfrac{\sqrt{3}(5+2\sqrt{5}-3)-8-2\sqrt{15}}{18}$

$=\dfrac{2\sqrt{3}-8}{18}=\dfrac{\sqrt{3}-4}{9}$

61 (1) -13　(2) $4\sqrt{6}$　(3) $\dfrac{13\sqrt{3}-1}{2}$

解き方　(1) $a-b=(2\sqrt{3}+1)-(\sqrt{3}-3)$
$=\sqrt{3}+4$ より，
$(a-b)^2-8(a-b)=(a-b)(a-b-8)$

$=(\sqrt{3}+4)(\sqrt{3}-4)=3-16=-13$

(2) $(x+y)^2-y(2x+5y)$

$=x^2+2xy+y^2-2xy-5y^2=x^2-4y^2$

$=(x+2y)(x-2y)$

ここで，$x+2y=2\sqrt{3}$，$x-2y=2\sqrt{2}$ だから，$2\sqrt{3}\times2\sqrt{2}=4\sqrt{6}$

(3) $(4x+3)(3x+4)-(3x+2)(2x+3)-(2x-1)(x-2)$

$=12x^2+16x+9x+12-(6x^2+9x+4x+6)-(2x^2-4x-x+2)$

$=4x^2+17x+4=4x(x+4)+(x+4)$

$=(4x+1)(x+4)$

ここで　$4x=2\sqrt{3}-2$ より，

$4x+1=2\sqrt{3}-1$，

$x+4=\frac{\sqrt{3}-1+8}{2}=\frac{\sqrt{3}+7}{2}$ だから，

$(2\sqrt{3}-1)\times\frac{\sqrt{3}+7}{2}$

$=\frac{1}{2}(2\sqrt{3}-1)(\sqrt{3}+7)$

$=\frac{1}{2}(6+14\sqrt{3}-\sqrt{3}-7)=\frac{13\sqrt{3}-1}{2}$

62 (1) $n=12$　(2) $n=4$，22　(3) 23個

解き方　(1) 240を素因数分解すると，

$240=2^4\times3\times5$

よって，$\sqrt{\frac{240}{n+3}}$ が整数になる最小の n は，

$n+3=3\times5$ より，$n=12$

(2) $\frac{84-3n}{2}=3\left(\frac{28-n}{2}\right)$ で，$1\leqq n<28$ より，

$\frac{28-n}{2}$ は，3または 3×2^2 ならば

$\sqrt{\frac{84-3n}{2}}$ は自然数になる。

よって，

$\frac{28-n}{2}=3$ のとき，$n=22$，

$\frac{28-n}{2}=3\times2^2=12$ のとき，$n=4$

(3) $2n$ は偶数なので，$2018-2n$ も偶数であり，$\sqrt{2018-2n}$ が整数となるのは，

$2018-2n=(2k)^2$

$(k=0, 1, 2, \cdots, 22)$ より，

$n=1009-2k^2$ となる。このような k，n の値は，次の表のようになる。

k	0	1	2	……	22
n	1009	1007	1001	……	41

よって，自然数 n の個数は，

$22+1=23$（個）

63 (1) 5　(2) $b=2\sqrt{6}-4$，$-\frac{3}{2}$

解き方　(1) $2<\sqrt{5}<3$ より，$\sqrt{5}$ の整数部分は2だから，

$x=\sqrt{5}-2$

$2x^2+8x+3=2x(x+4)+3$

$=2(\sqrt{5}-2)(\sqrt{5}+2)+3$

$=2(5-4)+3=2+3=5$

テクニック　$\sqrt{5}+2$ は，$\sqrt{5}$ の整数部分に2を加えた数だから，小数部分は $\sqrt{5}$ の小数部分と同じになる。

(2)　$2\sqrt{6}=\sqrt{24}$

$16<24<25$ より，$4<\sqrt{24}<5$

よって，$a=4$，$b=2\sqrt{6}-4$

$2b+a=4\sqrt{6}-8+4=4\sqrt{6}-4$，

$-2a-3b+2=-8-6\sqrt{6}+12+2$

$=-6\sqrt{6}+6$

よって，$\frac{-2a-3b+2}{2b+a}=\frac{-6\sqrt{6}+6}{4\sqrt{6}-4}$

$=\frac{-6(\sqrt{6}-1)}{4(\sqrt{6}-1)}=-\frac{3}{2}$

64 $\sqrt{3}x^2+\frac{2\sqrt{6}}{3}xy$

解き方　$\sqrt{3}x\left(\frac{5}{6}x+\sqrt{2}y\right)-\frac{1}{\sqrt{3}}\left(\sqrt{2}xy-\frac{1}{2}x^2\right)$

$=\frac{5\sqrt{3}}{6}x^2+\sqrt{6}xy-\frac{\sqrt{6}}{3}xy+\frac{\sqrt{3}}{6}x^2$

$=\sqrt{3}x^2+\frac{2\sqrt{6}}{3}xy$

章末問題 C

65　(1)$\frac{1}{3}$　(2)4　(3)$\frac{16}{81}$　(4)12

解き方　(1)$(\sqrt{12}+\sqrt{8})\times(\sqrt{3}-\sqrt{2})\times\frac{1}{\sqrt{20}+\sqrt{8}}\times\frac{1}{\sqrt{5}-\sqrt{2}}$

$=(2\sqrt{3}+2\sqrt{2})\times(\sqrt{3}-\sqrt{2})\times\frac{1}{2\sqrt{5}+2\sqrt{2}}\times\frac{1}{\sqrt{5}-\sqrt{2}}$

$=2\times(\sqrt{3}+\sqrt{2})\times(\sqrt{3}-\sqrt{2})\times\frac{1}{2\times(\sqrt{5}+\sqrt{2})}\times\frac{1}{\sqrt{5}-\sqrt{2}}$

$=2\times(3-2)\times\frac{1}{2\times(5-2)}=\frac{1}{3}$

(2)$(\sqrt{3}+2)^2=A$，$(\sqrt{3}-2)^2=B$とおくと，

$\{(\sqrt{3}+2)^2+(\sqrt{3}-2)^2\}^2-\{(\sqrt{3}+2)^2-(\sqrt{3}-2)^2\}^2$

$=(A+B)^2-(A-B)^2$

$=(A+B+A-B)(A+B-A+B)$

$=2A\times 2B$

$=4AB=4(\sqrt{3}+2)^2(\sqrt{3}-2)^2$

$=4\times\{(\sqrt{3}+2)(\sqrt{3}-2)\}^2$

$=4\times(-1)^2=4$

(3)$\frac{(5\sqrt{2}+4\sqrt{3})^8}{(3\sqrt{2}-2\sqrt{3})^4}\times\frac{(5\sqrt{2}-4\sqrt{3})^8}{(3\sqrt{2}+2\sqrt{3})^4}$

$=\frac{\{(5\sqrt{2}+4\sqrt{3})(5\sqrt{2}-4\sqrt{3})\}^8}{\{(3\sqrt{2}-2\sqrt{3})(3\sqrt{2}+2\sqrt{3})\}^4}$

$=\frac{(50-48)^8}{(18-12)^4}=\frac{2^8}{6^4}=\frac{2^8}{2^4\times 3^4}=\frac{2^4}{3^4}=\frac{16}{81}$

(4)$\frac{\sqrt{7}+\sqrt{6}}{\sqrt{2}}=A$，$\frac{\sqrt{7}-\sqrt{6}}{\sqrt{2}}=B$とおくと，

$2AB=2\times\frac{\sqrt{7}+\sqrt{6}}{\sqrt{2}}\times\frac{\sqrt{7}-\sqrt{6}}{\sqrt{2}}$

$=(\sqrt{7}+\sqrt{6})(\sqrt{7}-\sqrt{6})$

よって，与えられた式は，

$A^2-2AB+B^2=(A-B)^2=\left(\frac{2\sqrt{6}}{\sqrt{2}}\right)^2=12$

テクニック　(2)や(4)のように，式を文字におきかえることによって，乗法公式や因数分解の利用が簡単になることがある。

66　(1)$\sqrt{5}-2$　(2)$-2\sqrt{2}$　(3)32

解き方　(1)$x=\frac{-1+\sqrt{5}}{2}$より，

$2x=-1+\sqrt{5}$　$2x+1=\sqrt{5}$

両辺を2乗して，$(2x+1)^2=5$

$4x^2+4x+1=5$　$4x^2+4x=4$

この両辺にxをかけると，$4x^3+4x^2=4x$

よって，$4x^3+4x^2-2x-1=4x-2x-1$

$=2x-1=-1+\sqrt{5}-1=\sqrt{5}-2$

テクニック　$4x^3+4x^2=4x$の式を導くことで，式$4x^3+4x^2-2x-1=4x-2x-1=2x-1$と次数が3次から1次に下がり，簡単に計算することができる。

別解　$2x+1=\sqrt{5}$の両辺を2乗して整理すると，$4x^2+4x-4=0$

$4x^3+4x^2-2x-1=x(4x^2+4x-4)+2x-1$

$=x\times 0+2x-1=2x-1=\sqrt{5}-2$

(2)$4x^2y^2-x^2-y^2+4xy-2x+2y$

$=(2xy)^2-(x^2-2xy+y^2)+2xy-2(x-y)$

$=(2xy)^2-(x-y)^2+2xy-2(x-y)$

ここで，

$2xy=2\times\left(1+\frac{1}{\sqrt{2}}\right)\left(1-\frac{1}{\sqrt{2}}\right)$

$=2\times\left(1-\frac{1}{2}\right)=1$，

$x-y=\frac{2}{\sqrt{2}}=\sqrt{2}$より，

$1^2-(\sqrt{2})^2+1-2\sqrt{2}=2-2-2\sqrt{2}$

$=-2\sqrt{2}$

(3)$x+y=\sqrt{11}$，$x-y=\sqrt{3}$の両辺をそれぞれ2乗すると，

$$\begin{array}{rl} & x^2+2xy+y^2=11 \\ -) & x^2-2xy+y^2=3 \\ \hline & 4xy\quad\quad\;=8 \end{array}$$

よって，$xy=2$より，

$x^5y^5=(xy)^5=2^5=32$

別解　連立方程式$\begin{cases}x+y=\sqrt{11} & \cdots① \\ x-y=\sqrt{3} & \cdots②\end{cases}$を解くと，(①＋②)÷2より，$x=\frac{\sqrt{11}+\sqrt{3}}{2}$

$(①-②)\div 2$ より，$y=\dfrac{\sqrt{11}-\sqrt{3}}{2}$

よって，$xy=\dfrac{11-3}{4}=2$ より，

$x^5y^5=(xy)^5=2^5=32$

67 (1)x^4-10x^2+1　(2)$\dfrac{\sqrt{2}}{2}$
(3)$x^3+y^3+z^3-3xyz$，$-48-24\sqrt{3}$

解き方 (1)$(x+\sqrt{2}+\sqrt{3})\underline{(x-\sqrt{2}+\sqrt{3})}$
$(x+\sqrt{2}-\sqrt{3})\underline{(x-\sqrt{2}-\sqrt{3})}$

$=\{x+(\sqrt{2}+\sqrt{3})\}\underline{\{x-(\sqrt{2}+\sqrt{3})\}}$
$\times\{x+(\sqrt{2}-\sqrt{3})\}\underline{\{x-(\sqrt{2}-\sqrt{3})\}}$

$=\{x^2-(\sqrt{2}+\sqrt{3})^2\}\{x^2-(\sqrt{2}-\sqrt{3})^2\}$

$=\{x^2-(5+2\sqrt{6})\}\{x^2-(5-2\sqrt{6})\}$

$=x^4-10x^2+(5+2\sqrt{6})(5-2\sqrt{6})$

$=x^4-10x^2+25-24=x^4-10x^2+1$

(2) 1番目と3番目，4番目と2番目の項に分けて計算する。

$\dfrac{1}{\sqrt{2}-\sqrt{3}+1}+\dfrac{1}{\sqrt{2}+\sqrt{3}+1}$

$=\dfrac{1}{(\sqrt{2}+1)-\sqrt{3}}+\dfrac{1}{(\sqrt{2}+1)+\sqrt{3}}$

$=\dfrac{(\sqrt{2}+1)+\sqrt{3}+(\sqrt{2}+1)-\sqrt{3}}{\{(\sqrt{2}+1)-\sqrt{3}\}\{(\sqrt{2}+1)+\sqrt{3}\}}$

$=\dfrac{2\sqrt{2}+2}{(\sqrt{2}+1)^2-(\sqrt{3})^2}=\dfrac{2\sqrt{2}+2}{3+2\sqrt{2}-3}$

$=\dfrac{2\sqrt{2}+2}{2\sqrt{2}}=\dfrac{2+\sqrt{2}}{2}$　…①

また，$\dfrac{\sqrt{2}}{\sqrt{3}+\sqrt{6}+3}-\dfrac{\sqrt{2}}{\sqrt{3}+\sqrt{6}-3}$

$=\dfrac{\sqrt{2}}{(\sqrt{3}+\sqrt{6})+3}-\dfrac{\sqrt{2}}{(\sqrt{3}+\sqrt{6})-3}$

$=\dfrac{\sqrt{2}\{(\sqrt{3}+\sqrt{6}-3)-(\sqrt{3}+\sqrt{6}+3)\}}{\{(\sqrt{3}+\sqrt{6})+3\}\{(\sqrt{3}+\sqrt{6})-3\}}$

$=\dfrac{-6\sqrt{2}}{(\sqrt{3}+\sqrt{6})^2-3^2}$

$=\dfrac{-6\sqrt{2}}{9+6\sqrt{2}-9}=-1$　…②

よって，$①+②=\dfrac{2+\sqrt{2}}{2}-1=\dfrac{\sqrt{2}}{2}$

(3)$(x+y+z)(x^2+y^2+z^2-xy-yz-zx)$

$=x^3+xy^2+xz^2-x^2y-xyz-x^2z$
$+x^2y+y^3+yz^2-xy^2-y^2z-xyz$
$+x^2z+y^2z+z^3-xyz-yz^2-xz^2$

$=x^3+y^3+z^3-3xyz$

よって，$x^3+y^3+z^3$

$=(x+y+z)(x^2+y^2+z^2-xy-yz-zx)$
$+3xyz$

ここで，$x+y+z$ に $x=1+\sqrt{2}+\sqrt{3}$，$y=1-\sqrt{2}+\sqrt{3}$，$z=-2-2\sqrt{3}$ を代入すると，$x+y+z=0$ だから，

$x^3+y^3+z^3$

$=0\times(x^2+y^2+z^2-xy-yz-zx)+3xyz$

$=3xyz$

$=3(1+\sqrt{2}+\sqrt{3})(1-\sqrt{2}+\sqrt{3})(-2-2\sqrt{3})$

$=3\{(1+\sqrt{3})+\sqrt{2}\}\{(1+\sqrt{3})-\sqrt{2}\}(-2-2\sqrt{3})$

$=-3\{(1+\sqrt{3})^2-(\sqrt{2})^2\}(2+2\sqrt{3})$

$=-3(4+2\sqrt{3}-2)(2+2\sqrt{3})$

$=-3(2+2\sqrt{3})^2=-48-24\sqrt{3}$

68 (1)0　(2)$2-\dfrac{5\sqrt{7}}{7}$

解き方 (1)$2<\sqrt{5}<3$ より，$2<5-\sqrt{5}<3$

よって，$a=2$，$b=5-\sqrt{5}-2=3-\sqrt{5}$

$a-b=2-(3-\sqrt{5})=\sqrt{5}-1$，

$b-2=1-\sqrt{5}$ より，

$\dfrac{1}{a-b}+\dfrac{1}{b-2}=\dfrac{1}{\sqrt{5}-1}+\dfrac{1}{1-\sqrt{5}}$

$=\dfrac{1}{\sqrt{5}-1}-\dfrac{1}{\sqrt{5}-1}=0$

(2)$-\sqrt{(1-0.02)\div(-0.1)\times\left(-\dfrac{5}{7}\right)^3}$

$=-\dfrac{5}{7}\sqrt{0.98\div(-0.1)\times\left(-\dfrac{5}{7}\right)}$

$=-\dfrac{5}{7}\sqrt{\dfrac{49}{5}\times\dfrac{5}{7}}=-\dfrac{5\sqrt{7}}{7}$

$\dfrac{5\sqrt{7}}{7}=\sqrt{\dfrac{25}{7}}$ であり，

$3<\dfrac{25}{7}<4$ なので，$\sqrt{3}<\sqrt{\dfrac{25}{7}}<2$ より，

$-2<-\dfrac{5\sqrt{7}}{7}<-\sqrt{3}$

よって，整数部分は-2より，

小数部分は，$-\frac{5\sqrt{7}}{7}-(-2)=2-\frac{5\sqrt{7}}{7}$

ここに注意! 負の数の整数部分，小数部分については，注意しなければならない。
例えば，-2.4について考えると，
$-3<-2.4<-2$で，整数部分はその数以下の最大の整数だから，-2.4の整数部分は，-2ではなく，-3である。
小数部分は，$-2.4-(-3)=3-2.4=\underline{0.6}$（正の数）
単に整数部分を-2，小数部分を0.4としてはいけない。

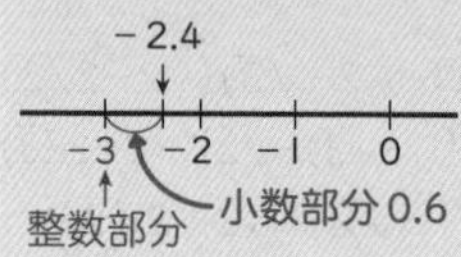

69　$a=2$，$b=-3$

解き方　a，bが整数なので，$a+b+1$，$a-b-5$も整数である。$a+b+1 \neq 0$のとき，$\sqrt{2}=\frac{a-b-5}{a+b+1}$で，$\sqrt{2}$は有理数となり，$\sqrt{2}$は無理数であることに反する。
よって，$a+b+1=0$
これより，$a-b-5=0$である。
a，bの連立方程式を解いて，
$a=2$，$b=-3$

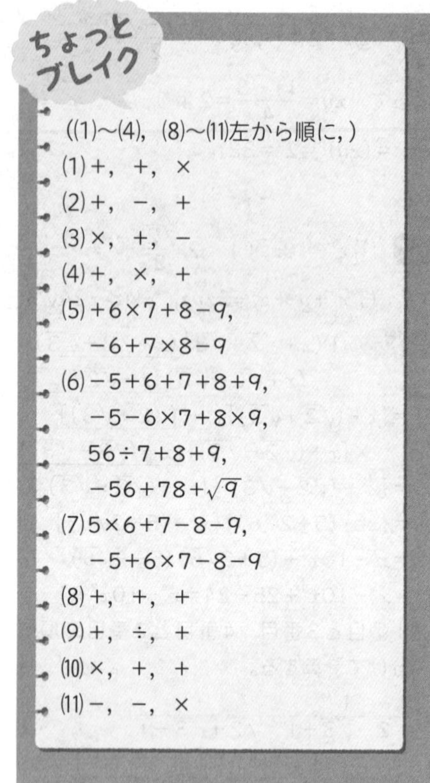

ちょっとブレイク
((1)〜(4)，(8)〜(11)左から順に，)
(1) ＋，＋，×
(2) ＋，−，＋
(3) ×，＋，−
(4) ＋，×，＋
(5) $+6\times7+8-9$，
$-6+7\times8-9$
(6) $-5+6+7+8+9$，
$-5-6\times7+8\times9$，
$56\div7+8+9$，
$-56+78+\sqrt{9}$
(7) $5\times6+7-8-9$，
$-5+6\times7-8-9$
(8) ＋，＋，＋
(9) ＋，÷，＋
(10) ×，＋，＋
(11) −，−，×

第2編　方程式

第1章　1次方程式

p.138～163

1 (1)-2　(2)イ，ウ

2 (1)❶$x=-2$　❷$x=9$　❸$x=4$
❹$x=-56$　(2)$x=\frac{15}{4}$

解き方　(2)両辺に8をたすと，
$4x-8+8=7+8$　$4x=15$
両辺を4でわると，
$4x\div4=15\div4$　$x=\frac{15}{4}$

3 (1)$x=5$　(2)$x=3$　(3)$x=1$
(4)$x=-4$　(5)$x=-2$　(6)$x=2$

解き方　(6)左辺の-8を右辺に，右辺の$9x$を左辺に移項すると，
$6x-9x=-14+8$
$-3x=-6$
$x=2$

4 (1)$x=6$　(2)$x=-2$　(3)$x=-2$
(4)$x=-3$

解き方　(4)$3x+10x+6=6x-15$
$7x=-21$　$x=-3$

5 (1)$x=5$　(2)$x=5$　(3)$x=6$
(4)$x=-\frac{7}{2}$　(5)$x=-4$　(6)$x=-16$

解き方　(5)両辺に10をかけると，
$3(3x+6)=2(-1+2x)$
$9x+18=-2+4x$
$5x=-20$　$x=-4$

(6)両辺に100をかけると，
$12(2x-10)-27(x-3)=9$
$24x-120-27x+81=9$　$-3x=48$
$x=-16$

6 (1)$x=\frac{5}{13}$　(2)$x=-7$
(3)$x=-5$　(4)$x=\frac{1}{2}$

解き方　(3)両辺に6をかけると，
$\left(\frac{2x+1}{3}-\frac{x-1}{2}\right)\times6=0\times6$
$(2x+1)\times2-(x-1)\times3=0$
$4x+2-3x+3=0$
↑符号に注意
$x+5=0$
$x=-5$

(4)両辺に12をかけると，
$\left(\frac{2x-1}{3}-\frac{x-2}{2}\right)\times12=\frac{3}{4}\times12$
$(2x-1)\times4-(x-2)\times6=9$
$8x-4-6x+12=9$
$2x=1$
$x=\frac{1}{2}$

7 (1)$x=21$　(2)$x=20$　(3)$x=32$
(4)$x=\frac{3}{2}$　(5)$x=16$　(6)$x=4$

解き方　(6)$\frac{1}{4}:\frac{1}{6}=\frac{1}{4}\times12:\frac{1}{6}\times12$
$=3:2$より，
$(x+5):(10-x)=3:2$
$2(x+5)=3(10-x)$　$2x+10=30-3x$
$5x=20$　$x=4$

8 (1)$a=2$　(2)$a=2$

解き方 (1)xに-1を代入して，
$2a\times(-1)-3=-a\times(-1)-9$
$-2a-3=a-9$　$-3a=-6$　$a=2$
(2)$2x-3=5x+6$を解くと，$x=-3$
この解が$3x+a=ax-1$の解と等しいから，$x=-3$のとき成り立つ。
xに-3を代入して，$-9+a=-3a-1$
$a=2$

9 (1)-2　(2)54

解き方 (1)ある数をxとすると，
$\frac{x+8}{2}-5=x$　$x=-2$
よって，ある数は-2
(2)もとの整数は，一の位の数をxとすると，十の位の数は5だから，$10\times5+x=50+x$と表される。この数の十の位の数と一の位の数を入れかえた数は，
$10\times x+5=10x+5$だから，
$10x+5=(50+x)-9$　$x=4$
よって，もとの整数は，$10\times5+4=54$

10 (1)おにぎり…5個，
ペットボトル…3本
(2)大人…27人，子ども…38人

解き方 (1)おにぎりをx個買ったとすると，ペットボトルは$(8-x)$本買ったから，
$120x+150(8-x)=1050$
両辺を10でわって，
$12x+15(8-x)=105$　$x=5$
よって，おにぎりは5個，ペットボトルは，$8-5=3$(本)
(2)大人の入園者をx人とすると，子どもの入園者は$(65-x)$人となるから，
$400x+100(65-x)=14600$
両辺を100でわって，
$4x+65-x=146$　$x=27$
よって，大人は27人，子どもは，
$65-27=38$(人)

11 (1)130本　(2)135人

解き方 (1)生徒の人数をx人とすると，鉛筆の本数から，$3x+28=4x-6$　$x=34$
よって，鉛筆は，$3\times34+28=130$(本)
別解 鉛筆の本数をx本とすると，生徒の人数から，$\frac{x-28}{3}=\frac{x+6}{4}$　$x=130$
よって，130本
(2)長いすの数をx脚とすると，新入生の数から，$4x+3=5(x-6)$　$x=33$
よって，新入生は，$4\times33+3=135$(人)

ここに注意! (2)では，問われているのは新入生の人数だが，長いすの数をx脚としたほうが方程式をつくりやすい。このように，求めるものをすぐにxとするのではなく，まず，何をxとすれば，他の数量も表しやすくなるかを考えよう。

12 (1)4年後　(2)兄…8歳，弟…2歳

解き方 (1)x年後，母は$(42+x)$歳，3人の子どもは$(15+x)$歳，$(11+x)$歳，$(8+x)$歳になるから，
$42+x=(15+x)+(11+x)+(8+x)$
$x=4$
よって，4年後
(2)現在の弟の年齢をx歳とすると，兄は$4x$歳である。4年後には，弟は$(x+4)$歳，兄は$(4x+4)$歳になるから，
$4x+4=2(x+4)$　$x=2$
よって，弟は2歳，兄は$2\times4=8$(歳)

13 (1)40人　(2)$a=155$

解き方 (1)女子の人数をx人とすると，合計の人数は$(22+x)$人

$60\times22+62x=60.9(22+x)$

$x=18$

よって，クラスの人数は，

$22+18=40$(人)

(2)10人の平均が159.5cmだから，10人の合計は，$159.5\times10=1595$(cm)

表からEとH以外の8人の合計は1284cmなので，$a+(a+1)+1284=1595$

$a=155$

14 $\frac{7}{5}$km

解き方　徒歩の区間を$x$kmとすると，バスの区間は，$(13-x)$kmである。

50分$=\frac{5}{6}$時間より，

$\frac{x}{4}+\frac{13-x}{24}=\frac{5}{6}$

$x=\frac{7}{5}$

よって，$\frac{7}{5}$km

15 8時21分

解き方　8時x分に弟が姉に追いつくとすると，姉の進んだ道のり＝弟の進んだ道のりとなるので，$60x=210(x-15)$

$x=21$

このとき，$60\times21=1260$(m)<1500mなので，姉が駅に着く前に，弟は追いつくことができる。

16 315円

解き方　昨日のショートケーキ1個の値段をx円とすると，

	昨日	今日
1個の値段(円)	x	$x-30$
売れた個数(個)	200	$200\times1.2=240$
売り上げ(円)	$200x$	$240(x-30)$

表より，$240(x-30)=200x+5400$

$x=315$

よって，315円

17 (1)$a=8$　(2)200g　(3)$x=30$

解き方　(1)a%の食塩水100gに溶けている食塩の重さは，$100\times\frac{a}{100}=a$(g)

同様に，11%の食塩水200g，10%の食塩水$100+200=300$(g)に溶けている食塩の重さは，それぞれ，

$200\times\frac{11}{100}=22$(g)，$300\times\frac{10}{100}=30$(g)

混ぜる前と後で，食塩の重さは変わらないから，

$a+22=30$より，$a=8$

(2)3%の食塩水をxgとすると，6%の食塩水は$(600-x)$gである。

濃度(%)	3	6	5
食塩水の重さ(g)	x	$600-x$	600
食塩の重さ(g)	$x\times\frac{3}{100}$	$(600-x)\times\frac{6}{100}$	$600\times\frac{5}{100}$

混ぜる前と後で，食塩の重さは変わらないから，

$\frac{3}{100}x+\frac{6}{100}(600-x)=600\times\frac{5}{100}$

$x=200$

よって，200g

(3)xg蒸発させても，8%の食塩水$(100-x)$gに溶けている食塩の重さと，14%の食塩水$100-x-x=100-2x$(g)に溶けている食塩の重さは変わらないから，

$(100-x)\times\frac{8}{100}=(100-2x)\times\frac{14}{100}$

$x=30$

18 (1)❶$x=\frac{180}{11}$　❷$x=\frac{540}{11}$

(2)4時$\frac{150}{11}$分と4時30分

解き方　(1)❶

$6x-(90+0.5x)=0$

$x=\frac{180}{11}$

❷$6x-(90+0.5x)=180$

$x=\frac{540}{11}$

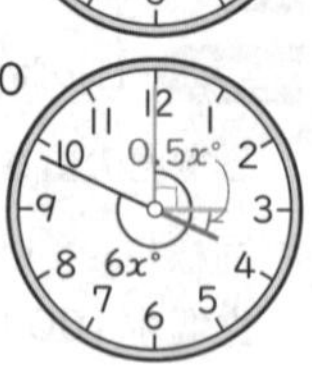

(2)4時のときの長針と短針のなす角は120°だから，4時x分に両針が45°の角をなすとすると，

㋐はじめて45°になるときは，

$(120+0.5x)-6x=45$

$x=\frac{150}{11}$

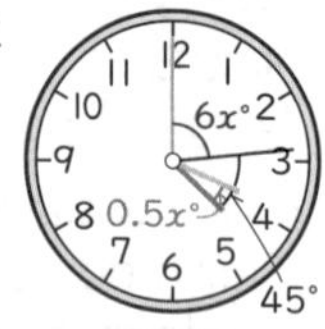

㋑2回目に45°になるときは，

$6x-(120+0.5x)=45$

$x=30$

以上から，4時$\frac{150}{11}$分と

4時30分

19　(1)毎時4m^3　(2)$t=10$

解き方　(1)給水管Bが毎時xm^{3}の割合で給水するとする。Cが1時間に給水する割合は，$x\times4\div2=2x$(m^3/時)

給水管	A	B	C
給水する割合(m^3/時)	20	x	$2x$
満水までの時間(時間)		4	2

満水にするのに，BとCを同時に使うと，AとBを同時に使った場合の2倍の時間がかかるから，

1時間に給水する割合を考えて，

$20+x=2(x+2x)$　$x=4$

よって，毎時4m^3

(2)Bだけで給水すると4時間かかるから，貯水そうの満水の量は，$4\times4=16$(m^3)

(1)より，Bの給水する割合は毎時4m^{3}なので，Cの給水する割合は，

$4\times2=8$(m^3)より，毎時8m^3

最初t分間はBとCで給水し，$(45-t)$分間はAとBで給水すると満水になるから，

$(4+8)\times\frac{t}{60}+(20+4)\times\frac{45-t}{60}=16$

$t=10$

20　(1)270cm　(2)$60n+30$(cm)　(3)7枚

解き方　(1)並べた正三角形4枚の周の長さの合計は，$30\times3\times4=360$(cm)

重なる部分の正三角形3つの周の長さの合計は，1辺が10cmだから，

$10\times3\times3=90$(cm)

よって，周の長さは，$360-90=270$(cm)

(2)正三角形n枚の周の長さの合計は，

$30\times3\times n=90n$(cm)

重なる部分の正三角形は，$(n-1)$個できるので，重なる部分の周の長さの合計は，

$10\times3\times(n-1)=30(n-1)$(cm)

よって，n枚の正三角形を並べたときの周の長さは，

$90n-30(n-1)=60n+30$(cm)

(3)(2)より，$60n+30=450$

$n=7$

よって，7枚

章末問題 A

1　(1)$x=5$　(2)$x=7$　(3)$x=1$　(4)$x=6$　(5)$x=8$　(6)$x=-16$　(7)$x=-10$　(8)$x=-2$

解き方　(8)両辺に12をかけて分母をはらうと，

$\left(\frac{x-2}{4}+\frac{2-5x}{6}\right)\times12=1\times12$

$(x-2)\times3+(2-5x)\times2=12$

$3x-6+4-10x=12$　$-7x=14$

$x=-2$

2　(1)$x=12$　(2)$x=8$

解き方　(2)比例式の性質を使って,

$2(x+7)=5(x-2)$　$2x+14=5x-10$

$-3x=-24$　$x=8$

3　$a=-2$

解き方　方程式に解$x=3$を代入すると,

$3\times3-a=2(3-a)+1$　$9-a=6-2a+1$

aの1次方程式として解くと, $a=-2$

4　190g

解き方　おもりCの重さをxgとすると,

Bの重さは$(x-50)$g, Aの重さは,

$x-50-50=x-100$(g)

Dの重さは120gで, 4個の重さの合計が540gだから,

$(x-100)+(x-50)+x+120=540$

$x=190$

よって, 190g

5　2460円

解き方　シュークリーム1個の値段をx円とすると,

$20x-140=18x+120$

$x=130$

よって, 持っていたお金は,

$20\times130-140=2460$(円)

6　(1)1600m　(2)5分後

解き方　(1)家から駅までの道のりをxmとすると, 自転車でかかる時間＝歩いて行く時間−12 だから,

$\frac{x}{200}=\frac{x}{80}-12$　$x=1600$

よって, 1600m

別解　家から駅まで自転車でx分かかるとすると, 歩くと$(x+12)$分かかるので,

$200x=80(x+12)$　$x=8$

よって, 家から駅までは,

$200\times8=1600$(m)

(2)Fさんが家を出発してからx分後に2人が出会ったとする。時間の単位を分, 道のりの単位をmにすると,

時速6km＝分速100m,

時速18km＝分速300m

Iさんは, 家からデパートまで $\frac{3}{12}$時間 $=\frac{3}{12}\times60=15$(分)かかり, 10分間買い物をするので, Fさんが家を出発するときには, Iさんがデパートを出発して $35-(15+10)=10$(分)たっている。

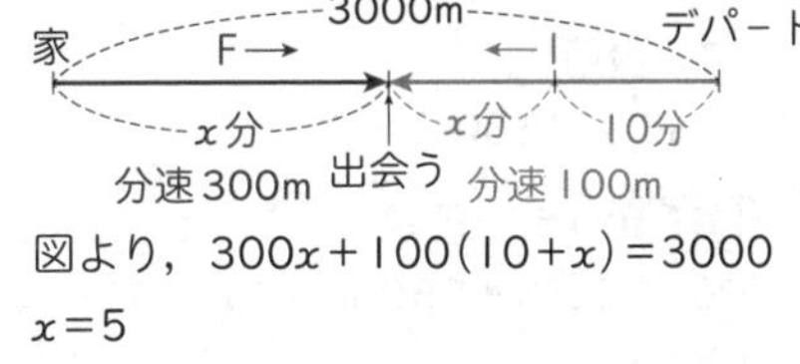

図より, $300x+100(10+x)=3000$

$x=5$

よって, 5分後

7　110ページ

解き方　本の全ページ数をxページとする。

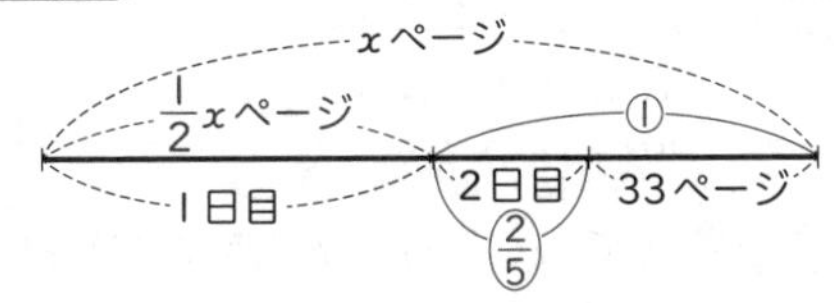

図より, $\frac{1}{2}x+\left(1-\frac{1}{2}\right)x\times\frac{2}{5}+33=x$

$x=110$

よって, 110ページ

章末問題 B

8　(1)$x=-2$　(2)$x=\frac{29}{2}$　(3)$x=48$　(4)$x=\frac{4}{7}$

解き方　(1)両辺に6をかけると，

$2(2x-14)=3(x+2)+18x$

$4x-28=3x+6+18x$　$-17x=34$

$x=-2$

(4)両辺に12をかけると，

$59x+3\left(x-\frac{4}{3}\right)=22(2-x)$

$59x+3x-4=44-22x$　$84x=48$

$x=\frac{4}{7}$

9　31500円

解き方　クラスの生徒の人数をx人とすると，$(700x-500)+7500=(700+200)x$

$x=35$

よって，費用は，

$900\times35=31500$(円)

ここに注意!　「500円余る」からといって，$(700x+500)+7500=(700+200)x$としないこと。$x$人から700円ずつ集めて500円余る見込みだったので，予定していた費用は$(700x-500)$円となる。

10　(1)道のり…1200m，
時刻…9時18分
(2)9時46分

解き方　道のりの単位をm，時間の単位を分にそろえると，

時速7.5km＝分速125m，

時速4km＝分速$\frac{200}{3}$m，

時速9km＝分速150m

(1)A地点からB地点までの道のりをxmとすると，A地点からC地点まで70分かかったので，$x\div\frac{200}{3}+\frac{7700-x}{125}=70$

$\frac{3x}{200}+\frac{7700-x}{125}=70$

$x=1200$

よって，道のりは1200m

かかった時間は，$1200\div\frac{200}{3}$

$=1200\times\frac{3}{200}=18$(分)だから，B地点に到着した時刻は，9時18分

(2)菊代さんが出発してからy分後に梅子さんとすれ違ったとする。

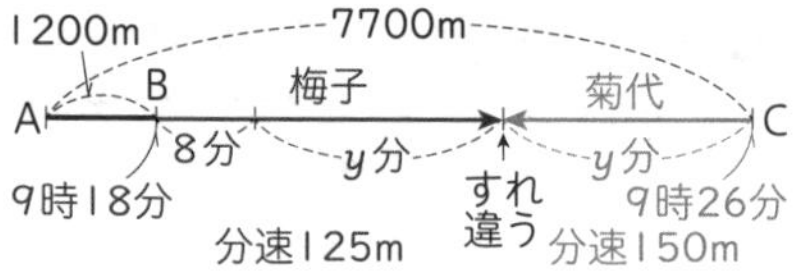

菊代さんがC地点を出発したとき，梅子さんは，$26-18=8$(分間)進んでいるので，

$125(8+y)+150y=7700-1200$

$y=20$

よって，すれ違った時刻は，

9時26分＋20分＝9時46分

11　(1)$0.8A-240$(円)　(2)$x=100$　(3)450円

解き方　(1)表をつくると，下のようになる。

	1日目	2日目	3日目
定価(円)	A	0.8A	0.8A−240
売上げ個数(個)	$0.6x$	$0.3x$	10
売上げ金額(円) ＝定価×売上げ個数	A×$0.6x$	0.8A×$0.3x$	(0.8A−240) ×10

(2)表より，売上げ個数で式をつくると，

$0.6x+0.3x+10=x$

$x=100$

(3)3日間の売上げ金額は，表の一番下の段で，$x=100$を代入して合計すればよい。

$60A+24A+8A-2400=85000$

$A=950$

1個500円で仕入れているから，1日目における商品1個あたりの利益は，
950－500＝450(円)

12 160g

解き方　Aからxg，Bから$(100-x)$gの食塩水を取り出してCに入れたとする。

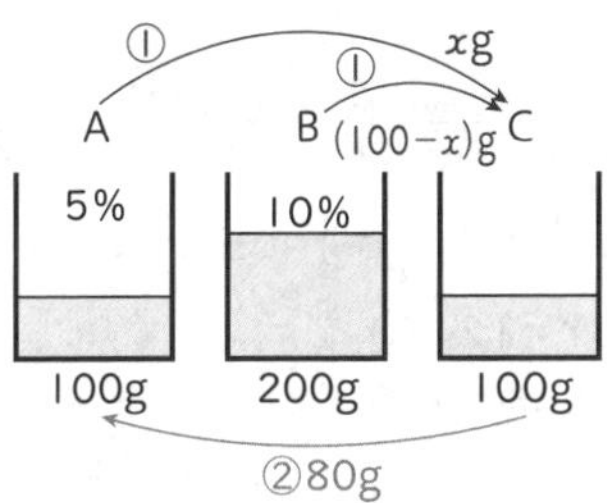

このとき，Aの7%の食塩水の重さは，
$100-x+80=180-x$(g)…①
CからAに入れる80gの食塩水に溶けている食塩の重さは，
$\left\{x\times\frac{5}{100}+(100-x)\times\frac{10}{100}\right\}\times\frac{80}{100}$(g)…②
Aからxg取り出した残りの$(100-x)$gに溶けている食塩の重さは，
$(100-x)\times\frac{5}{100}$(g)…③
②と③の合計が7%の食塩水$(180-x)$gに溶けている食塩の重さに等しいから，
②＋③$=(180-x)\times\frac{7}{100}$
両辺に100をかけると，
$\{5x+10(100-x)\}\times\frac{4}{5}+5(100-x)=7(180-x)$
$x=20$
よって，容器Aに入っている7%の食塩水は，①より，180－20＝160(g)

第2章　連立方程式

p.164～185

21 イ，エ

解き方　$x=3$，$x=-2$を代入して，方程式が成り立つものを選ぶ。

22 (1)$x=3$，$y=-1$　(2)$x=2$，$y=5$　(3)$x=1$，$y=2$　(4)$x=\frac{1}{7}$，$y=\frac{1}{7}$

解き方　以下，すべて上の式を①，下の式を②とする。
(4)①×9－②×5より，$56y=8$　$y=\frac{1}{7}$
$y=\frac{1}{7}$を①に代入して，$5x=\frac{5}{7}$　$x=\frac{1}{7}$
別解　①＋②より，$14x+14y=4$
$x+y=\frac{2}{7}$…③
②－①より，$4x-4y=0$　$x-y=0$…④
③，④より，$x=y=\frac{1}{7}$

23 (1)$x=2$，$y=-3$　(2)$x=\frac{4}{3}$，$y=\frac{10}{3}$　(3)$x=-3$，$y=1$　(4)$x=2$，$y=6$

解き方　(4)①より，$y=7x-8$…①′
①′を②に代入して，$-9x+4(7x-8)=6$
$19x=38$　$x=2$
$x=2$を①′に代入して，$y=7\times2-8=6$

参考　(4)のように，はじめから$ax+by=c$の形になっているときは，加減法で解いてもよい。(1)～(3)のように，$x=$～，$y=$～の形になっているときは，わざわざ$ax+by=c$の形になおすと計算ミスをしやすいので，代入法で解こう。

24 (1)$x=5$，$y=-2$　(2)$x=8$，$y=-1$　(3)$x=3$，$y=\frac{1}{3}$　(4)$x=6$，$y=3$

解き方　(4)①より，$2(x+4)=5(y+1)$
$2x-5y=-3$…①′
②より，$x-3y=-3$…②′
①′－②′×2より，$y=3$

$y=3$ を②′ に代入して，$x-3\times3=-3$

$x=6$

25 (1)$x=2$，$y=-3$　(2)$x=5$，$y=-7$　(3)$x=-5$，$y=-1$　(4)$a=-2$，$b=4$

解き方　(3)① ×10より，$2x-7y=-3$…①′

② ×100より，$3x-2y=-13$…②′

①′ ×3－②′ ×2より，$-17y=17$

$y=-1$

$y=-1$ を①′ に代入して，

$2x-7\times(-1)=-3$　$x=-5$

(4)$2.5\times1.1b=c$ とおくと，$a+c=9$…①′

② ×10より，$12a+7c=53$…②′

①′，②′ より，$a=-2$，$c=11$

$2.5\times1.1b=11$ より，$b=4$

26 (1)$x=5$，$y=7$　(2)$x=33$，$y=-27$　(3)$x=4$，$y=3$　(4)$x=2$，$y=11$

解き方　(2)① ×15より，

$5(2x+y)-3(x-y)=15$

$7x+8y=15$…①′

①′ ×3－② ×4より，$x=33$

$x=33$ を②に代入して，$5\times33+6y=3$

$y=-27$

(3)① ×10より，$x+3y=13$…①′

② ×4より，$4x-y=5+2x$

$2x-y=5$…②′

①′ ＋②′ ×3より，$7x=28$　$x=4$

$x=4$ を①′ に代入して，$4+3y=13$

$y=3$

(4)① ×6より，$2(4x+1)-(y-5)=12$

$8x-y=5$…①′

②より，$5x-y=-1$…②′

①′ －②′ より，$3x=6$　$x=2$

$x=2$ を②′ に代入して，$5\times2-y=-1$

$y=11$

27 (1)$x=2$, $y=-2$　(2)$x=-\frac{1}{2}$, $y=\frac{2}{3}$　(3)$x=-2$，$y=-1$　(4)$x=9$，$y=-6$

解き方　(3) $\begin{cases} 5x-7y-4=5x+3\cdots① \\ 8x+y+10=5x+3\cdots② \end{cases}$

①より，$-7y=7$　$y=-1$

②より，$3x+y=-7$　$3x=-6$　$x=-2$

28 (1)$x=\frac{1}{3}$，$y=-\frac{1}{2}$　(2)$x=\frac{1}{2}$，$y=\frac{3}{2}$

解き方　(1)$\frac{1}{x}=X$，$\frac{1}{y}=Y$ とおくと，

$\begin{cases} 2X-3Y=12\cdots① \\ 5X+2Y=11\cdots② \end{cases}$

① ×2＋② ×3より，$19X=57$　$X=3$

$X=3$ を①に代入して，$Y=-2$

よって，$\frac{1}{x}=3$ より，$x=\frac{1}{3}$

$\frac{1}{y}=-2$ より，$y=-\frac{1}{2}$

(2)$\frac{1}{x+y}=X$，$\frac{1}{x-y}=Y$ とおくと，

$\begin{cases} 2X+3Y=-2\cdots① \\ 2X-Y=2\quad\cdots② \end{cases}$

①－②より，$4Y=-4$　$Y=-1$

$Y=-1$ を②に代入して，$X=\frac{1}{2}$

$\frac{1}{x+y}=\frac{1}{2}$ より，$x+y=2$…③

$\frac{1}{x-y}=-1$ より，$x-y=-1$…④

③＋④より，$2x=1$　$x=\frac{1}{2}$

$x=\frac{1}{2}$ を③に代入して，$y=\frac{3}{2}$

29 (1)$x=3$，$y=3$，$z=-1$　(2)$x=0$，$y=-\frac{1}{6}$，$z=\frac{1}{3}$

解き方　上の式を①，真ん中の式を②，下の式を③とする。

(1)①＋②＋③より，$6x+6y+6z=30$

$x+y+z=5$…④

①より，$x=9-2y$

④に代入して，$y-z=4$…⑤

⑤＋②÷2より，$y=3$

⑤に代入して，$z=-1$

④に代入して，$x=3$

(2)①＋②より，$3x+2y=-\frac{1}{3}$…④

②×2＋③より，$x+y=-\frac{1}{6}$…⑤

④－⑤×2より，$x=0$

⑤に代入して，$y=-\frac{1}{6}$

①に代入して，$z=\frac{1}{3}$

30 (1)$a=-5$，$b=2$　(2)$a=1$，$b=-1$

解き方　(2)2組の連立方程式が同じ解をもつので，$\begin{cases}5x+4y=6\\3x+4y=10\end{cases}$ を解くと，

$x=-2$，$y=4$

これが $\begin{cases}4ax-5by=12\\3ax+2by=-14\end{cases}$ の解でもあるので，$x=-2$，$y=4$を代入して，

$\begin{cases}-8a-20b=12\\-6a+8b=-14\end{cases}$

よって，$a=1$，$b=-1$

31 369

解き方　3けたの自然数の百の位の数をx，一の位の数をyとすると，十の位の数は$2x$と表すことができる。

各位の数の和は18だから，

$x+2x+y=18$　$3x+y=18$…①

百の位の数と一の位の数を入れかえた数は，$100y+10\times2x+x$だから，

$100y+20x+x=100x+20x+y+594$

$-99x+99y=594$　$x-y=-6$…②

①，②より，$x=3$，$y=9$

よって，もとの自然数は，369

32 (1)大人…25人，子ども…45人
(2)チョコレート…5個，あめ…2個

解き方　(1)参加した大人の人数をx人，子どもの人数をy人とすると，

$\begin{cases}y=2x-5\\600x+300y=28500\end{cases}$

$x=25$，$y=45$

よって，大人は25人，子どもは45人

(2)チョコレートをx個，あめをy個買ったとすると，

$\begin{cases}54x+81y=432\\20x+12y=124\end{cases}$

$x=5$，$y=2$

よって，チョコレートは5個，あめは2個

33 A…時速5.4km，B…時速3km

解き方　A，Bそれぞれの最初の歩く速さを，時速$x$km，時速$y$kmとする。

30分＝0.5時間で，A，Bの2人が歩いた道のりの和が4.2kmになるから，

$0.5x+0.5y=4.2$　$x+y=8.4$…①

140分＝$\frac{7}{3}$時間で，A，Bの2人が歩いた道のりの差が4.2kmになる。

Bの速さは時速$1.2y$kmになっていることから，$\frac{7}{3}x-\frac{7}{3}\times1.2y=4.2$

$x-1.2y=1.8$…②

①，②より，$x=5.4$，$y=3$

よって，Aの速さは時速5.4km，Bの速さは時速3km

34 車両1両の長さ…30m，
トンネルの長さ…760m

解き方　車両1両の長さをxm，トンネルの長さをymとすると，

上りの列車の速さは，

$90000\div3600=25$(m)より，秒速25m，

下りの列車の速さは，
$72000 \div 3600 = 20$(m)より，秒速20m
上りの列車がトンネルに入りはじめて，完全に通り抜けるまでに40秒かかったので，
$8x+y=25\times40$　$8x+y=1000$…①
下りの列車でも同様に考えて，
$12x+y=20\times(40+16)$
$12x+y=1120$…②
①，②より，$x=30$，$y=760$
よって，車両1両の長さは30m，トンネルの長さは760m

35　$x=12$，$y=2$

解き方　上りの速さは秒速$(6-1.5y)$mだから，$x=4(6-1.5y)$　$x+6y=24$…①
下りの速さは秒速$(6+y)$mだから，橋の長さと船の長さの和を考えて，
$28+x=5(6+y)$　$x-5y=2$…②
①，②より，$x=12$，$y=2$

36　1980人

解き方　昼の部の大人の人数をx人，子どもの人数をy人とする。
昼の部の人数より，$x+y=2450$…①
夜の部は昼の部に比べて，大人は20％増加し，子どもは15％減少するので，夜の大人の人数は$(1+0.2)x=1.2x$(人)，子どもの人数は$(1-0.15)y=0.85y$(人)となる。
よって，$1.2x=0.85y+1300$…②
①，②より，$x=1650$，$y=800$
したがって，夜の部の大人の人数は，
$1650\times1.2=1980$(人)

ここに注意！　この問題は，夜の部の大人と子どもの人数を比べて1300人多いとなっている。例題36のように，1日目と2日目を比べているのではないので，増減分では式をつくれない。

37　$x=700$，$y=100$

解き方

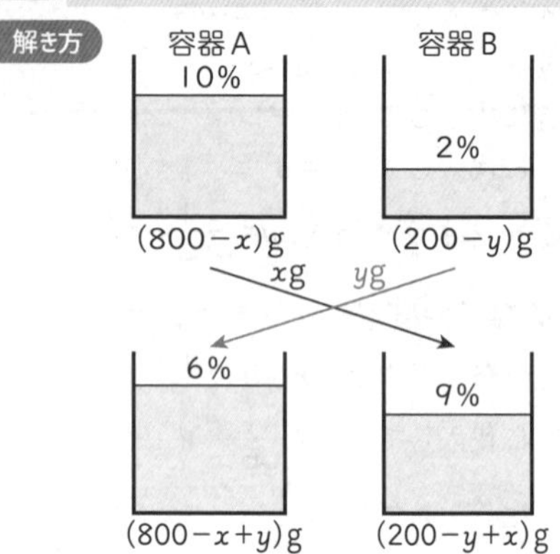

上の図のように，容器Aは，10％の食塩水$(800-x)$gと2％の食塩水ygを混ぜて，6％の食塩水$(800-x+y)$gをつくるので，ふくまれている食塩の重さから，
$\frac{10}{100}(800-x)+\frac{2}{100}y=\frac{6}{100}(800-x+y)$
$x+y=800$…①
容器Bでも同様に考える。2％の食塩水$(200-y)$gと10％の食塩水xgを混ぜて，9％の食塩水$(200-y+x)$gをつくるから，
$\frac{2}{100}(200-y)+\frac{10}{100}x=\frac{9}{100}(200-y+x)$
$x+7y=1400$…②
①，②より，$x=700$，$y=100$

章末問題A

13　(1)$x=62, y=85$　(2)$x=\frac{5}{2}, y=-\frac{3}{2}$
(3)$x=3$，$y=-3$　(4)$x=2$，$y=-3$

解き方　(3)上の式を①，下の式を②とする。
①×6より，$2x-3y=15$…①′
②×10より，$3x-2y=15$…②′
①′×3−②′×2より，$-5y=15$　$y=-3$
$y=-3$を①′に代入して，
$2x-3\times(-3)=15$　$x=3$

(4)$\begin{cases} 5x+y=7 \cdots ① \\ 2x-y=7 \cdots ② \end{cases}$

①＋②より，$7x=14$　$x=2$

$x=2$を①に代入して，$5\times2+y=7$

$y=-3$

14 $a=3$，$b=1$

解き方　連立方程式に，$x=-1$，$y=2$を代入すると，

$$\begin{cases}-a+b=-2\\a+2b=5\end{cases}$$

よって，$a=3$，$b=1$

15 75

解き方　もとの2けたの整数の十の位の数をx，一の位の数をyとすると，

$$\begin{cases}x+y=12\\10y+x=10x+y-18\end{cases}$$

$x=7$，$y=5$

よって，もとの整数は，75

16 Aの速さ…毎分320m，
Bの速さ…毎分280m

解き方　Aの速さを毎分xm，Bの速さを毎分ymとする。

逆方向にまわるとき，

$4x+4y=2400$　$x+y=600$…①

同じ方向にまわるとき，

$60x-60y=2400$　$x-y=40$…②

①，②より，$x=320$，$y=280$

よって，Aの速さは毎分320m，Bの速さは毎分280m

17 32人

解き方　男子をx人，女子をy人とすると，

$x+y=180$…①

男子の16％と女子の20％の人数が等しいから，$0.16x=0.2y$…②

①，②より，$x=100$，$y=80$

よって，自転車通学している生徒は，全部で，$0.16\times100\times2=32$(人)

18 (例)鉛筆1本の定価をx円，ノート1冊の定価をy円とすると，

$6x+3y=840$…①

鉛筆1本，ノート1冊の値引き後の値段は，それぞれ$(1-0.2)x=0.8x$(円)，$(1-0.3)y=0.7y$(円)となるので，

$0.8x\times10+0.7y\times5=10x+5y-340$

$4x+3y=680$…②

①，②より，$x=80$，$y=120$

よって，鉛筆1本の定価は，80円

ノート1冊の定価は，120円

別解　値引き額の合計が340円だから，②の式を$0.2x\times10+0.3y\times5=340$ より，$4x+3y=680$ としてもよい。

章末問題B

19 (1)$x=2.4, y=4.8$　(2)$x=3, y=-\frac{7}{6}$

解き方　(1)上の式を①，下の式を②とする。

①×12より，$4(3x-5y)-3(5x-8y)=12$

$-3x+4y=12$…①′

②×10より，$5(2x-y)-2(3x-4y)=24$

$4x+3y=24$…②′

①′，②′より，$x=2.4$，$y=4.8$

(2)$\frac{1}{x-1}=X$，$\frac{1}{x+2y}=Y$とおくと，

$$\begin{cases}X+3Y=5 & \cdots① \\ 4X-2Y=-1 & \cdots②\end{cases}$$

①，②より，$X=\frac{1}{2}$，$Y=\frac{3}{2}$

$\frac{1}{x-1}=\frac{1}{2}$より，$x-1=2$　$x=3$

$\frac{1}{x+2y}=\frac{3}{2}$より，$x+2y=\frac{2}{3}$

$x=3$を代入して，$3+2y=\frac{2}{3}$　$y=-\frac{7}{6}$

第2編 方程式　第1章 1次方程式　第2章 連立方程式　第3章 2次方程式

20 $a=3,\ b=3$

解き方 $\begin{cases} x+ay=13 \cdots ① \\ 2x-y=5 \ \cdots ② \end{cases}$ の解を $x=p$, $y=q$ とすると，$x=p-1$，$y=q-1$ が

$\begin{cases} 2x+3y=12 \cdots ③ \\ bx+4y=17 \cdots ④ \end{cases}$ の解である。

②より，$2p-q=5 \cdots ②'$

③より，$2(p-1)+3(q-1)=12$

$2p+3q=17 \cdots ③'$

②′，③′ より，$p=4$，$q=3$

よって，$x=4$，$y=3$ が①の解だから，

$4+3a=13 \quad a=3$

$x=4-1=3$，$y=3-1=2$ が④の解だから，

$3b+8=17 \quad b=3$

21 $x=228$

解き方

自宅 Q P
xkm
ykm
(30分休憩)
70km/時
40km/時
5時間18分

上の図のように，自宅からQ地点までの道のりを $y$km とすると，QP間の道のりは，$(x-y)$km

かかった時間から，

$\dfrac{y}{70}+\dfrac{30}{60}+\dfrac{x-y}{40}=5\dfrac{18}{60} \cdots ①$

①×280より，$7x-3y=1344 \cdots ①'$

ガソリンの使用量から，

$\dfrac{y}{12}+\dfrac{x-y}{9}=23 \cdots ②$

②×36より，$4x-y=828 \cdots ②'$

①′，②′ より，$x=228$，$y=84$

22 (例) 特急列車の速さを秒速 xm，貨物列車の速さを秒速 ym とする。

また，鉄橋の長さを am とするとき，特急列車が鉄橋を渡り切るまでに進む距離は $(160+a)$m

この距離を進むのに43.2秒かかるから，

$43.2x=160+a \cdots ①$

貨物列車が鉄橋を渡り切るまでに進む距離は $(540+a)$m

この距離を進むのに101.6秒かかるから，

$101.6y=540+a \cdots ②$

また，特急列車と貨物列車がすれ違うまでに進む距離は

$160+540=700$(m) で，かかる時間は $\dfrac{28}{3}$ 秒だから，

$\dfrac{28}{3}x+\dfrac{28}{3}y=700 \cdots ③$

①−②より，

$43.2x-101.6y=-380 \cdots ④$

③より，$x+y=75 \quad y=75-x \cdots ③'$

③′ を④に代入して，

$43.2x-101.6(75-x)=-380$

$x=50$

③′ より，$y=25$

よって，特急列車の速さは秒速50m，貨物列車の速さは秒速25m

23 $x=5$，$y=3.5$

解き方 はじめの容器A，Bの食塩水にふくまれる食塩は，それぞれ

$500\times\dfrac{x}{100}=5x$(g)，$400\times\dfrac{y}{100}=4y$(g)

Aの食塩水200gにふくまれる食塩は，

$5x\times\dfrac{200}{500}=2x$(g) で，Aから200gを取り出してBに入れたあと，Bの食塩水にふくまれる食塩は $(4y+2x)$g となる。Bの濃度は4％で，重さは $400+200=600$(g) だから，

$4y+2x=600\times\dfrac{4}{100} \quad x+2y=12 \cdots ①$

最後にできたAの食塩水にふくまれる食塩は，$500\times\frac{4.6}{100}=23$(g)，Bの食塩水にふくまれる食塩の重さは，$400\times\frac{4}{100}=16$(g)
$23+16=39$(g)の食塩は，はじめのAとBの食塩の合計に等しいので，
$5x+4y=39$…②
①，②より，$x=5$，$y=3.5$

24 解をもたないとき，$a=-3$
解をもつとき，$a=2$

解き方　上の式を①，真ん中の式を②，下の式を③とする。
①＋②より，$(a+3)x=1$…④
③－①より，$(a-2)y=0$…⑤
この連立方程式が解をもつのは，④より，$a+3\neq0$，つまり$a\neq-3$のときである。
よって，解をもたないとき，$a=-3$
⑤より，$a\neq2$とすると，$y=0$になるので，$xyz\neq0$を満たす解をもつためには，$a=2$とならなければならない。
$a=2$のとき，

$$\begin{cases} x+y-z=1 & \cdots① \\ 4x-y+z=0 & \cdots②' \\ x+y-z=1 & \cdots③' \end{cases}$$

①＋②′より，$5x=1$　$x=\frac{1}{5}$
$x=\frac{1}{5}$を①に代入して，$\frac{1}{5}+y-z=1$
$y-z=\frac{4}{5}$…⑥
③′は①と同じ式なので，⑥を満たす$y\neq0$，$z\neq0$である解y，zは無数にあり，これらはすべて条件$xyz\neq0$を満たしている。よって，$xyz\neq0$を満たす解をもつとき，$a=2$

〈参考〉　$a=-3$のとき，
$\begin{cases} x+y-z=1 & \cdots① \\ -x-y+z=0 & \cdots②'' \end{cases}$　となり，①＋②″より，$0=1$となるから，不能である。
よって，この連立方程式は解をもたないことがわかる。
不能，不定については，p.165参照。

第3章　2次方程式

p.186～205

38 (1)$x=\pm3\sqrt{2}$　(2)$x=\pm3$
(3)$x=\pm\frac{2}{5}$　(4)$x=\pm\sqrt{15}$
(5)$x=\pm2\sqrt{6}$　(6)$x=\pm\frac{4\sqrt{5}}{5}$

解き方　(6)$5x^2=16$　$x^2=\frac{16}{5}$
$x=\pm\sqrt{\frac{16}{5}}=\pm\frac{\sqrt{16}}{\sqrt{5}}=\pm\frac{4}{\sqrt{5}}=\pm\frac{4\sqrt{5}}{5}$

39 (1)$x=2\pm\sqrt{7}$　(2)$x=7,\ -9$
(3)$x=1\pm\sqrt{2}$　(4)$x=1,\ -7$
(5)$x=-5\pm2\sqrt{3}$　(6)$x=\frac{9\pm5\sqrt{3}}{12}$

解き方　(5)$2(x+5)^2-24=0$　$(x+5)^2=12$
$x+5=\pm2\sqrt{3}$　$x=-5\pm2\sqrt{3}$
(6)$3(4x-3)^2=25$　$(4x-3)^2=\frac{25}{3}$
$4x-3=\pm\frac{5}{\sqrt{3}}$　$4x=3\pm\frac{5\sqrt{3}}{3}$
$4x=\frac{9\pm5\sqrt{3}}{3}$　$x=\frac{9\pm5\sqrt{3}}{12}$

40 (1)❶$x=-1\pm\sqrt{5}$　❷$x=3\pm\sqrt{2}$
❸$x=\frac{5\pm\sqrt{17}}{2}$　❹$x=1,\ -8$
(2)$x^2+bx+c=0$
$x^2+bx=-c$
$x^2+bx+\left(\frac{b}{2}\right)^2=-c+\left(\frac{b}{2}\right)^2$
$\left(x+\frac{b}{2}\right)^2=\frac{b^2-4c}{4}$
$b^2-4c>0$より，$x+\frac{b}{2}=\pm\frac{\sqrt{b^2-4c}}{2}$
$x=-\frac{b}{2}\pm\frac{\sqrt{b^2-4c}}{2}$　$x=\frac{-b\pm\sqrt{b^2-4c}}{2}$

解き方　(1)❷$x^2-6x=-7$　両辺に3^2を加えて，$x^2-6x+3^2=-7+3^2$　$(x-3)^2=2$
$x-3=\pm\sqrt{2}$　$x=3\pm\sqrt{2}$
❸$x^2-5x=-2$　両辺に$\left(\frac{5}{2}\right)^2$を加えて，
$x^2-5x+\left(\frac{5}{2}\right)^2=-2+\left(\frac{5}{2}\right)^2$　$\left(x-\frac{5}{2}\right)^2=\frac{17}{4}$
$x-\frac{5}{2}=\pm\frac{\sqrt{17}}{2}$　$x=\frac{5\pm\sqrt{17}}{2}$

41　(1)$x=\frac{3\pm\sqrt{29}}{2}$　(2)$x=-4\pm\sqrt{10}$
(3)$x=\frac{2}{5}$，-1　(4)$x=\frac{-3\pm\sqrt{3}}{2}$
(5)$x=\frac{5\pm\sqrt{41}}{8}$　(6)$x=\frac{5\pm\sqrt{5}}{5}$

解き方　(2)$ax^2+2b'x+c=0$の解の公式
$x=\frac{-b'\pm\sqrt{b'^2-ac}}{a}$を使う。
$2b'=8$より，$b'=4$
$x=\frac{-4\pm\sqrt{4^2-1\times6}}{1}=-4\pm\sqrt{10}$
(3)$a=5$，$b=3$，$c=-2$を解の公式に代入して，
$x=\frac{-3\pm\sqrt{3^2-4\times5\times(-2)}}{2\times5}=\frac{-3\pm\sqrt{49}}{10}$
$=\frac{-3\pm7}{10}$
$x=\frac{-3+7}{10}=\frac{2}{5}$，$x=\frac{-3-7}{10}=-1$

42　(1)$x=2$，3　(2)$x=-5$，-7
(3)$x=8$，-2　(4)$x=-5$
(5)$x=3$　(6)$x=2$，6

解き方　(4)$x^2+10x+25=0$　$(x+5)^2=0$
$x=-5$
(6)$2x^2-16x+24=0$　$x^2-8x+12=0$
$(x-2)(x-6)=0$　$x=2$，6

43　(1)$x=-3$，2　(2)$x=\frac{7\pm2\sqrt{7}}{7}$
(3)$x=\frac{5\pm\sqrt{13}}{6}$　(4)$x=\frac{7\pm\sqrt{37}}{6}$
(5)$x=3\pm\sqrt{10}$　(6)$x=\frac{-5\pm\sqrt{33}}{4}$

解き方　(2)$x^2-1=-2(3x^2-x-6x+2)$
$7x^2-14x+3=0$
解の公式より，
$x=\frac{-(-7)\pm\sqrt{(-7)^2-7\times3}}{7}=\frac{7\pm\sqrt{28}}{7}$
$=\frac{7\pm2\sqrt{7}}{7}$
(5)両辺に12をかけて，
$3(x+1)^2=4(x+1)(x-1)+6$
$3x^2+6x+3=4x^2-4+6$　$x^2-6x-1=0$
$x=-(-3)\pm\sqrt{(-3)^2-1\times(-1)}$
$x=3\pm\sqrt{10}$
(6)両辺に18をかけて，
$2(2-x)-12=-(x+3)(3-2x)$
×2　×3　×3
$4-2x-12=2x^2+3x-9$
$2x^2+5x-1=0$
$x=\frac{-5\pm\sqrt{5^2-4\times2\times(-1)}}{2\times2}=\frac{-5\pm\sqrt{33}}{4}$

44　(1)$x=6$，-2　(2)$x=\frac{1\pm\sqrt{13}}{6}$
(3)$x=\frac{1}{4}$，$-\frac{3}{4}$　(4)$x=\frac{1}{3}$，$\frac{1}{6}$
(5)$x=36$，25　(6)$x=\frac{13}{3}$，$\frac{13}{6}$

解き方　(3)$4x=X$とおくと，
$16x^2=(4x)^2=X^2$，$8x=2X$より，
$X^2+2X-3=0$　$(X-1)(X+3)=0$
$X=1$，-3　よって，$4x=1$，-3より，
$x=\frac{1}{4}$，$-\frac{3}{4}$
(4)$3x-1=X$とおくと，$1-3x=-X$より，
$2X^2=-X$　$2X^2+X=0$　$X(2X+1)=0$
$X=0$，$-\frac{1}{2}$
よって，$3x-1=0$，$-\frac{1}{2}$
$3x=1$，$\frac{1}{2}$より，$x=\frac{1}{3}$，$\frac{1}{6}$
(5)$x-29=X$とおくと，$x-30=X-1$

$X^2-3(X-1)-31=0$　$X^2-3X-28=0$
$(X-7)(X+4)=0$　$X=7,\ -4$
$x-29=7,\ -4$ より，$x=36,\ 25$
(6) $3x-5=X$ とおくと，$2X^2-19X+24=0$

$$X=\frac{19\pm\sqrt{19^2-4\times2\times24}}{2\times2}=\frac{19\pm\sqrt{169}}{4}$$

$$=\frac{19\pm13}{4}\quad X=8,\ \frac{3}{2}$$

$3x-5=8,\ \frac{3}{2}$

$3x=13,\ \frac{13}{2}$ より，$x=\frac{13}{3},\ \frac{13}{6}$

45 (1)❶ $a=10$　❷ -3　(2) $x=1$
(3) $a=-1$，他の解…$x=1-\sqrt{2}$

解き方 (1)❶ 2次方程式に $x=4$ を代入して，$(4+1)\times(4-2)=a$　$a=10$
❷ $(x+1)(x-2)=10$ より，$x^2-x-12=0$
$(x-4)(x+3)=0$　$x=4,\ -3$
よって，もう1つの解は -3
(2) $x^2+ax+b=0$ に $x=-2,\ 1$ を代入して，

$$\begin{cases}-2a+b=-4\\ a+b=-1\end{cases}$$

$a=1,\ b=-2$
よって，2次方程式 $x^2+bx+a=0$ は，
$x^2-2x+1=0$　$(x-1)^2=0$　$x=1$

別解 $x^2+ax+b=0$ の2つの解が $-2,\ 1$ なので，左辺は $(x+2)(x-1)=0$ となる。展開して，$x^2+x-2=0$ より，係数を比べて，$a=1,\ b=-2$
あとは 解き方 と同じようにして，$x=1$ を求める。

(3) 2次方程式に $x=1+\sqrt{2}$ を代入して，
$(1+\sqrt{2})^2-2(1+\sqrt{2})+a=0$
$1+2\sqrt{2}+2-2-2\sqrt{2}+a=0$　$a=-1$
よって，$x^2-2x-1=0$ となり，
解は $x=1\pm\sqrt{2}$ より，他の解は $1-\sqrt{2}$

別解 $x=1+\sqrt{2}$ より，$x-1=\sqrt{2}$
両辺を平方して，$(x-1)^2=(\sqrt{2})^2$
$x^2-2x+1=2$　$x^2-2x-1=0$
係数を比べて，$a=-1$
あとは 解き方 と同じようにして，他の解 $1-\sqrt{2}$ を求める。

46 (1) $a=-1,\ b=-3$
(2)❶ $x=-3,\ -6$　❷ $k=9,\ n=-3$

解き方 (1) $x^2-5x+3=0$ の解は，$x=\frac{5\pm\sqrt{13}}{2}$
この2つの解からそれぞれ2をひくと，

$$\frac{5\pm\sqrt{13}}{2}-2=\frac{1\pm\sqrt{13}}{2}$$

$x^2+ax+b=0$ の2つの解を $p,\ q\ (p>q)$ とすると，

$$p=\frac{1+\sqrt{13}}{2},\quad q=\frac{1-\sqrt{13}}{2}$$

$x^2+ax+b=(x-p)(x-q)$
$=x^2-(p+q)x+pq$ より，

$$a=-(p+q)=-\left(\frac{1+\sqrt{13}}{2}+\frac{1-\sqrt{13}}{2}\right)=-1$$

$$b=pq=\frac{1+\sqrt{13}}{2}\times\frac{1-\sqrt{13}}{2}=-3$$

別解 $x^2-5x+3=0$ の2つの解からそれぞれ2をひくと，$\frac{1\pm\sqrt{13}}{2}$ となる。

$x=\frac{1\pm\sqrt{13}}{2}$ を解にもつ2次方程式は，
$2x=1\pm\sqrt{13}$　$2x-1=\pm\sqrt{13}$
$(2x-1)^2=13$
$4x^2-4x-12=0$　$x^2-x-3=0$
よって，$x^2+ax+b=0$ と係数を比べて，
$a=-1,\ b=-3$

別解 $x^2-5x+3=0$ の2つの解を $p,\ q$ とすると，$x^2-5x+3=(x-p)(x-q)$ となる。右辺を展開して，
$x^2-5x+3=x^2-(p+q)x+pq$ より，
$p+q=5,\ pq=3$
$x^2+ax+b=0$ は，$p-2,\ q-2$ の2つの解をもつから，

$$x^2+ax+b=\{x-(p-2)\}\{x-(q-2)\}$$
$$=x^2-(p+q-4)x+(p-2)(q-2)$$

よって，$a=-(p+q-4)=-(5-4)=-1$，

$b=(p-2)(q-2)=pq-2(p+q)+4$
$=3-2\times5+4=-3$

(2)❶$x=5$が㋐の解なので，㋐に代入して，
$5^2-2\times5-(k+6)=0$　$k=9$
よって，㋑は，$x^2+9x+18=0$
$(x+3)(x+6)=0$　$x=-3,\ -6$

❷㋑－㋐より，$(k+2)x+3(k+2)=0$
左辺を因数分解して，$(k+2)(x+3)=0$
よって，$k=-2$，または $x=-3$
$k=-2$のとき，㋑は，$x^2-2x-4=0$
$x=1\pm\sqrt{5}$より，これは整数解をもたない。よって，$k=-2$は不適。
$x=-3$のとき，㋑より$9-3k+2k=0$
$k=9$　このとき，㋐は$x^2-2x-15=0$
$(x-5)(x+3)=0$　$x=5,\ -3$
㋑の解は，❶より，$x=-3,\ -6$
よって，整数で共通な解は，$n=-3$

47　(1)5　(2)7　(3)11

解き方　(1)ある正の数をxとすると，
$x(x-3)=10$　$x^2-3x-10=0$
$(x-5)(x+2)=0$
$x=5,\ -2$　$x>0$より，$x=5$

(2)小さいほうの自然数をxとすると，大きいほうは$x+1$と表せる。
$x^2+(x+1)^2=113$
$x^2+x-56=0$　$(x+8)(x-7)=0$
$x=-8,\ 7$　xは自然数だから，$x=7$

(3)小さいほうの正の奇数をxとすると，大きいほうの正の奇数は$x+2$と表せる。
$(x+2)^2+x^2=20(x+2)+30$
$x^2-8x-33=0$
$(x-11)(x+3)=0$　$x=11,\ -3$
xは正の奇数だから，$x=11$

48　(例)もとの長方形の紙の横の長さは，
$52\div2-x=26-x$(cm)
箱の縦，横，高さは，$(x-6)$cm，$(20-x)$cm，3cmだから，
$3(x-6)(20-x)=120$
$x^2-26x+160=0$
$(x-10)(x-16)=0$　$x=10,\ 16$
縦の長さは切り取る部分2つ分よりも長く，横の長さより短いから，
$6<x<13$より，$x=10$
（13←26÷2）

49　4cm

解き方　AP＝$x$cmとすると，CQ＝$x$cmより，BP＝BQ＝$10-x$(cm)
台形APQC$=\frac{1}{2}\times10\times10-\frac{1}{2}(10-x)^2=32$
$50-\frac{1}{2}(10-x)^2=32$　$(10-x)^2=36$
$10-x=\pm6$　$x=10\pm6$　$x=16,\ 4$
$0<x<10$より，$x=4$
よって，4cm

50　(1)$\frac{100-x}{10}$(g)　(2)$x=20$

解き方　(1)はじめの食塩の重さは，
$100\times\frac{10}{100}=10$(g)
1回目にxgの食塩水を取り出した後に残った食塩の重さは，
$10\times\frac{100-x}{100}=\frac{100-x}{10}$(g)

(2)2回目に$2x$gの食塩水を取り出した後に残った食塩の重さは，
$\frac{100-x}{10}\times\frac{100-2x}{100}$
$=\frac{(100-x)(100-2x)}{1000}$(g)
よって，$\frac{(100-x)(100-2x)}{1000}=100\times\frac{4.8}{100}$
$(100-x)(100-2x)=4800$
$x^2-150x+2600=0$
$(x-20)(x-130)=0$　$x=20,\ 130$
$0<x<50$より，$x=20$

章末問題 A

25 ア，ウ

解き方　$x=1$を代入して，方程式が成り立つものを見つける。

26 (1)$x=1\pm\sqrt{3}$　(2)$x=\dfrac{-2\pm\sqrt{7}}{3}$
(3)$x=7,\ -5$　(4)$x=-2\pm\sqrt{10}$
(5)$x=\dfrac{5\pm\sqrt{21}}{2}$　(6)$x=9,\ -4$

解き方　(6)$2(x^2-16)-9x=x^2-4x+4$
$x^2-5x-36=0$
$(x-9)(x+4)=0$
$x=9,\ -4$

27 (1)$a=-6$　もう1つの解…$x=3$
(2)$a=\pm11,\ \pm7$

解き方　(1)2次方程式$x^2-x+a=0$に$x=-2$を代入して，$4+2+a=0$　$a=-6$
よって，$x^2-x-6=0$
$(x-3)(x+2)=0$
$x=3,\ -2$
よって，もう1つの解は，$x=3$

別解　$x^2-x+a=(x+2)(x-3)=0$となるから，$x^2-x-6=0$　$a=-6$
（-3 ← $-1-(+2)$）
もう1つの解は，$x=3$

(2)$x^2+ax+10=0$より，積が10になる2数の整数の組は，1と10，-1と-10，2と5，-2と-5
aはこの2つの数の和だから，
㋐1と10のとき，$a=1+10=11$
㋑-1と-10のとき，
$a=(-1)+(-10)=-11$
㋒2と5のとき，$a=2+5=7$
㋓-2と-5のとき，
$a=(-2)+(-5)=-7$
以上から，$a=\pm11,\ \pm7$

28 4cm

解き方　もとの長方形の縦の長さを$x$cmとすると，横は$2x$cmである。よって，
$(x+2)(2x+4)=72$　$2(x+2)^2=72$
$(x+2)^2=36$　$x+2=\pm6$　$x=4,\ -8$
$x>0$より，$x=4$

29 (例)直方体Qは，縦，横，高さがそれぞれ$(4+x)$cm，$(7+x)$cm，2cmだから，体積は，
$2(4+x)(7+x)\text{cm}^3$…①
直方体Rは，縦，横，高さがそれぞれ4cm，7cm，$(2+x)$cmだから，体積は，
$4\times7\times(2+x)\text{cm}^3$…②
①＝②より，
$2(4+x)(7+x)=28(2+x)$
$x^2-3x=0$　$x(x-3)=0$　$x=0,\ 3$
$x>0$より，$x=3$

30 (例)$a=x+1$，$b=x^2$，$c=a^2=(x+1)^2$であり，$x+a+b+c=242$より，
$x+(x+1)+x^2+(x+1)^2=242$
$x^2+2x-120=0$
$(x+12)(x-10)=0$　$x=-12,\ 10$
xは1以上20以下の自然数だから，
$x=10$
（このとき，$a=11$，$b=100$，$c=121$となり問題に適している。）

章末問題 B

31 (1)$x=8,\ -3$　(2)$x=\dfrac{2\pm\sqrt{17}}{4}$

解き方　(1)両辺に15をかけて，
$(x+2)(x-4)=3(x+2)+10$
$x^2-2x-8=3x+6+10$
$x^2-5x-24=0$　$(x-8)(x+3)=0$

$x=8,\ -3$

(2)$x+\frac{1}{4}=X$とおくと，$X^2-\frac{1}{2}=\frac{3}{2}X$

両辺に2をかけて整理すると，

$2X^2-3X-1=0$

解の公式より，$X=\frac{3\pm\sqrt{17}}{4}$

$x+\frac{1}{4}=\frac{3\pm\sqrt{17}}{4}$　$x=\frac{2\pm\sqrt{17}}{4}$

32　(1)$x=4$　(2)$x=\frac{2-\sqrt{3}}{2},\ \frac{2\sqrt{3}-1}{2}$

解き方　(1)内項の積＝外項の積 より，

$(x+2)^2=5x+16$　$x^2-x-12=0$

$(x-4)(x+3)=0$　$x=4,\ -3$

$x>0$より，$x=4$

(2)$2-\sqrt{3}=a$，$2\sqrt{3}-1=b$とおくと，

$4x^2-2(a+b)x+(-a)\times(-b)=0$

$4x^2-2(a+b)x+ab=0$

$(2x-a)(2x-b)=0$

$x=\frac{a}{2}=\frac{2-\sqrt{3}}{2}$，$x=\frac{b}{2}=\frac{2\sqrt{3}-1}{2}$

33　(1)$6\sqrt{5}$　(2)$a=1$，$b=-5$

解き方　(1)$x^2-7x+11=0$の解は，

$x=\frac{7\pm\sqrt{5}}{2}$

$a>b$より，$a=\frac{7+\sqrt{5}}{2}$，$b=\frac{7-\sqrt{5}}{2}$

$a^2-b^2-a+b=(a+b)(a-b)-(a-b)$

$=(a-b)(a+b-1)$

$a-b=\sqrt{5}$，$a+b=7$だから，

$(a-b)(a+b-1)=\sqrt{5}\times(7-1)=6\sqrt{5}$

(2)$x^2+ax+b=0$の2つの解をp，qとすると，$x^2+ax+b=(x-p)(x-q)$

$=x^2-(p+q)x+pq$

係数を比べて，$a=-(p+q)$，$b=pq$より，

$p+q=-a$，$pq=b$

次に，$x^2+bx+a=0$の2つの解は，$p+3$，$q+3$だから，

$x^2+bx+a=\{x-(p+3)\}\{x-(q+3)\}$

$=x^2-(p+q+6)x+(p+3)(q+3)$

係数を比べて，

$b=-(p+q+6)=a-6$…①

$a=(p+3)(q+3)=pq+3(p+q)+9$

$=b-3a+9$

$4a-b=9$…②

①，②を解くと，$a=1$，$b=-5$

34　$a=-6$

解き方　正しい答えは$2(a+7)$だから，

$(a+7)^2=2(a+7)-1$　$a+7=X$とおくと，

$X^2-2X+1=0$　$(X-1)^2=0$　$X=1$

$a+7=1$　$a=-6$

35　2m

解き方　通路の幅をxmとする。

縦3本の通路を右側に，横2本の通路を下側にずらすと，

右の図のようになる。よって，

$(30-2x)(60-3x)=30\times60\times0.78$

$-2(x-15)\times(-3)\times(x-20)=3\times6\times78$

$(x-15)(x-20)=234$　$x^2-35x+66=0$

$(x-2)(x-33)=0$　$x=2,\ 33$

$0<x<15$より，$x=2$

よって，通路の幅は2m

36　(例)運賃が200円のときの1ヶ月ののべ乗客数をa人とする。このときの総売り上げは$200a$円となる。運賃をx%値上げすると，1ヶ月ののべ乗客数が$\frac{2}{3}x$%減少する。このとき，運賃は$200\left(1+\frac{x}{100}\right)$円，1ヶ月ののべ乗客数は$a\left(1-\frac{2x}{300}\right)$人になる

から，総売り上げは，

$$200\left(1+\frac{x}{100}\right)\times a\left(1-\frac{2x}{300}\right)\text{円}$$

よって，

$$200a\left(1+\frac{x}{100}\right)\left(1-\frac{2x}{300}\right)=200a\left(1+\frac{4}{100}\right)$$

$a>0$であるから，両辺を$200a$でわって，

$$\left(1+\frac{x}{100}\right)\left(1-\frac{2x}{300}\right)=1+\frac{4}{100}$$

$$\frac{100+x}{100}\times\frac{300-2x}{300}=\frac{104}{100}$$

$$(100+x)\times\frac{1}{150}(150-x)=104$$

$$(100+x)(150-x)=15600$$

$$x^2-50x+600=0$$

$(x-20)(x-30)=0$　$x=20,\ 30$

$0<x<150$より，これらはともに問題に適している。

よって，$x=20,\ 30$

第3編 関数

第1章 比例と反比例

p.210〜231

1 ウ

解き方 **ア** 速さ×時間＝道のり より，
$y=5x$
イ 半径×半径×円周率＝円の面積 より，
$y=\pi x^2$
エ 1分間に入れる水の量×時間＝入った水の量 より，$y=3x$
ア，**イ**，**エ**は，xの値を決めると，それに対応してyの値が1つ決まるから，関数である。これに対し，**ウ**は，同じ身長の人が体重も同じとは限らないので，関数ではない。

2 (1)$y=150-3x$ (2)$0 \leqq x \leqq 50$
(3)$0 \leqq y \leqq 150$

解き方 (1) 15cm＝150mm
x分間に燃えた長さは，$3\times x=3x$(mm)
x分後の線香の長さは，はじめの長さ－x分間に燃えた長さ だから，$y=150-3x$
(2)燃えつきるのは，$150\div3=50$(分後)だから，xの変域は$0 \leqq x \leqq 50$

3 エ

解き方 yをxの式で表すと，それぞれ次のようになる。
ア $y=2(x+10)$ **イ** $y=x^2$
ウ $y=\dfrac{40}{x}$ **エ** $y=3x$
よって，比例するものは，**エ**

4 (1)$y=4$ (2)$-\dfrac{15}{2}$

解き方 (2)$y=ax$に$x=-3$，$y=2$を代入して，$2=-3a$ $a=-\dfrac{2}{3}$
よって，$y=-\dfrac{2}{3}x$に$y=5$を代入して，
$5=-\dfrac{2}{3}x$ $x=-\dfrac{15}{2}$

ここに注意! $y=ax$に$x=0$，$y=0$を代入すると，aがいくつであっても常に成り立つので，aの値が決まらない。

5 イ，エ

解き方 yをxの式で表すと，それぞれ次のようになる。
ア $y=100x$ **イ** $y=\dfrac{25}{x}$
ウ $y=50x$ **エ** $y=\dfrac{10}{x}$
よって，反比例するものは，**イ**，**エ**

6 (1)$y=-1$ (2)$y=-\dfrac{12}{x}$

解き方 (1)$a=xy=6\times\dfrac{1}{2}=3$より，$y=\dfrac{3}{x}$
$x=-3$を代入して，$y=\dfrac{3}{-3}=-1$
(2)$x=6$のとき$y=-2$より，
$a=6\times(-2)=-12$
よって，$y=-\dfrac{12}{x}$

7 (1)A(2, 4)，B(5, −3)，
C(−5, 6)，D(−6, −4)，
E(3, 0)，F(0, −6)

13　(1)250本

(2)❶

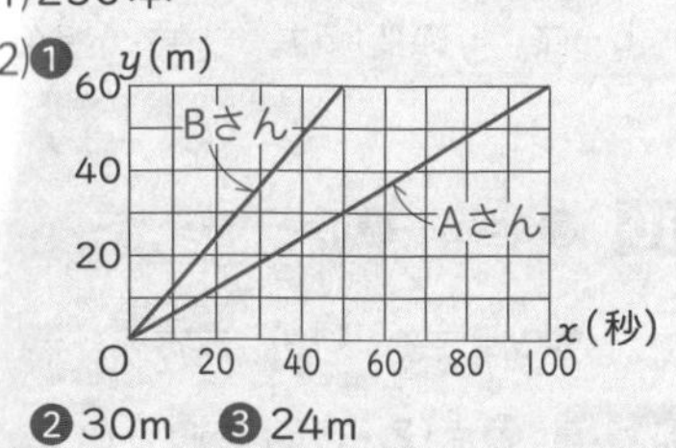

❷30m　❸24m

解き方　(1)くぎx本の重さをygとすると，くぎの重さは本数に比例するので，$y=ax$とおける。$x=56$，$y=44.8$を代入して，

$44.8=a\times56$　$a=0.8$　$y=0.8x$

$y=200$を$y=0.8x$に代入して，

$200=0.8x$　$x=250$

(2)❶道のり＝速さ×時間 より，Aさん，Bさんのxとyの関係を式にすると，それぞれ$y=0.6x$，$y=1.2x$

Aさんは，$y=60$のとき$60=0.6x$より，$x=100$

よって，原点Oと点(100，60)を直線で結ぶ。

また，Bさんは，$y=60$のとき$60=1.2x$より，$x=50$

よって，原点Oと点(50，60)を直線で結ぶ。

❷$x=50$のとき，Bさんは動く歩道の終わる地点に着く。グラフより，$x=50$のときAさんは30mの地点にいるので，

$60-30=30$(m)

❸$x=40$を$y=0.6x$，$y=1.2x$にそれぞれ代入すると，

$y=0.6\times40=24$,

$y=1.2\times40=48$

よって，$48-24=24$(m)

14　18分後

解き方　機械の台数をx台，作業の時間をy分，仕事量をaとすると，$a=xy$

6台で50分作業するときの仕事量aは，

$a=6\times50=300$

6台で35分作業すると，$a=6\times35=210$より，残っている仕事量は$300-210=90$

よって，90の仕事量を5台で行うので，

作業の時間は，$y=\frac{90}{5}=18$(分)

よって，18分後

15　(1)$y=12x$

(2)$0\leqq x\leqq3$，$0\leqq y\leqq36$

(3)2秒後

解き方

(1)AP＝$2x$cm

だから，

$y=\frac{1}{2}\times2x\times12$

$=12x$

(2)点PはBに$6\div2=3$(秒後)に着くので，xの変域は，$0\leqq x\leqq3$，yの変域は$x=3$のとき$y=12\times3=36$より，$0\leqq y\leqq36$

(3)$y=12x$に$y=24$を代入して，$24=12x$

$x=2$

よって，2秒後

16　(1)❶$a=-\frac{2}{3}$，$b=-6$

❷$Q\left(4,\ -\frac{3}{2}\right)$

(2)24個

解き方　(1)❶点Pは，$y=ax$，$y=\frac{b}{x}$の両方のグラフ上にあるから，$x=-3$，$y=2$をそれぞれの式に代入して，

$2=a\times(-3)$　$2=\frac{b}{-3}$

よって，$a=-\frac{2}{3}$，$b=2\times(-3)=-6$

❷$y=-\frac{6}{x}$に$x=4$を代入して，$y=-\frac{3}{2}$

よって，$Q\left(4,\ -\frac{3}{2}\right)$

(2)x座標が正の整数で，y座標が負の整数

(2)

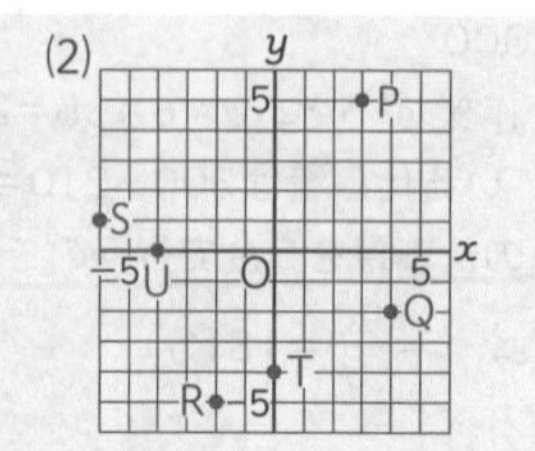

8 (1)(−2, 1)

(2)❶(−3, 1)

❷S(4, −1), U(1, −6)

解き方 (1)原点について対称な点は，x座標，y座標ともに符号が変わる。

(2)❶ 2点Q，Rの中点は，

$\left(\dfrac{-4-2}{2}, \dfrac{5-3}{2}\right)=(-3, 1)$

❷点QがT(−1, 2)に移動したとき，右へ3，下へ3移動するから，点P, Rもそれぞれ右へ3，下へ3移動させると，

P→S(1+3, 2−3)=S(4, −1)

R→U(−2+3, −3−3)=U(1, −6)

となる。

9 (1)

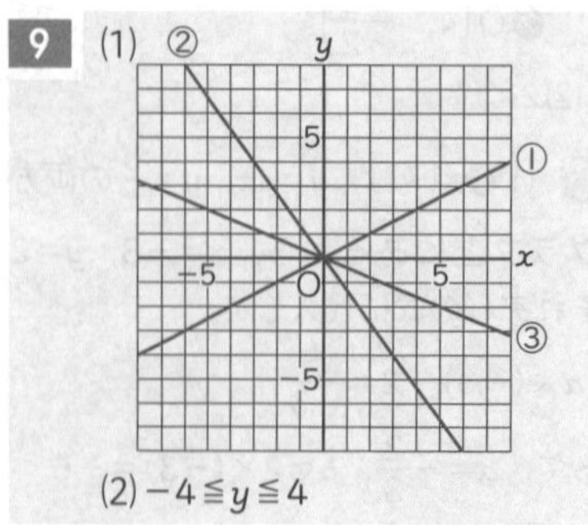

(2) $-4 \leqq y \leqq 4$

解き方 (1)❷$x=3$のとき$y=-4$より，原点と点(3, −4)を通る直線をかく。

(2)$y=-\dfrac{2}{3}x$に，$x=-6$を代入すると$y=4$，

$x=6$を代入すると$y=-4$

よって，yの変域は，$-4 \leqq y \leqq$

10 ❶$y=x$ ❷$y=-\dfrac{3}{2}x$

❸$y=\dfrac{5}{3}x$ ❹$y=-\dfrac{2}{5}x$

解き方 ❷点(2, −3)を通るから，$y=$

に$x=2$，$y=-3$を代入して，$-3=a\times$

$a=-\dfrac{3}{2}$

よって，$y=-\dfrac{3}{2}x$

11 (1)$y=-\dfrac{8}{x}$

(2)$a=3$，

$b=5$

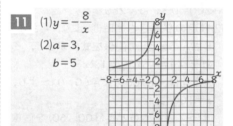

解き方 (2)$y=-\dfrac{15}{x}$のグラフは右の図のようになるから，

$x=a$のとき$y=-5$，

$x=b$のとき$y=-3$

となる。これを式に代入すると，

$-5=-\dfrac{15}{a}$ $a=3$，

$-3=-\dfrac{15}{b}$ $b=5$

12 ❶$y=\dfrac{8}{x}$ ❷$y=-\dfrac{2}{x}$

解き方 ❶点(2, 4)を通るから，

$x=2$，$y=4$を代入して，$4=$

よって，$y=\dfrac{8}{x}$

の場合，x座標は60の約数で，

1，2，3，4，5，6，10，12，15，20，30，60 の12個ある。

x座標が負の整数で，y座標が正の整数の場合もあるので，$12\times2=24$(個)

17 (1)$a=\dfrac{3}{2}$　(2)32

解き方　(1)$x=4$を

$y=\dfrac{24}{x}$に代入して，$y=6$

よって，A(4，6)

また，点Aは関数$y=ax$のグラフ上の点でもあるから，$x=4$，$y=6$を代入して，$6=a\times4$

よって，$a=\dfrac{3}{2}$

(2)点Bのx座標は，$y=\dfrac{24}{x}$に$y=2$を代入して，$x=12$

よって，B(12，2)

右の図のように長方形をつくると，三角形AOBの面積は，

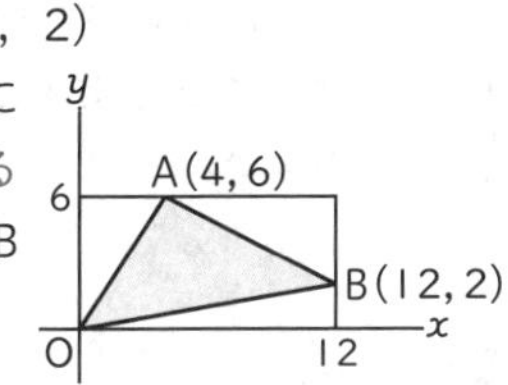

$6\times12-\left(\dfrac{1}{2}\times12\times2+\dfrac{1}{2}\times4\times8+\dfrac{1}{2}\times6\times4\right)$

$=72-(12+16+12)=32$

別解　直線OBの式は，$y=\dfrac{1}{6}x$

Aからy軸に平行な直線をひき，直線OBとの交点をCとすると，そのy座標は，

$y=\dfrac{1}{6}\times4=\dfrac{2}{3}$

よって，$C\left(4,\ \dfrac{2}{3}\right)$だから，

$AC=6-\dfrac{2}{3}=\dfrac{16}{3}$

三角形AOB＝三角形AOC＋三角形ABC

$=\dfrac{1}{2}\times\dfrac{16}{3}\times4+\dfrac{1}{2}\times\dfrac{16}{3}\times(12-4)$

$=\dfrac{1}{2}\times\dfrac{16}{3}\times(4+8)=32$

章末問題 A

1 ア×，イ反比例，ウ×，エ比例

解き方　yをxの式で表す。

ア $(x+y)\times2=20$より，$y=10-x$　これは比例も反比例もしないから，×

イ $y=\dfrac{200}{x}$より，反比例

ウ $y=\pi x^2$　これは比例も反比例もしないから，×

エ $y=50x$より，比例

2

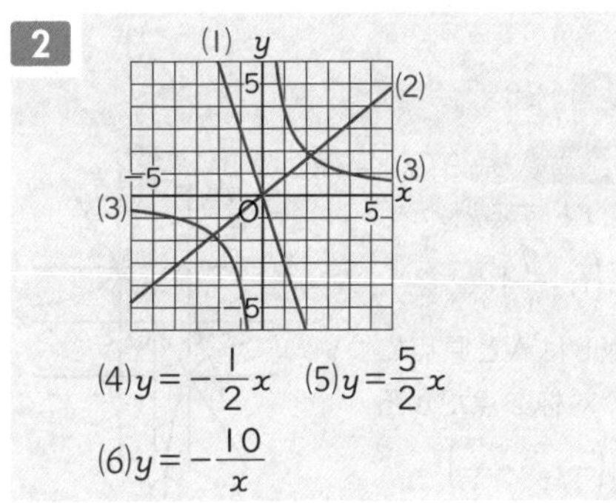

(4)$y=-\dfrac{1}{2}x$　(5)$y=\dfrac{5}{2}x$

(6)$y=-\dfrac{10}{x}$

3 $a=6$，$b=2$

解き方　xの変域が正のとき，yの変域も正なので，$a>0$

右の図より，

$x=1$のとき$y=6$，

$x=3$のとき$y=b$

これを$y=\dfrac{a}{x}$に代入して，$a=1\times6=6$

$b=\dfrac{6}{3}=2$

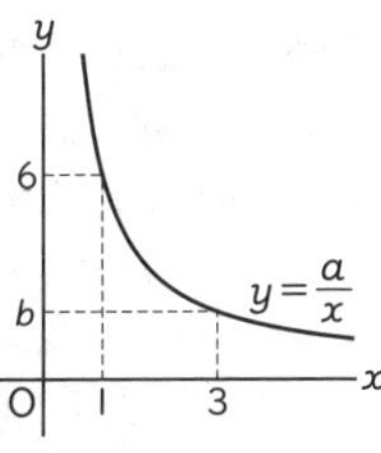

4 (1)$a=12$ (2)$\frac{3}{4}\leqq m\leqq 3$

解き方 (1)$y=\frac{a}{x}$ の式に$x=2$, $y=6$を代入して, $a=xy=2\times6=12$

(2)点Bのx座標が4より, y座標は,

$y=\frac{12}{4}=3$ よって, B(4, 3)

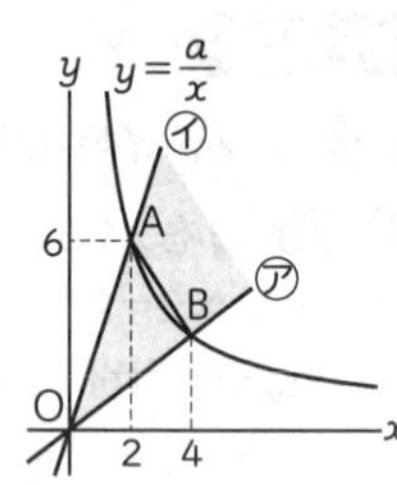

㋐$y=mx$が点B(4, 3)を通るとき, $x=4$, $y=3$を代入して,

$3=m\times4$

$m=\frac{3}{4}$

㋑$y=mx$が点A(2, 6)を通るとき, $x=2$, $y=6$を代入して,

$6=m\times2$ $m=3$

以上から, $\frac{3}{4}\leqq m\leqq 3$

5 28

解き方 点Aのx座標をtとすると,

$A\left(t,\ \frac{7}{t}\right)$

点BはAと原点について対称な点だから,

$B\left(-t,\ -\frac{7}{t}\right)$

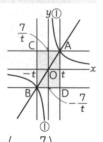

よって, $C\left(-t,\ \frac{7}{t}\right)$, $D\left(t,\ -\frac{7}{t}\right)$

$AC=t-(-t)=2t$, $AD=\frac{7}{t}-\left(-\frac{7}{t}\right)=\frac{14}{t}$

長方形ACBDの面積は, $2t\times\frac{14}{t}=28$

別解 問題文に「点Aが曲線①上のどこにあっても一定の値である。」と示されているから, 適当な点Aを定めて求める。

点Aを(1, 7)とすると,

$AC=1-(-1)=2$,

$AD=7-(-7)=14$

よって, $2\times14=28$

章末問題B

6 $z=2$

解き方 yはxに反比例するから$y=\frac{a}{x}$として, $a=xy=2\times4=8$より, $y=\frac{8}{x}$…①

zはyに比例するから, $z=by$として,

$-1=b\times4$ $b=-\frac{1}{4}$より, $z=-\frac{1}{4}y$…②

よって, ①より, $x=-1$のとき$y=-8$

②より, $z=-\frac{1}{4}\times(-8)=2$

7 $a=-12$

解き方 $y=\frac{6}{x}$で, $x=2$のとき$y=3$, $x=3$のとき$y=2$より, yの変域は, $2\leqq y\leqq 3$

$a<0$より, $y=\frac{a}{x}$のグラフは右の図になる。

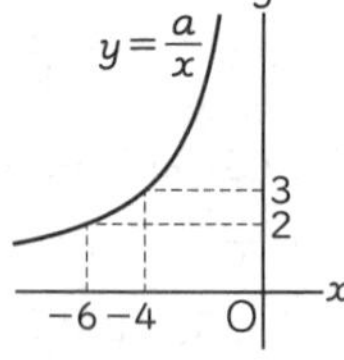

よって, $x=-6$のとき$y=2$となるから,

$a=xy=(-6)\times2=-12$

($x=-4$のとき$y=3$より, $a=-4\times3=-12$としてもよい。)

8 $a=7$

解き方 2点A, Bのx座標が2で等しいから, ABはy軸と平行である。

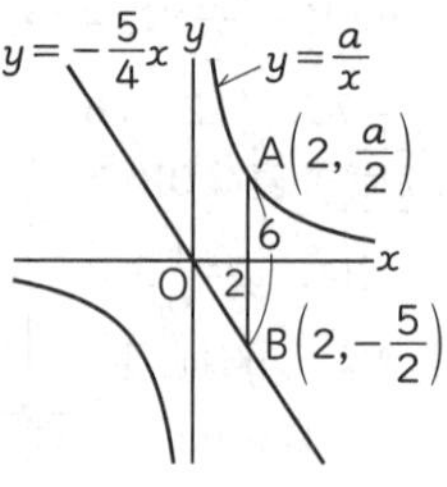

$x=2$を$y=\frac{a}{x}$, $y=-\frac{5}{4}x$にそれぞれ代入して, $y=\frac{a}{2}$, $y=-\frac{5}{2}$

よって, $A\left(2,\ \frac{a}{2}\right)$, $B\left(2,\ -\frac{5}{2}\right)$だから,

$AB=\frac{a}{2}-\left(-\frac{5}{2}\right)=6$より, $a=7$

9 $a=2$，面積…16

解き方　点Aのx座標2を$y=\dfrac{8}{x}$に代入して，$y=4$より，A(2，4)

$y=ax$に$x=2$，$y=4$を代入して，

$4=a\times2$　$a=2$

点Bは点Aと原点について対称な点なので，

B(−2，−4)

また，C(2，0)，D(0，4)

右の図で，

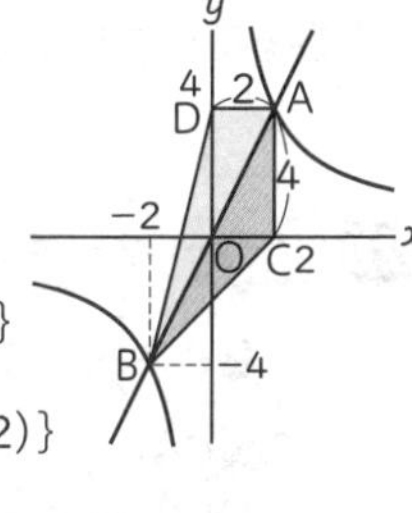

四角形ADBCの面積

＝三角形ADB

＋三角形ACB

$=\dfrac{1}{2}\times2\times\{4-(-4)\}$

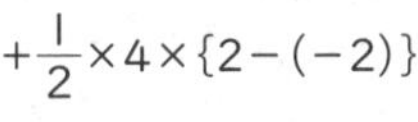

$+\dfrac{1}{2}\times4\times\{2-(-2)\}$

$=8+8=16$

別解　右の図で，

四角形ADBCの面積

＝長方形AEBF−(三角形BDE＋三角形BFC)

$=8\times4-\left(\dfrac{1}{2}\times2\times8+\dfrac{1}{2}\times4\times4\right)$

$=16$

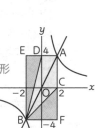

10 (1)$a=\dfrac{4}{3}$，$b=48$　(2)12個

解き方　(1)

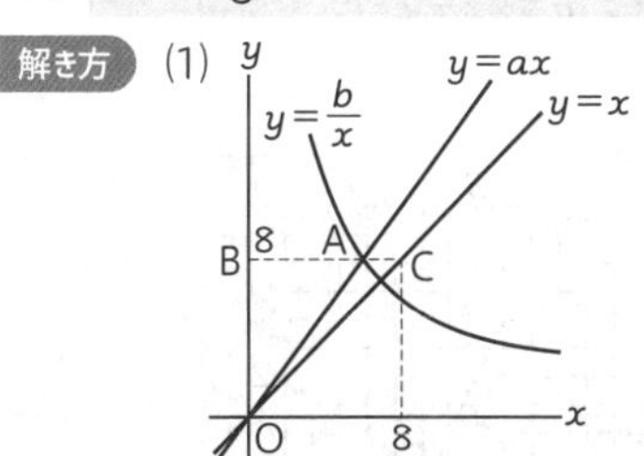

$y=x$に$y=8$を代入して，$x=8$

よって，C(8, 8)

BA：AC＝三角形OAB：三角形OAC

＝3：1だから，

点Aのx座標は，$8\times\dfrac{3}{3+1}=8\times\dfrac{3}{4}=6$

よって，A(6，8)

点Aは関数$y=ax$のグラフ上にあるから，

$8=a\times6$より，$a=\dfrac{4}{3}$

また，点Aは関数$y=\dfrac{b}{x}$のグラフ上にもあるから，$b=xy=6\times8=48$

(2)①$y=\dfrac{4}{3}x\,(0\leqq x\leqq6)$に$x=0$，1，2，3，4，5，6を順に代入していくと，

$y=0$，$\dfrac{4}{3}$，$\dfrac{8}{3}$，4，$\dfrac{16}{3}$，$\dfrac{20}{3}$，8

また，③$y=x\,(0\leqq x\leqq6)$に$x=0$，1，2，3，4，5，6を順に代入していくと，

$y=0$，1，2，3，4，5，6

ここで，例えば$x=4$のとき，$4\leqq y\leqq\dfrac{16}{3}$で$y$が整数になるのは，$y=4$，5のときである。

このように，y座標が整数になるときをx座標で分けていくと，x座標が

0のとき，(0, 0)

1のとき，(1, 1)

2のとき，(2, 2)

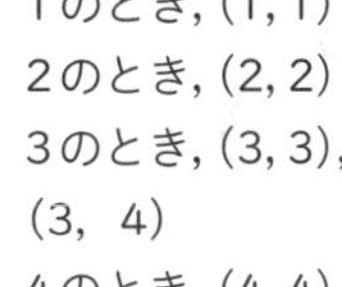

3のとき，(3, 3)，(3，4)

4のとき，(4, 4)，(4，5)

5のとき，(5，5)，(5，6)

6のとき，(6，6)，(6，7)，(6，8)

7のとき，

②$y=\dfrac{48}{x}$に$x=7$を代入して，$y=\dfrac{48}{7}$

③$y=x$に$x=7$を代入して，$y=7>\dfrac{48}{7}$

(7，7)は①，②，③で囲まれた部分にはふくまれないので，x座標が7のときはない。

よって，全部で，

$1+1+1+2+2+2+3=12$(個)

第2章　1次関数

p.232〜263

18 (1)$y=-0.5x+15$，いえる
(2)$0\leqq x\leqq 30$，$0\leqq y\leqq 15$
(3)9cm
(4)10分後

解き方　(1)毎分0.5cmずつ短くなるから，x分後には$0.5x$cm短くなる。
よって，$y=15-0.5x$
(2)燃えつきたときは，$y=0$だから，
$-0.5x+15=0$より，$x=30$
よって，xの変域は，$0\leqq x\leqq 30$
(4)$y=-0.5x+15$に$y=10$を代入して，
$10=-0.5x+15$　$x=10$

19 (1)❶4　❷-3
(2)30
(3)$\frac{3}{2}$

解き方　(2)変化の割合が6だから，
yの増加量$=6\times5=30$
(3)対応表をかくと次のようになる。

x	2	4
y	-6	-3

よって，変化の割合$=\frac{(-3)-(-6)}{4-2}$
$=\frac{3}{2}$

参考　反比例のときの変化の割合
例えば，$y=-\frac{12}{x}$で，xの値が3から6まで増加するときの変化の割合は，

x	3	6
y	-4	-2

より，$\frac{-2-(-4)}{6-3}=\frac{2}{3}$
(3)とあわせて考えると，yがxに反比例するとき，変化の割合は一定でないことがわかる。

20

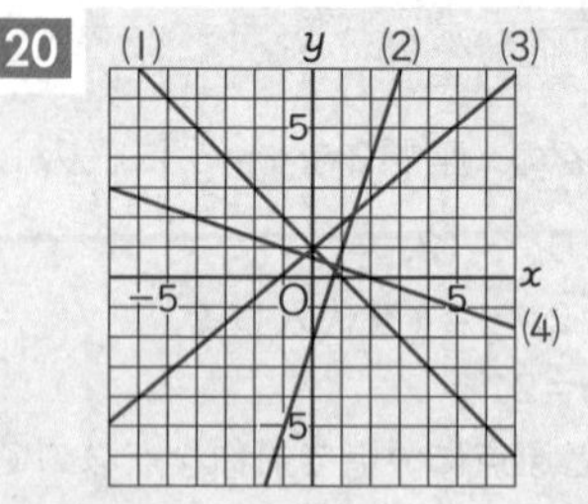

解き方　(4)x座標，y座標ともに整数になる点を見つける。2点$(-1,\ 1)$，$(2,\ 0)$を通る直線をひく。

21 (1)❶$y=2x-2$　❷$y=-\frac{2}{3}x+2$
❸$y=\frac{3}{2}x+6$　❹$y=-\frac{1}{4}x-3$
(2)負の数
説明…(例)グラフは右下がりの直線なので，$a<0$
切片bはx軸より下にあるので，$b<0$
よって，$a+b<0$より，$a+b$は負の数になる。

解き方　(1)❶点$(0,\ -2)$を通るから，切片は-2
また，点$(1,\ 0)$を通っていて，この点は$(0,\ -2)$から右へ1，上へ2進んでいるから，傾きは2
よって，$y=2x-2$

22

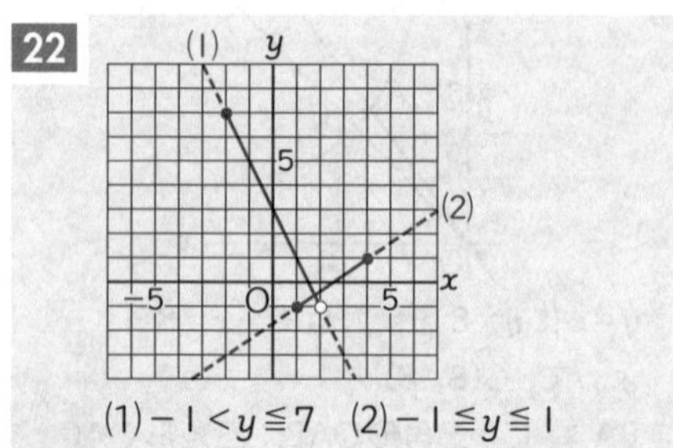

(1)$-1<y\leqq 7$　(2)$-1\leqq y\leqq 1$

解き方　(1)$x=-2$のとき$y=7$，

$x=2$ のとき $y=-1$
よって，$-1<y\leqq 7$

23 (1) $y=-5x+11$　(2) $y=-2x+10$
(3) $y=-\frac{4}{5}x+4$

解き方 (1)傾きが -5 だから，直線の式を $y=-5x+b$ とする。$x=2$，$y=1$ を代入して，$1=-5\times 2+b$　$b=11$
よって，$y=-5x+11$
(3)点Bの y 座標が4だから，OB=4
△OABの面積が10だから，
$\frac{1}{2}\times\text{OA}\times 4=10$　OA=5
よって，点Aの座標は(5，0)だから，
直線の傾きは $-\frac{4}{5}$，切片は4より，
$y=-\frac{4}{5}x+4$

24 (1) $y=-3x+5$　(2) 2　(3) $a=-7$

解き方 (2)求める直線の式を $y=ax+b$ とする。表から，$x=-3$ のとき $y=11$，
$x=2$ のとき $y=-4$
これらを代入して，
$$\begin{cases}11=-3a+b\\-4=2a+b\end{cases}$$
$a=-3$，$b=2$ より，$y=-3x+2$
この式に $x=0$ を代入して，ア$=2$
(3)直線ABの式を求めると，$y=-2x+3$
3点A，B，Cが一直線上にあるとき，点Cは直線AB上にあるから，$x=5$，$y=a$ を $y=-2x+3$ に代入して，
$a=-2\times 5+3$　$a=-7$
別解 3点A，B，Cが一直線上にあるとき，直線ACと直線ABの傾きは等しい。
よって，$\frac{a-1}{5-1}=\frac{11-1}{-4-1}$　$\frac{a-1}{4}=-2$
$a=-7$

25 (1) $y=\frac{4}{5}x-3$　(2) $y=-4x+8$
(3) $y=-\frac{1}{2}x+1$

解き方 (1)2点(−2，1)，(3，5)を通る直線の傾きは，$\frac{5-1}{3-(-2)}=\frac{4}{5}$
よって，求める直線の式を $y=\frac{4}{5}x+b$ とする。点(5，1)を通るから，
$1=\frac{4}{5}\times 5+b$　$b=-3$
よって，$y=\frac{4}{5}x-3$
(2)直線 $y=-4x-1$ に平行な直線の式を，
$y=-4x+b$…①とする。
直線 $y=3x-6$ と x 軸との交点は，$y=0$ を代入して，
$0=3x-6$　$x=2$ より，(2，0)
直線①が点(2，0)を通るから，
$0=-8+b$　$b=8$
よって，$y=-4x+8$
(3)直線 $y=2x+1$ の切片は1だから，求める直線は y 軸と点(0，1)で交わる。

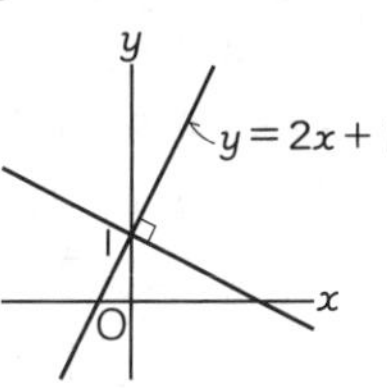

求める直線の傾きを a とすると，
$2\times a=-1$　$a=-\frac{1}{2}$
よって，$y=-\frac{1}{2}x+1$

26 (1) $y=-3x+4$　(2) $y=3x+1$

解き方 (1)①の切片は1だから，点(0，1)を通る。この点を x 軸の正の方向へ2，y 軸の正の方向に -3 だけ移動させると，点(2，−2)になる。平行移動させるので傾きは -3 より，$y=-3x+b$ として，(2，−2)を代入すると，$b=4$
よって，$y=-3x+4$

(2)直線①を，y軸について対称移動させた直線の傾きは3，切片は1
よって，
$y=3x+1$

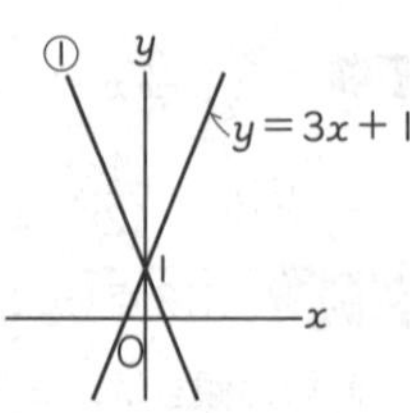

27 (1)$P\left(0,\ \frac{25}{4}\right)$ (2)$P\left(0,\ -\frac{1}{5}\right)$

解き方 (1)APとBPの和が最小となるのは，右の図のように，3点A，P，Bが一直線上にあるときである。

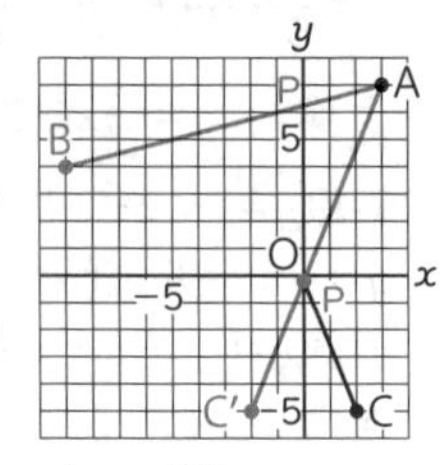

直線ABの式は，$y=\frac{1}{4}x+\frac{25}{4}$より，
$P\left(0,\ \frac{25}{4}\right)$

(2)点C(2，−5)とy軸について対称な点をC′とすると，C′(−2，−5)
APとCPの和が最小となるのは，上の図のように，3点A，P，C′が一直線上にあるときである。直線AC′の式は
$y=\frac{12}{5}x-\frac{1}{5}$より，$P\left(0,\ -\frac{1}{5}\right)$

28 (1)$a=-1$，$b=7$ (2)$a=2$，$b=3$

解き方 (1)$a<0$より，1次関数$y=ax+a+4$のグラフは右下がりの直線になる。

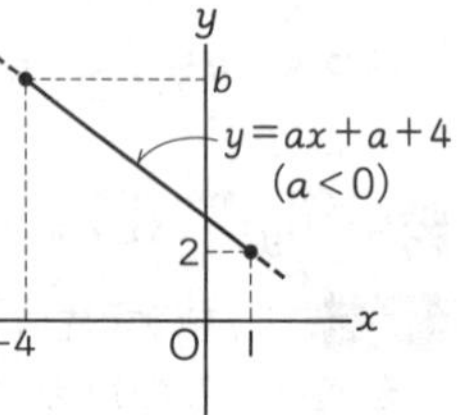

よって，$x=-4$のとき$y=b$，$x=1$のとき$y=2$
これを$y=ax+a+4$に代入して，
$$\begin{cases} b=-4a+a+4 \cdots ① \\ 2=a+a+4 \quad \cdots ② \end{cases}$$
②より，$a=-1$で，これは$a<0$に適する。
また，$b=3+4$より，$b=7$

(2)$y=-2x+5$に$x=0$，bを代入すると，
$x=0$のとき$y=5$，
$x=b$のとき$y=-2b+5$
$y=-2x+5$は傾き$-2(<0)$より，右下がりの直線であるので，$-2b+5\leqq y\leqq 5$…Ⓐ
次に，直線$y=ax-1$について，
㋐$a>0$のとき，右上がりの直線
$x=0$のとき$y=-1$，
$x=b$のとき$y=ab-1$より，
$-1\leqq y\leqq ab-1$…Ⓑ
変域ⒶとⒷが一致するためには，
$$\begin{cases} -2b+5=-1 \\ 5=ab-1 \end{cases}$$
$b=3$，$a=2$
これは，$a>0$，$b>0$に適する。
㋑$a<0$のとき，右下がりの直線
$x=0$のとき$y=-1$，
$x=b$のとき$y=ab-1$より，
$ab-1\leqq y\leqq -1$…Ⓒ
変域ⒶとⒸは一致しない。
以上から，$a=2$，$b=3$

別解 2つのグラフを図にすると，変域が一致するのは$a>0$のときである。
グラフから，yの変域は，
$-1\leqq y\leqq 5$
$y=-2x+5$に$x=b$，$y=-1$を代入して，
$b=3$
$y=ax-1$に$x=3$，$y=5$を代入して，
$5=3a-1$　$a=2$
よって，$a=2$，$b=3$

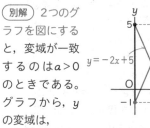

29 (1)

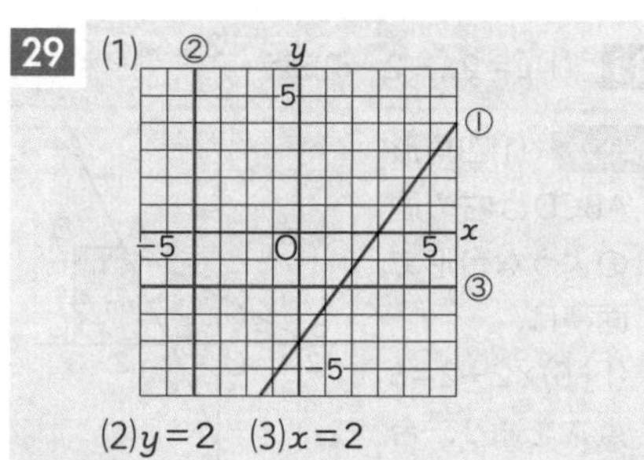

(2)$y=2$　(3)$x=2$

解き方　(1)❶ y について解くと，

$y=\frac{4}{3}x-4$

30 (1)(2，3)　(2)$\left(\frac{7}{3},\ -\frac{2}{3}\right)$

解き方　(2)直線①の式は $y=-2x+4$，

直線②の式は $y=x-3$

これを連立方程式として解くと，

$x=\frac{7}{3}$，$y=-\frac{2}{3}$

よって，$\left(\frac{7}{3},\ -\frac{2}{3}\right)$

31 (1)$k=-1$　(2)$a=-\frac{2}{3}$，0，$\frac{1}{2}$

解き方　(2)$x+2y=5$　$y=-\frac{1}{2}x+\frac{5}{2}$…①

$2x-3y=3$　$y=\frac{2}{3}x-1$…②

$ax+y=1$　$y=-ax+1$…③とする。

3直線が三角形をつくらないのは，次の3つの場合である。

㋐③//①のとき，$a=\frac{1}{2}$

㋑③//②のとき，$a=-\frac{2}{3}$

㋒③が①と②の交点(3，1)を通るとき，

$y=-ax+1$ に $x=3$，$y=1$ を代入して，

$a=0$

以上から，$a=-\frac{2}{3}$，0，$\frac{1}{2}$

32 $y=3x$

解き方　原点Oを通って，△OABの面積を2等分する直線 ℓ は，辺ABの

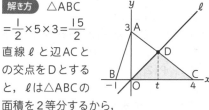

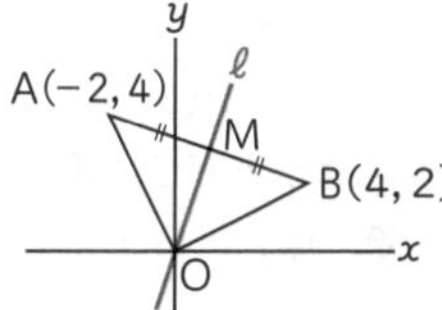

中点M$\left(\frac{-2+4}{2},\ \frac{4+2}{2}\right)=(1,\ 3)$を通る。

よって，直線 ℓ の式は，$y=3x$

33 $\frac{5}{4}$

解き方　△ABC

$=\frac{1}{2}\times5\times3=\frac{15}{2}$

直線 ℓ と辺ACとの交点をDとすると，ℓ は△ABCの面積を2等分するから，

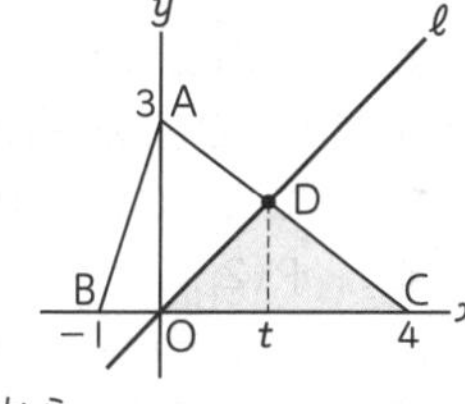

$△OCD=△ABC\times\frac{1}{2}=\frac{1}{2}\times\frac{15}{2}=\frac{15}{4}$

直線ACの式は，$y=-\frac{3}{4}x+3$ だから，点Dの x 座標を t とすると，y 座標は $-\frac{3}{4}t+3$

△OCDの底辺をOC=4とすると，高さはDの y 座標だから，

$△OCD=\frac{1}{2}\times4\times\left(-\frac{3}{4}t+3\right)=\frac{15}{4}$

$2(-3t+12)=15$　$t=\frac{3}{2}$

よって，D$\left(\frac{3}{2},\ \frac{15}{8}\right)$より，直線 ℓ の傾きは，

$\frac{15}{8}\div\frac{3}{2}=\frac{5}{4}$

34 (1)P(5，3)　(2)$y=-\frac{1}{3}x+\frac{8}{3}$

(3)$y=5x-16$

解き方　(1)点Pの x 座標を t とすると，点Pは直線 $y=-x+8$ 上

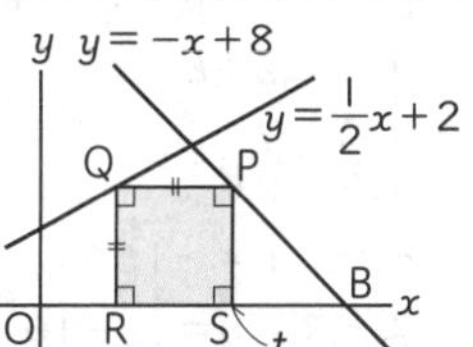

にあるから，Pのy座標は，$-t+8$
よって，P$(t,\ -t+8)$
四角形PQRSは正方形で，PQ//x軸なので，点PとQのy座標は等しく，$-t+8$
点Qは直線$y=\frac{1}{2}x+2$上にあるから，
$y=-t+8$を代入して，$-t+8=\frac{1}{2}x+2$
xについて解くと，$x=-2t+12$より，
Q$(-2t+12,\ -t+8)$
PQ=QRだから，
$t-(-2t+12)=-t+8 \quad t=5$
よって，P$(5,\ 3)$

(2)(1)より，Q$(-2t+12,\ -t+8)$に$t=5$を代入して，Q$(2,\ 3)$
また，R$(2,\ 0)$
点Bは，直線$y=-x+8$とx軸との交点だから，$y=0$を代入して，$x=8$より，
B$(8,\ 0)$
点Bを通り，正方形PQRSの面積を2等分する直線は，対角線PRの中点
T$\left(\frac{5+2}{2},\ \frac{3+0}{2}\right)=\left(\frac{7}{2},\ \frac{3}{2}\right)$を通る。
直線BTの式を$y=ax+b$とすると，
$$\begin{cases} 0=8a+b \\ \frac{3}{2}=\frac{7}{2}a+b \end{cases}$$
$a=-\frac{1}{3}$，$b=\frac{8}{3}$
よって，$y=-\frac{1}{3}x+\frac{8}{3}$

(3)交点Aの座標は，①，②を連立させて解くと，A$(4,\ 4)$
(2)と同様にして，点Aを通り正方形PQRSの面積を2等分する直線は，対角線PRの中点Tを通る。
直線ATの式を$y=ax+b$とすると，
$$\begin{cases} 4=4a+b \\ \frac{3}{2}=\frac{7}{2}a+b \end{cases}$$
$a=5$，$b=-16$
よって，$y=5x-16$

35 (1)$y=2x-2$ (2)$m=\frac{13}{2}$

解き方 (1)四角形ABCDは右の図のような台形で，面積は，
$(1+5)\times2\div2=6$
点Aを通り，台形ABCDの面積を2等分する直線をℓとし，ℓがx軸と交わる点をE$(t,\ 0)$とする。

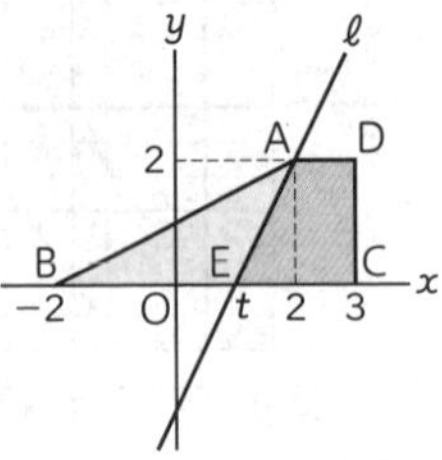

BE$=t+2$より，
$\triangle ABE=\frac{1}{2}\times(t+2)\times2=\frac{6}{2} \quad t=1$
よって，E$(1,\ 0)$とA$(2,\ 2)$を通る直線の式を求めると，$y=2x-2$

(2)直線ABとDCの傾きは$\frac{1}{2}$で等しいから，
AB//DC
よって，四角形ABCDは台形である。
CDの中点をE，ABの中点をFとすると，
E$\left(\frac{2-2}{2},\ \frac{9+7}{2}\right)=(0,\ 8)$，
F$\left(\frac{-4+8}{2},\ \frac{2+8}{2}\right)=(2,\ 5)$
EFの中点をMとすると，
M$\left(\frac{0+2}{2},\ \frac{8+5}{2}\right)=\left(1,\ \frac{13}{2}\right)$
直線$y=mx$は台形ABCDの面積を2等分するから，Mを通る。
よって，$m=\frac{13}{2}$

36 100kWhと780kWh

解き方 ㋐$0\leqq x\leqq120$のとき，
$26x+1400=20x+2000 \quad x=100$
これは$0\leqq x\leqq120$に適する。
㋑$120<x\leqq300$のとき，
$26x+1400=24x+1520 \quad x=60$
これは$120<x\leqq300$に適さない。
㋒$x>300$のとき，

$26x+1400=27x+620$　$x=780$

これは$x>300$に適する。

以上から，100kWhと780kWh

ここに注意！ xの変域によって，1次関数の式がちがうときは，それぞれの変域に分けて解かなければいけない。そのとき，解がその変域に適しているかを必ず確認するようにしよう。

37 (1)

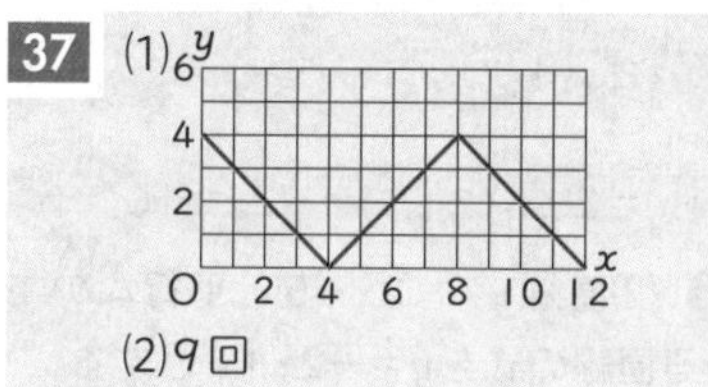

(2)9回

解き方 (1)毎秒1cmの速さで動く点Pは，4秒で点AとDの間を移動するので，12秒間でD→A→D→Aと3回動く。

$0\leqq x\leqq 4$のとき，$y=4-x$

$4\leqq x\leqq 8$のとき，$y=x-4$

$8\leqq x\leqq 12$のとき，$y=12-x$

となるから，4点(0, 4)，(4, 0)，(8, 4)，(12, 0)を通る直線になる。

(2)AB//PQとなるのは，AP=BQとなるときである。点Qは，$\frac{4}{3}$秒で点BとCの間を移動し，12秒間でB→C→B→C→B→C→B→C→B→Cと$12\div\frac{4}{3}=9$(回)動く。点Qが頂点Bを出発してからx秒後のBQの長さを$y$cmとしたときのグラフを(1)にかきこむと，図のようになる。この2つのグラフの交点が，AP=BQになるところである。

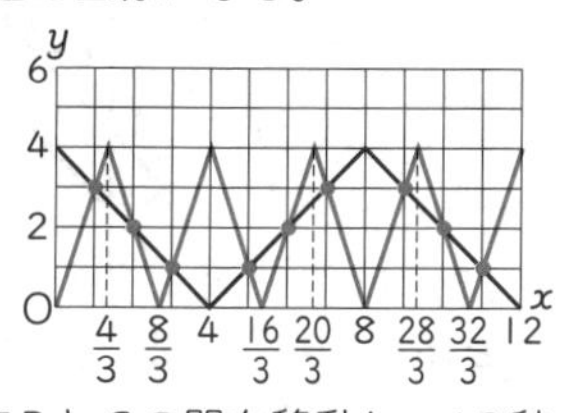

よって，9回

38 9時20分，4000m

解き方 兄は分速150mでB町から家に向かうので，右の図で兄の直線の式は，

$y=7000-150x$

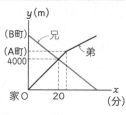

y(m)
(B町)
(A町)
4000
家O
20
x
(分)
兄
弟

㋐$0\leqq x\leqq 25$のとき，

$200x=7000-150x$

$x=20$

これは$0\leqq x\leqq 25$に適する。

㋑$25\leqq x\leqq 45$のとき，

$100x+2500=7000-150x$

$x=18$

これは$25\leqq x\leqq 45$に適さない。

以上から，9時20分に家から$200\times 20=4000$(m)の地点で出会う。

39 3分45秒

解き方 タクシーの速さは，

毎分$\frac{2}{5}\times 1.5=\frac{2}{5}\times\frac{3}{2}=\frac{3}{5}$(km)

歩いた時間とタクシーに乗っていた時間をそれぞれx分，y分として，連立方程式をつくると，$\begin{cases} x+y=75-15 \\ \frac{1}{15}x+\frac{3}{5}y=6 \end{cases}$

$x=\frac{225}{4}$，$y=\frac{15}{4}$

よって，タクシーに乗っていた時間は，

$\frac{15}{4}$分より，3分45秒

40 9分後

解き方 グラフから，$y=1500x-4000$ $(4\leqq x\leqq 10)$に$y=9500$を代入して，

$9500=1500x-4000$　$x=9$

よって，9分後

41 30秒後

解き方 最初Ⅱの蛇口だけを使い， t 秒間水を入れたとする。(図の緑色の部分)
その後，ⅠとⅡの両方の蛇口でs秒間水を入れたとする。(図のオレンジ色の部分)

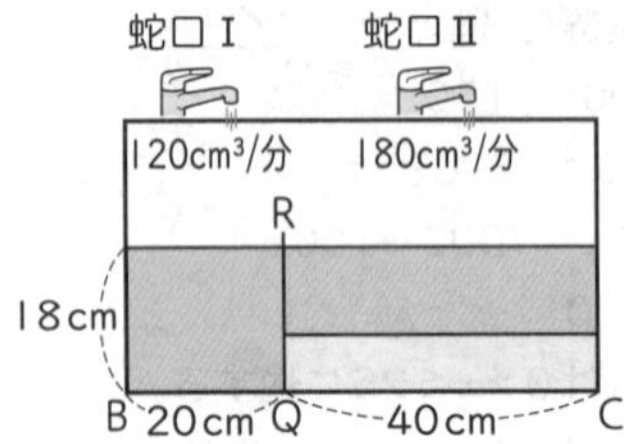

しきりの左側では，s秒で18cmの高さまで水がたまったから，
$120s=30\times20\times18$　$s=90$
よって，しきりの右側では，$(t+90)$秒で18cmの高さまで水がたまったことになる。
$180(t+90)=30\times40\times18$
$t=30$
よって，30秒後

42 8分後，47分後

解き方

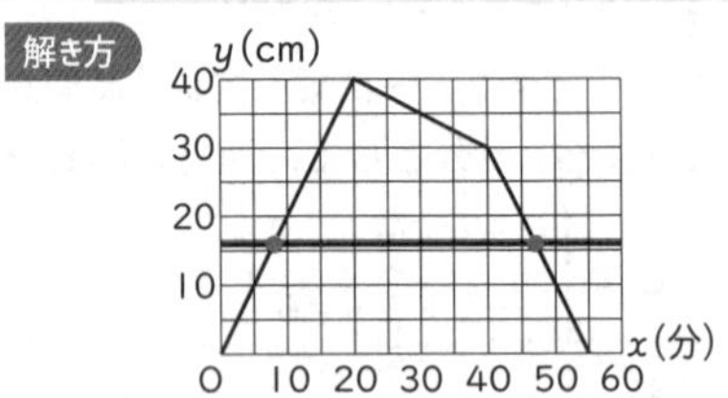

右のグラフから，水面の高さが16cmになるのは，
㋐$0\leqq x\leqq20$と㋑$40\leqq x\leqq55$のときである。
㋐のとき，$y=2x$に$y=16$を代入して，
$16=2x$　$x=8$
㋑のとき，$y=-2x+110$に$y=16$を代入して，$16=-2x+110$　$x=47$
以上から，8分後と47分後

章末問題 A

11

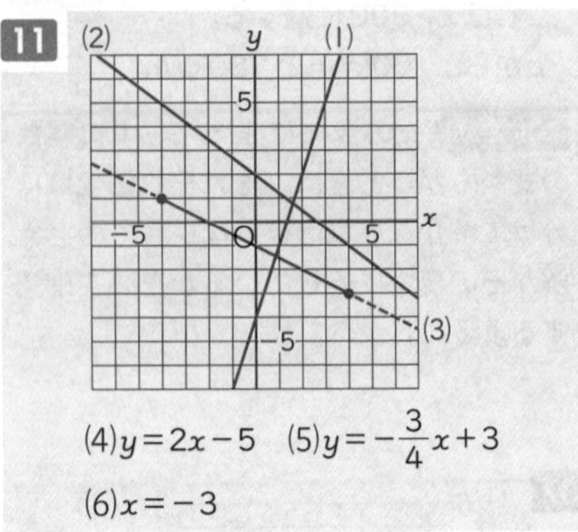

(4)$y=2x-5$　(5)$y=-\frac{3}{4}x+3$
(6)$x=-3$

12 (1)$y=2x+1$　(2)$y=-2x+10$

解き方 (2)直線$y=-2x+5$と平行なので，求める直線の式を$y=-2x+b$とする。
点(3, 4)を通るので，$x=3$，$y=4$を代入して，$4=-2\times3+b$　$b=10$
よって，$y=-2x+10$

13 (1)$y=-\frac{2}{3}x+6$　(2)$-4\leqq b\leqq1$

解き方 (2)$y=x+b$が点Aを通るとき，$x=3$，$y=4$を代入して，
$4=3+b$より，
$b=1$
$y=x+b$が点Bを通るとき，$x=6$，$y=2$を代入して，
$2=6+b$　$b=-4$
よって，$-4\leqq b\leqq1$

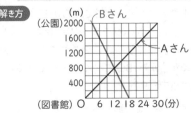

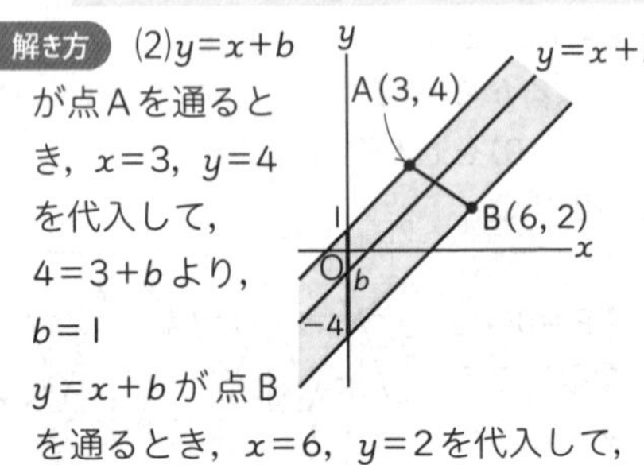

14 800mの地点

解き方

Bさんは，15時3分に公園を出発して，15時18分に図書館に着いたことから，Bさんのグラフは(3，2000)と(18，0)を結ぶ直線になる。その直線と，Aさんのグラフとの交点は，$x=12$，$y=800$だから，2人がすれ違ったのは図書館から800mの地点である。

15 (1)$y=x\ (0 \leqq x \leqq 6)$
(2)$y=3x-12\ (6 \leqq x \leqq 10)$
(3)$y=x+8\ (10 \leqq x \leqq 16)$

解き方　(1)AB=6cmより，xの変域は，
$0 \leqq x \leqq 6$
△AEPの面積が$y\text{cm}^2$である。
$y=\frac{1}{2}\times 2\times x=x$

(2)BC=4cmより，xの変域は，$6 \leqq x \leqq 10$
台形ABPEの面積が$y\text{cm}^2$である。
AB+BP=$x$cmより，
BP=$x-6$(cm)
$y=\{2+(x-6)\}\times 6\div 2$
$=3x-12$

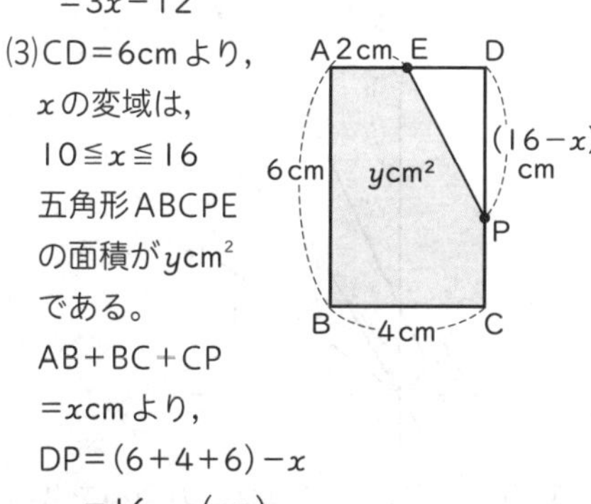

(3)CD=6cmより，xの変域は，
$10 \leqq x \leqq 16$
五角形ABCPEの面積が$y\text{cm}^2$である。
AB+BC+CP=$x$cmより，
DP=$(6+4+6)-x$
$=16-x$(cm)
$y=6\times 4-\frac{1}{2}\times 2\times (16-x)$
$=x+8$

章末問題B

16 $a=-1$，$b=3$

解き方　直線$x+y=6$上に点Pはあるので，点Pのx座標をtとすると，P$(t,\ 6-t)$
点QはPとx軸について対称な点だから，
Q$(t,\ -6+t)$
点Qは直線$x-2y=10$上にあるから，$x=t$，$y=-6+t$を代入して，$t-2(-6+t)=10$
$t=2$
よって，P(2，4)，Q(2，−4)
P(2，4)が直線$ax+y=2$上にあるから，$x=2$，$y=4$を代入して，$2a+4=2$　$a=-1$
また，Q(2，−4)が直線$x+by=-10$上にあるから，$x=2$，$y=-4$を代入して，
$2-4b=-10$　$b=3$

17 $\frac{30}{11}$

解き方　P(5，0)，Q(3，6)より，
直線OQの式は，
$y=2x$，
直線PQの式は，
$y=-3x+15$

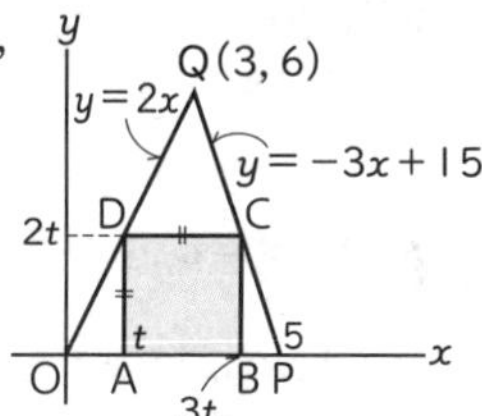

点Dのx座標をtとすると，D$(t,\ 2t)$
四角形ABCDは正方形だから，AD=DC$=2t$より，点Cのx座標は$t+2t=3t$
CD//x軸より，点Cのy座標は点Dのy座標と等しく$2t$である。
よって，C$(3t,\ 2t)$
点Cは$y=-3x+15$上の点だから，
$2t=-3\times 3t+15$
$2t=-9t+15$より，$t=\frac{15}{11}$
よって，正方形の1辺の長さは，
AD$=2t=2\times\frac{15}{11}=\frac{30}{11}$

18 $y=-\frac{3}{2}x+\frac{7}{2}$

解き方　点Pとy軸について対称な点をP′とすると，P′$(-1,\ 5)$，点Qとx軸について対称な点をQ′とすると，Q′$(3,\ -1)$

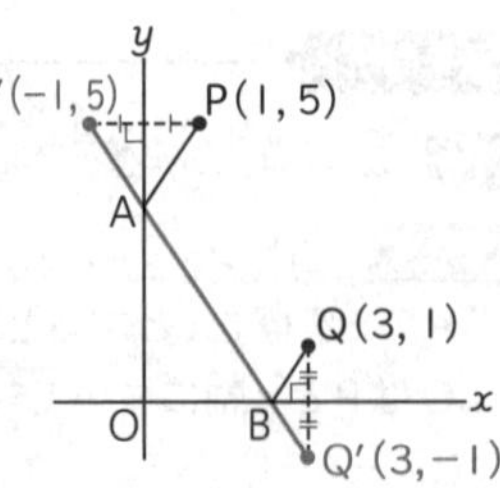

PA＋AB＋BQの長さが最短になるのは，4点P′，A，B，Q′が一直線上にあるときである。

よって，直線P′Q′が最短になるときの直線ABの式を求めると，

P′Q′の傾き$=\dfrac{-1-5}{3-(-1)}=-\dfrac{3}{2}$より，

$y=-\dfrac{3}{2}x+b$

$x=3$，$y=-1$を代入して，$b=\dfrac{7}{2}$

よって，$y=-\dfrac{3}{2}x+\dfrac{7}{2}$

19　(1)$a\leqq-4$，$a\geqq\dfrac{8}{7}$

(2)$\dfrac{5}{7}\leqq a+b\leqq5$　(3)$a=\dfrac{5}{3}$，$b=0$

解き方　(1)直線$y=ax-3$は切片-3を必ず通る。

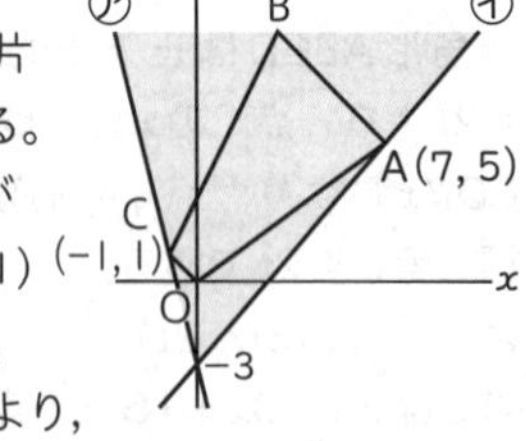

㋐$y=ax-3$が点C$(-1,\ 1)$を通るとき，

$1=-a-3$より，

$a=-4$

直線が四角形OABCと交わるのは，傾きaが-4以下になればよいから，

$a\leqq-4$

㋑$y=ax-3$が点A$(7,\ 5)$を通るとき，

$5=7a-3$より，$a=\dfrac{8}{7}$

直線が四角形OABCと交わるのは，傾きaが$\dfrac{8}{7}$以上になればよいから，$a\geqq\dfrac{8}{7}$

以上から，$a\leqq-4$，$a\geqq\dfrac{8}{7}$

(2)直線OAの式は$y=\dfrac{5}{7}x$，直線BCの式は$y=2x+3$

直線$y=ax+b$が右の図のように，辺AB，OCと交わるとき，$x=1$を代入すると，$y=a\times1+b=a+b$

よって，直線$x=1$が辺BC，OAと交わる点をそれぞれD，Eとすると，線分DE上の点のy座標が$a+b$のとりうる範囲となる。

D$(1,\ 5)$，E$\left(1,\ \dfrac{5}{7}\right)$より，

$\dfrac{5}{7}\leqq a+b\leqq5$

(3)直線ABと直線OCの傾きは-1で等しいので，AB∥OC

よって，四角形OABCは台形である。

下の図のように，OCの中点をF，ABの中点をGとすると，

F$\left(\dfrac{0-1}{2},\ \dfrac{0+1}{2}\right)=\left(-\dfrac{1}{2},\ \dfrac{1}{2}\right)$，

G$\left(\dfrac{7+3}{2},\ \dfrac{5+9}{2}\right)=(5,\ 7)$

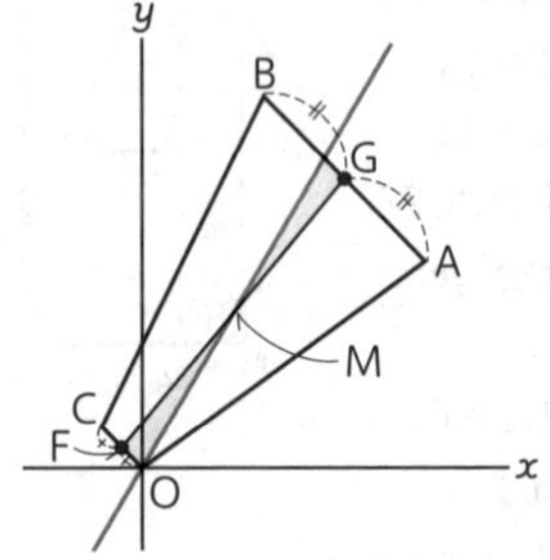

原点を通り，台形OABCの面積を2等分する直線は，線分FGの中点M

M$\left(\left(-\dfrac{1}{2}+5\right)\div2,\ \left(\dfrac{1}{2}+7\right)\div2\right)=\left(\dfrac{9}{4},\ \dfrac{15}{4}\right)$

を通るから，傾きは，$\frac{15}{4}\div\frac{9}{4}=\frac{5}{3}$

よって，$y=\frac{5}{3}x$ より，$a=\frac{5}{3}$，$b=0$

20 (1)$s=5$，$t=20$　(2)$a=\frac{16}{5}$

解き方　(1)$0\leqq x\leqq s$ のとき，高さ1mのしきり板の左側の部分に1mの高さまで水を入れると s 秒かかるから，

$\frac{4}{5}\times s=4\times1\times1$　$s=5$

次に，高さ2mのしきり板の左側全体に2mの高さまで水を入れると t 秒かかるから，

$\frac{4}{5}\times t=4\times(1+1)\times2$　$t=20$

(2)右の図で，

(1)より，直線OPの傾きは $\frac{1}{5}$ だから，

直線QRの傾きも $\frac{1}{5}$

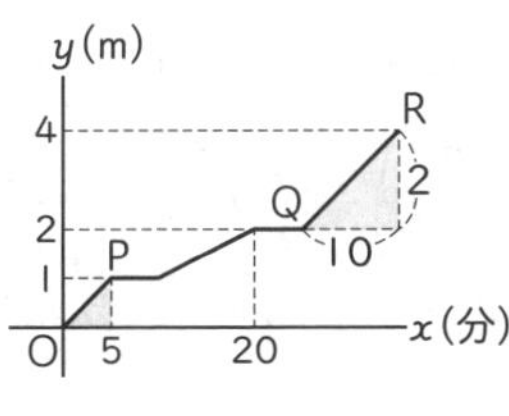

傾き＝変化の割合＝$\frac{y\text{の増加量}}{x\text{の増加量}}=\frac{1}{5}$

で，QRの y の増加量は $4-2=2$ なので，

$\frac{2}{x\text{の増加量}}=\frac{1}{5}$ より x の増加量は10

つまり，10分で2m水位が上がる。

QRでは，毎分 $a\text{m}^3$ で水を入れているので，

$a\times10=4\times4\times2$　$a=\frac{16}{5}$

第3章　関数 $y=ax^2$

p.264〜287

43 (1)$y=\frac{1}{2}x^2$　(2)$a=-\frac{1}{3}$，$x=\pm2\sqrt{6}$

解き方　(1)$y=\frac{1}{2}\times x\times x$ より，$y=\frac{1}{2}x^2$

(2)$y=ax^2$ で，$x=-3$，$y=-3$ を代入して，

$-3=a\times(-3)^2$　$9a=-3$　$a=-\frac{1}{3}$

$y=-\frac{1}{3}x^2$ に $y=-8$ を代入して，

$-8=-\frac{1}{3}x^2$　$24=x^2$　$x=\pm2\sqrt{6}$

ここに注意！　関数 $y=ax^2$ では，0以外の y の値がわかっているときの x の値は2つ求められることに注意しよう。2つの x の値は符号が反対で絶対値が等しくなる。

44 (1)左から，1，$\frac{1}{4}$，$\frac{1}{4}$，1，4

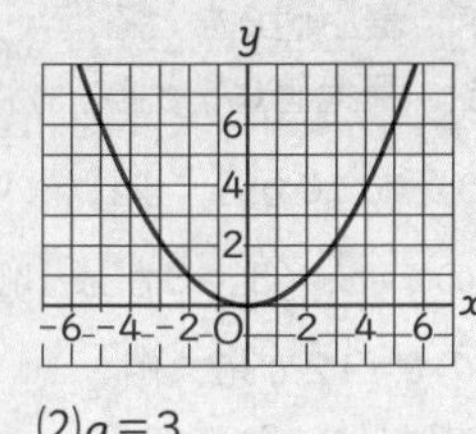

(2)$a=3$

解き方　(2)$y=ax^2$ のグラフが点(2，12)を通るから，$x=2$，$y=12$ を式に代入して，

$12=a\times2^2$　$4a=12$　$a=3$

45 b，c，a

解き方　①は上に開いているので，$a>0$

②，③は下に開いているので，$b<0$，$c<0$

で，②と③では，②の方が開き方が小さいので，b の絶対値は c の絶対値より大きい。

よって，$b<c<0$ だから，$b<c<a$

46 (1)❶ $3\leqq y\leqq12$　❷ $0\leqq y\leqq12$

❸ $3\leqq y\leqq12$

(2)❶ $-16\leqq y\leqq-4$　❷ $-9\leqq y\leqq0$

❸ $-25\leqq y\leqq0$

解き方　(1)❶ $a>0$ で，x の変域に0がふくまれないから，

$x=-3$ のときの $y=\frac{1}{3}\times(-3)^2=3$ が最小値，

$x=-6$ のときの $y=\frac{1}{3}\times(-6)^2=12$ が最大値。

よって，yの変域は，$3 \leqq y \leqq 12$

❷$a>0$で，xの変域に0がふくまれるから，$x=6$のときの$y=\frac{1}{3}\times 6^2=12$が最大値。最小値は0だから，$y$の変域は，$0 \leqq y \leqq 12$

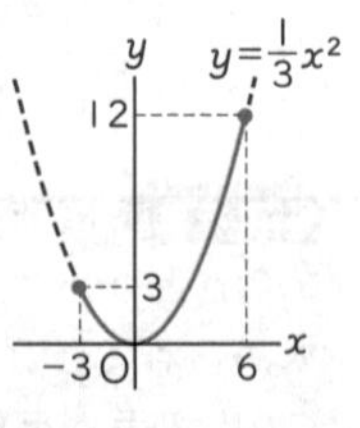

ここに注意! $y=ax^2$のxの変域に0がふくまれているときのyの変域は，
㋐$a>0$のとき，最小値0をとる。
㋑$a<0$のとき，最大値0をとる。

❸$a>0$で，xの変域に0がふくまれないから，
$x=3$のときの$y=\frac{1}{3}\times 3^2=3$が最小値，
$x=6$のときの$y=12$が最大値。
よって，yの変域は，$3 \leqq y \leqq 12$

47 (1)$a=3$，$b=0$ (2)$a=\frac{10}{9}$，$b=4$

解き方 (1)$y=-3x^2$のグラフは下に開いている。
$x=-1$のとき
$y=-3\times(-1)^2=-3$
より，$a>0$でxの変域は0をふくみ，$x=a$のとき$y=-27$である。

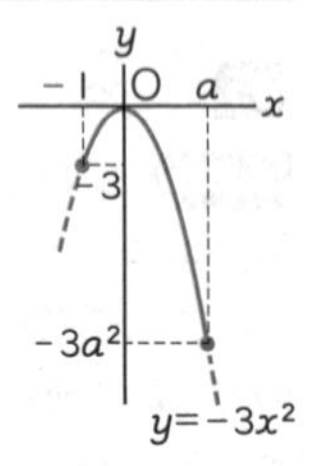

よって，$-27=-3a^2$ $a^2=9$
$a>0$より，$a=3$
また，xの変域は0をふくみ，yの最大値が0だから，$b=0$

(2)$y=ax^2$のグラフは，$a>0$より，上に開いている。
xの変域が0をふくみ，両端の値の絶対値は3の方が大きいから，yの変域は，
$0 \leqq y \leqq 9a$ …①

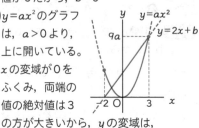

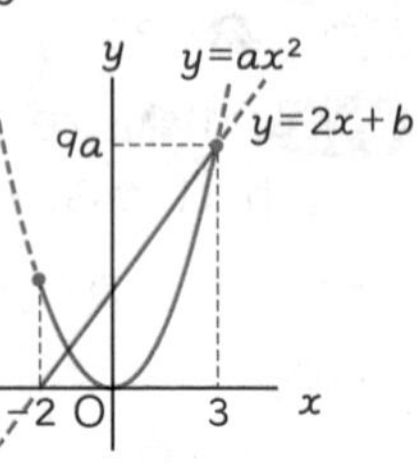

$y=2x+b$のグラフは右上がりだから，
$x=-2$のとき$y=-4+b$，
$x=3$のとき$y=6+b$より，
$-4+b \leqq y \leqq 6+b$ …②

よって，①，②より，$\begin{cases} -4+b=0 \\ 6+b=9a \end{cases}$

$b=4$，$9a=10$ $a=\frac{10}{9}$

48 $a=24$

解き方 $y=2x^2$で，xの値が-3から-1まで増加するときの変化の割合は，
$2\times(-3-1)=-8$
$y=\frac{a}{x}$で，$x=-3$のとき$y=-\frac{a}{3}$，$x=-1$のとき$y=-a$だから，変化の割合は，

$$\frac{-a-\left(-\frac{a}{3}\right)}{-1-(-3)}=\frac{-\frac{2a}{3}}{2}=-\frac{2a}{3}\times\frac{1}{2}=-\frac{a}{3}$$

よって，$-8=-\frac{a}{3}$ $a=24$

49 毎秒18m

解き方 $y=3x^2$で，$x=2$のとき$y=12$，$x=4$のとき$y=48$だから，平均の速さは，
$\frac{48-12}{4-2}=\frac{36}{2}=18$(m/秒)

(別解) $3\times(2+4)=18$(m/秒)

50 (1)A$(-2, 4)$，B$(1, 1)$ (2)3

解き方 (1)①と②の交点A，Bの座標は，

連立方程式$\begin{cases} y=x^2 & \cdots① \\ y=-x+2 & \cdots② \end{cases}$

の解である。
よって，$x^2=-x+2$ $x^2+x-2=0$
$(x+2)(x-1)=0$ $x=-2$，1
このとき，yの値はそれぞれ，$y=4$，$y=1$
よって，A$(-2, 4)$，B$(1, 1)$

(2)直線②とy軸の交点をCとすると，
C$(0, 2)$より，OC$=2$
△OAB＝△OCA＋△OCB

$=\frac{1}{2}\times2\times2+\frac{1}{2}\times2\times1$

$=\frac{1}{2}\times2\times(2+1)=3$

別解　右の図のように，2点A，Bからx軸に垂線AD，BEをひくと，

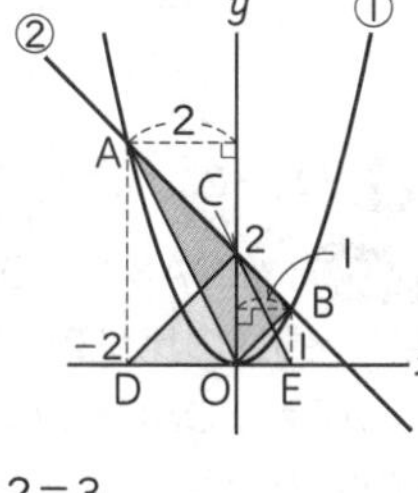

△OAB＝△CDE

$=\frac{1}{2}\times DE\times OC$

$=\frac{1}{2}\times\{1-(-2)\}\times2=3$

51　$y=-x-4$

解き方　$y=ax^2$に$x=-2$，$y=-2$を代入して，$-2=a\times(-2)^2$　$4a=-2$　$a=-\frac{1}{2}$

点Bのy座標は，$y=-\frac{1}{2}x^2$に$x=4$を代入して，$y=-\frac{1}{2}\times4^2=-8$

直線ABの傾きは，$\frac{-8-(-2)}{4-(-2)}=\frac{-6}{6}=-1$

だから，$y=-x+b$として，$x=-2$，$y=-2$を代入すると，$-2=2+b$　$b=-4$

よって，$y=-x-4$

別解　放物線と交わる直線の公式

$y=a(p+q)x-apq$を用いる。

$a=-\frac{1}{2}$，$p=-2$，$q=4$より，

$y=-\frac{1}{2}\times(-2+4)x-\left(-\frac{1}{2}\right)\times(-2)\times4$

$y=-x-4$

52　(1)$a=\frac{1}{4}$　(2)6　(3)$y=\frac{5}{2}x$

解き方　(1)点A，Bのy座標は，直線$y=\frac{1}{2}x+2$にそれぞれ-2，4を代入して，$y=1$，$y=4$となるから，

A$(-2,\ 1)$，B$(4,\ 4)$

$y=ax^2$に$x=-2$，$y=1$を代入して，

$1=a\times(-2)^2$　$a=\frac{1}{4}$

(2)直線ABがy軸と交わる点をCとすると，

C$(0,\ 2)$

△OAB＝△OCA＋△OCB

$=\frac{1}{2}\times2\times2+\frac{1}{2}\times2\times4=\frac{1}{2}\times2\times(2+4)$

$=6$

(3)線分ABの中点をMとすると，2点O，Mを通る直線が△OABの面積を2等分する。

y　$y=ax^2$　$y=\frac{1}{2}x+2$　M　B　A　-2　O　4　x

$M\left(\frac{-2+4}{2},\ \frac{1+4}{2}\right)$より，$M\left(1,\ \frac{5}{2}\right)$

直線は原点を通るから，$y=mx$とすると，中点Mを通るから，

$x=1$，$y=\frac{5}{2}$を代入して，$m=\frac{5}{2}$

よって，$y=\frac{5}{2}x$

53　(1)-3

(2)$A\left(-\frac{3}{2},\ \frac{9}{4}\right)$，1辺の長さ…3

(3)$t=\frac{5}{2}$

解き方　(1)放物線$y=ax^2$は，y軸について対称だから，点AとD，点BとCはy軸について対称である。また，四角形ABCDは長方形である。

A$(-3,\ 9)$より，D$(3,\ 9)$

点CはDとx座標が等しく3だから，

$y=-\frac{1}{3}x^2$に$x=3$を代入して，$y=-3$

(2)点Dのx座標をpとすると，

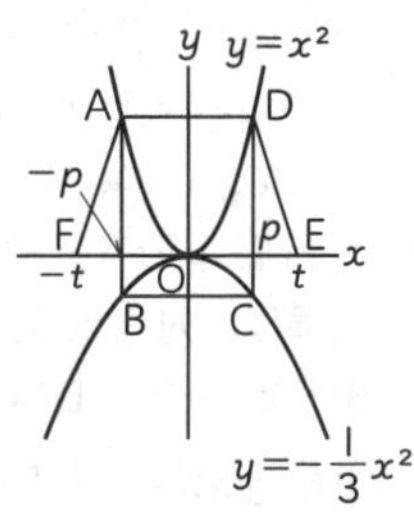

D$(p,\ p^2)$，

A$(-p,\ p^2)$，

$C\left(p,\ -\frac{1}{3}p^2\right)$

と表される。

$AD=p-(-p)=2p$，

$DC=p^2-\left(-\frac{1}{3}p^2\right)=\frac{4}{3}p^2$

長方形ABCDが正方形になるとき，

AD＝DCだから，$2p=\frac{4}{3}p^2$

$p(2p-3)=0 \quad p=0,\ \frac{3}{2}$

$p>0$より，$p=\frac{3}{2}$

よって，$D\left(\frac{3}{2},\ \frac{9}{4}\right)$より，$A\left(-\frac{3}{2},\ \frac{9}{4}\right)$

だから，正方形の1辺は，

$AD=\frac{3}{2}-\left(-\frac{3}{2}\right)=3$

(3)点E，Fはx軸上の点だから，AD//FEとなり，四角形AFEDは台形である。

このとき，AD＝3，EF＝$2t$，高さはDのy座標で$\frac{9}{4}$だから，

台形AFED＝$(3+2t)\times\frac{9}{4}\times\frac{1}{2}=\frac{9}{8}(3+2t)$

(2)より，正方形の面積は$3^2=9$だから，

$\frac{9}{8}(3+2t)=9 \quad 3+2t=8 \quad t=\frac{5}{2}$

ここに注意! (3)では，(2)で求めたA，Dの座標と正方形の1辺の長さを使って解いていく。

54 (1)D(4，4) (2)$y=2x-1$

解き方 (1)C(2，−2)で，BC//AD//x軸より，点BとCはy軸について対称だから，B(−2，−2)

BC＝2×2＝4より，AD＝BC＝4で，点Aのx座標は0だから，Dのx座標は4

点Dは$y=\frac{1}{4}x^2$のグラフ上の点だから，

$x=4$を代入して，$y=4$

よって，D(4，4)

(2)平行四辺形ABCDの面積を2等分する直線は，対角線BDの中点Mを通る。

B(−2，−2)，D(4，4)だから，BDの中点MはM$\left(\frac{-2+4}{2},\ \frac{-2+4}{2}\right)$より，M(1，1)

点Mを通って傾き2の直線の式を$y=2x+b$として，$x=1$，$y=1$を代入すると，$1=2+b \quad b=-1$

よって，求める直線の式は，$y=2x-1$

55 Q(−2，4)

解き方 △QABと△OABは底辺ABが共通で，高さの比が2：1になるとき，

△QAB＝△OAB×2になる。

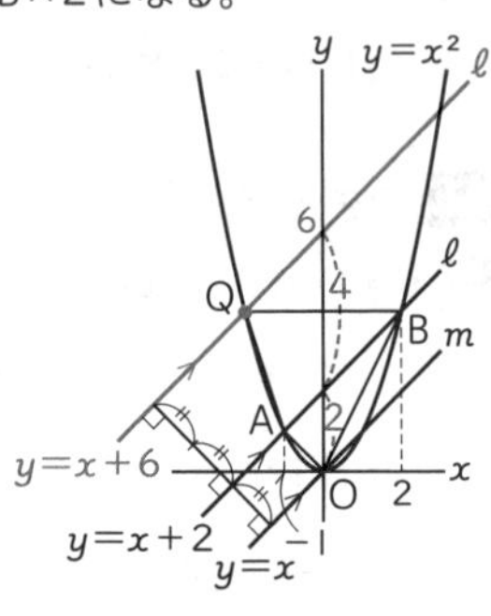

右の図のように，直線ℓに平行で，y軸と2+4＝6で交わる直線ℓ'をひくと，ℓ'の式は，$y=x+6$になる。

ℓ'と$y=x^2\ (x<0)$が交わる点がQである。

よって，点Qのx座標は，連立方程式

$\begin{cases} y=x^2 \\ y=x+6 \end{cases}$ の解のうち，負のほうである。

$x^2=x+6 \quad (x-3)(x+2)=0$

$x<0$より，$x=-2$

y座標は，$(-2)^2=4$

よって，Q(−2，4)

56 (1)1m (2)2往復

解き方 (1)$y=\frac{1}{4}x^2$に$x=2$を代入して，

$y=\frac{1}{4}\times2^2=1$より，振り子Aの長さは1m

(2)振り子Bの長さが$\frac{1}{4}$mなので，$y=\frac{1}{4}x^2$に$y=\frac{1}{4}$を代入して，$\frac{1}{4}=\frac{1}{4}x^2 \quad x^2=1$

$x>0$より，$x=1$

よって，振り子Bは1往復するのに1秒

かかる。
振り子Aは1往復するのに2秒かかるので，振り子Bは振り子Aが1往復する間に2往復する。

57 (1)

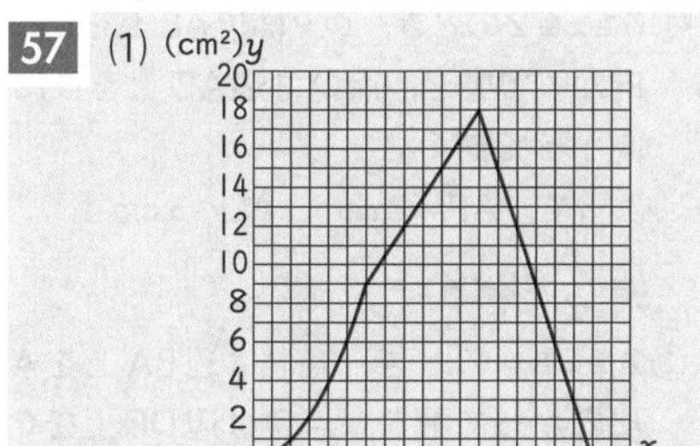

(2) $y=6$ のとき… $x=2\sqrt{6}$，16
$y=12$ のとき… $x=8$，14

解き方
(2)それぞれの式を(1)のグラフにかきこんで交点の x 座標を求める。

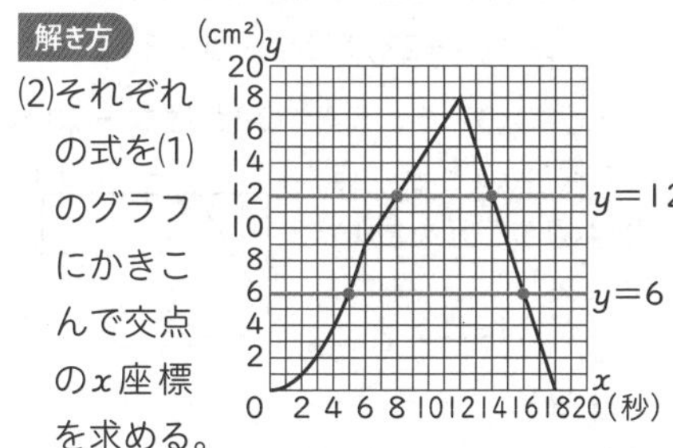

$y=6$ のとき，直線 $y=6$ と $y=\frac{1}{4}x^2$ との交点の x 座標は
$6=\frac{1}{4}x^2$　$x^2=24$　$x>0$ より，$x=2\sqrt{6}$
直線 $y=-3x+54$ との交点の x 座標は，
$6=-3x+54$　$x=16$
同様にして，$y=12$ と2つの直線
$y=\frac{3}{2}x$，$y=-3x+54$ との交点の x 座標を求めると，$x=8$，$x=14$
よって，$y=6$ のとき $x=2\sqrt{6}$，16
$y=12$ のとき $x=8$，14

58 ①

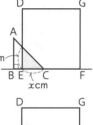

解き方 ㋐ $0\leqq x\leqq 5$ のとき，重なった部分は直角二等辺三角形だから，

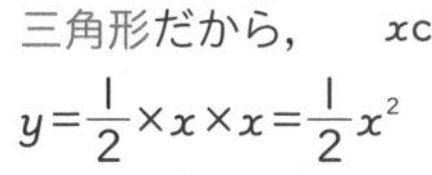

$y=\frac{1}{2}\times x\times x=\frac{1}{2}x^2$

㋑ $5\leqq x\leqq 10$ のとき，重なった部分は△ABC全体だから，

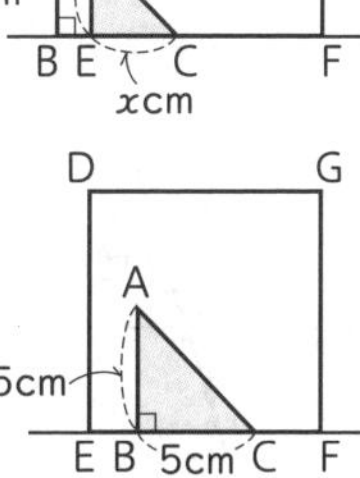

$y=\frac{1}{2}\times 5\times 5=\frac{25}{2}$
よって，グラフは①である。

59 (1) $y=2^x$　(2) 3.2mm　(3) 10回

解き方 (1) 1回紙を切るごとに，紙の枚数は2倍になる。x 回切ると紙の枚数は，
$\overbrace{2\times 2\times\cdots\times 2\times 2}^{\text{全部で}x\text{個}}$（枚）になるから，$y=2^x$ と表される。
(2) $y=2^x$ に $x=5$ を代入して，$y=32$
1枚の厚さが0.1mmだから，
$0.1\times 32=3.2$mm
(3) 6回切ったとき厚さは6.4mm，
7回切ったとき厚さは12.8mm，
8回切ったとき厚さは25.6mm，
9回切ったとき厚さは51.2mm，
10回切ったとき厚さは102.4mm
$=10.24$cmとなり，はじめて10cmをこえる。

〈参考〉 指数が文字である関数 $y=a^x$ を指数関数という。性質やグラフなどは高校で学習する。

章末問題 A

21 イ，エ

解き方 ア～エのグラフは次のようになる。

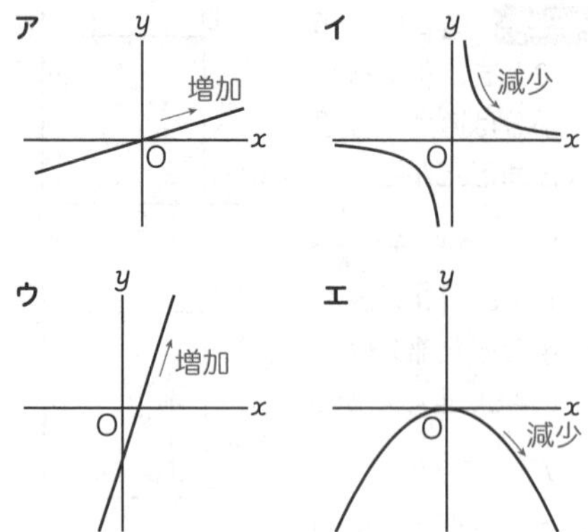

よって，$x>0$で，xの値が増加するときyの値が減少するのは，**イ**と**エ**である。

22　$a=-2$，0

解き方　xの変域が$a \leqq x \leqq a+2$，yの変域が$0 \leqq y \leqq 4$だから，xの変域は0をふくみ，また，$4=x^2$　$x=\pm 2$より，xの変域の両端のうち絶対値が大きいほうが，-2または2になる。

㋐$a=-2$のとき，xの変域は$-2 \leqq x \leqq 0$で，0をふくむから，条件に合う。

㋑$a+2=2$つまり$a=0$のとき，xの変域は$0 \leqq x \leqq 2$で，0をふくむから，条件に合う。

以上から，$a=-2$，0

23　(1)$x=1$のとき$y=1$，
$x=3$のとき$y=2$
(2)①$y=x^2$
②$y=-2x+8$
グラフは右の図
(3)$x=\frac{8}{3}$

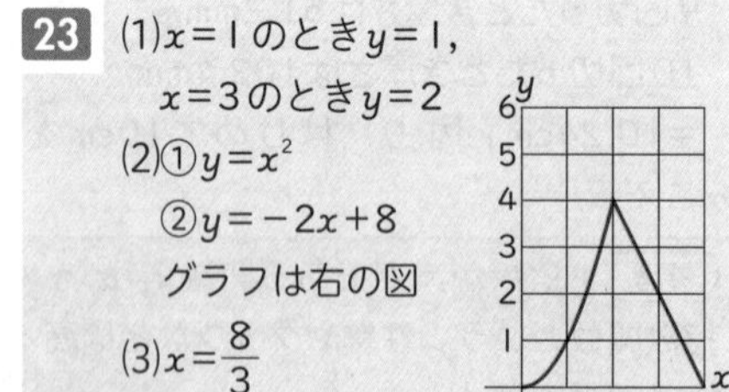

解き方　(1)$x=1$のとき，点Pは辺AB上をBに向かって，点Qは辺AD上をDに向かって動く。
AP＝2cm，AQ＝1cmだから，
$y=\frac{1}{2}\times 2\times 1=1$
$x=3$のとき，点PはAから6cm進むから，BA上をAに向かって動いている。
このとき，AP＝$4\times 2-6=2$(cm)
点Qは辺DC上をCに向かって動いているから，$y=\frac{1}{2}\times 2\times 2=2$

(2)①$0 \leqq x \leqq 2$のとき，点Pは辺AB上をBに向かって動き，点Qは辺AD上をDに向かって動く。
よって，AP＝$2x$cm，AQ＝$x$cmより，
$y=\frac{1}{2}\times 2x\times x=x^2$

②$2 \leqq x \leqq 4$のとき，点Pは辺BA上をAに向かって動き，点Qは辺DC上をCに向かって動く。
AP＝$8-2x$(cm)，高さは2cmで一定だから，
$y=\frac{1}{2}\times(8-2x)\times 2=-2x+8$

(3)$0 \leqq x \leqq 2$のとき，QA＝QPとはならない。
$2 \leqq x \leqq 4$のとき，点Qは辺DC上を動いているから，x秒後にQA＝QPになったとすると，

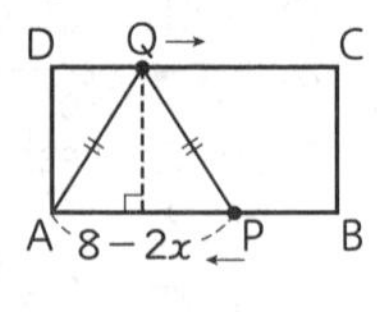

AP＝$4\times 2-2x=8-2x$(cm)，
DQ＝$2(x-2)=2x-4$(cm)
DQ＝$\frac{1}{2}$APだから，$2x-4=\frac{1}{2}(8-2x)$
$2x-4=4-x$
よって，$x=\frac{8}{3}$

24　(1)$y=x+6$　(2)15　(3)$\frac{4}{3}$

解き方　(1)放物線と交わる直線の公式より，直線ABの式は，
$y=1\times(-2+3)x-1\times(-2)\times 3=x+6$
(2)(1)より，C(0，6)
△OAB＝△OCA＋△OCB
$=\frac{1}{2}\times 6\times 2+\frac{1}{2}\times 6\times 3=15$

(3)(2)と四角形OACP：△BCP＝2：1より，

四角形OACP＝$15\times\frac{2}{2+1}=10$

△OCA＝6より，

△OCP＝10−6＝4

となればよい。点Pのx座標をtとすると，

△OCP＝$\frac{1}{2}\times6\times t=4$

$t=\frac{4}{3}$

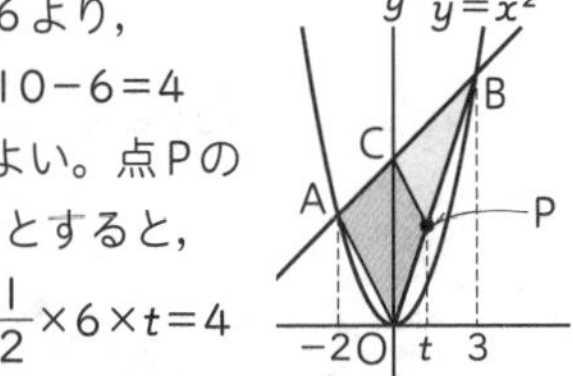

章末問題 B

25 $-3\leqq y\leqq0$

$(a,\ b)=\left(\frac{3}{4},\ -\frac{9}{4}\right),\ \left(-\frac{3}{4},\ -\frac{3}{4}\right)$

解き方 xの変域が0をふくむので，yの最大値は0

$x=3$のとき$y=-3$より，yの変域は

$-3\leqq y\leqq0$

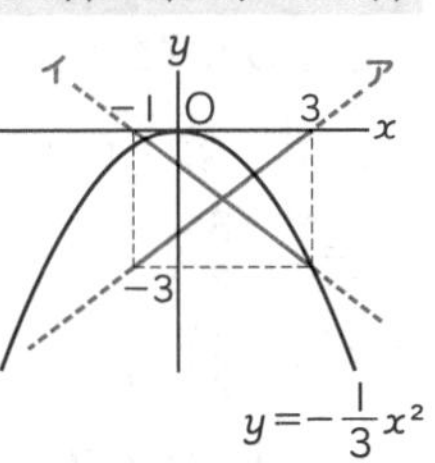

右の図で，直線②のyの変域が同じになるのは，直線アとイの場合だけである。

アのとき，2点(−1，−3)，(3，0)を通るから，$a=\frac{0-(-3)}{3-(-1)}=\frac{3}{4}$

$y=\frac{3}{4}x+b$に$x=3$，$y=0$を代入して，

$0=\frac{3}{4}\times3+b\quad b=-\frac{9}{4}$

イのとき，2点(−1，0)，(3，−3)を通るから，$a=\frac{-3-0}{3-(-1)}=-\frac{3}{4}$

$y=-\frac{3}{4}x+b$に$x=-1$，$y=0$を代入して，

$0=-\frac{3}{4}\times(-1)+b\quad b=-\frac{3}{4}$

以上から，$(a,\ b)=\left(\frac{3}{4},\ -\frac{9}{4}\right),\ \left(-\frac{3}{4},\ -\frac{3}{4}\right)$

26 (例)点Aは$y=\frac{3}{4}x^2$のグラフ上の点で，x座標が2だから，y座標は，

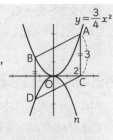

$y=\frac{3}{4}\times2^2=3$

よって，A(2，3)，C(2，0)である。

AC＝3cmで，▱ABDC＝10cm²だから，ACを底辺としたときの平行四辺形の高さは，$10\div3=\frac{10}{3}$(cm)

これはCとBのx座標の差にあたるから，

点Bのx座標は$2-\frac{10}{3}=-\frac{3}{4}$，

y座標は$y=\frac{3}{4}\times\left(-\frac{4}{3}\right)^2=\frac{4}{3}$だから，

$B\left(-\frac{4}{3},\ \frac{4}{3}\right)$

BD＝AC＝3cmより，Dのy座標は

$\frac{4}{3}-3=-\frac{5}{3}$だから，$D\left(-\frac{4}{3},\ -\frac{5}{3}\right)$

$y=ax^2$に$x=-\frac{4}{3}$，$y=-\frac{5}{3}$を代入して，$-\frac{5}{3}=a\times\left(-\frac{4}{3}\right)^2$

$\frac{16}{9}a=-\frac{5}{3}\quad a=-\frac{15}{16}$

27 (1)$a=\frac{1}{4}$　(2)$y=\frac{1}{4}x+\frac{1}{2}$

(3)$\frac{1\pm\sqrt{17}}{4}$

解き方 (1)$x=2$，$y=1$を$y=ax^2$に代入して，

$1=a\times2^2$

$4a=1\quad a=\frac{1}{4}$

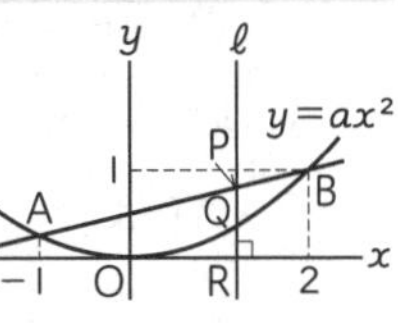

(2)2点A，Bは放物線$y=\frac{1}{4}x^2$上の点だから，直線ABの式は，放物線と交わる直

線の公式を使って，

$y=\frac{1}{4}\times(-1+2)x-\frac{1}{4}\times(-1)\times 2$

$=\frac{1}{4}x+\frac{1}{2}$

(3)点Pのx座標をtとすると，(1)，(2)より，

$P\left(t,\ \frac{1}{4}t+\frac{1}{2}\right)$，$Q\left(t,\ \frac{1}{4}t^2\right)$，$R(t,\ 0)$

直線ℓが線分ABと交わるとき，$-1\leqq t\leqq 2$で，

$PQ=\frac{1}{4}t+\frac{1}{2}-\frac{1}{4}t^2$，$QR=\frac{1}{4}t^2$

$PQ=QR$より，$\frac{1}{4}t+\frac{1}{2}-\frac{1}{4}t^2=\frac{1}{4}t^2$

$t+2-t^2=t^2$

$2t^2-t-2=0$

解の公式より，$t=\frac{1\pm\sqrt{17}}{4}$

これはともに，$-1\leqq t\leqq 2$を満たしている。

28　(1)$y=x+\frac{3}{2}$　(2)15cm^2

(3)(例)右上の図のように，

△PAB＝△POBとなるには，

PB∥AOとなればよい。

$A\left(-1,\ \frac{1}{2}\right)$より，直線OAの傾きは$-\frac{1}{2}$だから，直線PBの式を

$y=-\frac{1}{2}x+b$とする。

$B\left(3,\ \frac{9}{2}\right)$を通るから，$x=3$，

$y=\frac{9}{2}$を代入して，

$\frac{9}{2}=-\frac{3}{2}+b$　$b=6$

よって，直線PBの式は，

$y=-\frac{1}{2}x+6$

点Pは$y=\frac{1}{2}x^2$と$y=-\frac{1}{2}x+6$の交点だから，連立方程式

$\begin{cases} y=\frac{1}{2}x^2 \\ y=-\frac{1}{2}x+6 \end{cases}$　の解である。

$\frac{1}{2}x^2=-\frac{1}{2}x+6$

$x=-4,\ 3$　$x<-1$より，$x=-4$

したがって，点Pのy座標は，

$y=\frac{1}{2}\times(-4)^2=8$だから，

$P(-4,\ 8)$

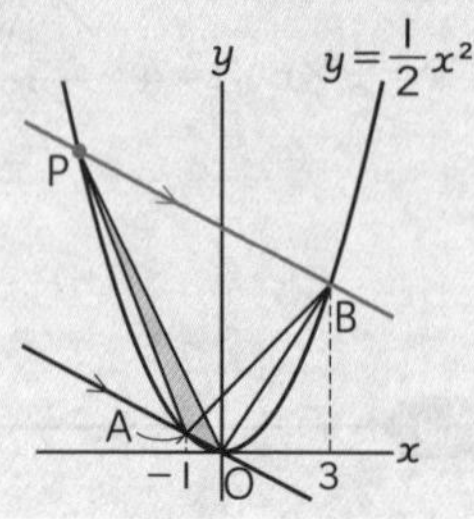

解き方　(1)点A，Bのx座標がそれぞれ-1，3とわかっているから，放物線と交わる直線の公式を使って，直線ABの式は，

$y=\frac{1}{2}\times(-1+3)x-\frac{1}{2}\times(-1)\times 3$

$=x+\frac{3}{2}$

(2)$B\left(3,\ \frac{9}{2}\right)$で，

点Cは 点Bとy軸について対称な点だから，

$C\left(-3,\ \frac{9}{2}\right)$で，

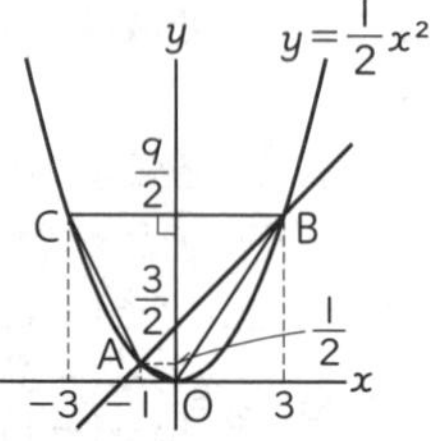

$y=\frac{1}{2}x^2$のグラフ上にある。

$BC=3\times 2=6(\text{cm})$で，ABCの高さは

$\frac{9}{2}-\frac{1}{2}=4(\text{cm})$より，

$\triangle ABC=\frac{1}{2}\times 6\times 4=12(\text{cm}^2)$

また，$\triangle OAB=\frac{1}{2}\times\frac{3}{2}\times(1+3)=3(\text{cm}^2)$

よって，四角形CAOB＝△ABC＋△OAB

$=12+3=15(\text{cm}^2)$

章末問題C

29　(1)$t=2$　(2)$a=\frac{3}{2}$

解き方

(1)点 $A\left(t,\ \frac{1}{4}t^2\right)$，$B\left(t-6,\ \frac{1}{4}(t-6)^2\right)$

$a=\frac{5}{4}$ のとき，曲線 g の式は，$y=\frac{5}{4}x^2$

四角形OACBが平行四辺形となるとき，OA//BC，OA＝BCである。

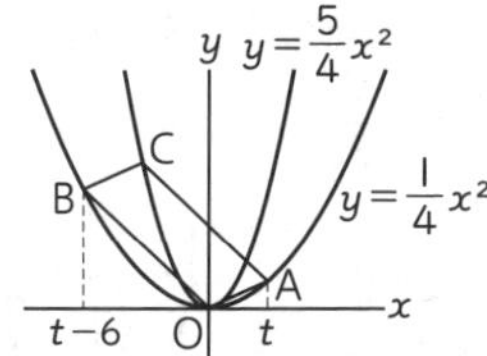

よって，点Aは原点Oから右へ t，上へ $\frac{1}{4}t^2$ 進んだ点だから，点Cも点Bから右へ t，上へ $\frac{1}{4}t^2$ 進んだ点である。

よって，

点Cの x 座標は $t-6+t=2t-6$，

y 座標は $\frac{1}{4}(t-6)^2+\frac{1}{4}t^2$

点Cは曲線 $y=\frac{5}{4}x^2$ のグラフ上にあるから，

$\frac{1}{4}(t-6)^2+\frac{1}{4}t^2=\frac{5}{4}(2t-6)^2$

$t^2-6t+8=0$　$t=2,\ 4$

これはともに，$0<t<6$ を満たしているが，点Cの x 座標は $2t-6$ で負である。

$t=2$ のとき，$2t-6=4-6=-2<0$

$t=4$ のとき，$2t-6=8-6=2>0$

よって，$t=2$

(2)$t=3$ より，

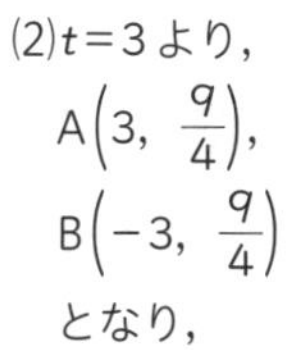

$A\left(3,\ \frac{9}{4}\right)$，

$B\left(-3,\ \frac{9}{4}\right)$

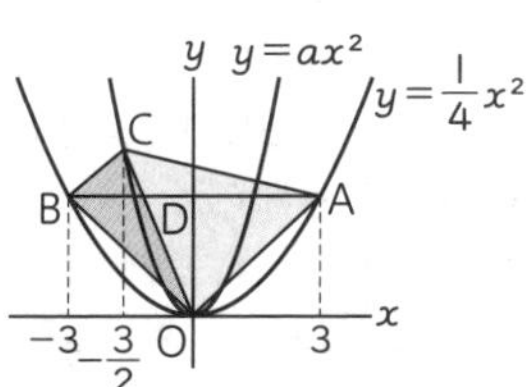

となり，

点Aと点Bは y 軸について対称な点だから，線分ABは x 軸に平行である。

また，Cの座標は $C\left(-\frac{3}{2},\ \frac{9}{4}a\right)$

△OAC：△OCB＝2：1のとき，底辺をOCとすると共通だから，高さの比は2：1になる。線分ABと直線OCの交点をDとすると，AD：BD＝2：1で，AB＝6より，AD＝4，BD＝2

よって，点Dの座標は $\left(3-4,\ \frac{9}{4}\right)$ より，

$D\left(-1,\ \frac{9}{4}\right)$

直線ODの式は，$y=-\frac{9}{4}x$ で，

$C\left(-\frac{3}{2},\ \frac{9}{4}a\right)$ がこの直線上にあるから，

$x=-\frac{3}{2}$，$y=\frac{9}{4}a$ を代入して，

$\frac{9}{4}a=-\frac{9}{4}\times\left(-\frac{3}{2}\right)$　$a=\frac{3}{2}$

> **テクニック**　共通な底辺をもつ2つの三角形の面積比は高さの比に等しい。
> 右の図で，
> △ABC：△ABD＝CE：DF
>
> 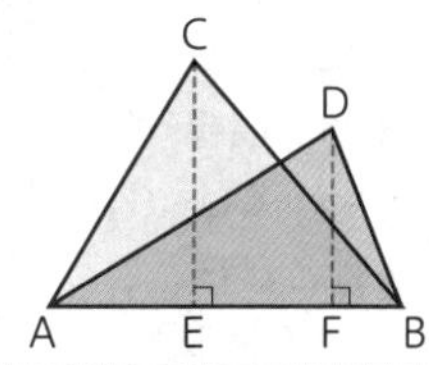
>

30　(1)$a=1$　(2)$y=\frac{1}{7}x+\frac{30}{7}$

(3)$-3,\ 1,\ 4$（順不同）

(4)$\frac{19}{13}$，7（順不同）

解き方　(1)点Bの x 座標が3で，放物線 $y=ax^2$ と直線 $y=ax+6$ の交点がBだから，y 座標を2通り表すと，$9a$，$3a+6$

よって，$9a=3a+6$　$a=1$

(2)(1)より，①は $y=x^2$，②は $y=x+6$ で，①，②の交点A, Bの座標は，連立方程式

$$\begin{cases} y=x^2 \\ y=x+6 \end{cases}$$

の解である。

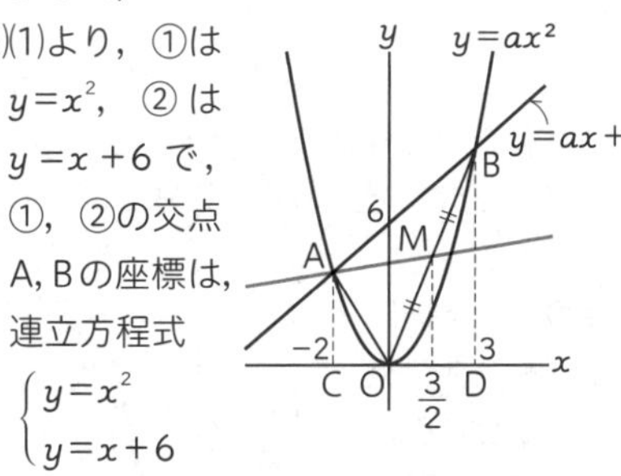

$x^2=x+6$　$x=3,\ -2$ より，

$A(-2,\ 4)$，$B(3,\ 9)$

点Aを通り，△OABの面積を2等分する直線は，線分OBの中点$M\left(\frac{3}{2},\ \frac{9}{2}\right)$を通る。

直線AMの式を$y=mx+n$とすると，

$$\begin{cases} 4=-2m+n \\ \frac{9}{2}=\frac{3}{2}m+n \end{cases}$$ より，$m=\frac{1}{7}$，$n=\frac{30}{7}$

よって，求める直線の式は，

$y=\frac{1}{7}x+\frac{30}{7}$

(3)右の図のように，△OAB＝△PABとなる点Pは，全部で3つある。直線$y=x+6$はy軸と6で交わるから，

これと平行な2つの直線$y=x$，$y=x+12$と$y=x^2$との交点である。

2つの連立方程式

㋐ $\begin{cases} y=x^2 \\ y=x \end{cases}$ ㋑ $\begin{cases} y=x^2 \\ y=x+12 \end{cases}$ を解くと，

㋐より，$x^2=x$ $x=0,\ 1$

$x\neq 0$より，$x=1$

㋑より，$x^2=x+12$ $x=4,\ -3$

以上から，点Pのx座標は，-3，1，4

(4)放物線①上に，△ACQ＝△BDQとなる点Qをとるとき，次の2つの場合がある。

㋐点Qを放物線上のA，B間にとる。

㋑点Qを放物線上のBより右側にとる。

㋐のとき，

点Qからx軸に垂線をひき，交点をEとする。

△ACQ＝△BDQで，底辺をそれぞれAC，BDとすると，底辺の比がAC：BD＝4：9だから，高さの比は$\frac{1}{4}:\frac{1}{9}=9:4$になればよい。

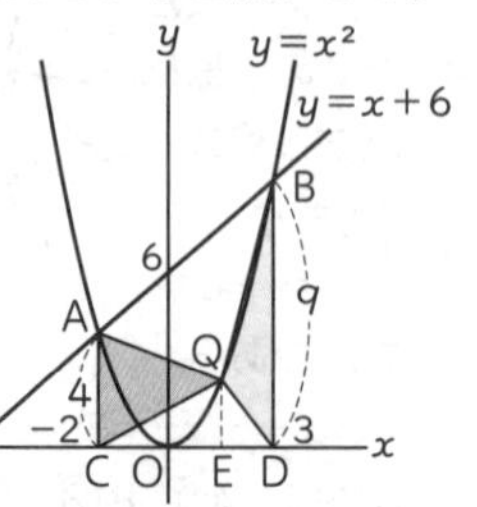

よって，CE：ED＝9：4，CD＝5より，

$CE=5\times\frac{9}{9+4}=\frac{45}{13}$

したがって，点Qのx座標は，

$-2+\frac{45}{13}=\frac{19}{13}$

㋑のとき，

点Qからx軸に垂線をひき，交点をFとする。

このとき，㋐と同様に，

CF：DF＝9：4

になればよい。CD＝5より，DF＝4だから，OF＝3＋4＝7

よって，点Qのx座標は7

以上から，点Qのx座標は，$\frac{19}{13}$，7

別解 点Qのx座標をtとする。

㋐のとき，$-2<t<3$

△ACQと△BDQの高さはそれぞれ，$t+2$，$3-t$となるから，

$(t+2):(3-t)=9:4$

$4(t+2)=9(3-t)$ $t=\frac{19}{13}$

これは$-2<t<3$を満たしている。

㋑のとき，$t>3$

△ACQと△BDQの高さはそれぞれ，$t+2$，$t-3$となるから，

$(t+2):(t-3)=9:4$

$4(t+2)=9(t-3)$ $t=7$

これは$t>3$を満たしている。

以上から，点Qのx座標は，$\frac{19}{13}$，7

ここに注意! 点Qは放物線上のAより左側にはとれない。なぜなら，△BDQの高さが△ACQの高さよりも小さくなけれ

ばならないからである。

31　(1) $a=\frac{1-\sqrt{17}}{2}$，$b=\frac{1+\sqrt{17}}{2}$
(2) $\frac{5+\sqrt{17}}{4}$

解き方　(1)点 $C\left(-1,\ \frac{1}{2}\right)$ である。

直線ABの式は，点A，Bの x 座標がそれぞれ a，b だから，放物線と交わる直線の公式より，$y=\frac{1}{2}(a+b)x-\frac{1}{2}ab$

点Dの y 座標が2だから，$-\frac{1}{2}ab=2$

よって，$ab=-4$…①

次に，点Cを通って直線ABに平行な直線 ℓ をひき，y 軸との交点をEとすると，

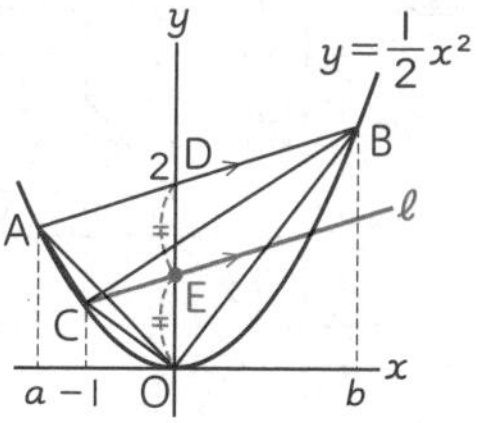

$\triangle AEB=\triangle ACB$
$=\triangle AOB\times\frac{1}{2}$

$\triangle AOB$ と $\triangle AEB$ は底辺ABが共通なので，DO：DE＝2：1となり，Eの y 座標は1とわかる。よって，$C\left(-1,\ \frac{1}{2}\right)$，

$E(0,\ 1)$ より，直線 ℓ の傾きは $\frac{1}{2}$ になる。

直線AB// ℓ より，直線ABの傾きも $\frac{1}{2}$ になるので，$\frac{1}{2}(a+b)=\frac{1}{2}$ より，$a+b=1$…②

①，②より，$\begin{cases} ab=-4 \\ a+b=1 \end{cases}$ を解くと，

$b=1-a$　$a(1-a)=-4$　$a^2-a-4=0$

解の公式より，$a=\frac{1\pm\sqrt{17}}{2}$

$a<-1$ だから　$a=\frac{1-\sqrt{17}}{2}$

$b=1-\frac{1-\sqrt{17}}{2}=\frac{1+\sqrt{17}}{2}$

テクニック　放物線と直線の交点の x 座標がどちらも文字で表されていて，直線の式を求めるとき，放物線と交わる直線の公式の威力(いりょく)が発揮される。この公式を知らないと，2点 $A\left(a,\ \frac{1}{2}a^2\right)$，$B\left(b,\ \frac{1}{2}b^2\right)$ から求めることになり，計算式も複雑になり，時間もかかる。必ず覚えておこう。

(2)直線BCが y 軸と交わる点をFとすると，Fの y 座標は放物線と交わる直線の公式より，

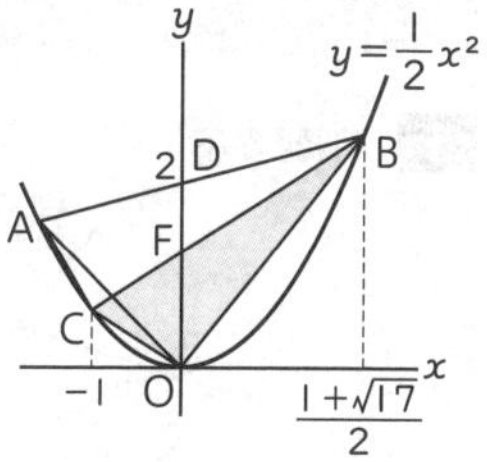

$-\frac{1}{2}\times(-1)\times b$ と表される。

(1)より，$b=\frac{1+\sqrt{17}}{2}$ だから，

$-\frac{1}{2}\times(-1)\times\frac{1+\sqrt{17}}{2}=\frac{1+\sqrt{17}}{4}$

よって，$F\left(0,\ \frac{1+\sqrt{17}}{4}\right)$ より，

$OF=\frac{1+\sqrt{17}}{4}$

$\triangle COB=\triangle FOC+\triangle FOB$

$=\frac{1}{2}\times OF\times\left(1+\frac{1+\sqrt{17}}{2}\right)$

$=\frac{1}{2}\times\frac{1+\sqrt{17}}{4}\times\frac{3+\sqrt{17}}{2}$

$=\frac{(1+\sqrt{17})(3+\sqrt{17})}{16}$

$=\frac{20+4\sqrt{17}}{16}=\frac{5+\sqrt{17}}{4}$

第4編　図形

第1章　平面図形

p.292〜317

1 (1)❶6本

❷

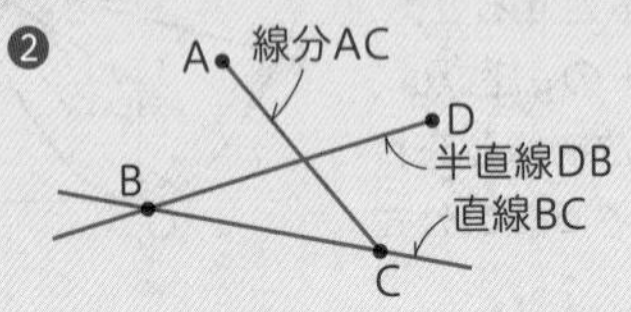

(2)∠BAC(∠CABでもよい)，∠BAD，∠BAE，∠CAD，∠CAE，∠DAE

解き方　(1)❶直線は2点で決まる。

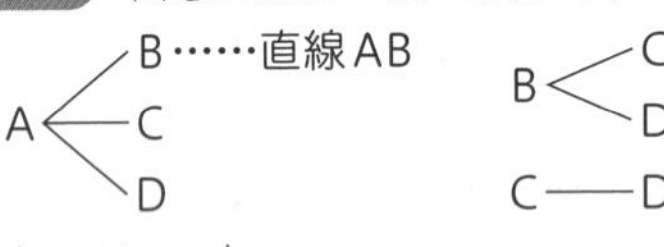

よって，6本

ここに注意！ ❷直線BCと直線CB，線分ACと線分CAは同じものであるが，半直線DBと半直線BDはちがうものである。

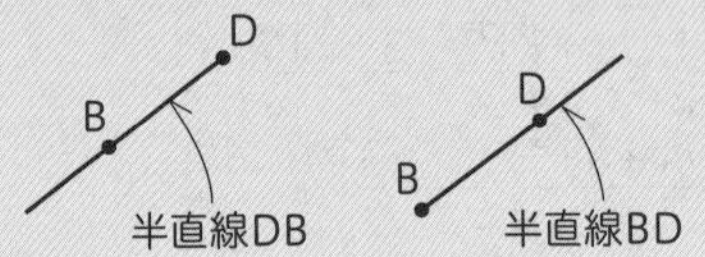

(2)角Aを表すとき，Aを中央にして，∠○A□または∠□A○とする。

2 △COQ

解き方　△OAPと向きが同じ三角形は平行移動だけで重ね合わせることができる。

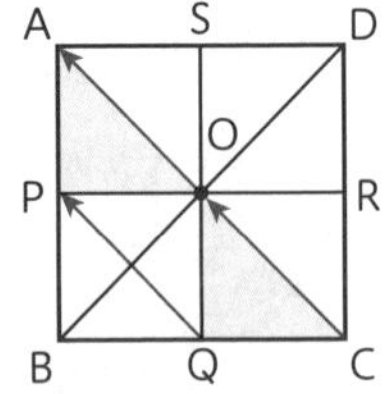

3 ウ

解き方　右の図のように，点A，Bを反時計回りに120°回転移動させると，A→C，B→Dより，**ウ**

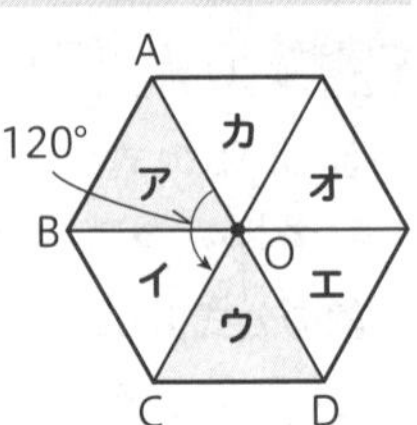

4

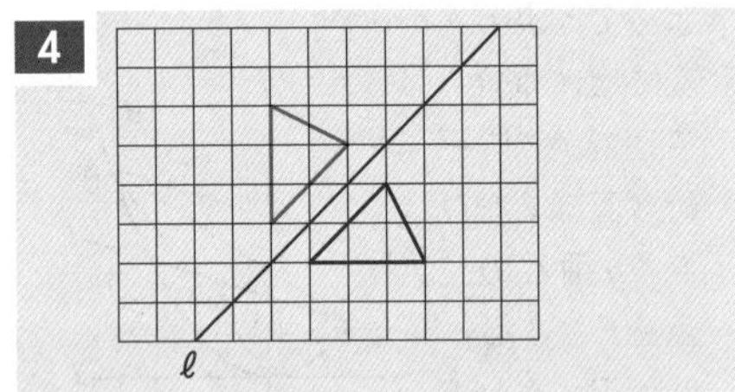

5 (1)直径　(2)180°　(3)平行

解き方　(3)点P，Qを通る接線をそれぞれℓ，mとすると，$\ell \perp PQ$，$m \perp PQ$であるから，$\ell /\!/ m$

6

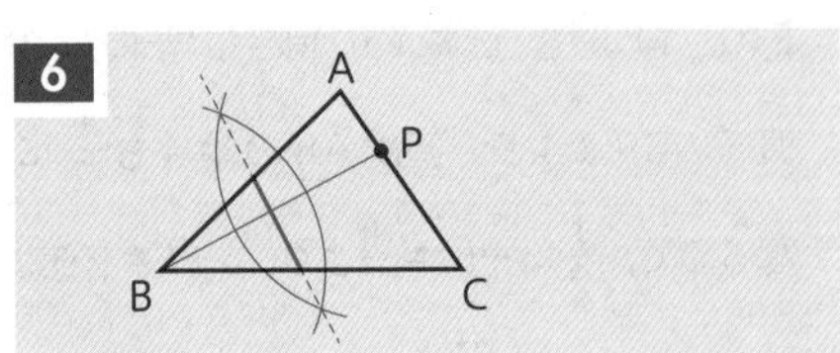

解き方　折り目は2点B，Pから等しい距離にあるので，線分BPの垂直二等分線をひく。そのうち，△ABCと重なる部分が折り目である。

7

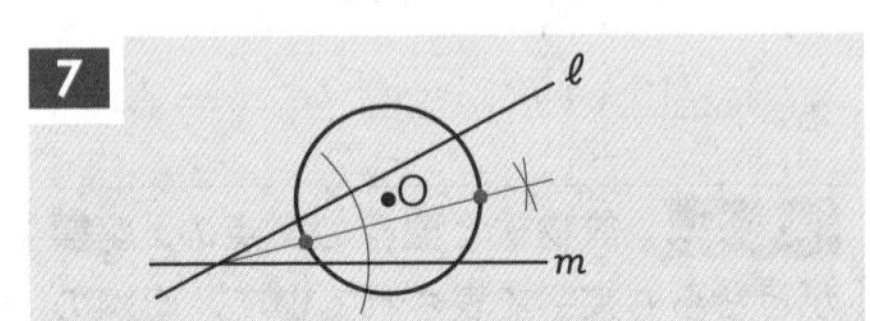

解き方　2直線ℓ，mのつくる角の二等分線をひき，円Oの円周と交わる点を求める。

8

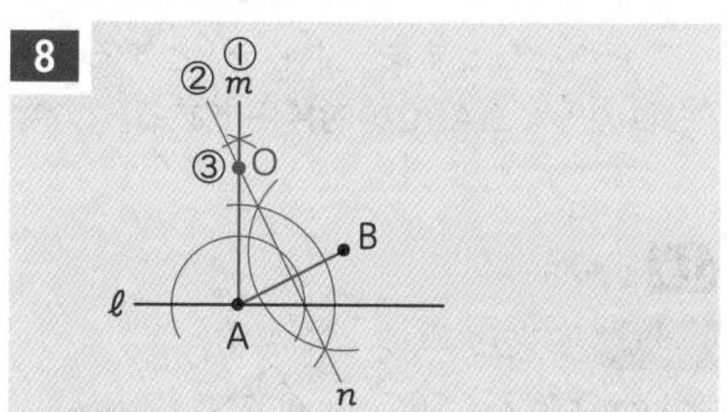

解き方　①点Aを通る直線ℓの垂線mをひく。
②OA＝OBであるので，線分ABの垂直二等分線nをひく。
③2直線m，nの交点がOになる。

9

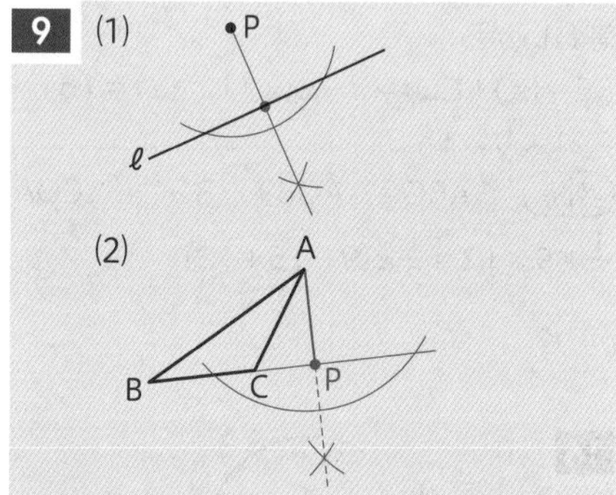

解き方　(1)点Pから直線ℓに垂線をひき，ℓとの交点が求める点である。
(2)AP⊥BCより，点Aから半直線BCに垂線をひく。その交点がPになる。

10

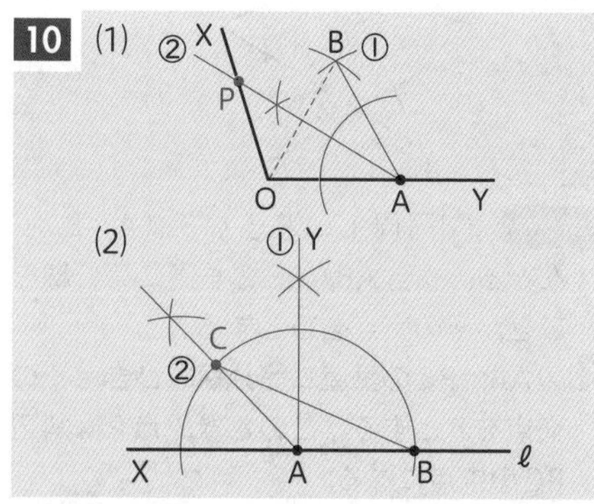

解き方　(1)①OAを1辺とする正三角形OABをかく。
②∠OAB(＝60°)の二等分線をひくと，OXとの交点がPになる。
(2)①点Aを通る直線ℓの垂線AYをひく。
②∠XAYの二等分線をひき，Aを中心とする半径ABの円との交点をCとする。
③△ABCをかく。
このとき，AB＝ACで，
∠BAC＝90°＋45°＝135°

11　(例)

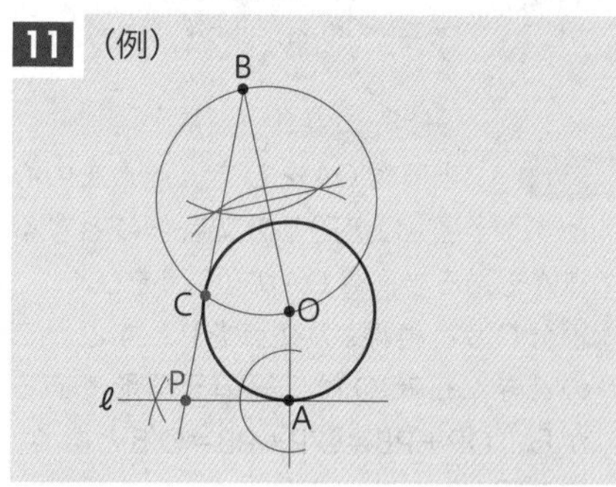

解き方　①点Aを通る半径OAに垂直な直線ℓをひく。
②2点O，Bを結び，線分OBを直径とする円をかく。
③円Oと②の円との交点の1つをCとする。
④直線BCをひくと，BCは円Oの接線であり，ℓとの交点をPとする。点Oは∠APCの二等分線上にあるので，
∠OPA＝∠OPC＝∠OPB
(③で，もう1つの交点をCとしてかいてもよい。)

12

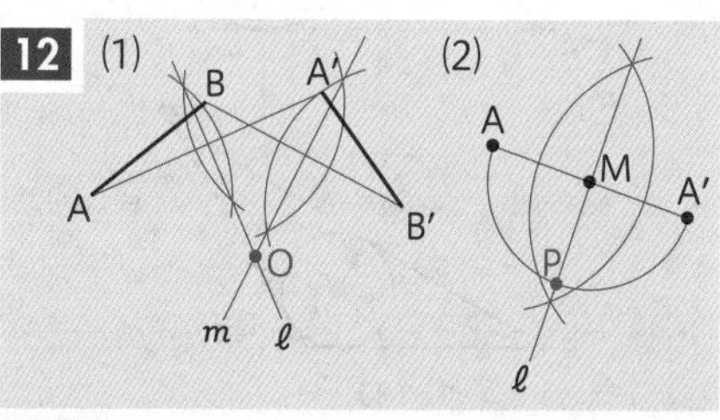

解き方　(2)2点A，A′を結び，線分AA′の

垂直二等分線ℓをひき，線分AA′との交点をMとする。点Mを中心とする半径MAの円をかき，線分AA′の下側でℓと交わる点をPとする。このとき，△AMPと△A′MPは合同な直角二等辺三角形だから，∠APA′＝45°＋45°＝90°

13

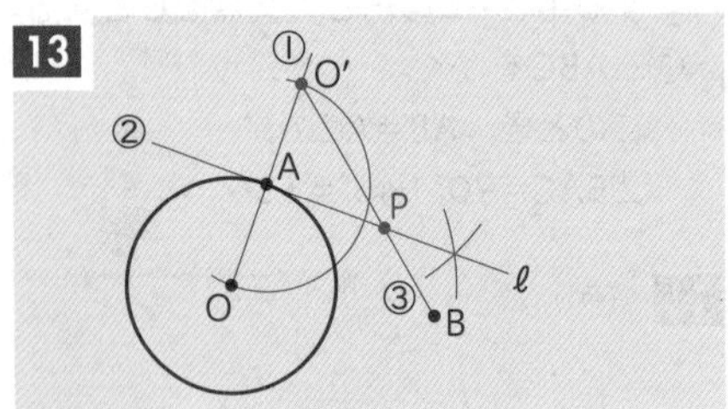

解き方　①半直線OAをひき，点Aを中心とする半径AOの円との交点をO′とする。

②点Aを通る半直線OAの垂線ℓをひく。

③線分O′Bと直線ℓの交点をPとする。このとき，△POO′は二等辺三角形であるから，OP＋PB＝O′P＋PB＝O′Bとなり，和が最小となる。

14

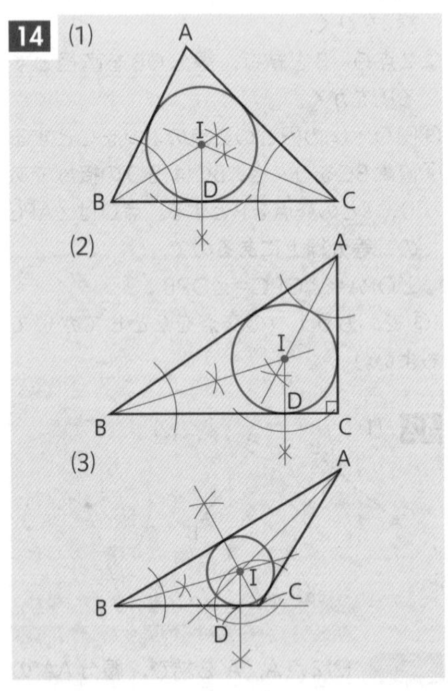

解き方　(1)〜(3)∠A，∠B，∠Cのうち，2つの角の二等分線をひき，その交点をIとする。点Iから辺BCに垂線をひき，その交点をDとする。中心をIとする半径IDの円が△ABCの内接円である。

15　3cm

解き方　円Oの半径を$x$cmとする。四角形APORは正方形になるので，

AP＝AR＝$x$cm

BP＝9－x(cm)，CR＝12－x(cm)

円外の1点からひいた2本の接線の長さは等しいから，

BC＝BQ＋CQ＝(9－x)＋(12－x)＝15

これより，x＝3

別解　△ABC＝△AOB＋△BOC＋△COA

$\frac{1}{2}\times9\times12=\frac{1}{2}x(9+15+12)$

x＝3

16

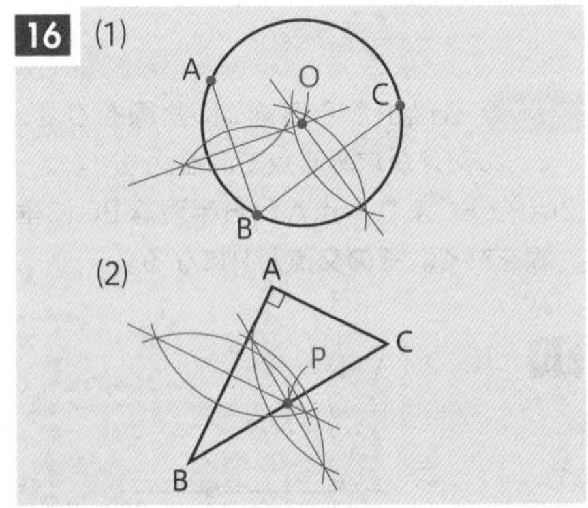

解き方　(1)円周上に適当な3点A，B，Cをとる。線分AB，BCの垂直二等分線をひき，その交点をOとする。

(2)辺AB，BCの垂直二等分線をひき，その交点をPとする。このとき，点Pは斜辺BCの中点になる。

テクニック 直角三角形の外心は，斜辺の中点である。

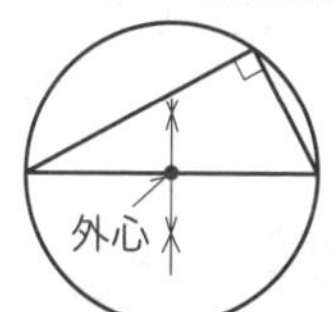

17 (1)まわりの長さ…$\left(4+\dfrac{3}{2}\pi\right)$cm，
面積…$\dfrac{3}{2}\pi$cm^2
(2)225°

解き方 (1)弧の長さは，$2\pi\times2\times\dfrac{135}{360}$
$=4\pi\times\dfrac{3}{8}=\dfrac{3}{2}\pi$(cm)
よって，まわりの長さは，$4+\dfrac{3}{2}\pi$(cm)
面積は，$\pi\times2^2\times\dfrac{135}{360}=\dfrac{3}{2}\pi$(cm^2)

別解 $S=\dfrac{1}{2}\ell r$より，
面積は$\dfrac{1}{2}\times\dfrac{3}{2}\pi\times2=\dfrac{3}{2}\pi$(cm^2)

(2)おうぎ形の中心角をa°とすると，
$\pi\times4^2\times\dfrac{a}{360}=10\pi$より，$a=225$

別解 おうぎ形の中心角と面積は比例するから，中心角は，
$360°\times\dfrac{10\pi}{\pi\times4^2}=360°\times\dfrac{10}{16}=225°$

18 (1)まわりの長さ…$20\pi+32$(cm)，
面積…120πcm^2
(2)まわりの長さ…$6\pi+16$(cm)，
面積…8πcm^2
(3)まわりの長さ…$6\pi+24$(cm)，
面積…6πcm^2

解き方 (1)半径4cm，8cm，12cm，16cm，中心角90°のおうぎ形でできている。
曲線部分の長さは，
$(8\pi+16\pi+24\pi+32\pi)\times\dfrac{1}{4}=20\pi$(cm)
直線部分の長さは，$4\times4+16=32$(cm)
よって，まわりの長さは，$20\pi+32$(cm)
面積は，
$(\pi\times4^2+\pi\times8^2+\pi\times12^2+\pi\times16^2)\times\dfrac{1}{4}$
$=4\pi+16\pi+36\pi+64\pi=120\pi$(cm^2)

(2)直線部分の長さは，$8\times2=16$(cm)
曲線部分の長さは，半径8cm，中心角45°のおうぎ形の弧の長さの3つ分だから，$2\pi\times8\times\dfrac{45}{360}\times3=6\pi$(cm)
よって，まわりの長さは$6\pi+16$(cm)
面積は，右の図のように等しい面積を移すと，半径8cm，中心角45°のおうぎ形の面積となるので，

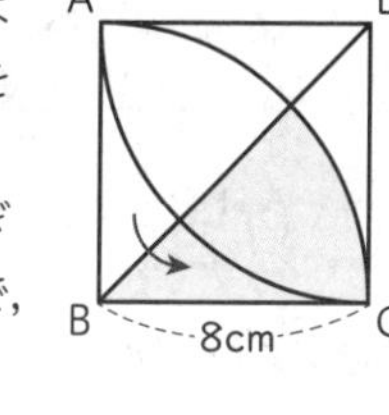

$\pi\times8^2\times\dfrac{45}{360}$
$=8\pi$(cm^2)

(3)まわりの長さは，
$\overset{\frown}{BC}+AB+AC=2\pi\times6\times\dfrac{1}{2}+12+12$
$=6\pi+24$(cm)
面積は，右の図のように，線をひくと，小さな正三角形が4つできる。
右の図のように移動させると，求める面積は半径6cm，中心角60°のおうぎ形APQの面積に等しくなる。

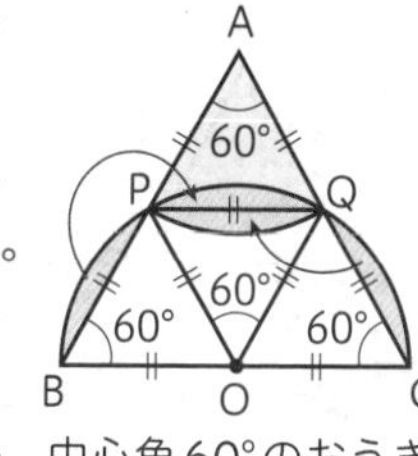

よって，$\pi\times6^2\times\dfrac{60}{360}=6\pi$(cm^2)

19 (1)15πcm (2)18πcm^2

解き方 (1)まわりの長さは，半径12cm，中心角45°のおうぎ形の弧の長さと，直径12cmの円周の長さの和だから，
$2\pi\times12\times\dfrac{45}{360}+12\pi=3\pi+12\pi$
$=15\pi$(cm)

(2)求める部分の面積は，ABを半径とする45°のおうぎ形の面積＋回転後の半円の面積－回転前の半円の面積 である。このとき，回転後と回転前の半円の面積は等しいから，求める面積はおうぎ形の面積と等しくなる。

よって，$\pi\times12^2\times\frac{45}{360}=18\pi(\text{cm}^2)$

20 (1)

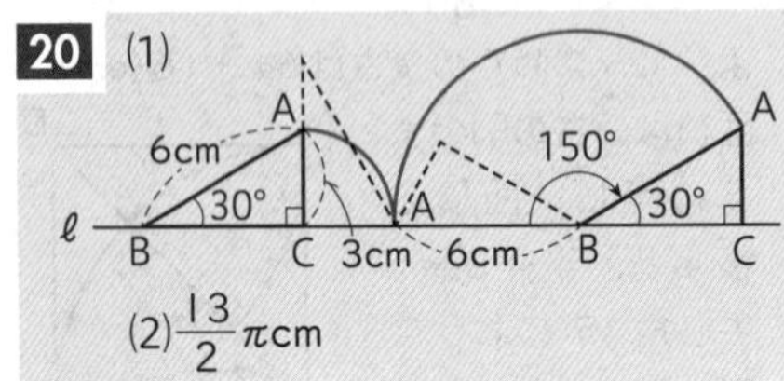

(2)$\frac{13}{2}\pi$cm

解き方 (2)$2\pi\times3\times\frac{90}{360}+2\pi\times6\times\frac{150}{360}$

$=\frac{3}{2}\pi+5\pi=\frac{13}{2}\pi(\text{cm})$

章末問題 A

1

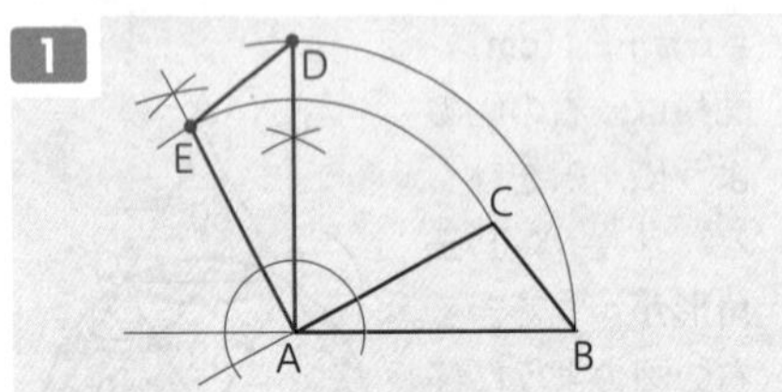

解き方 点Aを通る直線AB，ACの垂線をひく。∠BAD＝90°，AB＝AD

∠CAE＝90°，AC＝AEとなるD，Eをとる。

2

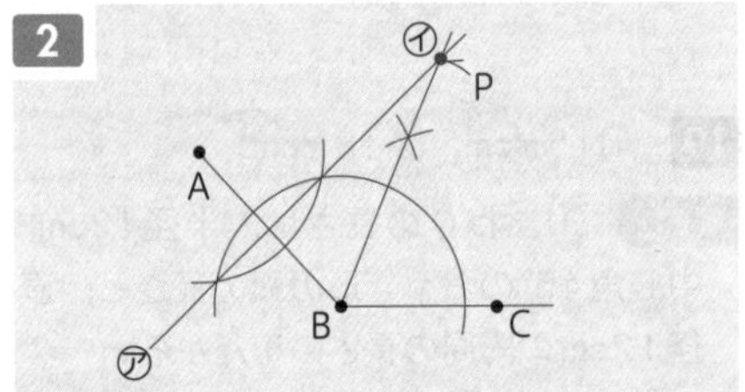

解き方 ㋐より，点Pは線分ABの垂直二等分線上にある。

㋑より，点Pは∠ABCの二等分線上にある。

よって，㋐，㋑の交点が点Pである。

3

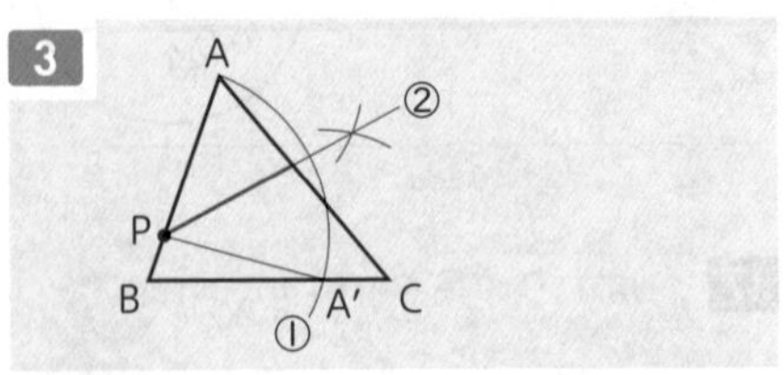

解き方 ①点Pを中心とする半径PAの円をかき，辺BCとの交点をA′とする。

②∠APA′の二等分線をひく。

別解 ②で，線分AA′の垂直二等分線をひいてもよい。

4 24πcm

解き方 まわりの長さは，5つの円周の長さの合計から，円が重なっている部分の弧の長さをひいて求められる。

右上の図のように四角形をつくると正方形になるので，重なっている部分の長さは，中心角90°のおうぎ形の弧の長さで，全部で8つある。

よって，$2\pi\times4\times5-\left(2\pi\times4\times\frac{90}{360}\right)\times8$

$=40\pi-16\pi=24\pi(\text{cm})$

5 $4+\pi$

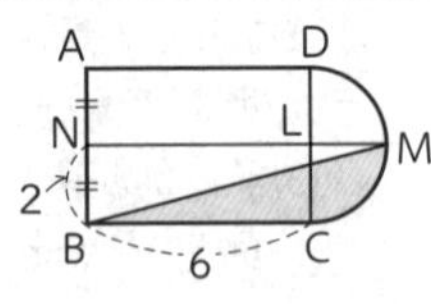

解き方 右の図のように，点Mから辺ADに平行な線をひき，AB，DCとの交点をN，Lとすると，N，Lはそれぞれ AB，DCの中点になる。

色のついた部分の面積は，

長方形BCLN＋おうぎ形LCM－△BMN

$=2\times6+\pi\times2^2\times\frac{1}{4}-\frac{1}{2}\times2\times(6+2)$

$=12+\pi-8=4+\pi$

6 $\frac{8}{3}\pi$

解き方

点Aは上の図のように動く。

よって，$\left(2\pi\times2\times\frac{120}{360}\right)\times2=\frac{8}{3}\pi$

章末問題 B

7

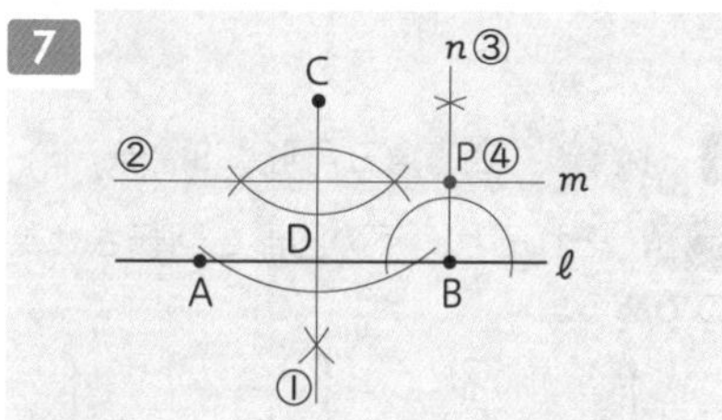

解き方 ①点Cから直線ℓに垂線をひき，ℓとの交点をDとする。

②線分CDの垂直二等分線mをひく。

③点Bを通るℓの垂線nをひく。

④直線mとnの交点をPとする。

PB$=\frac{1}{2}$CDなので，△PAB$=\frac{1}{2}$△CAB

8

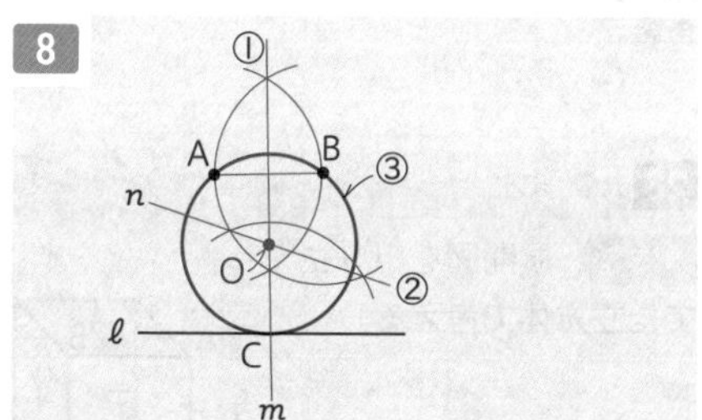

解き方 ①線分ABの垂直二等分線mをひき，ℓとの交点をCとする。

②線分BCの垂直二等分線nをひき，mとnの交点をOとする。

③中心をOとする半径OCの円をかく。

9 (1)

(2)

解き方 (2)点Qから円Oの周をOQの長さで6等分して，∠QOR＝∠QOS＝120°となる点R，Sを円周上にとる。(1)の作図のしかたで，点R，Sを通る円Oの接線をひく。点Q，R，Sを通る3本の接線の交点をA，B，Cとすると，∠A＝∠B＝∠C＝60°より，△ABCは正三角形となる。

10 (1)27πcm^2 (2)57πcm^2

解き方 (1)∠AOB$=x$°とすると，円Oの$\overset{\frown}{AB}$の長さと円O′の円周の長さが等しいので，$2\pi\times9\times\frac{x}{360}=2\pi\times3$ $x=120$

よって，おうぎ形OABの面積は，

$\pi\times9^2\times\frac{120}{360}=27\pi(\text{cm}^2)$

(2)円O′が移動した部分は，色のついた部分であるから，その面積は，

$\pi\times(9+6)^2\times\frac{120}{360}-\pi\times9^2\times\frac{120}{360}+\pi\times3^2$

$=\pi\times(15^2-9^2)\times\frac{1}{3}+9\pi=48\pi+9\pi$

$=57\pi(\text{cm}^2)$

11 (1)

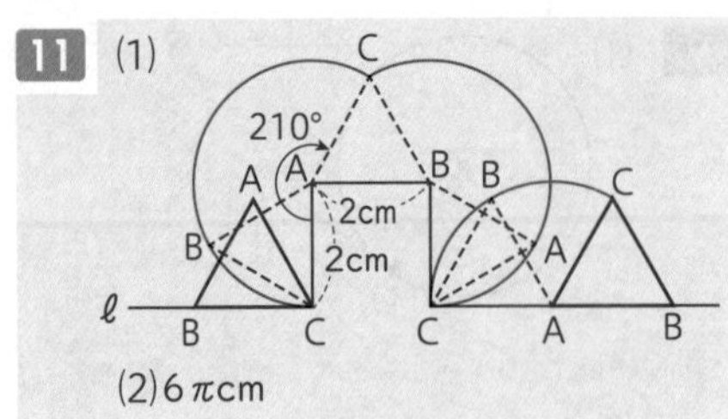

(2)6πcm

解き方　(2)$2\pi\times2\times\frac{210}{360}\times2+2\pi\times2\times\frac{120}{360}$
$=\frac{14}{3}\pi+\frac{4}{3}\pi=6\pi$(cm)

第2章　空間図形

p.318〜347

21 (1)3本　(2)**ア**，**ウ**

解き方　(1)辺BC，AC，CFの3本
(2)**イ**は，平面上での3直線ならば正しいが，空間内では，ℓとnがねじれの位置にある場合がある。

22 (1)面DHGC，面EFGH
(2)辺BF，辺FG，辺GC，辺CB
(3)面ABCD，面EFGH
(4)辺AD，辺EH，辺FG，辺BC
(5)90°

解き方　(5)辺AE⊥面EFGHなので，
∠AEG=90°

23 **ア**，**エ**

解き方　**イ**…右の図のように，P⊥Q，Q⊥Rのとき，P⊥Rのときもあるので，正しくない。

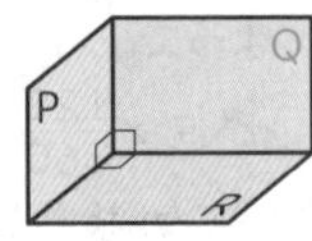

ウ…右の図のように，PとQが交わっているときもあるので，正しくない。

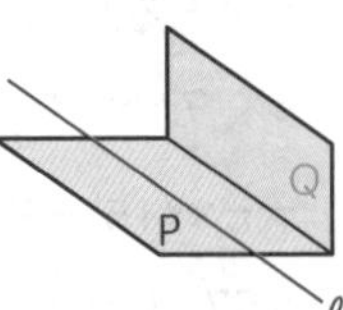

24

	五角柱	n角柱	五角錐	n角錐
底面の形	五角形	n角形	五角形	n角形
側面の形	長方形	長方形	三角形	三角形
面の数	7	$n+2$	6	$n+1$
辺の数	15	$3n$	10	$2n$
頂点の数	10	$2n$	6	$n+1$

25 (1)△ABC(DEF) を 辺AD(BE，CF)の方向に動かしてできたもの。
(2)❶四面体　❷六面体　❸八面体
❹六面体

26 (1)台形　(2)直角三角形　(3)台形

解き方　それぞれ，下の図形を回転させたものである。

(1)
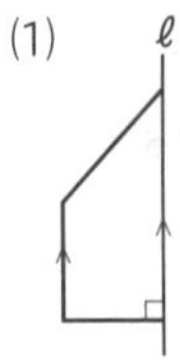

(2)
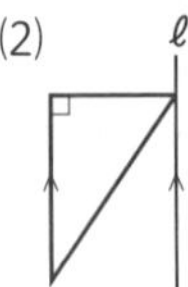

(3)
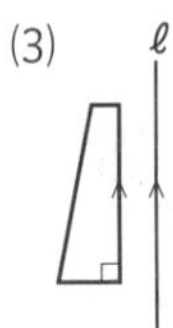

27 **エ**

解き方　**ア**，**イ**は角柱，**ウ**は円錐，**オ**は三角錐

28 **ウ**，**オ**

解き方　展開図を組み立てた立方体で考える。

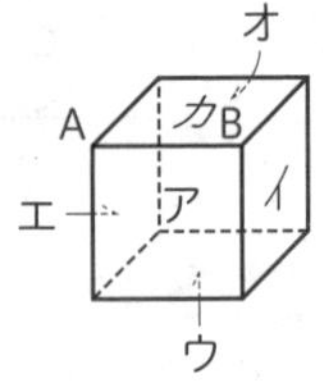

29 (1)72°　(2)$\frac{8}{3}\pi$cm

解き方 (1)側面のおうぎ形の弧の長さは，底面の円周の長さに等しいから，

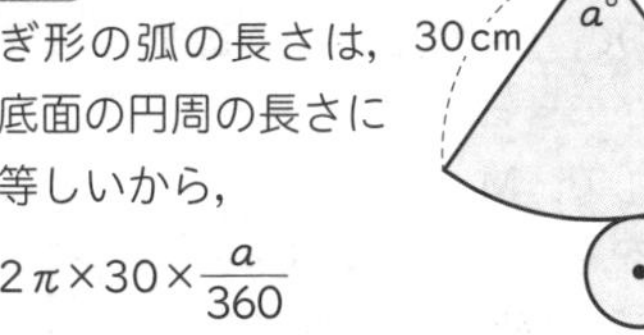

$2\pi\times30\times\frac{a}{360}$

$=2\pi\times6$

$a=360\times\frac{6}{30}=72$

(2)$2\pi\times4\times\frac{120}{360}=\frac{8}{3}\pi$(cm)

30 ウ

解き方 **ア**，**イ**，**エ**を組み立てると，それぞれ下のようになる。

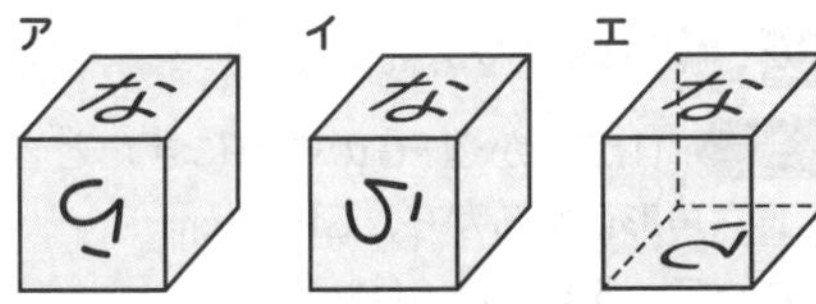

31

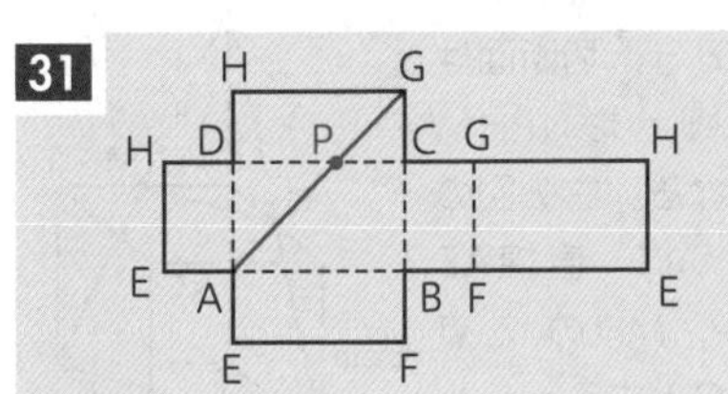

解き方 展開図上で，辺DCと交わるように，2点A，Gを直線で結ぶ。辺DCと線分AGの交点がPである。

32 12cm

解き方 最短の長さは，右の展開図でABの長さになる。側面のおうぎ形の中心角は

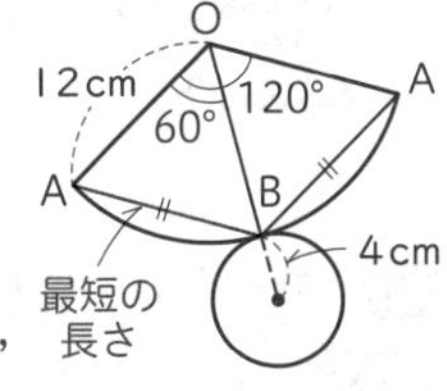

$360°\times\frac{4}{12}=120°$だから，

$\overset{\frown}{AB}$の中心角は60°

△OABはOA=OB=12cm，∠AOB=60°より，正三角形だから，最短の長さは，12cm

33 (1)❶ $200cm^2$ ❷ $45\pi+72(cm^2)$
(2)$64\pi cm^2$

解き方 (1)❶ $\{(4+10)\times4\div2\}\times2+(4+5+10+5)\times6=200(cm^2)$

❷ $\pi\times3^2\div2\times2+(6\pi\div2+6)\times12$
$=9\pi+36\pi+72=45\pi+72(cm^2)$

(2)底面の円の直径が8cmだから，側面積は，$8\pi\times8=64\pi(cm^2)$

34 (1)$400cm^2$ (2)$528cm^2$

解き方 (1)$10^2+\frac{1}{2}\times10\times15\times4=400(cm^2)$

35 (1)$48\pi cm^2$ (2)$30\pi cm^2$

解き方 (1)$\pi\times8\times6=48\pi(cm^2)$

36 (1)$75cm^3$ (2)$150\pi cm^3$

解き方 (1)$\left(\frac{1}{2}\times5\times5\right)\times6=75(cm^3)$

(2)$(\pi\times5^2)\times6=150\pi(cm^3)$

37 (1)$40cm^3$ (2)$50\pi cm^3$

解き方 (1)$\frac{1}{3}\times\left(\frac{1}{2}\times6\times5\right)\times8=40(cm^3)$

(2)$\frac{1}{3}\times(\pi\times5^2)\times6=50\pi(cm^3)$

38 (1)$36cm^2$ (2)1cm

解き方 (1)表面積は，展開図の面積と等しいので，$6\times6=36(cm^2)$

(2)三角錐の体積は，△MNCを底面とすると，

$\frac{1}{3}\times\left(\frac{1}{2}\times\frac{3}{2}\times\frac{3}{2}\right)\times3=\frac{9}{8}(cm^3)$

$\triangle AMN=3^2-\left(\frac{1}{2}\times\frac{3}{2}\times\frac{3}{2}+\frac{1}{2}\times\frac{3}{2}\times3\times2\right)$

$=\frac{27}{8}(cm^2)$

△AMNを底面とするときの三角錐の高さを$h$cmとすると，$\frac{1}{3}\times\frac{27}{8}\times h=\frac{9}{8}$

$h=1$より，1cm

テクニック 展開図でのそれぞれの三角形の面積比は右の図のようになる。

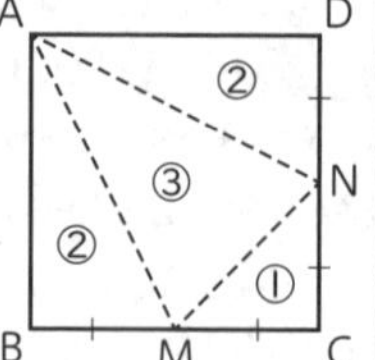

39 (1)$r=2$，体積…$\frac{16}{3}\pi$cm^3 (2)4cm

解き方 (1)円周の長さが4πcmだから，

$2\pi r=4\pi$ $r=2$

半球の体積は，$\frac{4}{3}\pi\times2^3\times\frac{1}{2}=\frac{16}{3}\pi$(cm^3)

(2)球の体積は，$\frac{4}{3}\pi\times3^3=36\pi$(cm^3)

円柱の高さを$h$cmとすると，体積は，

$\pi\times3^2\times h=9\pi h$(cm^3)

よって，$9\pi h=36\pi$ $h=4$より，4cm

40 $\frac{1}{3}\pi r^3$cm^3

解き方 正方形を回転させてできる円柱の体積から，中心角90°のおうぎ形を回転させてできる半球の体積をひく。

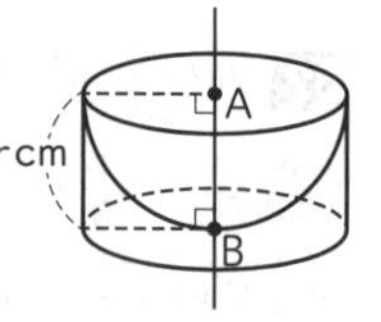

$\pi r^2\times r-\frac{4}{3}\pi r^3\times\frac{1}{2}=\frac{1}{3}\pi r^3$(cm^3)

41 (1)平行四辺形 (2)五角形

解き方 (1)手順①で，CとP，PとEを結ぶ。手順②で，CPと平行な線QEをひくと，CP=QEとなる。QとCを結ぶと，

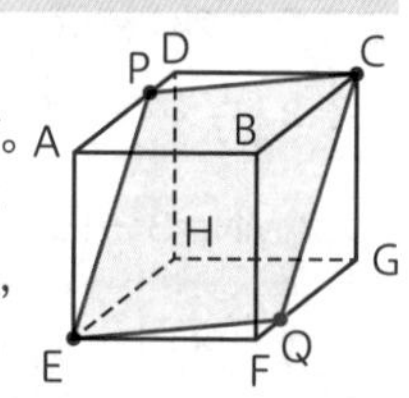

EP//QC，CP//QEとなるので，平行四辺形ができる。

(2)手順①で，MとNを結ぶ。手順③で，MNと立方体の辺をのばし，交点O，O′をとる。手順①で，FとO，FとO′を結び，FO，FO′と立方体の辺AE，CGとの交点をそれぞれR，Sとする。RM，SNを結ぶと五角形ができる。

42 (1)6秒後 (2)63cm^3

解き方 (1)点Pが辺FGの中点にきたとき正六角形になるから，GP=3cm

よって，$3\div0.5=6$(秒後)

(2)点Pが頂点Fにあるとき，切断面は等脚台形NPHMになる。右の図のように，直線AE，NP，MHの交点をQとすると，△AQNと△BPNは合同であるので，QA=PB=6cm

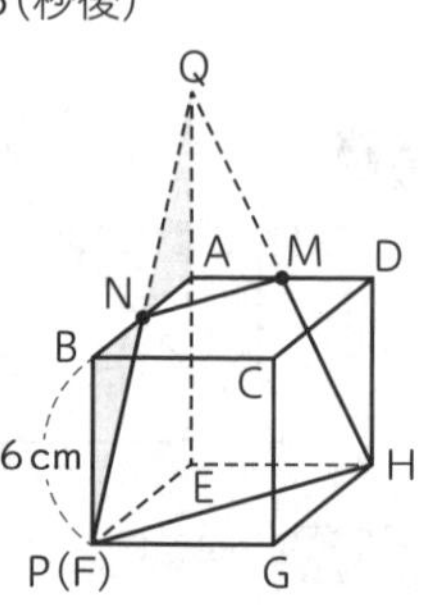

頂点Aをふくむ立体は，三角錐Q-EPHから三角錐Q-ANMをひいたものだから，求める体積は，

$\frac{1}{3}\times\left(\frac{1}{2}\times6\times6\right)\times12-\frac{1}{3}\times\left(\frac{1}{2}\times3\times3\right)\times6$

$=63$(cm^3)

43 (1)360cm^3 (2)540πcm^3 (3)56cm^3

解き方 (1)$6\times8\times\underline{(7+8)}\div2=360$(cm^3)

↑12+3でもよい

(2)$\pi\times6^2\times(12+18)\div2=540\pi$(cm^3)

(3)$\frac{1}{3}\times\left(\frac{1}{2}\times7\times4\right)\times3+\left(\frac{1}{2}\times7\times4\right)\times3$

$=56(cm^3)$

別解 (1)$6\times8\times\frac{7+3+8+12}{4}=360(cm^3)$

(2)$\pi\times6^2\times\frac{12+18}{2}=540\pi(cm^3)$

(3)$\left(\frac{1}{2}\times7\times4\right)\times\frac{3+3+6}{3}=56(cm^3)$

章末問題 A

12 ウ，カ

解き方 組み立てると，右の図のようになる。

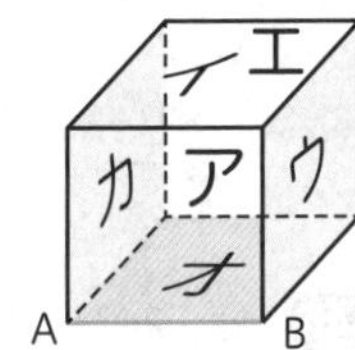

13 (1)表面積…84cm²，体積…36cm³
(2)表面積…96πcm²，体積…96πcm³
(3)表面積…16πcm²，体積…$\frac{32}{3}\pi$cm³

解き方 (1)表面積は，

$\frac{1}{2}\times3\times4\times2+(3+4+5)\times6=84(cm^2)$

体積は，$\frac{1}{2}\times3\times4\times6=36(cm^3)$

(2)表面積は，$\pi\times6^2+\pi\times10\times6=96\pi(cm^2)$

体積は，$\frac{1}{3}\times\pi\times6^2\times8=96\pi(cm^3)$

(3)表面積は，$4\pi\times2^2=16\pi(cm^2)$

体積は，$\frac{4}{3}\pi\times2^3=\frac{32}{3}\pi(cm^3)$

14 36πcm³

解き方 底面の円の半径が$6\div2=3(cm)$，高さが4cmの円柱であるから，体積は，

$\pi\times3^2\times4=36\pi(cm^3)$

15 体積…18πcm³，表面積…27πcm²

解き方 半径3cmの半球ができる。

体積$=\frac{4}{3}\pi\times3^3\times\frac{1}{2}=18\pi(cm^3)$

表面積＝曲面部分の面積＋円の面積

$=4\pi\times3^2\times\frac{1}{2}+\pi\times3^2=27\pi(cm^2)$

16 (1)

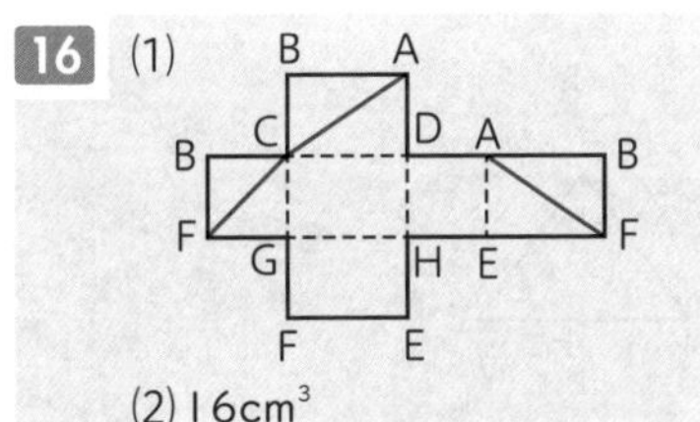

(2) 16cm³

解き方 (2)△ABFを底面にすると，高さはBCだから，三角錐ABCFの体積は，

$\frac{1}{3}\times\left(\frac{1}{2}\times6\times4\right)\times4=16(cm^3)$

章末問題 B

17 ③

解き方 ①は点BとDが重なる。
②はAB//CDになる。
④は点AとDが重なる。

18 200πcm³

解き方 上側の正方形3枚を下方向へ4cm平行移動させる。これを回転させると，2つの円柱を組み合わせた立体ができるから，体積は，

$\pi\times6^2\times2+\pi\times8^2\times2=200\pi(cm^3)$

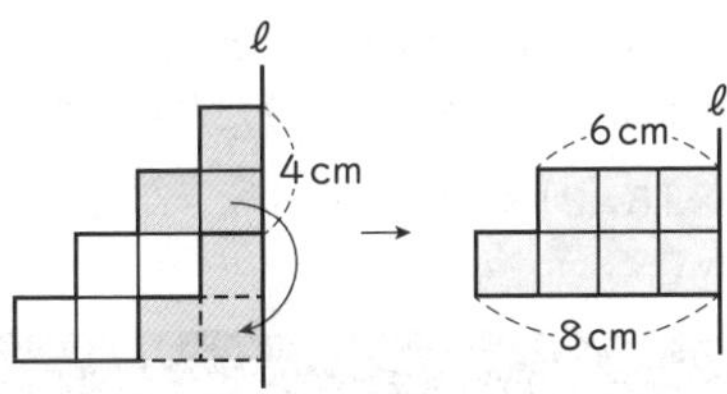

19 母線の長さ…15cm，
表面積…126πcm²

解き方　円錐の母線の長さを$x$cmとすると，点線の長さは，円錐の底面の円周の2.5倍になるから，

$2\pi x=2\pi\times6\times2.5$　$x=15$

表面積は，$\pi\times15\times6+\pi\times6^2=126\pi(\text{cm}^2)$

20

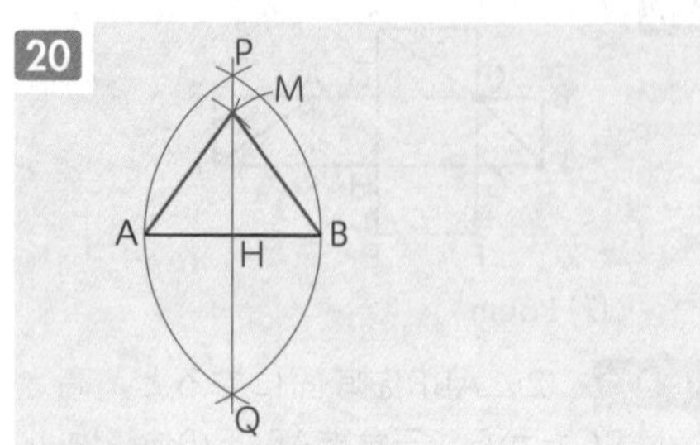

解き方　中心をそれぞれ点A，Bとして，半径ABの円をかき，その交点をP，Qとする。直線PQと線分ABとの交点をHとする。△PABは正三角形であるから，PH＝AM＝BMである。よって，点Aを中心とする半径PHの円をかき，直線PQとの交点をMとし，△MABをかく。

ここに注意!　正四面体の4つの面は正三角形であるが，△MABは，AM＝BMの二等辺三角形である。

21　36cm³

解き方　四角形BCDEは対角線の長さが6cmの正方形だから，面積は，

$6\times6\div2=18(\text{cm}^2)$

正八面体は，四角形BCDEを底面とし，高さが3cmの正四角錐2つ分だから，体積は，

$\left(\frac{1}{3}\times18\times3\right)\times2=36(\text{cm}^3)$

第3章　図形の角と合同

p.348〜371

44　(1)63°　(2)130°　(3)27°

解き方　(1)対頂角の性質を使って，

$\angle x=180°-(25°+40°+52°)=63°$

(2)$\angle x=180°-50°$

$=130°$

(3)平行線と対頂角の性質を使って，

$\angle x=65°-38°=27°$

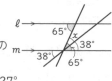

45　(1)79°　(2)115°　(3)75°

解き方　(1)$\angle x=43°+36°=79°$

(2)$\angle x=55°+(100°-40°)$

$=115°$

(3)$\angle x=(87°-25°)+13°$

$=75°$

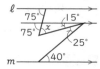

46　(1)120°　(2)28°　(3)60°

解き方　(1)$\angle x=70°+(180°-130°)=120°$

(2)$\angle x=138°-(180°-70°)=28°$

(3)$\angle x=75°-(40°-25°)$

$=60°$

47　(1)34°　(2)35°　(3)39°

解き方　(1)$\angle x+82°=56°+60°$

$\angle x=116°-82°=34°$

(2)$60°+20°+\angle x=115°$

$\angle x=115°-80°=35°$

48　(1)ア…6，イ…180
(2)❶130°　❷95°　❸115°

解き方　(1)右の図のように，七角形の内部には6個の三角形ができる。点Pのまわりの角の和は180°だから，内角の和は，

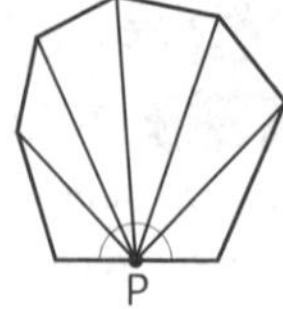

$180°\times6-180°$

(2)❷105°，120°の外角はそれぞれ

$180°-105°=75°$，

$180°-120°=60°$ だから，
$100°+75°+30°+60°+\angle x=360°$
$\angle x=95°$

49　(1)3240°
(2)辺の数…8，対角線…20本
(3)156°　(4)十角形

解き方　(2)1つの外角は $180°-135°=45°$ だから，辺の数は，$360°\div45°=8$
対角線の数は，$\dfrac{8\times(8-3)}{2}=20$(本)
(3)正十五角形の1つの外角は，
$360°\div15=24°$
よって，1つの内角は，$180°-24°=156°$
別解　$180°\times(15-2)\div15=156°$
(4)外角の和は360°で，その4倍は1440°だから，$180°\times(n-2)=1440°$ より，
$n=10$

50　(1)123°　(2)110°　(3)60°

解き方　(1)$\angle ABD=a$，$\angle ACD=b$ とおく。
△ABCの内角の和は180°より，
$66°+2a+2b=180°$　$a+b=57°$
△DBCで，$\angle x+a+b=180°$ より
$\angle x=123°$
別解　公式を使って，
$\angle x=90°+\dfrac{1}{2}\times66°=123°$
(3)○を a，×を b とすると，$a=30°+b$…①
$2a=\angle x+2b$…②
①を2倍すると，$2a=60°+2b$ より，
$2a-2b=60°$
②より，$\angle x=2a-2b=60°$

51　(1)58°　(2)77°

解き方
(1)右の図で，
$\angle EFC=\angle EFG$
$=180°-106°$

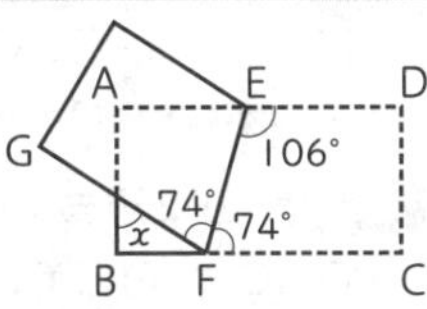

$=74°$ より，
$\angle BFG=180°-74°\times2=32°$
よって，$\angle x=180°-(90°+32°)=58°$
(2)$AD=CD=C'D$ より，△AC'Dは二等辺三角形である。
$\angle CED=(180°-64°)\div2=58°$ だから，
$\angle CDE=\angle C'DE=180°-(90°+58°)=32°$
$\angle ADC'=90°-32°\times2=26°$ より，
$\angle x=(180°-26°)\div2=77°$

52　(1)360°　(2)900°　(3)180°

解き方　(1)対頂角は等しいから，求める角の和は，外側の3つの三角形の内角の和から，内側の三角形の内角の和をひいたものに等しい。
よって，$180°\times3-180°=360°$
(2)右の図のように，GとE，DとHを結ぶ。
$\angle EGH+\angle GED$
$=\angle EDH+\angle GHD$
よって，求める角の和は，六角形ABCDHIの内角の和と三角形EFGの内角の和に等しいから，
$180°\times(6-2)+180°=900°$

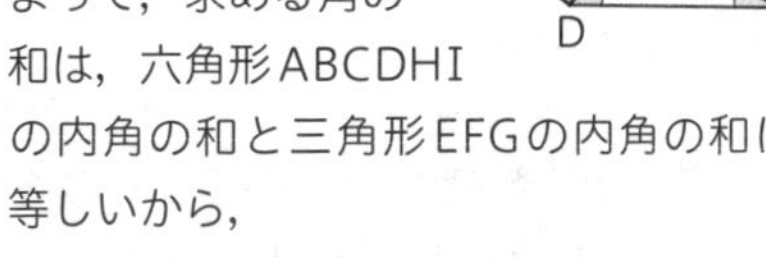

(3)ブーメラン型の角の公式を使うと，色のついた三角形の中に $\angle a$ ～ $\angle g$ がすべて入るから，角の和は180°である。

53　(1)❶△ABC≡△EFD
❷AB=6.5cm，DE=4cm
∠D=82°
(2)❶**ア**…5，**イ**…7，**ウ**…84
❷**エ**…5，**オ**…8，**カ**…95

解き方 (1)❷AB＝EF＝6.5cm，
∠D＝∠C＝82°
(2)対応する辺が同じ向きになるようにかく。

❶

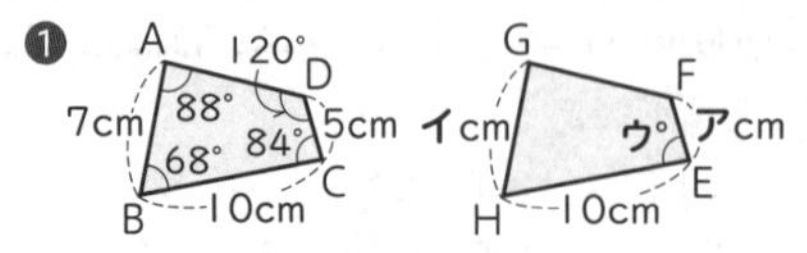

よって，ア＝5，イ＝7，ウ＝84

54 △DEF≡△RQP
合同条件は，3組の辺がそれぞれ等しい。
△GHI≡△TUS
合同条件は，1組の辺とその両端の角がそれぞれ等しい。
△JKL≡△OMN
合同条件は，2組の辺とその間の角がそれぞれ等しい。

55 (1)AB＝DE
合同条件は，3組の辺がそれぞれ等しい。
∠C＝∠F
合同条件は，2組の辺とその間の角がそれぞれ等しい。
(2)∠A＝∠D
合同条件は，1組の辺とその両端の角がそれぞれ等しい。
BC＝EF
合同条件は，2組の辺とその間の角がそれぞれ等しい。
(3)AB＝DE
合同条件は，1組の辺とその両端の角がそれぞれ等しい。

ここに注意！ (2)∠C＝∠Fを条件に加えると，∠B＝∠Eなので，三角形の内角の和は180°だから，∠A＝∠Dとなる。AB＝DE，∠A＝∠D，∠B＝∠Eより，合同条件「1組の辺とその両端の角がそれぞれ等しい。」がいえるので，∠C＝∠Fを加えても，△ABC≡△DEFがいえる。
(3)∠A＝∠D，∠B＝∠Eより，∠C＝∠Fであるから，AB＝DEだけでなく，BC＝EF，AC＝DFでも合同条件「1組の辺とその両端の角がそれぞれ等しい。」がいえる。

56 (1)△ABD≡△ACD
合同条件は，3組の辺がそれぞれ等しい。
(2)△ABC≡△ADE
合同条件は，2組の辺とその間の角がそれぞれ等しい。
(3)△AOC≡△BOD
合同条件は，1組の辺とその両端の角がそれぞれ等しい。

解き方 (1)AB＝AC，BD＝CD，ADは共通
(2)AB＝AD，AC＝AE，∠Aは共通
(3)AO＝BO，AC//DBより，平行線の錯角は等しいから，∠CAO＝∠DBO
対頂角は等しいから，∠AOC＝∠BOD

57 (1)❶仮定…△ABC≡△PQR
結論…∠A＝∠P，∠B＝∠Q，
∠C＝∠R
❷仮定…m，nが奇数
結論…mnは奇数
(2)仮定…∠AOP＝∠BOP
(∠QOP＝∠ROP)，
PQ⊥OA，PR⊥OB
結論…PQ＝PR

解き方 (2)「2辺までの距離」とあるので，PQ⊥OA，PR⊥OBの条件が必要である。

58 (1)仮定…AC＝BD，AD＝BC
結論…∠ACB＝∠BDA
(2)△ABCと△BADにおいて，
仮定より，AC＝BD…①
BC＝AD…②
ABは共通…③
①，②，③より，3組の辺がそれぞれ等しいから，△ABC≡△BAD
合同な図形の対応する角は等しいから，∠ACB＝∠BDA

59 AB//CDより，平行線の錯角は等しいから，∠AEF＝∠DFE…①
仮定より，$\angle FEG=\dfrac{1}{2}\angle AEF$…②
$\angle EFH=\dfrac{1}{2}\angle DFE$…③
①，②，③より，∠FEG＝∠EFH
錯角が等しいから，EG//HF

60 △ADCと△ABGにおいて，
仮定より，四角形ADEB，四角形ACFGは正方形であるから，
AD＝AB…①
AC＝AG…②
また，∠BAD＝∠GAC＝90°より，
∠CAD＝90°＋∠CAB…③
∠GAB＝90°＋∠CAB…④
③，④より，∠CAD＝∠GAB…⑤
①，②，⑤より，2組の辺とその間の角がそれぞれ等しいから，
△ADC≡△ABG

61 (1)(例)①点Aを中心とし，適当な半径の円をかく。
②点Bを中心とし，①と同じ半径の円をかき，この2円の交点をそれぞれP，Qとする。
③2点P，Qを結ぶ。
(2)AとP，AとQ，BとP，BとQを結び，ABとPQとの交点をOとする。

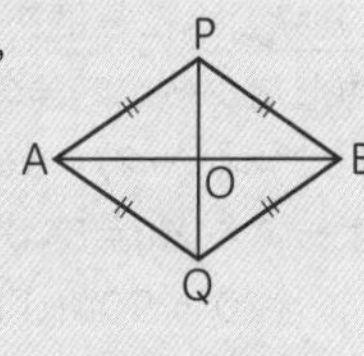

△PAQと△PBQにおいて，(1)より，
AP＝BP…㋐
AQ＝BQ…㋑
PQは共通…㋒
㋐，㋑，㋒より，
3組の辺がそれぞれ等しいから，
△PAQ≡△PBQ
よって，∠APO＝∠BPO…㋓
△PAOと△PBOにおいて，
POは共通…㋔
㋐，㋓，㋔より，2組の辺とその間の角がそれぞれ等しいから，
△PAO≡△PBO
よって，AO＝BO…㋕
∠AOP＝∠BOP＝90°…㋖
㋕，㋖より，直線PQは線分ABの垂直二等分線である。

章末問題 A

22 (1)69°　(2)65°　(3)55°

解き方　(1)$\angle x=180°-(39°+72°)=69°$
(2)$\angle x=115°-(30°+20°)=65°$
(3)$\angle x=(80°-45°)+20°=55°$

23 (1)93°　(2)96°　(3)80°

解き方　(2)外角の和は360°なので，
$360°-(70°+50°+80°+76°)=84°$
$\angle x=180°-84°=96°$
(3)右の図で，
$\angle a+\angle b=360°-(90°+110°+40°+20°)$
$=100°$

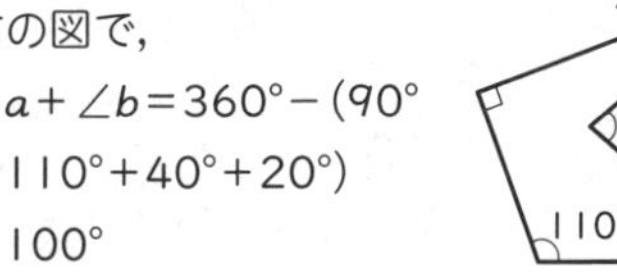

よって，$\angle x = 180° - 100° = 80°$

(別解) へこみはあるが五角形だから，内角の和は，
$180° \times (5-2) = 540°$
よって，$\angle y = 540° - (20° + 90° + 110° + 40°) = 280°$ より，
$\angle x = 360° - 280° = 80°$

24 (1)56°　(2)124°

解き方 (1)$\angle AEB = 180° - (90° + 62°) = 28°$
$\angle AEB' = \angle AEB = \angle FAE = 28°$ より，
△AEFで，$\angle x = 28° + 28° = 56°$
(2)$\angle CFE = \angle C'FE = 73°$ より，
$\angle BFC' = 180° - 73° \times 2 = 34°$
よって，$\angle x = 90° + 34° = 124°$

25 (1)△ADEと△CDEにおいて，
四角形ABCDは正方形だから，
AD＝CD…①
∠ADE＝∠CDE＝45°…②
DEは共通…③
①，②，③より，2組の辺とその間の角がそれぞれ等しいから，
△ADE≡△CDE
(2)69°

解き方 (2)$\angle DAF = 114° - 90° = 24°$，
$\angle ADE = 45°$ だから，
$\angle BEA = 24° + 45° = 69°$
よって，(1)より，$\angle BEC = \angle BEA = 69°$

26 △ACDと△BCEにおいて，
仮定より，△ABC，△CDEは正三角形であるから，AC＝BC…①
CD＝CE…②
また，∠ECD＝∠BCA＝60°より，
∠ACD＝60°＋∠ACE…③
∠BCE＝60°＋∠ACE…④
③，④より，∠ACD＝∠BCE…⑤
①，②，⑤より，2組の辺とその間の角がそれぞれ等しいから，
△ACD≡△BCE

章末問題 B

27 (1)47°　(2)138°　(3)140°

解き方 (1)正五角形の1つの内角は，$180° \times (5-2) \div 5 = 108°$
右の図で，
$\angle FAB = 180° - (108° + 11°) = 61°$
よって，$\angle x = 108° - 61° = 47°$
(2)$\angle x = 180° - (120° - 78°) = 180° - 42° = 138°$

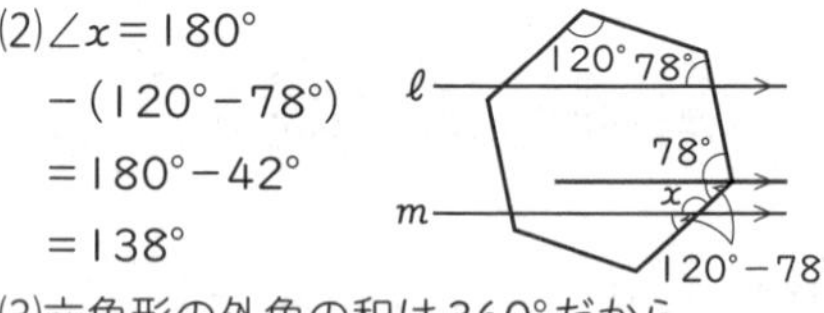

(3)六角形の外角の和は360°だから，
$2a + 4a + 3a + (180° - 4a) + 2a + 2a = 360°$
$a = 20°$
よって，$\angle x = 180° - 20° \times 2 = 140°$

28 (1)62°　(2)$\angle x = 150°$，$\angle y = 90°$
(3)25°

解き方 (1)○をaとすると，ブーメラン型の角の公式から，$94° + a + a = 126°$ より，
$a = 16°$
また，$\angle x + a + a = 94°$ より，$\angle x = 62°$
(2)$\angle ABP = a$，$\angle ACP = b$ とすると，
△QBCで，$\angle x = 180° - (a + b)$，
ブーメラン型の角の公式より，
$a + b + 120° = \angle x$
よって，$\angle x = 180° - (\angle x - 120°)$
$2\angle x = 300°$　$\angle x = 150°$

よって，$a+b=30°$だから，
$a+b+\angle y=120°$より，
$\angle y=120°-30°=90°$
(3)$\angle ABD=a$，$\angle AED=b$とすると，
△FECで，$65°+a+b+40°=180°$
$a+b=75°$…①
△DBEで，$a+30°=2b$…②
①，②より，$b=35°$，$a=40°$
よって，△ABEで，$\angle x+40°\times2=35°\times3$
$\angle x=105°-80°=25°$

29 (1)900°　(2)900°

解き方 (1)右の図より，六角形の内角の和と三角形の内角の和の合計だから，

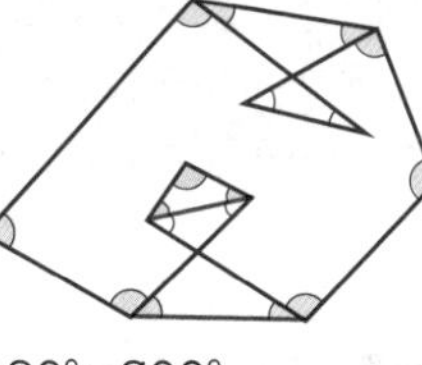

$180°\times(6-2)+180°=900°$
(2)求める角は，色のついた三角形9個の内角の和から，内側の九角形の外角の和2つ分をひいたものだから，

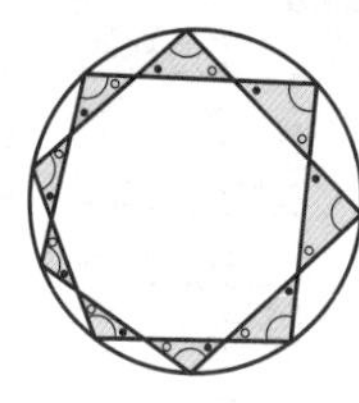

$180°\times9-360°\times2=180°\times5=900°$

30 (1)△BCEと△ACFにおいて，
仮定より，四角形ABCDはひし形で，$\angle ADC=60°$より，△ABC，△ACDは合同な正三角形である。
よって，BC=AC…①
仮定より，CE=CF…②
$\angle BCD=120°$だから，$\angle DCF=60°$
よって，$\angle BCE=\angle ACF=120°$…③
①，②，③より，2組の辺とその間の角がそれぞれ等しいから，
△BCE≡△ACF

(2)△ABEと△DAFにおいて，
仮定より，AB=DA…①
(1)より，BE=AF…②
また，$\angle ABC=\angle DAC=60°$より，
$\angle ABE=60°-\angle CBE$…③
$\angle DAF=60°-\angle CAF$…④
(1)より，$\angle CBE=\angle CAF$…⑤
③,④,⑤より，$\angle ABE=\angle DAF$…⑥
①，②，⑥より，2組の辺とその間の角がそれぞれ等しいから，
△ABE≡△DAF

31 折り返した図形だから，
△CAE≡△DAE
よって，$\angle D=\angle C$…①
△ABCは直角三角形だから，
$\angle B+\angle C=90°$…②
ED//ABより，錯角は等しいから，
$\angle DEF=\angle B$…③
①，②，③より，$\angle DEF+\angle D=90°$
よって，$\angle EFD=90°$となるので，
AD⊥BE

第4章　三角形と四角形

p.372～401

62 (1)逆…同位角が等しければ，2つの直線は平行である。○
(2)逆…$a+b$が偶数ならば，aは偶数，bも偶数である。
反例…(例)$a=1$，$b=3$とすると，$a+b=4$で偶数であるが，aもbも奇数である。
(3)逆…2つの三角形ABCとDEFにおいて，AB=DE，BC=EF，$\angle C=\angle F$ならば，
△ABC≡△DEFである。

反例…
(例)
右の
図の

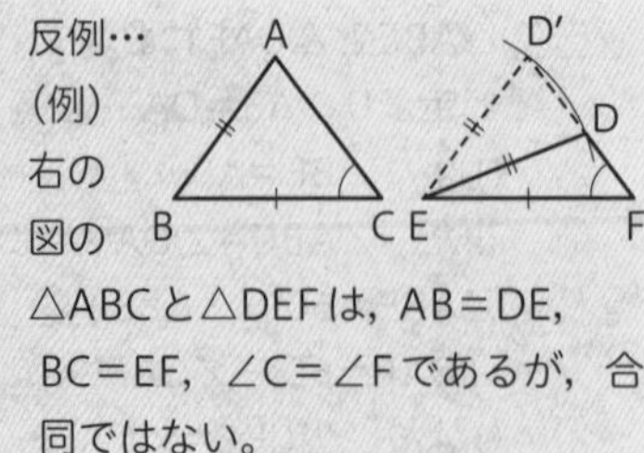

△ABCと△DEFは，AB＝DE，BC＝EF，∠C＝∠Fであるが，合同ではない。

ここに注意！ (2)(3)正しいことがらの逆が，いつも正しいとは限らない。

63 △ABDと△ACDにおいて，
仮定より，AB＝AC…①
ADは∠Aの二等分線だから，
∠BAD＝∠CAD…②
ADは共通…③
①，②，③より，2組の辺とその間の角がそれぞれ等しいから，
△ABD≡△ACD
よって，BD＝CD
∠ADB＝∠ADC＝90°より，
AD⊥BC

64 (1)70°　(2)50°　(3)15°

解き方 (1)Bを通り，ℓに平行な直線をひいて考える。
∠B＝20°＋45°＝65°
∠A＝180°−65°×2＝50°
よって，∠x＝20°＋50°＝70°
(2)∠DCE＝aとおくと，BD＝CD＝EDより，
∠EDB＝2a，∠B＝(180°−2a)÷2
＝90°−a
よって，∠AEC＝90°−a＋a＝90°だから，
△AECで，∠x＝180°−(90°＋40°)＝50°
(3)

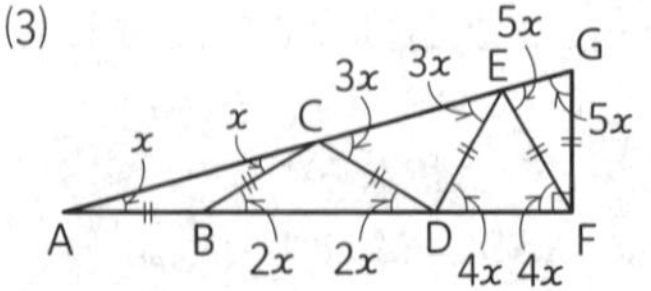

左下の図のように，∠BCA＝∠BAC＝x
△ABCで，∠CBD＝∠BAC＋∠BCA＝2x
同様にすると，∠DCE＝3x，∠EDF＝4x，
∠FEG＝5xとなり，∠EGF＝5x
よって，△AGFで，
x＋5x＋90°＝180°　x＝15°

65 △ABEと△ACDにおいて，
仮定より，AB＝AC…①
∠B＝∠C…②
また，BD＝CEだから，
BE＝BD＋DE＝CE＋DE＝CD…③
①，②，③より，2組の辺とその間の角がそれぞれ等しいから，
△ABE≡△ACD

66 △ADEと△CDFにおいて，
正方形の1辺の長さは等しいから，
AD＝CD…①
∠EAD＝∠FCD＝90°…②
仮定より，AE＝CF…③
①，②，③より，2組の辺とその間の角がそれぞれ等しいから，
△ADE≡△CDF
ここで，∠CDF＝∠ADE＝∠EDG
＝aとおくと，
∠GDF＝∠ADC−∠ADG＋∠CDF
＝90°−2a＋a＝90°−a…④
△CDFで，∠GFD＝∠BCD−∠CDF
＝90°−a…⑤
④，⑤より，∠GDF＝∠GFD
よって，2つの角が等しいから，
△GDFは二等辺三角形である。

テクニック 図の中に等しい角がいくつかある場合は，その角の大きさを文字aなどで表すとよい。

テクニック 次のように，結論からさかのぼって考えるとよい。
①△GDFが二等辺三角形であることを証明するためには，∠GDF=∠GFDを示せばよい。
②∠GDFと∠GFDをそれぞれ他の角を使って表せないかを考える。
∠GDF=∠GDC+∠CDF,
∠GFD=∠BCD−∠CDFより，
∠CDFと等しい角がないかを考える。
③仮定に着目すると，AE=CFだから，∠ADE=∠CDFが示せないかを考える。
④△ADE≡△CDFが証明できないかを考える。

67 △ADFと△BEDにおいて，
△ABCは正三角形で，点A，B，CはそれぞれCF，AD，BEの中点だから，AB=BC=CA=AF=BD=CE
よって，AD=2AB=2BC=BE…①
AF=BD…②
また，正三角形の内角はすべて60°だから，
∠FAD=∠DBE=180°−60°
=120°…③
①，②，③より，2組の辺とその間の角がそれぞれ等しいから，
△ADF≡△BED…④
同様にして，△ADF≡△CFE…⑤
④，⑤より，DF=FE=EDであるから，
△DEFは正三角形である。

68 △ABC≡△GHI
合同条件は直角三角形の斜辺と1つの鋭角がそれぞれ等しい。
△DEF≡△LKJ
合同条件は直角三角形の斜辺と他の1辺がそれぞれ等しい。

解き方 △ABCと△GHIにおいて
AC=GI=4cm…①
∠ABC=∠GHI=90°…②
∠BAC=90°−40°=50°=∠HGI…③
①，②，③より，直角三角形の斜辺と1つの鋭角がそれぞれ等しいから，
△ABC≡△GHI

69 △BDEと△CDFにおいて，
仮定より，点DはBCの中点であるから，BD=CD…①
また，∠DEB=∠DFC=90°…②
DE=DF…③
①，②，③より，直角三角形の斜辺と他の1辺がそれぞれ等しいから，
△BDE≡△CDF
よって，∠B=∠C
2つの角が等しいから，△ABCは二等辺三角形である。

70 (1)△ADBと△CEAにおいて，
仮定より，AB=CA…①
∠BDA=∠AEC=90°…②
∠DBA+∠DAB=180°−90°
=90°より，
∠DBA=90°−∠DAB…③
∠DAB+∠EAC=180°−90°=90°
∠EAC=90°−∠DAB…④
③，④より，∠DBA=∠EAC…⑤
①，②，⑤より，直角三角形の斜辺と1つの鋭角がそれぞれ等しいから，
△ADB≡△CEA
(2)(1)より，BD=AE，CE=AD
よって，BD+CE=AE+AD=DE

ここに注意! (1)△ABCがAB=ACの二等辺三角形だからといって，①で，AB=ACと書かないように。対応する点の順にAB=CAと書くこと。

71 (1)△AODと△AOFにおいて,
仮定より，OD＝OF(半径)…①
∠ADO＝∠AFO＝90°…②
AOは共通…③
①，②，③より，直角三角形の斜辺と他の1辺がそれぞれ等しいから,
△AOD≡△AOF
よって，∠OAD＝∠OAFとなるから，半直線AOは，∠BACの二等分線である。

(2)右の図より,

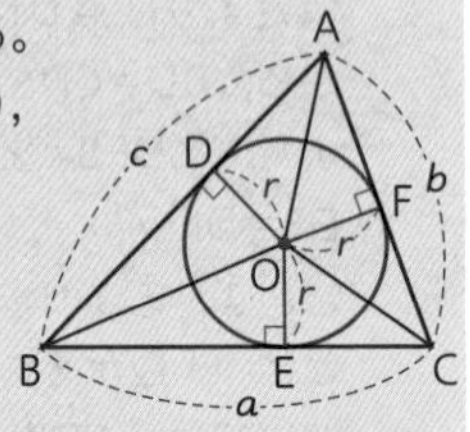

A, B, C, D, E, F, O, a, b, c, r

△ABC＝△BOC＋△COA＋△AOB
$=\frac{1}{2}ar+\frac{1}{2}br+\frac{1}{2}cr=\frac{1}{2}r(a+b+c)$

72 △ABCと△CDAにおいて,
AB//DC，AD//BCより,
平行線の錯角は等しいから,
∠BAC＝∠DCA…①
∠ACB＝∠CAD…②
ACは共通…③
①，②，③より，1組の辺とその両端の角がそれぞれ等しいから,
△ABC≡△CDA
よって，AB＝CD…④
△AOBと△CODにおいて,
AB//DCより，錯角は等しいから,
∠ABO＝∠CDO…⑤
①，④，⑤より，1組の辺とその両端の角がそれぞれ等しいから,
△AOB≡△COD
よって，AO＝CO，BO＝DO

73 (1)112° (2)35° (3)80°

解き方 (1)∠B＝∠D＝65°より,
$\angle x=65°+47°=112°$
(2)BA＝BEより,
∠BEA＝(180°−70°)÷2＝55°
AD//BCより，$\angle x+20°=55°$　$\angle x=35°$
(3)∠DCE＝∠BCE＝∠CED＝50°
$\angle x=\angle D=180°-50°\times2=80°$

74 △ABQと△AEPにおいて,
平行四辺形の性質より，AB＝CD…①
折り返した図形だから,
四角形AQPE≡四角形CQPD
よって，CD＝AE…②
①，②より，AB＝AE…③
同様にして，∠B＝∠D＝∠E…④
∠BAQ＝∠BAD−∠PAQ…⑤
∠EAP＝∠QAE−∠PAQ…⑥
また，∠BAD＝∠C＝∠QAE…⑦
⑤，⑥，⑦より，∠BAQ＝∠EAP…⑧
③，④，⑧より，1組の辺とその両端の角がそれぞれ等しいから,
△ABQ≡△AEP

75 ウ

解き方 ア．等脚台形もできる。

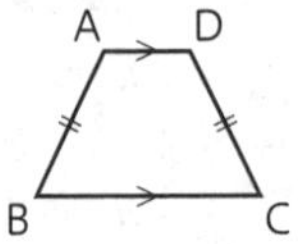

A, D, B, C

イ．台形もできる。

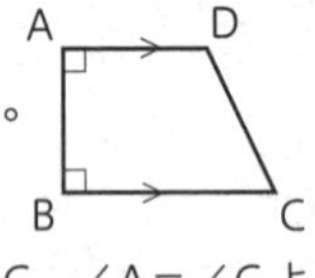

A, D, B, C

ウ．AD//BC，∠A＝∠Cより，同側内角の和は180°だから，∠B＝∠D
よって，2組の対角がそれぞれ等しいから，平行四辺形になる。

76 △APSと△CRQにおいて,
平行四辺形の対辺は等しいから,
AB＝CD

点P，Rは辺AB，CDの中点だから，
$AP=\frac{1}{2}AB=\frac{1}{2}CD=CR$…①
同様にして，AS＝CQ…②
平行四辺形の対角は等しいから，
∠A＝∠C…③
①，②，③より，2組の辺とその間の角がそれぞれ等しいから，
△APS≡△CRQ
よって，PS＝RQ…④
同様にして，△BPQ≡△DRSより，
PQ＝RS…⑤
④，⑤より，2組の対辺がそれぞれ等しいから，四角形PQRSは平行四辺形である。

77 ∠x＝75°，∠y＝45°

解き方 右の図で，

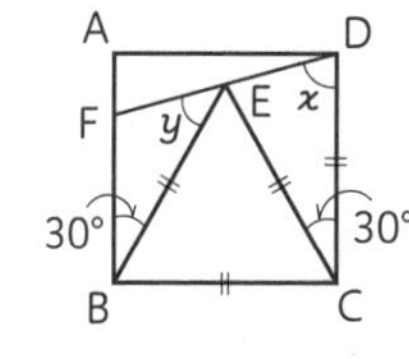

△CDEは
∠DCE＝90°−60°
＝30°の二等辺三角形だから，
∠x＝(180°−30°)÷2＝75°
AB//DCより，∠AFD＝∠x＝75°
よって，△FBEで，∠y＝75°−30°＝45°

78 (1)61°
(2)△AEGと△BFEにおいて，
仮定より，EG＝FE…①
四角形ABCDは正方形だから，
∠GAE＝∠EBF＝90°…②
∠AEG＝180°−90°−∠BEF
＝90°−∠BEF…③
△BFEの内角の和は180°より，
∠BFE＝180°−90°−∠BEF
＝90°−∠BEF…④
③，④より，∠AEG＝∠BFE…⑤
①，②，⑤より，直角三角形の斜辺と1つの鋭角がそれぞれ等しいから，
△AEG≡△BFE

解き方 (1)△GEFは直角二等辺三角形だから，∠EGF＝45°
よって，∠DGF＝180°−(74°+45°)＝61°

79

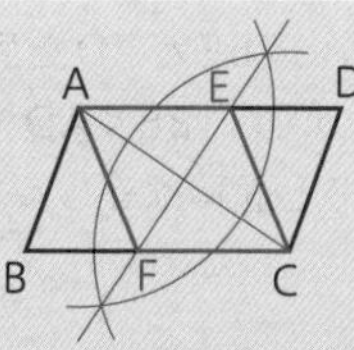

ひし形の性質…対角線がそれぞれの中点で垂直に交わる。

解き方 対角線ACをひき，ACの垂直二等分線を作図する。それと辺AD，BCとの交点をそれぞれE，Fとすると，四角形AFCEは，対角線がそれぞれの中点で垂直に交わるから，ひし形である。

80 AD//BCより，∠A+∠B＝180°
よって，$\frac{1}{2}$(∠A+∠B)＝90°
△ABPにおいて，
∠APB＝180°−90°＝90°
対頂角は等しいから，∠QPS＝90°
同様にして，∠QRS＝90°
△AQDにおいても，
∠AQD＝180°−90°＝90°
同様にして，∠BSC＝90°
よって，四角形PQRSは，4つの角が等しいから長方形である。

81 (1)4cm　(2)16cm^2

解き方 (1)AD//BCより，△BAD＝△CAD
よって，△AOB＝△DOC＝16cm^2
8×OE÷2＝16より，OE＝4cm
(2)EO//BCより，△OEC＝△OEB
△ACE＝△AEO+△OEC

$=\triangle AEO+\triangle OEB=\triangle OAB=16(cm^2)$

82　エ

解き方　AD//BC，EF//BDだから，
△ABE＝△BDE(**ア**)＝△BDF(**イ**)
＝△ADF(**ウ**)である。
△ABEと△ADEは，辺BEとADを底辺とすると，高さは等しいが，BE<ADである。
よって，**エ**は△ABEと面積は等しくない。

83

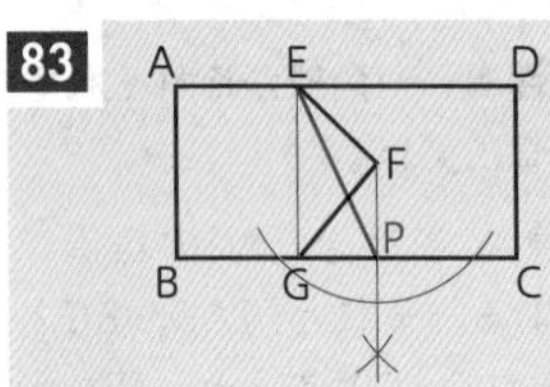

解き方　点Fを通り，EGに平行な直線をひく。EGは，AE＝BGより，EG⊥BCである。
よって，点Fを通り，BCに垂直な直線が，EGに平行な直線である。この直線とBCとの交点が求める点Pであり，線分EPが新しい境界である。

84　(1)$y=-\frac{1}{2}x+8$　(2)P(8，4)

解き方　(1)直線BCの傾きは，

$\frac{1-3}{2-(-2)}=-\frac{2}{4}=-\frac{1}{2}$

$y=-\frac{1}{2}x+b$にA(6，5)を代入して，

$5=-\frac{1}{2}\times6+b$　$b=8$

よって，$y=-\frac{1}{2}x+8$

(2)直線OCと(1)の直線との交点をPとすると，
BC//APより，
△BCP＝△BCA
よって，

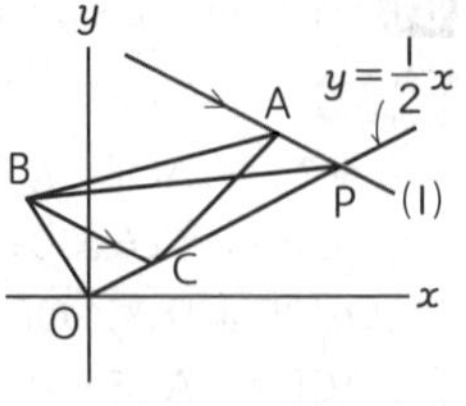

△OBP＝△OBC＋△BCP
＝△OBC＋△BCA
＝四角形OCAB
よって，交点Pの座標は，

$$\begin{cases} y=\frac{1}{2}x \\ y=-\frac{1}{2}x+8 \end{cases}$$
を解いて，

$x=8$，$y=4$より，P(8，4)

章末問題 A

32　イ，ウ

解き方　**ア**反例…$a=4$，$b=3$のとき，
$ab=12$は偶数であるがbは奇数である。
エ反例…右の図のようなたこ形は，AC⊥BDだが，ひし形ではない。

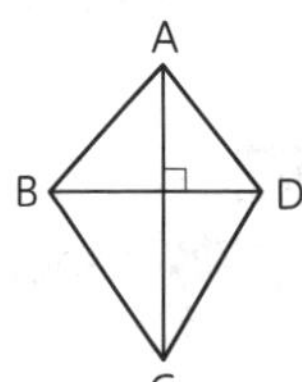

33　(1)41°　(2)56°　(3)21°

解き方　(1)OA＝OB
より，∠OBA＝34°
△OABで，
∠AOD＝34°×2
＝68°
△OAFで，
∠CAE＝98°－68°＝30°
AC＝AEより，
∠ACE＝(180°－30°)÷2＝75°
AB//DCより，
∠ACD＝∠BAC＝34°
よって，∠x＝75°－34°＝41°
(2)∠B＝(180°－44°)÷2＝68°
ちょうちょ型の角の公式より，
44°＋68°＝∠x＋∠x　2∠x＝112°
∠x＝56°

(3)$\angle ADC=\angle B=48°$
より，
$\angle CDF=90°-48°$
$=42°$
DC＝DFより，
△CDFは二等辺三角形だから，
$\angle CFD=(180°-42°)\div 2=69°$
よって，$\angle x=90°-69°=21°$

34 △GBFと△HEAにおいて，▱ABCDより，AD＝BCで，点E，FはそれぞれAD，BCの中点だから，
BF＝EA…①
仮定より，∠GBF＝∠HEA＝90°…②
AD//BCより，錯角は等しいから，
∠BFG＝∠EAH…③
①，②，③より，1組の辺とその両端の角がそれぞれ等しいから，
△GBF≡△HEA
よって，GF＝HA

35 △ADPと△AEQにおいて，辺ADとAEは合同な正方形の1辺なので，
AD＝AE…①
①より，△AEDは二等辺三角形だから，
∠ADP＝∠AEQ…②
∠PAD＝90°－∠PAQ…③
∠QAE＝90°－∠PAQ…④
③，④より，∠PAD＝∠QAE…⑤
①，②，⑤より，1組の辺とその両端の角がそれぞれ等しいから，
△ADP≡△AEQ
よって，AP＝AQ

36 E(5，4)

解き方 BC＝2なので，
点P(4，2)をとって，
△DCPをつくると，
△DCP
＝2△ABC
＝▱ABCD
EP//AB//DCとなる直線$y=x-1$上の点Eをとれば，△DCE＝△DCP＝▱ABCD
直線ABの傾きは，$\dfrac{6-2}{0-(-2)}=2$より，
$y=2x+b$としてP(4，2)を代入すると，
$2=8+b$　$b=-6$　$y=2x-6$
よって，点Eは，2直線$y=x-1$と$y=2x-6$の交点だから，$\begin{cases} y=x-1 \\ y=2x-6 \end{cases}$ を解いて，
$x=5$，$y=4$より，E(5，4)

章末問題B

37 105°

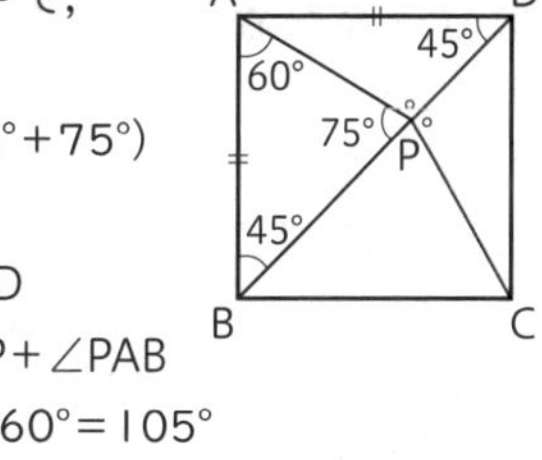

解き方 △ABPで，
$\angle PAB=180°-(45°+75°)$
$=60°$
$\angle CPD=\angle APD$
$=\angle ABP+\angle PAB$
$=45°+60°=105°$

38
仮定より，AB＝AC＝AD＝AE，
∠ABC＝∠ACB＝∠ADE＝∠AED…①

AC＝ADより，∠ACD＝∠ADC
よって，∠BCD＝∠ACB＋∠ACD
＝∠ADE＋∠ADC＝∠EDC…②
AB＝AEより，∠ABE＝∠AEB…③
①，③より，
∠CBE＝∠ABC－∠ABE
＝∠AED－∠AEB＝∠DEB…④
四角形BCDEの内角の和は360°だから，
②，④より，
∠EDC＋∠DEB＝360°÷2＝180°
EDの延長上に点Fをとると，
∠EDC＋∠FDC＝180°だから，
∠FDC＝∠DEB
よって，同位角が等しいから，
CD//BE

39　x＝50，y＝41

解き方　AE＝CEなので，△FECを裏返して辺CEが辺AEと重なるようにすると，
AB＝CFだから，
△ABFは二等辺三角形になる。
∠EAF＝∠ECF＝32°より，
∠BAF＝48°＋32°＝80°だから，
x＝(180－80)÷2＝50
次に，AB＝CD＝CFだから，△CDFは二等辺三角形である。
∠DCF
＝(180°－50°)－32°＝98°
よって，y＝(180－98)÷2＝41

40　点Bから辺ACに垂線をひき，ACとの交点をFとする。また，点PからBFに垂線をひき，BFとの交点をGとする。
このとき，四角形GPEFは長方形になるから，PE＝GF…①
△DPBと△GBPにおいて，
BPは共通…②
仮定より，∠PDB＝∠BGP＝90°…③
AB＝ACより，∠DBP＝∠ACP…④
GP//ACより，同位角は等しいので，
∠GPB＝∠ACP…⑤
④，⑤より，∠DBP＝∠GPB…⑥
②，③，⑥より，直角三角形の斜辺と1つの鋭角がそれぞれ等しいから，
△DPB≡△GBP
よって，PD＝BG…⑥
①，⑥より，PD＋PE＝BG＋GF＝BF
だから，PD＋PEは一定である。

41　25cm²

解き方　右の図のように，長方形ABCDを4つの長方形に分けると，それぞれの長方形の面積は対角線によって2等分される。

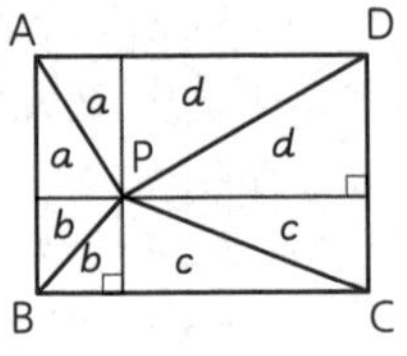

△PCD＝△PBC＋△PDA－△PAB
（△PCD：$c+d$，△PBC＋△PDA：$(b+c)+(a+d)$，△PAB：$a+b$）
＝11＋22－8＝25(cm²)

42　(1)(例)①辺BC上に，BS＝DPとなる点Sをとる。

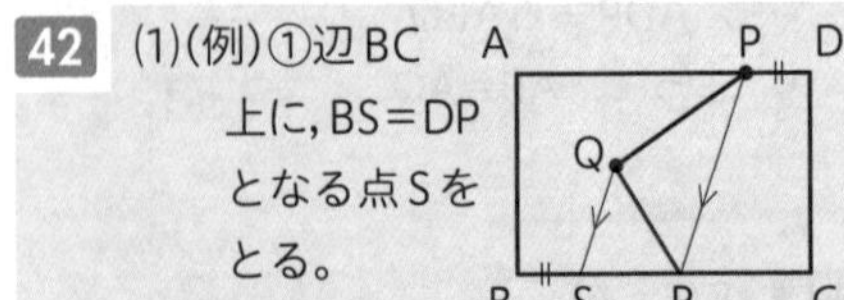

②2点S，Qを結び，点Pを通り，線分QSに平行な線分をひくと，BCとの交点が点Rとなる。

(2)右の図で，BS＝DPより，台形ABSP

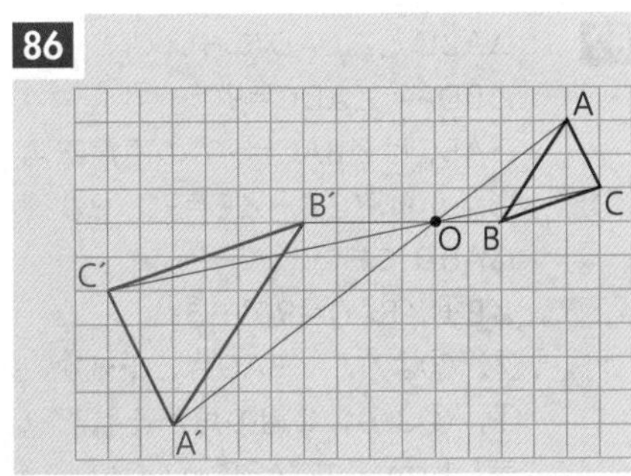

$=\frac{1}{2}\times(AP+BS)\times AB=\frac{1}{2}\times(AP+DP)\times AB$

$=\frac{1}{2}\times AD\times AB$

であるから，台形ABSPの面積は，長方形ABCDの面積の$\frac{1}{2}$倍である。

次に,QS//PRより,△QSR＝△QSPであるから，五角形ABRQP

＝五角形ABSQP＋△QSR

＝五角形ABSQP＋△QSP

＝台形ABSP＝$\frac{1}{2}$×長方形ABCD

よって,折れ線PQRで長方形ABCDの面積が2等分される。

第5章　相似な図形

p.402～433

85 (1)❶辺ED　❷78°　❸5：8　❹6.4cm　(2)80°

解き方　(1)2つの三角形を，対応がよくわかるように向きをそろえて並べてかくとよい。

❷∠C＝∠D＝180°－(40°＋62°)＝78°

❸AB：EF＝8：12.8＝5：8

❹DF：4＝8：5　5DF＝32　DF＝6.4cm

(2)相似な三角形が中にあるときは，小さい方の三角形を外にとり出す。

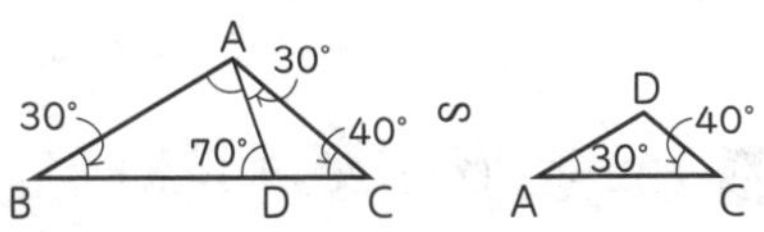

∠CAD＝70°－40°＝30°＝∠CBAだから

∠BAD＝180°－(30°＋70°)＝80°

86

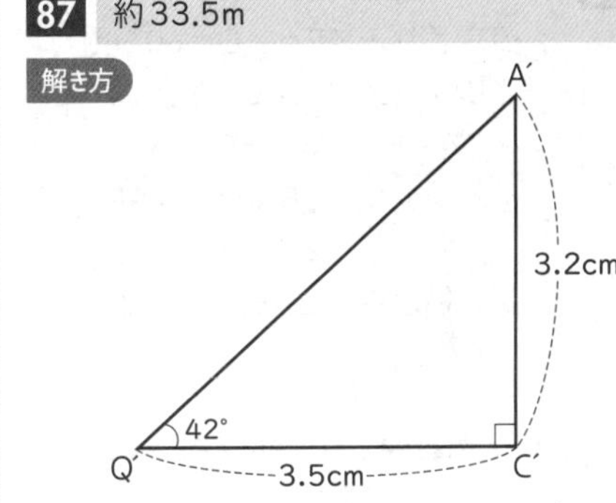

解き方　点Oと頂点A，B，Cを通る直線をそれぞれひく。点Oについて△ABCと反対側に，OA′＝2OA，OB′＝2OB，OC′＝2OCとなるように，点A′，B′，C′をとる。

87 約33.5m

解き方

QC＝35m＝3500cmなので，縮尺$\frac{1}{1000}$で△AQCの縮図△A′Q′C′をかくと，

A′C′＝3.2cm

AC＝3.2×1000＝3200(cm)＝32m

よって，ビルの高さは，32＋1.5＝33.5(m)

88 (例)△ABD∽△ACE,

△BEF∽△CDF，△ABD∽△FBE

など。

相似条件はいずれも，「2組の角がそれぞれ等しい」

解き方 △ABDと△ACEは，∠Aが共通な角で，∠BDA＝∠CEA＝90°

89 (1)△ABDと△CADにおいて，
∠BDA＝∠ADC＝90°…①
△ABCは∠BAC＝90°の直角三角形だから，∠B＋∠C＝90°…②
△ABDにおいて，
∠B＋∠BAD＝90°…③
②，③より，∠BAD＝∠C…④
①，④より，2組の角がそれぞれ等しいから，△ABD∽△CAD
(2)(1)より，対応する辺の比をとると，
AD：CD＝BD：AD
よって，AD^2＝BD×CD

90 (1)△ABPと△AQRにおいて，
仮定より，∠B＝∠Q＝60°…①
∠BAP＋∠PAR＝60°…②
∠QAR＋∠PAR＝60°…③
②，③より，∠BAP＝∠QAR…④
①，④より，2組の角がそれぞれ等しいから，△ABP∽△AQR
(2)$\frac{4\sqrt{7}}{3}$cm

解き方 (2)例題90より，AQ＝AP＝$2\sqrt{7}$cm
また，(1)より，AB：AQ＝BP：QR
$6:2\sqrt{7}=2:QR$　$6QR=4\sqrt{7}$
$QR=\frac{2\sqrt{7}}{3}$cmより，
$PR=2\sqrt{7}-\frac{2\sqrt{7}}{3}=\frac{4\sqrt{7}}{3}$(cm)

91 (1)△ADFと△FCEにおいて，
仮定より，∠ADF＝∠FCE＝90°…①
△ADFで，∠DAF＋∠DFA＝90°…②
折り返した図形は合同だから，
△AFE≡△ABE
よって，∠AFE＝∠ABE＝90°
3点C，F，Dは一直線上にあるから，
∠CFE＋∠DFA＝90°…③
②，③より，∠DAF＝∠CFE…④
よって，①，④より，2組の角がそれぞれ等しいから，△ADF∽△FCE
(2)5cm

解き方 (2)BE＝FE，AF＝AB＝10cm
(1)より，AF：FE＝AD：FC
10：FE＝8：(10－6)　FE＝5cm

92 (1)$x=8$　(2)$x=9$　(3)$x=1+\sqrt{19}$

解き方 (2)$4:6=6:x$　$x=9$
(3)四角形ABCDはひし形だから，
$BC=AB=x$
$BF=x-3$
$BE=8-x$
AD//HGとなる補助線HGをひくと，
EB：EH＝BF：HG
$(8-x):6=(x-3):x$
$x^2-2x-18=0$　$x=1\pm\sqrt{19}$
$3<x<8$より，$x=1+\sqrt{19}$

別解 △BEF∽△CGFより，
BE：CG＝BF：CF
$(8-x):(x-2)$
$=(x-3):3$
$x^2-2x-18=0$
$3<x<8$より，
$x=1+\sqrt{19}$

93 (1)$x=6$　(2)$x=\frac{55}{3}$

解き方 (2)$8:3=(x-5):5$　$x=\frac{55}{3}$

94 (1)$x=7$　(2)$x=20$

解き方　(2)右の図のように，AB//DFとなる補助線DFと線分PQの交点をEとすると，四角形ABFD，APEDは平行四辺形になる。
AD：BC＝2：5より，AD＝$2a$cm，BC＝$5a$cmとすると，EQ＝$(16-2a)$cmより，
$(16-2a)：3a=2：3$　$a=4$
よって，$x=5a=5\times4=20$

95　(1)$\frac{36}{7}$cm　(2)33

解き方　(1)$EF=\frac{12\times9}{12+9}=\frac{12\times9}{21}=\frac{36}{7}$(cm)
(2)AB//DEより，DE：AB＝12：28＝3：7
よって，CE：CB＝3：7
BE＝CGだから，
BE：CE：CG＝4：3：4
よって，BE：BG＝4：(4＋3＋4)＝4：11
DE//FGより，DE：FG＝BE：BG
12：FG＝4：11より，FG＝33

96　3：2

解き方　ADは∠BACの二等分線だから，
BD：DC＝10：8＝5：4
$BD=12\times\frac{5}{5+4}=\frac{20}{3}$
BIは∠ABDの二等分線だから，
$AI：ID=10：\frac{20}{3}=30：20=3：2$

97　AP：PD＝9：4，BP：PE＝7：6

解き方　辺AC上にDF//BEとなる点Fをとると，
DF//BEより，
CF：FE＝CD：DB
＝2：1

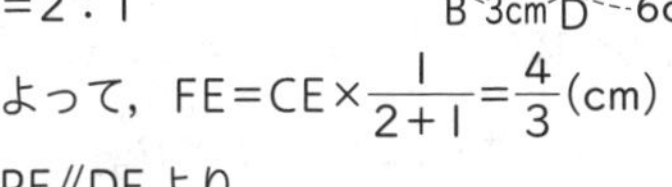

よって，$FE=CE\times\frac{1}{2+1}=\frac{4}{3}$(cm)
PE//DFより，
$AP：PD=AE：EF=3：\frac{4}{3}=9：4$
また，△CEBで，
DF：BE＝2：3より，$BE=\frac{3}{2}DF$
△ADFで，PE：DF＝9：(9＋4)＝9：13
より，$PE=\frac{9}{13}DF$
よって，BP：PE
$=\left(\frac{3}{2}DF-\frac{9}{13}DF\right)：\frac{9}{13}DF=7：6$

98　(1)18cm　(2)5cm

解き方　(1)$AG=AE-GE=2FD-\frac{1}{2}FD$
＝24－6＝18(cm)
(2)P，QはそれぞれBD，ACの中点であるので，△ABCと△ABDで中点連結定理が成り立つ。
よって，$PQ=MQ-MP=\frac{1}{2}BC-\frac{1}{2}AD$
＝9－4＝5(cm)

99　(1)ひし形…AC＝BD
長方形…AC⊥BD
正方形…AC＝BD，AC⊥BD
(2)仮定より，AB＝DC…①
△DABにおいて，P，QはそれぞれDA，DBの中点だから，
中点連結定理より，$PQ=\frac{1}{2}AB$…②
同様に，△BCDにおいて，
中点連結定理より，$QR=\frac{1}{2}DC$…③
①，②，③より，PQ＝QR
よって，△PQRは二等辺三角形である。

解き方　(1)右の図で，
$PQ=\frac{1}{2}AC$，
$PS=\frac{1}{2}BD$…①

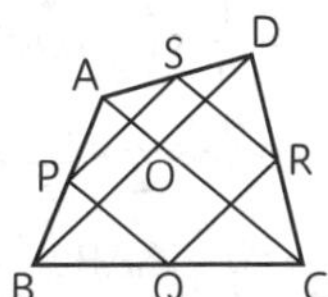

∠QPS＝∠AOB…②

四角形PQRSがひし形になるのは，となり合う辺が等しくなるときだから，

①より，PQ＝PS→AC＝BD

四角形PQRSが長方形になるのは，内角が90°になるときだから，

②より，∠QPS＝∠AOB＝90°→AC⊥BD

正方形はひし形であり長方形でもあるから，条件は，AC＝BD，AC⊥BD

100　(1)❶6cm　❷5cm　❸8cm

(2)6倍，$\frac{1}{24}$倍

解き方　(1)❶点Gは△ABCの重心だから，点EはACの中点である。

よって，CE＝AE＝6cm

❷重心Gは中線を2：1の比に分けるから，BG：GE＝2：1より，GE＝5cm

❸AG：GD＝2：1より，AG：AD＝2：3

AG：12＝2：3　AG＝8cm

(2)点Gは，2つの中線AE，BFの交点だから，△ABCの重心である。また，D，FはAB，ACの中点だから，中点連結定理より，点HはAEの中点である。

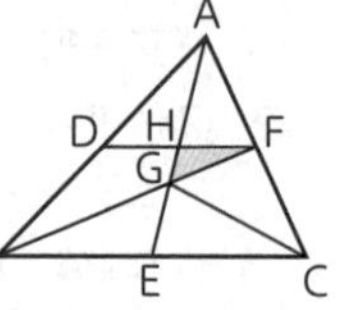

よって，HF：BE＝HG：EG＝1：2より，

AH：HG：GE＝3：1：2　AE＝6HG

また，HG：AG＝1：(3＋1)＝1：4より，

$\triangle HGF=\frac{1}{4}\triangle AGF$

$=\frac{1}{4}\times\left(\frac{1}{2}\triangle ACG\right)$

$=\frac{1}{4}\times\frac{1}{2}\times\left(\frac{1}{3}\triangle ABC\right)$

$=\frac{1}{24}\triangle ABC$

101　(1)27cm^2

(2)❶△AOD：△BOC＝9：16，

△AOD：△AOB＝3：4

❷△AOB＝24cm^2，

台形ABCD＝98cm^2

解き方　(1)DE//BCより，

△ADE∽△ABCで，

相似比はAD：AB＝2：3

よって，△ADE：△ABC＝2^2：3^2＝4：9より，

$\triangle ABC=\frac{9}{4}\triangle ADE=\frac{9}{4}\times12=27\,(cm^2)$

(2)❶AD//BCより，△AOD∽△COBで，

相似比は9：12＝3：4だから，

△AOD：△COB＝3^2：4^2＝9：16

△AODと△AOBは高さが共通だから，面積比は底辺の比になる。

よって，△AOD：△AOB＝DO：BO＝3：4

❷△AOD：△AOB＝9：12

△COD＝△AOBより，

△AOD：台形ABCD＝9：(9＋12×2＋16)＝9：49

△AOD＝18cm^{2}より，

$\triangle AOB=\frac{4}{3}\triangle AOD=\frac{4}{3}\times18=24\,(cm^2)$

台形$ABCD=\frac{49}{9}\triangle AOD=\frac{49}{9}\times18$

$=98\,(cm^2)$

102　(1)$\frac{3}{4}$倍　(2)266cm^3

解き方　(1)三角柱と三角錐の高さをh，三角柱の底面積をSとする。このとき，三角錐の底面積は$4S$

三角柱の体積は，$S\times h=Sh$

三角錐の体積は，$\frac{1}{3}\times4S\times h=\frac{4}{3}Sh$

よって，$Sh\div\frac{4}{3}Sh=1\times\frac{3}{4}=\frac{3}{4}$(倍)

(2) 3つの円錐の高さの比は，

3：6：9＝1：2：3

体積比は，

$1^3：2^3：3^3$

＝1：8：27

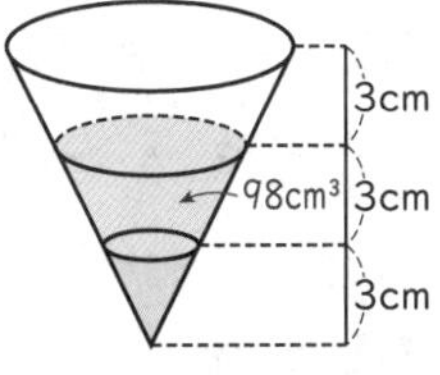

最初の水の体積は98÷(8−1)＝14(cm³)

よって，水面を9cmの高さにするには，上の図の色のついていない部分の体積の水が必要で，14×(27−8)＝266(cm³)

103　(1) 2：7　(2) 11：42

解き方　(1) AD：AB＝4：7

AF：AC＝1：2より，

△ADF：△ABC

＝(4×1)：(7×2)

＝4：14＝2：7…①

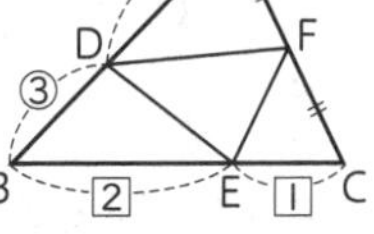

(2) BE：BC＝2：3より，

△BDE：△ABC＝(3×2)：(7×3)

＝2：7…②

△CEF：△ABC＝(1×1)：(3×2)

＝1：6…③

①, ②, ③より，△ABC＝7×6＝42とすると，△ADF＝12, △BDE＝12, △CEF＝7

よって，△DEF：△ABC

＝(42−12−12−7)：42

＝11：42

104　3：2：10

解き方

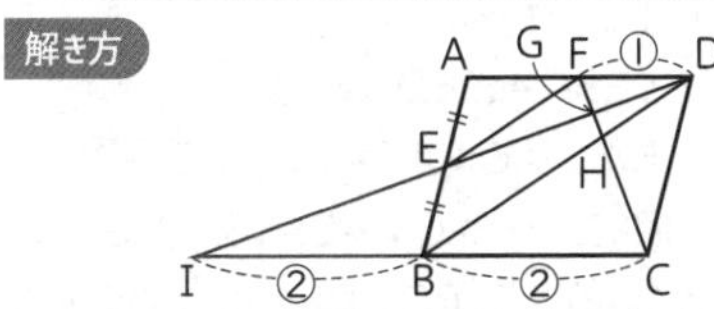

上の図のように，直線DEと直線BCとの交点をIとする。AE＝BEより，1組の辺とその両端の角がそれぞれ等しいから，

△EBI≡△EAD

よって，BI＝AD

△DFG∽△ICGより，

FG：GC＝FD：IC＝1：4

△DFH∽△BCHより，

FH：HC＝FD：BC＝1：2

FCを1＋4＝5と1＋2＝3の最小公倍数15にすると，

FG：GC＝1：4＝3：12,

FH：HC＝1：2＝5：10

よって，

FG：GH：HC＝3：2：10

105　1：45

解き方

△EQD∽△CQB

より，EQ：QC

＝ED：BC

＝2：3

△EFD∽△GFCより，

ED：CG＝DF：FC＝2：1

△EPD∽△GPBより，

EP：PG＝ED：BG＝2：4＝1：2

よって，EQ：EC＝2：5，EP：EG＝1：3より，△EPQ：△EGC＝(2×1)：(5×3)

＝2：15…①

△EGCと△BCDは高さが等しいので，

BC：CG＝3：1より，$△EGC=\frac{1}{3}△BCD$

$=\frac{1}{3}\times\left(\frac{1}{2}▱ABCD\right)=\frac{1}{6}▱ABCD$

ここで，▱ABCD＝$\boxed{1}$とすると，

$△EGC=\boxed{\frac{1}{6}}$

①より，$△EPQ=\frac{2}{15}△EGC$

$=\frac{2}{15}\times\boxed{\frac{1}{6}}=\boxed{\frac{1}{45}}$

よって，△EPQ：▱ABCD＝1：45

106　(1) $1+\sqrt{5}$　(2) $\frac{3+\sqrt{5}}{8}S$

解き方 (1)右の図で，
ACとBDの交点をKとすると，
△ACD∽△DKC
AC＝xとすると，
AK＝AB＝2より，
KC＝$x-2$
AC：DK＝CD：KCより，
$x:2=2:(x-2)$
$x^2-2x-4=0$
$x=\dfrac{2\pm\sqrt{20}}{2}=1\pm\sqrt{5}$
$x>0$より，$x=\text{AC}=1+\sqrt{5}$
(2)△BCAで，中点連結定理より，

$\text{FG}=\dfrac{1}{2}\text{AC}=\dfrac{1+\sqrt{5}}{2}$
五角形FGHIJ
∽五角形ABCDEで，
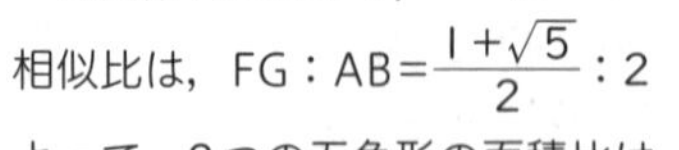
相似比は，$\text{FG}:\text{AB}=\dfrac{1+\sqrt{5}}{2}:2$
よって，2つの五角形の面積比は，
五角形FGHIJ：$S=\left(\dfrac{1+\sqrt{5}}{2}\right)^2:2^2$
$=\dfrac{6+2\sqrt{5}}{4}:4=\dfrac{3+\sqrt{5}}{2}:4$
4×五角形FGHIJ＝$\dfrac{3+\sqrt{5}}{2}S$
五角形FGHIJ＝$\dfrac{3+\sqrt{5}}{8}S$

章末問題 A

43 1.6m

解き方 太郎さんの身長をxmとすると，
$x:5.6=4:(4+10)=2:7$
$x=1.6$(m)

44 (1)$x=\dfrac{21}{4}$ (2)$x=\dfrac{27}{4}$ (3)$x=\dfrac{15}{4}$

解き方 (1)$7:4=x:3$ $x=\dfrac{21}{4}$
(2)$3:x=4:(4+5)$ $x=\dfrac{27}{4}$
(3)$x:5=3:4$ $x=\dfrac{15}{4}$

45 9：4

解き方 2つの正三角形は相似であるから，
$S:T=3^2:2^2=9:4$

46 26cm^3

解き方 △OED∽△EBH
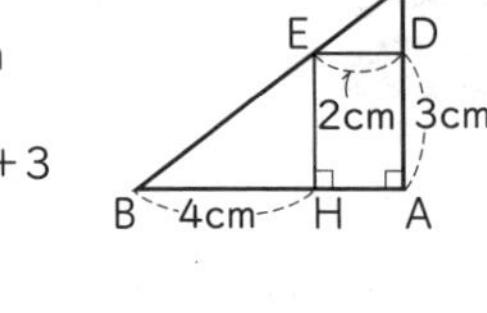

より，$\text{OD}=\dfrac{3}{2}$cm
よって，$\text{OA}=\dfrac{3}{2}+3$
$=\dfrac{9}{2}$(cm)
三角錐ODEFと三角錐OABCの相似比は，
DE：AB＝1：3より，体積比は，
三角錐ODEF：三角錐OABC
$=1^3:3^3=1:27$
よって，三角錐OABCを2つの立体に分けたとき，点Aをふくむ立体の体積は，
三角錐OABC×$\dfrac{27-1}{27}$
$=\left(\dfrac{1}{3}\times\dfrac{1}{2}\times6\times6\times\dfrac{9}{2}\right)\times\dfrac{26}{27}=26$(cm^3)

47 (1)△BCFと△DEGにおいて，
BC//DEより，平行線の同位角は等しいから，
∠CBF＝∠EDG…①
また，AC：AE＝BC：DE…②
仮定より，AC：AE＝BF：DG…③
②，③より，BC：DE＝BF：DG…④
①，④より，2組の辺の比とその間の角がそれぞれ等しいから，
△BCF∽△DEG
(2)$\dfrac{9}{10}$倍

解き方　(2)AG：GD：FB
$=3：2：a$ とおく。
(1)より，
$2：a=DE：BC$
$=AD：AB$

$=5：AB$　$AB=\frac{5}{2}a$
よって，$AF=\frac{5}{2}a-a=\frac{3}{2}a$
$AF：FB=\frac{3}{2}a：a=3a：2a=3：2$
△AFHと△ABC
の高さの比は，
$AH：AC$
$=AF：AB$
$=3：(3+2)$
$=3：5$
よって，$△AFH：△FBC=(3\times3)：(2\times5)$
$=9：10$ より，
$△AFH=\frac{9}{10}△FBC$

章末問題 B

48　$x=\frac{2}{3}$

解き方　辺AH，CG上にそれぞれIG//EF//JHとなるように点I，Jをとると，

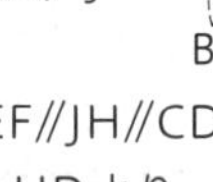

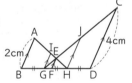

AB//IG//EF//JH//CD
BG=GH=HDより，
△HABにおいて，IG：AB=HG：HB
IG：2=1：2　IG=1cm
また，△GCDにおいて，
JH：CD=GH：GD
JH：4=1：2　JH=2cm
よって，IG//JHより，HE：EI=2：1
△HIGにおいて，EF：IG=HE：HI
$x：1=2：3$　$x=\frac{2}{3}$

49　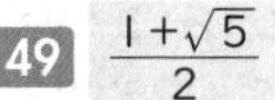
$\frac{1+\sqrt{5}}{2}$

解き方　BA=BCより，

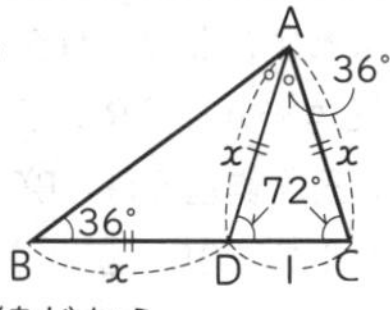

$∠BAC=∠C$
$=(180°-36°)\div2$
$=72°$
ADは∠BACの二等分線だから，
$∠BAD=∠CAD=36°$
$∠ADC=180°-(72°+36°)=72°=∠ACD$
だから，BD=AD=AC
$AD=x$ とすると，$AC=BD=x$ より，
$AB=x+1$
角の二等分線の定理より，
AB：AC=BD：DCだから，
$(x+1)：x=x：1$
$x^2-x-1=0$　$x=\frac{1\pm\sqrt{5}}{2}$
$x>0$ より，$x=\frac{1+\sqrt{5}}{2}$

別解　△BCAと△ACDにおいて，
∠BAC=∠C=72°…①
∠B=∠CAD=36°…②
①，②より，2組の角がそれぞれ等しいから，
△BCA∽△ADC
$AD=x$ とすると，
$AC=BD=x$
$BC=x+1$
BC：AD=AC：CDより，
$(x+1)：x=x：1$
以下同様にして，x の値を求める。

50　8：117：604

解き方　三角錐A-BCDを底面に平行な平面で3つの部分に分けるから，
PQ//ST//BC
よって，△APQ∽△AST∽△ABCで，面積比が $4：25：81=2^2：5^2：9^2$ だから，
相似比は，AP：AS：AB=2：5：9
三角錐A-PQR∽三角錐A-STU

∽三角錐A-BCDで，相似比が2：5：9なので，体積比は2^3：5^3：9^3=8：125：729

よって，3つの部分の体積比は，

三角錐A-PQR：三角錐台PQR-STU

：三角錐台STU-BCD

=8：(125−8)：(729−125)

=8：117：604

51　(1)$\frac{3}{8}S$　(2)4：1　(3)3：28

解き方　(1)BF：FC

=2：1より，

AG：GC

=AD：FC=3：1

△AGD：△ACD

=AG：AC=3：(3+1)=3：4

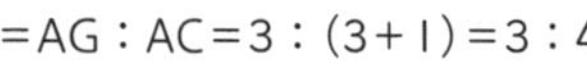

△AGD=$\frac{3}{4}$△ACD

=$\frac{3}{4}\times\left(\frac{1}{2}▱ABCD\right)=\frac{3}{8}S$

(2)線分AF上に

EI∥BFとなる

点Iをとると，

EI：BF

=AE：AB

=3：(3+5)=3：8…①

BF：FC=2：1=8：4だから，

DH：HE=AD：EI=(8+4)：3

=12：3=4：1…②

(3)(2)の①，②より，AI=$\frac{3}{8}$AF，

AH=$\frac{4}{5}$AI=$\frac{4}{5}\times\frac{3}{8}$AF=$\frac{3}{10}$AF

よって，AH:HF=$\frac{3}{10}$AF:(AF−$\frac{3}{10}$AF)

=3：7…③

△HAEと△HDFは，

∠AHE=∠FHD（対頂角）だから，②，③より，

△HAE：△HDF

=(HA×HE)：(HF×HD)

=(3×1)：(7×4)=3：28

テクニック　(3)で，△HAE：△HDF=(HA×HE)：(HF×HD)はp.422の**2**「1つの角が共通な三角形の面積比」を利用している。

右の図で，

△ABC：△ADE

=(AB×AC)

：(AD×AE)

で求めることができる。

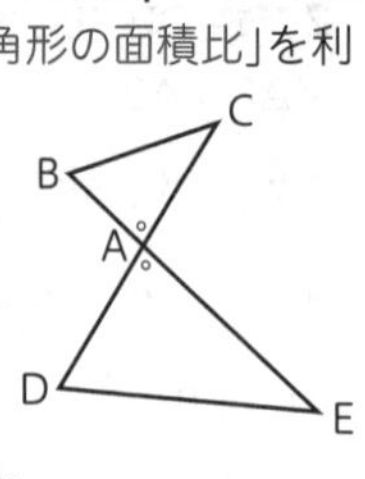

52　(1)

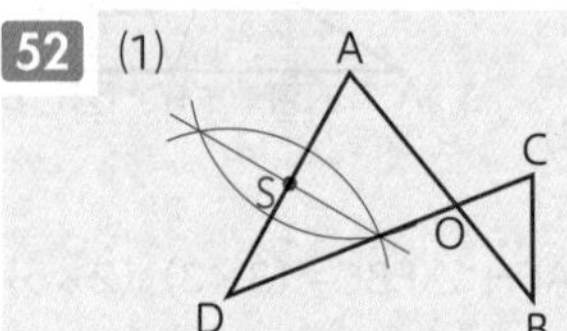

(2)点DとBを結ぶ。

△ADBにおいて，点SはADの中点，点PはABの中点だから，中点連結定理より，

SP∥DB…①　SP=$\frac{1}{2}$DB…②

同様に，△CDBにおいて，中点連結定理より，

RQ∥DB…③　RQ=$\frac{1}{2}$DB…④

①，③より，SP∥RQ…⑤

②，④より，SP=RQ…⑥

⑤，⑥より，1組の対辺が平行で等しいから，四角形PQRSは平行四辺形である。

(3)$\frac{3}{8}$倍

解き方　(1)点Sは辺ADの中点なので，ADの垂直二等分線をひく。

(3)AB=7cmより，AP=3.5cm

OA=4cmより，PO=0.5cm

また，CD=8cmより，CR=4cm

OC=2cmより，OR=2cm

辺RQとABとの交点をTとすると，
RT//DBより，
OT：TB＝OR：RD
＝2：4＝1：2

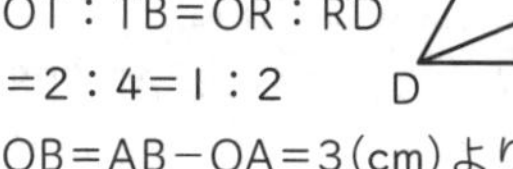

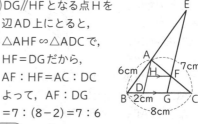

OB＝AB－OA＝3(cm)より，
OT＝1cm，TB＝2cm
次に，点A，Oから辺DBにそれぞれ垂線AU，OVをひき，AU＝$x$cm，OV＝$y$cmとする。また，点Rから辺SPに垂線RWをひき，RW＝$z$cmとする。
△BAUにおいて，OV//AUより，
$x：y$＝BA：BO＝7：3
$3x=7y$より，$y=\frac{3}{7}x$…①
AU//RWより，$x：z$＝AB：PT
PT＝PO＋OT＝0.5＋1＝1.5(cm)だから，
$x：z$＝7：1.5＝14：3　$3x=14z$
$z=\frac{3}{14}x$…②
また，DB＝2SPより，SP＝$a$cmとおくと，DB＝2$a$cm
よって，①，②より，
$\triangle ABD=\frac{1}{2}\times 2a\times x=ax$
$\triangle OBD=\frac{1}{2}\times 2a\times y=ay=\frac{3}{7}ax$
△OAD＝△ABD－△OBD
$=ax-\frac{3}{7}ax=\frac{4}{7}ax$…③
四角形PQRS＝2△RPS
$=2\times\frac{1}{2}\times a\times z=az=\frac{3}{14}ax$…④
③，④より，四角形PQRS÷△OAD
$=\frac{3ax}{14}\div\frac{4ax}{7}=\frac{3ax}{14}\times\frac{7}{4ax}=\frac{3}{8}$(倍)

章末問題C

53 (1)3：1　(2)7：6
(3)18：7　(4)1：4

解き方　(1)AD//EGより，BA：AE＝BD：DG
比例式の性質から，BA：BD＝AE：DG
よって，AE：DG＝BA：BD＝6：2＝3：1
(2)DG//HFとなる点Hを辺AD上にとると，
△AHF∽△ADCで，
HF＝DGだから，
AF：HF＝AC：DC
よって，AF：DG
＝7：(8－2)＝7：6
別解　AD//FGより，
CF：FA＝CG：GD
比例式の性質から，
CF：CG＝FA：GD
CF：CG＝CA：CD
＝7：(8－2)＝7：6より，
AF：GD＝7：6
(3)(1)より，AE：DG＝3：1＝18：6
(2)より，AF：DG＝7：6
よって，AE：AF＝18：7
(4)DG＝3cmのとき，
CG＝3cmとなり，点Gは CDの中点である。
AD//EGより，点FはACの中点になる。
AI//DGとなる点Iを辺EG上にとると，
△CFG≡△AFIとなり，△AFI＝△CFG
△AFIと△AEFの高さは共通なので，面積比は底辺の比FI：EFである。
AD：EG＝BD：BG＝2：5
中点連結定理より，AD：FG＝2：1
よって，FI＝FGより，
FI：EF＝1：(5－1)＝1：4
よって，
△AFI：△AEF＝1：4
△CFG：△AEF＝1：4

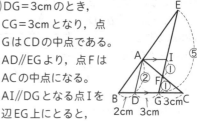

54 $\frac{4}{3}$

解き方　点EとF，BとGを結ぶ。アとイの面積が等しいから，

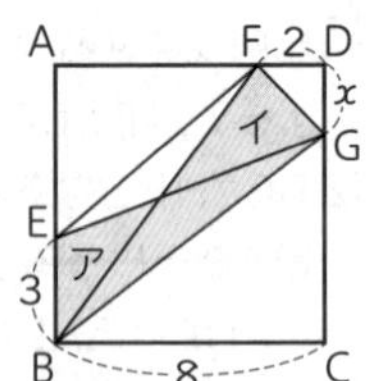

△BGE＝△BGF

よって，EF//BG

平行線の同位角と錯角は等しいから，

∠AEF＝∠ABG＝∠CGB

また，∠EAF＝∠GCB＝90°

2組の角がそれぞれ等しいから，

△AEF∽△CGB

DG＝xとすると，CG＝8－x

AE＝5，AF＝6より，

AE：CG＝AF：CB

5：(8－x)＝6：8　$x=\dfrac{4}{3}$

55　8：5

解き方　右の図のように，直線ABとCEの交点をJとする。点Eが辺ADの中点であるから，

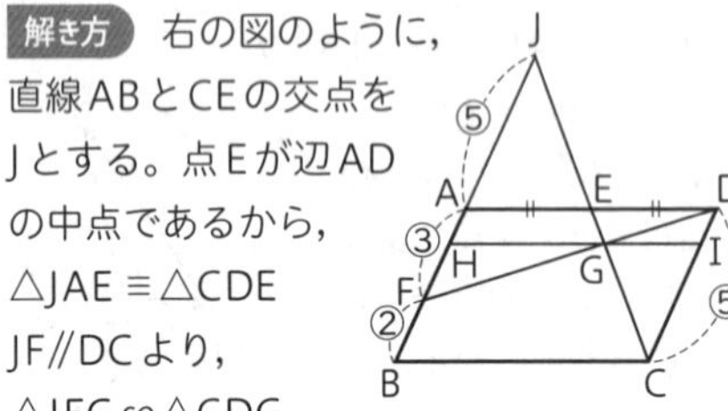

△JAE≡△CDE

JF//DCより，

△JFG∽△CDG

FG：DG＝JF：CD＝(5＋3)：5＝8：5

また，HF//DIより，△HFG∽△IDG

HG：IG＝FG：DG＝8：5

56　1：15

解き方

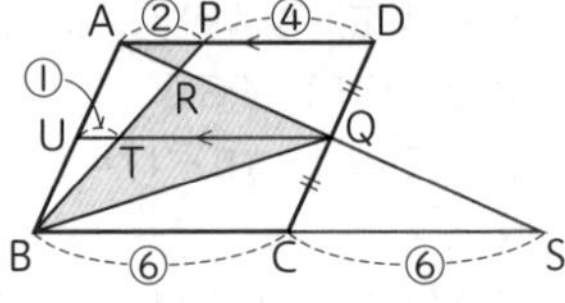

AP：PD

＝1：2

＝2：4

直線AQと直線BCとの交点をS，Qを通り辺ADに平行な直線とPB，ABとの交点をT，Uとする。点QはCDの中点だから，T，UはPB，ABの中点になる。中点連結定理より，

AP：UT＝2：1

よって，△APR∽△QTR

AR：QR＝AP：QT＝2：(6－1)＝2：5…①

また，△ADQ≡△SCQだから，

AD＝SC＝BCとなり，さらに，AD//BSより，△APR∽△SBR

PR：BR＝AP：SB＝2：(6＋6)＝1：6…②

①，②より，

△ARP：△RBQ＝(2×1)：(5×6)

＝1：15

別解　AR：RQ＝2：5，AQ＝QSだから，

AR：RQ：QS＝2：5：7…③

△APR∽△SBRで，相似比AP：SB

＝2：12＝1：6なので，

△APR：△SBR＝1^2：6^2＝1：36

RQ：QS＝5：7より，

△RBQ＝$36\times\dfrac{5}{5+7}$＝15

よって，△ARP：RBQ＝1：15

57　(1)4：1　(2)8：3

解き方　(1)点Cを通り，AEに平行な直線をひき，直線BE，ABとの交点をそれぞれF，Gとする。

また，点Aから直線GFに垂線AHをひく。

AH//BFより，GF：GH＝GB：GA

＝(2＋3)：2＝5：2…①

AE//GFより，平行線の同位角と錯角は等しいから，∠BAE＝∠AGC，

∠CAE＝∠ACG

∠BAE＝∠CAEだから，

∠AGC＝∠ACG

よって，△GACはAC＝AGの二等辺三角形だから，GC：GH＝2：1＝4：2…②

①，②より，GC：CF＝4：(5－4)

=4：1
よって，AD：GC=BD：BC=DE：CF
AD：DE=GC：CF=4：1
(2)ADは∠BACの二等分線だから，
BD：DC=AB：AC=3：2
よって，△ABD：△ADC=BD：DC
=3：2…①
(1)より，△ABD：△BED=AD：DE
=4：1…②
①，②より，△ABD：△ADC：△BED
=12：8：3だから，
△ADC：△BED=8：3

第6章　円

p.434〜447

107　(1)121°　(2)23°　(3)40°

解き方　(1)$\angle x=(360°-118°)\div 2=121°$
(2)∠AOB=34°×2=68°
ちょうちょ型の角の公式を使って，
$\angle x+68°=57°+34°$　$\angle x=23°$
(3)∠AOB=70°×2
=140°
OA⊥PA，
OB⊥PBより，
四角形AOBP
の内角の和は360°だから，
$\angle x=360°-(90°\times 2+140°)=40°$

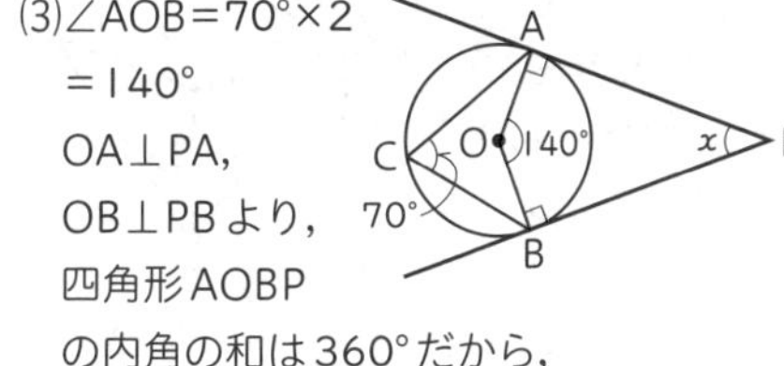

108　(1)48°　(2)59°　(3)42°

解き方　(1)BDは直径だから，∠BAD=90°
よって，∠D=∠C=66°
△ABCは二等辺三角形だから，
$\angle x=180°-66°\times 2=48°$
(2)点AとBを結ぶとBEが直径だから，
∠BAE=90°
∠D=103°−72°=31°
∠BAC=∠D=31°より，
$\angle x=90°-31°=59°$
(3)OAとOCは半径で等しいから，△OAC
は二等辺三角形である。
∠AOC=360°−132°×2=96°
よって，$\angle x=(180°-96°)\div 2=42°$

109　(1)40°　(2)54°　(3)112.5°

解き方　(1)∠BAE=180°−(78°+42°)=60°
円周角は弧の長さに比例するから，
$\angle x=60°\times\frac{2}{3}=40°$
(2)$\angle AOC=180°\times\frac{1}{5}=36°$
$\angle BAD=180°\times\frac{1}{5}\times\frac{1}{2}=18°$
よって，△AOEで，$\angle x=36°+18°=54°$
(3)2点AとBを結ぶと，
$\angle BAD=180°\times\frac{2}{8}=45°$，
$\angle ABF=180°\times\frac{3}{8}=67.5°$
よって，$\angle x=45°+67.5°=112.5°$

110　仮定より，
∠AFD=∠ACB…①
DE//BCより，
同位角は等しいから，
∠ACB=∠AED…②
①，②より，∠AFD=∠AEDで，
点E，Fが直線ADと同じ側にあるから，円周角の定理の逆より，4点A，D，F，Eは1つの円周上にある。

111　(1)△ACGと△BDEにおいて，
仮定より，AC=BD…①
$\overset{\frown}{CE}$に対する円周角は等しいから，
∠CAG=∠DBE…②
半円の弧に対する円周角だから，

∠ACG＝90°…③
仮定より，∠BDE＝90°…④
③，④より，
∠ACG＝∠BDE＝90°…⑤
①，②，⑤より，１組の辺とその両端の角がそれぞれ等しいから，
△ACG≡△BDE

(2) $\frac{9}{4}$ cm

解き方 (2)(1)より，DE＝CG＝3cm
△ACGと△EDGにおいて，
∠ACG＝∠EDG＝90°…①
対頂角は等しいから，
∠AGC＝∠EGD…②
①，②より，２組の角がそれぞれ等しいから，△ACG∽△EDG
よって，AC：ED＝CG：DG
4：3＝3：DG　DG＝$\frac{9}{4}$(cm)

テクニック (1)の③～⑤のように，「半円の弧に対する円周角が90°であることと垂線をひくことで90°の角ができるから，角が等しくなる。」というテクニックは，円の証明でよく使われる。この後学習する「三平方の定理」では，その性質を使って，線分の長さや図形の面積を求める問題に発展する。(**p.466の例題129**参照)入試にも頻出なので，覚えておこう。

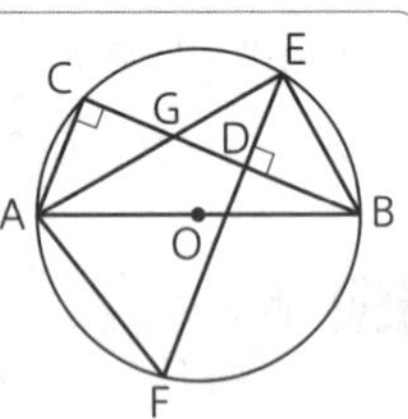

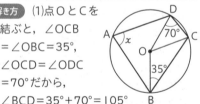

112 (1)△ACFと△AEGにおいて，
仮定より，AFは∠CADの二等分線だから，
∠CAF＝∠EAG…①
また，AB＝ACより，∠ACG＝∠B…②
$\overset{\frown}{BD}$に対する円周角だから，
∠BCD＝∠BAD…③
よって，∠ACF＝∠ACG＋∠BCD…④
∠AEG＝∠B＋∠BAD…⑤
②，③，④，⑤より，
∠ACF＝∠AEG…⑥
よって，①，⑥より，２組の角がそれぞれ等しいから，
△ACF∽△AEG

(2) $\frac{8}{9}$ cm

解き方 (2)AC＝AB＝10cm
(1)より，AC：AE＝AF：AG
10：9＝AF：8　AF＝$\frac{80}{9}$cm
よって，FG＝AF－AG＝$\frac{80}{9}-8=\frac{8}{9}$(cm)

113 (1)75°　(2)61°　(3)120°

解き方 (1)点OとCを結ぶと，∠OCB＝∠OBC＝35°，
∠OCD＝∠ODC＝70°だから，
∠BCD＝35°＋70°＝105°
四角形ABCDは円Oに内接しているから，∠x＝180°－∠BCD＝75°
(2)∠BOC＝2∠x
四角形ABCDは円Oに内接しているから，∠ABC＝180°－108°＝72°
∠OBC＝72°－43°＝29°
△OBCで，OB＝OCより，
2∠x＝180°－29°×2＝122°　∠x＝61°
(3)点CとFを結ぶと，四角形ABCF，CDEFはそれぞれ円に内接しているから，
∠AFC＝∠D＝∠x
$\overset{\frown}{AB}$：$\overset{\frown}{BC}$＝3：2より，

$\angle ACB : \angle BAC = 3 : 2$
$72° : \angle BAC = 3 : 2$ より，
$\angle BAC = 72° \times \frac{2}{3} = 48°$
よって，$\angle B = 180° - (48° + 72°) = 60°$
より，$\angle x = 180° - \angle B = 120°$

114 (1)8cm　(2)$4\sqrt{7}$cm　(3)$6\sqrt{7}$cm

解き方　(1)**例題**114(2)より，$\triangle ABD \backsim \triangle CED$
だから，$AD : CD = DB : DE$
$AD : 4 = 12 : 6$　$AD = 8$cm
(2)$AB = BC = CA = a$，$CE = b$ とおくと，
例題114(1)より，$\triangle EDC \backsim \triangle EBA$ だから，
$DE : BE = DC : BA$
$6 : (a+b) = 4 : a$
$4(a+b) = 6a$　$a = 2b$…①
また，$CE : AE = DC : BA$
$b : (8+6) = 4 : a$
$ab = 56$…②
②に①を代入すると，
$2b^2 = 56$　$b^2 = 28$　$b = \pm 2\sqrt{7}$
$b > 0$ より，$b = 2\sqrt{7}$
よって，$a = AB = 4\sqrt{7}$cm
(3)$BE = BC + CE = a + b$
$= 4\sqrt{7} + 2\sqrt{7} = 6\sqrt{7}$(cm)

章末問題 A

58 (1)46°　(2)40°　(3)17°
(4)112°　(5)136°　(6)32°

解き方　(1)$\angle ACB = \frac{1}{2}\angle AOB = \frac{1}{2}\angle x$
ちょうちょ型の角の公式より，
$\frac{1}{2}\angle x + 58° = 35° + \angle x$
$\angle x = 46°$
(2)点OとCを結ぶと，△OBCは二等辺三角形だから，$\angle AOC = 25° \times 2 = 50°$
CDは円Oの接線だから，$\angle OCD = 90°$
よって，$\angle x = 180° - (90° + 50°) = 40°$
(3)$\angle CAD = \angle CBD = \angle x$
△ACEで，$\angle x + 41° = 58°$　$\angle x = 17°$
(4)$\angle ABD = \angle ACD = 28°$ より，
$\angle ABC = 28° + 42° = 70°$
$AB = AC$ より，$\angle ACB = 70°$
よって，$\angle x = 70° + 42° = 112°$
(5)$AB = AC$ より，$\angle A = 180° - 34° \times 2 = 112°$
よって，$\angle x = 360° - 112° \times 2 = 136°$
(6)点AとCを結ぶと，
ABは直径だから，
$\angle ACB = 90°$
よって，$\angle CAB$
$= 180° - (90° + 64°)$
$= 26°$

$\angle ADC = \angle ABC = 64°$，$AD = CD$ より，
$\angle x + 26° = (180° - 64°) \div 2 = 58°$
よって，$\angle x = 58° - 26° = 32°$

59 BCは半円の直径だから，$\angle BAC = 90°$
仮定より，
$\angle DEC = 90°$

$\overset{\frown}{AD} = \overset{\frown}{DB}$ より，$\angle ACD = \angle BCD$…①
△ACFと△CDEにおいて，
$\angle AFC + \angle ACF = \angle CDE + \angle ECD$
$= 90°$…②
①，②より，$\angle AFC = \angle CDE$

60 (1)$150° - a°$
(2)① ABPと△ACRにおいて，
仮定より，$AB = AC$…①
$BP = CR$…②
$\overset{\frown}{AP}$ に対する円周角だから，
$\angle ABP = \angle ACR$…③
①，②，③より，2組の辺とその間の角がそれぞれ等しいから，
$\triangle ABP \equiv \triangle ACR$
②5cm

解き方　(1) AB＝ACより，
∠C＝∠ABC＝75°
∠PBC＝75°−a°だから，
∠PQC＝75°＋(75°−a°)
＝150°−a°

(2)② AB＝BP＝AC＝CR
＝9cm
∠ACB＝∠APBであるから，
△ABC≡△BAP≡△CARより，
AP＝AR＝BC＝6cm
△ARP，△CARは二等辺三角形で∠Rは共通だから，
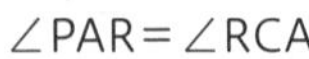
∠PAR＝∠RCA
よって，2組の辺の比とその間の角が等しいから，
△ARP∽△CAR
AR：CA＝PR：RA
6：9＝PR：6
PR＝4cm
よって，CP＝9−4＝5(cm)

章末問題 B

61　(1) 20°　(2) 108°
(3) ∠x＝28°，∠y＝52°

解き方　(1) 点AとDを結ぶ。
ABは直径だから，∠ADB＝90°
$\overset{\frown}{AC}$の円周角だから，
∠ADC＝∠ABC
∠CDB＝90°−∠x
△CBDは二等辺三角形だから，
∠CBD＝∠CDB
よって，
∠BCD＝180°−2∠CDB
＝180°−2(90°−∠x)＝2∠x
△BCPで，∠x＋2∠x＝60°
∠x＝20°

(2) ∠DBF＝180°×$\frac{2}{10}$＝36°，
∠BDH＝180°×$\frac{4}{10}$＝72°
よって，∠x＝36°＋72°＝108°
(3) ∠A＝∠B＝∠x
△ACEにおいて
∠y＝∠x＋24°…①
△BCFにおいて，∠x＋∠y＝80°…②
①，②より，∠x＝28°，∠y＝52°

62　180°

解き方　∠a，∠b，∠c，…，∠gはすべて円周角であり，それぞれに対応する弧をすべて合わせると円周となる。対応する中心角の総和は360°であるから，円周角の総和は，360°÷2＝180°

別解　右の図で，ブーメラン型の角の公式より，
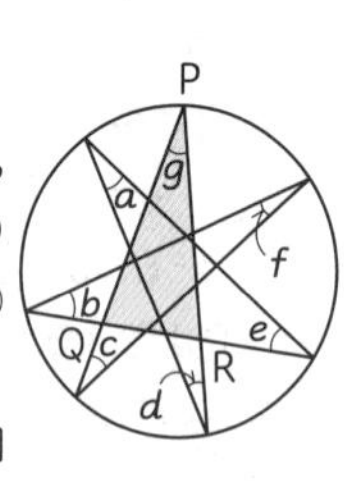

∠PQR＝∠b＋∠c＋∠f…①
∠PRQ＝∠a＋∠d＋∠e…②
①＋②＋∠gより，求める角は△PQRの内角の和になるので，180°

63　50°

解き方　辺BCに対して，2点D，Eが同じ側にあり，
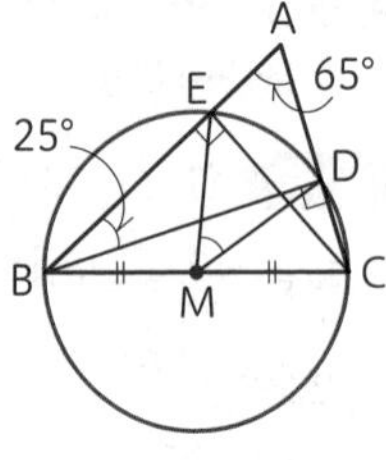

∠BDC＝∠BEC＝90°
なので，4点B，C，D，EはBCを直径とする同一円周上にあり，BM＝CMより，Mがこの円の中心となる。
∠ABD＝180°−(90°＋65°)＝25°
円周角の定理より，∠DME＝25°×2＝50°

64 (1) AとB，AとE，CとEを結ぶ。

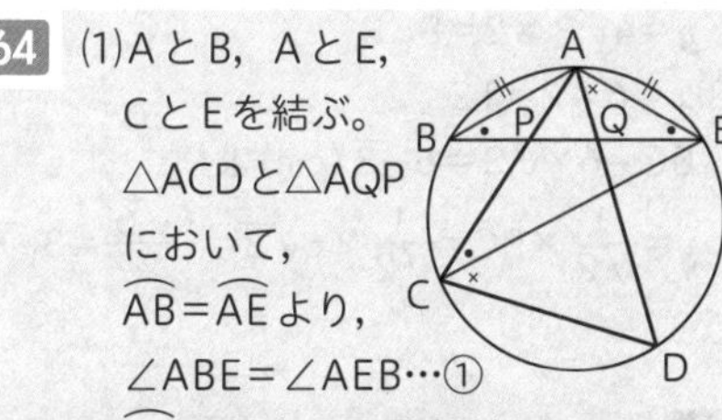

△ACDと△AQPにおいて，

$\overset{\frown}{AB}=\overset{\frown}{AE}$より，

∠ABE＝∠AEB…①

$\overset{\frown}{AE}$に対する円周角だから，

∠ABE＝∠ACE…②

$\overset{\frown}{ED}$に対する円周角だから，

∠DCE＝∠DAE…③

∠AQP＝∠DAE＋∠AEB

∠ACD＝∠DCE＋∠ACE

①，②，③より，

∠ACD＝∠AQP…④

また，共通な角だから，

∠CAD＝∠QAP…⑤

④，⑤より，2組の角がそれぞれ等しいから，∠ACD∽△AQP

(2) PとD，QとCを結ぶ。

(1)より，

∠AQP＝∠ACD

なので，1つの外角がそれととなり合わない内角の対角に等しいから，四角形CDQPは円に内接する。

よって，$\overset{\frown}{PC}$に対する円周角だから，

∠PDC＝∠PQC

65 (1) BとDを結ぶ。

△ABFと△ADBにおいて，

AB＝ACより，

∠ABF＝∠C…①

$\overset{\frown}{AB}$に対する円周角だから，∠ADB＝∠C…②

①，②より，∠ABF＝∠ADB…③

また，共通な角だから，

∠BAF＝∠DAB…④

③，④より，2組の角がそれぞれ等しいから，△ABF∽△ADB

よって，AB：AD＝AF：ABより，

AB^2＝AD×AF

(2) DとG，EとFを結ぶ。

△ADGと△AEFにおいて，

(1)より，

AB^2＝AD×AF…⑤

同様にして，△ACG∽△AECより，

AC^2＝AE×AG…⑥

このとき，AB＝ACであるので，

⑤，⑥より，AD×AF＝AE×AG…＊

よって，AD：AE＝AG：AF…⑦

また，共通な角だから，

∠DAG＝∠EAF…⑧

⑦，⑧より，2組の辺の比とその間の角がそれぞれ等しいから，

△ADG∽△AEF

テクニック　＊で，AD×AF＝AE×AG＝aとすると，

AD＝$\frac{a}{AF}$，AE＝$\frac{a}{AG}$より，

AD：AE＝$\frac{a}{AF}$：$\frac{a}{AG}$

右辺にAF×AGをかけると，

AD：AE＝$\frac{a\times \cancel{AF}\times AG}{\cancel{AF}}$：$\frac{a\times AF\times \cancel{AG}}{\cancel{AG}}$

＝a×AG：a×AF

＝AG：AF…⑦となる。

第7章 三平方の定理

p.448〜481

115 ア…$\frac{1}{2}b^2+bc+\frac{1}{2}c^2\left(\frac{b^2+2bc+c^2}{2}\right)$
イ…90
ウ…$\frac{1}{2}a^2+bc$

解き方 ア四角形AEDCは台形だから，

$S=(b+c)\times(b+c)\times\frac{1}{2}=\frac{(b+c)^2}{2}$

$=\frac{1}{2}b^2+bc+\frac{1}{2}c^2$

イ∠ABC＋∠EBD＝90°より
∠CBD＝180°－90°＝90°

ウS＝△ABC＋△BCD＋△BED

$=\frac{1}{2}bc+\frac{1}{2}a^2+\frac{1}{2}bc=\frac{1}{2}a^2+bc$

116 (1)❶$x=\sqrt{5}$ ❷$x=2\sqrt{7}$
(2)❶$x=5$ ❷$x=-2+\sqrt{6}$

解き方 (1)❶$x=\sqrt{2^2+1^2}=\sqrt{5}$

❷$x=\sqrt{8^2-6^2}=\sqrt{28}=2\sqrt{7}$

(2)❶$0<x<x+7<x+8$より，
$x+8$が最長なので，
$x^2+(x+7)^2=(x+8)^2$
$x^2-2x-15=0$ $x=5,\ -3$
$x>0$より，$x=5$

❷$0<x+3<x+5<x+6$より，
$x+6$が最長なので，
$(x+3)^2+(x+5)^2=(x+6)^2$
$x^2+4x-2=0$ $x=-2\pm\sqrt{6}$
$x+3>0$より，$x=-2+\sqrt{6}$

117 (1)$x=5,\ y=5\sqrt{2}$
(2)$x=4\sqrt{3},\ y=8\sqrt{3}$
(3)$x=12,\ y=3\sqrt{6}$

解き方 (2)$x=\frac{1}{\sqrt{3}}\times12=\frac{12\sqrt{3}}{3}=4\sqrt{3}$，

$y=4\sqrt{3}\times2=8\sqrt{3}$

(3)$x=6\times2=12$
BC$=6\times\sqrt{3}=6\sqrt{3}$(cm)より，

$y=\frac{1}{\sqrt{2}}\times\text{BC}=\frac{1}{\sqrt{2}}\times6\sqrt{3}=\frac{6\sqrt{6}}{2}=3\sqrt{6}$

118 (1)$x=8\sqrt{2}$ (2)$x=2\sqrt{13}$
(3)$x=2\sqrt{3}-2$

解き方

(2)辺BCを延長し，点Aから直線BCに垂線AHをひくと，△BAHは30°，60°，90°の直角三角形になる。

AB$=2\sqrt{3}$cmより，

AH$=2\sqrt{3}\times\frac{1}{2}=\sqrt{3}$(cm)

BH$=\sqrt{3}\times\sqrt{3}=3$(cm)

よって，△AHCで，三平方の定理より，

$x=\text{AC}=\sqrt{(\sqrt{3})^2+(3+4)^2}=\sqrt{52}$
$=2\sqrt{13}$(cm)

(3)辺ACを延長し，頂点Bから直線ACに垂線BHをひくと，△ABHは45°，45°，90°の直角二等辺三角形，△CBHは30°，60°，90°の直角三角形になる。BC＝4cmより，

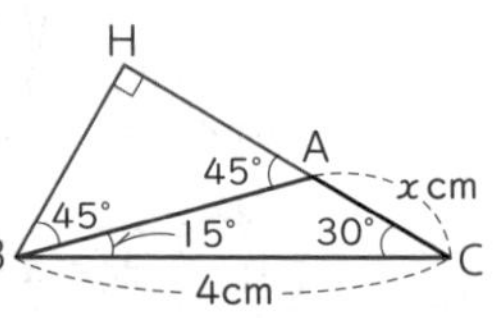

BH$=4\times\frac{1}{2}=2$(cm)，

CH$=2\times\sqrt{3}=2\sqrt{3}$(cm)，

AH＝BH＝2cm

よって，$x=2\sqrt{3}-2$

119 (1)$\frac{25\sqrt{15}}{4}$cm^2 (2)$9\sqrt{3}$cm^2
(3)$96\sqrt{3}$cm^2

解き方 (1)点Aから底辺BCに垂線AHをひくと，

$BH=\frac{1}{2}BC=\frac{5}{2}$(cm)

△ABHで，

三平方の定理より，

$AH=\sqrt{10^2-\left(\frac{5}{2}\right)^2}=\sqrt{\frac{375}{4}}$

$=\frac{5\sqrt{15}}{2}$(cm)

$△ABC=\frac{1}{2}\times5\times\frac{5\sqrt{15}}{2}=\frac{25\sqrt{15}}{4}$(cm²)

(2)1辺aの正三角形の面積は，$\frac{\sqrt{3}}{4}a^2$だから，$a=6$を代入して，

$\frac{\sqrt{3}}{4}\times6^2=9\sqrt{3}$(cm²)

(3)正六角形は，6つの合同な正三角形に分けられるから，

$\left(\frac{\sqrt{3}}{4}\times8^2\right)\times6=96\sqrt{3}$(cm²)

120 (1)$\sqrt{106}$ (2)10，−6
(3)∠A=90°の直角二等辺三角形

解き方 (1)$AB=\sqrt{\{3-(-2)\}^2+(-5-4)^2}$

$=\sqrt{(3+2)^2+(-5-4)^2}=\sqrt{106}$

(2)点Pを中心とする半径10の円と，y軸との交点をQ(0，t)とする。

$PQ^2=(6-0)^2+(t-2)^2=10^2$

$t^2-4y-60=0$

$(t-10)(t+6)=0$

$t=10,\ -6$

(3)$AB=\sqrt{(-5+2)^2+(-2-4)^2}=\sqrt{45}$

$BC=\sqrt{(4+5)^2+(1+2)^2}=\sqrt{90}$

$AC=\sqrt{(4+2)^2+(1-4)^2}=\sqrt{45}$

AB=ACで，$AB^2+AC^2=BC^2$だから，

△ABCは∠A=90°の直角二等辺三角形である。

121 (1)$21\sqrt{3}$cm² (2)$\frac{9\sqrt{3}}{2}$cm²

解き方 (1)点A，Dから辺BCに垂線AE，DFをひくと，△ABE，△DCFは，30°，60°，90°の直角三角形になる。

$BE=6\times\frac{1}{2}=3$(cm)

$AE=3\times\sqrt{3}=3\sqrt{3}$(cm)だから，

$BC=3\times2+4=10$(cm)

よって，$\frac{1}{2}\times(4+10)\times3\sqrt{3}=21\sqrt{3}$(cm²)

(2)対角線ACをひくと，∠BAC=60°だから，2つの正三角形ABC，ACDができる。

よって，ひし形ABCDの面積は，

$\left(\frac{\sqrt{3}}{4}\times3^2\right)\times2=\frac{9\sqrt{3}}{2}$(cm²)

122 (1)4cm (2)$\frac{75}{2}$cm²

解き方 (1)$AD=\sqrt{13^2-5^2}=12$(cm)

$CD=\sqrt{15^2-12^2}=9$(cm)より，

$BC=5+9=14$(cm)

$△ABC=\frac{1}{2}\times14\times12=84$(cm²)

内接円の半径を$r$cmとすると，

$\frac{1}{2}r(13+14+15)=84$　$r=4$

(2)点AからBCに垂線AHをひく。

CH=$x$cmとすると，

$BH=15-x$(cm)だから，

$AH^2=13^2-(15-x)^2=(\sqrt{34})^2-x^2$

$x=3$

$AH=\sqrt{(\sqrt{34})^2-3^2}=5$(cm)

よって，$△ABC=\frac{1}{2}\times15\times5=\frac{75}{2}$(cm²)

123 $\frac{\sqrt{10}}{6}$cm

解き方

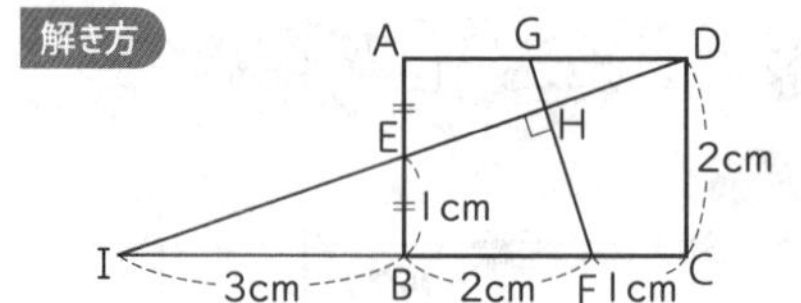

上の図のように，直線DEとBCの交点をIとすると，AE＝BEより，

△AED≡△BEI

IB＝DA＝3cmより，IC＝6cm

DC＝2cmだから，

△CDIで，三平方の定理より，

$ID=\sqrt{6^2+2^2}=2\sqrt{10}$(cm)

$IE=ID\div 2=\sqrt{10}$(cm)

△ICD∽△IHF∽△DHG∽△IBE

(2組の角がそれぞれ等しい)で，△IBEの3辺の比は，$1:3:\sqrt{10}$ だから，

$HI=IF\times\frac{3}{\sqrt{10}}=\frac{15}{\sqrt{10}}=\frac{3\sqrt{10}}{2}$(cm)

$DH=DI-HI=2\sqrt{10}-\frac{3\sqrt{10}}{2}=\frac{\sqrt{10}}{2}$(cm)

よって，

$GH=DH\times\frac{1}{3}=\frac{\sqrt{10}}{2}\times\frac{1}{3}=\frac{\sqrt{10}}{6}$(cm)

124 (1)△BDEと△CFDにおいて，

△ABCは正三角形だから

∠EBD＝∠DCF＝60°…①

仮定より，∠EDF＝∠A＝60°

△BDEの内角の和は180°なので，

∠DEB＝180°−60°−∠BDE

＝120°−∠BDE…②

3点B, D, Cは1直線上にあるから，

∠FDC＝180°−60°−∠BDE

＝120°−∠BDE…③

②，③より，∠DEB＝∠FDC…④

よって，①，④より，2組の角がそれぞれ等しいから，

△BDE∽△CFD

(2)$\frac{49\sqrt{3}}{5}$cm²

解き方 (2)BD：DC＝1：2より，

BD＝4cm

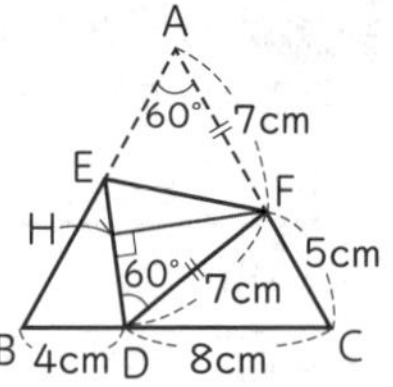

(1)より，

△BDE∽△CFD

よって，

BD：CF＝DE：FD

4：5＝DE：7　$DE=\frac{28}{5}$cm

点Fから辺DEに垂線FHをひくと，△FHDは，30°，60°，90°の直角三角形より，

$FH=7\times\frac{\sqrt{3}}{2}=\frac{7\sqrt{3}}{2}$(cm)

よって，$△DEF=\frac{1}{2}\times\frac{28}{5}\times\frac{7\sqrt{3}}{2}$

$=\frac{49\sqrt{3}}{5}$(cm²)

125 (1)$A\left(\frac{\sqrt{3}}{3},\ \frac{1}{3}\right)$　(2)$a=7$

解き方 (1)点Aのx座標をt($t>0$)とおくと，A(t，t^2)

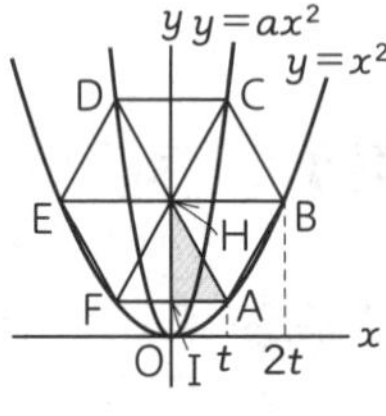

正六角形ABCDEFの対角線の交点をHとすると，Hはy軸上の点である。AFとy軸との交点をIとすると，△AHIは30°，60°，90°の直角三角形だから，AI＝tより，

$HI=\sqrt{3}t$，$AH=BH=2t$

よって，Bのx座標は$2t$より，B($2t$，$4t^2$)

$HI=4t^2-t^2=\sqrt{3}t$　$t=0,\ \frac{\sqrt{3}}{3}$

$t>0$より，$t=\frac{\sqrt{3}}{3}$　$t^2=\left(\frac{\sqrt{3}}{3}\right)^2=\frac{1}{3}$より，

$A\left(\frac{\sqrt{3}}{3},\ \frac{1}{3}\right)$

(2)(1)より，$HI=\sqrt{3}\times\frac{\sqrt{3}}{3}=1$

また，点AとCのx座標は等しく，AC＝2HI＝2より，Cのy座標は$\frac{1}{3}+2=\frac{7}{3}$

よって，$C\left(\frac{\sqrt{3}}{3},\ \frac{7}{3}\right)$

点Cは$y=ax^2$上の点だから，

$\frac{7}{3}=a\times\left(\frac{\sqrt{3}}{3}\right)^2$　$\frac{7}{3}=\frac{1}{3}a$　$a=7$

126　(1)$\sqrt{3}$cm　(2)$\frac{3\sqrt{3}}{4}$cm^2

解き方　(1)OT⊥ℓより，△OPTは30°，60°，90°の直角三角形になる。

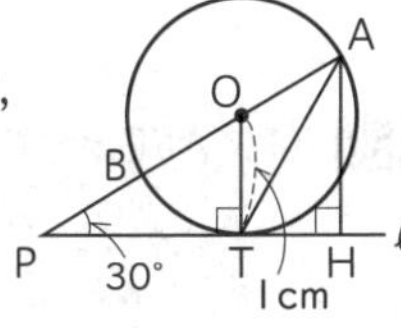

よって，

OT＝2÷2＝1(cm)より，

PT＝OT×$\sqrt{3}$＝1×$\sqrt{3}$＝$\sqrt{3}$(cm)

(2)Aから直線ℓに垂線AHをひく。

PO＝OT×2＝2(cm)より，

PA＝2＋1＝3(cm)

△APHも30°，60°，90°の直角三角形だから，

AH＝PA×$\frac{1}{2}$＝$\frac{3}{2}$(cm)

△APT＝$\frac{1}{2}\times\sqrt{3}\times\frac{3}{2}=\frac{3\sqrt{3}}{4}$(cm^2)

127　$6\sqrt{2}$

解き方　右の図で，四角形OABQ，四角形OCDRは長方形，△OPQ，△OPRは直角三角形になる。

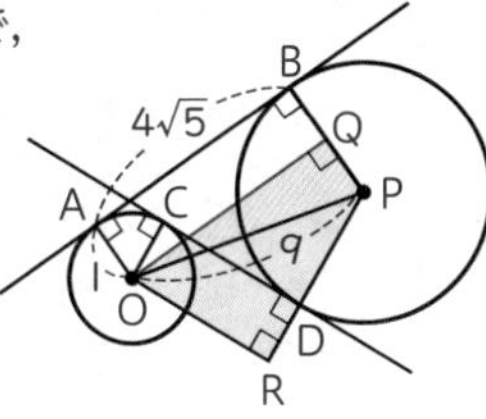

AB＝$4\sqrt{5}$，OP＝9，OA＝1より，

△OPQで，三平方の定理より，OQ＝ABだから，PQ＝$\sqrt{9^2-(4\sqrt{5})^2}$＝1

よって，PD＝PB＝PQ＋QB＝1＋1＝2

△OPRで，三平方の定理より，

PR＝PD＋DR＝PD＋CO＝2＋1＝3だから，

CD＝OR＝$\sqrt{9^2-3^2}$＝$6\sqrt{2}$

128　(1)48　(2)2　(3)$\frac{27-9\sqrt{5}}{4}$

解き方　(1)Aから辺BCに垂線AHをひくと，

BH＝12÷2＝6より，AH＝$\sqrt{10^2-6^2}$＝8

よって，△ABC＝$\frac{1}{2}$×12×8＝48

(2)円O_2は△ABHに内接する円になる。円O_2の半径をrとすると，1点からひいた2本の接線の長さは等しいから，

AB＝10より，

$(8-r)+(6-r)=10$　$r=2$

(3)O_1から辺ABに垂線O_1Iをひくと，

△AO_1I∽△ABHであり，3辺の比は，3：4：5である。

よって，円O_1の半径

O_1I＝$3x$とすると，AI＝$4x$，AO_1＝$5x$

また，O_2から線分AHに垂線O_2Jをひくと，

△O_1O_2Jは，O_1J＝8－(2＋$5x$)＝6－$5x$，

O_1O_2＝2＋$3x$，O_2J＝2の直角三角形となる。

△O_1O_2Jで，三平方の定理より，

$2^2+(6-5x)^2=(2+3x)^2$

$4x^2-18x+9=0$　$x=\frac{9\pm3\sqrt{5}}{4}$

$0<x<\frac{6}{5}$より，$x=\frac{9-3\sqrt{5}}{4}$

よって，O_1の半径は，$3x=\frac{27-9\sqrt{5}}{4}$

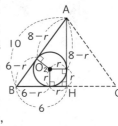

テクニック　3辺の比が3：4：5になる直角三角形を使うとき，3辺の比をO_1I＝xとして，AI＝$\frac{4}{3}x$，AO_1＝$\frac{5}{3}x$のように分数にしないで，O_1I＝$3x$として，AI＝$4x$，AO_1＝$5x$とした方が計算しやすくなる。ただし，求める長さはxではなく$3x$なので，注意すること。

129 (1)△BCDと△BFAにおいて,

ABは円の直径だから,

∠DCB＝∠AFB＝90°…①

仮定より, $\overset{\frown}{AC}＝\overset{\frown}{EF}$だから,

∠ABC＝∠EBF

よって, ∠DBC＝∠EBA＋∠ABC

＝∠EBA＋∠EBF

＝∠ABF…②

よって, ①, ②より, 2組の角がそれぞれ等しいから,

△BCD∽△BFA

(2)❶ $BF=\dfrac{\sqrt{14}}{2}$, $DG=2\sqrt{2}$

❷ $\dfrac{\sqrt{7}}{2}$

解き方 (2)❶直角三角形ABC, DBCで, 三平方の定理より,

$BC=\sqrt{4^2-3^2}$

$=\sqrt{7}$

$BD=\sqrt{5^2+(\sqrt{7})^2}=4\sqrt{2}$

(1)より, BD：BA＝BC：BF

$4\sqrt{2}:4=\sqrt{7}:BF$

$BF=\dfrac{\sqrt{14}}{2}$

次に, △ABC∽△GBFだから,

AB：GB＝BC：BF

$4:GB=\sqrt{7}:\dfrac{\sqrt{14}}{2}=2\sqrt{7}:\sqrt{7}\times\sqrt{2}$

$=2:\sqrt{2}$　$GB=2\sqrt{2}$

よって, $DG=DB-BG=4\sqrt{2}-2\sqrt{2}$

$=2\sqrt{2}$

❷ABが直径だから, ∠AEB＝90°

△DAE∽△DBCだから,

AD：BD＝AE：BC

$2:4\sqrt{2}=AE:\sqrt{7}$　$AE=\dfrac{\sqrt{14}}{4}$

よって, $\triangle ADG=\dfrac{1}{2}\times DG\times AE$

$=\dfrac{1}{2}\times2\sqrt{2}\times\dfrac{\sqrt{14}}{4}=\dfrac{\sqrt{7}}{2}$

別解 $\triangle ABD=\dfrac{1}{2}\times AD\times BC$

$=\dfrac{1}{2}\times2\times\sqrt{7}=\sqrt{7}$

❶より, DG＝BGだから,

$\triangle ADG=\dfrac{1}{2}\triangle ABD=\dfrac{1}{2}\times\sqrt{7}=\dfrac{\sqrt{7}}{2}$

130 (1)△AFEと△CBEにおいて,

仮定より, ∠AEF＝∠CEB＝90°…①

また, ∠AEC＝∠ADC＝90°だから,

円周角の定理の逆より, 4点A, C, D, Eは, ACを直径とする同一円周上にある。

$\overset{\frown}{ED}$に対する円周角は等しいから,

∠EAF＝∠ECB…②

また, ∠EAC＝45°より,

△EACは直角二等辺三角形だから,

AE＝CE…③

①, ②, ③より, 1組の辺とその両端の角がそれぞれ等しいから,

△AFE≡△CBE

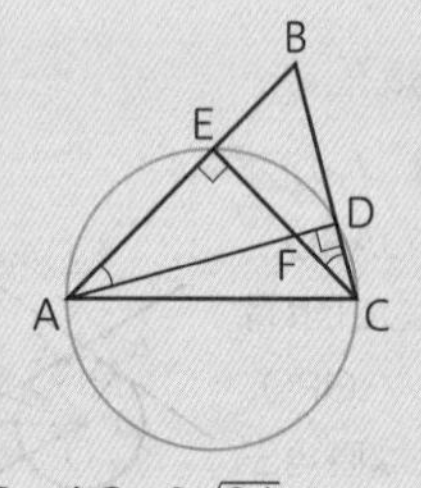

(2) FD＝2, $AC=3\sqrt{26}$

解き方 (2) FD＝xとする。

(1)より, AF＝CB＝13

△ADB∽△CDFだから,

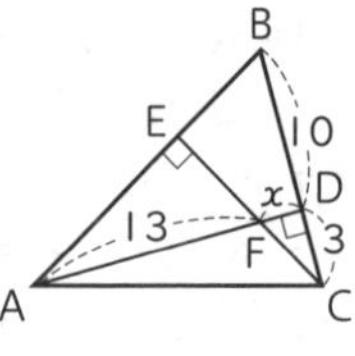

AD：CD＝BD：FD

$(13+x):3=10:x$　$x(13+x)=30$

$x^2+13x-30=0$　$(x-2)(x+15)=0$

$x=2,\ -15$　$x>0$より, $x=FD=2$

よって, AD＝AF＋FD＝13＋2＝15

△ACDで，三平方の定理より，
$AC=\sqrt{15^2+3^2}=3\sqrt{26}$

131 (1)$6\sqrt{3}$cm　(2)9cm　(3)$2\sqrt{6}$cm

解き方 (1)$AG=\sqrt{6^2+6^2+6^2}=\sqrt{6^2\times3}$
$=6\sqrt{3}$(cm)

> **テクニック** 1辺がaの立方体の対角線の長さは，$\sqrt{a^2+a^2+a^2}=\sqrt{3a^2}=\sqrt{3}a$となる。

(2)$MF=\sqrt{3^2+6^2+6^2}=9$(cm)
(3)$AC=6\sqrt{2}$cm，$\angle ACG=90°$より，
$\triangle ACG=\frac{1}{2}\times6\sqrt{2}\times6=18\sqrt{2}$(cm^2)
$\frac{1}{2}\times AG\times CI=18\sqrt{2}$より，
$\frac{1}{2}\times6\sqrt{3}\times CI=18\sqrt{2}$　$CI=2\sqrt{6}$cm

132 (1)$\frac{2\sqrt{2}}{3}\pi$cm^3
(2)❶$\frac{16\sqrt{3}}{3}$cm^3　❷$8+8\sqrt{7}$(cm^2)

解き方 (1)三平方の定理より，高さは，
$\sqrt{3^2-1^2}=2\sqrt{2}$(cm)
よって，体積は，$\frac{1}{3}\times\pi\times1^2\times2\sqrt{2}$
$=\frac{2\sqrt{2}}{3}\pi$(cm^3)
(2)❶この正四角錐の見取図は右の図のようになる。底面の正方形の対角線の交点をHとすると，OHがこの正四角錐の高さである。
△OAHで，三平方の定理より，
$OH=\sqrt{4^2-2^2}=2\sqrt{3}$(cm)
よって，体積は，$\frac{1}{3}\times(4\times4\div2)\times2\sqrt{3}$
$=\frac{16\sqrt{3}}{3}$(cm^3)

❷△ABCは斜辺ACの長さが4cmの直角二等辺三角形だから，

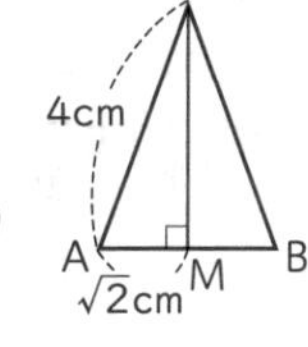

$AB=4\times\frac{1}{\sqrt{2}}=2\sqrt{2}$(cm)
ABの中点をMとすると，
$OM=\sqrt{4^2-(\sqrt{2})^2}=\sqrt{14}$(cm)
この立体の側面積は，△OABの4倍だから，
$\left(\frac{1}{2}\times2\sqrt{2}\times\sqrt{14}\right)\times4=8\sqrt{7}$(cm^2)
よって，表面積は，$(4\times4\div2)+8\sqrt{7}$
$=8+8\sqrt{7}$(cm^2)

133 $\frac{27\sqrt{5}}{2}$cm^2

解き方 GH//DE，
DE⊥面BEFCより，
∠GHE=∠DEH=90°
中点連結定理より，
GH=3cm

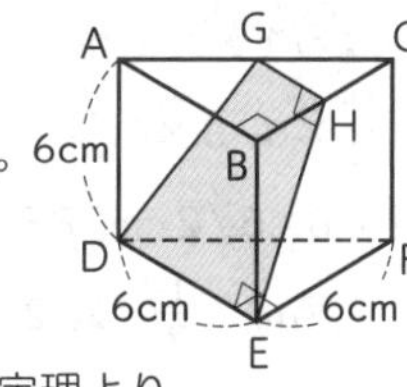

△BEHで，三平方の定理より，
$HE=\sqrt{6^2+3^2}=3\sqrt{5}$(cm)
よって，四角形DEHGの面積は，
$\frac{1}{2}\times(3+6)\times3\sqrt{5}$
$=\frac{27\sqrt{5}}{2}$(cm^2)

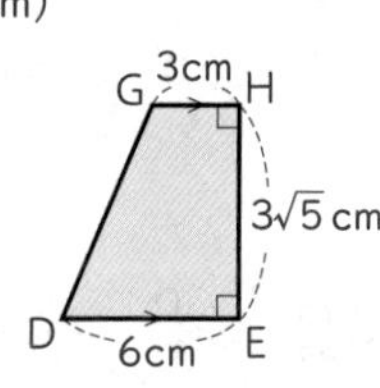

134 (1)$2\sqrt{22}$　(2)$2\sqrt{34}+2\sqrt{22}$

解き方 (1)AM：MD=2：1より，
$AM=6\times\frac{2}{3}=4$
よって，$MF=\sqrt{AM^2+EF^2+AE^2}$
$=\sqrt{4^2+6^2+6^2}=2\sqrt{22}$
(2)点MからNを通りFまでの長さが最短になるときは，右の展開図で，M，N，Fが一直線になるときである。

$MF=\sqrt{(4+6)^2+6^2}=2\sqrt{34}$

よって，まわりの長さは，

$\underset{\text{↑展開図}}{MF}+\underset{\text{↑(1)}}{MF}=2\sqrt{34}+2\sqrt{22}$

135　(1) $18\sqrt{6}$ cm²　(2) $2\sqrt{6}$ cm

解き方　(1)切断面は右の図のようなひし形DPFQになる。このひし形の対角線の長さは，

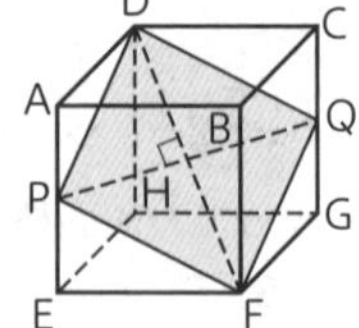

$DF=\sqrt{6^2+6^2+6^2}$

$=6\sqrt{3}$ (cm)

$PQ=AC=6\sqrt{2}$ cm

よって，ひし形DPFQの面積は，

$\frac{1}{2}\times6\sqrt{3}\times6\sqrt{2}=18\sqrt{6}$ (cm²)

(2) $DB=6\sqrt{2}$ cm，BF＝6cmより，△DBFの面積は，$\frac{1}{2}\times6\sqrt{2}\times6=18\sqrt{2}$ (cm²)

$\frac{1}{2}\times DF\times BI=18\sqrt{2}$ より，

$\frac{1}{2}\times6\sqrt{3}\times BI=18\sqrt{2}$　$BI=2\sqrt{6}$ cm

136　(1) $\frac{80}{3}$　(2) 64

解き方　(1)右の図のように直線PFとAEの交点をTとすると，P，Sがそれぞれ AB，ADの中点だから，中点連結定理より，

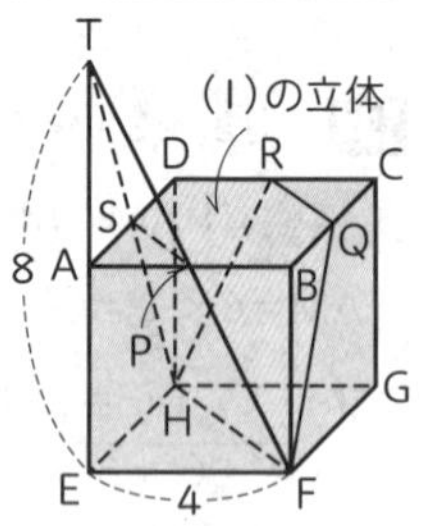

SP//HF

SP：HF＝1：2

よって，TA：TE＝1：2より，

TA＝AE＝4

三角錐T-APSとT-EFHは相似な立体で，相似比が1：2だから，体積比は $1^3:2^3=1:8$

よって，三角錐台APS-EFHの体積は，

$\frac{1}{3}\times\left(\frac{1}{2}\times4\times4\right)\times8\times\frac{8-1}{8}=\frac{56}{3}$

同様に，三角錐台RQC-HFGの体積も $\frac{56}{3}$

よって，求める立体の体積は，

$4^3-\frac{56}{3}\times2=\frac{80}{3}$

(2)等脚台形SHFPで，

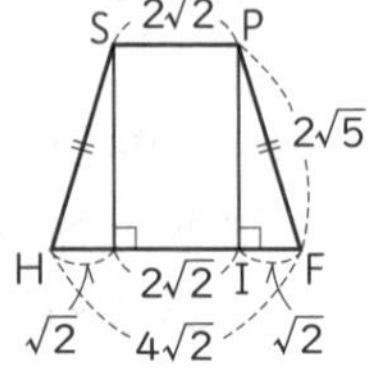

$HF=4\sqrt{2}$ より，

$SP=4\sqrt{2}\div2=2\sqrt{2}$

△PBFで，三平方の定理より，

$PF=\sqrt{2^2+4^2}=2\sqrt{5}$

PからHFにひいた垂線をPIとすると，

△PFIで，$PI=\sqrt{(2\sqrt{5})^2-(\sqrt{2})^2}=3\sqrt{2}$

よって，台形SHFPの面積は，

$\frac{1}{2}\times(2\sqrt{2}+4\sqrt{2})\times3\sqrt{2}=18$…①

また，$\triangle PBF=\frac{1}{2}\times2\times4=4$…②

次に，六角形PBQRDSの面積は，

$4^2-\left(\frac{1}{2}\times2\times2\right)\times2=12$…③

したがって，求める立体の表面積は，①，②，③より，

$18\times2+4\times4+12=64$

137　(1) $\frac{32\sqrt{2}}{3}$ cm³　(2) $3\sqrt{2}$ cm²　(3) $\frac{5\sqrt{2}}{3}$ cm³

解き方　(1)点Oから正方形ABCDに垂線OHをひくと，Hは対角線の交点である。

よって，$AC=4\sqrt{2}$ cmより，

$AH=2\sqrt{2}$ cm

△OAHで，三平方の定理より，

$OH=\sqrt{4^2-(2\sqrt{2})^2}=2\sqrt{2}$ (cm)

よって，正四角錐O-ABCDの体積は，

$\frac{1}{3}\times4^2\times2\sqrt{2}=\frac{32\sqrt{2}}{3}$ (cm³)…①

(2)点Qから正方形ABCDに垂線QIをひくと，Iは対角線AC上にある。

CQ：CO=3：4で，

OH//QIより，

$QI=\frac{3}{4}OH=\frac{3}{4}\times2\sqrt{2}=\frac{3\sqrt{2}}{2}$ (cm)

RS=BC=4cmより，

$\triangle QRS=\frac{1}{2}\times4\times\frac{3\sqrt{2}}{2}=3\sqrt{2}$ (cm²)

(3)点Pから辺AB，CDに垂線PT，PUを右の図のようにひく。

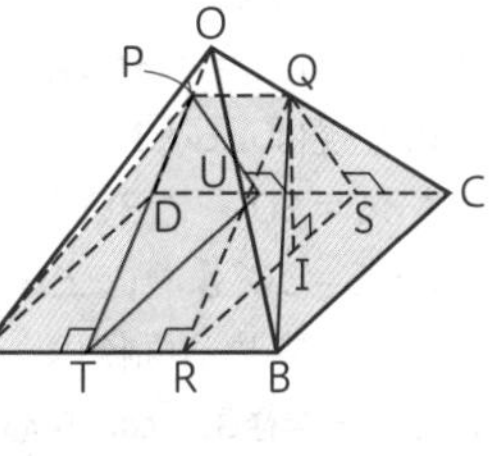

OC：OQ=4：1，

PQ//DCより，

$PQ=\frac{1}{4}DC=1$cm，TR=1cm

AP=BQだから，四角形ABQPは等脚台形で，$AT=(4-1)\div2=\frac{3}{2}$ (cm)

よって，四角錐P-ATUDの体積は，四角錐Q-RBCSの体積と等しく，(2)より，

$\frac{1}{3}\times\left(\frac{3}{2}\times4\right)\times\frac{3\sqrt{2}}{2}=3\sqrt{2}$ (cm³)…②

また，2つの四角錐にはさまれた三角柱PTU-QRSの体積は，△QRS=$3\sqrt{2}$cm²より，

$3\sqrt{2}\times1=3\sqrt{2}$ (cm³)…③

したがって，求める四角錐O-ABQPの体積は，①−(②×2+③)だから，

$\frac{32\sqrt{2}}{3}-(3\sqrt{2}\times2+3\sqrt{2})=\frac{5\sqrt{2}}{3}$ (cm³)

138 3

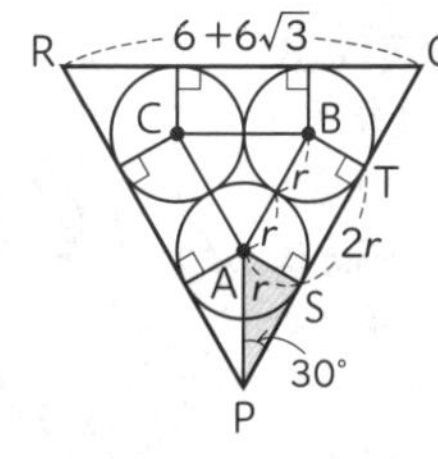

解き方　三角柱に接している3個の球の中心A，B，Cを通る平面で三角柱を切断すると，切断面は右の図のようになる。

△PQRは正三角形だから，△PSAは30°，60°，90°の直角三角形になる。球の半径をrとすると，$PS=TQ=\sqrt{3}r$，$ST=2r$

$PQ=6+6\sqrt{3}$より，

$2r+\sqrt{3}r\times2=6+6\sqrt{3}$

$2r(1+\sqrt{3})=6(1+\sqrt{3})$　$2r=6$　$r=3$

139 (1)$\sqrt{3}$　(2)$\frac{2\sqrt{6}}{3}$　(3)$\frac{2\sqrt{2}}{3}$　(4)$\frac{\sqrt{6}}{6}$

解き方　(1)△BCDは1辺2の正三角形だから，$\triangle BCD=\frac{\sqrt{3}}{4}\times2^2=\sqrt{3}$

(2)点Aから△BCDに垂線AHをひく。

BCの中点をMとすると，点HはDM上にあり，△BCDの重心になる。

$DM=\sqrt{3}$で，DH：HM=2：1だから，

$DH=\frac{2\sqrt{3}}{3}$，AD=2より，

$AH=\sqrt{2^2-\left(\frac{2\sqrt{3}}{3}\right)^2}=\sqrt{\frac{36-12}{9}}=\frac{2\sqrt{6}}{3}$

(3)$\frac{1}{3}\times\sqrt{3}\times\frac{2\sqrt{6}}{3}=\frac{2\sqrt{2}}{3}$

(4)内接する球の中心をO，半径をrとすると，

正四面体の体積

=三角錐O-BCD

　+三角錐O-ACD

　+三角錐O-ABD

　+三角錐O-ABC より，

$\left(\frac{1}{3}\times\sqrt{3}\times r\right)\times4=\frac{2\sqrt{2}}{3}$　$4\sqrt{3}r=2\sqrt{2}$

$r=\frac{\sqrt{6}}{6}$

テクニック

内接球の中心Oと正四面体のそれぞれの頂点を結ぶと，右の図のように，正四面体は4つの合同な三角錐に分けることができる。

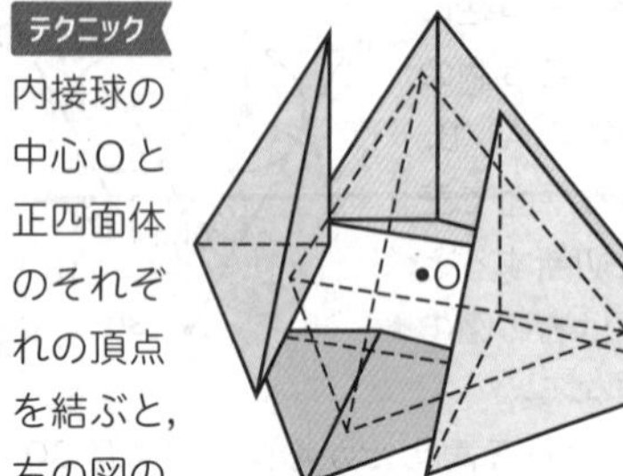

Oからそれぞれの面に垂線をひくと，それが内接球の半径になる。半径をrとすると，1辺の長さがaの正四面体の内接球の半径は，(4)の体積を求める式から，

$$\left(\frac{1}{3}\times\frac{\sqrt{3}}{4}a^2\times r\right)\times 4=\frac{\sqrt{2}}{12}a^3$$

↑1辺がaの正三角形の面積　↑1辺がaの正四面体の体積

$r=\frac{\sqrt{6}}{12}a$で求められる。

章末問題 A

66 $5\sqrt{6}\,\text{cm}^2$

解き方 三平方の定理より，

$BC=\sqrt{7^2-5^2}=2\sqrt{6}\,(\text{cm})$

よって，$\triangle ABC=\frac{1}{2}\times 2\sqrt{6}\times 5=5\sqrt{6}\,(\text{cm}^2)$

67 $6\sqrt{2}\,\text{cm}$

解き方 右の図より，四角形ABO′Cは長方形，△OO′Cは直角三角形であることがわかる。

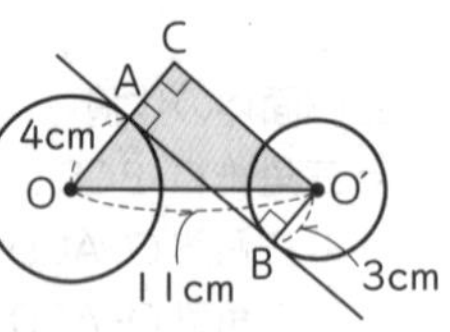

OO′=11cm,

$OC=OA+AC=4+3=7\,(\text{cm})$

三平方の定理より，

$CO'=\sqrt{11^2-7^2}=6\sqrt{2}\,(\text{cm})$

よって，$AB=CO'=6\sqrt{2}\,\text{cm}$

68 $27\sqrt{3}-9\pi\,(\text{cm}^2)$

解き方 点Aから辺BCに垂線AHをひく。

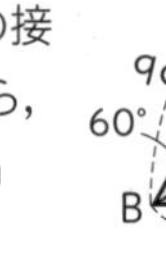

1点からひいた2本の接線の長さは等しいから，

BE=9cm，AE=3cm

直角三角形ABHで，

$AB=9+3=12\,(\text{cm})$

BH=6cmだから，AB：BH=2：1

よって，△ABHは30°，60°，90°の直角三角形である。

よって，$DC=AH=6\sqrt{3}\,\text{cm}$

円の半径は，$6\sqrt{3}\div 2=3\sqrt{3}\,(\text{cm})$

∠ABC=60°，△BOC≡△BOEだから，

∠OBC=30°より，∠BOC=60°

よって，求める面積は，

(△BOC－半径$3\sqrt{3}$cm，中心角60°のおうぎ形)×2

$=\left(\frac{1}{2}\times 9\times 3\sqrt{3}-\pi\times(3\sqrt{3})^2\times\frac{60}{360}\right)\times 2$

$=27\sqrt{3}-9\pi\,(\text{cm}^2)$

69 $\frac{72}{7}\text{cm}^2$

解き方 BCの中点をMとすると，AM⊥BC，点Dから辺BCに垂線DHをひくと，

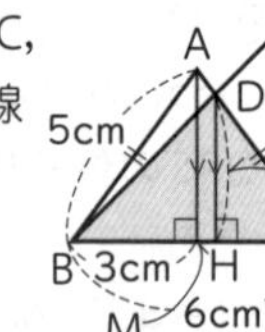

AM//DH//EC

△BHD∽△BCEで，

△BCEは直角二等辺三角形だから，

DH=BH=$x$cmとすると，

$AM=\sqrt{5^2-3^2}=4\,(\text{cm})$，$CH=6-x\,(\text{cm})$

より，DH：AM=CH：CMから，

$x:4=(6-x):3$

$x=\frac{24}{7}$

よって，$\triangle BDC=\frac{1}{2}\times 6\times\frac{24}{7}=\frac{72}{7}(cm^2)$

(別解) AMとBEの交点をFとすると，$\triangle BMF \backsim \triangle BCE$だから，

$FM=BM=3cm$，

$AM=\sqrt{5^2-3^2}=4(cm)$

より，$AF=4-3=1(cm)$

$\triangle ADF \backsim \triangle CDE$より，

$AD:CD=AF:CE=1:6$

よって，$\triangle BDC=\triangle ABC\times\frac{6}{1+6}$

$=\left(\frac{1}{2}\times 6\times 4\right)\times\frac{6}{7}=\frac{72}{7}(cm^2)$

70 (1)$8\sqrt{2}$cm　(2)3：4　(3)$\frac{20\sqrt{2}}{7}$cm

解き方 (1)BDは1辺8cmの正方形の対角線だから，$BD=AB\times\sqrt{2}=8\sqrt{2}(cm)$

(2)右の図の側面の展開図で，AQ+QPが最小になるのは，A，Q，Pが一直線上にならぶときである。

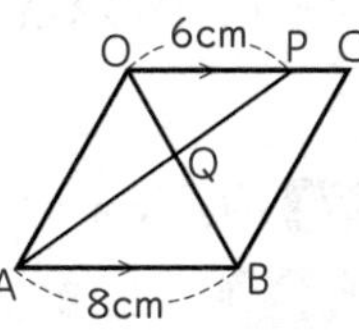

$OP=6cm$，$OP /\!/ AB$より，

$OQ:BQ=OP:BA=3:4$

(3)(1)より，$\triangle ODB$は辺の比が$1:1:\sqrt{2}$になるから直角二等辺三角形である。

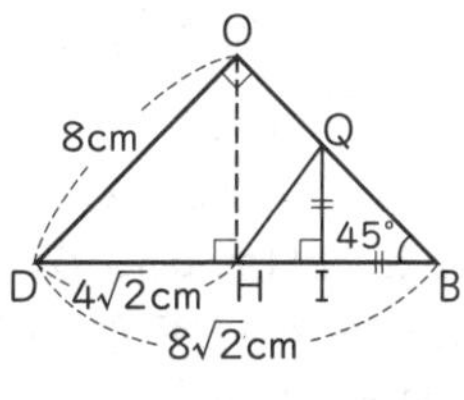

(2)より，

$BQ=8\times\frac{4}{3+4}=\frac{32}{7}(cm)$

点Qから辺DBに垂線QIをひくと，

$\angle B=45°$より，$BI=QI=BQ\times\frac{1}{\sqrt{2}}$

$=\frac{16\sqrt{2}}{7}(cm)$

$HI=4\sqrt{2}-\frac{16\sqrt{2}}{7}=\frac{12\sqrt{2}}{7}(cm)$

よって，$\triangle QHI$で，三平方の定理より，

$QH=\sqrt{\left(\frac{16\sqrt{2}}{7}\right)^2+\left(\frac{12\sqrt{2}}{7}\right)^2}$

$=\frac{\sqrt{(16^2+12^2)\times(\sqrt{2})^2}}{7}$

$=\frac{\sqrt{20^2\times 2}}{7}=\frac{20\sqrt{2}}{7}(cm)$

章末問題 B

71 $2\sqrt{3}-3$

解き方 $AE=AF$より，斜辺と他の1辺がそれぞれ等しいから，

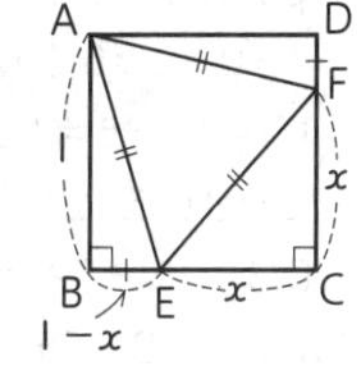

$\triangle ABE\equiv\triangle ADF$

$CE=CF=x$とすると，

$BE=1-x$

$\triangle ABE$で，三平方の定理より，

$AE^2=1^2+(1-x)^2$

$\triangle FEC$で，三平方の定理より，$EF^2=x^2+x^2$

$AE^2=EF^2$より，$1^2+(1-x)^2=2x^2$

$x=-1\pm\sqrt{3}$

$x>0$より，$x=\sqrt{3}-1$

よって，$EF=\sqrt{2}x=\sqrt{2}(\sqrt{3}-1)$

$=\sqrt{6}-\sqrt{2}$より，

$\triangle AEF=\frac{\sqrt{3}}{4}(\sqrt{6}-\sqrt{2})^2$

$=\frac{\sqrt{3}}{4}(6-4\sqrt{3}+2)=2\sqrt{3}-3$

(別解) $EF=x$とすると，

$EC=\frac{x}{\sqrt{2}}=\frac{\sqrt{2}x}{2}$より，$BE=1-\frac{\sqrt{2}x}{2}$

$\triangle ABE$で，三平方の定理より，

$1^2+\left(1-\frac{\sqrt{2}x}{2}\right)^2=x^2$

$x^2+2\sqrt{2}x-4=0$

解の公式より，

$x=\frac{-2\sqrt{2}\pm\sqrt{(2\sqrt{2})^2+16}}{2}$

$=\frac{-2\sqrt{2}\pm 2\sqrt{6}}{2}=-\sqrt{2}\pm\sqrt{6}$

$x>0$より，

$x=\sqrt{6}-\sqrt{2}$

以下同じようにして，$\triangle AEF=2\sqrt{3}-3$

72 (1) 13　(2) $\frac{20}{9}$　(3) $\frac{20}{3}$　(4) $\frac{119}{12}$

解き方　右の図のように，円と辺の接点をI，J，K，Lとする。

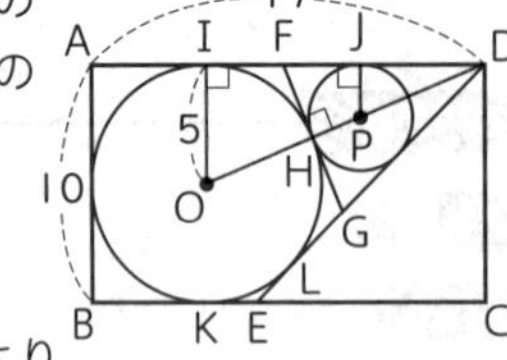

(1) $OI=AI$

$=10\div2=5$ より，

$ID=17-5=12$

$\triangle DOI$ で，三平方の定理より，

$DO=\sqrt{5^2+12^2}=13$

(2) $HD=OD-OH=13-5=8$

$HP=JP$，$\triangle DOI \backsim \triangle DPJ$ より，

$HP : PD=JP : PD=IO : OD=5 : 13$

よって，$HD=8$ より，

$HP=8\times\frac{5}{5+13}=\frac{20}{9}$

(3) $\triangle DFH \backsim \triangle DOI$ より，

$FH : OI=DH : DI$

$FH : 5=8 : 12=2 : 3$　$FH=\frac{10}{3}$

よって，$FH=GH$ より，$FG=2FH=\frac{20}{3}$

(4) $EK=EL=x$ とすると，

$DE=DL+LE=DI+EL=12+x$

$EC=BC-BK-EK=17-5-x=12-x$

$DC=AB=10$

$\triangle DCE$ で，三平方の定理より，

$(12-x)^2+10^2=(12+x)^2$

$x=\frac{25}{12}$

よって，$EC=12-\frac{25}{12}=\frac{119}{12}$

73 $\frac{9}{2}\pi$

解き方　右の図で，球の半径を r とすると，

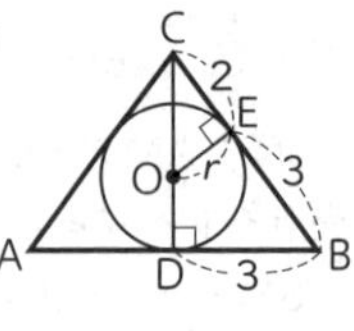

$CB=\sqrt{3^2+4^2}=5$

1点からひいた2本の接線の長さは等しいから，

$CE=5-3=2$

$CO=4-r$，$OE=r$

$\triangle OCE$ で，三平方の定理より，

$r^2+2^2=(4-r)^2$　$r=\frac{3}{2}$

よって，球の体積は，$\frac{4}{3}\pi\times\left(\frac{3}{2}\right)^3=\frac{9}{2}\pi$

別解　右の図で，球の半径を r とする。

$\triangle CAB=\frac{1}{2}\times6\times4=12$

$\triangle CAB$

$=\triangle OAB+\triangle OBC+\triangle OCA$ より，

$\frac{1}{2}r(6+5+5)=12$　$r=\frac{3}{2}$

よって，球の体積は，$\frac{4}{3}\pi\times\left(\frac{3}{2}\right)^3=\frac{9}{2}\pi$

74 $9\sqrt{2}\,cm^3$

解き方　$AE\perp BE$，$AE\perp CE$ であるから，三角錐ABCEの底面を△BCEとしたとき，AE＝3cmが高さになる。

$BE=CE=AC\times\frac{\sqrt{3}}{2}$

$=3\sqrt{3}$ (cm)，

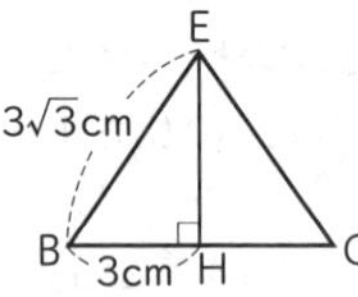

辺BCの中点をHとすると，BH＝3cmより，

$\triangle EBH$ で，三平方の定理より，

$EH=\sqrt{(3\sqrt{3})^2-3^2}=3\sqrt{2}$ (cm)

よって，三角錐ABCEの体積は，

$\frac{1}{3}\times(\frac{1}{2}\times6\times3\sqrt{2})\times3=9\sqrt{2}$ (cm^3)

別解　1辺6cmの正四面体の体積は，

$\frac{\sqrt{2}}{12}\times6^3=18\sqrt{2}$ (cm^3)

Eは辺ADの中点だから，求める立体の体積は，三角錐ABCDの体積の半分となる。

よって，$18\sqrt{2}\div2=9\sqrt{2}$ (cm³)

75 (1)$3\sqrt{5}$cm　(2)2：1
(3)$6\sqrt{10}$cm²　(4)3：1

解き方 (1)AC＝$6\sqrt{2}$cmより，△OACの辺の比は，1：1：$\sqrt{2}$ だから，
△OACは直角二等辺三角形である。
OE＝EC＝3cm
△OAEで，
三平方の定理より，
AE＝$\sqrt{6^2+3^2}=3\sqrt{5}$ (cm)

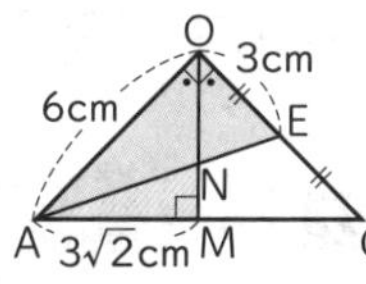

(2)ACの中点をM，
OMとAEの交点をNとすると，
△OAEで，ONは∠AOEを2等分しているから，角の二等分線の定理より，
AN：NE＝AO：OE＝6：3＝2：1
よって，AN＝AE×$\frac{2}{2+1}=3\sqrt{5}\times\frac{2}{3}$
$=2\sqrt{5}$ (cm)
△AMNで，三平方の定理より，
NM＝$\sqrt{(2\sqrt{5})^2-(3\sqrt{2})^2}=\sqrt{2}$ (cm)だから，
ON＝OM－NM＝$3\sqrt{2}-\sqrt{2}=2\sqrt{2}$ (cm)
また，右の図のように，点Nは，AEとFGとの交点だから，
△ODBで，
FG//DBより，
OG：GB＝ON：NM
$=2\sqrt{2}:\sqrt{2}=2:1$

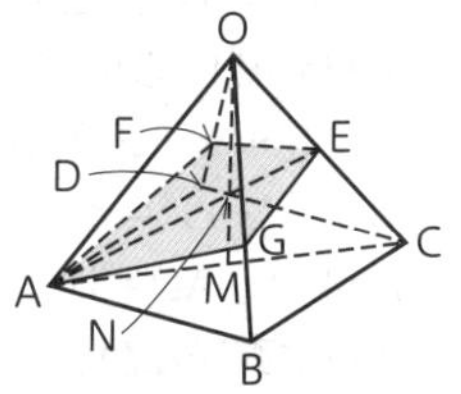

(3)四角形AGEFにおいて，AE⊥FGであり，
FG：DB＝2：3より，
FG＝$\frac{2}{3}$DB＝$\frac{2}{3}\times6\sqrt{2}=4\sqrt{2}$ (cm)
(1)より，AE＝$3\sqrt{5}$cmだから，

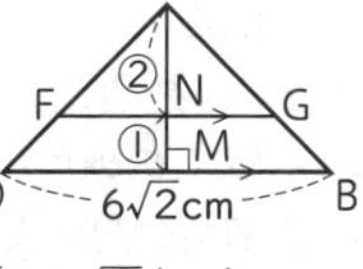

四角形AGEFの面積は，対角線AE，FGより，
$\frac{1}{2}\times AE\times FG=\frac{1}{2}\times3\sqrt{5}\times4\sqrt{2}$
$=6\sqrt{10}$ (cm²)
(4)$V_1=\frac{1}{3}\times6^2\times3\sqrt{2}=36\sqrt{2}$ (cm³)
△OFG＝$\frac{1}{2}\times FG\times ON=\frac{1}{2}\times4\sqrt{2}\times2\sqrt{2}$
$=8$ (cm²)
ここで，平面OFG(ODB)に，A，Eからそれぞれ垂線をひく。Aからの垂線の長さは，AM＝$3\sqrt{2}$cm
また，EからOMに垂線EHをひくと，OE＝EC，
HE//MCより，
HはOMの中点となる。

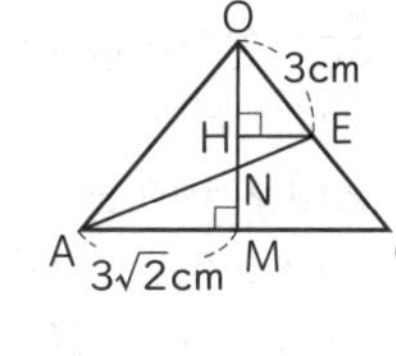

よって，△OMCで，中点連結定理より，
EH＝$\frac{1}{2}$CM＝$\frac{3\sqrt{2}}{2}$ (cm)
したがって，
V_2＝三角錐A-OFG＋三角錐E-OFG
$=\frac{1}{3}\times$△OFG$\times$(AM＋EH)
$=\frac{1}{3}\times8\times\left(3\sqrt{2}+\frac{3\sqrt{2}}{2}\right)$
$=12\sqrt{2}$ (cm³)だから，
$V_1:V_2=36\sqrt{2}:12\sqrt{2}=3:1$

章末問題C

76 (1)5　(2)$\frac{9}{5}$　(3)$\frac{7\sqrt{3}}{5}$

解き方 (1)Aから辺BCに垂線AHをひくと，
∠ACB＝60°より，
△ACHは30°，60°，90°の直角三角形である。

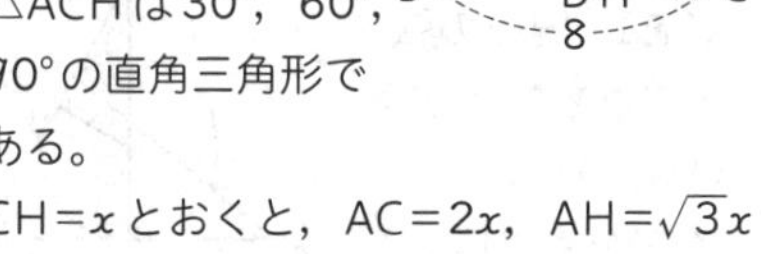

CH＝xとおくと，AC＝$2x$，AH＝$\sqrt{3}x$
△ABHで，三平方の定理より，
$(\sqrt{3}x)^2+(8-x)^2=7^2$

$4x^2-16x+15=0$

$(2x-3)(2x-5)=0$　$2x=3,\ 5$ より，

AC＝3，5

△ABCは鋭角三角形なので，

$AC^2+AB^2>BC^2$ より，

$AC^2>BC^2-AB^2=8^2-7^2=15$

$AC>\sqrt{15}$ より，AC＝5

(2)△CDFと△CADにおいて，点Dを通る直径DGをひくと，

∠DFG＝90°

BCは円Oの接線だから，

∠GDC＝90°

∠CDF＝90°−∠GDF…①

△DFGで，∠DGF＝90°−∠GDF…②

①，②より，∠CDF＝∠DGF…③

また，∠DGF＝∠DAFより，

∠CDF＝∠DAF…④

よって，∠CDF＝∠CAD…＊

∠Cは共通より，

△CDF∽△CAD

CD：CA＝CF：CD　CA×CF＝CD^2

AF＝yとおくと，　AC＝5より，

CF＝$5-y$だから，

$5(5-y)=4^2$　$y=AF=\dfrac{9}{5}$

テクニック　＊を求めるとき，次のようにp.444の接弦定理を利用することもできる。

接弦定理より，

∠CDF＝∠CAD

(3)2直線ODとACの交点をI，円Oの弦AFの中点をMとする。

OM⊥AFより，

∠OMI＝90°，

∠OIM＝30°

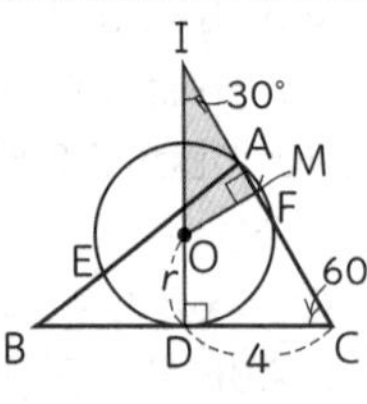

であるから，

OI：IM＝2：$\sqrt{3}$…①

また，ID＝$\sqrt{3}$DC＝$4\sqrt{3}$より，円Oの半径をrとすると，OI＝$4\sqrt{3}-r$

IC＝2DC＝8より，

$IM=IA+AM=(IC-AC)+\dfrac{1}{2}AF$

$=(8-5)+\dfrac{1}{2}\times\dfrac{9}{5}=\dfrac{39}{10}$

①より，$(4\sqrt{3}-r):\dfrac{39}{10}=2:\sqrt{3}$

$\sqrt{3}(4\sqrt{3}-r)=\dfrac{39}{5}$

$4\sqrt{3}-r=\dfrac{39}{5\sqrt{3}}=\dfrac{13\sqrt{3}}{5}$

$r=4\sqrt{3}-\dfrac{13\sqrt{3}}{5}=\dfrac{7\sqrt{3}}{5}$

77　(1)5　(2)$\dfrac{5\sqrt{10}}{3}$　(3)$\dfrac{5}{4}$

解き方　(1)右の図のように，ADとBCの交点をHとすると，AB＝ACだから，OH⊥BC，

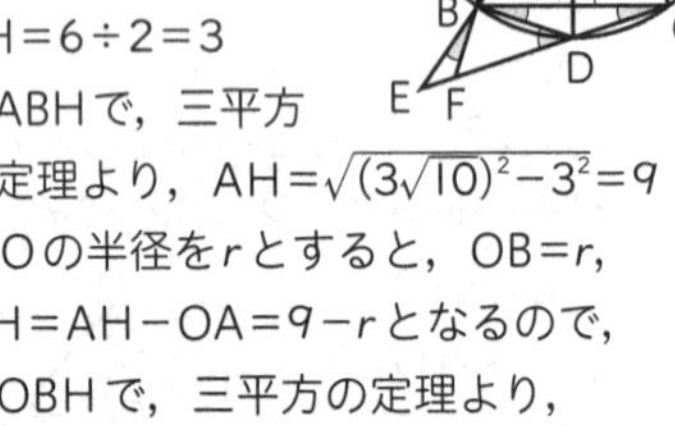

BH＝6÷2＝3

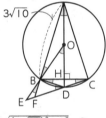

△ABHで，三平方の定理より，$AH=\sqrt{(3\sqrt{10})^2-3^2}=9$

円Oの半径をrとすると，OB＝r，

OH＝AH−OA＝$9-r$となるので，

△OBHで，三平方の定理より，

$3^2+(9-r)^2=r^2$　$r=OB=5$

(2)(1)より，AD＝10

ADは直径だから，∠ABD＝90°

△ABDで，三平方の定理より，

$BD=\sqrt{10^2-(3\sqrt{10})^2}=\sqrt{10}$

△EDBと△EODにおいて，

∠Eは共通

△BDCの外角だから，∠BDE＝2∠BCD

円周角の定理より，∠DOE＝2∠BAD

∠BCD＝∠BADだから，∠BDE＝∠DOE

2組の角がそれぞれ等しいから，

$\triangle EDB \backsim \triangle EOD$

よって，

$$\begin{cases} ED:EO=DB:OD \cdots ① \\ EB:ED=DB:OD \cdots ② \end{cases}$$

ここで，$ED=x$，$EB=y$とおくと，

①より，$x:(5+y)=\sqrt{10}:5$

②より，$y:x=\sqrt{10}:5$

よって，$5x=\sqrt{10}(5+y) \cdots ①'$

$\sqrt{10}x=5y \cdots ②'$

②'より，$10x=5\sqrt{10}y$　$\sqrt{10}y=2x$

これを①'に代入すると，

$5x=5\sqrt{10}+2x$　$x=\dfrac{5\sqrt{10}}{3}$

$y=\dfrac{10\sqrt{10}}{3\sqrt{10}}=\dfrac{10}{3}$

よって，$DE=\dfrac{5\sqrt{10}}{3}$

(3)$\triangle BEF \backsim \triangle CEB$(2組の角)より，相似比は，$BE:CE=BE:(ED+CD)$

$=EB:(ED+BD)=\dfrac{10}{3}:\left(\dfrac{5\sqrt{10}}{3}+\sqrt{10}\right)$

$=\dfrac{10}{3}:\dfrac{8\sqrt{10}}{3}=5:4\sqrt{10}$

相似な三角形の面積比は，相似比の2乗に等しいから，

$\triangle BEF:\triangle CEB=5^2:(4\sqrt{10})^2=5:32$

よって，$\triangle BEF=\dfrac{5}{32}\triangle CEB \cdots ③$

ここで，$CD:CE=\sqrt{10}:\dfrac{8\sqrt{10}}{3}=3:8$

高さの等しい三角形の面積比は，底辺の比と等しいから，$\triangle CEB:\triangle CDB=8:3$

$\triangle CDB$において，$BC=6$，

$HD=AD-AH=5\times2-9=1$だから，

$\triangle CDB=\dfrac{1}{2}\times6\times1=3$

よって，$\triangle CEB=\dfrac{8}{3}\triangle CDB=\dfrac{8}{3}\times3=8 \cdots ④$

③，④より，$\triangle BEF=\dfrac{5}{32}\times8=\dfrac{5}{4}$

78　(1)$\dfrac{6+4\sqrt{3}}{3}$cm　(2)$\dfrac{12+4\sqrt{6}}{3}$cm

解き方　(1)下の3つの球の中心をA，B，Cとし，3点A，B，Cを通る平面で円柱を切断すると，切断面は右の図のようになる。$\triangle ABC$は1辺$2+2=4$(cm)の正三角形になる。円柱の底面の円の中心Oは，この正三角形の重心になるから，

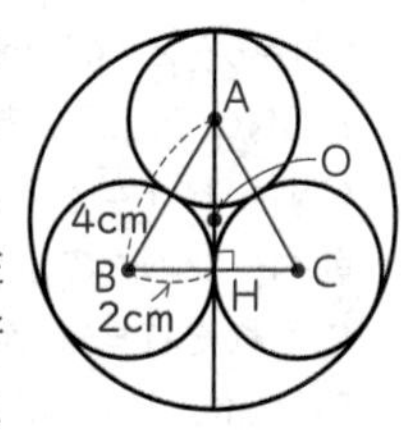

$AO:OH=2:1$

$AH=4\times\dfrac{\sqrt{3}}{2}=2\sqrt{3}$(cm)より，

$AO=2\sqrt{3}\times\dfrac{2}{2+1}=\dfrac{4\sqrt{2}}{3}$(cm)

よって，円柱の底面の円の半径は，

$2+\dfrac{4\sqrt{3}}{3}=\dfrac{6+4\sqrt{3}}{3}$(cm)

(2)上の球の中心をDとし，4つの球の中心を結ぶと，右の図のような正四面体になる。

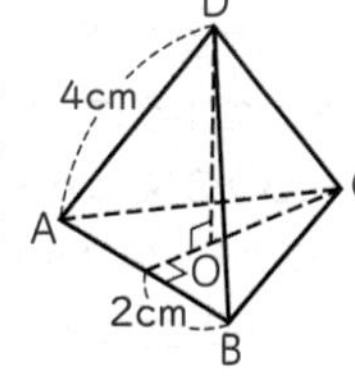

$CO=\dfrac{4\sqrt{3}}{3}$cmだから，

$\triangle DOC$で，三平方の定理より，正四面体の高さDOは，

$DO=\sqrt{4^2-\left(\dfrac{4\sqrt{3}}{3}\right)^2}=\dfrac{4\sqrt{6}}{3}$(cm)

よって，円柱の高さは，DOに上と下の球の半径2cmずつを加えて，

$2+\dfrac{4\sqrt{6}}{3}+2=\dfrac{12+4\sqrt{6}}{3}$(cm)

79　(1)$8\sqrt{22}$cm^2

(2)①$36\pi$cm^3　②$\dfrac{9\sqrt{11}}{11}$cm

解き方　(1)MN

$=DN\times\sqrt{2}$

$=2\sqrt{2}$(cm)

$EG=HG\times\sqrt{2}$

$=6\sqrt{2}$(cm)

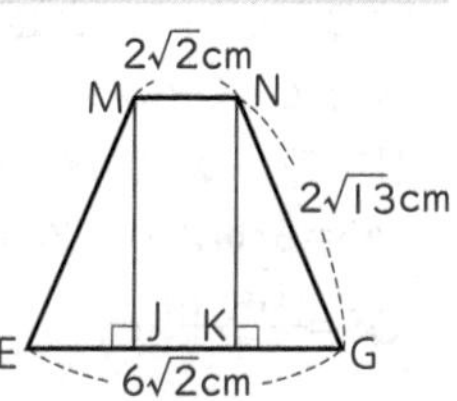

$CN=6-2=4$(cm)

△GNCで，三平方の定理より，

$GN=\sqrt{6^2+4^2}=2\sqrt{13}$(cm)

前ページの図のように，M，Nから辺EGにそれぞれ垂線MJ，NKをひくと，

EJ＝GK，$JK=MN=2\sqrt{2}$cmだから，

$GK=(6\sqrt{2}-2\sqrt{2})\div 2=2\sqrt{2}$(cm)

△NKGで，三平方の定理より，

$NK=\sqrt{(2\sqrt{13})^2-(2\sqrt{2})^2}=2\sqrt{11}$(cm)

よって，

四角形$MNGE=(2\sqrt{2}+6\sqrt{2})\times 2\sqrt{11}\times\frac{1}{2}$

$=8\sqrt{22}$(cm²)

(2)①球の直径は立方体の1辺の長さに等しいので，半径は$6\div 2=3$(cm)

よって，球の体積は，

$\frac{4}{3}\pi\times 3^3=36\pi$(cm³)

②図1のように，ACとBDの交点をP，EGとFHの交点をQ，BDとMNの交点をR，RQと球の表面との交点をSとする。

(図1)

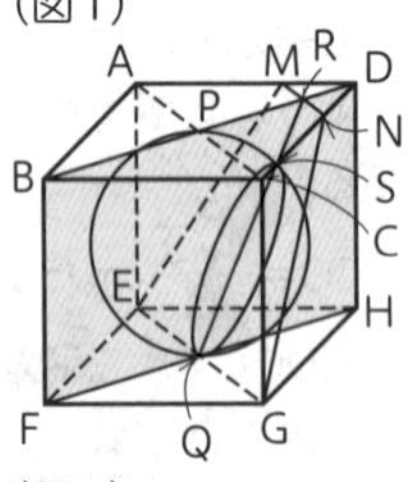

四角形MNGEをふくむ平面で球Oを切断したときの切り口に現れる円の直径は図1のSQであり，立方体を面BFHDで切断したときの切り口は，図2のようになる。

(図2)

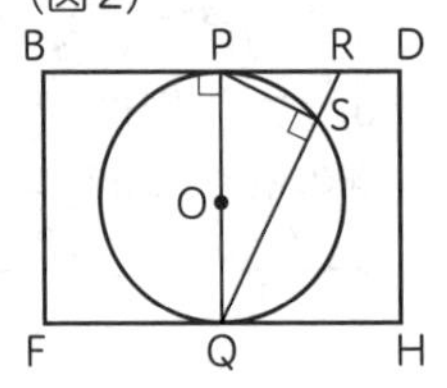

∠QSP＝∠QPR＝90°，∠SQP＝∠PQRより，△QPR∽△QSP

よって，QR：QP＝QP：QS

(1)より，$QR=NK=2\sqrt{11}$cm，

PQ＝6cmより，$2\sqrt{11}:6=6:QS$

$QS=\frac{18\sqrt{11}}{11}$cm

よって，求める円の半径は，

$\frac{1}{2}QS=\frac{9\sqrt{11}}{11}$cm

第5編 データの活用

第1章 資料の整理

p.486〜495

1 (1)ア…3，イ…5　(2)46回

解き方 (1)反復横とびの記録を小さい順に並べると，

36，38，39 | 41，42，42，44 |
46，47，47，48，49 | 50，53 | 56

となるから，35回以上40回未満の度数は3人，45回以上50回未満の度数は5人

(2)15人の記録の中で，ちょうど真ん中の記録の人は，小さい方から8番目だから，46回

2 (1)40人
(2)12人
(3)35%
(4)右の図

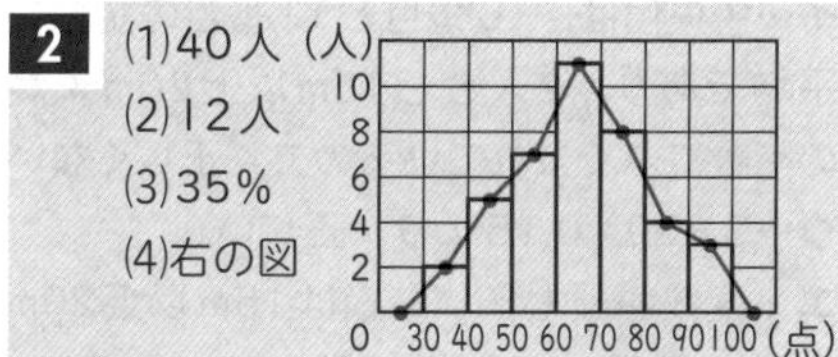

解き方 (1)2+5+7+11+8+4+3
=40(人)

(2)8+4=12(人)

(3)(2+5+7)÷40=0.35→35%

3 (1)③8　⑥0.10　⑨41　⑫0.92

(2)

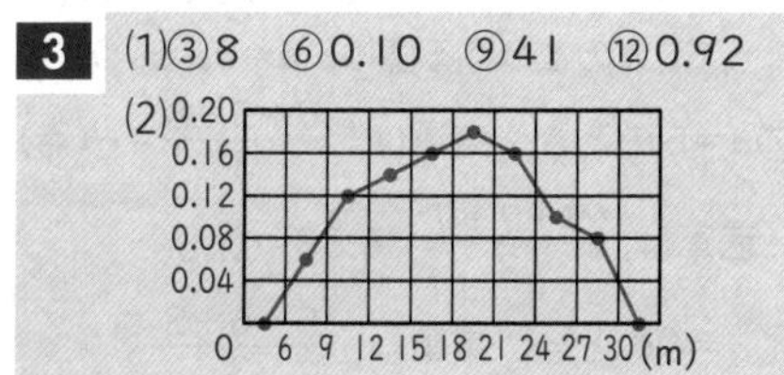

(3)

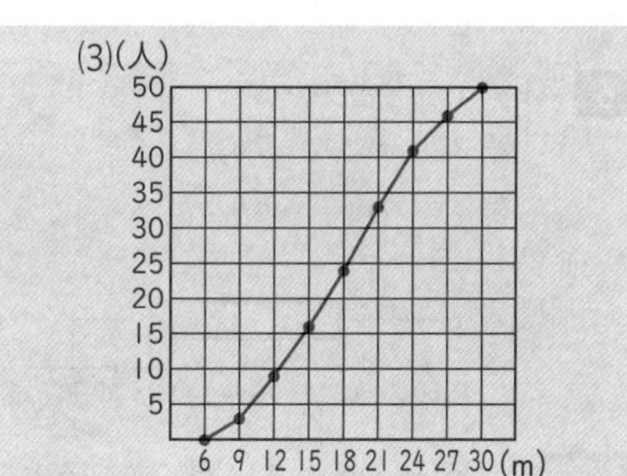

解き方 (3)はじめの階級の最小値6の度数を0として点をとり，以降は各階級の最大値とその階級の累積度数を示す点を順に結ぶ。

4 7点

解き方 $x \leqq y$ とする。

上位3人の得点の平均値が9点だから，

$y \leqq 5$ とすると，$(5+9+10)\div 3=8$ で条件に合わないから，$y<6$

よって，$(y+9+10)\div 3=9$　$y=8$

また，$x \leqq 5$ とすると，$(5+8)\div 2=6.5$ で条件に合わないから，$x>5$

よって，小さい順に並べると，4，5，x，8，9，10となるから，

$(x+8)\div 2=7$　$x=6$

6人の合計点は42点だから平均値は，

$42\div 6=7$(点)

5 (1)平均値…25.5m，最頻値…35m
(2)25m

解き方 (1)平均値は，$(5\times 2+15\times 4+25\times 6+35\times 7+45\times 1)\div 20=25.5$(m)

最頻値は，度数の最も多い階級30〜40の階級値だから，35m

(2)20人の中央値は，10番目と11番目の人の値の平均であり，2人とも階級20～30にふくまれている。
よって，その階級値は25m

6 (1)第1四分位数…61，
第2四分位数…74，
第3四分位数…84.5
(2)23.5
(3)（箱ひげ図：46，50，60，61，70，74，80，84.5，90，94）

解き方 (1)データを小さい順に並べると，
46，49，57，65，65，73，75，82，83，86，91，94
第2四分位数は中央値なので，
6番目と7番目の平均の(73+75)÷2=74
第1四分位数は，(57+65)÷2=61
第3四分位数は，(83+86)÷2=84.5
(2)84.5−61=23.5

章末問題 A

1 (1)ア…4，イ…8　(2)22.5m
(3)0.27

解き方 (1)10m以上15m未満の記録は11，13，14，14の4人，15m以上20m未満の記録は15，15，16，17，18，18，19，19の8人
(2)20m以上25m未満の階級の度数が9人で最も多いから，最頻値は22.5m
(3)25m以上の度数は6+2=8(人)より，
8÷30=0.266…
よって，0.27

2 (1)7.1点　(2)7.5点

解き方 (1)(2×1+3×1+4×1+5×2+6×2+7×3+8×3+9×4+10×3)÷20
=142÷20=7.1(点)
(2)得点を低い順に並べたとき，中央値は10番目と11番目の平均なので，
(7+8)÷2=7.5(点)

3 ア，エ，オ

解き方 **イ**…通学時間が20分以上25分未満の階級の相対度数は，3年生のほうが1年生より小さいので，正しくない。
ウ…10分未満の階級の相対度数の合計も全体の人数も3年生のほうが多いので，正しくない。
エ…10分以上15分未満の階級の相対度数は0.25で等しいが，3年生のほうが全体の人数が多いので，**エ**は正しい。

章末問題 B

4 ウ

解き方 **ア**…階級が10m以上35m未満より，範囲は25m未満であるので，正しくない。
イ…中央値は，10番目と11番目の記録の平均であり，2人とも15m以上20m未満の階級にふくまれているので，正しくない。
ウ…3÷20=0.15より，正しい。
エ…度数が最も多い階級は15m以上20m未満の階級で，階級値は17.5mなので，正しくない。

5 $a=8$

解き方 点数aが東軍の中央値であるから，東軍の点数を小さい順に並べると，
5，5，a，8，9とならなければならない。
よって，aのとりうる値は，a=5，6，7，8
㋐$a=5$のとき，東軍は，$\frac{5+5+8}{3}=6$(点)
西軍は，$\frac{5+7+7}{3}=6.33\cdots$(点)
㋑$a=6$のとき，東軍は，$\frac{5+6+8}{3}$

$=6.33\cdots$(点)

西軍は，$\frac{6+7+7}{3}=6.66\cdots$(点)

㋒$a=7$のとき，東軍は，$\frac{5+7+8}{3}$

$=6.66\cdots$(点)

西軍は，$\frac{7+7+7}{3}=7$(点)

㋓$a=8$のとき，東軍は，$\frac{5+8+8}{3}=7$(点)

西軍は，$\frac{7+7+7}{3}=7$(点)

以上から，引き分けとなるときは，$a=8$

6 (1)第１四分位数，第２四分位数，第３四分位数の順に，

数学…47点，61.5点，70点

英語…64点，74点，81点

国語…64点，68.5点，76点

(2)数学…23点，英語…17点，国語…12点

(3)

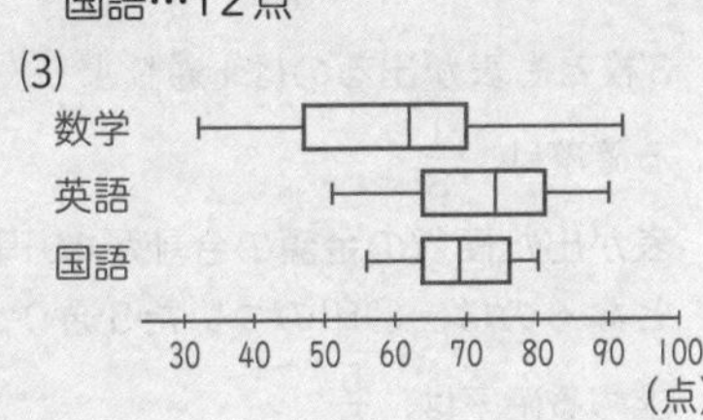

(4)数学

解き方 (1)数学の得点を小さい順に並べると，

32, 36, ㊼, 51, [59, 64], 64, ⑦⓪, 87, 92

第１四分位数　第２四分位数　第３四分位数

第２四分位数(中央値)$=(59+64)\div2$

$=61.5$(点)

(2)数学…$70-47=23$(点)

英語…$81-64=17$(点)

国語…$76-64=12$(点)

(4)範囲，四分位範囲とも数学が最も大きい。

7 $x=15$，$y=14$，平均値46.8分

解き方 最頻値が30分(20分以上40分未満の階級値)だから，$x>10$，$x>y\cdots$①

度数から，$8+x+y+3+10=50$

$x+y=29\cdots$②

中央値は，25番目と26番目の平均で，40分以上60分未満の階級に属するから，

$8+x<25$より，$x<17\cdots$③

よって，①，②，③より，x，yにあてはまる数は，

$(x, y)=(16, 13)$，$(15, 14)$

平均値を最大にするには，yの値を大きくすればよいから，$x=15$，$y=14$

よって，平均値は，階級値を使って，

$(10\times8+30\times15+50\times14+70\times3+90\times10)$

$\div50=2340\div50=46.8$(分)

第2章　確　率

p.496〜509

7 (1)24通り　(2)12通り

解き方 (1)$4\times3\times2\times1=24$(通り)

(2)Aの花は3通り，Bの花はAと異なる2通り，Cの花はBと異なる2通りだから，

全部で，$3\times2\times2=12$(通り)

8 (1)❶12通り　❷6通り　(2)20通り　(3)21通り

解き方 (1)❶例えば，(委員長，副委員長)$=$(A，B)と(B，A)は違うものだから，4人から2人選んで並べる順列として考える。

よって，$4\times3=12$(通り)

❷例えば，(書記，書記)$=$(A，B)と(B，A)は同じものとして考えるから，4人から2人選ぶ組み合わせとして考える。

よって，$4\times3\div2=6$(通り)

(2)$6\times5\times4\div6=20$(通り)

(3)7人から2人選ぶことを考えればよいので，$7\times6\div2=21$(通り)

9 左から順に，0.15，0.16，0.17，0.17，0.17
1つの目が出る割合は0.17

10 (1)52通り。どの場合が起こることも同様に確からしいといえる。
(2)13通り　(3)$\frac{1}{4}$

解き方 (1)トランプをよくきってひくから，同様に確からしいといえる。
(2)スペードは，1～13の13枚ある。
(3)$\frac{13}{52}=\frac{1}{4}$

11 (1)$\frac{11}{16}$　(2)$\frac{1}{2}$
(3)3枚とも表となる確率…$\frac{1}{8}$，
合計が60円以上になる確率…$\frac{5}{8}$

解き方 (1)(2)樹形図をかいて考える。ただし，(1)の4枚の硬貨をA，B，C，Dとする。

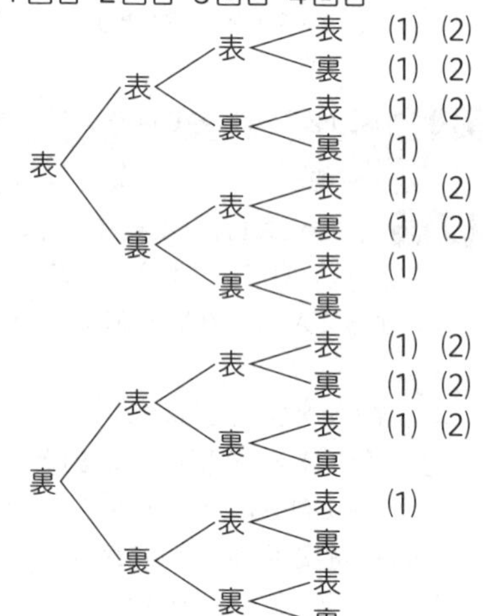

樹形図より，全部で16通り
(1)11通りあるから，求める確率は，$\frac{11}{16}$

別解 「少なくとも2枚は表になる」場合とは，「表が2枚か3枚か4枚になる」場合で，「1枚だけが表になる」か「4枚とも裏（表が0枚）」ではない場合と同じこと。「1枚だけが表になる」場合は4通りだから確率は$\frac{4}{16}$，「4枚とも裏になる」場合は1通りだから確率は$\frac{1}{16}$

よって，求める確率は，$1-\left(\frac{4}{16}+\frac{1}{16}\right)=\frac{11}{16}$

(2)8通りあるから，求める確率は，$\frac{8}{16}=\frac{1}{2}$

(3) 10円　50円　100円　金額の合計

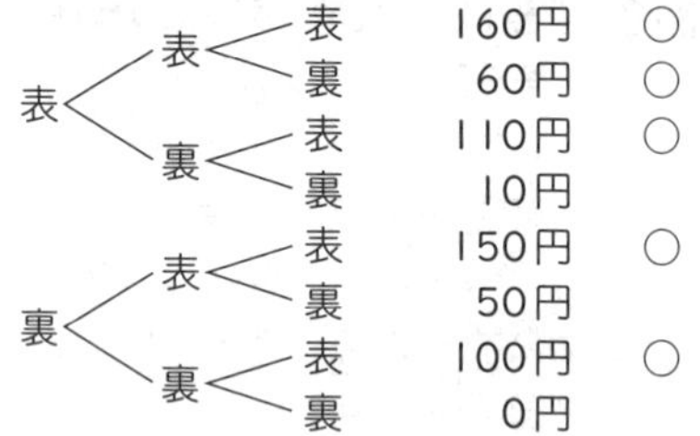

3枚とも表が出るのは1通りより，求める確率は，$\frac{1}{8}$

表が出た硬貨の金額の合計が60円以上となるのは，○印のついた5通りより，求める確率は，$\frac{5}{8}$

12 (1)$\frac{1}{12}$　(2)$\frac{1}{3}$

解き方 (1)$\frac{b}{a}=2$となるのは，$(a, b)=(1, 2)$，(2，4)，(3，6)の3通りだから，
$\frac{3}{36}=\frac{1}{12}$

(2)右のグラフから，
㋐点(2，6)を通るとき，$\frac{b}{a}=3$だから，$(a, b)=(1, 3), (2, 6)$の2通り
㋑点(3，5)を通

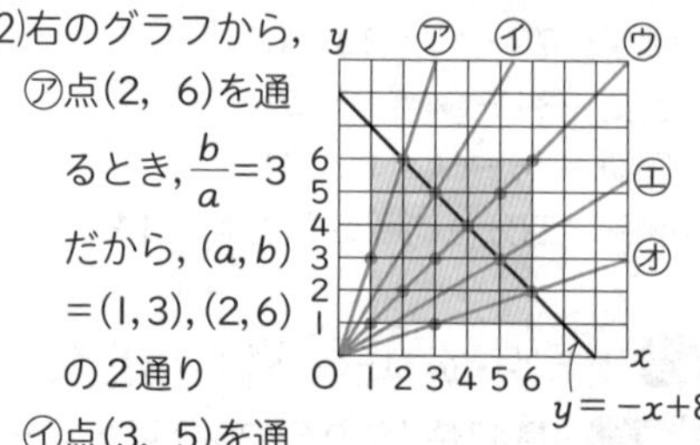

るとき，$\frac{b}{a}=\frac{5}{3}$だから，$(a, b)=(3, 5)$の１通り

㋒点(4，4)を通るとき，$\frac{b}{a}=1$だから，
$(a，b)=(1，1)，(2，2)，(3，3)，\cdots$，(6，6)の６通り

㋓点(5，3)を通るとき，$\frac{b}{a}=\frac{3}{5}$だから，
$(a，b)=(5，3)$の１通り

㋔点(6，2)を通るとき，$\frac{b}{a}=\frac{1}{3}$だから，
$(a，b)=(3，1)，(6，2)$の２通り

以上から，$2+1+6+1+2=12$(通り)

よって，求める確率は，$\frac{12}{36}=\frac{1}{3}$

13　(1)$\frac{2}{5}$　(2)$\frac{7}{10}$

解き方　(1)５個の玉をすべて区別して考える。青玉の取り出し方は２通りあるから，確率は$\frac{2}{5}$

(2)A，B２人の取り出し方は，
$5\times4=20$(通り)
A，Bがともに青玉以外を取り出す場合は，赤白の３個から２個を取り出す
$3\times2=6$(通り)
よって，求める確率は，$1-\frac{6}{20}=\frac{7}{10}$

14　$\frac{13}{25}$

解き方　５枚のカードをすべて区別して考える。取り出したカードはもどすから，取り出し方は全部で，$5\times5=25$(通り)
このうち，条件を満たす場合を
(1回目，2回目)で表すと，
㋐和が６のとき，(3，3)…$2\times2=4$(通り)
　(2，4)，(4，2)…$2\times2=4$(通り)
㋑和が７のとき，
　(3，4)，(4，3)…$2\times2=4$(通り)
㋒和が８のとき，(4，4)…１通り
以上から，$4\times3+1=13$(通り)

よって，求める確率は，$\frac{13}{25}$

15　(1)$\frac{1}{9}$　(2)$\frac{1}{9}$

解き方　全部で，$3\times3\times3=27$(通り)

(1)Cだけが勝つ場合は，
(A，B，C)=(チ，チ，グ)，(パ，パ，チ)
(グ，グ，パ)の３通り
よって，求める確率は，$\frac{3}{27}=\frac{1}{9}$

(2)BとCが勝ち，Aだけが負ける場合は，
(A，B，C)=(グ，パ，パ)，(チ，グ，グ)
(パ，チ，チ)の３通り
よって，求める確率は，$\frac{3}{27}=\frac{1}{9}$

16　(1)$\frac{7}{10}$　(2)$\frac{2}{3}$

解き方　(1)１本目にはずれくじをひく確率は，５本のくじの中にはずれくじが３本入っているので，$\frac{3}{5}$。２本目にはずれくじをひく確率は，４本のくじの中にはずれくじが２本入っているので，$\frac{2}{4}$。
よって，２本ともはずれくじをひく確率は，
$\frac{3}{5}\times\frac{2}{4}=\frac{3}{10}$
よって，少なくとも１本の当たりくじをひく確率は，$1-\frac{3}{10}=\frac{7}{10}$

(2)２本同時にくじをひくから，くじのひき方は全部で，$10\times9\div2=45$(通り)
このうち，２本ともはずれくじをひく場合は，$6\times5\div2=15$(通り)
よって，求める確率は，$1-\frac{15}{45}=\frac{2}{3}$

章末問題 A

8 (1)120通り　(2)120個　(3)15通り
(4)3けたの整数…26通り，
3の倍数…11通り

解き方　(1)$5\times4\times3\times2\times1=120$(通り)

(2)百の位に6通り，十の位に5通り，一の位に4通りの場合があるから，
$6\times5\times4=120$(個)

(3)2人組をつくれば，残りが4人組になる。
よって，$6\times5\div2=15$(通り)

(4)百の位には，0は使えないことに注意して樹形図をかく。

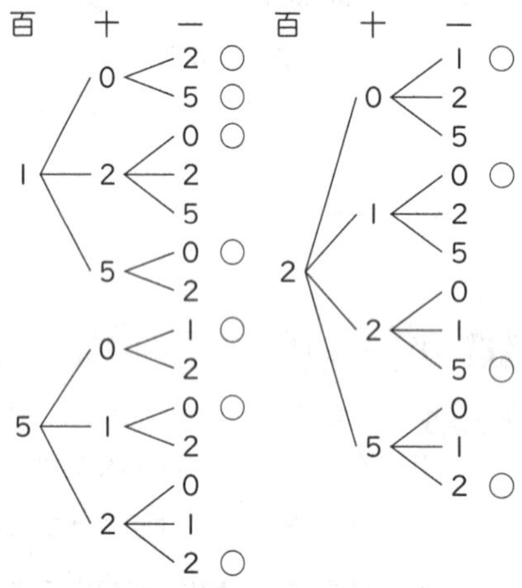

樹形図より，全部で，$7\times2+12=26$(通り)
3の倍数は，各位の数の和が3の倍数になればよいから，(0，1，2)の組，(0，1，5)の組，(2，2，5)の組からできる整数で，図の○印の11通り

9 (1)$\frac{1}{6}$　(2)$\frac{7}{36}$　(3)$\frac{5}{12}$　(4)$\frac{1}{12}$

解き方　2つのさいころの目の出方は，
$6\times6=36$(通り)

(1)(1，1)，(2，2)，(3，3)，(4，4)，(5，5)，(6，6)の6通り
よって，$\frac{6}{36}=\frac{1}{6}$

(2)和が5のとき，(1，4)，(2，3)，(3，2)，(4，1)
和が10のとき，(4，6)，(5，5)，(6，4)
よって，全部で7通りあるから，$\frac{7}{36}$

(3)2のとき，(1，1)
3のとき，(1，2)，(2，1)
5のとき，(1，4)，(2，3)，(3，2)，(4，1)
7のとき，(1，6)，(2，5)，(3，4)，(4，3)，(5，2)，(6，1)
11のとき，(5，6)，(6，5)
よって，全部で15通りあるから，
$\frac{15}{36}=\frac{5}{12}$

(4)(1，4)，(2，2)，(4，1)の3通り
よって，$\frac{3}{36}=\frac{1}{12}$

10 (1)24通り　(2)$\frac{1}{12}$

解き方　(1)$4\times3\times2\times1=24$(通り)

(2) 1　2　3　4
○⟶B⟶D⟶○
第1走者は2通り，第4走者は1通りになるから，$2\times1=2$(通り)
よって，$\frac{2}{24}=\frac{1}{12}$

11 $\frac{1}{3}$

解き方　赤玉3個を赤1，赤2，赤3，白玉2個を白1，白2，青玉1個を青として，6個の玉を区別して考える。

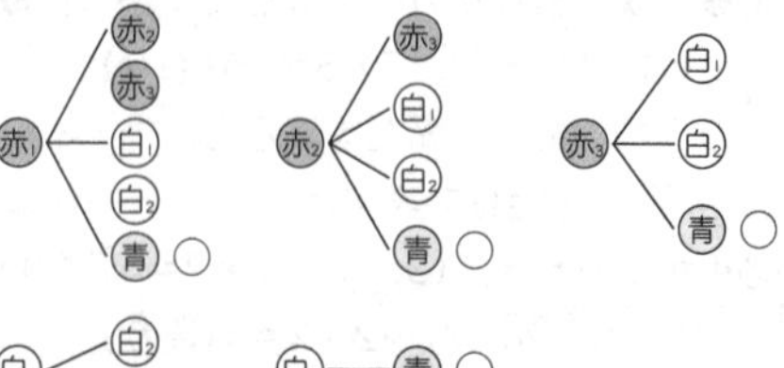

全部で，$5+4+3+2+1=15$(通り)
1個が青玉であるのは○印の5通り。

よって，求める確率は，$\dfrac{5}{15}=\dfrac{1}{3}$

12　(1)20通り　(2)$\dfrac{2}{5}$

解き方　(1)十の位が5通り，一の位が4通りだから，$5\times4=20$(通り)
(2)各位の数の和が3の倍数3，6，9となればよいから，12，15，21，24，42，45，51，54の8通り

よって，求める確率は，$\dfrac{8}{20}=\dfrac{2}{5}$

章末問題 B

13　6通り

解き方　青色のカードを■，黄色のカードを□とする。条件に合う並べ方は，

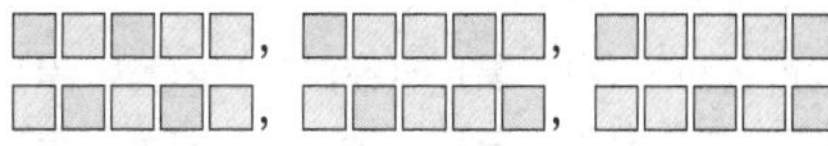

の6通りある。

14　$\dfrac{8}{27}$

解き方　すべての場合の数は，
$3\times3\times3=27$(通り)
このうち，赤玉が1回も出ないのは，

1回目 2回目 3回目　　1回目 2回目 3回目

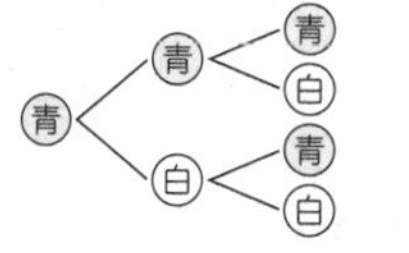

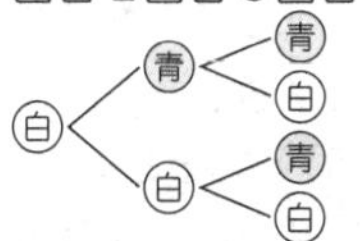

の$2\times2\times2=8$(通り)だから，求める確率は，$\dfrac{8}{27}$

別解　1回目に赤玉を取り出せない確率は，$\dfrac{2}{3}$で，2回目，3回目もそれぞれ同じだから，$\dfrac{2}{3}\times\dfrac{2}{3}\times\dfrac{2}{3}=\dfrac{8}{27}$

ここに注意！　玉を取り出した後，玉をもとにもどすので，袋の中の玉の数は常に同じである。

15　(1)$\dfrac{2}{9}$　(2)$\dfrac{19}{36}$

解き方　目の出方は，$6\times6=36$(通り)
さいころを2回投げたときの点Pの座標を表にすると，右のようになる。

	1	2	2	3	3	4
1	−2	①	①	−4	−4	3
2	①	4	4	−1	−1	6
2	①	4	4	−1	−1	6
3	−4	−1	−1	−6	−6	①
3	−4	−1	−1	−6	−6	①
4	3	6	6	①	①	8

(1)点Pの座標が1になるのは，○のついた8通りだから，$\dfrac{8}{36}=\dfrac{2}{9}$
(2)点Pの座標が正になるのは，色のついた部分の19通りだから，$\dfrac{19}{36}$

16　$\dfrac{3}{5}$

解き方　5文字を一列に並べる並べ方は全部で，$5\times4\times3\times2\times1=120$(通り)
AとBがとなり合う並べ方は，
(AB)，C，D，Eと(BA)，C，D，Eをそれぞれ一列に並べればよいから，その場合の数は，$(4\times3\times2\times1)\times2=48$(通り)
よって，AとBがとなり合わない確率は，
1−AとBがとなり合う確率
$=1-\dfrac{48}{120}=\dfrac{3}{5}$

17　(1)$\dfrac{11}{36}$　(2)$\dfrac{5}{108}$

解き方　(1)$(a,\ b)$の出方は全部で，
$6\times6=36$(通り)
㋐直線PQが点A，Bを通るとき，
$(a,\ b)=(1,\ 2)$，

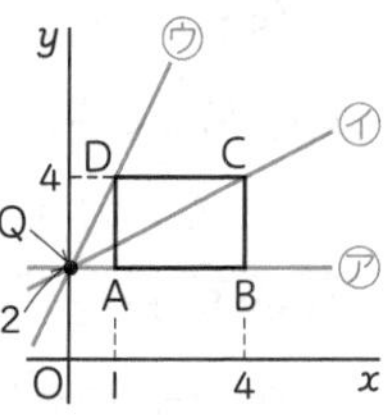

(2, 2), (3, 2), (4, 2), (5, 2), (6, 2)の6通り

㋑直線PQが点C(4, 4)を通るとき,
$(a,\ b)=(2,\ 3)$, $(4,\ 4)$, $(6,\ 5)$の3通り

㋒直線PQが点D(1, 4)を通るとき,
$(a,\ b)=(1,\ 4)$, $(2,\ 6)$の2通り

以上から, 頂点を通る場合は, 6+3+2=11(通り)あるから, 求める確率は, $\frac{11}{36}$

(2) 3つのさいころの目の出方は全部で,
6×6×6=216(通り)

直線RSが長方形ABCDの面積を2等分するには対角線AC, BDの交点$\mathrm{T}\left(\frac{5}{2},\ 3\right)$を通ればよい。

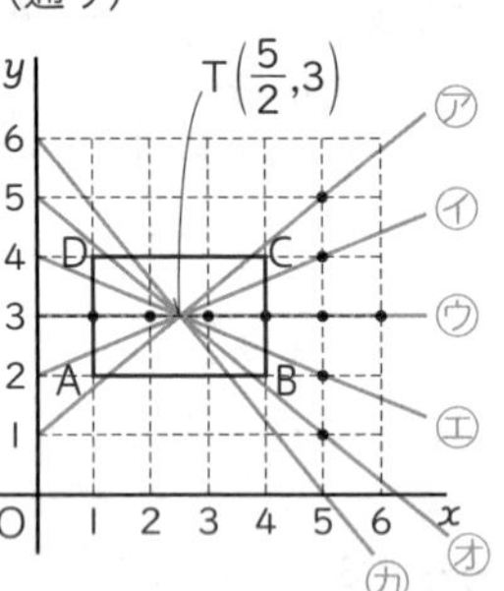

㋐$e=1$のとき, 直線STの傾きは,
$(3-1)\div\frac{5}{2}=\frac{4}{5}$
よって, $d=\frac{4}{5}c+1$で, c, dがともに1以上6以下の整数となる組み合わせは, $(c,\ d)=(5,\ 5)$の1通り
同様に,

㋑$e=2$のとき, 直線STの傾きは$\frac{2}{5}$より, $(c,\ d)=(5,\ 4)$の1通り

㋒$e=3$のとき, 直線STの傾きは0より, $(c,\ d)=(1,\ 3)$, $(2,\ 3)$, $(3,\ 3)$, $(4,\ 3)$, $(5,\ 3)$, $(6,\ 3)$の6通り

㋓$e=4$のとき, 直線STの傾きは$-\frac{2}{5}$より, $(c,\ d)=(5,\ 2)$の1通り

㋔$e=5$のとき, 直線STの傾きは$-\frac{4}{5}$より, $(c,\ d)=(5,\ 1)$の1通り

㋕$e=6$のとき, 直線STの傾きは$-\frac{6}{5}$より, 条件に合う$(c,\ d)$はない。

以上から, 交点Tを通る場合は,
1+1+6+1+1=10(通り)あるから,
求める確率は, $\frac{10}{216}=\frac{5}{108}$

18　2回目…$\frac{1}{6}$, 3回目…$\frac{13}{36}$

解き方　2個の玉を同時に取り出すとき, 起こるすべての場合は, (赤, 青), (赤, 白), (赤, 黒), (青, 白), (青, 黒), (白, 黒)の6通り

・2回目で操作を終える確率
2回操作するときの場合の数は全部で,
6×6=36(通り)
2回目では, 1回目で選んでいない2色を取り出せばよいから, (1回目)→(2回目)とすると,
(赤, 青)→(白, 黒), (赤, 白)→(青, 黒)
(赤, 黒)→(青, 白), (青, 白)→(赤, 黒)
(青, 黒)→(赤, 白), (白, 黒)→(赤, 青)
の6通り。
よって, 求める確率は, $\frac{6}{36}=\frac{1}{6}$

・3回目で操作を終える確率
3回操作するときの場合の数は,
6×6×6=216(通り)
2回目で操作が終わっていない場合は, 次の2通りある。(1回目)→(2回目)→(3回目)とすると,

㋐2回目が終わったとき, 2色玉を取り出している場合
(赤, 青)→(赤, 青)→(白, 黒)
(赤, 白)→(赤, 白)→(青, 黒)
⋮　⋮　⋮
(白, 黒)→(白, 黒)→(赤, 青)
のように, 1回目の2色の選び方が6通りで, 2回目, 3回目はそれぞれ1通り

に定まるので，全部で$6\times1\times1=6$(通り)
㋑2回目が終わったときに，3色玉を取り出している場合
例えば，
(赤，青)→(赤，白)→(○，黒)のように，
赤，青，白のどれでもよい
2回目に，1回目と同じ色を1色(上の例では赤)選ぶ選び方は4通り。1回目と同じでない色(上の例では青)の選び方は3通り。
3回目に，2回目と同じでない色(上の例では白)を選ぶ選び方は2通り。4色目(上の例では黒)以外の色(上の例では○)の選び方は3通りずつある。
よって，$4\times3\times2\times3=72$(通り)
以上から，$6+72=78$(通り)ある。
よって，求める確率は，$\frac{78}{216}=\frac{13}{36}$

第3章　標本調査

p.510〜513

17 ウ

解き方 **ウ**…世論調査は，全数調査では時間や費用がかかるので適さず，標本調査が適している。

18 (1)およそ500匹
(2)およそ60000語

解き方 (1)池におよそx匹の魚がいるとすると，$2:40=25:x$　$x=500$
よって，およそ500匹
(2)無作為に選んだページの見出し語の平均は，$\{50+(59+41)+(45+55)$
$+(49+51)+(53+47)+50\}\div10$
$=50\times10\div10=50$(語)
よって，1ページあたり50語と推測されるから，1200ページでは，
$50\times1200=60000$(語)

章末問題

19 (1)ウ　(2)およそ420人

解き方 (1)**ア**…1年生，3年生の傾向を知ることができない。
イ…女子の傾向を知ることができない。
エ…全校生徒が運動部と文化部に半分ずつ入っているとは限らないので，正しくない。
(2)冬休みに家の手伝いをした生徒をx人とすると，$32:40=x:525$　$x=420$
よって，およそ420人

20 およそ9000世帯

解き方 視聴していた世帯をx世帯とすると，$45:300=x:60000$
$x=9000$
よって，およそ9000世帯

21 (例)袋の中の緑色の豆の個数をx個とする。3回の平均の緑色の豆の個数と黒色の豆の個数の比が母集団と同じとすると，
$x:100=27:3$　$x=900$
よって，緑色の豆の個数は，およそ900個

22 およそ480個

解き方 もとの袋の中の赤玉の個数をx個とする。$50:(50-26)=1000:x$
$x=480$
よって，およそ480個

23 およそ140個

解き方 白玉：赤玉＝2：3だから，白玉，

赤玉の個数をそれぞれ$2n$個，$3n$個とする。
$(2n+3n+50):50=80:10$
$n=70$
よって，およそ$2n=2\times70=140$(個)

高校入試 問題編

数と式の総合問題

p.536〜537

1 (1)$a=6$ (2)**ア**…4, **イ**…2
(3)2個 (4)$n=25$ (5)8

解き方 (1)$\sqrt{\langle 4\rangle \times a}=\sqrt{1\times 2\times 3\times 4\times a}$
$=2\sqrt{6a}$ が自然数になるのは，$a=6$が最小。

(2)$\langle 6\rangle=1\times 2\times 3\times 4\times 5\times 6=2^4\times 3^2\times 5$

(3)$\langle 10\rangle=\langle 6\rangle\times 7\times 8\times 9\times 10$
$=(2^4\times 3^2\times 5)\times 7\times 2^3\times 3^2\times 10$
$=(2^6\times 3^4\times 7)\times 10^2$ より，2個

(4)$\langle n\rangle=\mathrm{A}\times 10^6$(Aは10でわり切れない自然数)となる最も小さい自然数nを求める。$\mathrm{A}\times 10^6=\mathrm{A}\times(2\times 5)^6=\mathrm{A}\times 2^6\times 5^6$で，素因数5が6つある$n$を考えて，
$5=5^1$，$10=2^1\times 5^1$，$15=3^1\times 5^1$
$20=2^2\times 5^1$，$25=5^2$ より，
$1+1+1+1+2=6$
よって，$n=25$

別解 $\langle n\rangle$の素因数5の個数は，$(n\div 5)+(n\div 5^2)+\cdots$で求められる。$n\div 5=6$より，$n=30$となるが，$25=5^2$だから，
$n=5\times(6-1)=25$

(5)$\langle 15\rangle=\langle 10\rangle\times 11\times 12\times 13\times 14\times 15$
$=(2^6\times 3^4\times 7)\times 10^2\times 11\times(2^2\times 3)$
$\times 13\times(2\times 7)\times(3\times 5)$
$=(2^8\times 3^6\times 7^2\times 11\times 13)\times 10^3$
$\mathrm{B}=2^8\times 3^6\times 7^2\times 11\times 13$とおくと，Bの一の位の数が$\langle 15\rangle$の千の位の数になる。
2^mの一の位の数は，2, 4, 8, 6, …のくり返しなので，2^8の一の位の数は6。同様にして，3^6の一の位の数は9。7^2の一の位の数は9。
それぞれの一の位の数の積が求める数となるから，$6\times 9\times 9\times 1\times 3=54\times 27$より，$4\times 7=28$
よって，8

2 (1)$13-3\sqrt{11}$ (2)$n=24$ (3)$a=4$

解き方 (1)$16<21<25$より，$4<\sqrt{21}<5$
よって，$[\sqrt{21}]=4$
$3\sqrt{11}=\sqrt{99}$ $9<\sqrt{99}<10$
よって，$\langle 3\sqrt{11}\rangle=3\sqrt{11}-9$
したがって，$[\sqrt{21}]-\langle 3\sqrt{11}\rangle$
$=4-(3\sqrt{11}-9)=13-3\sqrt{11}$

(2)$p(n)+p(n+1)=9$となるのは，
$p(n)=4$，$p(n+1)=5$のときである。
$4=\sqrt{16}$，$5=\sqrt{25}$ より，
$p(16)=p(17)=\cdots=p(24)=4$，
$p(25)=5$ である。よって，$n=24$のとき，$p(24)+p(24+1)=4+5=9$となる。

(3)$x=4-\sqrt{7}$ より $x-4=-\sqrt{7}$
両辺を2乗して，$(x-4)^2=(-\sqrt{7})^2$
$x^2-8x+16=7$ より，$x^2-8x=-9$
$\sqrt{x^2-8(x-a)+13}=\sqrt{x^2-8x+8a+13}$
$=\sqrt{-9+8a+13}=\sqrt{8a+4}=2\sqrt{2a+1}$
これが自然数となる最小の自然数aは$a=4$で，このとき$\sqrt{2a+1}=\sqrt{9}=3$となる。

3 (1)4 (2)18個
(3)$b=2$, 6 $(a, b)=(8, 2)$, $(4, 6)$

解き方 (1)$2^1=2$，$2^2=4$，$2^3=8$，$2^4=16$，$2^5=32$，$2^6=64$，… つまり，2^nの一の位の数は，2, 4, 8, 6,| 2, 4, 8, 6,| …と4個の数のくり返しである。
$2018=4\times 504+2$より，余り2だから，

2^{2018}の一の位の数は，2番目の4

(2)数Aに対して，下2けたの数を〔A〕で表す。例えば，〔1876〕=76である。すると，〔21^1〕=21，〔21^2〕=41，〔21^3〕=61，〔21^4〕=81，〔21^5〕=01，〔21^6〕=21=〔21^1〕となり，21の累乗の下2けたは，21，41，61，81，01，| 21，41，…と5個の数のくり返しである。このとき，4番目の81が十の位の数字が8になっている。よって，$13n$を5でわると余りが4となるような2けたの自然数nを見つければよい。このうち最小のnは，$n=13$ $(13\times13=169=5\times33+4)$で，そこから5ずつ増えていくから，$n$の値は13，18，23，…，98(=13+5×17)の18個ある。

(3)4の倍数の性質より，下2けたの数が4でわり切れれば，6けたの整数も4でわり切れる。

よって，$7b$は72，76が考えられるから，$b=2$，6…①

また，4でわり切れ，9でもわり切れるとき，36でわり切れる。各位の数の和が9でわり切れれば，6けたの整数も9でわり切れる。

よって，$2+3+a+5+7+b=17+a+b$で，①より，

㋐$b=2$のとき，$19+a$が9でわり切れるのは，$a=8$

㋑$b=6$のとき，$23+a$が9でわり切れるのは，$a=4$

以上から，$(a,\ b)=(8,\ 2)$，$(4,\ 6)$

4 $\dfrac{500}{999}$

解き方 因数分解の公式$a^2-b^2=(a+b)(a-b)$を用いる。

$$\left(1-\frac{1}{2^2}\right)\left(1-\frac{1}{3^2}\right)\left(1-\frac{1}{4^2}\right)\cdots\left(1-\frac{1}{999^2}\right)$$

$$=\frac{2^2-1^2}{2^2}\times\frac{3^2-1^2}{3^2}\times\frac{4^2-1^2}{4^2}\times\cdots\times\frac{998^2-1^2}{998^2}\times\frac{999^2-1^2}{999^2}$$

$$=\frac{(2+1)\times(2-1)}{2^2}\times\frac{(3+1)\times(3-1)}{3^2}\times\frac{(4+1)\times(4-1)}{4^2}\times\cdots\times\frac{(998+1)\times(998-1)}{998^2}\times\frac{(999+1)\times(999-1)}{999^2}$$

$$=\frac{3\times1}{2^2}\times\frac{4\times2}{3^2}\times\frac{5\times3}{4^2}\times\cdots\times\frac{999\times997}{998^2}\times\frac{1000\times998}{999^2}=\frac{1\times1000}{2\times999}=\frac{500}{999}$$

5 順に，1，8，36

解き方 乗法公式$(a+b+c)^2=a^2+b^2+c^2+2ab+2bc+2ca$を用いる。

$(1+2x+3x^2+4x^3)^2$

$=1^2+2\times1\times2x+(2x)^2+2\times1\times3x^2+\mathrm{A}$(Aは3次以上の式)

$=1+4x+10x^2+\mathrm{A}$

となるから，

$(1+2x+3x^2+4x^3)^4=(1+4x+10x^2+\mathrm{A})^2$

$=1^2+2\times1\times4x+(4x)^2+2\times1\times10x^2+\mathrm{B}$

$=1+8x+36x^2+\mathrm{B}$(Bは3次以上の式)

よって，定数項は1，xの係数は8，x^2の係数は36

6 (1)$k=505$
(2)①$A=36$ ②$A=180$

解き方 $p_1=2\times1$，$p_2=2\times3=2\times(2\times2-1)$，$p_3=2\times5=2\times(2\times3-1)$，$p_4=2\times(2\times4-1)$，… より，$p_\ell=2(2\ell-1)$（$\ell$は自然数）とおける。

(1)$p_k=2(2k-1)=2018$ より，$k=505$

(2)①$A=p_m\times p_n=2(2m-1)\times2(2n-1)$
$=2^2\times(2m-1)(2n-1)$ $(m\leqq n)$で，

$2m-1$，$2n-1$は奇数だから，2つの奇数の積としての表し方が，大小が逆の場合を除いて2通りある（例えば，$21=1\times21=3\times7$）奇数で，最も小さいものを求めればよい。そのような最小の奇数は，$9=1\times9=3\times3$であるから，
$A=4\times9=36$

②①と同様に，奇数が3通りの積で表されればよい。素数でない奇数を小さい順に求めていくと，
1，9，15，21，25，27，33，35，39，45，…で，$45=1\times45=3\times15=5\times9$となり，はじめて3通りの積の表し方ができる。
よって，$A=4\times45=180$

7 13

解き方 自然数Aの末尾2けたの数を〔A〕で表す。〔1!〕=1，〔2!〕=1×2=2，
〔3!〕=2×3=6，〔4!〕=6×4=24，
〔5!〕=4×5=20，
〔6!〕は20×6=120より20，
〔7!〕は20×7=140より40，
〔8!〕は40×8=320より20，
〔9!〕は20×9=180より80
$10!=1\times2\times3\times4\times5\times\cdots\times10=10^2\times$○となるから，〔10!〕=00
同様に，〔11!〕=〔12!〕=…=〔20!〕=00
よって，1!+2!+…+20!を計算した結果の末尾2けたの数は，
1+2+6+24+20+20+40+20+80
=213より，13

8 (1)《6!》=4，《8!》7，《9!》=7
(2)《212!》=208
(3)n=216，217
(4)(例) 2，4，8，16，32

解き方 (1)$6!=1\times2\times3\times4\times5\times6=2^4\times$□
より，《6!》=4
$8!=6!\times7\times8=2^4\times□\times7\times2^3=2^7\times△$
より，《8!》=7
$9!=8!\times9=2^7\times△\times3^2=2^7\times$○より，
《9!》=7

(2)$212!=1\times2\times3\times\cdots\times212=2^{□}\times$○で，
2の指数□を求めればよい。
1から212までの自然数のうち，素因数2を1個以上もつものは，
212÷2=106より，106個
2個以上もつものは，
$212\div2^2=53$より，53個
3個以上もつものは，
$212\div2^3=26$ 余り4より，26個
4個以上もつものは，
$212\div2^4=13$ 余り4より，13個
5個以上もつものは，
$212\div2^5=6$ 余り20より，6個
6個以上もつものは，
$212\div2^6=3$ 余り20より，3個
7個以上もつものは，
$212\div2^7=1$ 余り84より，1個
8個以上もつものは$2^8=256$より，ない。
よって，《212!》=106+53+26+13
+6+3+1=208

(3)nが増加すると，《n!》は変わらないか増加する。(2)より，《212!》=208で，
213!=212!×213だから，《213!》=208
214=2×107より，《214!》=209
$216=2^3\times27$より，《216!》=209+3
=212
また，《217!》=212
218=2×109より，《218!》=213
よって，n=216，217

(4)2の累乗2^kを考えると，(2)より，
《$(2^k)!$》$=2^{k-1}+2^{k-2}+\cdots+2^2+2+1$になる。
《2!》=1
《$(2^2)!$》=《4!》=2+1=3
《$(2^3)!$》=《8!》$=2^2+2+1=7$
《$(2^4)!$》=《16!》$=2^3+2^2+2+1=15$

$《(2^5)!》=《32!》=2^4+2^3+2^2+2+1$
$=31$ だから，2の累乗の数は，すべて
$《n!》=n-1$ である。

9 (1)2 (2)$a=4$, 5, 6 (3)990
(4)$(a,\ b,\ c)=(8,\ 6,\ 4)$, $(5,\ 3,\ 1)$

解き方 (1)【a, 1, 9】
$=(901+10a)-(109+10a)$
$=901-109=792$
【7, 4, 1】$=741-147=594$
よって，$(792-594)\div 99=2$
(2)aは，2, 3, 7, 9以外の値をとる。
㋐$a=1$のとき
【3, 1, 2】+【1, 9, 7】
$=(321-123)+(971-179)=990$
㋑$a=8$のとき
【3, 8, 2】+【8, 9, 7】
$=(832-238)+(987-789)=792$
㋒$a=4$, 5, 6のとき，$3<a<7$だから，
【3, a, 2】+【a, 9, 7】
$=(100a+32)-(230+a)+(970+a)$
$-(100a+79)$
$=32-230+970-79=693$
以上から，$a=4$, 5, 6
(3)$2\leqq b<a\leqq 8$とすると，
【a, 1, b】$=(100a+10b+1)-(100+10b+a)$
$=99a-99$
【9, b, a】$=(900+10a+b)-(100b+10a+9)$
$=891-99b$
よって，【a, 1, b】−【9, b, a】
$=(99a-99)-(891-99b)$
$=99(a+b)-990$
最大は，$a+b=8+7=15$のときで，
最小は，$a+b=3+2=5$のときであるから，求める差は，
$(99\times 15-990)-(99\times 5-990)$
$=99\times(15-5)=990$
(4)$1\leqq c<b<a\leqq 9$とすると，
【a, b, c】$=(100a+10b+c)-(100c+10b+a)$
$=99(a-c)$
このとき，$a-c=2$, 3, 4, 5, 6, 7, 8であり，大きい方から5番目の値は$a-c=4$のときである。このようなaとcの値は，$(a,\ c)=(9,\ 5)$, $(8,\ 4)$, $(7,\ 3)$, $(6,\ 2)$, $(5,\ 1)$であり，このうち，$a+b+c$が9の倍数となるようにbの値を決めていくと，$a>b>c$より，
$(a,\ b,\ c)=(8,\ 6,\ 4)$, $(5,\ 3,\ 1)$

方程式の総合問題

p.538

10 (1)$\begin{cases} x=\dfrac{7}{25} \\ y=\dfrac{18}{25} \end{cases}$ (2)$\begin{cases} x=\dfrac{1+4\sqrt{5}}{18} \\ y=\dfrac{1-4\sqrt{5}}{18} \end{cases}$

(3)$\begin{cases} x=-10+4\sqrt{6} \\ y=-10-4\sqrt{6} \end{cases}$

解き方 連立方程式の上の式を①，下の式を②とする。
(1)①+②より，$100x+100y=100$
よって，$x+y=1$…③
②−③×21

$$\begin{array}{rr} & 21x+46y=39 \\ -) & 21x+21y=21 \\ \hline & 25y=18 \end{array}$$

$$y=\frac{18}{25}$$

③より，$x=1-\dfrac{18}{25}=\dfrac{7}{25}$
(2)①+②より，$2\sqrt{5}x-4y=\sqrt{5}+2$…③
①−②より，$4x+2\sqrt{5}y=\sqrt{5}-2$…④
③×$\sqrt{5}$+④×2

$$\begin{array}{rr} & 10x-4\sqrt{5}y=5+2\sqrt{5} \\ +) & 8x+4\sqrt{5}y=2\sqrt{5}-4 \\ \hline & 18x\qquad\quad =1+4\sqrt{5} \end{array}$$

$$x=\frac{1+4\sqrt{5}}{18}$$

④$\times\sqrt{5}-$③$\times 2$

$$\begin{array}{r} 4\sqrt{5}x+10y=5-2\sqrt{5} \\ -)\ 4\sqrt{5}x-\ \ 8y=2\sqrt{5}+4 \\ \hline 18y=1-4\sqrt{5} \end{array}$$

$$y=\frac{1-4\sqrt{5}}{18}$$

(3)①$\times xy$より，

$y+x=-5xy=-5\times 4=-20$

$y=-20-x$を②に代入して，

$x(-20-x)=4\quad x^2+20x+4=0$

$x=-10\pm\sqrt{100-4}=-10\pm\sqrt{96}$

$=-10\pm 4\sqrt{6}$

$x=-10+4\sqrt{6}$のとき，$y=-10-4\sqrt{6}$

$x=-10-4\sqrt{6}$のとき，$y=-10+4\sqrt{6}$

$x>y$より，$x=-10+4\sqrt{6}$，

$y=-10-4\sqrt{6}$

11 (1)$a=3$

(2)(例) 2次方程式$x^2-8x+6=0$の2つの解をa，bとするから，

$a^2-8a+6=0$…①

$b^2-8b+6=0$…②

①より，$2a^2-16a+9$

$=2(a^2-8a+6)-3$

$=2\times 0-3=-3$

②より，$3b^2-24b-2$

$=3(b^2-8b+6)-20$

$=3\times 0-20=-20$

よって，

$(2a^2-16a+9)(3b^2-24b-2)$

$=(-3)\times(-20)=60$

(3)$x=\frac{7}{3}$，$\frac{8}{3}$

解き方 (1)連立方程式の上の式を①，下の式を②とする。2つの2元1次方程式のグラフが平行になれば，解は存在しない。

②×2より，$2ax+2y=2a$…③

①と③のxの係数が等しいとき，解は存在しないか，無数に存在する。

よって，$-a^2+7a-6=2a$

$a^2-5a+6=0$

$a=2$，3

㋐$a=2$のとき，2つの式は①$4x+2y=4$，③$4x+2y=4$となり，同じ直線を表すので，適さない。

㋑$a=3$のとき，2つの式は①$6x+2y=4$，③$6x+2y=6$となり，適する。

以上から，$a=3$

(3)$\frac{20}{9}=2\frac{2}{9}$，$0\leqq(x-[x])^2<1$であるから，

$[x]=2$か$[x]=3$が考えられる。

㋐$[x]=2$のとき，$x-[x]=y$とおくと，

$x=2+y\,(0\leqq y<1)$より，

$2+y-y^2=\frac{20}{9}\quad y^2-y+\frac{2}{9}=0$

$\left(y-\frac{1}{3}\right)\left(y-\frac{2}{3}\right)=0$より，$y=\frac{1}{3}$，$\frac{2}{3}$

よって，$x=2+\frac{1}{3}=\frac{7}{3}$，$x=2+\frac{2}{3}=\frac{8}{3}$

㋑$[x]=3$のとき，$x-[x]=z$とおくと，

$x=3+z\,(0\leqq z<1)$より，

$3+z-z^2=\frac{20}{9}\quad z^2-z-\frac{7}{9}=0$

$9z^2-9z-7=0\quad z=\frac{9\pm\sqrt{81-4\times 9\times(-7)}}{18}$

$=\frac{9\pm 3\sqrt{37}}{18}=\frac{3\pm\sqrt{37}}{6}$

$6<\sqrt{37}<7$なので，これは$0\leqq z<1$を満たさない。

以上から，$x=\frac{7}{3}$，$\frac{8}{3}$

12 (例)A社，B社の一昨年の生産量をbとすると，A社の今年の生産量は，

$\frac{175}{100}b\times\frac{112}{100}$，B社の今年の生産量は，

$\frac{100+a}{100}b\times\frac{100+a}{100}$

A社，B社の今年の生産量も等しいので，

$$\frac{175}{100}b\times\frac{112}{100}=\frac{100+a}{100}b\times\frac{100+a}{100}$$
$(100+a)^2=175\times112$
$=(5^2\times7)\times(4^2\times7)=4^2\times5^2\times7^2$
$=(4\times5\times7)^2=140^2$ より，
$a+100=\pm140$　$a>0$ より，$a=40$

13 (1) $\frac{2}{3}x$km　(2) $\frac{56-y}{3}$km

(3) $\frac{2x+y}{60}$ 時間後

(4) $\begin{cases}\frac{2}{3}x-\frac{8}{60}(x-9)=\frac{56-y}{3}\\ \frac{35}{60}(x-9)=25\times\frac{83-(2x+y)}{60}\end{cases}$

(5) $x=24$，$y=14$

解き方 AさんとBさんの動きをグラフに表すと，下のようになる。

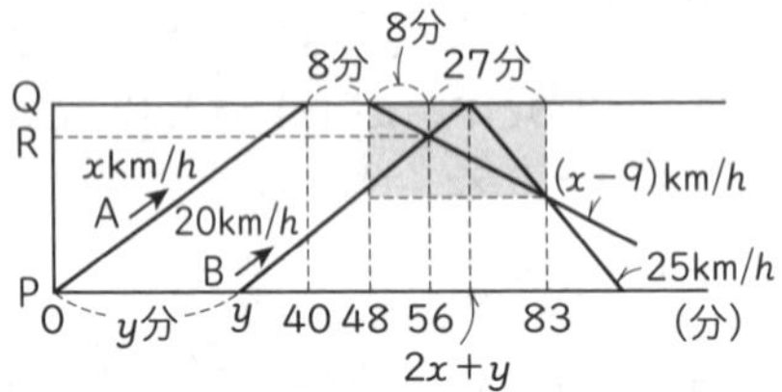

AさんがBさんに追いつかれるまで，
$40+8+8+27=83$(分)かかる。

(1) AさんはP，Q間を毎時$x$kmの速さで40分進んだから，P，Q間の道のりは，
$x\times\frac{40}{60}=\frac{2}{3}x$(km)

(2) 上のグラフのように，AさんがP地点を出発した時刻を0分とすると，P，R間をBさんは，毎時20kmの速さで，$(56-y)$分進んでいるから，P，R間の道のりは，$20\times\frac{56-y}{60}=\frac{56-y}{3}$(km)

(3) (1)より，P，Q間の道のりは$\frac{2}{3}x$km，Bさんは毎時20kmの速さでP地点からQ地点に向かうので，そのかかる時間は，
$\frac{2}{3}x\div20=\frac{x}{30}$(時間)
Aさんが出発してからBさんはy分後$=\frac{y}{60}$時間後に出発している。
よって，BさんがQ地点に到着したのは，AさんがP地点を出発してから，
$\frac{y}{60}+\frac{x}{30}=\frac{2x+y}{60}$(時間後)

(4) AさんがP地点を出発して，Q地点まで進んだ道のりは(1)より，$\frac{2}{3}x$km
AさんはQ地点で8分間休み，そこからさらにP地点へ向けて毎時$(x-9)$kmの速さで8分間$\left(=\frac{8}{60}\text{時間}\right)$進むとR地点に到着するので，Q，R間の道のりは，
$(x-9)\times\frac{8}{60}=\frac{8}{60}(x-9)$(km)
よって，P，R間の道のりは，
$\left\{\frac{2}{3}x-\frac{8}{60}(x-9)\right\}$kmで，
(2)より，P，R間の道のりは$\frac{56-y}{3}$kmでもあるので，
$\frac{2}{3}x-\frac{8}{60}(x-9)=\frac{56-y}{3}$…①
次に，AさんはQ地点からBさんに追いつかれるまでに，グラフより，$8+27=35$(分)$=\frac{35}{60}$時間進んでいることがわかる。その道のりは，
$(x-9)\times\frac{35}{60}=\frac{35}{60}(x-9)$(km)
また，BさんはQ地点から毎時25kmの速さでAさんに追いつくまで，
$\left(\frac{83}{60}-\frac{2x+y}{60}\right)$時間進んでいるので，
その道のりは，$25\times\frac{83-(2x+y)}{60}$km
よって，
$\frac{35}{60}(x-9)=25\times\frac{83-(2x+y)}{60}$…②

(5)①×15　$10x-2(x-9)=5(56-y)$
$8x+5y=262$…③
②×12　$7(x-9)=5(83-2x-y)$
$17x+5y=478$…④
③，④より，$x=24$，$y=14$

規則性の総合問題

p.539

14 (1)1段目の6列目　(2)n^2-n+1
(3)8551

解き方 (1)$2^2=4$は1段目の2列目，$4^2=16$は1段目の4列目，…と並んでいるから，
$36=6^2$は，1段目の6列目
(2)2段目の2列目は3で，$3=1^2+2$
3段目の3列目は7で，$7=2^2+3$
4段目の4列目は13で，$13=3^2+4$
5段目の5列目は21で，$21=4^2+5$
と規則的に並んでいるので，
n段目のn列目は，
$(n-1)^2+n=n^2-n+1$
別解 2段目の2列目は3で，$3=2^2-1$
3段目の3列目は7で，$7=3^2-2$
4段目の4列目は13で，$13=4^2-3$
5段目の5列目は21で，$21=5^2-4$
よって，n段目のn列目は，
$n^2-(n-1)=n^2-n+1$
(3)(2)より，93段目の93列目は，
$93^2-93+1=8557$
87段目の93列目は，8557より，
$93-87=6$小さい数だから，
$8557-6=8551$
別解 1段目の偶数列目は，それがn列目ならn^2，その右どなりはn^2+1と並んでいる。1段目の93列目(奇数)は，
$92^2+1=8465$
よって，87段目の93列目は，
$8465+(87-1)=8551$

15 126

解き方 S(1)からS(4)まで図に表すと，下のようになる。

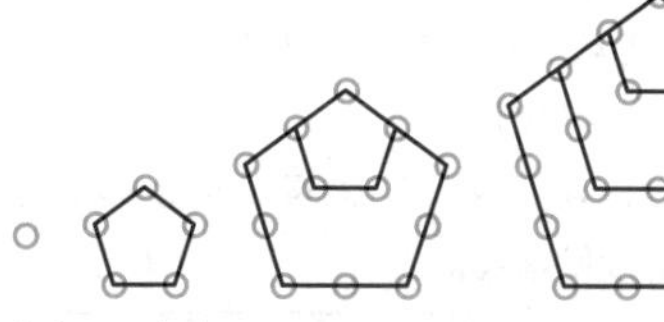

S(2)=S(1)+ 4 =5
S(3)=S(2)+ 7 =12　(+3)
S(4)=S(3)+10=22となっているから，　(+3)
S(5)=S(4)+(10+3)=35
S(6)=S(5)+(13+3)=51
よって，S(1)+S(2)+S(3)+S(4)+S(5)+S(6)=1+5+12+22+35+51=126

16 (1)$n=150$　(2)$a=10$，$b=12$

解き方 (1)4個の数 1，a，b，$a\times b=ab$ のくり返しで，$a=4$，$b=6$であるから，
4個の数の和は，$1+4+6+24=35$
$1300\div35=37$ 余り5より，
4個の数を37回くり返した後，1，4と並ぶ。
よって，$n=4\times37+2=150$
(2)$200\div4=50$であるから，
1，a，b，abを50回くり返していて，
その和が7150なので，
$1+a+b+ab=7150\div50=143$
左辺を因数分解して，
$(1+a)(1+b)=143=11\times13$
a，bは自然数で，$a<b$だから，
$1+a=11$，$1+b=13$
よって，$a=10$，$b=12$

17 (1)**ア**…9，**イ**…12　(2)11番目
(3)465枚　(4)650枚

解き方 (1)ア…5番目の青紙の枚数は，4番目の枚数に5をたしたものだから，
$4+5=9$(枚)
イ…5番目の白紙の枚数は4番目と同じだから，6枚。6番目の白紙の枚数は，5番目の枚数に6をたしたものだから，
$6+6=12$(枚)
(2)(1)より，6番目までを表にまとめると，下のようになる。

	番目	青紙	白紙	総枚数
1番目の奇数→	1	1	0	1
	2	1	2	3
2番目の奇数→	3	4	2	6
	4	4	6	10
3番目の奇数→	5	9	6	15
	6	9	12	21

ここで，奇数番目に注目すると，
青紙の枚数は1，4，9となっていて，n番目(nは自然数)の奇数のときの枚数はn^2枚であることがわかる。
青紙の枚数が36枚になるのは，$n^2=36$
nは自然数だから，$n=6$
よって，6番目の奇数だから，$2\times6-1=11$より，11番目の図形である。
(3)㋐青紙の枚数は，n番目の奇数のときn^2枚，n番目の偶数のときもn^2枚
㋑白紙の枚数は，偶数番目のとき
$2(=1\times2)$枚，$6(=2\times3)$枚，
$12(=3\times4)$枚となっていて，n番目の偶数のとき$n(n+1)$枚
以上から，30番目は，$30\div2=15$より，15番目の偶数だから，
$15^2+15\times(15+1)=465$(枚)
(4)奇数番目の白紙の枚数は，$0(=1\times0)$枚，$2(=2\times1)$枚，$6(=3\times2)$枚となっていて，n番目の奇数のとき$n(n-1)$枚
これと(3)より，表にまとめると，右上のようになる。

	番目	青紙	白紙	総枚数
1番目の奇数→	1	1	0	1
1番目の偶数→	2	1	2	3
2番目の奇数→	3	4	2	6
2番目の偶数→	4	4	6	10
3番目の奇数→	5	9	6	15
3番目の偶数→	6	9	12	21
⋮	⋮	⋮	⋮	⋮
n番目の奇数→	$2n-1$	n^2	$n(n-1)$	$2n^2-n$
n番目の偶数→	$2n$	n^2	$n(n+1)$	$2n^2+n$

㋐n番目の奇数の図形の総枚数は，
$n^2+n(n-1)=2n^2-n$(枚)
$2n^2-n=1275$　$2n^2-n-1275=0$(＊)
$n=\dfrac{1\pm\sqrt{1-4\times2\times(-1275)}}{4}=\dfrac{1\pm\sqrt{10201}}{4}$
$=\dfrac{1\pm101}{4}$　$n=\dfrac{51}{2}$，-25
nは自然数だから，どちらも適さない。
㋑n番目の偶数の図形の総枚数は，
$n^2+n(n+1)=2n^2+n$(枚)
$2n^2+n=1275$　$2n^2+n-1275=0$
(＊)とnの係数の符号がちがうだけなので，$n=-\dfrac{51}{2}$，25
nは自然数だから，$n=25$
以上から，25番目の偶数の白紙の枚数は，$25\times(25+1)=650$(枚)

関数の総合問題

p.540～541

18 (1)$a=3$　(2)$t^2+\dfrac{1}{2}t-\dfrac{3}{2}$
(3)6　(4)$y=-2x+5$

解き方 (1)点Aは①と②の交点でx座標が1だから，$y=2\times1+1=3$より，A(1, 3)
$x=1$，$y=3$を②に代入して，$a=3$
(2)P$(t,\ 2t+1)$，Q$\left(t,\ \dfrac{3}{t}\right)$で，$t>1$より，

図に表すと下のようになる。

2点P，Qのx座標が等しいから，線分PQはy軸に平行である。よって，△OPQは底辺PQ，高さtの三角形だから，

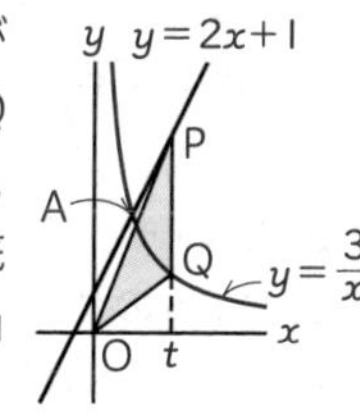

$\triangle OPQ=\frac{1}{2}\times\left(2t+1-\frac{3}{t}\right)\times t$

$=t^2+\frac{1}{2}t-\frac{3}{2}$

(3)△OPQにおいて，$t=\frac{5}{2}$のとき，

$\triangle OPQ=\left(\frac{5}{2}\right)^2+\frac{1}{2}\times\frac{5}{2}-\frac{3}{2}=6$

$t=3$のとき，$\triangle OPQ=3^2+\frac{1}{2}\times3-\frac{3}{2}=9$

tの増加量は，$3-\frac{5}{2}=\frac{1}{2}$

よって，変化の割合は，$(9-6)\div\frac{1}{2}=6$

(4)(2)より，$t^2+\frac{1}{2}t-\frac{3}{2}=\frac{3}{2}$

$2t^2+t-6=0$　$t=\frac{-1\pm\sqrt{49}}{4}$より，

$t=-2,\ \frac{3}{2}$　$t>1$より，$t=\frac{3}{2}$

よって，Qのx座標は$\frac{3}{2}$なので，②より

$y=3\div\frac{3}{2}=2$

$Q\left(\frac{3}{2},\ 2\right)$，A(1，3)だから，直線AQの傾きは，$(3-2)\div\left(1-\frac{3}{2}\right)=-2$

$y=-2x+b$に$x=1$，$y=3$を代入して，$b=5$

よって，$y=-2x+5$

19 (1)$P(-t,\ \sqrt{3}t)$，$Q(-t,\ -\sqrt{3}t)$，$R(2t,\ 0)$
(2)$3\sqrt{3}t^2$
(3)$P(2t-3,\ \sqrt{3})$，
$Q(-t,\ \sqrt{3}t-2\sqrt{3})$，
$R(-t+3,\ -\sqrt{3}t+\sqrt{3})$
(4)$3\sqrt{3}t^2-9\sqrt{3}t+9\sqrt{3}$

解き方 (1)△OAB，△OCD，△OEFは，1辺の長さ$\sqrt{1^2+(\sqrt{3})^2}=2$の正三角形である。

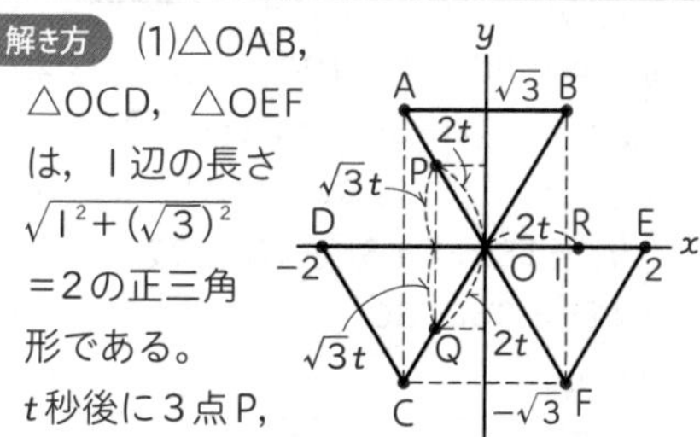

t秒後に3点P，Q，Rはそれぞれ$2t$ずつ進み，∠AOD＝∠COD＝60°だから，$P(-t,\ \sqrt{3}t)$，$Q(-t,\ -\sqrt{3}t)$，$R(2t,\ 0)$

(2)△PQRの辺PQを底辺とすると，$PQ=\sqrt{3}t-(-\sqrt{3}t)=2\sqrt{3}t$，高さは$2t-(-t)=3t$だから，

$\triangle PQR=\frac{1}{2}\times2\sqrt{3}t\times3t=3\sqrt{3}t^2$

(3)

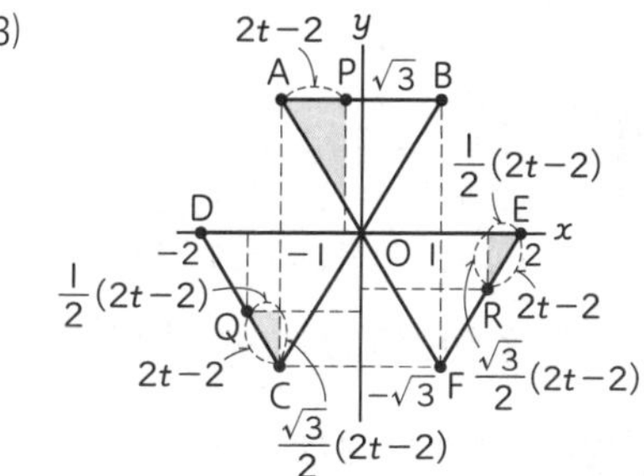

OA＝OC＝OE＝2より，3点P，Q，Rはそれぞれ3点A，C，Eから$(2t-2)$ずつ進んでいる。上の図より点Pのx座標は，$-1+(2t-2)=2t-3$，y座標は$\sqrt{3}$

点Qのx座標は，$-1-\frac{1}{2}(2t-2)=-t$

y座標は，$-\sqrt{3}+\frac{\sqrt{3}}{2}(2t-2)$

$=\sqrt{3}t-2\sqrt{3}$

点Rのx座標は，$2-\frac{1}{2}(2t-2)=-t+3$

y座標は，$-\frac{\sqrt{3}}{2}(2t-2)=-\sqrt{3}t+\sqrt{3}$

(4)六角形ADCFEBは正六角形で，AP＝CQ＝ERだから，△PQRは正三角形である。

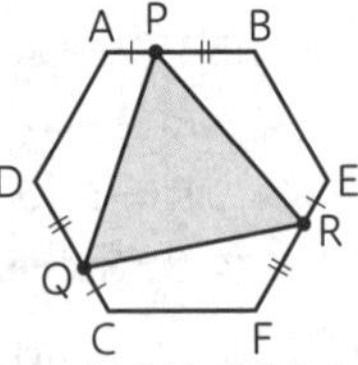

正三角形PQRの1辺PQの2乗は，(3)より，

$PQ^2=\{-t-(2t-3)\}^2+\{(\sqrt{3}t-2\sqrt{3})-\sqrt{3}\}^2$

$=(-3t+3)^2+(\sqrt{3}t-3\sqrt{3})^2$

$=9t^2-18t+9+3t^2-18t+27$

$=12t^2-36t+36$

だから，

$\triangle PQR=\dfrac{\sqrt{3}}{4}PQ^2=\dfrac{\sqrt{3}}{4}(12t^2-36t+36)$

$=3\sqrt{3}t^2-9\sqrt{3}t+9\sqrt{3}$

> **テクニック** 1辺がaの正三角形の面積$\dfrac{\sqrt{3}}{4}a^2$は絶対に覚えておこう。(4)のようにaが多項式だと，求めるのに複雑な計算をしなくてはいけないからである。

20 (1)A(−2，2)，B(4，8)
(2)Cのx座標…$1-\sqrt{17}$，
　Dのx座標…$1+\sqrt{17}$
(3)$12+4\sqrt{17}$　(4)$y=\dfrac{5}{3}x+\dfrac{16}{3}$

解き方 (1)2点A，Bは，$y=\dfrac{1}{2}x^2$と$y=x+4$の交点だから，

$\dfrac{1}{2}x^2=x+4$を解くと，$x=-2,\ 4$

$x=-2$のとき，$y=2$

$x=4$のとき，$y=8$

よって，A(−2，2)，B(4，8)

(2)△OAB＝△CAB＝△DABより，AB//CDである。直線ABは$y=x+4$で傾きが1だから，直線CDの傾きも1，切片は4×2＝8である。よって，式は，$y=x+8$

点C，Dは直線CDと$y=\dfrac{1}{2}x^2$の交点だから，$\dfrac{1}{2}x^2=x+8$　$x^2-2x-16=0$

解の公式より，$x=1\pm\sqrt{17}$

よって，Cのx座標は$1-\sqrt{17}$，Dのx座標は$1+\sqrt{17}$

(3)直線ABの傾きは1だから，直線ABとx軸の間の角は45°

45°，45°，90°の直角二等辺三角形の辺の比は1：1：$\sqrt{2}$だから，

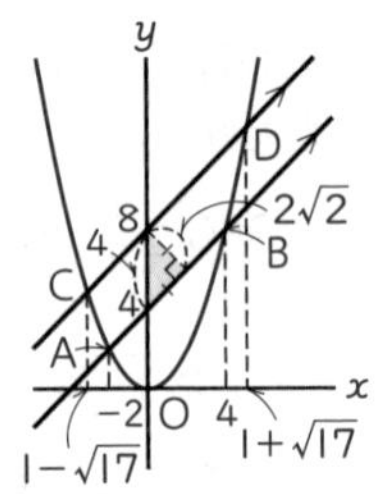

$AB=\{4-(-2)\}\times\sqrt{2}=6\sqrt{2}$，

$CD=\{(1+\sqrt{17})-(1-\sqrt{17})\}\times\sqrt{2}$

$=2\sqrt{34}$

台形ABDCの高さは，図から，

$4\div\sqrt{2}=2\sqrt{2}$だから，台形ABDCの面積は，$\dfrac{1}{2}\times(6\sqrt{2}+2\sqrt{34})\times2\sqrt{2}$

$=12+4\sqrt{17}$

(4)右の図のように，求める直線をAEとする。

△ACE＝(台形ABDC)×$\dfrac{1}{2}$

だから，(3)より，

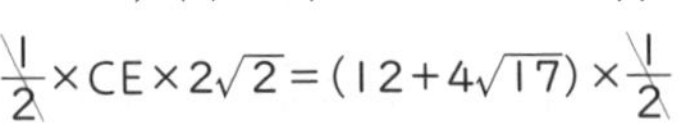

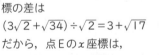

$\dfrac{1}{2}\times CE\times2\sqrt{2}=(12+4\sqrt{17})\times\dfrac{1}{2}$

$CE=\dfrac{12+4\sqrt{17}}{2\sqrt{2}}=3\sqrt{2}+\sqrt{34}$

右の図より，2点C，Eのx座標の差は

$(3\sqrt{2}+\sqrt{34})\div\sqrt{2}=3+\sqrt{17}$

だから，点Eのx座標は，

$(1-\sqrt{17})+(3+\sqrt{17})$

$=4$

$y=x+8$に$x=4$を代入して，$y=12$

よって，E(4，12)

A(−2，2)であるから，直線AEの式は，

$y=\dfrac{5}{3}x+\dfrac{16}{3}$

21 (1)$y=30x+500$　(2)$x=50$
(3)3400円　(4)3回

解き方　(1)Aプランは基本料金500円，1分あたり30円かかるから，
$y=30x+500$…①

(2)Bプランは通話時間が60分までと，60分を超えた2通りある。
㋐$0 \leqq x \leqq 60$のとき，$y=2000$…②
①，②より，$30x+500=2000$　$x=50$
これは$0 \leqq x \leqq 60$に適する。
㋑$x>60$のとき，60分を超えた分につき，1分あたり20円かかるから，
$y=20(x-60)+2000$
$y=20x+800$…③
①，③より，$30x+500=20x+800$
$x=30$
これは$x>60$でないので，適さない。
以上から，$x=50$

(3)Cプランの基本料金をc円とする。
(2)のxの値は50だから，$50+90=140$(分)のときに，BプランとCプランの料金が等しくなる。
$x>120$のときのCプランの料金は，
$y=10(x-120)+c=10x-1200+c$…④
③と④に$x=140$を代入すると，
$y=20\times140+800=3600$…③′
$y=10\times140-1200+c=200+c$…④′
③′=④′より，$3600=200+c$　$c=3400$
よって，Cプランの基本料金は3400円

(4)75分の月をn回とすると，45分の月は$(12-n)$回である。
Aプランにおいて，①より，
75分の月は，$y=30\times75+500=2750$
45分の月は，$y=30\times45+500=1850$
よって，Aプランの1年間の料金は，
$2750n+1850(12-n)$
$=900n+22200$…⑤
Bプランにおいて，②，③より，
75分の月は，$y=20\times75+800=2300$
45分の月は，$y=2000$
よって，Bプランの1年間の料金は，
$2300n+2000(12-n)$
$=300n+24000$…⑥
⑤=⑥より，
$900n+22200=300n+24000$
$n=3$
よって，3回

22 (1)A(2, 2)　(2)4　(3)$\left(\frac{8}{3},\ 4\right)$

解き方　(1)円Aの半径をaとすると，
A$(a,\ a)$であり，
Aは$y=\frac{1}{2}x^2$のグラフ上にあるので，
$a=\frac{1}{2}a^2$
$a=0,\ 2$
$a>0$より，$a=2$
よって，A(2, 2)

(2)円Bの半径をbとすると，(1)より，直線ℓの式は$y=2\times2=4$であるから，
B$(b,\ 4+b)$
点Bも$y=\frac{1}{2}x^2$のグラフ上にあるので，
$4+b=\frac{1}{2}b^2$
$b=4,\ -2$
$b>0$より，$b=4$

(3)線分ABの延長上に点Pがあるとき，APの長さは最大になる。
(2)より，B(4, 8)だから，直線ABの式は，
$y=3x-4$
直線ℓの式は$y=4$だから，$4=3x-4$
$x=\frac{8}{3}$
よって，交点は$\left(\frac{8}{3},\ 4\right)$

23 (1)13個　(2)19個　(3)$k=202$

解き方 (1)下の図で，$k=5$のとき，格子点は，色のついた部分だから，

$1+2\times3+3\times2=13$(個)

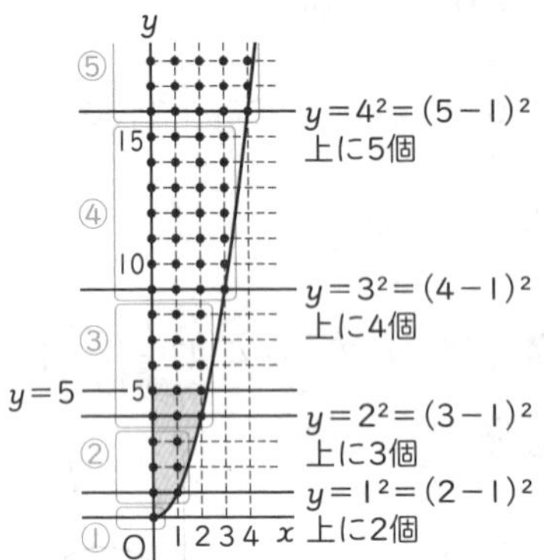

(2)上の図から，$y=(n-1)^2$上に格子点はn個あることがわかる。よって，格子点が10個となるkの最小値は，

$k=(10-1)^2=81$

また，kの最大値は，

$k=10^2-1=100-1=99$

よって，kの値は，$99-81+1=19$(個)

(3)上の図のように，直線$y=k$上の格子点の個数が同じになるように，①，②，③，④，⑤，…とグループに分ける。つまりⓜのグループは，直線$y=k$上に格子点がm個あるものである。これらを表にすると，下のようになる。

グループ	①	②	③	④	⑤	⑥	⑦
格子点の個数	(1×1) 1	(2×3) 6	(3×5) 15	(4×7) 28	(5×9) 45	(6×11) 66	(7×13) 91
格子点の個数の総和	1	7	22	50	95	161	252

⑧	⑨	⑩	⑪	⑫	⑬	⑭	⑮	…
(8×15) 120	(9×17) 153	(10×19) 190	(11×21) 231	(12×23) 276	(13×25) 325	(14×27) 378	(15×29) 435	…
372	525	715	946	1222	1547	1925	2360	…

上の表から，グループ⑭までの格子点の個数の総和は1925個で，$2017-1925=92$(個)だから，あと92個加えればよい。次の⑮のグループは一列に15個格子点があるから，$92\div15=6$余り2より，7列分の格子点を加えるとよい。

よって，$k=(3+5+7+9+11+13+15+17+19+21+23+25+27)+7$

$=\dfrac{30\times13}{2}+7=202$

図形の総合問題

p.542～543

24 (1)6πcm　(2)$(3+2\sqrt{3})\pi$cm

解き方 (1)頂点Pが動いてできる線は，下の図のようになる。

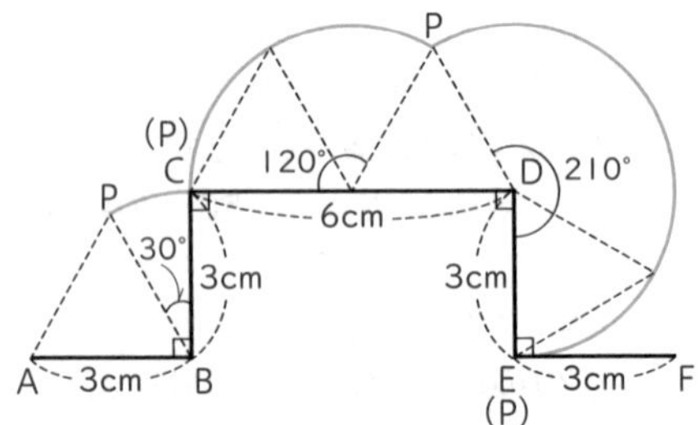

3つのおうぎ形の半径はすべて3cmだから，線の長さは，

$6\pi\times\dfrac{30+120+210}{360}=6\pi\times\dfrac{360}{360}$

$=6\pi$(cm)

(2)点Mが動いてできる線は，下の図のようになる。

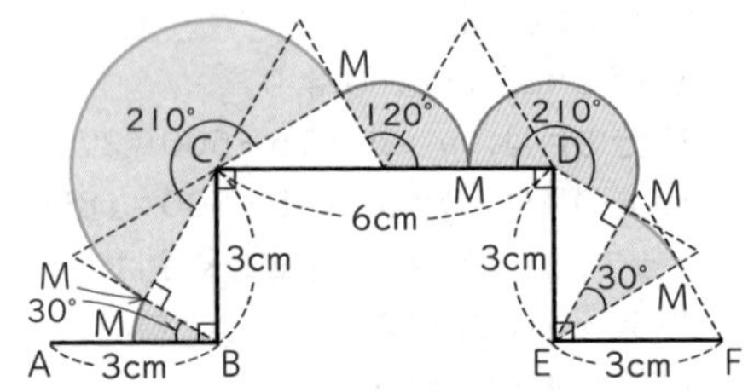

半径が$\dfrac{3}{2}$cmのおうぎ形3つと，半径が

$3\times\frac{\sqrt{3}}{2}=\frac{3\sqrt{3}}{2}$ (cm)のおうぎ形2つがある。

よって，線の長さは，

$3\pi\times\frac{30+120+210}{360}+3\sqrt{3}\pi\times\frac{210+30}{360}$

$=3\pi\times\frac{360}{360}+3\sqrt{3}\pi\times\frac{240}{360}$

$=3\pi+2\sqrt{3}\pi=(3+2\sqrt{3})\pi$ (cm)

25 (1) $4\sqrt{5}$ cm　(2) $20\sqrt{3}$ cm^2

(3)① 5cm　② $\frac{2\sqrt{3}-1}{2}$

(4)① 135°　② $6\sqrt{2}$ cm

解き方 (1)△ABCで，三平方の定理より，

$BC=\sqrt{8^2+4^2}=4\sqrt{5}$ (cm)

(2)△DBCは，(1)より1辺が$4\sqrt{5}$cmの正三角形だから，

$\triangle DBC=\frac{\sqrt{3}}{4}\times(4\sqrt{5})^2=20\sqrt{3}$ (cm^2)

(3)①辺BCと直線ℓとの交点をHとすると，

$BH=\frac{1}{2}BC=2\sqrt{5}$ (cm)

∠BAC＝∠BHE＝90°，∠ABC＝∠HBE

より，2組の角がそれぞれ等しいから，

△ABC ∽ △HBE

よって，BC：BE＝BA：BH

$4\sqrt{5}$：BE＝8：$2\sqrt{5}$

BE＝5cm

②BE＝5cmより，

△BEHで，三平方の定理より，

$EH=\sqrt{5^2-(2\sqrt{5})^2}=\sqrt{5}$ (cm)

また，DH

$=2\sqrt{5}\times\sqrt{3}$

$=2\sqrt{15}$ (cm)

右の図のように，点Cから直線ℓに平行な直線をひき，

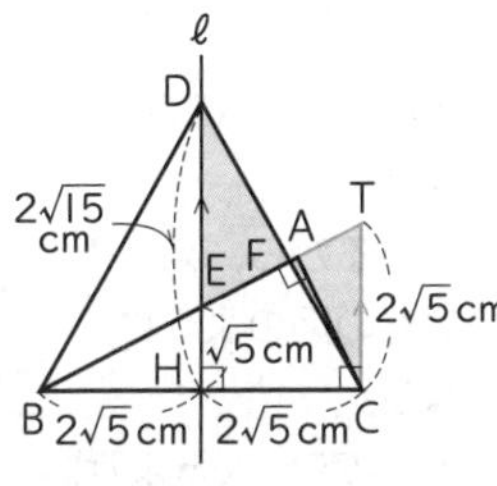

直線ABとの交点をTとする。

EH//TCで，BH：BC＝1：2より，

$TC=2EH=2\sqrt{5}$ (cm)

DE//TCより，

$\frac{DF}{CF}=\frac{DE}{CT}=\frac{2\sqrt{15}-\sqrt{5}}{2\sqrt{5}}=\frac{2\sqrt{3}-1}{2}$

(4)①右の図で，

△AMCはAC＝4cm

$AM=\frac{1}{2}AB=4$ (cm)

∠MAC＝90°より，

直角二等辺三角形である。よって，

∠AMC＝45°…①

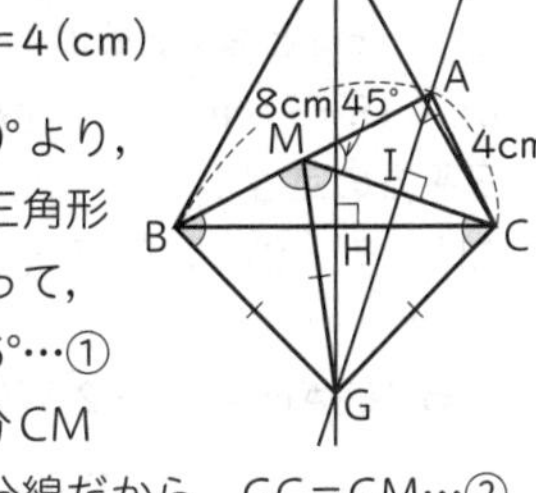

直線gは線分CMの垂直二等分線だから，GC＝GM…②

また，直線ℓは辺BCの垂直二等分線だから，GC＝GB…③

②，③より，GB＝GM＝GC

よって，△GBM，△GCMは二等辺三角形だから，∠GBM＝∠GMB…④

∠GCM＝∠GMC…⑤

①，④，⑤より，∠GBM＋∠GCM

＝∠GMB＋∠GMC＝∠BMC

＝180°－45°＝135°

②上の図のように，CMの中点をIとすると，△AMCは直角二等辺三角形だから，直線gは頂点Aを通る。

$CM=\sqrt{2}\times4=4\sqrt{2}$ (cm)で，

$CI=MI=AI=\frac{1}{2}CM=2\sqrt{2}$ (cm)

①より，∠BMC＝135°より，

∠GBM＋∠BMC＋∠GCM＝135°×2

＝270°となるから，四角形BGCMの内角の和より，∠BGC＝360°－270°＝90°

よって，△BGCは直角二等辺三角形だから，

$GC=\frac{BC}{\sqrt{2}}=\frac{4\sqrt{5}}{\sqrt{2}}=2\sqrt{10}$ (cm)となり，

△GCIで三平方の定理より，

$IG=\sqrt{(2\sqrt{10})^2-(2\sqrt{2})^2}=4\sqrt{2}$ (cm)

よって，
$AG=AI+IG=2\sqrt{2}+4\sqrt{2}=6\sqrt{2}$ (cm)

26 (1) $12\sqrt{5}$ cm^2　(2) $\sqrt{5}$ cm
(3) $\dfrac{21\sqrt{5}}{10}$ cm　(4) $3\sqrt{5}$ cm

解き方 (1)点Aから辺BCに垂線AHをひく。
CH＝$x$cmとおくと，
BH＝$(8-x)$cm
三平方の定理より，

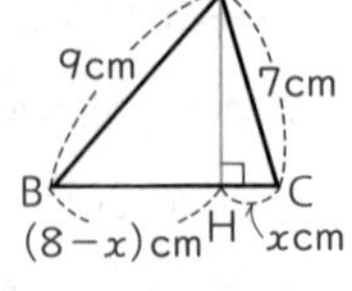

$AH^2=9^2-(8-x)^2=7^2-x^2$
$x=2$
よって，$AH=\sqrt{7^2-2^2}=3\sqrt{5}$ (cm)より，
$\triangle ABC=\dfrac{1}{2}\times8\times3\sqrt{5}=12\sqrt{5}$ (cm^2)

(2)円Iの半径を$r$cmとする。Iと3点A，B，Cを結び三角形を3つつくる。
$\triangle ABC=\triangle IAB+\triangle IBC+\triangle ICA$
$=\dfrac{1}{2}r\times9+\dfrac{1}{2}r\times8+\dfrac{1}{2}r\times7$
$=\dfrac{1}{2}r\times(9+8+7)$
(1)より，$12\sqrt{5}=\dfrac{1}{2}r\times(9+8+7)$
$12r=12\sqrt{5}$　$r=\sqrt{5}$

(3)右の図のように，直径ADをつくる。
∠B＝∠D，∠AHB＝∠ACD＝90°より，
2組の角がそれぞれ等しいから，

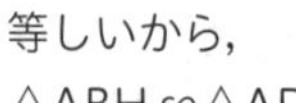

△ABH∽△ADC
円Oの半径を$s$cmとすると，AD＝$2s$cm
AB：AD＝AH：AC
$9:2s=3\sqrt{5}:7$
$s=\dfrac{21\sqrt{5}}{10}$

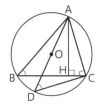

(4)右の図のように，円Eの半径をひき，その半径を$t$cmとする。このとき，3つの半径は，△ABE，△ACE，△BCEにおいて，それぞれAB，AC，BCを底辺としたときの高さになっている。

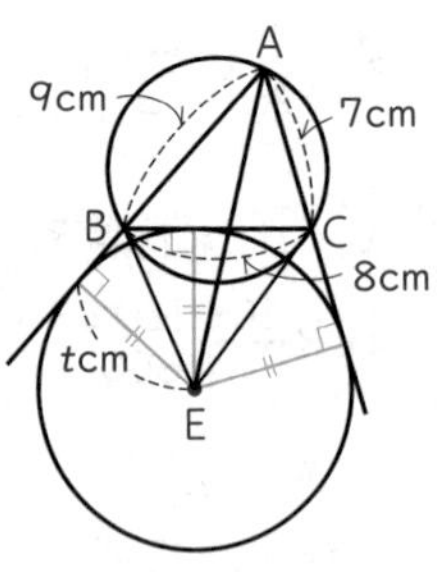

△ABC＝△ABE＋△ACE－△BCEであるから，(1)より，
$12\sqrt{5}=\dfrac{1}{2}t\times9+\dfrac{1}{2}t\times7-\dfrac{1}{2}t\times8$
$12\sqrt{5}=\dfrac{1}{2}t\times(9+7-8)$
$t=3\sqrt{5}$

27 (1) $\dfrac{\sqrt{14}}{7}$ cm　(2) $\dfrac{2\sqrt{14}}{7}$ cm
(3)① $\dfrac{\sqrt{5}}{2}$ cm　② $\dfrac{3\sqrt{14}}{14}$ cm

解き方 (1)直角二等辺三角形ABCで，
$AC=2\sqrt{2}$ cmより，
AB＝BC
$=2\sqrt{2}\div\sqrt{2}=2$ (cm)

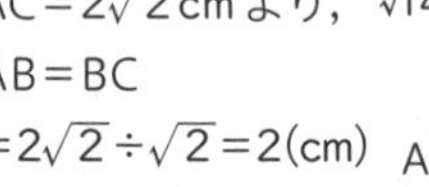

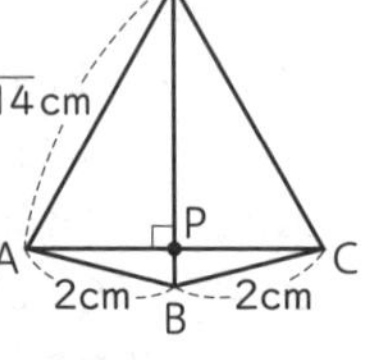

右の図で，PB＝$x$cmとすると，$OP=\sqrt{14}-x$ (cm)　△OAP，△BAPは直角三角形なので，三平方の定理より，
$AP^2=(\sqrt{14})^2-(\sqrt{14}-x)^2=2^2-x^2$
$x=PB=\dfrac{\sqrt{14}}{7}$ cm

(2)∠APC＝∠ABC＝90°
であるから，点Pは右の図のようになる。

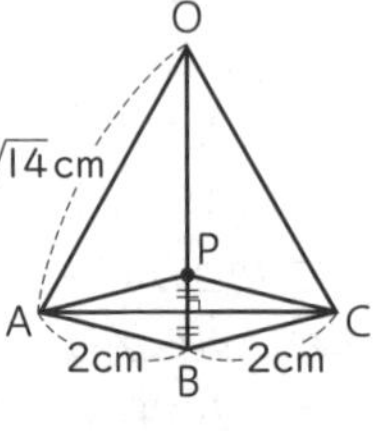

AP＝CP＝2cmより，

四角形ABCPはひし形である。よって，(1)より，

$$PB=\frac{\sqrt{14}}{7}\times2=\frac{2\sqrt{14}}{7}\,(cm)$$

(3)①△ABDは直角三角形だから，三平方の定理より，$AD=\sqrt{2^2+1^2}=\sqrt{5}\,(cm)$

∠APD＝90°より，△APDも直角三角形になる。

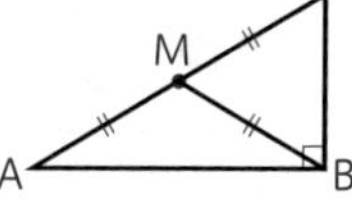

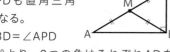

∠ABD＝∠APD＝90°より，2つの角はそれぞれADを直径とする2つの円の直径ADに対する円周角である。

よって，ADの中点をMとすると，AM＝DM＝BM＝PMであり，点Mは4点A，B，D，Pを通る球の中心である。

よって，半径は，$\frac{1}{2}AD=\frac{\sqrt{5}}{2}$cm

②右の図のように，点A，Dから辺OBへ垂線AEとDFをひく。

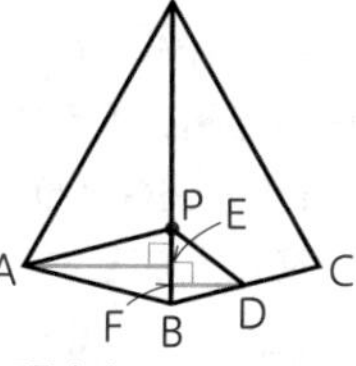

(1)より，$BE=\frac{\sqrt{14}}{7}$cm，$AB=2$cmだから，

△ABEで，三平方の定理より，

$$AE=\sqrt{2^2-\left(\frac{\sqrt{14}}{7}\right)^2}=\sqrt{\frac{26}{7}}\,(cm)$$

また，点DはBCの中点だから，

BD：BC＝BD：AB＝1：2

よって，$BF=\frac{1}{2}BE=\frac{\sqrt{14}}{14}\,(cm)$

$$DF=\frac{1}{2}AE=\frac{1}{2}\times\sqrt{\frac{26}{7}}=\sqrt{\frac{13}{14}}\,(cm)$$

直角三角形APDで，三平方の定理より，

$AP^2+DP^2=AD^2=5$で，

$AP^2=AE^2+PE^2$，$DP^2=DF^2+PF^2$だから，

$PB=x$cmとすると，

$$\left\{\left(\sqrt{\frac{26}{7}}\right)^2+\left(x-\frac{\sqrt{14}}{7}\right)^2\right\}+\left\{\left(\sqrt{\frac{13}{14}}\right)^2+\left(x-\frac{\sqrt{14}}{14}\right)^2\right\}=5$$

$$\frac{26}{7}+x^2-\frac{2\sqrt{14}}{7}x+\frac{14}{49}+\frac{13}{14}+x^2-\frac{\sqrt{14}}{7}x+\frac{1}{14}=5$$

$$2x^2-\frac{3\sqrt{14}}{7}x=0\quad x\left(2x-\frac{3\sqrt{14}}{7}\right)=0$$

$x\neq0$より，$x=PB=\frac{3\sqrt{14}}{14}$cm

28 (1)$PQ^2=3t^2-6t+4$

(2)$PN^2=t^2-6t+11$，

$PQ^2=2t^2-12t+20$

(3)sの個数…5個，sの総和…15

解き方 (1)右の図のように，点Pから辺CFに垂線PKをひく。

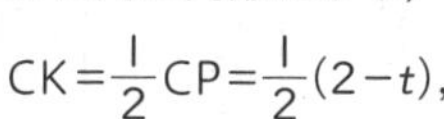

△PCKは30°，60°，90°の直角三角形だから，

$CK=\frac{1}{2}CP=\frac{1}{2}(2-t)$，

$PK=\frac{\sqrt{3}}{2}CP=\frac{\sqrt{3}}{2}(2-t)$

△PQKで，三平方の定理より，

$PQ^2=PK^2+QK^2$

$=\left\{\frac{\sqrt{3}}{2}(2-t)\right\}^2+\left\{\frac{1}{2}(2-t)-t\right\}^2$

$=\frac{3}{4}(2-t)^2+\left(1-\frac{3}{2}t\right)^2$

$=3t^2-6t+4$

(KがCQ上にあるときも，同じ式になる。)

(2)右の図で，△PMN，△PQNは直角三角形である。AC＝2より，CM＝FN＝1，HC＋CM＝2＋1＝3

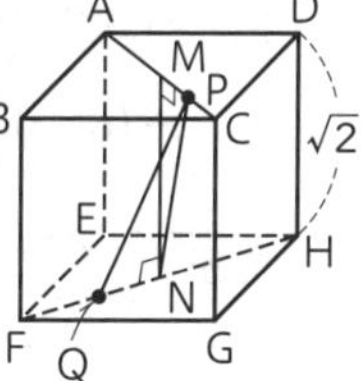

三平方の定理より，

$PN^2=PM^2+MN^2=(3-t)^2+(\sqrt{2})^2$

$=t^2-6t+11$

(PがAM上にあるときも，同じ式になる。)

PM＝QNだから，

$PQ^2=PN^2+QN^2=(t^2-6t+11)+(3-t)^2$
$=2t^2-12t+20$
(QがNH上にあるときも,同じ式になる。)

(3) PQ＝ABより，$PQ^2=AB^2=2$

㋐ $0\leqq t\leqq 2$のとき，(1)より
$3t^2-6t+4=2$　$3t^2-6t+2=0$
解の公式より，$t=1\pm\dfrac{\sqrt{3}}{3}$
$0\leqq 1\pm\dfrac{\sqrt{3}}{3}\leqq 2$より，どちらも適する。
よって，sの個数は2個

㋑ $2\leqq t\leqq 4$のとき，(2)より，
$2t^2-12t+20=2$　$t^2-6t+9=0$
$t=3$
$2\leqq 3\leqq 4$より，適する。
よって，sの個数は1個

㋒ $4\leqq t\leqq 6$のとき，右の図のように点P，Qがあり，(1)と同様に正三角形AFHで考える。

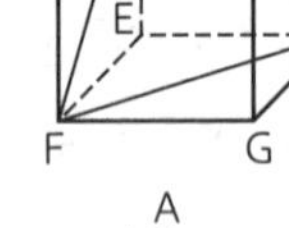

$AP=HQ=t-4$
$AQ=2-(t-4)$
$=6-t$

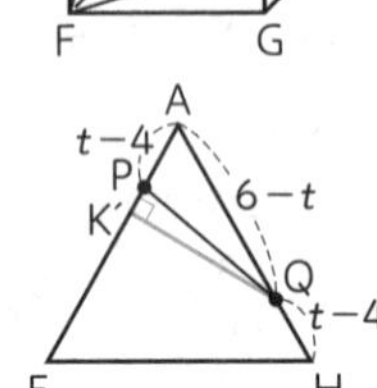

△AQK′は30°，60°，90°の直角三角形だから，
$AK'=\dfrac{1}{2}(6-t)$，$QK'=\dfrac{\sqrt{3}}{2}(6-t)$
△PQK′で，三平方の定理より，
$PQ^2=QK'^2+PK'^2$
$=\left\{\dfrac{\sqrt{3}}{2}(6-t)\right\}^2+\left\{\dfrac{1}{2}(6-t)-(t-4)\right\}^2$
$=\dfrac{3}{4}(6-t)^2+\left(7-\dfrac{3}{2}t\right)^2$
$=3t^2-30t+76$
$PQ^2=2$より，$3t^2-30t+76=2$
$3t^2-30t+74=0$
解の公式より，$t=5\pm\dfrac{\sqrt{3}}{3}$
$4\leqq 5\pm\dfrac{\sqrt{3}}{3}\leqq 6$より，どちらも適する。
よって，sの個数は2個

以上から，sの個数は，$2+1+2=5$(個)で，その総和は，
$\left(1-\dfrac{\sqrt{3}}{3}\right)+\left(1+\dfrac{\sqrt{3}}{3}\right)+3+\left(5-\dfrac{\sqrt{3}}{3}\right)$
$+\left(5+\dfrac{\sqrt{3}}{3}\right)=15$

29　(1) 6　(2) $3\sqrt{5}$　(3) $\dfrac{26}{3}$　(4) $\dfrac{3}{4}$

解き方　(1)右の図で，
PE∥DHである。
HP′＝xとおくと，
P′E：P′H＝PE：DH
$(x-2):x=2:3$
$x=HP'=6$

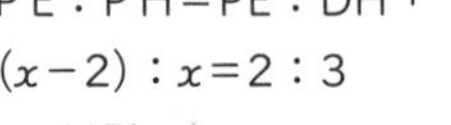

(2)△DHP′で，三平方の定理より，
$DP'=\sqrt{3^2+6^2}=3\sqrt{5}$

(3)右の図のように，
P′FとHGとDQの交点をG′とする。
三角錐G′－QFG
∽三角錐G′－DP′H
で，相似比1：3より，
体積比$1^3:3^3=1:27$
三角錐G′－DP′Hの体積は，
$\dfrac{1}{3}\times\triangle HP'D\times HG'=\dfrac{1}{3}\times\left(\dfrac{1}{2}\times3\times6\right)\times3=9$
よって，立体QFG－DP′Hの体積は，
$9\times\dfrac{27-1}{27}=\dfrac{26}{3}$

(4)(3)の三角錐G′-DP′Hに内接する球を考える。球の中心をSとし，4点G′，H，D，P′をそれぞれ結ぶと，三角錐は4面あるから，4つの三角錐S-P′G′H，S-G′HD，

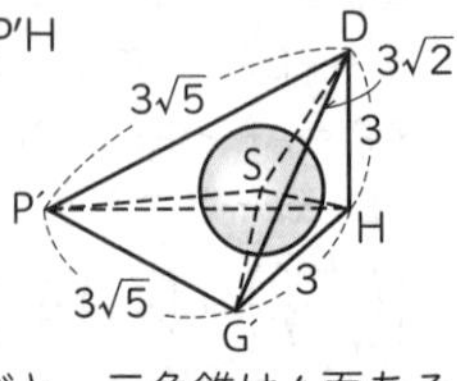

S-HDP′, S-DP′G′に分けることができる。このとき，球Sは，三角錐G′-DP′Hの4つの面に接し，接点を通る半径はそれぞれの面と垂直に交わっている。球Sの半径をrとすると，

三角錐G′－DP′Hの体積

＝S-P′G′Hの体積＋S-G′HDの体積

＋S-HDP′の体積＋S-DP′G′の体積

$9=\frac{1}{3}r\times\triangle P'G'H+\frac{1}{3}r\times\triangle G'HD+\frac{1}{3}r\times\triangle HDP'+\frac{1}{3}r\times\triangle DP'G'$

$9=\frac{1}{3}r\times$ 三角錐G′-DP′Hの表面積

三角錐G′-DP′Hの表面積を求めると，

$\triangle P'G'H=\triangle HDP'=\frac{1}{2}\times3\times6=9$,

$\triangle G'HD=\frac{1}{2}\times3\times3=\frac{9}{2}$

次に△DP′G′は，右の図のように，二等辺三角形である。

G′Dの中点をMとすると，△DG′Hで，三平方の定理より，

$G'D=3\sqrt{2}$だから，

$DM=\frac{1}{2}G'D=\frac{3\sqrt{2}}{2}$

P′ / $3\sqrt{5}$ / $\frac{3\sqrt{2}}{2}$ / G′ M D

△DMP′で，三平方の定理より，

$P'M=\sqrt{(3\sqrt{5})^2-\left(\frac{3\sqrt{2}}{2}\right)^2}$

$=\frac{9\sqrt{2}}{2}$より，

$\triangle DP'G'=\frac{1}{2}\times3\sqrt{2}\times\frac{9\sqrt{2}}{2}=\frac{27}{2}$

よって，三角錐G′-DP′Hの表面積は，

$9\times2+\frac{9}{2}+\frac{27}{2}=36$だから，

$9=\frac{1}{3}r\times36$

$r=\frac{3}{4}$

データの活用の総合問題

p.544〜545

30 (1)平均値…13冊，中央値…12.5冊，最頻値…15冊

(2)生徒番号…6，本の冊数…7冊

解き方 (1)本の冊数の合計は130冊だから，平均値は，130÷10＝13(冊)

中央値は5番目と6番目の平均だから，冊数を小さい順に並べて，

9, 10, 11, 11, 12, 13, 15, 15, 15, 19

よって，(12＋13)÷2＝12.5(冊)

また，15冊が最も多く現れるので，最頻値は15冊

(2)平均値が12.5冊だから，本の冊数の合計は，12.5×10＝125(冊)

よって，130－125＝5(冊)だれか1人の生徒の冊数が少なくなっている。中央値は12冊だから，5番目と6番目の冊数がともに12であるか，どちらも12以外である。5冊少なくした結果が12冊になるためには，はじめ17冊でなければならないが，17冊の生徒はいない。よって，生徒番号6の冊数12冊が間違っていて，正しい冊数は，12－5＝7(冊)(このとき，中央値は，(11＋13)÷2＝12(冊)となる。)

31 (1)29個 (2)7個 (3)7928

解き方 (1)樹形図をかくと下の図のようになり，全部で，8＋13＋8＝29(個)

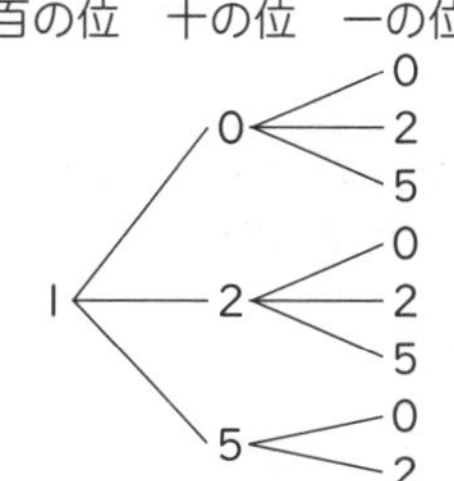

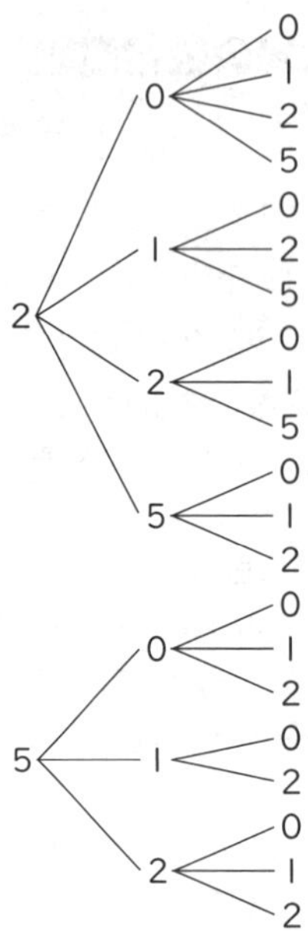

(2)(1)のうち，各位の数の和が3の倍数で，一の位が0か2(つまり2の倍数)であれば6の倍数になるから，

102，120，150，210，252，510，522の7個

(3)(1)より，百の位の数が1，2，5の整数はそれぞれ8個，13個，8個ずつあり，十の位の数が0，1，2，5の整数はそれぞれ10個，5個，9個，5個ずつあり，一の位の数が0，1，2，5の整数はそれぞれ10個，5個，9個，5個ずつある。よって，総和は，

$100\times8+200\times13+500\times8+10\times5$
$+20\times9+50\times5+1\times5+2\times9+5\times5$
$=7928$

32 (1)126通り　(2)18通り　(3)87通り　(4)24通り

解き方　右の図のように，方向を東西南北とする。

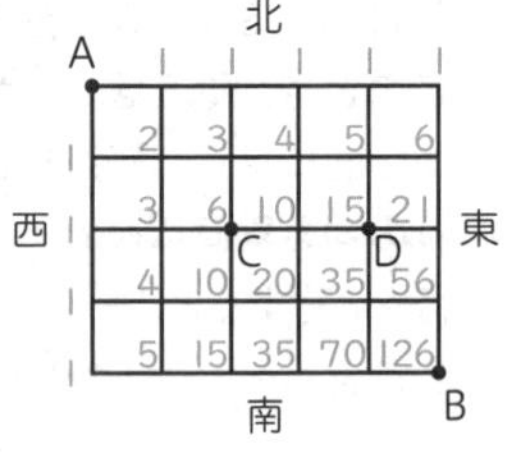

(1)どの交差点に行くにも，そのすぐ北かそのすぐ西から来ることがわかる。よって，図のように，ある交差点に最短で行く経路の総数は，その北，その西の交差点までの経路の数の和に等しい。よって，A→Bまで行くすべての最短経路の数は，

56＋70＝126(通り)

(2)A→C，C→Dまで行く経路の数はそれぞれ6通りと1通り，D→Bまで行く経路の数は，右の図より，3通りだから，全部で，6×1×3＝18(通り)

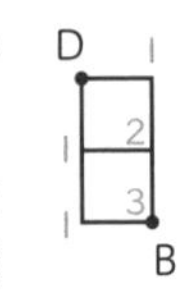

(3)A→C→Bの最短経路は，A→Cが6通り，右の図より，C→Bが10通りだから，6×10＝60(通り)

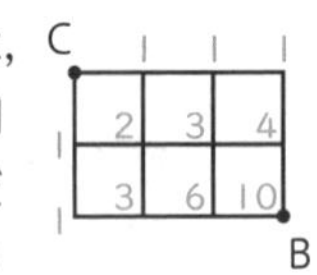

A→D→Bの最短経路は，A→Dが15通り，D→Bが3通りだから，Dを通る経路は，15×3＝45(通り) この和から，C，Dの両方を通る経路の数((2)の数)をひいて，60＋45－18＝87(通り)

(4)ちょうど3回曲がってBまで行く最短経路は，①「Aからまず東へ行くか南へ行くか」と②「2回目に曲がる交差点がどこなのか」が決まれば定まる。この②の2回目に曲がる交差点となり得るのは，外周上にある交差点ではなく内部にある交差点で，4×3＝12(個)

右の図のように，①で2通り，②の点が12通りあるので，全部で，

2×12＝24(通り)

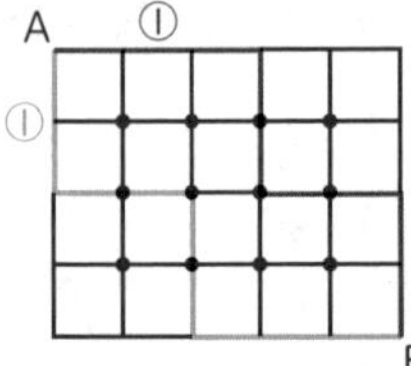

33 (1)$\frac{1}{4}$　(2)$\frac{3}{8}$

解き方　右の図のように，正面から見て左の部屋を「左」，右の部屋を「右」とする。

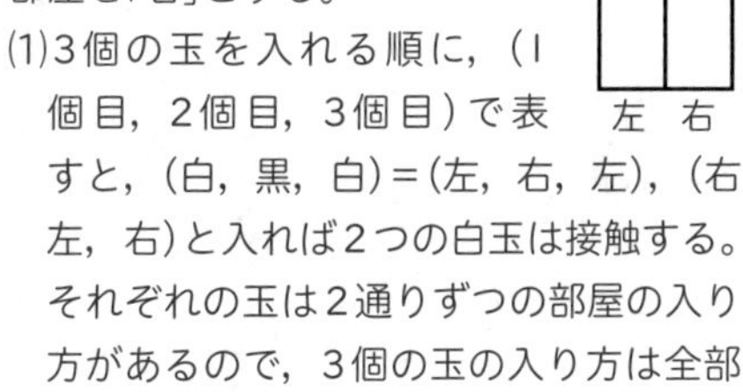

(1)3個の玉を入れる順に，(1個目，2個目，3個目)で表すと，(白，黒，白)＝(左，右，左)，(右，左，右)と入れば2つの白玉は接触する。
それぞれの玉は2通りずつの部屋の入り方があるので，3個の玉の入り方は全部で，$2^3=8$(通り)
よって，求める確率は，$\frac{2}{8}=\frac{1}{4}$

(2)4個の玉の入り方は全部で，$2^4=16$(通り)
白玉も黒玉も，同じ色どうしで接触することがない玉の各部屋への入り方は，1個目の白玉が左に入るとすると，(白，黒，白，黒)＝(左，左，左，左)，(左，左，左，右)，(左，左，右，右)，(左，右，右，左)，(左，右，右，右)の5通り
1個目の白玉が右に入るときも同じく5通りあるから，全部で，5×2＝10(通り)
よって，同じ色どうしで接触することがない確率は，$\frac{10}{16}=\frac{5}{8}$
よって，求める確率は，$1-\frac{5}{8}=\frac{3}{8}$

別解　4個の玉の入り方は全部で，
$2^6=16$(通り)

㋐(1)より，1個目から3個目までが，(左，右，左)または(右，左，右)と入れば，2つの白玉が接触するので，4個目の黒玉は左右どちらに入ってもよい。
よって，白玉どうしが接触する入り方は，2×2＝4(通り)

㋑㋐と同様に，1個目の白玉が左右のどちらに入っていても2個目から4個目までが(左，右，左)または(右，左，右)と入れば2つの黒玉が接触する。このような入り方も4通りある。
(左，右，左，右)，(右，左，右，左)は㋐にも㋑にもふくまれているので，同じ色どうしが接触する入り方は，全部で，
4＋4－2＝6(通り)
よって，求める確率は，$\frac{6}{16}=\frac{3}{8}$

34 (1)$\frac{29}{36}$　(2)$\frac{9}{16}$倍　(3)$\frac{1}{12}$

解き方　2つのさいころの目の出方は36通り。

(1)さいころを2回投げて図形Tが三角形にならないのは，
㋐2点P，QがAB上にある場合であり，さいころの目は，(1，1)，(1，2)，(1，3)，(2，1)，(2，2)，(3，1)
㋑点Qが頂点Aにある場合であり，さいころの目は，(6，6)
以上から，6＋1＝7(通り)あるので，図形Tが三角形になる確率は，$1-\frac{7}{36}=\frac{29}{36}$

(2)さいころの目が(3，4)のとき，点P，Qは右の図のようになる。

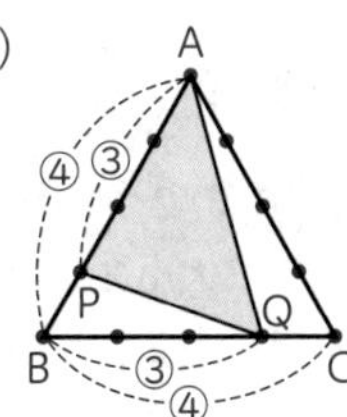

△ABCと△ABQは底辺をBC，BQとすると高さが等しいから，
$\triangle ABQ=\frac{3}{4}\triangle ABC$
同様に△ABQと△APQは底辺をAB，APとすると高さが等しいから，
$\triangle APQ=\frac{3}{4}\triangle ABQ$
よって，△APQは△ABCの
$\frac{3}{4}\times\frac{3}{4}=\frac{9}{16}$(倍)

(3)△APQが△ABCの$\frac{3}{16}$倍になるには，(2)の△APQの面積の$\frac{1}{3}$になればよい。

そのような目の出方は，

㋐(1，6)のとき，
点P，Qは右の図のようになり，△APQは(2)の△APQの面積の$\frac{1}{3}$になる。

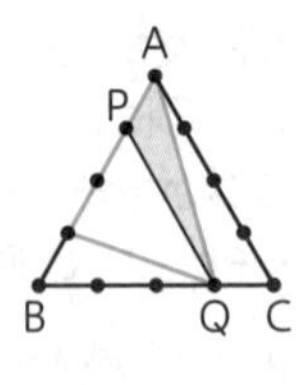

㋑(5，6)のとき，
点P，Qは右の図のようになり，△APQは㋐の△APQの面積と等しい。

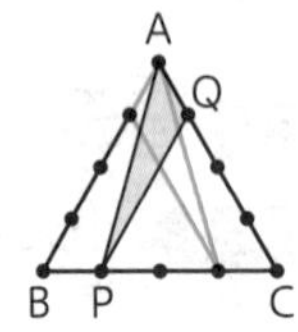

㋒(3，2)のとき，
点P，Qは右の図のようになり，△APQは㋑の△APQの面積と等しい。

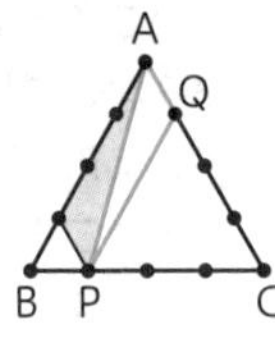

以上から，3通りであるので，求める確率は，$\frac{3}{36}=\frac{1}{12}$

35 (1)$\frac{1}{3}$ (2)$\frac{2}{9}$

解き方 2つのさいころの目の出方は36通り。大小2つのさいころを同時に投げたとき，点Pがどの位置にあるかを表にまとめると，下のようになる。

a \ b	1	2	3	4	5	6
1	C	D	X	C	D	X
2	A	X	B	D	X	C
3	X	B	D	X	B	D
4	B	A	X	C	A	X
5	A	X	B	A	X	B
6	X	B	A	X	B	D

(1)上の表から，点Pが点Xの位置にある確率は，$\frac{12}{36}=\frac{1}{3}$

(2)上の表から，点Pが点Bの位置にある確率は，$\frac{8}{36}=\frac{2}{9}$